空天科学与工程系列教材·飞行动力学与控制

航天器轨道力学理论与方法(第2版)

Theories and Methods of Spacecraft Orbital Mechanics(Second Edition)

张洪波 编著

国防工业出版社
·北京·

内 容 简 介

本书系统深入地介绍了航天器轨道力学的相关知识，主要内容包括：轨道力学发展历程、太阳系、时间与坐标系统等基础知识；二体问题、二体轨道的初值与边值问题、轨道确定、轨道摄动、轨道设计等轨道力学核心内容；脉冲推力、有限推力、连续小推力轨道机动和航天器相对运动等轨道控制内容；多体问题、深空探测和月球探测轨道设计等空间探测相关知识。

本书可作为航天器总体设计与论证、控制系统设计、运行管理与评估等相关专业的高年级本科生和研究生教材，对从事相关工作的研究人员、工程技术人员也有参考价值。

图书在版编目(CIP)数据

航天器轨道力学理论与方法 / 张洪波编著 . -- 2 版 .
北京 : 国防工业出版社, 2025. 4. -- ISBN 978-7-118-13521-3

Ⅰ. V412.4

中国国家版本馆 CIP 数据核字第 2025CM2560 号

※

国防工業出版社 出版发行

(北京市海淀区紫竹院南路 23 号 邮政编码 100048)

河北文盛印刷有限公司印刷

新华书店经售

*

开本 787×1092 1/16 **印张** 33½ **字数** 770 千字

2025 年 4 月第 2 版第 1 次印刷 **印数** 1—1500 册 **定价** 198.00 元

(本书如有印装错误，我社负责调换)

国防书店：(010)88540777 书店传真：(010)88540776

发行业务：(010)88540717 发行传真：(010)88540762

总　序

经过50余年的发展,航空航天技术在经济建设、武器装备、科学研究、日常生活中发挥的作用日益彰显。航天技术的研究具有系统复杂、技术尖端、应用性强、辐射面广等特点,是衡量一个国家综合国力的重要标志,同时也能对国家的科学研究与工业技术发展产生巨大的牵引作用。

飞行动力学与控制是飞行器设计的核心技术之一。它以经典力学和自动控制理论为基础,研究飞行器在力和力矩作用下的运动与控制规律,以满足飞行任务的要求,与飞行器的工程设计和实际应用有着紧密的关系。飞行器的总体论证与设计、控制系统设计、结构设计、飞行试验与评定、任务规划、运行管理、效能评估等都与飞行动力学与控制密切相关。因此,航空航天领域不仅需要掌握飞行动力学与控制原理的专门人才,相关专业人员掌握一些飞行力学知识也是非常必要的。

国防科技大学航天科学与工程学院是我国飞行动力学与控制方面科学研究和知识传承的一个重要基地,早在20世纪50年代“哈军工”时期就创办了相关专业。程国采、张金槐、任萱、赵汉元、贾沛然、黄圳圭等老一辈学者,积极参与我国重大航天工程领域的研究,学术造诣深厚。为提高学校办学水平,他们注重从科研实践中系统总结,精心提炼,著书立说,惠及后人。20世纪80年代开始,先后出版了《远程火箭弹道学》《弹道导弹制导方法与最优控制》《飞行器再入动力学与制导》《远程火箭精度分析与评估》《人造地球卫星轨道力学》《大型航天器动力学与控制》等一系列高水平教材。这些书注重理论联系实际,突出用飞行动力学与控制理论解决工程实际问题,不仅在我国航天教育领域得到广泛应用,而且成为航天部门科研人员的案头参考书。

进入新世纪以来,运载火箭、弹道导弹、近地航天器等传统飞行器的设计与应用逐步成熟,而高超声速飞行器、智能化航天系统、先进深空探测航天器的研究初露端倪。国防科技大学的研究力量一直紧跟这一技术发展趋势,参与和推动着我国飞行动力学与控制技术的进步。通过对原有教材经典内容的继承和对新科研成果的提炼,推出了这套飞行动力学与控制系列教材。教材涵盖了弹道学、轨道力学、姿态动力学、导航技术、精度分析与评估等飞行动力学与控制的主要内容,在知识的经典性与先进性、理论性与实践性方面做到了较好的统一。

经过几代人的艰苦努力,我国的航天事业已逐渐缩小了与先进国家的差距。未来的发展离不开一大批掌握先进知识与理念的人才,我希望也相信这套教材能在我国航天人才培养和航天工程实践中发挥重要作用。作为我国航天队伍中的一员,我期待看到本系列教材的出版,并乐意为之作序。

2013年9月13日

总序

再版前言

问渠那得清如许？为有源头活水来。

——朱熹《观书有感》

与第 1 版相比，本书第 2 版的改动主要有三个方面：

一是修订了一些小的错误。

二是补充了一些新的内容。比如，第一版出版以来轨道力学方面的最新进展，应用越来越广泛的北斗时和 GPS 时、两行根数，霍曼变轨最优性的证明等，还增加了一些便于参阅的算例、图表。

三是重写了部分内容。主要有第 5 章的兰伯特问题求解、第 8 章的考虑摄动影响的回归轨道设计方法、第 10 章的迭代制导、第 11 章的连续小推力轨道机动的同伦法、第 12 章的基于 CW 方程的轨道机动最优解等。另外，考虑到月球与深空探测已经成为我国空间探测的前沿，将第 1 版第 14 章拆分成两章，分别讨论深空探测与月球探测的轨道设计问题，对原章内容进行了较大幅度的扩充与完善。

在本书的编写过程中，得到了课题组研究生的很多帮助，特别是李彬、赵磊、熊静炜、李辰冉、董承龙等。本书第 1 版出版以来，国内同行给予了诸多谬赞，也提出了很多宝贵的改进建议。本书一直在国防科技大学的研究生课程中作为教材使用，历届研究生提出了许多有价值的修改意见。这些建议与意见是本书能够改进和提高的源头活水，在此对他们表示最诚挚的谢意。
未来期望能收到读者更多的指正(zhanghb1304@ nudt. edu. cn)，我将不胜感激。

张洪波

二〇二四年孟夏于长沙

前　言

君子之教，喻也。道而弗牵，强而弗抑，开而弗达。

——《大学·学记》

编著本书的初衷是为航天专业的研究生提供一本课程参考教材。2009 年，我接手学校的轨道力学研究生课程，当年恰逢实施新的研究生培养方案，找不到一本与课程大纲切合较好的教材，教学效果受到影响，于是我萌生了编写一本参考教材的想法。经过两年的时间，2011 年本书的第一稿编写完成。试用三年后，根据学生的反馈与个人的教学体会，2014 年进行了一轮较大幅度的修改。之后又试用了一年，再经小幅修改后有了今天出版的这本教材。

若自 1687 年牛顿出版《自然哲学的数学原理》算起，轨道力学的发展已有 300 余年的历史。期间经过无数伟大的数学家和天文学家的辛苦耕耘，目前已积累的知识可谓浩如烟海。如何从中选取一部分组成一个相对较完整的体系，是编著本书过程中最令人踌躇的事。总体而言，在内容选择上我坚持了这样几个想法：一是研究生经过本科阶段的训练，已经具备了较强的自学能力，研究生阶段的学习应该侧重对一门科学的知识体系与知识脉络的掌握，本书与本门课程也应如此；二是数学力学基础与抽象思维能力对航天专业，尤其是飞行力学专业的研究生至关重要，轨道力学的很多经典理论是一些史上最杰出的数学家和力学家的思想精华，对它们的学习和研究有助于提高学生的理论水平；三是轨道力学是一门实践性很强的科学，在航天任务中要解决很多具体的工程问题，学生有必要掌握一些解决问题的方法与技巧，因此本书也选择了一些这方面的内容；四是科技史教育在培养学生的综合素质与创新能力方面的作用越来越受到重视，因此书中有意增加了一些科技史方面的内容。

内容编排上，第 1 章和第 2 章介绍轨道力学的基础知识，包括基本概念、发展历史、太阳系与近地空间环境、坐标系统、时间系统等，已有知识储备的读者可以跳过这部分内容。第 3 章~第 7 章是轨道力学的核心内容，包括二体问题的解、二体轨道的初值问题和边值问题、轨道确定、轨道摄动等，很多内容源自经典天体力学。第 8 章论述了航天器轨道设计，第 9 章~第 11 章分别论述了脉冲推力、有限推力和小推力轨道机动，这四章与航天任务紧密相关，内容叙述上以近地航天任务为主，相关理论与方法对月球和行星探测任务同样适用。第 12 章论述了航天器间的相对运动理论。第 13 章论述了多体问题的基本理论，第 14 章论述了月球与行星际探测轨道设计，主要介绍与深空探测有关的相关知识。最后附录中给出了轨道力学中一些常用的数据、公式与算法。

在本书的编著过程中参考了国内外众多学者的学术成果，在此表示由衷的感谢。尤其要感谢原国防科技大学的任萱教授和肖峰教授，他们编著的《人造地球卫星轨道力学》《球面天文学与天体力学基础》等教材是本书非常重要的参考。还要特别感谢杨嘉墀、刘林、

R. H. Battin、J. W. Cornelisse、V. A. Chobotov 等，他们的著作也是本书的重要参考。书中对这些学者成果的引用除需特别注明的地方外，很多并未加以标注，在此致以感谢。汤国建、郑伟两位教授在我接手“轨道力学”课程之初，将多年积累的教案、课件、讲义等倾囊相授，本书成稿之后又仔细审阅了全稿，提出了宝贵的修改意见，在此对他们表示深深的感谢。感谢教研室研究生们的帮助，他们在校稿、文档整理、绘图等方面给了我许多帮助。最后要感谢我的家人，她们对家庭的照顾使我能够全身心地投入工作，完成本书的写作。

学然后知不足，教然后知困。在课程教学和本书的编写过程中，我深深地感觉到自己所学的浅薄。由于水平有限，书中不妥之处在所难免，敬请读者不吝指正（zhanghb1304@nudt.edu.cn）。

张洪波

二〇一五年仲春于长沙

目　录

第1章 绪 论

众所周知,地球被一层大气包围着,称为地球大气层。探测发现,地球大气层一直向上延伸到距离地球表面 2000~3000km,而实际上 100km 以上的大气已经非常稀薄,只会对穿越其中的物体产生非常微弱的阻力作用。因此,一般把距离地球表面 100km 以上的宇宙范围称为太空或空间。根据距离地球的远近,又将距离小于地—月距离(约 3.84×10^5km)的宇宙范围称为近地空间,大于地—月距离的称为深空。有时,也将地球相对于太阳的引力影响球(约 9.3×10^5km)以内的范围称为近地空间或地月空间,以远的称为深空。人类探索、开发和利用太空以及地球以外天体的活动称为航天。在太空中主要按照天体力学的规律飞行、执行特定航天任务的飞行器称为航天器。根据执行任务的不同,航天器可分为人造地球卫星、飞船、空间站、航天飞机、深空探测器(也称空间探测器)等。人造地球卫星又可细分为遥感卫星、气象卫星、导航卫星、通信卫星、中继卫星、试验卫星等;深空探测器也可细分为太阳探测器、行星探测器、行星际探测器等不同种类。

航天器轨道力学(Orbital Mechanics)是以各类航天器为研究对象,分析它们在万有引力及其他外力作用下的运动特性及控制规律的一门技术科学。研究过程中,一般把航天器抽象为质点或质点系力学模型,而不考虑姿态运动、挠性部件振动、内部液体晃动等带来的影响。轨道力学的研究内容可分为轨道动力学和轨道控制两部分。前者研究航天器在外力作用下的质点运动规律,后者则研究如何确定作用在航天器上的外力变化规律,使之能够按照需要改变运动轨迹。

航天器轨道力学是一门基础理论与工程实践紧密结合的交叉学科,内容既涉及一般力学、天体力学、控制理论、优化理论等基础知识,也涉及航天器轨道设计、轨道确定、轨道转移、交会对接、返回控制等工程技术问题。掌握航天器轨道力学的理论与方法能够为将来从事航天器任务分析、总体设计、分系统设计、发射与运营管理、应用效果评估等工作打下坚实的基础。

1.1 轨道力学的发展历程

人造天体与自然天体在万有引力场中的运动规律类似,因此轨道力学的很大一部分内容源自天文学中的天体力学,而天体力学的发展则可追溯到早期的古典天文学。

1.1.1 古典天文学

1. 原始天文观测时期

生活在地球上的人类,很早以前就对一些基本的天文现象有了认识。先民们通过肉眼观测天体,将天象及其变化记录成册,以此来辨别方向、确定时辰、编制历法,安排重大的社会活动。大约在公元前 4000 年,古埃及人就注意到每当天狼星第一次于日出之前在东方的地平线上出现,尼罗河就开始泛滥,这个天象被称为天狼星的偕日升。古埃及人把偕日升作为一年的开始,经过长期观测确定出两次天狼星偕日升的时间间隔为 365.25 天,并以此为基础建立了历法，这就是现在全世界通行的公历的前身。我国天文学的起源可追溯到久远的年代，在最古老的历史文献《尚书·尧典》中就有记载“寅宾日出，平秩东作，日中星鸟，以殷仲春”，是说当日出正东时就是春分日，要举行祭祀，以利农耕。在我国汉代已经出现了比较精确的日晷，通过测量日影的移动来确定时辰，如图 1-1 所示。

古人观测天象除了作为一种实用的生存手段外，神秘的天象也给人在感性上带来惊异和敬畏的冲击，人们企图利用天上出现的偶然现象对人间事务和个人命运进行预测，这就是星占。在古巴比伦就有一批职业的星占学家，时刻关注和记录着天空的变化，长期以来形成了可观的天象记录与对应解释，图 1-2 是公元前 17 世纪古巴比伦记录金星动态的泥板文书。星占学家希望有能力把握太阳、月亮和行星的运动规律，从而能预测各天体在未来某个时刻的位置，以期借此预测人间的事务。记载有未来某时刻及对应时刻天体位置的表称为星历表。事实上，对星历表精益求精的追求，一直到 17 世纪都是研究天体运动规律背后的驱动力，当然目的不再仅局限于星占[2]。

图 1-1　1897 年托克托出土的汉代石质日晷

图 1-2　古巴比伦记录金星动态的泥板文书

2. 古希腊天文学

古希腊天文学对天体运动的描述和解释构成了古典天文学的主体。古希腊民族喜好辩论、崇尚理性、讲学之风盛行。从公元前 6 世纪的泰勒斯到公元 2 世纪的托勒密近 800 年间，古希腊天文学发展迅速，先后出现过四大学派[4]。

爱奥尼亚学派由泰勒斯（Thales，约公元前 624—前 546）创立，其主要贡献是把古巴比伦和古埃及的天文学知识介绍到希腊。该学派认为可见天空是完整球形天空的一半，圆盘状的大地倒扣在球体中心，星辰都随同天空围绕北极星旋转。

毕达哥拉斯学派由著名几何学家毕达哥拉斯（Pythagoras，约公元前 570—前 496）创立，该学派对数最感兴趣，特别强调脱离形式的纯粹的数，因此容易导出这样一种观点，即行星在天空中复杂的视运动可以看成多种简单运动的复合结果。该学派的菲洛劳斯（Philolaus，约公元前 480—前 385）提出了一个地动学说，认为地球、太阳、月亮和行星都围绕着一团中央火运行，太阳是一面大镜子，反射了中央火发出的光芒，日月五大行星的视运动是地球也在运动的反映。毕达哥拉斯还根据月食时阴影的边缘是弧状的，推测出地球是球形的。

柏拉图学派由哲学家柏拉图（Plato，约公元前 427—前 347）创立，该学派接受毕达哥拉斯学派圆是最完美图形的观点，认为所有天体都应该沿着圆轨迹运动，并用这个观点解释宇宙。

柏拉图试图使天文学成为数学的一个分支,并提出了一个后面几个世纪的天文学家都致力于解决的首要问题:能否用匀速而整齐的运动解释行星的视运动。因为相比于太阳、月亮和恒星的运动,解释五大行星不规则的视运动是最复杂的问题,特别是行星的逆行问题(图 1-3)。匀速圆周运动成为首要之选。柏拉图的学生欧多克斯(Eudoxus,约公元前 410—前 356)提出了同心球理论,试图解决柏拉图所述的天文课题。欧多克斯设想地球是宇宙的中心,每一个天体复杂的视运动轨迹都是由若干个同心球的匀速圆周运动复合而成的,为此每颗行星需要设置 4 个同心球。亚里士多德(Aristotle,公元前 384—前 322)作为古希腊最伟大的思想家,在天文学方面支持欧多克斯的同心球理论。他坚持认为大地是不动的,否则一定会观测到恒星的周年视差,即若地球是运动的,则一年内在地球上观测到的恒星位置应该是变化的。在以后的两千多年间,这个理由一直是地球不动的重要证据,因为宇宙的广袤远远超出了古人的想象。亚里士多德还提出了自己的运动学与动力学理论,认为物体在不受外部影响的情况下将处于静止状态,因此解释物体的运动必须寻找外部的原因,这为地静说反对地动说提供了理论依据。因为若地球是运动的,则上抛物体不会落回原地。

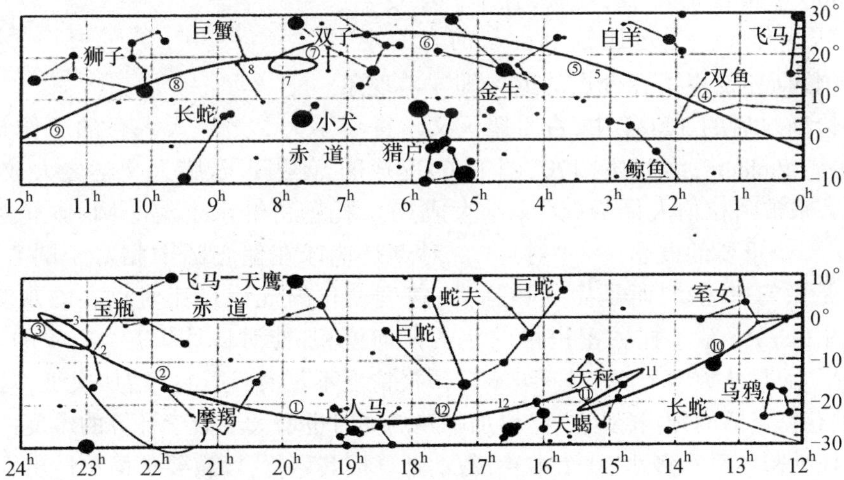

图 1-3 2006 年水星在星座间的视运动轨迹图

(图中数字和加圆圈数字分别表示每月 15 日水星和太阳的位置)

亚历山大学派形成于亚历山大大帝远征时期,它将古希腊的几何天文学与古巴比伦的算术天文学高度融合,开启了古希腊天文学新的历史时期,又称希腊化时期。这一时期的天文学人才济济,成果累累。阿里斯塔克(Aristarchus,公元前 310—前 230)在一篇名为"论日月的大小和距离"的论文中,基于希腊几何学的演绎推理,得到太阳是一个比地球直径大 6~7 倍的球体的结论(图 1-4)[2]。鉴于大的物体绕小的物体转动不合常理,因此阿里斯塔克认为地球和五个行星都以太阳为中心运转。由于地球每年绕日一周,同时每天自转一圈,所以才产生天体的周年变化和周日视运动。他还认为由于恒星离地球的距离太过遥远,因此地球公转导致的恒星周年

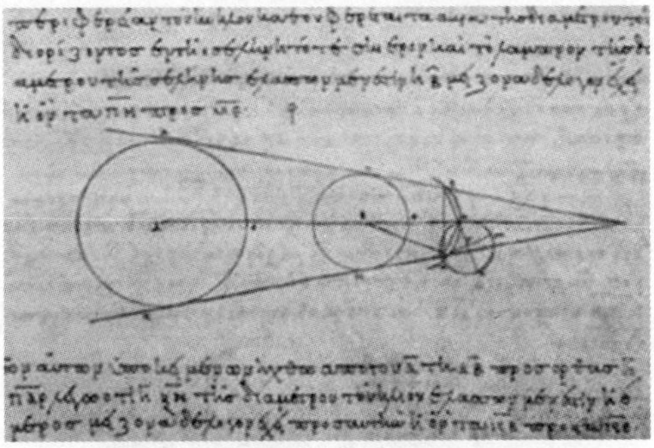

图 1-4 阿里斯塔克证明过程中的插图

视差很难观测到。阿里斯塔克是第一个提出严格的日心地动观点的学者，被称为哥白尼的先驱。

以一部《圆锥曲线论》闻名数学史的阿波罗尼乌斯（Apollonius，公元前262—前190）在用匀速圆周运动描述天体运行时提出了两种方案。在第一个方案中，行星绕地球运动，但地球并不处于圆周的中心，而是偏向一边，行星在偏心圆上做匀速运动。在第二个方案中，行星在一个较小的圆周“本轮”上做匀速运动，而本轮的中心则在一个较大的圆周“均轮”上做匀速运动，地球位于均轮的中心（图1-5）。阿波罗尼乌斯的这两个数学发明为天文学家解决行星视运动问题提供了基础。喜帕恰斯（Hipparchus，旧译依巴谷，公元前190—前127）利用阿波罗尼乌斯的偏心圆模型来描述太阳的运动，很好地解决了四季长度不等与匀速圆周运动的矛盾。喜帕恰斯还是一位勤奋的观测者，他对恒星方位进行了精密的测量，编制了包含有1080个恒星的星表，对促进西方天文学的发展起了很大作用。通过比较自己与前人的观测数据，喜帕恰斯还发现了春分点的退行即岁差现象。

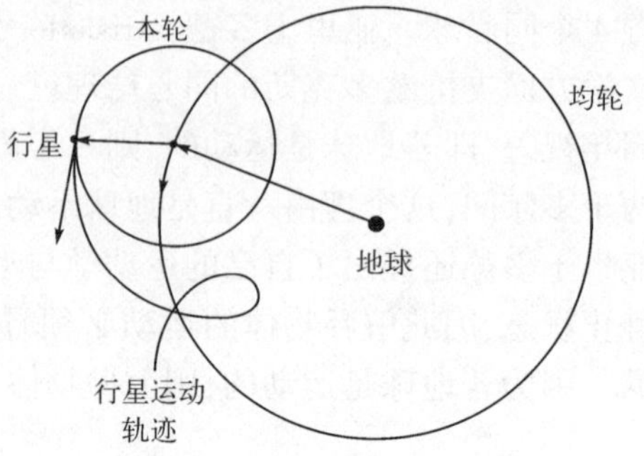

图1-5　本轮—均轮模型

在喜帕恰斯之后的300年中，古希腊天文学进展不大。最令人瞩目的工作是古埃及天文学家托勒密（Ptolemy，约100—170，图1-6）完成的，他集古希腊天文学之大成，写成巨著《至大论》（后来被阿拉伯人译为《天文学大成》）。托勒密继承了偏心圆、本轮和均轮的假设，又引入了一个重要的概念——“对点”。对点是地球在偏心圆中相对于圆心的镜像，圆周上的点不是做匀速运动，而是做变速运动，速度变化的规律是让对点上的观测者看起来是匀速的（图1-7）。基于托勒密提供的宇宙几何模型，能对日月和五大行星的运动给出相当精确的预报，而且从数学上讲，当一级本轮预报精度不足时，还可以增加次级，乃至三级、四级本轮，直到获得足够的预报精度。但增加本轮的同时也增大了数学计算的难度，有文献讲哥白尼看到的托勒密体系有多达80个本轮，数学计算极其繁复，以致要从简单性出发进行改革。此外，对点的引入使得天体的运动不再是匀速运动，这在许多人看来是对古希腊原则的冒犯，因此也成为改革托勒密体系的原因之一。无论如何，托勒密的工作代表了人类对认识自然的理性追求，是那个时期人类智慧的最高代表。在此之后的1000多年内，《至大论》一直被欧洲和西亚人奉为经典。

图1-6　托勒密肖像

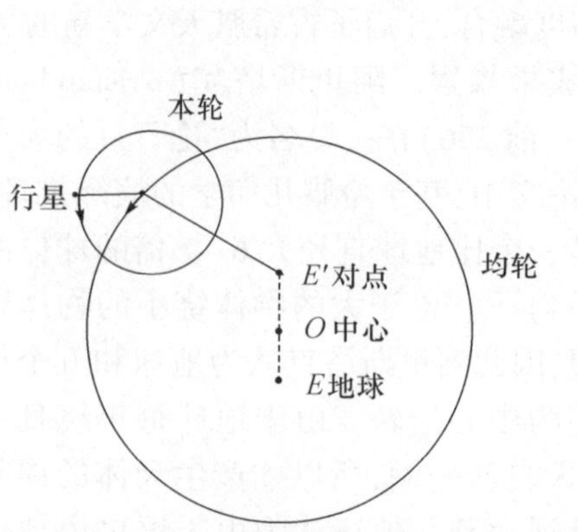

图1-7　托勒密的对点示意图

3. 阿拉伯天文学

托勒密写成《至大论》之时,古希腊文化已趋势微。从 476 年西罗马帝国衰亡至 15 世纪文艺复兴的 1000 年间,欧洲的天文学几乎没有进展。这段时期,世界范围内天文学的进步主要在阿拉伯世界。

阿拉伯人通过对周边先进文化的大翻译运动,激励了自身天文学的起步与发展。他们很重要的一项贡献是发展了球面三角学,极大地提高了天文学的计算能力。巴格达学派的阿尔巴塔尼(Al-Battani,约 858—929)第一个在天文计算中引入了正弦函数,发现了球面三角形的余弦定理,完善了球面三角的计算方法。他还首次对托勒密的计算进行了改进,纠正了太阳的远地点进动值和岁差常数,改进了回归年的长度。他最重要的一部著作是 57 卷的《历算书》,哥白尼、第谷、开普勒等人都受到了该书的影响。

阿拉伯人在天文观测方面也做出了很大贡献。他们制作了大量的大型精密观测仪器,还发明了特有的仪器星盘,提高了天文观测精度,出版了《托莱多天文表》《乌鲁伯格星表》等著作,后者被认为是介于托勒密和第谷之间最重要的恒星星表。针对托勒密模型中偏心圆和对点的不完美性,阿拉伯的学者们也提出了一些替代模型。马拉盖天文台的图西(Al-Tusi,1201—1284)只用匀速圆周运动就完成了行星运动模型的构建,代价是每个行星运动模型增加两个本轮。图西还构想过一种椭圆轨道的可能模型。同样是马拉盖学派的学者沙提尔(Al-Shatir,1304—1375),他发展了图西的双本轮模型,通过巧妙的设计消除了托勒密的对点和偏心圆,并在模型精度上首次超越了托勒密的模型。沙提尔非常重视测量精度和对理论进行实测检验,他是第一位为检验托勒密模型而把实验引入行星理论的天文学家。

12 世纪以后,大量的阿拉伯人著作被译成拉丁文,希腊人的学说以这种迂回的方式重新进入拉丁世界,推动了现代天文学的诞生。比如,哥白尼的日心理论中消除托勒密对点和偏心圆的方法与沙提尔的模型在数学细节上几乎一致,两者的月亮运动模型也是一样的,因此人们有理由相信沙提尔的模型被哥白尼改编进了他的理论之中[2]。

1.1.2 天体力学

天体力学(Celestial Mechanics)是应用数学和力学理论研究天体的运动和形状的学科,它是近代自然科学发展的先锋,直接促进了经典数学和力学理论的诞生与发展。天体力学的起源始自牛顿的经典著作《自然哲学的数学原理》,但正如牛顿所说,他是“站在巨人的肩膀上”,几位先驱者的工作为牛顿的成就奠定了基础,而人类历史上最伟大的数学家们的参与则使得天体力学的发展终臻大成。

天体力学的发展始自 15 世纪欧洲文艺复兴时期,这一阶段资本主义开始兴起,为了追逐利润需要对外扩张,海上交通迅速发展,航海事业对精密星历表提出更高的要求,从而引起天文学的大发展。天体力学的发展总体上可以分为三个阶段,即萌芽期、奠基期和发展期。

1. 萌芽期

这一时期学者们的主要工作是从天体观测数据中探寻天体的运动规律,并尝试解释天体运动的原因,做出杰出贡献的科学家主要有哥白尼、第谷、开普勒、伽利略、笛卡儿等[3]。

波兰科学家哥白尼(Nicolas Copernicus,1473—1543,图 1-8)的主要贡献是提出科学的“日心说”。哥白尼经过 40 多年的观测和计算,解决了阿里斯塔克日心说猜想中的数学问题,并完成了他的伟大著作《天体运行论》。在著作中,哥白尼认为太阳居于宇宙的中心,地球等行星都围绕太阳旋转(图 1-9)。地球在围绕太阳公转的同时,还绕轴自转。哥白尼的学说以更简洁的模型解决了行星的逆行、月球表面的大小是否改变、偏心圆与对点等困扰托勒密学说的难题。但作为一名在思想上倾向于毕达哥拉斯学派的学者,哥白尼仍然假设行星公转的轨道是标准的圆,为此在具体描述和推算行星的运动时,哥白尼也不得不引入偏心圆和本轮。同时,哥白尼也无法解释恒星周年视差、上抛物体为何落回原地等问题,但这些都不妨碍这本书开启天文学的新纪元。

图 1-8　哥白尼肖像

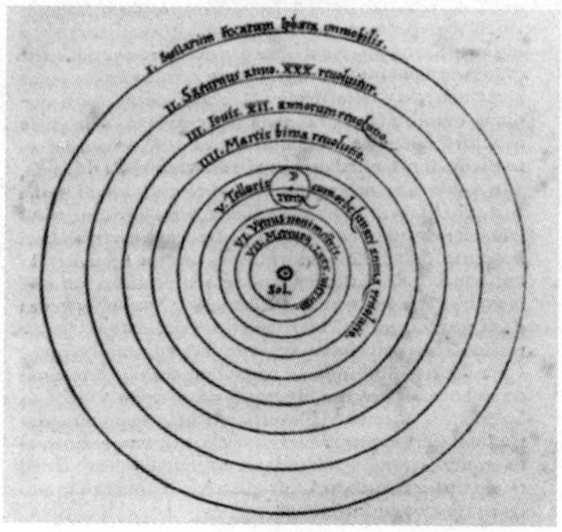

图 1-9　哥白尼的日心体系

哥白尼的著作引起了极大的关注,驱使一些天文学家对行星的运动进行更为准确的观测,其中最著名的是丹麦天文学家第谷(Tycho Brahe,1546—1601)。第谷的工作主要在实测天文学方面,他研究了精密天文学的大多数问题,包括建造精密的天文仪器、获取精确而系统的观测数据、测定许多重要的天文常数等(图 1-10)。第谷在仪器设计方面展现了自己的天赋,最高的测量精度达到 1′,这几乎已经是人类肉眼观测的极限。借助于精密的仪器,第谷在 1572 年发现了一颗超新星,在 1577 年又通过对一颗彗星的观测,断定彗星的位置要在月球之上。这些都与亚里士多德的宇宙学相矛盾,因为亚里士多德认为天空不会有新事物出现,而且只有在地月系内部的天体才会有运动和变化。在此之后,第谷又转而观测恒星的周年视差,最终却一无所获。第谷对自己的观测精度很有信心,因此拒绝了托勒密的地心说和哥白尼的日心说,提出了一种后来被称作第谷体系的太阳系模型:地球仍是宇宙的中心,五大行星围绕太阳旋转,太阳和月亮围绕地球旋转。1601 年,第谷辞世,大量的关于行星运动的精确观测资料留给了他的助手开普勒。

开普勒(Johannes Kepler,1571—1630,图 1-11)作为第谷的助手,早期主要针对火星的运动开展研究。因为在太阳系的五大行星中,火星是除水星外轨道偏心率最大的,第谷发现自己的模型与火星的观测数据吻合度不好,因此期望通过开普勒的研究改进自己的模型。开普勒利用本轮和偏心圆模型对火星运动进行了计算,发现计算结果与观测值之间有 8′的误差。开普勒对第谷的观测精度深信不疑,为此他抛弃了从托勒密到哥白尼一直使用的本轮和偏心圆模型。经过八年的冗长计算和“简直发疯似的思索”,开普勒最终确认,唯有椭圆才是火星的轨道。1609 年,开普勒出版了他的新书《新天文学》,发表了关于行星运动的第一定律和第二定律。1619 年,又在他的新书《宇宙的和谐》中发表了他的第三定律。

开普勒第一定律:行星绕太阳运动的轨道是椭圆,太阳位于椭圆的一个焦点上。

开普勒第二定律:行星与太阳的连线在等时间内扫过的面积是相等的。

开普勒第三定律:行星轨道周期的平方与椭圆轨道半长轴的立方成正比。

图 1-10　第谷设计与制造的四分仪

图 1-11　开普勒肖像

开普勒定律中隐含了宇宙万有引力定律的信息。实际上,开普勒在研究中受到吉尔伯特(William Gilbert,1544—1603)关于地球是一个磁体学说的启发,已经假定行星是受到磁力的推动而运动的。因此,开普勒在描述行星运动的同时,开始尝试寻找并量化引起运动的物理原因,将天体运动的研究由几何学引向物理学,由运动学引向动力学。

意大利科学家伽利略(Galileo Galilei,1564—1642)是哥白尼学说的坚定支持者,他从两个方面对哥白尼学说给予了支持。1609 年,伽利略改进了荷兰眼镜商发明的望远镜,将天文观测引入了一个新纪元(图 1-12)。通过对月球的观测,伽利略发现月球的表面和地球非常相似,有山脉和峡谷,凹凸不平;通过对太阳的观测,发现了太阳黑子的存在,由此推翻了亚里士多德关于太阳和月球是完美天体、与地球截然不同的论点。通过观测行星,他发现了木星的四颗卫星,直接支持了哥白尼提出的宇宙没有唯一旋转中心的猜想。他还发现金星也有类似月球的盈亏现象,这意味着金星是围绕太阳而不是围绕地球旋转。另一方面,伽利略在 1632 年出版了《关于托勒密和哥白尼的两大世界体系的对话》(简称《对话》)一书,书中对哥白尼宇宙学的优点给出了精彩的陈述,并有望远镜的证据作为支持。哥白尼的学说一度面临这样的驳难:如果地球是运动的,为什么上抛的物体会落回原地?面对这种驳难,伽利略在《对话》中重新评价了运动的概念,提出了伽利略相对性原理,指出并不是运动本身需要原因,而是运动的变化需要原因,这是牛顿惯性原理的雏形。

图 1-12　伽利略的望远镜

笛卡儿(René Descartes,1596—1650)对惯性概念的发展做出了重要贡献。他提出惯性运动必须是直线运动,在圆或曲线上运动的物体必然受到某种外部因素的作用。他由此提出了圆周运动中的离心倾向,这是从力学上分析圆周运动的第一步。尤为重要的是笛卡儿打破了仍禁锢前人的有限宇宙观念,提出了无限宇宙的学说。笛卡儿的宇宙是一个充满物质的空间,这些空间中物质的运动形成无数的漩涡。每一颗行星都倾向于逃离漩涡的中心,但漩涡中其他物质的离心倾向产生反作用与之抗衡,在这种动力学平衡下行星的轨道被确定了(图 1-13)。

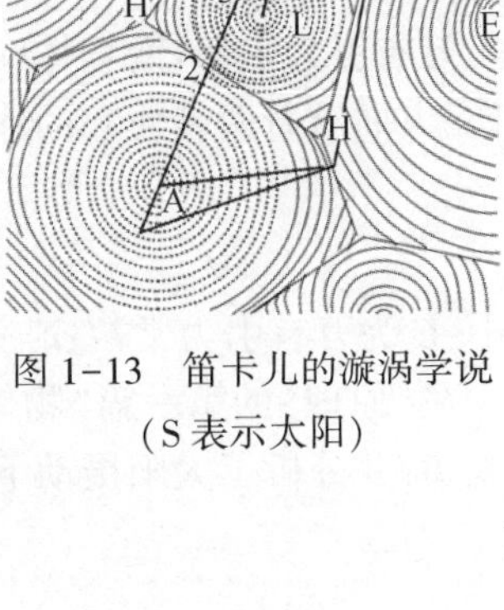

图 1-13　笛卡儿的漩涡学说
(S 表示太阳)

伽利略和笛卡儿的著作被收藏进剑桥大学的图书馆,多年后牛顿读到了他们的著作,并开始构建自己的宇宙体系。

2. 奠基期

这一阶段自 17 世纪牛顿创立天体力学到 19 世纪后期,是天体力学的奠基过程。天体力学在这个过程中逐步形成了自己的学科体系,称为经典天体力学。它的研究对象主要是太阳系内的大行星和月球,研究方法主要是经典数学分析方法,即摄动理论。

牛顿之前,人们对天文现象的探究还停留在通过观测天体的运动总结概括其运动规律的阶段,还没有从根本上解释天体运动的原因。1687 年,牛顿(Issac Newton,1643—1727,图 1-14)发表了巨著《自然哲学的数学原理》(简称《原理》,图 1-15),揭开了天文学的新篇章,也揭开了天体力学学科的帷幕。

图 1-14　牛顿肖像

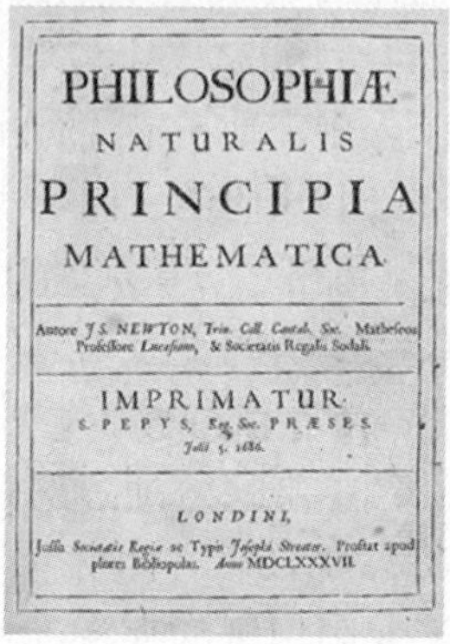

图 1-15　《自然哲学的数学原理》封面

《原理》共分三篇,还包括一个非常重要的导论。在书中,牛顿首先定义了质量、动量、力等力学基本概念,并假设存在绝对时间、绝对空间和绝对运动。接着,《原理》叙述了著名的物体运动三大定律和万有引力定律。

牛顿第一定律:任何物体都保持其静止或匀速直线运动状态,直到外力迫使其改变运动状态为止。

牛顿第二定律:物体运动的加速度与质量的乘积等于作用在物体上的合外力,即

$$\boldsymbol{F}=m\boldsymbol{a} \tag{1-1-1}$$

牛顿第三定律:两个物体间的作用力与反作用力大小相等、方向相反,且在同一条直线上。

牛顿第一、第二定律可以从伽利略的结果推演而来,其中第一定律是笛卡儿明确提出的。第三定律是牛顿的发现,正是这一发现使火箭飞行成为可能。在第二定律的基础上,牛顿通过分析圆周运动的向心加速度,并结合开普勒第三定律,揭示了引力的平方反比特性,即万有引力定律。

万有引力定律:两物体间万有引力的大小与它们质量的乘积成正比,与它们距离的平方成反比,方向沿着两者质心的连线方向

$$\boldsymbol{F}=\frac{Gm_1m_2}{r^2}\boldsymbol{r}^0 \tag{1-1-2}$$

式中:G 为万有引力常数;$\boldsymbol{r}^0$ 为两物体间的单位方向矢量,指向吸引物体。

在《原理》的第一篇“物体的运动”中,牛顿着重讨论了平方反比引力作用下两个质点的运动规律,并分析了太阳摄动下月球的运动。第二篇主要讨论物体在阻尼介质中的运动。第三

篇名为“宇宙体系”，主要论述前面给出的力学规律在天体运动中的应用。在第三篇中，牛顿严格证明了太阳系中各天体是按照哥白尼学说和开普勒定律运动的，天体的轨道取决于相互间的万有引力。牛顿还推算了地球赤道隆起的程度，指明月球和太阳对隆起部分的吸引是产生岁差的原因。第三篇还从数值上对月球运动的各种差项进行了计算[2]。

哈雷（Edmond Halley，1656—1742）资助了这本划时代巨著的出版，并担任该书的编辑，他盛赞该书“使凡夫俗子第一次接近诸神”[5]。今天看来，这种赞誉并不为过。《原理》用同一个物理规律解释了行星、飞机、轮船等万物的运动，人们体会到一种前所未有的智力自信，它开创了一个理性的时代。

在《原理》中，牛顿是通过几何学语言来叙述和论证其学说的。欧拉（Leonhard Euler，1707—1783，图 1-16）、达朗贝尔（Jean le Rondd' Alembert，1717—1783）、拉格朗日（Joseph-Louis Lagrange，1736—1813，图 1-17）、拉普拉斯（Pierre Simon Laplace，1749—1827，图 1-18）、泊松（Siméon-Denis Poisson，1781—1840）等则在研究中将其发展为代数形式。

图 1-16　欧拉肖像

图 1-17　拉格朗日肖像

图 1-18　拉普拉斯肖像

瑞士的欧拉首创了轨道根数变分法，开创了摄动理论的分析方法，分析了木星、土星以及天王星的轨道摄动问题。欧拉把代数方法全面引入天体力学，完善了月球运动的精确理论，同时在轨道计算、轨道确定、分析力学、变分法等方面建树颇多。法国数学家达朗贝尔是数学分析和力学的开拓者与奠基人之一，他深入研究了月球的运动原理，在月球的近地点移动、地球自转理论、岁差和章动理论等方面做出重要贡献。拉格朗日是大行星运动理论的创始人，他的研究成果在使天文学力学化、力学分析化中起到了决定性作用。拉格朗日发展了牛顿的摄动理论，研究了两个大质量天体和一个小质量天体的轨道问题，发现在两个大质量天体的引力共振下存在五个平动点。拉格朗日还研究了太阳系的长期稳定性问题。当时天文观测发现了土星的加速和木星的减速现象，月球也存在长期加速现象，人们担心这样持续下去木星会沿螺线进入太阳，而土星则会逐渐离开太阳，太阳系将会发生巨变乃至瓦解。拉格朗日证明，在一阶近似下，行星的轨道倾角和节线的空间指向存在周期性振荡，周期长达几千年。拉普拉斯在此基础上，发现土星和木星运动变化的周期依赖于两者与太阳之间的位置关系，并找到了月球长期加速运动的原因。1799—1825 年，拉普拉斯集前人之大成，出版了五卷 16 册的巨著《天体力学》。这部著作的内容涉及潮汐、岁差、章动、行星和月球摄动理论、卫星和彗星运动、三体问题的特解、地球的自转与形状、太阳系稳定性等问题，并首次提出了天体力学这一名称，成为经典天体力学的代表作。拉普拉斯还首次提出了太阳系的星云起源学说。

牛顿宇宙学说的正确性不断被实际观测所证实。1759 年，根据哈雷和克莱洛（Alexis

Clairaut,1713—1765)的计算,人们在预期的位置发现了哈雷彗星。1846 年,根据勒威耶(Urbain Le Verrier,1811—1877)和亚当斯(John Adams,1819—1892)的计算,由天王星的轨道摄动中发现了海王星的存在,这成为天体力学的伟大成果,也是自然科学理论预见性的重要验证。1838 年,德国人贝塞尔(Friedrich W. Bessel,1784—1846)终于通过观测证实了恒星周年视差的存在,这时距离哥白尼提出日心说已过去近 300 年。

3. 发展期

自 19 世纪后期到 20 世纪 50 年代,是天体力学的发展期。在研究对象方面,增加了太阳系内大量的小天体,如小行星、彗星和行星卫星等;在研究方法方面,除继续改进分析方法外,增加了定性方法和数值方法,但它们主要作为分析方法的补充。这段时期可以称为近代天体力学时期。

19 世纪后半叶,光学照相的方法被广泛应用到天文观测中,大量的小行星、彗星和行星卫星被发现(图 1-19)。这些小天体的轨道偏心率和倾角都较大,受到的摄动因素比较复杂,因此基于拉格朗日摄动方程的轨道分析理论不能满足精度要求,天体力学家们开始探索一些新的研究途径,主要的进展体现在月球运动理论中。德国的汉森(Peter Hansen,1795—1874)以一个形状和大小不变的椭圆作为中间轨道,分析月球的运动,给出了计算月球运动的汉森系数。法国天文学家德洛内(Charles-Eugène Delaunay,1816—1872)发展了摄动理论,提出了用于正则变换的德洛内变量,奠定了天体力学变换理论的基础。美国的希尔(George Hill,1838—1914)研究了三体问题与四体问题新的数学描述方法,以接近实际运动的周期轨道作为中间轨道,分析卫星的摄动特性,发展了月球运动理论。美国的纽康(Simon Newcomb,1835—1909)、英国的布朗(Ernest Brown,1866—1938)、瑞典的泽培尔(Edvard von Zeipel,1873—1959)等改进了分析理论,并将其用于小天体轨道分析中,同时也为人造卫星的轨道摄动分析奠定了坚实的理论基础。

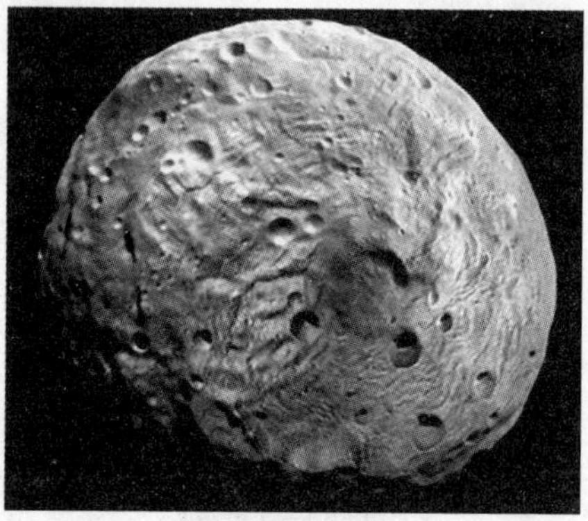

图 1-19 “黎明”号拍摄到的灶神星图片

德国数学家高斯(Johann Carl Gauss,1777—1855)是天体力学数值方法的开创者。高斯在数学上极具天赋,有“数学王子”的美誉。18 岁的高斯就发明了最小二乘法,并以此为基础,解算出人类发现的第一颗小行星“谷神星”的轨道。在 1809 年出版的《天体沿圆锥截线绕日运动的理论》一书中,高斯对确定行星和彗星轨道的方法做了详尽讨论,并制定了许多天体力学数值计算的基本原则[8]。在 19 世纪末提出的科威耳方法(Philip H. Cowell,1870—1949)和亚当斯方法,至今仍是天体力学的基本数值方法。

天体力学定性分析方法的主要贡献来自法国数学家庞加莱(Jules Poincaré,1854—1912,图 1-20)和俄国数学家李雅普诺夫(Aleksandr Lyapunov,1857—1918)。庞加莱在三体问题和运动的稳定性分析方面做出了突出贡献,他引入了相图理论,发现了混沌现象,证明了以轨道要素作为变量的 N 体问题只能得到 10 个独立的代数积分,因此不再去追求微分方程的精确解,转而通过定性分析的方法了解解的性质。这也改变了人们研究微分方程的基本想法,即不再追求方程精确的代数或幂级数解,转而

图 1-20 庞加莱肖像

通过定性方法或几何方法讨论解的性质。庞加莱在1892—1899年出版了三卷本的《天体力学新方法》,书中针对N体问题提出了积分不变量、周期解、渐近解、首回映射、同/异宿轨道等全新的概念,开创了天体力学研究的新时代[9]。有学者评价庞加莱在天体力学方面的研究是牛顿以来第二个伟大的里程碑,《天体力学新方法》是可以与拉普拉斯的《天体力学》相媲美的著作[8,9]。从对天体力学的研究领域、研究方法的拓展以及对数学的推动来看,庞加莱是担得起如此盛誉的。李雅普诺夫在常微分方程稳定性分析方面的开创性工作为天体力学定性方法提供了重要手段。

到20世纪初,牛顿力学中还有一个天文现象无法解释,就是水星近日点进动问题。天文观测发现,水星近日点进动的实际速率与牛顿定律的计算结果每100年相差43″,科学家们尝试了各种方法去解释此问题,但都无功而返。直到1916年,爱因斯坦提出广义相对论后才给出问题的答案,天体力学的发展也由此进入一个新的阶段。而另一方面,随着火箭技术的发展,人类进入了太空时代,大量航天工程实践推动天体力学走向轨道力学。

1.1.3 航天动力学

轨道力学是航天动力学的重要组成部分。航天动力学(Astrodynamics)是应用数学、力学和控制理论研究航天飞行器运动规律和控制方法的科学,它是随着火箭推进技术和控制理论的发展而逐渐兴起的。

航天动力学的主要研究内容可分为以下几个方面。

火箭动力学:研究推进装置工作时飞行器的质心运动与控制规律,主要是发射段的运动;

轨道动力学:研究在中心天体引力和其他力作用下的质心运动与控制规律,主要是在轨段的运动,又称轨道力学;

进入动力学:研究进入天体大气层时在气动力和其他力作用下的质心运动与控制规律,主要是进入段的运动,有时也包括着陆段;

姿态动力学:研究飞行器相对于自身质心以及各组成部分间的转动运动与控制规律。

虽然轨道力学也采用天体力学的研究方法,但它已经超出了传统天体力学的研究范围。一方面,绝大多数航天器运行在近地空间,受力环境复杂、轨道角速度大,因此摄动分析与精确轨道计算更加困难;另一方面,由于能够根据需要设计和改变航天器的飞行轨道,轨道设计、轨道控制成为重要的研究内容。

与天体力学不同,航天动力学的发展大多是由大型航天工程推动的,研究内容更加注重实用性。以1957年发射第一颗人造地球卫星为界,航天动力学的发展大致可以分为两个阶段。

1. 早期发展

航天动力学的早期发展阶段主要是对火箭推进技术的探索。

俄国科学家齐奥尔科夫斯基(Konstantin Tsiolkovsky, 1857—1935,图1-21)是现代航天学和火箭理论的奠基人。1898年,他完成了著名论文“用于空间研究的反作用飞行器”,推导了理想情况下计算火箭速度增量的齐奥尔科夫斯基公式,并建议使用液氢/液氧的液体推进剂和多级火箭。苏联

图1-21 齐奥尔科夫斯基肖像

的另一位太空飞行先驱灿德尔(Friedirch Tsander,1887—1933)积极宣传和推动齐奥尔科夫斯基的研究工作,并于1931年在莫斯科组建了“反作用推进研究小组”(GIRD),刚从大学毕业的科罗廖夫(Sergey Korolyov,1907—1966)参加了小组的筹建。1933年,GIRD研制的火箭发射成功,飞行到了75m左右的高度,这是苏联成功发射的第一支火箭。这时GIRD已经与另一个火箭研究小组合并组成新的研究机构“反作用推进科学研究所”,科罗廖夫被任命为副主任,并逐渐成长为冷战期间苏联火箭设计的灵魂人物。

美国科学家戈达德(Robert Goddard,1882—1945)是火箭理论与技术的先驱。1919年,戈达德在史密森学会发表了名为《一种达到极大高度的方法》的论文,详细叙述了火箭飞行的数学理论,并论证了空间飞行与飞向月球的可能性。戈达德更大的贡献是在火箭试验方面(图1-22),他于1926年成功试射了世界上第一枚用液体化学燃料作动力的火箭,并设计了多级火箭,每级火箭都将载荷推到更高的高度,直至飞出大气层,这种设计思想一直沿用到今天。戈达德还成功试射了第一枚用电力控制的火箭和用陀螺仪控制的火箭,第一个将拉瓦尔喷管和涡轮—泵系统应用到火箭发动机上。德国科学家利用他的设计思想制造了V-2火箭(图1-23)。戈达德一生获得了214个火箭方面的专利,其中大多是关于液体燃料火箭和相关部件的。为纪念他,1959年美国航空航天局(NASA)以他的名字命名了一个新成立的飞行控制中心。

图1-22　戈达德与他的火箭

图1-23　V-2火箭

德国火箭专家奥伯特(Hermann Oberth,1894—1989)奠定了液体火箭的理论基础,被誉为欧洲火箭之父。奥伯特的主要贡献是理论上的,他在1923年发表了经典著作《飞往星际空间的火箭》,为早期火箭技术的发展奠定了理论基础。1929年,奥伯特成立了一个火箭制造小组,柏林工业大学的学生冯·布劳恩(Wernher Von Braun,1912—1977)参与了这个小组。后来，奥伯特和冯·布劳恩参加了德国的火箭计划，冯·布劳恩被任命为技术总负责人，研制出了以乙醇/液氧为推进剂的 V-2 火箭。V-2 火箭的射程达 320km，最大飞行速度达马赫数 6，使用的 A-4 火箭发动机完全是以奥伯特的理论框架为基础的。第二次世界大战结束后，冯·布劳恩到了美国，成为冷战期间美国火箭设计的领军人物。为完成"阿波罗"登月计划，在冯·布劳恩的领导下美国研制成功了运载火箭"土星 V 号"，起飞推力达 3400t，至今仍是投入实用的起飞重量最大的火箭。

2. 近期发展

航天动力学的近期发展是以一系列的航天工程为背景，在解决实际的工程应用问题中逐渐进步的。

1957 年 10 月 4 日，苏联的第一颗人造地球卫星 Sputnik 发射升空，开启了人类探索太空的序幕(图 1-24)。一个月后，苏联发射了第二颗卫星 Sputnik Ⅱ，并搭载了一条名为"莱依卡"的小狗，同时实现了对太阳紫外线、X 射线和宇宙射线的探测。1958 年 1 月，美国的第一颗卫星"探索者"1 号成功进入地球轨道。1960 年，美国发射了"回声"Ⅰ号，它带有铝制外壳，可以被动地反射声音和图像信号，向人们展示了卫星通信的可行性，人类开始利用太空来改善自己的生活。1964 年，美国发射了第一颗实用的地球同步卫星，并借助这颗卫星转播了东京夏季奥运会。此后，各类科学卫星、通信卫星、气象卫星、遥感卫星、导航卫星陆续发射升空，截至 2023 年 10 月，发射卫星总数已超过 17000 颗，全方位地改变了人类的生活。在研究人造地球卫星运动的过程中，发现了与天体力学不同的运动规律。比如，由于近地航天器的轨道角速度比自然天体要大得多，因此古典摄动法中的一阶摄动可以达到零阶量级，不再适用，推动了平均根数法等卫星轨道摄动理论的诞生。离开地球进入太空一直是人类的梦想。1961 年 4 月 12 日，苏联航天员尤里·加加林乘坐"东方"1 号宇宙飞船进入太空，绕地球飞行一周后安全返回地面，实现了人类的第一次太空飞行。1966 年 1 月，两艘"联盟"号飞船在轨道上完成交会对接。1971 年，苏联第一个空间站"礼炮"1 号发射升空，并与"联盟"号飞船对接成功。1981 年 4 月，美国航天飞机"哥伦比亚"号进入太空，绕地球飞行 36 圈后成功返回地球并实现水平着陆。1996 年，经过 10 年的建设周期，第一个真正意义上的空间站"和平"号完成建设，但在 4 年后就因部件老化和缺乏维修经费而坠入地球大气烧毁。我国经过 50 多年的努力，已发射了 600 余颗人造地球卫星，完成了载人航天、交会对接等重大任务，并独立完成了空间站建设。数量众多的近地航天器的发射和运行，带来了轨道摄动分析、轨道设计、轨道机动、相对运动控制等一系列崭新的课题，为轨道力学的发展提供了广阔的空间。

图 1-24　第一颗人造地球卫星 Sputnik

了解宇宙的起源与演变，探究生命存在的意义一直是人类最感兴趣的话题。早期人们只能借助天文望远镜观测地外天体，太空飞行技术提供了新的研究手段。月球作为地球唯一的天然卫星，也是离地球最近的天体，自然成为地外天体探测的第一个目标。1959 年 1 月 2 日，苏联的"月球"1 号顺利升空，并未经停泊直接奔向月球，成为第一个达到第二宇宙速度的人造物体。可惜的是，由于计算错误，"月球"1 号未能实现预期的撞月目标。同年 9 月，"月球"2 号成功撞击月球；10 月，"月球"3 号成功绕到月球背面，传回了第一张月球背面的图片。1966

年 1 月,“月球”9 号成功实现月面软着陆。1970 年 9 月,“月球”16 号到达月球后采集月壤样品 101g,并成功返回地球。美国最成功的月球探测项目当属“阿波罗”计划。1961 年,美国启动“阿波罗”计划。作为前期准备,先后发射了三个系列的月球探测器,即“徘徊者”(Ranger)、“勘察者”(Surveyor)和“月球轨道器”(Lunar Orbiter),为了解月貌、选择登月着陆点完成了技术准备。1969 年 7 月,“阿波罗”11 号实现月球软着陆,阿姆斯特朗在月球上留下了人类的第一个脚印(图 1-25)。我国在 2004 年发射了第一颗月球探测器“嫦娥”一号,实现了对月球的环绕探测。2013 年,“嫦娥”三号探测器成功实现月面软着陆。2019 年,“嫦娥”四号在月球背面预选区域软着陆,为支持任务实施中探测器与地面的通信,我国在地月 L_2 拉格朗日点的晕轨道上部署了“鹊桥”中继星。2020 年,我国成功实施了“嫦娥”五号月面取样返回任务,标志着我国全面掌握了月球探测技术。在月球探测任务中,需要解决三体模型下的轨道设计、月球轨道捕获、月面起飞上升及月球轨道交会、月地直接返回轨道设计、地月平动点周期轨道设计、超远距离轨道测量与确定等轨道力学问题。

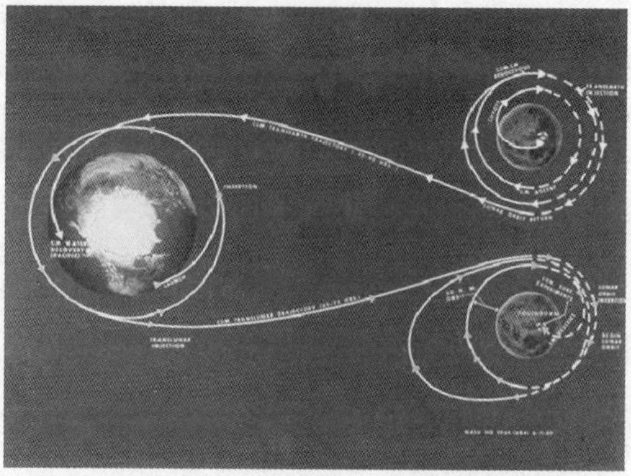

图 1-25 “阿波罗”登月任务剖面

行星和行星际探测器加深了人类对太阳系的认识。1960 年 3 月,美国成功发射了第一个行星际探测器“先驱者”5 号,进入了一条椭圆日心轨道,测量了行星际磁场、行星际粒子和太阳风。金星和火星是目前人类探测最多的两颗除地球之外的行星。1962 年,美国的“水手”2 号成功飞掠金星,发现金星没有磁场和辐射带。1970 年,苏联的“金星”7 号第一次降落金星表面。1964 年,美国发射的“水手”4 号成为第一个飞掠火星的探测器,首次传回了另一颗行星的图像,并测量了火星的大气和辐射情况。1975 年,“海盗”1 号在火星表面软着陆成功,发回了几万张火星表面的照片。除了探测大行星外,人类也向小行星、彗星以及太阳发射了多个探测器,如“近地小行星会合”探测器(NEAR)、“星辰”号(Stardust)彗星探测器、“尤利西斯”号(Ulysses)太阳探测器等。1977 年发射的“旅行者”1 号尤其值得关注。发射入轨后,“旅行者”1 号先后探测了木星、土星和土星最大的卫星“泰坦”。2013 年 9 月,NASA 宣布“旅行者”1 号已经离开太阳系,进入星际空间,成为目前飞得最远的人造物体(图 1-26)。2020 年,我国成功发射“天问”一号火星探测器,并通过一次任务实现火星环绕、着陆和巡视探测三大目标,标识着我国在深空探测领域进入世界先进行列。与近地航天器相比,深空探测器在轨道设计和控制方面有更多的新技术可以利用,因此设计的空间也更大。比如,1978 年发射的“国际日地探测器”3 号(ISEE-3)入轨到日地 L_1 平动点的晕轨道(Halo orbit),实现对日地关系、太阳风和宇宙射线的探测,是第一个平动点探测器。1990 年,美国和欧空局发射“尤利西斯”号太阳探测器,借助于木星强大的引力实施变轨,最终使探测器离开黄道面进入环绕太阳的极地轨道。1998 年,美国发射“深空”实验航天器 Deep Space-1,验证了以电推进作为主推进的可行性,小行星探测器“黎明”号(DAWN)、月球探测器 SMART-1 等也都以电推进作为主推进器实现了预期任务。在长期的轨道转移过程中,电推进可能比传统的化学推进更节省燃料,但轨道设计的难度也更大。2001 年,美国发射了“起源”号(Genesis)探测器用于收集太阳风样品,这是第一个采用现代动力系统理论设计轨道的航天器。平动点、近旁转向、电推进、动力系统理论等新技术,以及大行星、卫星、小天体、日地空间等众多的探测对象给深空探测轨道设计提供了广阔的空间,成为目前轨道力学领域研究的热点与前沿。

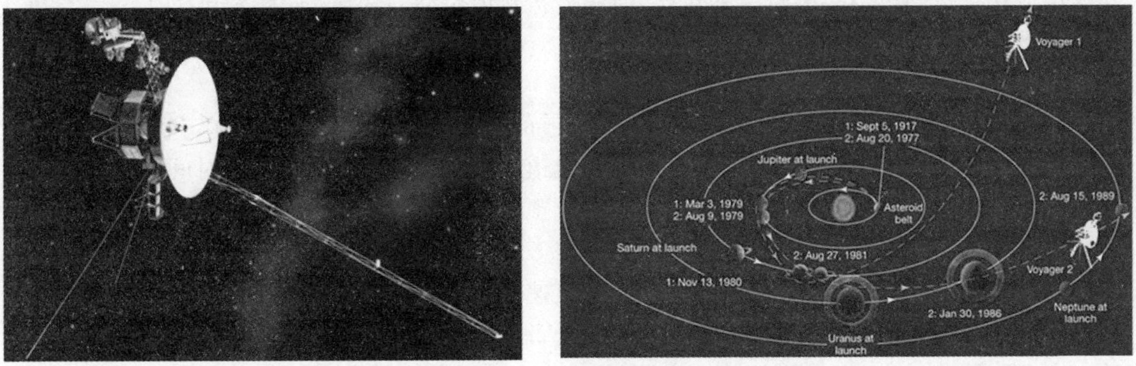

图 1-26 "旅行者"1 号探测器及其轨道

1.2 轨道力学的主要研究内容

1.2.1 轨道动力学

轨道动力学研究航天器质心在外力作用下的运动规律,基本的描述公式是牛顿第二定律:

$$m\ddot{\boldsymbol{r}}=\boldsymbol{F} \tag{1-2-1}$$

式中:$\ddot{\boldsymbol{r}}$ 为航天器相对于惯性系的加速度矢量,$\boldsymbol{F}$ 为位置矢量;$\boldsymbol{F}$ 为作用在航天器上外力的主矢。

1. N 体问题

若有 N 个天体,各天体的质量分布是球对称的,则在考虑彼此间的引力作用时,可以认为是质量集中在球心的质点。若 N 个天体除了相互间的引力作用外,不受其他外力的作用,则称为 N 体系统。已知 N 体系统中各质点在 t_0 时刻的位置和速度,求此后任意时刻 t 的位置和速度的问题,称为 N 体问题。

N 体问题是天体力学的经典问题,也是最基本的问题。从牛顿开始,许多数学家和天文学家都研究过这个问题,但只在个别情况下求得了解析解。今天,人们仍在不断尝试用各种先进的数学手段探求 N 体问题的解。

$N=2$ 时称为二体问题。二体问题有解析解,它的几何形状是一条圆锥曲线,可以用六个常值的轨道要素来描述。二体问题是描述航天器在天体引力场中运动时最常用的理想化模型,是轨道力学的核心内容。

2. 轨道摄动

精确的理论轨道与简化的理论轨道之差,称为轨道摄动。此时,可把式(1-2-1)写成

$$m\ddot{\boldsymbol{r}}=\boldsymbol{F}_0+\boldsymbol{F}_p \tag{1-2-2}$$

式中:$\boldsymbol{F}_0$ 为把中心天体看作匀质圆球时的万有引力,是航天器上的主要作用力;$\boldsymbol{F}_p$ 为其他作用力,包括中心天体的非球形引力、其他天体的引力、大气阻力、太阳辐射压力等,称为摄动力,一般有 $\boldsymbol{F}_p \ll \boldsymbol{F}_0$。

不考虑 $\boldsymbol{F}_p$ 时,求解式(1-2-2)得到的即是简化的理论轨道,即二体轨道。考虑 $\boldsymbol{F}_p$ 时求解

式(1-2-2)得到精确的理论轨道,此时轨道要素成为随时间变化的量。研究轨道要素在摄动力作用下的变化规律是轨道摄动的主要研究内容,也是经典天体力学的主要研究内容。

计算轨道摄动的主要目的是求出航天器精确的轨道运动,获得其在任何时刻准确的位置与速度。还可以通过与实测轨道的对比,研究分析轨道摄动的变化,为天体引力场、大气密度、地震预报等天体物理研究服务。

3. 轨道确定

根据轨道测量数据确定航天器真实运行轨道的过程称为轨道确定,简称定轨。航天器入轨时由于发射误差的影响,实际轨道会与标称轨道存在偏差;在轨运行一段时间后,由于摄动力的影响,实际轨道也会偏离标称轨道。为完成预定任务,必须通过测量手段确定航天器的实际轨道。

轨道测量往往无法直接获得航天器的位置、速度矢量或轨道要素,而是要通过转换得到。不同的测轨数据有不同的换算方法。如光学设备一次测量能获得两个角度数据(赤经和赤纬),得不到距离信息,至少要经过三次测量才能得到 6 个轨道要素。若采用雷达测轨,一次测量可以获得相对距离和两个角度信息(方位角和仰角),结合雷达的地面坐标可以得到卫星的地心位置,经过两次测量可以计算轨道要素。定轨初期,根据少量的测量数据粗略确定航天器轨道的过程称为初轨确定。由于测量数据中含有各种误差,因此初轨确定的精度一般不高。为提高精度,往往要利用大量的测轨数据和摄动运动模型,根据现代估计理论滤除随机测量误差,该过程称为轨道改进。

轨道确定是现代航天应用中不可或缺的技术手段,早期对它的研究则有力地推动了天体力学的发展。

4. 轨道设计

航天器的发射和在轨运行并不是独立的,要与地球、太阳等天体发生信息联系,以完成预定的任务。例如,为完成对地勘察、通信、测量等任务,要分析航天器的星下点轨迹和星上有效载荷对地面的覆盖区域;为制定热控系统、电源系统、姿控系统的工作模式,要分析与太阳的几何方位;为完成定姿、定轨等任务,要确定与恒星的相对方位关系;为与其他航天器协同完成某些任务,要分析相互间的相对位置关系。在月球探测、行星际航行等任务中,多以接近目标天体为目的,实现这个目的的可能轨道有很多条,要从中选出一条最佳轨道,使航天器能够以最小的燃料消耗或最短的飞行时间、用最简单的飞行控制方法、在最便于测控的情况下到达天体附近。

上述要求给航天器轨道设计提出了多种约束条件,在这些条件下确定航天器的飞行轨道,并使某些性能指标达到最优是轨道设计的主要研究内容。

1.2.2 轨道控制

轨道控制又称轨道机动,主要研究如何改变作用在航天器上控制力的变化规律,使航天器的质心运动轨迹满足预期要求,可以用公式表示为

$$m\ddot{\boldsymbol{r}} = \boldsymbol{F}_n + \boldsymbol{F}_c \tag{1-2-3}$$

式中:$\boldsymbol{F}_c$ 为能够改变的控制力;$\boldsymbol{F}_n$ 为其他作用力。

很明显,微分方程(1-2-3)的解与 $\boldsymbol{F}_c(t)$ 的变化规律有关,轨道控制的目的就是根据任务要求的 $\boldsymbol{r}(t)$ 和 $\dot{\boldsymbol{r}}(t)$ 设计 $\boldsymbol{F}_c(t)$ 的变化规律。下面从飞行任务的角度分类简述轨道控制的特点。

1. 轨道改变与轨道转移

这种轨道控制方式是使航天器从一个自由飞行轨道转移到另一个自由飞行轨道,且转移过程中速度增量较大。若初轨道与终轨道相交,通过一次变轨即可完成轨道机动过程,则称为轨道改变;否则称为轨道转移。根据控制力特性的不同,又可以分为脉冲推力、有限推力、连续小推力等不同情形。这种轨道机动方式常用于地球同步轨道卫星发射、交会对接远程段控制、返回式卫星离轨段控制、月球或行星探测器发射等航天任务。发射地球同步轨道卫星时,一般先将卫星送入近地停泊轨道,然后通过一次或多次轨道转移最终进入同步轨道。深空探测器在飞行过程中经常要经过多次变轨,由于飞行距离远、速度增量大、引力场变化复杂,可以采用近旁转向、气动辅助变轨、小推力推进等技术,转移轨道设计难度大。

2. 轨道调整

轨道调整的特点是初轨道与终轨道的轨道要素相差不大,轨道机动需要的速度增量较小,因此可以用轨道摄动运动方程或线性化的运动方程描述变轨过程。这种控制方式的典型应用包括航天器入轨后的初始轨道捕获、地球静止卫星的位置保持、对地观测卫星的位置保持、无阻力卫星的扰动补偿、星座或编队飞行时卫星的相对位置保持、深空探测轨道的中途修正等。地球静止卫星的位置保持是典型的轨道调整任务,目的是使卫星与地球的相对位置保持不变,这就要求轨道周期等于地球的自转周期,偏心率和轨道倾角都接近于零。深空探测器的飞行距离远,行星或行星际空间的探测至少要飞行几个月的时间,很小的初始误差都会被放大到不可接受的程度,因此在任务设计阶段要仔细进行误差分析,安排好若干次中途修正,保证到达目标天体。

3. 相对运动控制

相对运动控制是指两航天器的相对距离较近,具备相对导航的测量条件,可以用相对运动方程描述的轨道机动问题。这种控制方式的应用任务包括交会对接、编队飞行、轨道拦截的末段控制等。相对运动控制的研究主要集中在近地空间,近年来逐渐扩展到深空任务,特别是平动点编队、平动点交会等。交会对接是一种典型的相对运动控制任务,一般先通过远程导引段将追踪航天器导引到目标航天器附近(比如小于 100km),追踪器携带的雷达、差分 GNSS、光学敏感器等能够获得相对运动信息后,则开始近程导引。近程导引段一般基于线性化的相对运动方程(如 C-W 方程)设计控制律,对相对运动状态实施闭环控制,直至满足停靠或对接要求。轨道拦截末段控制也是一种典型的相对运动控制,它与轨道交会的区别在于不控制相对速度,只要求末端相对位置为零。轨道拦截一般通过雷达或光学导引头获取两个航天器的相对运动信息,基于视线坐标系内的相对运动方程设计控制律。

1.3 轨道力学的地位与作用

航天器是一类有控飞行器,它与自然天体的一个重要区别是运行轨道可以人为选择,而且运行过程中可以通过施加控制力加以改变。因此,根据特定的航天任务,选择最有利的运行轨道、制定最优的控制策略是航天任务中最重要的设计内容之一,轨道力学正是解决这一问题的。轨道力学在航天器任务分析、总体设计、分系统设计、发射与运营管理、应用效果评估等全寿命周期内的各个环节都有非常重要的应用,下面以太阳同步轨道气象卫星为例加以说明。

为实现对既定区域气象特征的良好观测,气象卫星一般选择两类轨道:太阳同步轨道或地球静止轨道。我国的“风云”气象卫星以奇数编号的都是太阳同步轨道(图 1-27),以偶数编号的都是地球静止轨道。太阳同步轨道的特点是轨道面与太阳的夹角基本不变,卫星星下点经过相同纬度的当地地方平太阳时是一样的,因此光照条件相同,便于卫星云图的判读。

图 1-27 “风云”1-C 气象卫星

(轨道高度 863km,轨道倾角 98.79°,降交点地方时 8:34am)

在卫星设计中,轨道特性对其他分系统设计至关重要,因此首先要根据卫星任务要求,初步确定卫星的轨道。太阳同步轨道的实现原理是地球扁率项引起的轨道面进动速率与平太阳周年视运动的角速率相同,因此轨道倾角、偏心率与轨道高度之间满足一定的约束条件。为保证云图质量,轨道一般选择为圆轨道,偏心率小于 1‰。轨道倾角要大于 90°,为实现全球观测,最好选择在极轨附近,由此可确定轨道高度在 800~1000km。同时,希望气象卫星能够在一段时间内实现对特定地点的重复访问,即要求轨道是回归或准回归轨道。考虑上述因素,以及运载火箭、地面测控网、卫星寿命、有效载荷等约束条件,可以初步确定卫星的轨道参数。

卫星轨道会影响有效载荷设计,轨道高度增加,传感器的地面覆盖宽度增加,但分辨率降低,因此要根据云图的覆盖和分辨率要求,确定载荷的设计参数,如红外相机的视场、焦距等。卫星轨道决定了星体的光照条件,这会影响电源系统的设计,要结合卫星的功率需求确定太阳帆板的尺寸和定向方式;还会影响热控系统设计,要分析卫星吸收的太阳辐射能量,确定热控系统方案。还要分析卫星轨道的受摄运动,制定轨道保持策略,根据卫星寿命要求,确定轨控系统方案和燃料装载量。

卫星轨道直接影响发射方案,发射窗口的分析与计算、飞行程序的设计、入轨精度分析、轨道捕获策略制定等都与卫星轨道相关。卫星轨道还影响发射测控方案设计,要分析可测控条件、计算可测控弧段,根据测控精度要求,确定测控方案。卫星发射入轨后,首先要进行轨道捕获,消除发射误差,使卫星能在标称轨道运行。卫星正常工作后,要不断进行轨道确定,支持卫星云图判读;分析轨道受摄运动,当实际运行轨道与标称轨道偏离过大时,进行轨道保持;开展轨道预报,若发现存在与微流星体或轨道碎片撞击的风险,为避免损毁卫星,可能要实施轨道机动。

参 考 文 献

[1] 杨家墀,等. 航天器轨道动力学与控制(上册)[M]. 北京:宇航出版社,1995.

[2] 钮卫星. 天文学史 [M]. 上海: 上海交通大学出版社,2011.

[3] McCutcheon C,McCutcheon B. 太空与天文学 [M]. 邝剑菁,译. 上海:上海科学技术文献出版社,2007.

[4] 余明. 简明天文学教程[M].2 版. 北京:科学出版社,2007.

[5] Cleick J. 牛顿传 [M]. 吴铮,译. 北京: 高等教育出版社,2010.

[6] Sellers J J,Astore W J,Giffen R B,等. 理解航天[M]. 张海云,李俊峰,译. 北京:清华大学出版社,2007.

[7] 肖峰. 球面天文学与天体力学基础[M]. 长沙: 国防科技大学出版社,1989.

[8] Bell E T. 数学大师:从芝诺到庞加莱 [M]. 徐源,译. 上海:上海科技教育出版社,2004.

[9] Diacu F,Holmes P. 天遇——混沌与稳定性的起源[M]. 王兰宇,译. 上海:上海科技教育出版社,2005.

第 2 章　轨道力学基础知识

探索宇宙是人类开展航天活动的主要目的之一,目前主要是对太阳系的探测。人类对太阳系的认识是随着观测手段的发展而不断进步的。在早期的肉眼观测阶段,能看到的天体主要是日月和五大行星,对日月运动的测量成为各文明制定历法的基础,对行星运动的解释则促成了天体力学的诞生。伽利略将望远镜引入天体观测,发现了木星的四颗卫星,直接支持了牛顿的学说。赫歇尔在观测恒星的过程中偶然发现了天王星,勒威耶等人对天王星轨道摄动的分析又促进了海王星的发现。19 世纪后半叶,照相术被广泛应用到天文观测中,大量的小行星被发现。进入航天时代后,各类探测器的发射极大丰富了人类对太阳系的认识,目前已经探测过太阳系内所有的大行星,对行星的大气、辐射带、磁场、重力场等有了较深入的了解。当前,发射航天探测器已成为获取太阳系研究信息最直接和最有效的手段。

"往古来今谓之宙,四方上下谓之宇",在古人朴素的宇宙观中,就包含了时间和空间两个基本概念。在轨道力学中,分别用时间系统和坐标系统描述时间和空间。关于时间和空间基本属性的探讨自古以来一直是哲学和物理学的重要内容。古希腊的亚里士多德建立了人类第一个相对完整的时空观,认为时间是使运动成为可以计数的东西,而空间的位置是绝对的,每个物体都有自己的天然位置。牛顿提出了绝对时间和绝对空间的概念,认为时间和空间是脱离物质运动而独立存在的。《原理》中讲到,绝对空间"其自身特性与一切外在事物无关,处处均匀,永不移动"。绝对时间等速流逝,与外界事物无关,与物质运动无关,与空间坐标无关。绝对时空观实际上隐含了一个假定,即信号传播的速度可以无限大。爱因斯坦的学说则认为真空中的光速 c 是信号传播的极限速度,时间的测量与观测者的运动速度、空间位置都有不可分的联系,由此得到了时间、空间都是和物质及其运动有关的相对时空观。在牛顿力学中,两个惯性系之间的变换满足伽利略变换准则;而在狭义相对论中,惯性系之间满足洛伦兹变换准则。在精密时间计量、深空探测通信与导航等问题中需要考虑时空的相对论效应。

2.1　太 阳 系

太阳系是由太阳、行星、矮行星及大量的行星卫星、小行星、彗星和流星体组成的天体系统。太阳系位于银河系的一条漩涡臂上,距离银河系中心约 2.8 万光年,以大约 250 km/s 的速度绕银河系中心旋转,公转一周大约需要 2.5 亿年。

2.1.1　太阳

1. 太阳概况

太阳是太阳系的中心,是一个炽热的等离子体球,表面温度约 5778K。太阳的半径为 6.96×10^5km,是地球半径的 109 倍。从地球上看,太阳的视直径为 32′。太阳的质量约为 1.989×10^{30}kg,占整个太阳系质量的 99.86%,是地球质量的 33 万倍。在太阳的质量组成中,氢约占 71%，氦约占 27%，平均密度为 1.409g/cm^3。太阳与地球的平均距离为 1.495 978 707×10^{8}km，轨道力学中用这个距离作为一个天文单位（AU）。光行一个天文单位的时间为 8min19s。

太阳本身也在自转，但在不同日面纬度处自转周期不同，这种现象称为较差自转。在赤道地区自转周期约为 26 天，两极地区约为 32 天。考虑地球公转影响，太阳相对地球的自转周期称为会合周期。天文学中常用太阳 26°纬度处的自转周期来描述太阳自转，此处的会合周期为 27.2753天。太阳自转方向与地球自转方向相同，自转轴与黄道面成 7.25°夹角。由于自转和磁场效应，太阳约有 8.77×10^{-6}的扁率，几乎为正圆的球体，赤道半径与两极半径仅相差 6km。

从中心到边缘，太阳可分为核心区、辐射层、对流层、光球层、色球层和日冕层几部分，后三部分合称太阳大气（图 2-1）。太阳发出的大部分辐射源自光球层，这也是平时我们肉眼能观测到的太阳圆盘，其厚度约为 500km。

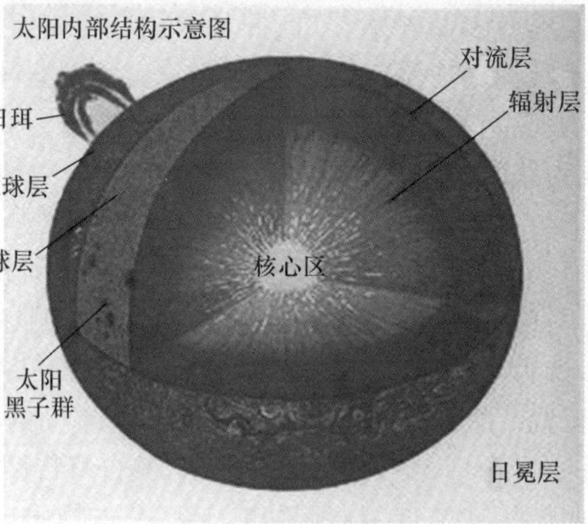

图 2-1　太阳的分层结构

太阳风是来自日冕的等离子体流，也是太阳的最外层大气。在地球附近，太阳风的温度约为 1.5×10^{5}K，平均速度 450km/s。太阳风是造成彗尾背向太阳的主要动力原因，也可以借助太阳风实现星际航行。太阳风远离太阳时，速度逐渐降低，由超声速转降为亚声速的分界面称为激波界面，一般认为此界面距离太阳 100～120AU。太阳风与银河系其他部分的分界面称为太阳风层顶，距离太阳 150～160AU。激波界面与太阳风层顶之间称为太阳风鞘。通常，把以太阳为中心包含太阳风的区域，即太阳风层顶内部的区域称为日光层（Heliosphere），这是太阳影响所能达到的范围，也是太阳系的范围。由于星际等离子体的影响，太阳风层顶并非圆球形，而是有一条类似于彗尾的尾迹。2013 年 9 月，NASA 确认“旅行者”1 号已经飞出了太阳风层顶，进入到星际空间，成为目前飞得最远的人造天体。2018 年 12 月，“旅行者”2 号也飞出了太阳风层顶，成为第二个进入星际空间的探测器。

2. 太阳活动

太阳总体上是一个稳定的气体球，但太阳大气的局部却常处于剧烈的运动之中，称为太阳活动。太阳活动包括光球层的米粒组织、超米粒组织、黑子、针状体、光斑，色球层的耀斑、谱斑，日冕层的日珥、冠状结构、物质抛射等。

太阳黑子是太阳活动的基本标志，太阳黑子数是最常用的太阳活动水平指标（图 2-2）。黑子实际上是光球层上具有强磁场的漩涡，温度比周围低 1000～2000K，因此看上去较暗。太阳黑子的平均直径约为 3.7×10^4 km,寿命从数天到数周。

对太阳黑子相对数的统计发现,黑子有 11 年的平均周期变化,称为太阳活动周期。太阳活动对地球磁场、电离层和高层大气都有明显的影响,高层大气密度的变化会影响低地球轨道上航天器的寿命。现已发现,从色球层和日冕层辐射的波长 10.7cm(频率 2.8GHz)的射电强度与太阳活动有关,因此经常用 10.7cm 射电通量(记为 $F_{10.7}$)的测量值代替黑子数来量化太阳活动。

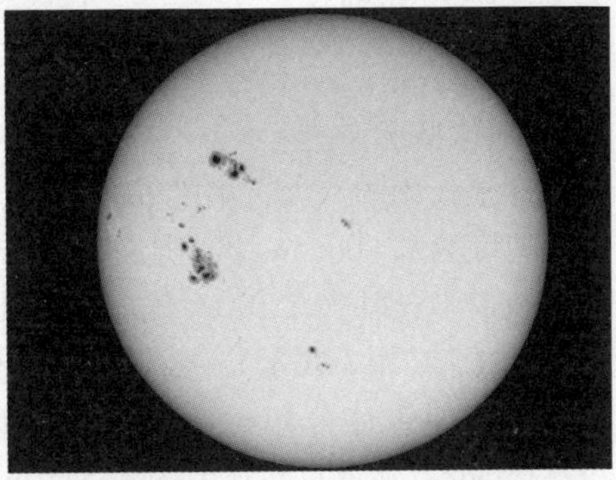

图 2-2 太阳黑子图

3. 太阳辐射

太阳辐射的频谱几乎涵盖了从无线电波至 γ 射线的所有频段,其谱分布与 5770K 的黑体辐射谱大致接近。太阳辐射的能量集中在红外区、可见光区(0.4~0.76μm)和紫外区,0.28~1000μm 内的辐射占总能量的 99.5%。

太阳辐射是地球上光和热的主要来源,也是航天器运行时主要的能量来源。太阳辐射的强度用辐照度表示,定义为投射到单位面积上的辐射能量,单位为 W/m^2。地球大气上界处的太阳辐照度称为太阳常数。由于地球公转的轨道为椭圆,因此太阳常数在一年内是变化的。将距离太阳 1AU 处的太阳常数定义为平均太阳常数,用 S_e 表示。根据人造地球卫星的测量,S_e 的值为 $1366W/m^2$。与太阳距离 r 处的辐照度 S 为

$$S(r)=\frac{S_e}{r^2} \tag{2-1-1}$$

式中:r 的单位为 AU。

根据式(2-1-1),可以求得太阳系内各行星处的太阳辐照度,如表 2-1 所列。离太阳越远,太阳辐照度越低,同样面积的太阳电池板产生的电能越少,航天器的运行功率要做相应调整。如果航天器采用以太阳能为输入的电推力器,推力系统的功率也要做相应调整。

表 2-1 各行星处的太阳辐照度[3]

天体	太阳辐照度/(W/m^2)		
	平均值	近日点	远日点
水星	9166.7	14446.4	6272.4
金星	2610.9	2646.6	2576.0
地球	1366.1	1412.9	1321.6
火星	588.4	716.1	492.1
木星	50.5	55.8	45.9
土星	14.88	16.71	13.33
天王星	3.71	4.07	3.39
海王星	1.511	1.545	1.478

对火星以外的天体进行探测时,由于太阳辐照度过低,探测器都要采用放射性同位素温差发电机来提供电能,如"旅行者"2 号利用钚-238 衰变时释放的热量来产生电能。土星探测器"卡西尼"号、冥王星探测器"新地平线"号等也是采用类似的电源装置。因此,探索火星以外的行星时,必须发展星载核电技术。

2.1.2 地月系统

1. 地球

1）地球概况

地球是太阳的八大行星之一，质量为 5.972×10^{24}kg，平均密度为 5.518g/cm^3，海平面平均重力加速度为 9.80665m/s^2。地球既有绕太阳的公转运动，也有绕自身轴的自转运动。地球公转的轨道半长轴为 1.0AU，偏心率为 0.01671，公转周期为 365.2564 个平太阳日（用 d 表示），记为 1 年（用 a 表示）。公转的平均轨道速度为 29.783km/s，公转的轨道平面为黄道面，也常用作其他天体公转运动的参考平面。地球自转的周期为 23.934470h，自转角速度为 7.292115rad/s，赤道自转速度为 465.10m/s。与地球自转轴垂直的平面称为赤道面，赤道面与黄道面存在 23°26′21″的夹角，称为黄赤交角。

2）地球形状

由于自转的影响，地球的外形是一个两极半径略小于赤道半径的近似椭球体。地球上平原、山川、海洋等各类地形差异很大，物理表面极不规则，导致真实的物理表面无法用数学模型描述。地球表面近 71%的面积被海水覆盖，当不考虑海浪、洋流等海水运动时，静止的海平面是一个等重力位面，重力方向沿当地法线方向。将实际的海洋静止表面向陆地内部延伸，形成一个连续的、封闭的、没有褶皱和裂痕的等重力位面，称为大地水准面。通常所说的地球形状是指大地水准面的形状（图 2-3）。由于地球内部质量分布的不均匀，大地水准面也是一个无法用简单数学模型描述的复杂曲面。实际应用中，往往选择一个形状简单的物体来近似地球，要求该物体的表面与大地水准面的差别尽可能小，并且在此表面上进行计算没有困难。

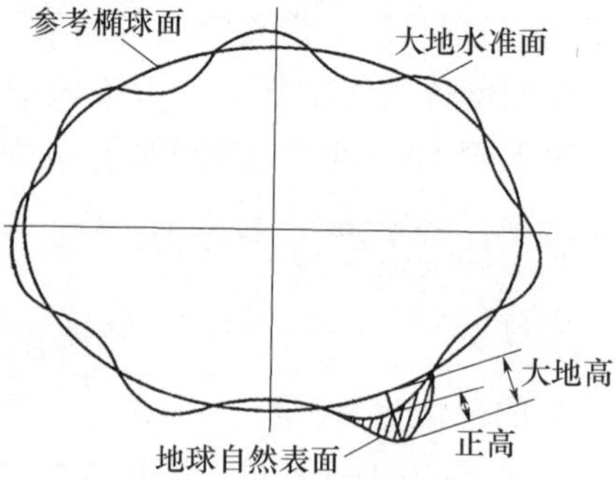

图 2-3　大地水准面与地球椭球[4]

100 多年来，世界上各个国家均选用一个绕短轴旋转的椭球来近似地球，称为地球椭球。一个大小、形状和相对于地球的位置、方向都已确定的地球椭球称为参考椭球。早期大地测量的资料较少，各个国家建立的参考椭球仅与各国局部的大地水准面最为密合，椭球的中心也很难与地球的质心重合。随着测地卫星的应用，可以收集到全球的测量资料，测量精度也大幅提高。2009 年，欧洲航天局（ESA）发射了地球重力场与稳态洋流探测卫星（GOCE），大地水准面的确定准确度达到 1cm。根据大量的测地数据，能够确定在全球范围内与大地水准面密合的参考椭球，称为总地球参考椭球。总地球参考椭球与大地水准面的最大偏差约为几十米。

表 2-2 给出了三种地球参考椭球参数，分别是 1975 年国际大地测量与地球物理联合会（IUGG）推荐的地球参考椭球、美国 WGS-84 坐标系和我国 CGCS2000 国家大地坐标系采用的地球参考椭球。表中地球椭球扁率 α_e 的定义为

$$\alpha_e = \frac{a_e - b_e}{a_e} \tag{2-1-2}$$

由此可得到椭球的半短轴 $b_e = 6\ 356\ 755$m，比半长轴约短 21km。

表 2-2　三种地球椭球参数

坐　标　系	半长轴 a_e/m	椭球扁率 α_e	引力常数 μ_e/(m^3/s^2)	自转角速度 ω_e/(rad/s)
IUGG 1975	6 378 140	1/298. 257	$3.986\ 005\times10^{14}$	$7.292\ 115\times10^{-5}$
WGS-84	6 378 137	1/298. 257 223 564	$3.986\ 005\times10^{14}$	$7.292\ 115\times10^{-5}$
CGCS2000	6 378 137	1/298. 257 222 101	$3.986\ 004\ 418\times10^{14}$	$7.292\ 115\times10^{-5}$

3）地球引力场

地球引力场是决定近地航天器轨道运动最重要的因素，但地球复杂的形状和不均匀的质量分布使其引力场的描述非常困难。在轨道力学的研究中，常用一个各处密度均匀的正球体（匀质圆球）的引力场来近似真实地球的引力场。用微积分的方法可以证明，匀质圆球在其外部产生的引力场等价于球心处同等质量的质点产生的引力场。因此，匀质圆球假设下卫星的运动轨迹是二体轨道，它是研究卫星在真实地球引力场中运动的基础。地球真实引力场的描述方法将在本书的第 7 章讨论。

2. 近地空间环境

对卫星轨道有影响的近地空间环境主要是地球大气、地球磁场和辐射带。

1）地球大气

由于地球的引力作用，在地球周围聚集了大量的气体，构成地球大气层。大气总质量的 99. 9%在 50km 高度以内，大气层的上界约为 2000～3000km，与行星际空间没有明显的过渡。

根据温度的垂直分布特性，可以把地球大气层分为对流层（0～11km）、平流层（11～50km）、中间层（50～86km）和热层（86～500km），500km 以上称为外大气层或散逸层。对航天器运行产生影响的主要是热层。热层的特点是温度随高度始终是增加的，太阳辐射中的强紫外辐射（小于 0. 18μm）引起的光化学分解和光致电离作用造成了热层的高温。在热层底部，温度很快上升到几百摄氏度，再往上升温的趋势逐渐变缓，最终趋于常数，称为热层顶。受太阳活动强度的影响，热层顶的高度在 500～1000km 变化，温度在 1000～2000K。虽然热层的温度很高，但它只反映了气体分子巨大的运动速度。由于大气非常稀薄，分子碰撞机会很少，因此不会对穿越其中的航天器造成很大影响。

若根据大气成分的垂直分布特性，可以将大气层分为匀和层（0～86km）和非匀和层（86km 以上）。在匀和层中，湍流混合作用占主导地位，各种大气成分的比例在垂直和水平方向基本不变，平均摩尔质量为常数，因此可以用流体静力平衡方程和理想气体状态方程描述静态大气的状态。在非匀和层，重力分离和分子扩散作用逐渐占据主导地位，各种大气成分的比例随高度而变化，气体中重的成分随高度很快递减，因此平均摩尔质量随高度逐渐减小。一般认为，120km 以上大气处于分子扩散平衡状态，应根据扩散平衡状态方程求解大气状态。86～120km 是完全混合到扩散平衡的过渡层。

大气密度和大气压强随高度 h 的增加大致按 e 的指数规律减小。海平面大气密度的标准值为 $\rho_0=1.2250\text{kg/m}^3$。在 120km 以下，大约每升高 16km 大气密度降低一个量级。120km 以上，降低一个量级对应的高度间隔逐渐增大。从地面到 200km 高度，大气密度约降低了 10 个数量级；高度从 200km 增加到 500km，密度又降低了约 2 个数量级。

大气密度除会随高度变化外，还与地方时、纬度、季节和太阳活动有关。在 200km 高度以上，密度的最大值总是出现在地方时 14h，最小值出现在地方时 4h。在非匀和层，大气密度与太阳活动的关系非常密切。在 700km 高度附近,大气密度随太阳活动的变化可能相差 50 倍。

大气的密度、温度、压强和组成成分合称大气状态。描述大气状态及其变化过程的模型称为大气模式。在航天工程中,常用的大气模式有标准大气和参考大气。标准大气反映了中纬度地区大气的年平均状态,目前最常用的是 US1976 美国标准大气,它给出了中等太阳活动期间,从地面到 1000km 理想化、静态的中纬度平均大气结构,是对目前已知的平衡静态大气较为完善的表示(图 2-4)。参考大气反映了大气随纬度、季节、地方时和太阳活动的变化,目前多是理论与观测数据相结合的半经验模型,如 Jacchia 模型、MSIS 模型等(见第 7 章)。

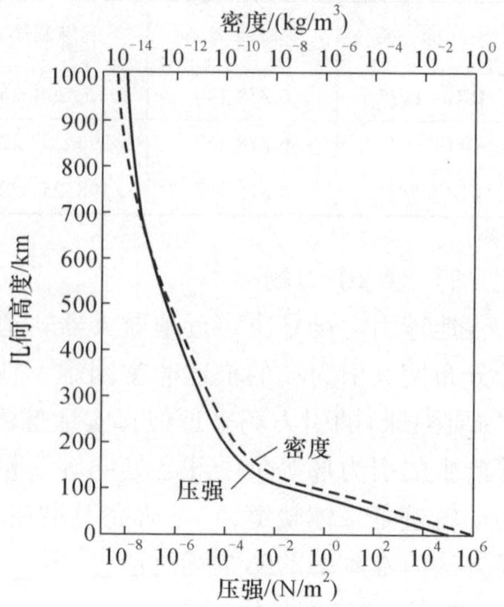

图 2-4 US1976 的大气密度与大气压强

2）地球磁场

地球内部和近地空间存在着磁场。在类地行星中,地球磁场的强度是最大的。

地球磁场是偶极型的,近似于把一个磁铁棒放到地球中心,使它的 N 极大体上对着地理南极所产生的磁场形状。地球磁轴与自转轴的夹角约为 11.5°。磁赤道附近,地磁场的强度为 30000~40000nT;磁极附近,磁场强度增大到 60000~70000nT。

地磁场的来源有三部分,主要源自地球外核中铁镍合金流体产生的磁流体发电机效应,这部分约占地磁场总强度的 95%,称为主磁场或基本磁场。由地壳中的磁化岩石产生的磁场约占总强度的 4%,电离层和磁层中的电流等外部效应产生的磁场约占 1%。主磁场有缓慢的长期变化,可以用数学模型描述,一般用球谐级数表示的磁位描述主磁场。国际地磁和高空物理协会(IAGA)定期发布国际地磁参考场(IGRF)模型,2019 年 12 月发布了第 13 代 IGRF 模型。IGRF-13 模型包括 1900.0—2020.0 年间(间隔 5 年)的 25 个地磁模型和 2020.0—2025.0 年间的 1 个地磁长期变化预测模型,预测模型的数据精确度为 0.1nT/a[15]。IGRF-13 候选模型的数据主要来源于欧空局的 Swarm 卫星和地面观测数据,我国基于“张衡一号”卫星研发的 CGGM2020.0 模型结果与基于欧空局 Swarm 卫星数据的全球主磁场模型结果一致,因此入选了 IGRF-13,这是我国地磁场模型第一次入选全球地磁场模型。

受太阳风的影响,地球磁场被限制在一定范围之内,这个范围称为磁层,如图 2-5 所示。向着太阳的一面,磁层边界离地心距离约为 8~11 倍地球半径,称为磁层顶。太阳活动加强时,太阳风增强,磁层顶被压缩到离地心 5~7 倍地球半径处。背向太阳的一面,磁层形成一个很长的尾巴,称为磁尾,其截面宽度约为 40 倍地球半径,长度达几百倍甚至上千倍地球半径。

地磁场经常有突然的全球性的无规则扰动,称为磁暴。地磁场在短时间内的变化常用一些指标表示,称为地磁指数,常用的有 K 指数、K_p 指数和 a_p 指数。地磁指数由分布在世界各地的地磁强度测量台测量得到。

(1) K 指数。0~9 的整数,亦称三小时磁情指数,是某地磁站每隔 3h 测得的地磁强度相对于太阳活动平静期最大偏移量的对数。K 指数用于描述单个地磁站测得的地磁扰动。

(2) K_p 指数。又称全球三小时磁情指数或国际磁情指数,是全球 12 个标准地磁站测得的 K 指数的平均值,是用来描述全球地磁活动的指标。指数的范围从 0_0~9_0,有时也用 0~27 或小数表示。

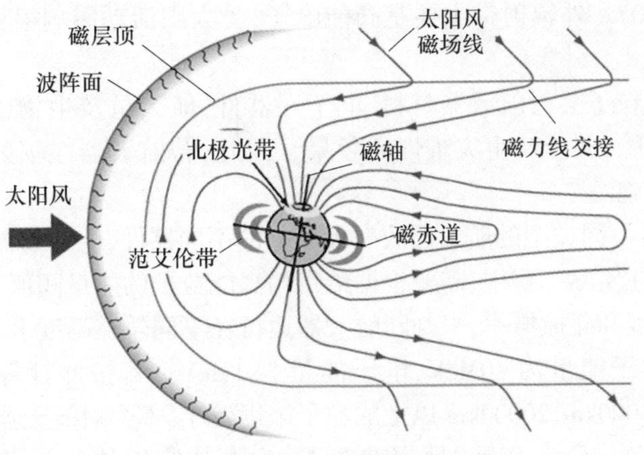

图 2-5　地球磁层和辐射带示意图

（3）a_p 指数。又称行星性等效三小时幅度指数，是将 K_p 指数按比例将取值范围换算到0~400。

K_p 指数和 a_p 指数是热层大气模型中常用的两个指数，它们的转换关系见表 2-3。

表 2-3　K_p 指数与 a_p 指数对应表

	0_0	0+	1-	1_0	1+	2-	2_0	2+	3-	3_0	3+	4-	4_0	4+
K_p	0.00	0.33	0.67	1.00	1.33	1.67	2.00	2.33	2.67	3.00	3.33	3.67	4.00	4.33
	0	1	2	3	4	5	6	7	8	9	10	11	12	13
a_p	0	2	3	4	5	6	7	9	12	15	18	22	27	32
	5-	5_0	5+	6-	6_0	6+	7-	7_0	7+	8-	8_0	8+	9-	9_0
K_p	4.67	5.00	5.33	5.67	6.00	6.33	6.67	7.00	7.33	7.67	8.00	8.33	8.67	9.00
	14	15	16	17	18	19	20	21	22	23	24	25	26	27
a_p	39	48	56	67	80	94	111	132	154	179	207	236	300	400

地磁场对通电导线有洛伦兹力作用，对通电线圈有力矩作用，因此会影响航天器的轨道与姿态，也可以借此对航天器的运动实施控制。

3）辐射带

地球磁场是地球的一个保护层，来自太阳和宇宙空间的高能带电粒子到达地球附近后，被地磁场俘获，在地球周围形成有大量带电粒子的区域，这个区域称为辐射带。早在 20 世纪初，挪威空间物理学家斯托默就从理论上证明地球周围存在一个带电粒子捕获区。1958 年，美国物理学家范艾伦（James Van Allen，1914—2006）利用“探险者”系列卫星上的盖革计数器证实了辐射带的存在，因此又称为范艾伦辐射带，这是人造地球卫星的第一个重大发现。

地球辐射带位于地球磁层内，但只存在于中低纬度地区。辐射带成环状分布，环的横截面轮廓呈月牙形，大体与地磁场磁力线重合，外边缘距地心约 10 倍地球半径（图 2-5）。辐射带有两条，即内辐射带和外辐射带。内辐射带的高度在地磁赤道上空约 0.2~1 倍地球半径之间（高度约 1000~6000km），范围在磁纬度±40°之间。内辐射带主要由高能质子和高能电子组成，受太阳活动影响不大，即使地磁场受扰动时，其强度和中心位置也无显著变化。外辐射带的范围延伸很广，高度在地磁赤道上空约 2~4 倍地球半径范围内（约 13000~25000km），南北可达到磁纬度 50°~60°。外辐射带主要是高能电子,受太阳活动影响很大,电子浓度瞬间起伏可达上百倍。

辐射带里的高能粒子会对航天器材料、电子元器件、航天员及生物样品造成辐射损伤,使航天器发生异常或故障,甚至产生灾难性的后果。因此,若航天器在辐射带内停留时间较长,必须有足够的防护措施。

需要注意的是,对不同类型的航天器或航天器上的不同器件,会导致辐射损伤的高能粒子的能量是不同的。因此在实际工程中,需要根据给定的高能粒子的能量阈值,利用辐射带粒子通量模型计算粒子碰撞密度和碰撞概率,来判断航天器运行在不同轨道高度上是否安全。一般认为,会造成辐射伤害的质子能量为 10MeV,电子能量为 1MeV。若按此计算,距离地球表面高度 1500km 以下、5000~15000km、20000km 以上的粒子浓度较小,不会对航天器造成损害。

月球是地球唯一的天然卫星,是离我们最近的自然天体。关于月球的相关知识见第 15 章。

2.1.3 行星及其卫星

太阳系共有 8 颗大行星,按距离太阳的远近由内至外依次是水星、金星、地球、火星、木星、土星、天王星和海王星。以前冥王星也被视作一颗大行星,在 2006 年国际天文联合会(IAU)决议中将其降格为矮行星。目前已经发现了 5 颗矮行星。

行星通常有三种分类方法:①以地球轨道为界,以内的称为地内行星,以外的称为地外行星。②以小行星带为界,以内的称为内行星,以外的称为外行星。内行星相对较小,主要由岩石构成,没有或只有很少的几颗卫星。外行星则较大,密度小,有环带,一般有多颗卫星。③根据行星的物理性质,分为类地行星和类木行星。前者包括水星、金星、地球和火星,后者包括木星、土星、天王星和海王星。

8 颗行星都沿着椭圆轨道绕太阳公转,从太阳北极看,所有行星都沿逆时针方向转动。除公转外,所有行星都还有自转运动,金星和天王星沿顺时针方向自转,其他行星沿逆时针方向自转。

1. 水星

水星,中国称为辰星,是离太阳最近的行星。在地球上看,水星的移动速度远远超过其他天体,因此在西方用罗马神话中快速飞行的信使神墨丘利(Mercury)命名。

水星的半径为 2440km,约为地球半径的 38%,是八大行星中最小的。水星的平均密度为 5.44 g/cm^3,与地球的平均密度接近,其化学组成与内部结构也与地球类似。水星表面的重力加速度为 3.70m/s^2,逃逸速度为 4.4km/s。水星没有卫星。

水星以较扁的椭圆轨道绕太阳公转,半长轴为 0.387AU,即约 5.791×10^7km。轨道偏心率为 0.2056,是行星中最大的。水星轨道面与黄道面约成 7.005°的夹角,也是行星中倾角最大的。水星的公转周期为 87.969d(d 是地球平太阳日,下同),它与太阳的最大角距仅有 28.3°,因此经常被黎明或黄昏的太阳光辉所淹没,很难被人们看到。水星自转的角速度很小,自转周期为 58.646d。由于被太阳潮汐锁定的原因,水星 3 倍的自转周期等于其 2 倍的公转周期,因此水星上的观测者会看到一天(太阳日)长达两年。水星的赤道面与轨道面几乎完全重合,因此水星上没有季节变化。

水星的表面与月球类似,有上千个直径 100km 以上的环形山,还有像海一样广阔的平原(图 2-6)。由于重力加速度较小,水星上仅有极稀薄的大气,大气压小于2×10^{-7}Pa,仅为地球表面大气压的一千亿分之一。水星大气中含有氢、氦、氧、碳等元素。2012 年,根据水星探测器“信使号”的勘察结果,科学家在水星北极区域发现了大量的冰。由于没有大气层的保护,水星表面昼夜温差很大。白天的温度在近日点时高达700K、远日点时也有550K,而夜晚的平均温度则仅有110K。水星周围有偶极磁场,而且存在磁层。水星磁场的强度很弱,赤道附近磁场强度约为300nT,仅为地球磁场的1%。

由于水星离太阳太近,探测较为困难。目前人类仅发射了三艘探测器,即“水手”10号、“信使号”和“贝皮·科伦坡”号。

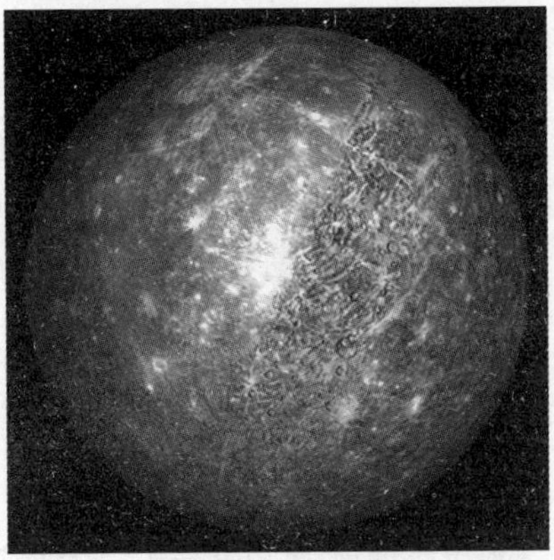

图2-6 “信使号”探测器拍摄的水星表面图

2. 金星

金星是离太阳第二近的行星,中国古称“太白”。从地球上看,金星与太阳的最大角距只有48.5°,只能在日出前的东方或日落后的西方看到它,因此中国有东有“启明星”,西有“长庚星”之说。金星在夜空中的亮度仅次于月球,有时在白天都能看到。金星具有周期性的盈亏变化,这曾被伽利略用作证实哥白尼日心说的有力证据。目前,人类已经发射了30多颗金星探测器。

金星的大小、质量和平均密度都与地球接近,因此有时被称作地球的“姊妹星”。金星的半径为6051km,扁率几乎为0,平均密度为5.24g/cm^3,化学组成与内部结构都与地球类似。金星表面的重力加速度为8.87m/s^2,逃逸速度为10.36km/s。金星没有卫星。

金星公转轨道的半长轴为0.723AU,约1.08×10^9km。轨道偏心率为0.0067,接近正圆。金星公转轨道面的倾角为3.395°,公转周期为224.7d。金星逆向自转,转轴倾角为177.36°,自转周期为243d,是所有行星中自转最慢的。金星的一个恒星日比一个金星年还要长,但金星的太阳日要比恒星日短,金星表面的观测者每隔116.75d就会看到太阳出没一次,但太阳是从西方升起东方落下。

金星表面十分灼热干燥,80%是类似于月海的平坦区。金星上的岩石比地球上的更坚硬,因此形成了更陡峭的山脉、峭壁和其他地貌。金星表面有两个主要的大陆状山地,约占其表面积的20%。北边的称为伊师塔地(Ishtar Terra),有金星上最高的山脉麦克斯韦山脉,比喜马拉雅山还要高2km;南边的称为阿佛洛狄忒地(Aphrodite Terra),面积与南美洲相当(图2-7)。

金星有稠密的大气,主要由CO_2组成,含量约占96.5%;其次是N_2,约占3%。金星大气的质量是地球的93倍,地表大气压是地球的92倍,地表大气密度为65kg/m^3。在金星上空50~70km高度处,有浓厚的云。金星大气中水汽含量很低,因此观测到的金星云并不是由水汽形成的,而是浓硫酸雾。金星表面完全被这种云雾覆盖,云量达100%。金星云的反照率可达70%,因此金星看上去既白又亮。金星云导致在地球上无法直接看到金星的表面,只能通过射电望远镜观测。金星云还会对穿越其中的探测器产生腐蚀作用。虽然金星浓厚的云层将大部分太阳辐射反射回太空,但CO_2的温室效应仍使得金星的地面温度非常之高,达到462~485℃。尽管金星自转很慢,但浓密的大气对流使金星表面的温度受昼夜、纬度和季节变化的影响不大,因此金星表面近似一个等温面。在金

图2-7 “金星快车”拍摄到的金星表面

星云层的顶端有350km/h左右的大风，但表面的风速很低，仅为几千米每小时。金星云里经常有大规模的放电现象，苏联的“金星”12号曾经记录到一次持续15min的大闪电。金星表面的高温高压对着陆探测器而言是严酷的挑战，苏联最初发射的几个“金星”着陆器就因为无法承受金星大气的高压而导致着陆失败。

探测表明，金星基本没有磁场，也没有发现辐射带。

3. 火星

火星是地球的又一颗近邻行星，西方以罗马神话中的战神玛尔斯(Mars)命名。由于火星地表中氧化铁的分布十分广泛，因此看上去呈现红色。火星的位置、亮度时常变动，无法捉摸，因此中国古代称之为“荧惑”。

火星比地球小，赤道半径为3390km，约为地球的1/2，扁率为6.48×10^{-3}，极半径比赤道半径约短22km。平均密度为$3.94g/cm^3$，表面的重力加速度为$3.71m/s^2$，逃逸速度为5.03km/s。

火星公转轨道的半长轴为1.524AU，约2.28×10^9km。轨道偏心率为0.093，是偏心率第二大的行星。火星公转轨道面的倾角为1.851°，公转周期为686.980d，是地球公转周期的1.88倍。火星的自转周期为24.6229h，转轴倾角25.19°，与地球接近。火星上也存在四季现象，一季的长度约为地球上的2倍。不过因为轨道偏心率较大，各季节的长度不一致。

火星和地球一样有多样的地形，有平原、高山和峡谷，风成沙丘广布整个星球。火星表面的平坦区布满了沙尘和岩块，沙尘由红色的硅酸盐、赤铁矿等铁的氧化物组成，因而呈现明显的橙红色。火星表面也有很多环形山，但数量比月球和水星少，坡度也比较缓，一些是火山活动的结果，另一些是陨石撞击形成的。火星上还有弯曲的河床状地形，主要分布在中低纬度地区，最长的有1500km。火星南北半球的地形有明显的不同，北半球主要是被熔岩填平的平原，南半球则是充满撞击坑的高地。南北极有水冰和干冰覆盖的成片区域，称为极冠(图2-8)。自1999年起，“火星全球勘测者”探测器对火星地形进行了精确测量，绘出了全球地形图。以火星大地水准面为基准，最高点在奥林帕斯山(Olympus Mons)，海拔21229m；最低点在希腊平原(Hellas Planitia)，低于基准8200m。

图2-8　火星表面图(图中白色部分为极冠)

火星上存在着大气，但比地球大气稀薄得多，表面大气密度不到地球大气的1%，大气压仅有500~750Pa。大气的主要成分是CO_2，占95%；N_2约占3%，仅有很少的氧气和水。火星表面十分干燥，大气中有很多悬浮尘埃，导致天空呈黄褐色。火星单位面积上受到的太阳辐射仅有地球的43%，因此表面平均温度要比地球低约30℃。虽然CO_2的温室效应比较明显，但由于大气很稀薄，昼夜温差仍然很大，超过100℃。不同纬度地区的温差也很大，冬季极冠的温度最低有-143℃，夏季赤道的最高温度可达35℃。2008年，“凤凰”号在火星上发现了水的存在。2013年，“好奇”号证实火星的土壤里约有2%的含水量。

火星上只有很微弱的磁场，主要来自于地壳中磁化的岩石。火星磁场的分布与其地貌类似，存在南北半球差异，北半球较弱，南半球较强。

火星有两颗天然的卫星，即火卫一(Phobos)和火卫二(Deimos)。这两颗卫星是1877年火星大冲时，美国天文学家霍尔(Asaph Hall，1829—1907)发现的。1971年，“水星”9号近距离观测了两颗卫星,发现它们形状类似马铃薯,并充满撞击坑(图 2-9)。火卫一长 28km,宽 20km,高 18km;火卫二长 16km,宽 12km,高 10km。两颗卫星都以近圆轨道在接近火星的轨道面内公转,轨道半长轴分别为 9377km 和 23460km。和月球一样,由于潮汐锁定的原因,两颗卫星都在同步自转,因此总是以一面对着火星。火卫一离火星很近,距火星表面仅 6000km,公转周期比火星的自转周期还短,因此在火星上每天(火星日)能看到火卫一两次西升东落。火卫二位于火星同步轨道的外侧,会从东方缓缓升起,2.7 个火星日后才从西方落下。

图 2-9 火卫一与火卫二

4. 木星

木星是太阳系内体积与质量最大、自转最快的行星。木星的公转周期约为 12 年,与地支数相同,因此中国古代称之为“岁星”。木星在行星中的亮度仅次于金星,通常比火星还要亮。

木星是一个巨大的液态行星,其赤道半径为 69911km,是地球的 11 倍。木星呈扁球状,扁率为 6.487×10^{-2},极半径比赤道半径约短 4638km。平均密度为 $1.326g/cm^3$,质量是地球的 318 倍,是其他行星质量总和的 2.5 倍,赤道引力加速度为 $24.79m/s^2$,逃逸速度为 59.54 km/s。木星公转轨道的半长轴为 5.204AU,偏心率为 0.0488,轨道倾角为 1.305°,公转周期 11.859a。木星的自转周期仅有 9.925h,转轴倾角 3.13°,有较差自转现象。

木星有厚度约 1000km 的大气,主要成分是氢气,约占 90%;其次是氦气,约占 10%;此外还有少量的甲烷、水汽和氨气。木星大气由顶向下,氢逐渐过渡成液态,并在距离大气层顶几万千米处成为液态金属氢,因此木星没有固体的表面。木星的中心是由铁和硅组成的固体的核。在木星表面可以看到大大小小的风暴,其中最著名的是“大红斑”,最早是法国天文学家卡西尼(Jean-Dominique Cassini,1625—1712)在 1665 年发现的,因此这个风暴存在了 300 多年(图 2-10)。木星表面的平均温度约为 165K,赤道地区比两极地区高,表面气压为 20~200kPa。

图 2-10 木星的“大红斑”

木星有比地球强得多的磁场,表面磁场强度达 $3\times10^5\sim1.4\times10^6$ nT。木星磁场与太阳风相互作用,形成巨大的木星磁层。磁层向着太阳的一面有数百万千米厚,背向太阳的一面最长可达数亿千米,甚至超过土星的轨道。磁层中有一个很强的辐射带,比范艾伦辐射带强10倍左右。

目前已经发现了95颗木星的天然卫星。最大的4颗是木卫一到木卫四,这是伽利略在1610年首次发现的,因此被称为“伽利略”卫星。4颗伽利略卫星都是近球体,直径超过3000km,最大的木卫三直径5262km。“伽利略”卫星都在几乎正圆的轨道上运行,轨道面相对木星赤道面的夹角小于0.5°。木星其余卫星的直径都小于250km,最小的仅1km,轨道最大偏心率达0.6,最大倾角近60°,有顺行轨道也有逆行轨道。1979年,“旅行者”1号发现木星有光环。木星环宽约6500km,但厚度不到10km,主要由黑色碎石组成。木星环离木星中心约 1.28×10^5km,每7h绕木星旋转一周。

截至2023年,人类共发射了两颗木星的环绕探测器,“伽利略号”和“朱诺号”。

5. 土星

土星在中国古代称为“镇星”或“填星”,是太阳系的第二大行星。土星最显著的特点是有一个美丽的光环(图2-11)。土星与木星有很多相似之处。

图2-11 “卡西尼”号拍摄的土星光环

土星赤道半径为58232km,扁率比木星还大,为 9.796×10^{-2}。平均密度为 $0.687g/cm^3$,比水还要轻。质量是地球的95.15倍,赤道引力加速度为 $10.42m/s^2$,逃逸速度为35.5km/s。土星公转轨道的半长轴为9.582AU,偏心率为0.0557,轨道倾角为2.485°,公转周期29.449a。土星的自转周期为10.561h,转轴倾角26.73°,也有较差自转现象,赤道地区自转较快,两极地区自转较慢。

土星的结构与木星类似,外部是厚度约1000km的大气,包括96%的氢和3%的氦,并含有甲烷及其他成分。大气中漂浮着由晶体组成的云,排成彩色的亮带和暗纹。云层顶的温度为103K,行星表面的温度为134K。土星大气的风速是太阳系中最高的,最大可达500m/s。土星大气也存在持续时间较长的热力运动,如著名的“大白斑”。

土星有磁场,范围比木星的磁场要小但远大于地球磁场,约为地球的20倍。在赤道附近表面的磁场强度为 2.0×10^4nT,略低于地球。木星也有磁层和辐射带,但强度远不如地球辐射带。

目前已发现土星有146颗已经确定轨道的天然卫星,大部分体积都很小,有44颗直径小于50km。其中,有7颗卫星的质量足够大,在重力作用下坍缩成球形。土卫六(Titan)是土星最大的卫星,直径5150km,轨道周期16d,是太阳系内唯一有浓厚大气层的卫星。土星最著名的是其行星环系统,这是在1659年由惠更斯(Christiaan Huygens,1629—1695)首次发现的。它位于土星的赤道面内,当时观测到5个,1979年“先驱者”11号又探测到2个。土星环的主要成分是水冰,环的宽度有的达几万千米。

截至 2023 年,人类只发射了一颗土星环绕探测器,即“卡西尼号”。

6. 天王星和海王星

天王星和海王星分别是离太阳第七和第八远的行星,两者在很多方面非常类似,像一对双胞胎行星。

天王星是太阳系内体积第三大、质量第四大的行星。天王星的赤道半径为 25362km,平均密度为 1.290g/cm^3,质量是地球的 14.63 倍。天王星公转轨道的半长轴为 19.229AU,偏心率为 0.0444,轨道倾角为 0.772°,公转周期为 84.323a。天王星的自转周期为 17.24h,转轴倾角为 97.77°,因此它的赤道面与轨道面几乎垂直。

天王星大气的主要成分是氢和氦,还含有比例较高的水、氨和甲烷等结成的冰。天王星是太阳系内大气层最冷的行星,最低温度只有 49K。天王星也有磁场、磁层和辐射带,磁场强度在南北半球差异很大。天王星有复杂的行星环系统,是太阳系内继土星后第二个发现有环的行星。目前已发现有 13 个圆环,但大多很狭窄。目前已经探测到天王星的 27 颗天然卫星,最大的一颗是天卫三,半径仅有 788.9km,还不到月球的 1/2。

海王星是太阳系内体积第四大、质量第三大的行星。海王星的赤道半径为 24622km,平均密度为 1.638g/cm^3,质量是地球的 17.15 倍。海王星公转轨道的半长轴为 30.104AU,偏心率为 0.0112,轨道倾角为 1.768°,公转周期为 165.168a。从发现海王星至今,它还没有绕太阳转完一周。海王星的自转周期为 15.97h,转轴倾角为 28.32°。

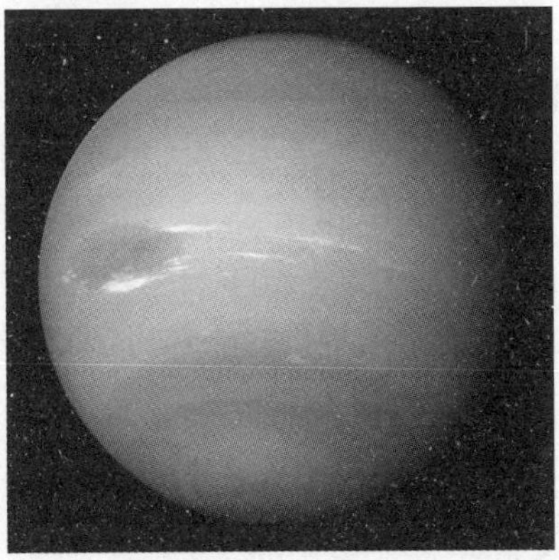

图 2-12 “旅行者”2 号拍摄的海王星

海王星的大气以氢和氦为主,还有微量的甲烷。海王星的温度很低,在-200℃以下。海王星有暗淡的天蓝色圆环,也有与天王星类似的磁层(图 2-12)。目前已经发现了海王星的 14 颗天然卫星,其中最大的、也是唯一一颗具有足够质量成为球体的是海卫一。海卫一的半径为 1350km,沿逆行轨道绕海王星公转。

7. 冥王星

海王星的发现得益于天体力学家对天王星轨道摄动的分析,但之后人们发现即使考虑海王星的引力摄动后,天王星的轨道还是有一些微小误差无法解释,于是怀疑存在第九颗行星。1930 年,美国人汤博(Clyde Tombaugh,1906—1997)宣布发现了一颗新的行星,被命名为冥王星。

冥王星与其他行星有若干明显不同之处。它的体积很小,平均半径仅有 1185km,质量约为地球的 2‰,还不到月球的 1/5。冥王星公转轨道的半长轴为 39.264AU,公转周期长达 248a。轨道偏心率较大,达到 0.2447,因此有时会进入海王星轨道的内部。轨道倾角也较大,为 17.15°。由于离太阳很远,冥王星表面的平均温度仅有 43K。目前已经发现了冥王星的 5 颗天然卫星,最大的一颗冥卫一被命名为“卡戎”,它是一颗同步卫星(图 2-13)。“卡戎”的质量约为冥王星的 11%,目前认为它们组成了一个双星系统。

拥有卫星曾一度作为冥王星是大行星的有力证据,但后来发现部分小行星同样拥有卫星,而且还在柯伊伯带内发现了比冥王星更大的天体。2006 年,第 26 届国际天文联合会通过决议，将冥王星划为矮行星。矮行星与行星的主要区别在于未能清除邻近轨道上的其他小天体。原来的1号小行星谷神星和柯伊伯带内的天体阋神星、鸟神星、妊神星同样被划为矮行星。现在对矮行星的划分还存在争议。

图2-13　冥王星与“卡戎”

2015年，“新视野号”探测器以飞掠方式近距离探测了冥王星，成为人类第一颗冥王星探测器。

2.1.4　小天体

根据2006年国际天文联合会对小天体的界定，小天体包括绝大多数的太阳系小行星、绝大多数的海王星外侧天体（简称海外天体，TNO）、彗星和其他小天体。

1. 小行星

小行星是太阳系内类似行星一样环绕太阳运动，但体积和质量比行星小得多的天体。小行星与矮行星的主要区别是，由于质量较小，不能在自身重力作用下坍缩成球状外形。

根据小行星组成成分的不同，可以将小行星分为3类。大约有75%的小行星属于碳质小行星，即C类小行星。这类小行星的表面含有碳，因此较暗，反照率一般为0.03~0.09。C类小行星多分布于小行星带的外层。大约17%的小行星属于石质小行星，即S类小行星。这类小行星主要由硅酸铁和硅酸镁等硅化物组成，反照率为0.10~0.22，因此较为明亮。S类小行星一般分布于小行星带的内层。其他小行星大部分属于金属类小行星，即M类小行星。这类小行星主要由铁、镍等金属组成，反照率与S类小行星类似，约为0.10~0.18，较为明亮。

目前已经有几十万颗小行星被编目，每年还有数千颗新的小行星被发现和识别。小行星的直径在50m到数百千米之间，只有26颗小行星的直径大于200km。最著名的小行星是谷神星（Ceres），它是在1801年被皮亚齐（Giuseppe Piazzi，1746—1826）发现的，是人类发现的第一颗小行星（现被划为矮行星）。谷神星的直径大于950km，外表呈球形，质量约占小行星带总质量的32%。直到20世纪90年代，谷神星都是已发现的最大的小行星，但近年来在柯伊伯带内发现了比谷神星更大的小行星，比如2004年发现的厄尔古斯（Orcus）的直径可能达到1800km。

大约90%的小行星分布在火星和木星轨道之间，构成主小行星带（图2-14）。它们沿椭圆轨道绕太阳转动，轨道半径为2.17~3.64AU，平均值为2.77AU。一般来说，小行星轨道的偏心率和轨道倾角都比大行星要大，但比彗星要小。偏心率都小于0.4，平均值约为0.15；轨道倾角都小于30°，平均值约为9.4°。在主小行星带内存在令人注目的空隙，其中最著名的是柯克伍德空隙(Kirkwood Gaps,图2-15)。在这些空隙对应的轨道半径上,小行星的平均轨道周期与木星的轨道周期呈整数比,如3∶1、5∶2、2∶1等。由于木星的共振作用,小行星不能长久地停留在这些轨道上。

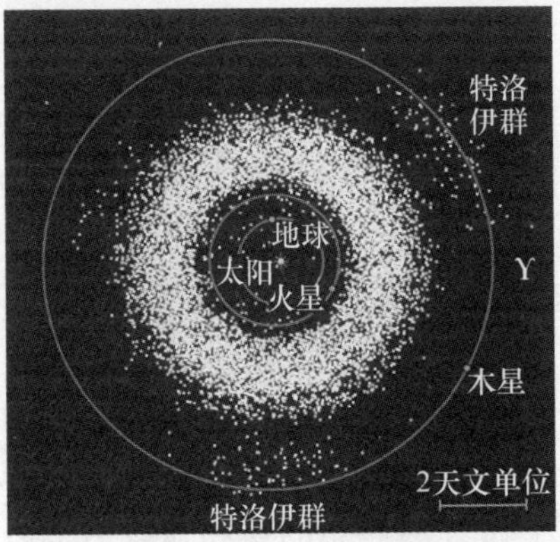

图2-14　主小行星带

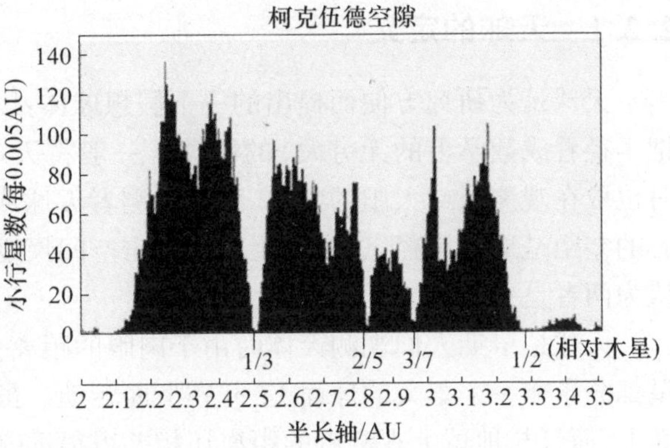

图2-15　主小行星带轨道的分布

有一些小行星的轨道比较特殊,延伸到地球轨道附近,称为近地小行星(NEAs),这些小行星对地球有潜在的威胁。现在已知直径超过4km的近地小行星有数百个,直径超过1km的近地小行星估计有2000多个。目前,在木星轨道以外、甚至天王星轨道附近也发现了小行星,据猜测这些小行星可能来自海王星外的柯伊伯带。柯伊伯带位于距离太阳40~50AU的黄道面附近,有着数量众多的直径从几千米到上千千米的冰封小行星。此外,还有一类小行星运行在其他大行星轨道的拉格朗日点上(主要是L_4和L_5点),称为特洛伊小行星(图2-15)。最早被发现的特洛伊小行星运行在木星轨道上,它们领先或落后木星约60°的相位。目前在海王星、火星、地球和土星卫星的轨道上也发现了特洛伊小行星。

1993年,“伽利略”号探测器确认有的小行星拥有卫星。

2. 彗星

彗星是一些呈云雾状、轨道偏心率特别大的小天体,中国古代称为星孛。大部分彗星无法通过肉眼观测到,只能借助于望远镜。目前已经发现了4000多颗彗星,有600多颗计算出了轨道。彗星的轨道有椭圆、双曲线和抛物线三种形式,其中轨道是椭圆的称为周期彗星,其他两种称为非周期彗星。一般把轨道周期短于200a的称为短周期彗星,它们的轨道通常在黄道平面附近,运行方向与行星相同,远日点多在木星轨道附近。轨道周期大于200a的称为长周期彗星,它们的周期有的长达数千年,轨道倾角一般都比行星大很多,且在轨道上多是逆行的。

当彗星离太阳很远时,呈现为朦胧的星状小暗斑,与小行星类似。彗星的中间部分称为“彗核”,形状不规则,由岩石、尘埃、冰和冻结的气体组成。彗核的直径一般小于40km,反照率小于0.04,是太阳系中反照率最低的天体。彗核外面云雾状的包层称为“慧发”,是在太阳辐射下由彗核蒸发出来的气体。现在还发现慧发周围有氢原子云,直径可达到百万千米。当彗星离太阳较近时(一般小于2AU),太阳辐射和太阳风把慧发中的气体分子和尘埃吹向背向太阳的一方,形成彗尾。越接近太阳,彗尾越长。当彗星离开近日点后,彗尾逐渐变短直至消失。

彗星不仅在运动中不断损失质量,有时彗核还会分裂成几块,甚至整个瓦解。关于彗星的起源,目前一般认为短周期的来自柯伊伯带,长周期的源自奥尔特云(Oort Cloud)。

2.2 天　球

2.2.1 天球的定义

天球是为研究方便而提出的一个假想球体:以空间中任意一点为中心,任意长为半径(或把半径看成数学上的无穷大)的圆球。一般将天球的中心取在地球中心,称为地心天球。有时也取在观测点或太阳的中心,称为观测者天球或日心天球。地心天球与观测者天球两者中心的差距是地球半径,这样的距离在宇宙空间尺度内可以忽略不计,因此绝大多数情况下可以认为两者是一致的。

天球是早期人们观测天体时由于肉眼的距离分辨率不够产生的假象,认为太阳、月球和恒星都分布在一个很大的球面上,并在上面转动。虽然现在已经知道各个天体并不在同一个球面上,而且与地球上观测者的距离还相差得很远,但在天球上做一些假想的点和弧段后,利用它们来确定天体的视位置非常简便,因此在现在的研究中仍然保留了这个球体。

天体在天球上的投影,即天球中心与天体的连线和天球的交点,称为天体在天球上的位置,或称为天体的视位置(apparent position)。天球上两个天体之间的距离是指它们的角距离,在天球上线距离是没有意义的。研究天体视位置的数学工具是球面几何学。天球有一个重要的性质,即所有相互平行的直线向同一方向延伸时,将与天球交于同一点。

2.2.2 天球上基本的点和圈

1. 天顶和天底

过观测者 O(天球中心)的铅垂线,延伸后与天球交于两点,朝上的一点 Z 称为天顶,朝下的一点 Z' 称为天底(图 2-17(a))。

2. 地平面与地平圈

过观测者 O 并与铅垂线 ZZ' 相垂直的平面称为地平面,地平面与天球相交而成的大圆称为地平圈。与地平圈垂直的大圆称为地平经圈,也称垂直圈;与地平圈平行的小圆称为地平纬圈,也称等高圈。

3. 天轴、天极和天赤道

过天球中心 O 作一条直线与地球自转轴平行,这条直线称为天轴。天轴与天球相交于两点 P 和 P',称为北天极和南天极,分别与地球的北极和南极相对应。天轴是一条假想的直线,天球绕这条直线做周日视运动。

通过天球中心作一平面与天轴垂直,该平面称为天球赤道面。天球赤道面与天球相交所截出的大圆称为天赤道。根据天球的性质可知,天赤道应和地球赤道面延伸后与天球相交截出的大圆重合。天极 P 和 P' 是天赤道的几何极,过天极的大圆称为赤经圈,也称时圈。任何一个赤经圈都与天赤道垂直。天球上与天赤道平行的小圆称为赤纬圈。

4. 子午圈和卯酉圈

过北天极 P 的地平经圈称为子午圈,与子午圈垂直的地平经圈称为卯酉圈。子午圈和卯酉圈与地平圈的 4 个交点,分别称为北点(N)、南点(S)、东点(E)和西点(W),合称四方点。其中,北点 N 靠近北天极 P,南点 S 靠近南天极 P',如图 2-16(a)所示。

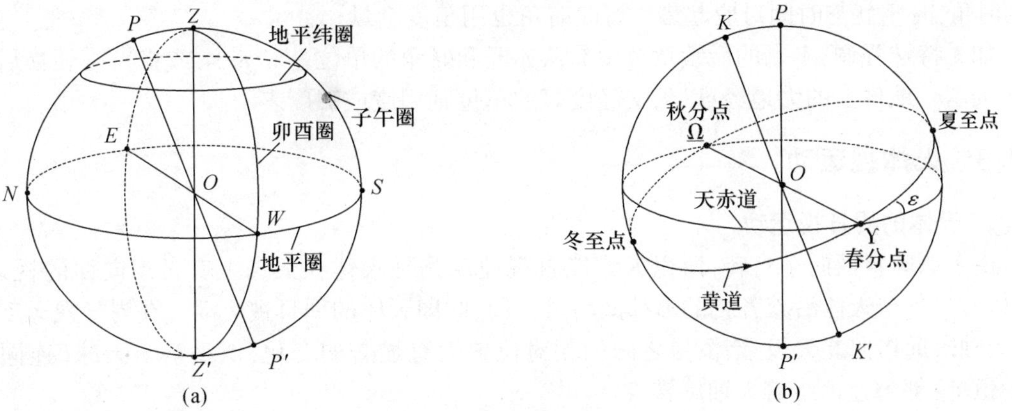

图 2-16　天球上的点和圈

5. 黄道和黄赤交角

地球绕太阳公转的轨道可近似看作一个平滑的椭圆,这个椭圆所在的平面称为黄道面。黄道面和天球相交的大圆称为黄道,黄道是太阳周年视运动轨迹在天球上的投影。黄道的两个几何极称为黄极,按其所处天区位置的不同,分别称为北黄极和南黄极,用 K 和 K' 表示。黄道与天赤道的交角 ε 称为黄赤交角,$\varepsilon=23°26'21''$,它是黄极 K 与天极 P 之间的角距离(图 2-17(b))。

6. 二分点与二至点

黄道与天赤道在天球上有两个交点,称为二分点。太阳沿黄道由南向北通过天赤道的点,称为春分点,用 ϒ 表示;与春分点相对的另一点,称为秋分点,用Ω表示。黄道上与二分点相距 90°的两点,称为二至点。位于天赤道以北的称为夏至点,与夏至点相对的另一点称为冬至点。通过天极与二分点的大圆称为二分圈,通过天极与二至点的大圆称为二至圈。

7. 赤经和赤纬,黄经和黄纬

若某天体在天球上的视位置为 σ,σ 和天球中心 O 的连线与天球赤道面的夹角称为赤纬,用 δ 表示;σ 在天球赤道面上的投影与春分点 ϒ 对中心 O 的张角,称为赤经,用 α 表示。过 σ 和天极的半个大圆称为赤经圈,也称时圈,如图 2-17所示。赤经从春分点 ϒ 开始沿天赤道按逆时针方向(从北天极看)度量,单位一般用时(h)、分(m)、秒(s),有时也用角度,换算关系为 $1^h=15°$,$1^m=15'$,$1^s=15''$。赤纬从天赤道开始分别向南北两个天极的方向度量,范围 0°~±90°,天赤道以北为正、以南为负。

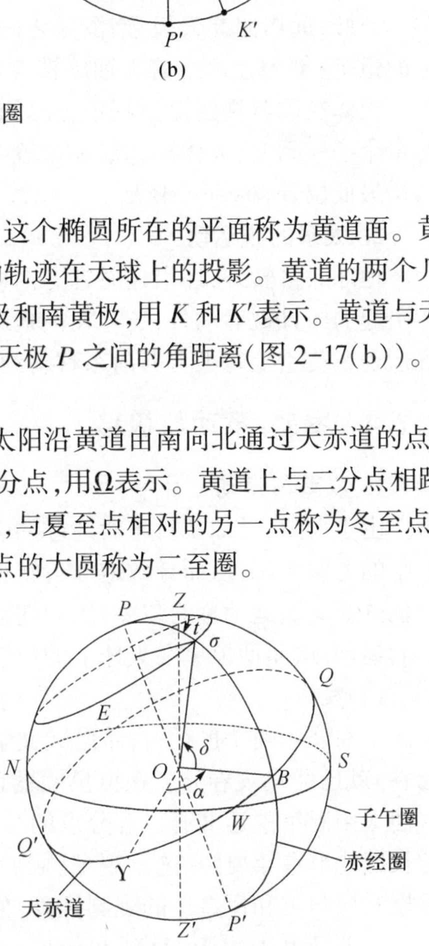

图 2-17　赤经、赤纬与时角

同理,σ 与天球中心 O 的连线和黄道面的夹角称为黄纬,用 β 表示;σ 在黄道面上的投影与春分点 ϒ 对中心 O 的张角,称为黄经,用 λ 表示,单位都是角度。

8. 时角

天赤道与子午圈交于两点,将地平圈之上的交点记为 Q。设过天体 σ 的赤经圈与天赤道交于 B 点,大圆弧 $\overset{\frown}{QB}$ 或球面角 $QP\sigma$ 称为天体的时角,用 t 表示(图 2-17)。以地球自转为参考计量时间时,时间将与时角 t 直接相关,因此时角从 Q 点开始,顺天球旋转的方向度量,单位一般用 h、m、s,范围是 0^h ~ 24^h。这样,若地球自转一周为 24h,则每小时转过 1^h 的时角,每秒转过

1^s的时角，时角就与时间对应起来。有时时角也用角度度量。

如无特殊强调，本书的后续章节中默认赤经和时角的单位是 h、m、s，或将 m、s 转换后统一用 h 表示。地球上的大地经度、天文经度等的单位则用度或弧度表示。

2.2.3 天体视运动

1. 天体的周日视运动

由于地球自西向东自转，所以人们能直观地观测到天体在天球上有自东向西的视运动。一日之内，各个天体沿着各自的赤纬圈转过一周，此即天体的周日视运动。在周日视运动过程中，天轴永远指向北天极，诸恒星之间的相对位置没有显著的变化，似乎整个天球（连同天球上的恒星）都匀速地绕着天轴旋转。

天体在周日视运动过程中，经过观测者所在的子午圈时称为中天。经过包括天极和天顶的半个子午圈时，天体到达最高位置，称为上中天；经过包括天极和天底的半个子午圈时，天体到达最低位置，称为下中天。

2. 太阳的视运动

地球除自转外，还沿逆时针方向（从北黄极看）绕太阳公转。因此，太阳除参与因地球自转引起的周日视运动外，还存在因地球公转引起的相对恒星背景的周年视运动。太阳因周年视运动在黄道上每天自西向东移动约 1°，运行一周为 1a。

2.2.4 岁差、章动与极移

1. 岁差与章动

由于太阳、月球及行星对地球的引力作用，会引起因地球形状不规则和质量分布不均匀而产生的力偶作用，从而导致地球自转轴在惯性空间中的指向不是固定的，而是不断发生变化。地轴的长周期运动称为岁差，短周期运动则称为章动。岁差和章动引起天极和春分点在天球上的运动，从而使恒星在天球上的位置发生变化。

1）岁差

早在公元前 2 世纪，古希腊天文学家喜帕恰斯（Hipparchas，约公元前 190－前 125，又译依巴谷）就已经发现春分点在恒星间的位置不是固定不变的，而是沿着黄道缓慢地西退。这样就使太阳周年视运动通过春分点的时刻总比回到恒星间同一位置的时刻早一些，导致回归年的长度比恒星年要短，这一现象称为岁差。公元 330 年，我国晋朝天文学家虞喜（282—356）根据对回归年和恒星年的观测推算，独立发现了岁差。

岁差是由于太阳、月球和行星对地球的吸引造成的。太阳和月球对地球赤道隆起部分的吸引产生不可抵消的力偶作用，从而使地球自转轴在惯性空间中绕黄道轴进动，绘出一个圆锥面，如图 2-18 所示。圆锥面与天球相截，得到一个以北黄极为中心，以黄赤交角 $\varepsilon=23°26'$为半径的小圆。瞬时北天极沿着这个小圆每年向西移动 50″.37，完成一个周期约 25700a。这种由日月引力引起的地球自转轴的进动现象称为日月岁差。

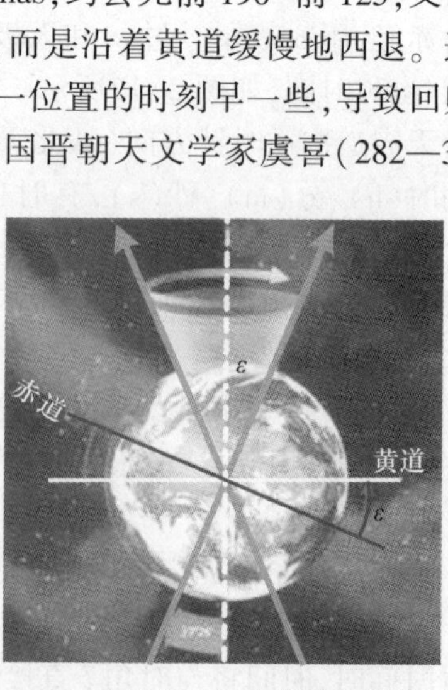

图 2-18 地球自转轴在惯性空间的进动

讨论日月岁差时，假定黄道面的位置是不变的。实际上，由于太阳系内其他行星的引力作用，地球的周年运动并不严格遵循开普勒定律，黄道面的位置在不断变化，黄道轴在空间围绕一个不固定的轴线微微地转动。黄道轴的转动使黄赤交角发生变化，同时还使春分点沿天赤道产生一个微小的位移，其方向与日月岁差的方向相反。这种春分点的位移，称为行星岁差。行星岁差习惯用 λ 表示，它使春分点每年沿天赤道东进约 0″.13。

同时考虑日月岁差与行星岁差的效应即总岁差。总岁差不仅对黄经产生影响，导致黄经总岁差 p_n；还对赤经和赤纬产生影响，导致赤经岁差 m 和赤纬岁差 n[8]。当时间间隔足够小时，总岁差的影响可以认为是日月岁差与行星岁差叠加的结果。

2）平天极与真天极

由于日、月及行星引力的影响，天极的实际运动是一条复杂的曲线。地球自转轴除在空间绕着黄道轴进动外，还伴随着许多短周期的微小变化。为便于研究，把天极的实际运动分解成两种运动：一种是一个假想的天极 P_0 绕黄极 K 沿小圆运动，这个假想的天极称为平天极，简称平极；另一种是实际的天极 P 绕平天极 P_0 的运动，实际的天极称为真天极，简称真极，如图 2-19所示。平极的运动是日月岁差，真极绕平极的运动是章动。真极一面绕平极作章动运动，一面随平极作日月岁差运动，两者的合成即真天极的实际运动。

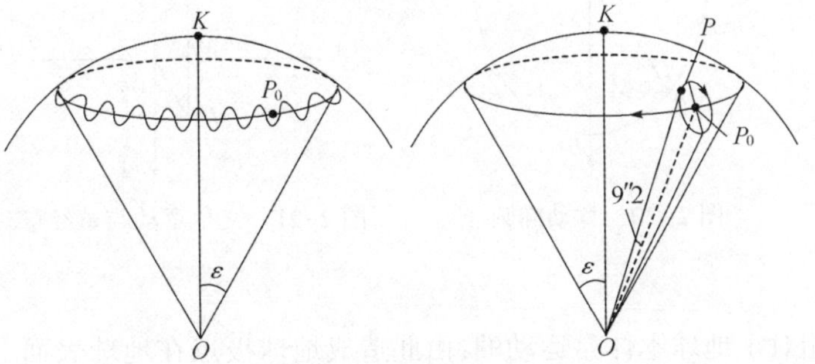

图 2-19　平天极与真天极

某一瞬间的平天极对应的天赤道称为该瞬间的平赤道，该瞬间的黄道对平赤道的升交点称为平春分点。某一瞬间的真极对应的天赤道称为该瞬间的真赤道，该瞬间的黄道对真赤道的升交点称为真春分点。

行星岁差虽然也引起春分点的移动，但它不引起地轴的进动，因此当仅考虑行星岁差时，认为平极是固定不动的。

3）章动

真天极在平天极附近短周期的微小摆动称为章动。章动使得地球自转轴的进动速度不再是常数，而是随时间变化，这是英国天文学家布拉德利（James Bradley，1693—1762）在 1728 年首先发现的。月球对地球引力的周期性变化是形成章动现象的主要原因，其次是太阳引力的变化。

由于白道面、赤道面和黄道面不重合，同时月地、日地距离在不断变化，因此章动运动非常复杂，可以看作很多不同周期运动的合成。若忽略微小的振动，真天极相对于平天极的运动轨迹是一个椭圆，称为章动椭圆。章动椭圆很小，可以看作切于天球的平面图形，平天极 P_0 是该平面图形的切点。通过平天极 P_0 与黄极 K 的大圆就是平天极的二至圈，它在切平面上的投影 BD 即为章动椭圆的长轴；通过 P_0 并与二至圈垂直的大圆是平天极的二分圈，它在切平面上的投影 AC 即为章动椭圆的短轴，如图 2-21 所示。椭圆的长短半轴分别为 9″.2 和 6″.9，真天极的转动方向为顺时针（从天球外看），周期约为 18.6a，与月球的交点西退周期相同。

在图 2-20 的切平面上建立直角坐标系，原点为平极 P_0，X 轴和 Y 轴分别为椭圆的半短轴和半长轴，于是真极 P 相对于平极 P_0 的位移可以分解为在 Y 轴和 X 轴上的两个位移分量。分量 y 改变了天极 P 与黄极 K 之间的距离，而 K 与 P 之间的距离就是黄道与天赤道的真交角，即 $\widehat{KP}=\varepsilon$，因此位移量 y 反映的是黄赤交角的变化，称为交角章动，用符号 $\Delta\varepsilon$ 表示。位移分量 x 是真极二至圈相对于平极二至圈的位移，即真春分点相对于平春分点的位移，结果会使所有天体的黄经发生变化，因此称之为黄经章动，用符号 $\Delta\psi$ 表示。

在图 2-21 中，大圆弧 $\widehat{KP}$ 是真极二至圈的一部分，$\widehat{KP_0}$ 是平极二至圈的一部分，因此它们间的夹角就是黄经章动 $\Delta\psi$。又考虑到 $\widehat{KP}$ 是真天极与黄极间的距离 ε，$\widehat{KP_0}$ 是平天极与黄极间的距离 ε_0，$\Delta\psi$ 是一微小的角度，故可近似认为 $\widehat{KP_0}\approx\widehat{KM}$，$y=\varepsilon-\varepsilon_0=\Delta\varepsilon$。

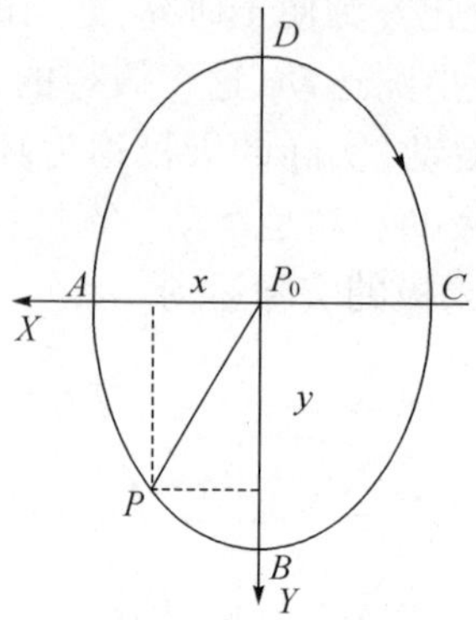

图 2-20　章动椭圆

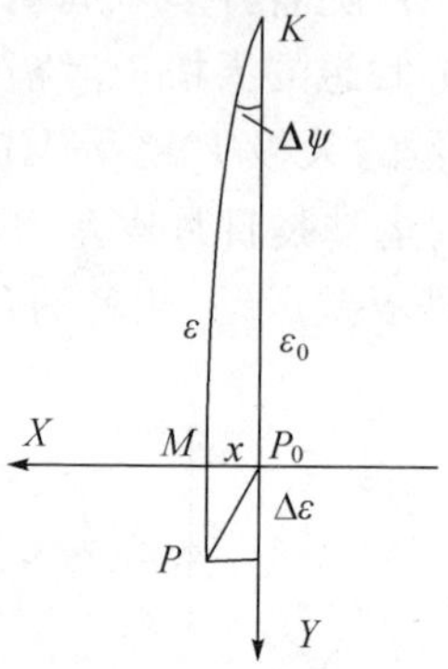

图 2-21　交角章动与黄经章动

2. 极移

地球自转轴相对于地球本体是运动的，由此造成地球极点在地球表面上的位置随时间发生变化，这种现象称为地极移动，简称极移。随时间变化的自转轴称为瞬时轴，相应的极点称为瞬时极。地极在某一时间段内的平均位置称为平均极。

欧拉在 1765 年通过理论分析指出，由于地球自转轴与地球惯量主轴不重合，会造成地球瞬时极围绕惯性极做圆周运动，周期为 305 个恒星日，称为欧拉周期，这是关于地极移动的首次预言。1888 年，德国天文学家屈斯特纳（Karl F. Küstner，1856—1936）从纬度变化的观测中发现了极移。1891 年美国天文学家钱德勒（Seth C. Chandler，1846—1913）通过分析多年的纬度观测结果发现，极移有两个主要的周期运动：一个是周期为 427d（约为 14 个月）的自由振荡，另一个是周期为 1a 的受迫振荡。前者称为钱德勒分量，相应的周期称为钱德勒周期。纽康认为钱德勒周期与欧拉周期的差别主要是由海洋运动和地球的弹性形变引起的。图 2-22 所示是 2001—2005 年间地极的变化轨迹。

由于极移的范围很小，两种主要周期成分之和不超过 $\pm0''.4$（相当于 24m×24m 的范围），因此可以用一个与地球表面相切的平面来代替地极移动范围的球面，并用一个直角坐标系来表示瞬时极的位置。切点选为某个时期内地极的平均位置，也是坐标系的原点。1967 年，国际天文联合会（IAU）和国际大地测量与地球物理联合会（IUGG）推荐采用 1900—1905 年的地极平均位置作为坐标系的原点，称为国际协议原点（Conventional International Original，CIO）。通过 CIO 的格林尼治子午线方向为 X 轴的正向，X 轴以西 90°的子午线方向为 Y 轴正向，相应的坐标 x_p 和 y_p 称为地极坐标，如图 2-23 所示。1984 年，国际极移服务（IPMS）和国际时间局（BIH）采用非刚体地球理论并融合光学观测、甚长基线干涉测量（VLBI）等技术计算得到新的协议地球极 CTP(Conventional Terrestrial Pole)。此后,以 1984.0 为参考历元的 CTP 被广泛采用,如 GPS 采用的 WGS84 坐标系、国际地球自转与参考系服务机构(IERS)采用的国际地球参考框架(ITRF)都是采用 BIH1984.0 的 CTP 作为 Z 轴的指向。极移目前无法从理论上预测,IERS 在其公报中会给出每天一组的 x_p、y_p 值,并给出一段时间内极移的预推公式。

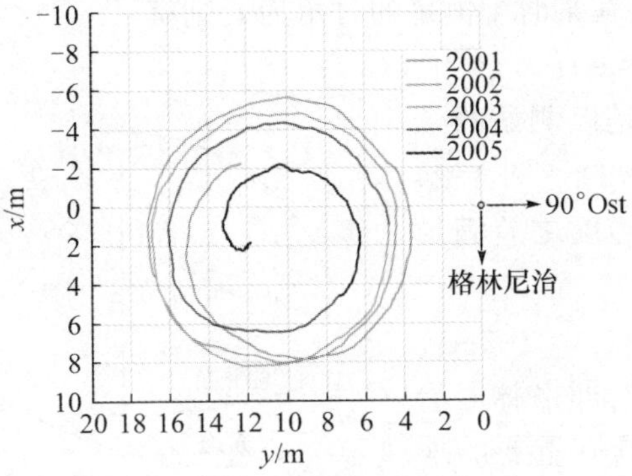

图 2-22　2001—2005 年间地极变化

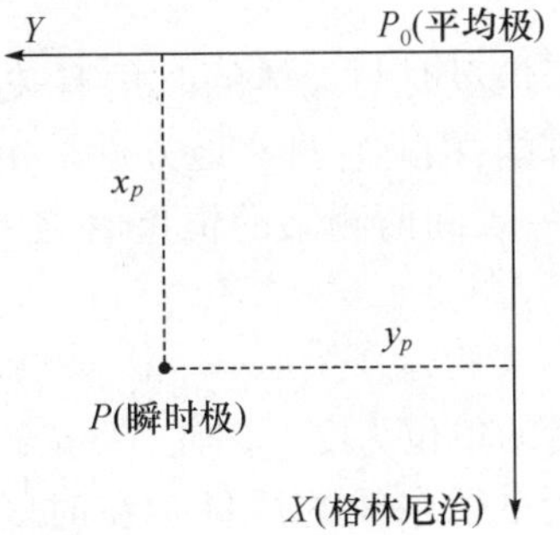

图 2-23　地极坐标系

极移与岁差、章动是两种不同的地球物理现象。岁差和章动是地球自转轴在惯性空间的运动,其在地球内部的相对位置并没有改变,因此它只引起天体坐标的变化,不会引起地球表面经纬度的改变。与之相反,极移是地球自转轴在地球本体内的变化,其在惯性空间中的方向并没有改变,因此它引起地球表面上各地经纬度的变化。

2.3　时 间 系 统

时间是描述物质运动的基本变量,物质运动也为时间的计量提供了参考。通常所说的时间计量,实际包含了两个含义:一个是时间间隔,即两个物质运动状态之间经过了多长的时间;另一个是时刻,即物质的某一运动状态瞬间与时间坐标轴原点之间的时间间隔。因此,一个计时系统要确定初始历元和秒长两个基本要素,其中确定秒长是最重要的问题。

时间的计量一般是通过选定某种均匀的、可测量的、周期性的运动作为参考基准而进行的。目前所参考的物质运动主要有两种,即地球自转和原子内部能级的跃迁,分别对应世界时和原子时。以前还曾用过参考地球公转而确定的历书时,目前已经废止。

2.3.1　世界时

世界时以地球的自转运动为计时依据。地球上的观测者无法直接察觉地球的自转,因此只能依靠观测地球以外天体的周日视运动来计时,即以天体连续两次经过同一子午圈的时间间隔作为一“日”。根据参考天体的不同,又有不同的世界时系统。

1. 恒星时

1) 恒星时的定义

以春分点 Υ 为参考,由它的周日视运动确定的时间称为恒星时(Sidereal Time),记为 s。春分点连续两次上中天的时间间隔称为一个恒星日,每个恒星日等分成 24 个恒星时,每个恒星时又等分成 60 个恒星分,每个恒星分再等分成 60 个恒星秒,由此确定计量时间的恒星时单位。s 的单位一般用时、分、秒表示,有时也用度、弧度作单位,1 恒星时对应 15 度,1 恒星秒对应 15 角秒。

恒星时的起点取为春分点 Υ 在测站上中天的时刻,因此它在数值上等于春分点的时角

$$s = t_{\Upsilon} \tag{2-3-1}$$

春分点是天球上的假想点,无法直接观测,只能通过观测恒星来推求它的位置。如图 2-25所示,假设已知某恒星 σ 的赤经为 α,在某时刻恒星的时角为 t,则有

$$s = \alpha + t \tag{2-3-2}$$

由于恒星时与天体的时角有关,而时角是以测站的子午圈起算的,因此它具有地方性。由式(2-3-2)及图 2-24易知,同一瞬间两测站的恒星时之差与天文经度之差满足如下关系:

$$s_A - s_B = (\lambda_A - \lambda_B)/15 \tag{2-3-3}$$

式中经度的单位为度。因此,天文经度 $\lambda = 0°$,即格林尼治天文台所在子午线的恒星时在时间计量中具有重要的地位,常用特定的符号 S 表示。天文经度 λ 处的恒星时 s 与格林尼治地方恒星时 S 的关系为

$$s = S + \lambda/15 \tag{2-3-4}$$

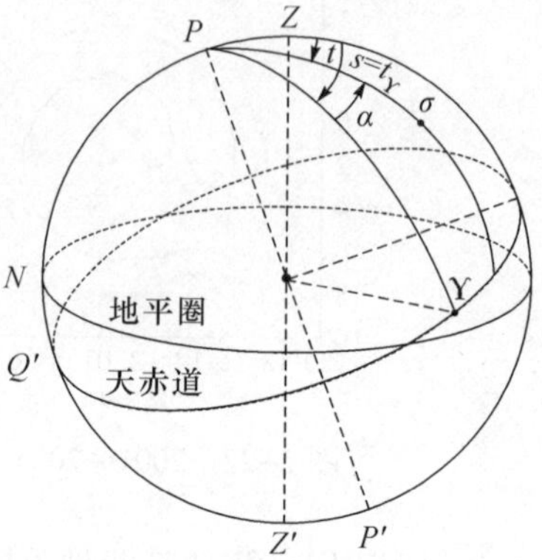

图 2-24　恒星时与恒星时角

2）岁差和章动对恒星时的影响

由于岁差和章动的影响,使春分点有平春分点和真春分点的区别,相应地就有真恒星时和平恒星时,分别用 S 和 $\bar{S}$ 表示。

平春分点在天球上周日视运动的速度是地球自转角速度和春分点位移速度的合成,因此格林尼治平恒星时 $\bar{S}$(GMST)可以表示为

$$\bar{S} = \bar{S}_0 + \omega_e t + m \tag{2-3-5}$$

式中:ω_e 为地球自转角速度;m 为赤经岁差;$\bar{S}_0$ 为 $t=0$ 时刻的格林尼治平恒星时。

格林尼治平恒星时加上赤经章动修正项就得到格林尼治真恒星时 S(GAST)

$$S = \bar{S} + \Delta\psi\cos\varepsilon = \bar{S}_0 + \omega_e t + m + \Delta\psi\cos\varepsilon \tag{2-3-6}$$

在式(2-3-5)、式(2-3-6)中,S、$\bar{S}$、$\bar{S}_0$ 的单位是弧度。

2. 真太阳时

太阳视圆面的中心称为真太阳,又称视太阳。真太阳连续两次上中天的时间间隔称为一个真太阳日。依据真太阳日又可定义真太阳时、真太阳分和真太阳秒,从而确定真太阳时系统(Apparent Solar Time 或 True Solar Time),用 $m_{\odot}$ 表示。

如果把真太阳上中天的时刻记为太阳时零时,那么一个白天就会分处两个日期,与人们的日常观念不一致。为照顾生活习惯,实际上将真太阳时的零时定义为真太阳下中天的时刻,即

$$m_{\odot} = t_{\odot} + 12^{h} \tag{2-3-7}$$

式中:$t_{\odot}$ 为真太阳的时角。若 $t_{\odot} > 12^{h}$,则从 $m_{\odot}$ 减去 24^{h}。

真太阳除参与因地球自转引起的周日视运动外,还有因地球公转引起的周年视运动,因此真太阳的视运动是不均匀的。这主要表现在两个方面:①太阳周年视运动的速度不均匀,在近日点的速度最快,在远日点的速度最慢;②黄道与天赤道存在夹角,太阳的周年视运动是沿黄道进行的,真太阳的时角是沿天赤道度量的,因此即使太阳周年视运动的速度是均匀的,反映在天赤道上时角的变化也是不均匀的。时角变化的不均匀导致真太阳日长短不一,最长日和

最短日相差可达 51s,因此真太阳日不符合时间计量的基本要求。

真太阳时的不均匀大约是在 18 世纪初发现的,当时时间测量的精度已经达到秒级。

3. 平太阳时

1) 平太阳时的定义

为弥补真太阳时不均匀的缺陷,19 世纪末纽康提议用一个假想的太阳代替真太阳,作为测定时间的参考,即平太阳。

平太阳也和真太阳一样有周年视运动,但有两点不同:①平太阳的周年视运动轨迹是天赤道而不是黄道;②平太阳在天赤道上运行的速度是均匀的,等于真太阳周年视运动速度的平均值。显然,平太阳和真太阳有密切联系,但又不存在真太阳运动不均匀的缺点。

以平太阳为参考,由它的周日视运动确定的时间称为平太阳时,简称平时(Mean Solar Time),记为 m。与真太阳时一样,为与生活习惯相协调,将平太阳时的零时定义为平太阳下中天的时刻,即

$$m = t_m + 12^h \tag{2-3-8}$$

式中:t_m 为平太阳的时角。若 $t_m > 12^h$,则从 m 减去 24^h。

真太阳时和平太阳时都与天体的时角有关,因此同恒星时一样,它们也都有地方性。例如,对平时单位,同一瞬间两测站的地方时之差与天文经度之差满足如下关系:

$$m_A - m_B = (\lambda_A - \lambda_B)/15 \tag{2-3-9}$$

因此,格林尼治地方时在太阳时计量中同样具有重要的地位,常用特定的符号表示。一般用 M 表示格林尼治地方平时。

平太阳是天球上的假想点,无法直接观测,测定平太阳时的方法仍是观测恒星时。所以,平太阳时与恒星时不是相互独立的时间系统。

2) 世界时

格林尼治地方平时 M 称为世界时,记为 UT(Universal Time)。天文经度 λ 处的地方平时与世界时的关系为

$$m - \mathrm{UT} = \lambda/15 \tag{2-3-10}$$

时间的单位是小时(h),经度的单位是度(°)。

世界时是地球自转的反映,但地球的自转速率是不均匀的,主要表现为:①长期变慢的趋势,研究发现,地球刚诞生时,自转周期只有 6h 左右,它使世界时的日长每世纪大约增加 0.0016s;②不规则起伏,它使世界时的日长有几毫秒的起伏;③周期变化,包括两周年、周年、半周年、月变化等,其中周年项和半周年项合称季节变化,它使世界时日长在 1a 内有 1ms 左右的变化。此外,地极移动引起的地球子午线变动也会造成世界时的不均匀。因此,在实际使用中,往往要对世界时加以修正。

通过测站直接观测天体获得的世界时记为 UT0,对应于瞬时极子午圈。修正极移引起的子午圈变位后得到的世界时记为 UT1,对应于平均极子午圈,两者的关系为

$$\mathrm{UT1} = \mathrm{UT0} + (x\sin\lambda + y\cos\lambda)\tan\varphi \tag{2-3-11}$$

式中:λ 和 φ 为测站的经纬度;x 和 y 为极移量。

在 UT1 的基础上修正地球自转的周期性季节变化后得到的世界时记为 UT2

$$\mathrm{UT2} = \mathrm{UT1} + \Delta T_s \tag{2-3-12}$$

式中:ΔT_s 为地球自转速率的季节变化修正量。

虽然从定义上看,UT2 要更精确,但式(2-3-12)只是经验性改正,$|\mathrm{UT2} - \mathrm{UT1}| \leqslant 30\mathrm{ms}$。

因此,UT2 并不反映地球自转运动的情况,UT1 才具有独立的物理含义,我们平时所说的世界时一般指 UT1。

早期主要通过测量格林尼治恒星时来确定 UT1。2000 年,IAU 将 UT1 重新定义为地球转动角 θ 的线性函数。θ 是天球中介原点(Celestial Intermediate Origin,CIO)和地球中介原点(Terrestrial Intermediate Origin,TIO)在赤道平面内的地心张角。CIO 与 TIO 都是基于天球中介极(Celestial Intermediate Pole,CIP)定义的,TIO 随地球一起转动,CIO 则没有随地球的瞬时转动。θ 的值通过对类星体的甚长基线干涉测量(VLBI)来确定,测量精度优于 4ms。虽然通过测恒星时来确定 UT1 的方法仍在广泛使用,但基于地球转动角确定 UT1 的方法在高精度应用中越来越广泛。

纽康引进平太阳假想后,世界时有了严密的科学定义,成为以地球自转运动为基础的科学的计时系统。从 19 世纪中叶到 20 世纪 60 年代 100 多年的时间里,世界时一直作为人类社会时间计量的标准。但是,即使消除了季节性波动等影响后,平太阳时秒长仍然有 $\pm1\times10^{-7}$s 的不确定性,无法满足高精度航天任务的需求。

2.3.2 原子时

1. 国际原子时

原子时(Atomic Time,AT)是以物质内部原子能级跃迁为基础建立的时间计量系统。1967 年,第 13 届国际计量大会(CGPM)决定:位于海平面上的铯^{133}原子基态的两个超精细能级间在零磁场下跃迁辐射振荡 9192631770 周所持续的时间为一个原子时秒,称为国际制秒(SI 秒)。

在原子时秒的基础上,国际时间局(BIH)对全球多个原子钟相互比对并经数据处理推算出统一的原子时,称为 AT(BIH)系统。1971 年,第 14 届 CGPM 大会通过决议,定义 AT(BIH)为国际原子时,并按法文习惯记为 TAI(International Atomic Time)。从此,以地球自转为基础的时间计量标准 UT 正式过渡到以原子振荡运动为基础的国际原子时标准 TAI。国际原子时的时间起算点规定为 1958 年 1 月 1 日 0^hUT,即调整此刻原子时钟面指示的时间与世界时钟面指示的时间相一致。但由于技术上的原因,人们并没有能够真正做到这一点。事后发现这一瞬间原子时比世界时慢了 0.0039s,这个差值就作为历史事实被保留下来。

原子时是目前人类所能应用的精度最高的计时系统,其准确度可达 1×10^{-15}s,也即 2000 万年的累积误差不超过 1s。如此高的准确度使得在时间的计量中必须考虑广义相对论效应,原子钟在不同的位置、速度下将得到不同的原子时秒长。例如,TAI 的秒长是在地心参考框架旋转大地水准面上定义的。

2. 协调世界时

由世界时和原子时的定义可以看出:世界时反映了地球的自转,能够与人们的日常生活相联系,但其变化是不均匀的;原子时的秒长十分稳定,但它的时刻没有具体的物理内涵,在大地测量、飞行器导航、天体方位计算等应用中不是很方便。为兼顾两者的长处,建立起协调世界时(Coordinated Universal Time,UTC)。根据国际规定,协调世界时的秒长与原子时的秒长一致,其时刻与世界时 UT1 的偏离不超过 0.9s。因此,协调世界时是一种基本秒长等同于原子时,而在时刻上靠近世界时的混合时间尺度。当前协调世界时实现的方法是在 6 月或 12 月底进行闰秒,具体的调整由 IERS 提前两个月公布。从 1979 年起,UTC 被世界各国作为民用时间标准。

实际上,UTC 的定义经历了几次变化。在 1972 年 1 月 1 日之前,为使 UTC 尽量接近 UT,采用频率补偿的方法,使 UTC 的秒长接近 UT 的秒长。1972 年 1 月 1 日之后,才采用强迫闰秒的方法。因此以 1972 年为界,UTC 与 TAI 的转换有不同的规则。

设置闰秒使 UTC 成为不连续的时间尺度。近年来,卫星导航、扩频通信、互联网通信等技术快速发展,都需要连续的时间参考系统,2012 年就出现了因闰秒导致很多网站的服务器崩溃的现象,因此维持现行的闰秒制度遇到许多实际困难,国际上开始讨论 UTC 的改革方案[10]。

2022 年,第 27 届国际计量大会(CGPM)通过决议,决定在 2035 年前将 UT1-UTC 的最大可接受值扩大,例如允许 100 年差 1 分钟或者数千年差 1 小时,从而使 UTC 成为一个连续的国际时标,也即将取消闰秒制度。

3. 北斗时与 GPS 时

北斗时(简称 BDT)是北斗卫星导航系统建立、保持和使用的时间参考标准。北斗时采用原子时"秒"为基本单位,不闰秒,时间起点为 2006 年 1 月 1 日 0 时 0 分 0 秒 UTC。北斗时按主钟的方式实现,采用氢原子钟主备工作模式,由时间频率系统产生。时间频率系统则由原子钟组、频率和时间信号产生、实时测试与完好性检测等分系统组成。在起始时刻,BDT 与 TAI 相差 33s。

GPS 时(简称 GPST)则是美国的 GPS 卫星导航系统建立、保持和使用的时间参考标准,实现方法与北斗时类似。GPS 时的时间起点为 1980 年 1 月 6 日 0 时 0 分 0 秒 UTC。在起始时刻,GPST 与 TAI 相差 19s。

2.3.3 历书时与动力学时

1. 历书时

由于地球自转速度不均匀,导致用其计量的时间不均匀,人们开始考虑以地球公转为依据建立时间系统,即历书时系统。天体力学以牛顿力学为基础建立了太阳系天体的运动理论,从而可以得到以运动方程中的时间为自变量的天体历表。如果从天文观测中得到某一瞬间天体的位置,就可以从历表中获得相应的时间,即历书时。由于天体运动模型误差和天文常数误差的影响,选用月球、地球、行星等不同天体的历表获得的历书时会有微小的差异。

1960 年,第 10 届 CGPM 大会决定,用以地球公转运动为基准的历书时(Ephemeris Time, ET)来度量时间,用历书时系统代替世界时。历书时用纽康太阳表中 1900 年年首的平黄经和平均运动来定义,历书时的秒长定义为历元 1900.0 的回归年长度的 1/31 556 925.974 7。理论上,历书时应该通过观测太阳的方位来确定,但太阳在天球上运动的角速度仅有 0″.04/s,确定其视圆面的中心很困难,因此在实际工作中是通过观测月球测定历书时的。

历书时不论从理论上还是实践上来说都是不完善的,不能算作真正均匀的时间系统。原则上讲,每一种基本历表都可以有其自身的"历书时",例如观测月球得到的历书时和用太阳运动定义的历书时就不一致;历书时的定义与一些天文常数有关,天文常数系统改变会导致历书时的不连续;此外,实际测定的历书时精度并不高,提供结果也比较迟缓。因此,历书时很快被原子时和动力学时取代。

2. 动力学时

动力学时是天体动力学理论研究及天体历表编算中使用的时间系统,即广义相对论框架中的坐标时。1976 年,IAU 定义了天文学中常用的两种动力学时:以太阳系质心为原点的局部惯性坐标系中的坐标时,称为质心动力学时,记作 TDB(Barycentric Dynamical Time);以地球质心为原点的局部惯性坐标系中的坐标时，称为地球动力学时，记作 TDT(Terrestrial Dynamical Time)。太阳、月球、行星历表及岁差与章动公式中以 TDB 作为时间尺度，而近地航天器动力学方程则采用 TDT 作为独立时间变量。

地球动力学时建立在国际原子时的基础上，并规定 1977 年 1 月 1 日 $0^h0^m0^s$TAI 瞬时对应的地球动力学时为 1977 年 1 月 1.0003725 日(即 1 日 $0^h0^m32^s.184$)；地球动力学时的基本单位为日，包含 86400 国际制秒。由此可知

$$TDT = TAI + 32^s.184 \tag{2-3-13}$$

TDT 对 TAI 时刻的补偿值 $32^s.184$ 正好是原子时试用期间历书时与原子时之差的估算值，因此 TDT 能与过去使用的历书时相衔接，只要把历表中的时间变量历书时改为 TDT 就可以继续使用。

IAU 最初关于 TDT 的定义有诸多模糊和争议之处，为此在 1991 年第 21 届 IAU 大会上重新定义了地球时(Terrestrial Time, TT)取代 TDT 作为视地心历表的时间变量，它表示的是在大地水准面上的时间标准。同时引进了两个新的时间，即地心坐标时(Geocentric Coordinate Time, TCG)和质心坐标时(Barycentric Coordinate Time, TCB)，前者是以地球质心为空间原点的参考系的时间坐标，后者是以太阳系质心为空间原点的参考系的时间坐标。TT 与 TCG 的变化率成线性关系

$$\frac{dTT}{dTCG} = (1 - L_G) \tag{2-3-14}$$

式中：$L_G = 6.969290134 \times 10^{-10}$。

TT 与 TDT 是等价的，都可以认为是在大地水准面上实现的与 SI 秒一致的理想化的原子时。因此在实际应用中，可以将 ET→TDT→TT 看作一个连续的时间尺度。

TCG 与 TCB 只是给出了广义相对论框架下两种理想化的时间尺度，由于一些历史原因和计量上的困难，实际应用并不多。在地心与地面的星历表中多采用 TT 作为时间尺度，例如各国颁布的天文年历；太阳、行星、月球的星历表则多采用 TDB 作时间尺度，例如喷气推进实验室(JPL)的 DE 系列星历。TDB 与 TCB 之间也成线性关系。

不同时间系统之间的转换公式见附录 B.1，各时间尺度间的关系如图 2-25 所示。

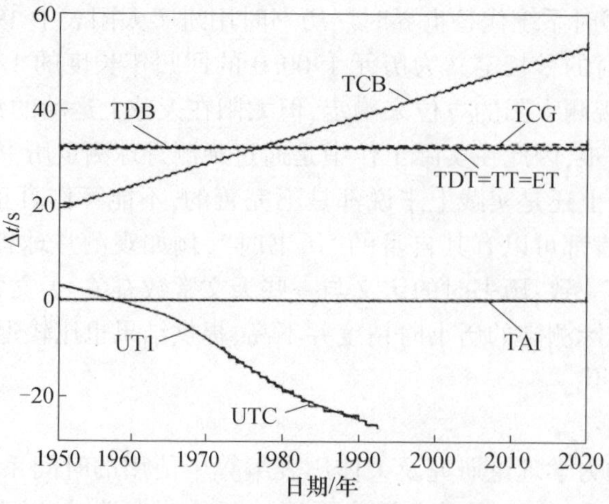

图 2-25　时间尺度关系图[11]

2.3.4 年、历元和儒略日

前面讨论了计量时间的基本单位——日和秒。为了度量更长的时间间隔，还要采用以地球绕太阳公转运动为基础的时间单位“年”和以月球绕地球公转运动为基础的时间单位“月”。为推算年、月、日的时间长度和制定时间的序列，还需要采用不同的历法。

1. 年

地球绕太阳公转运动的周期，称为年。地球公转运动在天球上的反映是太阳的周年视运动，根据参考点的不同，也有不同的“年”。回归年是太阳中心在天球上连续两次通过春分点的时间间隔，长度为 365.2422 平太阳日。恒星年是太阳中心在天球上连续两次通过某一恒星的黄经圈所需的时间间隔，长度为 365.2564 平太阳日，这是地球绕太阳公转的平均周期。

公元前 56 年，罗马统治者儒略·凯撒（Gaius Julius Caesar，公元前 100—前 44）采纳天文学家索西琴尼的意见制定了儒略历。儒略历（Julian Calendar）以回归年作为历法的基本单位，平年 365 日，闰年 366 日。凡公元年份能被 4 整除的为闰年，因此历年的平均长度为 365.25 平太阳日，称为儒略年。

因儒略年的长度与回归年相差 0.0078 日，400 年累计多出 3.12 日，到 16 世纪后期累差已达 10 日。为消除这个差数，1582 年罗马教皇格里高利十三世（Gregorius XIII，1502—1585）修订了儒略历的置闰法则，规定公元年数被 4 除尽的仍为闰年，但世纪年只有被 400 除尽的才为闰年。这样 400 年中只有 97 个闰年，使历年的平均长度为 365.2425 平太阳日，更接近回归年的长度。修订后的历法于 1582 年颁行，称为格里历（Gregorian Calendar），也就是现今全世界通用的公历。

2. 历元

在计算航天器轨道和天体坐标时，常选定某一瞬间作为讨论问题的起点，称为历元（Epoch）。

1984 年以前使用的是贝塞尔历元。贝塞尔年的长度与回归年相同，但其岁首取为平太阳黄经等于 280°（即 18^h40^m）的瞬间，称为贝塞尔年首。贝塞尔历元往往取某一个贝塞尔年首作为标准瞬间，用年份前加符号 B，年份后加符号 .0 表示，如 B1900.0，B1950.0，B2000.0。

儒略历元则取真正的年初，用年份前加符号 J，年份后加符号 .0 表示，如 J2000.0。从 1984 年起，天文年历采用标准历元 J2000.0 代替 B1900.0，它对应的时刻为 2000 年 1 月 1.5 日 TDB，这正是纽康基本历元 1900 年 1 月 0.5 日之后一个儒略世纪（36525 天）。新标准历元用太阳系质心力学时代替过去的世界时，某年的儒略年首与标准历元的间隔为 365.25 日的整数倍。

3. 儒略日

儒略日（Julian Day）是天文上应用的一种不用年和月的长期纪日法，记为 JD。儒略日以公元前 4713 年儒略历 1 月 1 日格林尼治平午（即世界时 12^h）为起算点，每日累加，延续不断。儒略日是计算年、月、日化积日的辅助工具，对于求两事件之间的间隔日数非常方便。在中国天文年历中列有儒略日表，可用来求每天的儒略日，如历元 J2000.0 对应的儒略日为 JD＝2451545.0。

儒略日的数值很大，为此在 1973 年的 IAU 大会上定义了一种约简儒略日，它的起算点为 1858 年 11 月 17 日世界时 0^h，记为 MJD。儒略日与约简儒略日之间的关系为

$$MJD = JD - 2400000.5 \tag{2-3-15}$$

附录 B. 2 中给出了不同年、月、日的长度,以及公历与儒略日的换算公式。

2.4 坐标系统

坐标系的概念是 1637 年笛卡儿在其著作《几何学》中提出的,其作用在于建立起了几何学与代数学之间的桥梁。坐标系统在轨道力学中有着非常重要的作用,其功能可分为两个方面:一方面是物理上的,起到参照物的作用,在不同的坐标系中描述的物体运动规律可能是不一样的,因此描述物体运动时必须首先指明选定的参考坐标系;另一方面是数学上的,我们一般用牛顿力学理论建立矢量形式的运动方程,矢量方程简单、直观,但无法求解,必须将其投影到特定坐标系中才能解算,选定的坐标系称为计算坐标系。

天球坐标系和地球坐标系是轨道力学中最重要的两类坐标系,分别对应惯性参考系和与地球固联的参考系,本节就主要介绍这两类坐标系。传统上这两类坐标系是基于天球和地球上的一些点和圈定义的,比如春分点、天球历书极(CEP)、恒星时等。近年来,高精度天体测量学迅速发展,如 VLBI 对河外射电源的观测、依巴谷卫星对恒星的观测、全球定位系统(GPS)对地球自转参数的观测等都达到了亚毫角秒的量级。为适应测量精度的不断提高,在 2000 年的 IAU 大会上决定从 2003 年起采用新的国际天球参考系统(ICRS)和国际地球参考系统(ITRS),同时采用新的岁差—章动理论。新的参考系基于 CIO、CIP、地球转动角等概念来定义,岁差—章动模型中也不再人为地将岁差和章动分离,因而能达到更高的精度。相比较而言,传统的定义方法更容易理解,新的定义方法则较为抽象,因此本节仍然按照传统方法来讨论坐标系的定义,给出的岁差、章动模型是参考 IAU 2000/2006 模型后的改进模型。在轨道力学的使用范围中,新老系统的精度几乎相当,对新系统的更多了解可参阅文献[11-14]。

2.4.1 坐标系的定义及转换

1. 坐标系的定义

根据定义方法的不同,坐标系有直角坐标系、球面坐标系、柱面坐标系等,最常用的是直角坐标系。一个直角坐标系可以通过原点、基本平面和主轴三个要素来定义,三个坐标轴分别由主轴、基本平面的法线和右手法则来确定,如图 2-26 所示。通过两个不共线的矢量 $\boldsymbol{r}_1$、$\boldsymbol{r}_2$ 也可以建立一个直角坐标系,三个轴的单位矢量分别为

$$\boldsymbol{i}=\frac{\boldsymbol{r}_1}{|\boldsymbol{r}_1|},\quad \boldsymbol{j}=\frac{\boldsymbol{r}_1\times\boldsymbol{r}_2}{|\boldsymbol{r}_1\times\boldsymbol{r}_2|},\quad \boldsymbol{k}=\boldsymbol{i}\times\boldsymbol{j} \quad (2-4-1)$$

这是工程实践中常用的一种坐标系建立方法。航天器通过敏感两颗不共线的恒星确定姿态、导弹在发射前通过测定北方向和地球自转角速度方向建立发射坐标系都是基于这种原理。

球坐标也可以通过原点、基本平面和主轴来定义,但三个坐标值不再是 3 个长度,而是 1 个长度和 2 个角度,如图 2-27 所示。若坐标系中某点 S 相对于原点的位置矢量为 $\boldsymbol{r}$,则由直角坐标求球坐标的公式为

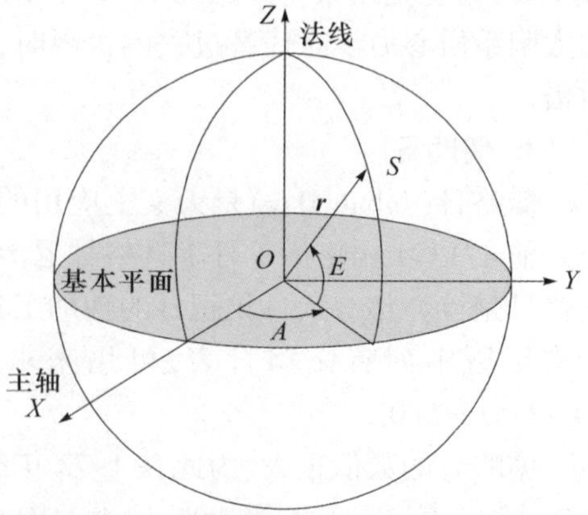

图 2-26 直角坐标系与球坐标系的定义

$$\begin{cases}r=\sqrt{X^2+Y^2+Z^2}\\A=\arctan(Y/X)\\E=\arcsin(Z/r)\end{cases}\tag{2-4-2}$$

由球坐标求直角坐标的公式为

$$\begin{cases}X=r\cos E\cos A\\Y=r\cos E\sin A\\Z=r\sin E\end{cases}\tag{2-4-3}$$

物体的运动在直角坐标系中用 3 个线速度描述，在球坐标系中用 1 个线速度和 2 个角速度描述。

2. 坐标系间矢量坐标的转换

在讨论、分析和计算物体的运动特性时，要将涉及的物理量统一到一个坐标系内，这常需要进行坐标系间矢量坐标的转换。两个坐标系的关系有多种描述方法，如方向余弦阵、欧拉角、四元数等，方向余弦阵可以方便地实现矢量坐标的转换。

1）方向余弦阵

单位矢量在坐标系三轴上的投影称为方向余弦。方向余弦阵是指以某个坐标系三轴的单位矢量在另一个坐标系中的方向余弦为列组成的矩阵。例如，设有两个坐标系 A 和 B，它们间的方向余弦阵为

$$\boldsymbol{C}_B^A=\begin{pmatrix}\boldsymbol{i}_B\cdot\boldsymbol{i}_A & \boldsymbol{j}_B\cdot\boldsymbol{i}_A & \boldsymbol{k}_B\cdot\boldsymbol{i}_A\\\boldsymbol{i}_B\cdot\boldsymbol{j}_A & \boldsymbol{j}_B\cdot\boldsymbol{j}_A & \boldsymbol{k}_B\cdot\boldsymbol{j}_A\\\boldsymbol{i}_B\cdot\boldsymbol{k}_A & \boldsymbol{j}_B\cdot\boldsymbol{k}_A & \boldsymbol{k}_B\cdot\boldsymbol{k}_A\end{pmatrix}\tag{2-4-4}$$

若把两个坐标系三轴的单位矢量看成三维矢量空间的两组基，则由线性空间的理论可知，方向余弦阵实际上是两组基之间的过渡矩阵。矢量 $\boldsymbol{P}$ 在两个坐标系中坐标的关系满足

$$\begin{bmatrix}x_A\\y_A\\z_A\end{bmatrix}=\boldsymbol{C}_B^A\cdot\begin{bmatrix}x_B\\y_B\\z_B\end{bmatrix}\tag{2-4-5}$$

方向余弦阵是正交矩阵，故有

$$(\boldsymbol{C}_B^A)^{-1}=(\boldsymbol{C}_B^A)^{\mathrm{T}}=\boldsymbol{C}_A^B\tag{2-4-6}$$

方向余弦阵具有传递性，三个坐标系 A、B、C 间的方向余弦阵具有如下关系：

$$\boldsymbol{C}_C^A=\boldsymbol{C}_B^A\cdot\boldsymbol{C}_C^B\tag{2-4-7}$$

2）方向余弦阵的欧拉角表示

若把坐标系视为刚体，根据刚体定点转动理论，则一坐标系最多绕其坐标轴旋转三次，即可与另一坐标系相应的三轴平行，这三次转动的角度称为欧拉角。两个坐标系间的关系可以用三个欧拉角描述，方向余弦阵中的元素可以表示成欧拉角的三角函数。

简单起见，假设两个坐标系的原点重合，它们间最简单的关系是有某个对应的坐标轴也重合，这样只需绕该轴旋转一个角度即可实现两坐标系的重合。根据方向余弦阵的定义式(2-4-4)，重合的轴分别为 x、y 或 z 轴，欧拉角为 α 时，方向余弦阵为

$$\boldsymbol{M}_1[\alpha]=\begin{bmatrix}1&0&0\\0&\cos\alpha&\sin\alpha\\0&-\sin\alpha&\cos\alpha\end{bmatrix},\quad \boldsymbol{M}_2[\alpha]=\begin{bmatrix}\cos\alpha&0&-\sin\alpha\\0&1&0\\\sin\alpha&0&\cos\alpha\end{bmatrix},\quad \boldsymbol{M}_3[\alpha]=\begin{bmatrix}\cos\alpha&\sin\alpha&0\\-\sin\alpha&\cos\alpha&0\\0&0&1\end{bmatrix}\tag{2-4-8}$$

上式中的三个方向余弦阵 $\boldsymbol{M}_1$、$\boldsymbol{M}_2$、$\boldsymbol{M}_3$ 称为初等转换矩阵或基本转换矩阵。根据转换矩阵的传递性可知，经多次旋转、由多个欧拉角表示的方向余弦阵可以写成上述三个初等转换矩阵的乘积。例如，若 B 系先绕 z 轴转动 γ 角，再绕 y 轴转动 β 角，最后绕 x 轴转动 α 角后与 A 系重合（图 2-27），则它们间的方向余弦阵为

$$\boldsymbol{C}_B^A=\boldsymbol{M}_1[\alpha]\cdot\boldsymbol{M}_2[\beta]\cdot\boldsymbol{M}_3[\gamma] \tag{2-4-9}$$

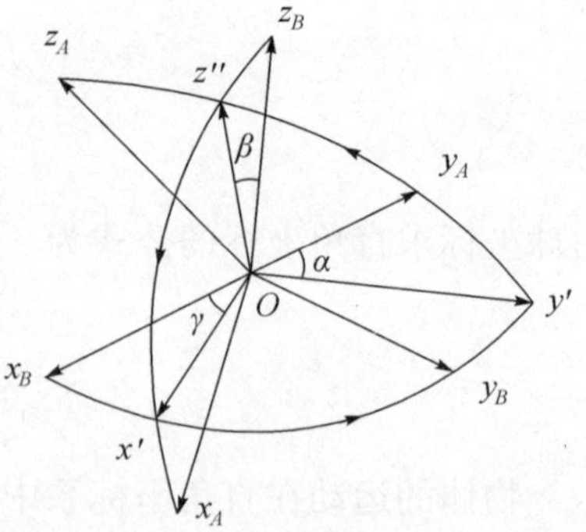

图 2-27　两坐标系间的欧拉角关系

欧拉角与绕坐标轴旋转的次序有关，旋转次序不同时，欧拉角也不相同，因此定义欧拉角必须指明旋转次序。不同的旋转次序会使式（2-4-9）中 $\boldsymbol{C}_B^A$ 各元素的表达式不同，但它们的值却是唯一的，即方向余弦阵是唯一的。

欧拉角是求方向余弦阵最常用的方法。但在旋转角度不易确定或欧拉角没有明确的物理意义时，用定义式（2-4-4）求方向余弦阵可能会更简捷方便。

欧拉角描述法（三参数法）的特点在于几何意义明确，但在建立姿态运动方程时会出现奇异，因此有时会采用四元数法（四参数法）描述两坐标系间的关系，并用四元数表示方向余弦阵。

3. 坐标系间矢量微分的关系

对同一个物体运动的描述可以在不同的坐标系中进行，如既可以在地心惯性坐标系、也可以在地面测站坐标系建立航天器的运动方程，它们间的关系属于坐标系间矢量微分的转换问题。

设有两个原点重合的坐标系 A 和 B，其中 A 系相对于 B 系以角速度 $\boldsymbol{\omega}$ 转动。对任意矢量 $\boldsymbol{R}$，在转动坐标系 A 中可以表示为

$$\boldsymbol{R}=x_A\boldsymbol{i}_A+y_A\boldsymbol{j}_A+z_A\boldsymbol{k}_A \tag{2-4-10}$$

在 B 系中对上式求微分可得

$$\frac{\mathrm{d}\boldsymbol{R}}{\mathrm{d}t}=\frac{\mathrm{d}x_A}{\mathrm{d}t}\boldsymbol{i}_A+\frac{\mathrm{d}y_A}{\mathrm{d}t}\boldsymbol{j}_A+\frac{\mathrm{d}z_A}{\mathrm{d}t}\boldsymbol{k}_A+x_A\frac{\mathrm{d}\boldsymbol{i}_A}{\mathrm{d}t}+y_A\frac{\mathrm{d}\boldsymbol{j}_A}{\mathrm{d}t}+z_A\frac{\mathrm{d}\boldsymbol{k}_A}{\mathrm{d}t} \tag{2-4-11}$$

定义

$$\frac{\delta\boldsymbol{R}}{\delta t}=\frac{\mathrm{d}x_A}{\mathrm{d}t}\boldsymbol{i}_A+\frac{\mathrm{d}y_A}{\mathrm{d}t}\boldsymbol{j}_A+\frac{\mathrm{d}z_A}{\mathrm{d}t}\boldsymbol{k}_A \tag{2-4-12}$$

则 $\delta\boldsymbol{R}/\delta t$ 是与转动坐标系 A 固联的观测者看到的矢量 $\boldsymbol{R}$ 随时间的变化率。对该观测者而言，单位矢量 $\boldsymbol{i}_A$、$\boldsymbol{j}_A$、$\boldsymbol{k}_A$ 是固定不变的。但对于 B 系内的观测者来说，由于坐标系 A 的旋转造成 $\boldsymbol{i}_A$ 是变化的，速度是 $\mathrm{d}\boldsymbol{i}_A/\mathrm{d}t$。由转动刚体上固联矢量的泊松公式可知

$$\frac{\mathrm{d}\boldsymbol{i}_A}{\mathrm{d}t}=\boldsymbol{\omega}\times\boldsymbol{i}_A,\quad \frac{\mathrm{d}\boldsymbol{j}_A}{\mathrm{d}t}=\boldsymbol{\omega}\times\boldsymbol{j}_A,\quad \frac{\mathrm{d}\boldsymbol{k}_A}{\mathrm{d}t}=\boldsymbol{\omega}\times\boldsymbol{k}_A \tag{2-4-13}$$

将上式代入式（2-4-11），可得

$$\frac{\mathrm{d}\boldsymbol{R}}{\mathrm{d}t}=\frac{\delta\boldsymbol{R}}{\delta t}+\boldsymbol{\omega}\times\boldsymbol{R} \tag{2-4-14}$$

在式（2-4-14）中，将 $\delta\boldsymbol{R}/\delta t$ 称为相对导数，它是在转动坐标系中看到的矢量变化率；$\mathrm{d}\boldsymbol{R}/\mathrm{d}t$ 称为绝对导数，它是在固定坐标系（假定的而非绝对的）中看到的矢量变化率。需要注意的是，上面的推导中并未假定 B 系是惯性坐标系，因此式（2-4-14）对任意两个坐标系都是成

立的。

式(2-4-14)在建立飞行器运动方程时有非常重要的作用。例如,若 A 系为非惯性参考系,B 系为惯性参考系,两坐标系的原点重合,角速度 $\boldsymbol{\omega}$ 为常值,矢量 $\boldsymbol{R}$ 为位置矢量 $\boldsymbol{r}$,则有

$$\frac{\mathrm{d}\boldsymbol{r}}{\mathrm{d}t}=\frac{\delta\boldsymbol{r}}{\delta t}+\boldsymbol{\omega}\times\boldsymbol{r}=\boldsymbol{v}_r+\boldsymbol{v}_e$$

上式表明,飞行器在两参考系中的速度相差一项 $\boldsymbol{v}_e=\boldsymbol{\omega}\times\boldsymbol{r}$,称为牵连速度。继续微分上式,并再次应用式(2-4-14),有

$$\begin{aligned}\frac{\mathrm{d}^2\boldsymbol{r}}{\mathrm{d}t^2}&=\frac{\mathrm{d}}{\mathrm{d}t}\left(\frac{\delta\boldsymbol{r}}{\delta t}\right)+\frac{\mathrm{d}}{\mathrm{d}t}(\boldsymbol{\omega}\times\boldsymbol{r})\\&=\frac{\delta^2\boldsymbol{r}}{\delta t^2}+\boldsymbol{\omega}\times(\boldsymbol{\omega}\times\boldsymbol{r})+2(\boldsymbol{\omega}\times\boldsymbol{v}_r)\\&=\boldsymbol{a}_r+\boldsymbol{a}_e+\boldsymbol{a}_k\end{aligned}\tag{2-4-15}$$

可见,飞行器在两参考系中的加速度相差两项,分别是牵连加速度 $\boldsymbol{a}_e=\boldsymbol{\omega}\times(\boldsymbol{\omega}\times\boldsymbol{r})$ 和科氏加速度 $\boldsymbol{a}_k=2(\boldsymbol{\omega}\times\boldsymbol{v}_r)$。设飞行器受到的合外力为 $\boldsymbol{F}_o$,则在惯性参考系 B 中应用牛顿定律,得到

$$m\frac{\mathrm{d}^2\boldsymbol{r}}{\mathrm{d}t^2}=m\frac{\delta^2\boldsymbol{r}}{\delta t^2}+m\boldsymbol{a}_e+m\boldsymbol{a}_k=\boldsymbol{F}_o$$

由此得到 A 系中的动力学方程具有如下形式:

$$m\frac{\delta^2\boldsymbol{r}}{\delta t^2}=\boldsymbol{F}_o-m\boldsymbol{a}_e-m\boldsymbol{a}_k=\boldsymbol{F}_o+\boldsymbol{F}_e+\boldsymbol{F}_k\tag{2-4-16}$$

$\boldsymbol{F}_e=-m\boldsymbol{a}_e$ 和 $\boldsymbol{F}_k=-m\boldsymbol{a}_k$ 分别称为牵连惯性力和科氏惯性力。

式(2-4-14)在将矢量方程投影到计算坐标系的运算中也很重要。比如,选取 C 系为计算坐标系,它相对于 A 系以角速度 $\boldsymbol{\omega}_c$ 转动。将式(2-4-16)改写为 $m(\mathrm{d}\boldsymbol{v}_r/\mathrm{d}t)=\boldsymbol{F}$,并应用式(2-4-14)可得

$$m\frac{\mathrm{d}\boldsymbol{v}_r}{\mathrm{d}t}=m\left(\frac{\delta\boldsymbol{v}_r}{\delta t}+\boldsymbol{\omega}_c\times\boldsymbol{v}_r\right)=\boldsymbol{F}$$

将各矢量在 C 系中的坐标代入,并注意到

$$\frac{\delta\boldsymbol{v}_r}{\delta t}=\frac{\mathrm{d}v_{rxc}}{\mathrm{d}t}\boldsymbol{i}_c+\frac{\mathrm{d}v_{ryc}}{\mathrm{d}t}\boldsymbol{j}_c+\frac{\mathrm{d}v_{rzc}}{\mathrm{d}t}\boldsymbol{k}_c$$

即得到矢量形式的运动方程

$$\begin{cases}\dfrac{\mathrm{d}v_{rxc}}{\mathrm{d}t}+\omega_{cyc}v_{rzc}-\omega_{czc}v_{ryc}=a_{xc}\\[2mm]\dfrac{\mathrm{d}v_{ryc}}{\mathrm{d}t}+\omega_{czc}v_{rxc}-\omega_{cxc}v_{rzc}=a_{yc}\\[2mm]\dfrac{\mathrm{d}v_{rzc}}{\mathrm{d}t}+\omega_{cxc}v_{ryc}-\omega_{cyc}v_{rxc}=a_{zc}\end{cases}\tag{2-4-17}$$

由式(2-4-17)可见,若计算坐标系选取不当,将使三个运动微分方程产生耦合,给求解带来不便。实际应用中,可通过选择某些特殊的坐标系避免耦合现象,比如可选择参考坐标系作为计算坐标系,此时 $\boldsymbol{\omega}_c=0$,运动方程简化为

$$\frac{\mathrm{d}v_{rxc}}{\mathrm{d}t}=a_{xc},\quad \frac{\mathrm{d}v_{ryc}}{\mathrm{d}t}=a_{yc},\quad \frac{\mathrm{d}v_{rzc}}{\mathrm{d}t}=a_{zc} \tag{2-4-18}$$

还可以选择计算坐标系的 x 轴与速度 $\boldsymbol{v}$ 重合,此时 $v_{rxc}=v_r, v_{ryc}=0, v_{rzc}=0$,方程(2-4-17)简化为

$$\frac{\mathrm{d}v_r}{\mathrm{d}t}=a_{xc},\quad \omega_{czc}=\frac{a_{yc}}{v_r},\quad \omega_{cyc}=-\frac{a_{zc}}{v_r} \tag{2-4-19}$$

方程(2-4-18)和方程(2-4-19)分别对应直角坐标和极坐标形式的运动方程。

2.4.2 天球坐标系

天球坐标系是指以天球的中心(通常是地心)为原点,利用天球上的某些点和圈建立的坐标系。在天球坐标系的定义中,常把基本平面与天球相交而成的大圆称为基圈,主轴与天球的交点称为主点。利用基圈、主点和天球的一个极就可以建立起需要的直角坐标系或球坐标系。

根据基圈和主点选择的不同,天球坐标系可定义成地平坐标系、时角坐标系、赤道坐标系、黄道坐标系等[9]。常用的是天球黄道坐标系和天球赤道坐标系,两者的主点都是春分点,基圈分别是黄道和天赤道。天球坐标系中某点的坐标既可以用直角坐标表示,也可以用球坐标表示,两种坐标间的换算公式见式(2-4-2)、式(2-4-3)。例如在天球赤道坐标系中,球坐标可以用地心距 r、赤经 α 和赤纬 δ 表示。

天球黄道和赤道坐标系的定义依赖于春分点 ϒ,由于岁差和章动的影响,春分点有真春分点和平春分点之分,因此天球坐标系也有不同的定义,下面以天球赤道坐标系为例加以介绍。为叙述简便,简称为天球坐标系。

在某瞬间 t,以瞬时真天极和瞬时真春分点为基础建立的天球坐标系称为瞬时真天球坐标系(True of Date,TOD),记为 $O\text{-}X_{\mathrm{TOD}}Y_{\mathrm{TOD}}Z_{\mathrm{TOD}}$,对应的球坐标为真赤经和真赤纬。以瞬时平天极和瞬时平春分点为基础建立的天球坐标系称为瞬时平天球坐标系(Mean of Date,MOD),记为 $O\text{-}X_{\mathrm{MOD}}Y_{\mathrm{MOD}}Z_{\mathrm{MOD}}$,对应的球坐标为平赤经和平赤纬。由于岁差和章动的影响,上述两种瞬时天球坐标系的坐标轴指向在惯性空间是不断变化的,因此是一个非惯性坐标系,不能直接应用牛顿力学定律研究天体的运动。

为建立一个与惯性坐标系相接近的天球坐标系,通常选择某一时刻 t_0 作为标准历元,以此历元的平天极和平春分点为基础建立天球坐标系,称协议天球坐标系,也称协议惯性坐标系CIS(Conventional Inertial System),记为 $O\text{-}X_{\mathrm{CIS}}Y_{\mathrm{CIS}}Z_{\mathrm{CIS}}$。可见,协议天球坐标系实际是历元 t_0 的瞬时平天球坐标系。如前所述,当前的标准历元为 J2000.0。

协议天球坐标系转换至瞬时平天球坐标系只需要进行岁差修正,经过三次旋转完成,如图 2-28所示。转换矩阵 $\boldsymbol{C}_{\mathrm{CIS}}^{\mathrm{MOD}}$ 为

$$\boldsymbol{C}_{\mathrm{CIS}}^{\mathrm{MOD}}=\boldsymbol{M}_3[-z_A]\cdot\boldsymbol{M}_2[\theta_A]\cdot\boldsymbol{M}_3[-\zeta_A] \tag{2-4-20}$$

式中:ζ_A、θ_A 和 z_A 为由岁差引起的赤道面进动的三个欧拉角。

瞬时平天球坐标系至瞬时真天球坐标系的转换需要进行章动修正,其转换关系如图 2-29 所示。转换矩阵 $\boldsymbol{C}_{\mathrm{MOD}}^{\mathrm{TOD}}$ 为

$$\boldsymbol{C}_{\mathrm{MOD}}^{\mathrm{TOD}}=\boldsymbol{M}_1[-\bar{\varepsilon}-\Delta\varepsilon]\cdot\boldsymbol{M}_3[-\Delta\psi]\cdot\boldsymbol{M}_1[\bar{\varepsilon}] \tag{2-4-21}$$

式中:$\bar{\varepsilon}$为平黄赤交角;黄经章动 $\Delta\psi$ 和交角章动 $\Delta\varepsilon$ 可由星历查得,也可以根据级数计算得到。

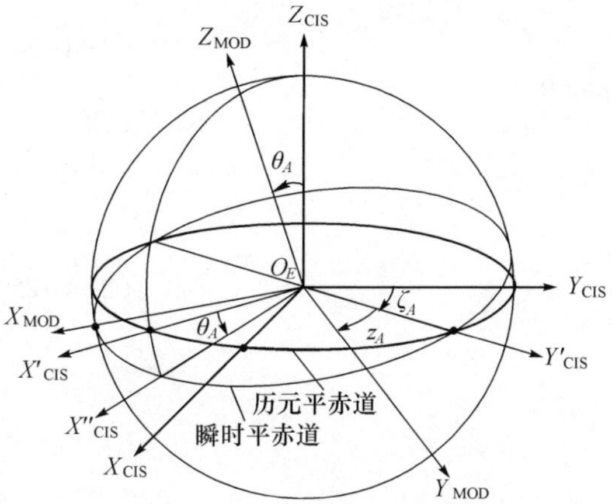

图 2-28　协议天球坐标系与瞬时平天球坐标系的转换

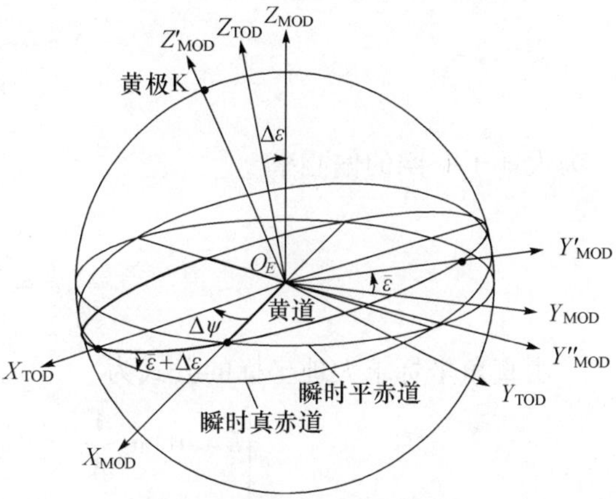

图 2-29　瞬时平天球坐标系与瞬时真天球坐标系的转换

根据转移矩阵的传递性,可知协议天球坐标系至瞬时真天球坐标系的转换矩阵为

$$\boldsymbol{C}_{\mathrm{CIS}}^{\mathrm{TOD}}=\boldsymbol{C}_{\mathrm{MOD}}^{\mathrm{TOD}}\cdot\boldsymbol{C}_{\mathrm{CIS}}^{\mathrm{MOD}} \tag{2-4-22}$$

式(2-4-20)和式(2-4-21)中相关欧拉角的计算见附录 B.3。

2.4.3　地球坐标系

地球坐标系是以地球质心或地球表面某点为原点,参考地球上的某些点或圈建立的坐标系统。根据应用的不同,地球坐标系也有多种形式,如地心赤道坐标系、地面坐标系、大地坐标系等,其中最常用的是地心赤道坐标系。地心赤道坐标系又称地心固联坐标系,有时直接称为地球坐标系。

1. 地心赤道坐标系

地心赤道坐标系的基本平面是赤道平面,主轴 O_EX_E 轴指向格林尼治子午线与地球赤道的交点,O_EZ_E 轴指向北极。地心赤道坐标系中的某点也可以用球坐标(r,λ,φ)表示,λ 和 φ 分别为地心经度和地心纬度,球坐标与直角坐标的转换公式见式(2-4-2)、式(2-4-3)。有时也用大地坐标(H,B,L)表示某点的位置。大地高程 H 是该点沿椭球法线到椭球面的距离,由椭球面向外度量为正;大地纬度 B 是过该点的椭球法线与赤道面的夹角;大地经度 L 是该点的大地子午面与起始子午面的夹角,从北极看逆时针度量为正,如图 2-30 所示。

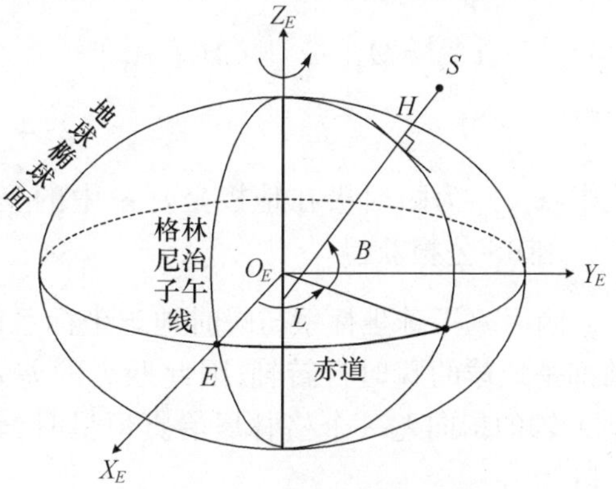

图 2-30　地心赤道坐标系

由大地坐标求直角坐标的公式为

$$\begin{cases}X=(N+H)\cos B\cos L\\Y=(N+H)\cos B\sin L\\Z=[N(1-e_e^2)+H]\sin B\end{cases} \tag{2-4-23}$$

式中:N 为法线与椭球面交点的卯酉半径

$$N=\frac{a_e}{\sqrt{1-e_e^2\sin^2 B}} \tag{2-4-24}$$

e_e 为大地子午圈的偏心率

$$e_e=\frac{\sqrt{a_e^2-b_e^2}}{a_e} \tag{2-4-25}$$

由直角坐标求大地坐标的公式为

$$\begin{cases}L=\arctan\dfrac{Y}{X}\\ B=\arctan\left(\dfrac{Z}{\sqrt{X^2+Y^2}}(1-d)^{-1}\right),\quad d=\dfrac{Ne_e^2}{N+H}\\ H=\dfrac{\sqrt{X^2+Y^2}}{\cos B}-N\end{cases} \tag{2-4-26}$$

上式需要迭代求解，迭代次序为 $d\to B\to N\to H\to d$，第一次迭代时 d 可取为 0。

2. 协议地球坐标系

地心赤道坐标系（地球坐标系）的建立依赖于赤道面和极点，因此极移现象会影响坐标系的定义。根据协议地极 CTP 的定义，把与 CTP 相对应的地球赤道称为协议赤道，把通过 CTP 和格林尼治天文台的子午线作为起始子午线，称作零子午线。该子午线与协议赤道的交点 E_{CTP} 作为经度零点。

以瞬时地极 P_N 定义的地球坐标系称为瞬时地球坐标系，记作 $O_{\mathrm{E}}-X_{\mathrm{ET}}Y_{\mathrm{ET}}Z_{\mathrm{ET}}$，$O_{\mathrm{E}}X_{\mathrm{ET}}$ 轴指向由 P_N 和 E_{CTP} 构成的子午线与瞬时赤道的交点。以协议地极 CTP 定义的地球坐标系称为协议地球坐标系（Conventional Terrestrial System，CTS），记为 $O_{\mathrm{E}}-X_{\mathrm{CTS}}Y_{\mathrm{CTS}}Z_{\mathrm{CTS}}$，$O_{\mathrm{E}}X_{\mathrm{CTS}}$ 轴指向经度零点 E_{CTP}。协议地球坐标系常用来描述飞行器相对地球的位置。

由瞬时地球坐标系转换至协议地球坐标系需作极移修正，如图 2-31 所示，转换矩阵为

$$\boldsymbol{C}_{\mathrm{ET}}^{\mathrm{CTS}}=\boldsymbol{M}_2[-x_p]\cdot\boldsymbol{M}_1[-y_p] \tag{2-4-27}$$

式中：x_p、y_p 为瞬时极在地极坐标系中的坐标，可查 IERS 公报获得。

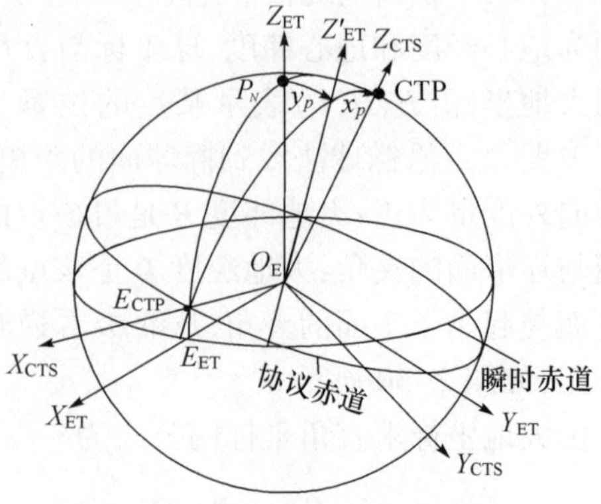

图 2-31 协议地球坐标系与瞬时地球坐标系的转换

瞬时真天球坐标系与瞬时地球坐标系的 Z 轴都是地球的瞬时自转轴，因此两者的差别仅是 X 轴的指向差一个格林尼治真恒星时，转换矩阵为

$$\boldsymbol{C}_{\mathrm{TOD}}^{\mathrm{ET}}=\boldsymbol{M}_3[S] \tag{2-4-28}$$

真恒星时 S 的计算公式见附录 B.1。

根据方向余弦阵的传递性，由协议天球坐标系 CIS 至协议地球坐标系 CTS 的转换矩阵为

$$C_{\text{CIS}}^{\text{CTS}} = C_{\text{ET}}^{\text{CTS}} \cdot C_{\text{TOD}}^{\text{ET}} \cdot C_{\text{MOD}}^{\text{TOD}} \cdot C_{\text{CIS}}^{\text{MOD}} \tag{2-4-29}$$

在实际应用中,协议天球坐标系常简称为 J2000.0 地心惯性坐标系。协议地球坐标系常称为地心地固坐标系,根据定义特征的不同,又有 WGS84 坐标系、CGCS2000 坐标系等。

参考文献

[1] 余明. 简明天文学教程[M].2 版. 北京: 科学出版社,2007.

[2] 洪韵芳. 天文爱好者手册 [M]. 成都: 四川辞书出版社,1999.

[3] Godier S,Rozelot J P. The Solar Oblateness and Its Relationship with the Structure of the Tachocline and of the Sun's Subsurface [J]. Astronomy and Astrophysics,2000,355:365-374.

[4] 孔祥元,郭际明,刘宗泉. 大地测量学基础(第二版)[M]. 武汉: 武汉大学出版社,2010.

[5] 盛裴轩,毛节泰,李建国,等. 大气物理学 [M]. 北京: 北京大学出版社,2003.

[6] 徐文耀. 地磁学 [M]. 北京: 地震出版社,2003.

[7] 欧阳自远. 月球科学概论[M]. 北京: 中国宇航出版社,2005.

[8] 肖峰. 球面天文学与天体力学基础[M]. 长沙: 国防科技大学出版社,1989.

[9] 郗晓宁,王威,等. 近地航天器轨道基础 [M]. 长沙: 国防科技大学出版社,2003.

[10] 漆贯荣. 时间科学基础 [M]. 北京: 高等教育出版社,2006.

[11] Kaplan G H. The IAU Resolutions on Astronomical Reference Systems,Time Scales,and Earth Rotation Models: Explanation and Implementation[R]. United States Naval Observatory Circular No. 179,U.S. Naval Observatory,Washington,D.C.,2005.

[12] 夏一飞,金文敬. 新参考系的引入对天体测量学的影响 [J]. 天文学进展,2004,22(3):200-208.

[13] 马高峰,马国强,张捍卫,等. 岁差章动量的关系与坐标转换方法 [J]. 测绘科学技术学报,2011,28(1):5-9.

[14] 黄瑊,刘林. 参考坐标系及航天应用[M]. 北京:电子工业出版社,2015.

[15] 孔敏,田先德,余佳,等. 基于 IGRF-13 的海洋磁力异常重计算与精度分析 [J]. 海洋通报,2023,42(1):10-18.

第3章 二体问题

1642年圣诞节,牛顿诞生在英国林肯郡的沃尔索普庄园,这也是伽利略逝世的那一年。牛顿幼年身体羸弱,只能被迫躲开同龄孩子那些需要体力的游戏,发明一些机械的玩具自娱自乐,比如小型磨面机、木头钟、日晷等。在附近的乡村小学和中学接受初等教育后,牛顿进入剑桥大学,接受了宗教文化、逻辑学、宇宙论、力学等方面的教育。牛顿的数学老师巴罗(Isaac Barrow,1630—1677)在几何学讲座中给出的求面积和曲线切线的方法为牛顿发明微积分带来了很大的启发,同时他还在三一学院的图书馆里读到了笛卡儿和伽利略的著作。1664—1665年,肆虐的瘟疫迫使剑桥大学暂时关闭,牛顿返回沃尔索普庄园。这两年是牛顿创造的黄金时期,他发明了流数(微积分)方法,发现了万有引力定律,并用实验证明了光的合成原理。

开普勒已经意识到天体的运动可能是受到与距离成反比的力的作用,胡克(Robert Hooke,1635—1703)也曾试图去证明引力与距离的平方成反比关系,但牛顿首先认识到万有引力定律可能是解开天体运动之谜的钥匙。1665年,牛顿发明了自己的学说后,试图用来解释月球的运动,但在证明匀质圆球的引力场等价于质点引力场时遇到了一个积分难题,因此对自己的结论产生了怀疑。直到1685年,在哈雷的劝说之下,牛顿才又重新彻底地研究了天体的运动理论,并将结果发表在1687年出版的《原理》一书中。

牛顿在《原理》中首次提出并解决了二体问题:已知只受相互间万有引力的两个质点在某时刻的位置和速度,求此后任意时刻质点的位置和速度问题。二体问题是从许多实际问题中抽象出来的理想化力学模型,比如地球和太阳、月球和地球、行星和太阳、航天器和地球的运动在一阶近似下都可以抽象为二体问题。牛顿在《原理》中给出了二体问题的几何形式解,解析形式的解则要晚几十年,这部分源自牛顿和莱布尼兹谁是微积分发明者的争辩。牛顿之后,英国继续发展牛顿几何形式的微积分理论,而在欧洲大陆则传播莱布尼兹的微积分,并支持笛卡儿的漩涡学说,反对牛顿的万有引力学说。1729年,从英国流亡回国的伏尔泰才将牛顿的学说较完整地介绍给欧洲大陆。1734年,在约翰·伯努利(Johann Bernoulli,1667—1748)和丹尼尔·伯努利(Daniel Bernoulli,1700—1782)合著的一篇关于行星轨道的论文中提到了二体问题的解。1744年,在欧拉发表的名为《行星与彗星运动理论》的论文中,才给出问题的详细解析证明。

二体问题是迄今为止唯一得到严密解析解的 N 体问题,它在轨道力学中具有非常重要的作用。这一方面是因为二体问题是许多实际问题的一阶近似,它的解与实际的物理状况非常接近,代表了航天器最主要的运动特性。比如,若把地球看作匀质圆球,不考虑其他外力作用时,航天器绕地球的运动就是二体运动,由此带来的误差仅有10^{-3}量级。另一方面,绝大多数精确轨道理论都是以二体问题解中出现的函数作为基本函数的,二体问题的解是轨道力学的基础。

3.1 二体问题运动方程

在本章的讨论中,我们承认牛顿关于质量的定义,以及关于绝对时间、绝对空间的假设。同时,假定存在一个牛顿力学中的理想惯性系 $O'-X'Y'Z'$,如图 3-1 所示。惯性系中有两个天体 M_1、M_2,它们都是密度均匀分布的正球体,因此在球体外部产生的引力场可以用质点引力场等价。两个天体只受相互间万有引力的作用,构成一个二体系统。

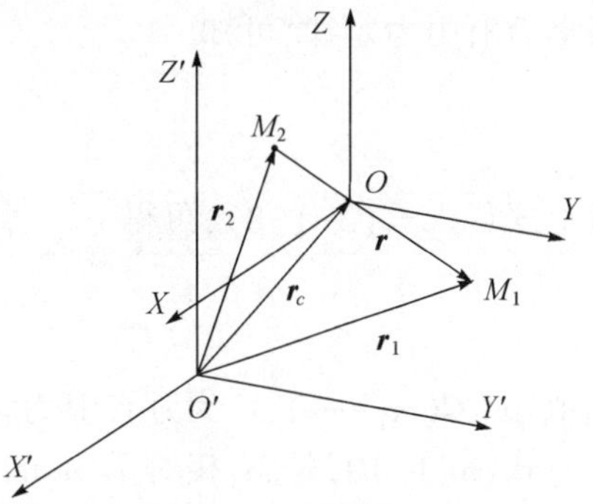

图 3-1 二体问题

两个天体有固定的质量 m_1、m_2,位置矢量为 $\boldsymbol{r}_1$、$\boldsymbol{r}_2$,它们间的相对位置矢量 $\boldsymbol{r}$ 为

$$\boldsymbol{r}=\boldsymbol{r}_1-\boldsymbol{r}_2 \tag{3-1-1}$$

设二体系统的质量中心 O 的位置矢量为 $\boldsymbol{r}_c$,根据质心的定义,有

$$m_1(\boldsymbol{r}_1-\boldsymbol{r}_c)+m_2(\boldsymbol{r}_2-\boldsymbol{r}_c)=0 \tag{3-1-2}$$

将式(3-1-1)代入式(3-1-2),消去 $\boldsymbol{r}_2$ 可得

$$\boldsymbol{r}_1=\boldsymbol{r}_c+\frac{m_2}{m_1+m_2}\boldsymbol{r} \tag{3-1-3}$$

同理,消去 $\boldsymbol{r}_1$ 可得

$$\boldsymbol{r}_2=\boldsymbol{r}_c-\frac{m_1}{m_1+m_2}\boldsymbol{r} \tag{3-1-4}$$

设作用于 M_1、M_2的力分别为 $\boldsymbol{F}_1$、$\boldsymbol{F}_2$,根据牛顿第二定律,有

$$\begin{cases}\boldsymbol{F}_1=m_1\ddot{\boldsymbol{r}}_1=m_1\ddot{\boldsymbol{r}}_c+\dfrac{m_1m_2}{m_1+m_2}\ddot{\boldsymbol{r}}\\[2ex]\boldsymbol{F}_2=m_2\ddot{\boldsymbol{r}}_2=m_2\ddot{\boldsymbol{r}}_c-\dfrac{m_2m_1}{m_1+m_2}\ddot{\boldsymbol{r}}\end{cases} \tag{3-1-5}$$

由牛顿第三定律可知

$$\boldsymbol{F}_1=-\boldsymbol{F}_2 \tag{3-1-6}$$

将上式代入式(3-1-5),有

$$m_1\ddot{\boldsymbol{r}}_c=-m_2\ddot{\boldsymbol{r}}_c \tag{3-1-7}$$

故 $\ddot{\boldsymbol{r}}_c=0$,即二体系统的质心无加速度。这是符合牛顿运动定律的,二体系统作为一个整体不受外力的作用,质心的加速度必然为零。

由于质心保持静止或匀速直线运动状态,因此可以把惯性坐标系的原点放到系统的质心,建立惯性坐标系 $O-XYZ$,在坐标系 $O-XYZ$ 与 $O'-X'Y'Z'$ 中描述的天体运动是等价的。实际上,牛顿力学中的理想惯性系是几乎无法找到的,在应用中只能选择满足要求的局部惯性系。此外,难以确定惯性坐标系 $O'-X'Y'Z'$使得研究天体绝对运动的意义不大,而它们相对于质心 O 的位置矢量也很难测量,因此绝大多数情况下我们更关注它们间的相对运动。由式(3-1-2)可知,两天体相对于质心的位置之比为常数,再根据式(3-1-3)或式(3-1-4)可知,天体相对于质心的运动与它们间的相对运动有相同的变化规律。下面讨论其相对运动的规律。

将式(3-1-7)代入式(3-1-5),有

$$\boldsymbol{F}_1=-\boldsymbol{F}_2=\frac{m_1m_2}{m_1+m_2}\ddot{\boldsymbol{r}} \tag{3-1-8}$$

根据万有引力定律,可知

$$\boldsymbol{F}_1=-\boldsymbol{F}_2=-G\frac{m_1m_2}{r^3}\boldsymbol{r} \tag{3-1-9}$$

将上式代入式(3-1-8),可得

$$\ddot{\boldsymbol{r}}+\frac{\mu}{r^3}\boldsymbol{r}=0 \tag{3-1-10}$$

式中:$\mu=G(m_1+m_2)$;G 为万有引力常数。

式(3-1-10)是 M_1 相对于 M_2 的运动方程,也是二体问题最基本的运动方程。

若在二体问题中有 $m_1 \ll m_2$,则称为限制性二体问题,轨道力学中研究的航天器相对于自然天体的运动即属于此类问题。在限制性二体问题中,可取 $\mu=Gm_2$,μ 称为天体引力常数。质心 O 与质点 M_2 近似重合,因此 $\ddot{\boldsymbol{r}}_2\approx 0$,即 M_1 对 M_2 的运动几乎不产生影响,则 M_1 所受的万有引力总是指向惯性空间中的一个固定点,故又称其运动为有心力运动,本书中主要讨论此类运动。

3.2 二体问题的六个积分

二体运动方程(3-1-10)是一个二阶非线性矢量微分方程,有完全的解析解。下面通过矢量运算,将其化为 6 个独立的代数积分,并找出能够描述其运动特性的 6 个积分常数。

3.2.1 动量矩积分

用位置矢量 $\boldsymbol{r}$ 叉乘二体运动方程(3-1-10),可得

$$\boldsymbol{r}\times\ddot{\boldsymbol{r}}+\frac{\mu}{r^3}\boldsymbol{r}\times\boldsymbol{r}=\boldsymbol{r}\times\ddot{\boldsymbol{r}}=0 \tag{3-2-1}$$

根据矢量的微分法则可知

$$\frac{\mathrm{d}}{\mathrm{d}t}(\boldsymbol{r}\times\dot{\boldsymbol{r}})=\dot{\boldsymbol{r}}\times\dot{\boldsymbol{r}}+\boldsymbol{r}\times\ddot{\boldsymbol{r}}=\boldsymbol{r}\times\ddot{\boldsymbol{r}} \tag{3-2-2}$$

综合上两式可知

$$\frac{\mathrm{d}}{\mathrm{d}t}(\boldsymbol{r}\times\dot{\boldsymbol{r}})=0 \tag{3-2-3}$$

故 $\boldsymbol{r}\times\dot{\boldsymbol{r}}$ 为常矢量,记为

$$\boldsymbol{r}\times\dot{\boldsymbol{r}}=\boldsymbol{h} \tag{3-2-4}$$

方程(3-2-3)称为动量矩积分。由 $\boldsymbol{h}$ 的表达式可知,它表示的是单位质量的动量矩,称为比动量矩或比角动量,本书中简称为动量矩或角动量。由于航天器只受中心引力的作用,外力矩为零,动量矩守恒,所以 $\boldsymbol{h}$ 为常矢量是动量矩守恒的结果。$\boldsymbol{h}$ 为常矢量说明航天器的位置与速度始终处于惯性空间中某固定的平面内,二体运动是平面运动。

平面内的运动在极坐标系中描述比较方便。建立如图 3-2 所示的极坐标系,$\boldsymbol{n}$ 为平面内固定的矢量。将航天器的速度在极坐标系中分解,得到径向速度 v_r(radial velocity)与周向速度 v_f(circumferential velocity)

$$\begin{cases}v_r=\dot{r}=v\sin\Theta\\ v_f=r\dot{u}=v\cos\Theta\end{cases} \tag{3-2-5}$$

式中：Θ 为飞行路径角（flight path angle），图 3-2 中所示为正值。对近地航天器，Θ 又称当地速度倾角，它描述了速度与当地水平面的夹角，$\Theta>0$ 时 $v_r>0$，$\dot{r}>0$，则航天器远离地球，相反 $\Theta<0$ 时航天器靠近地球。根据动量矩 $\boldsymbol{h}$ 的定义，有

$$h=|\boldsymbol{r}\times\dot{\boldsymbol{r}}|=r^2\dot{u}=rv\cos\Theta \tag{3-2-6}$$

式中，$r^2\dot{u}$ 为航天器面积速度的 2 倍，因此开普勒第二定律是动量矩守恒的表现，式（3-2-3）也因此又称作面积积分。

$\boldsymbol{h}$ 决定了轨道面在空间的方位，其方向可以用两个角度来表示，如图 3-3 所示。坐标系 $O-XYZ$ 为天球赤道或天球黄道坐标系，前者多用来描述地心轨道，以地心为原点，以天球赤道面为参考平面；后者多用来描述日心轨道，以日心为原点，以黄道面为参考平面。

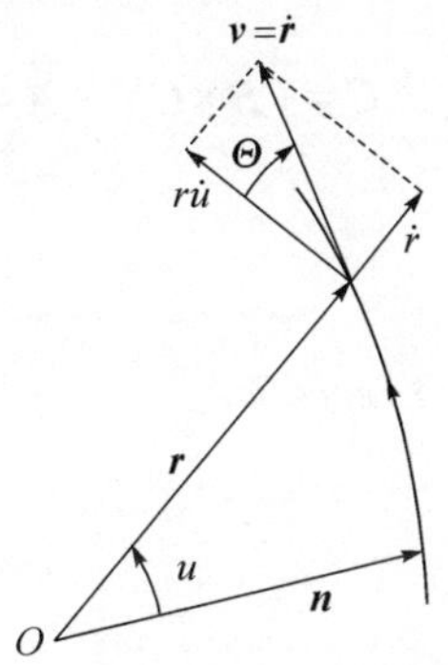

图 3-2　航天器运动的极坐标描述

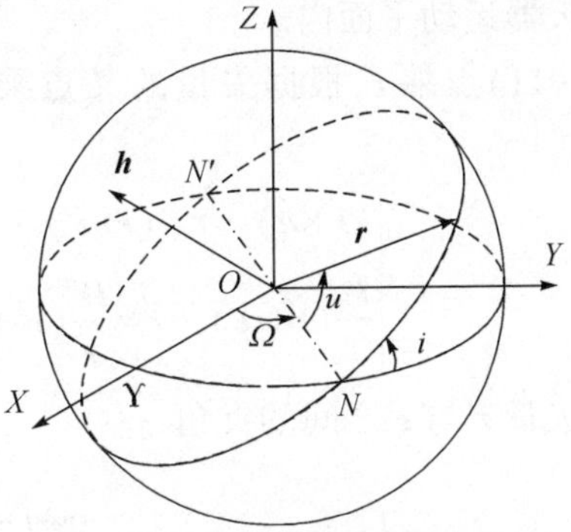

图 3-3　轨道面的空间方位

N 与 N' 点为轨道面与天球相交形成的大圆与天赤道或黄道的交点。航天器自 N 点穿越参考平面由 z 轴的负方向进入正方向，N 点称为升交点或节点，ON 称为节线，ON 与位置矢量 $\boldsymbol{r}$ 的夹角 u 称为升交点角距或纬度幅角。当 $-90°<u\leqslant 90°$ 时，称为轨道的升弧段；当 $90°<u\leqslant 270°$ 时，称为轨道的降弧段。

升交点与春分点的中心张角 Ω 称为升交点经度（赤经或黄经），轨道平面与参考平面的夹角 i 称为轨道倾角。动量矩矢量 $\boldsymbol{h}$ 可以用三个积分常数 h、Ω 和 i 表示：

$$\boldsymbol{h}=h\boldsymbol{i}_h=h\begin{bmatrix}\sin i\sin\Omega\\-\sin i\cos\Omega\\\cos i\end{bmatrix} \tag{3-2-7}$$

3.2.2　轨道积分

1. 轨道方程

将二体运动方程（3-1-10）叉乘 $\boldsymbol{h}$，可得

$$\left(\ddot{\boldsymbol{r}}+\frac{\mu}{r^3}\boldsymbol{r}\right)\times\boldsymbol{h}=\ddot{\boldsymbol{r}}\times\boldsymbol{h}+\frac{\mu}{r^3}\boldsymbol{r}\times\boldsymbol{h}=0 \tag{3-2-8}$$

将 $\boldsymbol{h}$ 的表达式代入，根据矢量三重叉乘法则 $\boldsymbol{A}\times(\boldsymbol{B}\times\boldsymbol{C})=(\boldsymbol{A}\cdot\boldsymbol{C})\boldsymbol{B}-(\boldsymbol{A}\cdot\boldsymbol{B})\boldsymbol{C}$，有

$$\boldsymbol{r}\times\boldsymbol{h}=\boldsymbol{r}\times(\boldsymbol{r}\times\dot{\boldsymbol{r}})=(\boldsymbol{r}\cdot\dot{\boldsymbol{r}})\boldsymbol{r}-(\boldsymbol{r}\cdot\boldsymbol{r})\dot{\boldsymbol{r}}=r\dot{r}\boldsymbol{r}-r^2\dot{\boldsymbol{r}} \tag{3-2-9}$$

上式代入式（3-2-8）可得

$$\ddot{\boldsymbol{r}}\times\boldsymbol{h}=-\left(\frac{\mu}{r^3}\boldsymbol{r}\times\boldsymbol{h}\right)=\frac{\mu}{r^3}(r^2\dot{\boldsymbol{r}}-r\dot{r}\boldsymbol{r})=\mu\left(\frac{r\dot{\boldsymbol{r}}-\dot{r}\boldsymbol{r}}{r^2}\right)=\mu\frac{\mathrm{d}}{\mathrm{d}t}\left(\frac{\boldsymbol{r}}{r}\right) \tag{3-2-10}$$

因为

$$\ddot{\boldsymbol{r}} \times \boldsymbol{h} = \frac{\mathrm{d}}{\mathrm{d}t}(\dot{\boldsymbol{r}} \times \boldsymbol{h})$$

故对式(3-2-10)积分可得

$$\dot{\boldsymbol{r}} \times \boldsymbol{h} = \frac{\mu}{r}(\boldsymbol{r}+r\boldsymbol{e}) \tag{3-2-11}$$

式中:$\boldsymbol{e}$ 为积分常矢量。

将式(3-2-11)与 $\boldsymbol{h}$ 点乘,可得

$$\boldsymbol{h} \cdot \boldsymbol{e} = 0 \tag{3-2-12}$$

因此 $\boldsymbol{e}$ 位于航天器运动平面内。

将式(3-2-11)点乘 $\boldsymbol{r}$,根据矢量的叉点乘法则 $(\boldsymbol{A}\times\boldsymbol{B}) \cdot \boldsymbol{C} = (\boldsymbol{B}\times\boldsymbol{C}) \cdot \boldsymbol{A} = (\boldsymbol{C}\times\boldsymbol{A}) \cdot \boldsymbol{B}$,可得

$$\begin{cases} (\dot{\boldsymbol{r}} \times \boldsymbol{h}) \cdot \boldsymbol{r} = (\boldsymbol{r}\times\dot{\boldsymbol{r}}) \cdot \boldsymbol{h} = h^2 \\ \dfrac{\mu}{r}(\boldsymbol{r}+r\boldsymbol{e}) \cdot \boldsymbol{r} = \dfrac{\mu}{r}(r^2+r^2 e\cos f) = \mu r(1+e\cos f) \end{cases} \tag{3-2-13}$$

式中:f 为位置矢量 $\boldsymbol{r}$ 与 $\boldsymbol{e}$ 之间的夹角

$$\cos f = \frac{\boldsymbol{r} \cdot \boldsymbol{e}}{re} \tag{3-2-14}$$

根据式(3-2-13)可得轨道积分方程

$$r = \frac{h^2/\mu}{1+e\cos f} \tag{3-2-15}$$

由解析几何理论可知,式(3-2-15)表示圆锥曲线的极坐标方程,极坐标的原点是圆锥曲线的一个焦点,称为主焦点;另一个焦点称为虚焦点,虚焦点没有物理意义。

对限制性二体问题,中心天体位于圆锥曲线主焦点上。对一般性二体问题,两个天体互相围绕转动,转动的轨迹是圆锥曲线。由式(3-1-3)或式(3-1-4)可知,两个天体相对于系统质心的运动轨迹也是圆锥曲线。若系统质心在惯性系中保持静止,则天体的绝对运动轨迹也是圆锥曲线。

2. 偏心率与半通径

方程(3-2-15)表示的曲线可能是椭圆、抛物线或双曲线,开普勒第一定律描述了椭圆的情形。圆锥曲线的形状由 e 决定:$e=0$ 为圆轨道,$0<e<1$ 为椭圆轨道,$e=1$ 为抛物线轨道,$e>1$ 为双曲线轨道。

参数 e 称为圆锥曲线的偏心率,矢量 $\boldsymbol{e}$ 称为偏心率矢量。由式(3-2-11)可得到偏心率矢量的表达式

$$\boldsymbol{e} = \frac{\boldsymbol{v}\times\boldsymbol{h}}{\mu} - \frac{\boldsymbol{r}}{r} \tag{3-2-16}$$

将 $\boldsymbol{h}$ 的表达式代入,有

$$\mu\boldsymbol{e} = \boldsymbol{v}\times(\boldsymbol{r}\times\boldsymbol{v}) - \mu \cdot \frac{\boldsymbol{r}}{r}$$

根据三重矢量叉乘法则,可得

$$\mu \boldsymbol{e}=\left(v^2-\frac{\mu}{r}\right)\boldsymbol{r}-(\boldsymbol{r}\cdot\boldsymbol{v})\boldsymbol{v} \tag{3-2-17}$$

已知航天器的位置和速度时,可以根据上式计算偏心率矢量。

$\boldsymbol{e}$ 在轨道平面内是固定的,因此可以作为方位的参考轴,位置矢量 $\boldsymbol{r}$ 与 $\boldsymbol{e}$ 之间的夹角用 f 表示。根据式(3-2-15),当 $f=0$时,r 取极小值,该点称为近拱点或近心点,因此将 f 称为真近点角,表示航天器与近心点"真正的"角度,沿航天器运动方向测量。根据 f 的定义可知,$\boldsymbol{e}$ 矢量指向近心点方向。图 3-4 以椭圆轨道为例,给出了偏心率矢量 $\boldsymbol{e}$ 和真近点角 f 的示意图。

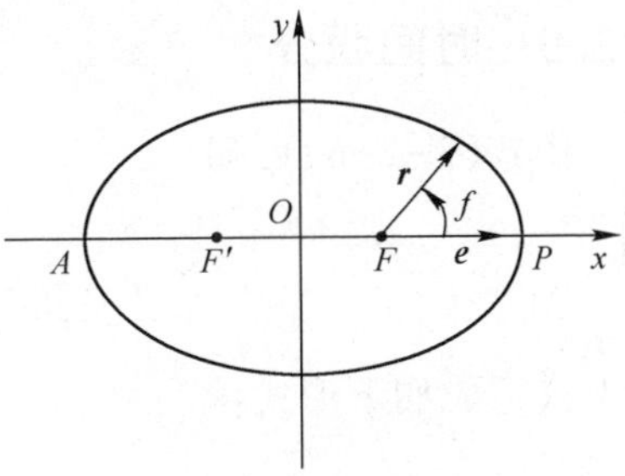

图 3-4　偏心率矢量与真近点角示意图

矢量 $\boldsymbol{e}$ 与节线 ON 的夹角 ω 称为近心点幅角,它决定了轨道在轨道面内的方位。显然有

$$f=u-\omega \tag{3-2-18}$$

当 $f=\pi/2$ 时,$r=h^2/\mu$,它表示过圆锥曲线的焦点且垂直于半长轴的弦长之半,称为半通径,又称半正焦弦或焦点参数,用 p 表示

$$p=\frac{h^2}{\mu}=a(1-e^2) \tag{3-2-19}$$

a 为圆锥曲线的半长轴。由于 p 表示弦的实际长度,只能为正值,因此对圆和椭圆轨道 $a>0$,对抛物线轨道 $a\to\infty$,对双曲线轨道 $a<0$。

用半通径或半长轴表示的圆锥曲线方程为

$$r=\frac{p}{1+e\cos f}=\frac{a(1-e^2)}{1+e\cos f} \tag{3-2-20}$$

由式(3-2-14)和式(3-2-20)可得

$$p=r+\boldsymbol{r}\cdot\boldsymbol{e} \tag{3-2-21}$$

3. 椭圆轨道的周期

椭圆轨道是二体问题的周期解,可以计算其运动周期。椭圆的面积为

$$S=\pi ab$$

$b=a\sqrt{1-e^2}$ 是椭圆的半短轴。椭圆的面积速度为

$$\dot{S}=\frac{r^2\dot{f}}{2}=\frac{h}{2}=\frac{\sqrt{\mu a(1-e^2)}}{2}$$

综合上两式,可得椭圆的轨道周期为

$$T=\frac{S}{\dot{S}}=2\pi\sqrt{\frac{a^3}{\mu}} \tag{3-2-22}$$

上式即由万有引力定律推导出的开普勒第三定律。可见,轨道周期仅与椭圆的半长轴有关,而与偏心率无关。航天器在轨道上的角速度 $\dot{f}$ 是不断变化的,但根据式(3-2-22)可以定义描述其平均角运动的量

$$n=\frac{2\pi}{T}=\sqrt{\frac{\mu}{a^3}} \tag{3-2-23}$$

n 称为平均角速度。

虽然 $\boldsymbol{h}$ 与 $\boldsymbol{e}$ 是两个矢量,有六个分量,但 $\boldsymbol{h}\cdot\boldsymbol{e}=0$,实际上它们只提供了五个独立的积分常数,还需要一个能够确定航天器在轨道上位置的时间积分。

3.2.3 时间积分

由式(3-2-6)可知

$$\dot{f}=\frac{h}{r^2}=\frac{\sqrt{\mu p}\,(1+e\cos f)^2}{p^2}=\sqrt{\frac{\mu}{p^3}}\,(1+e\cos f)^2$$

将上式写成如下形式:

$$\mathrm{d}t=\sqrt{\frac{p^3}{\mu}}\cdot\frac{\mathrm{d}f}{(1+e\cos f)^2} \tag{3-2-24}$$

积分上式原则上可以获得一个用于确定航天器位置的常数,但除圆、抛物线等特殊情况外,直接积分方程(3-2-24)得到的表达式比较复杂。

考虑到 $a(1-e)\leqslant r\leqslant a(1+e)$,即 $|a-r|\leqslant ae$,故可以引入辅助量 E,令

$$a-r=ae\cos E$$

或写成用 E 表示的轨道方程的形式

$$r=a(1-e\cos E) \tag{3-2-25}$$

E 称为偏近点角,它与真近点角 f 满足如下关系:

$$\tan\frac{f}{2}=\sqrt{\frac{1+e}{1-e}}\tan\frac{E}{2} \tag{3-2-26}$$

将式(3-2-24)中的 f 用 E 代替,可以得到微分方程

$$n\mathrm{d}t=(1-e\cos E)\,\mathrm{d}E$$

式中:n 为平均角速度。上式可直接积分,得到描述椭圆运动的开普勒方程

$$n(t-\tau)=E-e\sin E \tag{3-2-27}$$

式中:τ 为积分常数,上式称为时间积分。

由式(3-2-27)及式(3-2-25)可知,当 $t=\tau$ 时,$E=0$,$r=a(1-e)$,航天器处于近心点,因此 τ 表示航天器过近心点的时刻。

定义

$$M=n(t-\tau) \tag{3-2-28}$$

M 称为平近点角。

方程(3-2-27)、方程(3-2-26)的详细推导及抛物线、双曲线轨道的飞行时间方程将在第 4 章讨论,最终都可以得到时间积分常数 τ。至此我们已经获得六个积分常数,得到了二体轨道的解。

3.2.4 轨道速度

本小节再来讨论航天器轨道速度的一些特性,首先推导一个重要公式。

1. 活力公式

用 $\dot{\boldsymbol{r}}$ 点乘二体运动方程(3-1-10),可得

$$\dot{\boldsymbol{r}} \cdot \ddot{\boldsymbol{r}}+\mu \frac{\dot{\boldsymbol{r}} \cdot \boldsymbol{r}}{r^3}=\frac{\mathrm{d}}{\mathrm{d}t}\left(\frac{\dot{\boldsymbol{r}} \cdot \dot{\boldsymbol{r}}}{2}-\frac{\mu}{r}\right)=0 \tag{3-2-29}$$

积分可得

$$\frac{v^2}{2}-\frac{\mu}{r}=\varepsilon \tag{3-2-30}$$

式中:ε 为积分常数;$-\mu/r$ 为以无穷远处为势能零点的引力势能。

可见,航天器的引力势能始终为负值,避免了选择天体表面作为势能零点时可能出现的势能符号改变问题。

由 ε 的表达式可知,它表示单位质量的能量,称为比能量,本书中简称为能量。由于航天器在运动过程中只有保守力做功,因此式(3-2-30)是能量守恒的表现。航天器离中心天体距离越近,势能越小,动能越大,因此航天器在近心点处速度达到极大。

下面来求能量 ε 的表达式。根据式(3-2-5),并用$\dot{f}$代替$\dot{u}$来表示角速度,可有

$$v^2=\dot{r}^2+(r\dot{f})^2 \tag{3-2-31}$$

由

$$\dot{f}=\frac{h}{r^2} \tag{3-2-32}$$

可得周向速度的表达式

$$v_f=r\dot{f}=\frac{h}{r}=\frac{h}{p}(1+e\cos f)=\frac{\mu}{h}(1+e\cos f) \tag{3-2-33}$$

对轨道方程(3-2-20)求导,可得

$$\dot{r}=\frac{r^2}{p}e\sin f \cdot \dot{f} \tag{3-2-34}$$

将式(3-2-32)代入上式,可得径向速度的表达式

$$v_r=\dot{r}=\frac{h}{p}e\sin f=\frac{\mu}{h}e\sin f \tag{3-2-35}$$

将式(3-2-33)、式(3-2-35)代入式(3-2-31),可得

$$v^2=\left(\frac{h}{p}\right)^2(1+2e\cos f+e^2)\text{ 或 }v=\frac{h}{p}\sqrt{1+2e\cos f+e^2} \tag{3-2-36}$$

考虑到航天器的能量守恒,不妨取一特殊点 $f=\pi/2$ 来计算 ε 的值,则有

$$\begin{cases}v^2=\left(\dfrac{h}{p}\right)^2(1+e^2)=\dfrac{\mu}{p}(1+e^2)\\ r=p\end{cases} \tag{3-2-37}$$

将上式代入式(3-2-30),可得

$$\varepsilon=-\frac{\mu}{2a} \tag{3-2-38}$$

因此,轨道的能量只与半长轴 a 有关,而与偏心率 e 无关。根据 a 的符号可知:

(1) 对于圆或椭圆轨道,能量为负值,动能 $v^2/2$ 小于势能的绝对值 μ/r,因此航天器的动能不足以将航天器移动到无穷远处,即航天器无法脱离引力场的“势能井”,只能在闭合的轨迹上做周期运动。

（2）对于抛物线轨道，能量为零，航天器的动能可以逃脱中心天体的引力范围，飞行至无穷远处，但在无穷远处的速度降为零。

（3）对于双曲线轨道，能量为正值，航天器飞行至无穷远处的速度仍大于零。

考虑到 a 的重要性，常用它代替 h 作为积分常数。将式（3-2-38）代入式（3-2-30），可得

$$v^2=\mu\left(\frac{2}{r}-\frac{1}{a}\right) \tag{3-2-39}$$

上式称为活力公式（energy equation），或称能量积分。活力公式表示了轨道上某一点位置和速度的关系，可以用来方便地计算轨道上某一点的速度。

图 3-5 给出了航天器在轨道上运动时引力中心距离 r 和速度 v 的变化情况。图中的距离和速度分别用近心点距离 $r_p=a(1-e)$ 和当地环绕速度 $v_c=\sqrt{\mu/r}$ 进行了归一化处理。

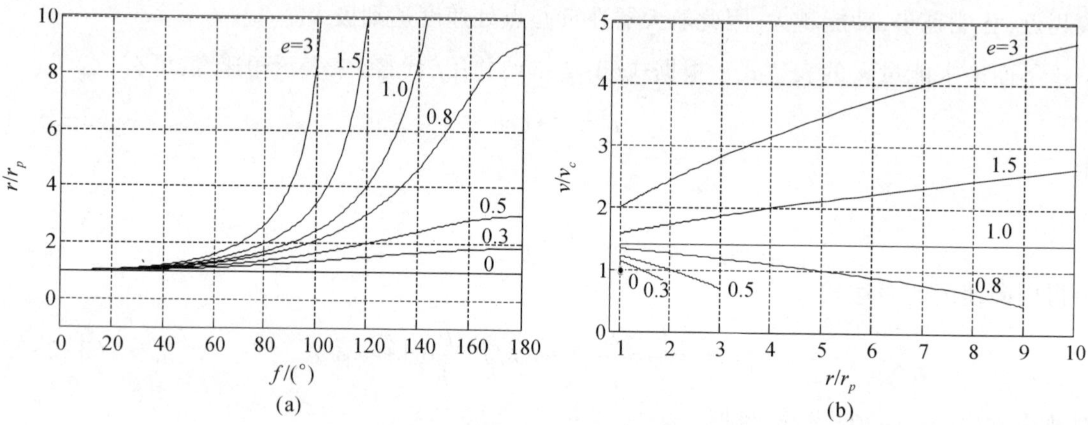

图 3-5　距离与速度的变化情况

（a）距离随真近点角的变化；（b）速度随距离的变化。

2. 能量比参数

分析航天器的轨道特性时，还常使用能量比参数 $\boldsymbol{\upsilon}$：

$$\boldsymbol{\upsilon}=\frac{rv^2}{\mu} \tag{3-2-40}$$

它表示航天器动能的 2 倍与势能的绝对值之比，是一个无量纲参数。根据式（3-2-39）、式（3-2-6）、式（3-2-19），可得

$$a=\frac{r}{2-\boldsymbol{\upsilon}} \tag{3-2-41}$$

$$p=r\boldsymbol{\upsilon}\cos^2\Theta \tag{3-2-42}$$

$$e=\sqrt{1+\boldsymbol{\upsilon}(\boldsymbol{\upsilon}-2)\cos^2\Theta} \tag{3-2-43}$$

由上式可知：对于圆轨道，$e=0$，$\Theta=0°$，故 $\boldsymbol{\upsilon}=1$；对于椭圆轨道，$e<1$，故 $\boldsymbol{\upsilon}<2$；对于抛物线轨道，$e=1$，$\boldsymbol{\upsilon}=2$；对于双曲线轨道，$e>1$，$\boldsymbol{\upsilon}>2$。

由定义式（3-2-40）可见，能量比参数是一个反映航天器的动能与势能相互关系的综合性的量，在描述轨道机动、发射入轨等问题中经常使用。式（3-2-40）还可以写成如下形式：

$$\boldsymbol{\upsilon}=\left(\frac{v^2}{r}\right)\Bigg/\left(\frac{\mu}{r^2}\right)$$

可见，能量比参数还等于惯性离心加速度与引力加速度的比值。图 3-6 给出了航天器在轨道

上运动时能量比参数 v 的变化图。

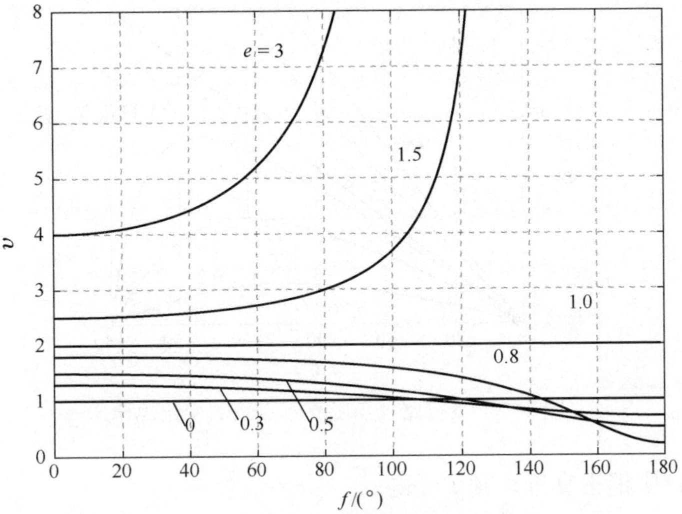

图 3-6 能量比参数随真近点角的变化

由图可见，对圆轨道，$v\equiv1$。对抛物线轨道，$v\equiv2$。对椭圆轨道，近心点附近 $1<v<2$，说明离心加速度要大于引力加速度，航天员或载荷受到背向引力中心的"重力"作用；远心点附近 $0<v<1$，引力加速度要大于离心加速度，航天员或载荷受到指向引力中心的"重力"作用。

3. 速度矢端曲线

假如用一个原点固定的矢量来表示航天器的速度，当航天器在轨道上运动时，该矢量的大小与方向也随之改变，矢量终端点的轨迹即速度矢端曲线。

由式(3-2-33)及式(3-2-35)已知径向速度和周向速度的大小，根据图 3-2 及飞行路径角 Θ 的定义，可知

$$\tan\Theta=\frac{v_r}{v_f}=\frac{e\sin f}{1+e\cos f},\quad -90°\leqslant\Theta\leqslant90° \tag{3-2-44}$$

因此有

$$\begin{cases} v_r=v\sin\Theta=\dfrac{\mu}{h}e\sin f \\ v_f=v\cos\Theta=\dfrac{\mu}{h}(1+e\cos f) \end{cases} \tag{3-2-45}$$

式(3-2-44)和式(3-2-45)对任意圆锥曲线都成立。有时将速度 $\boldsymbol{v}$ 与位置 $\boldsymbol{r}$ 之间的夹角称为飞行路线角 γ(Flight Direction Angle)，并规定 γ 从 $\boldsymbol{r}$ 开始度量，显然有

$$\gamma=90°-\Theta,\quad 0°\leqslant\gamma\leqslant180° \tag{3-2-46}$$

对于抛物线轨道有 $e=1$，式(3-2-44)变成 $\tan\Theta=\tan f/2$，因此有

$$\begin{cases} \Theta=\dfrac{f}{2}, & 0\leqslant f\leqslant\pi \\ \Theta=\dfrac{f}{2}-\pi, & \pi<f<2\pi \end{cases} \tag{3-2-47}$$

所以抛物线轨道的飞行路径角 Θ 与真近点角 f 成线性关系。不同 e 值下的 Θ 随 f 的变化如

图 3-7所示。

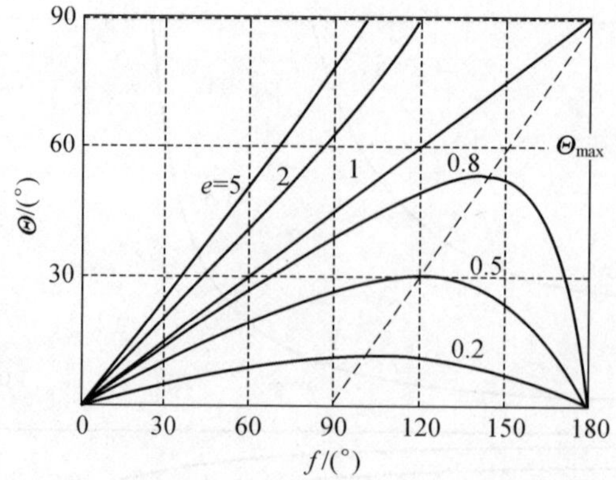

图 3-7　飞行路径角随真近点角的变化规律

在式(3-2-45)中消去真近点角 f 可得

$$v_r^2+\left(v_f-\frac{\mu}{h}\right)^2=\left(\frac{\mu e}{h}\right)^2 \tag{3-2-48}$$

上式是以 v_r 和 v_f 为直角坐标轴的圆的方程，半径为 $\mu e/h$，圆心坐标为 $(\mu/h,0)$。此圆即为圆锥曲线的速度矢端曲线，三种圆锥曲线的速度矢端曲线如图 3-8 所示。

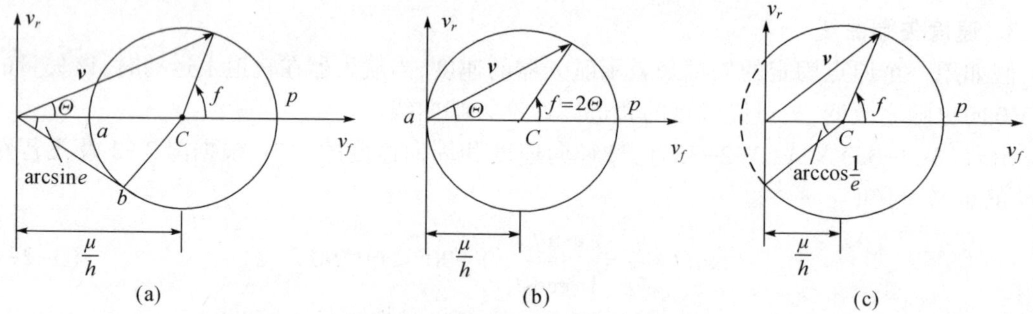

图 3-8　圆锥曲线的速度矢端曲线

（a）椭圆；（b）抛物线；（c）双曲线。

在这些速度矢端曲线图中能几何地表明 f、e 及 Θ 诸参量的关系。轨道上的特征点，包括近心点、远心点和短轴端点上的速度，分别用 p、a 和 b 表示。

由式(3-2-45)容易看出，周向速度 v_f 在近心点处达到最大，因此 p 点总是处在曲线的最右端；径向速度则在 $f=\pm\pi/2$ 处达到极值。对椭圆轨道，航天器由近心点飞向远心点时，$\Theta>0$，说明 $\dot{r}>0$，与引力中心的距离 r 一直在增大；反之，由远心点飞向近心点时，$\Theta<0$，$\dot{r}<0$。

考虑到必须有 $v_f>0$，因此双曲线轨道仅有曲线图的右半部分才有意义，即真近点角存在极限值 f_∞。

4. 惠特克定理

飞行速度 $\boldsymbol{v}$ 也可以在斜交坐标系中分解为垂直于长轴的分量 $\boldsymbol{v}_l$ 和垂直于矢径的分量 $\boldsymbol{v}_n$，如图 3-9 所示。由图中的几何关系，可知

$$\begin{cases} v_l = \dfrac{v_r}{\sin(\pi - f)} = \dfrac{v_r}{\sin f} \\ v_n = v_f + \dfrac{v_r}{\tan(\pi - f)} = v_f - \dfrac{v_r}{\tan f} \end{cases}$$

将式(3-2-45)代入上式,可得

$$v_l = \frac{\mu e}{h}, \quad v_n = \frac{\mu}{h} \tag{3-2-49}$$

由此可见,轨道速度的两个分量 v_l 和 v_n 在数值上为常数,且 v_l 分量在方向上也是常量,这一结论称为惠特克定理。

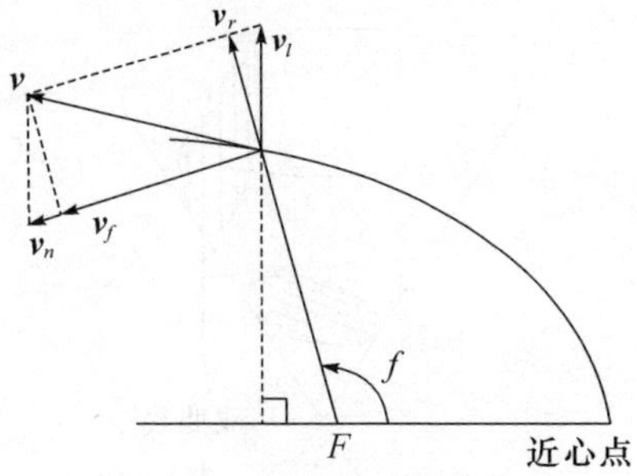

图 3-9　惠特克定理的速度分解图

当 $f = \pm\pi/2$ 时,$v_r = v_l$,$v_f = v_n$,且如前所述,此时 v_r 取极值,有

$$|v_r|_{\max} = v_l = \frac{\mu e}{h} \tag{3-2-50}$$

3.3　二体轨道的特性

3.3.1　圆锥曲线的几何特性

由上节我们已经知道,二体轨道是以中心天体为焦点的圆锥曲线。圆锥曲线又称圆锥截线,包括椭圆、抛物线和双曲线三种形式(圆是椭圆的特殊情形)。圆锥曲线有很多有趣的性质,人们对它的研究也比较早,古希腊学者阿波罗尼乌斯(Apollonius,公元前约 262—前 190)出版的八卷本《圆锥曲线论》中已经详细地研究了圆锥曲线的性质,这本巨著也为开普勒、牛顿等人研究行星的运动奠定了几何学基础。

阿波罗尼乌斯已经证明三种圆锥曲线可以用不同方位的平面与正圆锥相交得到,如图3-10所示。若平面仅与圆锥的一叶(半锥)相交,则截线为椭圆。特殊情况下,若平面平行于锥底,则截线为圆。若平面与圆锥的母线平行,则截线为抛物线。若平面与圆锥的两叶相交,则截线为双曲线。

圆锥曲线在几何上还有另一种定义方法:圆锥曲线是圆或某类动点的轨迹,动点到一给定点(焦点)的距离与到一给定线(准线)的距离之比为正常数 e(偏心率)。如果仅是研究航天器的轨道,则准线没有物理意义。

所有圆锥曲线均有两个焦点 F 和 F',引力中心位于焦点 F 上,虚焦点 F'没有物理意义。两个焦点间的距离称为焦距,以 $2c$ 表示,$c>0$;通过两个焦点的弦长,称为长轴,以 $2a$ 表示(注意在几何中 a 表示距离,为正;在本书的物理意义上,Q 可正可负,注意区分);通过焦点且与长轴垂直的弦长,称为通径或正焦弦,用 $2p$ 表示,如图 3-11 所示。圆锥曲线的几何参数满足如下关系:

$$e = \frac{c}{a}, \quad p = a(1-e^2) \tag{3-3-1}$$

曲线长轴的两个端点称为拱点,离焦点近的称为近心点或近拱点,用 r_p 表示;离焦点远的称为远心点或远拱点,用 r_a 表示。研究轨道时根据中心引力体的不同,可相应地称为“近地点”和“远地点”,“近日点”和“远日点”等。根据轨道方程(3-2-20),有

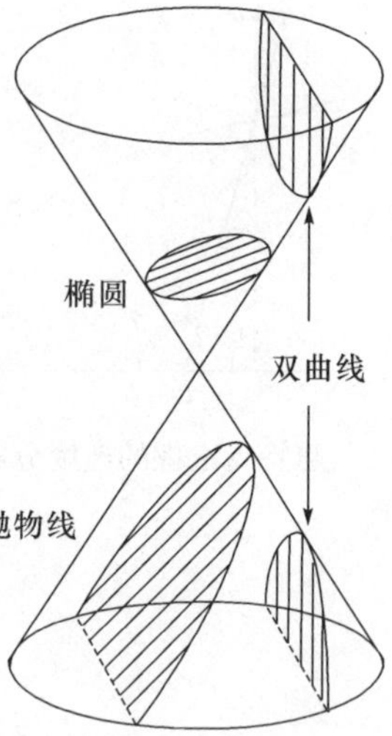

图 3-10　圆锥曲线

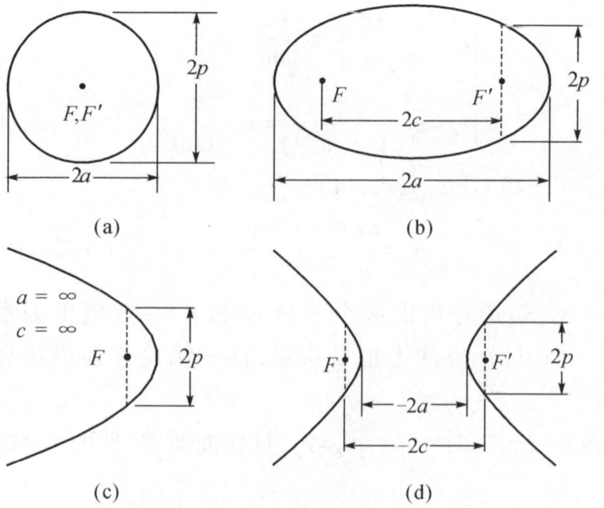

图 3-11　圆锥曲线的几何参数

（a）圆；（b）椭圆；（c）抛物线；（d）双曲线。

$$r_p=\frac{p}{1+e}=a(1-e)=a-c \tag{3-3-2}$$

$$r_a=\frac{p}{1-e}=a(1+e)=a+c \tag{3-3-3}$$

对于圆轨道，近心点与远心点不是唯一确定的。对于抛物线和双曲线，远心点没有物理意义。

不同圆锥曲线轨道的特征参数如表 3-1 所列。航天器轨道的动量矩 h 单独决定 p，机械量 ε 单独决定 a，两者共同决定偏心率 e。

表 3-1　圆锥曲线轨道的特征参数

轨道形状	偏心率	半长轴	半焦距	能量	能量比参数
圆	$e=0$	$a>0$	$c>0$	$\varepsilon<0$	$\upsilon=1$
椭圆	$0<e<1$	$a>0$	$c>0$	$\varepsilon<0$	$0<\upsilon<2$
抛物线	$e=1$	$a=\infty$	$c=\infty$	$\varepsilon=0$	$\upsilon=2$
双曲线	$e>1$	$a<0$	$c<0$	$\varepsilon>0$	$\upsilon>2$

3.3.2　椭圆轨道

椭圆轨道是航天器轨道中最重要和最常见的一类轨道，其中圆轨道的运行参数比较均匀，实际应用最多。

1. 圆轨道

对于在圆轨道上运行的航天器，一直有 $r=a$。代入式（3-2-39），可得轨道半径为 r 的圆轨道的速度为

$$v_c=\sqrt{\frac{\mu}{r}} \tag{3-3-4}$$

v_c 称为圆周速度或环绕速度，这是航天器在圆轨道上运行所必须具备的速度。地球表面的圆

周速度称为第一宇宙速度，大小为 7.91km/s。圆轨道的周期又称为环绕周期，可根据式(3-2-22)计算，地球表面圆周运动的轨道周期为 84.49min。

图 3-12 给出了不同地球轨道高度对应的圆周速度与轨道周期。当轨道高度为 35786km，即轨道半径为 42164km 时，轨道周期恰好等于地球的自转周期(1 个恒星日)，这种轨道称为地球同步轨道。地球同步轨道上的环绕速度为 3.073km/s。若地球同步轨道的轨道面与地球赤道面重合，且航天器的运行方向与地球的自转方向一致，则航天器将始终处于赤道某点的上空，与地球表面保持相对静止，这种特殊的轨道称为地球静止轨道。

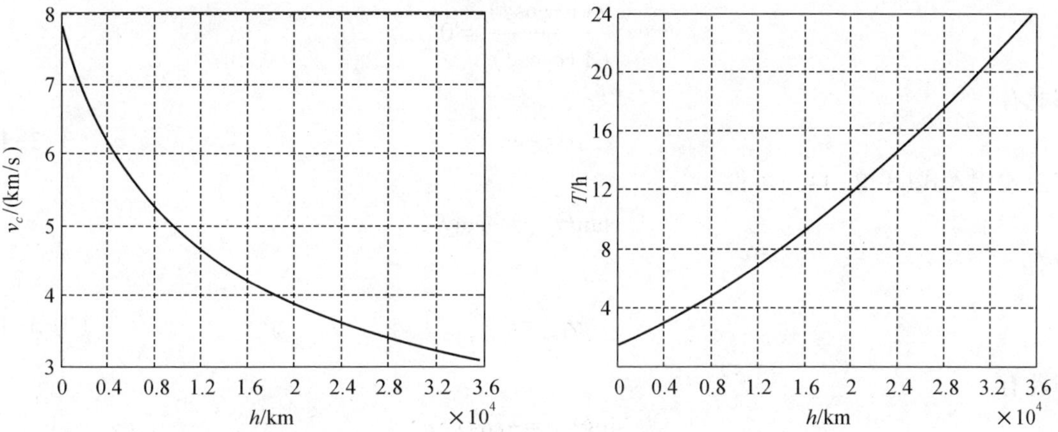

(a) (b)

图 3-12　不同轨道高度对应的环绕速度与环绕周期

(a) 环绕速度；(b) 环绕周期。

由于能量守恒，因此航天器在圆轨道上运动时，任一时刻的速度 $v=v_c$，即做等速圆周运动。当质点做等速圆周运动时，其惯性离心加速度刚好等于引力加速度，即

$$\frac{v^2}{r}=\frac{\mu}{r^2}=g$$

也即，航天器上的乘员或有效载荷处于完全失重状态。

2. 椭圆轨道特性

椭圆轨道上任一点到两焦点的距离之和等于长轴 $2a$，即

$$r_F+r_{F'}=2a \tag{3-3-5}$$

过椭圆中心且垂直于长轴的弦长称为短轴，用 $2b$ 表示，满足如下关系式：

$$a^2=b^2+c^2 \tag{3-3-6}$$

c 为半焦距。偏心率 e 为

$$e=\frac{c}{a} \tag{3-3-7}$$

根据式(3-3-6)可知，半短轴的顶点到焦点的距离为 $r=a$。

对于一般的椭圆轨道，由活力公式可知，在近心点处速度达到极大值

$$v_p^2=\frac{\mu}{a}\left(\frac{1+e}{1-e}\right)=v_{cp}^2(1+e) \tag{3-3-8}$$

式中：v_{cp} 为近心点处的圆周速度，可见轨道近心点处的速度大于当地圆周速度。

在轨道远心点处速度达到极小值

$$v_a^2=\frac{\mu}{a}\left(\frac{1-e}{1+e}\right)=v_{ca}^2(1-e) \tag{3-3-9}$$

式中:v_{ca}为远心点处的圆周速度,可见轨道远心点处的速度小于当地圆周速度。

椭圆轨道的飞行路径角 Θ 存在极值。记式(3-2-44)右端的函数为

$$F(f)=\frac{e\sin f}{1+e\cos f}$$

令$\partial F/\partial f=0$,可得

$$\frac{e(e+\cos f)}{(1+e\cos f)^2}=0$$

因此有

$$e=-\cos f \tag{3-3-10}$$

将上式代入式(3-2-44),可得

$$\tan\Theta_{\max}=-\cot f$$

故有

$$\Theta_{\max}=f-\frac{\pi}{2} \tag{3-3-11}$$

因此有

$$\sin\Theta_{\max}=-\cos f=e$$

故

$$\Theta_{\max}=\arcsin e \tag{3-3-12}$$

将条件式(3-3-10)代入轨道方程(3-2-20),可得 $r=a$,因此在半短轴顶点处飞行路径角取极值。

上述这些关系式在图 3-8(a)中已经表示出来。在图 3-7 中给出了不同偏心率下 $\Theta_{\max}$ 的情况,随着 $e\to1$,$\Theta_{\max}\to\pi/2$,对应的$f\to\pi$,这与图 3-8(b)抛物线的情况是一致的。

3.3.3 抛物线轨道

抛物线轨道在实际工程中的应用价值不大。自然界中按抛物线轨道运行的天体也非常罕见,有些周期彗星的轨道是椭圆,但偏心率接近 1(比如哈雷彗星的偏心率为 0.967),有时会按抛物线轨道处理。

抛物线是闭合轨道(椭圆)与非闭合轨道(双曲线)的分界线,因此了解抛物线有助于了解闭合与非闭合曲线的性质。可以认为抛物线是虚焦点在无穷远处、半径无穷大的椭圆,其轨道方程为

$$r=\frac{p}{1+\cos f} \tag{3-3-13}$$

当$f\to\pi$ 时,$r\to\infty$,因此在无穷远处抛物线的上下两个分支趋于平行。对于近心点,有

$$r_p=\frac{p}{2} \tag{3-3-14}$$

根据活力公式,在抛物线轨道上距离引力中心 r 处的速度为

$$v_{\text{esc}}=\sqrt{\frac{2\mu}{r}}=\sqrt{2}\,v_c \tag{3-3-15}$$

式中：v_{esc}是逃离中心天体引力场所需的最小理论速度，称为逃逸速度。由式(3-3-15)可见，逃逸速度是当地圆周速度的$\sqrt{2}$倍。逃离地球引力场的最小理论速度称为第二宇宙速度，大小为 11.18km/s。

3.3.4 双曲线轨道

在天体力学中，一些彗星和流星体的轨道是双曲线轨道。双曲线轨道的机械能 $\varepsilon>0$，能够逃离中心天体的引力场，因此在行星际航行中具有十分重要的意义和价值。

1. 几何特性

双曲线有两支，在实际飞行中，只有弯向主焦点 F 的一支才是可能的轨道。若航天器与中心天体间存在与距离成平方反比的斥力，则弯向虚焦点 F' 的一支代表运行的轨道。

双曲线轨道上任一点到两焦点的距离之差等于长轴，即

$$r_F-r_{F'}=2a \tag{3-3-16}$$

双曲线的几何参数 a、b、c 如图 3-13 所示，它们满足关系式

$$c^2=a^2+b^2 \tag{3-3-17}$$

b 为半短轴的长度，为正值。当 $-a=b$ 时，双曲线称为等轴双曲线或直角双曲线。

随着距离的增大，双曲线的两臂渐近于两条交叉的直线，称为渐近线。两渐近线间的夹角记为 δ，它表征了探测器飞越天体的过程中，其轨道拐过的角度，由图 3-13可知

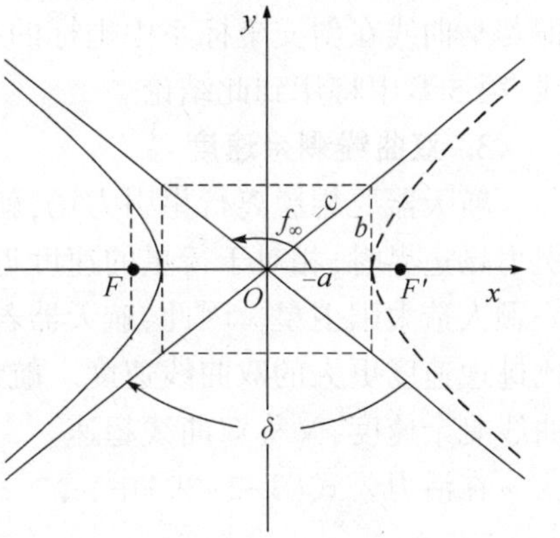

图 3-13　双曲线几何特性

$$\sin\frac{\delta}{2}=-\frac{a}{c} \tag{3-3-18}$$

由于 $e=-c/a$，故上式可写成

$$\sin\frac{\delta}{2}=\frac{1}{e} \tag{3-3-19}$$

可见，双曲线的偏心率越大，拐角 δ 越小。

由轨道方程(3-2-20)可知，当 $r\to\infty$ 时，$1+e\cos f\to 0$，因此真近点角 f 存在极限值，记为 f_∞。易知

$$\cos f_\infty=-\frac{1}{e} \tag{3-3-20}$$

$-f_\infty<f<f_\infty$，在图 3-8(c)中已将此结论用几何形式表示出来。由式(3-3-19)和式(3-3-20)可知

$$f_\infty-\frac{\delta}{2}=\frac{\pi}{2} \tag{3-3-21}$$

2. 渐近线坐标系

渐近线坐标系是图 3-14 中所示的斜交坐标系 $O-x_ay_a$，坐标系的原点是双曲线的中心 O，两轴是双曲线的两支渐近线。P 点是双曲线上任一点，其相对于中心 O 的矢径为 $\boldsymbol{d}$，将 $\boldsymbol{d}$ 分别向正交坐标系 $O-xy$ 和斜交坐标系 $O-x_ay_a$ 投影，根据图中的几何关系，可得

$$\begin{cases}x=(x_a+y_a)\cos\psi \\ y=(y_a-x_a)\sin\psi\end{cases} \tag{3-3-22}$$

由于 $b^2=a^2\tan^2\psi$(图 3-11),并考虑到 P 点位于双曲线上,其坐标满足

$$\frac{x^2}{a^2}-\frac{y^2}{b^2}=1$$

则有

$$x^2-y^2\cot^2\psi=a^2 \tag{3-3-23}$$

将式(3-3-22)代入上式,可得

$$x_a y_a=\frac{1}{4}(a^2+b^2)=\frac{1}{4}a^2e^2 \tag{3-3-24}$$

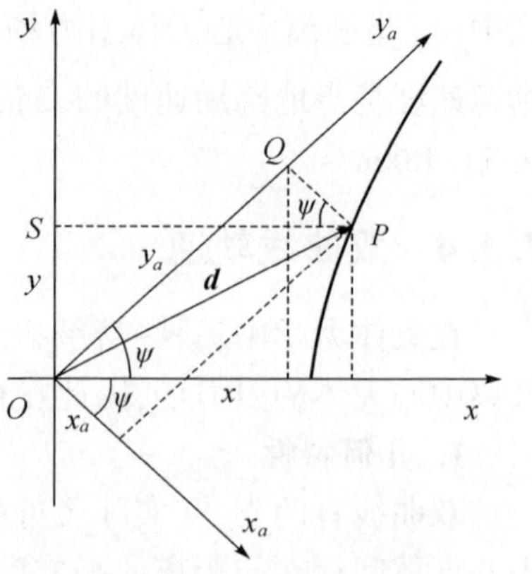

图 3-14 渐近线坐标系

这就是双曲线在渐近线坐标系中的方程,这一结果最早由欧拉得到。此结论的逆命题也成立,即若某曲线在斜交坐标系中坐标的乘积为常数,则此曲线是以坐标系的两轴为渐近线的双曲线,第 5 章中将用到此结论。

3. 双曲线剩余速度

航天器要想脱离行星引力场,就必须达到抛物线轨道的逃逸速度。这时航天器到达行星引力场边界时,相对于行星的速度近似为零,没有能力飞到更远的地方,将成为行星轨道上的一颗人造太阳卫星。因此,航天器若想在脱离行星引力场之后,继续往远处飞行,就必须具有比逃逸速度更大的双曲线速度。航天器沿双曲线飞行,到达离行星无穷远处时的速度称为双曲线剩余速度,又称双曲线超速。

在活力公式(3-2-39)中,令 $r\to\infty$,可以求得双曲线剩余速度 v_∞ 为

$$v_\infty^2=-\frac{\mu}{a} \tag{3-3-25}$$

则在双曲线轨道上,距离引力中心 r 处的轨道速度为

$$v^2=\frac{2\mu}{r}+v_\infty^2$$

上式右端的第一项刚好是距离引力中心 r 处的逃逸速度 v_{esc} 的平方,因此有

$$v^2=v_{\text{esc}}^2+v_\infty^2 \tag{3-3-26}$$

上式说明,在双曲线轨道上的任一点,当地速度的平方是当地逃逸速度与双曲线剩余速度的平方和。

根据式(3-3-15)和式(3-3-4),可以求出从地心双曲线轨道出发,逃离太阳系所需的最小双曲线剩余速度

$$v_{\infty\_\min}=\sqrt{2}\,v_{E,c}-v_{E,c}=12.34\text{km/s}$$

式中:$v_{E,c}$ 为地球公转平均速度。代入式(3-3-26),可以求得从地球上起飞的航天器逃离太阳系所需的最小速度为 16.65km/s,该速度称为第三宇宙速度。

应用中还常将 v_∞ 的平方记为 C_3,称为特征能量

$$C_3=v_\infty^2 \tag{3-3-27}$$

易知,C_3 表示 2 倍双曲线的机械能。C_3 是行星际飞行任务所需能量的一个度量,也是运载火箭为已知质量的航天器所能提供的能量的度量。显然,运载火箭能够提供的 C_3 要大于飞行任

务需要的 C_3。

图 3-15 中画出了两条不同偏心率的地心双曲线轨道的速度随地心距的变化规律,同时画出了当地逃逸速度的变化情况。在绘制曲线时,假设双曲线的近地点为 200km。由图可以看出,初始速度稍稍超过逃逸速度就会导致比较大的 v_∞,因此较小的双曲线入轨速度误差就会带来较大的双曲线剩余速度误差。

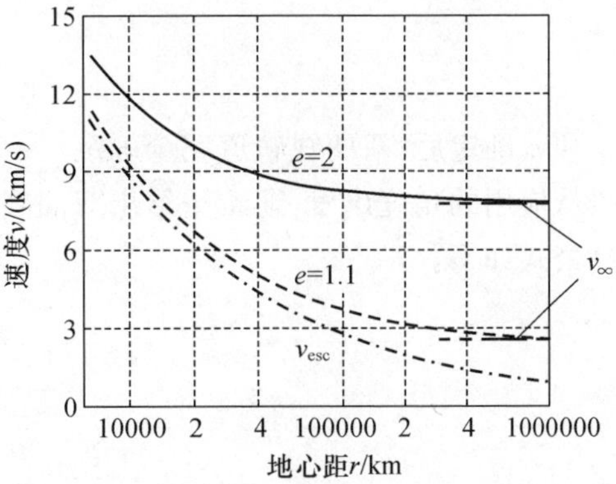

图 3-15　地心双曲线轨道速度与地心距的关系

考虑到 v_{esc} 随地心距的增大迅速衰减,根据式(3-3-26)可以得到如下结论:在大约 4×10^5km 的距离上,即大约到月球的距离,当地速度与 v_∞ 已经相差不大。因此在实际应用中,可以选择某个距离作为地球引力场的影响范围,当探测器沿双曲线轨道运动到这个范围边界时,就认为飞行器达到了"局部无穷远",边界处的速度等于双曲线剩余速度。第 13 章中给出的地球影响球就是一种最常用的引力场影响范围的确定方法,它近似是一个以地球中心为球心的球面(图 3-16)。在下面的讨论中就先使用影响球概念,详细的定义见第 13 章。

4. 瞄准参数

双曲线轨道在深空探测中会经常使用,但它有一个特殊的问题,当探测器在影响球边界上以给定速度 $\boldsymbol{v}_\infty$ 进入中心引力场后,双曲线轨道是确定的,即其轨道要素 $p=h^2/\mu$ 是确定的,但在这一点按照 $\boldsymbol{r}_\infty\times\boldsymbol{v}_\infty$ 却无法确定其动量矩 $\boldsymbol{h}$,为此引入瞄准参数 $\boldsymbol{B}$。

在下面讨论中,用上标"+"表示飞出影响球的参数,"-"表示进入到影响球内部的参数。

1)由瞄准参数确定双曲线轨道

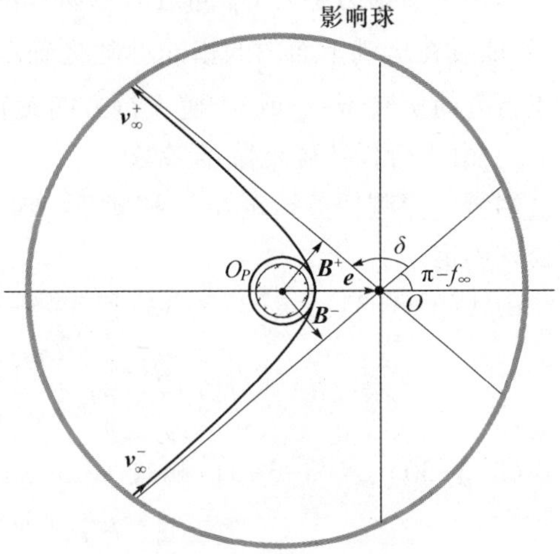

图 3-16　瞄准参数

瞄准参数 $\boldsymbol{B}$ 定义为由引力中心 O_P 向双曲线剩余速度 $\boldsymbol{v}_\infty$ 所作的垂直矢量。由 O_P 向 $\boldsymbol{v}_\infty^-$ 所作的垂直矢量为 $\boldsymbol{B}^-$,向 $\boldsymbol{v}_\infty^+$ 所作的垂直矢量为 $\boldsymbol{B}^+$。当探测器在影响球上进入点(或脱离点)的位置给定后,进入速度 $\boldsymbol{v}_\infty^-$(或脱离速度 $\boldsymbol{v}_\infty^+$)的方向就是已知的,则瞄准参数 $\boldsymbol{B}^-$(或 $\boldsymbol{B}^+$)随之确定,如图 3-16 所示。

当双曲线轨道的 $\boldsymbol{B}$ 和 $\boldsymbol{v}_\infty$ 给定后,其参数可按如下公式确定。

根据 $\boldsymbol{B}$ 的定义,可知动量矩矢量等于

$$\boldsymbol{h}=\boldsymbol{B}^-\times\boldsymbol{v}_\infty^-=\boldsymbol{B}^+\times\boldsymbol{v}_\infty^+ \tag{3-3-28}$$

动量矩矢量的方向决定了探测器沿轨道绕 O_P 点以顺时针还是逆时针方向运动。动量矩矢量的大小为

$$h=B^-v_\infty^-=B^+v_\infty^+ \tag{3-3-29}$$

已知 h 后,半通径 p 为

$$p=\frac{h^2}{\mu}=\frac{B^2v_\infty^2}{\mu} \tag{3-3-30}$$

根据式(3-3-25),半长轴 a 可由下式来确定:

$$a=-\frac{\mu}{v_{\infty}^{2}} \tag{3-3-31}$$

当 p 和 a 确定后,双曲线轨道完全确定。

从应用的角度出发,还希望给出双曲线的偏心率 e 和近心点位置矢量 $\boldsymbol{r}_p$ 的大小及方向。计算公式如下:

$$e=\sqrt{1-\frac{p}{a}}=\sqrt{1+\left(\frac{Bv_{\infty}^{2}}{\mu}\right)^{2}} \tag{3-3-32}$$

$$r_p=\frac{p}{1+e}=\frac{\mu}{v_{\infty}^{2}}\left[\sqrt{1+\left(\frac{Bv_{\infty}^{2}}{\mu}\right)^{2}}-1\right] \tag{3-3-33}$$

根据式(3-3-19),可知 $\boldsymbol{v}_{\infty}^{-}$ 与 $\boldsymbol{v}_{\infty}^{+}$ 之间的夹角,即探测器飞过中心天体引力场时的速度偏转角 δ 为

$$\delta=2\arcsin\left(\frac{1}{e}\right)=2\arcsin\left[1+\left(\frac{Bv_{\infty}^{2}}{\mu}\right)^{2}\right]^{-\frac{1}{2}} \tag{3-3-34}$$

若定义由引力中心 O_P 向近心点所作的矢量为近心距矢量,其单位矢量为 $\boldsymbol{e}^0$,则当 $\boldsymbol{e}^0$ 确定后,双曲线在运动平面内的指向亦随之确定。由于 f_{∞} 为第二象限角,由图 3-14 可知 $\boldsymbol{e}^0$ 为:$\boldsymbol{v}_{\infty}^{-}$ 逆飞行方向旋转 $\pi-f_{\infty}$ 或 $\boldsymbol{v}_{\infty}^{+}$ 逆飞行方向旋转 f_{∞}。

2) 由飞行任务确定瞄准参数

当行星探测任务给定 δ、r_p 和 $\boldsymbol{e}^0$ 后,瞄准参数 B 和进入影响球的双曲线剩余速度 $\boldsymbol{v}_{\infty}^{-}$ 按如下公式确定。

由式(3-3-33)、式(3-3-32)和式(3-3-34)可知

$$B=r_p\sqrt{1+\frac{2\mu}{r_pv_{\infty}^{2}}}=r_p\sqrt{\frac{e+1}{e-1}}=r_p\sqrt{\frac{1+\sin(\delta/2)}{1-\sin(\delta/2)}}=r_p\cot\left(\frac{\pi-\delta}{4}\right) \tag{3-3-35}$$

由式(3-3-30)、式(3-3-34)和式(3-3-35)有

$$v_{\infty}^{2}=\frac{\mu r_p(1+e)}{B^2}=\frac{\mu[1+\sin(\delta/2)]}{r_p\cot^2\left(\frac{\pi-\delta}{4}\right)\sin\frac{\delta}{2}}$$

化简可得

$$v_{\infty}=\sqrt{\frac{\mu}{r_p}}\sqrt{\frac{1-\sin(\delta/2)}{\sin(\delta/2)}} \tag{3-3-36}$$

$\boldsymbol{v}_{\infty}^{-}$ 的方向由 $\boldsymbol{e}^0$ 顺飞行方向旋转 $(\pi-\delta)/2$ 得到。

3.4 经典轨道要素

轨道要素也称轨道根数,是二体运动微分方程意义明确且相互独立的一组积分常数,它们同运动的初值一致,确定了轨道的特性。由 3.2 节可知,这样的一组积分常数应该有六个,常用 σ 表示,最常用的一组是经典轨道要素。

3.4.1 经典轨道要素的定义

经典轨道要素一般取 $\sigma=(a,e,i,\Omega,\omega,\tau)$ 六个量，各参数的几何意义如图 3-17 所示。图中的参考平面用于描述轨道面的空间方位，日心轨道一般取黄道面，地心轨道取天赤道平面。惯性坐标系 O-XYZ 的 X 轴指向参考点，一般取春分点。

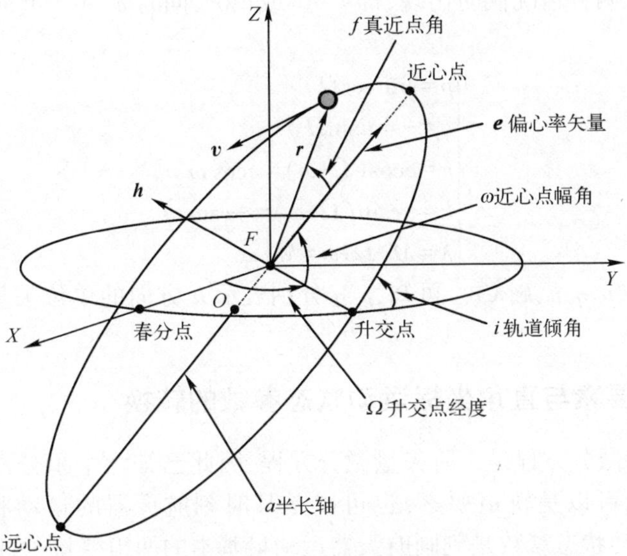

图 3-17 经典轨道要素

六个经典轨道要素中，升交点经度 Ω 和轨道倾角 i 确定轨道面的空间方位。Ω 由参考点(春分点)起，逆时针方向度量为正，i 为在升交点处由参考平面逆时针旋转至轨道平面的角度。一般将 $i\leqslant 90°$ 的轨道称为顺行轨道，$i>90°$ 的轨道称为逆行轨道。半长轴 a 和偏心率 e 确定轨道的大小和形状。近心点幅角 ω 确定拱线在轨道面内的指向，从升交点起沿航天器运动方向度量。过近心点的时刻 τ 确定任意时刻航天器在轨道上的位置。由式(3-2-27)可知，用 τ 确定航天器的位置需要求出近点角 f、E 或 M，且近点角具有更明确的几何意义，因此常用不同的近点角代替 τ。近点角不是积分常数，它们只是在功能上与 τ 等价且使用更方便而已。

抛物线轨道可看作是特殊的椭圆轨道，其形状是确定的($e=1$)，a 与 e 的组合无法描述抛物线的大小，其大小由 p 确定，因此只有五个轨道要素 $\sigma=(p,i,\Omega,\omega,\dot{\tau})$。

在某些特殊的情况下，有的经典轨道要素将难以确定，需要做相应的改变以消除病态。

第一种情况是 i 接近 0°或180°。由于升交点不定，因此 Ω 与 ω 难以确定。此时可引入近心点经度：

$$\widetilde{\omega}=\Omega+\omega \tag{3-4-1}$$

轨道要素变为 $\sigma=(a,e,i,\widetilde{\omega},\tau)$

一般情况下，$\widetilde{\omega}$是两个不同平面上的角度之和。只有在 $i=0°$或180°时，它才有明确的几何意义。太阳系内大行星的轨道面都接近黄道面，因此一般天文年历中给出的是各行星的近日点黄经$\widetilde{\omega}$。

第二种情况是 $e\to 0$，轨道近似为圆形。由于近心点不定，因此 ω 与 τ 难以确定。此时引入新的轨道要素 ξ、η、λ 代替 e、ω 与 τ：

$$
\begin{cases}\xi = e\cos\omega \\ \eta = -e\sin\omega \\ \lambda = n(t-\tau)+\omega = M+\omega\end{cases} \tag{3-4-2}
$$

轨道要素变为 $\boldsymbol{\sigma}=(a,i,\Omega,\xi,\eta,\lambda)$。可知,$\xi$、$\eta$ 分别表示偏心率矢量 $\boldsymbol{e}$ 在节线和节线垂线方向的分量。

第三种情况是上两种情况同时出现,即 $i\to0°$或180°,同时 $e\to0$。此时引入轨道要素 p、q、h、k、λ:

$$
\begin{cases}p = \sin i\cos\Omega \\ q = -\sin i\sin\Omega \\ h = e\cos(\Omega+\omega) = e\cos\tilde{\omega} \\ k = -e\sin(\Omega+\omega) = -e\sin\tilde{\omega} \\ \lambda = M+\Omega+\omega = M+\tilde{\omega}\end{cases} \tag{3-4-3}
$$

轨道要素变为 $\boldsymbol{\sigma}=(a,p,q,h,k,\lambda)$。可知,$p$、$q$ 分别表示 $\boldsymbol{h}$ 方向的单位矢量在惯性坐标系中的两个分量。

3.4.2 经典轨道要素与直角坐标运动状态参数的转换

描述二体运动的微分方程是二阶矢量微分方程,因此已知六个积分常数就可以唯一地确定轨道。积分常数既可以是轨道要素,也可以是某时刻航天器的运动状态参数(位置与速度)。轨道要素与运动状态参数是刻画航天器运动最基本的两组变量,可以相互转换。

1. 轨道坐标系

在轨道计算和轨道分析中,常采用轨道坐标系 $O-x_oy_oz_o$。坐标系的原点取在引力中心或航天器的质心上,基本平面为轨道面,故 z 轴沿动量矩 $\boldsymbol{h}$ 的方向。根据需要的不同,x 轴有不同的取法:沿偏心率矢量 $\boldsymbol{e}$ 的方向,沿航天器当前位置矢量 $\boldsymbol{r}$ 的方向,或沿节线 $\overrightarrow{ON}$ 的方向。图 3-18 给出了第一种定义方式的轨道坐标系。

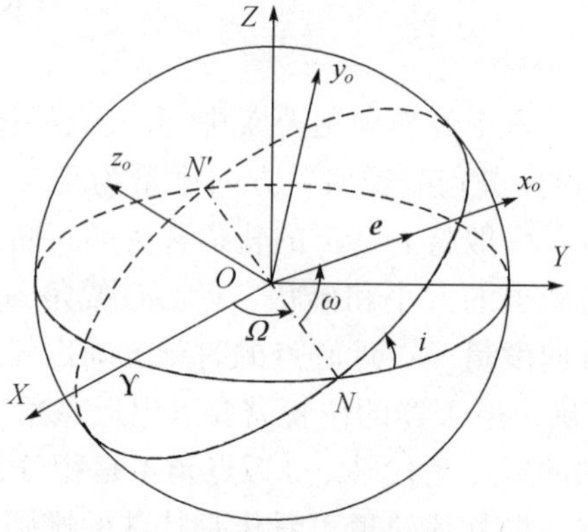

图 3-18 轨道坐标系

对第一种轨道坐标系,x 轴指向近心点,y 轴沿半通径的方向,因此又称近心点坐标系,三轴的单位矢量常用 $\boldsymbol{i}_e$、$\boldsymbol{i}_p$ 和 $\boldsymbol{i}_h$ 表示。对第二种轨道坐标系,x 轴沿位置矢量的方向,y 轴沿周向速度的方向,因此三轴的单位矢量常用 $\boldsymbol{i}_r$、$\boldsymbol{i}_f$ 和 $\boldsymbol{i}_h$ 表示,该种坐标系又常称为当地垂直当地水平坐标系(Local Vertical Local Horizontal, LVLH)。

根据图 3-16 中的几何关系,可知惯性坐标系 $O-XYZ$ 与轨道坐标系 $O-x_oy_oz_o$ 的转换关系为

$$
\begin{aligned}
\boldsymbol{C}_O^I &= \boldsymbol{M}_3[-\Omega]\cdot\boldsymbol{M}_1[-i]\cdot\boldsymbol{M}_3[-\omega] \\
&= \begin{bmatrix}\cos\Omega\cos\omega-\sin\Omega\cos i\sin\omega & -\cos\Omega\sin\omega-\sin\Omega\cos i\cos\omega & \sin\Omega\sin i \\ \sin\Omega\cos\omega+\cos\Omega\cos i\sin\omega & -\sin\Omega\sin\omega+\cos\Omega\cos i\cos\omega & -\cos\Omega\sin i \\ \sin i\sin\omega & \sin i\cos\omega & \cos i\end{bmatrix}
\end{aligned} \tag{3-4-4}
$$

对于轨道坐标系的后两种定义方式,计算方向余弦阵时只需把上式中的 ω 换成 u 或 0。

2. 由运动状态参数计算轨道要素

已知某时刻航天器的位置矢量 $\boldsymbol{r}$ 与速度矢量 $\boldsymbol{v}$，计算轨道要素的步骤为：

(1) 计算由动量矩矢量 $\boldsymbol{h}$ 确定的轨道要素。

根据 $\boldsymbol{h}$ 的定义，有

$$\boldsymbol{h}=\boldsymbol{r}\times\boldsymbol{v}=\begin{bmatrix}h_X\\h_Y\\h_Z\end{bmatrix} \tag{3-4-5}$$

计算轨道倾角 i 与升交点经度 Ω

$$\begin{cases}\cos i=\dfrac{h_Z}{h}\\ \tan\Omega=\dfrac{h_X}{-h_Y}\end{cases} \tag{3-4-6}$$

式中：$h=|\boldsymbol{h}|=\sqrt{h_X^2+h_Y^2+h_Z^2}$；$0\leqslant i\leqslant\pi$；$0\leqslant\Omega<2\pi$。

(2) 计算由偏心率矢量 $\boldsymbol{e}$ 确定的轨道要素。

根据 $\boldsymbol{e}$ 的定义，有

$$\boldsymbol{e}=\frac{\boldsymbol{v}\times\boldsymbol{h}}{\mu}-\frac{\boldsymbol{r}}{r}=\begin{bmatrix}e_X\\e_Y\\e_Z\end{bmatrix} \tag{3-4-7}$$

偏心率 e 为

$$e=|\boldsymbol{e}|=\sqrt{e_X^2+e_Y^2+e_Z^2} \tag{3-4-8}$$

根据方向余弦阵公式(3-4-4)，可知

$$\begin{bmatrix}e_X\\e_Y\\e_Z\end{bmatrix}=\boldsymbol{C}_O^I\cdot\begin{bmatrix}e\\0\\0\end{bmatrix}=e\begin{bmatrix}\cos\Omega\cos\omega-\sin\Omega\cos i\sin\omega\\ \sin\Omega\cos\omega+\cos\Omega\cos i\sin\omega\\ \sin i\sin\omega\end{bmatrix}$$

故近心点幅角 ω 为

$$\tan\omega=\frac{e_Z}{(e_X\cos\Omega+e_Y\sin\Omega)\sin i} \tag{3-4-9}$$

(3) 计算半长轴 a。

$$a=\frac{h^2}{\mu(1-e^2)} \tag{3-4-10}$$

(4) 计算真近点角 f。

与 ω 的计算类似，航天器的升交点角距 u 为

$$\tan u=\frac{Z}{(X\cos\Omega+Y\sin\Omega)\sin i} \tag{3-4-11}$$

式中：X、Y、Z 为位置矢量 $\boldsymbol{r}$ 的分量。根据 u 计算 f：

$$f=u-\omega \tag{3-4-12}$$

(5) 计算过近地点的时刻 τ。

对于椭圆轨道，根据式(3-2-26)可以计算偏近点角 E，再根据式(3-2-27)可以计算出 τ。

一般情况下,仅要求得到近点角 f 或 E。

3. 由轨道要素计算运动状态参数

若已知任意时刻 t 的航天器轨道要素,则根据开普勒方程和轨道方程易求得真近点角 f 和地心距 r。轨道坐标系中的位置坐标为

$$\begin{pmatrix} x_o \\ y_o \\ z_o \end{pmatrix} = \begin{pmatrix} r\cos f \\ r\sin f \\ 0 \end{pmatrix} \tag{3-4-13}$$

根据惯性坐标系与轨道坐标系的方向余弦阵式(3-4-4),可以得到惯性坐标系中的位置坐标为

$$\boldsymbol{r} = \begin{bmatrix} X \\ Y \\ Z \end{bmatrix} = r\cos f \cdot \boldsymbol{i}_e + r\sin f \cdot \boldsymbol{i}_p \tag{3-4-14}$$

式中:$\boldsymbol{i}_e$、$\boldsymbol{i}_p$ 分别为在惯性坐标系中表示的 Ox_o 轴、Oy_o 轴的单位向量,是轨道要素 Ω、ω、i 的函数。

$$\boldsymbol{i}_e = \boldsymbol{C}_O^I \cdot \begin{pmatrix} 1 \\ 0 \\ 0 \end{pmatrix} = \begin{pmatrix} \cos\Omega\cos\omega - \sin\Omega\cos i\sin\omega \\ \sin\Omega\cos\omega + \cos\Omega\cos i\sin\omega \\ \sin i\sin\omega \end{pmatrix} \tag{3-4-15}$$

$$\boldsymbol{i}_p = \boldsymbol{C}_O^I \cdot \begin{pmatrix} 0 \\ 1 \\ 0 \end{pmatrix} = \begin{pmatrix} -\cos\Omega\sin\omega - \sin\Omega\cos i\cos\omega \\ -\sin\Omega\sin\omega + \cos\Omega\cos i\cos\omega \\ \sin i\cos\omega \end{pmatrix} \tag{3-4-16}$$

微分式(3-4-14)可得速度矢量的表达式为

$$\boldsymbol{v} = (\dot{r}\cos f - r\dot{f}\sin f) \cdot \boldsymbol{i}_e + (\dot{r}\sin f + r\dot{f}\cos f) \cdot \boldsymbol{i}_p \tag{3-4-17}$$

式将式(3-2-32)及式(3-2-35)代入上式可得

$$\boldsymbol{v} = -\frac{\mu}{h}\sin f \cdot \boldsymbol{i}_e + \frac{\mu}{h}(e + \cos f) \cdot \boldsymbol{i}_p \tag{3-4-18}$$

4. 正则单位

在航天工程或天文学中,进行轨道计算时常使用正则单位(canonical unit),或称规范单位。使用正则单位的主要原因有:①轨道计算特别是深空探测轨道计算中的数值都比较大,使用正则单位可以减小数字的大小,从而更容易进行直观的定性验证;②轨道计算中会涉及诸如地球、月球质量等相关常数,使用正则单位可以避开常数不准确带来的麻烦,常数发生变化时只需要更改常数转换部分的程序,而不需要更改技术性算法部分,从而简化程序维护过程;③能够使某些计算机操作具有更高的精度;④用单位量代替大的常数后,能够消除一些不必要的数学计算,从而使算法加速。

正则单位通常以一个假想的圆参考轨道为基础,以中心天体质量作为单位质量(用 MU 表示)、以参考轨道半径作为单位长度(用 DU 表示),时间单位作为导出单位(用 TU 表示),它使该单位系统中的万有引力常数 $G=1$。

在以太阳为中心天体的轨道计算中,参考轨道是半径为一个天文单位(AU)的圆轨道,相应的时间单位为

$$1\mathrm{TU_S} = \sqrt{\frac{\mathrm{AU}^3}{\mu_\mathrm{S}}} = 58.132441 \text{ 平太阳日}$$

当以行星或其卫星为中心天体时,参考轨道取为最小高度(即正好擦过天体表面)的圆轨道。以地球为例,取地球赤道平均半径 a_e = 6378136. 6m 为单位长度,地球质量为单位质量,时间单位作为导出单位

$$1\text{TU}_\text{E}=\sqrt{\frac{a_e^3}{\mu_e}}=806.811054\text{s}$$

根据三个基本单位可以计算其它导出单位,如单位速度(以 VU 表示)的值为

$$1\text{VU}_\text{E}=\frac{1\text{DU}_\text{E}}{1\text{TU}_\text{E}}=\sqrt{\frac{\mu_e}{a_e}}=7905.365905\text{m/s}$$

显然,采用正则单位后,中心天体的引力常数 $\mu=1$。

为应用方便,表 3-2 给出了地球和太阳为中心天体的正则单位与国际制单位的对应关系。

表 3-2　地球和太阳为中心天体的正则单位与国际制单位

中心天体	参　数	正则单位	国际制单位
地球	平均赤道半径	1DU	6378136. 6m
	时间单位	1TU	806. 811054s
	速度单位	1DU/TU	7905. 365905m/s
	引力常数	$1\text{DU}^3/\text{TU}^2$	$3.986004356\times10^{14}\ \text{m}^3/\text{s}^2$
	角速度	5.883359×10^{-2} rad/TU	7.292115×10^{-5} rad/s
太阳	日地平均距离	1AU	$1.49597870700\times10^{11}$ m
	时间单位	1TU	5.022643×10^{6} s (58. 132441d)
	速度单位	1AU/TU	29. 784691km/s
	引力常数	$1\text{AU}^3/\text{TU}^2$	$1.32712440041\times10^{20}\ \text{m}^3/\text{s}^2$

例题　已知某时刻航天器在地心惯性坐标系中的位置和速度分别为

$$\boldsymbol{r}=\begin{bmatrix}607.929\\786.345\\8373.392\end{bmatrix}\text{km},\quad \boldsymbol{v}=\begin{bmatrix}4254.698\\-5691.488\\849.163\end{bmatrix}\text{m/s}$$

计算轨道要素 a,e,i,Ω,ω,f。

用归一化单位表示的航天器位置和速度为

$$\boldsymbol{r}=\begin{bmatrix}0.095314\\0.123287\\1.312827\end{bmatrix}\text{DU},\quad \boldsymbol{v}=\begin{bmatrix}0.538204\\-0.719953\\0.107416\end{bmatrix}\text{VU}$$

先计算两个重要矢量——动量矩矢量与偏心率矢量。动量矩矢量为

$$\boldsymbol{h}=\boldsymbol{r}\times\boldsymbol{v}=\begin{bmatrix}0.958416\\0.696330\\-0.134976\end{bmatrix},\quad h=1.192332$$

偏心率矢量为

$$\boldsymbol{e}=\frac{\boldsymbol{v}\times\boldsymbol{h}}{\mu_e}-\frac{\boldsymbol{r}}{r}=\begin{bmatrix}-4.971723\\8.233847\\7.175342\end{bmatrix}\times10^{-2},\quad e=0.12$$

计算与 h、e 相关的轨道要素

$$a=\frac{h^2}{\bar{\mu}_e(1-e^2)}=1.442427\text{DU},\quad i=\arccos\frac{h_z}{h}=96.5°,\quad \Omega=\arctan\left(\frac{h_x}{-h_y}\right)=126°$$

用国际单位制表示的半长轴为 $a=1.442427\times a_e=9200\text{km}$。

根据轨道坐标系与惯性坐标系的转换关系，可得

$$\omega=\arctan\frac{e_Z}{(e_Y\sin\Omega+e_X\cos\Omega)\sin i}=37°$$

$$u=\arctan\frac{Z}{(Y\sin\Omega+X\cos\Omega)\sin i}=88.105°$$

$$f=u-\omega=51.105°$$

3.4.3 经典轨道要素与球坐标运动状态参数的转换

描述近地航天器的运动时，有时还会使用球坐标运动状态参数($r,\alpha,\delta,v,\Theta,A$)。$r$ 为地心距，α、δ 为赤经、赤纬，v 为速度，Θ 为当地速度倾角，A 为飞行方位角。A 角定义为速度 $\boldsymbol{v}$ 在当地水平面内的投影与正北方向的夹角，即轨道面与当地子午面间的二面角。A 角从正北方向开始，沿顺时针方向度量，$0°\leqslant A<360°$。

1. 由直角坐标运动参数求球坐标运动参数

球坐标运动参数与当地天东北坐标系 $S-x_sy_sz_s$ 有关，如图 3-19 所示。坐标系的原点 S 与航天器重合，x_s 轴与地心矢径重合指向天向，y_s 轴垂直于当地子午面指向正东，z_s 轴由右手法则确定，指向正北。可知，y_s 轴与 z_s 轴构成的平面是当地水平面。

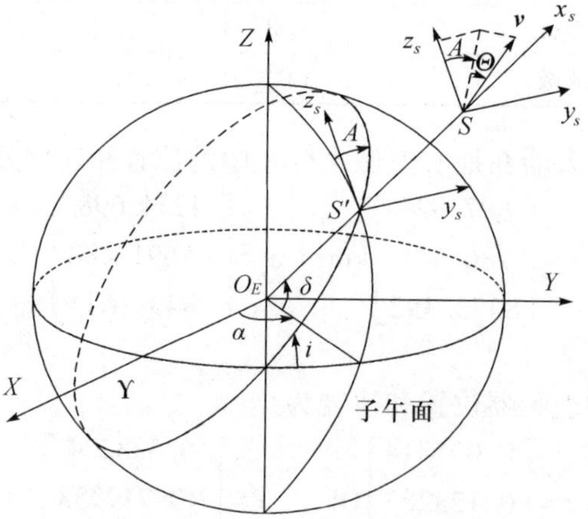

图 3-19　惯性坐标系与球坐标系

根据图中的几何关系，惯性坐标系与天东北坐标系的方向余弦阵为

$$\boldsymbol{C}_S^I=\boldsymbol{M}_3[-\alpha]\cdot\boldsymbol{M}_2[\delta]=\begin{bmatrix}\cos\delta\cos\alpha & -\sin\alpha & -\sin\delta\cos\alpha\\ \cos\delta\sin\alpha & \cos\alpha & -\sin\delta\sin\alpha\\ \sin\delta & 0 & \cos\delta\end{bmatrix}\tag{3-4-19}$$

航天器在天东北坐标系中的位置和速度用球坐标表示为

$$\boldsymbol{r}=\begin{bmatrix} r \\ 0 \\ 0 \end{bmatrix},\quad \boldsymbol{v}=\begin{bmatrix} \dot{r} \\ r\,\dot{\alpha}\cos\delta \\ r\,\dot{\delta} \end{bmatrix}=\begin{bmatrix} v\sin\Theta \\ v\cos\Theta\sin A \\ v\cos\Theta\cos A \end{bmatrix} \tag{3-4-20}$$

根据式(3-4-19)和式(3-4-20),可得由直角坐标运动参数求球坐标运动参数的计算公式为

$$\begin{cases} r=\sqrt{X^2+Y^2+Z^2} \\ \alpha=\arctan\dfrac{Y}{X},\quad 0\leqslant\alpha<2\pi \\ \delta=\arcsin\dfrac{Z}{r},\quad -\dfrac{\pi}{2}\leqslant\alpha\leqslant\dfrac{\pi}{2} \\ v=\sqrt{v_X^2+v_Y^2+v_Z^2} \\ \Theta=\arcsin\left(\dfrac{v_X X+v_Y Y+v_Z Z}{rv}\right),\quad -\dfrac{\pi}{2}\leqslant\Theta\leqslant\dfrac{\pi}{2} \\ \sin A=\dfrac{-v_X\sin\alpha+v_Y\cos\alpha}{v\cos\Theta} \\ \cos A=\dfrac{-\sin\delta\cos\alpha v_X-\sin\delta\sin\alpha v_Y+\cos\delta v_Z}{v\cos\Theta} \\ A=\arctan\left(\dfrac{\sin A}{\cos A}\right),\quad 0\leqslant A<2\pi \end{cases} \tag{3-4-21}$$

2. 由球坐标运动状态参数计算轨道要素

已知球坐标运动参数,根据式(3-2-40)可求得能量比参数 υ,代入式(3-2-41)、式(3-2-43)可求得半长轴 a 和偏心率 e。

由式(3-2-44)可知

$$\begin{cases} \sin\Theta=\dfrac{e\sin f}{\sqrt{1+2e\cos f+e^2}} \\ \cos\Theta=\dfrac{1+e\cos f}{\sqrt{1+2e\cos f+e^2}} \end{cases} \tag{3-4-22}$$

将式(3-2-6)代入式(3-2-36),可得

$$\sqrt{1+2e\cos f+e^2}=\frac{rv^2\cos\Theta}{\mu}=\upsilon\cos\Theta$$

将上式代入式(3-4-22),有

$$\begin{cases} e\sin f=\upsilon\sin\Theta\cos\Theta \\ e\cos f=\upsilon\cos^2\Theta-1 \end{cases}$$

因此有

$$f=\arctan\left(\frac{e\sin f}{e\cos f}\right)=\arctan\left(\frac{\upsilon\sin\Theta\cos\Theta}{\upsilon\cos^2\Theta-1}\right) \tag{3-4-23}$$

根据图 3-17 中的球面几何关系,有

$$i=\arccos(\cos\delta\sin A) \tag{3-4-24}$$

另有

$$\begin{cases}\sin(\alpha-\Omega)=\tan\delta\cot i\\ \cos(\alpha-\Omega)=\dfrac{\cos A}{\sin i}\end{cases}$$

因此有

$$\Omega=\alpha-\arctan\left(\frac{\sin(\alpha-\Omega)}{\cos(\alpha-\Omega)}\right) \tag{3-4-25}$$

根据图 3-17 中的球面几何关系,还可知

$$\begin{cases}\sin u=\dfrac{\sin\delta}{\sin i}\\ \cos u=\cot i\cot A\end{cases}$$

因此有

$$u=\arctan\left(\frac{\sin u}{\cos u}\right) \tag{3-4-26}$$

$$\omega=u-f \tag{3-4-27}$$

3. 由轨道要素计算球坐标运动状态参数

根据轨道方程和活力公式,可以求得地心距 r 和速度 v。根据开普勒方程(3-2-27)和关系式(3-2-26),可以求得真近点角 $f, u=f+\omega$。

$$\Theta=\arctan\frac{r e\sin f}{p} \tag{3-4-28}$$

根据图 3-17 中的球面几何关系,有

$$\delta=\arcsin(\sin i\sin u) \tag{3-4-29}$$

$$\begin{cases}\sin(\alpha-\Omega)=\tan\delta\cot i\\ \cos(\alpha-\Omega)=\dfrac{\cos u}{\cos\delta}\end{cases}$$

因此有

$$\alpha=\Omega+\arctan\left(\frac{\sin(\alpha-\Omega)}{\cos(\alpha-\Omega)}\right) \tag{3-4-30}$$

又有

$$\sin A=\frac{\sin(\alpha-\Omega)}{\sin u},\quad \cos A=\cot u\tan\delta$$

因此有

$$A=\arctan\left(\frac{\sin A}{\cos A}\right) \tag{3-4-31}$$

球坐标运动参数描述了航天器相对于地球的运动情况,因此在星下点轨迹和卫星发射等问题中经常使用。

3.5 春分点轨道要素

描述航天器运动时,为避免奇异现象,可采用春分点轨道要素,简称春分点要素。

3.5.1 春分点要素的定义

春分点轨道要素是基于经典轨道要素定义的

$$\begin{cases} a=a \\ h=e\sin(\omega+\Omega) \\ k=e\cos(\omega+\Omega) \\ p=\tan\left(\dfrac{i}{2}\right)\sin\Omega \\ q=\tan\left(\dfrac{i}{2}\right)\cos\Omega \\ \lambda=M+\omega+\Omega \end{cases} \tag{3-5-1}$$

λ 称为平经度,对应平近点角。有时也以偏经度 F 或真经度 L 来代替 λ,它们分别对应偏近点角 E 和真近点角 f

$$F=E+\omega+\Omega \tag{3-5-2}$$

$$L=f+\omega+\Omega \tag{3-5-3}$$

由定义式(3-5-1)可见,春分点轨道要素在 $e=0,i=0°$或 $90°$时都不会出现奇异。当然,在 $i=180°$时仍然存在奇异,但这类轨道在实际应用中几乎不会出现。

由式(3-5-1)可以得到由春分点轨道要素到经典轨道要素的反变换为

$$\begin{cases} a=a \\ e=\sqrt{h^2+k^2} \\ i=2\arctan(\sqrt{p^2+q^2}) \\ \Omega=\arctan\left(\dfrac{p}{q}\right) \\ \omega=\arctan\left(\dfrac{h}{k}\right)-\arctan\left(\dfrac{p}{q}\right) \\ M=\lambda-\arctan\left(\dfrac{h}{k}\right) \end{cases} \tag{3-5-4}$$

上式中的最后一式可由 E 或 f 的变换公式代替

$$E=F-\arctan\left(\frac{h}{k}\right) \tag{3-5-5}$$

$$f=L-\arctan\left(\frac{h}{k}\right) \tag{3-5-6}$$

春分点轨道要素是和春分点坐标系 $O-x_q y_q z_q$ 紧密联系在一起的,坐标系的定义如图 3-20 所示。坐标系的 x_q 轴和 y_q 轴都在轨道平面内,x_q 轴由升交点起顺时针转动 Ω,z_q 轴沿角动量方向。可见,真经度 L 就表示航天器的地心矢径 $\boldsymbol{r}$ 与 x_q 轴的夹角,轨道要素 h 和 k 分别表示偏心率矢量 $\boldsymbol{e}$ 在 y_q 和 x_q 轴上的投影。

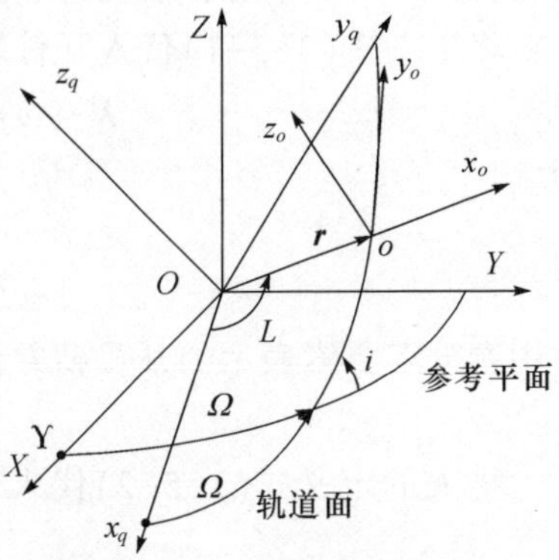

图 3-20 春分点坐标系

春分点坐标系与天体中心惯性坐标系的转换矩阵为

$$\boldsymbol{C}_Q^I=\boldsymbol{M}_3[-\Omega]\cdot\boldsymbol{M}_1[-i]\cdot\boldsymbol{M}_3[\Omega] \tag{3-5-7}$$

即

$$\boldsymbol{C}_Q^I=\begin{bmatrix}\cos^2\Omega+\sin^2\Omega\cos i & \sin\Omega\cos\Omega-\sin\Omega\cos\Omega\cos i & \sin\Omega\sin i\\ \sin\Omega\cos\Omega-\sin\Omega\cos\Omega\cos i & \sin^2\Omega+\cos^2\Omega\cos i & -\cos\Omega\sin i\\ -\sin\Omega\sin i & \cos\Omega\sin i & \cos i\end{bmatrix} \tag{3-5-8}$$

根据式(3-5-1)的定义,易知如下关系式成立:

$$\cos(2\Omega)=\frac{q^2-p^2}{p^2+q^2},\quad \sin\Omega=\frac{p}{(p^2+q^2)^{1/2}},\quad \cos\Omega=\frac{q}{(p^2+q^2)^{1/2}}$$

$$\sin^2\left(\frac{i}{2}\right)=\frac{p^2+q^2}{1+p^2+q^2},\quad \cos^2\left(\frac{i}{2}\right)=\frac{1}{1+p^2+q^2}$$

$$\sin i=\frac{2(p^2+q^2)^{1/2}}{1+p^2+q^2},\quad \cos i=\frac{1-p^2-q^2}{1+p^2+q^2}$$

代入式(3-5-8),可得到用春分点要素表示的方向余弦阵

$$\boldsymbol{C}_Q^I=\frac{1}{1+p^2+q^2}\begin{bmatrix}1-p^2+q^2 & 2pq & 2p\\ 2pq & 1+p^2-q^2 & -2q\\ -2p & 2q & 1-p^2-q^2\end{bmatrix} \tag{3-5-9}$$

根据上式,可以得到春分点坐标系三轴的单位矢量在惯性坐标系中的分量为

$$\begin{cases}\boldsymbol{x}_q^0=\dfrac{1}{1+p^2+q^2}\begin{bmatrix}1-p^2+q^2\\ 2pq\\ -2p\end{bmatrix}\\ \boldsymbol{y}_q^0=\dfrac{1}{1+p^2+q^2}\begin{bmatrix}2pq\\ 1+p^2-q^2\\ 2q\end{bmatrix}\\ \boldsymbol{z}_q^0=\dfrac{1}{1+p^2+q^2}\begin{bmatrix}2p\\ -2q\\ 1-p^2-q^2\end{bmatrix}\end{cases} \tag{3-5-10}$$

可见,三个单位矢量的表达式只与轨道要素 p 和 q 有关。

将定义式(3-5-1)代入开普勒方程(3-2-27),可得

$$\lambda-(\omega+\Omega)=F-(\omega+\Omega)-e\sin[F-(\omega+\Omega)]$$

即

$$\lambda=F-e\left(\frac{k}{e}\sin F-\frac{h}{e}\cos F\right)$$

故用春分点要素表示的开普勒方程为

$$\lambda=F-k\sin F+h\cos F \tag{3-5-11}$$

将 F 的定义式(3-5-2)代入轨道方程(3-2-25),可得

$$r=a\{1-e\cos[F-(\omega+\Omega)]\}$$

故用春分点要素表示的轨道方程为

$$r=a(1-k\cos F-h\sin F) \tag{3-5-12}$$

3.5.2 春分点要素与位置、速度的转换

1. 由春分点要素求位置和速度

由于航天器的位置矢量 $\boldsymbol{r}$ 和速度矢量 $\dot{\boldsymbol{r}}$ 位于轨道平面内，因此可以表示为

$$\boldsymbol{r}=X_q\boldsymbol{x}_q^0+Y_q\boldsymbol{y}_q^0,\quad \dot{\boldsymbol{r}}=\dot{X}_q\boldsymbol{x}_q^0+\dot{Y}_q\boldsymbol{y}_q^0 \tag{3-5-13}$$

注意到在轨道平面内，有如下关系式成立：

$$X_q=r\cos(f+\omega+\Omega),\quad Y_q=r\sin(f+\omega+\Omega)$$

因此对 X_q 有

$$X_q=r\cos f\cdot\frac{k}{e}-r\sin f\cdot\frac{h}{e} \tag{3-5-14}$$

根据二体轨道理论（见本书第 4 章），有

$$r\cos f=a(\cos E-e),\quad r\sin f=a\sqrt{1-e^2}\sin E$$

同时根据定义式（3-5-2），有

$$\cos E=\frac{k\cos F+h\sin F}{\sqrt{h^2+k^2}},\quad \sin E=\frac{k\sin F-h\cos F}{\sqrt{h^2+k^2}}$$

将上述关系式代入式（3-5-14），整理可得

$$X_q=a\left\{\frac{k^2+h^2\sqrt{1-h^2-k^2}}{(h^2+k^2)}\cos F+\frac{hk[1-\sqrt{1-h^2-k^2}]}{(h^2+k^2)}\sin F-k\right\}$$

为简化表示，引入参数 β

$$\beta=\frac{1-\sqrt{1-h^2-k^2}}{(h^2+k^2)}$$

根据 $e=\sqrt{h^2+k^2}$，易知

$$\beta=\frac{1}{1+\sqrt{1-h^2-k^2}} \tag{3-5-15}$$

由上式可得

$$\frac{k^2+h^2\sqrt{1-h^2-k^2}}{(h^2+k^2)}=1-h^2\beta$$

由此可得到 X_q 的表达式为

$$X_q=a[(1-h^2\beta)\cos F+hk\beta\sin F-k] \tag{3-5-16}$$

同理可得 Y_q 的表达式为

$$Y_q=a[hk\beta\cos F+(1-k^2\beta)\sin F-h] \tag{3-5-17}$$

对式（3-5-16）、式（3-5-17）求微分，可得 $\dot{X}_q$ 和 $\dot{Y}_q$ 的表达式

$$\begin{cases}\dot{X}_q=a[-(1-h^2\beta)\sin F+hk\beta\cos F]\dot{F}\\ \dot{Y}_q=a[-hk\beta\sin F+(1-k^2\beta)\cos F]\dot{F}\end{cases}$$

为求 $\dot{F}$，根据式（3-5-11）可得

$$\lambda=\lambda_0+n(t-t_0)=F-k\sin F+h\cos F$$

λ_0 为初始时刻 $t=t_0$ 时的平经度。微分上式，可得

$$\dot{F}=\frac{n}{1-k\cos F-h\sin F}$$

将轨道方程(3-5-12)代入上式,可得

$$\dot{F}=\frac{na}{r} \tag{3-5-18}$$

由此得到$\dot{X}_q$和$\dot{Y}_q$的表达式为

$$\begin{cases}\dot{X}_q=\dfrac{na^2}{r}[hk\beta\cos F-(1-h^2\beta)\sin F]\\ \dot{Y}_q=\dfrac{na^2}{r}[(1-k^2\beta)\cos F-hk\beta\sin F]\end{cases} \tag{3-5-19}$$

将式(3-5-10)、式(3-5-16)、式(3-5-17)和式(3-5-19)代入式(3-5-13),就得到航天器在惯性坐标系中的位置和速度。

2. 由位置和速度求春分点要素

若已知航天器在惯性坐标系中的位置矢量 $\boldsymbol{r}$ 和速度矢量$\dot{\boldsymbol{r}}$,为求春分点要素,可先根据式(3-4-10)和式(3-4-7)求出半长轴 a 和偏心率矢量 $\boldsymbol{e}$。

由于 $\boldsymbol{z}_q$ 轴沿角动量方向,故有

$$\boldsymbol{z}_q^0=\frac{\boldsymbol{r}\times\dot{\boldsymbol{r}}}{|\boldsymbol{r}\times\dot{\boldsymbol{r}}|}=\begin{bmatrix}z_{qX}^0\\ z_{qY}^0\\ z_{qZ}^0\end{bmatrix} \tag{3-5-20}$$

根据式(3-5-10),可得

$$p=\frac{z_{qX}^0}{1+z_{qZ}^0},\quad q=\frac{-z_{qY}^0}{1+z_{qZ}^0} \tag{3-5-21}$$

求出 p 和 q 后,根据式(3-5-10)就可以求得 $\boldsymbol{x}_q^0$ 和 $\boldsymbol{y}_q^0$。

因为 h 和 k 是偏心率矢量 $\boldsymbol{e}$ 在 y_q 和 x_q 轴上的投影,故有

$$k=\boldsymbol{e}\cdot\boldsymbol{x}_q^0\quad h=\boldsymbol{e}\cdot\boldsymbol{y}_q^0 \tag{3-5-22}$$

根据式(3-5-16)和式(3-5-17),可以求得

$$\begin{cases}\sin F=h+\dfrac{Y_q(1-h^2\beta)-hk\beta X_q}{a\sqrt{1-h^2-k^2}}\\ \cos F=k+\dfrac{X_q(1-k^2\beta)-hk\beta Y_q}{a\sqrt{1-h^2-k^2}}\end{cases} \tag{3-5-23}$$

其中

$$X_q=\boldsymbol{r}\cdot\boldsymbol{x}_q^0,\quad Y_q=\boldsymbol{r}\cdot\boldsymbol{y}_q^0 \tag{3-5-24}$$

根据式(3-5-23)可以求出偏经度 F,再根据式(3-5-11)即可求得平经度 λ。

参 考 文 献

[1] 肖峰．球面天文学与天体力学基础[M]．长沙：国防科技大学出版社,1989.

[2] 郗晓宁,王威,等. 近地航天器轨道基础 [M]. 长沙: 国防科技大学出版社,2003.
[3] Bate R R,等. 航天动力学基础 [M]. 吴鹤鸣,李肇杰,译. 北京:北京航空航天大学出版社,1990.
[4] Cornelisse J W, Schöyer H F R, Wakker K F. 火箭推进与航天动力学 [M]. 杨炳尉,冯振兴,译. 北京:中国宇航出版社,1986.
[5] Broucke R A, Cefola P J. On the Equinoctial Orbit Elements [J]. Celestial Mechanics and Dynamical Astronomy, 1972, 5(3): 303-310.
[6] Cefola P J. Equinoctial Orbit Elements: Application to Artificial Satellite Orbits [C]. AIAA 72 - 937, AIAA/AAS Astrodynamics Conference, Palo Alto, CA, Sep. 11-12, 1972.
[7] Vallado D A. Fundamentals of Astrodynamics and Applications (fourth edition) [M]. New York: Microcosm Press, 2013.

第4章 二体轨道初值问题

通过第3章我们已经知道,二体轨道运动方程是一个二阶的矢量常微分方程,方程的通解是一族圆锥曲线。确定微分方程特解的条件通常有两种形式,即给定初始时刻的值或同时给定初始时刻与终端时刻的值,这两种情况分别称为微分方程的初值问题与边值问题。相应地,二体轨道也有初值问题和边值问题,它们是航天器轨道理论中最基本的两类问题。

给定航天器初始时刻的运动状态(如位置和速度),求之后任一时刻运动状态的问题称为初值问题。初值问题主要用于轨道预测或轨道外推,在第3章中我们已经介绍了其核心公式——开普勒方程。本章将详细推导不同圆锥曲线的飞行时间方程,并讨论开普勒方程的解法。

开普勒是德国伟大的天文学家和数学家,他出身贫寒,命运坎坷。开普勒出生于1571年,很小的时候就得了天花,导致视力很差。他信仰新教,支持哥白尼的宇宙学说,因此遭受宗教迫害,一生颠沛流离。由于没有固定的职业,开普勒的经济条件十分窘迫,第一任妻子和几个孩子先后去世,自己也疾病缠身。在他全力写作《宇宙的和谐》一书时,母亲被指控为巫婆,使他不得不花费6年的时间为母亲辩护。但这一切都没能阻碍开普勒对科学的追求,他以极大的热情和超乎想象的勤勉投身行星运动的研究中,为人类打开了天体动力学的大门。

1589年,开普勒开始在新教的蒂宾根大学学习,在天文学课程中接触到了哥白尼的理论。因为日心说系统比起复杂的地心说系统要和谐且简单得多,开普勒认为哥白尼的学说才是正确的宇宙学说。但他对哥白尼为解释行星逆行而设置的本轮感到不满意,为此开始自己的研究。1596年,开普勒出版了《宇宙的奥秘》一书,设计了由5个多面体套合起来的太阳系模型,并提出行星的运动可能是受到太阳发出的一种随距离增大而逐渐减弱的力的推动。因为这本书,开普勒结识了第谷并受到他的赏识。

1600年,开普勒到达布拉格,成为第谷的助手。开普勒希望能借助第谷庞大而精密的观测资料来研究行星的运动,以支持哥白尼的学说。但第谷对自己辛苦得来的观测资料非常珍惜,只给了开普勒关于火星轨道偏心现象的数据,因为他认为火星是所有行星中最难研究的一个。火星的轨道偏心率是除水星外最大的,开普勒正是通过对它的研究总结出了行星运行的正确规律。研究之初,开普勒一直用规则的圆形轨道来解释火星的运动,但这让他毫无进展。后来他彻底抛弃了传统的思想,放弃了圆形轨道。开普勒首先通过对行星运动的分析,认识到轨道速度是随着与太阳的距离而变化的,基于此总结出了开普勒第二定律。之后,开普勒开始考虑用其他几何形状来代替圆,最终引入了椭圆轨道。虽然阿波罗尼乌斯早已对圆锥曲线进行过深入研究,但开普勒对此却知之甚少。经过数年近乎令人绝望的艰苦计算,开普勒终于证明行星按椭圆轨迹运行与第谷的观测数据完美地吻合。1609年,开普勒将他的结果发表在《新天文学》一书中,此时距离他最初开始研究已过了8年。

之后,开普勒到达奥地利,继续研究行星的运动规律。1619年,《宇宙的和谐》一书出版,开普勒发表了他的第三条定律,这条定律也成为牛顿提出万有引力定律的重要依据。1618—1621年间,开普勒出版了《哥白尼天文学概要》,在书中将他的天体动力理论运用到火星以外的其他行星上,也包括月球。1627 年,开普勒基于自己的天体运动理论和第谷的观测资料编辑出版了《鲁道夫星表》,书中对行星轨道的预测精度远远超过了同时代的其他方法,影响达一个世纪之久。1630 年,开普勒在德国病逝。

4.1 拉格朗日系数

拉格朗日系数描述的是航天器两个时刻的位置与速度矢量之间的关系,是二体轨道初值问题的基本描述。

4.1.1 真近点角差表示的拉格朗日系数

将航天器 t 时刻的位置与速度矢量在近心点直角坐标系中分解,如图 4-1 所示。对位置矢量有

$$\boldsymbol{r}=r\cos f\cdot\boldsymbol{i}_e+r\sin f\cdot\boldsymbol{i}_p \tag{4-1-1}$$

对于速度矢量,根据式(3-2-33)、式(3-2-35)有

$$\boldsymbol{v}=\dot{r}\cdot\boldsymbol{i}_r+r\dot{f}\cdot\boldsymbol{i}_f=\frac{\mu}{h}e\sin f\cdot\boldsymbol{i}_r+\frac{\mu}{h}(1+e\cos f)\cdot\boldsymbol{i}_f \tag{4-1-2}$$

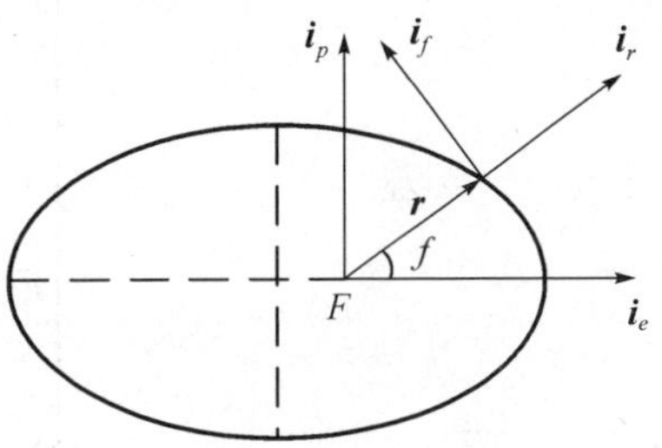

图 4-1 近心点直角坐标系

根据图 4-1 中两坐标系间的关系,有

$$\boldsymbol{v}=-\frac{\mu}{h}\sin f\cdot\boldsymbol{i}_e+\frac{\mu}{h}(\cos f+e)\cdot\boldsymbol{i}_p \tag{4-1-3}$$

为方便引用,将式(4-1-1)、式(4-1-3)统一写成

$$\begin{cases}\boldsymbol{r}=r\cos f\cdot\boldsymbol{i}_e+r\sin f\cdot\boldsymbol{i}_p\\ \boldsymbol{v}=-\dfrac{\mu}{h}\sin f\cdot\boldsymbol{i}_e+\dfrac{\mu}{h}(\cos f+e)\cdot\boldsymbol{i}_p\end{cases} \tag{4-1-4}$$

上式是用真近点角描述的 t 时刻航天器的位置与速度矢量,它们对 t_0 时刻同样成立,因此可以从中解出 $\boldsymbol{i}_e$ 和 $\boldsymbol{i}_p$

$$\begin{cases}\boldsymbol{i}_e=\dfrac{\mu}{h^2}(e+\cos f_0)\cdot\boldsymbol{r}_0-\dfrac{r_0}{h}\sin f_0\cdot\boldsymbol{v}_0\\ \boldsymbol{i}_p=\dfrac{\mu}{h^2}\sin f_0\cdot\boldsymbol{r}_0+\dfrac{r_0}{h}\cos f_0\cdot\boldsymbol{v}_0\end{cases} \tag{4-1-5}$$

将式(4-1-5)代入式(4-1-4),即可得到两个时刻的位置、速度矢量之间的关系

$$\begin{cases}\boldsymbol{r}=F\boldsymbol{r}_0+G\boldsymbol{v}_0\\ \boldsymbol{v}=F_t\boldsymbol{r}_0+G_t\boldsymbol{v}_0\end{cases} \tag{4-1-6}$$

式中,F、G、F_t、G_t 称为拉格朗日系数。若记

$$\boldsymbol{\Phi}=\begin{bmatrix}F & G\\ F_t & G_t\end{bmatrix}$$

则式(4-1-6)可以表示为

$$\begin{bmatrix}\boldsymbol{r}\\ \boldsymbol{v}\end{bmatrix}=\boldsymbol{\Phi}\cdot\begin{bmatrix}\boldsymbol{r}_0\\ \boldsymbol{v}_0\end{bmatrix} \tag{4-1-7}$$

可见,$\boldsymbol{\Phi}$ 表示的是两个时刻状态量的转移矩阵。

式(4-1-6)中的拉格朗日系数是用真近点角 f 表示的,用两个时刻的真近点角差 $\Delta f=f-f_0$ 表示更为方便。由轨道方程及式(4-1-4)可得

$$e\cos f_0=\frac{p}{r_0}-1,\quad e\sin f_0=\frac{\sqrt{p}\,\sigma_0}{r_0} \tag{4-1-8}$$

σ_0 定义为

$$\sigma_0=\frac{\boldsymbol{r}_0\cdot\boldsymbol{v}_0}{\sqrt{\mu}} \tag{4-1-9}$$

将式(4-1-8)代入式(4-1-6),并考虑到

$$\cos f=\cos(f_0+\Delta f),\quad \sin f=\sin(f_0+\Delta f)$$

可以得到用真近点角差 Δf 表示的拉格朗日系数

$$\begin{cases}F=1-\dfrac{r}{p}(1-\cos\Delta f)\\ G=\dfrac{rr_0}{\sqrt{\mu p}}\sin\Delta f\\ F_t=\dfrac{\sqrt{\mu}}{r_0 p}[\sigma_0(1-\cos\Delta f)-\sqrt{p}\sin\Delta f]\\ G_t=1-\dfrac{r_0}{p}(1-\cos\Delta f)\end{cases} \tag{4-1-10}$$

式中,距离 r 与 Δf 的关系为

$$r=\frac{pr_0}{r_0+(p-r_0)\cos\Delta f-\sqrt{p}\,\sigma_0\sin\Delta f} \tag{4-1-11}$$

若已知两个时刻的真近点角差 Δf,根据式(4-1-10)、式(4-1-11)即可求解初值问题。这种情形在轨道交会、轨道拦截、弹道导弹自由段参数计算等问题中会出现。

4.1.2 转移矩阵的性质

(1) 转移矩阵的行列式为1。

据式(4-1-6)有

$$\boldsymbol{h}=\boldsymbol{r}\times\boldsymbol{v}=(FG_t-GF_t)(\boldsymbol{r}_0\times\boldsymbol{v}_0)=(FG_t-GF_t)\boldsymbol{h}_0 \tag{4-1-12}$$

根据动量矩守恒可知

$$|\boldsymbol{\Phi}|=FG_t-GF_t=1 \tag{4-1-13}$$

根据逆矩阵的定义,可知转移矩阵的逆矩阵为

$$\boldsymbol{\Phi}^{-1}=\begin{bmatrix}G_t & -G\\ -F_t & F\end{bmatrix} \tag{4-1-14}$$

(2) 转移矩阵具有传递性。

连续运用式(4-1-7),容易证明对三个时刻 t_0、t_1、t_2,它们之间的转移矩阵满足如下关系:

$$\boldsymbol{\Phi}_{2,0}=\boldsymbol{\Phi}_{2,1}\cdot\boldsymbol{\Phi}_{1,0} \tag{4-1-15}$$

4.2 飞行时间方程

上节推导了已知真近点角差 Δf 求解二体轨道初值问题的方法,但应用中最常见的是已知飞行时间 t,求解初值问题。由式(4-1-10)可见,若想求拉格朗日系数,需要已知 t 时刻航天器的真近点角 f,即要积分下式:

$$\mathrm{d}t=\sqrt{\frac{p^3}{\mu}}\cdot\frac{\mathrm{d}f}{(1+e\cos f)^2} \tag{4-2-1}$$

式(4-2-1)是可积的,但除圆和抛物线两种特殊的情况外,积分表达式非常复杂,使用不方便。下面分别讨论三种圆锥曲线的飞行时间方程。

4.2.1 抛物线轨道

1. 巴克方程

抛物线轨道的极坐标方程为

$$r=\frac{p}{1+\cos f}=\frac{p}{2}\sec^2\frac{f}{2}=\frac{p}{2}\left(1+\tan^2\frac{f}{2}\right) \tag{4-2-2}$$

根据开普勒第二定律,有

$$r^2\frac{\mathrm{d}f}{\mathrm{d}t}=h=\sqrt{\mu p} \tag{4-2-3}$$

将(4-2-2)代入上式,可得

$$4\sqrt{\frac{\mu}{p^3}}\mathrm{d}t=\sec^4\frac{f}{2}\mathrm{d}f \tag{4-2-4}$$

在式(4-2-1)中,令 $e=1$ 也可以得到上式。积分式(4-2-4),即可得到真近点角 f 与时间 t 的关系式

$$\tan^3\frac{f}{2}+3\tan\frac{f}{2}=2B,\quad B=3\sqrt{\frac{\mu}{p^3}}(t-\tau) \tag{4-2-5}$$

τ 表示航天器过近心点的时刻。当给定时间 t 后,B 是已知的常数。

1757 年,英国学者巴克(Thomas Barker,1722—1808)应用式(4-2-5)研究彗星的运动时,给出了详细的求解表格,因此该式又称为巴克方程,与椭圆轨道的开普勒方程相对应。

类比于椭圆轨道,可根据巴克方程定义抛物线轨道的平均角速度 n_p 和平近点角 M_p

$$n_p=\sqrt{\frac{\mu}{p^3}},\quad M_p=n_p(t-\tau) \tag{4-2-6}$$

由于抛物线轨道不具有周期性,因此定义 M_p 的意义不大。

根据式(4-2-5),当给定时刻 t 求真近点角 f 时,需要求解关于 $\tan(f/2)$ 的一元三次代数方程。根据三次方程的卡尔丹公式,可知式(4-2-5)有且仅有一个实根。做变量替换

$$\tan\frac{f}{2}=z-\frac{1}{z} \tag{4-2-7}$$

可得关于 z^3 的一元二次方程

$$z^6-2Bz^3-1=0 \tag{4-2-8}$$

解得

$$z=(B\pm\sqrt{B^2+1})^{\frac{1}{3}} \tag{4-2-9}$$

式中“+”与“-”对应的 $\tan(f/2)$ 的解是一样的，解得

$$\tan\frac{f}{2}=(B+\sqrt{1+B^2})^{\frac{1}{3}}-(B+\sqrt{1+B^2})^{-\frac{1}{3}} \tag{4-2-10}$$

上式是真近点角 f 关于时间 t 的显式表达式。

2. $D-D_0$ 表示的拉格朗日系数

由上小节可知，巴克方程的解是用 $\tan(f/2)$ 表示的，方程(4-1-4)也可以用 $\tan(f/2)$ 表示

$$\begin{cases}\boldsymbol{r}=\dfrac{p}{2}\left(1-\tan^2\dfrac{f}{2}\right)\boldsymbol{i}_e+p\tan\dfrac{f}{2}\boldsymbol{i}_p\\ \boldsymbol{v}=-\dfrac{\sqrt{\mu p}}{r}\tan\dfrac{f}{2}\boldsymbol{i}_e+\dfrac{\sqrt{\mu p}}{r}\boldsymbol{i}_p\end{cases} \tag{4-2-11}$$

为将上式进一步表示成拉格朗日系数的形式，定义抛物近点角 D

$$D=\sqrt{p}\tan\frac{f}{2} \tag{4-2-12}$$

根据抛物线轨道方程(4-2-2)，可得用抛物近点角 D 表示的轨道方程

$$r=\frac{1}{2}\left(p+p\tan^2\frac{f}{2}\right)=\frac{1}{2}(p+D^2) \tag{4-2-13}$$

根据式(4-2-11)，并考虑到式(4-1-9)、式(4-2-2)，可得

$$\sigma=\frac{\boldsymbol{r}\cdot\boldsymbol{v}}{\sqrt{\mu}}=\sqrt{p}\tan\frac{f}{2}=D \tag{4-2-14}$$

根据式(4-2-2)，有

$$p=p\left(1+\tan^2\frac{f}{2}\right)-p\tan^2\frac{f}{2}=2r-D^2=2r_0-D_0^2 \tag{4-2-15}$$

r_0、D_0 表示初始时刻 t_0 的参数值。根据上式可得用 $D-D_0$ 表示的轨道方程

$$r=r_0+\sigma_0(D-D_0)+\frac{1}{2}(D-D_0)^2 \tag{4-2-16}$$

将式(4-2-12)、式(4-2-15)代入式(4-2-5)，可得用 $D-D_0$ 表示的巴克方程

$$6\sqrt{\mu}(t-t_0)=6r_0(D-D_0)+3\sigma_0(D-D_0)^2+(D-D_0)^3 \tag{4-2-17}$$

当 $f_0=-\pi/2$ 时，有 $r_0=p$，$\sigma_0=D_0=-\sqrt{p}$。若记航天器由 f_0 运行到 $f=\pi/2$ 的时间为 T_p，则有 $D-D_0=2\sqrt{p}$，根据式(4-2-17)可得

$$\frac{p^3}{T_p^2}=\frac{9}{16}\mu \tag{4-2-18}$$

上式可类比于椭圆轨道的开普勒第三定律。

根据式(4-2-11)，参照式(4-1-10)的推导方法，可得到用 $D-D_0$ 表示的拉格朗日系数

$$
\begin{cases}
F=1-\dfrac{1}{2r_0}(D-D_0)^2, \quad G=\dfrac{1}{2\sqrt{\mu}}[2r_0(D-D_0)+\sigma_0(D-D_0)^2] \\
F_t=-\dfrac{\sqrt{\mu}}{rr_0}(D-D_0), \quad G_t=1-\dfrac{1}{2r}(D-D_0)^2
\end{cases}
\tag{4-2-19}
$$

给定 t_0 时刻的运动状态 $\boldsymbol{r}_0$、$\boldsymbol{v}_0$ 和时间间隔 $t-t_0$ 后，可首先根据式(4-2-17)解出抛物近点角差 $D-D_0$，然后根据式(4-2-16)和式(4-2-19)计算拉格朗日系数，再根据式(4-1-6)即可求得 t 时刻的运动状态。

4.2.2 椭圆轨道

1. 开普勒方程

1）辅助圆与偏近点角

对椭圆轨道，为积分方程(4-2-1)后能得到简单易用的表达式，引入辅助圆，如图 4-2 所示。辅助圆的圆心与椭圆的中心 O 重合，半径等于椭圆的半长轴 a，因此两者在椭圆的近心点和远心点相切。对椭圆上的任一点 Q，过该点作与椭圆的长轴垂直的直线，分别与辅助圆和长轴交于 Q' 和 S 点，易知 Q 与 Q' 一一对应。若某时刻航天器位于 Q 点，则 $\angle QFS$ 即航天器的真近点角 f。开普勒将与 f 对应的 $\angle Q'OS$ 称为偏近点角，并用 E 表示。E 是描述椭圆轨道运动的基本变量。

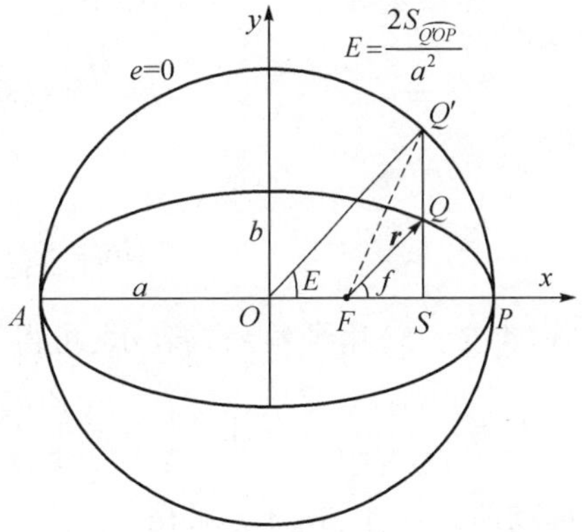

图 4-2 辅助圆

在直角坐标系 $O-xy$ 中，椭圆方程可表示为

$$
\frac{x^2}{a^2}+\frac{y^2}{b^2}=1 \tag{4-2-20}
$$

作线性变换

$$
\begin{cases}
x=x' \\
y=\dfrac{b}{a}y'=\sqrt{1-e^2}\,y'
\end{cases}
\tag{4-2-21}
$$

可得到一圆的方程

$$
x'^2+y'^2=a^2 \tag{4-2-22}
$$

由图 4-2 易知，上式表示的圆即辅助圆，因此椭圆可看成是辅助圆按比例 $\sqrt{1-e^2}$ 作的仿射变换。

将式(4-2-22)用偏近点角 E 表示成参数方程形式

$$
\begin{cases}
x'=a\cos E \\
y'=a\sin E
\end{cases}
$$

将式(4-2-21)代入上式，可得到用 E 表示的椭圆轨道参数方程

$$
\begin{cases}
x=a\cos E \\
y=b\sin E
\end{cases}
\tag{4-2-23}
$$

在 $\triangle FSQ$ 中

$$
r^2=(FS)^2+(QS)^2
$$

又知

$$\begin{cases} FS=OS-OF=a(\cos E-e) \\ QS=b\sin E=a\sqrt{1-e^2}\sin E \end{cases}$$

综合上两式,可得到用 E 表示的椭圆轨道方程

$$r=a(1-e\cos E) \tag{4-2-24}$$

2）偏近点角与真近点角的关系

将式(4-2-24)与用真近点角表示的椭圆轨道方程

$$r=\frac{a(1-e^2)}{1+e\cos f}$$

比较,可得到 f 与 E 的如下关系式:

$$\cos f=\frac{\cos E-e}{1-e\cos E},\quad \cos E=\frac{e+\cos f}{1+e\cos f} \tag{4-2-25}$$

由

$$y=b\sin E=a\sqrt{1-e^2}\sin E=r\sin f$$

可得

$$\sin f=\frac{\sqrt{1-e^2}\sin E}{1-e\cos E},\quad \sin E=\frac{\sqrt{1-e^2}\sin f}{1+e\cos f} \tag{4-2-26}$$

将式(4-2-25)用半角公式表示,可得

$$\sin^2\frac{f}{2}=\frac{a(1+e)}{r}\sin^2\frac{E}{2},\quad \cos^2\frac{f}{2}=\frac{a(1-e)}{r}\cos^2\frac{E}{2} \tag{4-2-27}$$

上面的两式作比,并开方可得

$$\tan\frac{f}{2}=\sqrt{\frac{1+e}{1-e}}\tan\frac{E}{2} \tag{4-2-28}$$

上式即式(3-2-26),它是 E 与 f 的基本关系式。$E/2$ 与 $f/2$ 是同一象限的,因此根号前不会出现负号。

3）飞行时间方程

将式(4-2-28)两边求导,可得

$$\sec^2\frac{f}{2}\mathrm{d}f=\sqrt{\frac{1+e}{1-e}}\sec^2\frac{E}{2}\mathrm{d}E$$

将式(4-2-27)的第二式代入上式,可得

$$r\mathrm{d}f=b\mathrm{d}E \tag{4-2-29}$$

再考虑开普勒第二定律,可得

$$h\mathrm{d}t=r^2\mathrm{d}f=br\mathrm{d}E \tag{4-2-30}$$

将上式中的变量用半长轴 a 表示,可得

$$\sqrt{\frac{\mu}{a^3}}\mathrm{d}t=(1-e\cos E)\mathrm{d}E \tag{4-2-31}$$

积分上式可得

$$M=E-e\sin E \tag{4-2-32}$$

其中

$$M=\sqrt{\frac{\mu}{a^3}}(t-\tau)=n(t-\tau) \tag{4-2-33}$$

式中：n 为平均角速度；τ 为航天器过近心点的时刻。

在开普勒出版的《哥白尼天文学概要》中，方程(4-2-32)首次出现，因此被称为开普勒方程。M 被开普勒命名为平近点角，它可以看作是以平均角速度 n 在辅助圆上运动的点在时刻 t 的角位置。

对于圆轨道，$e=0$，因此有 $f=E=M$，代入式(4-2-33)可得

$$f=E=M=n(t-\tau) \tag{4-2-34}$$

因此圆轨道的真近点角、偏近点角都是时间的线性函数。

图4-3、图4-4分别给出了不同偏心率下 E、M 与 f 的关系。由图可知，当 $0°\leqslant f\leqslant 180°$ 时，有 $M\leqslant E\leqslant f$；当 $180°\leqslant f\leqslant 360°$ 时，有 $M\geqslant E\geqslant f$。偏心率 e 越大，相同 f 下的 $|f-E|$ 和 $|f-M|$ 也越大。

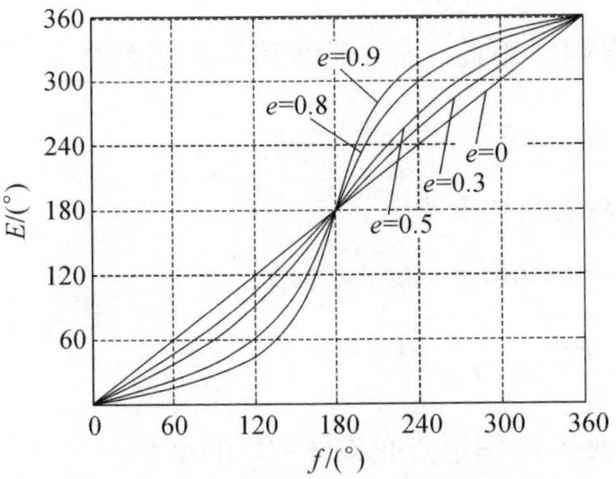

图4-3　不同偏心率下 E 与 f 的关系

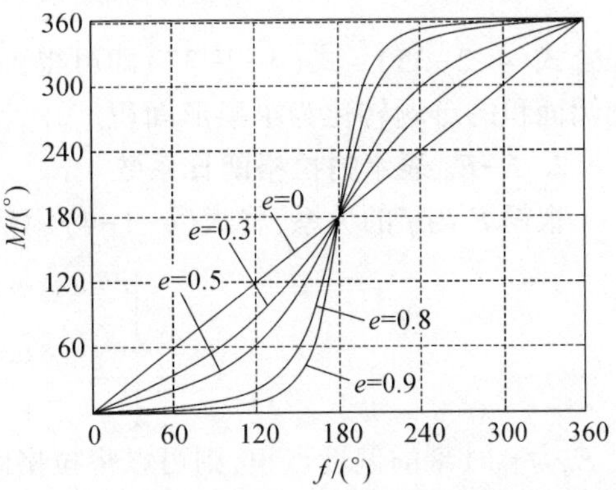

图4-4　不同偏心率下 M 与 f 的关系

图4-5、图4-6分别给出了航天器与引力中心的距离 r 随 E 和 M 的变化。为使图中所示的变化规律更具普适性，r 用近心点距离 r_p 做了无量纲化处理。图4-6的横轴 M 等价于时间 t，可以看出当 e 较大时，航天器的大部分时间运行在远心点附近，图4-4也显示了同样的结论。

实际上，如前所述，椭圆可以看作是辅助圆按 $b/a=\sqrt{1-e^2}$ 仿射变换而来。由开普勒第二定律可知，图4-2中 $\overline{FQ}$ 在单位时间内扫过的面积是相等的。可以证明，辅助圆上的 Q' 与焦点 F 的连线 $\overline{FQ'}$ 在单位时间内扫过的面积也是相等的，且这两种面积速度 $\dot{S}$ 与 $\dot{S}'$ 满足

$$\dot{S}=\sqrt{1-e^2}\,\dot{S}'=\frac{\pi ab}{T}=\frac{1}{2}na^2\sqrt{1-e^2} \tag{4-2-35}$$

注意到 Q 与 Q' 点一一对应，因此在时间 $\Delta t=t-\tau$ 内，有

$$t-\tau=\frac{S_{\widehat{QFP}}}{\dot{S}}=\frac{S_{\widehat{Q'FP}}}{\dot{S}'} \tag{4-2-36}$$

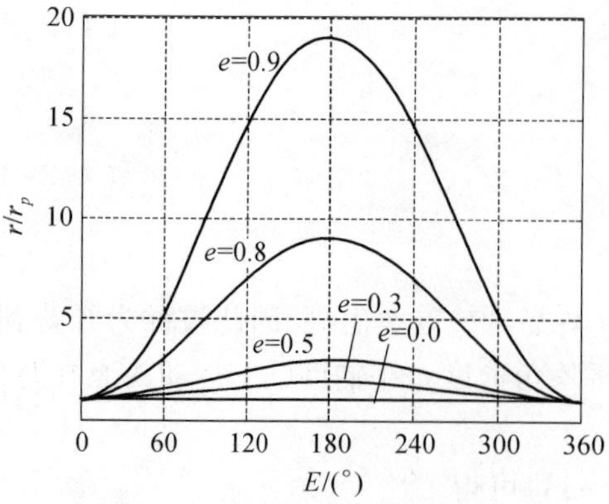

图 4-5　距离 r 随 E 的变化

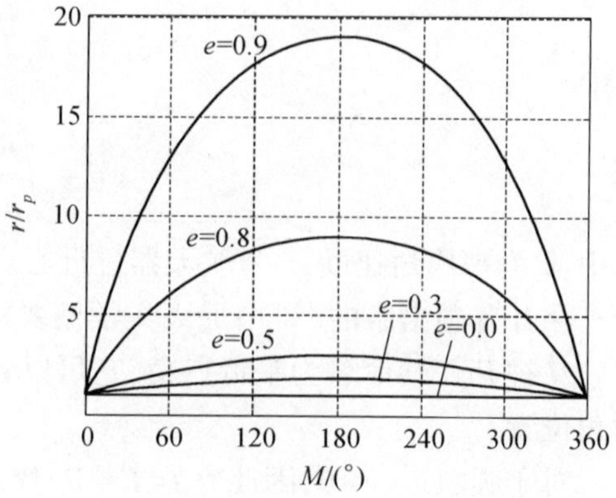

图 4-6　距离 r 随 M 的变化

可见,椭圆轨道的时间方程与面积 $S_{\widehat{QFP}}$ 有关,而部分椭圆的面积是很难求的。另一方面,面积 $S_{\widehat{Q'FP}}$ 可表示为扇形面积 $S_{\widehat{Q'OP}}$ 与三角形面积 $S_{\triangle Q'OF}$ 之差,即

$$S_{\widehat{Q'FP}}=S_{\widehat{Q'OP}}-S_{\triangle Q'OF}=\frac{1}{2}a^2E-\frac{1}{2}ae\cdot a\sin E=\frac{1}{2}a^2(E-e\sin E) \tag{4-2-37}$$

综合式(4-2-35)~式(4-2-37)即可得到开普勒方程。因此,引入辅助圆的作用是将求部分椭圆面积的难题转化为求扇形面积。

2. $E-E_0$ 表示的拉格朗日系数

根据 E 与 f 的关系,将式(4-1-4)用偏近点角表示的结果为

$$\begin{cases}\boldsymbol{r}=a(\cos E-e)\boldsymbol{i}_e+\sqrt{ap}\sin E\boldsymbol{i}_p\\ \boldsymbol{v}=-\dfrac{\sqrt{\mu a}}{r}\sin E\boldsymbol{i}_e+\dfrac{\sqrt{\mu p}}{r}\cos E\boldsymbol{i}_p\end{cases} \tag{4-2-38}$$

设 E_0 为 t_0 时刻的偏近点角,则可以将拉格朗日系数表示成偏近点角差 $E-E_0$ 的函数:

$$\begin{cases}F=1-\dfrac{a}{r_0}[1-\cos(E-E_0)]\\ G=\dfrac{a\sigma_0}{\sqrt{\mu}}[1-\cos(E-E_0)]+r_0\sqrt{\dfrac{a}{\mu}}\sin(E-E_0)\\ F_t=-\dfrac{\sqrt{\mu a}}{rr_0}\sin(E-E_0)\\ G_t=1-\dfrac{a}{r}[1-\cos(E-E_0)]\end{cases} \tag{4-2-39}$$

式中:$\sigma_0=(\boldsymbol{r}_0\cdot\boldsymbol{v}_0)/\sqrt{\mu}$。

由式(4-2-38)、式(4-2-24)可得

$$e\sin E=\frac{\boldsymbol{r}\cdot\boldsymbol{v}}{\sqrt{\mu a}}=\frac{\sigma}{\sqrt{a}},\quad e\cos E=1-\frac{r}{a} \tag{4-2-40}$$

由此可得到式(4-2-39)中引力中心距离 r 的表达式

$$\begin{aligned}r&=a\{1-e\cos[E_0+(E-E_0)]\}\\&=a+(r_0-a)\cos(E-E_0)+\sigma_0\sqrt{a}\sin(E-E_0)\end{aligned} \tag{4-2-41}$$

根据开普勒方程，偏近点角差可以直接表示为时间差 $\Delta t=t-t_0$ 的形式：

$$M-M_0=(E-E_0)-e(\sin E-\sin E_0) \tag{4-2-42}$$

上式等价于

$$M-M_0=(E-E_0)+\frac{\sigma_0}{\sqrt{a}}[1-\cos(E-E_0)]-\left(1-\frac{r_0}{a}\right)\sin(E-E_0) \tag{4-2-43}$$

给定 t_0 时刻的运动状态 $\boldsymbol{r}_0$、$\boldsymbol{v}_0$ 和时间间隔 $t-t_0$ 后，首先根据式(4-2-43)迭代求出偏近点角差 $E-E_0$，然后根据式(4-2-41)和式(4-2-39)计算拉格朗日系数，再代入式(4-1-6)即可得到 t 时刻的运动状态。

例题 已知航天器某时刻在地心惯性坐标系中的位置矢量和速度矢量分别为

$$\boldsymbol{r}_0=\begin{bmatrix}4330.155\\6245.241\\4387.607\end{bmatrix}\text{km},\quad \boldsymbol{v}_0=\begin{bmatrix}-5670.051\\1686.977\\3524.511\end{bmatrix}\text{m/s}$$

求 1000s 后的位置与速度。

首先根据活力公式和相关定义求出 a，r_0 和 σ_0：

$$a=9178.137\text{km},\quad r_0=8775.214\text{km},\quad \sigma_0=72.504\sqrt{\text{m}}$$

再根据公式(4-2-43)迭代求解 $E-E_0$。平近点角差为 $\Delta M=n\Delta t=41.140°$，利用牛顿迭代法，求得偏近点角差为 $\Delta E=E-E_0=42.478°$。由 ΔE 和式(4-2-41)求地心距，得 $r=9029.303\text{km}$。

根据式(4-2-39)求拉格朗日系数

$$\begin{cases}F=0.725482, & G=907.975977\\ F_t=-5.155109\times10^{-4}, & G_t=0.733207\end{cases}$$

根据式(4-1-6)求 1000s 后的 $\boldsymbol{r}$ 和 $\boldsymbol{v}$

$$\boldsymbol{r}=F\boldsymbol{r}_0+G\boldsymbol{v}_0=\begin{bmatrix}-2006.821\\6062.544\\6383.301\end{bmatrix}\text{km},\quad \boldsymbol{v}=F_t\boldsymbol{r}_0+G_t\boldsymbol{v}_0=\begin{bmatrix}-6389.563\\-1982.586\\322.337\end{bmatrix}\text{m/s}$$

4.2.3 双曲线轨道

1. 双曲线轨道的时间方程

1）双曲函数

在二体轨道理论中，描述双曲线轨道与椭圆轨道的许多公式在形式上是类似的，但需要将三角函数变为相应的双曲函数，双曲函数的定义见表 4-1。

表 4-1 双曲函数的定义

函数	双曲正弦 $\sinh x$	双曲余弦 $\cosh x$	双曲正切 $\tanh x$	双曲余切 $\coth x$	双曲正割 $\text{sech} x$	双曲余割 $\text{csch} x$
定义	$\frac{e^x-e^{-x}}{2}$	$\frac{e^x+e^{-x}}{2}$	$\frac{\sinh x}{\cosh x}=\frac{e^x-e^{-x}}{e^x+e^{-x}}$	$\frac{\cosh x}{\sinh x}=\frac{e^x+e^{-x}}{e^x-e^{-x}}$	$\frac{1}{\cosh x}=\frac{2}{e^x+e^{-x}}$	$\frac{1}{\sinh x}=\frac{2}{e^x-e^{-x}}$

根据定义可知，双曲函数之间存在如下关系：

$$\cosh^2x-\sinh^2x=1,\quad \text{sech}^2x+\tanh^2x=1,\quad \coth^2x-\text{csch}^2x=1 \tag{4-2-44}$$

注意恒等式$\cosh^2 x-\sinh^2 x=1$,由此可得到用双曲函数表示的双曲线参数方程

$$\begin{cases}x=a\ \cosh H\\ y=b\ \sinh H\end{cases} \tag{4-2-45}$$

与式(4-2-23)对比,可以发现双曲线与椭圆轨道参数方程的相似性。

根据双曲函数,可以定义反双曲函数,如反双曲正弦函数的定义为

$$y=\operatorname{arsinh}\ x=\ln(x+\sqrt{x^2+1})$$

反双曲正切函数的定义为

$$y=\operatorname{artanh}\ x=\frac{1}{2}\ln\frac{1+x}{1-x}\quad (|x|<1)$$

三角函数可以基于单位圆 $x^2+y^2=1$ 定义,反三角函数代表了圆扇形的面积,因此又称作圆函数。圆扇形面积与弧长直接对应,因此反三角函数用"arc"标识。双曲函数可以基于单位等轴双曲线 $x^2-y^2=1$ 定义,反双曲函数代表了双曲扇形的面积,因此又称为面积函数,用"ar (area)"标识。

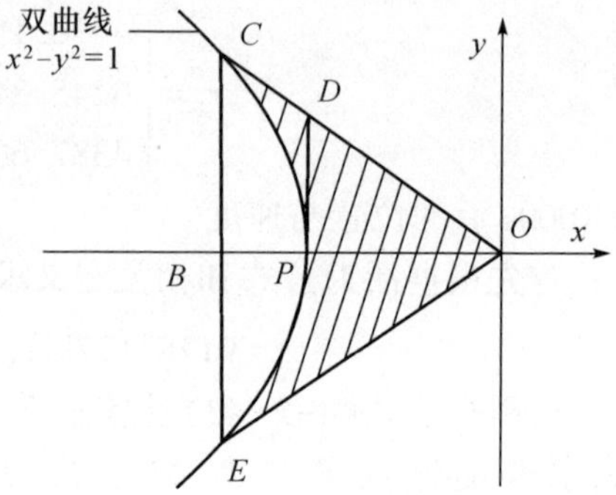

图 4-7　双曲函数与双曲扇形

在图 4-7 中,取单位等轴双曲线上对称的两点 C 和 E,设双曲扇形 $COEP$ 的面积为 S,则对双曲函数有

$$x_C=\mathrm{OB}=\frac{\mathrm{e}^S+\mathrm{e}^{-S}}{2}=\cosh S,\quad y_C=\mathrm{BC}=\sqrt{OB^2-1}=\sinh S \tag{4-2-46}$$

对反双曲函数,有

$$S=\operatorname{arcosh}\ x_C=\operatorname{arsinh}\ y_C$$

根据式(4-2-45),单位等轴双曲线的参数方程为

$$x=\cosh H,\quad y=\sinh H$$

比较上式与式(4-2-46)可知,对单位等轴双曲线,参数 H 的几何意义是双曲扇形的面积。

对一般的等轴双曲线,设其半长轴为 a,则对其上任意对称的两点 C 和 E,由 OC、OE 及弧 $\overset{\frown}{CE}$围成的双曲扇形的面积为

$$S_{\overset{\frown}{COEP}}=a^2 H_C \tag{4-2-47}$$

式中:H_C 为参数方程(4-2-45)中 C 点的参数值。

2) 飞行时间方程

类比于椭圆轨道,对任一双曲线,可以作一条与其在顶点 P 相切的辅助等轴双曲线,两双曲线的半长轴相等,如图 4-8 所示。双曲线可以看作是等轴双曲线沿着 y 轴按比例 $-b/a=\sqrt{e^2-1}$ 仿射变换而来,它们间的直角坐标满足如下关系式:

$$\begin{cases}x=x'\\ y=-\dfrac{b}{a}y'=\sqrt{e^2-1}\,y'\end{cases} \tag{4-2-48}$$

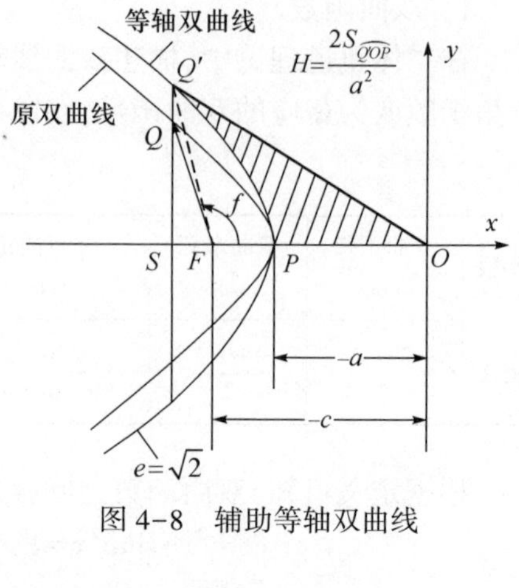

图 4-8　辅助等轴双曲线

将上式代入式(4-2-45)可得等轴双曲线的参数方程

$$x'=a\cosh H,\quad y'=-a\sinh H \tag{4-2-49}$$

如前所述,H 的几何意义是等轴双曲扇形的面积。

根据开普勒第二定律,$\overline{FQ}$在单位时间内扫过的面积为常数。与椭圆轨道类似,可以证明$\overline{FQ'}$在单位时间内扫过的面积也是常数,且两种面积速度满足

$$\dot{S}=\sqrt{e^2-1}\,\dot{S}'=\frac{h}{2}=\frac{1}{2}\sqrt{-\mu a(e^2-1)} \tag{4-2-50}$$

故此在时间 $\Delta t=t-\tau$ 内,有

$$(t-\tau)\dot{S}'=S_{\widehat{Q'FP}}=S_{\triangle Q'FO}-S_{\widehat{Q'PO}}=\frac{1}{2}ae\cdot a\sinh H-\frac{1}{2}a^2H$$

将式(4-2-50)代入上式,可得

$$\sqrt{\frac{\mu}{-a^3}}(t-\tau)=e\sinh H-H \tag{4-2-51}$$

上式可看作双曲线的开普勒方程。H 的意义和作用与 E 类似,因此称之为双曲近点角,是描述双曲线轨道运动的基本变量。等轴双曲线的作用与辅助圆类似,它把求一般双曲扇形面积的难题转化为求等轴双曲扇形的面积。

同样可以定义双曲线轨道的平近点角 N

$$N=\sqrt{\frac{\mu}{-a^3}}(t-\tau) \tag{4-2-52}$$

从而将飞行时间方程(4-2-51)表示成

$$N=e\sinh H-H \tag{4-2-53}$$

但双曲线轨道是非周期性的,N 一直随时间 t 线性增加,因此引入 N 的意义不大。

与椭圆轨道的推导过程类似,可以得到用 H 表示的双曲线轨道方程

$$r=a(1-e\cosh H) \tag{4-2-54}$$

比较轨道方程的不同表达形式,可得到 f 和 H 的关系式

$$\cos f=\frac{e-\cosh H}{e\cosh H-1},\quad \cosh H=\frac{e+\cos f}{1+e\cos f} \tag{4-2-55}$$

$$\sin f=\frac{\sqrt{e^2-1}\sinh H}{e\cosh H-1},\quad \sinh H=\frac{\sqrt{e^2-1}\sin f}{1+e\cos f} \tag{4-2-56}$$

将式(4-2-55)用半角公式展开,可得

$$\sin^2\frac{f}{2}=-\frac{a(e+1)}{r}\sinh^2\frac{H}{2},\quad \cos^2\frac{f}{2}=-\frac{a(e-1)}{r}\cosh^2\frac{H}{2} \tag{4-2-57}$$

上面两式作比可得

$$\tan\frac{f}{2}=\sqrt{\frac{e+1}{e-1}}\tanh\frac{H}{2} \tag{4-2-58}$$

上式是 f 和 H 的基本关系式。当 $0\leqslant f\leqslant\pi$ 时,H 取正值;当 $\pi<f<2\pi$ 时,H 取负值。

图 4-9、图 4-10 分别给出了不同偏心率下 f、H 和 N 的关系。可以看出,在近心点附近的一定范围内,H、N 的变化相对缓慢。但当达到某一值 f_a 后,H、N 迅速增大,且偏心率越大,f_a 越小。

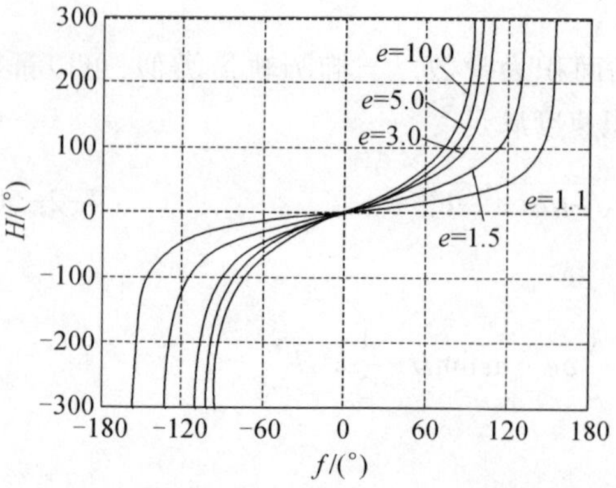

图 4-9　不同偏心率下 H 与 f 的关系

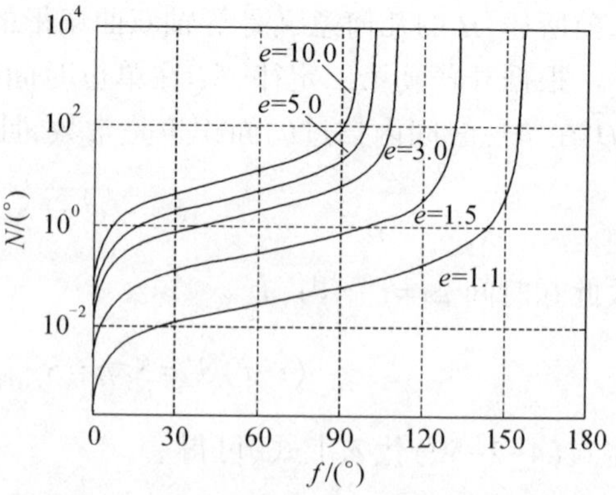

图 4-10　不同偏心率下 N 与 f 的关系

图 4-11、图 4-12 给出了真近点角 f 和距离 r 随时间的变化。图中 r_p 为近心点距离，T_c 为近心点处的环绕周期。由图 4-12 可以求出航天器飞出地球引力场或太阳系的时间。例如，地球影响球的范围约为 $r=9.3\times10^5$km，若取 $r_p=6678$km，即近地点高度 300km，则 $r/r_p\approx140$，$T_c\approx1.5$h。当 $e=1.1$ 时，$\Delta t\approx59T_c\approx3.7$d；当 $e=1.5$ 时，$\Delta t\approx29T_c\approx1.9$d。

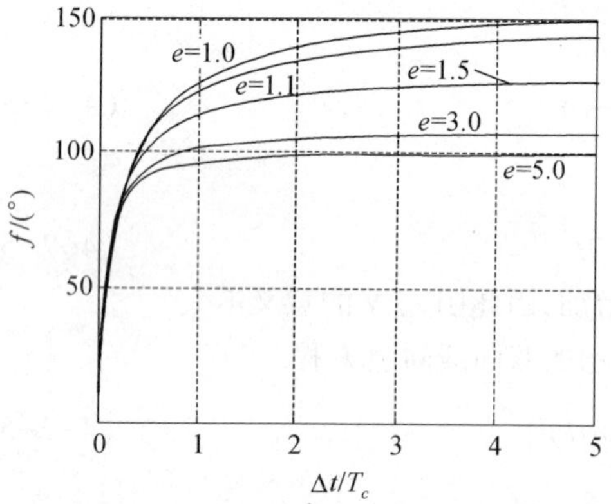

图 4-11　真近点角 f 随时间的变化

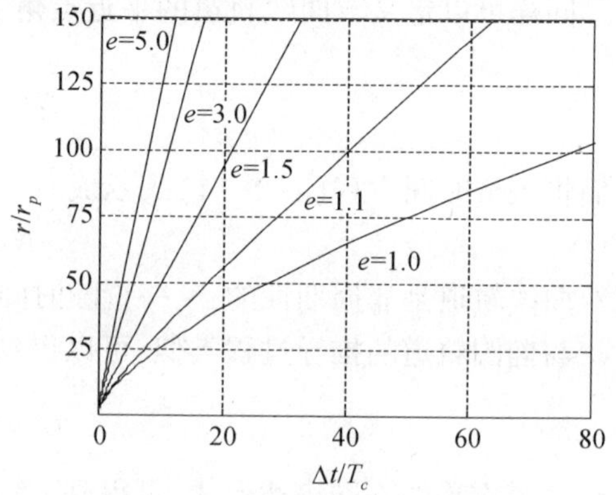

图 4-12　距离 r 随时间的变化

2. $\boldsymbol{H-H_0}$ 表示的拉格朗日系数

对双曲线轨道，式(4-1-4)可以用 H 表示为

$$\begin{cases}\boldsymbol{r}=a(\cosh H-e)\boldsymbol{i}_e+\sqrt{-ap}\sinh H\boldsymbol{i}_p\\ \boldsymbol{v}=-\dfrac{\sqrt{-\mu a}}{r}\sinh H\boldsymbol{i}_e+\dfrac{\sqrt{\mu p}}{r}\cosh H\boldsymbol{i}_p\end{cases}\tag{4-2-59}$$

用 $H-H_0$ 表示的拉格朗日系数为

$$\begin{cases}F=1-\dfrac{a}{r_0}[1-\cosh(H-H_0)]\\ G=\dfrac{a\sigma_0}{\sqrt{\mu}}[1-\cosh(H-H_0)]+r_0\sqrt{\dfrac{-a}{\mu}}\sinh(H-H_0)\\ F_t=-\dfrac{\sqrt{-\mu a}}{rr_0}\sinh(H-H_0)\\ G_t=1-\dfrac{a}{r}[1-\cosh(H-H_0)]\end{cases}\tag{4-2-60}$$

设 H_0 为 t_0 时刻 H 的值，根据轨道方程及相关定义，有

$$e\cosh H_0 = 1-\frac{r_0}{a},\quad e\sinh H_0 = \frac{\sigma_0}{\sqrt{-a}} = \frac{\boldsymbol{r}_0 \cdot \boldsymbol{v}_0}{\sqrt{-a\mu}} \tag{4-2-61}$$

由此可求得 t 时刻的距离 r 为

$$r = a+(r_0-a)\cosh(H-H_0)+\sigma_0\sqrt{-a}\sinh(H-H_0) \tag{4-2-62}$$

由时间差求 $H-H_0$ 值的公式为

$$N-N_0 = -(H-H_0)+\frac{\sigma_0}{\sqrt{-a}}[\cosh(H-H_0)-1]+\left(1-\frac{r_0}{a}\right)\sinh(H-H_0) \tag{4-2-63}$$

利用式(4-2-60)~式(4-2-63)求解初值问题的步骤与椭圆轨道相同。

3. E 与 H 的变换

比较椭圆轨道与双曲线轨道的计算公式，可以发现用 E 描述的椭圆运动和用 H 描述的双曲线运动在形式上是类似的，它们可以通过一个变量替换相互转换。

根据欧拉公式可知

$$\begin{cases} \mathrm{e}^{x} = \mathrm{e}^{-\mathrm{i}(\mathrm{i}x)} = \cos(\mathrm{i}x)-\mathrm{i}\ \sin(\mathrm{i}x) \\ \mathrm{e}^{-x} = \mathrm{e}^{\mathrm{i}(\mathrm{i}x)} = \cos(\mathrm{i}x)+\mathrm{i}\ \sin(\mathrm{i}x) \end{cases} \tag{4-2-64}$$

式中：i 为虚数单位。

根据双曲函数的定义，有

$$\begin{cases} \sinh x = \dfrac{\mathrm{e}^{x}-\mathrm{e}^{-x}}{2} = -\mathrm{i}\ \sin(\mathrm{i}x) \\ \cosh x = \dfrac{\mathrm{e}^{x}+\mathrm{e}^{-x}}{2} = \cos(\mathrm{i}x) \\ \tanh x = \dfrac{\sinh x}{\cosh x} = -\mathrm{i}\ \tan(\mathrm{i}x) \end{cases} \tag{4-2-65}$$

若做变量变换

$$E = \mathrm{i}H \text{ 或 } H = -\mathrm{i}E \tag{4-2-66}$$

则由式(4-2-65)可知

$$\begin{cases} \sinh H = -\mathrm{i}\ \sin(\mathrm{i}H) = -\mathrm{i}\ \sin E \\ \cosh H = \cos(\mathrm{i}H) = \cos E \\ \tanh H = -\mathrm{i}\ \tan(\mathrm{i}H) = -\mathrm{i}\ \tan E \end{cases} \tag{4-2-67}$$

由上式立即可得到

$$\sin E = \mathrm{i}\ \sinh H,\quad \cos E = \cosh H,\quad \tan E = \mathrm{i}\ \tanh H \tag{4-2-68}$$

式(4-2-65)~式(4-2-68)给出了三角函数和双曲函数的相互转换关系。两类初等函数分别对应椭圆和双曲线，两类圆锥曲线通过简单的复变换得到了统一。

利用关系式(4-2-66)~式(4-2-68)就可以将椭圆轨道公式变换为双曲线轨道公式。如对开普勒方程，有

$$\begin{aligned} t-\tau &= \sqrt{\frac{a^3}{\mu}}(E-e\sin E) = \sqrt{\frac{a^3}{\mu}}(\mathrm{i}H-e\cdot\mathrm{i}\ \sinh H) \\ &= \sqrt{\frac{a^3}{\mu}}(-\mathrm{i})(e\sinh H-H) \end{aligned}$$

$$= \sqrt{\frac{-a^3}{\mu}}\,(e\sinh H - H)$$

结果与式(4-2-51)是相同的。

表 4-2 对圆锥曲线归纳了的轨道公式。

表 4-2 圆锥曲线轨道公式

轨道公式	椭圆	双曲线	抛物线
r	$a(1-e\cos E)$	$a(1-e\cosh H)$	$\frac{p}{2}\left(1+\tan^2\frac{f}{2}\right)$
$r\cos f$	$a(\cos E-e)$	$a(\cosh H-e)$	$\frac{p}{2}\left(1-\tan^2\frac{f}{2}\right)$
$r\sin f$	$a\sqrt{1-e^2}\sin E$	$-a\sqrt{e^2-1}\sinh H$	$p\tan\frac{f}{2}$
$\cos f$	$\frac{\cos E-e}{1-e\cos E}$	$\frac{e-\cosh H}{e\cosh H-1}$	$\frac{1-\tan^2(f/2)}{1+\tan^2(f/2)}$
$\sin f$	$\frac{\sqrt{1-e^2}\sin E}{1-e\cos E}$	$\frac{\sqrt{e^2-1}\sinh H}{e\cosh H-1}$	$\frac{2\tan(f/2)}{1+\tan^2(f/2)}$
$\tan\frac{f}{2}$	$\sqrt{\frac{1+e}{1-e}}\tan\frac{E}{2}$	$\sqrt{\frac{e+1}{e-1}}\tanh\frac{H}{2}$	—
$t-\tau$	$\sqrt{\frac{a^3}{\mu}}(E-e\sin E)$	$\sqrt{\frac{-a^3}{\mu}}(e\sinh H-H)$	$\sqrt{\frac{p^3}{\mu}}\left(\frac{1}{6}\tan^3\frac{f}{2}+\frac{1}{2}\tan\frac{f}{2}\right)$

4.3 普适变量与普适时间方程

在上节中,对三种形式的圆锥曲线,分别以 D、E、H 为自变量,得到了描述它们运动的飞行时间方程。这些方程在实际应用中存在两个问题:①当 e 接近 1 时,开普勒方程或双曲线时间方程变得不易收敛,且收敛精度会降低[3-4];②在航天任务中若轨道类型发生变化,则需要编写三组不同的代码,求解前要加以判断,导致计算效率下降,在轨道优化中还可能出现无法事先判断轨道类型的情况。本节将引入普适变量,将三种圆锥曲线的运动描述统一起来,得到普适飞行时间方程。普适飞行时间方程在月球、行星探测轨道设计中尤为方便,“阿波罗”登月任务的空间导航与制导系统就采用普适变量方法。

4.3.1 桑德曼变换

对抛物线轨道,将式(4-2-2)代入式(4-2-3),可得

$$h\mathrm{d}t = r^2\mathrm{d}f = r\,\frac{p}{2}\sec^2\frac{f}{2}\mathrm{d}f = r\cdot p\mathrm{d}\left(\tan\frac{f}{2}\right) \tag{4-3-1}$$

对椭圆轨道,根据式(4-2-30),有

$$h\mathrm{d}t = r^2\mathrm{d}f = r\cdot b\mathrm{d}E \tag{4-3-2}$$

对双曲线轨道,微分式(4-2-58),可得

$$\sec^2\frac{f}{2}\mathrm{d}f=\sqrt{\frac{e+1}{e-1}}\,\mathrm{sech}^2\frac{H}{2}\mathrm{d}H$$

将式(4-2-57)的第二式代入上式,可得

$$r\mathrm{d}f=b\mathrm{d}H$$

再根据开普勒第二定律,可得

$$h\mathrm{d}t=r^2\mathrm{d}f=r\cdot b\mathrm{d}H \tag{4-3-3}$$

注意到对三种圆锥曲线分别有

$$h=\sqrt{\mu p},\quad h=b\sqrt{\frac{\mu}{a}},\quad h=b\sqrt{\frac{\mu}{-a}} \tag{4-3-4}$$

代入式(4-3-1)、式(4-3-2)和式(4-3-3)可以得到

$$\sqrt{\mu}\,\mathrm{d}t=r\begin{cases}\mathrm{d}\left(\sqrt{p}\tan\dfrac{f}{2}\right)\\ \mathrm{d}(\sqrt{a}E)\\ \mathrm{d}(\sqrt{-a}H)\end{cases} \tag{4-3-5}$$

对三种圆锥曲线,分别令

$$\mathrm{d}\left(\sqrt{p}\tan\frac{f}{2}\right)=\mathrm{d}\chi,\quad \mathrm{d}(\sqrt{a}E)=\mathrm{d}\chi,\quad \mathrm{d}(\sqrt{-a}H)=\mathrm{d}\chi \tag{4-3-6}$$

则式(4-3-5)可以统一写成

$$\sqrt{\mu}\frac{\mathrm{d}t}{\mathrm{d}\chi}=r \tag{4-3-7}$$

上式称为桑德曼变换。变量χ可以看作一种广义的近点角,称作普适变量。如果用χ代替时间t作为独立变量,则描述圆锥曲线运动的方程不仅可以统一起来,还是简单的线性常系数微分方程的形式。

桑德曼变换最初是由芬兰数学家桑德曼(Karl F. Sundman,1873—1949)在1912年发表的一篇关于三体问题级数解的论文中提出的[5],20世纪60年代才被广泛地用来研究统一的飞行时间方程。Stumpff[1,6]、Goodyear[7]、Herrick[8]、Battin[2]、Bate[3]等都提出过用普适变量计算飞行时间的公式,这里主要讨论Battin的方法[2]。

4.3.2 普适变量描述的圆锥曲线运动方程

以普适变量χ为自变量,对恒等式

$$r^2=\boldsymbol{r}\cdot\boldsymbol{r}$$

微分可得

$$r\frac{\mathrm{d}r}{\mathrm{d}\chi}=\boldsymbol{r}\cdot\frac{\mathrm{d}\boldsymbol{r}}{\mathrm{d}\chi}=\boldsymbol{r}\cdot\frac{\mathrm{d}\boldsymbol{r}}{\mathrm{d}t}\frac{\mathrm{d}t}{\mathrm{d}\chi}=(\boldsymbol{r}\cdot\boldsymbol{v})\frac{r}{\sqrt{\mu}}=r\sigma$$

即

$$\frac{\mathrm{d}r}{\mathrm{d}\chi}=\sigma \tag{4-3-8}$$

继续求式(4-3-8)对χ的微分可得

$$\frac{\mathrm{d}^2 r}{\mathrm{d}\chi^2}=\frac{\mathrm{d}\sigma}{\mathrm{d}\chi}=\frac{1}{\sqrt{\mu}}\frac{\mathrm{d}}{\mathrm{d}\chi}(\boldsymbol{r}\cdot\boldsymbol{v})=\frac{r}{\mu}\frac{\mathrm{d}}{\mathrm{d}t}(\boldsymbol{r}\cdot\boldsymbol{v})=\frac{r}{\mu}\left(v^2+\boldsymbol{r}\cdot\frac{\mathrm{d}\boldsymbol{v}}{\mathrm{d}t}\right) \tag{4-3-9}$$

根据活力公式及二体轨道运动方程,有

$$v^2=\frac{2\mu}{r}-\frac{\mu}{a},\quad \boldsymbol{r}\cdot\frac{\mathrm{d}\boldsymbol{v}}{\mathrm{d}t}=\boldsymbol{r}\cdot\left(-\frac{\mu}{r^3}\boldsymbol{r}\right)=-\frac{\mu}{r}$$

上式代入式(4-3-9)可得

$$\frac{\mathrm{d}^2 r}{\mathrm{d}\chi^2}=\frac{\mathrm{d}\sigma}{\mathrm{d}\chi}=\frac{r}{\mu}\left(\frac{2\mu}{r}-\frac{\mu}{a}-\frac{\mu}{r}\right)=1-\frac{r}{a} \tag{4-3-10}$$

根据式(4-3-7)、式(4-3-8)和式(4-3-10),可得

$$\begin{cases}\sqrt{\mu}\dfrac{\mathrm{d}^2 t}{\mathrm{d}\chi^2}=\dfrac{\mathrm{d}r}{\mathrm{d}\chi}=\sigma\\ \sqrt{\mu}\dfrac{\mathrm{d}^3 t}{\mathrm{d}\chi^3}=\dfrac{\mathrm{d}^2 r}{\mathrm{d}\chi^2}=\dfrac{\mathrm{d}\sigma}{\mathrm{d}\chi}=1-\dfrac{r}{a}\\ \sqrt{\mu}\dfrac{\mathrm{d}^4 t}{\mathrm{d}\chi^4}=\dfrac{\mathrm{d}^3 r}{\mathrm{d}\chi^3}=\dfrac{\mathrm{d}^2\sigma}{\mathrm{d}\chi^2}=-\dfrac{1}{a}\dfrac{\mathrm{d}r}{\mathrm{d}\chi}=-\dfrac{\sqrt{\mu}}{a}\dfrac{\mathrm{d}^2 t}{\mathrm{d}\chi^2}=-\dfrac{1}{a}\sigma\end{cases} \tag{4-3-11}$$

定义半长轴的倒数

$$\alpha=\frac{1}{a}=\frac{2}{r}-\frac{v^2}{\mu} \tag{4-3-12}$$

对椭圆 $\alpha>0$,对抛物线 $\alpha=0$,对双曲线 $\alpha<0$。可见,引入 α 避免了抛物线半长轴 $a=\infty$ 引起的奇异,有利于将方程表示成统一的形式,也有利于在计算机上实现数值运算。

由式(4-3-11)的最后一式可知

$$\begin{cases}\dfrac{\mathrm{d}^2\sigma}{\mathrm{d}\chi^2}+\alpha\sigma=0\\ \dfrac{\mathrm{d}^3 r}{\mathrm{d}\chi^3}+\alpha\dfrac{\mathrm{d}r}{\mathrm{d}\chi}=0\\ \dfrac{\mathrm{d}^4 t}{\mathrm{d}\chi^4}+\alpha\dfrac{\mathrm{d}^2 t}{\mathrm{d}\chi^2}=0\end{cases} \tag{4-3-13}$$

可见,以 χ 为自变量时,描述 σ、r、t 变化的都是常系数线性常微分方程。

按照上述推导过程,同样可以得到关于位置矢量 $\boldsymbol{r}$ 的微分

$$\begin{cases}\dfrac{\mathrm{d}\boldsymbol{r}}{\mathrm{d}\chi}=\dfrac{\mathrm{d}\boldsymbol{r}}{\mathrm{d}t}\cdot\dfrac{\mathrm{d}t}{\mathrm{d}\chi}=\dfrac{r}{\sqrt{\mu}}\boldsymbol{v}\\ \dfrac{\mathrm{d}\boldsymbol{v}}{\mathrm{d}\chi}=\dfrac{\mathrm{d}\boldsymbol{v}}{\mathrm{d}t}\cdot\dfrac{\mathrm{d}t}{\mathrm{d}\chi}=-\dfrac{\sqrt{\mu}}{r^2}\boldsymbol{r}\\ \dfrac{\mathrm{d}^2\boldsymbol{r}}{\mathrm{d}\chi^2}=\dfrac{\boldsymbol{v}}{\sqrt{\mu}}\dfrac{\mathrm{d}r}{\mathrm{d}\chi}+\dfrac{r}{\sqrt{\mu}}\dfrac{\mathrm{d}\boldsymbol{v}}{\mathrm{d}\chi}=\dfrac{\sigma}{\sqrt{\mu}}\boldsymbol{v}-\dfrac{\boldsymbol{r}}{r}\\ \dfrac{\mathrm{d}^3\boldsymbol{r}}{\mathrm{d}\chi^3}=\dfrac{1}{\sqrt{\mu}}\dfrac{\mathrm{d}(\sigma\boldsymbol{v})}{\mathrm{d}\chi}-\dfrac{\mathrm{d}}{\mathrm{d}\chi}\left(\dfrac{\boldsymbol{r}}{r}\right)=-\dfrac{1}{a}\dfrac{r}{\sqrt{\mu}}\boldsymbol{v}=-\alpha\dfrac{\mathrm{d}\boldsymbol{r}}{\mathrm{d}\chi}\end{cases} \tag{4-3-14}$$

由上式最后一式可知

$$\frac{\mathrm{d}^3\boldsymbol{r}}{\mathrm{d}\chi^3}+\alpha\frac{\mathrm{d}\boldsymbol{r}}{\mathrm{d}\chi}=0 \tag{4-3-15}$$

比较式(4-3-15)与式(4-3-13)可见,两者在形式上是类似的。

4.3.3 普适时间方程

虽然常系数线性微分方程(4-3-13)与方程(4-3-15)的求解并不困难,但如果采用普适函数的方法,它们解的形式将更加简单。

1. 普适函数的定义

首先看式(4-3-13)的第一式

$$\frac{\mathrm{d}^2\sigma}{\mathrm{d}\chi^2}+\alpha\sigma=0$$

设其级数解为

$$\sigma = \sum_{k=0}^{+\infty} a_k \chi^k \tag{4-3-16}$$

将级数解代入原方程,由χ的任意次幂的系数为零,可得关于级数解系数的递推公式

$$a_k=-\frac{\alpha}{k(k-1)}a_{k-2},\quad k=2,3,4,\cdots \tag{4-3-17}$$

即

$$a_2=-\frac{\alpha}{2\cdot 1}a_0=-\frac{\alpha}{2!}a_0,\quad a_3=-\frac{\alpha}{3\cdot 2}a_1=-\frac{\alpha}{3!}a_1,\quad a_4=-\frac{\alpha}{4\cdot 3}a_2=\frac{\alpha^2}{4!}a_0,\cdots$$

因此,将式(4-3-17)代入式(4-3-16),整理可得级数解的另一种表达形式

$$\sigma=a_0\left[1-\frac{\alpha\chi^2}{2!}+\frac{(\alpha\chi^2)^2}{4!}-\cdots\right]+a_1\chi\left[1-\frac{\alpha\chi^2}{3!}+\frac{(\alpha\chi^2)^2}{5!}-\cdots\right] \tag{4-3-18}$$

式中:a_0、a_1为任意常数。

根据式(4-3-18)中的级数序列定义两个函数

$$\begin{cases}U_0(\chi;\alpha)=1-\dfrac{\alpha\chi^2}{2!}+\dfrac{(\alpha\chi^2)^2}{4!}-\cdots\\ U_1(\chi;\alpha)=\chi\left[1-\dfrac{\alpha\chi^2}{3!}+\dfrac{(\alpha\chi^2)^2}{5\,!}-\cdots\right]\end{cases} \tag{4-3-19}$$

则σ的解式(4-3-18)可以写成

$$\sigma=a_0U_0(\chi;\alpha)+a_1U_1(\chi;\alpha) \tag{4-3-20}$$

由式(4-3-19)可知

$$U_1=\int_0^{\chi}U_0\mathrm{d}\chi$$

按照这种关系,可以定义一个函数序列

$$U_n=\int_0^{\chi}U_{n-1}\mathrm{d}\chi,\quad n=1,2,\cdots \tag{4-3-21}$$

根据上式及式(4-3-19)不难归纳出

$$U_n(\chi;\alpha)=\chi^n\left[\frac{1}{n!}-\frac{\alpha\chi^2}{(n+2)!}+\frac{(\alpha\chi^2)^2}{(n+4)!}-\cdots\right] \tag{4-3-22}$$

根据定义易知

$$\begin{cases} U_0(0;\alpha)=1 \\ U_n(0;\alpha)=0, \quad n\geqslant 1 \end{cases} \tag{4-3-23}$$

将 U_n 的表达式做如下变换：

$$U_n(\chi;\alpha)=\frac{\chi^n}{n!}-\alpha\chi^{n+2}\left[\frac{1}{(n+2)!}-\frac{\alpha\chi^2}{(n+4)!}+\frac{(\alpha\chi^2)^2}{(n+6)!}-\cdots\right]$$

由上式可得到普适函数间的一个重要恒等式

$$U_n+\alpha U_{n+2}=\frac{\chi^n}{n!} \tag{4-3-24}$$

当 $n=0$ 时，有

$$U_0+\alpha U_2=1 \tag{4-3-25}$$

当 $n=1$ 时，有

$$U_1+\alpha U_3=\chi \tag{4-3-26}$$

根据初等函数的幂级数展开式，可得到 U_0、U_1、U_2、U_3 与初等函数存在如下关系：

$$\begin{cases} U_0(\chi;\alpha)=\begin{cases} 1 \\ \cos(\sqrt{\alpha}\,\chi) \\ \cosh(\sqrt{-\alpha}\,\chi) \end{cases} \\ U_1(\chi;\alpha)=\begin{cases} \chi \\ \sin(\sqrt{\alpha}\,\chi)/\sqrt{\alpha} \\ \sinh(\sqrt{-\alpha}\,\chi)/\sqrt{-\alpha} \end{cases} \\ U_2(\chi;\alpha)=\begin{cases} \chi^2/2 \\ [1-\cos(\sqrt{\alpha}\,\chi)]/\alpha \\ [\cosh(\sqrt{-\alpha}\,\chi)-1]/(-\alpha) \end{cases} \\ U_3(\chi;\alpha)=\begin{cases} \chi^3/6 \\ [\sqrt{\alpha}\,\chi-\sin(\sqrt{\alpha}\,\chi)]/(\alpha\sqrt{\alpha}) \\ [\sinh(\sqrt{-\alpha}\,\chi)-\sqrt{-\alpha}\,\chi]/(-\alpha\sqrt{-\alpha}) \end{cases} \end{cases} \tag{4-3-27}$$

对上式中的每个普适函数，$\alpha=0$（抛物线）对应第一个函数，$\alpha>0$（椭圆）对应第二个函数，$\alpha<0$（双曲线）对应第三个函数。可见，对三类圆锥曲线，级数式（4-3-22）分别收敛于幂函数、三角函数和双曲函数，这是能用普适函数统一表示三种圆锥曲线运动的原因，也是不同圆锥曲线间存在内在联系的反映。图 4-13 给出了 $|a|=2\text{DU}$（$\alpha>0$ 或 $\alpha<0$ 时）与 $\alpha=0$ 的普适函数图。

由普适函数的定义式（4-3-21）易知

$$\frac{\mathrm{d}U_n}{\mathrm{d}\chi}=U_{n-1}, \quad n=1,2,3,\cdots \tag{4-3-28}$$

根据 U_0 的定义式（4-3-19），可知

$$\frac{\mathrm{d}U_0}{\mathrm{d}\chi}=-\alpha U_1, \quad \frac{\mathrm{d}^2U_0}{\mathrm{d}\chi^2}=-\alpha\frac{\mathrm{d}U_1}{\mathrm{d}\chi}=-\alpha U_0 \tag{4-3-29}$$

将式（4-3-24）两端求导 $m+1$ 次（$m\geqslant n$），可得

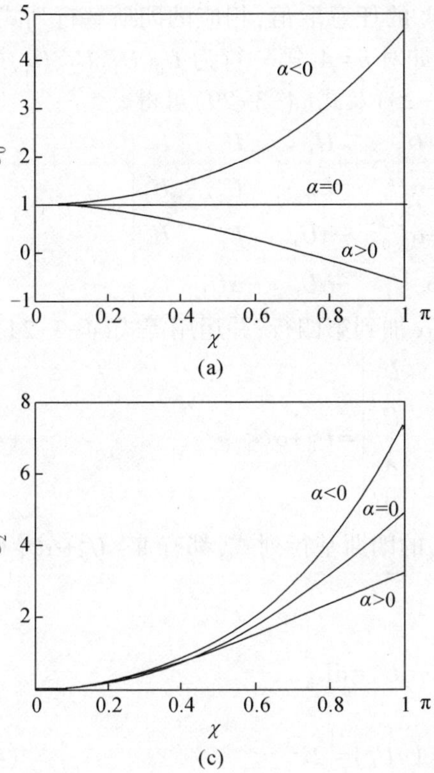

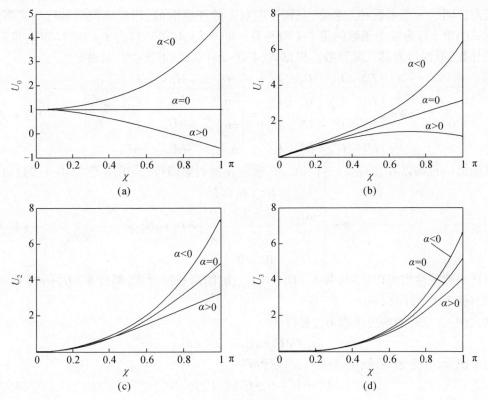

图 4-13　普适函数示例

（a）U_0；（b）U_1；（c）U_2；（d）U_3。

$$\frac{\mathrm{d}^{m+1}U_n}{\mathrm{d}\chi^{m+1}}+\alpha\frac{\mathrm{d}^{m+1}U_{n+2}}{\mathrm{d}\chi^{m+1}}=0,\quad n=0,1,\cdots,m$$

将式(4-3-28)代入上式可得

$$\frac{\mathrm{d}^{m+1}U_n}{\mathrm{d}\chi^{m+1}}+\alpha\frac{\mathrm{d}^{m-1}U_n}{\mathrm{d}\chi^{m-1}}=0,\quad n=0,1,\cdots,m \tag{4-3-30}$$

当 $m=1$ 时，有

$$\frac{\mathrm{d}^2U_n}{\mathrm{d}\chi^2}+\alpha U_n=0,\quad n=0,1$$

结合式(4-3-13)，可知 U_0 与 U_1 是 σ 的微分方程的特解。

当 $m=2$ 时，有

$$\frac{\mathrm{d}^3U_n}{\mathrm{d}\chi^3}+\alpha\frac{\mathrm{d}U_n}{\mathrm{d}\chi}=0,\quad n=0,1,2$$

结合式(4-3-13)，可知 U_0、U_1 与 U_2 是 r 的微分方程的特解。

同理，令 $m=3$，可得 U_0、U_1、U_2 与 U_3 是 t 的微分方程的特解。

2. 圆锥曲线运动的普适函数解

1）独立性证明

根据微分方程理论及上节的分析可知，若 U_0、U_1、U_2、U_3 是相互独立的，那么它们的线性组合就是 σ、r 和 t 的通解。实际上，可以证明 U_0、U_1、…、U_{n-1} 这样的 n 个函数是相互独立的。

若要证明这 n 个函数相互独立，只需证明对 χ 的任意取值，相应的朗斯基行列式不为零，该行列式的第 i 行为 n 个函数的第 $i-1$ 阶导数。如对 $n=4$，第一行为 U_0、U_1、U_2、U_3，第二行为其一阶导数，第四行为其三阶导数。根据式(4-3-28)及式(4-3-29)可得

$$W=\begin{vmatrix} U_0 & U_1 & U_2 & U_3 \\ U_0' & U_1' & U_2' & U_3' \\ U_0'' & U_1'' & U_2'' & U_3'' \\ U_0''' & U_1''' & U_2''' & U_3''' \end{vmatrix}=\begin{vmatrix} U_0 & U_1 & U_2 & U_3 \\ -\alpha U_1 & U_0 & U_1 & U_2 \\ -\alpha U_0 & -\alpha U_1 & U_0 & U_1 \\ \alpha^2 U_1 & -\alpha U_0 & -\alpha U_1 & U_0 \end{vmatrix} \tag{4-3-31}$$

将上式的第一行乘以 α 加到第三行，第二行乘以 α 加到第四行，并运用等式(4-3-24)可得

$$W=\begin{vmatrix} U_0 & U_1 & U_2 & U_3 \\ -\alpha U_1 & U_0 & U_1 & U_2 \\ 0 & 0 & 1 & \chi \\ 0 & 0 & 0 & 1 \end{vmatrix}=U_0^2+\alpha U_1^2 \tag{4-3-32}$$

根据普适函数的性质可以证明，对 U_0、U_1、…、U_{n-1} 的朗斯基行列式，都有 $W=U_0^2+\alpha U_1^2$ 成立。下面证明对任意 χ，$U_0^2+\alpha U_1^2\neq 0$。

将式(4-3-25)的两边乘以 U_1，可得

$$U_1\cdot \mathrm{d}U_1+\alpha U_2\cdot \mathrm{d}U_2=\mathrm{d}U_2$$

两边对 χ 积分，并考虑到式(4-3-25)，可以得到

$$U_1^2+\alpha U_2^2=U_1^2+U_2(1-U_0)=2U_2 \tag{4-3-33}$$

解出 U_2，可得

$$U_2=U_1^2-U_0U_2 \tag{4-3-34}$$

上式代入式(4-3-25)，可得

$$\begin{aligned} U_0+\alpha U_2 &= U_0+\alpha(U_1^2-U_0U_2) \\ &= U_0+\alpha U_1^2-U_0(1-U_0) \\ &= U_0^2+\alpha U_1^2=1 \end{aligned} \tag{4-3-35}$$

上式说明 U_0、U_1、U_2、U_3 是相互独立的。

实际上，若将普适函数的表达式(4-3-27)代入等式 $U_0^2+\alpha U_1^2=1$，可知它表示的是三角函数和双曲函数的两个基本恒等式 $\sin^2x+\cos^2x=1$ 和 $\cosh^2x-\sinh^2x=1$。

由式(4-3-34)，可得关于 U_0、U_1 和 U_2 的恒等式

$$U_1^2=U_2(1+U_0) \tag{4-3-36}$$

2) σ、r 和 t 的解

根据前面的分析，我们已知 U_0、U_1、U_2、U_3 的线性组合就是 σ、r 和 t 的通解，下面根据初始条件来确定解的系数。

由于 χ 是选定的自变量，因此可令起始时刻 $t=t_0$ 时，$\chi=0$。

在式(4-3-20)中，令 $\chi=0$，可得 $a_0=\sigma_0$。对式(4-3-20)求导，可得

$$\frac{\mathrm{d}\sigma}{\mathrm{d}\chi}=-a_0\alpha U_1+a_1U_0$$

将式(4-3-10)代入上式，可得

$$-a_0\alpha U_1+a_1U_0=1-\alpha r$$

令 $\chi=0$ 可知，$a_1=1-\alpha r_0$。因此 σ 的解为

$$\sigma=\sigma_0U_0+(1-\alpha r_0)U_1 \tag{4-3-37}$$

将上式代入 r 的微分方程(4-3-8),并积分可得

$$\begin{aligned} r-r_0&=\int_0^{\chi}\sigma\mathrm{d}\chi \\ &=\int_0^{\chi}[\sigma_0U_0+(1-\alpha r_0)U_1]\mathrm{d}\chi \\ &=\sigma_0U_1+(1-\alpha r_0)U_2 \end{aligned}$$

将式(4-3-25)代入,可得

$$r=r_0+\sigma_0U_1+U_2-r_0(1-U_0)=r_0U_0+\sigma_0U_1+U_2 \tag{4-3-38}$$

上式即用普适变量描述的轨道方程,它将式(4-2-13)、式(4-2-24)及式(4-2-54)三者统一起来。

将式(4-3-7)积分,可得

$$\begin{aligned} \sqrt{\mu}(t-t_0)&=\int_0^{\chi}r\mathrm{d}\chi \\ &=\int_0^{\chi}(r_0U_0+\sigma_0U_1+U_2)\mathrm{d}\chi \\ &=r_0U_1+\sigma_0U_2+U_3 \end{aligned} \tag{4-3-39}$$

式(4-3-37)、式(4-3-38)与式(4-3-39)即 σ、r 和 t 的普适函数解,其中式(4-3-39)描述了普适变量与飞行时间的关系,又称普适时间方程或广义开普勒方程。

3) 拉格朗日系数

根据式(4-3-15),位置矢径 $\boldsymbol{r}$ 的解可写成如下形式:

$$\boldsymbol{r}=U_0\boldsymbol{a}_0+U_1\boldsymbol{a}_1+U_2\boldsymbol{a}_2 \tag{4-3-40}$$

式中:$\boldsymbol{a}_0$、$\boldsymbol{a}_1$、$\boldsymbol{a}_2$ 为待定的常矢量。

令 $\chi=0$,可得 $\boldsymbol{a}_0=\boldsymbol{r}_0$。将式(4-3-40)微分可得

$$\frac{\mathrm{d}\boldsymbol{r}}{\mathrm{d}\chi}=\frac{r}{\sqrt{\mu}}\boldsymbol{v}=-\alpha U_1\boldsymbol{a}_0+U_0\boldsymbol{a}_1+U_1\boldsymbol{a}_2 \tag{4-3-41}$$

令 $\chi=0$,可得 $\boldsymbol{a}_1=\frac{r_0}{\sqrt{\mu}}\boldsymbol{v}_0$。继续对上式求微分,并令 $\chi=0$,可得 $\boldsymbol{a}_2=\frac{\sigma_0}{\sqrt{\mu}}\boldsymbol{v}_0-\frac{\boldsymbol{r}_0}{r_0}+\alpha\boldsymbol{r}_0$。将各系数代入式(4-3-40),可得

$$\begin{aligned} \boldsymbol{r}&=\boldsymbol{r}_0\cdot U_0+\frac{r_0}{\sqrt{\mu}}\boldsymbol{v}_0\cdot U_1+\left[\frac{\sigma_0}{\sqrt{\mu}}\boldsymbol{v}_0+\left(\alpha-\frac{1}{r_0}\right)\boldsymbol{r}_0\right]\cdot U_2 \\ &=\left[U_0+\left(\alpha-\frac{1}{r_0}\right)U_2\right]\boldsymbol{r}_0+\left[\frac{r_0}{\sqrt{\mu}}U_1+\frac{\sigma_0}{\sqrt{\mu}}U_2\right]\boldsymbol{v}_0 \end{aligned}$$

由于 $\alpha U_2+U_0=1$,故有

$$\boldsymbol{r}=\left(1-\frac{U_2}{r_0}\right)\boldsymbol{r}_0+\left(\frac{r_0}{\sqrt{\mu}}U_1+\frac{\sigma_0}{\sqrt{\mu}}U_2\right)\boldsymbol{v}_0 \tag{4-3-42}$$

对上式求导,可得

$$\boldsymbol{v}=\frac{\mathrm{d}\boldsymbol{r}}{\mathrm{d}t}=\frac{\mathrm{d}\boldsymbol{r}}{\mathrm{d}\chi}\frac{\mathrm{d}\chi}{\mathrm{d}t}=\left(-\frac{\sqrt{\mu}}{rr_0}U_1\right)\boldsymbol{r}_0+\frac{1}{r}(r_0U_0+\sigma_0U_1)\boldsymbol{v}_0$$

将式(4-3-38)代入上式可得

$$\boldsymbol{v}=\left(-\frac{\sqrt{\mu}}{rr_0}U_1\right)\boldsymbol{r}_0+\left(1-\frac{1}{r}U_2\right)\boldsymbol{v}_0 \tag{4-3-43}$$

根据式(4-3-42)和式(4-3-43),可得到用普适函数表示的拉格朗日系数为

$$\begin{cases}F=1-\dfrac{U_2(\chi;\alpha)}{r_0}\\[2ex] G=\dfrac{r_0}{\sqrt{\mu}}U_1(\chi;\alpha)+\dfrac{\sigma_0}{\sqrt{\mu}}U_2(\chi;\alpha)\\[2ex] F_t=-\dfrac{\sqrt{\mu}}{rr_0}U_1(\chi;\alpha)\\[2ex] G_t=1-\dfrac{1}{r}U_2(\chi;\alpha)\end{cases} \tag{4-3-44}$$

上式中的拉格朗日系数对三种圆锥曲线都成立,因此称为普适函数解。实际计算中是通过 α 的值来确定圆锥曲线的形状的。

利用普适变量求解初值问题时,首先根据广义开普勒方程(4-3-39)迭代求解χ,并得到普适函数 $U_0\sim U_3$ 的值,然后根据式(4-3-38)、式(4-3-44)计算拉格朗日系数,再代入式(4-1-6)即可得到 t 时刻的运动状态。

3. 普适变量与近点角的关系

1) 普适变量的几何意义

前面提到,普适变量可以看作一种广义的近点角。将式(4-3-39)乘以 α 并加上式(4-3-37)可得

$$\alpha\sqrt{\mu}(t-t_0)+\sigma=U_1+\alpha U_3+\sigma_0(U_0+\alpha U_2)$$

考虑到 $U_0+\alpha U_2=1$,$U_1+\alpha U_3=\chi$,故有

$$\chi=\alpha\sqrt{\mu}(t-t_0)+(\sigma-\sigma_0) \tag{4-3-45}$$

因此,χ 与时间的增量以及位置对χ 的导数的增量有关。

对于给定的 $\boldsymbol{r}_0$、$\boldsymbol{v}_0$、$t-t_0$,可由上式迭代求解 χ,σ 根据式(4-3-37)计算。根据式(4-3-45),χ 的初值可取为$\chi_0=|\alpha|\sqrt{\mu}\Delta t$。

2) 普适变量与偏近点角差

对于椭圆轨道,根据桑德曼变换式(4-3-6)可知

$$\mathrm{d}\chi=\sqrt{a}\,\mathrm{d}E$$

当 $t=t_0$时,$E=E_0$,$\chi=0$,对上式积分可得

$$\chi=\sqrt{a}(E-E_0) \tag{4-3-46}$$

由式(4-3-46)可知,χ 的量纲是长度的平方根。在普适函数的定义式(4-3-19)中,$\alpha\chi^2=(E-E_0)^2$,是一个无量纲的量。对椭圆轨道,χ 具有周期性,在一个轨道周期之后,$\chi=2\pi\sqrt{a}$。当然,若把χ 作为自变量,则其必须是单调增加的,用χ 计算飞行时间时需要注意。

同理,对双曲线轨道有

$$\chi=\sqrt{-a}(H-H_0) \tag{4-3-47}$$

而抛物线轨道有

$$\chi = D - D_0 \left(D = \sqrt{p} \tan \frac{f}{2} \right) \tag{4-3-48}$$

对双曲线和抛物线轨道，χ 为单调增加的。

将式(4-3-46)、式(4-3-47)、式(4-3-48)代入式(4-3-27)，可得用近点角差表示的普适函数

$$\begin{cases} U_0 = \begin{cases} 1 \\ \cos(E-E_0) \\ \cosh(H-H_0) \end{cases} \\ U_1 = \begin{cases} D-D_0 \\ \sqrt{a}\sin(E-E_0) \\ \sqrt{-a}\sinh(H-H_0) \end{cases} \\ U_2 = \begin{cases} (D-D_0)^2/2 \\ a[1-\cos(E-E_0)] \\ (-a)[\cosh(H-H_0)-1] \end{cases} \\ U_3 = \begin{cases} (D-D_0)^3/6 \\ a^{\frac{3}{2}}[(E-E_0)-\sin(E-E_0)] \\ (-a)^{\frac{3}{2}}[\sinh(H-H_0)-(H-H_0)] \end{cases} \end{cases} \tag{4-3-49}$$

根据式(4-3-38)和式(4-3-37)，图 4-14 和图 4-15 给出了距离 r 和变量 σ 随普适变量 χ 的变化情况。仿真中采用归一化单位，$p=3\text{DU}$，起始时刻 $f_0=0$，$\sigma_0=0$。图 4-16、图4-17 分别给出了普适变量 χ 随 f 和 t 的变化规律。

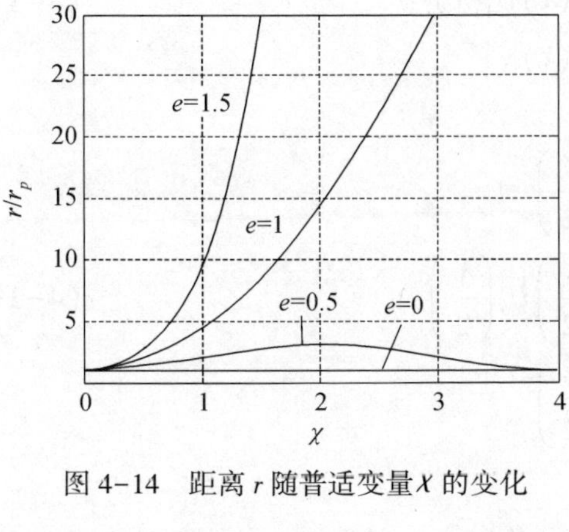

图 4-14　距离 r 随普适变量 χ 的变化

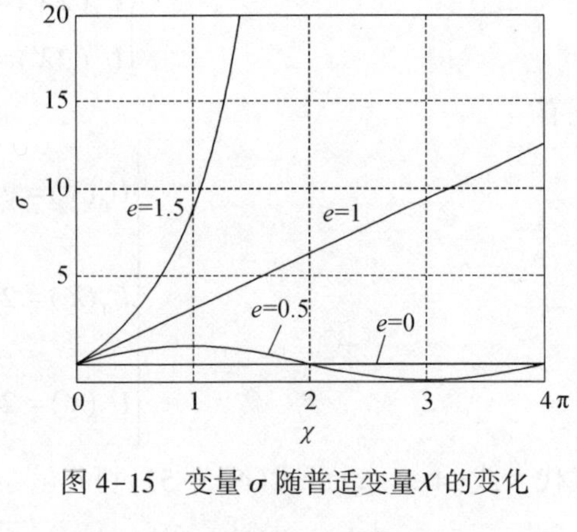

图 4-15　变量 σ 随普适变量 χ 的变化

由图可见，椭圆轨道的 r 和 σ 随 χ 呈周期性变化，变化周期为 $\sqrt{a}\,2\pi$。对抛物线轨道，根据普适函数的表达式(4-3-27)，r 与 χ 呈二次函数关系，σ 与 χ 呈线性关系。

3）普适函数与真近点角差

比较式(4-1-10)与式(4-3-44)中 F_t 的表达式可得

$$U_1(\chi;\alpha) = -\frac{r}{p}[\sigma_0(1-\cos\Delta f) - \sqrt{p}\sin\Delta f]$$

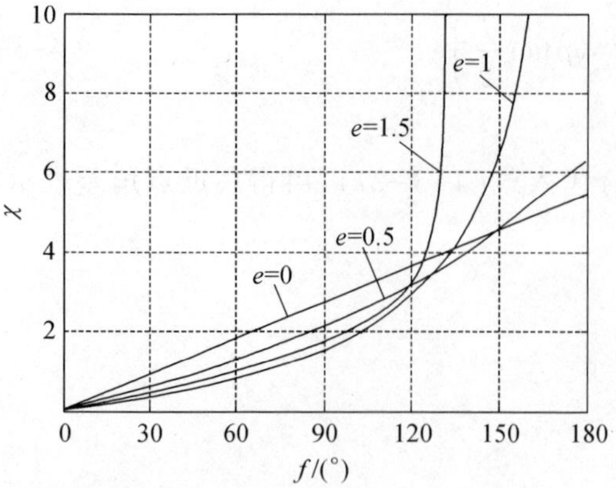

图 4-16　普适变量χ与f的关系

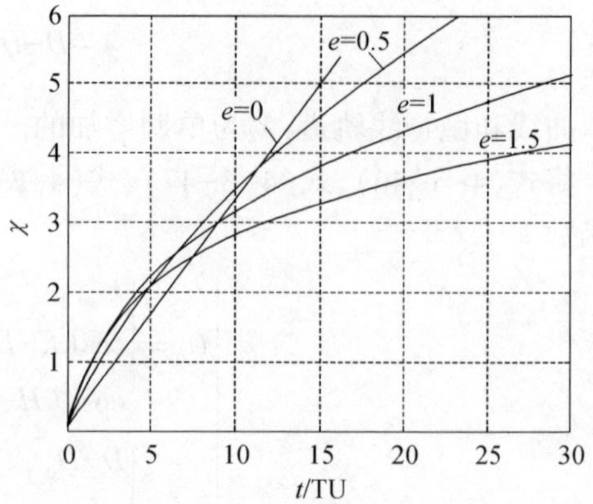

图 4-17　普适变量χ与t的关系

上式用倍角公式展开,得

$$U_1(\chi;\alpha)=\frac{2r}{p}\sin\frac{\Delta f}{2}\left(\sqrt{p}\cos\frac{\Delta f}{2}-\sigma_0\sin\frac{\Delta f}{2}\right) \tag{4-3-50}$$

再根据式(4-1-10)与式(4-3-44)中G_t的表达式可得

$$U_2(\chi;\alpha)=\frac{rr_0}{p}(1-\cos\Delta f)=2\,\frac{rr_0}{p}\sin^2\frac{\Delta f}{2} \tag{4-3-51}$$

根据式(4-3-27)、式(4-3-24)及三角函数、双曲函数的倍角公式,不难得到U_0、U_1、U_2的倍角公式

$$\begin{cases}U_0(2\chi)=2U_0^2(\chi)-1\\U_1(2\chi)=2U_0(\chi)U_1(\chi)\\U_2(2\chi)=2U_1^2(\chi)\end{cases} \tag{4-3-52}$$

因此有

$$\begin{cases}U_0(\chi)=2U_0^2\left(\dfrac{\chi}{2}\right)-1\\U_1(\chi)=2U_0\left(\dfrac{\chi}{2}\right)U_1\left(\dfrac{\chi}{2}\right)\\U_2(\chi)=2U_1^2\left(\dfrac{\chi}{2}\right)\end{cases} \tag{4-3-53}$$

上式代入式(4-3-50)、式(4-3-51)可得

$$\begin{cases}U_0\left(\dfrac{\chi}{2};\alpha\right)=\sqrt{\dfrac{r}{r_0p}}\left(\sqrt{p}\cos\dfrac{\Delta f}{2}-\sigma_0\sin\dfrac{\Delta f}{2}\right)\\U_1\left(\dfrac{\chi}{2};\alpha\right)=\sqrt{\dfrac{rr_0}{p}}\sin\dfrac{\Delta f}{2}\end{cases} \tag{4-3-54}$$

反解出三角函数,可得

$$\begin{cases}\sin\dfrac{\Delta f}{2}=\sqrt{\dfrac{p}{rr_0}}U_1\left(\dfrac{\chi}{2};\alpha\right)\\ \cos\dfrac{\Delta f}{2}=\dfrac{1}{\sqrt{rr_0}}\left[r_0U_0\left(\dfrac{\chi}{2};\alpha\right)+\sigma_0U_1\left(\dfrac{\chi}{2};\alpha\right)\right]\end{cases}\tag{4-3-55}$$

因此

$$\tan\frac{\Delta f}{2}=\frac{\sqrt{p}\,U_1\left(\dfrac{\chi}{2};\alpha\right)}{r_0U_0\left(\dfrac{\chi}{2};\alpha\right)+\sigma_0U_1\left(\dfrac{\chi}{2};\alpha\right)}\tag{4-3-56}$$

根据上式,可以由χ方便地求真近点角差Δf。

4.3.4 普适函数的计算

由上节的推导可知,利用普适变量求解初值问题需要计算普适函数$U_0\sim U_3$。根据恒等式(4-3-24),只需计算函数U_0和U_1,而U_0和U_1可根据幂级数定义式(4-3-19)计算。

图4-18给出了U_0和U_1的幂级数展开式中若干项的量级随χ的变化情况,图中的标号对应展开式(4-3-19)中的相应项。可见,χ越大,满足一定精度需要计算的项数越多。

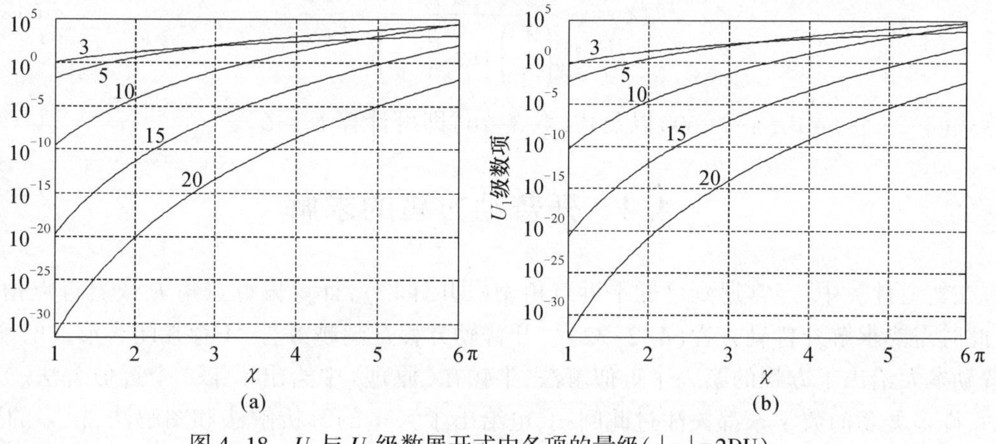

图4-18 U_0与U_1级数展开式中各项的量级($|a|=2$DU)

(a) U_0;(b) U_1。

下面介绍另一种计算方法。首先定义变量u

$$u=\frac{U_1\left(\dfrac{1}{2}\chi;\alpha\right)}{U_0\left(\dfrac{1}{2}\chi;\alpha\right)}=\cfrac{\dfrac{1}{2}\chi}{1-\cfrac{\alpha\left(\dfrac{1}{2}\chi\right)^2}{3-\cfrac{\alpha\left(\dfrac{1}{2}\chi\right)^2}{5-\cfrac{\alpha\left(\dfrac{1}{2}\chi\right)^2}{7-\ddots}}}}\tag{4-3-57}$$

上式右侧是 u 的连分数展开式,计算方法见附录 E.3。

将等式(4-3-35)代入倍角公式(4-3-53)的第一式,有

$$U_0(\chi)=2U_0^2\left(\frac{\chi}{2}\right)-1=U_0^2\left(\frac{\chi}{2}\right)-\alpha U_1^2\left(\frac{\chi}{2}\right)$$

再次运用式(4-3-35),可得

$$U_0(\chi)=\frac{U_0^2\left(\frac{\chi}{2}\right)-\alpha U_1^2\left(\frac{\chi}{2}\right)}{U_0^2\left(\frac{\chi}{2}\right)+\alpha U_1^2\left(\frac{\chi}{2}\right)}=\frac{1-\alpha u^2}{1+\alpha u^2} \tag{4-3-58}$$

同理,根据式(4-3-53)的第二式可得

$$U_1(\chi)=\frac{2U_0\left(\frac{\chi}{2}\right)U_1\left(\frac{\chi}{2}\right)}{U_0^2\left(\frac{\chi}{2}\right)+\alpha U_1^2\left(\frac{\chi}{2}\right)}=\frac{2u}{1+\alpha u^2} \tag{4-3-59}$$

根据式(4-3-53)的第三式可得

$$U_2(\chi)=\frac{2U_1^2\left(\frac{\chi}{2}\right)}{U_0^2\left(\frac{\chi}{2}\right)+\alpha U_1^2\left(\frac{\chi}{2}\right)}=\frac{2u^2}{1+\alpha u^2} \tag{4-3-60}$$

根据式(4-3-58)~式(4-3-60)以及式(4-3-26)即可计算 $U_0 \sim U_3$。

4.4 开普勒方程的求解

在轨道计算中,经常遇到已知平近点角 M(即时间 t),计算偏近点角 E 或真近点角 f 的问题,此时需要求解开普勒方程(4-2-32)。开普勒方程是超越方程,不存在闭合形式的解析解。开普勒本人给出了方程的第一个近似解法,牛顿在《原理》中给出了第二个近似解法。自牛顿以后,许多著名的数学家都关注过此问题,也给出了大量的解析解法和图解法,很多的数学方法也由此诞生。本节主要介绍两类开普勒方程求解的方法,即椭圆运动的级数展开和牛顿迭代法。

4.4.1 椭圆运动的级数展开

在椭圆运动中,r、f、E 等是 M 的周期函数,因此可以将这些参数表示成 M 三角级数的形式,级数的系数是偏心率 e 的幂函数。

1. 拉格朗日级数

1770 年,拉格朗日提出了通过级数展开理论求解开普勒方程的方法。他将偏近点角 E 展开为偏心率 e 的幂级数,级数的系数是整数倍 M 的三角函数的线性组合。

考虑如下形式的一种方程

$$y=x+\alpha\cdot\varphi[y(x,\alpha)] \tag{4-4-1}$$

式中:$\varphi(y)$ 为 y 的解析函数;$0\leqslant\alpha<1$ 是一个小参数。

可将开普勒方程变换为

$$E=M+e\cdot\sin[E(M,e)] \tag{4-4-2}$$

显然,上式是式(4-4-1)的一种特殊形式。

将 y 在 $\alpha=0$ 近旁展开为 α 的泰勒级数

$$y=y|_{\alpha=0}+\left.\frac{\partial y}{\partial\alpha}\right|_{\alpha=0}\cdot\alpha+\frac{1}{2!}\left.\frac{\partial^2 y}{\partial\alpha^2}\right|_{\alpha=0}\cdot\alpha^2+\cdots \tag{4-4-3}$$

其中

$$y|_{\alpha=0}=x$$

将式(4-4-1)的两端对 α 求偏导,得

$$\frac{\partial y(x,\alpha)}{\partial\alpha}=\varphi(y)+\alpha\frac{\mathrm{d}\varphi\partial y}{\mathrm{d}y\partial\alpha} \tag{4-4-4}$$

当 $\alpha=0$ 时,有

$$\left.\frac{\partial y(x,\alpha)}{\partial\alpha}\right|_{\alpha=0}=\left.\left[\varphi(y)+\alpha\frac{\mathrm{d}\varphi\partial y}{\mathrm{d}y\partial\alpha}\right]\right|_{\alpha=0}=\varphi(y)|_{\alpha=0}=\varphi(x)$$

继续将式(4-4-4)对 α 求偏导,得

$$\frac{\partial^2 y(x,\alpha)}{\partial\alpha^2}=\frac{\mathrm{d}\varphi\partial y}{\mathrm{d}y\partial\alpha}+\frac{\mathrm{d}\alpha\mathrm{d}\varphi\partial y}{\mathrm{d}\alpha\mathrm{d}y\partial\alpha}+\alpha\left[\frac{\mathrm{d}^2\varphi}{\mathrm{d}y^2}\left(\frac{\partial y}{\partial\alpha}\right)^2+\frac{\mathrm{d}\varphi\partial^2 y}{\mathrm{d}y\partial\alpha^2}\right] \tag{4-4-5}$$

当 $\alpha=0$ 时,有

$$\left.\frac{\partial^2 y(x,\alpha)}{\partial\alpha^2}\right|_{\alpha=0}=2\left.\frac{\mathrm{d}\varphi\partial y}{\mathrm{d}y\partial\alpha}\right|_{\alpha=0}=2\left.\frac{\mathrm{d}\varphi}{\mathrm{d}y}\varphi(y)\right|_{\alpha=0}=\left.\frac{\mathrm{d}}{\mathrm{d}y}\varphi^2(y)\right|_{\alpha=0}=\frac{\mathrm{d}}{\mathrm{d}x}\varphi^2(x)$$

同理,$\alpha=0$ 时的三阶偏导数为

$$\left.\frac{\partial^3 y(x,\alpha)}{\partial\alpha^3}\right|_{\alpha=0}=\left.\frac{\mathrm{d}}{\mathrm{d}y}\varphi^3(y)\right|_{\alpha=0}=\frac{\mathrm{d}^2}{\mathrm{d}x^2}\varphi^3(x)$$

用数学归纳法可以证明

$$\left.\frac{\partial^n y(x,\alpha)}{\partial\alpha^n}\right|_{\alpha=0}=\left.\frac{\mathrm{d}^{n-2}}{\mathrm{d}^{n-2}y}\varphi^n(y)\right|_{\alpha=0}=\frac{\mathrm{d}^{n-1}}{\mathrm{d}x^{n-1}}\varphi^n(x) \tag{4-4-6}$$

将各阶导数的表达式(4-4-6)代入式(4-4-3),可得

$$y=x+\sum_{n=1}^{\infty}\frac{\alpha^n}{n!}\frac{\mathrm{d}^{n-1}}{\mathrm{d}x^{n-1}}\varphi^n(x) \tag{4-4-7}$$

将上式运用到开普勒方程(4-4-2)的展开,$y\to E$、$x\to M$、$\alpha\to e$、$\varphi(x)\to\sin M$,可得

$$\begin{aligned}E&=M+\sum_{n=1}^{\infty}\frac{e^n}{n!}\frac{\mathrm{d}^{n-1}}{\mathrm{d}M^{n-1}}\sin^n M\\&=M+e\sin M+\frac{e^2}{2!}\frac{\mathrm{d}}{\mathrm{d}M}\sin^2 M+\frac{e^3}{3!}\frac{\mathrm{d}^2}{\mathrm{d}M^2}\sin^3 M+\frac{e^4}{4!}\frac{\mathrm{d}^3}{\mathrm{d}M^3}\sin^4 M+\cdots\end{aligned} \tag{4-4-8}$$

求得上式中三角函数导数的表达式后,即可得到相应的展开式。例如,若展开到 e^4,有

$$E=M+e\sin M+\frac{e^2}{2}\sin 2M+\frac{e^3}{8}(3\sin 3M-\sin M)+\frac{e^4}{6}(2\sin 4M-\sin 2M)$$

拉普拉斯证明,当 $e<e_1=0.662743$ 时,展开式(4-4-8)对所有的 M 都是收敛的,e_1 称为拉普拉斯极限。图 4-19 给出了式(4-4-8)前 10 项的近似特性。可见,当 $e>e_1$ 时,级数发散。

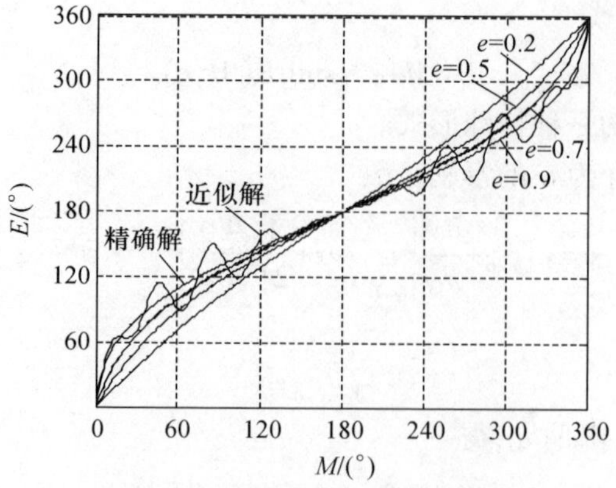

图 4-19　拉格朗日级数的近似特性

拉格朗日在式(4-4-7)的基础上,将其级数展开理论进一步推广,使 y 的任意函数$F(y)$都能够展开为小参数 α 的幂级数。将 $F(y)$ 在 $\alpha=0$ 近旁展开,有

$$F(y)=F(y)\big|_{\alpha=0}+\left.\frac{\partial F}{\partial \alpha}\right|_{\alpha=0}\cdot\alpha+\frac{1}{2!}\left.\frac{\partial^2 F}{\partial \alpha^2}\right|_{\alpha=0}\cdot\alpha^2+\cdots$$

用数学归纳法可以证明

$$\frac{\partial^n F}{\partial \alpha^n}=\frac{\partial^{n-1}}{\partial x^{n-1}}\left[\varphi^n(x)\frac{\mathrm{d}F(x)}{\mathrm{d}x}\right]$$

因此有

$$F(y)=F(x)+\sum_{n=1}^{\infty}\frac{\alpha^n}{n!}\frac{\partial^{n-1}}{\partial x^{n-1}}\left[\varphi^n(x)\frac{\mathrm{d}F(x)}{\mathrm{d}x}\right] \tag{4-4-9}$$

式(4-4-9)称作拉格朗日级数,也称作拉格朗日普遍展开定理。应用拉格朗日级数,可以将偏近点角 E 的函数展开为偏心率 e 的幂级数。例如,可以将 $\cos E$ 展开为 e 的级数,从而可以把 $r=a(1-e\cos E)$ 展开成 e 的级数。

2. 傅里叶级数

由展开式(4-4-8)可见,求解开普勒方程需要计算三角函数高次幂的高阶导数,引入三角级数能够简化计算。

令 $x=\mathrm{e}^{\mathrm{i}\varphi}$,根据欧拉等式有

$$\begin{cases} x=\mathrm{e}^{\mathrm{i}\varphi}=\cos\varphi+\mathrm{i}\sin\varphi, & x^n=\mathrm{e}^{\mathrm{i}n\varphi}=\cos n\varphi+\mathrm{i}\sin n\varphi \\ \dfrac{1}{x}=\mathrm{e}^{-\mathrm{i}\varphi}=\cos\varphi-\mathrm{i}\sin\varphi, & \dfrac{1}{x^n}=\mathrm{e}^{-\mathrm{i}n\varphi}=\cos n\varphi-\mathrm{i}\sin n\varphi \end{cases}$$

可得

$$\begin{cases} \cos\varphi=\dfrac{1}{2}\left(x+\dfrac{1}{x}\right), & \cos n\varphi=\dfrac{1}{2}\left(x^n+\dfrac{1}{x^n}\right) \\ \sin\varphi=\dfrac{1}{2\mathrm{i}}\left(x-\dfrac{1}{x}\right), & \sin n\varphi=\dfrac{1}{2\mathrm{i}}\left(x^n-\dfrac{1}{x^n}\right) \end{cases}$$

应用二项式定理

$$(a+b)^n=\sum_{k=0}^{n}C_n^k a^k b^{n-k},\quad C_n^k=\frac{n!}{k!(n-k)!}$$

对 $\sin\varphi$ 的偶次幂展开可得

$$\begin{aligned}\sin^{2m+2}\varphi &= \frac{(-1)^{m+1}}{2^{2m+2}}\left(x-\frac{1}{x}\right)^{2m+2}\\ &= \frac{(-1)^{m+1}}{2^{2m+2}}\sum_{k=0}^{2m+2}C_{2m+2}^{k}x^{k}\left(-\frac{1}{x}\right)^{2m+2-k}\\ &= \frac{(-1)^{m+1}}{2^{2m+1}}\sum_{k=0}^{m}(-1)^{k}C_{2m+2}^{k}\cos[(2m+2-2k)\varphi]+\frac{1}{2^{2m+2}}C_{2m+2}^{m+1}\end{aligned} \tag{4-4-10}$$

同理,对 $\sin\varphi$ 的奇次幂有

$$\sin^{2m+1}\varphi = \frac{(-1)^{m}}{2^{2m}}\sum_{k=0}^{m}(-1)^{k}C_{2m+1}^{k}\sin[(2m+1-2k)\varphi] \tag{4-4-11}$$

将式(4-4-10)微分 $2m+1$ 次、式(4-4-11)微分 $2m$ 次,可得

$$\begin{cases}\dfrac{\mathrm{d}^{2m+1}}{\mathrm{d}\varphi^{2m+1}}\sin^{2m+2}\varphi = \displaystyle\sum_{k=0}^{m}(-1)^{k}\left(\frac{2m+2-2k}{2}\right)^{2m+1}C_{2m+2}^{k}\sin[(2m+2-2k)\varphi]\\ \dfrac{\mathrm{d}^{2m}}{\mathrm{d}\varphi^{2m}}\sin^{2m+1}\varphi = \displaystyle\sum_{k=0}^{m}(-1)^{k}\left(\frac{2m+1-2k}{2}\right)^{2m}C_{2m+1}^{k}\sin[(2m+1-2k)\varphi]\end{cases}$$

两式可统一表示成如下形式:

$$\frac{\mathrm{d}^{n}}{\mathrm{d}\varphi^{n}}\sin^{n+1}\varphi = \sum_{k=0}^{\left[\frac{1}{2}n\right]}(-1)^{k}\left(\frac{n+1-2k}{2}\right)^{n}C_{n+1}^{k}\sin[(n+1-2k)\varphi] \tag{4-4-12}$$

其中

$$\left[\frac{1}{2}n\right]=\begin{cases}\dfrac{1}{2}(n-1), & n\text{ 是奇数}\\ \dfrac{n}{2}, & n\text{ 是偶数}\end{cases}$$

可见,复变量的引入简化了三角函数高次幂高阶导数的表达结果。实际上,在很多问题中应用复变量都可以简化问题的表述与求解。

将式(4-4-12)代入式(4-4-8),并按照整数倍 M 的三角函数整理可得

$$E = M+\sum_{m=1}^{\infty}\left[\sum_{k=0}^{\infty}\frac{(-1)^{k}}{k!(m+k)!}\left(\frac{1}{2}me\right)^{m+2k}\cdot\frac{2\sin(mM)}{m}\right] \tag{4-4-13}$$

可见,上式是把偏近点角 E 表示成了平近点角 M 的傅里叶正弦级数,级数的系数是偏心率 e 的无穷级数。拉格朗日在给出展开式(4-4-8)后,通过重新整理 M 的三角函数项,给出了展开式(4-4-13)。可以证明,展开式(4-4-13)对任意椭圆轨道都是收敛的,因此重新排列拉格朗日展开式中项的次序改变了级数的收敛特性。

德国天文学家和数学家贝塞尔(Friedrich W. Bessel,1784—1846)将式(4-4-13)中三角级数的系数定义为贝塞尔函数 $J_n(x)$,并系统地研究了函数的性质

$$J_n(x) = \sum_{k=0}^{\infty}\frac{(-1)^{k}}{k!(n+k)!}\left(\frac{x}{2}\right)^{n+2k} \tag{4-4-14}$$

$J_n(x)$称为第一类 n 阶贝塞尔函数。基于 $J_n(x)$,式(4-4-13)可以重新写成

$$E = M+\sum_{m=1}^{\infty}\left[J_m(me)\cdot\frac{2\sin(mM)}{m}\right] \tag{4-4-15}$$

根据精度要求的不同,式(4-4-13)可以按照 e 的不同次幂截断,例如取到 e^7 项的展开式为

$$E=M+\left(1-\frac{e^2}{8}+\frac{e^4}{192}\right)\cdot e\sin M+\left(\frac{1}{2}-\frac{e^2}{6}+\frac{e^4}{48}\right)\cdot e^2\sin 2M+\left(\frac{3}{8}-\frac{27}{128}e^2\right)\cdot e^3\sin 3M$$
$$+\left(\frac{1}{3}-\frac{4}{15}e^2\right)\cdot e^4\sin 4M+\frac{125}{384}\cdot e^5\sin 5M+\frac{27}{80}\cdot e^6\sin 6M+O(e^7)$$

由上式可见,第 k 项包含 $e^k\sin kM$ 的因子,且括号内的系数都是 e^2 的多项式。在天体力学的很多级数展开式中都有这个特性,称为达朗贝尔特性。

图 4-20 给出了式(4-4-13)前 10 项的近似特性,图中近似解与精确解几乎完全重合,$e=0.9$时的最大误差约为 0.05°。

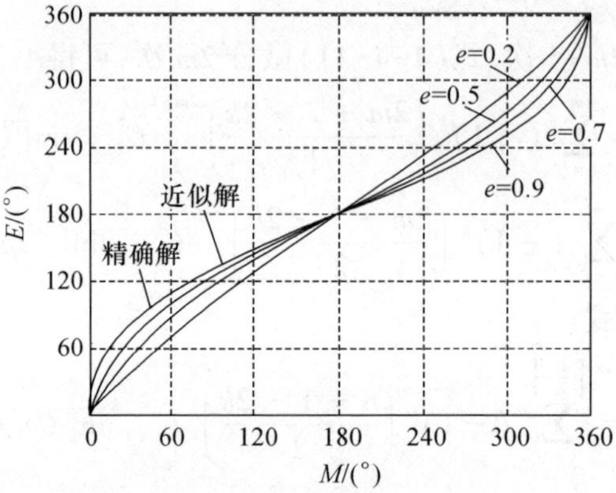

图 4-20　傅里叶级数的近似特性

根据式(4-4-13)和拉格朗日普遍展开定理,可以将 E 的函数展开为 M 的三角级数的形式。例如,对真近点角 f 有

$$f=M+\left(2-\frac{e^2}{4}+\frac{5}{96}e^4\right)\cdot e\sin M+\left(\frac{5}{4}-\frac{11}{24}e^2+\frac{17}{192}e^4\right)\cdot e^2\sin 2M+\left(\frac{13}{12}-\frac{43}{64}e^2\right)\cdot e^3\sin 3M$$
$$+\left(\frac{103}{96}-\frac{451}{480}e^2\right)\cdot e^4\sin 4M+\frac{1097}{960}\cdot e^5\sin 5M+\frac{1223}{960}\cdot e^6\sin 6M+O(e^7)$$

对距离 r 有

$$\frac{r}{a}=1+\frac{1}{2}e^2-\left(1-\frac{3}{8}e^2+\frac{5}{192}e^4\right)\cdot e\cos M-\left(\frac{1}{2}-\frac{e^2}{3}+\frac{e^4}{16}\right)\cdot e^2\cos 2M-\left(\frac{3}{8}-\frac{45}{128}e^2\right)\cdot e^3\cos 3M$$
$$-\left(\frac{1}{3}-\frac{2}{5}e^2\right)\cdot e^4\cos 4M-\frac{125}{384}\cdot e^5\cos 5M-\frac{27}{80}e^6\cdot\cos 6M+O(e^7)$$

类似的一些级数展开式在天体力学著作中可以找到,级数的系数都是 e 的幂级数,这些结果对解析计算、研究分析解极为重要。

需要说明的是,由于双曲线运动是非周期性的,因此对于方程(4-2-53)无法得到适用于长时间间隔的近似级数解。

4.4.2　牛顿迭代法

牛顿迭代法又称微分改正方法,是求非线性方程根时常用的一种数值方法。本节利用级

数反演理论推导求解开普勒方程的牛顿迭代公式及迭代初值的选取方法。

1. 级数反演方法

级数反演是将级数表达式中的自变量表示成因变量级数的一种方法。根据开普勒方程，我们可以将 M 表示成 E 的级数，再利用级数反演方法，就可以把 E 表示成 M 的级数，也就解决了开普勒方程求解的问题。

假设函数 $y(x)$ 可以在 $x=x_0$ 附近展开成泰勒级数

$$y(x)=y(x_0)+b_1(x-x_0)+\frac{b_2}{2!}(x-x_0)^2+\frac{b_3}{3!}(x-x_0)^3+\cdots \tag{4-4-16}$$

其中

$$b_n=\frac{\mathrm{d}^n}{\mathrm{d}x^n}y(x)\bigg|_{x=x_0} \tag{4-4-17}$$

若 $b_1\neq 0$，则上式可改写成

$$y-y_0=(x-x_0)\left[b_1+\frac{b_2}{2!}(x-x_0)+\frac{b_3}{3!}(x-x_0)^2+\cdots\right]$$

故有

$$x-x_0=\frac{y-y_0}{b_1+\dfrac{b_2}{2!}(x-x_0)+\dfrac{b_3}{3!}(x-x_0)^2+\cdots}$$

令

$$\varphi(x)=\frac{1}{b_1+\dfrac{b_2}{2!}(x-x_0)+\dfrac{b_3}{3!}(x-x_0)^2+\cdots} \tag{4-4-18}$$

则有

$$x=x_0+(y-y_0)\varphi(x) \tag{4-4-19}$$

若把 $y-y_0$ 看作小参数 α，则上式与式(4-4-1)是同类方程。利用拉格朗日展开理论，可得到 x 关于 y 的级数展开式

$$x(y)=x_0+c_1(y-y_0)+\frac{c_2}{2!}(y-y_0)^2+\frac{c_3}{3!}(y-y_0)^3+\cdots \tag{4-4-20}$$

根据式(4-4-6)，上式中的系数 c_n 为

$$c_n=\frac{\mathrm{d}^n}{\mathrm{d}y^n}x(y)\bigg|_{y=y_0}=\frac{\mathrm{d}^{n-1}}{\mathrm{d}x^{n-1}}\varphi^n(x)\bigg|_{x=x_0} \tag{4-4-21}$$

式(4-4-20)中 $x(y)$ 的级数称为关于 $y(x)$ 级数的反演。

对系数 c_n，当 $n=1$ 时有

$$c_1=\varphi(x)\big|_{x=x_0}=\frac{1}{b_1+\dfrac{b_2}{2!}(x-x_0)+\dfrac{b_3}{3!}(x-x_0)^2+\cdots}\Bigg|_{x=x_0}=\frac{1}{b_1}=\frac{1}{y'(x_0)} \tag{4-4-22}$$

但当 n 较大时，高阶系数 c_n 的推导非常复杂，现介绍一种级数反演的系数递推算法。首先定义

$$D_k^n=\frac{\mathrm{d}^k}{\mathrm{d}x^k}\varphi^n(x),\quad k=0,1,\cdots,n-1 \tag{4-4-23}$$

与式(4-4-21)比较可知

$$c_n = D_{n-1}^n \big|_{x=x_0} \tag{4-4-24}$$

由于 $D_0^n=\varphi^n$,故有

$$D_1^n = n\varphi^{n-1}\frac{\mathrm{d}\varphi}{\mathrm{d}x} = nD_0^{n-1}\frac{\mathrm{d}\varphi}{\mathrm{d}x}$$

对 D_k^n 有

$$D_k^n = \frac{\mathrm{d}^{k-1}}{\mathrm{d}x^{k-1}}\left(\frac{\mathrm{d}}{\mathrm{d}x}\varphi^n(x)\right) = \frac{\mathrm{d}^{k-1}D_1^n}{\mathrm{d}x^{k-1}} = n\frac{\mathrm{d}^{k-1}}{\mathrm{d}x^{k-1}}\left(D_0^{n-1}\frac{\mathrm{d}\varphi}{\mathrm{d}x}\right) \tag{4-4-25}$$

利用求两个函数乘积高阶导数的莱布尼兹公式

$$\frac{\mathrm{d}^n(uv)}{\mathrm{d}x^n} = \sum_{k=0}^{n} C_n^k \frac{\mathrm{d}^k u}{\mathrm{d}x^k}\frac{\mathrm{d}^{n-k}v}{\mathrm{d}x^{n-k}}$$

再根据式(4-4-25)可得 D_k^n 的递推公式

$$D_k^n = n\sum_{i=0}^{k-1} C_{k-1}^i D_i^{n-1}\frac{\mathrm{d}^{k-i}\varphi(x)}{\mathrm{d}x^{k-i}},\quad k=1,2,\cdots,n-1 \tag{4-4-26}$$

由式(4-4-26)可见,求 D_k^n 的过程中还要用到$\left.\frac{\mathrm{d}^k\varphi(x)}{\mathrm{d}x^k}\right|_{x=x_0}$。为书写简便,记$\left.\frac{\mathrm{d}^k\varphi}{\mathrm{d}x^k}\right|_{x=x_0}=\varphi_0^{(k)}$,根据式(4-4-18),令

$$F(x)=\varphi(x)\left[b_1+\frac{b_2}{2!}(x-x_0)+\frac{b_3}{3!}(x-x_0)^2+\cdots\right]=1 \tag{4-4-27}$$

对式(4-4-27)两边求 k 次导数,可得

$$\frac{\mathrm{d}^k F}{\mathrm{d}x^k}=0,\quad k=1,2,3,\cdots$$

将 $F(x)$的表达式(4-4-27)代入上式,并利用莱布尼兹公式可得

$$\sum_{j=0}^{k} C_k^j \cdot \frac{\mathrm{d}^{k-j}\varphi}{\mathrm{d}x^{k-j}}\left[\frac{\mathrm{d}^j}{\mathrm{d}x^j}\left(b_1+\frac{b_2}{2!}(x-x_0)+\frac{b_3}{3!}(x-x_0)^2+\cdots\right)\right]\Bigg|_{x=x_0}=0$$

上式中括号内的项仅有$(x-x_0)^j$ 的 j 阶微分在 $x=x_0$ 时不为 0,因此上式等价于

$$\sum_{j=0}^{k} C_k^j \frac{b_{j+1}}{j+1}\left(\frac{\mathrm{d}^{k-j}\varphi}{\mathrm{d}x^{k-j}}\right)\Bigg|_{x=x_0} = \sum_{j=0}^{k} C_k^j \frac{b_{j+1}}{j+1}\varphi_0^{(k-j)}=0 \tag{4-4-28}$$

将 $\varphi_0^{(k)}$ 移项可得

$$\varphi_0^{(k)} = -\frac{1}{b_1}\sum_{j=1}^{k} C_k^j \frac{b_{j+1}}{j+1}\varphi_0^{(k-j)} \tag{4-4-29}$$

由式(4-4-22)可知

$$c_1 = D_0^1\big|_{x=x_0} = \varphi_0^{(0)} = \frac{1}{b_1} \tag{4-4-30}$$

式(4-4-24)、式(4-4-26)、式(4-4-29)与式(4-4-30)就是计算 c_n 的递推公式。

例如,计算 c_2时,由式(4-4-24)和式(4-4-26)可得

$$c_2 = D_1^2\big|_{x=x_0} = 2D_0^1(x_0)\varphi_0^{(1)}$$

由式(4-4-29)可知

$$\varphi_0^{(1)}=-\frac{1}{b_1}\frac{b_2}{2}\varphi_0^{(0)}$$

将式(4-4-30)代入,得到

$$c_2=2D_0^1(x_0)\varphi_0^{(1)}=2\frac{1}{b_1}\cdot\left(-\frac{1}{b_1}\frac{b_2}{2}\frac{1}{b_1}\right)=-\frac{b_2}{b_1^3}$$

同理,对 c_3、c_4 有

$$c_3=-\frac{b_3}{b_1^4}+3\frac{b_2^2}{b_1^5}$$

$$c_4=-\frac{b_4}{b_1^5}+10\frac{b_2b_3}{b_1^6}-15\frac{b_2^3}{b_1^7}$$

上述推导过程可以利用计算机的符号运算功能实现。

对开普勒方程,令 $x=E-M$,则可将其写成如下形式:

$$x=e\sin(M+x)=e(\sin M\cos x+\cos M\sin x)$$

将 $\sin x$、$\cos x$ 展开为泰勒级数,整理可得

$$\frac{e\sin M}{1-e\cos M}=x+\frac{e\sin M}{(1-e\cos M)}\frac{x^2}{2!}+\frac{e\cos M}{(1-e\cos M)}\frac{x^3}{3!}-\frac{e\sin M}{(1-e\cos M)}\frac{x^4}{4!}-\frac{e\cos M}{(1-e\cos M)}\frac{x^5}{5!}+\cdots \tag{4-4-31}$$

令

$$y=\frac{e\sin M}{1-e\cos M}$$

根据级数反演方法,由式(4-4-31)可得到 x 关于 y 的级数展开式,整理得到

$$E=M+\frac{e\sin M}{1-e\cos M}-\frac{1}{2!}\left(\frac{e\sin M}{1-e\cos M}\right)^3+\frac{e^4\sin^3M(e-\cos M+2e\sin^2M)}{3!(1-e\cos M)^5}+\cdots \tag{4-4-32}$$

2. 牛顿迭代公式

利用级数反演方法可以求方程 $y(x)=0$ 的根 ξ。假设 x_0是与 ξ 相差不大的量,且 $y_0=y(x_0)$。利用级数反演方法,在式(4-4-20)中令 $x=\xi$,$y=0$ 可得

$$\xi=x_0-c_1y_0+\frac{c_2}{2!}y_0^2-\frac{c_3}{3!}y_0^3+\cdots \tag{4-4-33}$$

上式即方程根的级数展开式,级数的收敛速度依赖于 x_0的取值和方程的性质。

假如用迭代序列代替 x_0,则有

$$x_{k+1}=x_k-c_1y_k+\frac{c_2}{2!}y_k^2-\frac{c_3}{3!}y_k^3+\cdots \tag{4-4-34}$$

若只取上式的前两项,则有

$$x_{k+1}=x_k-\frac{y_k}{y_k'} \tag{4-4-35}$$

式(4-4-35)即牛顿迭代公式。

用牛顿迭代法求解开普勒方程(4-2-32)的迭代公式为

$$E_{k+1}=E_k+\frac{M-M_k}{1-e\cos E_k} \tag{4-4-36}$$

式中：$M_k=E_k-e\sin E_k$。迭代初值可取 $E_0=M, E_0=M+e$ 或 $E_0=M+e\sin M$。

若取到式(4-4-34)的前三项，则有

$$x_{k+1}=x_k-\frac{y_k}{y'_k}-\frac{y''_k}{2(y'_k)^3}y_k^2$$

将上式应用于开普勒方程，有

$$E_{k+1}=E_k+\frac{M-M_k}{1-e\cos E_k}-\frac{e\sin E_k}{2(1-e\cos E_k)}\cdot\left(\frac{M-M_k}{1-e\cos E_k}\right)^2 \tag{4-4-37}$$

用牛顿迭代法求解广义开普勒方程(4-3-39)的迭代公式为

$$\chi_{k+1}=\chi_k-\frac{[r_0U_1(\chi_k)+\sigma_0U_2(\chi_k)+U_3(\chi_k)]-\sqrt{\mu}\Delta t}{r_0U_0(\chi_k)+\sigma_0U_1(\chi_k)+U_2(\chi_k)} \tag{4-4-38}$$

下面用级数反演方法分析普适变量χ 的初值选取。将普适函数的级数表达式代入广义开普勒方程(4-3-39)，可得

$$\sqrt{\mu}(t-t_0)=b_1\chi+\frac{1}{2!}b_2\chi^2+\frac{1}{3!}b_3\chi^3+\cdots$$

式中：$b_1=r_0$；$b_2=\sigma_0$；$b_3=1-\alpha r_0$，…。利用级数反演方法，可以由上式得到χ 关于 $t-t_0$的级数表达式

$$\chi=c_1[\sqrt{\mu}(t-t_0)]+\frac{1}{2!}c_2[\sqrt{\mu}(t-t_0)]^2+\frac{1}{3!}c_3[\sqrt{\mu}(t-t_0)]^3+\cdots \tag{4-4-39}$$

其中，$c_1=\frac{1}{b_1}=\frac{1}{r_0}, c_2=-\frac{b_2}{b_1^3}=-\frac{\sigma_0}{r_0^3}, c_3=-\frac{b_3}{b_1^4}+3\frac{b_2^2}{b_1^5}=-\frac{1-\alpha r_0}{r_0^4}+3\frac{\sigma_0^2}{r_0^5}, \cdots$。

若令 $\psi=\frac{\chi}{\sqrt{r_0}}, T=\sqrt{\frac{\mu}{r_0^3}}(t-t_0), \varphi_0=\frac{\sigma_0}{\sqrt{r_0}}, \rho=\frac{r}{r_0}, \gamma_0=\alpha r_0$，则式(4-4-39)可以写成

$$\psi=T-\frac{1}{2!}\varphi_0T^2-\frac{1}{3!}(1-\gamma_0-3\varphi_0^2)T^3+\cdots \tag{4-4-40}$$

迭代过程中，可以取上式的前几项作为迭代初值。若仅取第一项，则有

$$\chi_0=\frac{\sqrt{\mu}}{r_0}(t-t_0)$$

若已知轨道的半长轴 a，并用以代替 r_0，则迭代初值为$\chi_0=|\alpha|\sqrt{\mu}\Delta t$，与利用式(4-3-45)给出的初值是一致的。

表 4-3、表 4-4 给出了采用不同的迭代公式和迭代初值求解开普勒方程时的计算效率，其中 $r_0=r_p=6778\text{km}$。

表 4-3　不同迭代公式与初值下的迭代次数($M=5°$)

偏心率	迭代公式(4-4-36)			迭代公式(4-4-37)	迭代公式(4-4-38)	
	$E_0=M$	$E_0=M+e$	$E_0=M+e\sin M$	$E_0=M+e$	$\chi_0=\sqrt{\mu}\Delta t/r_0$	$\chi_0=\vert\alpha\vert\sqrt{\mu}\Delta t$
$e=0.1$	3	4	3	3	3	3
$e=0.5$	4	5	4	4	3	4
$e=0.9$	7	6	7	5	6	7
$e=0.999$	17	6	13	4	13	17

表 4-4　不同迭代公式与初值下的迭代次数($M=60°$)

偏心率	迭代公式(4-4-36)			迭代公式(4-4-37)	迭代公式(4-4-38)	
	$E_0=M$	$E_0=M+e$	$E_0=M+e\sin M$	$E_0=M+e$	$\chi_0=\sqrt{\mu}\Delta t/r_0$	$\chi_0=\lvert\alpha\rvert\sqrt{\mu}\Delta t$
$e=0.1$	4	3	3	3	4	4
$e=0.5$	5	3	4	2	5	5
$e=0.9$	6	4	4	3	7	6
$e=0.999$	7	4	4	3	70	7

可见,对开普勒方程(4-2-32),迭代初值的选择会影响迭代效率,且当 $e\to1$、$M\to0$ 时,迭代效率下降。二阶迭代公式(4-4-37)虽然迭代次数较少,但初值选择不当很容易导致迭代发散,且每一步中要计算二阶导数,因此计算效率并不高。

对广义开普勒方程(4-3-39),$e\to1$ 时初值的选择对迭代效率影响很大。当 M 较小时,选择$\chi_0=\sqrt{\mu}\Delta t/r_0$ 容易收敛;当 M 较大时,选择$\chi_0=\sqrt{\mu}\Delta t/a$ 容易收敛。这是因为 a 反映的是航天器在整个轨道周期内的平均运动,而 M 较小时航天器在近地点附近运动,当 $e\to1$ 时这两种运动的差别较大,因此不易收敛。根据式(4-3-46)可知,取$\chi_0=\lvert\alpha\rvert\sqrt{\mu}\Delta t$ 等价于求解开普勒方程时取初值为 $E_0=M$。

4.5　f 和 g 级数

前面我们给出了用普适变量χ 求解初值问题的方法,对于时间间隔较短的情况,即 $\Delta t=t-t_0$为小量时,使用f 和 g 级数的方法更为方便,该方法也适用于各种类型的圆锥曲线。为书写简便,在下面的推导中时间间隔 Δt 用 τ 表示。

设 t_0时刻航天器的位置和速度矢量分别为 $\boldsymbol{r}_0$、$\boldsymbol{v}_0$,将 t 时刻的位置矢量 $\boldsymbol{r}$ 展开成 τ 的幂级数,有

$$\boldsymbol{r}=\boldsymbol{r}_0+\left(\frac{\mathrm{d}\boldsymbol{r}}{\mathrm{d}t}\right)_0\tau+\frac{1}{2!}\left(\frac{\mathrm{d}^2\boldsymbol{r}}{\mathrm{d}t^2}\right)_0\tau^2+\frac{1}{3!}\left(\frac{\mathrm{d}^3\boldsymbol{r}}{\mathrm{d}t^3}\right)_0\tau^3+\frac{1}{4!}\left(\frac{\mathrm{d}^4\boldsymbol{r}}{\mathrm{d}t^4}\right)_0\tau^4+\cdots \tag{4-5-1}$$

对一阶导数,有

$$\frac{\mathrm{d}\boldsymbol{r}}{\mathrm{d}t}=\dot{\boldsymbol{r}} \tag{4-5-2}$$

对二阶导数,根据二体轨道方程

$$\frac{\mathrm{d}^2\boldsymbol{r}}{\mathrm{d}t^2}=-\frac{\mu}{r^3}\boldsymbol{r}$$

有

$$\frac{\mathrm{d}^2\boldsymbol{r}}{\mathrm{d}t^2}==-\frac{\mu}{r^3}\boldsymbol{r}\triangleq-u\boldsymbol{r},\quad u=\frac{\mu}{r^3} \tag{4-5-3}$$

继续微分式(4-5-3),可得

$$
\begin{cases}
\dfrac{d^3\boldsymbol{r}}{dt^3}=-\dot{u}\boldsymbol{r}-u\dot{\boldsymbol{r}} \\
\dfrac{d^4\boldsymbol{r}}{dt^4}=(-\ddot{u}+u^2)\boldsymbol{r}-2\dot{u}\dot{\boldsymbol{r}} \\
\dfrac{d^5\boldsymbol{r}}{dt^5}=(-\dddot{u}+4u\dot{u})\boldsymbol{r}+(-3\ddot{u}+u^2)\dot{\boldsymbol{r}} \\
\cdots
\end{cases}
\tag{4-5-4}
$$

可见,$\boldsymbol{r}$ 的各阶导数都可以表示成如下形式:

$$
\frac{d^n\boldsymbol{r}}{dt^n}=F_n\boldsymbol{r}+G_n\dot{\boldsymbol{r}} \tag{4-5-5}
$$

F_n、G_n 是 u 的各阶导数的函数。微分式(4-5-5),可得

$$
\frac{d^{n+1}\boldsymbol{r}}{dt^{n+1}}=(\dot{F}_n-uG_n)\boldsymbol{r}+(F_n+\dot{G}_n)\dot{\boldsymbol{r}}
$$

由此可得到 F_n 与 G_n 的递推公式

$$
F_{n+1}=\dot{F}_n-uG_n,\quad G_{n+1}=F_n+\dot{G}_n \tag{4-5-6}
$$

根据式(4-5-2),可知上式的初值为

$$
F_1=0,\quad G_1=1 \tag{4-5-7}
$$

下面推导$\dot{F}_n$ 与$\dot{G}_n$ 的计算公式。对 u 的导数,有

$$
\begin{cases}
\dot{u}=-3\mu\dfrac{\dot{r}}{r^4}=-3u\dfrac{\dot{r}}{r} \\
\ddot{u}=-3\dot{u}\dfrac{\dot{r}}{r}-3u\cdot\dfrac{\ddot{r}r-\dot{r}^2}{r^2}
\end{cases}
\tag{4-5-8}
$$

考虑到

$$
\dot{r}=\frac{\boldsymbol{r}\cdot\boldsymbol{v}}{r}
$$

对上式微分,可得

$$
\ddot{r}=\frac{1}{r}(v^2-\dot{r}^2)-\frac{\mu}{r^2} \tag{4-5-9}
$$

代入式(4-5-8),可得

$$
\ddot{u}=-3\dot{u}\frac{\dot{r}}{r}-3u\left(\frac{v^2}{r^2}-2\frac{\dot{r}^2}{r^2}-u\right) \tag{4-5-10}
$$

定义

$$
p=\frac{\dot{r}}{r},\quad q=\frac{v^2}{r^2}-u \tag{4-5-11}
$$

根据式(4-5-8),有

$$
\dot{u}=-3up \tag{4-5-12}
$$

根据式(4-5-10),有

$$
\ddot{u}=9up^2-3u(q-2p^2) \tag{4-5-13}
$$

对于 p 和 q,有

$$\dot{p}=q-2p^2,\quad \dot{q}=-p(u+2p) \tag{4-5-14}$$

根据式(4-5-12)、式(4-5-14)可知,u 的各阶导数都可以用 u、p 和 q 表示。

根据式(4-5-6)、式(4-5-7)、式(4-5-12)和式(4-5-14),即可计算 F_n 与 G_n。比如,对 $n=2$ 有

$$F_2=\dot{F}_1-uG_1=-u,\quad G_2=F_1+\dot{G}_1=0$$

上式与式(4-5-3)是一致的。对 $n=3$ 有

$$F_3=\dot{F}_2-uG_2=3up,\quad G_3=F_2+\dot{G}_2=-u$$

继续递推,可以得到 F_n 和 G_n 的各阶表达式。当 n 较大时,可以借助计算机的符号运算功能实现。

将 F_n 与 G_n 的表达式代入式(4-5-1)有

$$\boldsymbol{r}=f\boldsymbol{r}_0+g\boldsymbol{v}_0 \tag{4-5-15}$$

其中

$$\begin{cases}f=1-\dfrac{1}{2}u_0\tau^2+\dfrac{1}{2}(u_0p_0)\tau^3+\dfrac{1}{24}u_0(3q_0-15p_0^2+u_0)\tau^4+\dfrac{1}{8}u_0p_0(7p_0^2-3q_0-u_0)\tau^5+\cdots\\ g=\tau-\dfrac{1}{6}u_0\tau^3+\dfrac{1}{4}u_0p_0\tau^4+\dfrac{1}{120}u_0(9q_0-45p_0^2+u_0)\tau^5+\cdots\end{cases} \tag{4-5-16}$$

由于 $\boldsymbol{r}_0$、$\boldsymbol{v}_0$ 为常矢量,故 t 时刻的速度矢量 $\boldsymbol{v}$ 为

$$\boldsymbol{v}=\frac{\mathrm{d}f}{\mathrm{d}t}\boldsymbol{r}_0+\frac{\mathrm{d}g}{\mathrm{d}t}\boldsymbol{v}_0=f_t\boldsymbol{r}_0+g_t\boldsymbol{v}_0 \tag{4-5-17}$$

将式(4-5-16)代入上式(注意 τ 的系数都是常数),即可得到 $\boldsymbol{v}$ 的级数展开式,其中

$$\begin{cases}f_t=\dfrac{\mathrm{d}f}{\mathrm{d}t}=-u_0\tau+\dfrac{3}{2}(u_0p_0)\tau^2+\dfrac{u_0}{6}(3q_0-15p_0^2+u_0)\tau^3+\dfrac{5}{8}u_0p_0(7p_0^2-3q_0-u_0)\tau^4+\cdots\\ g_t=\dfrac{\mathrm{d}g}{\mathrm{d}t}=1-\dfrac{1}{2}u_0\tau^2+u_0p_0\tau^3+\dfrac{1}{24}u_0(9q_0-45p_0^2+u_0)\tau^4+\cdots\end{cases}$$

根据二体轨道的动量矩守恒定律,有

$$\boldsymbol{h}=\boldsymbol{r}_0\times\boldsymbol{v}_0=\boldsymbol{r}\times\boldsymbol{v}$$

将式(4-5-15)、式(4-5-17)代入可得

$$fg_t-gf_t=1 \tag{4-5-18}$$

这个关系式与式(4-1-13)是一致的,可以用来校验级数 f 和 g 的表达式是否正确。

实际上,对椭圆轨道,根据式(4-2-38)、式(4-2-24)有

$$\begin{aligned}\boldsymbol{r}\times\boldsymbol{v}_0&=[a(\cos E-e)\boldsymbol{i}_e+\sqrt{ap}\sin E\boldsymbol{i}_p]\times\left[-\frac{\sqrt{\mu a}}{r_0}\sin E_0\boldsymbol{i}_e+\frac{\sqrt{\mu p}}{r_0}\cos E_0\boldsymbol{i}_p\right]\\&=\sqrt{\mu p}\left\{1-\frac{a}{r_0}[1-\cos(E-E_0)]\right\}\boldsymbol{i}_h\end{aligned}$$

根据 f 和 g 级数展开式(4-5-15),有

$$\boldsymbol{r}\times\boldsymbol{v}_0=f(\boldsymbol{r}_0\times\boldsymbol{v}_0)=f\sqrt{\mu p}\boldsymbol{i}_h$$

比较上两式可得

$$f=1-\frac{a}{r_0}[1-\cos(E-E_0)] \tag{4-5-19}$$

将上式与式(4-2-39)比较可知,$f=F$。同理可以证明,$g=G$,$f_t=F_t$,$g_t=G_t$,因此 f 和 g 级数实际上是将拉格朗日系数展开为时间间隔的幂级数形式。

f 和 g 级数方法的优点在于其普适性,可以用来进行初轨确定、轨道预报,也可以用来解决轨道交会、轨道拦截等问题。其不足之处在于当 τ 较大或 r_0 较小时,级数收敛较慢。Herrick[9]详细讨论了级数展开式的应用,建议只用于 $\mu\tau^2/r_0^3<0.01$ 的场合。

参考文献

[1] 肖峰. 球面天文学与天体力学基础[M]. 长沙: 国防科技大学出版社, 1989.

[2] Battin R H. An Introduction to the Mathematics and Methods of Astrodynamics (Revised Edition) [M]. AIAA, 1999.

[3] Bate R R,等. 航天动力学基础[M]. 吴鹤鸣,李肇杰,译. 北京:北京航空航天大学出版社, 1990.

[4] Chobotov V A. Orbital Mechanics (Third Edition). AIAA, 2002.

[5] Sundman K F. Mémoire sur le problème des trois corps [J]. Acta Mathmatics, 1912, 36:105-179.

[6] Stumpff K. Neue Formeln and Hilfstafeln zur Ephemeridenrechung [J]. Astronomische Nachrichten, 1947,275:108-128.

[7] Goodyear W H. Completely General Closed Form Solution for Coordinates and Partial Derivatives of the Two-body Problem [J]. The Astronomical Journal, 1965,70:189-192.

[8] Herrick S H. Universal Variables [J]. The Astronomical Journal, 1965,70:309-315.

[9] Herrick S H. Astrodynamics: Orbit Determination, Space Navigation, and Celestial Mechanics, Volume 1 [M]. Van Nostrand Reinhold, Landon, 1971.

第 5 章　二体轨道边值问题

二体轨道边值问题是指在飞行弧段的起始点和终端点处给定边界约束条件，从而确定飞行轨道参数的问题，它与微分方程的边值问题相对应。最常见的边界条件是给定起始点和终端点处的中心矢径，如图 5-1 所示。有时也以其他形式给出，比如设计航天器返回再入的离轨段轨道时，边界条件可以是再入点的高度和飞行路径角。

边值问题中，有一类问题尤为重要：给定图 5-1 中始末端点的中心矢径和飞行时间间隔，确定飞行轨道。瑞士数学家兰伯特(Johann H. Lambert，1728—1777)发现了一个重要的特性，飞行时间 Δt 仅与 a、r_1+r_2 和 c 有关，而与 p、e 无关，即

$$\Delta t=\Delta t(a,r_1+r_2,c)$$

上述性质称为兰伯特定理。兰伯特给出了定理的几何证明，解析证明是由拉格朗日等给出的。根据两个时刻的位置矢量和时间间隔确定飞行轨道的问题在天体力学和轨道力学中都有非常重要的应用，称为兰伯特问题。兰伯特问题没有解析解，只能通过迭代求解。1801 年，高斯在确定谷神星轨道时首次提出了比较成熟的算法，故有时也将该问题称为高斯问题。高斯[1]在 1809 年出版的《天体运动理论》一书中，指出二体轨道的边值问题“存在许多优美的特性”。随着人类航天活动的发展，边值问题的应用越来越广泛，人们提出了许多不同的迭代算法，也有越来越多的“优美特性”被发现，Battin[2]对此做了很好的总结。直到近年来，学者们还在不断地探求边值问题的求解方法和相关特性[6-10]。

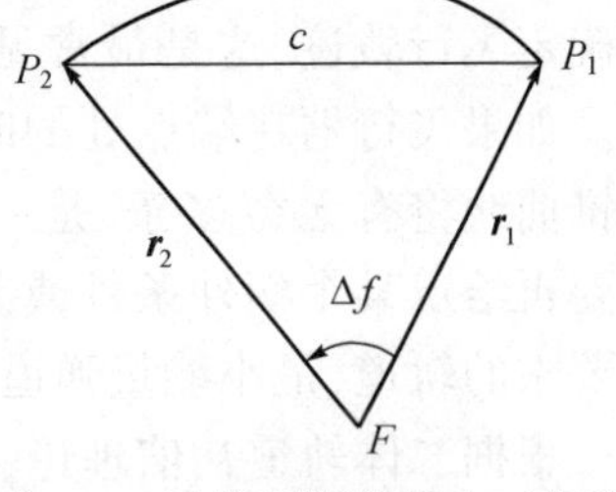

图 5-1　边值问题的基本三角形

从应用的角度讲，如果说二体轨道初值问题是已知轨道参数，分析轨道运动特性、确定轨道位置的预报问题，那么与之相对应，边值问题则是给定约束条件，根据二体轨道特性确定满足任务要求轨道的设计问题。边值问题是航天动力学的核心问题之一，它在航天器轨道设计、轨道确定、轨道机动与制导，弹道导弹的瞄准射击、显式制导等领域有着广泛的应用。比如，火星探测轨道设计问题，实质上是根据出发时刻地球的位置、到达时刻火星的位置以及飞行时间间隔确定转移轨道的边值问题；弹道学中的最小能量弹道问题，是根据导弹关机点及目标点的位置确定半长轴最小的飞行弹道的边值问题；天体力学中，根据彗星两个时刻的观测位置及观测时间间隔确定彗星轨道的问题也是边值问题。

本章主要讨论图 5-1 所示的边值问题。端点 P_1、P_2 的中心矢径$\boldsymbol{r}_1$、$\boldsymbol{r}_2$ 是确定的，因此两矢量间的夹角 Δf(中心转移角)及矢端距离 c 都是确定的

$$\Delta f=\arccos\frac{\boldsymbol{r}_1\cdot\boldsymbol{r}_2}{r_1r_2}$$

$$c=\sqrt{r_1^2+r_2^2-2r_1r_2\cos\Delta f}$$

即三角形 $\triangle FP_1P_2$ 是确定的，该三角形称为边值问题的基本三角形，c 为弦长。

如果 $\Delta f\neq k\pi$(k 为整数)，即矢量 $\boldsymbol{r}_1$、$\boldsymbol{r}_2$ 不共线，则根据 $\boldsymbol{r}_1$、$\boldsymbol{r}_2$ 和飞行方向可以很容易确定

飞行轨道平面的空间方位(轨道要素 Ω 和 i);否则,轨道平面将有无数多种可能,是数学上的奇异点,需要根据其他条件来确定。本章不讨论轨道平面空间方位的确定问题,主要研究平面内轨道的形状、大小及指向的确定问题。

5.1 边值问题初步分析

5.1.1 端点时间约束

二体轨道运动方程是一个二阶常微分矢量方程,其通解是一族圆锥曲线。若始末点处的自变量值(t)确定,则获得方程唯一的特解需要六个边界条件。因此,如果给定始末端点的中心矢径 $\boldsymbol{r}_1$、$\boldsymbol{r}_2$ 和飞行时间间隔 Δt,则 $\boldsymbol{r}_1$ 与 $\boldsymbol{r}_2$ 不共线时可以唯一确定飞行轨迹,这是最常见的一类边值问题——兰伯特问题。如果飞行器在端点处的时刻未给定,那么连接始末点的圆锥曲线将有无穷多条,是一族轨道,如图 5-2 所示。此时还要再给定某个额外条件或某个性能指标,才能唯一确定满足要求的轨道,最小能量弹道就属于此类问题。

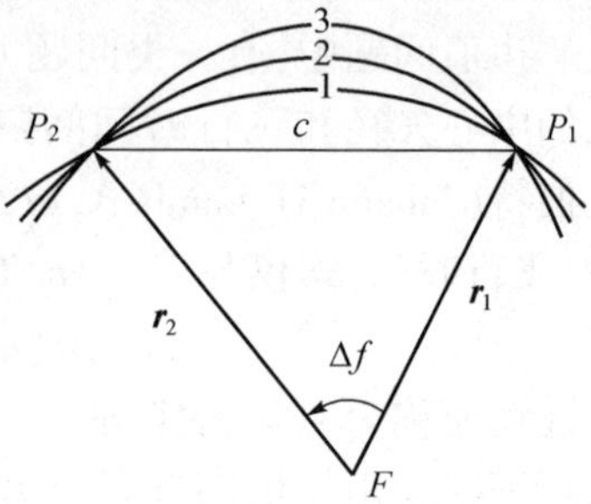

图 5-2 满足基本三角形的轨道族

根据二体轨道初值理论,若已知初始时刻的位置矢量 $\boldsymbol{r}_1$ 和速度矢量 $\boldsymbol{v}_1$,则可以唯一地确定轨道。$\boldsymbol{r}_1$、$\boldsymbol{v}_1$ 与终端时刻的位置矢量 $\boldsymbol{r}_2$ 可以通过拉格朗日系数联系起来

$$\boldsymbol{r}_2 = F\boldsymbol{r}_1 + G\boldsymbol{v}_1$$

由上式解出 $\boldsymbol{v}_1$,并将拉格朗日系数的真近点角差表达式(4-1-10)代入可得

$$\begin{aligned}\boldsymbol{v}_1 &= \frac{1}{G}(\boldsymbol{r}_2 - F\boldsymbol{r}_1)\\ &= \frac{\sqrt{\mu p}}{r_2 r_1 \sin\Delta f}\left[(\boldsymbol{r}_2-\boldsymbol{r}_1)+\frac{r_2}{p}(1-\cos\Delta f)\boldsymbol{r}_1\right]\end{aligned} \tag{5-1-1}$$

在上式右端的表达式中,仅有半通径 p 是未知量。可见,除去 $\Delta f = k\pi$ 的特殊情况外,给定 p 即可唯一确定飞行轨道。且与给定飞行时间 Δt 相比,由 p 确定飞行轨道更加简单,因此可以把 p 作为求解边值问题的关键参数。

现在的问题是:除 p 和 Δt 外,还有哪些参数可以从满足基本三角形的轨道族中确定出唯一的轨道,或者说这一族轨道的参数有哪些共同的特性。在分析此问题之前,先讨论两种特殊的边值问题。

5.1.2 两种特殊的边值问题

1. 最小能量椭圆

轨道半长轴 a 表示轨道的机械能,因此最小能量椭圆即 a 最小的椭圆。如图 5-3 所示,设 F 为焦点,F^* 为虚焦点,根据椭圆轨道的性质可知

$$\begin{cases}P_1F + P_1F^* = 2a = r_1 + P_1F^*\\ P_2F + P_2F^* = 2a = r_2 + P_2F^*\end{cases}$$

两式相加有

$$4a=(r_1+r_2)+(P_1F^*+P_2F^*) \quad (5-1-2)$$

由上式可知，当 $P_1F^*+P_2F^*$ 取极小值时，即 P_1、P_2、F^* 共线时，a 最小，记为 a_m。此时

$$P_1F_m^*+P_2F_m^*=c$$

因此有

$$a_m=\frac{1}{4}(r_1+r_2+c) \quad (5-1-3)$$

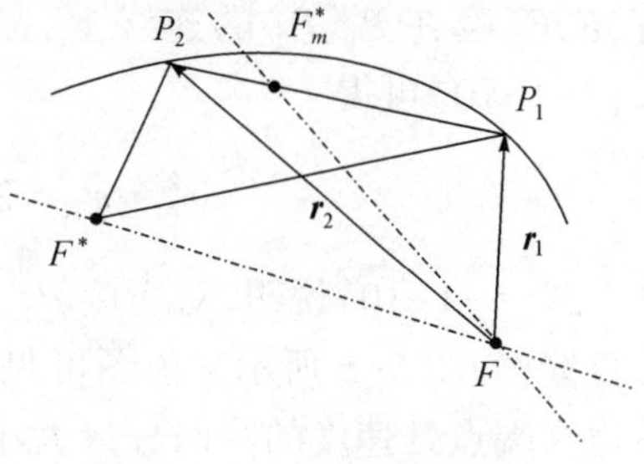

图 5-3　最小能量椭圆

令 s 为基本三角形的半周长，即 $s=(r_1+r_2+c)/2$，则

$$a_m=\frac{s}{2} \quad (5-1-4)$$

F_m^* 在 P_1、P_2 的连线上，且有

$$P_1F_m^*=s-r_1, \quad P_2F_m^*=s-r_2 \quad (5-1-5)$$

根据活力公式，最小能量椭圆上焦点距为 r 处的速度大小为

$$v_m^2=2\mu\left(\frac{1}{r}-\frac{1}{s}\right) \quad (5-1-6)$$

远程火箭弹道学中的最小能量弹道即对应一定关机点状态下的最小能量椭圆。

2. 中心转移角等于 π

再来看中心转移角等于 π 的情况，如图 5-4 所示。根据图中的几何关系，有

$$r_1+r_2=c, \quad f_2=f_1+\pi \quad (5-1-7)$$

根据轨道方程有

$$\begin{cases} p=r_1(1+e\cos f_1) \\ p=r_2(1+e\cos f_2)=r_2(1-e\cos f_1) \end{cases}$$

在上式中消去 $e\cos f_1$，可得

$$p=\frac{2r_1r_2}{r_1+r_2}=\frac{2r_1r_2}{c} \quad (5-1-8)$$

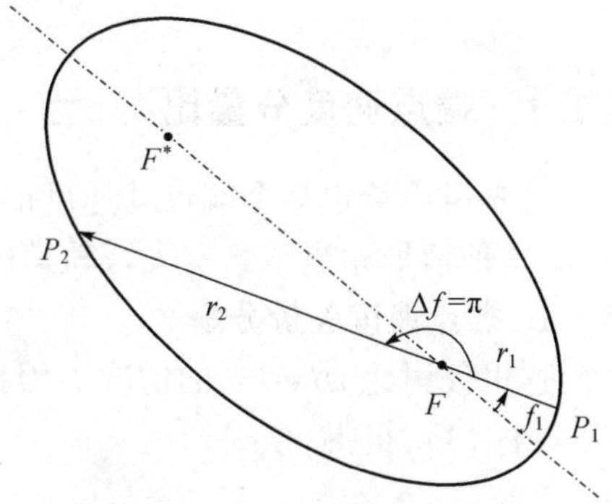

图 5-4　中心转移角等于 π

可见，当中心转移角等于 π 时，连接始末端点的所有轨道的半通径都等于 r_1、r_2 的调和平均数，是固定值，与轨道无关。

将两端点处的速度矢量沿径向与周向分解，有

$$\begin{cases} v_r=\dot{r}=\dfrac{\boldsymbol{r}\cdot\boldsymbol{v}}{r}=\dfrac{h}{p}e\sin f \\ v_f=r\dot{f}=\dfrac{\sqrt{\mu p}}{r}=\dfrac{h}{p}(1+e\cos f) \end{cases} \quad (5-1-9)$$

将式(5-1-8)代入上式，并考虑活力公式可得

$$\begin{cases} v_{f1}^2=\dfrac{2\mu r_2}{r_1c}, \quad v_{f2}^2=\dfrac{2\mu r_1}{r_2c} \\ v_{r1}^2=v_{r2}^2=\mu\left(\dfrac{2}{c}-\dfrac{1}{a}\right) \end{cases} \quad (5-1-10)$$

可见，对连接两端点的任意轨道，端点速度的周向分量都等于一常值。对最小能量椭圆轨道而

言，F、F^* 都在 P_1、P_2 的连线上，故有 $v_{r1}=v_{r2}=0$，$v_{f1}=v_{m1}$，$v_{f2}=v_{m2}$，$s=c$。综合式(5-1-6)、式(5-1-10)可得

$$v_{f1}^2=v_{m1}^2=2\mu\left(\frac{1}{r_1}-\frac{1}{c}\right),\quad v_{f2}^2=v_{m2}^2=2\mu\left(\frac{1}{r_2}-\frac{1}{c}\right) \tag{5-1-11}$$

式(5-1-10)说明，对连接 P_1、P_2 的所有可能轨道，其速度矢端曲线是一条与 P_1FP_2 平行的直线，如图 5-5 所示。由图可见，当 $a\neq a_m$ 时，对任意 a 都有两条轨道与之相对应，这两条轨道在端点处速度的径向分量大小相等，方向相反。

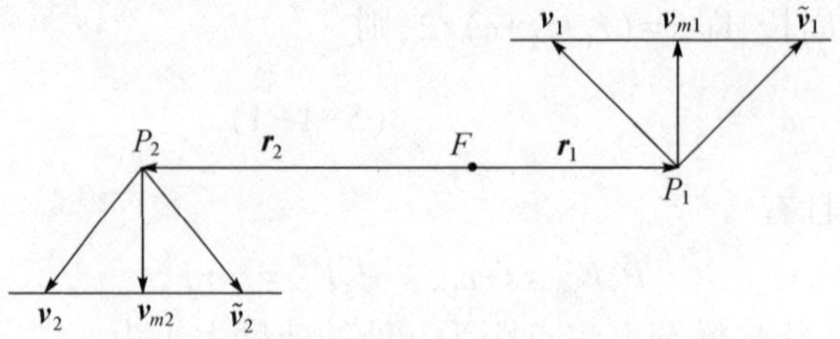

图 5-5　中心转移角等于 π 的速度矢端曲线

5.2　边值问题的定解条件

5.2.1　端点速度分量比

首先讨论给定某个端点处速度的大小 v，能否作为边值问题的定解条件。根据活力公式可知，这种情形相当于给定飞行轨道的半长轴 a。

1. 端点速度矢量分解

这里仅讨论 $\Delta f\neq k\pi$ 的情况。根据用拉格朗日系数描述的初值问题计算公式(4-1-6)及式(4-1-13)，可得

$$\boldsymbol{v}_1=\frac{1}{G}(-F\boldsymbol{r}_1+\boldsymbol{r}_2),\quad \boldsymbol{v}_2=\frac{1}{G}(-\boldsymbol{r}_1+G_t\boldsymbol{r}_2)$$

将用真近点角差表示的拉格朗日系数式(4-1-10)代入，有

$$\begin{cases}\boldsymbol{v}_1=\dfrac{\sqrt{\mu p}}{r_1r_2\sin\Delta f}\left[(\boldsymbol{r}_2-\boldsymbol{r}_1)+\dfrac{r_2}{p}(1-\cos\Delta f)\boldsymbol{r}_1\right]\\[2ex]\boldsymbol{v}_2=\dfrac{\sqrt{\mu p}}{r_1r_2\sin\Delta f}\left[(\boldsymbol{r}_2-\boldsymbol{r}_1)-\dfrac{r_1}{p}(1-\cos\Delta f)\boldsymbol{r}_2\right]\end{cases} \tag{5-2-1}$$

上式对任意圆锥曲线都成立，可用来在求得 p 后计算 $\boldsymbol{v}_1$、$\boldsymbol{v}_2$，从而计算轨道根数。

令 $\boldsymbol{i}_{r1}=\dfrac{\boldsymbol{r}_1}{r_1}$，$\boldsymbol{i}_{r2}=\dfrac{\boldsymbol{r}_2}{r_2}$，$\boldsymbol{i}_c=\dfrac{\boldsymbol{r}_2-\boldsymbol{r}_1}{c}$，代入上式可得

$$\begin{cases}\boldsymbol{v}_1=v_c\boldsymbol{i}_c+v_\rho\boldsymbol{i}_{r1}\\ \boldsymbol{v}_2=v_c\boldsymbol{i}_c-v_\rho\boldsymbol{i}_{r2}\end{cases} \tag{5-2-2}$$

其中

$$v_c=\frac{c\sqrt{\mu p}}{r_1r_2\sin\Delta f},\quad v_\rho=\sqrt{\frac{\mu}{p}}\frac{1-\cos\Delta f}{\sin\Delta f} \tag{5-2-3}$$

式(5-2-3)说明,将两端点处的速度沿弦向和各自的径向作非正交分解后,相应的分量大小相等,这个性质称为连线速度一致性定理,如图 5-6 所示,图中 $v_{1c}=v_{2c}$,$v_{1\rho}=v_{2\rho}$。

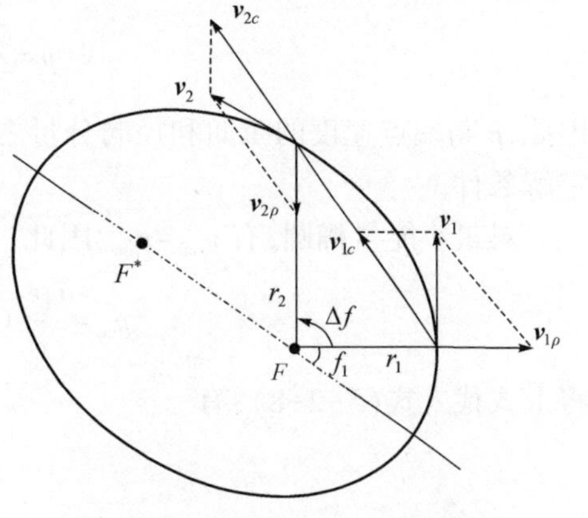

图 5-6　端点速度的非正交分解

2. 速度矢端曲线

在式(5-2-3)中,两式相乘消去 p 可得

$$v_c v_\rho=\frac{\mu c}{2r_1r_2}\sec^2\frac{\Delta f}{2} \tag{5-2-4}$$

可见,两速度分量的乘积是一常量,大小仅与基本三角形有关,与具体的轨道形状无关。式(5-2-3)、式(5-2-4)将两端点处的速度分量联系起来,已知其中一个量可求其余三个。

根据双曲线在渐近线坐标系中的表达式(3-3-24)可知,式(5-2-4)表示的是以弦 P_1P_2 和焦点矢径 FP_1 或 P_2F 所在的直线为渐近线的双曲线,如图 5-7 所示。

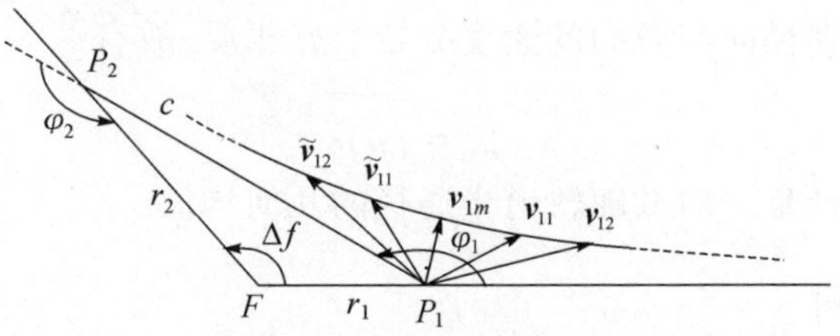

图 5-7　转移角不等于 π 时的速度矢端曲线

由图 5-7 可见,当 $v_1\neq v_{1m}$ 时,对任一给定的 v_1,都有一对 $\boldsymbol{v}_1$ 与之对应。根据活力公式,这说明当 $a\neq a_m$ 时,对任一给定的 a 都有一对共轭轨道与之相对应,它们在 P_1 点的速度 $\boldsymbol{v}_1$、$\tilde{\boldsymbol{v}}_1$ 对称分布于最小能量椭圆速度 $\boldsymbol{v}_{1m}$ 的两侧。$\boldsymbol{v}_{1m}$ 平分 FP_1 的延长线与 P_1P_2 的夹角 φ_1,在径向和弦向的分量相等

$$v_{1mc}=v_{1m\rho}=\frac{1}{2}v_{1m}\sec\frac{\varphi_1}{2} \tag{5-2-5}$$

在端点 P_2 有同样的结论成立,速度矢端曲线的渐近线是 P_1P_2 的延长线和 P_2F。将上式代入式(5-2-4)可得

$$v_c v_\rho=\frac{1}{4}v_{1m}^2\sec^2\frac{\varphi_1}{2}=\frac{1}{4}v_{2m}^2\sec^2\frac{\varphi_2}{2} \tag{5-2-6}$$

3. 用速度分量比表示的半通径

在图 5-7 中,$\boldsymbol{v}_1$ 与 $\tilde{\boldsymbol{v}}_1$ 的大小相等,因此给定速度 v_1 或 a 并不能唯一地确定轨道。但它们在径向和弦向的分量却不相同,因此若给定这两个方向的速度分量比,则可以唯一地确定轨道。

式(5-2-3)中的两式作比,有

$$\frac{v_c}{v_\rho}=\frac{cp}{r_1r_2(1-\cos\Delta f)} \tag{5-2-7}$$

解出 p,可得

$$p=\frac{r_1r_2}{c}(1-\cos\Delta f)\cdot\frac{v_c}{v_\rho} \tag{5-2-8}$$

因此,p 与端点速度的弦向和径向分量之比成正比。这也说明,p 比 a 更适合作为边值问题的定解条件。

对最小能量椭圆,有 $v_{cm}=v_{\rho m}$,因此

$$p_m=\frac{r_1r_2}{c}(1-\cos\Delta f)=\frac{2r_1r_2}{c}\sin^2\frac{\Delta f}{2} \tag{5-2-9}$$

将上式代入式(5-2-8),有

$$\frac{p}{p_m}=\frac{v_c}{v_\rho} \tag{5-2-10}$$

注意到式(5-2-4),可知只要给定 v 在斜交坐标系中的任一分量 v_c 或 v_ρ,就可以唯一地确定 p。综合式(5-2-4)、式(5-2-8)可得

$$p=\frac{1}{\mu}\left(\frac{r_1r_2\sin\Delta f}{c}\right)^2\cdot v_c^2=\mu\tan^2\frac{\Delta f}{2}\cdot\frac{1}{v_\rho^2} \tag{5-2-11}$$

由于一对共轭轨道在径向与弦向的速度分量恰好相反,故有

$$p_m=\sqrt{p\,\tilde{p}} \tag{5-2-12}$$

即最小能量椭圆的半通径是一对共轭轨道半通径的几何均值。

5.2.2 端点速度方向

由图 5-7 可知,如果给定某个端点处的速度方向,则飞行轨迹是可以唯一确定的。下面来讨论这一情况,端点处的速度方向用飞行路线角来描述。

1. 用飞行路线角表示的半通径

根据第 3 章的定义和图 5-8 可知,飞行路线角 γ 与当地速度倾角 Θ 满足关系式

$$\gamma+\Theta=\frac{\pi}{2},\quad 0\leqslant\gamma\leqslant\pi \tag{5-2-13}$$

根据速度径向与周向分量的表达式,可知飞行路线角与真近点角的关系为

$$\begin{cases}\sin\gamma=\dfrac{v_f}{v}=\dfrac{\mu}{hv}(1+e\cos f)\\[2ex]\cos\gamma=\dfrac{v_r}{v}=\dfrac{\mu}{hv}e\sin f\end{cases} \tag{5-2-14}$$

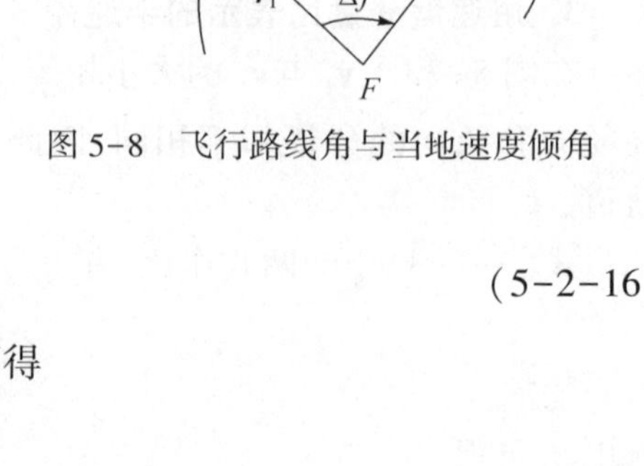

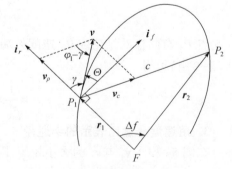

图 5-8 飞行路线角与当地速度倾角

由图 5-7 可知,对一对共轭轨道,在 P_1 点其飞行路线角满足

$$\gamma_1+\tilde{\gamma}_1=\varphi_1 \tag{5-2-15}$$

在 P_2 点满足

$$\gamma_2+\tilde{\gamma}_2=2\pi-\varphi_2 \tag{5-2-16}$$

故在速度非正交分解三角形中(图 5-8),由正弦定理可得

$$
\begin{cases}
\dfrac{v_{1c}}{v_{1\rho}}=\dfrac{\sin\gamma_1}{\sin(\varphi_1-\gamma_1)}=\dfrac{p}{p_m} \\
\dfrac{v_{2c}}{v_{2\rho}}=-\dfrac{\sin\gamma_2}{\sin(\varphi_2+\gamma_2)}=\dfrac{p}{p_m}
\end{cases}
\tag{5-2-17}
$$

因此飞行路线角与速度分量比、半通径都是一一对应的,可以作为边值问题的定解条件。

在$\triangle FP_1P_2$中,由正弦定理可得

$$
\frac{\sin\varphi_1}{r_2}=\frac{\sin\Delta f}{c}=\frac{\sin(\varphi_1-\Delta f)}{r_1}
$$

故有

$$
\sin\varphi_1=\frac{r_2}{c}\sin\Delta f,\quad \cos\varphi_1=\frac{r_2\cos\Delta f-r_1}{c} \tag{5-2-18}
$$

同理有

$$
\sin\varphi_2=\frac{r_1}{c}\sin\Delta f,\quad \cos\varphi_2=\frac{r_1\cos\Delta f-r_2}{c} \tag{5-2-19}
$$

将式(5-2-18)、式(5-2-19)代入式(5-2-17),可得

$$
\begin{cases}
\dfrac{p}{p_m}=\dfrac{c\sin\gamma_1}{r_1\sin\gamma_1+r_2\sin(\Delta f-\gamma_1)} \\
\dfrac{p}{p_m}=\dfrac{c\sin\gamma_2}{r_2\sin\gamma_2-r_1\sin(\Delta f+\gamma_2)}
\end{cases}
\tag{5-2-20}
$$

给定起始点或终端点的飞行路线角γ后,即可根据上式确定半通径p。

当$p=p_m$时,所得轨道为最小能量椭圆,由上式可以解出最小能量椭圆在P_1点的飞行路线角为

$$
\tan\gamma_{1m}=\cot\Theta_{1m}=\frac{r_2\sin\Delta f}{c-r_1+r_2\cos\Delta f} \tag{5-2-21}
$$

对弹道导弹而言,Δf即导弹的地心射程角β_e,给定β_e后可根据上式确定关机点的最佳当地速度倾角。

2. 始末点飞行路线角的关系

由式(5-2-20)可以得到始末点飞行路线角的关系式,下面推导该关系式的另一种简单表达形式。如图5-9所示,由式(5-1-9)可知

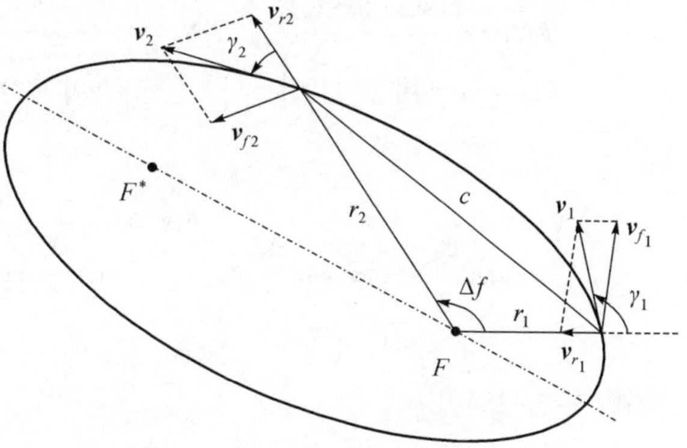

图5-9 始末点飞行路线角的关系

$$
\begin{aligned}
v_{r1}+v_{r2}&=\frac{h}{p}e[\sin f_1+\sin(f_1+\Delta f)] \\
&=2\frac{h}{p}e\sin\left(f_1+\frac{\Delta f}{2}\right)\sin\frac{\Delta f}{2}\cot\frac{\Delta f}{2} \\
&=\frac{h}{p}[e\cos f_1-e\cos(f_1+\Delta f)]\cot\frac{\Delta f}{2}
\end{aligned}
$$

即

$$
v_{r_1}+v_{r_2}=(v_{f_1}-v_{f_2})\cot\frac{\Delta f}{2} \tag{5-2-22}
$$

可见($v_{r1}+v_{r2}$)与($v_{f1}-v_{f2}$)成比例。对 v_r 有

$$v_r=\frac{rv_f}{r}\frac{v_r}{v_f}=\frac{h}{r}\cot\gamma \tag{5-2-23}$$

故有

$$v_{r1}+v_{r2}=\frac{h}{r_1}\cot\gamma_1+\frac{h}{r_2}\cot\gamma_2 \tag{5-2-24}$$

考虑到 $v_f=\dfrac{h}{r}$,代入式(5-2-22)可得

$$v_{r1}+v_{r2}=\left(\frac{h}{r_1}-\frac{h}{r_2}\right)\cot\frac{\Delta f}{2}$$

将式(5-2-24)代入上式,得到 γ_1 与 γ_2 的关系式

$$r_2\cot\gamma_1+r_1\cot\gamma_2=(r_2-r_1)\cot\frac{\Delta f}{2} \tag{5-2-25}$$

飞行路线角 γ_1、γ_2 反映的是航天器飞行速度的方向,在一些任务中会对终端点的 γ_2 提出要求,此时根据式(5-2-25)即可确定起始点的飞行路线角 γ_1。例如,航天飞机或宇宙飞船返回再入地球大气层时,考虑到热流、过载、航程等约束条件,对再入点处的 γ_2 要求比较严格。根据式(5-2-25)或式(5-2-20),可以求得满足 γ_2 和 Δf 要求的离轨段轨道的半通径 p,再根据式(5-2-1)可求得需要速度 $\boldsymbol{v}_1$。根据 $\boldsymbol{v}_1$ 对航天器实施导引,就能得到同时满足离轨段航程和再入角要求的制动段轨道[16]。

5.2.3 偏近点角差

1. 轨道切线与角平分线

如图 5-10 所示,对于通过 P_1、P_2 点的任意圆锥曲线,P_1 和 P_2 点的轨道切线与它们的焦点张角 $\angle P_1FP_2$ 的平分线交于一点,证明如下。

设 P_1、P_2点的轨道切线与角平分线分别交于 N_1、N_2点,由正弦定理可知

$$FN_1=r_1\frac{\sin(\pi-\gamma_1)}{\sin\left(\gamma_1-\dfrac{\Delta f}{2}\right)},\quad FN_2=r_2\frac{\sin\gamma_2}{\sin\left(\pi-\gamma_2-\dfrac{\Delta f}{2}\right)}$$

即

$$FN_1=\frac{r_1}{\cos\dfrac{\Delta f}{2}-\cot\gamma_1\sin\dfrac{\Delta f}{2}},\quad FN_2=\frac{r_2}{\cos\dfrac{\Delta f}{2}+\cot\gamma_2\sin\dfrac{\Delta f}{2}} \tag{5-2-26}$$

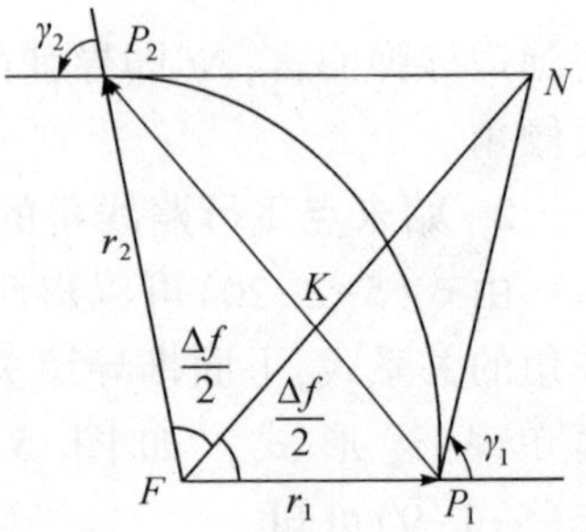

图 5-10 轨道切线与角平分线

由式(5-2-25)知

$$r_2\cot\gamma_1\sin\frac{\Delta f}{2}+r_1\cot\gamma_2\sin\frac{\Delta f}{2}=(r_2-r_1)\cos\frac{\Delta f}{2}$$

因此

$$r_1\left(\cos\frac{\Delta f}{2}+\cot\gamma_2\sin\frac{\Delta f}{2}\right)=r_2\left(\cos\frac{\Delta f}{2}-\cot\gamma_1\sin\frac{\Delta f}{2}\right) \tag{5-2-27}$$

与式(5-2-26)比较可知

$$FN_1 = FN_2$$

定理得证,FN 可由 γ_1 或 γ_2 求出。

P_1N、P_2N 分别代表了始末端点处的速度方向,因此连接 P_1、P_2 的所有圆锥曲线的端点速度方向的交点在同一条直线上,这是式(5-2-25)的几何解释。

2. 三余切公式

在上小节的证明中已知

$$FN = \frac{r_1}{\cos\dfrac{\Delta f}{2} - \cot\gamma_1 \sin\dfrac{\Delta f}{2}} \tag{5-2-28}$$

根据式(4-3-55)可知

$$\begin{cases} \sin\dfrac{\Delta f}{2} = \sqrt{\dfrac{p}{r_1 r_2}}\, U_1\left(\dfrac{\chi}{2};\alpha\right) \\ \cos\dfrac{\Delta f}{2} = \dfrac{1}{\sqrt{r_1 r_2}}\left[r_1 U_0\left(\dfrac{\chi}{2};\alpha\right) + \sigma_1 U_1\left(\dfrac{\chi}{2};\alpha\right)\right] \end{cases} \tag{5-2-29}$$

对于椭圆,由式(4-3-49)可知

$$\begin{cases} U_0\left(\dfrac{\chi}{2};\alpha\right) = \cos\dfrac{\Delta E}{2} \\ U_1\left(\dfrac{\chi}{2};\alpha\right) = \sqrt{a}\sin\dfrac{\Delta E}{2} \end{cases} \tag{5-2-30}$$

由上式及式(5-2-14)可知

$$\sigma_1 U_1\left(\frac{\chi}{2};\alpha\right) = \frac{r_1 v_{r1}}{\sqrt{\mu}} \cdot \sqrt{a}\sin\frac{\Delta E}{2} = \frac{v_{r1}}{v_{f1}} \cdot \sqrt{ap}\sin\frac{\Delta E}{2} = \cot\gamma_1 \cdot \sqrt{ap}\sin\frac{\Delta E}{2} \tag{5-2-31}$$

将式(5-2-30)、式(5-2-31)代入式(5-2-29)可得

$$\begin{cases} \sin\dfrac{\Delta f}{2} = \sqrt{\dfrac{ap}{r_1 r_2}}\sin\dfrac{\Delta E}{2} \\ \cos\dfrac{\Delta f}{2} = \sqrt{\dfrac{r_1}{r_2}}\cos\dfrac{\Delta E}{2} + \sqrt{\dfrac{ap}{r_1 r_2}} \cdot \cot\gamma_1 \sin\dfrac{\Delta E}{2} \end{cases} \tag{5-2-32}$$

上面两式作比即可得三余切公式

$$\cot\gamma_1 = \cot\frac{\Delta f}{2} - \frac{r_1}{\sqrt{ap}}\cot\frac{\Delta E}{2} \tag{5-2-33}$$

利用上式可以由 γ_1 和 Δf 直接计算 ΔE。γ_1 表示飞行方向,Δf 表示飞过的中心角距,而利用式(4-2-43)可以由 ΔE 计算飞行时间,因此上式对快速计算飞行时间有很大的好处。根据式(5-2-25)和式(5-2-33)可以得到用 γ_2 表示的三余切公式

$$\cot\gamma_2 = \frac{r_2}{\sqrt{ap}}\cot\frac{\Delta E}{2} - \cot\frac{\Delta f}{2} \tag{5-2-34}$$

将式(5-2-33)及式(5-2-32)的第一式代入 FN 的表达式(5-2-28),可得

$$FN\cos\frac{\Delta E}{2}=\sqrt{r_1r_2} \tag{5-2-35}$$

同理,对双曲线有

$$FN\cosh\frac{\Delta H}{2}=\sqrt{r_1r_2} \tag{5-2-36}$$

对抛物线有

$$FN=\sqrt{r_1r_2} \tag{5-2-37}$$

3. 用偏近点角差表示的半通径

由式(5-2-20)、式(5-2-28),可得

$$\begin{aligned}\frac{p_m c}{p}&=\frac{r_1\sin\gamma_1+r_2\sin(\Delta f-\gamma_1)}{\sin\gamma_1}\\&=r_1+r_2(\sin\Delta f\cdot\cot\gamma_1-\cos\Delta f)\\&=r_1+r_2-2r_2\cos\frac{\Delta f}{2}\left(\cos\frac{\Delta f}{2}-\cot\gamma_1\sin\frac{\Delta f}{2}\right)\\&=r_1+r_2-2r_2\cos\frac{\Delta f}{2}\frac{r_1}{FN}\end{aligned}$$

对椭圆轨道,将式(5-2-35)代入上式有

$$\frac{p_m c}{p}=r_1+r_2-2\sqrt{r_1r_2}\cos\frac{\Delta f}{2}\cos\frac{\Delta E}{2}$$

故有

$$\frac{p}{p_m}=\frac{c}{r_1+r_2-2\sqrt{r_1r_2}\cos\frac{\Delta f}{2}\cos\frac{\Delta E}{2}} \tag{5-2-38}$$

可见,给定偏近点角差 ΔE 也可以唯一地确定轨道。ΔE 的重要性体现在它与飞行时间 Δt 直接相关,因此给定始末点的飞行时间间隔确定飞行轨道时,式(5-2-38)就成为一个关键的公式。

同理,对双曲线轨道有

$$\frac{p}{p_m}=\frac{c}{r_1+r_2-2\sqrt{r_1r_2}\cos\frac{\Delta f}{2}\cosh\frac{\Delta H}{2}} \tag{5-2-39}$$

对抛物线轨道有

$$\frac{p_p}{p_m}=\frac{c}{r_1+r_2-2\sqrt{r_1r_2}\cos\frac{\Delta f}{2}} \tag{5-2-40}$$

5.2.4 偏心率

下面讨论轨道的偏心率 e 能否作为边值问题的定解条件。

1. 偏心率矢量

偏心率矢量指向近拱点方向,根据式(3-2-21),对 P_1、P_2 点有

$$\begin{cases} \boldsymbol{e}\cdot\boldsymbol{r}_1=p-r_1 \\ \boldsymbol{e}\cdot\boldsymbol{r}_2=p-r_2 \end{cases}$$

两式相减，可得

$$\boldsymbol{e}\cdot(\boldsymbol{r}_2-\boldsymbol{r}_1)=r_1-r_2 \tag{5-2-41}$$

即

$$-\boldsymbol{e}\cdot\boldsymbol{i}_c=\frac{r_2-r_1}{c} \tag{5-2-42}$$

上式表明，满足基本三角形的圆锥曲线的偏心率矢量 $\boldsymbol{e}$ 在弦方向 $\boldsymbol{i}_c$ 的投影为常数，如图 5-11 所示。

易知，当 $\boldsymbol{e}$ 与 $\boldsymbol{i}_c$ 的方向一致时，偏心率取极小值

$$e=e_{\min}\triangleq e_F$$

此时，有

$$\boldsymbol{e}_F=\frac{r_1-r_2}{c}\boldsymbol{i}_c \tag{5-2-43}$$

对任意偏心率矢量 $\boldsymbol{e}$，有

$$\boldsymbol{e}=\boldsymbol{e}_F+\tan\omega\cdot(\boldsymbol{i}_h\times\boldsymbol{e}_F) \tag{5-2-44}$$

式中：ω 为 $\boldsymbol{e}$ 与 $\boldsymbol{e}_F$ 的夹角，由 $\boldsymbol{e}_F$ 开始度量，逆时针为正。

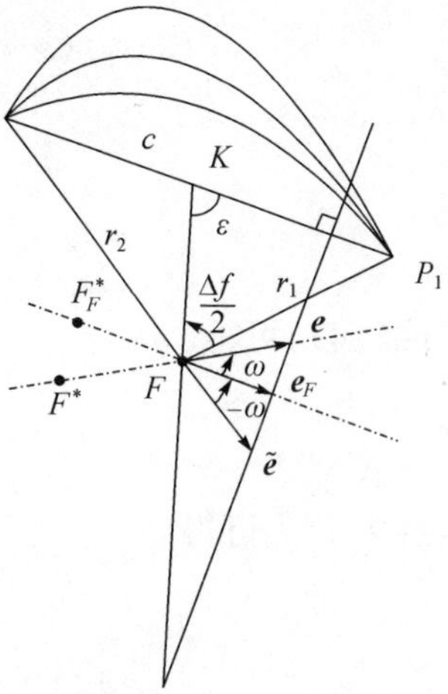

图 5-11　偏心率矢量

由图 5-11 可知，对给定的偏心率 e，当 $e\neq e_F$ 时，可能会有一对偏心率矢量 $\boldsymbol{e}$、$\tilde{\boldsymbol{e}}$ 与之对应，即有两条轨道满足条件，因此 e 不能作为边值问题的定解条件。但对一对 $\boldsymbol{e}$ 和 $\tilde{\boldsymbol{e}}$，ω 的取值相反，因此 ω 可以作为边值问题的定解条件。

2. 基本椭圆

在所有连接 P_1、P_2 的椭圆中，偏心率最小的椭圆称为基本椭圆（fundmental ellipse）。可知，基本椭圆的偏心率为 e_F。

由式（5-2-43）可知，基本椭圆的长轴 FF^* 与 P_1P_2 平行，因此 $P_1P_2F^*F$ 为等腰梯形，如图 5-12 所示。故有

$$P_1F^*=P_2F,\quad P_1F=P_2F^*,\quad P_0F=P_0F^*$$

根据椭圆的性质，有

$$P_1F^*+P_1F=P_2F^*+P_2F=P_0F^*+P_0F=2a_F$$

根据上两式可得

$$P_2F+P_1F=P_2F^*+P_1F^*=2P_0F=r_1+r_2=2a_F$$

则有

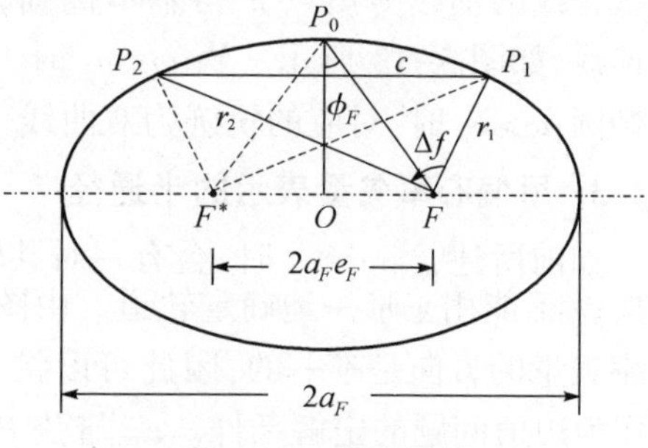

图 5-12　基本椭圆

$$a_F=P_0F=\frac{r_1+r_2}{2} \tag{5-2-45}$$

在 $\triangle P_0FO$ 中，有

$$e_F=\frac{OF}{a_F}=\frac{OF}{P_0F}=\sin\phi_F=\frac{|r_1-r_2|}{c} \tag{5-2-46}$$

故

$$p_F = a_F(1-e_F^2) = a_F\cos^2\phi_F \tag{5-2-47}$$

而由式(5-2-46)可知

$$\cos^2\phi_F = 1-e_F^2 = 1-\left(\frac{r_2-r_1}{c}\right)^2 = \frac{1}{c^2}(c+r_2-r_1)(c+r_1-r_2)$$
$$= \frac{4}{c^2}(s-r_1)(s-r_2)$$

根据三角形的半角与边长的关系公式

$$(s-r_1)(s-r_2) = r_1 r_2 \sin^2\frac{\Delta f}{2}, \quad s(s-c) = r_1 r_2 \cos^2\frac{\Delta f}{2} \tag{5-2-48}$$

可得

$$\cos^2\phi_F = \frac{4r_1 r_2}{c^2}\sin^2\frac{\Delta f}{2} \tag{5-2-49}$$

代入式(5-2-47)可得

$$p_F = a_F\frac{4r_1 r_2}{c^2}\sin^2\frac{\Delta f}{2} = \frac{r_1+r_2}{c}\frac{2r_1 r_2}{c}\sin^2\frac{\Delta f}{2} \tag{5-2-50}$$

将式(5-2-9)代入可得

$$\frac{p_F}{p_m} = \frac{2a_F}{c} = \frac{r_1+r_2}{c} \tag{5-2-51}$$

此即基本椭圆与最小能量椭圆半通径的关系式。

由图 5-11 可知,当 $e \neq e_F$ 时,给定 e 会有一对共轭的 $\boldsymbol{e},\tilde{\boldsymbol{e}}$。假设 $|\boldsymbol{e}_p| = |\tilde{\boldsymbol{e}}_p| = 1$ 为抛物线轨道的偏心率矢量,由 $e_F = e_P\cos\omega_p = \cos\omega_p$,$e_F = \sin\phi_F$ 可知

$$\phi_F+\omega_p = \frac{\pi}{2}, \quad \omega_p = \arccos e_F \tag{5-2-52}$$

故抛物线的轴线为焦点 F 与基本椭圆短轴顶点 P_0 的连线,如图 5-13 所示。当 $\omega<\omega_p$ 时,对应的轨迹为椭圆;$\omega>\omega_p$ 时,对应的轨迹为双曲线。

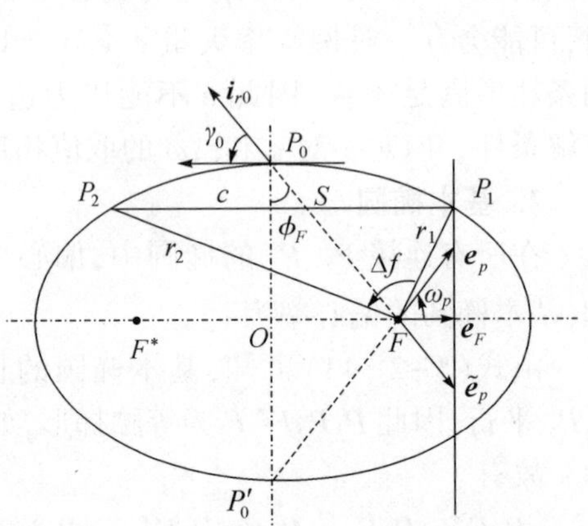

图 5-13 抛物线轨道的偏心率矢量

3. 用偏心率矢量表示的半通径

如前所述,当 $e \neq e_F$ 时,会有一对共轭的 $\boldsymbol{e},\tilde{\boldsymbol{e}}$ 与 e 对应,e 不能用来唯一地确定轨道。由图 5-11 可知,偏心率矢量的方向是唯一的,因此可以将 $\boldsymbol{e}$ 与 $\boldsymbol{e}_F$ 的夹角 ω 作为边值问题的定解条件。$\boldsymbol{e}_F$ 与弦 P_2P_1 平行,而偏心率矢量指向近拱点方向,因此 ω 即轨道的近拱点矢量与弦的夹角。由图 5-14 可知,ω 与 P_1 点的真近点角 f_1 满足如下关系:

$$f_1 = \pi-\varphi_1-\omega \tag{5-2-53}$$

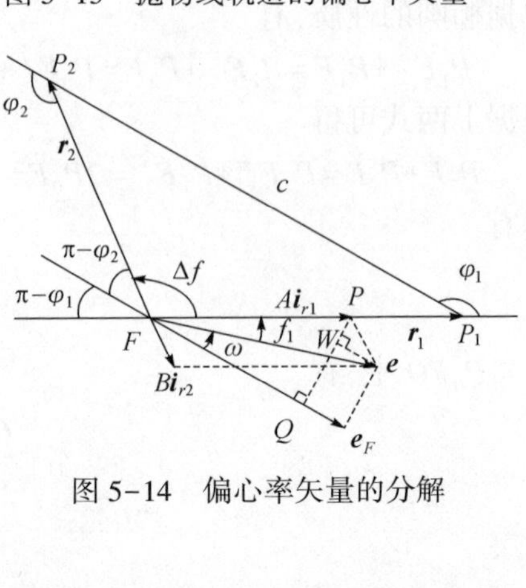

图 5-14 偏心率矢量的分解

为用 ω 来表示 p,先把 $\boldsymbol{e}$ 表示成 $\boldsymbol{r}_1$ 和 $\boldsymbol{r}_2$ 的线性组合,如图 5-14 所示。令

$$\boldsymbol{e}=A\boldsymbol{i}_{r1}+B\boldsymbol{i}_{r2} \tag{5-2-54}$$

因为 $\boldsymbol{i}_{r1}\cdot\boldsymbol{i}_{r2}=\cos\Delta f, \boldsymbol{e}\cdot\boldsymbol{r}=p-r$，故有

$$\begin{cases}\boldsymbol{e}\cdot\boldsymbol{i}_{r1}=\dfrac{p}{r_1}-1=A+B\cos\Delta f\\[2ex]\boldsymbol{e}\cdot\boldsymbol{i}_{r2}=\dfrac{p}{r_2}-1=A\cos\Delta f+B\end{cases}$$

由上式解出系数 A、B，可得

$$\begin{cases}A\sin^2\Delta f=\left(\dfrac{p}{r_1}-1\right)-\left(\dfrac{p}{r_2}-1\right)\cdot\cos\Delta f\\[2ex]B\sin^2\Delta f=\left(\dfrac{p}{r_2}-1\right)-\left(\dfrac{p}{r_1}-1\right)\cdot\cos\Delta f\end{cases} \tag{5-2-55}$$

由图 5-14 可见

$$e\sin\omega=e_F\tan\omega=QW$$

而

$$QW=PQ-PW=A\sin\varphi_1+B\sin\varphi_2$$

在 $\triangle P_1FP_2$ 中，由正弦公式可得

$$\sin\varphi_1=\frac{r_2}{c}\sin\Delta f,\quad \sin\varphi_2=\frac{r_1}{c}\sin\Delta f$$

综合以上三式可得

$$e\sin\omega=e_F\tan\omega=\frac{Ar_2\sin\Delta f+Br_1\sin\Delta f}{c} \tag{5-2-56}$$

将式(5-2-55)代入上式，有

$$\begin{aligned}ce_F\tan\omega\sin\Delta f&=\left[\left(\frac{p}{r_1}-1\right)-\left(\frac{p}{r_2}-1\right)\cdot\cos\Delta f\right]r_2+\left[\left(\frac{p}{r_2}-1\right)-\left(\frac{p}{r_1}-1\right)\cdot\cos\Delta f\right]r_1\\&=\left(\frac{r_2}{r_1}+\frac{r_1}{r_2}-2\cos\Delta f\right)p-(r_1+r_2)(1-\cos\Delta f)\end{aligned}$$

由于 $r_1^2+r_2^2-2r_1r_2\cos\Delta f=c^2$，故有

$$ce_F\tan\omega\sin\Delta f=\frac{c^2}{r_1r_2}p-(r_1+r_2)(1-\cos\Delta f)$$

解出 p，可得

$$p=\frac{r_1+r_2}{c}\cdot\frac{r_1r_2}{c}(1-\cos\Delta f)+\frac{r_1r_2}{c}e_F\tan\omega\sin\Delta f \tag{5-2-57}$$

将式(5-2-50)代入，有

$$p=p_F+\frac{r_1r_2}{c}e_F\tan\omega\sin\Delta f \tag{5-2-58}$$

可以看出，$\boldsymbol{e}$、$\tilde{\boldsymbol{e}}$的 ω 不同，它们对应的 p 也不同，故应由 ω 而不是 e 来确定 p。注意到 $e_F\tan\omega$ 表示 $\boldsymbol{e}$ 在偏心率矢量端点轨迹直线上的投影，因此 p 是该投影的线性函数。

将式(5-2-58)除以最小能量椭圆的半通径 p_m，可得

$$\frac{p}{p_m}=\frac{p_F}{p_m}+\frac{1}{p_m}\frac{r_1 r_2}{c}e_F\tan\omega\sin\Delta f$$

将 p_F、p_m、e_F 用基本三角形的参数表示，有

$$\frac{p}{p_m}=\frac{r_1+r_2}{c}+\frac{r_2-r_1}{c}\tan\omega\cot\frac{\Delta f}{2} \tag{5-2-59}$$

在图 5-11 与图 5-15 中，令 FK 为 $\angle P_1FP_2$ 的平分线，$\angle P_1KF=\varepsilon$，则有 $\angle FP_1K=\pi-\varepsilon-\frac{\Delta f}{2}$，$\angle FP_2K=\varepsilon-\frac{\Delta f}{2}$，根据正弦公式有

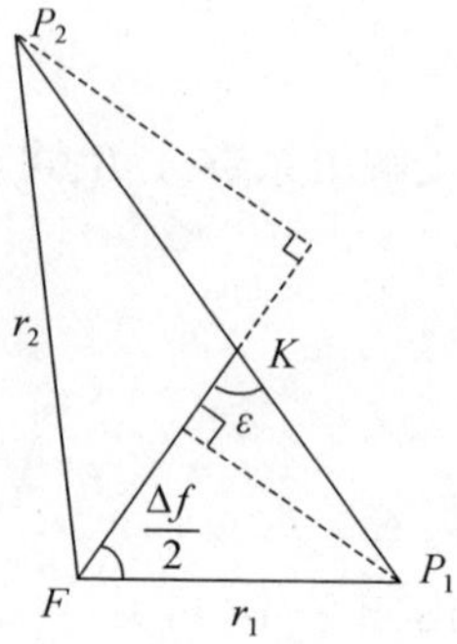

图 5-15　角平分线与弦的交点

$$r_1\sin\left(\varepsilon+\frac{\Delta f}{2}\right)=r_2\sin\left(\varepsilon-\frac{\Delta f}{2}\right)$$

展开可得

$$r_1+r_1\cot\varepsilon\tan\frac{\Delta f}{2}=r_2-r_2\cot\varepsilon\tan\frac{\Delta f}{2}$$

由上式可得关于角平分线的一个重要公式

$$\tan\varepsilon=\frac{r_2+r_1}{r_2-r_1}\tan\frac{\Delta f}{2} \tag{5-2-60}$$

在图 5-15 中，有

$$\begin{cases}FK=r_1\cos\dfrac{\Delta f}{2}+P_1K\cdot\cos\varepsilon\\[2ex] FK=r_2\cos\dfrac{\Delta f}{2}-P_2K\cdot\cos\varepsilon\end{cases}$$

由于 $P_1K+P_2K=c$，故有

$$\cos\varepsilon=\frac{r_2-r_1}{c}\cos\frac{\Delta f}{2}=\sin\phi_F\cos\frac{\Delta f}{2}=e_F\cos\frac{\Delta f}{2} \tag{5-2-61}$$

将式(5-2-60)代入式(5-2-59)，可得

$$\frac{p}{p_m}=e_F(\tan\varepsilon+\tan\omega)\cdot\cot\frac{\Delta f}{2} \tag{5-2-62}$$

可见，当 $\omega=-\varepsilon$，即偏心率矢量与角平分线共线时(图 5-11)，$p=0$。此时的偏心率为

$$e=\frac{e_F}{\cos\omega}=\frac{e_F}{\cos\varepsilon}$$

将式(5-2-61)代入，有

$$e=\frac{e_F}{e_F\cos\dfrac{\Delta f}{2}}=\sec\frac{\Delta f}{2} \tag{5-2-63}$$

因为 $p=a(1-e^2)$，故此时 $a=0$，双曲线退化为直线 P_1F 与 FP_2。航天器沿线段 P_1F 由 P_1 运动到 F，再沿 FP_2 由 F 运动至 P_2。由于 p 不能小于 0，因此这是图 5-11 中偏心率矢量末端轨迹的下限。

5.2.5 虚焦点

在边值问题中，中心天体是圆锥曲线的一个焦点，若给定另一个焦点（抛物线对应准线），则圆锥曲线亦随之确定。

1. 椭圆轨道的虚焦点轨迹

若连接 P_1、P_2 的轨迹是椭圆，由于 P_1、P_2 都在椭圆上，故其虚焦点 F^* 应满足

$$P_1F^*=2a-r_1,\quad P_2F^*=2a-r_2$$

因此对半长轴为 a 的椭圆，其虚焦点是以 P_1 为圆心、$2a-r_1$ 为半径的圆和以 P_2 为圆心、$2a-r_2$ 为半径的圆的交点，如图 5-16 所示。

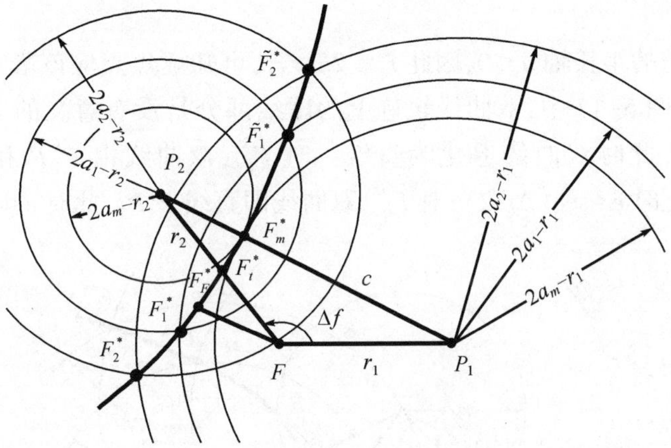

图 5-16 椭圆轨道的虚焦点轨迹

由图可知，当 $a=a_m$ 时，两圆相切，此时 $a=a_m=s/2$，因此最小能量椭圆是由 P_1 飞至 P_2 点的最小，也即 P_1、P_2 点处的速度最小的椭圆；当 $a>a_m$ 时，有一对共轭虚焦点 F^*、$\widetilde{F}^*$ 与之对应，此时 a 对应一对共轭椭圆；$a<a_m$ 时，两圆没有交点，也即此时无法由 P_1 点飞至 P_2 点。

假设 $r_2>r_1$，由于

$$P_2F^*-P_1F^*=(2a-r_2)-(2a-r_1)=-(r_2-r_1) \tag{5-2-64}$$

因此虚焦点 F^* 的轨迹是以 P_1P_2 为对称轴的双曲线。P_2 是双曲线的焦点，P_1 是虚焦点，即双曲线弯向与椭圆的焦点 F 距离较大的一个端点。

虚焦点轨迹双曲线的半长轴为

$$a^*=-\frac{1}{2}(r_2-r_1)<0$$

双曲线的焦距等于基本三角形的弦长

$$2c^*=c$$

双曲线的偏心率为

$$e^*=\frac{c^*}{-a^*}=\frac{c}{r_2-r_1}=\frac{1}{e_F}$$

可见椭圆轨道虚焦点轨迹的偏心率是基本椭圆偏心率的倒数。双曲线渐近线的斜率为

$$k=\frac{b^*}{-a^*}=\sqrt{(e^*)^2-1}=\frac{\sqrt{1-e_F^2}}{e_F}=\frac{\cos\phi_F}{\sin\phi_F}=\cot\phi_F=\tan\omega_p$$

2. 双曲线轨道的虚焦点轨迹

与椭圆轨道类似,双曲线轨道的虚焦点应满足

$$P_1F^*=r_1-2a,\quad P_2F^*=r_2-2a$$

因此,对半长轴为 a 的双曲线,其虚焦点是以 P_1 为圆心、r_1-2a 为半径的圆和以 P_2 为圆心、r_2-2a 为半径的圆的交点,如图 5-17 所示。

以不同的 a 作图,即可得到虚焦点轨迹。假定 $r_2>r_1$,由于

$$P_1F^*-P_2F^*=(r_1-2a)-(r_2-2a)=-(r_2-r_1)<0 \tag{5-2-65}$$

因此双曲线轨道的虚焦点轨迹也是双曲线,且与式(5-2-64)比较可知,该双曲线是与椭圆轨道虚焦点轨迹的双曲线共轭的另一支。该支双曲线的焦点为 P_1,即双曲线弯向与焦点 F 距离较小的一个端点。

由于双曲线轨道的半长轴 $a\leqslant 0$,因此 $r_1-2a\geqslant r_1$,可知虚焦点应该落在以 P_1 为圆心、r_1 为半径的圆之外,即在图 5-17 中,双曲线轨迹上的虚线部分是没有意义的。图中的虚焦点 F_0^* 与 $\widetilde{F}_0^*$ 对应于 $a=0$,此时双曲线退化为直线。对 F_0^*,双曲线由 P_1F 和 FP_2 两段组成,由式(5-2-63)可知,此时 $e=\sec(\Delta f/2)$;对 $\widetilde{F}_0^*$,双曲线即直线 P_1P_2,此时 $e=\infty$。

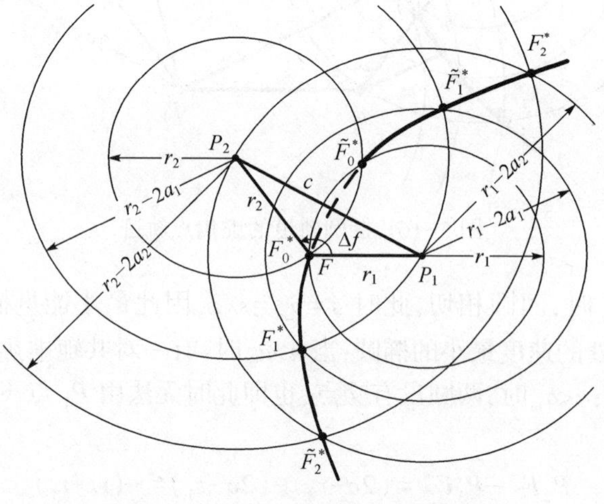

图 5-17　双曲线轨道的虚焦点轨迹

当虚焦点位于无穷远处时,连接 P_1、P_2 的轨迹为抛物线。

3. 用虚焦点位置表示的半通径

由上面的讨论可知,对同一个 a,一般情况下会有一对共轭圆锥曲线与之对应,因此给定半长轴不能唯一地确定轨道,下面分析比 a 更适合表示半通径的变量。

根据式(5-2-54),把 $\boldsymbol{e}$ 表示成 $\boldsymbol{r}_1$ 和 $\boldsymbol{r}_2$ 的线性组合,有

$$\boldsymbol{e}\cdot\boldsymbol{e}=A^2+2AB\cos\Delta f+B^2$$

即

$$e^2=1-\frac{p}{a}=A^2+2AB\cos\Delta f+B^2 \tag{5-2-66}$$

上式两端乘以 $\sin^4\Delta f$,并利用式(5-2-55)可得

$$\left(1-\frac{p}{a}\right)\sin^2\Delta f=\left(\frac{p}{r_1}-1\right)^2-2\left(\frac{p}{r_1}-1\right)\left(\frac{p}{r_2}-1\right)\cos\Delta f+\left(\frac{p}{r_2}-1\right)^2 \tag{5-2-67}$$

按 p 合并同类项，得到

$$p^2-2Dp_m p+p_m^2=0 \tag{5-2-68}$$

其中，

$$D=D_1+D_2=\left[\frac{s-c}{c}\left(1-\frac{s}{2a}\right)\right]+\left[\frac{s}{c}\left(1-\frac{s-c}{2a}\right)\right]$$

$$D_1=\frac{s-c}{c}\left(1-\frac{s}{2a}\right),\quad D_2=\frac{s}{c}\left(1-\frac{s-c}{2a}\right) \tag{5-2-69}$$

方程(5-2-68)的解为

$$p=p_m\left(D\pm\sqrt{(D+1)(D-1)}\right) \tag{5-2-70}$$

由于$\frac{s}{2a}\leqslant 1$，$\frac{s-c}{c}>0$，故 D_1、D_2均为正，且有 $D_2-D_1=1$，因此令

$$D_1=\cot^2\nu,\quad D_2=\csc^2\nu\quad\left(0\leqslant\nu\leqslant\frac{\pi}{2}\right)$$

则有

$$D=\cot^2\nu+\csc^2\nu,\quad D+1=2\csc^2\nu,\quad D-1=2\cot^2\nu$$

将上式代入式(5-2-70)，得到

$$p=p_m(\cot^2\nu+\csc^2\nu\pm 2\cot\nu\csc\nu)$$

即

$$\frac{p}{p_m}=(\cot\nu\pm\csc\nu)^2=\left(\frac{\cos\nu\pm 1}{\sin\nu}\right)^2=\begin{cases}\tan^2\dfrac{\nu}{2} & (\text{“}-\text{”})\\[2ex] \tan^2\left(\dfrac{\pi}{2}-\dfrac{\nu}{2}\right) & (\text{“}+\text{”})\end{cases} \tag{5-2-71}$$

由于$0\leqslant\frac{\nu}{2}\leqslant\frac{\pi}{4}$，$\frac{\pi}{4}\leqslant\frac{\pi}{2}-\frac{\nu}{2}\leqslant\frac{\pi}{2}$，因此若将 ν 的取值范围拓展为 $0\leqslant\nu\leqslant\pi$，则上式可统一表示为

$$\frac{p}{p_m}=\tan^2\frac{\nu}{2}\quad(0\leqslant\nu\leqslant\pi) \tag{5-2-72}$$

当 $\nu=0,\frac{\pi}{2},\pi$ 时，虚焦点分别对应 F_0^*，F_m^*，$\widetilde{F}_0^*$。当 ν 取值在第一象限时，对应不带“~”的虚焦点；当 ν 取值在第二象限时，对应带“~”的虚焦点。当 $\cot\nu=\pm\sqrt{\frac{s-c}{c}}$ 时，虚焦点在无穷远处，轨道变为抛物线。

与半长轴 a 不同，半通径 p 与变量 ν 是一一对应的，且 p 相对变量 ν 是单调递增的，因此可以用 ν 作为边值问题的定解条件。

例题 下面以地球—火星转移轨道为例，举例说明边值问题中相关参数的变化特性。假设在日心黄道坐标系中，初始时刻的地球位置 $\boldsymbol{r}_E$ 和终端时刻的火星位置 $\boldsymbol{r}_M$ 分别为

$$\boldsymbol{r}_E=\begin{bmatrix}0.855857\\0.506830\\0.0\end{bmatrix}\text{AU},\quad \boldsymbol{r}_M=\begin{bmatrix}-1.450813\\0.815685\\0.052747\end{bmatrix}\text{AU}$$

两矢量间的夹角为 $\Delta f=120°$。图 5-18 以端点速度分量比为自变量，给出了半通径、端点速度、半长轴等特征参数的变化。图 5-19 给出了几种典型的转移轨道类型，图中 S、M、E 分别表示太阳、火星和地球。

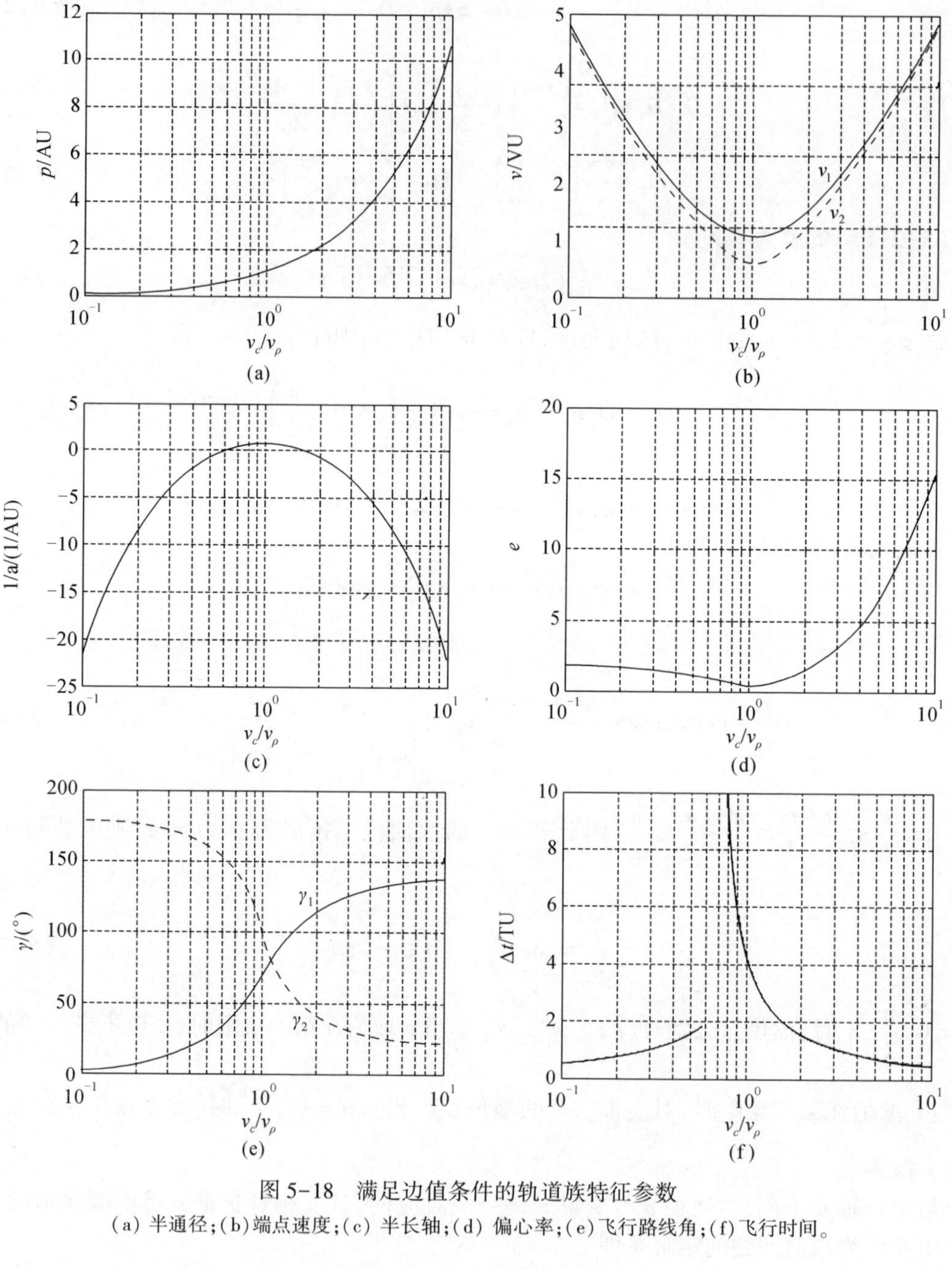

图 5-18　满足边值条件的轨道族特征参数

(a) 半通径；(b) 端点速度；(c) 半长轴；(d) 偏心率；(e) 飞行路线角；(f) 飞行时间。

由图 5-18 可以看出，半通径 p 随端点速度分量比 v_c/v_ρ 呈单调递增关系，其余参数呈如下变化规律。

(1) 当 $v_c/v_\rho \to +\infty$ 时，$p \to +\infty$，此时速度沿着 EM 方向，轨道退化为直线双曲线 EM。根据式(5-2-1)可知，端点速度 $v \to +\infty$，因此机械能 $E \to +\infty$，半长轴 $a \to 0$，轨道的虚焦点对应

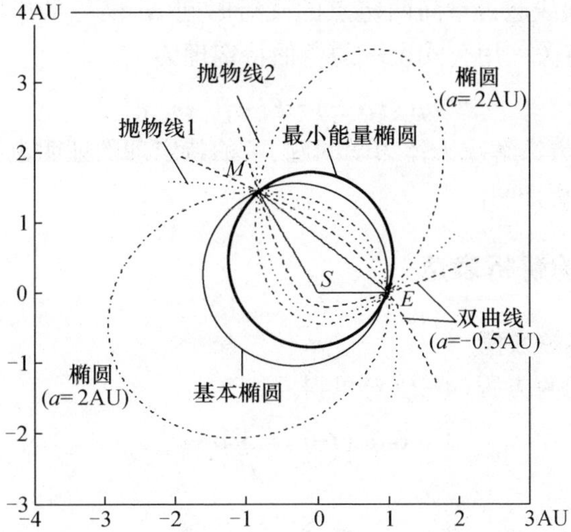

图 5-19 地球—火星转移的各种轨道类型

图 5-17中的 $\widetilde{F}_0^*$。由于 $p=a(1-e^2)$,因此 $e\to+\infty$。飞行路线角 $\gamma_1\to\varphi_1$、$\gamma_2\to\pi-\varphi_2$,φ_1、φ_2 可由式(5-2-18)、式(5-2-19)求得。由于速度无穷大,因此由 E 点飞至 M 点的时间 $\Delta t\to0$。

(2) 随着 v_c/v_ρ 由+∞减小到 0,p 逐渐减小,转移轨道先由双曲线变为抛物线、椭圆,再由椭圆变回抛物线、双曲线。

半长轴 a 先由 0 减小至-∞,轨道由双曲线变为抛物线,虚焦点沿图 5-17 中带"~"标记的半部分移动到无穷远处;a 再由+∞(与-∞都对应图 5-19 中抛物线 1)逐渐减小,轨道变为椭圆,当 $v_c/v_\rho=1$ 时轨道变为最小能量椭圆,a 达到正的极小值 a_m;此后 a 又逐渐变大,当 $a\to+\infty$ 时轨道重新变成抛物线(抛物线 2),此时航天器无法从上侧(轨迹与弦围成的图形不包含焦点 S)飞至 M 点;在此过程中,飞行时间 Δt 逐渐增大,由 $0\to+\infty$,虚焦点沿图 5-16 中的双曲线移动。之后,a 再由-∞(同样对应抛物线 2)逐渐增大,轨迹重新变为双曲线,航天器从下侧(轨迹与弦围成的图形包含焦点 S)飞至 M 点,飞行时间 Δt 逐渐减小,虚焦点沿图 5-17 中不带"~"标记的半部分由无穷远处移动到 F_0^* 点。

端点速度 v 随着 v_c/v_ρ 的减小呈先减小后增大的趋势,当 $v_c/v_\rho=1$ 时达到极小值。飞行路线角 γ_1 单调减小,由 $\varphi_1\to0$;γ_2 单调增大,由 $\pi-\varphi_2\to\pi$。偏心率 e 同样呈先减小后增大的趋势,当轨道变成基本椭圆时,e 达到极小值 e_F。因此,a、v 与 e 都不能用来唯一地确定轨道。由图还可以看出,在 $v_c/v_\rho=1$ 的两侧,存在一对共轭轨道,它们的 a 与 v 相同,但 e 并不同。

(3) 当 $v_c/v_\rho\to0$ 时,$p\to0$,此时速度沿着 SE 方向,轨道退化为直线双曲线 MS-SE。根据式(5-2-1)可知,端点速度 $v\to\infty$,因此机械能 $E\to\infty$,半长轴 $a\to0$,由 M 点飞至 E 点的时间 $\Delta t\to0$。偏心率 e 趋于一常值,由式(5-2-63)可知,$e\to\sec(\Delta f/2)$。飞行路线角 $\gamma_1\to0$、$\gamma_2\to\pi$。虚焦点移动到 F_0^* 点。

5.3 兰伯特定理

下面讨论边值问题中最常见的一类问题:给定航天器由 P_1 至 P_2 点的飞行时间间隔 Δt,确定飞行轨道。兰伯特飞行时间定理描述了这类问题的基本规律。

兰伯特定理：圆锥曲线通过空间两定点的飞行时间 Δt 仅与半长轴 a、两点与引力中心的距离和 r_1+r_2 及弦长 c 有关。用公式表示的兰伯特定理为

$$\sqrt{\mu}(t_2-t_1)=F(a,r_1+r_2,c) \tag{5-3-1}$$

兰伯特习惯用几何方法解决天体力学问题，兰伯特定理的证明也是如此，欧拉和拉格朗日给出了兰伯特定理的解析证明。

5.3.1 兰伯特定理的解析表达

1. 抛物线轨道的欧拉方程

对抛物线轨道，由巴克方程(4-2-5)可得

$$6\sqrt{\mu}(t-\tau)=3p\sigma+\sigma^3$$

其中

$$\sigma=\frac{\boldsymbol{r}\cdot\boldsymbol{v}}{\sqrt{\mu}}=\sqrt{p}\tan\frac{f}{2}$$

若设航天器通过 P_1、P_2点的时刻分别为 t_1、t_2，则有

$$\begin{aligned}6\sqrt{\mu}(t_2-t_1)&=3p(\sigma_2-\sigma_1)+(\sigma_2^3-\sigma_1^3)\\&=(\sigma_2-\sigma_1)[3(p+\sigma_1\sigma_2)+(\sigma_2-\sigma_1)^2]\end{aligned} \tag{5-3-2}$$

为证明兰伯特定理，只需证明 $p+\sigma_1\sigma_2$、$\sigma_2-\sigma_1$ 仅与 r_1+r_2、c 有关。

根据 σ 定义，并考虑到式(4-2-2)、式(5-2-48)，有

$$\begin{aligned}p+\sigma_1\sigma_2&=p\left(1+\tan\frac{f_1}{2}\tan\frac{f_2}{2}\right)\\&=p\cos\frac{f_2-f_1}{2}\sec\frac{f_1}{2}\sec\frac{f_2}{2}\\&=2\sqrt{r_1r_2}\cos\frac{\Delta f}{2}\\&=\pm2\sqrt{s(s-c)}\end{aligned} \tag{5-3-3}$$

式中，当 $0\leqslant\Delta f\leqslant\pi$ 时取"+"，$\pi<\Delta f<2\pi$ 时取"−"。

由抛物线的轨道方程可知

$$r=\frac{p}{1+\cos f}=\frac{p}{2}\sec^2\frac{f}{2}=\frac{1}{2}(p+\sigma^2)$$

故有

$$2(r_1+r_2)=2p+\sigma_1^2+\sigma_2^2=(\sigma_2-\sigma_1)^2+2(p+\sigma_1\sigma_2)$$

由此可得

$$(\sigma_2-\sigma_1)^2=2[(r_1+r_2)-(p+\sigma_1\sigma_2)]=2[(2s-c)\mp2\sqrt{s(s-c)}]=2(\sqrt{s}\mp\sqrt{s-c})^2$$

因为 σ 相对于 f 单调递增，$\sigma_2>\sigma_1$，故有

$$\sigma_2-\sigma_1=(\sqrt{2s}\mp\sqrt{2(s-c)}) \tag{5-3-4}$$

由式(5-3-3)、式(5-3-4)可见，式(5-3-2)的右端仅与 r_1+r_2、c 有关，兰伯特定理得证。代入即可得欧拉方程

$$6\sqrt{\mu}(t_2-t_1)=(\sqrt{2s})^3\mp(\sqrt{2(s-c)})^3=(r_1+r_2+c)^{\frac{3}{2}}\mp(r_1+r_2-c)^{\frac{3}{2}} \tag{5-3-5}$$

当 $0\leqslant\Delta f\leqslant\pi$ 时取“-”，$\pi\leqslant\Delta f\leqslant 2\pi$ 时取“+”。

1744 年，欧拉研究彗星轨道确定问题时推导出了式(5-3-5)，发表在论文《行星与彗星的运动理论》中，但他并未将此结论推广到椭圆和双曲线轨道。兰伯特利用几何方法得到了同样的公式，并将结论推广到了所有的圆锥曲线。

2. 椭圆轨道的拉格朗日方程

椭圆轨道兰伯特定理的解析证明是拉格朗日在 1778 年的一篇关于轨道的论文中完成的。

1) 拉格朗日方程

设 P_1、P_2 点的偏近点角分别为 E_1、E_2，由开普勒方程可得

$$\begin{aligned}\sqrt{\mu}(t_2-t_1)&=a^{\frac{3}{2}}[(E_2-E_1)-e(\sin E_2-\sin E_1)]\\&=2a^{\frac{3}{2}}\left(\frac{E_2-E_1}{2}-e\sin\frac{E_2-E_1}{2}\cos\frac{E_2+E_1}{2}\right)\end{aligned} \tag{5-3-6}$$

为书写简便，令

$$\psi=\frac{E_2-E_1}{2},\quad \cos\varphi=e\cos\frac{E_2+E_1}{2} \tag{5-3-7}$$

则式(5-3-6)可以写成

$$\sqrt{\mu}(t_2-t_1)=2a^{\frac{3}{2}}(\psi-\sin\psi\cos\varphi) \tag{5-3-8}$$

由此可见，Δt 与 ψ,φ 有关，现来考察 ψ,φ 与 r_1+r_2、c、a 的关系。

由椭圆轨道公式易得

$$\begin{aligned}r_1+r_2&=a(1-e\cos E_1)+a(1-e\cos E_2)\\&=2a(1-\cos\psi\cos\varphi)\end{aligned} \tag{5-3-9}$$

根据关系式(4-2-27)，有

$$\begin{cases}\sqrt{r}\cos\dfrac{f}{2}=\sqrt{a(1-e)}\cos\dfrac{E}{2}\\ \sqrt{r}\sin\dfrac{f}{2}=\sqrt{a(1+e)}\sin\dfrac{E}{2}\end{cases}$$

可得

$$\begin{aligned}\sqrt{r_1r_2}\cos\frac{\Delta f}{2}&=\sqrt{r_1r_2}\left(\cos\frac{f_2}{2}\cos\frac{f_1}{2}+\sin\frac{f_2}{2}\sin\frac{f_1}{2}\right)\\&=a(\cos\psi-\cos\varphi)\end{aligned} \tag{5-3-10}$$

因此有

$$\begin{aligned}c^2&=r_1^2+r_2^2-2r_1r_2\cos\Delta f\\&=(r_1+r_2)^2-4r_1r_2\cos^2\frac{\Delta f}{2}\\&=4a^2(1-\cos\psi\cos\varphi)^2-4a^2(\cos\psi-\cos\varphi)^2\end{aligned}$$

化简得

$$c=2a\sin\psi\sin\varphi \tag{5-3-11}$$

由式(5-3-9)、式(5-3-11)可知，ψ,φ 可以表示成 a、r_1+r_2 和 c 的函数，兰伯特定理得证。同理可以证明兰伯特定理对双曲线轨道同样成立。

为得到简洁形式的方程,引入拉格朗日参数

$$\alpha=\varphi+\psi,\quad \beta=\varphi-\psi \tag{5-3-12}$$

则有

$$\psi=\frac{\alpha-\beta}{2},\quad \varphi=\frac{\alpha+\beta}{2} \tag{5-3-13}$$

根据式(5-3-9)和式(5-3-11)可知

$$\begin{cases}2s=r_1+r_2+c=2a[1-\cos(\varphi+\psi)]=2a(1-\cos\alpha)\\2(s-c)=r_1+r_2-c=2a[1-\cos(\varphi-\psi)]=2a(1-\cos\beta)\end{cases}$$

从而有

$$\sin^2\frac{\alpha}{2}=\frac{s}{2a},\quad \sin^2\frac{\beta}{2}=\frac{s-c}{2a} \tag{5-3-14}$$

将式(5-3-13)代入式(5-3-8),即可得到拉格朗日方程

$$\sqrt{\mu}(t_2-t_1)=a^{\frac{3}{2}}[(\alpha-\sin\alpha)-(\beta-\sin\beta)] \tag{5-3-15}$$

关于 α、β 的象限问题下节讨论。

由推导过程可以看出,式(4-2-43)和式(5-3-15)是根据开普勒方程得到的椭圆轨道上两点间飞行时间间隔的不同表达形式。对前者而言,半长轴 a 是已知量,因此将飞行时间 Δt 表示成初始运动参数 r_0、σ_0 和偏近点角差 ΔE 的函数;对后者而言,a 是未知量,而基本三角形的参数 s、c 是已知量,因此将飞行时间 Δt 表示成 a 和 s、c 的函数。两者实质上是一致的,只是针对不同问题表达成了不同的形式而已。

对双曲线轨道,同样可以定义

$$\psi=\frac{H_2-H_1}{2},\quad \cosh\varphi=e\cosh\frac{H_2+H_1}{2} \tag{5-3-16}$$

拉格朗日参数的定义同式(5-3-12),可得

$$\sinh^2\frac{\alpha}{2}=-\frac{s}{2a},\quad \sinh^2\frac{\beta}{2}=-\frac{s-c}{2a} \tag{5-3-17}$$

两固定点间的飞行时间方程为

$$\sqrt{\mu}(t_2-t_1)=(-a)^{\frac{3}{2}}[(\sinh\alpha-\alpha)-(\sinh\beta-\beta)] \tag{5-3-18}$$

2) 用拉格朗日参数表示的半通径

根据式(5-2-38),可得

$$p=\frac{2r_1r_2\sin^2\dfrac{\Delta f}{2}}{r_1+r_2-2\sqrt{r_1r_2}\cos\dfrac{\Delta f}{2}\cos\psi} \tag{5-3-19}$$

将 r_1+r_2 和 $\sqrt{r_1r_2}\cos\dfrac{\Delta f}{2}$ 用 ψ,φ 表示的式(5-3-9)、式(5-3-10)代入,得到

$$p=\frac{r_1r_2\sin^2\dfrac{\Delta f}{2}}{a\sin^2\psi} \tag{5-3-20}$$

由 c 的表达式(5-3-11)可知

$$\frac{1}{\sin^2\psi}=\frac{4a^2\sin^2\varphi}{c^2}$$

上式代入式(5-3-20)可得 p 的另一种表达形式

$$p=\frac{4ar_1r_2}{c^2}\sin^2\frac{\Delta f}{2}\sin^2\varphi \tag{5-3-21}$$

根据式(5-3-20)、式(5-3-21)及式(5-2-9)可得

$$\frac{p}{p_m}=\frac{2a\sin^2\varphi}{c}=\frac{c}{2a\sin^2\psi} \tag{5-3-22}$$

由式(5-3-11)可知

$$\frac{2a}{c}=\frac{1}{\sin\varphi\sin\psi}=\frac{1}{\sin\frac{\alpha+\beta}{2}\sin\frac{\alpha-\beta}{2}} \tag{5-3-23}$$

由上两式可得到

$$\frac{p}{p_m}=\frac{\sin\varphi}{\sin\psi}=\frac{\sin\frac{\alpha+\beta}{2}}{\sin\frac{\alpha-\beta}{2}} \tag{5-3-24}$$

同理,对双曲线有

$$\frac{p}{p_m}=\frac{\sinh\varphi}{\sinh\psi}=\frac{\sinh\frac{\alpha+\beta}{2}}{\sinh\frac{\alpha-\beta}{2}} \tag{5-3-25}$$

5.3.2 边值问题变换

利用兰伯特飞行定理,可以对边值问题进行非常有用的变换。由兰伯特定理

$$\sqrt{\mu}(t_2-t_1)=F(a,r_1+r_2,c)$$

可知,若保持 a,r_1+r_2 和 c 不变,则 t_2-t_1 不变,与圆锥曲线的形状无关。因此,若保持 P_1、P_2点不变(即 c 不变),移动两个焦点 F、F^*,移动过程中保持 a、r_1+r_2 不变,则飞行时间 t_2-t_1 不变,此即边值问题的变换。

为保持 r_1+r_2不变,变换过程中应有

$$FP_1+FP_2=r_1+r_2=\text{const} \tag{5-3-26}$$

因此焦点 F 应在以 P_1、P_2 为焦点、r_1+r_2 为长轴的椭圆上移动。

为保持 a 不变,应有

$$P_1F^*+P_2F^*=4a-(r_1+r_2)=\text{const} \tag{5-3-27}$$

因此虚焦点 F^* 应在以 P_1、P_2 为焦点、$4a-(r_1+r_2)$为长轴的椭圆上移动,如图 5-20 所示。

图 5-20(a)是两个焦点位于 P_1P_2同一侧的情况,图(b)是两个焦点分别位于 P_1P_2的两侧。以图 5-20(a)为例,焦点 F 沿椭圆 1 移动,虚焦点 F^* 沿椭圆 2 移动。当 F 移动到 F_i时,F^* 相应地移动到 F_i^*,且满足 $P_1F_i^*+P_1F_i=2a$。由兰伯特定理可知,飞行时间保持不变。当 F 移动到椭圆 1 与 P_1P_2的交点 F_r时,F^* 应相应地移动到 P_1P_2与椭圆 2 的交点 F_r^*,椭圆变成直

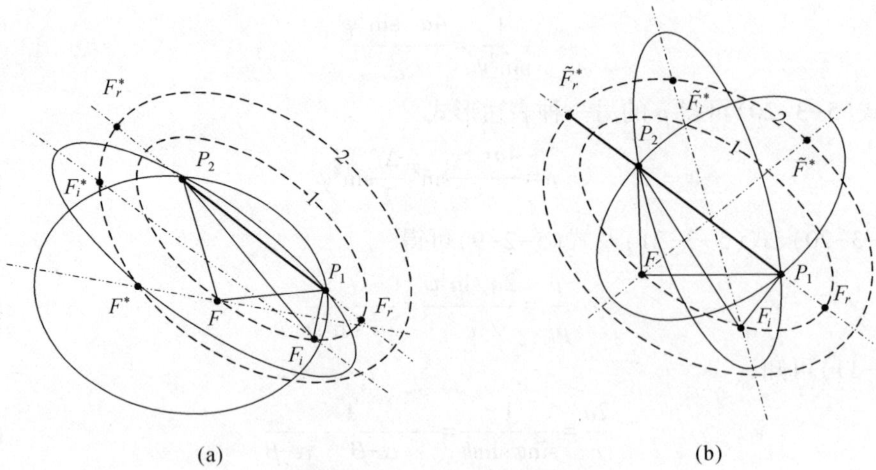

图 5-20　边值问题的变换

线椭圆($e=1$),飞行时间保持不变。图 5-20(b)与图(a)基本相同,只是因为飞行过程中扫过的区域要包含虚焦点,因此在直线椭圆上要先由 P_1 点飞至 $\widetilde{F}_r^*$ 再返回 P_2点。

下面分析焦点位于 F_r时直线椭圆的性质。由于 $e=1$,由开普勒方程可知

$$\sqrt{\mu}\,(t_2-t_1)=a^{\frac{3}{2}}[\,(E_2-E_1)-(\sin E_2-\sin E_1)\,] \tag{5-3-28}$$

由于

$$P_1F_r+P_2F_r=r_1+r_2,\quad P_2F_r-P_1F_r=c$$

因此有

$$P_1F_r=s-c,\quad P_2F_r=s \tag{5-3-29}$$

根据椭圆轨道方程,有

$$\begin{cases}P_1F_r=a(1-\cos E_1)=2a\sin^2\dfrac{E_1}{2}\\[2ex] P_2F_r=a(1-\cos E_2)=2a\sin^2\dfrac{E_2}{2}\end{cases}$$

综合上两式可得

$$\sin^2\frac{E_1}{2}=\frac{s-c}{2a},\quad \sin^2\frac{E_2}{2}=\frac{s}{2a} \tag{5-3-30}$$

与拉格朗日参数表达式(5-3-14)比较可知,α、β 分别与直线椭圆上 P_2、P_1点的偏近点角 E_2、E_1 相等。同时,根据式(5-3-14)及边值问题变换的特性可知,变换过程中拉格朗日参数是不变的。综合式(5-3-14)与式(5-3-30),式(5-3-28)可以写成

$$\sqrt{\mu}\,(t_2-t_1)=a^{\frac{3}{2}}[\,(\alpha-\sin\alpha)-(\beta-\sin\beta)\,]$$

与拉格朗日方程(5-3-15)的形式是相同的。

利用边值问题变换可以确定拉格朗日参数的象限,α、β 的取值有如图 5-21 所示的四种情况。图中直线椭圆上的加粗部分表示航天器飞过的弧段。

根据图 5-21 中的四种基本飞行情况及其变换,不难得出拉格朗日参数的象限应满足

$$0\leqslant\alpha<2\pi,\quad \begin{cases}0\leqslant\beta\leqslant\pi, & \Delta f\leqslant\pi\\ -\pi\leqslant\beta\leqslant 0, & \Delta f\geqslant\pi\end{cases} \tag{5-3-31}$$

对双曲线轨道,同样可以通过边值问题变换得到直线双曲线。在直线双曲线上的 P_1、P_2

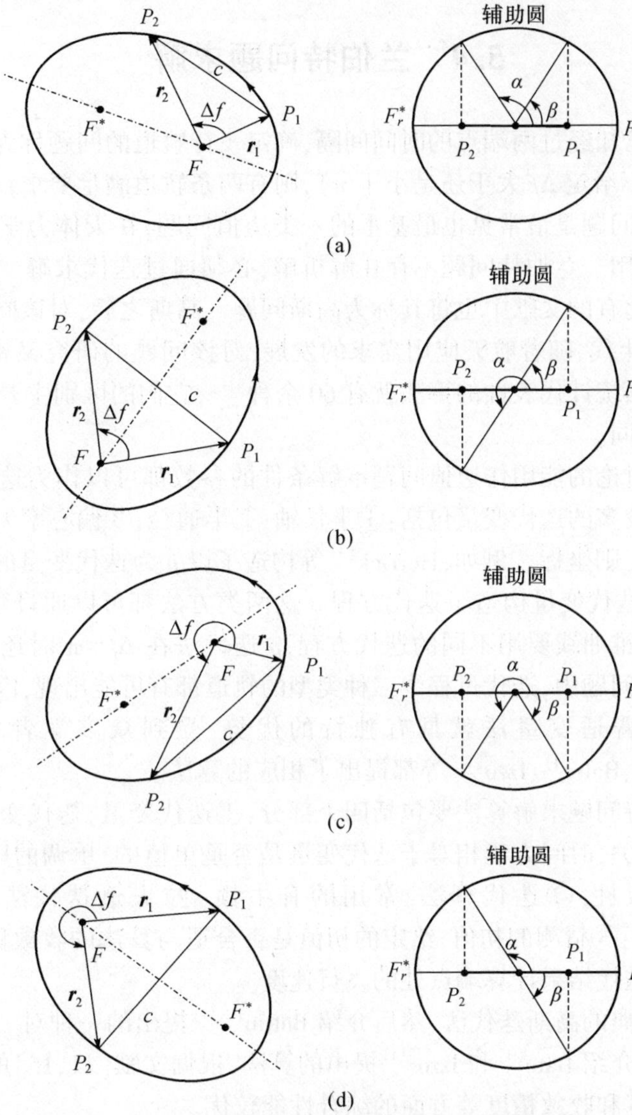

图 5-21　四种基本飞行情况及其变换

(a) 中心转移角 $\Delta f \leqslant \pi$,且扫过的区域不包含虚焦点:$0 \leqslant \alpha \leqslant \pi, 0 \leqslant \beta \leqslant \pi$;

(b) 中心转移角 $\Delta f \leqslant \pi$,且扫过的区域包含虚焦点:$\pi \leqslant \alpha \leqslant 2\pi, 0 \leqslant \beta \leqslant \pi$;

(c) 中心转移角 $\Delta f > \pi$,且扫过的区域包含虚焦点:$\pi \leqslant \alpha \leqslant 2\pi, -\pi \leqslant \beta \leqslant 0$;

(d) 中心转移角 $\Delta f > \pi$,且扫过的区域不包含虚焦点:$0 \leqslant \alpha \leqslant \pi, -\pi \leqslant \beta \leqslant 0$。

点,满足 $\alpha = H_2, \beta = H_1$。双曲线的拉格朗日参数象限按下式判断:

$$\alpha \geqslant 0, \quad \begin{cases} \beta \geqslant 0, & \Delta f \leqslant \pi \\ \beta \leqslant 0, & \Delta f \geqslant \pi \end{cases} \tag{5-3-32}$$

前面介绍了边值问题变换中直线椭圆的用处,其他一些特殊形式的椭圆在分析问题中也很有用,比如半长轴与弦垂直的椭圆、能量等。在边值问题变换中,除飞行时间外,还有一些其他量是保持不变的,如拉格朗日参数 α、β,近点角差 $E_2 - E_1$、$H_2 - H_1$ 等。这些不变量是边值问题及圆锥曲线运动中非常独特而优美的特性,吸引了大量的数学家和天文学家的注意,兰伯特就曾利用边值问题变换的方法,将飞行时间展开成变换不变量的级数。

5.4 兰伯特问题求解

在边值问题中,已知经过两端点的时间间隔,确定飞行轨道的问题称为兰伯特问题。如果不给定飞行方向(即不给定 Δf 大于还是小于 π),则有两条轨道满足要求;若给定飞行方向,则解是唯一的。兰伯特问题是最常见也最基本的一类边值问题,在天体力学、轨道力学、弹道学中都有非常广泛的应用。兰伯特问题不存在解析解,必须通过迭代求解。高斯给出了第一个比较完善的算法,因此有的文献中也将其称为高斯问题。高斯之后,对该问题的研究沉寂了一段时间。20 世纪 60 年代,随着航天应用需求的发展,对该问题的研究又密集起来,不断有各种类型的算法问世,据统计代表性的算法就有 60 余种[11],它们的区别主要在于选用的飞行时间方程和迭代变量不同。

原则上讲,前面讨论的能用作边值问题定解条件的参数都可以作为迭代变量。目前已有的求解算法中,选用较多的迭代变量包括:①半长轴;②半通径;③偏心率矢量;④偏近点角差;⑤普适变量;⑥K-S 正则坐标。例如,Herrick[3]等构造了以 p 为迭代变量的 p 迭代法,Godal[3]以偏近点角差 ΔE 为迭代变量构造了迭代方程。这两类方法都可以通过牛顿迭代法求解,不足之处在于对三类圆锥曲线要用不同的迭代方程,p 迭代法在 $\Delta f=\pi$ 时还存在算法奇异。在轨道设计等航天应用问题中,迭代过程中三种类型的轨道都有可能出现,因此将三类圆锥曲线用统一公式描述的普适变量法就具有独特的优势,受到众多学者关注,Lancaster[12]、Gooding[8]、Battin[2,13]、Bate[4]、Izzo[14]等都提出了相应的算法。

一般而言,兰伯特问题求解算法要包括四个部分:①迭代变量,迭代变量的选择与飞行时间方程的形式密切相关,时间方程相对于迭代变量是否是单值的、单调的以及光滑特性如何,都会影响算法的收敛性;②迭代算法,常用的有牛顿-拉夫逊迭代法、二分法、试位法、Householder 迭代法等;③猜测的初值,给定的初值是否合适与算法的收敛稳定性、收敛速度都有直接关系;④根据迭代结果计算端点处的飞行速度。

本节首先介绍经典的高斯迭代法,然后介绍 Battin[2,14]提出的一种对三类圆锥曲线都有效的普适迭代法。最后介绍 Bate[4]和 Izzo[14]提出的算法,根据文献[11,15]的评估,这两种算法在适用范围、收敛速度和收敛精度等方面的综合性能较优。

5.4.1 高斯迭代法

在确定谷神星轨道的过程中,高斯提出了一种迭代方法,此方法的特点在于引入了变量 Y:

$$Y=\frac{\sqrt{\mu p}\,(t_2-t_1)}{r_1 r_2\sin\Delta f} \tag{5-4-1}$$

式中:Y 的几何意义是航天器由 P_1 点飞到 P_2 点的过程中,位置矢径 $\boldsymbol{r}$ 扫过的椭圆扇形面积与 $\boldsymbol{r}_1$、$\boldsymbol{r}_2$ 和弦 c 围成的三角形面积之比。

由式(5-2-38)解出 p,可得

$$p=\frac{2r_1 r_2\sin^2\dfrac{\Delta f}{2}}{r_1+r_2-2\sqrt{r_1 r_2}\cos\dfrac{\Delta f}{2}\cos\dfrac{\Delta E}{2}} \tag{5-4-2}$$

求式(5-4-1)的平方并将上式代入,可得

$$Y^2=\frac{\mu(t_2-t_1)^2}{\left(2\sqrt{r_1r_2}\cos\frac{\Delta f}{2}\right)^3}\cdot\frac{1}{\frac{r_1+r_2}{4\sqrt{r_1r_2}\cos\frac{\Delta f}{2}}-\frac{1}{2}\cos\frac{\Delta E}{2}}$$

令

$$\begin{cases}m=\dfrac{\mu\ (t_2-t_1)^2}{\left(2\sqrt{r_1r_2}\cos\dfrac{\Delta f}{2}\right)^3}\\ l=\dfrac{r_1+r_2}{4\sqrt{r_1r_2}\cos\dfrac{\Delta f}{2}}-\dfrac{1}{2}\end{cases}\tag{5-4-3}$$

基本三角形确定后,l 和 m 都是已知的常数,则原方程可简化为

$$Y^2=\frac{m}{l+\sin^2\frac{\psi}{2}}\tag{5-4-4}$$

参数 ψ 由式(5-3-7)定义,上式称为高斯第一方程。

在式(5-3-8)和式(5-3-10)中,消去 $\cos\varphi$ 可得

$$\sqrt{\frac{\mu}{a^3}}(t_2-t_1)=2\psi-\sin2\psi+\frac{2\sqrt{r_1r_2}\cos\frac{\Delta f}{2}}{a}\sin\psi\tag{5-4-5}$$

方程(5-4-5)是高斯第一次得到的,为与拉格朗日方程(5-3-15)相区别,称为高斯方程。可见,与拉格朗日方程相比,高斯方程消去了变量 φ,将飞行时间 $\Delta t=t_2-t_1$ 表示成 ψ 和半长轴 a 的函数,减少了变量个数。将式(5-2-32)的第一式代入式(5-4-1)可得

$$Y=\frac{\sqrt{\mu p}\,(t_2-t_1)}{2r_1r_2\sin\frac{\Delta f}{2}\cos\frac{\Delta f}{2}}=\sqrt{\frac{\mu}{a}}\frac{t_2-t_1}{2\sqrt{r_1r_2}\sin\psi\cos\frac{\Delta f}{2}}$$

故有

$$\frac{1}{a}=r_1r_2\frac{\left(2Y\sin\psi\cos\frac{\Delta f}{2}\right)^2}{\mu(t_2-t_1)^2}\tag{5-4-6}$$

将式(5-4-6)代入式(5-4-5),消去 a 后得到

$$Y^3-Y^2=m\cdot\frac{2\psi-\sin2\psi}{\sin^3\psi}\tag{5-4-7}$$

上式称为高斯第二方程。

高斯第一方程和第二方程是描述面积比 Y 与偏近点角差 ΔE 关系的两个独立方程。给定基本三角形后,先根据式(5-4-3)计算 l 和 m 两个参数,然后选取 Y 的一个初值(通常可取 $Y\approx1$),就可由第一方程解出 ΔE

$$\cos\psi=\cos\frac{\Delta E}{2}=1-2\left(\frac{m}{Y^2}-l\right)\tag{5-4-8}$$

若假定 $\Delta E<2\pi$,则由上式可以正确地确定 ΔE 的象限。将求得的 ΔE 代入第二方程,可以得到

一个更好的 Y 值。当 ΔE 较小时,高斯迭代法会以较快的速度收敛。

由上述求解过程可见,高斯迭代法实际是一种逐次代换法(successive substitution method),这种方法不需要导数信息且仅需要一个猜测初值。这是高斯比较擅长的一类数值方法。

若给定的飞行时间较短,则式(5-4-8)的右端有可能大于1,这种情况下转移轨道是双曲线。根据椭圆与双曲线轨道公式的变换法则 $H=-iE$,可求得双曲线轨道的高斯方程为

$$\sqrt{\frac{\mu}{-a^3}}(t_2-t_1)=\sinh 2\psi-2\psi+\frac{2\sqrt{r_1r_2}\cos\frac{\Delta f}{2}}{-a}\sinh\psi \tag{5-4-9}$$

与式(5-4-4)和式(5-4-7)对应的高斯第一和第二方程为

$$Y^2=\frac{m}{l-\sinh^2\frac{\psi}{2}} \tag{5-4-10}$$

$$Y^3-Y^2=m\cdot\frac{\sinh 2\psi-2\psi}{\sinh^3\psi} \tag{5-4-11}$$

如果所寻找的轨道恰巧是抛物线,则方程式(5-4-7)和式(5-4-11)均不确定,因此要预先采取措施。高斯通过定义如下两个辅助变量 x 和 X 解决了这个问题

$$x=\frac{1}{2}\left(1-\cos\frac{\psi}{2}\right) \tag{5-4-12}$$

$$X=\frac{2\psi-\sin 2\psi}{\sin^3\psi} \tag{5-4-13}$$

于是高斯第一方程可写成

$$x=\frac{m}{Y^2}-l \tag{5-4-14}$$

高斯第二方程可写成

$$Y^3-Y^2=mX \tag{5-4-15}$$

先根据式(5-4-13)将 X 展开成 ψ 的幂级数,再根据式(5-4-12)将 ψ 展开成 x 的幂级数,最终可以将 X 展开成 x 的幂级数

$$X=\frac{4}{3}\left(1+\frac{6}{5}x+\frac{6\cdot 8}{5\cdot 7}x^2+\frac{6\cdot 8\cdot 10}{5\cdot 7\cdot 9}x^3+\cdots\right) \tag{5-4-16}$$

迭代计算时,根据 Y 的值由式(5-4-14)计算得到 x,再根据式(5-4-16)计算得到 X,然后代入式(5-4-15)求解出新的 Y 值,直至收敛。

求得 Y 后,代入式(5-4-8)求出 ψ,则半长轴 a 和半通径 p 可由下式确定:

$$a=\frac{\mu(t_2-t_1)^2}{4r_1r_2Y^2\sin^2\psi\cos^2\frac{\Delta f}{2}} \tag{5-4-17}$$

$$p=\frac{r_1^2r_2^2Y^2\sin^2\frac{\Delta f}{2}}{\mu(t_2-t_1)^2} \tag{5-4-18}$$

将 p 代入式(5-2-1)即可求得端点速度。

高斯在确定谷神星的轨道时,两个观测时刻相隔较近,因此 r_1、r_2 比较接近,且 Δf、ΔE 为小

量。高斯构造的迭代法的特点在于避免了两个相近的量相减,从而能防止有效数字的损失,且迭代公式比较简单,因此当 Δf 较小时(一般 $\Delta f<30°$),收敛速度很快。但当 Δf 较大时,收敛速度变慢,在 $\Delta f=\pi$ 时算法还存在奇异,这是它的不足之处。

5.4.2 Battin 迭代法

1. 拉格朗日方程

在拉格朗日方程(5-3-15)中,虽然仅含有半长轴 a 一个未知数,但直接以 a 作为迭代变量并不方便。一方面因为一个 a 会有一对共轭轨道与之相对应,而这对共轭轨道对应的时间间隔并不同,因此 Δt 是 a 的双值函数;另一方面对式(5-3-15)求导可得

$$\sqrt{\mu}\frac{\mathrm{d}\Delta t}{\mathrm{d}a}=\frac{3}{2}a^{\frac{1}{2}}[(\alpha-\sin\alpha)-(\beta-\sin\beta)]-a^{-\frac{1}{2}}\left[s\tan\frac{\alpha}{2}-(s-c)\tan\frac{\beta}{2}\right] \tag{5-4-19}$$

可见当 $a\to a_m=\dfrac{s}{2}$ 时,$\alpha\to\alpha_m=\pi$,上式会出现 $\dfrac{\mathrm{d}\Delta t}{\mathrm{d}a}\to\infty$ 的情况,求解变得困难。为此引入参数 λ

$$\lambda=\frac{1}{s}\sqrt{r_1r_2}\cos\frac{\Delta f}{2}=\pm\sqrt{\frac{s-c}{s}} \tag{5-4-20}$$

上式中,当 $0\leqslant\Delta f\leqslant\pi$ 时取"+",$0\leqslant\lambda\leqslant1$;当 $\pi\leqslant\Delta f\leqslant2\pi$ 时取"-",$-1\leqslant\lambda\leqslant0$。当 $\boldsymbol{r}_1$ 与 $\boldsymbol{r}_2$ 完全重合时,$c=0$,$\lambda=\pm1$;$\boldsymbol{r}_1$ 与 $\boldsymbol{r}_2$ 同线反向时,$c=s$,$\lambda=0$。

由 λ 的定义可知,$\lambda\sqrt{s}=\pm\sqrt{s-c}$,根据式(5-3-14)有

$$\lambda\sin\frac{\alpha}{2}=\sin\frac{\beta}{2} \tag{5-4-21}$$

将拉格朗日方程(5-3-15)的两端除以 $\sin^3\dfrac{\alpha}{2}=\left(\sqrt{\dfrac{s}{2a}}\right)^3=\left(\sqrt{\dfrac{a_m}{a}}\right)^3$,得到

$$\sqrt{\frac{\mu}{a_m^3}}(t_2-t_1)=\frac{\alpha-\sin\alpha}{\sin^3\dfrac{\alpha}{2}}-\lambda^3\frac{\beta-\sin\beta}{\sin^3\dfrac{\beta}{2}} \tag{5-4-22}$$

将方程(5-4-22)的左侧定义为无量纲飞行时间 ΔT^*

$$\Delta T^*=\sqrt{\frac{\mu}{a_m^3}}(t_2-t_1)=\sqrt{\frac{8\mu}{s^3}}(t_2-t_1) \tag{5-4-23}$$

将方程(5-4-22)的右侧定义为无量纲飞行时间函数 ΔT

$$\Delta T=\frac{\alpha-\sin\alpha}{\sin\dfrac{3\alpha}{2}}-\lambda^3\frac{\beta-\sin\beta}{\sin\dfrac{3\beta}{2}}$$

引入变量 λ 和无量纲时间 ΔT 的好处是,飞行时间 ΔT 仅是 a/a_m 和 λ 的函数,从而能大大简化兰伯特问题的分类。迭代求解的关键是让 $\Delta T-\Delta T^*=0$ 定义

$$Q_\alpha=\frac{\alpha-\sin\alpha}{\sin^3\dfrac{\alpha}{2}}=\frac{4}{3}F\left(3,1;\frac{5}{2};\sin^2\frac{\alpha}{4}\right) \tag{5-4-24}$$

$F\left(3,1;\dfrac{5}{2};x\right)$ 表示超几何函数,计算公式见附录 E.3。令

$$x=\cos\frac{\alpha}{2},\quad y=\cos\frac{\beta}{2} \tag{5-4-25}$$

可得

$$\sin^2\frac{\alpha}{4}=\frac{1}{2}(1-x),\quad \sin^2\frac{\beta}{4}=\frac{1}{2}(1-y) \tag{5-4-26}$$

再由 $\lambda\sin\frac{\alpha}{2}=\sin\frac{\beta}{2}$，可得

$$y=\sqrt{1-\sin^2\frac{\beta}{2}}=\sqrt{1-\lambda^2\sin^2\frac{\alpha}{2}}=\sqrt{1-\lambda^2(1-x^2)} \tag{5-4-27}$$

将上述各式代入方程(5-4-22)，可得用变量 x 描述的飞行时间方程

$$\Delta T^*=\left(\sqrt{\frac{\mu}{a_m^3}}\right)(t_2-t_1)=\frac{4}{3}\left[F\left(3,1;\frac{5}{2};\frac{1-x}{2}\right)-\lambda^3F\left(3,1;\frac{5}{2};\frac{1-y}{2}\right)\right]=\Delta T(x) \tag{5-4-28}$$

在不同的迭代方法中，ΔT 可能是不同迭代变量的函数，这里选择 x 为迭代变量。

同理，对双曲线轨道，引入变换(5-4-20)，可得

$$\lambda\sinh\frac{\alpha}{2}=\sinh\frac{\beta}{2} \tag{5-4-29}$$

再令

$$Q_\alpha=\frac{\sinh\alpha-\alpha}{\sinh^3\frac{\alpha}{2}}=\frac{4}{3}F\left(3,1;\frac{5}{2};-\sinh^2\frac{\alpha}{4}\right) \tag{5-4-30}$$

$$x=\cosh\frac{\alpha}{2},\quad y=\cosh\frac{\beta}{2} \tag{5-4-31}$$

同样可以将拉格朗日方程(5-3-18)变换为式(5-4-28)，变量 x 与 y 满足关系式(5-4-27)。可见，通过引入超几何函数，将椭圆轨道与双曲线轨道的时间方程统一为式(5-4-28)，该式对抛物线轨道同样成立。

图5-22所示是无量纲飞行时间 ΔT 与参数 x 的关系，其中 N 表示转移过程中在椭圆轨道上飞过的整圈数。可见飞行时间是 x 的单调单值函数，很适合用牛顿迭代法求解。根据式(5-4-25)、式(5-4-31)中参数 x 的定义及式(5-3-14)、式(5-3-17)可知

$$x^2=1-\frac{a_m}{a} \tag{5-4-32}$$

故当 $-1<x<1$ 时，轨道为椭圆，$x=0$ 对应最小能量椭圆；当 $x=1$ 时，轨道为抛物线；当 $1<x<\infty$ 时，轨道为双曲线。

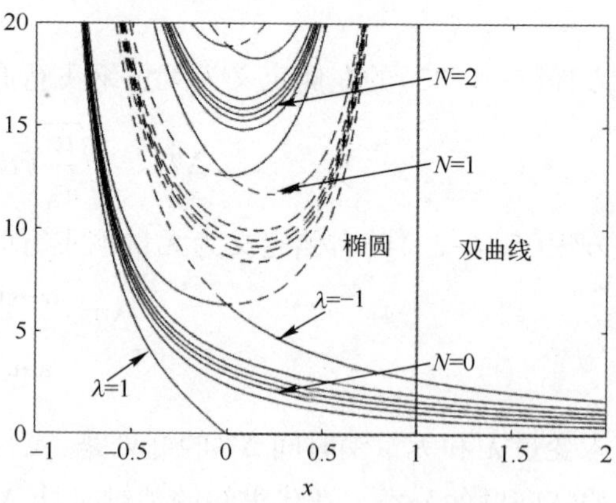

图5-22　飞行时间 ΔT 与参数 x 的关系

2. 高斯方程

对高斯方程(5-4-5)，引入参数 λ 后可写成

$$\sqrt{\mu}(t_2-t_1)=\sqrt{a^3}(2\psi-\sin 2\psi)+2\lambda s\sqrt{a}\sin\psi \tag{5-4-33}$$

引入参数

$$\eta=\frac{\sin\psi}{\sin\dfrac{\alpha}{2}}\geqslant 0 \tag{5-4-34}$$

则有

$$\eta=\frac{\sin\psi}{\sqrt{\dfrac{s}{2a}}}=\frac{\sin\psi}{\sqrt{\dfrac{a_m}{a}}},\quad \frac{a_m}{a}=\frac{\sin^2\psi}{\eta^2} \tag{5-4-35}$$

方程(5-4-33)两端同除以$(\sqrt{a_m})^3$,可得到

$$\sqrt{\frac{\mu}{a_m^3}}(t_2-t_1)=\eta^3\frac{2\psi-\sin 2\psi}{\sin^3\psi}+4\eta\lambda$$

即

$$\Delta T^*=\eta^3\frac{4}{3}F\left(3,1;\frac{5}{2};\sin^2\frac{\psi}{2}\right)+4\eta\lambda \tag{5-4-36}$$

令

$$z=\sin^2\frac{\psi}{2} \tag{5-4-37}$$

则有

$$\Delta T^*=\eta^3\frac{4}{3}F\left(3,1;\frac{5}{2};z\right)+4\eta\lambda \tag{5-4-38}$$

其中,$\eta=\eta(z)$。考虑到

$$r_1+r_2=2s-c=s+(s-c)=s(1+\lambda^2)$$

另外,根据式(5-3-9)、式(5-3-10)和式(5-4-20)有

$$\begin{aligned}r_1+r_2&=2a(1-\cos\psi\cos\varphi)=2a\sin^2\psi+2\sqrt{r_1r_2}\cos\frac{\Delta f}{2}\cos\psi=s\eta^2+2\lambda s\cos\psi\\&=s\eta^2+2\lambda s(1-2z)\end{aligned}$$

故有

$$\eta=\sqrt{(1-\lambda)^2+4\lambda z} \tag{5-4-39}$$

将上式代入高斯方程(5-4-38),则可以将飞行时间表示成 z 的单变量函数。

对于双曲线轨道,若令

$$\eta=\frac{\sinh\psi}{\sinh\alpha}\geqslant 0,\quad z=-\sinh^2\frac{\psi}{2} \tag{5-4-40}$$

同样可以将高斯方程(5-4-9)转换为式(5-4-38),变量 η 与 z 满足关系式(5-4-39)。

图 5-23 是无量纲飞行时间 ΔT 随参数 z 的变化规律,$0<z<1$ 时轨道为椭圆,$z=0$ 时轨道为抛物线,$-\infty<z<0$ 时轨道为双曲线。飞行时间仍然是 z 的单调单值函数,但曲线的光滑度不如图 5-22,因此使用牛顿迭代法求解时其收敛性不如拉格朗日方程。

3. 联合方程

比较图 5-22 与图 5-23 可知,以 x 为自变量的曲线要比以 z 为自变量的光滑,因此更适宜用牛顿迭代法求解。而比较式(5-4-28)与式(5-4-38)可以发现,高斯方程只需要计算一次超几何函数和一次开方,而拉格朗日方程则都需要计算两次,因此前者的计算效率更高。本小节将两种方程的优点结合起来,即保持高斯方程(5-4-38)的形式,但将迭代变量由 z 换成 x。

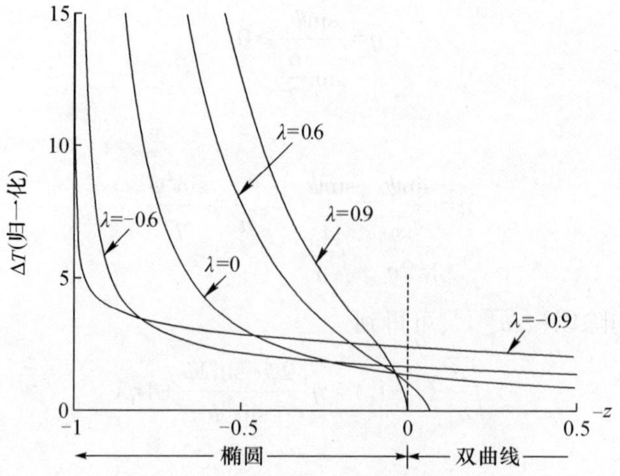

图 5-23　飞行时间 ΔT 与参数 z 的关系

由式(5-4-37)可知

$$2z=1-\cos\psi=1-\cos\frac{\alpha-\beta}{2}=1-\cos\frac{\alpha}{2}\cos\frac{\beta}{2}-\sin\frac{\alpha}{2}\sin\frac{\beta}{2}$$

将式(5-4-21)和式(5-4-25)代入可得

$$2z=1-\cos\frac{\alpha}{2}\cos\frac{\beta}{2}-\lambda\sin^2\frac{\alpha}{2}=1-xy-\lambda(1-x^2) \tag{5-4-41}$$

将上式代入式(5-4-39)可得

$$\eta^2=1+\lambda^2-2\lambda(1-2z)=1-\lambda^2-2\lambda xy+2\lambda^2x^2 \tag{5-4-42}$$

再利用式(5-4-27)可得

$$\eta=y-\lambda x\geqslant 0 \tag{5-4-43}$$

综合式(5-4-39、式(5-4-42)及式(5-4-43)可得 z 与 x 的关系式

$$z=\frac{\eta^2-(1-\lambda)^2}{4\lambda}=\frac{1}{2}(1-\lambda-xy+\lambda x^2)$$

$$=\frac{1}{2}(1-\lambda-x\eta) \tag{5-4-44}$$

至此,已将两种方程联系起来,得到以 x 为自变量的迭代方程组如下:

$$\begin{cases} y=\sqrt{1-\lambda^2(1-x^2)} \\ \eta=y-\lambda x \\ z=\dfrac{1}{2}(1-\lambda-x\eta) \\ Q=\dfrac{4}{3}F\left(3,1;\dfrac{5}{2};z\right) \\ \Delta T^*=\sqrt{\dfrac{\mu}{a_m^3}}(t_2-t_1)=\eta^3Q+4\eta\lambda \end{cases} \tag{5-4-45}$$

用牛顿迭代法求解方程组(5-4-45)时,需要用到时间方程对 x 的微分:

$$\sqrt{\frac{\mu}{a_m^3}}\frac{\mathrm{d}(t_2-t_1)}{\mathrm{d}x}=\eta^3\frac{\mathrm{d}Q}{\mathrm{d}x}+(3\eta^2Q+4\lambda)\frac{\mathrm{d}\eta}{\mathrm{d}x} \tag{5-4-46}$$

由式(5-4-27)可知

$$\frac{\mathrm{d}y}{\mathrm{d}x}=\frac{\lambda^2 x}{y} \tag{5-4-47}$$

再根据式(5-4-43)知

$$\frac{\mathrm{d}\eta}{\mathrm{d}x}=\frac{\lambda^2 x}{y}-\lambda=-\frac{\lambda\eta}{y} \tag{5-4-48}$$

根据 Q 的定义式(5-4-24)及超几何函数的性质,若以 $q=\sin^2\dfrac{\alpha}{4}$为自变量,则可以建立如下微分方程:

$$\sin^2\frac{\alpha}{2}\frac{\mathrm{d}Q}{\mathrm{d}q}+6\cos\frac{\alpha}{2}Q=8 \tag{5-4-49}$$

由于

$$\sin^2\frac{\alpha}{2}=4q(1-q),\quad \cos\frac{\alpha}{2}=1-2q$$

因此微分方程(5-4-49)等价于

$$q(1-q)\frac{\mathrm{d}Q}{\mathrm{d}q}+\left(\frac{3}{2}-3q\right)Q-2=0 \tag{5-4-50}$$

故有

$$\frac{\mathrm{d}Q}{\mathrm{d}q}=\frac{2+\left(3q-\dfrac{3}{2}\right)Q}{q(1-q)}$$

注意到式(5-4-45)中

$$\frac{\mathrm{d}Q}{\mathrm{d}z}=\frac{\mathrm{d}Q}{\mathrm{d}q}$$

而

$$\frac{\mathrm{d}z}{\mathrm{d}x}=-\frac{1}{2}\left(\eta+x\frac{\mathrm{d}\eta}{\mathrm{d}x}\right)=-\frac{1}{2}\frac{\eta^2}{y}$$

综合以上三式有

$$\frac{\mathrm{d}Q}{\mathrm{d}x}=\frac{\mathrm{d}Q}{\mathrm{d}z}\frac{\mathrm{d}z}{\mathrm{d}x}=-\frac{4+3(2q-1)Q}{4q(1-q)y}\cdot\eta^2 \tag{5-4-51}$$

将式(5-4-48)、式(5-4-51)代入式(5-4-46),有

$$\sqrt{\frac{\mu}{a_m^3}}\frac{\mathrm{d}(t_2-t_1)}{\mathrm{d}x}=-\frac{4+3(2q-1)Q}{4q(1-q)y}\eta^5-\frac{\lambda\eta}{y}(3\eta^2 Q+4\lambda) \tag{5-4-52}$$

根据式(5-4-26),有

$$q=\frac{1}{2}(1-x) \tag{5-4-53}$$

迭代求得 x 后,根据式(5-4-32)可以求出半长轴 a:

$$a=\frac{s}{2(1-x^2)} \tag{5-4-54}$$

将式(5-4-35)代入式(5-3-20)可得 p 的表达式:

$$p=\frac{r_1r_2\sin^2\dfrac{\Delta f}{2}}{a\sin^2\psi}=\frac{r_1r_2}{a_m\eta^2}\sin^2\frac{\Delta f}{2} \tag{5-4-55}$$

可见，半通径 p 与 η^2 成反比。将 p 代入式(5-2-1)即可得到两端点处的速度 $\boldsymbol{v}_1$、$\boldsymbol{v}_2$，从而可以求出轨道根数。

4. 多圈兰伯特问题

若由 P_1 至 P_2 的轨道为椭圆轨道，则利用式(5-4-54)，可以很容易地将高斯方程(5-4-38)推广到适用于多圈兰伯特问题的形式：

$$\Delta T^*=\frac{2\pi N}{(1-x^2)^{\frac{3}{2}}}+\eta^3\frac{4}{3}F\left(3,1;\frac{5}{2};z\right)+4\eta\lambda \tag{5-4-56}$$

式中：$N=\left[\dfrac{\Delta f}{2\pi}\right]$，$[\cdot]$ 为向左取整函数。

当 $0<\Delta f<2\pi$ 时，$N=0$，连接 P_1、P_2 的轨道是唯一的；而当 $2\pi<\Delta f<4\pi$ 时，$N=1$，x 是转移时间 Δt 的双值函数，即给定 Δt 有两个 x 与之对应，也就是有两条满足要求的轨道；随着 N 的增大，如果转移时间 Δt 足够大，满足要求的轨道数目也随之增多。

例题　已知飞船与空间站位于同一轨道面内，两者分别运行在高度 400km 和 600km 的圆轨道上，空间站领先飞船 30°相位，要求飞船在 1500s 后实现与空间站的交会，求交会轨道的半长轴 a 与偏心率 e。

根据给定的条件，可知始末点的地心距为

$$r_1=\frac{h_1+a_e}{a_e}=1.062\,714\text{DU},\quad r_2=\frac{h_2+a_e}{a_e}=1.094\,071\text{DU}$$

飞船在 $\Delta t=1500\text{s}=1.859\,170\text{TU}$ 后与空间站交会，则交会过程中飞船飞过的地心转移角为

$$\Delta f=\Delta f_0+n_2\Delta t=30°+\Delta t\sqrt{\frac{1}{r_2^3}}=123.083\,619°$$

基本三角形已知，故可以求得

$$c=\sqrt{r_1^2+r_2^2-2r_1r_2\cos\Delta f}=1.896\,229\text{DU}$$

$$\lambda=\sqrt{\frac{s-c}{s}}=0.253\,549$$

$$a_m=\frac{1}{4}(r_1+r_2+c)=1.013\,254\text{DU}$$

参考图 5-22，选择 x 的初值为 $x_0=0.546$。根据式(5-4-45)，计算可以得到

$$y_0=0.977\,178,\quad \eta_0=0.838\,741,\quad z_0=0.144\,249,\quad Q_0=1.609\,415$$

从而可以得到函数的初值为

$$f(x_0)=\eta_0^3Q_0+4\eta_0\lambda-\sqrt{\frac{1}{a_m^3}}(t_2-t_1)=-0.022\,541$$

根据式(5-4-53)，可知 $q_0=0.227$，代入式(5-4-52)可求得函数的微分为

$$f'(x_0)=-\frac{4+3(2q_0-1)Q_0}{4q_0(1-q_0)y_0}\eta_0^5-\frac{\lambda\eta_0}{y_0}(3\eta_0^2Q_0+4\lambda)=-1.785\,276$$

根据牛顿迭代公式(4-4-35)，可求得方程新的解为

$$x_1 = x_0 - \frac{f(x_0)}{f'(x_0)} = 0.533\,374$$

重复上述过程，直到迭代精度满足要求为止，得到方程的解为 $x=0.530\,588$。迭代过程中，因为要有 $x>-1$，故若牛顿迭代法修正后的 $x \leqslant -1$，要做相应处理。

将 x 的值代入式(5-4-54)和式(5-4-55)中，求得

$$a=1.410\,282\text{DU}=8994.977\text{km}, \quad e=\sqrt{1-p/a}=0.336\,382$$

图 5-24 绘出了交会轨道的半长轴、偏心率随交会时间的变化情况，图中标记“○”处为本例题。可见，随交会时间的增长，交会轨道逐渐由双曲线过渡到抛物线和椭圆，且椭圆轨道最终趋于圆轨道。

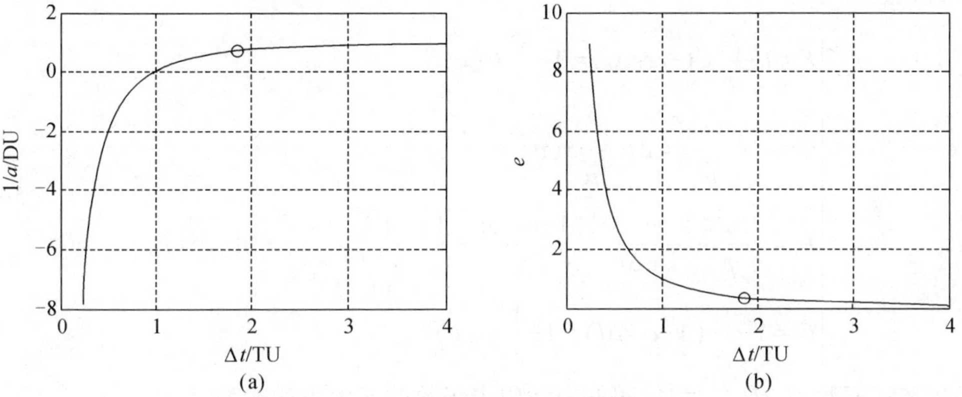

图 5-24 交会轨道特性与交会时间的关系

(a) 半长轴；(b) 偏心率。

5.4.3 Bate 迭代法

1. 斯达姆夫函数描述的拉格朗日系数

Bate 在其著作[4]中，提出了一种采用普适变量χ 的迭代算法。该算法中，Bate 将时间方程用斯达姆夫(Stumpff)函数来表示。

斯达姆夫函数定义为

$$C(\nu)=\frac{1-\cos\sqrt{\nu}}{\nu}=\frac{1-\cosh\sqrt{-\nu}}{\nu}=\frac{1}{2!}-\frac{\nu}{4!}+\frac{\nu^2}{6!}-\frac{\nu^3}{8!}+\cdots=\sum_{k=0}^{\infty}\frac{(-\nu)^k}{(2k+2)!} \tag{5-4-57}$$

$$S(\nu)=\frac{\sqrt{\nu}-\sin\sqrt{\nu}}{\sqrt{\nu^3}}=\frac{\sinh\sqrt{-\nu}-\sqrt{-\nu}}{\sqrt{(-\nu)^3}}=\frac{1}{3!}-\frac{\nu}{5!}+\frac{\nu^2}{7!}-\frac{\nu^3}{9!}+\cdots=\sum_{k=0}^{\infty}\frac{(-\nu)^k}{(2k+3)!} \tag{5-4-58}$$

式中，

$$\nu=\frac{\chi^2}{a}=\alpha\chi^2 \tag{5-4-59}$$

根据普适变量χ 与偏近点角差的关系式(4-3-46)~式(4-3-48)可知，对椭圆轨道有

$$\nu=(E_2-E_1)^2>0 \tag{5-4-60}$$

对双曲线轨道有

$$\nu=-(H_2-H_1)^2<0 \tag{5-4-61}$$

对抛物线轨道,$\alpha=0$,有

$$\nu=0 \tag{5-4-62}$$

比较式(5-4-57)、式(5-4-58)与式(4-3-19)可知,函数 $C(\nu)$、$S(\nu)$ 与普适函数 U_0、U_1 存在如下关系:

$$\begin{cases} U_0(\chi;\alpha)=1-\nu C(\nu) \\ U_1(\chi;\alpha)=\chi[1-\nu S(\nu)] \end{cases} \tag{5-4-63}$$

因此,根据拉格朗日系数的表达式(4-1-10)、式(4-3-44),可以得到用斯达姆夫函数表示的拉格朗日系数

$$\begin{cases} F=1-\dfrac{r_2}{p}(1-\cos\Delta f)=1-\dfrac{\chi^2}{r_1}C(\nu) \\ G=\dfrac{r_1 r_2\sin\Delta f}{\sqrt{\mu p}}=\Delta t-\dfrac{\chi^3}{\sqrt{\mu}}S(\nu) \\ F_t=\sqrt{\dfrac{\mu}{p}}\dfrac{(1-\cos\Delta f)}{\sin\Delta f}\left(\dfrac{1-\cos\Delta f}{p}-\dfrac{1}{r_1}-\dfrac{1}{r_2}\right)=\dfrac{-\sqrt{\mu}}{r_1 r_2}\chi[1-\nu S(\nu)] \\ G_t=1-\dfrac{r_1}{p}(1-\cos\Delta f)=1-\dfrac{\chi^2}{r_2}C(\nu) \end{cases} \tag{5-4-64}$$

根据普适函数 U_0、U_1 的性质,可知斯达姆夫函数的导数表达式为

$$\frac{\mathrm{d}C(\nu)}{\mathrm{d}\nu}=\frac{1}{2\nu}[1-\nu S(\nu)-2C(\nu)] \tag{5-4-65}$$

$$\frac{\mathrm{d}S(\nu)}{\mathrm{d}\nu}=\frac{1}{2\nu}[C(\nu)-3S(\nu)] \tag{5-4-66}$$

当飞行轨迹接近抛物线,即 $\nu\to 0$ 时,可通过对 $C(\nu)$、$S(\nu)$ 的幂级数展开式(5-4-57)和式(5-4-58)求导来计算两者对 ν 的导数。

2. 飞行时间方程

下面推导用 ν 表示的飞行时间方程。从式(5-4-64)中的第一分式解出 χ,可得

$$\chi=\sqrt{\frac{r_1 r_2(1-\cos\Delta f)}{pC(\nu)}} \tag{5-4-67}$$

将上式代入式(5-4-64)的第三分式,消去等号两边的 $\sqrt{\mu/p}$,得到

$$\frac{(1-\cos\Delta f)}{\sin\Delta f}\left(\frac{1-\cos\Delta f}{p}-\frac{1}{r_1}-\frac{1}{r_2}\right)=-\sqrt{\frac{(1-\cos\Delta f)}{r_1 r_2}}\frac{1-\nu S(\nu)}{\sqrt{C(\nu)}}$$

两边乘以 $r_1 r_2$,整理可得

$$\frac{r_1 r_2(1-\cos\Delta f)}{p}=r_1+r_2-\frac{\sqrt{r_1 r_2}\sin\Delta f}{\sqrt{1-\cos\Delta f}}\frac{1-\nu S(\nu)}{\sqrt{C(\nu)}} \tag{5-4-68}$$

定义常数 A 和变量 w:

$$A=\frac{\sqrt{r_1 r_2}\sin\Delta f}{\sqrt{1-\cos\Delta f}} \tag{5-4-69}$$

$$w=\frac{r_1r_2(1-\cos\Delta f)}{p} \tag{5-4-70}$$

则可以将方程(5-4-68)写成如下形式:

$$w=r_1+r_2-A\frac{1-\nu S(\nu)}{\sqrt{C(\nu)}} \tag{5-4-71}$$

且可以将χ 的表达式(5-4-67)表示为

$$\chi=\sqrt{\frac{w}{C(\nu)}} \tag{5-4-72}$$

从式(5-4-64)的第二分式解出 t,可得

$$\sqrt{\mu}\,\Delta t=\chi^3S(\nu)+\frac{r_1r_2\sin\Delta f}{\sqrt{p}}=\chi^3S(\nu)+A\sqrt{w} \tag{5-4-73}$$

当 r_1、r_2固定时,典型的飞行时间 ΔT 随参数 ν 的变化曲线如图 5-25 所示。

引入参数 A 和 w 后,拉格朗日系数也可以表示为更简洁的形式:

$$\begin{cases}F=1-\dfrac{w}{r_1}\\ G=A\sqrt{\dfrac{w}{\mu}}\\ G_t=1-\dfrac{w}{r_2}\end{cases} \tag{5-4-74}$$

F_t的值可根据恒等式 $FG_t-F_tG=1$ 来计算。

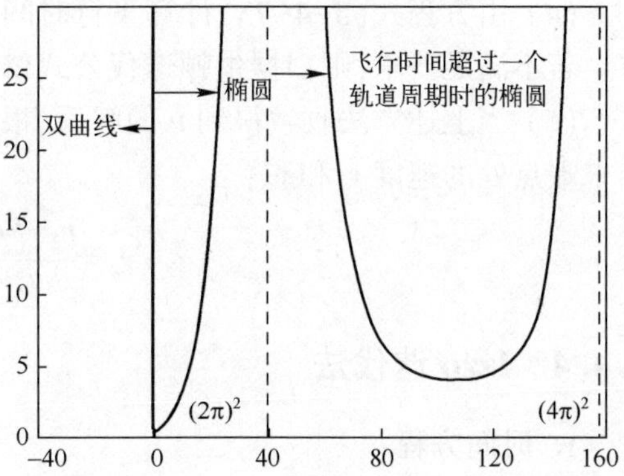

图 5-25　飞行时间 ΔT 与参数 ν 的关系

3. 迭代算法

Bate 以 ν 为迭代变量,采用牛顿迭代法来求解飞行时间方程式(5-4-73),求解过程中,需要用到导数 $\mathrm{d}\Delta t/\mathrm{d}\nu$。对方程(5-4-73)两侧求微分,可得

$$\sqrt{\mu}\frac{\mathrm{d}\Delta t}{\mathrm{d}\nu}=3\chi^2\frac{\mathrm{d}\chi}{\mathrm{d}\nu}S(\nu)+\chi^3\frac{\mathrm{d}S(\nu)}{\mathrm{d}\nu}+\frac{A}{2\sqrt{w}}\frac{\mathrm{d}w}{\mathrm{d}\nu} \tag{5-4-75}$$

将χ 的表达式(5-4-72)对 ν 求导,可得

$$\frac{\mathrm{d}\chi}{\mathrm{d}\nu}=\frac{1}{2\chi C(\nu)}\left(\frac{\mathrm{d}w}{\mathrm{d}\nu}-\chi^2\frac{\mathrm{d}C(\nu)}{\mathrm{d}\nu}\right) \tag{5-4-76}$$

将 w 的表达式(5-4-71)对 ν 求导,可得

$$\frac{\mathrm{d}w}{\mathrm{d}\nu}=-\frac{A}{C(\nu)}\left[\sqrt{C(\nu)}\left(-S(\nu)-\nu\frac{\mathrm{d}S(\nu)}{\mathrm{d}\nu}\right)-\frac{1-\nu S(\nu)}{2\sqrt{C(\nu)}}\frac{\mathrm{d}C(\nu)}{\mathrm{d}\nu}\right] \tag{5-4-77}$$

将式(5-4-65)及式(5-4-66)代入上式,可得

$$\frac{\mathrm{d}w}{\mathrm{d}\nu}=\frac{A}{4}\sqrt{C(\nu)} \tag{5-4-78}$$

将表达式(5-4-76)及式(5-4-78)代入式(5-4-75),化简可得

$$\sqrt{\mu}\frac{\mathrm{d}\Delta t}{\mathrm{d}\nu}=\chi^3\left(S'-\frac{3SC'}{2C}\right)+\frac{A}{8}\left(\frac{3S\sqrt{w}}{C}+\frac{A}{\chi}\right) \tag{5-4-79}$$

式中：S'、C'为函数 $C(\nu)$、$S(\nu)$对 ν 的导数。

使用上述公式求解兰伯特问题时，步骤如下：

(1) 根据 $\boldsymbol{r}_1$、$\boldsymbol{r}_2$和给定的运动方向，计算基本三角形的参数，并用式(5-4-69)计算常数 A。

(2) 选取 z 的初始试探值。因为有 $\nu=\Delta E^2$ 或 $-\nu=\Delta H^2$，这相当于选定偏近点角变化的试探值。当飞行圈数小于一圈时，ν 的变化范围是从负值到$(2\pi)^2$。当 $\nu>(2\pi)^2$ 时，对应的偏近点角的变化大于 2π，即飞行圈数大于一圈，对应多圈兰伯特变轨情形。

可以选 $\nu=0$(即飞行轨迹为抛物线)作为初始试探值，但这会导致两类不易收敛的情形。一类是飞行轨迹为椭圆，但飞行时间 Δt 和中心转移角 Δf 都较大的情形；另一类是 $\Delta f<\pi$ 且 $\Delta T^*=\sqrt{\mu/a_m^3}\Delta t<\pi/2$ 的情形，此时的飞行轨迹为双曲线，问题的解靠近 ν 的负最小值。可以通过改进初值的选择方式提高这两种情形下的算法收敛率[11]。

(3) 对选定的 ν 的初值，用方程式(5-4-57)和式(5-4-58)计算斯达姆夫函数值；由方程式(5-4-71)计算参数 w 的值；由方程式(5-4-72)计算普适变量χ 的值。

(4) 由方程式(5-4-73)计算飞行时间 Δt，并将它与给定的飞行时间比较，看是否满足要求。若不满足要求，则根据牛顿迭代公式修正 ν 的值，并转步骤(3)继续计算。

(5) 当上述方法收敛得到 ν 的解后，根据式(5-4-74)计算 F、G 和 G_t值，并根据下式计算始末端点处的速度 $\boldsymbol{v}_1$和 $\boldsymbol{v}_2$：

$$\boldsymbol{v}_1=\frac{\boldsymbol{r}_2-F\boldsymbol{r}_1}{G},\quad \boldsymbol{v}_2=\frac{G_t\boldsymbol{r}_2-\boldsymbol{r}_1}{G}$$

5.4.4 Izzo 迭代法

1. 时间方程

Izzo[13] 在 Lancaster[14]、Gooding[15] 等研究的基础上，提出了一种兰伯特问题的迭代算法，下面简单介绍该算法。

同样引入式(5-4-25)和式(5-4-31)定义的变量 x、y：

$$x=\begin{cases}\cos\dfrac{\alpha}{2}\\[2ex] \cosh\dfrac{\alpha}{2}\end{cases},\quad y=\begin{cases}\cos\dfrac{\beta}{2}\\[2ex] \cosh\dfrac{\beta}{2}\end{cases}\tag{5-4-80}$$

并可得到

$$\begin{cases}\sqrt{1-x^2}=\sin\dfrac{\alpha}{2}\\[2ex] \sqrt{x^2-1}=\sinh\dfrac{\alpha}{2}\end{cases},\quad \begin{cases}\lambda\sqrt{1-x^2}=\sin\dfrac{\beta}{2}\\[2ex] \lambda\sqrt{x^2-1}=\sinh\dfrac{\beta}{2}\end{cases}\tag{5-4-81}$$

将式(5-4-80)和式(5-4-81)代入式(5-4-22)中，得到

$$\Delta T(x)=\frac{\alpha-2x\sqrt{1-x^2}}{(\sqrt{1-x^2})^3}-\frac{\beta-2y\lambda\sqrt{1-x^2}}{(\sqrt{1-x^2})^3}$$

化简可得

$$\Delta T=\frac{2}{1-x^2}\left(\frac{\alpha-\beta}{2\sqrt{1-x^2}}-x+\lambda y\right)$$

将式(5-3-13)代入上式,得到

$$\Delta T=\frac{2}{1-x^2}\left(\frac{\psi}{\sqrt{1-x^2}}-x+\lambda y\right) \tag{5-4-82}$$

对双曲线轨道,可以得到类似的表达式。综合考虑椭圆、抛物线、双曲线三种轨道类型,以及多圈兰伯特变轨的情形,可以将飞行时间方程统一写成如下形式:

$$\Delta T(x)=\frac{2}{1-x^2}\left(\frac{\psi+N\pi}{\sqrt{|1-x^2|}}-x+\lambda y\right) \tag{5-4-83}$$

其中,N 表示兰伯特变轨中飞过的整圈数,对抛物线、双曲线轨道以及未满一圈的椭圆轨道,$N=0$。参数 ψ 可根据下式计算:

$$\begin{cases}\sin\psi=(y-x\lambda)\sqrt{1-x^2}\\ \cos\psi=xy+\lambda(1-x^2)\end{cases},\quad \begin{cases}\sinh\psi=(y-x\lambda)\sqrt{x^2-1}\\ \cosh\psi=xy-\lambda(x^2-1)\end{cases} \tag{5-4-84}$$

如本书 5.4.2 节所述,当 $x=0$ 时,飞行轨道为最小能量椭圆。将 $x=0$ 代入式(5-4-83),得

$$\Delta T_0=\Delta T(x=0)=2(\arccos\lambda+\lambda\sqrt{1-\lambda^2}+N\pi)=\Delta T_{00}+2N\pi \tag{5-4-85}$$

其中,ΔT_{00} 表示 $N=0$ 时单圈兰伯特变轨的 ΔT_0 值。

当 $x=1$ 时,飞行轨道为抛物线轨道,有 $1-x^2\to0$ 且 $\psi\to0$,此时再用式(5-4-83)计算飞行时间会损失精度,可改用式(5-4-45)所示的级数展开式计算飞行时间。对抛物线轨道情形,$x=1$,$y=1$,代入式(5-4-45)可得

$$\Delta T_1=\Delta T(x=1)=\frac{4}{3}(1-\lambda^3) \tag{5-4-86}$$

上式给出了基本三角形的几何参数 λ 与对应的抛物线飞行时间 ΔT_1 的关系。

利用式(5-4-83),可求得 ΔT 关于 x 的前三阶导数的表达式:

$$\begin{cases}(1-x^2)\dfrac{\mathrm{d}\Delta T}{\mathrm{d}x}=3\Delta Tx-4+4\lambda^3\dfrac{x}{y}\\ (1-x^2)\dfrac{\mathrm{d}^2\Delta T}{\mathrm{d}x^2}=3\Delta T+5x\dfrac{\mathrm{d}T}{\mathrm{d}x}+4(1-\lambda^2)\dfrac{\lambda^3}{y^3}\\ (1-x^2)\dfrac{\mathrm{d}^3\Delta T}{\mathrm{d}x^3}=7x\dfrac{\mathrm{d}^2T}{\mathrm{d}x^2}+8\dfrac{\mathrm{d}T}{\mathrm{d}x}-12(1-\lambda^2)\lambda^5\dfrac{x}{y^5}\end{cases} \tag{5-4-87}$$

上式不适用于 $x=1$ 的抛物线情形。根据式(5-4-87)的第一分式,并利用洛必达法则及 ΔT_1 的表达式(5-4-86),可得

$$\left.\frac{\mathrm{d}\Delta T}{\mathrm{d}x}\right|_{x=1}=\frac{4}{5}(\lambda^5-1) \tag{5-4-88}$$

飞行时间方程式(5-4-83)的优点在于时间 ΔT 及其三阶导数的计算量都较小,每次仅需计算一次反三角函数或反双曲函数,和两次开方运算。参数 x 与无量纲飞行时间 ΔT 的关系如图 5-22 所示。

2. 迭代算法

Izzo 构造的迭代算法以 x 为迭代变量,通过迭代求解时间方程(5-4-83)获得兰伯特问题的解。迭代算法采用的是 Householder 三阶迭代算法,公式如下:

$$x_{n+1}=x_n-f(x_n)\frac{f'^2(x_n)-f(x_n)f''(x_n)/2}{f'(x_n)[f'^2(x_n)-f(x_n)f''(x_n)]+f'''(x_n)f^2(x_n)/6} \tag{5-4-89}$$

式中：$f(x)=\Delta T(x)-\Delta T^*$，$\Delta T^*$ 为给定的飞行时间，表达式见式(5-4-23)；f'、f''、f'''代表式(5-4-87)中的各阶导数。

为了给定一个良好的猜测初值，文献[13]引入了一个对数变换，并通过分析，得到对 $N=0$ 的单圈兰伯特问题，可以采用如下的初值给定方法：

$$x_0=\begin{cases}\dfrac{5}{4}\dfrac{\Delta T_1(\Delta T_1-\Delta T^*)}{\Delta T^*(1-\lambda^5)}+1, & \Delta T^*<\Delta T_1\\ \left(\dfrac{\Delta T_0}{\Delta T^*}\right)^{\log_2\left(\frac{\Delta T_1}{\Delta T_0}\right)}-1, & \Delta T_1<\Delta T^*<\Delta T_0\\ \left(\dfrac{\Delta T_0}{\Delta T^*}\right)^{\frac{2}{3}}-1, & \Delta T^*\geqslant\Delta T_0\end{cases} \tag{5-4-90}$$

式中：ΔT_0、ΔT_1分别根据式(5-4-85)和式(5-4-86)计算。

对于 $N>0$ 的多圈兰伯特问题，x 有两个可能的解，因此需要两个初值：

$$x_{01}=\frac{\left(\dfrac{N\pi+\pi}{4\Delta T}\right)^{\frac{2}{3}}-1}{\left(\dfrac{N\pi+\pi}{4\Delta T}\right)^{\frac{2}{3}}+1},\quad x_{02}=\frac{\left(\dfrac{4\Delta T}{N\pi}\right)^{\frac{2}{3}}-1}{\left(\dfrac{4\Delta T}{N\pi}\right)^{\frac{2}{3}}+1} \tag{5-4-91}$$

求得 x 的值后，代入式(5-4-54)、式(5-4-55)即可得到飞行轨道的半长轴 a 和半通径 p。

文献[14]中给出了详细的迭代算法流程，并通过数值仿真验证，表明该算法对单圈兰伯特问题的平均迭代次数为 2.1 次，多圈兰伯特问题的平均迭代次数为 3.3 次。

参考文献

[1] Gauss C F. Theory of the Motion of the Heavenly Bodies Moving about the Sun in Conic Sections: A Translation of Theoria Motus (1809) [M]. Dover, New York, 2004.

[2] Battin R H. An Introduction to the Mathematics and Methods of Astrodynamics (Revised Edition) [M]. AIAA, 1999.

[3] 任萱. 人造地球卫星轨道力学 [M]. 长沙：国防科技大学出版社，1988.

[4] Bate R R，等. 航天动力学基础 [M]. 吴鹤鸣，李肇杰，译. 北京：北京航空航天大学出版社，1990.

[5] 张玉祥. 人造卫星测轨方法 [M]. 北京：国防工业出版社，2007.

[6] Gurfil P, et al. Modern Astrodynamics [M]. Elsevier Astrodynamics Series, Butterworth-Heinemann, 2006.

[7] Sofair I. Applications of the Lambert Problem to Inverse-Square Gravity [R]. Naval Surface Warfare Center, NSWCDD/TR-03/81, 2003.

[8] Gooding R H. A Procedure for the Solution of Lambert's Orbital Boundary-Value Problem [J]. Celestial Mechanics and Dynamical Astronomy, 1990, 48(2): 145-165.

[9] Avanzini G. A Simple Lambert Algorithm [J]. Journal of Guidance, Control, and Dynamics, 2008, 31(6): 1587-1594.

[10] Bando M, Yamakawa H. New Lambert Algorithm Using the Hamilton-Jacobi-Bellman Equation [J]. Journal of Guidance, Control, and Dynamics, 2010, 33(3): 1000-1008.

[11] Sangra D T, Fantino E. Review of Lambert's Problem. 10.48550/arXiv.2104.05283, 2021.

[12] Lancaster E R, Blanchard R C. A Unified Form of Lambert's Theorem [R]. National Aeronautics and Space Administration,

Washington, NASA TM X-633SS, 1969.

[13] Battin R H, Vaughan R M. An Elegant Lambert Algorithm [J]. Journal of Guidance, Control, and Dynamics, 1984, 7(6): 662-670.

[14] Izzo D. Revisiting Lambert's Problem [J]. Celestial Mechanics and Dynamical Astronomy, 2015, 121(1): 1-15.

[15] 吴其昌,张洪波. 兰伯特问题解法数值仿真与性能分析[C]. 第19届中国系统仿真技术及其应用学术年会,贵阳,2018.

[16] Zhang H B, Li B. Velocity-to-be-gained De-orbit Guidance Law Using State Space Perturbation Method[J]. Journal of Aerospace Engineering, 2018, 31(2): 04017099-1-04017099-11.

第6章　航天器轨道确定

轨道确定是指利用观测数据计算出航天器的轨道根数或在地心惯性系中的位置、速度的过程，一般包括观测数据获取和预处理、初始轨道确定（简称初轨确定）、轨道改进三个步骤。初轨确定是在轨道确定的初期，利用少量的观测数据粗略确定轨道根数的过程。轨道改进是在初轨计算的基础上，充分利用大量的观测数据，获得航天器精密轨道的过程。初轨确定的主要目的是粗略确定航天器的轨道，预报航天器下次过境的时间，以获取后续的观测数据，同时为轨道改进和精密星历计算提供初值。在初轨确定中，一般不考虑轨道摄动的影响。

轨道确定的理论源自天体力学，第一种根据三个观测数据确定天体轨道的方法，是牛顿在《原理》一书中给出的。哈雷利用该方法成功计算出在1305年、1380年和1456年出现的彗星是同一颗，并预测这颗彗星将在1758年底或1759年初再次出现。尽管当时没有人相信哈雷是正确的，可在1758年圣诞节，正如哈雷早已指出的那样，彗星再次出现，牛顿理论的正确性和预见性得到了验证。虽然哈雷在1742年逝世，但为了纪念他，这颗彗星仍被命名为“哈雷”彗星。之后，欧拉、兰伯特、拉格朗日先后提出了基于空间两点及天体经过两点的时间间隔确定轨道的方法，即第5章中讨论的兰伯特定理。1780年，拉普拉斯发表了一种全新的基于光学测角资料的轨道确定方法，这一方法的基本思想今天仍在使用。

在轨道确定的历史上，最著名的一件事无疑是高斯确定谷神星的轨道。从开普勒开始，学者们就对火星和木星之间不成比例的巨大间隙感到疑惑。兰伯特等人猜想该间隙上或许曾经有一颗行星，但由于木星和土星的吸引或者某颗彗星的撞击，该行星消失了，这一猜想受到18世纪发现的一个数学关系的鼓舞。德国天文学家提丢斯（Johann Titius，1729—1796）和波特（Johann Bode，1747—1826）发现行星轨道半径大致与一个数学序列成比例：

水星	金星	地球	火星	（无行星）	木星	土星
4，	4+3，	4+6，	4+12，	4+24，	4+48，	4+96

但没有行星与4+24相对应。1781年，赫歇尔（Wilhelm Herschel，1738—1822）发现了天王星，它与太阳的距离刚好落在4+192的位置上，人们开始相信在火星—木星间隙带存在一颗未被发现的行星。1801年，意大利的皮亚齐（Giuseppe Piazzi，1746—1826）发现了一颗新的行星，并将其命名为谷神星，这引起了人们极大的兴趣。皮亚齐对这颗行星的观测仅能持续一个月左右，此后它就要从太阳的背后飞过。当时，用光学手段观测一颗暗弱的小行星所能获得的有用数据是非常少的，因此如何确定行星的轨道，以便在它重新出现后再次捕获它成为当时的难题。高斯成功计算出谷神星的轨道，确定它到太阳的平均距离为2.77AU，与提丢斯-波特序列中的4+24非常接近。一年以后，就在高斯经过巧妙计算做出预报的地方，人们重新发现了谷神星。不久之后，人们就发现谷神星不过是小行星带中最大的一颗，而不是期望已久的“丢失的”大行星。不论如何，在当时的条件下，年仅24岁的高斯能从极少量不精确的测角数据中确定谷神星的轨道是一项非常了不起的成就。

与自然天体相比，航天器的轨道确定有其自身的特点。比如，近地航天器运动角速度大、轨道周期短，为能在下一圈中准确捕获目标，初轨确定中轨道周期 T（即半长轴 a）的计算精度就特别重要，对非合作目标尤其如此。此外，现代航天测控网中的测量设备种类多、数据量大，因此初轨确定与轨道改进的区分不再那么明显，两者往往是同时进行的。特别是有了雷达、激光测距仪等设备后，能够直接测量航天器的位置和速度信息，初轨确定的问题就变得相对简单了。本章将主要讨论二体意义下近地航天器的初轨确定问题，最后简要介绍轨道改进的基本原理。观测数据的获取和预处理是轨道确定的前提，如有需要可参阅文献[1-3]，这里不再介绍相关内容。

6.1 有测距资料的初始轨道确定

6.1.1 单雷达站单点定轨

单脉冲雷达和多普勒雷达是经常采用的两种雷达测轨设备。单脉冲雷达不断向外发射电磁波，并通过检测目标回波计算目标与雷达站间的相对距离 ρ，同时通过安装雷达天线的万向支架可以获得目标的仰角 E 和方位角 A。当雷达天线跟踪飞越上空的航天器时，装在万向支架上的角速度敏感器可以测得仰角和方位角的变化率 $\dot{E}$ 和 $\dot{A}$。多普勒雷达能从回波中探测到频移，根据多普勒效应可以解算出距离的变化率 $\dot{\rho}$。因此，若地面测量站同时配备这两种雷达，通过单时间点测量就可以获得六个独立的测量值，从而能够一次确定出航天器的轨道。

1. 测站地平坐标系

1）坐标系定义

测站地平坐标系 L 的原点是观测点 O，基本平面是当地水平面，即参考椭球在 O 点的切平面。Ox_L 轴指向正东，Oy_L 轴沿当地子午圈指向正北，Oz_L 轴垂直于当地水平面指向天顶，因此又称东北天坐标系，如图 6-1 所示。

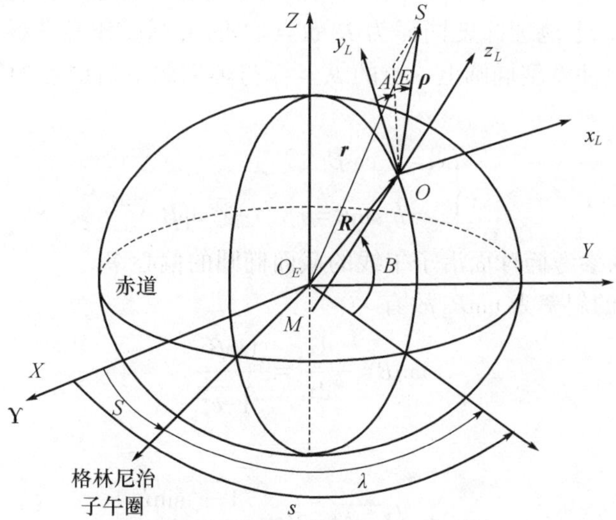

图 6-1 测站地平坐标系

空间中的某点 S 与当地水平面 Ox_Ly_L 的夹角称为仰角 E，向上测量为正；OS 在当地水平面的投影与 Oy_L 轴的夹角称为方位角 A，由 Oy_L 起向东测量为正。

2）测站坐标

为求出航天器在地心惯性坐标系 I 中的位置和速度，需要用到测站的坐标。若将地球看成圆球，则经度和纬度可以看成是球坐标的两个角坐标，球面的半径等于地球半径加上测站的海拔高度。在实际应用中，为提高计算精度，必须采用更精确的地球几何形状模型，一般采用旋转椭球体，最常用的是第 2 章中所述的地球参考椭球。

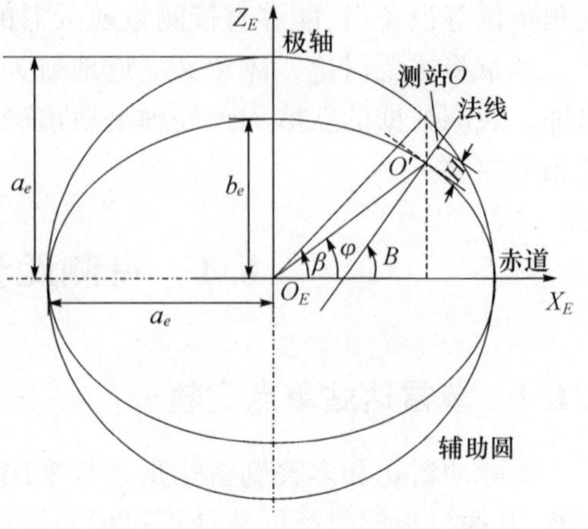

图 6-2　地心纬度与地理纬度

采用椭球体模型后，经度的定义和测量没有变化，但纬度的计算变得复杂，而且地球半径也变成了纬度的函数。图 6-2 中给出了两种常用的纬度定义，角 φ 称为地心纬度，定义为地心半径与赤道平面的夹角；角 B 称为地理纬度或大地纬度，定义为参考椭球面的法线与赤道平面的夹角。平常所说的纬度即指地理纬度，地图中标识的一般也是地理纬度。若地球参考椭球面为等重力位面，那么曲面的法线方向与当地铅垂线的方向（重力方向）重合。

地心纬度 φ 与地理纬度 B 的转换公式为

$$\tan\varphi=\frac{b_e^2}{a_e^2}\tan B=(1-\alpha_e)^2\tan B \tag{6-1-1}$$

式中：α_e 为地球参考椭球的扁率（表 2-2）。

定义如图 6-2 所示的与地球固联的坐标系 $O_E-X_EY_EZ_E$，其中 $O_EX_EZ_E$ 平面与测站的当地子午面重合，O_EZ_E 轴为地球自转轴。若已知测站 O 的地理纬度 B、经度 λ 和海拔高度 H（沿当地法线与参考椭球面的距离），则可以计算测站在地心惯性坐标系中的直角坐标。

首先确定参考椭球上地理纬度同样为 B 的点 O' 的坐标。作参考椭球的辅助圆，并引入图 6-2中所示的角 β。注意到椭圆上一点的纵坐标与辅助圆上对应点的纵坐标之比为 b_e/a_e，则 O' 点的坐标为

$$\begin{cases}x_E=a_e\cos\beta\\ z_E=b_e\sin\beta=a_e\sqrt{1-e_e^2}\sin\beta\end{cases} \tag{6-1-2}$$

式中：$e_e=0.081819$，为参考椭球面沿子午线的截面椭圆的偏心率。

由于椭球面法线的斜率为 $\tan B$，故有

$$\tan B=-\frac{\mathrm{d}x_E}{\mathrm{d}z_E}=\frac{\tan\beta}{\sqrt{1-e_e^2}}$$

即

$$\tan\beta=\sqrt{1-e_e^2}\tan B=\frac{\sqrt{1-e_e^2}\sin B}{\cos B} \tag{6-1-3}$$

故有

$$\sin\beta=\frac{\sqrt{1-e_e^2}\sin B}{\sqrt{1-e_e^2\sin^2B}},\quad \cos\beta=\frac{\cos B}{\sqrt{1-e_e^2\sin^2B}} \tag{6-1-4}$$

将上式代入式(6-1-2),可得

$$\begin{cases} x_E = \dfrac{a_e \cos B}{\sqrt{1-e_e^2 \sin^2 B}} \\ z_E = \dfrac{a_e(1-e_e^2)\sin B}{\sqrt{1-e_e^2 \sin^2 B}} \end{cases} \tag{6-1-5}$$

对于海拔高度为 H 的测站 O,易知 H 在 x_E 和 z_E 方向的分量为

$$\Delta x_E = H\cos B, \Delta z_E = H\sin B$$

由此可得测站的两个直角坐标为

$$\begin{cases} x_E = \left[\dfrac{a_e}{\sqrt{1-e_e^2 \sin^2 B}} + H\right]\cos B \\ z_E = \left[\dfrac{a_e(1-e_e^2)}{\sqrt{1-e_e^2 \sin^2 B}} + H\right]\sin B \end{cases} \tag{6-1-6}$$

根据图 6-1,若已知格林尼治恒星时 S,则加上经度 λ 即可求出测站的当地恒星时 s。根据直角坐标 x_E、z_E 和恒星时角 s,就可以求得测站在地心惯性坐标系中的位置矢量 $\boldsymbol{R}$:

$$\boldsymbol{R} = x_E \cos s \boldsymbol{i}_I + x_E \sin s \boldsymbol{j}_I + z_E \boldsymbol{k}_I \tag{6-1-7}$$

3) 方向余弦阵

在轨道确定中,需要用到由测站地平坐标系 L 至地心惯性坐标系 I 的方向余弦阵。由图 6-1可知

$$\begin{aligned} \boldsymbol{C}_L^I &= \boldsymbol{M}_3\left[-\frac{\pi}{2}-s\right]\cdot \boldsymbol{M}_1\left[-\frac{\pi}{2}+B\right] \\ &= \begin{bmatrix} -\sin s & -\cos s\sin B & \cos s\cos B \\ \cos s & -\sin s\sin B & \sin s\cos B \\ 0 & \cos B & \sin B \end{bmatrix} \end{aligned} \tag{6-1-8}$$

根据图 6-1 可知,航天器视线方向 $\boldsymbol{\rho}^0$ 在测站地平坐标系中的方向余弦为

$$\boldsymbol{\rho}^0 = \begin{bmatrix} \cos E\sin A \\ \cos E\cos A \\ \sin E \end{bmatrix} \tag{6-1-9}$$

$\boldsymbol{\rho}^0$ 在地心惯性坐标系中的方向余弦可以用赤经 α 和赤纬 δ 表示

$$\boldsymbol{\rho}^0 = \begin{bmatrix} \cos\delta\cos\alpha \\ \cos\delta\sin\alpha \\ \sin\delta \end{bmatrix} \tag{6-1-10}$$

综合式(6-1-8)~式(6-1-10),可得由仰角、方位角求赤经、赤纬的公式

$$\begin{cases} \alpha_L = \arctan\left(\dfrac{\cos s\cos E\sin A - \sin s\sin B\cos E\cos A + \sin s\cos B\sin E}{-\sin s\cos E\sin A - \cos s\sin B\cos E\cos A + \cos s\cos B\sin E}\right) \\ \delta_L = \arcsin(\cos B\cos E\cos A + \sin B\sin E) \end{cases} \tag{6-1-11}$$

注意,上式求得的是测站与航天器连线方向的赤经和赤纬两个角度,并不是航天器在地心惯性系中的赤经和赤纬。

2. 地心惯性坐标系中的位置与速度

航天器在测站地平坐标系中的位置矢量为

$$\boldsymbol{\rho}=\rho\cos E\sin A\boldsymbol{i}_L+\rho\cos E\cos A\boldsymbol{j}_L+\rho\sin E\boldsymbol{k}_L \tag{6-1-12}$$

故在地心惯性坐标系中的位置矢量为

$$\boldsymbol{r}=\boldsymbol{R}+\boldsymbol{\rho} \tag{6-1-13}$$

将式(6-1-7)、式(6-1-8)和式(6-1-12)代入上式即得到 $\boldsymbol{r}$。

对式(6-1-13)求导,可得航天器在地心惯性坐标系中的速度矢量为

$$\boldsymbol{v}=\frac{\mathrm{d}\boldsymbol{r}}{\mathrm{d}t}=\frac{\mathrm{d}\boldsymbol{R}}{\mathrm{d}t}+\left(\frac{\delta\boldsymbol{\rho}}{\delta t}+\boldsymbol{\omega}_e\times\boldsymbol{\rho}\right) \tag{6-1-14}$$

式中:$\boldsymbol{\omega}_e$ 为地球自转角速度。由于 $\boldsymbol{R}$ 为常矢量,故根据泊松定理有

$$\frac{\mathrm{d}\boldsymbol{R}}{\mathrm{d}t}=\boldsymbol{\omega}_e\times\boldsymbol{R}$$

代入式(6-1-14)可得

$$\boldsymbol{v}=\frac{\delta\boldsymbol{\rho}}{\delta t}+\boldsymbol{\omega}_e\times\boldsymbol{r} \tag{6-1-15}$$

根据式(6-1-12)可知

$$\begin{aligned}\frac{\delta\boldsymbol{\rho}}{\delta t}=&(\dot{\rho}\cos E\sin A-\rho\dot{E}\sin E\sin A+\rho\dot{A}\cos E\cos A)\boldsymbol{i}_L\\&+(\dot{\rho}\cos E\cos A-\rho\dot{E}\sin E\cos A-\rho\dot{A}\cos E\sin A)\boldsymbol{j}_L\\&+(\dot{\rho}\sin E+\rho\dot{E}\cos E)\boldsymbol{k}_L\end{aligned} \tag{6-1-16}$$

例题 已知某地面测量站的坐标为 $\lambda=110°,B=20°,H=1\mathrm{km}$。在某时刻获得一组测量数据:$\rho=2300\mathrm{km},A=40°,E=30°,\dot{\rho}=-800\mathrm{m/s},\dot{A}=-0.004\mathrm{rad/s},\dot{E}=0.001\mathrm{rad/s}$,此时格林尼治恒星时为 $S=45°$。要求根据测量数据确定航天器在地心惯性坐标系中的位置与速度。

首先计算测站地平坐标系至地心惯性坐标系的方向余弦阵。测量时刻测站的当地恒星时为

$$s=S+\lambda=155°$$

根据式(6-1-8),可求得方向余弦阵为

$$\boldsymbol{C}_L^I=\boldsymbol{M}_3\left[-\frac{\pi}{2}-s\right]\cdot\boldsymbol{M}_1\left[-\frac{\pi}{2}+B\right]=\begin{pmatrix}-0.422618 & 0.309975 & -0.851651\\-0.906308 & -0.144544 & 0.397131\\0 & 0.939693 & 0.342020\end{pmatrix}$$

根据式(6-1-7),可求得测站在地心惯性坐标系中的坐标为

$$\boldsymbol{R}=[-5434.925,\quad 2534.347,\quad 2168.039]^{\mathrm{T}}\mathrm{km}$$

根据式(6-1-12),可求得航天器在测站地平坐标系中的坐标为

$$\boldsymbol{\rho}=[1280.342,\quad 1525.852,\quad 1150.000]^{\mathrm{T}}\mathrm{km}$$

由此可得到航天器在地心惯性坐标系中的位置矢量为

$$\boldsymbol{r}=\boldsymbol{R}+\boldsymbol{\rho}=\begin{bmatrix}R_{xI}\\R_{yI}\\R_{zI}\end{bmatrix}+\boldsymbol{C}_L^I\cdot\begin{bmatrix}\rho_{xL}\\\rho_{yL}\\\rho_{zL}\end{bmatrix}=\begin{bmatrix}-6482.442\\1610.111\\3995.194\end{bmatrix}\mathrm{km}$$

根据式(6-1-15),航天器在地心惯性坐标系中的速度矢量为

$$\boldsymbol{v}=\frac{\delta\boldsymbol{\rho}}{\delta t}+\boldsymbol{\omega}_e\times\boldsymbol{r}=\boldsymbol{C}_L^I\cdot\begin{bmatrix}v_{rxL}\\v_{ryL}\\v_{rzL}\end{bmatrix}+\begin{bmatrix}0\\0\\\omega_e\end{bmatrix}\times\begin{bmatrix}r_{xI}\\r_{yI}\\r_{zI}\end{bmatrix}=\begin{bmatrix}2756.816\\6228.391\\4030.412\end{bmatrix}\text{m/s}$$

6.1.2 纯位置矢量定轨

若雷达站没有配备测量多普勒频移和万向支架转动角速度的设备，一次测量就只能获得一个距离信息 ρ 和两个角度信息 A、E。根据式(6-1-13)，能够由时刻 t_i 的测量值求出航天器在地心惯性坐标系中的位置矢量 $\boldsymbol{r}_i$，然后可以利用纯位置矢量定轨的方法确定轨道。

常用的纯位置矢量定轨方法有两种：①根据两个时刻 t_1、t_2 的位置矢量 $\boldsymbol{r}_1$、$\boldsymbol{r}_2$ 及时间差 Δt 来确定轨道，即边值问题的方法，这是实际应用中最常用的一种方法，在第 5 章已有详细介绍；②根据三个不同时刻的位置矢量 $\boldsymbol{r}_1$、$\boldsymbol{r}_2$ 和 $\boldsymbol{r}_3$ 来确定轨道，该问题的纯矢量解法是由美国学者吉布斯(Josiah Gibbs，1839—1903)提出的，现在一般称为吉布斯方法。

吉布斯问题可描述如下：给定三个非零共面矢量 $\boldsymbol{r}_1$、$\boldsymbol{r}_2$ 和 $\boldsymbol{r}_3$，它们是某航天器在同一圈中三个相继时刻所处的位置，求轨道的半通径 p 和偏心率 e，以及近心点直角坐标系的单位矢量 $\boldsymbol{i}_e$、$\boldsymbol{i}_p$ 和 $\boldsymbol{i}_h$。

对于二体轨道，由于三个矢量共面，故有标量 c_1、c_2、c_3 使下式成立：

$$c_1\boldsymbol{r}_1+c_2\boldsymbol{r}_2+c_3\boldsymbol{r}_3=0 \tag{6-1-17}$$

可见三个矢量之间存在三个线性约束方程，故只有六个独立的变量，刚好满足定轨条件。根据式(3-2-21)可知

$$\boldsymbol{e}\cdot\boldsymbol{r}=p-r \tag{6-1-18}$$

用偏心率矢量与式(6-1-17)作点乘，并利用上式可得

$$c_1(p-r_1)+c_2(p-r_2)+c_3(p-r_3)=0 \tag{6-1-19}$$

再将位置矢量 $\boldsymbol{r}_1$、$\boldsymbol{r}_2$、$\boldsymbol{r}_3$ 分别与式(6-1-17)作叉乘，可得

$$\begin{cases}c_2(\boldsymbol{r}_1\times\boldsymbol{r}_2)=c_3(\boldsymbol{r}_3\times\boldsymbol{r}_1)\\c_3(\boldsymbol{r}_2\times\boldsymbol{r}_3)=c_1(\boldsymbol{r}_1\times\boldsymbol{r}_2)\\c_1(\boldsymbol{r}_3\times\boldsymbol{r}_1)=c_2(\boldsymbol{r}_2\times\boldsymbol{r}_3)\end{cases} \tag{6-1-20}$$

以 $\boldsymbol{r}_3\times\boldsymbol{r}_1$ 乘以式(6-1-19)，并利用上式消去 c_1、c_3，得

$$c_2(\boldsymbol{r}_2\times\boldsymbol{r}_3)(p-r_1)+c_2(\boldsymbol{r}_3\times\boldsymbol{r}_1)(p-r_2)+c_2(\boldsymbol{r}_1\times\boldsymbol{r}_2)(p-r_3)=0$$

上式中消去 c_2，重新整理得

$$p(\boldsymbol{r}_1\times\boldsymbol{r}_2+\boldsymbol{r}_2\times\boldsymbol{r}_3+\boldsymbol{r}_3\times\boldsymbol{r}_1)=r_1(\boldsymbol{r}_2\times\boldsymbol{r}_3)+r_2(\boldsymbol{r}_3\times\boldsymbol{r}_1)+r_3(\boldsymbol{r}_1\times\boldsymbol{r}_2) \tag{6-1-21}$$

定义上式右边的矢量为 $\boldsymbol{N}$，而 p 的系数为矢量 $\boldsymbol{D}$，易知 $\boldsymbol{N}$ 与 $\boldsymbol{D}$ 都沿动量矩矢量 $\boldsymbol{h}$ 的方向，故有

$$p=\frac{N}{D} \tag{6-1-22}$$

对近心点直角坐标系，有 $\boldsymbol{i}_p=\boldsymbol{i}_h\times\boldsymbol{i}_e$，而 $\boldsymbol{i}_h$ 是 $\boldsymbol{N}$ 的单位矢量，故有

$$\boldsymbol{i}_p=\frac{\boldsymbol{N}}{N}\times\frac{\boldsymbol{e}}{e}=\frac{1}{Ne}(\boldsymbol{N}\times\boldsymbol{e}) \tag{6-1-23}$$

将由式(6-1-21)定义的 $\boldsymbol{N}$ 代入，有

$$Ne\boldsymbol{i}_p=r_1(\boldsymbol{r}_2\times\boldsymbol{r}_3)\times\boldsymbol{e}+r_2(\boldsymbol{r}_3\times\boldsymbol{r}_1)\times\boldsymbol{e}+r_3(\boldsymbol{r}_1\times\boldsymbol{r}_2)\times\boldsymbol{e}$$

根据三重矢量积的运算法则，上式等于

$$\begin{aligned}N e \boldsymbol{i}_p = & r_1(\boldsymbol{r}_2 \cdot \boldsymbol{e})\boldsymbol{r}_3 - r_1(\boldsymbol{r}_3 \cdot \boldsymbol{e})\boldsymbol{r}_2 \\ & + r_2(\boldsymbol{r}_3 \cdot \boldsymbol{e})\boldsymbol{r}_1 - r_2(\boldsymbol{r}_1 \cdot \boldsymbol{e})\boldsymbol{r}_3 \\ & + r_3(\boldsymbol{r}_1 \cdot \boldsymbol{e})\boldsymbol{r}_2 - r_3(\boldsymbol{r}_2 \cdot \boldsymbol{e})\boldsymbol{r}_1\end{aligned}$$

应用式(6-1-18)，上式可简化为

$$N e \boldsymbol{i}_p = p[(r_2 - r_3)\boldsymbol{r}_1 + (r_3 - r_1)\boldsymbol{r}_2 + (r_1 - r_2)\boldsymbol{r}_3] = p\boldsymbol{S} \tag{6-1-24}$$

矢量 $\boldsymbol{S}$ 定义为上式方括号中的矢量，与 $\boldsymbol{i}_p$ 方向相同。

因为 $Ne\boldsymbol{i}_p = p\boldsymbol{S}, N = pD$，故有

$$e = \frac{S}{D} \tag{6-1-25}$$

同时

$$\boldsymbol{i}_p = \frac{\boldsymbol{S}}{S}, \quad \boldsymbol{i}_h = \frac{\boldsymbol{N}}{N}, \quad \boldsymbol{i}_e = \boldsymbol{i}_p \times \boldsymbol{i}_h \tag{6-1-26}$$

因此，为了求解吉布斯问题，必须先由已知的三个位置矢量 $\boldsymbol{r}_i$ 构造 $\boldsymbol{N}$、$\boldsymbol{S}$ 和 $\boldsymbol{D}$ 矢量。为保证算法的有效性，求解之前要先检验一下 $N \neq 0, \boldsymbol{D} \cdot \boldsymbol{N} > 0$。

航天器的速度矢量 $\boldsymbol{v}$ 可以直接用矢量 $\boldsymbol{N}$、$\boldsymbol{S}$ 和 $\boldsymbol{D}$ 表示。根据

$$\boldsymbol{v} \times \boldsymbol{h} = \mu\left(\frac{\boldsymbol{r}}{r} + \boldsymbol{e}\right)$$

矢量 $\boldsymbol{h}$ 与上式作叉乘，并利用三重矢量积运算法则，可得

$$h^2 \boldsymbol{v} = \mu\left(\frac{\boldsymbol{h} \times \boldsymbol{r}}{r} + \boldsymbol{h} \times \boldsymbol{e}\right)$$

将式(6-1-26)代入上式，化简可得

$$\boldsymbol{v} = \sqrt{\frac{\mu}{ND}}\left(\frac{\boldsymbol{D} \times \boldsymbol{r}}{r} + \boldsymbol{S}\right)$$

吉布斯法是一种纯几何和纯矢量分析的方法，没有应用航天器运动的动力学方程，也没有用到三个位置间的飞行时间。它实际上应用了如下原理：通过共面的三个位置矢量，可以作出一条且仅有一条圆锥曲线，圆锥曲线的焦点位于三个位置矢量的原点上。

6.2 仅有测角资料的初始轨道确定

光学观测能够提供高精度的测角信息，是现代航天定轨和天体测量的重要技术手段。除光学观测外，无线电干涉测量也能提供测角信息，特别是甚长基线干涉测量(VLBI)已经成为深空导航与定位中必不可少的技术手段。在我国的月球和火星探测任务中，就使用了由北京、上海、乌鲁木齐和昆明 4 站组成的 VLBI 系统，完成对“嫦娥”系列月球探测器和“天问一号”火星探测器的轨道确定[12,13]。描述航天器的运动需要六个独立的参数，一次光学观测可以获得仰角 E、方位角 A(或视线的赤经 α_L、赤纬 δ_L)两个观测量，因此至少需要三次光学观测才能确定轨道。

用光学观测资料确定小行星或彗星的轨道曾是天体力学的重要问题，也产生了很多轨道确定的方法，其中最经典的是拉普拉斯方法与高斯方法。拉普拉斯方法的特点是由三次光学观测资料确定某选定时刻 t_0 的 $\boldsymbol{r}_0$ 和 $\dot{\boldsymbol{r}}_0$，从而计算六个轨道根数，即初值方法，其条件方程是力

学约束

$$\rho\boldsymbol{\rho}^0+\boldsymbol{R}=F\boldsymbol{r}_0+G\dot{\boldsymbol{r}}_0 \tag{6-2-1}$$

高斯方法的特点是确定两个时刻 t_1、t_2 的位置矢量 $\boldsymbol{r}_1$、$\boldsymbol{r}_2$，然后用求解兰伯特问题的方法定轨，即边值方法，其条件方程是几何约束

$$\rho\boldsymbol{\rho}^0+\boldsymbol{R}=c_1\boldsymbol{r}_1+c_2\boldsymbol{r}_2 \tag{6-2-2}$$

式中：c_1、c_2 为相关系数。

6.2.1 拉普拉斯方法

1. 经典拉普拉斯方法

设有三个时刻的观测资料 $t_i,\alpha_{L_i},\delta_{L_i}(i=1,2,3)$，相应的测站坐标为 $\boldsymbol{R}_i(R_{ix},R_{iy},R_{iz})$。$t_i$ 时刻航天器视线（测站与航天器的连线）在地心惯性坐标系中的方向余弦为 $\boldsymbol{\rho}_i^0(\lambda_i,\eta_i,\nu_i)$，可知

$$\begin{cases}\lambda_i=\cos\delta_{L_i}\cos\alpha_{L_i}\\ \eta_i=\cos\delta_{L_i}\sin\alpha_{L_i}\quad(i=1,2,3)\\ \nu_i=\sin\delta_{L_i}\end{cases} \tag{6-2-3}$$

根据测站与航天器的几何关系（图 6-3），有

$$\boldsymbol{r}_i=\rho_i\boldsymbol{\rho}_i^0+\boldsymbol{R}_i\quad(i=1,2,3) \tag{6-2-4}$$

假定 t_2 为中间时刻，在上式中令 $i=2$ 并求一次和二次微分，可得

$$\begin{cases}\boldsymbol{r}_2=\rho_2\boldsymbol{\rho}_2^0+\boldsymbol{R}_2\\ \dot{\boldsymbol{r}}_2=\dot{\rho}_2\boldsymbol{\rho}_2^0+\rho_2\dot{\boldsymbol{\rho}}_2^0+\dot{\boldsymbol{R}}_2\\ \ddot{\boldsymbol{r}}_2=\ddot{\rho}_2\boldsymbol{\rho}_2^0+2\dot{\rho}_2\dot{\boldsymbol{\rho}}_2^0+\rho_2\ddot{\boldsymbol{\rho}}_2^0+\ddot{\boldsymbol{R}}_2\end{cases} \tag{6-2-5}$$

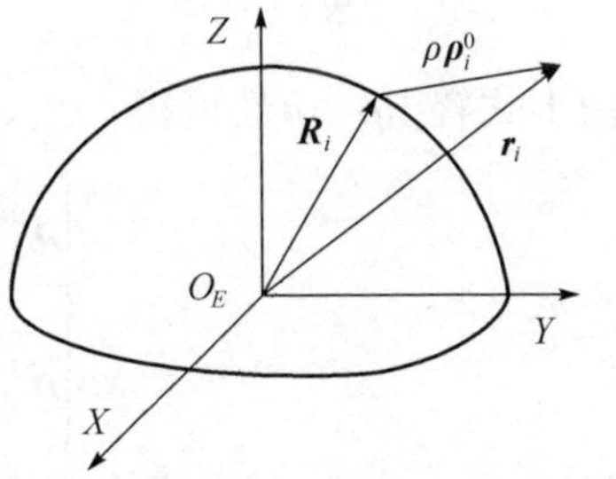

图 6-3　测站与航天器的几何关系

由二体问题运动方程，可知

$$\ddot{\boldsymbol{r}}_2=-\frac{\mu}{r_2^3}\boldsymbol{r}_2=-\frac{\mu}{r_2^3}(\rho_2\boldsymbol{\rho}_2^0+\boldsymbol{R}_2)$$

将上式代入式（6-2-5）中的第三式，得到

$$\ddot{\rho}_2\boldsymbol{\rho}_2^0+2\dot{\rho}_2\dot{\boldsymbol{\rho}}_2^0+\rho_2\ddot{\boldsymbol{\rho}}_2^0+\ddot{\boldsymbol{R}}_2=-\frac{\mu}{r_2^3}(\rho_2\boldsymbol{\rho}_2^0+\boldsymbol{R}_2) \tag{6-2-6}$$

用 $\boldsymbol{\rho}_2^0\times\dot{\boldsymbol{\rho}}_2^0$ 和 $\boldsymbol{\rho}_2^0\times\ddot{\boldsymbol{\rho}}_2^0$ 分别点乘上式两端，并令

$$\begin{cases}L=(\boldsymbol{\rho}_2^0\times\dot{\boldsymbol{\rho}}_2^0)\cdot\ddot{\boldsymbol{\rho}}_2^0=-(\boldsymbol{\rho}_2^0\times\ddot{\boldsymbol{\rho}}_2^0)\cdot\dot{\boldsymbol{\rho}}_2^0\\ F_1=(\boldsymbol{\rho}_2^0\times\dot{\boldsymbol{\rho}}_2^0)\cdot\ddot{\boldsymbol{R}}_2,\quad G_1=(\boldsymbol{\rho}_2^0\times\dot{\boldsymbol{\rho}}_2^0)\cdot\boldsymbol{R}_2\\ F_2=(\boldsymbol{\rho}_2^0\times\ddot{\boldsymbol{\rho}}_2^0)\cdot\ddot{\boldsymbol{R}}_2,\quad G_2=(\boldsymbol{\rho}_2^0\times\ddot{\boldsymbol{\rho}}_2^0)\cdot\boldsymbol{R}_2\end{cases} \tag{6-2-7}$$

可得

$$\begin{cases}-L\rho_2=F_1+\dfrac{\mu}{r_2^3}G_1\\ 2L\dot{\rho}_2=F_2+\dfrac{\mu}{r_2^3}G_2\end{cases} \tag{6-2-8}$$

由式(6-2-5)的第一式可得

$$r_2^2=R_2^2+\rho_2^2+2\rho_2(\boldsymbol{\rho}_2^0\cdot\boldsymbol{R}_2) \tag{6-2-9}$$

式(6-2-8)与式(6-2-9)就是拉普拉斯方法的基本方程。可见,若参数 L、F_1、G_1、F_2、G_2 可以求出,则三个方程仅包括 ρ_2、$\dot{\rho}_2$、r_2 三个未知量,是可以求解的。

$\boldsymbol{R}_2$ 是固定矢量,根据泊松公式可知

$$\dot{\boldsymbol{R}}_2=\boldsymbol{\omega}_e\times\boldsymbol{R}_2,\quad \ddot{\boldsymbol{R}}_2=\boldsymbol{\omega}_e\times(\boldsymbol{\omega}_e\times\boldsymbol{R}_2) \tag{6-2-10}$$

由式(6-2-7)可见,求 L、F_1、G_1、F_2、G_2 这五个辅助量的关键是求出 $\dot{\boldsymbol{\rho}}_2^0$ 与 $\ddot{\boldsymbol{\rho}}_2^0$。

令

$$\begin{cases}\tau_1=t_1-t_2\\ \tau_3=t_3-t_2\end{cases} \tag{6-2-11}$$

若认为 τ_1、τ_3 足够小,可以忽略三阶以上的高次项,则对 $\boldsymbol{\rho}_1^0$、$\boldsymbol{\rho}_3^0$ 作泰勒展开,可得

$$\begin{cases}\boldsymbol{\rho}_1^0=\boldsymbol{\rho}_2^0+\tau_1\dot{\boldsymbol{\rho}}_2^0+\dfrac{1}{2}\tau_1^2\ddot{\boldsymbol{\rho}}_2^0\\ \boldsymbol{\rho}_3^0=\boldsymbol{\rho}_2^0+\tau_3\dot{\boldsymbol{\rho}}_2^0+\dfrac{1}{2}\tau_3^2\ddot{\boldsymbol{\rho}}_2^0\end{cases}$$

由上式解出 $\dot{\boldsymbol{\rho}}_2^0$、$\ddot{\boldsymbol{\rho}}_2^0$,可得

$$\begin{cases}\dot{\boldsymbol{\rho}}_2^0=\dfrac{\tau_3}{\tau_1(\tau_3-\tau_1)}\boldsymbol{\rho}_1^0-\dfrac{\tau_1+\tau_3}{\tau_1\tau_3}\boldsymbol{\rho}_2^0-\dfrac{\tau_1}{\tau_3(\tau_3-\tau_1)}\boldsymbol{\rho}_3^0\\ \ddot{\boldsymbol{\rho}}_2^0=-\dfrac{2}{\tau_1(\tau_3-\tau_1)}\boldsymbol{\rho}_1^0+\dfrac{2}{\tau_1\tau_3}\boldsymbol{\rho}_2^0+\dfrac{2}{\tau_3(\tau_3-\tau_1)}\boldsymbol{\rho}_3^0\end{cases} \tag{6-2-12}$$

代入式(6-2-7)就可求得五个辅助量。

下面讨论 ρ_2、$\dot{\rho}_2$ 的计算问题。由式(6-2-8)的第一式可知

$$\rho_2=-\left(\frac{F_1}{L}+\frac{\mu G_1}{Lr_2^3}\right)$$

代入式(6-2-9),消去 ρ_2 可得关于 r_2 的一元八次代数方程

$$\begin{cases}f(r_2)=r_2^8+Ar_2^6+Br_2^3+C=0\\ A=-\left[R_2^2+\left(\dfrac{F_1}{L}\right)^2-2\dfrac{F_1}{L}(\boldsymbol{\rho}_2^0\cdot\boldsymbol{R}_2)\right]\\ B=-2\dfrac{\mu G_1}{L}\left[\dfrac{F_1}{L}-(\boldsymbol{\rho}_2^0\cdot\boldsymbol{R}_2)\right]\\ C=-\left(\dfrac{\mu G_1}{L}\right)^2\end{cases} \tag{6-2-13}$$

由上式迭代求出 r_2 后,代入式(6-2-8)可求得 ρ_2、$\dot{\rho}_2$,然后就可根据式(6-2-5)求出 $\boldsymbol{r}_2$ 和 $\dot{\boldsymbol{r}}_2$。

由上述推导过程可见,经典拉普拉斯方法在计算 $\dot{\boldsymbol{\rho}}_2^0$ 与 $\ddot{\boldsymbol{\rho}}_2^0$ 时是近似的,要求 τ_1、τ_3 足够小,且 $\tau_1\neq\tau_3$,否则无法求出 $\dot{\boldsymbol{\rho}}_2^0$ 和 $\ddot{\boldsymbol{\rho}}_2^0$。此外由式(6-2-13)可见,迭代求解 r_2 时,要求

$$L=(\boldsymbol{\rho}_2^0\times\dot{\boldsymbol{\rho}}_2^0)\cdot\ddot{\boldsymbol{\rho}}_2^0=\frac{2}{\tau_1\tau_3(\tau_3-\tau_1)}(\boldsymbol{\rho}_2^0\times\boldsymbol{\rho}_1^0)\cdot\boldsymbol{\rho}_3^0$$

不趋于 0,即三个矢量不能共面或不能在一个平面附近。

2. 改进的拉普拉斯方法

针对近地航天器的运动特点和计算技术的发展,人们提出了改进的拉普拉斯方法,这是现代光学观测定轨中常用的方法。

改进的拉普拉斯方法的基本思想是根据三次或多次观测资料,借助于力学条件(6-2-1),确定在所选定历元时刻 t_0 的航天器的位置和速度矢量,从而得到六个轨道根数。

设已知 N 个时刻 t_i 的方向余弦 $\boldsymbol{\rho}_i^0(\lambda_i,\eta_i,\nu_i)$ 和测站坐标 $\boldsymbol{R}_i(R_{ix},R_{iy},R_{iz})$ $(i=1,2,\cdots,N)$,并假定 t_0 为选定的历元时刻。由几何关系

$$\boldsymbol{r}_i=\rho_i\boldsymbol{\rho}_i^0+\boldsymbol{R}_i$$

和力学关系

$$\boldsymbol{r}_i=F_i\boldsymbol{r}_0+G_i\dot{\boldsymbol{r}}_0$$

可得力学条件

$$F_i\boldsymbol{r}_0+G_i\dot{\boldsymbol{r}}_0=\rho_i\boldsymbol{\rho}_i^0+\boldsymbol{R}_i\quad(i=1,2,\cdots,N)\tag{6-2-14}$$

将上式写成标量方程的形式:

$$\begin{cases}F_ix_0+G_i\dot{x}_0=\rho_i\lambda_i+R_{ix}\\F_iy_0+G_i\dot{y}_0=\rho_i\eta_i+R_{iy}\quad(i=1,2,\cdots,N)\\F_iz_0+G_i\dot{z}_0=\rho_i\nu_i+R_{iz}\end{cases}\tag{6-2-15}$$

上式共有 $3N$ 个方程,$N+6$ 个未知量,即 $x_0,y_0,z_0,\dot{x}_0,\dot{y}_0,\dot{z}_0,\rho_1,\rho_2,\cdots,\rho_N$,因此当 $N\geqslant3$ 时可以由最小二乘法解出这些未知量的估计值。实际上,在轨道确定中 ρ_i 是没用的,因此可以从式(6-2-14)中消去 ρ_i。用 $\boldsymbol{\rho}_i^0$ 叉乘方程(6-2-14),得到新的条件方程

$$F_i(\boldsymbol{\rho}_i^0\times\boldsymbol{r}_0)+G_i(\boldsymbol{\rho}_i^0\times\dot{\boldsymbol{r}}_0)=\boldsymbol{\rho}_i^0\times\boldsymbol{R}_i\quad(i=1,2,\cdots,N)\tag{6-2-16}$$

上式可写成标量方程的形式

$$\begin{cases}F_i(\eta_ix_0-\lambda_iy_0)+G_i(\eta_i\dot{x}_0-\lambda_i\dot{y}_0)=\eta_iR_{ix}-\lambda_iR_{iy}\\F_i(\nu_iy_0-\eta_iz_0)+G_i(\nu_i\dot{y}_0-\eta_i\dot{z}_0)=\nu_iR_{iy}-\eta_iR_{iz}\quad(i=1,2,\cdots,N)\\F_i(\lambda_iz_0-\nu_ix_0)+G_i(\lambda_i\dot{z}_0-\nu_i\dot{x}_0)=\lambda_iR_{iz}-\nu_iR_{ix}\end{cases}\tag{6-2-17}$$

上式中共有 $3N$ 个方程,但只有 $2N$ 个是独立的,包含 $x_0,y_0,z_0,\dot{x}_0,\dot{y}_0,\dot{z}_0$ 6 个未知数,$N\geqslant3$ 时可以求解。

方程(6-2-17)的系数 F_i、G_i 是 $\boldsymbol{r}_0$ 和 $\dot{\boldsymbol{r}}_0$ 的函数,因此需要迭代求解。根据拉格朗日系数的级数展开式(4-5-16),F_i、G_i 的迭代初值可取为

$$F_i^{(0)}=1-\frac{\mu}{2r_0^3}\tau_i^2,\quad G_i^{(0)}=\tau_i-\frac{\mu}{6r_0^3}\tau_i^3\tag{6-2-18}$$

其中,$\tau_i=t_i-t_0$,r_0 可取近似值,比如取半长轴 a 的近似值,或由经典拉普拉斯方法给出初值。当 τ_i 很小或轨道的已知信息很少时,也可以用更简单的近似式

$$F_i^{(0)}=1,\quad G_i^{(0)}=\tau_i\tag{6-2-19}$$

作为初值。利用式(6-2-18)或式(6-2-19)作为初值,由方程(6-2-17)解出 $\boldsymbol{r}_0$、$\dot{\boldsymbol{r}}_0$ 后,就可以根据级数展开式(4-5-16)或拉格朗日系数的封闭表达式(4-2-39)计算出更精确的 F_i、G_i,再代入式(6-2-17)逐步迭代,直至精度满足要求为止。迭代时,F_i、G_i 的更新速度不宜过快,否则不易收敛。

改进的拉普拉斯方法,从理论上来说是严格的,未作任何近似。它可以用于多次光学观

测，对观测弧度也没有严格的限制。该方法的特点是消去斜距 ρ，计算程序简单，因此在航天工程中获得了广泛应用。

但是，在短弧段定轨中，改进的拉普拉斯方法受观测资料误差的影响较大，这也是许多根据测角资料定轨的方法都存在的共性问题。从式(6-2-17)可以看出，$\dot{x}_0,\dot{y}_0,\dot{z}_0$ 的系数包含 G_i，而由式(6-2-19)可知，G_i 是与 τ_i 同阶的小量，故当测轨弧段很短时，这些项就不容易计算准确，很容易导致 a 和 e 的值有较大的计算误差。这不仅会使整个轨道受到歪曲，甚至可能发生计算发散的情况。但只要弧段长一些，计算出的结果还是比较理想的。

针对短弧段定轨半长轴精度不高的问题，学者们提出了一些解决方案。由于近地航天器运动角速度较快，往往可以获得连续两圈以上的观测资料，这可以用来定出卫星的轨道周期，从而计算出轨道半长轴 a。当 a 已知后，就可以采用固定 a 值的巴日诺夫方法定轨[8]。我国学者针对人造地球卫星定轨的特点，在拉普拉斯方法的基础上，提出了单位矢量法[9,10]。该方法的基本思想是在式(6-2-14)的两端点乘一组单位矢量来构造新的条件方程，避免式(6-2-17)中出现的两两相减的形式，同时还可以方便地增加 $\dot{\rho}$ 的条件方程，从而提高 a 的定轨精度。

6.2.2 高斯方法

1. 轨道的近似计算

设有三个时刻的观测资料 $t_i,\alpha_{L_i},\delta_{L_i}(i=1,2,3)$，相应的测站坐标为 $\boldsymbol{R}_i$，t_i 时刻航天器视线在地心惯性系中的方向余弦为 $\boldsymbol{\rho}_i^0$。假设 t_2 为中间时刻，对二体轨道要求 $\boldsymbol{r}_1$、$\boldsymbol{r}_2$、$\boldsymbol{r}_3$ 共面，故存在常数 c_1、c_3，使得下式成立：

$$\boldsymbol{r}_2=c_1\boldsymbol{r}_1+c_3\boldsymbol{r}_3 \tag{6-2-20}$$

将测站与航天器的几何关系式(6-2-4)代入上式，即可得条件方程(6-2-2)，展开得到

$$c_1\rho_1\boldsymbol{\rho}_1^0-\rho_2\boldsymbol{\rho}_2^0+c_3\rho_3\boldsymbol{\rho}_3^0=-c_1\boldsymbol{R}_1+\boldsymbol{R}_2-c_3\boldsymbol{R}_3 \tag{6-2-21}$$

上式有三个标量方程，共有 c_1、c_3、ρ_1、ρ_2、ρ_3 五个未知数。若已知 c_1、c_3，便可解出 ρ_i，从而得到 $\boldsymbol{r}_i$，定轨问题就可以解决。下面利用力学条件来计算 c_1 和 c_3。

将 $\boldsymbol{r}_3$、$\boldsymbol{r}_1$ 分别与式(6-2-20)叉乘，可得

$$\begin{cases}\boldsymbol{r}_3\times\boldsymbol{r}_2=c_1(\boldsymbol{r}_3\times\boldsymbol{r}_1)\\ \boldsymbol{r}_1\times\boldsymbol{r}_2=c_3(\boldsymbol{r}_1\times\boldsymbol{r}_3)\end{cases} \tag{6-2-22}$$

因此有

$$\begin{cases}c_1=\dfrac{|\boldsymbol{r}_3\times\boldsymbol{r}_2|}{|\boldsymbol{r}_3\times\boldsymbol{r}_1|}\\ c_3=\dfrac{|\boldsymbol{r}_1\times\boldsymbol{r}_2|}{|\boldsymbol{r}_1\times\boldsymbol{r}_3|}\end{cases} \tag{6-2-23}$$

航天器的运动同时还要满足力学条件

$$\begin{cases}\boldsymbol{r}_1=F_1\boldsymbol{r}_2+G_1\boldsymbol{v}_2\\ \boldsymbol{r}_3=F_3\boldsymbol{r}_2+G_3\boldsymbol{v}_2\end{cases} \tag{6-2-24}$$

将上式代入式(6-2-23)可得

$$\begin{cases} c_1=\dfrac{G_3}{F_1G_3-F_3G_1} \\ c_3=\dfrac{-G_1}{F_1G_3-F_3G_1} \end{cases} \tag{6-2-25}$$

先以 f 和 g 级数的低阶项作为 F_i 和 G_i 的近似公式，即

$$F_i^{(0)}=1-\frac{\mu}{2r_2^3}\tau_i^2,\quad G_i^{(0)}=\tau_i-\frac{\mu}{6r_2^3}\tau_i^3(i=1,3) \tag{6-2-26}$$

式中：$\tau_1=t_1-t_2$，$\tau_3=t_3-t_2$。

令 $u_2=\mu r_2^{-3}$，将上式代入式(6-2-25)的第一式，略去三阶以上的高阶项，可得

$$c_1=\frac{\tau_3}{\tau_3-\tau_1}\left(1-\frac{1}{6}u_2\tau_3^2\right)\left[1-\frac{1}{6}u_2(\tau_3-\tau_1)^2\right]^{-1} \tag{6-2-27}$$

令 $\tau=\tau_3-\tau_1$，将上式最后一项用二项式定理展开，略去 τ^2 以上的项，可得

$$\left(1-\frac{1}{6}u_2\tau^2\right)^{-1}=1+\frac{1}{6}u_2\tau^2+O(\tau^3)$$

代入式(6-2-27)，可得

$$c_1=\frac{\tau_3}{\tau}\left[1+\frac{1}{6}u_2(\tau^2-\tau_3^2)\right] \tag{6-2-28}$$

同理，对 c_3 有

$$c_3=-\frac{\tau_1}{\tau}\left[1+\frac{1}{6}u_2(\tau^2-\tau_1^2)\right] \tag{6-2-29}$$

可见，系数 c_1、c_3 的近似表达式只与时间间隔 τ_1、τ_3 和 t_2 时刻的地心距 r_2 有关。下面用 c_1、c_3 来表示斜距 ρ_1、ρ_2、ρ_3。

将式(6-2-21)写成如下形式：

$$\boldsymbol{\rho}^0\begin{bmatrix} c_1\rho_1 \\ -\rho_2 \\ c_3\rho_3 \end{bmatrix}=-\boldsymbol{R}\begin{bmatrix} c_1 \\ -1 \\ c_3 \end{bmatrix} \tag{6-2-30}$$

其中

$$\boldsymbol{\rho}^0=[\boldsymbol{\rho}_1^0\quad \boldsymbol{\rho}_2^0\quad \boldsymbol{\rho}_3^0],\quad \boldsymbol{R}=[\boldsymbol{R}_1\quad \boldsymbol{R}_2\quad \boldsymbol{R}_3] \tag{6-2-31}$$

假定 $\boldsymbol{\rho}_1^0,\boldsymbol{\rho}_2^0,\boldsymbol{\rho}_3^0$ 不共面，即矩阵 $\boldsymbol{\rho}^0$ 可逆，令

$$\boldsymbol{D}=(\boldsymbol{\rho}^0)^{-1}\boldsymbol{R} \tag{6-2-32}$$

可得

$$\begin{bmatrix} c_1\rho_1 \\ -\rho_2 \\ c_3\rho_3 \end{bmatrix}=-\boldsymbol{D}\begin{bmatrix} c_1 \\ -1 \\ c_3 \end{bmatrix}$$

即

$$\begin{cases} \rho_1=-D_{11}+\dfrac{1}{c_1}D_{12}-\dfrac{c_3}{c_1}D_{13} \\ \rho_2=c_1D_{21}-D_{22}+c_3D_{23} \\ \rho_3=-\dfrac{c_1}{c_3}D_{31}+\dfrac{1}{c_3}D_{32}-D_{33} \end{cases} \tag{6-2-33}$$

上式有四个未知量，即 ρ_1、ρ_2、ρ_3、r_2，而 r_2 与 ρ_2 满足关系式

$$r_2^2=\rho_2^2+2\rho_2(\boldsymbol{R}_2\cdot\boldsymbol{\rho}_2^0)+R_2^2 \tag{6-2-34}$$

将 c_1、c_3 的表达式(6-2-28)、式(6-2-29)代入式(6-2-33)的第二式，有

$$\rho_2=A+\frac{\mu}{r_2^3}B \tag{6-2-35}$$

其中，

$$\begin{cases}A=\dfrac{1}{\tau}(D_{21}\tau_3-D_{22}\tau-\tau_1D_{23})\\ B=\dfrac{1}{6\tau}[D_{21}\tau_3(\tau^2-\tau_3^2)-D_{23}\tau_1(\tau^2-\tau_1^2)]\end{cases} \tag{6-2-36}$$

将式(6-2-35)代入式(6-2-34)，可得

$$r_2^2=\left(A+\frac{\mu}{r_2^3}B\right)^2+2(\boldsymbol{R}_2\cdot\boldsymbol{\rho}_2^0)\left(A+\frac{\mu}{r_2^3}B\right)+R_2^2$$

化简后可得关于 r_2 的一元八次代数方程

$$r_2^8+ar_2^6+br_2^3+c=0 \tag{6-2-37}$$

系数分别为

$$a=-[A^2+2A(\boldsymbol{R}_2\cdot\boldsymbol{\rho}_2^0)+R_2^2],\quad b=-2\mu B[A+(\boldsymbol{R}_2\cdot\boldsymbol{\rho}_2^0)],\quad c=-\mu^2B^2 \tag{6-2-38}$$

迭代方程(6-2-37)求出 r_2 后，就可由式(6-2-33)求出 ρ_1、ρ_2、ρ_3，再由式(6-2-4)求得位置矢量 $\boldsymbol{r}_1$、$\boldsymbol{r}_2$、$\boldsymbol{r}_3$。

虽然式(6-2-28)、式(6-2-29)给出了 c_1、c_3 的近似计算公式，但当 τ 较大时，会带来较大的计算误差，因此还要引入迭代算法，改善计算精度。

2. 轨道的迭代改进

由于已经得到了位置矢量 $\boldsymbol{r}_1$、$\boldsymbol{r}_2$ 和 $\boldsymbol{r}_3$ 的粗略估计值，因此可以有多种方法来迭代改进 c_1、c_3 的计算精度，高斯采用的是求解边值问题的方法。

如图 6-4 所示，高斯引入扇形面积与三角形面积之比 Y 来表示 c_1 和 c_3。设 $f_j-f_i<\pi$，记三角形的面积为 $S_{\triangle FPQ}$，扇形的面积为 $S_{\widehat{FPQ}}$。根据开普勒第二定律，扇形面积可表示为

$$S_{\widehat{FPQ}}=\frac{1}{2}\sqrt{\mu a(1-e^2)}\,(t_j-t_i) \tag{6-2-39}$$

三角形面积可表示为

$$S_{\triangle FPQ}=\frac{1}{2}|\boldsymbol{r}_i\times\boldsymbol{r}_j|=\frac{1}{2}r_ir_j\sin(f_j-f_i) \tag{6-2-40}$$

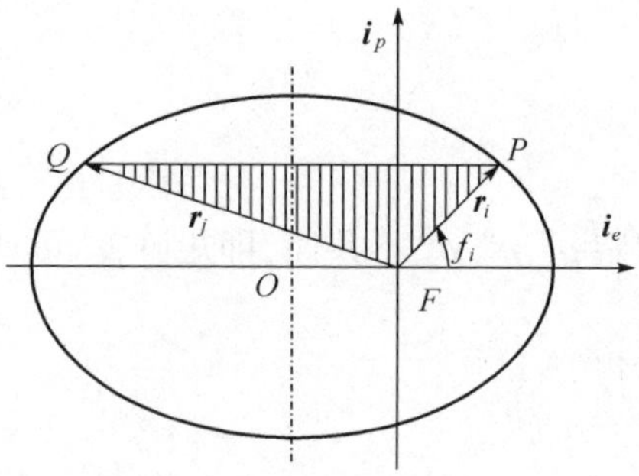

图 6-4　三角形面积与扇形面积

故两者的面积之比为

$$Y_{ij}=\frac{S_{\widehat{FPQ}}}{S_{\triangle FPQ}}=\frac{\sqrt{\mu a(1-e^2)}}{r_ir_j}\,\frac{(t_j-t_i)}{\sin(f_j-f_i)} \tag{6-2-41}$$

因此有

$$2S_{\triangle FPQ}=|\boldsymbol{r}_i\times\boldsymbol{r}_j|=\frac{\sqrt{\mu a(1-e^2)}\,(t_j-t_i)}{Y_{ij}} \tag{6-2-42}$$

将上式代入式(6-2-23)可得

$$
\begin{cases}
c_1=\dfrac{|\boldsymbol{r}_2\times\boldsymbol{r}_3|}{|\boldsymbol{r}_1\times\boldsymbol{r}_3|}=\dfrac{\tau_3}{\tau_3-\tau_1}\dfrac{Y_{13}}{Y_{23}}\\
c_3=\dfrac{|\boldsymbol{r}_2\times\boldsymbol{r}_1|}{|\boldsymbol{r}_3\times\boldsymbol{r}_1|}=-\dfrac{\tau_1}{\tau_3-\tau_1}\dfrac{Y_{13}}{Y_{12}}
\end{cases}
\tag{6-2-43}
$$

在已知 t_i、t_j、$\boldsymbol{r}_i$、$\boldsymbol{r}_j$ 的条件下,Y_{ij} 可以通过迭代高斯第一方程(5-4-4)和第二方程(5-4-7)得到,代入式(6-2-43)就能获得更准确的 c_1 和 c_3 的值。通过不断迭代,最终可以得到严格的 c_1 和 c_3 的值,从而能够准确地确定轨道。

由于已知 $\boldsymbol{r}_1$、$\boldsymbol{r}_2$ 和 $\boldsymbol{r}_3$ 的值,因此也可以用吉布斯方法来改进 c_1 和 c_3。下面再给出一种基于求解初值问题的迭代算法,步骤如下。

(1) 求 t_2 时刻的速度矢量 $\boldsymbol{v}_2$。由式(6-2-24)的第一式求出 $\boldsymbol{r}_2$ 并代入第二式可得

$$
\boldsymbol{r}_3=\frac{F_3}{F_1}\boldsymbol{r}_1+\left(\frac{F_1G_3-F_3G_1}{F_1}\right)\boldsymbol{v}_2
$$

故有

$$
\boldsymbol{v}_2=\frac{F_1\boldsymbol{r}_3-F_3\boldsymbol{r}_1}{F_1G_3-F_3G_1}
\tag{6-2-44}
$$

(2) 计算 σ_2 及半长轴的倒数 α:

$$
\sigma_2=\frac{\boldsymbol{r}_2\cdot\boldsymbol{v}_2}{\sqrt{\mu}},\quad \alpha=\frac{2}{r_2}-\frac{v_2^2}{\mu}
$$

(3) 根据开普勒方程迭代计算 t_1 与 t_3 时刻的普适变量 χ_1 与 χ_3:

$$
\begin{cases}
\chi_i=\alpha\sqrt{\mu}\,(t_i-t_2)+(\sigma_i-\sigma_2)\\
\sigma_i=\sigma_2U_0(\chi_i;\alpha)+(1-\alpha r_2)\,U_1(\chi_i;\alpha)
\end{cases}
\quad (i=1,3)
$$

(4) 利用 χ_1、χ_3,计算 F_1、G_1、F_3、G_3:

$$
F_i=1-\frac{U_2(\chi_i;\alpha)}{r_2},\quad G_i=\frac{r_2}{\sqrt{\mu}}U_1(\chi_i;\alpha)+\frac{\sigma_2}{\sqrt{\mu}}U_2(\chi_i;\alpha)\quad (i=1,3)
$$

(5) 代入式(6-2-25)计算新的 c_1、c_3,利用相关公式计算新的 $\boldsymbol{\rho}_i$、$\boldsymbol{r}_i$ 及 $\boldsymbol{v}_i$($i=1,2,3$)。返回步骤(1)重复上述步骤,直到精度满足要求为止。

(6) 利用 $\boldsymbol{r}_2$、$\boldsymbol{v}_2$ 的值计算轨道根数。

分析上述过程不难发现,这种通过求解初值问题改进 c_1 和 c_3 的迭代算法与改进的拉普拉斯方法本质上是一样的。当观测数据较少、观测弧段较短时,高斯方法的精度要优于拉普拉斯方法,但它同样存在半长轴确定精度不高的问题。

例题 某地面测量站位于北纬40°,海拔 1km 高度处。使用光学设备对某颗地球卫星观测三次得到的数据如表 6-1 所列,利用高斯方法确定轨道根数。

表 6-1 三次光学观测的测角数据

观测序号	时间/s	赤经/(°)	赤纬 /(°)	当地恒星时/(°)
1	0	43.537	−8.7833	44.506
2	118.10	54.420	−12.074	45.000
3	237.58	64.318	−15.105	45.499

首先根据式(6-1-7),求三次观测时刻测量站在地心惯性坐标系中的位置矢量 $\boldsymbol{R}$(归一化):

$$\boldsymbol{R}_1=\begin{bmatrix}0.547168\\0.537813\\0.639470\end{bmatrix},\quad \boldsymbol{R}_2=\begin{bmatrix}0.542511\\0.542511\\0.639470\end{bmatrix},\quad \boldsymbol{R}_3=\begin{bmatrix}0.537765\\0.547215\\0.639470\end{bmatrix}$$

根据式(6-2-3),求观测时刻航天器视线在地心惯性系中的方向余弦:

$$\boldsymbol{\rho}_1^0=\begin{bmatrix}0.716428\\0.680745\\-0.152698\end{bmatrix},\quad \boldsymbol{\rho}_2^0=\begin{bmatrix}0.568968\\0.795312\\-0.209175\end{bmatrix},\quad \boldsymbol{\rho}_3^0=\begin{bmatrix}0.418403\\0.870076\\-0.260589\end{bmatrix}$$

根据定义,可求得

$$\tau_1=-0.146379,\quad \tau_3=0.148089,\quad \tau=0.294468$$

根据式(6-2-32),计算矩阵 $\boldsymbol{D}$;再根据式(6-2-36)及式(6-2-38)计算 A、B 以及系数 a、b、c:

$$a=-0.995800,\quad b=-2.236959,\quad c=-3.418643$$

解一元八次代数方程(6-2-37),得到 r_2的解,其中实根有两个:

$$r_{21}=-1.104338(\text{舍去}),\quad r_{22}=1.449140$$

由此得到 r_2的初步估计值 $r_2=9242.819\text{km}$。

根据 f 和 g 级数展开式(6-2-28)、式(6-2-29)求出系数 c_1、c_3:

$$c_1=0.504689,\quad c_3=0.498873$$

代入式(6-2-33),求得三个斜距:

$$\rho_1=0.570656,\quad \rho_2=0.606118,\quad \rho_3=0.654494$$

由式(6-2-26)求出拉格朗日系数的近似值:

$$F_1^{(0)}=0.996480,\quad G_1^{(0)}=-0.146207, F_3^{(0)}=0.996397,\quad G_3^{(0)}=0.147022$$

代入式(6-2-4)、式(6-2-44),可以求出 $\boldsymbol{r}_2$ 和 $\boldsymbol{v}_2$:

$$\boldsymbol{r}_2=\begin{bmatrix}0.887372\\1.024564\\0.512686\end{bmatrix},\quad \boldsymbol{v}_2=\begin{bmatrix}-0.492180\\0.649577\\-0.284329\end{bmatrix}$$

通过基于初值问题的迭代算法改进 c_1和 c_3的精度。首先计算 σ_2及半长轴的倒数 α:

$$\sigma_2=0.083014,\quad \alpha=0.635094$$

迭代计算 t_1与 t_3时刻的普适变量χ_1 与χ_3:

$$\chi_1=-0.101295,\ \chi_3=0.101884$$

根据闭合公式(4-3-44)重新计算拉格朗日系数:

$$F_1^{(1)}=0.996462,\quad G_1^{(1)}=-0.146205,\quad F_3^{(1)}=0.996420,\quad G_3^{(1)}=0.147913$$

经验表明,如果取拉格朗日系数等于当前步与上一步计算结果的加权组合,迭代收敛的速度会更快,即取

$$F_i^{(k)}=\omega_n F_i^{(k-1)}+(1-\omega_n)F_i^{(k)},\quad G_i^{(k)}=\omega_n G_i^{(k-1)}+(1-\omega_n)G_i^{(k)}\quad (i=1,3)$$

取 $\omega_n=0.7$,计算 $F_i^{(1)}$ 和 $G_i^{(1)}$。根据式(6-2-25),计算新的 c_1和 c_3值:

$$c_1=0.503941,\quad c_3=0.499632$$

重新计算斜距 ρ_i 和状态量 $\boldsymbol{r}_2$、$\boldsymbol{v}_2$。重复上述步骤,直至 ρ_i的精度满足要求。

取迭代收敛条件为 $|\rho_2^{(k+1)}-\rho_2^{(k)}|<1\text{m}$,经过 6 次迭代后,收敛条件满足,$\boldsymbol{r}_2$、$\boldsymbol{v}_2$ 为

$$\boldsymbol{r}_2=\begin{bmatrix}0.887850\\1.025232\\0.512510\end{bmatrix},\quad \boldsymbol{v}_2=\begin{bmatrix}-0.492426\\0.648350\\-0.283941\end{bmatrix}$$

r_2 的准确值为

$$r_2 = 1.449843$$

c_1 和 c_3 的准确值为

$$c_1 = 0.504696, \quad c_3 = 0.498871$$

相应的轨道根数为

$$a = 10012\text{km}, \quad e = 0.1010, \quad i = 30°, \quad \Omega = 270°, \quad \omega = 90°, \quad f = 44.84°$$

6.3 多站同步观测定轨方法

对航天器的跟踪测量,很多时候会采用多站同步观测定轨的方法,如 m 站同步光学测角($m \geqslant 2$),m 站同步雷达或激光测距($m \geqslant 3$),m 站同步多普勒测速($m \geqslant 3$)等。多站同步观测定轨的关键在于由原始资料归算出 n 个时刻的坐标矢量 $\boldsymbol{r}_i$,然后就可以用边值问题方法或吉布斯方法定轨。

6.3.1 多站同步测角定轨

设有 m 个观测站实施同步角度观测,得到 n 个时刻的测角资料

$$t_i, \boldsymbol{\rho}_{ij}^0(\lambda_{ij}, \eta_{ij}, \nu_{ij}) \ (i=1,2,\cdots,n; j=1,2,\cdots,m)$$

i 表示观测时刻的序号,j 表示测站的序号,相应的测站坐标为 $\boldsymbol{R}_{ij}(R_{ijx}, R_{ijy}, R_{ijz})$。

根据测站与航天器的几何关系,对 t_i时刻有

$$\boldsymbol{r}_i = \rho_{ij}\boldsymbol{\rho}_{ij}^0 + \boldsymbol{R}_{ij} \quad (j=1,2,\cdots,m) \tag{6-3-1}$$

上式共有 $3m$ 个标量方程,$m+3$ 个未知数,即 $\rho_{i1}, \rho_{i2}, \cdots, \rho_{im}, x_i, y_i, z_i$,因此只要 $m \geqslant 2$,就可以求解。由于在轨道计算中同时解出 ρ_{ij}与 $\boldsymbol{r}_i$ 没有意义,故可以先从上式中消去 ρ_{ij},用 $\boldsymbol{\rho}_{ij}^0$叉乘上式两端可得

$$\boldsymbol{r}_i \times \boldsymbol{\rho}_{ij}^0 = \boldsymbol{R}_{ij} \times \boldsymbol{\rho}_{ij}^0 \quad (j=1,2,\cdots,m)$$

写成标量形式为

$$\begin{cases} \eta_{ij}x_i - \lambda_{ij}y_j = \eta_{ij}R_{ijx} - \lambda_{ij}R_{ijy} \\ \nu_{ij}y_i - \eta_{ij}z_j = \nu_{ij}R_{ijy} - \eta_{ij}R_{ijz} \quad (j=1,2,\cdots,m) \\ \lambda_{ij}z_i - \nu_{ij}x_i = \lambda_{ij}R_{ijz} - \nu_{ij}R_{ijx} \end{cases} \tag{6-3-2}$$

上式中的 $3m$ 个标量方程仅有 $2m$ 个是独立的,含有 x_i, y_i, z_i 三个未知量,可以通过最小二乘法求解。得到 $\boldsymbol{r}_i(i=1,2,\cdots,n)$后,就可以用纯位置矢量定轨方法计算轨道。

6.3.2 多站同步测距定轨

设有 n 个时刻的 m 站同步测距资料 t_i, ρ_{ij}和相应的测站坐标 $\boldsymbol{R}_{ij}(R_{ijx}, R_{ijy}, R_{ijz})$ $(i=1,2,\cdots, n; j=1,2,\cdots,m)$。根据几何关系有

$$\boldsymbol{\rho}_{ij} = \boldsymbol{r}_i - \boldsymbol{R}_{ij} \tag{6-3-3}$$

等式两端各自点乘,可得

$$\begin{cases} \rho_{ij}^2 = r_i^2 + R_{ij}^2 - 2(x_iR_{ijx} + y_iR_{ijy} + z_iR_{ijz}) \\ R_{ij}^2 = R_{ijx}^2 + R_{ijy}^2 + R_{ijz}^2 \quad (j=1,2,\cdots,m) \\ r_i^2 = x_i^2 + y_i^2 + z_i^2 \end{cases} \tag{6-3-4}$$

上式共有 m 个方程,x_i, y_i, z_i 三个未知量,因此只要 $m \geqslant 3$ 就可求解。

除上述算法外,下面再介绍一种有利于误差传递分析的算法。用单位矢量 $\boldsymbol{\rho}_{ij}^0$ 点乘式(6-3-3),可得

$$\boldsymbol{\rho}_{ij}^0 \cdot \boldsymbol{r}_i = \boldsymbol{\rho}_{ij}^0 \cdot \boldsymbol{R}_{ij} + \rho_{ij} \quad (j=1,2,\cdots,m)$$

将上式写成矩阵的形式,得线性方程组

$$\boldsymbol{G}_i \boldsymbol{r}_i = \boldsymbol{D}_i \boldsymbol{R}_i + \boldsymbol{\rho}_i \quad (i=1,2,\cdots,n) \tag{6-3-5}$$

式中:$\boldsymbol{\rho}_i$ 为由斜距 ρ_{ij} 组成的 m 维矢量;$\boldsymbol{G}_i$ 为 $m \times 3$ 的矩阵,且

$$\boldsymbol{G}_i = \begin{bmatrix} \boldsymbol{\rho}_{i1}^0 \\ \boldsymbol{\rho}_{i2}^0 \\ \vdots \\ \boldsymbol{\rho}_{im}^0 \end{bmatrix}_{m\times 3} = \begin{bmatrix} \rho_{i1x}^0 & \rho_{i1y}^0 & \rho_{i1z}^0 \\ \rho_{i2x}^0 & \rho_{i2y}^0 & \rho_{i2z}^0 \\ \vdots & \vdots & \vdots \\ \rho_{imx}^0 & \rho_{imy}^0 & \rho_{imz}^0 \end{bmatrix}_{m\times 3} \tag{6-3-6}$$

$\boldsymbol{R}_i$ 为 $3m$ 维矢量,由测站坐标 $\boldsymbol{R}_{ij}$ 组成

$$\boldsymbol{R}_i = [R_{i1x}, R_{i1y}, R_{i1z}, \cdots, R_{imx}, R_{imy}, R_{imz}]^{\mathrm{T}} \tag{6-3-7}$$

$\boldsymbol{D}_i$ 为 $m \times 3m$ 维的矩阵

$$\boldsymbol{D}_i = \begin{bmatrix} \boldsymbol{\rho}_{i1}^0 & \boldsymbol{0} & \cdots & \boldsymbol{0} \\ \boldsymbol{0} & \boldsymbol{\rho}_{i2}^0 & \cdots & \boldsymbol{0} \\ \vdots & \vdots & \ddots & \vdots \\ \boldsymbol{0} & \boldsymbol{0} & \cdots & \boldsymbol{\rho}_{im}^0 \end{bmatrix}_{m\times 3m} = \begin{bmatrix} \rho_{i1x}^0 & \rho_{i1y}^0 & \rho_{i1z}^0 & 0 & 0 & 0 & \cdots & 0 & 0 & 0 \\ 0 & 0 & 0 & \rho_{i2x}^0 & \rho_{i2y}^0 & \rho_{i2z}^0 & \cdots & 0 & 0 & 0 \\ \vdots & \vdots & \vdots & \vdots & \vdots & \vdots & \ddots & \vdots & \vdots & \vdots \\ 0 & 0 & 0 & 0 & 0 & 0 & \cdots & \rho_{imx}^0 & \rho_{imy}^0 & \rho_{imz}^0 \end{bmatrix}_{m\times 3m} \tag{6-3-8}$$

方程(6-3-5)的解为

$$\boldsymbol{r}_i = (\boldsymbol{G}_i^{\mathrm{T}} \boldsymbol{G}_i)^{-1} \cdot \boldsymbol{G}_i^{\mathrm{T}} (\boldsymbol{D}_i \boldsymbol{R}_i + \boldsymbol{\rho}_i) \quad (i=1,2,\cdots,n) \tag{6-3-9}$$

由于矩阵 $\boldsymbol{G}_i$ 的元素是航天器视线的方向余弦,因此方程(6-3-5)需要迭代求解,由位置的估计值得到方向余弦的估计值。

求解式(6-3-9)有利于分析测距误差及站址分布对轨道确定精度的影响。假定站址无误差,测距误差为 $\Delta\boldsymbol{\rho}_i$,则由此引起的位置确定误差为

$$\Delta\boldsymbol{r}_i = [(\boldsymbol{G}_i^{\mathrm{T}} \boldsymbol{G}_i)^{-1} \boldsymbol{G}_i^{\mathrm{T}}] \cdot \Delta\boldsymbol{\rho}_i \quad (i=1,2,\cdots,n) \tag{6-3-10}$$

位置确定误差的协方差阵为

$$\mathrm{cov}(\Delta\boldsymbol{r}_i) = E[\Delta\boldsymbol{r}_i \cdot \Delta\boldsymbol{r}_i^{\mathrm{T}}] = [(\boldsymbol{G}_i^{\mathrm{T}} \boldsymbol{G}_i)^{-1} \boldsymbol{G}_i^{\mathrm{T}}] \cdot \mathrm{cov}(\Delta\boldsymbol{\rho}_i) \cdot [(\boldsymbol{G}_i^{\mathrm{T}} \boldsymbol{G}_i)^{-1} \boldsymbol{G}_i^{\mathrm{T}}]^{\mathrm{T}} \tag{6-3-11}$$

如果各测站的测距误差互不相关,且具有同一方差值 σ_ρ^2,则测距协方差阵为单位阵与 σ_ρ^2 的乘积,由此可得到位置确定误差的协方差阵为

$$\begin{aligned} \mathrm{cov}(\Delta\boldsymbol{r}_i) &= \sigma_\rho^2 [(\boldsymbol{G}_i^{\mathrm{T}} \boldsymbol{G}_i)^{-1} \boldsymbol{G}_i^{\mathrm{T}}][\boldsymbol{G}_i (\boldsymbol{G}_i^{\mathrm{T}} \boldsymbol{G}_i)^{-1}] \\ &= \sigma_\rho^2 (\boldsymbol{G}_i^{\mathrm{T}} \boldsymbol{G}_i)^{-1} \quad (i=1,2,\cdots,n) \end{aligned} \tag{6-3-12}$$

位置确定误差的估值为

$$\sigma_{\Delta ri} = \sqrt{\sigma_{\Delta xi}^2 + \sigma_{\Delta yi}^2 + \sigma_{\Delta zi}^2} = \sqrt{\mathrm{tr}\,(\boldsymbol{G}_i^{\mathrm{T}} \boldsymbol{G}_i)^{-1}} \cdot \sigma_\rho \,(i=1,2,\cdots,n) \tag{6-3-13}$$

式中:tr 表示矩阵的迹。

由式(6-3-13)可见,$\sqrt{\mathrm{tr}\,(\boldsymbol{G}_i^{\mathrm{T}} \boldsymbol{G}_i)^{-1}}$ 是定轨误差的权系数,在分析轨道确定精度的文献中,常称该系数为几何精度衰减因子(Geometrical Dilution of Precision,GDOP)。该因子的分母是矩阵 $\boldsymbol{G}_i$ 的行列式 $|\boldsymbol{G}_i|$,由于 $\boldsymbol{G}_i$ 的元素是航天器相对于测站视线的方向余弦,因此 $|\boldsymbol{G}_i|$ 与测

站的分布有关。以三站定轨为例,$\boldsymbol{G}_i$ 可以写成

$$\boldsymbol{G}_i=\begin{bmatrix}\dfrac{x_i-R_{i1x}}{\rho_{i1}} & \dfrac{y_i-R_{i1y}}{\rho_{i1}} & \dfrac{z_i-R_{i1z}}{\rho_{i1}}\\ \dfrac{x_i-R_{i2x}}{\rho_{i2}} & \dfrac{y_i-R_{i2y}}{\rho_{i2}} & \dfrac{z_i-R_{i2z}}{\rho_{i2}}\\ \dfrac{x_i-R_{i3x}}{\rho_{i3}} & \dfrac{y_i-R_{i3y}}{\rho_{i3}} & \dfrac{z_i-R_{i3z}}{\rho_{i3}}\end{bmatrix}$$

该矩阵的行列式等价于

$$|\boldsymbol{G}_i|=\frac{1}{\rho_{i1}\rho_{i2}\rho_{i3}}\begin{vmatrix}x_i & y_i & z_i & 1\\ R_{i1x} & R_{i1y} & R_{i1z} & 1\\ R_{i2x} & R_{i2y} & R_{i2z} & 1\\ R_{i3x} & R_{i3y} & R_{i3z} & 1\end{vmatrix}=\frac{6V}{\rho_{i1}\rho_{i2}\rho_{i3}} \tag{6-3-14}$$

式中:V 为航天器与三个测站构成的四面体的体积,如图6-5所示。可见体积越大,$|\boldsymbol{G}_i|$越大,误差权系数越小,测距误差对定轨误差的影响越小,因此三站之间的基线 b_{12}、b_{13}、b_{23}越长对测轨越有利。

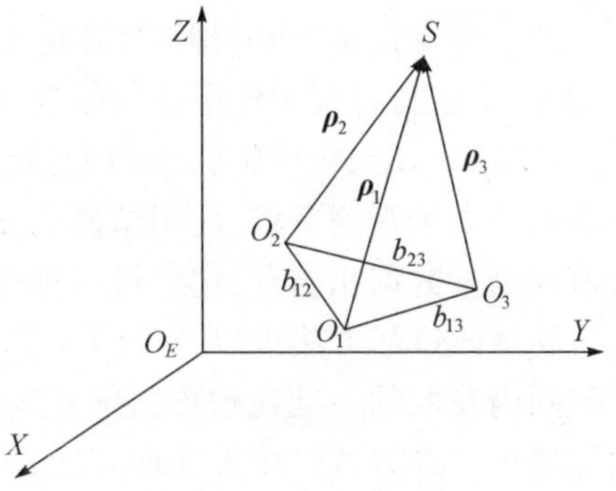

图6-5 三站同步测距定轨示意图

由以上描述可见,多站同步测距定轨的原理与卫星导航系统的伪距定位原理是类似的,只是前者的测站在地面,后者的"测站"在太空中。在高轨卫星的定轨中,多站同步测距是一种很重要的技术手段,比如,风云四号B星就采用地基多站测距体制,为获得较好的GDOP,测距系统由北京、佳木斯、喀什、广州、腾冲5个测站组成。

6.3.3 多站同步测距、测速定轨

当前航天任务中广泛使用的统一 S 波段或 X 波段测控系统,能够同时提供测距和测速信息,成为轨道确定的基础性手段。

设有 m 站同步观测得到定轨资料 t_i,ρ_{ij}和$\dot{\rho}_{ij}$($i=1,2,\cdots,n$;$j=1,2,\cdots,m$),根据6.3.2节的方法,可由 t_i 时刻的斜距观测量计算出该时刻的位置矢量 $\boldsymbol{r}_i$,则由几何关系可知

$$\rho_{ij}\boldsymbol{\rho}_{ij}^0=\boldsymbol{r}_i-\boldsymbol{R}_{ij}\quad (j=1,2,\cdots,m)$$

上式两端各自点乘自身并微分可得

$$\rho_{ij}\dot{\rho}_{ij}=(\boldsymbol{r}_i-\boldsymbol{R}_{ij})\cdot(\dot{\boldsymbol{r}}_i-\dot{\boldsymbol{R}}_{ij}) \tag{6-3-15}$$

由于

$$\dot{\boldsymbol{R}}_{ij}=\boldsymbol{\omega}_e\times\boldsymbol{R}_{ij}$$

故有

$$\dot{\boldsymbol{r}}_i\cdot(\boldsymbol{r}_i-\boldsymbol{R}_{ij})=\rho_{ij}\dot{\rho}_{ij}+\boldsymbol{r}_i\cdot\dot{\boldsymbol{R}}_{ij} \tag{6-3-16}$$

若记 $\rho_{ij}\dot{\rho}_{ij}+\boldsymbol{r}_i\cdot\dot{\boldsymbol{R}}_{ij}=E_{ij}$,则有

$$\dot{x}_i(x_i-R_{ijx})+\dot{y}_i(y_i-R_{ijy})+\dot{z}_i(z_i-R_{ijz})=E_{ij}\quad (j=1,2,\cdots,m) \tag{6-3-17}$$

上式有$\dot{x}_i,\dot{y}_i,\dot{z}_i$三个未知数，当$m\geqslant3$时可以求解。

若引进矩阵记法

$$\dot{\boldsymbol{r}}_i=\begin{bmatrix}\dot{x}_i\\ \dot{y}_i\\ \dot{z}_i\end{bmatrix},\boldsymbol{A}=\begin{bmatrix}x_i-R_{i1x} & y_i-R_{i1y} & z_i-R_{i1z}\\ x_i-R_{i2x} & y_i-R_{i2y} & z_i-R_{i2z}\\ \vdots & \vdots & \vdots\\ x_i-R_{imx} & y_i-R_{imy} & z_i-R_{imz}\end{bmatrix},\boldsymbol{E}=\begin{bmatrix}E_{i1}\\ E_{i2}\\ \vdots\\ E_{im}\end{bmatrix}$$

则$m\geqslant3$时方程(6-3-17)的最小二乘解为

$$\dot{\boldsymbol{r}}_i=(\boldsymbol{A}^{\mathrm{T}}\boldsymbol{A})^{-1}\boldsymbol{A}^{\mathrm{T}}\boldsymbol{E}\tag{6-3-18}$$

显然，三站同步测量时矩阵$\boldsymbol{A}$为方阵，故有

$$\dot{\boldsymbol{r}}_i=\boldsymbol{A}^{-1}\boldsymbol{E}\tag{6-3-19}$$

6.4 轨道改进的基本原理

初轨确定仅是“粗略地”确定航天器的轨道，这主要有两个方面的原因：①使用的测轨数据较少；②定轨过程中使用的数学模型比较简单，未考虑轨道摄动或仅考虑最主要的摄动因素(如J_2项)。在初轨确定的基础上，充分利用由多个测量站、多种测量设备在多圈长时间观测中获得的大量观测资料，使用精确的动力学模型和定轨算法精化初轨计算结果，从而使计算的轨道与测量数据相吻合，这个过程称为轨道改进(orbit correction)，又称精密定轨。

轨道改进的方法可以分为两大类，即批处理方法和序贯处理方法。批处理方法是基于一段时间内获取的一批观测数据反复迭代计算，得到此时间段内某一特定时刻的最优轨道估计，比如最小二乘方法。序贯处理方法是不断利用即时的观测数据更新现有估计，得到各个时刻的最优轨道估计，比如卡尔曼滤波方法。前者主要适用于航天器测轨数据的事后处理，以及利用测轨数据估计地球物理参数、航天器本体参数等问题；后者主要适用于实时估计飞行器的运动状态参数，以及行星际飞行的轨道确定、导航计算等问题。文献[2]对两类处理方法的优缺点进行了深入比较。本节主要介绍加权最小二乘方法，这是很多定轨软件中都采用的轨道估计算法[1,3]，也是航天工程中应用最多的轨道改进算法。序贯处理方法可参阅文献[2-3,8]。

用$\boldsymbol{X}$表示待估计的参数向量，它是p维的列向量($p\geqslant6$)。$\boldsymbol{X}$既包括航天器的运动状态参数，如位置、速度或轨道根数，也包括待估计的模型参数，如地面站站址或中继卫星位置误差、测量设备系统偏差、航天器的气动阻力系数、光压反射系数、面质比、经验力模型参数等。

用m维的矢量$\boldsymbol{Y}$表示一组m个观测值。假设这些观测值可以用$\boldsymbol{X}$的一个m维函数矢量$\boldsymbol{h}$叠加随机观测噪声$\boldsymbol{n}$表示

$$\boldsymbol{Y}=\boldsymbol{h}(\boldsymbol{X})+\boldsymbol{n}\tag{6-4-1}$$

上式称为观测方程，$\boldsymbol{h}$称为回归函数，$\boldsymbol{n}$假定为零均值高斯白噪声。

轨道改进就是在给定观测量$\boldsymbol{Y}$、回归函数$\boldsymbol{h}$及噪声$\boldsymbol{n}$的统计特性的条件下，求参数$\boldsymbol{X}$的最优估计值$\hat{\boldsymbol{X}}$，使实际观测量和用数学模型计算得到的观测值之差$\boldsymbol{Y}-\boldsymbol{h}(\hat{\boldsymbol{X}})$的平方和为极小，即

$$J=[\boldsymbol{Y}-\boldsymbol{h}(\hat{\boldsymbol{X}})]^{\mathrm{T}}\cdot[\boldsymbol{Y}-\boldsymbol{h}(\hat{\boldsymbol{X}})]=\min\tag{6-4-2}$$

J称为准则函数。实际应用中，不同类型观测数据的精度可能是不同的，因此要对观测方程(6-4-1)作加权处理，设权系数矩阵为$m\times m$维的正定对角矩阵$\boldsymbol{W}$，则上式可表示成

$$J=[\boldsymbol{Y}-\boldsymbol{h}(\hat{\boldsymbol{X}})]^{\mathrm{T}}\cdot\boldsymbol{W}\cdot[\boldsymbol{Y}-\boldsymbol{h}(\hat{\boldsymbol{X}})]=\min\tag{6-4-3}$$

若观测噪声的方差阵为 $\mathrm{Var}(\boldsymbol{n})=E(\boldsymbol{n}\cdot\boldsymbol{n}^{\mathrm{T}})=\boldsymbol{R}_n$，则在应用中权系数矩阵常取 $\boldsymbol{W}=\boldsymbol{R}_n^{-1}$。

式(6-4-3)取极小的必要条件为

$$\left.\frac{\partial J}{\partial \boldsymbol{X}^{\mathrm{T}}}\right|_{\boldsymbol{X}=\hat{\boldsymbol{X}}}=-2\left[\boldsymbol{Y}-\boldsymbol{h}(\boldsymbol{X})\right]^{\mathrm{T}}\cdot\boldsymbol{W}\cdot\left.\left(\frac{\partial \boldsymbol{h}}{\partial \boldsymbol{X}}\right)\right|_{\boldsymbol{X}=\hat{\boldsymbol{X}}}=0 \tag{6-4-4}$$

对轨道确定而言，上式是非线性系统，求解非常困难，因此需要先将函数 $\boldsymbol{h}(\boldsymbol{X})$ 线性化。在 $\boldsymbol{X}$ 的先验估计值 $\boldsymbol{X}_0$ 附近将 $\boldsymbol{h}(\boldsymbol{X})$ 作线性展开

$$\boldsymbol{h}(\boldsymbol{X})=\boldsymbol{h}(\boldsymbol{X}_0)+\left.\frac{\partial \boldsymbol{h}}{\partial \boldsymbol{X}}\right|_{\boldsymbol{X}=\boldsymbol{X}_0}(\boldsymbol{X}-\boldsymbol{X}_0)\triangleq\boldsymbol{h}(\boldsymbol{X}_0)+\boldsymbol{H}\Delta\boldsymbol{X} \tag{6-4-5}$$

令 $\boldsymbol{Y}_0=\boldsymbol{h}(\boldsymbol{X}_0)$，$\Delta\boldsymbol{Y}=\boldsymbol{Y}-\boldsymbol{Y}_0$，则回归方程(6-4-1)可以线性化为

$$\Delta\boldsymbol{Y}=\boldsymbol{H}\Delta\boldsymbol{X}+\boldsymbol{n} \tag{6-4-6}$$

将式(6-4-5)、式(6-4-6)代入式(6-4-4)，可得

$$\frac{\partial J}{\partial \boldsymbol{X}^{\mathrm{T}}}=-2\left[\Delta\boldsymbol{Y}-\boldsymbol{H}\Delta\boldsymbol{X}\right]^{\mathrm{T}}\cdot\boldsymbol{W}\cdot\boldsymbol{H}=0 \tag{6-4-7}$$

$\Delta\hat{\boldsymbol{X}}$是该方程的解，故有

$$\Delta\hat{\boldsymbol{X}}=(\boldsymbol{H}^{\mathrm{T}}\boldsymbol{W}\boldsymbol{H})^{-1}\boldsymbol{H}^{\mathrm{T}}\boldsymbol{W}\Delta\boldsymbol{Y} \tag{6-4-8}$$

常记 $\boldsymbol{B}=\boldsymbol{H}^{\mathrm{T}}\boldsymbol{W}\boldsymbol{H}$，称为法化矩阵。待估参数 $\boldsymbol{X}$ 的最优估计值$\hat{\boldsymbol{X}}$为

$$\hat{\boldsymbol{X}}=\boldsymbol{X}_0+\Delta\hat{\boldsymbol{X}} \tag{6-4-9}$$

上述估计过程对方程(6-4-1)中的回归函数 $\boldsymbol{h}$ 做了线性化处理，为保证定轨精度，要求参数修正量 $\Delta\hat{\boldsymbol{X}}$必须足够小，即参数的先验估计值 $\boldsymbol{X}_0$ 要与方程(6-4-3)的准确解足够接近。实际应用中，可以通过迭代方法满足这一要求，即不断用 $\boldsymbol{X}$ 的新估计值$\hat{\boldsymbol{X}}$代替 $\boldsymbol{X}_0$ 对方程线性化，直到 $\Delta\hat{\boldsymbol{X}}$足够小。将第 i 次迭代得到的 $\Delta\hat{\boldsymbol{X}}$记为 $\Delta\hat{\boldsymbol{X}}_i$，并将准则函数(6-4-3)重新定义为

$$J(\hat{\boldsymbol{X}})=\left[\boldsymbol{Y}-\boldsymbol{h}(\hat{\boldsymbol{X}})\right]^{\mathrm{T}}\cdot\boldsymbol{W}\cdot\left[\boldsymbol{Y}-\boldsymbol{h}(\hat{\boldsymbol{X}})\right]+(\hat{\boldsymbol{X}}-\boldsymbol{X}_0)^{\mathrm{T}}\boldsymbol{P}_{\Delta X_0}^{-1}(\hat{\boldsymbol{X}}-\boldsymbol{X}_0)=\min \tag{6-4-10}$$

$\boldsymbol{P}_{\Delta X_0}$是参数的先验估计值误差 $\Delta\boldsymbol{X}_0=\boldsymbol{X}_0-\boldsymbol{X}$ 的协方差矩阵

$$\boldsymbol{P}_{\Delta X_0}=\mathrm{cov}\{\boldsymbol{X}_0-\boldsymbol{X}\}=E\{(\boldsymbol{X}_0-\boldsymbol{X})\cdot(\boldsymbol{X}_0-\boldsymbol{X})^{\mathrm{T}}\} \tag{6-4-11}$$

增加式(6-4-10)中的第二项是将 $\boldsymbol{X}$ 的最优估计值$\hat{\boldsymbol{X}}$约束在给定的 $\boldsymbol{X}_0$ 附近，约束的程度依赖于 $\boldsymbol{X}_0$ 的估计准确度 $\boldsymbol{P}_{\Delta X_0}$。将准则函数式(6-4-10)线性化，可得到

$$\begin{aligned}J'(\Delta\hat{\boldsymbol{X}}_{i+1})=&\left[\Delta\boldsymbol{Y}_i-\boldsymbol{H}_i\Delta\hat{\boldsymbol{X}}_{i+1}\right]^{\mathrm{T}}\cdot\boldsymbol{W}\cdot\left[\Delta\boldsymbol{Y}_i-\boldsymbol{H}_i\Delta\hat{\boldsymbol{X}}_{i+1}\right]\\&+(\Delta\hat{\boldsymbol{X}}_{i+1}-\Delta\widetilde{\boldsymbol{X}}_i)^{\mathrm{T}}\boldsymbol{P}_{\Delta X_0}^{-1}(\Delta\hat{\boldsymbol{X}}_{i+1}-\Delta\widetilde{\boldsymbol{X}}_i)=\min\end{aligned} \tag{6-4-12}$$

其中

$$\boldsymbol{H}_i=\boldsymbol{H}(\hat{\boldsymbol{X}}_i)$$

$$\Delta\boldsymbol{Y}_i=\boldsymbol{Y}-\boldsymbol{h}(\hat{\boldsymbol{X}}_i)=\boldsymbol{Y}-\boldsymbol{h}(\hat{\boldsymbol{X}}_{i-1}+\Delta\hat{\boldsymbol{X}}_i)$$

$$\Delta\widetilde{\boldsymbol{X}}_i=\boldsymbol{X}_0-\hat{\boldsymbol{X}}_i,\quad \Delta\widetilde{\boldsymbol{X}}_0=0$$

由式(6-4-12)可解出 $\Delta\hat{\boldsymbol{X}}_{i+1}$

$$\Delta\hat{\boldsymbol{X}}_{i+1}=(\boldsymbol{H}_i^{\mathrm{T}}\boldsymbol{W}\boldsymbol{H}_i+\boldsymbol{P}_{\Delta X_0}^{-1})^{-1}\cdot(\boldsymbol{H}_i^{\mathrm{T}}\boldsymbol{W}\Delta\boldsymbol{Y}_i+\boldsymbol{P}_{\Delta X_0}^{-1}\Delta\widetilde{\boldsymbol{X}}_i) \tag{6-4-13}$$

则参数 $\boldsymbol{X}$ 的最优估计为

$$\hat{\boldsymbol{X}}_{i+1}=\boldsymbol{X}_0+\sum_{k=1}^{i+1}\Delta\hat{\boldsymbol{X}}_k=\hat{\boldsymbol{X}}_i+\Delta\hat{\boldsymbol{X}}_{i+1} \tag{6-4-14}$$

上述估计过程迭代进行，一直到满足收敛准则为止。此时参数估计误差的协方差阵为

$$\boldsymbol{P}_{\Delta X}=(\boldsymbol{H}^{\mathrm{T}}\boldsymbol{W}\boldsymbol{H}+\boldsymbol{P}_{\Delta X_0}^{-1})^{-1} \tag{6-4-15}$$

它就是解式(6-4-13)的增益矩阵。

上述轨道改进过程会用到回归函数 $\boldsymbol{h}$ 对待估参数向量 $\boldsymbol{X}$ 的偏导数矩阵，故这种方法又称为微分改进方法。偏导数矩阵 $\partial\boldsymbol{h}/\partial\boldsymbol{X}$ 由两类偏微分构成，一类是观测量 $\boldsymbol{Y}$ 对航天器运动状态矢量 $(\boldsymbol{r},\dot{\boldsymbol{r}})$ 的偏导数，另一类是状态矢量 $(\boldsymbol{r},\dot{\boldsymbol{r}})$ 对待估参数向量 $\boldsymbol{X}$ 的偏导数，文献[1,3]中给出了这些偏导数的表达式。对表达式特别复杂的偏导数也可以用数值方法计算。

参考文献

[1] 李济生．人造卫星精密轨道确定［M］．北京：解放军出版社，1995.

[2] Montenbruck O, Gill E. Satellite Orbits: Models, Methods, and Applications［M］. Springer, 2001.

[3] Long A C, Cappellari J O, Velez C E, et al. Goddard Trajectory Determination System（GTDS）Mathematical Theory（Revision 1）［R］. NASA Goddard Space Flight Center, 1989.

[4] Bate R R，等．航天动力学基础［M］．吴鹤鸣，李肇杰，译．北京：北京航空航天大学出版社，1990.

[5] Curtis H D. Orbit Mechanics for Engineering Students［M］. Elsevier Butterworth-Heinemann, 2005.

[6] 张玉祥．人造卫星测轨方法［M］．北京：国防工业出版社，2007.

[7] 吴连大．人造卫星与空间碎片的轨道与探测［M］．北京：中国科学技术出版社，2011.

[8] 肖峰．球面天文学与天体力学基础［M］．长沙：国防科技大学出版社，1989.

[9] 陆本魁，戎鹏志，吴建民，等．人造地球卫星初轨计算的单位矢量法［J］．宇航学报，1997，18(2)：1-7.

[10] 掌静，马静远，陆本魁，等．单站单圈测距资料初轨计算的单位矢量法［J］．天文学报，2005，46(4)：426-432.

[11] Tapley B D, Schutz B E, Born G H. Statistical Orbit Determination Theory［M］. Elsevier Academic Press, 2004.

[12] 段建锋，张宇，孔静，等．嫦娥五号定轨定位策略设计与精度评估［J］．中国科学：物理学 力学 天文学，2021，51(11)：119507.

[13] 刘庆会，黄勇，舒逢春，等．天问一号 VLBI 测定轨技术［J］．中国科学：物理学 力学 天文学，2022，52(3)：239507.

第7章 航天器轨道摄动

在二体问题的研究中,假设天体的引力场是与距离的平方成反比的中心引力场,航天器在其作用下沿圆锥曲线运动,真实的情况与此是有差别的。天体的形状往往是不规则的球形,质量的分布也是不均匀的,这将导致真实的引力场并非理想的中心引力场;大气阻力、其他天体的引力、太阳辐射压力等也不能够完全忽略,这些因素都会导致航天器的实际运动偏离圆锥曲线。这种运动偏离二体轨道的现象称为轨道摄动,相应的轨道称为摄动轨道或受摄开普勒轨道。

轨道摄动理论是经典天体力学的主要研究内容之一。在17—19世纪,为满足航海定位对精密星表的需求,学者们对大行星和月球的轨道摄动开展了深入研究,主要工作是建立行星运动方程近似解的分析理论。牛顿在《原理》中揭示了太阳摄动是导致月球运动周期差和近地点进动的主要原因。欧拉首创了轨道要素变分法,开创了摄动理论的分析方法,分析了木星、土星和月球的轨道摄动问题。拉格朗日是大行星运动理论的创始人,提出了著名的拉格朗日行星运动方程。克莱洛、拉普拉斯、达朗贝尔等人也先后研究过行星、月球和彗星的摄动问题。在月球运动理论方面,汉森、德洛内、希尔等人的工作尤为突出。汉森用一个大小和形状不变并在空间转动的椭圆作为中间轨道,分析了月球的轨道摄动;德洛内利用分析力学中的正则变换方法分离出了月球运动的周期部分,建立了纯分析的月球运动理论,奠定了天体力学变换理论的基础;希尔则以直角坐标为基本变量,提出一套在旋转坐标系中的月球摄动理论。至20世纪初,关于轨道摄动的方法已有不下百种,这些方法同时也促进了分析力学和微分方程理论的发展。

虽然一般情况下,摄动力与中心引力相比非常小,但它们对航天器轨道的影响仍不可忽略。例如,若忽略地球非球形引力的影响,就无法对人造地球卫星的运动作长期预报,也就无法设计出满足要求的轨道;如果在星际航行中不考虑其他引力体的摄动,许多飞行任务就可能偏离目标而无法完成。因此,人类进入航天时代以后,在工作中从天体力学继承了大量的经典摄动分析方法,解决相关工程问题。另外,航天技术的发展也推动了摄动理论的进步。例如,人造地球卫星与地球的距离较近,地球非球形摄动的影响增强,同时卫星轨道观测的精度大幅提高,这些都推动了地球非球形摄动理论的快速发展;大气阻力、太阳光压等传统研究中很少涉及的摄动因素也纳入学者们的研究范围。

研究各种摄动方法的主要目的是求解摄动运动方程,根据求解原理的不同,这些方法大致可以分为两类:特殊摄动法(special perturbation method)和一般摄动法(general perturbation method)。一般摄动法的通常先将摄动加速度表示成小参数的幂级数,再逐项解析积分求解方程。由于是解析解,故得到的结果包含多种情况的解,能获得有关摄动轨道的大量信息,这是其优点;其不足之处主要在于解析推导的过程过于复杂和繁琐,求高阶解时尤其如此。一般摄动法的另一个优点是能从轨道数据中清楚地揭示出摄动源。比如,1846年,根据勒威耶和亚当斯的计算,由天王星的轨道摄动中发现了海王星的存在;1959年,通过分析"先锋"1号卫星的轨道数据证实地球的形状是梨形的。特殊摄动法是通过数值积分求解摄动运动方程,其优点是可用于计算任意轨道和任意摄动力,不足是积分结果只对应某个特定问题或某组特定的初始条件。此外,为获得某个时刻的结果,必须计算出所需时刻以前的所有中间时刻的卫星坐标和速度分量,效率较低,并且存在误差累积问题。特殊摄动法早期在分析小行星、彗星等小天体的运动中发挥了重要作用,因为这些情形下一般摄动法不再适用。近年来,随着电子计算机技术的迅速发展,特殊摄动法在轨道摄动分析、精密星历计算等任务中的应用越来越广泛。

7.1 特殊摄动法

7.1.1 摄动力分析

近地航天器绕地球飞行过程中,受到的摄动力主要包括地球非球形引力、大气阻力、日月引力、太阳辐射压力、小推力作用等。

1. 地球非球形摄动

地球非球形引力通常是影响近地航天器运动最主要的摄动力。由于地球形状的不规则和质量分布的不均匀,造成存在与航天器的地心矢径相垂直的引力分量,引力的大小也不一定与地心距离的平方成反比,它们的作用会使航天器的实际运动偏离二体轨道。显然,随着航天器地心距离的增大,地球非球形摄动的影响会减弱,因此当航天器的地心距比地球半径大得多时,就可以用中心引力场来近似地球引力场。

2. 大气阻力摄动

航天器在地球高层大气中高速飞行时,会受到气动力的作用。气动力主要是阻力,作用方向与航天器相对于大气的速度方向相反,但同时也会产生微弱的升力和侧力。当航天器轨道高度低于 200km 时,大气阻力是最主要的摄动力。随着轨道高度的增加,气动力的影响急剧减弱。当高度在 1000km 以上时,大气阻力可以忽略不计。大气阻力会导致轨道高度的衰减,是决定低轨航天器轨道寿命的重要因素。

3. 日月引力摄动

航天器在地球附近运动时,日月引力是一种典型的第三体摄动力,它是由月球和太阳对航天器与地球的引力加速度差造成的(见第 13 章)。日月引力摄动主要取决于航天器的轨道高度、轨道形状、轨道面位置和拱线相对于月地、日地连线的位置。航天器轨道高度越低,日月引力摄动量越小;随着轨道高度的增加,影响也逐渐增大。当高度大于地球同步轨道时,日月引力成为主要的摄动因素。

4. 太阳光压摄动

根据量子力学理论,光是光子的流动,光子具有动量。当光子碰撞到航天器表面时,会有一部分被反射回来,被反射的光子把一部分动量传递给航天器,造成辐射压强。因此,当航天器受到太阳的直接照射时,会产生太阳辐射压强。由于太阳辐射的能量主要集中在可见光波段,因此太阳辐射压亦称为太阳光压。太阳光压会影响航天器的运动,当轨道高度大于 800km 时,太阳光压摄动将超过大气阻力摄动。特别对那些面积质量比(以下简称面质比)很大的卫星,光压会对轨道产生实质性的影响,在摄动分析中不可忽视。

5. 地球形变摄动

地球并不是一个刚体,在日、月引力作用和地球自转不均匀性的影响下,会产生弹性形变。

地球形变会使地球引力场产生附加变化，从而影响航天器受力，称为地球形变摄动。具体而言，日月引力会导致潮汐现象，称为潮汐摄动，包括固体潮、海洋潮和大气潮；地球自转效应会导致地球自转形变摄动。

6. 地球反照辐射摄动

地球受到太阳的直接辐射后，会产生次级辐射，包括两部分：①地球反射光的影响；②地球吸收太阳光后转化成热辐射，也就是红外辐射的影响。这两类性质不同的次级辐射能量对航天器运动同样构成一种摄动作用，其作用机理与光压摄动类似，称为地球反照辐射摄动。由于地球反照辐射摄动比较小，除特殊需要外，一般可不予考虑。

7. 广义相对论效应摄动

考虑广义相对论效应后，地心惯性系只是一个局部惯性参考系。在此参考系中，航天器的运动方程不同于牛顿惯性参考系中的形式，其差别相当于航天器受到一个附加摄动。也称为后牛顿效应。

8. 小推力摄动

航天器在轨运行过程中，需要实施姿态和轨道控制，因此会在某些时间段内开启发动机。这些发动机的推力一般比较小，但也会对轨道运动产生微小影响，称为小推力摄动。

上述各摄动因素中，前四项的量级较大，一般不可忽略；其余项的量级相对较小，可根据精度要求选择是否考虑。表 7-1 给出了近地航天器所受摄动力与当地中心引力加速度之比的数量级估计。估计中，阻力系数 $C_d=2.2$，面质比 $A/m=0.04\text{m}^2/\text{kg}$，太阳反射系数 $\eta=0.5$，大气密度计算采用 US1976 标准大气模型。

表 7-1　近地航天器所受摄动力的量级

作用力	量级/g	轨道高度/km
J_2 项	10^{-3}	300
	10^{-5}	35787
J_n 项($n>2$)	$10^{-6}\sim10^{-9}$	300
田谐项	$10^{-6}\sim10^{-9}$	300
大气阻力	10^{-6}	300
	10^{-10}	1000
太阳光压	10^{-8}	300
	10^{-7}	35787
日月引力	10^{-7}	300
	10^{-5}	35787
地球形变摄动	10^{-8}	300
广义相对论效应	10^{-9}	—

在地心惯性坐标系中，考虑摄动力的影响时，航天器质心运动方程可写成如下形式：

$$\ddot{\boldsymbol{r}}+\frac{\mu}{r^3}\boldsymbol{r}=\boldsymbol{a}_p \tag{7-1-1}$$

上式是以直角坐标表示的摄动运动方程，其中 $\boldsymbol{a}_p=\sum_{k=1}^{n}\boldsymbol{a}_{pk}$ 是各种摄动力产生的总摄动加速度。根据摄动力性质的不同，上式可改写成

$$\ddot{\boldsymbol{r}}+\frac{\mu}{r^3}\boldsymbol{r}=\nabla R+\boldsymbol{a}_{\varepsilon d} \tag{7-1-2}$$

式中:R 为摄动函数,它包括所有可以用势函数表示的保守力,比如地球非球形引力、日月引力等;$\boldsymbol{a}_{\varepsilon d}$为耗散力产生的摄动加速度,比如大气阻力、太阳光压力等。根据机械能守恒可知,∇R 不会引起轨道机械能或半长轴 a 的长期变化,$\boldsymbol{a}_{\varepsilon d}$则相反。

一般情况下,很难求得摄动运动方程(7-1-1)有限形式的解析解,只能求得数值解或近似级数解。如前所述,两类求解方法分别称为特殊摄动法和一般摄动法。特殊摄动法通常按被积方程的形式分类,目前常用的有科威尔法、恩克法和参数变分法,其中参数变分法还是一般摄动法的基础。

7.1.2 科威尔法

科威尔法是所有摄动分析方法中最简单和最直接的方法,它是由英国天文学家科威尔(Philip H. Cowell,1870—1949)在 20 世纪初提出的。他用此方法计算出了木星的第八颗卫星的轨道,还精确预测了哈雷彗星在 1910 年的回归,这也是特殊摄动法的第一个重要应用,因为彗星轨道的偏心率较大,级数展开法的收敛速度变慢乃至发散。科威尔方法很简单,只要列出所研究对象的运动方程(7-1-1),在方程的右端包含所有的摄动加速度,然后对运动方程逐步积分即可。该方法的特点在于科威尔提出的数值积分方法,尤其适用于运动方程中不显含速度的二阶常微分方程情形。随着电子计算机性能的不断提升,科威尔方法的应用也越来越普遍,比如 Adams-Cowell 方法仍在轨道预报中有着广泛应用。

为便于数值积分,将方程(7-1-1)写成一阶微分方程组的形式:

$$\begin{cases}\dfrac{\mathrm{d}\boldsymbol{r}}{\mathrm{d}t}=\boldsymbol{v}\\[2ex]\dfrac{\mathrm{d}\boldsymbol{v}}{\mathrm{d}t}=-\dfrac{\mu}{r^3}\boldsymbol{r}+\boldsymbol{a}_p\end{cases}$$

式中:$\boldsymbol{r}$ 和 $\boldsymbol{v}$ 分别为航天器的位置和速度矢量。

为进行数值积分,需要将上式写成坐标分量的形式:

$$\begin{cases}\dfrac{\mathrm{d}x}{\mathrm{d}t}=v_x, & \dfrac{\mathrm{d}v_x}{\mathrm{d}t}=-\dfrac{\mu}{r^3}x+a_{px}\\[2ex]\dfrac{\mathrm{d}y}{\mathrm{d}t}=v_y, & \dfrac{\mathrm{d}v_y}{\mathrm{d}t}=-\dfrac{\mu}{r^3}y+a_{py}\\[2ex]\dfrac{\mathrm{d}z}{\mathrm{d}t}=v_z, & \dfrac{\mathrm{d}v_z}{\mathrm{d}t}=-\dfrac{\mu}{r^3}z+a_{pz}\end{cases} \tag{7-1-3}$$

只要列出摄动加速度的解析表达式,就可以用数值积分方法求解上式,得到航天器在任意时刻的位置和速度。

科威尔方法的优点是公式简单,运算方便,可以同时处理任意多个摄动。但它也有一些缺点,主要表现在当航天器靠近引力天体运动时,为保证精度,积分步长必须取得很小,这就会大大增加计算时间和舍入误差的累积。

7.1.3 恩克法

恩克法是由德国天文学家恩克(Johann F. Encke,1791—1865)在 1857 年提出的,他将这种方法成功应用于计算短周期彗星和小行星的轨道。

恩克法与科威尔法的主要区别是：科威尔法将所有的加速度放在一起积分，而恩克方法则对主要加速度(中心引力加速度)与摄动加速度分别积分。这就意味着有一条基准轨道，没有任何摄动加速度时，航天器将沿基准轨道运动，这条基准轨道称为密切轨道或吻切轨道(Osculating Orbit)，相应的轨道要素称为密切轨道要素。易知，在理想的中心引力场内，密切轨道就是二体轨道。

密切轨道具有以下性质：在任意瞬间，密切轨道与实际轨道在当前点处相切，且航天器在密切轨道上的速度与实际轨道上的速度相同，如图 7-1 所示。恩克方法就是以密切轨道为基准轨道，当摄动力与中心引力相比很小时，在较短的时间内，航天器在实际轨道上的位置与在密切轨道上对应的位置只差一个很小的量。如图 7-2 所示，令 $\boldsymbol{r}(t)$ 和 $\boldsymbol{\rho}(t)$ 分别为 t 瞬时实际轨道与密切轨道上航天器的位置矢量，$\delta\boldsymbol{r}$ 为两者之差。恩克法不直接计算 $\boldsymbol{r}$，而是计算受摄动后的位置差 $\delta\boldsymbol{r}$。密切轨道上的位置 $\boldsymbol{\rho}$ 可以根据二体轨道公式解析计算，因此当用数值积分方法求得 $\delta\boldsymbol{r}$ 后，实际的位置矢量就可以用下式求出：

$$\boldsymbol{r}=\boldsymbol{\rho}+\delta\boldsymbol{r} \tag{7-1-4}$$

若经过一段时间，位置矢量差 $\delta\boldsymbol{r}$ 变得较大，则通过校正的方法选择一个新的时刻和新的密切轨道，使积分继续进行。

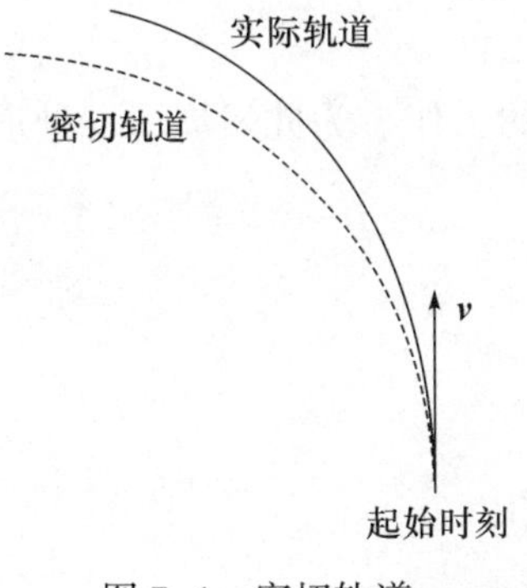

图 7-1　密切轨道

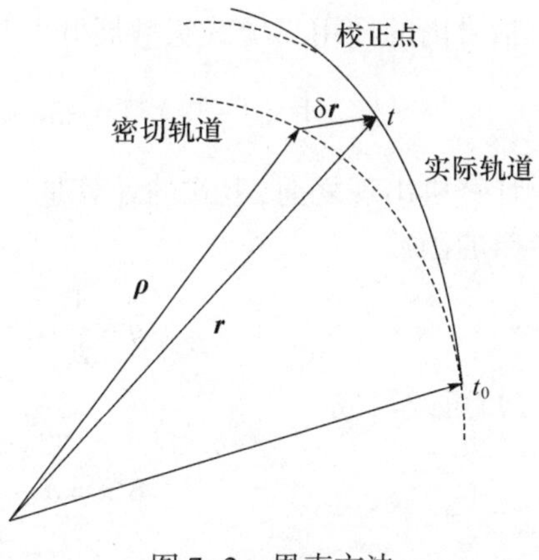

图 7-2　恩克方法

下面讨论用恩克方法计算轨道的步骤。由于密切轨道的摄动加速度 $\boldsymbol{a}_p=0$，故由式(7-1-1)可得其轨道方程为

$$\ddot{\boldsymbol{\rho}}+\frac{\mu}{\rho^3}\boldsymbol{\rho}=0 \tag{7-1-5}$$

上式即二体轨道运动方程。根据密切轨道的定义，在起始时刻 t_0 有

$$\begin{cases}\boldsymbol{r}(t_0)=\boldsymbol{\rho}(t_0)\\ \boldsymbol{v}(t_0)=\dot{\boldsymbol{r}}(t_0)=\dot{\boldsymbol{\rho}}(t_0)\end{cases} \tag{7-1-6}$$

设某时刻实际轨道与密切轨道的位置偏差为

$$\delta\boldsymbol{r}=\boldsymbol{r}-\boldsymbol{\rho} \tag{7-1-7}$$

可得

$$\delta\ddot{\boldsymbol{r}}=\ddot{\boldsymbol{r}}-\ddot{\boldsymbol{\rho}} \tag{7-1-8}$$

将式(7-1-1)、式(7-1-5)和式(7-1-7)代入上式,可得

$$\delta\ddot{\boldsymbol{r}}=\boldsymbol{a}_p+\left[\frac{\mu}{\rho^3}(\boldsymbol{r}-\delta\boldsymbol{r})-\frac{\mu}{r^3}\boldsymbol{r}\right]$$

$$=\boldsymbol{a}_p+\frac{\mu}{\rho^3}\left[\left(1-\frac{\rho^3}{r^3}\right)\boldsymbol{r}-\delta\boldsymbol{r}\right] \tag{7-1-9}$$

上式即$\delta\boldsymbol{r}$的微分方程,从$t=t_0$时刻开始对上式积分,即可获得$\delta\boldsymbol{r}(t)$,从而得到航天器的扰动位置和扰动速度。但注意到$(1-\rho^3/r^3)$是一项几乎相等的两个量之差,为保持计算精度,需要额外增加计算机的位数。为解决此问题,引进一小量ε

$$2\varepsilon=1-\frac{r^2}{\rho^2} \tag{7-1-10}$$

由此可得

$$\frac{\rho^3}{r^3}=(1-2\varepsilon)^{-\frac{3}{2}} \tag{7-1-11}$$

于是式(7-1-9)变成

$$\delta\ddot{\boldsymbol{r}}=\boldsymbol{a}_p+\frac{\mu}{\rho^3}\{[1-(1-2\varepsilon)^{-\frac{3}{2}}]\boldsymbol{r}-\delta\boldsymbol{r}\} \tag{7-1-12}$$

将上式中方括号内的项用二项式级数展开

$$1-(1-2\varepsilon)^{-\frac{3}{2}}=-3\varepsilon+\frac{3\cdot5}{2!}\varepsilon^2-\frac{3\cdot5\cdot7}{3!}\varepsilon^3-\cdots \tag{7-1-13}$$

在电子计算机出现之前,上式的计算是一项很繁重的工作。为此发展了一种逼近方法,首先定义一个新的函数

$$q=\frac{1}{\varepsilon}[1-(1-2\varepsilon)^{-\frac{3}{2}}] \tag{7-1-14}$$

则式(7-1-12)可改写成

$$\delta\ddot{\boldsymbol{r}}=\boldsymbol{a}_p+\frac{\mu}{\rho^3}\{q\varepsilon\boldsymbol{r}-\delta\boldsymbol{r}\} \tag{7-1-15}$$

由式(7-1-14)求得q后,就可以对上式进行数值积分,当然必须先求得ε的值。由于在直角坐标系中有

$$r^2=x^2+y^2+z^2$$

故有

$$r^2=(\rho_x+\delta x)^2+(\rho_y+\delta y)^2+(\rho_z+\delta z)^2 \tag{7-1-16}$$

式中:ρ_x,ρ_y,ρ_z为$\boldsymbol{\rho}$的分量。式(7-1-16)也可以写成

$$r^2=\rho^2+(2\rho_x+\delta x)\delta x+(2\rho_y+\delta y)\delta y+(2\rho_z+\delta z)\delta z \tag{7-1-17}$$

将式(7-1-17)代入式(7-1-10),整理可得

$$\varepsilon=-\frac{1}{\rho^2}\left[\left(\rho_x+\frac{\delta x}{2}\right)\delta x+\left(\rho_y+\frac{\delta y}{2}\right)\delta y+\left(\rho_z+\frac{\delta z}{2}\right)\delta z\right] \tag{7-1-18}$$

考虑到实际轨道与密切轨道的位置偏差是很小的,故在上式中可略去$\delta x^2,\delta y^2,\delta z^2$,得到

$$\varepsilon\approx-\frac{1}{\rho^2}(\rho_x\delta x+\rho_y\delta y+\rho_z\delta z) \tag{7-1-19}$$

虽然采用式(7-1-19)计算 ε 可能略快些,但在条件允许的情况下,还是推荐采用方程(7-1-13)。q 随 ε 变化的函数表可以事先编制出来,在轨道计算中通过查表获得 q 的值。

一般来说,$\delta \boldsymbol{r}$ 的变化要比 $\boldsymbol{r}$ 的慢得多,因此恩克法可以采用较大的积分步长,减少积分次数。虽然在每步积分中恩克法花费的计算时间要长一些,但总的来说,它的计算效率要高于科威尔法。计算表明,计算行星际轨道时大约快 10 倍,计算地球卫星轨道时大约快 3 倍,因为后者 $\boldsymbol{a}_p$ 的量级要大一些。在用恩克法计算轨道时还应注意,当 $\delta r/\rho$ 变大后,不能再采用大的积分步长,而应重新选择新的密切轨道作为基准轨道。因此,在实际计算中,当 $\delta r/\rho$ 大于或等于某个小的常数(一般可取 0.01)时,就应该进行校正,需要校正是恩克法的一个缺点。

前面给出了两种不同形式的积分方程,对方程积分还要选择相应的数值积分方法。目前已有多种常微分方程的数值解法在轨道力学中得到了成功应用,这些方法总体上可以分为两大类,即单步法和多步法。单步法仅需一个自变量上的函数值就可以求解,比如 Runge-Kutta 法、Bulirsch-Stoer 外推法等;多步法则需要已知多个自变量上的函数值才能求解,比如 Adams-Bashforth 法、科威尔法等,这分别是亚当斯发现海王星和科威尔计算哈雷彗星轨道时采用的方法。每种数值积分方法都有自身的优点与不足,很难单纯地评价哪种方法是最优的,各种方法的具体公式可参见文献[4-6]。在文献[6]中,对各种积分方程和积分算法的效率与精度进行了详细比较。

利用特殊摄动法,图 7-3 给出了不同摄动力导致的轨道预报误差[7]。仿真中,航天器的轨道是 500km 高度的太阳同步圆轨道,倾角 $i=97.6°$,阻力系数 $C_d=2.2$,面质比 $A/m=0.04\text{m}^2/\text{kg}$,太阳辐射表面反射系数 $\eta=0.5$,大气模型采用 Jacchia-71 模型,地球引力场模型为 EGM-96 模型。计算预报误差时,以计及 12×12 阶地球引力场模型的轨道作为比较基准,除二体轨道、考虑 J_2 项以及 70×70 阶引力场模型三种轨道外,其他摄动轨道的计算都考虑了 12×12 阶的引力场模型。例如,太阳辐射压力(SRP)造成的轨道预报误差是考虑太阳辐射压力和 12×12 阶引力场模型后的轨道预报结果与基准轨道(12×12 阶引力场)的偏差。由图 7-3 可见,地球非球形引力和大气阻力是对低地球轨道影响最大的摄动因素。

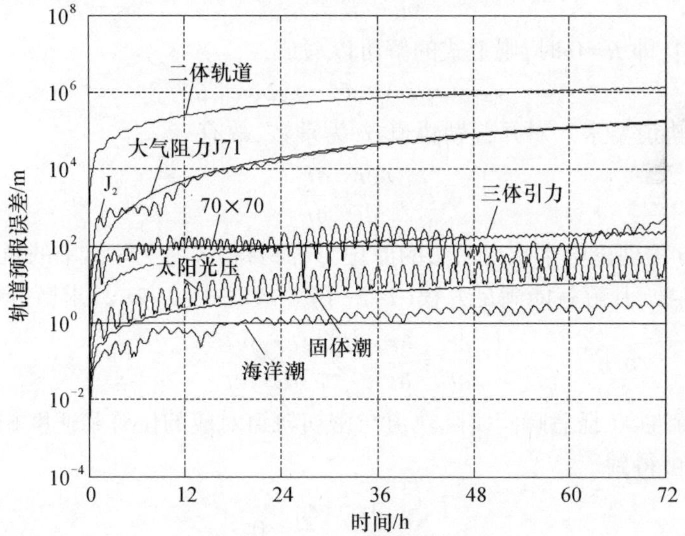

图 7-3　摄动力引起的轨道预报误差

7.2 参数变分法

参数变分法又称轨道要素变分法，或称常数变易法。1748 年，欧拉首先研究了参数变分法，1808 年，拉格朗日发表了完善的研究结果。参数变分法在天体力学摄动理论中占据核心地位，至今仍是分析和计算航天器轨道摄动最重要的方法之一。

参数变分法也是建立在密切轨道概念的基础上。它与恩克法的不同之处在于，恩克法只是使用某一时刻的密切轨道作为参考基准，在校正之前基准轨道是不变的，而参数变分法的基准轨道是连续变化的。参数变分法的基本思想是：航天器的实际轨道与密切轨道在密切点处相切，且具有相同的速度，因此只要建立起密切轨道要素随时间变化的规律，得到任一时刻的密切轨道要素，航天器的实际运动也就随之确定。

实际上，作为三维空间中的质点运动轨迹，二体轨道可以由任意六个相互独立的参数来描述，轨道要素只不过是许多可能的参数中几何意义较明确的一组。参数变分法可以选用任意一组参数，揭示它们在摄动加速度作用下随时间的变化规律，找出参数变化率的解析表达式，并进行积分以求出未来某个时刻的参数值。本节将分别讨论用开普勒轨道要素和正则参数描述的变分方程。

7.2.1 轨道要素变分方程

建立轨道要素变分方程的方法有两种，一种称为摄动函数法，另一种称为力分解法。前者建立的方程称为拉格朗日型摄动运动方程，后者建立的方程称为高斯型摄动运动方程。

1. 拉格朗日型摄动运动方程

1）常数变易法

摄动函数法假定所有的摄动力都能以摄动函数表示，此时航天器的摄动运动方程(7-1-2)具有如下形式：

$$\frac{\mathrm{d}^2\boldsymbol{r}}{\mathrm{d}t^2}+\frac{\mu}{r^3}\boldsymbol{r}=\nabla R \tag{7-2-1}$$

假如不存在摄动力，即 $R=0$ 时，则上式的解可以写成

$$\boldsymbol{r}=\boldsymbol{r}(\alpha_i,t)\quad (i=1,2,\cdots,6) \tag{7-2-2}$$

式中 α_i 代表六个轨道要素。对开普勒轨道 α_i 为常数，故有

$$\frac{\mathrm{d}\boldsymbol{r}}{\mathrm{d}t}=\frac{\partial \boldsymbol{r}}{\partial t} \tag{7-2-3}$$

根据常微分方程理论中常数变易法的原理，只需要将式(7-2-2)中的轨道要素作为变量，即看作时间 t 的函数，其解就能满足方程(7-2-1)。故对式(7-2-2)求微分可得

$$\frac{\mathrm{d}\boldsymbol{r}}{\mathrm{d}t}=\frac{\partial \boldsymbol{r}}{\partial t}+\sum_{i=1}^{6}\frac{\partial \boldsymbol{r}}{\partial \alpha_i}\frac{\mathrm{d}\alpha_i}{\mathrm{d}t} \tag{7-2-4}$$

根据密切轨道的特性，在任意瞬间实际轨道与密切轨道对应的位置和速度相等，故上式应同时满足式(7-2-3)，可得到

$$\sum_{i=1}^{6}\frac{\partial \boldsymbol{r}}{\partial \alpha_i}\frac{\mathrm{d}\alpha_i}{\mathrm{d}t}=0 \tag{7-2-5}$$

将式(7-2-4)再次对时间求微分，并注意到式(7-2-5)成立，可得

$$\frac{\mathrm{d}^2\boldsymbol{r}}{\mathrm{d}t^2}=\frac{\partial^2\boldsymbol{r}}{\partial t^2}+\sum_{i=1}^{6}\frac{\partial^2\boldsymbol{r}}{\partial\alpha_i\partial t}\frac{\mathrm{d}\alpha_i}{\mathrm{d}t} \tag{7-2-6}$$

实际轨道与密切轨道在对应点处的加速度并不相同,对密切轨道有

$$\frac{\mathrm{d}^2\boldsymbol{r}}{\mathrm{d}t^2}=\frac{\partial^2\boldsymbol{r}}{\partial t^2}=-\frac{\mu}{r^3}\boldsymbol{r} \tag{7-2-7}$$

将上式及式(7-2-1)代入式(7-2-6),可得

$$\sum_{i=1}^{6}\frac{\partial^2\boldsymbol{r}}{\partial\alpha_i\partial t}\frac{\mathrm{d}\alpha_i}{\mathrm{d}t}=\nabla R \tag{7-2-8}$$

方程(7-2-5)与方程(7-2-8)组成了关于六个密切轨道要素的一阶微分方程组。若将密切轨道要素对时间的导数写成显式的形式使用会更加方便,为此将式(7-2-5)和式(7-2-8)分别点乘$\partial^2\boldsymbol{r}/\partial\alpha_j\partial t$和$\partial\boldsymbol{r}/\partial\alpha_j$,然后相减,可以得到

$$\sum_{i=1}^{6}\left(\frac{\partial\boldsymbol{r}}{\partial\alpha_j}\cdot\frac{\partial^2\boldsymbol{r}}{\partial\alpha_i\partial t}-\frac{\partial^2\boldsymbol{r}}{\partial\alpha_j\partial t}\cdot\frac{\partial\boldsymbol{r}}{\partial\alpha_i}\right)\frac{\mathrm{d}\alpha_i}{\mathrm{d}t}=\nabla R\cdot\frac{\partial\boldsymbol{r}}{\partial\alpha_j}\quad(j=1,2,\cdots,6) \tag{7-2-9}$$

将上式等号左边括号内的项记作

$$\begin{aligned}[\alpha_j,\alpha_i]&=\frac{\partial\boldsymbol{r}}{\partial\alpha_j}\cdot\frac{\partial^2\boldsymbol{r}}{\partial\alpha_i\partial t}-\frac{\partial^2\boldsymbol{r}}{\partial\alpha_j\partial t}\cdot\frac{\partial\boldsymbol{r}}{\partial\alpha_i}\\&=\left(\frac{\partial x}{\partial\alpha_j}\frac{\partial^2x}{\partial\alpha_i\partial t}-\frac{\partial x}{\partial\alpha_i}\frac{\partial^2x}{\partial\alpha_j\partial t}\right)+\left(\frac{\partial y}{\partial\alpha_j}\frac{\partial^2y}{\partial\alpha_i\partial t}-\frac{\partial y}{\partial\alpha_i}\frac{\partial^2y}{\partial\alpha_j\partial t}\right)+\left(\frac{\partial z}{\partial\alpha_j}\frac{\partial^2z}{\partial\alpha_i\partial t}-\frac{\partial z}{\partial\alpha_i}\frac{\partial^2z}{\partial\alpha_j\partial t}\right)\end{aligned} \tag{7-2-10}$$

$[\alpha_j,\alpha_i]$称为关于α_j和α_i的拉格朗日括号。方程(7-2-9)等号右边的项可以写成

$$\nabla R\cdot\frac{\partial\boldsymbol{r}}{\partial\alpha_j}=\frac{\partial R}{\partial x}\frac{\partial x}{\partial\alpha_j}+\frac{\partial R}{\partial y}\frac{\partial y}{\partial\alpha_j}+\frac{\partial R}{\partial z}\frac{\partial z}{\partial\alpha_j}=\frac{\partial R}{\partial\alpha_j} \tag{7-2-11}$$

故方程(7-2-9)最终可以写成如下形式:

$$\sum_{i=1}^{6}[\alpha_j,\alpha_i]\frac{\mathrm{d}\alpha_i}{\mathrm{d}t}=\frac{\partial R}{\partial\alpha_j}\quad(j=1,2,\cdots,6) \tag{7-2-12}$$

将式(7-2-12)展开,并写成矩阵形式,可得

$$\begin{bmatrix}[\alpha_1,\alpha_1]&[\alpha_1,\alpha_2]&[\alpha_1,\alpha_3]&[\alpha_1,\alpha_4]&[\alpha_1,\alpha_5]&[\alpha_1,\alpha_6]\\[\alpha_2,\alpha_1]&[\alpha_2,\alpha_2]&[\alpha_2,\alpha_3]&[\alpha_2,\alpha_4]&[\alpha_2,\alpha_5]&[\alpha_2,\alpha_6]\\[\alpha_3,\alpha_1]&[\alpha_3,\alpha_2]&[\alpha_3,\alpha_3]&[\alpha_3,\alpha_4]&[\alpha_3,\alpha_5]&[\alpha_3,\alpha_6]\\[\alpha_4,\alpha_1]&[\alpha_4,\alpha_2]&[\alpha_4,\alpha_3]&[\alpha_4,\alpha_4]&[\alpha_4,\alpha_5]&[\alpha_4,\alpha_6]\\[\alpha_5,\alpha_1]&[\alpha_5,\alpha_2]&[\alpha_5,\alpha_3]&[\alpha_5,\alpha_4]&[\alpha_5,\alpha_5]&[\alpha_5,\alpha_6]\\[\alpha_6,\alpha_1]&[\alpha_6,\alpha_2]&[\alpha_6,\alpha_3]&[\alpha_6,\alpha_4]&[\alpha_6,\alpha_5]&[\alpha_6,\alpha_6]\end{bmatrix}\cdot\begin{bmatrix}\mathrm{d}\alpha_1/\mathrm{d}t\\\mathrm{d}\alpha_2/\mathrm{d}t\\\mathrm{d}\alpha_3/\mathrm{d}t\\\mathrm{d}\alpha_4/\mathrm{d}t\\\mathrm{d}\alpha_5/\mathrm{d}t\\\mathrm{d}\alpha_6/\mathrm{d}t\end{bmatrix}=\begin{bmatrix}\partial R/\partial\alpha_1\\\partial R/\partial\alpha_2\\\partial R/\partial\alpha_3\\\partial R/\partial\alpha_4\\\partial R/\partial\alpha_5\\\partial R/\partial\alpha_6\end{bmatrix} \tag{7-2-13}$$

2) 拉格朗日括号

由式(7-2-13)可见,为得到轨道要素变分方程的具体形式,需要计算36个拉格朗日括号。根据定义式(7-2-10)容易证明,拉格朗日括号具有如下特性:

$$[\alpha_i,\alpha_i]=0,\quad[\alpha_j,\alpha_i]=-[\alpha_i,\alpha_j] \tag{7-2-14}$$

还可以证明,拉格朗日括号对时间的偏导数为零[1],即

$$\frac{\partial}{\partial t}[\alpha_i,\alpha_j]=0 \tag{7-2-15}$$

因此拉格朗日括号仅仅是轨道要素的函数,这样就可以在轨道上任意选取最方便的位置来计算拉格朗日括号的值。

根据式(7-2-14)容易看出,方程(7-2-13)的系数矩阵为反对称矩阵,且对角线上的元素为零,因此只需要计算15个拉格朗日括号。

拉格朗日括号的计算虽然繁琐,但并不困难,在此直接列出最终结果,推导过程可参见文献[1]。不为零的六个拉格朗日括号的表达式为

$$\begin{cases}[a,\tau]=\dfrac{\mu}{2a^2}, & [a,\omega]=-\dfrac{1}{2}\sqrt{\dfrac{\mu}{a}}(1-e^2),[a,\Omega]=-\dfrac{1}{2}\sqrt{\dfrac{\mu}{a}}(1-e^2)\cos i\\ [e,\omega]=\sqrt{\dfrac{\mu a}{1-e^2}}e, & [e,\Omega]=\sqrt{\dfrac{\mu a}{1-e^2}}e\cos i, \quad [i,\Omega]=\sqrt{\mu a(1-e^2)}\sin i\end{cases} \tag{7-2-16}$$

其余九个拉格朗日括号全部为零,即

$$\begin{cases}[a,e]=[a,i]=0, \quad [e,i]=[e,\tau]=0,\\ [i,\omega]=[i,\tau]=0, \quad [\omega,\Omega]=[\omega,\tau]=0, \quad [\Omega,\tau]=0\end{cases} \tag{7-2-17}$$

至此,得到了全部36个拉格朗日括号的值,其中有24个等于零。

3) 拉格朗日行星运动方程及其改进

将36个拉格朗日括号的值代入式(7-2-13),经变换即可得拉格朗日行星运动方程

$$\begin{cases}\dfrac{da}{dt}=-2\dfrac{a^2}{\mu}\dfrac{\partial R}{\partial \tau}\\ \dfrac{de}{dt}=-\dfrac{a(1-e^2)}{\mu e}\dfrac{\partial R}{\partial \tau}-\dfrac{1}{e}\sqrt{\dfrac{1-e^2}{\mu a}}\dfrac{\partial R}{\partial \omega}\\ \dfrac{di}{dt}=\dfrac{1}{\sqrt{\mu a(1-e^2)}\sin i}\left(\cos i\dfrac{\partial R}{\partial \omega}-\dfrac{\partial R}{\partial \Omega}\right)\\ \dfrac{d\omega}{dt}=\sqrt{\dfrac{1-e^2}{\mu a}}\left(\dfrac{1}{e}\dfrac{\partial R}{\partial e}-\dfrac{\cot i}{1-e^2}\dfrac{\partial R}{\partial i}\right)\\ \dfrac{d\Omega}{dt}=\dfrac{1}{\sqrt{\mu a(1-e^2)}\sin i}\dfrac{\partial R}{\partial i}\\ \dfrac{d\tau}{dt}=2\dfrac{a^2}{\mu}\dfrac{\partial R}{\partial a}+\dfrac{a(1-e^2)}{\mu e}\dfrac{\partial R}{\partial e}\end{cases} \tag{7-2-18}$$

上式就是以开普勒轨道要素为基本变量的摄动运动方程,它是拉格朗日在讨论行星运动时首先得到的,故又称拉格朗日行星运动方程。

在实际运算时,会发现采用方程组(7-2-18)很不方便。因为在计算偏导数$\partial R/\partial\alpha_j$时常会遇到需要计算$\partial E/\partial\alpha_j$的值,而根据开普勒方程,$E$是轨道要素$e$、$a$、$\tau$和时间$t$的函数。若将$E$分别对轨道要素$e$、$a$、$\tau$求导,可得

$$\begin{cases}\dfrac{\partial E}{\partial e}=\dfrac{\sin E}{1-e\cos E}\\ \dfrac{\partial E}{\partial a}=\dfrac{3(E-e\sin E)}{2a(1-e\cos E)}\\ \dfrac{\partial E}{\partial \tau}=-\sqrt{\dfrac{\mu}{a^3}}\dfrac{1}{1-e\cos E}\end{cases} \tag{7-2-19}$$

可见偏近点角 E 不仅以三角函数的幅角出现,在$\partial E/\partial a$ 的表达式中还出现在三角函数的幅角之外,于是计算$\partial R/\partial a$ 的表达式就变得非常繁琐。当把行星运动方程组用于一般摄动法时,情况更差,有可能积不出有用的结果。幸好$\partial R/\partial a$ 只出现在方程组(7-2-18)的第六式中,为避免求$\partial E/\partial a$ 引起的麻烦,可以用平近点角 M 代替 τ。平近点角 M 对时间 t 的导数为

$$\frac{\mathrm{d}M}{\mathrm{d}t}=n-\frac{2}{na}\left(\frac{\partial R}{\partial a}\right)_n-\frac{1-e^2}{na^2e}\frac{\partial R}{\partial e} \tag{7-2-20}$$

上式有一个重要的特性,就是$\partial R/\partial a$ 是在 n 为常数的条件下取得的,因此在计算$(\partial R/\partial a)_n$ 时就可以取$(\partial E/\partial a)_n=0$,从而避免了 E 不是以三角函数的幅角出现而带来的麻烦。正因为上述原因,在摄动理论中常以轨道要素 M 代替 τ。应当注意的是,在开普勒轨道中 M 是随时间线性变化的,而不是常数。同时,在拉格朗日行星运动方程中,应由$\partial R/\partial M$ 来代替$\partial R/\partial \tau$,两者间的关系为

$$\frac{\partial R}{\partial \tau}=-n\frac{\partial R}{\partial M} \tag{7-2-21}$$

于是方程(7-2-18)可改写成如下形式:

$$\begin{cases}\dfrac{\mathrm{d}a}{\mathrm{d}t}=\dfrac{2}{na}\dfrac{\partial R}{\partial M}\\ \dfrac{\mathrm{d}e}{\mathrm{d}t}=\dfrac{1-e^2}{na^2e}\dfrac{\partial R}{\partial M}-\dfrac{\sqrt{1-e^2}}{na^2e}\dfrac{\partial R}{\partial \omega}\\ \dfrac{\mathrm{d}i}{\mathrm{d}t}=\dfrac{1}{na^2\sqrt{1-e^2}\sin i}\left(\cos i\dfrac{\partial R}{\partial \omega}-\dfrac{\partial R}{\partial \Omega}\right)\\ \dfrac{\mathrm{d}\Omega}{\mathrm{d}t}=\dfrac{1}{na^2\sqrt{1-e^2}\sin i}\dfrac{\partial R}{\partial i}\\ \dfrac{\mathrm{d}\omega}{\mathrm{d}t}=\dfrac{\sqrt{1-e^2}}{na^2e}\dfrac{\partial R}{\partial e}-\cos i\dfrac{\mathrm{d}\Omega}{\mathrm{d}t}\\ \dfrac{\mathrm{d}M}{\mathrm{d}t}=n-\dfrac{2}{na}\left(\dfrac{\partial R}{\partial a}\right)_n-\dfrac{1-e^2}{na^2e}\dfrac{\partial R}{\partial e}\end{cases} \tag{7-2-22}$$

上式称为改进型拉格朗日行星运动方程。

2. 高斯型摄动运动方程

通过力分解法,可以从基本的力学原理出发,建立轨道要素变化率和摄动加速度直角坐标分量的关系,从而建立高斯型摄动运动方程。这种推导方式,力学概念比较清晰,详细过程可参见文献[8]。实际上,只要在拉格朗日摄动运动方程的推导过程中,把式(7-2-11)和式(7-2-12)中的$\partial R/\partial \alpha_j$ 换成

$$a_x\frac{\partial x}{\partial \alpha_j}+a_y\frac{\partial y}{\partial \alpha_j}+a_z\frac{\partial z}{\partial \alpha_j}$$

其中,a_x、a_y、a_z是摄动加速度 $\boldsymbol{a}$ 在直角坐标系三轴上的分量,并计算出偏导数$\partial x/\partial \alpha_j$、$\partial y/\partial \alpha_j$ 和$\partial z/\partial \alpha_j$,再代入方程(7-2-9)后,就可以得到用摄动加速度分量表示的摄动运动方程。

在方程推导过程中,可以选择任意的直角坐标系作力的分解,高斯型摄动运动方程常选用 X 轴沿位置矢量方向的轨道坐标系,摄动加速度在坐标系三轴上的分量常用 S、T、W 表示。由此得到的摄动运动方程为

$$
\begin{cases}
\dfrac{\mathrm{d}a}{\mathrm{d}t}=\dfrac{2}{n\sqrt{1-e^2}}[e\sin fS+(1+e\cos f)T] \\
\dfrac{\mathrm{d}e}{\mathrm{d}t}=\dfrac{\sqrt{1-e^2}}{na}[\sin fS+(\cos f+\cos E)T] \\
\dfrac{\mathrm{d}i}{\mathrm{d}t}=\dfrac{r\cos u}{na^2\sqrt{1-e^2}}W \\
\dfrac{\mathrm{d}\Omega}{\mathrm{d}t}=\dfrac{r\sin u}{na^2\sqrt{1-e^2}\sin i}W \\
\dfrac{\mathrm{d}\omega}{\mathrm{d}t}=\dfrac{\sqrt{1-e^2}}{nae}\left[-\cos fS+\left(1+\dfrac{r}{p}\right)\sin fT\right]-\cos i\dfrac{\mathrm{d}\Omega}{\mathrm{d}t} \\
\dfrac{\mathrm{d}M}{\mathrm{d}t}=n-\dfrac{1-e^2}{nae}\left[-\left(\cos f-2e\dfrac{r}{p}\right)S+\left(1+\dfrac{r}{p}\right)\sin fT\right]
\end{cases}
\tag{7-2-23}
$$

上式是高斯在研究小行星智神星受木星的摄动运动时首先得到的,因此称为高斯型摄动运动方程。

由方程(7-2-23)可以看出,轨道面空间方位的变化仅与垂直于瞬时轨道面的摄动力 W 有关;轨道的形状和尺寸仅与轨道面内的摄动力分量 S、T 有关,与 W 无关;轨道拱线的空间指向则与三个摄动力分量都有关系。

考虑到在空气动力学中,阻力沿飞行速度的反方向、升力则垂直于飞行速度的方向,因此在研究大气阻力摄动时,常将摄动加速度分解成另外三个相互垂直的分量,即切向分量 U、主法向分量 N 和副法向分量 W。其中,U 沿速度矢量方向,N 在轨道平面内垂直于速度矢量,W 沿轨道角动量方向。以分量 U、N、W 表示的摄动运动方程为

$$
\begin{cases}
\dfrac{\mathrm{d}a}{\mathrm{d}t}=\dfrac{2}{n}\sqrt{\dfrac{1+2e\cos f+e^2}{1-e^2}}U \\
\dfrac{\mathrm{d}e}{\mathrm{d}t}=\dfrac{1}{na}\sqrt{\dfrac{1-e^2}{1+2e\cos f+e^2}}[2(\cos f+e)U-\sqrt{1-e^2}\sin EN] \\
\dfrac{\mathrm{d}\omega}{\mathrm{d}t}=\dfrac{1}{nae}\sqrt{\dfrac{1-e^2}{1+2e\cos f+e^2}}[2\sin fU+(\cos E+e)N]-\cos i\dfrac{\mathrm{d}\Omega}{\mathrm{d}t} \\
\dfrac{\mathrm{d}M}{\mathrm{d}t}=n-\dfrac{1-e^2}{nae\sqrt{1+2e\cos f+e^2}}\left[\left(2\sin f+\dfrac{2e^2}{\sqrt{1-e^2}}\sin E\right)U+(\cos E-e)N\right]
\end{cases}
\tag{7-2-24}
$$

轨道要素 i 和 Ω 的变化率表达式与方程(7-2-23)相同。

与拉格朗日型摄动运动方程相比,高斯型摄动运动方程不要求摄动力必须由势函数导出,因此对大气阻力、太阳光压、火箭推力等非保守摄动力同样适用。实际上,即使摄动力能用势函数表示,为避免求势函数偏导数的复杂运算,人们也常常采用高斯型摄动运动方程组。

由方程(7-2-22)~方程(7-2-24)的表达式可以看出,偏心率 e 和倾角的正弦 $\sin i$ 出现在分母上,因此当偏心率 e 较小时,ω 和 M 的变化率会很大;当轨道倾角 i 较小时,ω 和 Ω 的变化率会很大,这是两种类型的摄动运动方程的使用限制条件。实际上,这是由描述轨道运动的参数选择不当引起的,与参数变分法本身无关,选用无奇点变量就能够避免上述现象。比如,选用第 3 章定义的春分点轨道要素时,拉格朗日型摄动运动方程变为

$$
\begin{cases}
\dfrac{\mathrm{d}a}{\mathrm{d}t}=\dfrac{2}{na}\dfrac{\partial R}{\partial \lambda}\\
\dfrac{\mathrm{d}h}{\mathrm{d}t}=-\dfrac{h\sqrt{1-h^2-k^2}}{na^2(1+\sqrt{1-h^2-k^2})}\dfrac{\partial R}{\partial \lambda}+\dfrac{\sqrt{1-h^2-k^2}}{na^2}\dfrac{\partial R}{\partial k}+\dfrac{k(1+p^2+q^2)}{2na^2\sqrt{1-h^2-k^2}}\left(p\dfrac{\partial R}{\partial p}+q\dfrac{\partial R}{\partial q}\right)\\
\dfrac{\mathrm{d}k}{\mathrm{d}t}=-\dfrac{k\sqrt{1-h^2-k^2}}{na^2\left(1+\sqrt{1-h^2-k^2}\right)}\dfrac{\partial R}{\partial \lambda}-\dfrac{\sqrt{1-e^2}}{na^2}\dfrac{\partial R}{\partial h}-\dfrac{h(1+p^2+q^2)}{2na^2\sqrt{1-h^2-k^2}}\left(p\dfrac{\partial R}{\partial p}+q\dfrac{\partial R}{\partial q}\right)\\
\dfrac{\mathrm{d}p}{\mathrm{d}t}=-\dfrac{p(1+p^2+q^2)}{2na^2\sqrt{1-h^2-k^2}}\left(k\dfrac{\partial R}{\partial h}-h\dfrac{\partial R}{\partial k}+\dfrac{\partial R}{\partial \lambda}\right)+\dfrac{(1+p^2+q^2)^2}{4na^2\sqrt{1-h^2-k^2}}\dfrac{\partial R}{\partial q}\\
\dfrac{\mathrm{d}q}{\mathrm{d}t}=-\dfrac{q(1+p^2+q^2)}{2na^2\sqrt{1-h^2-k^2}}\left(k\dfrac{\partial R}{\partial h}-h\dfrac{\partial R}{\partial k}+\dfrac{\partial R}{\partial \lambda}\right)-\dfrac{(1+p^2+q^2)^2}{4na^2\sqrt{1-h^2-k^2}}\dfrac{\partial R}{\partial p}\\
\dfrac{\mathrm{d}\lambda}{\mathrm{d}t}=-\dfrac{2}{na}\dfrac{\partial R}{\partial a}+\dfrac{\sqrt{1-h^2-k^2}}{na^2\left(1+\sqrt{1-h^2-k^2}\right)}\left(h\dfrac{\partial R}{\partial h}+k\dfrac{\partial R}{\partial k}\right)+\dfrac{1+p^2+q^2}{2na^2\sqrt{1-h^2-k^2}}\left(p\dfrac{\partial R}{\partial p}+q\dfrac{\partial R}{\partial q}\right)
\end{cases}
\tag{7-2-25}
$$

高斯型摄动运动方程变为

$$
\begin{cases}
\dfrac{\mathrm{d}a}{\mathrm{d}t}=\dfrac{2}{n\sqrt{1-h^2-k^2}}[e\sin fS+(1+e\cos f)T]\\
\dfrac{\mathrm{d}h}{\mathrm{d}t}=\dfrac{\sqrt{1-h^2-k^2}}{na}\left[-\cos LS+\left(\sin L+\sin F+\dfrac{ek\sin E}{1-h^2-k^2+\sqrt{1-h^2-k^2}}\right)T\right]+\dfrac{r\sqrt{p^2+q^2}\sin u}{na^2\sqrt{1-h^2-k^2}}kW\\
\dfrac{\mathrm{d}k}{\mathrm{d}t}=\dfrac{\sqrt{1-h^2-k^2}}{na}\left[\sin LS+\left(\cos L+\cos F-\dfrac{eh\sin E}{1-h^2-k^2+\sqrt{1-h^2-k^2}}\right)T\right]-\dfrac{r\sqrt{p^2+q^2}\sin u}{na^2\sqrt{1-h^2-k^2}}hW\\
\dfrac{\mathrm{d}p}{\mathrm{d}t}=\dfrac{r\sin L(1+p^2+q^2)}{2na^2\sqrt{1-h^2-k^2}}W\\
\dfrac{\mathrm{d}q}{\mathrm{d}t}=\dfrac{r\cos L(1+p^2+q^2)}{2na^2\sqrt{1-h^2-k^2}}W\\
\dfrac{\mathrm{d}\lambda}{\mathrm{d}t}=n-\dfrac{2r}{na^2}S+\dfrac{e\sqrt{1-h^2-k^2}}{na\left(1+\sqrt{1-h^2-k^2}\right)}\left[-\cos fS+\left(\sin f+\dfrac{\sin f}{1+\cos f}\right)T\right]+\dfrac{r\tan(i/2)\sin u}{na^2\sqrt{1-h^2-k^2}}kW
\end{cases}
\tag{7-2-26}
$$

式中：λ 为平经度；F 为偏经度；L 为真经度，方程的推导过程可参见第 11 章。

由方程(7-2-25)和方程(7-2-26)可见，在用春分点轨道要素描述的摄动运动方程中，已没有 $e=0$ 和 $i=0$ 的奇点，但仍存在 $i=180°$ 的奇点，好在这种轨道在实际应用中基本不会出现。

与科威尔法相比，轨道要素变分法可以取更大的积分步长，但由于摄动运动方程组较为复杂，每积分一步所花的计算时间也更长，两种方法积分效率的优劣与受摄轨道的类型有很大关系。另外应注意，在摄动运动方程的推导过程中，并没有假设摄动加速度是小量，因此这些方程的应用范围不受摄动加速度量级的限制。

7.2.2 正则参数变分方程

除轨道要素外，在轨道力学中还经常采用正则参数建立变分方程，这类方程的形式比较简单。一般而言，若动力学方程具有如下形式：

$$\begin{cases}\dot{q}_j=\dfrac{\partial H}{\partial p_j}, \quad \dot{p}_j=-\dfrac{\partial H}{\partial q_j} \quad (j=1,2,\cdots,n)\\ H=H(q_j,p_j,t)\end{cases} \tag{7-2-27}$$

则称其为哈密尔顿正则方程，简称正则方程。称 q_j、p_j 为正则变量，分别表示系统的广义坐标和广义动量；H 为哈密尔顿函数，表示系统的广义能量。由于正则方程结构简单、形式对称，有一些原则性的解法（比如哈密尔顿—雅可比方法），为方程的解析求解创造了有利条件，因此成为轨道力学中常用的一种方程形式。

1. 直角坐标表示的正则方程

设 m 为航天器的质量，x、y、z 为航天器的直角坐标，分别定义广义坐标和广义动量为

$$\begin{cases}q_1=x, \quad q_2=y, \quad q_3=z\\ p_1=m\dot{x}, \quad p_2=m\dot{y}, \quad p_3=m\dot{z}\end{cases} \tag{7-2-28}$$

哈密尔顿函数为

$$\begin{cases}H=T-U\\ T=\dfrac{1}{2}m(\dot{x}^2+\dot{y}^2+\dot{z}^2), \quad U=m\left(\dfrac{\mu}{r}+R\right)\end{cases} \tag{7-2-29}$$

则摄动运动方程可表示成如下形式：

$$\begin{cases}\dot{q}_1=\dfrac{\partial H}{\partial p_1}, \quad \dot{p}_1=-\dfrac{\partial H}{\partial q_1}\\ \dot{q}_2=\dfrac{\partial H}{\partial p_2}, \quad \dot{p}_2=-\dfrac{\partial H}{\partial q_2}\\ \dot{q}_3=\dfrac{\partial H}{\partial p_3}, \quad \dot{p}_3=-\dfrac{\partial H}{\partial q_3}\end{cases} \tag{7-2-30}$$

显然，q_j、p_j 的物理意义分别是系统的位置坐标和动量，H 是系统的机械能。

2. 正则轨道要素表示的正则方程

正则轨道要素与开普勒轨道要素的关系为

$$\begin{cases}\alpha_1=-\dfrac{\mu}{2a}, & \beta_1=-\tau=\dfrac{M_0}{n}\\ \alpha_2=\sqrt{\mu a(1-e^2)}, & \beta_2=\omega\\ \alpha_3=\sqrt{\mu a(1-e^2)}\cos i, & \beta_3=\Omega\end{cases} \tag{7-2-31}$$

易知，α_1、α_2、α_3 分别表示轨道的机械能、动量矩和动量矩在 Z 轴的分量。由于正则参数 α_j、β_j 与经典轨道要素 a、e、i、Ω、ω、τ 是等价的，故称之为正则轨道要素。正则轨道要素的拉格朗日括号为

$$[\alpha_i,\beta_i]=-[\beta_i,\alpha_i]=-1 \quad (i=1,2,3) \tag{7-2-32}$$

其余的为零。由此可得到正则轨道要素表示的摄动运动方程为

$$\dot{\alpha}_i=\frac{\partial R}{\partial \beta_i}, \quad \dot{\beta}_i=-\frac{\partial R}{\partial \alpha_i}(i=1,2,3) \tag{7-2-33}$$

R 为摄动函数。方程(7-2-33)是推导其他形式正则摄动方程的基础,故又称为摄动运动基本方程。

3. 德洛内变量表示的正则方程

用德洛内变量表示的正则方程,是以摄动运动基本方程(7-2-33)为基础推导得到的另一种正则形式的摄动运动方程。方程的基本变量是德洛内在研究月球运动理论时首先提出的,故称为德洛内变量,它与开普勒轨道要素的关系为

$$\begin{cases} L=\sqrt{\mu a}, & l=M \\ G=\sqrt{\mu a(1-e^2)}, & g=\omega \\ H=\sqrt{\mu a(1-e^2)}\cos i, & h=\Omega \end{cases} \tag{7-2-34}$$

哈密尔顿函数为

$$R'=R+\frac{\mu^2}{2L^2} \tag{7-2-35}$$

以式(7-2-33)为基础,可以导出相应的正则方程为

$$\begin{cases} \dot{L}=\dfrac{\partial R'}{\partial l}, & \dot{l}=-\dfrac{\partial R'}{\partial L} \\ \dot{G}=\dfrac{\partial R'}{\partial g}, & \dot{g}=-\dfrac{\partial R'}{\partial G} \\ \dot{H}=\dfrac{\partial R'}{\partial h}, & \dot{h}=-\dfrac{\partial R'}{\partial H} \end{cases} \tag{7-2-36}$$

德洛内变量在卫星轨道摄动解析解方面得到了广泛应用。

由式(7-2-30)、式(7-2-33)、式(7-2-36)可见,用正则参数表示的摄动运动方程具有非常简单的形式,右端只是哈密尔顿函数关于某一变量的偏导数,故简化了推导过程。该类方程的另一个优点是:可以通过一系列的正则变换,在保持方程正则形式的同时尽可能多地消去哈密尔顿函数中的变量,得到相应的首次积分,从而获得方程的解析解。几乎所有讨论卫星受摄运动的近代高阶理论,都是以正则形式的摄动运动方程为基础的。关于正则变换和正则参数变分方程的更多内容可参见文献[1,9-10]。

建立航天器的参数变分方程后,就可以通过数值积分的方法求解。由于轨道要素或正则参数的变化要比运动状态量(位置和速度)慢得多,因此可以采用较大的积分步长。因为求解方程仍是通过数值方法,所以本质上仍是一种特殊摄动法。

7.3 一般摄动法

把摄动力或摄动函数用级数展开的方法表示为小参数的幂级数,然后逐项积分求解是一般摄动法的基本思想。根据级数展开方式的不同,一般摄动法又分为古典摄动法、平均要素法、线性摄动法等不同的方法。

7.3.1 古典摄动法

在上两节推导得到的各种形式的摄动运动方程中,其右端的展开式都含有小参数,故这些摄动运动方程又称为小参数方程。

若将六个轨道要素记作 $\sigma_i(i=1,2,\cdots,6)$，则摄动运动方程可以简写成

$$\frac{\mathrm{d}\sigma_i}{\mathrm{d}t}=F_i(\sigma,t;\varepsilon)\quad(i=1,2,\cdots,6)\tag{7-3-1}$$

其中小参数 ε 具有摄动加速度的量级，是摄动因素的特征量，比如系数 J_2。式(7-3-1)是一非线性微分方程组，形式比较复杂，一般难以求得用初等函数表示的有限形式的解，只能用微分方程摄动理论求得其小参数幂级数解。级数解的一般形式为

$$\sigma_i(t)=(\sigma_i)_0+\Delta\sigma_i^{(1)}+\Delta\sigma_i^{(2)}+\Delta\sigma_i^{(3)}+\cdots\tag{7-3-2}$$

式中：$(\sigma_i)_0$ 为历元 t_0 时刻的开普勒轨道要素，或称初始轨道要素，零阶摄动；$\Delta\sigma_i^{(1)}$，$\Delta\sigma_i^{(2)}$，$\Delta\sigma_i^{(3)}$，…分别包含 $\varepsilon,\varepsilon^2,\varepsilon^3,\cdots$，为各阶摄动。相应的，将方程(7-3-1)的右端函数 F_i 对 $(\sigma_i)_0$ 展开，得到

$$\begin{aligned}F_i(\sigma,t;\varepsilon)=F_i(\sigma_0,t;\varepsilon)&+\sum_{j=1}^{6}\left(\frac{\partial F_i}{\partial\sigma_j}\right)_0\left[\Delta\sigma_j^{(1)}+\Delta\sigma_j^{(2)}+\cdots\right]\\&+\frac{1}{2!}\sum_{j=1}^{6}\sum_{k=1}^{6}\left(\frac{\partial^2 F_i}{\partial\sigma_j\,\partial\sigma_k}\right)_0\left[\Delta\sigma_j^{(1)}\Delta\sigma_k^{(1)}+\cdots\right]+\cdots\end{aligned}\tag{7-3-3}$$

将式(7-3-2)、式(7-3-3)一并代入方程(7-3-1)，根据等式两端的同阶项应对应相等，可得

$$\begin{cases}\dfrac{\mathrm{d}}{\mathrm{d}t}(\sigma_i)_0=0\\[2mm]\dfrac{\mathrm{d}}{\mathrm{d}t}(\Delta\sigma_i^{(1)})=F_i(\sigma_0,t;\varepsilon)\\[2mm]\dfrac{\mathrm{d}}{\mathrm{d}t}(\Delta\sigma_i^{(2)})=\displaystyle\sum_{j=1}^{6}\left(\frac{\partial F_i}{\partial\sigma_j}\right)_0\cdot\Delta\sigma_j^{(1)}\\[2mm]\dfrac{\mathrm{d}}{\mathrm{d}t}(\Delta\sigma_i^{(3)})=\displaystyle\sum_{j=1}^{6}\left(\frac{\partial F_i}{\partial\sigma_j}\right)_0\cdot\Delta\sigma_j^{(2)}+\frac{1}{2!}\sum_{j=1}^{6}\sum_{k=1}^{6}\left(\frac{\partial^2 F_i}{\partial\sigma_j\,\partial\sigma_k}\right)_0\Delta\sigma_j^{(1)}\Delta\sigma_k^{(1)}\\\cdots\end{cases}\tag{7-3-4}$$

对上式积分，即可得各阶摄动的计算公式如下：

$$\begin{cases}\Delta\sigma_i^{(1)}=\displaystyle\int_{t_0}^{t}F_i(\sigma_0,t;\varepsilon)\,\mathrm{d}t\\[2mm]\Delta\sigma_i^{(2)}=\displaystyle\int_{t_0}^{t}\sum_{j=1}^{6}\left(\frac{\partial F_i}{\partial\sigma_j}\right)_0\cdot\Delta\sigma_j^{(1)}\,\mathrm{d}t\\[2mm]\Delta\sigma_i^{(3)}=\displaystyle\int_{t_0}^{t}\left[\sum_{j=1}^{6}\left(\frac{\partial F_i}{\partial\sigma_j}\right)_0\cdot\Delta\sigma_j^{(2)}+\frac{1}{2!}\sum_{j=1}^{6}\sum_{k=1}^{6}\left(\frac{\partial^2 F_i}{\partial\sigma_j\,\partial\sigma_k}\right)_0\Delta\sigma_j^{(1)}\Delta\sigma_k^{(1)}\right]\mathrm{d}t\\\cdots\end{cases}\tag{7-3-5}$$

式(7-3-5)表明，求级数解实际上是一递推过程：首先由初始轨道要素 $(\sigma_i)_0$ 求出一阶摄动 $\Delta\sigma_i^{(1)}$，再由一阶摄动求出二阶摄动 $\Delta\sigma_i^{(2)}$，……，如此继续下去，直到解的精度满足要求为止。这种小参数级数解法也称为古典摄动法，它在天体力学和非线性力学领域得到了广泛应用。虽然方法的原理看起来很简单，但具体解的推导过程是非常复杂的。

古典摄动法的收敛性问题至今没有彻底解决。在一定条件下，它的收敛范围是 $n(t-t_0)=O(1/\varepsilon)$。考虑到在实际应用中，往往只需要计算有限时间间隔内的解，所以人们更关心级数

的收敛速度。当 ε 很小时,只要取级数解式(7-3-2)中的前几项就可以了。对于自然天体,一般只需要求出一阶摄动;但对近地航天器,由于它们的飞行角速度很大,直接应用古典摄动法会产生一些问题,必须加以改进。自人造地球卫星上天以后,在古典摄动法的基础上提出了许多改进方法,其中平均要素法、线性摄动法等都是比较有效的方法。

7.3.2 平均要素法

近地航天器的飞行角速度很大,这给古典摄动法的应用带来了问题。例如,一个周期为 2h 的卫星,经过 10d 的飞行后,地球非球形的一阶摄动就可以达到零阶的量级,所以不能再看作一阶小量,相应的级数解也就不能再以历元 t_0 时刻的开普勒轨道要素作为迭代过程中的展开基准。为此,日本天文学家古在由秀(Yoshihide Kozai,1928—2018)在 1959 年根据非线性振动力学中平均法的思想,针对地球形状摄动问题(主要是 J_2、J_3,J_4)提出了平均要素法。几乎同时,美国天文学家布劳威尔(Dirk Brouwer,1902—1966)基于泽培尔正则变换方法,得到了用德洛内变量表示的地球形状摄动更完整的级数解[2,6]。平均要素法作为对古典摄动法的改进,采用几何意义更明确的椭圆轨道根数作为基本变量,在人造卫星工作中得到了广泛应用。

研究表明,轨道摄动可以分为长期变化部分和周期变化部分,在瞬时轨道要素(也即密切轨道要素)中扣除周期变化部分后称为平均轨道要素。平均要素法就是以平均轨道要素代替开普勒轨道要素作为展开基准,以改善级数解的迭代收敛过程。

1. 基本方程

影响近地航天器运动的摄动因素多种多样,其中最大的摄动因子是地球非球形摄动中的 J_2项。为此,若把 $J_2=O(10^{-3})$ 作为一阶小量,其他的带谐项和田谐项均可看作二阶小量,即 $O(J_2^2)$。大气阻力、日月引力、太阳光压等摄动也看作二阶小量。这样,一般情况下摄动运动方程可以写成如下形式:

$$\frac{\mathrm{d}\sigma_i}{\mathrm{d}t}=F_{i0}(n)+F_{i1}(J_2;\sigma)+F_{i2}(J_3,J_4,\cdots,J_{2,2},\cdots;R_{\mathrm{D}};R_{\mathrm{Lun}};R_{\mathrm{Sun}};R_{\mathrm{R}};\sigma) \tag{7-3-6}$$

其中,σ 为六个轨道要素,右端函数 F_{i0}、F_{i1}、F_{i2}分别为零阶项、一阶项和二阶项,零阶项的表达式为

$$F_{i0}(n)=\begin{cases}0, & i=1,2,\cdots,5\\ n, & i=6\end{cases} \tag{7-3-7}$$

R_{D},R_{Lun},R_{Sun},R_{R}分别表示大气阻力摄动,月球引力摄动,太阳引力摄动和太阳光压摄动。

当然,上述表示方法也有例外。比如,对某些面质比很大的超低轨卫星,大气阻力摄动可能增大成一阶小量;而对于某些超高轨卫星,日月摄动可接近或达到一阶小量。

2. 平均要素的取法

在近地航天器轨道的摄动变化中,包含了周期项与非周期项两类截然不同的部分,可以通过求平均值的方法将它们加以区分。对任意函数 $f(t)$,在某个时间周期 T 内的平均值 $\bar{f}$ 定义为

$$\bar{f}=\frac{1}{T}\int_0^T f(t)\,\mathrm{d}t \tag{7-3-8}$$

若用 f_{sec} 和 f_s 分别表示 f 中的非周期项与周期项,则有

$$f_{\mathrm{sec}}=\bar{f},\quad f_s=f-\bar{f} \tag{7-3-9}$$

即函数 f 中不同性质的部分被分解出来

$$f=f_{\mathrm{sec}}+f_s \tag{7-3-10}$$

通过求平均值的方法,可以将轨道要素 $\sigma(t)$ 的摄动变化分为三类:

第一类是与半长轴 a、偏心率 e 和轨道倾角 i 有关的长期项,记作 $\Delta_1\sigma_{\mathrm{sec}}$、$\Delta_2\sigma_{\mathrm{sec}}$……,分别表示一阶长期项、二阶长期项……。长期项摄动随时间 t 呈线性变化或与时间的若干次幂成正比,由长期项引起的轨道摄动会随时间的增长而无限增大。

第二类是与升交点赤经 Ω 或近地点幅角 ω 有关的长周期项,记作 $\Delta_1\sigma_l(t)$、$\Delta_2\sigma_l(t)$……,分别表示一阶长周期项、二阶长周期项……。长周期项的变化周期要远大于航天器的轨道周期,典型的情况是大 1~2 个数量级。长周期项摄动主要表现在 Ω 和 ω 的变化中,持续的周期可能长达数周至数月不等。

第三类是与平近点角 M(或真近点角 f,偏近点角 E)有关的短周期项,记作 $\Delta_1\sigma_s(t)$、$\Delta_2\sigma_s(t)$……,分别表示一阶短周期项、二阶短周期项……。短周期项的变化周期与航天器的轨道周期量级相当。

按照上述分类方法,瞬时轨道要素可以表示成以下形式:

$$\begin{aligned}\sigma(t)=\bar{\sigma}_0&+\Delta_1\sigma_{\mathrm{sec}}\cdot(t-t_0)+\Delta_2\sigma_{\mathrm{sec}}\cdot(t-t_0)+\cdots\\&+\Delta_1\sigma_l(t)+\Delta_2\sigma_l(t)+\cdots\\&+\Delta_1\sigma_s(t)+\Delta_2\sigma_s(t)+\cdots\end{aligned}\tag{7-3-11}$$

式中:$\bar{\sigma}_0=\bar{\sigma}(t_0)$ 为初始时刻的平均要素,称为初始平均要素。t 时刻的平均要素就是从瞬时轨道要素中减掉长、短周期项

$$\begin{aligned}\bar{\sigma}(t)&=\sigma(t)-[\Delta_1\sigma_s(t)+\Delta_2\sigma_s(t)+\cdots]-[\Delta_1\sigma_l(t)+\Delta_2\sigma_l(t)+\cdots]\\&=\bar{\sigma}_0+\Delta_1\sigma_{\mathrm{sec}}(t-t_0)+\Delta_2\sigma_{\mathrm{sec}}(t-t_0)+\cdots\end{aligned}\tag{7-3-12}$$

根据上式,初始平均要素 $\bar{\sigma}_0$ 为

$$\bar{\sigma}_0=\sigma_0-[\Delta_1\sigma_s(t_0)+\Delta_2\sigma_s(t_0)+\cdots+\Delta_1\sigma_l(t_0)+\Delta_2\sigma_l(t_0)+\cdots]\tag{7-3-13}$$

式中:$\sigma_0=\sigma(t_0)$ 为初始瞬时轨道要素。

根据上述区分不同项的处理方法,方程(7-3-6)的右函数 F_{ik} 也相应地分成三类

$$F_{ik}=F_{ik,\mathrm{sec}}+F_{ik,l}+F_{ik,s}(i=1,2,\cdots,6;k=1,2)\tag{7-3-14}$$

其中,$F_{ik,\mathrm{sec}}$ 只与 a,e,i 有关;$F_{ik,l}$ 是 Ω 或 ω 的周期函数,表达式中也包含 a,e,i;$F_{ik,s}$ 是 M 的周期函数。

平均要素法就是以 $\bar{\sigma}(t)$ 代替 σ_0 作为小参数幂级数解展开的参考基准。将式(7-3-6)左端的 σ 写成式(7-3-11)的形式,即 σ 在平均要素 $\bar{\sigma}$ 附近作长、短周期振动。同样,将右端的函数 F_{ik} 也相对于平均要素 $\bar{\sigma}$ 展开,可得

$$\begin{aligned}F_0+F_1+F_2=&F_0(\bar{n})+\left(\frac{\partial F_0}{\partial a}\right)_{\bar{a}}[\Delta_1a_s+\Delta_2a_s+\cdots+\Delta_1a_l+\Delta_2a_l+\cdots]_{\bar{a}}\\&+\frac{1}{2}\left(\frac{\partial^2F_0}{\partial a^2}\right)_{\bar{a}}[(\Delta_1a_s)^2+\cdots+(\Delta_1a_l)^2+\cdots]_{\bar{a}}+\cdots\\&+F_1(J_2;\bar{\sigma})+\sum_{i=1}^{6}\left(\frac{\partial F_1}{\partial\sigma_i}\right)_{\bar{\sigma}}(\Delta_1\sigma_{is}+\Delta_1\sigma_{il}+\cdots)_{\bar{\sigma}}+\cdots\\&+F_2(J_3,J_4,\cdots;\bar{\sigma})+\sum_{i=1}^{6}\left(\frac{\partial F_2}{\partial\sigma_i}\right)_{\bar{\sigma}}(\Delta_1\sigma_{is}+\Delta_1\sigma_{il}+\cdots)_{\bar{\sigma}}+\cdots\end{aligned}\tag{7-3-15}$$

将上式与式(7-3-11)代入式(7-3-6),在展开式两端按 J_2 的幂次进行比较,相应的同阶项相等,就可以得到各阶摄动的具体公式。在 7.4 节中,将结合地球非球形摄动的级数解介绍平均要素法的具体应用。

由定义式(7-3-8)和式(7-3-12)可知,平均要素是将航天器的轨道要素在选定的时间段上或选定的角度范围内加以平均,因此它们的变化将非常光滑,没有周期性的波动。平均要素能近似描述航天器轨道的长期变化特征,因此在长周期的任务规划或轨道设计中用途尤为明显。比如,考虑轨道摄动后,估算航天器的长期飞行时间应该用平均轨道要素而不是瞬时轨道要素。再如,航天器轨道保持考虑的是长期运行效应,只需要将平均要素控制在一定范围内即可,因此可以将短周期项忽略,只保留一定时间段以上的周期项和长期项[20]。

需要注意的是,平均要素的定义与选定的时间段或角度范围有关,不同文献中常有不同的定义方法,使用前要首先明确其确切含义。实际上,所选时间段的长短并没有统一的规范,可以根据任务需要自由选定,比如选 1 个轨道周期、1 天、3 天或 15 天皆可。所选时间段不同时,各阶长期项和周期项的影响也不相同,因此截断到什么阶次也需要根据具体任务通过分析来确定。此外,长周期项虽然是周期项,但其周期往往长达几十天,对很多航天任务来讲其影响相当于长期项。因此,一些方法中不再区分长期项与长周期项,而是将其统一看作慢变量,将短周期项看作快变量,两者分别处理,比如布劳威尔的方法,以及后文中讨论的半解析法、拟平均要素法都是如此。

7.3.3 半解析法

通过前面的讨论可知,求解摄动运动微分方程时,解析法与数值法各有其优缺点,因此可以结合两者的优点构建一种半解析法。Cefola 等[11-12]最早提出了半解析法的基本思路:建立轨道要素的变分方程后,不再构造慢变量(长期项与长周期项)的解析解,而是用数值方法求解;同时,用解析法求出短周期项的摄动解,再与慢变量的数值积分解相加,即得到完整的摄动解。

下面以用德洛内变量描述的航天器运动方程(7-2-36)为例,说明半解析法的基本思路[14]。经典级数解法中,用变换理论求解方程(7-2-36)的第一步是通过正则变换分离出短周期项,于是瞬时变量可以表示为

$$\begin{cases} L=L'+\Delta L_s, & l=l'+\Delta l_s \\ G=G'+\Delta G_s, & g=g'+\Delta g_s \\ H=H'+\Delta H_s, & h=h'+\Delta h_s \end{cases} \tag{7-3-16}$$

式中:L'、l'…为慢变量;ΔL_s、Δl_s…中包含了所有的短周期项,它们是慢变量 L'、l'…的函数。于是问题归结为求解慢变量的微分方程,它们也具有正则方程的形式:

$$\begin{cases} \dfrac{\mathrm{d}L'}{\mathrm{d}t}=\dfrac{\partial \widetilde{R}'}{\partial l}, & \dfrac{\mathrm{d}l'}{\mathrm{d}t}=-\dfrac{\partial \widetilde{R}'}{\partial L} \\ \dfrac{\mathrm{d}G'}{\mathrm{d}t}=\dfrac{\partial \widetilde{R}'}{\partial g}, & \dfrac{\mathrm{d}g'}{\mathrm{d}t}=-\dfrac{\partial \widetilde{R}'}{\partial G} \\ \dfrac{\mathrm{d}H'}{\mathrm{d}t}=\dfrac{\partial \widetilde{R}'}{\partial h}, & \dfrac{\mathrm{d}h'}{\mathrm{d}t}=-\dfrac{\partial \widetilde{R}'}{\partial H} \end{cases} \tag{7-3-17}$$

式中

$$\widetilde{R}'=\frac{\mu^2}{2L'^2}+\widetilde{R} \tag{7-3-18}$$

如果只要求一阶的精度,则

$$\widetilde{R}=-\frac{1}{4}\gamma G n_0\{(1-3c^2)+\frac{3}{32}\gamma[5(1-2c^2-7c^4)-4\alpha(1-6c^2+9c^4)$$
$$-\alpha^2(5-18c^2+5c^4)+\gamma_4(3-30c^2+35c^4)(2+3e^2)]\}$$
$$-\frac{3}{64}\gamma^2 G n_0\{8\gamma_3(1-5c^2)sesing-[(1-15c^2)+5\gamma_4(1-7c^2)]s^2e^2\cos 2g\} \tag{7-3-19}$$

式中

$$c=\cos i,\quad s=\sin i,\quad \alpha=\sqrt{1-e^2},\quad n_0=\frac{\mu^2}{L^3}$$

$$\gamma=\frac{\mu^2 J_2 a_e^2}{G^4},\quad \gamma_3=\frac{J_3 G^2}{J_2^2\mu a_e},\quad \gamma_4=\frac{J_4}{J_2^2} \tag{7-3-20}$$

在摄动函数$\widetilde{R}'$中不包含快变量l,这表明带撇变量的变化相当缓慢。经典分析解法为了求解方程(7-3-17),又做了一次正则变换来分离出长周期摄动部分,除推导过程非常复杂外,结果还会出现临界倾角问题[3]。半解析法不再通过分析方法求解式(7-3-17),而是直接进行数值积分,故可以避免临近倾角问题,而且可以取很长的积分步长,计算效率较高。

半解析法综合了解析法与数值法的优点,具有较高的计算精度与计算效率,现已成为长期轨道预报与轨道控制中一种十分有用的方法。美国 Draper 实验室在卫星轨道半解析理论(Semianalytic Satellite Thoery,SST)方面开展了深入研究,其算法已成功应用于戈达德飞行中心的 GTDS 定轨软件中[12]。俄罗斯和我国在轨道快速预报领域也采用了半解析算法。

表 7-2 给出了三种摄动计算方法的优缺点和推荐应用范围[15]。

表 7-2 三种摄动计算方法的比较

摄动计算方法	优点	缺点	推荐应用范围
数值方法	精度高;各种摄动因素可统一处理;公式和程序简单	累积误差大;计算时间长;物理概念不够明确	精密定轨与精密轨道预报
解析方法	原理清晰;表达式具体;可用于分析各种摄动的特性,揭示摄动源	公式冗长,推导复杂;模型误差大,联合摄动没有解决;程序量大,计算精度低	一阶解精度要求($10^{-5}\sim10^{-6}$)
半解析方法	公式和程序较简单;可用于二阶理论;计算时间较短	田谐项不能统一处理;研究高阶理论有困难	二阶解精度要求($10^{-7}\sim10^{-8}$)

7.3.4 两行根数法

两行根数(Two Line Element,TLE)是北美防空司令部 NORAD 基于一般摄动理论产生的用于预报地球附近轨道目标位置和速度的一组轨道根数,目标及轨道的相关信息是以两行的书写形式表示的,故称为两行根数。

TLE 以文本格式给出,由两行组成,有效字符包括数字 0~9,大写字母 A~Z,正负号,空格和句点。比如,2023 年 1 月 2 日中国空间站的 TLE 为

1 48274U 21035A 23002.00000000 .00010378 00000-0 13737-3 0 9996

2 48274 41.4760 88.7166 0005856 252.0265 251.9437 15.60070573 95853

TLE 的主要关键字及其含义如表 7-3 所示。

表 7-3　两行根数的主要关键字及其含义

行数	序号	栏	含义	说　明
第1行	1.1	01	行号	取值 1
	1.2	03-07	卫星编目号	5 位十进制数表示,最多可编目 99999 个目标
	1.3	08	卫星密级分类标识	U 表示非秘,S 表示秘密(秘密目标根数不公开)
	1.4	10-11	卫星国际编号	发射年份,2 位十进制数表示,如 03 代表 2003 年
	1.5	12-14		发射年份的发射编号,3 位十进制数表示,如 111 表示当年的第 111 次发射
	1.6	15-17		本次发射中产生的目标序列,字符表示,如 C 表示本次发射中形成的第三个目标
	1.7	19-20	根数历元时刻	年份,2 位十进制数表示,如 03 代表 2003 年
	1.8	21-32		天数,年中的天数(年积日),小数点后保留 8 位有效数字(精确到 1ms)
	1.9	34-43	平均运动的一阶时间导数的 1/2	单位为圈数/天^2
	1.10	45-52	平均运动的二阶时间导数的 1/6	单位为圈数/天,前 6 位为小数部分,后 2 位为指数部分,如 -12345-6表示 -0.12345×10^{-6}
	1.11	54-61	表示大气阻力的弹道系数	$B=-0.5C_D\rho_0 S/m$,单位为地球赤道半径的倒数,表示方法同 1.10
	1.12	63	轨道模型类型	内部分析使用,现在设为 0,用 SGP4 和 SDP4
	1.13	65-68		已发布的该目标 TLE 根数的组数
	1.14	69		检验位
第2行	2.1	01	行号	取值 2
	2.2	03-07	卫星编目号	同 1.2
	2.3	09-16	轨道倾角	单位:度,小数点后 4 位
	2.4	18-25	升交点赤经	单位:度,小数点后 4 位
	2.5	27-33	偏心率	小数表示(1234567 表示 0.1234567),7 位有效数字
	2.6	35-42	近地点幅角	单位:度,小数点后 4 位
	2.7	44-51	平近点角	单位:度,小数点后 4 位
	2.8	53-63	平均运动	单位:圈/天
	2.9	64-68	相对于历元的圈数	单位:圈,发射后首次过升交点为第一圈
	2.10	69	校验位	

TLE 是平均根数,考虑了地球非球形引力、日月引力和大气阻力产生的摄动影响,它用特定的方法去掉了周期扰动项,预测模型必须使用同样的方法恢复这些扰动项,因此 TLE 并不是适合于所有的解析解模型。为了获得最高的预测精度,应采用 NORAD 公布的计算模型[21]。

NORAD 将空间目标分为近地目标(轨道周期小于 225min)和深空目标(轨道周期不小于 225min)两类。根据轨道周期的不同,可选择与 TLE 相对应的近地或深空计算模型[22]。

(1) SGP(Simplified General Perturbation)模型由 Kuhlman 于 1966 年开发,适用于近地目

标的预报。它简化了古在由秀 1959 年提出的引力摄动模型,认为大气阻力对平均运动的影响随时间呈线性变化,平近点角的摄动项是时间的二次函数,且阻力对偏心率的影响使近地点的高度保持常值。

(2) SGP4 模型由 Cranford 于 1970 年开发,适用于近地目标。模型主要依据布劳威尔的地球引力场摄动理论和 Lane 的大气摄动理论,并对解析公式做了简化。SDP4(Simplified Deep-space Perturbation 4)模型是 SGP4 模型的拓展,适用于深空目标。深空摄动模型由 Hujsak 于 1979 年开发,考虑了日月引力项和地球形状摄动中部分带谐项、田谐项的影响,这些摄动对周期为半日和一日的轨道计算特别重要。

(3) SGP8 模型适用于近地目标,来自 Hoots 的解析理论简化。SDP8 模型是 SGP8 模型的拓展,适用于深空目标,模型方程同 SDP4 模型。

SGP 模型比较简单,SGP8/SDP8 的理论精度最高,目前定期更新的 TLE 针对的是 SGP4/SDP4 模型。它主要考虑了以下 3 种摄动影响:①地球非球形引力摄动(低轨为带谐项 J_2、J_3 和 J_4,同步和半同步轨道还考虑了田谐项的共振影响);②大气阻力摄动(采用静止非自旋的球对称大气模型);③日月引力摄动的一阶项。

根据 NORAD 公布的 TLE 数据,利用 SGP4/SDP4 模型计算空间目标位置和速度的方法,与通常利用平均根数进行轨道计算的过程基本相同。首先由 TLE 数据恢复出平均根数,然后由平均根数依次计算长期项、长周期项和短周期项,并计算瞬时根数,最后得到空间目标的位置与速度。需要注意的是,TLE 数据使用的是真赤道、平春分点坐标系,需要通过坐标转换,才能得到标准历元下的地球平赤道、平春分点坐标系(也即 J2000.0 惯性坐标系)。

7.4 地球非球形摄动

地球引力场是影响近地航天器轨道运动最重要的因素,但地球复杂的形状和不均匀的质量分布使其引力场的描述比较困难。在第 2 章中已对地球的物理特性作了简单介绍,地球的形状总体上是一个不规则的椭球体,赤道半径比两极半径长 21km,同时赤道又呈轻微的椭圆状。这些现象使得航天器在垂直于地心矢径方向也受到引力作用,而且引力大小不仅与距离有关,还与航天器的经纬度有关。

7.4.1 地球引力位

1. 地球引力位模型

地球对其外部质点的引力是万有引力的一种体现。两个质量分别为 m、M 的质点间的引力满足万有引力定律

$$\boldsymbol{F}=-\frac{GmM}{r^3}\boldsymbol{r} \tag{7-4-1}$$

式中:$\boldsymbol{F}$ 为质点 m 受到的质点 M 的引力作用;$\boldsymbol{r}=\boldsymbol{r}_m-\boldsymbol{r}_M$ 为 m 相对于 M 的位置矢量。

万有引力是保守力,做功仅与位置有关,与路径无关,因此可以定义引力势能。若以无穷远处为势能零点,则有

$$V=\int_r^{\infty}-\frac{GmM}{r^3}\boldsymbol{r}\cdot \mathrm{d}\boldsymbol{r}=GmM\int_r^{\infty}\mathrm{d}\left(\frac{1}{r}\right)=-\frac{GmM}{r} \tag{7-4-2}$$

在引力场的研究中,常用位函数 U 来描述引力场

$$U=-\frac{V}{m}=\frac{GM}{r}=\int_{\infty}^{r}\boldsymbol{g}\cdot \mathrm{d}\boldsymbol{r} \tag{7-4-3}$$

可见,引力位 U 表示单位质量质点引力势能的相反数,它是引力势能的另一种表示方式。由式(7-4-3)易知,引力加速度 $\boldsymbol{g}$ 与引力位 U 具有如下关系:

$$\boldsymbol{g}=\mathrm{grad}U=\nabla U=\frac{\partial U}{\partial x}\boldsymbol{i}+\frac{\partial U}{\partial y}\boldsymbol{j}+\frac{\partial U}{\partial z}\boldsymbol{k} \tag{7-4-4}$$

grad 表示梯度,∇为梯度算子。可见,引入引力位 U 后,矢量场 $\boldsymbol{g}$ 可以用标量场 U 来代替。

若地球为匀质圆球,则其外部空间的引力位可以通过积分的方法求得。设 dm 为地球内部的一质量元,则地球引力位可以表示为

$$U=\int_{M}\frac{G}{r_m}\mathrm{d}m=G\iiint_{V}\frac{\rho \mathrm{d}V}{r_m} \tag{7-4-5}$$

式中:r_m 为质量元 dm 到地球外部空间某点的距离。由于假设地球为匀质正球体,式(7-4-5)中的积分能解析求出

$$U=G\rho\iiint_{V}\frac{\mathrm{d}V}{r_m}=G\rho\frac{V}{r}=\frac{GM_e}{r} \tag{7-4-6}$$

式中:r 为地球球心到外部空间某点的距离,M_e 为地球总质量。

由式(7-4-6)可知,匀质圆球对其外部空间的引力位等价于质量等于地球总质量的质点位于地心时产生的引力位,因此可视为中心引力场,这也是二体问题及 N 体问题定义的依据。

对真实地球,原则上仍可用式(7-4-5)计算其引力位,但无法再获得解析的积分表达式,一个可行的办法是用级数来逼近引力位 U。1784 年,拉普拉斯证明天体的引力位满足一个偏微分方程,即著名的拉普拉斯方程

$$\Delta U=\nabla\cdot\nabla U=\frac{\partial^2 U}{\partial x^2}+\frac{\partial^2 U}{\partial y^2}+\frac{\partial^2 U}{\partial z^2}=0 \tag{7-4-7}$$

式中:$\Delta=\nabla\cdot\nabla=\mathrm{div\ grad}$ 为拉普拉斯算子。在球坐标系中,拉普拉斯方程更便于求解,其形式为

$$\frac{\partial}{\partial r}\left(r^2\frac{\partial U}{\partial r}\right)+\frac{1}{\cos^2\varphi}\frac{\partial^2 U}{\partial\lambda^2}+\frac{1}{\cos\varphi}\frac{\partial}{\partial\varphi}\left(\cos\varphi\frac{\partial U}{\partial\varphi}\right)=0 \tag{7-4-8}$$

方程(7-4-8)的解可以表示成级数的形式[1]:

$$U=\frac{GM_e}{r}\left[1+\sum_{n=2}^{\infty}\sum_{m=0}^{n}\left(\frac{a_e}{r}\right)^n P_{n,m}(\sin\varphi)(C_{n,m}\cos m\lambda+S_{n,m}\sin m\lambda)\right] \tag{7-4-9}$$

式中:G 为万有引力常数;M_e 为地球质量,常记 $\mu_e=GM_e$,称为地球引力常数;a_e 为地球赤道平均半径;r、λ、φ 为地心地球固联坐标系中的球坐标,即地心距、经度和地心纬度;$P_{n,m}(\cdot)$ 为 n 阶 m 次缔合勒让德多项式。

通常用级数式(7-4-9)来逼近真实地球的引力位,因为级数是用球坐标的三角函数描述的,故称为球谐级数,它们是球面上的一组标准正交基。n 称为阶数,m 称为次数;$C_{n,m}$、$S_{n,m}$ 是级数的 n 阶 m 次系数,称为球谐系数。公式右端方括号内的 1 是级数的零次项。由于假定地心参考系的原点与地球质心重合,故一阶项为零,级数从二阶项开始。

在式(7-4-9)中,当 $m=0$ 时,$\sin m\lambda=0$,$\cos m\lambda=1$。显然,这些项与经度无关,称为带谐项,相应的系数称为带谐系数,记为 $J_n=-C_{n,0}$。当 $m\geqslant 1$ 时,球谐项与经度有关,称为田谐项,系数称为田谐系数;当 $m=n$ 时,相应的田谐系数又称扇谐系数。按照上述分类,地球引力位又

可表示为

$$U=\frac{\mu_e}{r}\left[1-\sum_{n=2}^{\infty}\left(\frac{a_e}{r}\right)^n J_n P_n(\sin\varphi)+\sum_{n=2}^{\infty}\sum_{m=1}^{n}\left(\frac{a_e}{r}\right)^n P_{n,m}(\sin\varphi)(C_{n,m}\cos m\lambda+S_{n,m}\sin m\lambda)\right] \tag{7-4-10}$$

式中：$P_n(\cdot)$为 n 阶勒让德多项式，由 $m=0$ 的 $P_{n,m}(\cdot)$退化而来。

在有些应用中，还有如下记法：

$$J_{n,m}=-\sqrt{C_{n,m}^2+S_{n,m}^2},\quad m\lambda_{n,m}=\arctan\left(\frac{S_{n,m}}{C_{n,m}}\right),\quad \overline{\lambda}=\lambda-\lambda_{n,m} \tag{7-4-11}$$

此时式(7-4-10)可以改写成

$$U=\frac{\mu_e}{r}\left[1-\sum_{n=2}^{\infty}\left(\frac{a_e}{r}\right)^n J_n P_n(\sin\varphi)-\sum_{n=2}^{\infty}\sum_{m=1}^{n}\left(\frac{a_e}{r}\right)^n P_{n,m}(\sin\varphi)J_{n,m}\cos m\overline{\lambda}\right] \tag{7-4-12}$$

式(7-4-10)右端方括号内各项的物理意义可以这样理解：地球的引力势函数与其质量分布和形状均有关系，为能等效逼近其势函数，可以选择变化两者之一来实现，通常采用匀质、非规则形状物体引力场的叠加来等效地球的引力场。与式(7-4-6)比较易知，式(7-4-10)右端方括号内的第一项是地球为匀质圆球时的引力位，其余各项是对匀质圆球引力位的修正；第二部分是带谐项，它描述的是一系列质量分布沿纬度方向成带状的旋转体，它们由地球的扁状引起，如图 7-4 中(a)~(d)所示，图中亮处表示质量聚集，暗处表示质量不足；第三部分是田谐项，当 $m=n$ 时，描述的是一系列质量分布沿经度方向成凹凸扇形的不规则体(图 7-4(e)~(f))，即扇谐项；当 $m\neq n$ 时，描述的是一系列质量分布沿经度和纬度方向呈凹凸田块状的不规则体(图 7-4(g)~(i))。就是通过这样一些匀质不规则体对匀质圆球引力位的修正，最终实现了对真实地球引力位的逼近。

由式(7-4-9)、式(7-4-10)可见，只要确定了球谐系数，地球引力位也随之确定，这是地球重力场测量的主要工作。早期球谐系数的测定主要依靠大地测量完成，精度较低，适用的地域也有限；随着重力场测量卫星的应用，现在球谐系数的估计已经达到很高的精度。2009 年欧洲航天局(ESA)发射了地球重力场与稳态洋流探测卫星(GOCE)，根据其测量数据确定的大地水准面准确度达到 1cm，地球引力加速度准确度达到 $1\times10^{-5}\mathrm{m/s^2}$。美国在 2008 年发布的 EGM2008 地球引力模型达到 $n=2159$，$m=2159$ 的精度。不同的机构在确定球谐系数时使用的测量数据和估计方法是不同的，由此得到的球谐系数也不一样，一组球谐系数往往称为一种引力场模型。常用的地球引力场模型有 SAO 系列、WGS 系列、GRIM 系列等，图 7-5 给出了已有的引力场模型的演化过程。

在 EGM2008 模型中，主要带谐项和田谐项的值为

$$J_2=1.0826355\times10^{-3}\quad J_3=-2.5324105\times10^{-6}$$
$$J_4=-1.6198976\times10^{-6}\quad J_5=-2.2775359\times10^{-7}$$
$$C_{2,2}=1.5746153\times10^{-6}\quad S_{2,2}=-9.0387279\times10^{-7}$$

由于地心参考系的 Z 轴近似为地球的惯量主轴，故田谐系数 C_{21}、S_{21} 近似为零。由以上球谐系数的值可见，J_2 的量级是最大的，次之是 J_3。J_2 要比 J_3 大 400 多倍，因此在很多工程问题中，往往考虑 J_2 项即可。

需要说明的是，由于地球形状不规则、密度分布不均匀，加之地球的旋转会使田谐项和扇谐项在总体上有一个平均作用，所以展开式(7-4-10)收敛极慢。数值计算也表明，展开

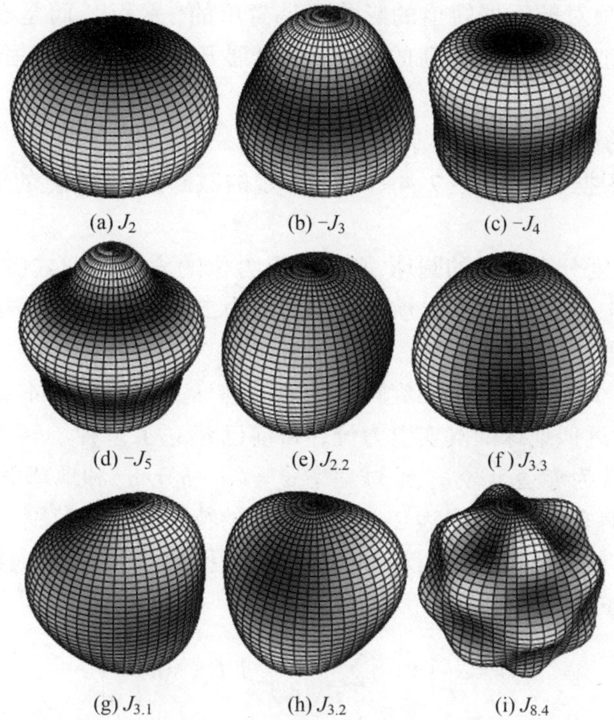

图 7-4　各种球谐项示意图[16]

(a)~(d) 带谐项;(e)~(f) 扇谐项;(g)~(i) 田谐项。

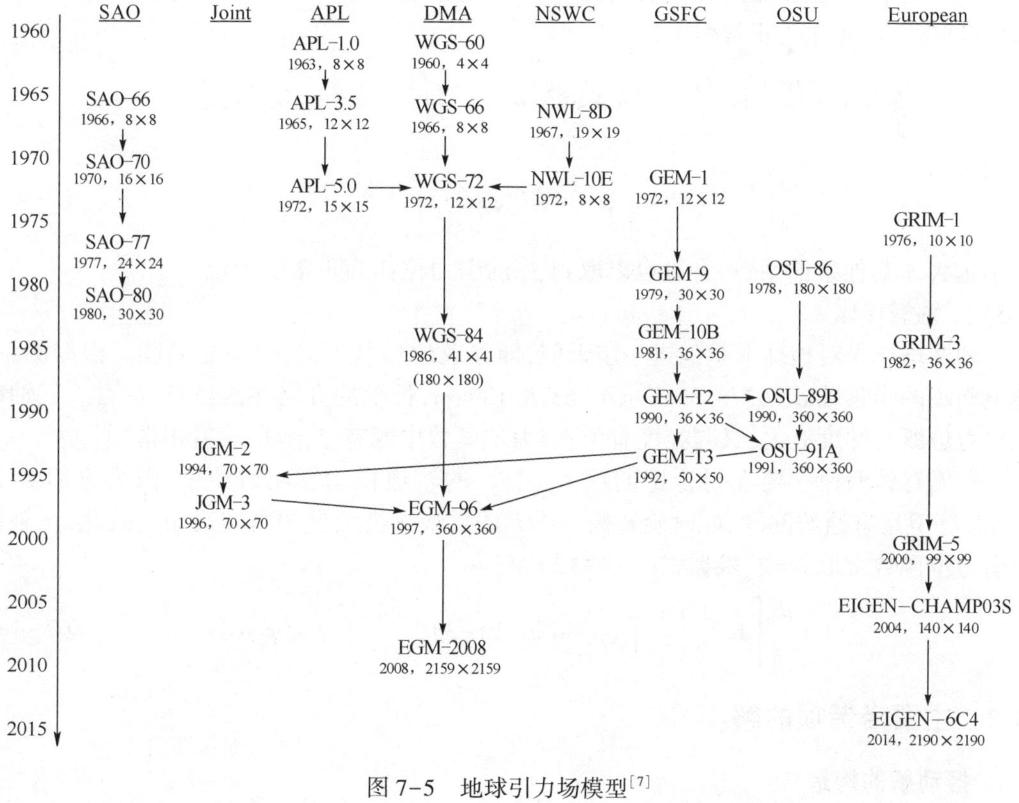

图 7-5　地球引力场模型[7]

式(7-4-10)中的各项对航天器轨道的影响不是简单的"累积",而是有明显的相互"抵消"的特征[2],因此对一般精度要求不高的问题,只取展开式的前几项就能代表一个完整的逼近式。

2. 地球引力位的简化

实际应用中,常根据需要对式(7-4-10)作一定的截断,得到简化的地球引力场模型。

1) 圆球体

若假设地球为密度分布均匀的圆球,则地球引力位的表达式即式(7-4-6)。在这种假设下,地球引力场可用中心引力场等价,航天器的轨道为二体轨道。

2) 旋转椭球体

旋转椭球是把一个椭圆绕其短轴旋转而得到的椭球。由于地球本身是一个扁球体,因此旋转椭球体能更好地近似地球的真实引力位。目前已建立了多种旋转椭球体模型,即所谓的参考椭球体,主要参数为赤道半径 a_e、地球扁率 $\alpha_e=(a_e-b_e)/a_e$ 和地球引力常数 μ_e。不同的参考椭球体,上述参数略有不同(参见表 2-2),有各自的特点和适用范围。

若假定旋转椭球体的质量分布相对于自转轴是对称的,则引力位函数与经度无关,即只包含带谐项,此时引力位的表达式为

$$U=\frac{\mu_e}{r}\left[1-\sum_{n=2}^{\infty}\left(\frac{a_e}{r}\right)^n J_n P_n(\sin\varphi)\right] \tag{7-4-13}$$

常将式(7-4-13)表示的引力位称为正常引力位。若进一步假定质量分布是南北对称的,则引力位表达式中只包含偶阶带谐项,奇阶项反映了质量分布的南北不对称性。

工程应用中,一般根据需要截取式(7-4-13)的前若干项作为正常引力位。比如,初步设计时可以取到 n≤4 作为正常引力位

$$\begin{aligned}U=\frac{\mu_e}{r}\Bigg[&1-\frac{J_2}{2}\left(\frac{a_e}{r}\right)^2(3\sin^2\varphi-1)-\frac{J_3}{2}\left(\frac{a_e}{r}\right)^2(5\sin^3\varphi-3\sin\varphi)\\&-\frac{J_4}{8}\left(\frac{a_e}{r}\right)^4(35\sin^4\varphi-30\sin^2\varphi+3)\Bigg]\end{aligned} \tag{7-4-14}$$

由于 J_2 远大于其他带谐系数,有时也以取到 J_2 的引力位作为正常引力位。

3) 三轴椭球体

三轴椭球体是对地球形状的进一步近似,即赤道的形状不是圆,而是椭圆。根据测量,地球赤道椭圆的半长轴 $a=6378.351$km,$b=6378.139$km,长轴的方向在西经35°左右。三轴椭球体的引力位既与纬度有关,又与经度有关;引力位函数中既有带谐项,又有田谐项。

三轴椭球体假设主要在讨论田谐项 $C_{2,2}$、$S_{2,2}$ 的轨道摄动影响时使用,因为它们对 12h、24h、36h 等卫星有通约问题,此时旋转椭球体无法反映这类卫星的真实运动。故此,三轴椭球体的引力位函数常取 $n=2$,根据式(7-4-12),有

$$U=\frac{\mu_e}{r}\left[1-\frac{J_2}{2}\left(\frac{a_e}{r}\right)^2(3\sin^2\varphi-1)-3J_{2,2}\left(\frac{a_e}{r}\right)^2\cos^2\varphi\cos2\lambda\right] \tag{7-4-15}$$

7.4.2 主要带谐项的解

1. 摄动解的构造

在式(7-4-9)中,等号右边中括号内的第一项表示匀质圆球的引力位,其余项表示由于地

球形状不规则和质量分布不均匀造成的非球形摄动项,可用 R_{E} 表示

$$R_{\mathrm{E}} = \frac{\mu_e}{r}\sum_{n=2}^{\infty}\sum_{m=0}^{n}\left(\frac{a_e}{r}\right)^n P_{n,m}(\sin\varphi)(C_{n,m}\cos m\lambda + S_{n,m}\sin m\lambda) \tag{7-4-16}$$

则地球非球形摄动加速度可以表示为

$$\boldsymbol{F}_{\mathrm{U}} = \nabla R_{\mathrm{E}} \tag{7-4-17}$$

实际计算表明,在摄动函数 R_{E} 的级数展开式中,对带谐项来讲,含有系数 J_2、J_3、J_4的项是主要摄动项;对田谐项来讲,含有系数 $J_{2,2}$的项是主要摄动项。其余诸项从统计的角度看由于互相“抵消”,对人造地球卫星运动的影响很小。因此,除对轨道计算精度有特别的要求外,一般只考虑主要摄动项就可以了。

为书写简便,采用第 3 章中所讲的正则单位。式(7-4-16)是在地心球坐标系中表示的地球引力位,为将摄动力分解为周期项和非周期项,即式(7-3-14)的形式,需要将地球引力位表示成轨道要素的函数,即将球谐项转换到轨道坐标系。仅考虑主要带谐项时,摄动函数为[1]

$$\begin{aligned}
R_{\mathrm{E}} = &\frac{A_2}{a^3}\left(\frac{a}{r}\right)^3\left[\left(\frac{1}{3}-\frac{1}{2}\sin^2 i\right)+\frac{1}{2}\sin^2 i\cos 2(f+\omega)\right] \\
&+\frac{A_3}{a^4}\left(\frac{a}{r}\right)^4\sin i\left[\left(\frac{15}{8}\sin^2 i-\frac{3}{2}\right)\sin(f+\omega)-\frac{5}{8}\sin^2 i\sin 3(f+\omega)\right] \\
&+\frac{A_4}{a^5}\left(\frac{a}{r}\right)^5\left[\left(\frac{3}{35}-\frac{3}{7}\sin^2 i+\frac{3}{8}\sin^4 i\right)+\frac{1}{8}\sin^4 i\cos 4(f+\omega)\right. \\
&\left.+\left(\frac{3}{7}-\frac{1}{2}\sin^2 i\right)\sin^2 i\cos 2(f+\omega)\right]
\end{aligned} \tag{7-4-18}$$

其中

$$A_2 = \frac{3}{2}J_2,\ A_3 = -J_3,\ A_4 = -\frac{35}{8}J_4$$

可见,带谐项摄动函数中不含 Ω,也不显含时间 t。

为把摄动函数 R_{E} 分解成长期项、长周期项和短周期项,将其相对卫星运动周期求平均值,得到$\overline{R}_{\mathrm{E}}$,它包含长期项 R_{sec} 和长周期项 R_l。把 R_{sec} 中与 J_2 有关的部分记作 $R_{1\mathrm{sec}}$,与 J_4 有关的部分记作 $R_{2\mathrm{sec}}$,J_3 无长期项;长周期项中,J_2 无长周期项,故 $R_{1l}=0$,把长周期部分记作 R_{2l},即

$$\overline{R}_{\mathrm{E}} = \frac{1}{T}\int_0^T R_{\mathrm{E}}\mathrm{d}t = R_{\mathrm{sec}} + R_l = R_{1\mathrm{sec}}(J_2) + R_{2\mathrm{sec}}(J_4) + R_{2l}(J_3,J_4) \tag{7-4-19}$$

短周期部分 R_s 可由 $R_{\mathrm{E}}-\overline{R}_{\mathrm{E}}$ 求出,其中与 J_2 有关的部分记为 R_{1s},与 J_3、J_4 有关的部分记作 R_{2s}:

$$R_s = R_{\mathrm{E}}-\overline{R}_{\mathrm{E}} = R_{1s}(J_2)+R_{2s}(J_3,J_4) \tag{7-4-20}$$

因此有

$$R_{\mathrm{E}} = R_{\mathrm{sec}}+R_l+R_s = R_{1\mathrm{sec}}+R_{2\mathrm{sec}}+R_{2l}+R_{1s}+R_{2s} \tag{7-4-21}$$

其中，

$$
\begin{cases}
R_{1\sec}=\dfrac{A_2}{a^3}\left(\dfrac{1}{3}-\dfrac{1}{2}\sin^2 i\right)(1-e^2)^{-\frac{3}{2}} \\
R_{2\sec}=\dfrac{A_4}{a^5}\left(\dfrac{3}{35}-\dfrac{3}{7}\sin^2 i+\dfrac{3}{8}\sin^4 i\right)\left(1+\dfrac{3}{2}e^2\right)(1-e^2)^{-\frac{7}{2}} \\
R_{2l}=-\dfrac{3}{4}\dfrac{A_3}{a^4}\sin i\left(2-\dfrac{5}{2}\sin^2 i\right)(1-e^2)^{-\frac{5}{2}}e\sin\omega \\
\qquad +\dfrac{3}{4}\dfrac{A_4}{a^5}\sin^2 i\left(\dfrac{3}{7}-\dfrac{1}{2}\sin^2 i\right)(1-e^2)^{-\frac{7}{2}}e^2\cos 2\omega \\
R_{1s}=\dfrac{A_2}{a^3}\left\{\left(\dfrac{1}{3}-\dfrac{1}{2}\sin^2 i\right)\left[\left(\dfrac{a}{r}\right)^3-(1-e^2)^{-\frac{3}{2}}\right]+\dfrac{1}{2}\sin^2 i\left(\dfrac{a}{r}\right)^3\cos 2(f+\omega)\right\} \\
R_{2s}=-\dfrac{A_3}{a^4}\left\{\dfrac{3}{4}\sin i\left(2-\dfrac{5}{2}\sin^2 i\right)\left[\left(\dfrac{a}{r}\right)^4\sin(f+\omega)-(1-e^2)^{-\frac{5}{2}}e\sin\omega\right]\right. \\
\qquad \left.+\dfrac{5}{8}\left(\dfrac{a}{r}\right)^4\sin^3 i\sin 3(f+\omega)\right\} \\
\qquad +\dfrac{A_4}{a^5}\left\{\left(\dfrac{3}{35}-\dfrac{3}{7}\sin^2 i+\dfrac{3}{8}\sin^4 i\right)\left[\left(\dfrac{a}{r}\right)^5-\left(1+\dfrac{3}{2}e^2\right)(1-e^2)^{-\frac{7}{2}}\right]+\left(\dfrac{3}{7}-\dfrac{1}{2}\sin^2 i\right)\sin^2 i\right. \\
\qquad \left.\left[\left(\dfrac{a}{r}\right)^5\cos 2(f+\omega)-\dfrac{3}{4}(1-e^2)^{-\frac{7}{2}}e^2\cos 2\omega\right]+\dfrac{1}{8}\sin^4 i\left(\dfrac{a}{r}\right)^5\cos 4(f+\omega)\right\}
\end{cases}
\tag{7-4-22}
$$

前面已经讲过，在航天器轨道摄动分析中，一般将 J_2（10^{-3} 量级）看作一阶小量，J_3、J_4 皆看作二阶小量，因此 $R_{1\sec}$ 称为一阶长期项，$R_{2\sec}$ 称为二阶长期项，R_{2l} 称为二阶长周期项，R_{1s} 称为一阶短周期项，R_{2s} 称为二阶短周期项。

将各阶摄动函数的表达式与平均要素的展开式代入式（7-3-6），即可得到主要带谐项的各阶摄动解。对于 a,e,i,Ω,ω 五个轨道要素的摄动，计算公式如下：

$$
\begin{cases}
\Delta_1\sigma_{\sec}(t-t_0)=\displaystyle\int_{t_0}^{t}F_\sigma\,(R_{1\sec})_{\bar\sigma}\mathrm{d}t \\
\Delta_1\sigma_s(t)=\displaystyle\int_{t_0}^{t}F_\sigma\,(R_{1s})_{\bar\sigma}\mathrm{d}t \\
\Delta_2\sigma_{\sec}(t-t_0)=\displaystyle\int_{t_0}^{t}\left\{\sum_{i=1}^{6}\left[\frac{\partial F_\sigma(R_{1s})}{\partial\sigma_i}\Delta_1\sigma_{i,s}\right]_{\bar\sigma}+F_\sigma\,(R_{2\sec})_{\bar\sigma}\right\}_{\sec}\mathrm{d}t \\
\Delta_1\sigma_l(t)=\displaystyle\int_{t_0}^{t}\left\{\sum_{i=1}^{6}\left[\frac{\partial F_\sigma(R_{1s})}{\partial\sigma_i}\Delta_1\sigma_{i,s}\right]_{\bar\sigma}+\sum_{i=1}^{6}\left[\frac{\partial F_\sigma(R_{1\sec})}{\partial\sigma_i}\Delta_1\sigma_{i,l}\right]_{\bar\sigma}+F_\sigma\,(R_{2l})_{\bar\sigma}\right\}_l\mathrm{d}t
\end{cases}
\tag{7-4-23}
$$

对于轨道要素 M，在各阶摄动中，应增加一项，即

$$
\begin{cases}
(\Delta_1 M_{\text{sec}} + \bar{n})(t - t_0) = \int_{t_0}^{t} [F_M(R_{1\text{sec}})_{\bar{\sigma}} + \bar{n}] \mathrm{d}t \\
\Delta_1 M_s(t) = \int_{t_0}^{t} \left\{ \left[\dfrac{\partial n}{\partial a} \Delta_1 a_s \right]_{\bar{\sigma}} + F_M(R_{1s})_{\bar{\sigma}} \right\} \mathrm{d}t \\
\Delta_2 M_{\text{sec}}(t - t_0) = \int_{t_0}^{t} \left\{ \left[\dfrac{1}{2} \dfrac{\partial^2 n}{\partial a^2} (\Delta_1 a_s)^2 \right]_{\bar{\sigma}} + \sum\limits_{i=1}^{6} \left[\dfrac{\partial F_M(R_{1s})}{\partial \sigma_i} \Delta_1 \sigma_{i,s} \right]_{\bar{\sigma}} + F_M(R_{2\text{sec}})_{\bar{\sigma}} \right\}_{\text{sec}} \mathrm{d}t \\
\Delta_1 M_l(t) = \int_{t_0}^{t} \left\{ \left[\dfrac{\partial n}{\partial a} \Delta_2 a_l \right]_{\bar{\sigma}} + \left[\dfrac{1}{2} \dfrac{\partial^2 n}{\partial a^2} (\Delta_1 a_s)^2 \right]_{\bar{\sigma}} + \sum\limits_{i=1}^{6} \left[\dfrac{\partial F_M(R_{1s})}{\partial \sigma_i} \Delta_1 \sigma_{i,s} \right]_{\bar{\sigma}} \right. \\
\qquad \left. + \sum\limits_{i=1}^{6} \left[\dfrac{\partial F_M(R_{1\text{sec}})}{\partial \sigma_i} \Delta_1 \sigma_{i,l} \right]_{\bar{\sigma}} + F_M(R_{2l})_{\bar{\sigma}} \right\}_l \mathrm{d}t
\end{cases}
\tag{7-4-24}
$$

在上述公式中，$\{\}_{\text{sec}}$表示括号内诸项仅取长期项部分，而$\{\}_l$则表示括号内诸项是与ω有关的长周期部分。对一阶解，二阶短周期项R_{2s}是不需要的，故未列入。对上述公式还应特别说明几点：

（1）在长周期项$\Delta_1\sigma_l$和$\Delta_1 M_l$的计算公式中，右端的被积函数实为二阶。由于积分后变为一阶，故称为一阶长周期项。另外，由于$\Delta_1 a_l=0$，故在计算$\Delta_1 M_l$的公式中并未列入。

（2）在轨道摄动的分析解中，通常有各阶摄动解（简称各阶解）的概念。

一阶摄动解（又称一阶理论）：包含所有的一阶摄动项（长期项、长周期项和短周期项）和二阶长期项。

二阶摄动解（又称二阶理论）：包含所有的二阶摄动项（长期项、长周期项和短周期项）和三阶长期项。

依此类推，可以定义更高阶摄动解。上述定义方式是因为对于周期为2h的近地航天器，运行10d后，其一阶长期项可达到零阶量级，而二阶长期项可达到一阶量级，故在一阶摄动解应包含二阶长期项。

（3）由于平均轨道要素$\bar{\sigma}(t)$是未知的，所以用平均要素法计算各阶摄动是一个迭代过程。此外，由式（7-4-24）中M的一阶长周期项计算公式可见，运算时不仅要用到$\Delta_2 a_l$，计算$\bar{n}$时还会涉及$\bar{a}_0$，故还要用到$\Delta_2 a_s$，所以从方法上看，要求出完整的一阶解，不仅需要计算一、二阶长期项，还应求出a的二阶长、短周期项$\Delta_2 a_l$和$\Delta_2 a_s$。

2. 一阶摄动解

下面给出主要带谐项一阶解的公式，详细推导过程可参见文献[1-2,15]。

（1）一阶长期项$\Delta_1\sigma_{\text{sec}}(t-t_0)$：

$$
\begin{cases}
\Delta_1 a_{\text{sec}}(t-t_0)=0, \quad \Delta_1 e_{\text{sec}}(t-t_0)=0, \quad \Delta_1 i_{\text{sec}}(t-t_0)=0 \\
\Delta_1 \Omega_{\text{sec}}(t-t_0) = -\dfrac{A_2}{p_0^2} n_0 \cos i_0 (t-t_0) \\
\Delta_1 \omega_{\text{sec}}(t-t_0) = \dfrac{A_2}{p_0^2} n_0 \left(2-\dfrac{5}{2}\sin^2 i_0\right)(t-t_0) \\
\Delta_1 M_{\text{sec}}(t-t_0) = \dfrac{A_2}{p_0^2} n_0 \left(1-\dfrac{3}{2}\sin^2 i_0\right)\sqrt{1-e_0^2}(t-t_0)
\end{cases}
\tag{7-4-25}
$$

上式中，等式右端的a_0、e_0、i_0应为初始时刻的平均要素$\bar{a}_0$、$\bar{e}_0$、$\bar{i}_0$，平均角速度和半通径为

$$\bar{n}_0=\bar{a}_0^{-\frac{3}{2}},\quad \bar{p}_0=\bar{a}_0(1-\bar{e}_0^2)$$

为书写简便,省略了平均要素的横线标记,下面的公式与此类似,不再说明。

式(7-4-25)的后三式分别对应轨道面进动、拱线转动和平均轨道角速度的变化。

由于在初始计算时,$\Delta_1\sigma_l(t_0)$ 和 $\Delta_1\sigma_s(t_0)$ 尚未求出,初始平均轨道要素尚不确定,因此由密切轨道要素求平均轨道要素需要迭代求解。

(2) 二阶长期项 $\Delta_2\sigma_{\text{sec}}(t-t_0)$:

$$\begin{cases}\Delta_2 a_{\text{sec}}(t-t_0)=0,\quad \Delta_2 e_{\text{sec}}(t-t_0)=0,\quad \Delta_2 i_{\text{sec}}(t-t_0)=0\\ \Delta_2\Omega_{\text{sec}}(t-t_0)=-\dfrac{A_2^2}{p^4}n\cos i\left\{\left(\dfrac{3}{2}+\dfrac{1}{6}e^2+\sqrt{1-e^2}\right)-\sin^2 i\left(\dfrac{5}{3}-\dfrac{5}{24}e^2+\dfrac{3}{2}\sqrt{1-e^2}\right)\right.\\ \qquad\left.+\left(\dfrac{A_4}{A_2^2}\right)\left[\left(\dfrac{6}{7}+\dfrac{9}{7}e^2\right)-\sin^2 i\left(\dfrac{3}{2}+\dfrac{9}{4}e^2\right)\right]\right\}(t-t_0)\\ \Delta_2\omega_{\text{sec}}(t-t_0)=\dfrac{A_2^2}{p^4}n\left\{\left(4+\dfrac{7}{12}e^2+2\sqrt{1-e^2}\right)-\sin^2 i\left(\dfrac{103}{12}+\dfrac{3}{8}e^2+\dfrac{11}{2}\sqrt{1-e^2}\right)\right.\\ \qquad+\sin^4 i\left(\dfrac{215}{48}-\dfrac{15}{32}e^2+\dfrac{15}{4}\sqrt{1-e^2}\right)+\left(\dfrac{A_4}{A_2^2}\right)\left[\left(\dfrac{12}{7}+\dfrac{27}{14}e^2\right)-\right.\\ \qquad\left.\left.\sin^2 i\left(\dfrac{93}{14}+\dfrac{27}{4}e^2\right)+\sin^4 i\left(\dfrac{21}{4}+\dfrac{81}{16}e^2\right)\right]\right\}(t-t_0)\\ \Delta_2 M_{\text{sec}}(t-t_0)=\dfrac{A_2^2}{p^4}n\sqrt{1-e^2}\left\{\dfrac{1}{2}\left(1-\dfrac{3}{2}\sin^2 i\right)^2\sqrt{1-e^2}+\left(\dfrac{5}{2}+\dfrac{10}{3}e^2\right)-\sin^2 i\left(\dfrac{19}{3}+\dfrac{26}{3}e^2\right)\right.\\ \qquad+\sin^4 i\left(\dfrac{233}{48}+\dfrac{103}{12}e^2\right)+\dfrac{e^4}{1-e^2}\left(\dfrac{35}{12}-\dfrac{35}{4}\sin^2 i+\dfrac{315}{32}\sin^4 i\right)\\ \qquad\left.+\left(\dfrac{A_4}{A_2^2}\right)e^2\left(\dfrac{9}{14}-\dfrac{45}{14}\sin^2 i+\dfrac{45}{16}\sin^4 i\right)\right\}(t-t_0)\end{cases}\tag{7-4-26}$$

由式(7-4-25)和式(7-4-26)可见,a、e、i 的一阶和二阶长期项都为零。

1783 年,拉普拉斯在一篇论文中阐明行星轨道的长轴摄动中不包含长期项,应用拉普拉斯的定理,同样可以证明行星轨道的偏心率和倾角也不包含长期项,因此行星轨道的半长轴、偏心率和倾角只存在周期性的扰动,不会发生长期的不稳定偏离。

(3) 一阶短周期项 $\Delta_1\sigma_s(t)$:

$$\begin{cases}\Delta_1 a_s(t)=\dfrac{A_2}{a}\left\{\dfrac{2}{3}\left(1-\dfrac{3}{2}\sin^2 i\right)\left[\left(\dfrac{a}{r}\right)^3-(1-e^2)^{-3/2}\right]+\sin^2 i\left(\dfrac{a}{r}\right)^3\cos 2(f+\omega)\right\}\\ \Delta_1 e_s(t)=\dfrac{A_2}{a^2}\left(\dfrac{1-e^2}{e}\right)\left\{\dfrac{1}{3}\left(1-\dfrac{3}{2}\sin^2 i\right)\left[\left(\dfrac{a}{r}\right)^3-(1-e^2)^{-3/2}\right]+\dfrac{1}{2}\sin^2 i\left(\dfrac{a}{r}\right)^3\cos 2(f+\omega)\right.\\ \qquad\left.-\dfrac{\sin^2 i}{2(1-e^2)^2}\left[e\cos(f+2\omega)+\cos 2(f+\omega)+\dfrac{e}{3}\cos(3f+2\omega)\right]\right\}\\ \Delta_1 i_s(t)=\dfrac{A_2}{4p^2}\sin 2i\left[e\cos(f+2\omega)+\cos 2(f+\omega)+\dfrac{e}{3}\cos(3f+2\omega)\right]\end{cases}$$

$$
\begin{cases}
\Delta_1\Omega_s(t)=-\dfrac{A_2}{p^2}\cos i\left\{(f-M+e\sin f)-\dfrac{1}{2}\left[e\sin(f+2\omega)+\sin 2(f+\omega)+\dfrac{e}{3}\sin(3f+2\omega)\right]\right\}\\
\Delta_1\omega_s(t)=\dfrac{A_2}{p^2}\left\{\left(1-\dfrac{3}{2}\sin^2 i\right)\left[f-M+e\sin f+\left(\dfrac{1}{e}-\dfrac{e}{4}\right)\sin f+\dfrac{1}{2}\sin 2f+\dfrac{e}{12}\sin 3f\right]\right.\\
\qquad+\sin^2 i\left[-\left(\dfrac{1}{4e}-\dfrac{7}{16}e\right)\sin(f+2\omega)+\dfrac{3}{4}\sin 2(f+\omega)+\left(\dfrac{7}{12e}+\dfrac{11}{48}e\right)\sin(3f+2\omega)\right.\\
\qquad\left.\left.+\dfrac{3}{8}\sin(4f+2\omega)+\dfrac{e}{16}\sin(5f+2\omega)+\dfrac{e}{16}\sin(f-2\omega)\right]\right\}-\cos i\Delta_1\Omega_s(t)\\
\Delta_1 M_s(t)=\dfrac{A_2}{p^2}\sqrt{1-e^2}\left\{-\left(1-\dfrac{3}{2}\sin^2 i\right)\left[\left(\dfrac{1}{e}-\dfrac{e}{4}\right)\sin f+\dfrac{1}{2}\sin 2f+\dfrac{e}{12}\sin 3f\right]\right.\\
\qquad+\sin^2 i\left[\left(\dfrac{1}{4e}+\dfrac{5}{16}e\right)\sin(f+2\omega)-\left(\dfrac{7}{12e}-\dfrac{e}{48}\right)\sin(3f+2\omega)-\dfrac{3}{8}\sin(4f+2\omega)\right.\\
\qquad\left.\left.-\dfrac{e}{16}\sin(5f+2\omega)-\dfrac{e}{16}\sin(f-2\omega)\right]\right\}
\end{cases}
\tag{7-4-27}
$$

实际上，式(7-4-27)对 M 的平均值仍不为零，可以减去其平均值$\overline{\Delta\sigma_s(t)}$，作为真正的短周期项。也可以不减，而是在一阶长周期项 $\Delta_1\sigma_l(t)$ 中减掉$\overline{\Delta\sigma_s(t)}$，最终的计算结果仍是一致的[1,2,15]。在此采用后一种方案。

（4）一阶长周期项 $\Delta_1\sigma_l(t)$：

$$
\begin{cases}
\Delta_1 a_l(t)=0\\
\Delta_1 e_l(t)=\dfrac{A_2}{pa}\dfrac{\sin^2 i}{(4-5\sin^2 i)}\left(\dfrac{7}{12}-\dfrac{5}{8}\sin^2 i\right)e\cos 2\omega+\dfrac{3}{4p}\left(\dfrac{A_3}{A_2}\right)(1-e^2)\sin i\sin\omega\\
\qquad-\dfrac{1}{pa}\left(\dfrac{A_4}{A_2}\right)\dfrac{\sin^2 i}{(4-5\sin^2 i)}\left(\dfrac{9}{14}-\dfrac{3}{4}\sin^2 i\right)e\cos 2\omega\\
\Delta_1 i_l(t)=-\dfrac{A_2}{p^2}\dfrac{\sin 2i}{(4-5\sin^2 i)}\left(\dfrac{7}{24}-\dfrac{5}{16}\sin^2 i\right)e^2\cos 2\omega-\dfrac{3}{4p}\left(\dfrac{A_3}{A_2}\right)e\cos i\sin\omega\\
\qquad+\dfrac{1}{p^2}\left(\dfrac{A_4}{A_2}\right)\dfrac{\sin 2i}{(4-5\sin^2 i)}\left(\dfrac{9}{28}-\dfrac{3}{8}\sin^2 i\right)e^2\cos 2\omega\\
\Delta_1\Omega_l(t)=-\dfrac{A_2}{p^2}\dfrac{\cos i}{(4-5\sin^2 i)^2}\left(\dfrac{7}{3}-5\sin^2 i+\dfrac{25}{8}\sin^4 i\right)e^2\sin 2\omega+\dfrac{3e}{4p}\left(\dfrac{A_3}{A_4}\right)\cot i\cos\omega\\
\qquad+\dfrac{1}{p^2}\left(\dfrac{A_4}{A_2}\right)\dfrac{\cos i}{(4-5\sin^2 i)^2}\left(\dfrac{18}{7}-6\sin^2 i+\dfrac{15}{4}\sin^4 i\right)e^2\sin 2\omega\\
\Delta_1\omega_l(t)=-\dfrac{A_2}{p^2}\dfrac{1}{(4-5\sin^2 i)^2}\left[\sin^2 i\left(\dfrac{25}{3}-\dfrac{245}{12}\sin^2 i+\dfrac{25}{2}\sin^4 i\right)-e^2\left(\dfrac{7}{3}-\dfrac{17}{2}\sin^2 i\right.\right.\\
\qquad\left.\left.+\dfrac{65}{6}\sin^4 i-\dfrac{75}{16}\sin^6 i\right)\right]\sin 2\omega+\dfrac{3}{4p}\left(\dfrac{A_3}{A_2}\right)\dfrac{1}{e\sin i}[(1+e^2)\sin^2 i-e^2]\cos\omega+\dfrac{1}{p^2}\left(\dfrac{A_4}{A_2}\right)
\end{cases}
\tag{7-4-28}
$$

$$
\begin{cases}
\dfrac{1}{(4-5\sin^2 i)^2}\left[\sin^2 i\left(\dfrac{18}{7}-\dfrac{87}{14}\sin^2 i+\dfrac{15}{4}\sin^4 i\right)-\right. \\
\left. e^2\left(\dfrac{18}{7}-\dfrac{69}{7}\sin^2 i+\dfrac{90}{7}\sin^4 i-\dfrac{45}{8}\sin^6 i\right)\right]\sin 2\omega \\
\Delta_1 M_l(t)=\dfrac{A_2}{p^2}\dfrac{\sqrt{1-e^2}}{(4-5\sin^2 i)}\sin^2 i\left[\left(\dfrac{25}{12}-\dfrac{5}{2}\sin^2 i\right)-\left(\dfrac{7}{12}-\dfrac{5}{8}\sin^2 i\right)e^2\right]\sin 2\omega \\
-\dfrac{3}{4pe}\left(\dfrac{A_3}{A_2}\right)(1-e^2)^{\frac{3}{2}}\sin i\cos\omega-\dfrac{1}{p^2}\left(\dfrac{A_4}{A_2}\right)\dfrac{(1-e^2)^{\frac{3}{2}}}{(4-5\sin^2 i)}\sin^2 i\left(\dfrac{9}{14}-\dfrac{3}{4}\sin^2 i\right)\sin 2\omega
\end{cases}
$$

可见，偏心率和轨道倾角存在一阶长周期项摄动。

（5）半长轴 a 的二阶长周期项 $\Delta_2 a_l(t)$ 和二阶短周期项 $\Delta_2 a_s(t)$。

由于 M 存在零阶长期项，即 $\bar{n}(t-t_0)$，为保证解的一阶精度，计算时应有

$$
\bar{n}=\bar{n}_0=\bar{a}_0^{-\frac{3}{2}},\bar{a}_0=a_0-[\Delta_1 a_s(t_0)+\Delta_2 a_s(t_0)+\Delta_2 a_l(t_0)]
$$

因此，一个完整的一阶解还需要求出 a 的二阶长周期项 $\Delta_2 a_l(t)$ 和二阶短周期项 $\Delta_2 a_s(t)$。可以利用机械能积分求得两个周期项的表达式[1,15]，公式如下：

$$
\begin{cases}
\Delta_2 a_l(t)=\left(\dfrac{aA_2^2}{p^4}\right)\sqrt{1-e^2}\sin^2 i\left\{\left[\left(\dfrac{17}{12}-\dfrac{19}{8}\sin^2 i\right)e^2-\dfrac{1}{6}(4-5\sin^2 i)\overline{\cos 2f}\right]\cos 2\omega\right. \\
\left.+\dfrac{e^4}{1-e^2}\left[\dfrac{7}{3}\left(1-\dfrac{3}{2}\sin^2 i\right)\cos 2\omega+\dfrac{1}{32}\sin^2 i\cos 4\omega\right]\right\} \\
\Delta_2 a_s(t)=\left\{-\dfrac{2}{a}\Delta_1 a_s-\dfrac{A_2}{p^2}\sqrt{1-e^2}\left(1-\dfrac{3}{2}\sin^2 i\right)\right\}\Delta_1 a_s \\
+\left\{-a\dfrac{A_2}{p^2}\sqrt{1-e^2}\tan i(4-5\sin^2 i)\right\}(\Delta_1 i_s-\overline{\Delta_1 i_s}) \\
+\dfrac{A_2}{a}\left\{2\left(1-\dfrac{3}{2}\sin^2 i\right)\left[\left(\dfrac{a}{r}\right)^4\cos f-e(1-e^2)^{-\frac{5}{2}}\right]\right. \\
+3\sin^2 i\left(\dfrac{a}{r}\right)^4\cos f\cos 2u-\dfrac{4}{1-e^2}\sin^2 i\left(\dfrac{a}{r}\right)^3 \\
\left.\times\left(\sin f+\dfrac{e}{4}\sin 2f\right)\sin 2u\right\}(\Delta_1 e_l+\Delta_1 e_s) \\
+\dfrac{A_2}{a}\left\{\sin 2i\left[-\left(\dfrac{a}{r}\right)^3+(1-e^2)^{-\frac{3}{2}}+\left(\dfrac{a}{r}\right)^3\cos 2u\right]\right\}(\Delta_1 i_l+\Delta_1 i_s) \\
+\dfrac{A_2}{a}\left\{-2\sin^2 i\left(\dfrac{a}{r}\right)^3\sin 2u\right\}(\Delta_1\omega_l+\Delta_1\omega_s) \\
+\dfrac{A_2}{a}\left\{-\dfrac{e}{\sqrt{1-e^2}}\left(\dfrac{a}{r}\right)^4\sin f\left[2\left(1-\dfrac{3}{2}\sin^2 i\right)+3\sin^2 i\cos 2u\right]\right. \\
\left.-2\sqrt{1-e^2}\sin^2 i\left(\dfrac{a}{r}\right)^5\sin 2u\right\}(\Delta_1 M_l+\Delta_1 M_s) \\
+2a^2 R_{2s}-\left[aD\left(\dfrac{\Delta a_s^{(1)}}{a}\right)\right]_{\sec}-\left[aD\left(\dfrac{\Delta a_s^{(1)}}{a}\right)\right]_l
\end{cases}
\tag{7-4-29}
$$

其中，$u=f+\omega$，R_{2s}的表达式见式(7-4-22)。

$$\overline{\Delta_1 i_s}=-\frac{1}{12}\frac{A_2}{p^2}\sin 2i\cos 2\omega\ \overline{\cos 2f}$$

$$\overline{\cos 2f}=\frac{1+2\sqrt{1-e^2}}{(1+\sqrt{1-e^2})^2}e^2$$

$$\left[aD\left(\frac{\Delta a_s^{(1)}}{a}\right)\right]_{\sec}=\left(\frac{A_2^2}{p^4}a\right)\sqrt{1-e^2}\left\{\left(1-\frac{3}{2}\sin^2 i\right)^2\left[\left(\frac{16}{9}+\frac{19}{9}e^2\right)+\frac{2}{9}\sqrt{1-e^2}+\frac{35}{18}\frac{e^4}{1-e^2}\right]\right.$$
$$\left.+\sin^4 i\left[\left(-\frac{5}{6}+\frac{25}{24}e^2\right)+\frac{35}{16}\frac{e^4}{1-e^2}\right]+\sin^2 i\left(1+\frac{2}{3}e^2\right)\right\}$$

$$\left[aD\left(\frac{\Delta a_s^{(1)}}{a}\right)\right]_l=\left(\frac{A_2^2}{p^4}a\right)\sqrt{1-e^2}\left\{\left[e^2\sin^2 i\left(\frac{5}{6}-\frac{7}{4}\sin^2 i\right)-\frac{1}{3}\sin^2 i(4-5\sin^2 i)\overline{\cos 2f}\right]\cos 2\omega\right.$$
$$\left.+\frac{e^4}{1-e^2}\left[\frac{7}{3}\sin^2 i\left(1-\frac{3}{2}\sin^2 i\right)\cos 2\omega+\frac{1}{32}\sin^4 i\cos 4\omega\right]\right\}$$

可见，考虑 J_2 项摄动后，半长轴 a 存在二阶长周期项和一、二阶短周期项摄动，因此 a 不再是常数，但此时机械能仍然是守恒的。

3. 拟平均要素法

用平均要素法求摄动解时，会出现奇点，主要包括：

(1) 在一阶短周期项 $\Delta_1\omega_s(t)$，$\Delta_1 M_s(t)$ 和一阶长周期项 $\Delta_1\omega_l(t)$，$\Delta_1 M_l(t)$ 中都含有 $1/e$ 的因子，故当 e 趋于 0 时会出现奇点。

(2) 在一阶长周期项 $\Delta_1\omega_l(t)$，$\Delta_1\Omega_l(t)$ 中含有 $1/\sin i$ 的因子，故当 i 趋于 0 或 π 时将出现奇点。

(3) 在一阶长周期项 $\Delta_1 i_l(t)$，$\Delta_1 e_l(t)$，$\Delta_1\omega_l(t)$，$\Delta_1\Omega_l(t)$ 和 $\Delta_1 M_l(t)$ 中含有 $1/(4-5\sin^2 i)$ 的因子，故当 i 趋近于临界倾角 $i_c=63°26'$或$116°34'$时，将出现奇点，该问题又称为临界倾角问题。

(4) 用平均要素法求主要田谐项($J_{2,2}$，主要产生二阶短周期摄动)的摄动解时，也会出现奇点。各轨道要素的摄动解中会出现 $1/(1-m\alpha)$ 的因子，其中 $m=1,1/2,2/3,2,\cdots$，α 为地球自转角速度 ω_e 与航天器的平均运动角速度$\bar{n}$之比

$$\alpha=\frac{\omega_e}{\bar{n}} \tag{7-4-30}$$

比如，$J_{2,2}$引起的半长轴二阶短周期摄动为

$$\Delta_2 a_s(t)=-\frac{3J_{2,2}}{2a}\left\{(1+\cos i)^2\left[\frac{1}{1-\alpha}\cos(2M+2\omega+2\tilde{\Omega})-\frac{e}{2}\left(\frac{1}{1-2\alpha}\right)\cos(M+2\omega+2\tilde{\Omega})\right.\right.$$
$$+\frac{e}{2}\left(\frac{7}{1-2\alpha/3}\right)\cos(3M+2\omega+2\tilde{\Omega})-\frac{e^2}{2}\left(\frac{5}{1-\alpha}\right)\cos(2M+2\omega+2\tilde{\Omega})$$
$$\left.+\frac{e^2}{2}\left(\frac{17}{1-\alpha/2}\right)\cos(4M+2\omega+2\tilde{\Omega})\right]+(1-\cos i)^2\left[\frac{1}{1+\alpha}\cos(2M+2\omega-2\tilde{\Omega})\right.$$

$$
-\frac{e}{2}\left(\frac{1}{1+2\alpha}\right)\cos(M+2\omega-2\widetilde{\Omega})+\frac{e}{2}\left(\frac{7}{1+2\alpha/3}\right)\cos(3M+2\omega-2\widetilde{\Omega})
$$

$$
\left.-\frac{e^2}{2}\left(\frac{5}{1+\alpha}\right)\cos(2M+2\omega-2\widetilde{\Omega})+\frac{e^2}{2}\left(\frac{17}{1+\alpha/2}\right)\cos(4M+2\omega-2\widetilde{\Omega})\right]
$$

$$
+2\sin^2 i\left[\frac{3e}{2}\left(\frac{1}{1-2\alpha}\right)\cos(M+2\widetilde{\Omega})+\frac{3e}{2}\left(\frac{1}{1+2\alpha}\right)\cos(M-2\widetilde{\Omega})\right.
$$

$$
\left.\left.+\frac{9e^2}{4}\left(\frac{1}{1-\alpha}\right)\cos(2M+2\widetilde{\Omega})+\frac{9e^2}{4}\left(\frac{1}{1+\alpha}\right)\cos(2M-2\widetilde{\Omega})\right]\right\} \tag{7-4-31}
$$

其中，$\widetilde{\Omega}=(\Omega-S_{2,2})-\omega_e(t-t_0)$，式中各要素为平均轨道要素。

可见，当 $\alpha=1/m$ 时，式(7-4-31)将出现奇点。经变换，奇点出现的条件可写成如下形式：

$$
\frac{\omega_e}{\bar{n}}=\frac{p}{q} \tag{7-4-32}
$$

式中：p、q 为正整数，即地球自转角速度与航天器平均角速度之比可写成简单的整数比形式，因此该问题又称为通约问题，式(7-4-32)称为通约条件。实际上，太阳系内许多自然天体的摄动运动都存在通约问题，即摄动天体与被摄天体绕太阳公转的平均角速度之比满足通约条件(7-4-32)。如木星与土星的平均角速度之比约为 5/2，海王星与冥王星的约为 3/2，特洛伊群小行星与木星的是 1/1。

上述各种奇点可以分为性质完全不同的两类：

第一类为 $e=0$，$i=0$ 或 π。这类奇点是由描述轨道运动的参数选择不当引起的，只要选择合适的变量就可消去，比如采用春分点要素或德洛内变量[6]。

第二类为 $i=i_c$，$\bar{n}/\omega_e=m$。这类奇点在力学上对应的是一些平衡点，它是由于摄动力的运动周期（相当于一个强迫力的振动周期）与航天器的运动周期（相当于运动体的固有振动周期）成简单的整数比，从而导致强迫共振引起的，因此这类奇点又称共振奇点。图 2-16 中出现的柯克伍德空隙就是由于木星的共振作用引起的。

共振奇点导致在分析处理摄动运动时不能再沿用平均要素的处理方法，因为此时某些量（如 ω）已不再有长期摄动，不能硬把它们分为长期摄动和长周期摄动两部分。因此可以说，共振奇点是由平均要素法引起的，它们并非实质性奇点。

可以采用拟平均要素的方法消除共振奇点[2]。它的基本思想是：不再区分长期项与长周期项，把它们统一看作慢变量，而把短周期项看作快变量。这样从瞬时轨道要素 $\sigma(t)$ 中减去短周期项就得到拟平均要素 $\bar{\sigma}(t)$：

$$
\begin{aligned}
\bar{\sigma}(t)&=\sigma(t)-[\Delta_1\sigma_s(t)+\Delta_2\sigma_s(t)+\cdots]\\
&=\bar{\sigma}_0+[\Delta_1\sigma_{\mathrm{sec}}(t-t_0)+\Delta_2\sigma_{\mathrm{sec}}(t-t_0)+\cdots]+[\Delta_1\sigma_l(t)+\Delta_2\sigma_l(t_0)+\cdots]
\end{aligned} \tag{7-4-33}
$$

用拟平均要素代替平均要素构造小参数幂级数解，就可以消除共振奇点，具体公式可参见文献[2]。

下面通过示例，说明主要带谐项的一阶解式(7-4-25)～式(7-4-29)的精度。在地心赤道惯性坐标系内，考虑 J_2、J_3、J_4 带谐项时，航天器质心动力学方程为

$$
\begin{cases}
\dfrac{d^2x}{dt^2}=\dfrac{\partial U}{\partial x}=-\dfrac{\mu_e x}{r^3}\left[1+A_{J2}\left(1-5\dfrac{z^2}{r^2}\right)+A_{J3}\left(3\dfrac{z}{r}-7\dfrac{z^3}{r^3}\right)-A_{J4}\left(3-42\dfrac{z^2}{r^2}+63\dfrac{z^4}{r^4}\right)\right]\\
\dfrac{d^2y}{dt^2}=\dfrac{\partial U}{\partial y}=-\dfrac{\mu_e y}{r^3}\left[1+A_{J2}\left(1-5\dfrac{z^2}{r^2}\right)+A_{J3}\left(3\dfrac{z}{r}-7\dfrac{z^3}{r^3}\right)-A_{J4}\left(3-42\dfrac{z^2}{r^2}+63\dfrac{z^4}{r^4}\right)\right]\\
\dfrac{d^2z}{dt^2}=\dfrac{\partial U}{\partial z}=-\dfrac{\mu_e z}{r^3}\left[1+A_{J2}\left(3-5\dfrac{z^2}{r^2}\right)+A_{J3}\left(6\dfrac{z}{r}-7\dfrac{z^3}{r^3}-\dfrac{3}{5}\dfrac{r}{z}\right)-A_{J4}\left(15-70\dfrac{z^2}{r^2}+63\dfrac{z^4}{r^4}\right)\right]
\end{cases}
\tag{7-4-34}
$$

式中：

$$
A_{J2}=\frac{3}{2}J_2\left(\frac{a_e}{r}\right)^2,\quad A_{J3}=\frac{5}{2}J_3\left(\frac{a_e}{r}\right)^3,\quad A_{J4}=\frac{5}{8}J_4\left(\frac{a_e}{r}\right)^4
$$

将式(7-4-34)积分，即可获得精确的数值解。

取初始时刻的瞬时轨道要素为 $a=6878.140\text{km}$，$e=0.05$，$i=97.6°$，$\Omega=45°$，$\omega=45°$，$f=0°$，轨道预报时间为24h，分析解与数值解的结果差值如图7-6所示。

由结果可见，a、e、i、Ω 的精度都达到 10^{-5}；ω 的精度仅为 10^{-2}，这是由于 e 较小导致 $\Delta_1\omega_s(t)$ 和 $\Delta_1\omega_l(t)$ 计算出现误差所致，这由 u 的精度达到 10^{-3} 这一结果可以验证。因此，当 e 较小时，应尽量选择无奇点轨道要素。

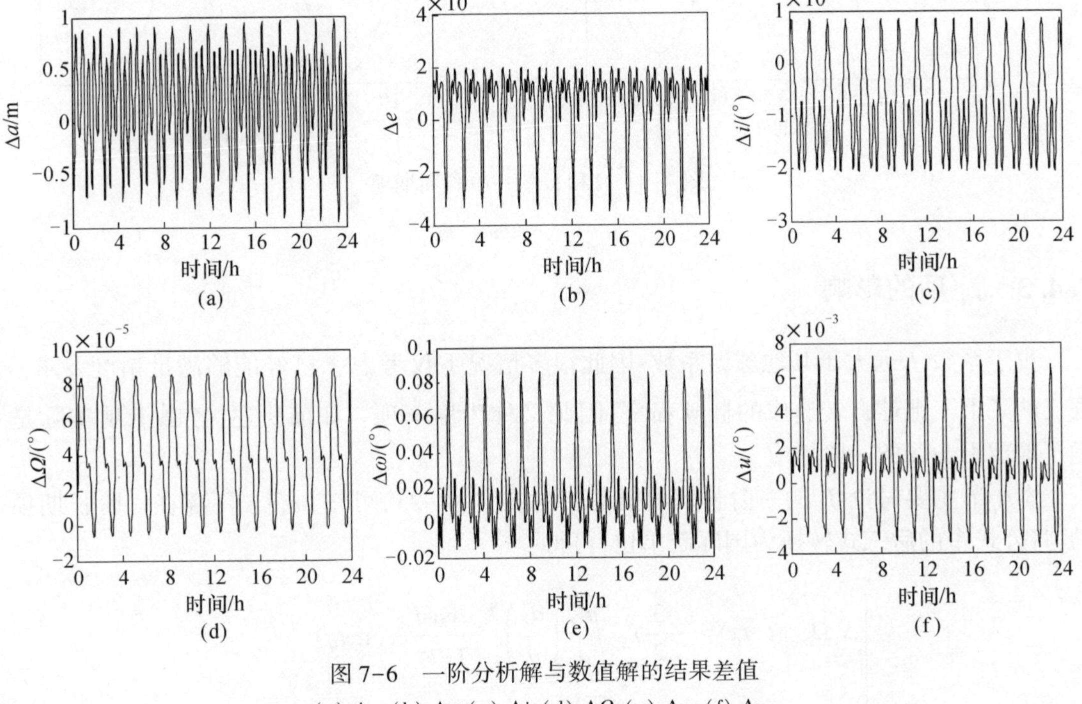

图7-6　一阶分析解与数值解的结果差值

(a) Δa；(b) Δe；(c) Δi；(d) $\Delta\Omega$；(e) $\Delta\omega$；(f) Δu。

以 $a=7878.140\text{km}$，$e=0.1$，$i=30°$的轨道为例，图7-7、图7-8分别绘出了 Ω、ω 的短周期项和长周期项。由图可见，短周期项的周期近似等于轨道周期，长周期项的周期近似为53d。

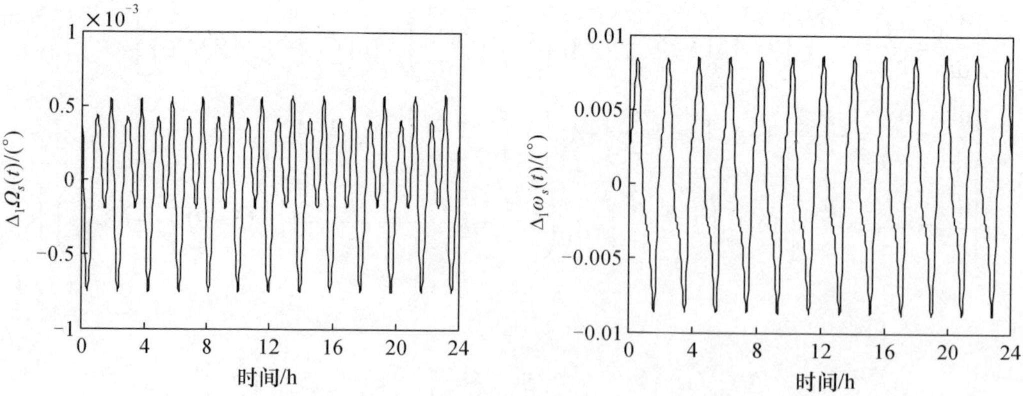

图 7-7　Ω 和 ω 的一阶短周期项

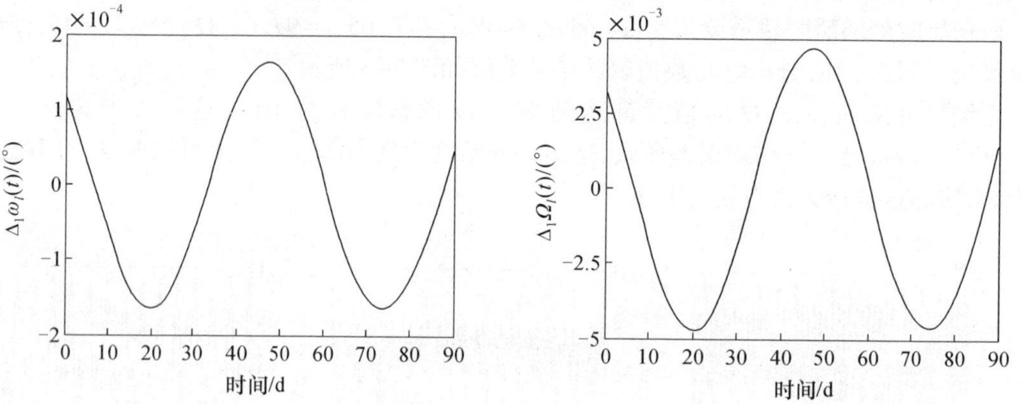

图 7-8　Ω 和 ω 的一阶长周期项

7.4.3　J_2 项的影响

由于系数 J_2远大于其他球谐系数，因此很多情况下仅考虑 J_2已经能够满足精度要求。J_2项反映了由于地球自转造成的椭球扁率，因此又称为扁率项。如前所述，考虑 J_2项实际是考虑了地球引力场的一阶效应。

本小节主要讨论 J_2 的一阶长期项摄动。由式(7-4-25)可知，a、e、i 不存在一阶长期项摄动，将公式中的后三式转换为国际制单位，可得

$$\begin{cases}\Delta_1\Omega_{\text{sec}}(t-t_0)=-\dfrac{3}{2}J_2\sqrt{\dfrac{\mu_e}{a_e^3}}\left(\dfrac{a_e}{a}\right)^{\frac{7}{2}}\dfrac{\cos i}{(1-e^2)^2}(t-t_0)\\ \Delta_1\omega_{\text{sec}}(t-t_0)=\dfrac{3}{4}J_2\sqrt{\dfrac{\mu_e}{a_e^3}}\left(\dfrac{a_e}{a}\right)^{\frac{7}{2}}\dfrac{(5\cos^2 i-1)}{(1-e^2)^2}(t-t_0)\\ \Delta_1 M_{\text{sec}}(t-t_0)=n\dfrac{3}{2}J_2\left(\dfrac{a_e}{a}\right)^2\left(1-\dfrac{3}{2}\sin^2 i\right)(1-e^2)^{-\frac{3}{2}}(t-t_0)\end{cases}\tag{7-4-35}$$

式中的轨道要素应取平均轨道要素。

由式(7-4-35)可见,考虑 J_2 项一阶长期摄动时,航天器轨道面在惯性空间有旋转运动,包括升交点的进动和拱线的旋转。由方程第一式可知,当 $i=90°$时,轨道面不进动;当 $i<90°$时,轨道面向西进动;当 $i>90°$时,轨道面向东进动。由方程第二式可知,当 $i=63.4°$或 $116.6°$时拱线方向不变,此轨道倾角为临界倾角,记为 i_c;当 $i<63.4°$或 $i>116.6°$时拱线转动方向与航天器运动方向相同;当 $63.4°<i<116.6°$时,拱线转动方向与航天器运动方向相反。

由方程(7-4-35)的第三式可知,航天器的轨道在不断变化,对应的轨道周期亦随时间变化。将瞬时的轨道周期记为 T_s,则有

$$T_s=\frac{2\pi}{n}=2\pi\sqrt{\frac{a^3}{\mu}} \tag{7-4-36}$$

T_s 称为恒星周期,是无法直接测定的一种时间间隔。实际应用中常采用交点周期 T,它定义为航天器连续两次通过升交点的时间间隔

$$T=t\big|_{u=2\pi}-t\big|_{u=0} \tag{7-4-37}$$

当偏心率 e 不大时,两者满足如下关系[2]:

$$\begin{aligned}T=T_s-\frac{3J_2}{8a^2}T_s\{&(12+34e^2)-(10+20e^2)\sin^2 i\\&-(4-20\sin^2 i)e\cos\omega+(18-15\sin^2 i)e^2\cos 2\omega\}\end{aligned} \tag{7-4-38}$$

根据方程(7-4-35),容易求得 J_2 项作用下 Ω 和 ω 的平均角速度为

$$\begin{cases}\dfrac{\mathrm{d}\Omega}{\mathrm{d}t}=-\dfrac{3}{2}J_2\sqrt{\dfrac{\mu_e}{a_e^3}}\left(\dfrac{a_e}{a}\right)^{\frac{7}{2}}\dfrac{\cos i}{(1-e^2)^2}\\[2ex]\dfrac{\mathrm{d}\omega}{\mathrm{d}t}=\dfrac{3}{4}J_2\sqrt{\dfrac{\mu_e}{a_e^3}}\left(\dfrac{a_e}{a}\right)^{\frac{7}{2}}\dfrac{(5\cos^2 i-1)}{(1-e^2)^2}\end{cases} \tag{7-4-39}$$

式中:$\mathrm{d}\Omega/\mathrm{d}t$ 为 J_2 项作用下轨道面进动的平均角速度;$\mathrm{d}\omega/\mathrm{d}t$ 为拱线转动的平均角速度。

当 $e=0$,即轨道为圆轨道时,式(7-4-39)可写成

$$\begin{cases}\dfrac{\mathrm{d}\Omega}{\mathrm{d}t}=-\dfrac{3}{2}J_2\sqrt{\dfrac{\mu_e}{a_e^3}}\left(\dfrac{a_e}{a}\right)^{\frac{7}{2}}\cos i\\[2ex]\dfrac{\mathrm{d}\omega}{\mathrm{d}t}=\dfrac{3}{4}J_2\sqrt{\dfrac{\mu_e}{a_e^3}}\left(\dfrac{a_e}{a}\right)^{\frac{7}{2}}(5\cos^2 i-1)\end{cases} \tag{7-4-40}$$

将 J_2、a_e、μ_e 的数值代入上式,并将角速度单位转化为度/日,可得

$$\begin{cases}\dfrac{\mathrm{d}\Omega}{\mathrm{d}t}=-9.9649\left(\dfrac{a_e}{a}\right)^{\frac{7}{2}}\cos i\\[2ex]\dfrac{\mathrm{d}\omega}{\mathrm{d}t}=-4.9824\left(\dfrac{a_e}{a}\right)^{\frac{7}{2}}(1-5\cos^2 i)\end{cases}\quad(°/\mathrm{d}) \tag{7-4-41}$$

根据式(7-4-41),图 7-9 给出了不同高度圆轨道的 Ω 和 ω 的平均摄动角速度。摄动并不总是有害的,可以利用式(7-4-39)设计太阳同步轨道或冻结轨道(详见第 8 章),以满足特殊的光照或观测要求。

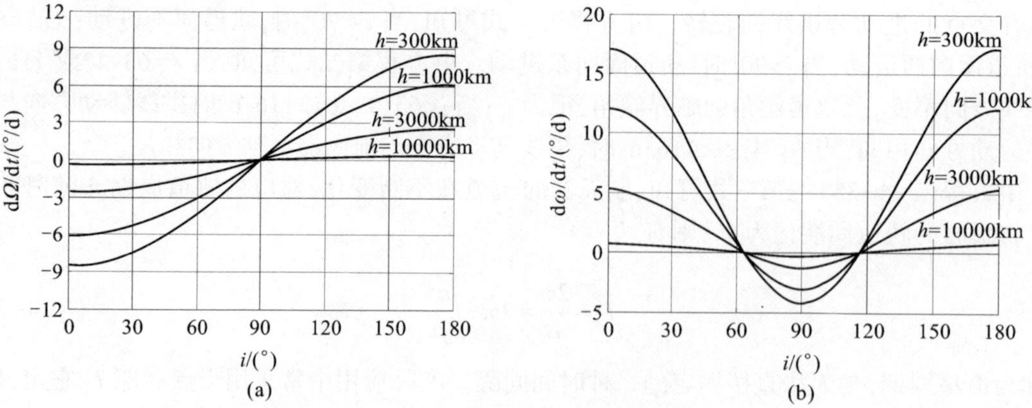

图 7-9　圆轨道 Ω 和 ω 的平均摄动角速度

(a) 升交点赤经;(b) 近地点幅角。

7.5　大气阻力摄动

航天器在距离地球表面 200~1000km 的高度范围内飞行时,虽然大气已极为稀薄,但由于航天器飞行速度大、持续运行时间长,产生的累积效应仍不可忽视。大气主要对航天器产生阻力作用,它使轨道的机械能不断损耗,从而导致轨道高度逐渐降低,成为决定低轨航天器寿命的关键因素。

7.5.1　气动力计算

航天器在高层地球大气中的受力状况非常复杂,总体而言,它是一个复杂外形飞行器在自由分子流中的高超声速气体动力学问题。在气体动力学中,通常按照努森数 K_n(Knudsen Number)来划分大气状态,它是表征飞行器运动时介质稀薄度的一个参数。K_n 的定义为

$$K_n=\frac{\lambda}{L} \tag{7-5-1}$$

式中:λ 为气体分子的平均自由程(即分子在相邻两次相互碰撞之间运动距离的统计平均值),L 是飞行器的特征尺寸。大气状态的相应划分为

$$\begin{cases} K_n<0.01, & \text{连续流} \\ 0.01\leqslant K_n<0.1, & \text{滑移流} \\ 0.1\leqslant K_n\leqslant 10, & \text{过渡流} \\ K_n>10, & \text{自由分子流} \end{cases} \tag{7-5-2}$$

在 200km 高度处,λ 的值大于 100m,而一般航天器的尺寸只有几米,因此相应的大气状态属于自由分子流。自由分子流中的气体动力学与连续流完全不同,气体分子在航天器表面的反弹作用决定了阻力的大小,这是一个非常复杂的过程,至今尚没有完全掌握其机理。通常用统计的方法研究自由分子流入射到航天器表面时的动量和能量交换过程,以确定航天器的气动特性,中间涉及气体分子运动理论、统计力学、化学热力学、化学动力学等多方面的知识[1]。

在自由分子流中,航天器受到的气动力包括阻力、升力和侧力,通常仅考虑阻力作用。理

论分析和工程实践都表明,这种忽略不会带来太大的影响。与连续流中气动力计算的表达形式一致,航天器所受阻力加速度的计算公式为

$$\boldsymbol{f}=-\frac{1}{2}C_D\frac{S}{m}\rho v\boldsymbol{v} \tag{7-5-3}$$

式中:C_D 为阻力系数;S 为参考面积;m 为质量;ρ 为大气密度;$\boldsymbol{v}$ 为航天器相对于大气的速度。常将 S/m 称为面质比,$B=C_DS/m$ 称为弹道系数。

若假设大气随地球一起旋转,航天器相对于地球的速度为 $\boldsymbol{v}_a$,则 $\boldsymbol{v}$ 的计算公式为

$$\boldsymbol{v}=\boldsymbol{v}_a-\boldsymbol{\omega}_e\times\boldsymbol{r} \tag{7-5-4}$$

式中:$\boldsymbol{\omega}_e$ 为地球自转角速度;$\boldsymbol{r}$ 为地心矢径。

虽然阻力加速度的计算公式(7-5-3)形式非常简单,但在实际应用中却存在两个难题:①高层大气的密度 ρ 不仅与高度有关,还与太阳活动、地磁场扰动、季节、纬度等因素有关,大气密度与各因素间的关系尚不完全清楚,因此大气密度难以准确计算;②自由分子流(包括中性大气和带电粒子)与航天器间的作用机理尚不清楚,因此阻力系数 C_D 难以准确计算。实际上,C_D 还与航天器的外形、表面材料、飞行过程中的姿态、大气成分等因素有关,这更增加了 C_D 的计算难度。分析表明,C_D 的范围在 1.5~3.0,轨道摄动分析中常取 $C_D=2.2$。在精密定轨中,常将 C_D 或弹道系数 B 作为待估参数。除此之外,高层大气也并非随地球一起旋转,而是存在相对运动,这导致旋转角速度的计算误差最大可达 40%,由此会造成 5%左右的阻力计算误差。

上述各种因素都导致准确计算大气阻力非常困难,大气问题已经成为低轨航天器精密定轨和精密星历计算的最大障碍。因此,若对定轨精度有要求,应尽量避开大气问题,选用高于 500km 的轨道,或采用面质比小的航天器,以减小大气摄动的影响。

7.5.2 大气模型

在第 2 章中已对地球大气的基本情况作了介绍。120km 以上的地球大气不再满足流体静力平衡假设,而是处于扩散平衡状态,应根据扩散平衡状态方程计算大气密度。影响大气密度最主要的因素是高度,此外大地纬度、太阳活动、地磁活动等因素也有影响。高层大气密度的变化规律非常复杂,包括周日变化、半年周期变化、季节—纬度变化、与太阳活动有关的 11a 周期和 27d 周期变化、与地磁活动有关的短期波动和不规则变化等。

许多研究表明,各种因素都是通过使大气温度发生变化而导致大气密度变化的,温度的垂直分布决定了密度的分布,因此在各种大气模型中,往往都用高层大气温度作为大气密度的表征。高层大气温度主要受太阳辐射中的紫外和远紫外辐射的影响,而太阳辐射中的 10.7cm 微波辐射与紫外辐射具有同步的变化规律,因此常用 10.7cm 射电辐射流量来反映大气温度和密度的变化情况,记作 $F_{10.7}$(单位 $10^{-22}\text{W/m}^2\text{/Hz}$)。

由于目前对高层大气密度变化的机制尚未完全掌握,加之影响密度的各种因素变化非常复杂,因此目前所使用的各种大气密度模型都是结合理论公式与实验数据而建立的半经验模型。自人造地球卫星上天以来,学者们已经建立了多种大气模型,如图 7-10 所示。目前有两类模型使用较多:一类是 L. G. Jacchia 自 20 世纪 60 年代起建立的 Jacchia 系列模型,包括 J65、J71、J77、JB2008 等,这类模型在人造地球卫星定轨工作中获得了广泛应用;另一类是 A. E. Hedin 等人利用质谱仪/非相干散射雷达的实测数据建立的 MSIS 系列模型,包括 MSIS-77、MSIS-86、MSIS-90、NRLMSISe-00、NRLMSIS 2.0 等,这类模型在高层大气成分和物理特性研究中应用较多。下面简单介绍三类大气密度模型。

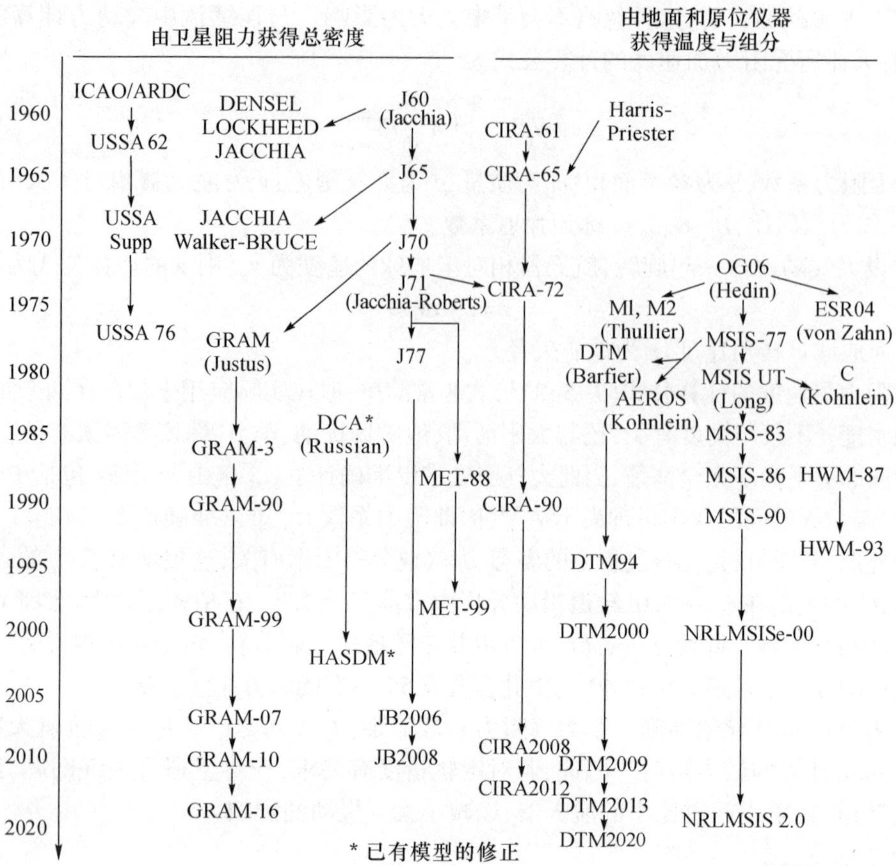

图 7-10　大气密度模型[7]

1. 指数模型

指数模型为静止球形大气密度模型,它只考虑大气密度随高度的变化,是一维大气密度模型。指数模型假定大气密度随高度按指数规律变化:

$$\rho=\rho_0\exp\left(-\frac{r-r_0}{H}\right) \tag{7-5-5}$$

式中:H 为密度标高;r、r_0 为地心距;ρ_0 为 H_0 处的大气密度;r_0、ρ_0、H 可由大气表查得。

指数模型是对大气密度变化的近似描述,不能用于精密定轨和轨道预报中。但因为有解析表达式,故在求摄动分析解和定性分析中经常采用。除地球外,太阳系内其他行星的大气密度也可以用指数模型近似描述。

2. 改进的 Harris-Priester 大气模型

Harris-Priester 大气模型是在 1962 年提出的,它是由准静力平衡状态下的热传导方程计算得到的[17]。该模型忽略了大气密度的半年周期变化和季节纬度变化,但在改进模型中考虑了周日变化的修正。

改进的 Harris-Priester 大气模型根据不同的 $F_{10.7}$ 辐射流量($F_{10.7}$ = 65~275),用不同的表格提供 110~2000km 高度上大气密度周日变化的极大值和极小值。表 7-4 是平均太阳活动期间($F_{10.7}$ = 150)的大气密度表。

表 7-4　Harris-Priester 大气密度表($F_{10.7}=150$)

h/km	ρ_{min}/(10^{-9}kg/m^3)	ρ_{max}/(10^{-9}kg/m^3)	h/km	ρ_{min}/(10^{-9}kg/m^3)	ρ_{max}/(10^{-9}kg/m^3)	h/km	ρ_{min}/(10^{-9}kg/m^3)	ρ_{max}/(10^{-9}kg/m^3)
110	$7.800\times10^{+1}$	$7.800\times10^{+1}$	320	1.099×10^{-2}	2.511×10^{-2}	720	1.607×10^{-5}	1.779×10^{-4}
120	$2.490\times10^{+1}$	$2.490\times10^{+1}$	340	7.214×10^{-3}	1.819×10^{-2}	740	1.281×10^{-5}	1.452×10^{-4}
130	8.377×10^{0}	8.710×10^{0}	360	4.824×10^{-3}	1.337×10^{-2}	760	1.036×10^{-5}	1.190×10^{-4}
140	3.899×10^{0}	4.059×10^{0}	380	3.274×10^{-3}	9.955×10^{-3}	780	8.496×10^{-6}	9.776×10^{-5}
150	2.122×10^{0}	2.215×10^{0}	400	2.249×10^{-3}	7.492×10^{-3}	800	7.069×10^{-6}	8.059×10^{-5}
160	1.263×10^{0}	1.344×10^{0}	420	1.558×10^{-3}	5.684×10^{-3}	850	4.800×10^{-6}	5.500×10^{-5}
170	8.008×10^{-1}	8.758×10^{-1}	440	1.091×10^{-3}	4.355×10^{-3}	900	3.300×10^{-6}	3.700×10^{-5}
180	5.283×10^{-1}	6.010×10^{-1}	460	7.701×10^{-4}	3.362×10^{-3}	950	2.450×10^{-6}	2.400×10^{-5}
190	3.617×10^{-1}	4.297×10^{-1}	480	5.474×10^{-4}	2.612×10^{-3}	1000	1.900×10^{-6}	1.700×10^{-5}
200	2.557×10^{-1}	3.162×10^{-1}	500	3.916×10^{-4}	2.042×10^{-3}	1100	1.180×10^{-6}	8.700×10^{-6}
210	1.839×10^{-1}	2.396×10^{-1}	520	2.819×10^{-4}	1.605×10^{-3}	1200	7.500×10^{-7}	4.800×10^{-6}
220	1.341×10^{-1}	1.853×10^{-1}	540	2.042×10^{-4}	1.267×10^{-3}	1300	5.300×10^{-7}	3.200×10^{-6}
230	9.949×10^{-2}	1.455×10^{-1}	560	1.488×10^{-4}	1.005×10^{-3}	1400	4.100×10^{-7}	2.000×10^{-6}
240	7.488×10^{-2}	1.157×10^{-1}	580	1.092×10^{-4}	7.997×10^{-4}	1500	2.900×10^{-7}	1.350×10^{-6}
250	5.709×10^{-2}	9.308×10^{-2}	600	8.070×10^{-5}	6.390×10^{-4}	1600	2.000×10^{-7}	9.500×10^{-7}
260	4.403×10^{-2}	7.555×10^{-2}	620	6.012×10^{-5}	5.123×10^{-4}	1700	1.600×10^{-7}	7.700×10^{-7}
270	3.430×10^{-2}	6.182×10^{-2}	640	4.519×10^{-5}	4.121×10^{-4}	1800	1.200×10^{-7}	6.300×10^{-7}
280	2.697×10^{-2}	5.095×10^{-2}	660	3.430×10^{-5}	3.325×10^{-4}	1900	9.600×10^{-8}	5.200×10^{-7}
290	2.139×10^{-2}	4.226×10^{-2}	680	2.632×10^{-5}	2.691×10^{-4}	2000	7.300×10^{-8}	4.400×10^{-7}
300	1.708×10^{-2}	3.526×10^{-2}	700	2.043×10^{-5}	2.185×10^{-4}			

对于给定的 $F_{10.7}$ 辐射流量,首先用线性内插的方法得到所需的表格值,再在表格给出的高度之间用指数内插获得给定高度上的密度值。计算步骤如下:

(1) 获得太阳 $F_{10.7}$ 辐射流量对应的大气密度表。

设输入的太阳 $F_{10.7}$ 辐射流量为 F,在大气密度表中选取两组辐射流量 F_i 和 F_{i+1},使得 $F_i\leqslant F\leqslant F_{i+1}$。取内插因子为

$$F_r=\frac{F-F_i}{F_{i+1}-F_i} \tag{7-5-6}$$

则与 F 对应的大气密度表可由线性内插得到:

$$\begin{cases}\rho_{min}(F)=\rho_{min}(F_i)+F_r[\rho_{min}(F_{i+1})-\rho_{min}(F_i)]\\ \rho_{max}(F)=\rho_{max}(F_i)+F_r[\rho_{max}(F_{i+1})-\rho_{max}(F_i)]\end{cases} \tag{7-5-7}$$

式中:$\rho_{min}(F_i)$、$\rho_{max}(F_i)$ 为辐射流量为 F_i 的大气密度表的极小值和极大值。

(2) 计算当前高度 h 处的密度极大值 ρ_{max} 与极小值 ρ_{min}。

设航天器的高度 h 处于密度表中 h_i 与 h_{i+1} 之间,则

$$\begin{cases}\rho_{min}(h)=B_1\rho_{min}(h_i)\exp\left(\dfrac{h_i-h}{H_{min}}\right)\\ \rho_{max}(h)=B_2\rho_{max}(h_i)\exp\left(\dfrac{h_i-h}{H_{max}}\right)\end{cases} \tag{7-5-8}$$

其中

$$H_{\min}=\frac{h_i-h_{i+1}}{\ln\left(\dfrac{\rho_{\min}(h_{i+1})}{\rho_{\min}(h_i)}\right)},\quad H_{\max}=\frac{h_i-h_{i+1}}{\ln\left(\dfrac{\rho_{\max}(h_{i+1})}{\rho_{\max}(h_i)}\right)} \tag{7-5-9}$$

B_1 和 B_2 是输入的两个常数,可用来调整大气密度周日变化的振幅,一般可取 $B_1=1,B_2=1$。

(3) 修正大气密度的周日变化。

计算航天器的地心位置矢径 $\boldsymbol{r}$ 与密度周日峰值方向之间的夹角 ψ:

$$\cos\psi=\sin\delta\sin\delta_{\odot}+\cos\delta\cos\delta_{\odot}\cos(\alpha-\alpha_{\odot}-\lambda_{\text{lag}}) \tag{7-5-10}$$

式中:α、δ 为航天器的赤经、赤纬;$\alpha_{\odot}$、$\delta_{\odot}$ 为太阳方向的赤经、赤纬;λ_{lag} 为密度周日峰值方向相对于太阳方向的滞后角,一般可取为30°。式(7-5-10)也可以用两个方向余弦的点乘来计算。

计算插值因子$\cos^n(\psi/2)$:

$$\cos^n\left(\frac{\psi}{2}\right)=\left(\frac{1+\cos\psi}{2}\right)^{\frac{n}{2}} \tag{7-5-11}$$

则修正后高度 h 处的大气密度为

$$\rho(h)=\rho_{\min}(h)+[\rho_{\max}(h)-\rho_{\min}(h)]\cos^n\left(\frac{\psi}{2}\right) \tag{7-5-12}$$

n 是可调参数,一般取 $n=7$,也可根据测轨数据在线估计确定。

3. Jacchia-Roberts 大气模型

1971 年,Jacchia 提出了一种改进的大气模型[18],被称为 Jacchia-71 大气模型,简称 J71 模型。在模型中,Jacchia 将大气温度定义为高度和外大气层温度(热层顶温度)的函数,并给出了两种经验性的温度剖面,分别对应 90~125km 高度和 125km 以上。Jacchia 假设高度在 90~100km 之间的大气主要处于混合状态,100km 以上的大气处于扩散平衡状态,以 90km 高度的大气状态为下边界条件,用数值积分法求解相应的热力学微分方程来计算大气密度。Jacchia 的结果是以数表的形式给出的,Roberts 提出了模型的解析拟合公式[19],得到了常用的 Jacchia-Roberts 大气模型。

Jacchia-Roberts 大气模型的计算公式见附录 C. 3。

7.5.3 摄动影响分析

应用平均要素法可以构造大气阻力摄动的分析解。一般而言,200km 高度以上大气阻力的量级不大于 10^{-6},因此通常把大气阻力摄动作为二阶小量,构造相应一阶意义下的摄动解[1-2]。由于大气阻力是耗散力,因此半长轴 a 将出现长期摄动项,阻力加速度较大时甚至无法构造收敛的幂级数解;另一方面,为获得精度较高的大气密度值,往往要通过复杂的数值计算,这都限制了大气阻力摄动解的应用。在工程实践中,精密定轨和高精度轨道预报中的大气阻力都是通过数值计算获得的,一些不确定性较大的参数还要进行在线辨识。下面主要基于高斯型摄动运动方程对大气阻力摄动做一些定性分析。

为简化问题,假设大气是静止的,即航天器相对于地球中心的飞行速度 $\boldsymbol{v}_a$ 等于航天器相对于大气的速度 $\boldsymbol{v}$。将速度 $\boldsymbol{v}$ 沿地心矢径方向和周向分解,可得

$$\boldsymbol{v}=v_r\boldsymbol{i}_r+v_f\boldsymbol{i}_f=\frac{h}{p}[e\sin f\boldsymbol{i}_r+(1+e\cos f)\boldsymbol{i}_f] \tag{7-5-13}$$

将上式代入式(7-5-3),可得

$$
\begin{cases}
f_r=-\dfrac{1}{2}\dfrac{C_DS}{m}\rho v v_r \\
f_f=-\dfrac{1}{2}\dfrac{C_DS}{m}\rho v v_f \\
f_h=0
\end{cases}
\tag{7-5-14}
$$

将上式代入方程(7-2-23),并将 v 用轨道根数表示,可得大气阻力摄动运动方程为

$$
\begin{cases}
\dfrac{\mathrm{d}a}{\mathrm{d}t}=-\left(\dfrac{C_DS}{m}\right)\rho\dfrac{na^2}{(1-e^2)^{\frac{3}{2}}}(1+e^2+2e\cos f)^{\frac{3}{2}} \\
\dfrac{\mathrm{d}e}{\mathrm{d}t}=-\left(\dfrac{C_DS}{m}\right)\rho\dfrac{na}{(1-e^2)^{\frac{1}{2}}}(\cos f+e)(1+e^2+2e\cos f)^{\frac{1}{2}} \\
\dfrac{\mathrm{d}i}{\mathrm{d}t}=0 \\
\dfrac{\mathrm{d}\Omega}{\mathrm{d}t}=0 \\
\dfrac{\mathrm{d}\omega}{\mathrm{d}t}=-\left(\dfrac{C_DS}{m}\right)\rho\dfrac{na}{e(1-e^2)^{\frac{1}{2}}}(1+e^2+2e\cos f)^{\frac{1}{2}}\sin f \\
\dfrac{\mathrm{d}M}{\mathrm{d}t}=n+\left(\dfrac{C_DS}{m}\right)\rho\dfrac{na}{e}\left(\dfrac{1+e^2+e\cos f}{1+e\cos f}\right)(1+e^2+2e\cos f)^{\frac{1}{2}}\sin f
\end{cases}
\tag{7-5-15}
$$

由式(7-5-15)可见,静止大气的阻力对轨道要素 i 和 Ω 没有影响,即大气阻力不引起轨道平面空间方位的变化。

在方程(7-5-15)的最后两式中,右端函数都含有 $\sin f$ 的因子,因此轨道要素 ω 与 M 都是时间的周期函数。但由于系数 $(C_DS/m)\rho$ 是一个很小的量(200km 高度处约 10^{-8} 量级),所以 ω 与 M 仅有微幅振荡,在一阶近似计算中可以略去不计。在求解方程(7-5-15)的前两式时,可以将右端函数中的 a、e 看作常量,这样可以很容易看出存在一个长期项,表明 a 和 e 都将随着时间的增长而逐渐减小,所以航天器轨道在大气阻力作用下不断缩小、变圆。

根据开普勒方程,可以将式(7-5-15)的自变量 t 变换为 E,对前两式有

$$
\begin{cases}
\dfrac{\mathrm{d}a}{\mathrm{d}E}=-\left(\dfrac{C_DS}{m}\right)\rho a^2\sqrt{\dfrac{(1+e\cos E)^3}{1-e\cos E}} \\
\dfrac{\mathrm{d}e}{\mathrm{d}E}=-\left(\dfrac{C_DS}{m}\right)\rho a\sqrt{\dfrac{1+e\cos E}{1-e\cos E}}(1-e^2)\cos E
\end{cases}
\tag{7-5-16}
$$

令 Δa 和 Δe 为航天器沿轨道运行一周后 a 和 e 的摄动量,对上式积分可得

$$
\begin{cases}
\Delta a=-\left(\dfrac{C_DS}{m}\right)a^2\displaystyle\int_0^{2\pi}\rho\sqrt{\dfrac{(1+e\cos E)^3}{1-e\cos E}}\mathrm{d}E \\
\Delta e=-\left(\dfrac{C_DS}{m}\right)a\displaystyle\int_0^{2\pi}\rho\sqrt{\dfrac{1+e\cos E}{1-e\cos E}}(1-e^2)\cos E\mathrm{d}E
\end{cases}
\tag{7-5-17}
$$

由于密度 ρ 的变化很复杂,故很难求得上式的解析解,只能用数值积分来完成。

根据航天器的远地点 r_a 和近地点 r_p 与轨道要素 a 和 e 的关系,可以很容易推导出一个轨

道周期内的 r_a 和 r_p 变化为

$$\begin{cases}\Delta r_p = -\left(\dfrac{C_D S}{m}\right) a^2(1-e)\displaystyle\int_0^{2\pi}\rho(1-\cos E)\sqrt{\dfrac{1+e\cos E}{1-e\cos E}}\mathrm{d}E \\ \Delta r_a = -\left(\dfrac{C_D S}{m}\right) a^2(1+e)\displaystyle\int_0^{2\pi}\rho(1+\cos E)\sqrt{\dfrac{1+e\cos E}{1-e\cos E}}\mathrm{d}E\end{cases} \tag{7-5-18}$$

实际上,地球大气不仅跟随地球一起旋转,其旋转角速度还存在高度变化、周日变化、季节变化等,因此真实大气阻力摄动要比上述结果复杂得多。但上述分析反映了大气阻力摄动的基本特性,能够满足精度要求不是很高的情况的需求,比如可以用来近似分析航天器轨道的寿命,如图 7-11 所示。

在图 7-11 中,初始轨道的远地点 $r_a=400\text{km}$,近地点 $r_p=200\text{km}$,大气密度计算采用中等太阳活动期间的 Jacchia-Roberts 大气模型。可见,航天器轨道迅速变圆、缩小,不到 6d 便陨落至地球大气层内。

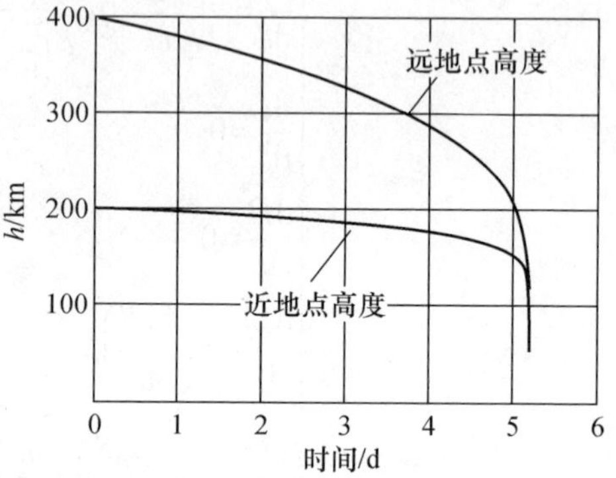

图 7-11 轨道远地点与近地点高度的变化

对于圆轨道,可利用方程(7-5-15)的第一式来估算其轨道寿命。由于 $e=0$、$a=r$,故有

$$\frac{\mathrm{d}r}{\mathrm{d}t}=-\left(\frac{C_D S}{m}\right)\rho\sqrt{\mu r} \tag{7-5-19}$$

将大气密度指数模型式(7-5-5)代入上式,并令式中的 r_0 等于地球平均半径 R_e,可得

$$\frac{\mathrm{d}r}{\mathrm{d}t}=-\left(\frac{C_D S}{m}\right)\rho_0\sqrt{\mu r}\exp\left(-\frac{r-R_e}{H}\right) \tag{7-5-20}$$

令 $h=r-R_e$ 为轨道高度,对上式积分可得

$$\int_{h_0}^{h}\frac{\exp(h/H)}{\sqrt{h+R_e}}\mathrm{d}h = -\sqrt{\mu}\left(\frac{C_D S}{m}\right)\rho_0(t-t_0) \tag{7-5-21}$$

式中:t_0、h_0 分别为初始时刻和初始轨道高度,可令 $t_0=0$。对近地圆轨道,可近似认为 $R_e \gg h$,则上式的积分为

$$h=H\ln\left[-\exp\left(\frac{h_0}{H}\right)\frac{1}{H}\sqrt{\mu R_e}\left(\frac{C_D S}{m}\right)\rho_0 t\right] \tag{7-5-22}$$

图 7-12 给出了航天器有不同的弹道系数时,不同圆轨道高度对应的轨道寿命。可见,对轨道高度较低、弹道系数较大的卫星,在大气阻力的作用下很快会陨落到地球上。例如,2021 年 9 月 9 日,俄罗斯发射了一颗光学侦察卫星,最初进入了 300km 高度的太阳同步圆轨道,但由于卫星故障无法正常工作,10 月 20 日即坠入大气层烧毁,在轨时间仅有 40 天。该卫星在轨期间的远地点与近地点高度变化如图 7-13 所示,可见与图 7-11 的变

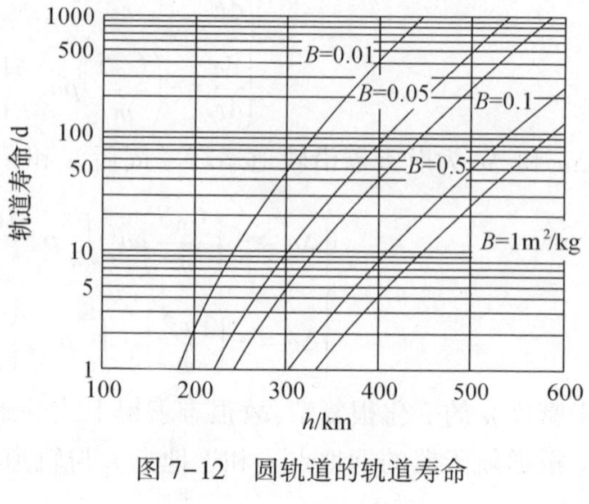

图 7-12 圆轨道的轨道寿命

化规律是一致的。

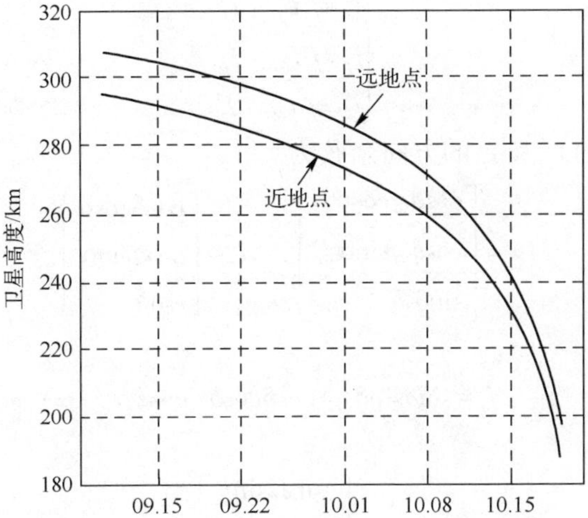

图 7-13　某卫星陨落过程中的高度变化图

7.6　太阳光压摄动

太阳的辐射压(简称光压)对航天器具有力的作用,所以光压对航天器轨道也有影响。1960 年,美国从 Echo-1 卫星的轨道中发现了太阳光压摄动现象。若将大气阻力摄动与太阳光压摄动相比较,则可发现在 800km 以下的空间,航天器轨道主要受大气阻力的影响,而在更高的轨道上则主要受太阳光压的影响。光压对面质比大于 $2.5\mathrm{m}^2/\mathrm{kg}$ 的航天器影响尤为明显。

作用在航天器上的光压摄动加速度可由下式来估算:

$$\boldsymbol{f}=-\nu_{\odot}\frac{S}{m}C_R p_{\odot}\boldsymbol{i}_{\odot} \tag{7-6-1}$$

式中:$\nu_{\odot}$为受晒系数,当航天器被太阳照射时为 1,位于地球阴影内时为 0;S 为垂直于太阳光线的航天器截面积;m 为航天器质量;C_R 为取决于航天器表面材料反射性能的系数,它与表面反射系数 η 具有如下关系:

$$C_R=1+\eta \tag{7-6-2}$$

$0<\eta<1$,完全吸收时取 0,完全反射时取 1,比如对太阳电池板 $\eta\approx0.21$,对涂铝的聚酯薄膜太阳帆 $\eta\approx0.88$。由于航天器各部分的反射系数不同,故在一般情况下可取 $\eta=0.5$,在精密定轨中常将与航天器自身特性有关的 C_RS/m 作为在线估计参数。

$p_{\odot}$为地球附近的太阳光压强常数,$p_{\odot}=4.56\times10^{-6}\mathrm{N/m}^2$;$\boldsymbol{i}_{\odot}$是由地心至日心的单位矢量,严格地说应该是航天器到太阳方向的单位矢量,但一般说来,航天器到地心的距离与地日距离相比是一个小量,故可以这样近似处理。

为计算太阳光压对航天器轨道的影响,将式(7-6-1)改写成

$$\boldsymbol{f}=f\,\boldsymbol{i}_{\odot} \tag{7-6-3}$$

式中:

$$f=-\nu_{\odot}\frac{S}{m}C_R p_{\odot} \tag{7-6-4}$$

将光压摄动加速度$\boldsymbol{f}$在轨道坐标系中投影,可得三个分量为

$$\begin{cases} f_r = f\,\boldsymbol{i}_\odot \cdot \boldsymbol{i}_r \\ f_f = f\,\boldsymbol{i}_\odot \cdot \boldsymbol{i}_f \\ f_h = f\,\boldsymbol{i}_\odot \cdot \boldsymbol{i}_h \end{cases} \tag{7-6-5}$$

用赤经和赤纬表示的$\boldsymbol{i}_\odot$和$\boldsymbol{i}_r$的方向余弦为

$$\boldsymbol{i}_\odot = \begin{bmatrix} \cos\delta_\odot\cos\alpha_\odot \\ \cos\delta_\odot\sin\alpha_\odot \\ \sin\delta_\odot \end{bmatrix}, \quad \boldsymbol{i}_r = \begin{bmatrix} \cos\delta\cos\alpha \\ \cos\delta\sin\alpha \\ \sin\delta \end{bmatrix} \tag{7-6-6}$$

故可得

$$\boldsymbol{i}_\odot \cdot \boldsymbol{i}_r = \sin\delta\sin\delta_\odot + \cos\delta\cos\delta_\odot\cos(\alpha_\odot - \alpha) \tag{7-6-7}$$

又因为

$$\boldsymbol{i}_h = \begin{bmatrix} \sin\Omega\sin i \\ -\cos\Omega\sin i \\ \cos i \end{bmatrix} \tag{7-6-8}$$

故有

$$\boldsymbol{i}_\odot \cdot \boldsymbol{i}_h = \cos\delta_\odot\cos\alpha_\odot\sin\Omega\sin i - \cos\delta_\odot\sin\alpha_\odot\cos\Omega\sin i + \sin\delta_\odot\cos i \tag{7-6-9}$$

根据$\boldsymbol{i}_f = \boldsymbol{i}_h \times \boldsymbol{i}_r$以及

$$\begin{cases} \sin\delta = \sin i\sin u \\ \tan(\alpha - \Omega) = \cos i\tan u \end{cases}$$

可得

$$\boldsymbol{i}_\odot \cdot \boldsymbol{i}_f = \sin\delta_\odot\sin i\cos u - \cos\delta_\odot\cos(\alpha_\odot - \Omega)\cos u + \cos\delta_\odot\sin(\alpha_\odot - \Omega)\cos i\cos u \tag{7-6-10}$$

将式(7-6-7)、式(7-6-9)和式(7-6-10)代入式(7-6-5),可得光压摄动加速度f的三个分量为

$$\begin{cases} f_r = -\nu_\odot \dfrac{S}{m} C_R p_\odot [\sin\delta\sin\delta_\odot + \cos\delta\cos\delta_\odot\cos(\alpha_\odot - \alpha)] \\ f_f = -\nu_\odot \dfrac{S}{m} C_R p_\odot [\sin\delta_\odot\sin i - \cos\delta_\odot\cos(\alpha_\odot - \Omega) + \cos\delta_\odot\sin(\alpha_\odot - \Omega)\cos i]\cos u \\ f_h = -\nu_\odot \dfrac{S}{m} C_R p_\odot [\cos\delta_\odot\cos\alpha_\odot\sin\Omega\sin i - \cos\delta_\odot\sin\alpha_\odot\cos\Omega\sin i + \sin\delta_\odot\cos i] \end{cases} \tag{7-6-11}$$

将上式代入高斯摄动运动方程(7-2-23)并积分,就可以求出太阳光压对航天器轨道的影响。

参 考 文 献

[1] 肖峰. 人造地球卫星轨道摄动理论[M]. 长沙: 国防科技大学出版社,1997.

[2] 刘林. 航天器轨道理论[M]. 北京: 国防工业出版社,2000.

[3] 杨嘉墀,杨维廉,刘良栋. 航天器轨道动力学与控制[M]. 北京:中国宇航出版社,1995.

[4] 李济生. 人造地球卫星精密轨道确定 [M]. 北京: 解放军出版社,1995.

[5] Montenbruck O, Gill E. Satellite Orbits: Models, Methods, and Applications [M]. Heidelberg: Springer, 2001.

[6] Long A C, Cappellari J O, Velez C E, et al. Goddard Trajectory Determination System (GTDS) Mathematical Theory (Revision 1) [R]. NASA Goddard Space Flight Center, 1989.

[7] Gurfil P, Vallado D A. Modern Astrodynamics (Elsevier Astrodynamics Series) [M]. Academic Press, 2006.
[8] 肖峰．球面天文学与天体力学基础[M]．长沙：国防科技大学出版社，1989.
[9] 易照华，孙义燧．摄动理论 [M]．北京：科学出版社，1981.
[10] J. 柯瓦列夫斯基．天体力学引论 [M]．黄坤仪，译．北京：科学出版社，1984.
[11] Cefola P J, Long A C, Holloway G. The Long-Term Prediction of Artificial Satellite Orbits [C]. AIAA Paper 74-170, AIAA Aerospace Sciences Meeting, Washington, DC, Jan. 1974.
[12] Cofola P J. R&D GTDS Semianalytic Satellite Theory Input Processor [R]. Draper Laboratory Internal Memo ESD-92-582, Rev. 1, Feb. 1993.
[13] Danielson D A, Sagovac C P, Neta B, et al. Semianalytic Satellite Theory [R]. Naval Postgraduate School, NPS-MA-95-002, 1995.
[14] 杨维廉．轨道计算的一种半解析法 [J]．天文学报，1978，19，(1)：18-23.
[15] 吴连大．人造卫星与空间碎片的轨道与探测 [M]．北京：中国科学技术出版社，2011.
[16] Klinkrad H. Space Debris: Models and Risk Analysis [M]. Springer, Praxis Publishing, 2006.
[17] Harris I, Priester W. Time-Dependent Structure of the Upper Atmosphere [R]. NASA TN D-1443, Goddard Space Flight Center, Maryland, 1962.
[18] Jacchia L G. Revised Static Models of the Thermosphere and Exosphere with Empirical Temperature Profiles [R]. Simthsonian Astrophysical Observatory Observatory Special Report, No. 332, Cambridge, Massachusetts, 1971.
[19] Roberts E R. An Analytic Model for Upper Atmosphere Densities Based Upon Jacchia's 1970 Models [J]. Celestial Mechanics, 1971, 4: 368-377.
[20] 李恒年．地球静止卫星轨道与共位控制技术[M]．北京：国防工业出版社，2010.
[21] Hoots F R, Roehrich R L. Space Track Report No. 3—Models for Propagation of NORAD Element Sets [R]. Peterson: Aerospace Defense Command, United States Air Force, 1980: 1-79.
[22] 韩蕾，陈磊，周伯昭．SGP4/ SDP4 模型用于空间碎片轨道预测的精度分析[J]．中国空间科学技术，2004，(4)：65-71.

第 8 章　航天器轨道设计

航天器的轨道一般分为发射轨道和运行轨道两部分。对于需要返回地球或在其他行星上着陆的航天器,在运行轨道之后还要安排一段离轨着陆轨道。发射轨道是指自运载火箭第一级点火至航天器入轨的一段轨道,也称发射弹道;运行轨道是指航天器入轨后执行预定任务时的飞行轨道。不同用途、不同类型航天器的轨道设计工作差异很大,很难用一种设计模式来归纳所有的设计工作,必须根据具体的任务要求具体分析。近地航天器与深空探测器的轨道设计工作差异也很大,本章以人造地球卫星为例,讨论发射轨道和运行轨道的设计问题。

目前,人造地球卫星通常是用多级运载火箭来发射的。卫星作为运载火箭的有效载荷安装在头部,运载火箭在动力装置和控制系统的作用下,由发射点起飞,按照预先设计的弹道飞行。在获得入轨需要的位置和速度后,动力装置关机,末级火箭与卫星分离,卫星进入预定轨道。运载火箭上升段的最佳弹道设计与飞行控制是非常复杂的问题,它与最佳空间飞行理论及运载火箭的具体性能参数密切相关。具体内容可参阅文献[1-3],在此只讨论发射段弹道的一般特性和发射窗口问题。

卫星进入预定轨道后,为完成给定的任务,必然要与地面发生联系。例如,要与地面测控网建立光学或无线电的联系链路,以便完成轨道确定、天地通信等任务;资源卫星、气象卫星要不断收集地面辐射或反射的电磁波,才能从中提取地理、气象等需要信息。由于电磁波沿直线传播的特性,只有当卫星处于地球表面某点上空时,才能与该点及其周围的地区建立电磁链路。因此,分析和设计卫星的运行轨道,需要研究卫星与地球的几何关系。

除与地球发生联系外,卫星运行期间还要与其他天体发生联系。例如,卫星要通过太阳电池阵把太阳辐射能转换成电能,受晒时间的长短会影响电源系统的平均功率;如果星载有效载荷为可见光相机,对星下点的照明条件会有要求,需要考虑日—地—星三者间的几何关系。

航天器轨道设计除要分析与其他天体的几何关系外,还要考虑运载火箭的能力、发射窗口、测控条件与可测轨弧段、轨道摄动、轨道预报、轨道捕获与保持策略、轨道寿命等因素。航天器的轨道由六个轨道要素确定,因此轨道设计的基本方法是建立任务要求与轨道要素间的关系,然后根据任务要求选择轨道要素。

8.1　星下点轨迹

卫星在地球表面的投影点称为星下点。星下点的位置可以用经度 λ、地心纬度 φ(或大地纬度 B)表示,也可以用赤经 α 和赤纬 δ 表示。地球形状采用不同的假设时,星下点有不同的定义。当视地球为圆球时,可把地心与卫星的连线和球面的交点定义为星下点。当视地球为旋转椭球时,若椭球体表面某点的法线刚好通过卫星,则可把该点定义为星下点。不同的定义给出了不同意义下卫星经过某点上空的含义,在下面的讨论中采用圆球假设。

随着卫星在轨道上位置的变化,星下点也相应移动。将各时刻的星下点连接起来,在地球表面形成连续的轨迹,称之为星下点轨迹。星下点轨迹是球面上的曲线,为使用方便,常将曲线绘制到平面地图上,即地图投影。常用的投影方式有墨卡托投影、正轴球面投影、横轴球面投影等,相关理论可参见文献[4,5]。

8.1.1 不考虑摄动影响时无旋地球上的星下点轨迹

若已知某时刻 t 卫星的地心距 r、赤经 α 和赤纬 δ,不考虑地球的旋转,此时星下点在地球上的坐标即为 α、δ。

如图 8-1 所示,根据球面三角关系,以升交点角距 u 为自变量,可得到星下点轨迹的参数方程为

$$\begin{cases}\delta=\arcsin(\sin i\sin u)\\ \alpha^*=\alpha-\Omega=\arctan\left(\dfrac{\cos i\sin u}{\cos u}\right)=\arctan(\cos i\tan u)\end{cases}\tag{8-1-1}$$

式中,α^* 为相对于升交点的赤经差。

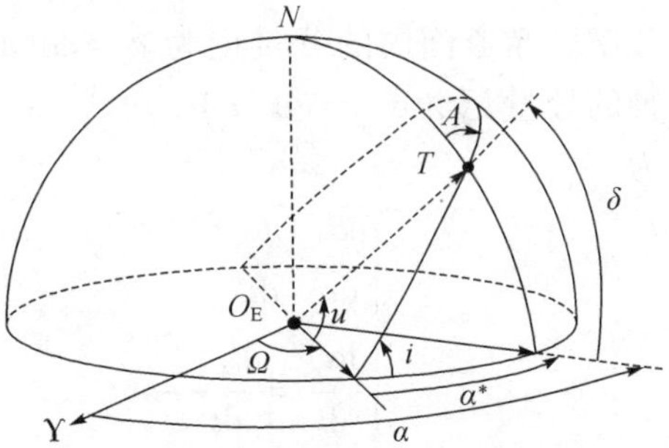

图 8-1 无旋地球上的星下点坐标

可见,无旋地球上的星下点轨迹只与 Ω 和 i 有关,即只与轨道面在惯性空间的方位有关,与轨道的具体形状无关。由于卫星的轨道面一定经过地球中心,因此无旋地球上的星下点轨迹实际上是轨道平面与地球表面相截而成的大圆。

由式(8-1-1)的第一式可知,当 $u=90°$时,δ 取极大值;当 $u=-90°$时,δ 取极小值,且有

$$\delta_{\max}=\begin{cases}i, & i\leqslant 90°\\ 180°-i, & i\geqslant 90°\end{cases},\quad u=90°$$

$$\delta_{\min}=\begin{cases}-i, & i\leqslant 90°\\ i-180°, & i\geqslant 90°\end{cases},\quad u=-90°\tag{8-1-2}$$

因此,星下点的纬度极值是由轨道倾角决定的,这一点在航天器发射中有重要意义。

星下点轨迹的方位角定义为轨迹上某点处的正北方向与轨迹的夹角,由正北量起,向东为正,它描述了星下点相对于地面的运动方向。在图 8-1 中,根据球面三角关系,可以求得星下点轨迹的方位角为

$$A=\arctan\left(\frac{\cot i}{\cos u}\right)\tag{8-1-3}$$

A 决定了星下点在地面的运动方向。

由式(8-1-3)可知,当 $i=0°$、$90°$、$180°$时,方位角 A 为固定值,分别为 $90°$、$0°$或 $180°$、$270°$。除此情况外,A 与 u 有关,由

$$\frac{\partial A}{\partial u}=\frac{\cot i\sin u}{\cos^2 u+\cot^2 i}=0$$

可求得 A 的极值为

$$\begin{cases}u=0°, & A_{\min}=90°-i\\ u=180°, & A_{\max}=90°+i\end{cases}\tag{8-1-4}$$

因此在升交点和降交点处,方位角取极值,极值的大小由倾角 i 决定。在 $u=\pm 90°$时,

当 $i<90°$时,有 $A=90°$;$i>90°$时,有 $A=-90°$。因此,在星下点轨迹的最北点和最南点,星下点的运动方向与当地纬线圈相切。

对于 $i<90°$的轨道,星下点在升弧段向东北方向运动,在降弧段向东南方向运动;对于 $i>90°$的轨道,星下点在升弧段向西北方向运动,在降弧段向西南方向运动。

8.1.2 不考虑摄动影响时旋转地球上的星下点轨迹

1. 星下点轨迹方程

在惯性空间中观察卫星与地球的运动时,卫星的轨道面保持不变,卫星在轨道上以角速度 $\dot{\boldsymbol{f}}$ 转动,$\dot{\boldsymbol{f}}$ 的方向与动量矩的方向一致。地球绕自转轴以角速度 $\boldsymbol{\omega}_e$ 旋转,因此卫星相对于旋转地球的角速度 $\dot{\boldsymbol{f}}_r$ 为

$$\dot{\boldsymbol{f}}_r=\dot{\boldsymbol{f}}-\boldsymbol{\omega}_e \tag{8-1-5}$$

如图 8-2 所示,将 $\dot{\boldsymbol{f}}$ 向地球自转轴方向和赤道面内分解。赤道面内的分量记为 $\dot{\delta}=\mathrm{d}\delta/\mathrm{d}t$,沿地球自转轴的分量记为 $\dot{\alpha}^*=\mathrm{d}\alpha^*/\mathrm{d}t$,则式(8-1-5)可表示为

$$\begin{cases}\dfrac{\mathrm{d}\delta_r}{\mathrm{d}t}=\dfrac{\mathrm{d}\delta}{\mathrm{d}t}\\[2ex]\dfrac{\mathrm{d}\alpha_r^*}{\mathrm{d}t}=\dfrac{\mathrm{d}\alpha^*}{\mathrm{d}t}-\omega_e\end{cases} \tag{8-1-6}$$

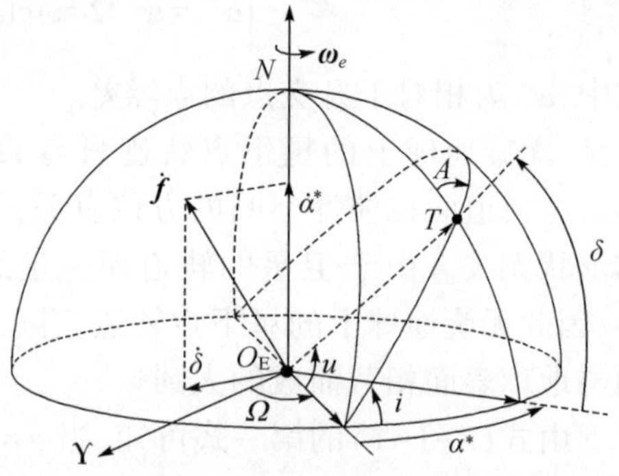

图 8-2 角速度的分解

若取卫星通过升交点的时刻为零时,则 $t=0$ 时,有 $\delta=0$,$\alpha^*=0$。将方程组(8-1-6)两端对 t 积分,可得

$$\begin{cases}\delta_r=\delta\\ \alpha_r^*=\alpha^*-\omega_e t\end{cases} \tag{8-1-7}$$

式中:δ、α^* 为无旋地球上的星下点坐标;δ_r、α_r^* 为相应时刻旋转地球上的星下点坐标。

注意到 δ_r 即地心纬度 φ,再将式(8-1-1)代入式(8-1-7),可得旋转地球上的星下点轨迹方程为

$$\begin{cases}\varphi=\arcsin(\sin i\sin u)\\ \alpha_r^*=\arctan(\cos i\tan u)-\omega_e t\end{cases} \tag{8-1-8}$$

式中:α_r^* 为星下点与升交点的赤经差。

若用 α_r 表示星下点与春分点的赤经差,也即星下点的赤经,则式(8-1-8)可写成

$$\begin{cases}\varphi=\arcsin(\sin i\sin u)\\ \alpha_r=\arctan(\cos i\tan u)+\Omega-\omega_e t\end{cases} \tag{8-1-9}$$

若 $t=0$ 时格林尼治平恒星时为 $\bar{S}_0$,则星下点的地理经度为

$$\lambda=\alpha_r-\bar{S}_0=\arctan(\cos i\tan u)+\Omega-\omega_e t-\bar{S}_0 \tag{8-1-10}$$

升交点角距 u 与时间 t 的关系可以通过求解开普勒方程得到。

比较方程(8-1-8)与方程(8-1-1)可知,旋转地球与无旋地球上星下点轨迹的差别是前者多一时间的线性项 $-\omega_e t$。由于该项的影响,卫星后一圈的星下点轨迹一般不再重复前一圈

的星下点轨迹。图 8-3 以 $i=60°$，$\Omega-\bar{S}_0=0°$，$T=6h$（注意此处应为恒星时，下同）的圆轨道为例，画出了无旋地球和旋转地球上的星下点轨迹。图中圆圈表示起始点，方框表示第二圈起始点。可见，无旋地球上的星下点轨迹逐圈重复；旋转地球上的星下点轨迹逐圈西移，第 0 圈和第 1 圈并不重复，每圈西移的量为 $\omega_e T=90°$。

根据方程（8-1-9）可知，旋转地球上的星下点轨迹与卫星的六个轨道根数全部有关。其中，$\Omega-\bar{S}_0$ 影响升交点的位置，τ 影响卫星在轨迹上的起算点时间，即 Ω 与 τ 只影响星下点轨迹相对于地球的位置，而不影响轨迹的形状。星下点轨迹的形状与 a、e、i 和 ω 有关。

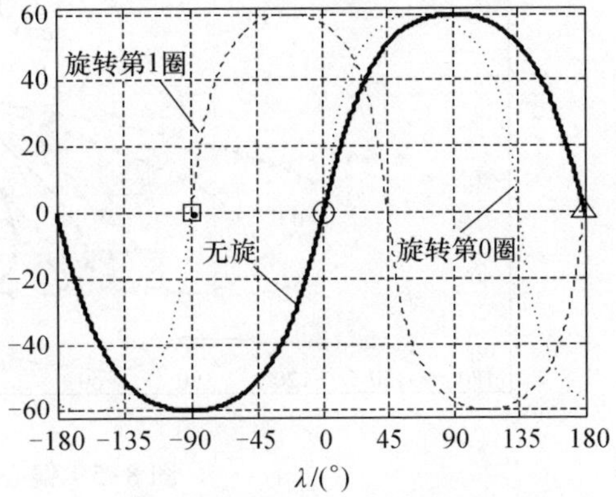

图 8-3　无旋与旋转地球上的星下点轨迹

分析半长轴 a 对星下点轨迹的影响时，用轨道周期 T 代替 a 会更加直观。利用卫星工具软件包（Satellite Tool Kit，STK），图 8-4 给出了不同周期圆轨道的星下点轨迹。分析时，取 $\bar{S}_0$ 为 2014 年 1 月 1 日 12 时的值，$\Omega=180°$，$i=60°$，$u=0°$。图中分别给出了 $T=3h$，$6h$，$12h$，$24h$ 和 $36h$ 的星下点轨迹，图中卫星的位置对应当日 14 时的位置。

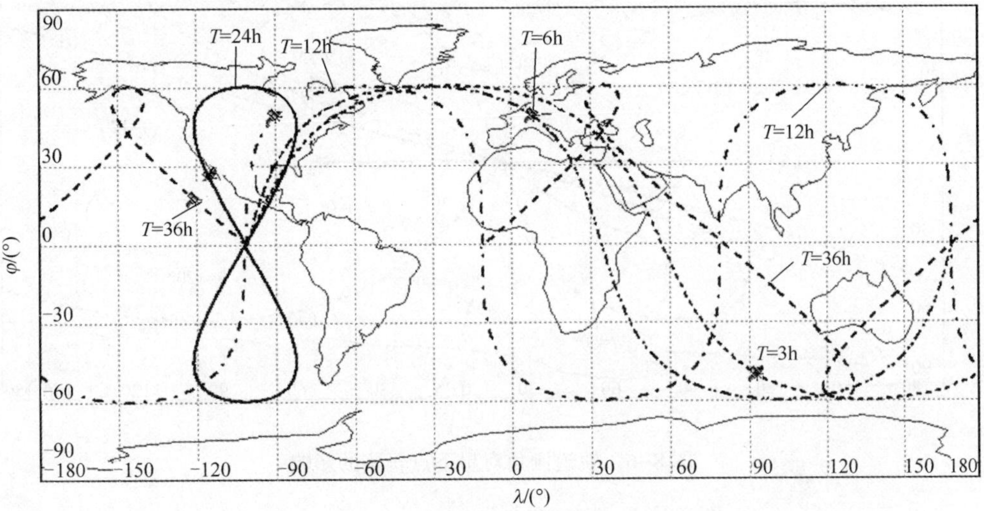

图 8-4　不同周期圆轨道的星下点轨迹

由图 8-4 可见，半长轴 a 影响一定时间内星下点轨迹的长短，因此也就影响到轨迹的形状和卫星位于某区域上空的时长。

图 8-5 给出了 $T=24h$，$\Omega=270°$，$\omega=0°$，$i=60°$的轨道取不同偏心率值时的星下点轨迹，偏心率分别为 $e=0$，0.2，0.6 和 0.8。图中卫星的位置对应当日 14 时的位置。可见，随着偏心率的增大，星下点轨迹不再相对于赤道对称。对该示例，卫星沿星下点轨迹由南往北飞时，经过近地点，耗时较短；由北往南飞时，经过远地点，耗时较长。

图 8-6 给出了 $T=24h$，$e=0.6$，$\Omega=270°$，$\omega=0°$的轨道取不同倾角值时的星下点轨迹，轨道倾角分别为 $i=0°$，30°，60°，90°和 120°。可见，轨道倾角 i 首先会影响星下点轨迹的纬度范围，

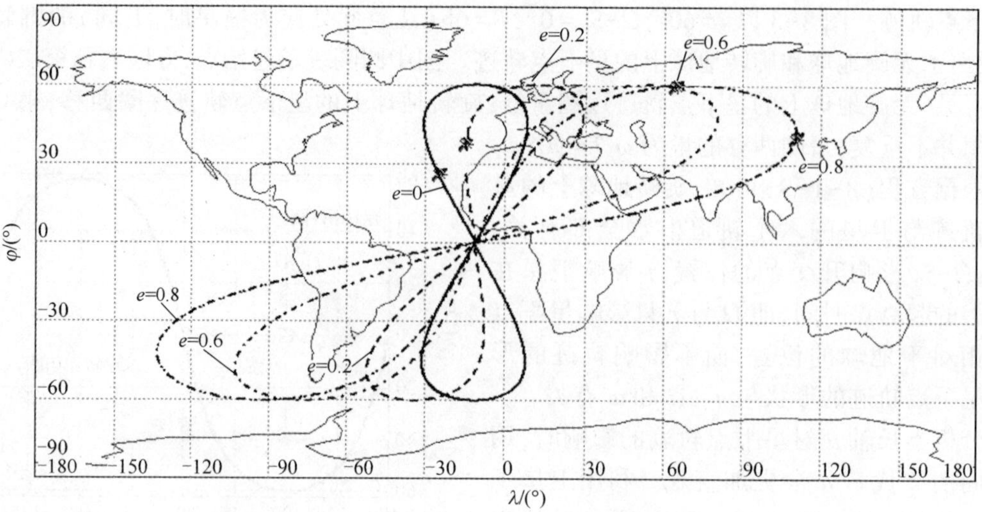

图 8-5 偏心率对星下点轨迹的影响

其次会影响星下点轨迹的形状。

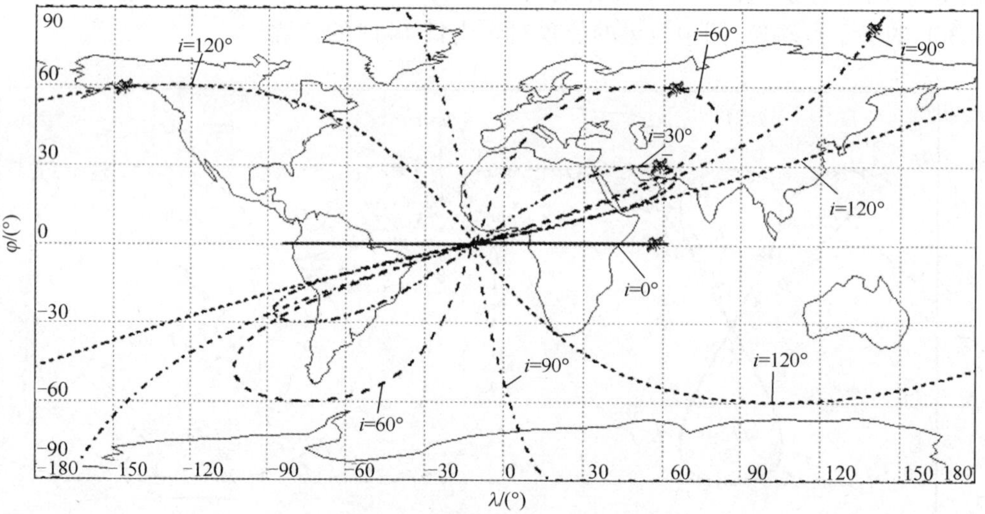

图 8-6 轨道倾角对星下点轨迹的影响

图 8-7 给出了 $T=24\text{h}, e=0.6, \Omega=270°, i=60°$ 的轨道取不同近地点幅角值时的星下点轨迹，近地点幅角分别为 $\omega=0°, 30°, 60°, 90°$ 和 $120°$。可见，不同 ω 的星下点轨迹差别很大。由于卫星在远地点附近停留时间较长，近地点附近停留时间较短，因此通过选择不同的 ω 可以实现对感兴趣地区的长时间观测或通信。

由以上分析可见，考虑地球旋转后，星下点轨迹的形状非常复杂，一般难以直接看出，需要根据方程(8-1-9)求解后在地图上逐点绘出。

2. 星下点轨迹的方位角

如图 8-8 所示，在星下点轨迹上的一点 T，星下点轨迹的微分线段为 $\mathrm{d}\boldsymbol{r}$，此点正北方向的微分线段为 $\Delta\boldsymbol{r}_\varphi$，正东方向的微分线段为 $\Delta\boldsymbol{r}_\lambda$。根据曲线微分法则，有

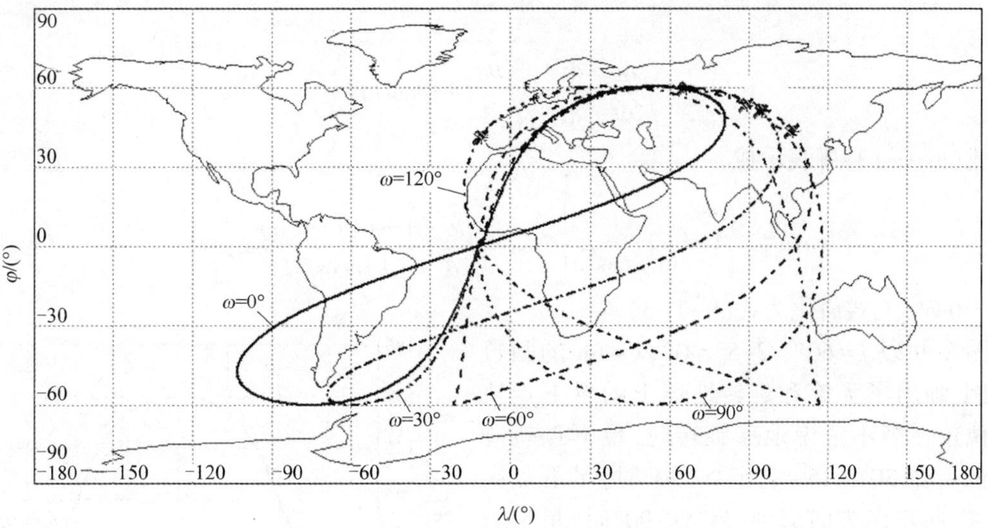

图 8-7　近地点幅角对星下点轨迹的影响

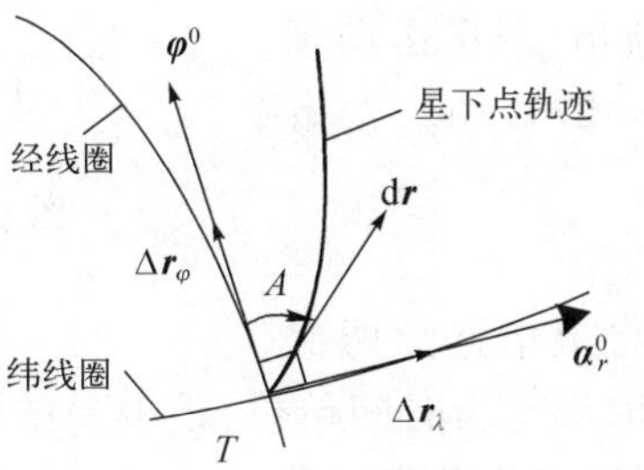

图 8-8　旋转地球上星下点轨迹方位角的几何关系

$$\begin{cases}\Delta \boldsymbol{r}_{\varphi}=R_e\Delta\varphi\boldsymbol{\varphi}^0\\ \Delta \boldsymbol{r}_{\lambda}=R_e\cos\varphi\Delta\alpha_r\boldsymbol{\alpha}_r^0\\ \mathrm{d}\boldsymbol{r}=R_e(\mathrm{d}\varphi\,\boldsymbol{\varphi}^0+\cos\varphi\mathrm{d}\alpha_r\boldsymbol{\alpha}_r^0)\end{cases}\tag{8-1-11}$$

式中：R_e 为地球平均半径；φ、α_r 为星下点的地心纬度和赤经。T 点的方位角 A 即 $\Delta\boldsymbol{r}_{\varphi}$ 与 $\mathrm{d}\boldsymbol{r}$ 间的夹角：

$$\cos A=\frac{\Delta\boldsymbol{r}_{\varphi}\cdot\mathrm{d}\boldsymbol{r}}{\Delta r_{\varphi}\mathrm{d}r}$$

将式(8-1-11)代入上式，并注意到 $\boldsymbol{\varphi}^0$ 与 $\boldsymbol{\alpha}_r^0$ 垂直，则有

$$\cos A=\frac{\mathrm{d}\varphi}{\sqrt{(\mathrm{d}\varphi)^2+(\cos\varphi\mathrm{d}\alpha_r)^2}}=\pm\left[1+\left(\frac{\cos\varphi\mathrm{d}\alpha_r}{\mathrm{d}\varphi}\right)^2\right]^{-\frac{1}{2}}\tag{8-1-12}$$

当 $\mathrm{d}\varphi>0$ 时，上式取正号，反之取负号。对式(8-1-9)微分，可得

$$\begin{cases}\dfrac{\mathrm{d}\varphi}{\mathrm{d}t}=\dfrac{\sin i\cos u}{\cos\varphi}\dfrac{\mathrm{d}u}{\mathrm{d}t}=\dfrac{\sin i\cos u}{\sqrt{1-\sin^2 u\sin^2 i}}\dfrac{\mathrm{d}u}{\mathrm{d}t}\\ \dfrac{\mathrm{d}\alpha_r}{\mathrm{d}t}=\dfrac{\cos i}{\cos^2 u+\cos^2 i\sin^2 u}\dfrac{\mathrm{d}u}{\mathrm{d}t}-\boldsymbol{\omega}_e=\dfrac{\cos i}{1-\sin^2 i\sin^2 u}\dfrac{\mathrm{d}u}{\mathrm{d}t}-\boldsymbol{\omega}_e\end{cases}$$

而

$$\frac{\mathrm{d}u}{\mathrm{d}t}=\frac{\mathrm{d}f}{\mathrm{d}t}=\sqrt{\frac{\mu}{p^3}}(1+e\cos f)^2$$

因此式(8-1-12)可表示成

$$\cos A=\pm\left\{1+\frac{1}{\sin^2 i\cos^2 u}\left[\cos i-\sqrt{\frac{p^3}{\mu}}\frac{(1-\sin^2 i\sin^2 u)}{(1+e\cos f)^2}\omega_e\right]^2\right\}^{-\frac{1}{2}} \tag{8-1-13}$$

当 $\omega_e=0$ 时,上式简化为式(8-1-3)。

图 8-9 以 $i=60°,\Omega-\bar{S}_0=0°,T=6\mathrm{h}$ 的圆轨道为例,画出了无旋和旋转地球上的星下点轨迹方位角。当不考虑地球旋转时,星下点轨迹的方位角在 30°~150°;当 $A>90°$ 时,星下点在降弧段,向东南方向运动;当 $A<90°$ 时,星下点在升弧段,向东北方向运动。当考虑地球旋转时,方位角的变化趋势不变,但数值有所差别,两者最大相差 13.9°。对顺行轨道,卫星运动到最北点($u=90°$)和最南点($u=270°$)时,仍有 $A=90°$ 成立。

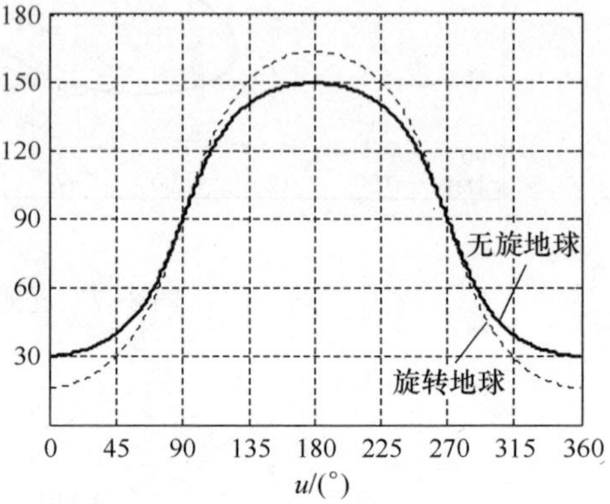

图 8-9　无旋与旋转地球上的星下点轨迹方位角

3. 回归轨道与准回归轨道

不考虑摄动因素影响时,将卫星连续两次通过升交点称为运行一圈。以恒星时为时间单位,设卫星的轨道周期为 T_0h/圈,地球自转周期为 24h/日。若两个周期间存在如下关系

$$\frac{24}{T_0}=\frac{N}{D} \tag{8-1-14}$$

其中,N 与 D 为互质的正整数,则称轨道周期对地球自转周期是可通约的。当周期可通约时,轨道周期与地球自转周期均可表示为某一时间的整数倍,因而星下点轨迹将出现周期性的重复。D 与 N 分别为轨迹重复间隔的天数与期间卫星飞行的圈数,$N\cdot T_0$ 或 $24\cdot D$ 称为回归周期。

按照卫星运行的顺序给各圈编号,各圈标号依次为 0、1、2……,将 $t=0$ 的升交点记为第 1 日第 0 圈的升交点。由于地球旋转使升交点在旋转地球上逐圈西移一固定值 $15°T_0$,若 T_0 满足式(8-1-14),则有

$$360°D=15°T_0N \tag{8-1-15}$$

由式(8-1-15)可知,第(D+1)日第 N 圈的升交点与第 1 日第 0 圈的升交点重合,故第 N 圈与第 0 圈的星下点轨迹重合,依此类推。由于 N 与 D 为互质数,故 N 与 D 分别是实现星下点轨迹重复所需的最少圈数和日数。

若 $D=1$,则第二日重复第一日轨迹,即星下点轨迹逐日重复,这种轨道称为回归轨道。例如 $T_0=6$h/圈,则有 24/6=4/1,即 $N=4$ 圈,$D=1$d,这是重复圈数为 4 圈、回归周期为 1d 的回归轨道,图 8-10 是其星下点轨迹示意图。

若 $D>1$,则星下点轨迹要间隔 D 日才能重复,这种轨道称为准回归轨道。例如 $T_0=9$h/圈,则有 24/9=8/3,即 $N=8$ 圈,$D=3$d,这是重复圈数为 8 圈、回归周期为 3d 的准回归轨道,图 8-11 是其星下点轨迹示意图。

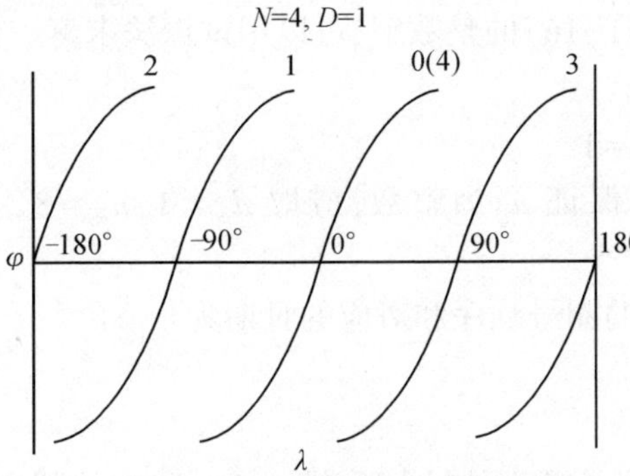

图 8-10　回归轨道示意图

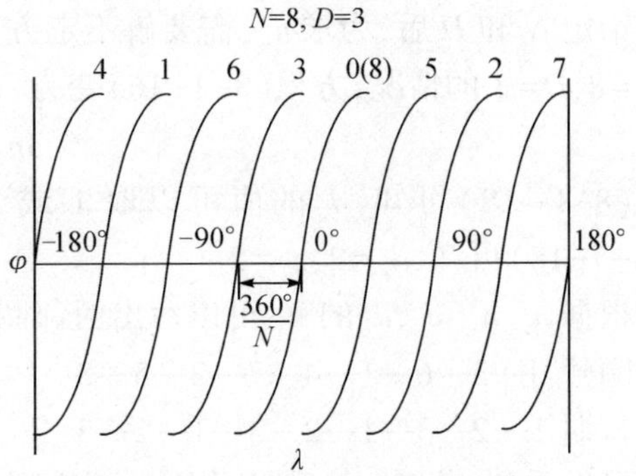

图 8-11　准回归轨道示意图

卫星在回归或准回归轨道上运行，经过一个回归周期后会再次重访以前经过的地区。对这类轨道，通过比对遥感信息，容易发现地面目标的变化；与地面测控台站的几何关系也重复出现，容易制定测控方案，因此是卫星经常采用的轨道类型。容易算出，当考虑轨道高度的限制后，轨道周期不大于 1 个恒星日的可用回归轨道只有 15 种，实际应用较多的是 12h 和 24h 两种回归轨道，其余的多为准回归轨道。例如，我国的“天宫”空间站就采用了重复圈数为 46 圈、回归周期为 3d 的准回归轨道，且轨道的星下点轨迹会经过着陆场区，这对空间站的交会、飞船的返回和测控都是有利的。

比较图 8-10 与图 8-11 可知，回归轨道相邻圈号的排列比较简单，向西排列时圈号依次递增，为 0—1—2—3—4，向东排列时圈号依次递减，为 4—3—2—1—0。准回归轨道相邻圈号的排列则比较复杂：

向西排列为　0—3—6—1—4—7—2—5—8

向东排列为　8—5—2—7—4—1—6—3—0

准回归轨道相邻圈标号的排列问题，是卫星轨道设计与分析中的一个重要问题。若记与第 0 圈西邻的相邻圈号为 n_w，一方面考虑卫星的轨道周期与地球的旋转周期，可知 n_w 圈与 0 圈的升交点经度相差 $15°n_wT_0$；另一方面考虑到 n_w 圈为 0 圈的西邻圈，故 n_w 圈的升交点西移了 $360°/N$ 再加上 360°的 d_w 整数倍，因此有

$$15°n_wT_0 = 360°d_w + \frac{360°}{N}$$

将式(8-1-14)代入上式，则有

$$Dn_w - Nd_w = 1 \tag{8-1-16}$$

在上式中，注意到地球每日向东旋转 360°，而 n_w 圈在 0 圈之西，因此 n_w 圈为(d_w+1)日的圈号。

同理，记与 0 圈东邻的相邻圈号为 n_e，则有

$$Dn_e - Nd_e = -1 \tag{8-1-17}$$

式中：n_e 为 d_e 日的圈号。

在方程(8-1-16)与方程(8-1-17)中，n_e、n_w、d_e、d_w 均为正整数。若将两式相加，并注意到 N 与 D 为互质数，则有

$$\begin{cases} D = d_w + d_e \\ N = n_w + n_e \end{cases} \tag{8-1-18}$$

对于给定的 N 和 D，当已知 n_w 和 d_w 时，由上式可求得 n_e 和 d_e，反之亦然。

给定 N 和 D 后，为求 n_w，需要解不定方程(8-1-16)的整数解，可以用试探法求解。例如，对 $N=8,D=3$ 的情况，方程(8-1-16)变为

$$3n_w-8d_w=1$$

由式(8-1-18)可知，d_w 的值可以取 1 或 2。为保证 n_w 为整数，应取 $d_w=1,n_w=3$。代入式(8-1-18)可知，$d_e=2,n_e=5$。

根据 n_e、n_w、d_e、d_w 的解，可以写出西邻圈排列的圈号顺序和对应的日期为

圈号 0—3—6—1—4—7—2—5—8

日期 1—2—3—1—2—3—1—2—3

可以看到，若 $d_w=1$，则相临圈向西排列的日期是顺序的；同理，若 $d_e=1$，则相邻圈向东排列的日期是顺序的。从相邻圈日期排列的规律性看来，这两种排列方式有其优点，因此是准回归轨道设计中最常用的日期排列顺序。下面讨论这两种排列方式应满足的条件。

若将 N/D 表示成

$$\frac{N}{D}=\begin{cases}n_1+\Delta n_1\\ n_2-\Delta n_2\end{cases}\tag{8-1-19}$$

N/D 为卫星每日运行的圈数，n_1、n_2 为正整数。当卫星每日运行 n_1 圈时则多 Δn_1 圈，故 n_1 圈在 0 圈之东；当每日运行 n_2 圈则少 Δn_2 圈，故 n_2 圈在 0 圈之西。因此，前者对应于向东排列，后者对应于向西排列。

当

$$\Delta n_1=\frac{1}{D}\tag{8-1-20}$$

时，由式(8-1-19)可知，$Dn_1-N=-1$。与式(8-1-17)比较可知，这对应于 $d_e=1,n_e=n_1$ 的向东排列，这一排列的日期向东是顺序的。

同理，当

$$\Delta n_2=\frac{1}{D}\tag{8-1-21}$$

时，有 $Dn_2-N=1$。这对应于 $d_w=1,n_w=n_2$ 的向西排列，这一排列的日期向西是顺序的。前面举的 $N=8,D=3$ 的例子显然满足这一条件。

4. 地球同步轨道

当 $N=1,D=1$ 时，卫星的轨道周期与地球的自转周期相同，称为地球同步轨道(Geosynchronous Orbit，GSO)。如果这种轨道还满足 $e=0,i=0$，即赤道平面内运动周期为 1 个恒星日的圆轨道，则这种轨道上的卫星相对于旋转地球是静止的，称这种轨道为地球静止轨道(Geostationary Orbit，GEO)。静止轨道的高度为 35786km，称此高度为同步高度。

地球同步轨道的星下点轨迹能够很清楚地说明轨道要素对星下点轨迹形状的影响。令 $a=42164.171$km，即 $T_0=24$h，图 8-12 给出了不同轨道要素下的星下点轨迹。

图 8-12(a)中，$e=0.4,i=60°,\omega=20°,\Omega$ 取不同值。可见升交点赤经仅影响星下点轨迹相对于地球的位置，不影响星下点轨迹的形状。

图 8-12(b)中，$e=0$，即轨道为圆轨道，i 取不同值。可见星下点轨迹为对称于横轴的 8 字形，轨道倾角 i 决定了星下点轨迹能到达的纬度最大值。i 越大则 8 字形越大，当 $i=0°$时，8 字退化为一点，这就是静止卫星的星下点轨迹。

图 8-12(c)中，$e=0.2,\omega=0°,i$ 取不同值。可见，椭圆轨道的星下点轨迹对称于中心点而

不再对称于横轴，轨迹为一倾斜的 8 字形。当 $i=0°$时，椭圆轨道卫星不再是静止卫星，其星下点轨迹为赤道上的一条线段。

图 8-12(d)中，$e=0.2$，$i=60°$，ω 取不同值。图中同时画出了轨道近地点的位置。可见，$\omega \neq 0°$时，椭圆轨道的星下点轨迹既不对称于横轴、也不对称于中心点，而成一畸变的 8 字形。而且 $\omega \neq 0°$时，卫星在南北半球停留的时间不一样长，远地点的高度要大于同步轨道高度，因此可用来对某半球进行长时间观测或通信。

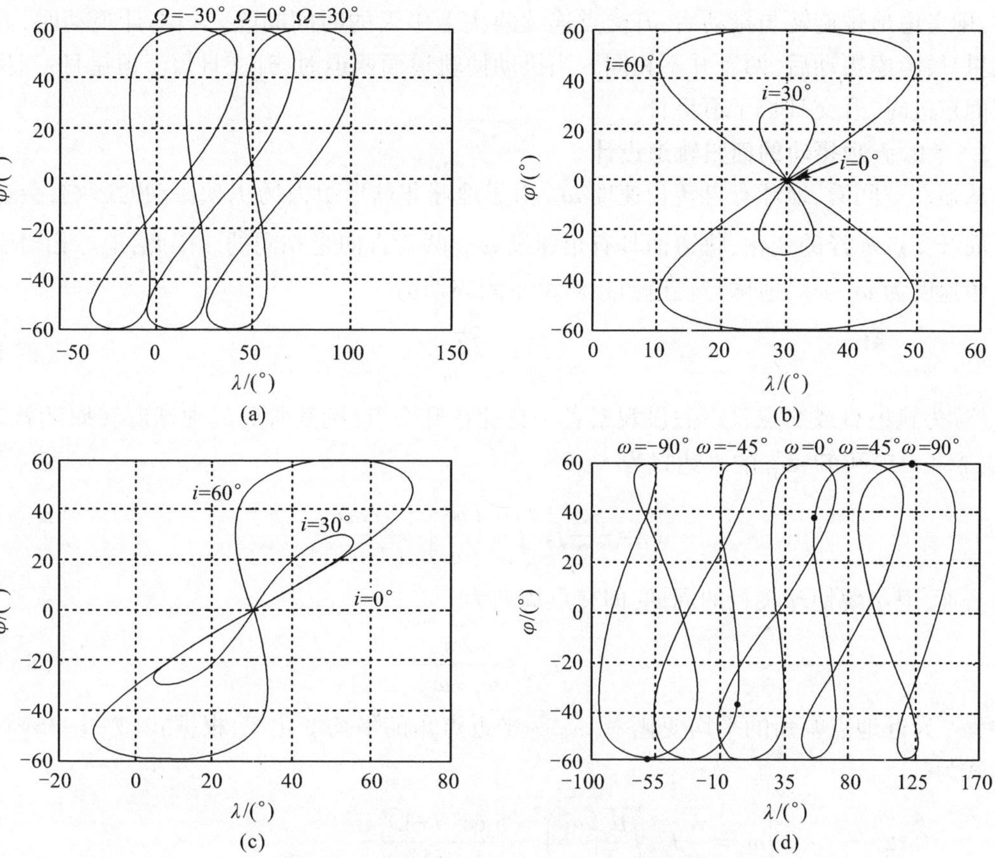

图 8-12 地球同步轨道的星下点轨迹

(a) 升交点赤经的影响；(b) 轨道倾角的影响；

(c) 偏心率和倾角的影响；(d) 近地点幅角的影响。

8.1.3 考虑摄动影响时的星下点轨迹

1. 星下点轨迹方程

在前面的讨论中，未考虑摄动因素的影响。当计入摄动因素后，方程(8-1-9)中的轨道要素应为摄动轨道要素值，即计算星下点轨迹时，要同时求解摄动运动方程。在此仅讨论 J_2 项对回归与准回归轨道条件的影响，其余摄动因素可同理讨论。

方程(7-4-25)给出了由 J_2 项引起的轨道要素一阶长期项摄动。可见，考虑 J_2 项摄动后，升交点在旋转地球上西移的角速度除 ω_e 外，还有轨道面进动的平均角速度$\dot{\Omega}=\mathrm{d}\Omega/\mathrm{d}t$，故升交点在旋转地球上移动的角速度为

$$\frac{d\alpha^*}{dt}=-\omega_e+\dot{\Omega} \tag{8-1-22}$$

仿照式(8-1-14),可知考虑 J_2 项影响时,回归与准回归轨道的条件为

$$\frac{360°}{T(\omega_e-\dot{\Omega})}=\frac{N}{D^*} \tag{8-1-23}$$

其中,N 与 D^* 为互质的正整数,升交点周期 T 为常量。特别要指出的是,D^* 的单位为升交日,即考虑地球旋转与摄动后,升交点连续两次上中天的时间间隔。当不计摄动时,升交日即恒星日,考虑摄动后,两者并不相同。当摄动使轨道面西退时,升交日短于恒星日;当摄动使轨道面东进时,升交日长于恒星日。

2. 考虑 J_2 项摄动的回归轨道设计

从惯性空间看,地球有自转角速度 $\boldsymbol{\omega}_e$,由于地球非球形引力场 J_2 项摄动的影响,会造成轨道平面升交点赤经的变化,轨道面具有角速度 $\boldsymbol{\omega}_\Omega$,两者方向是相同的。因此,地球相对于轨道面的角速度为 $\omega_e-\omega_\Omega$,地球与轨道面相对关系的周期为

$$T_E=\frac{2\pi}{\omega_e-\omega_\Omega} \tag{8-1-24}$$

将 T_E 称为轨道日或交点日。假设观察者一直处在升交点,则其看到的地球旋转周期就是 T_E。由式(7-4-35)可知,ω_Ω 的表达式为

$$\omega_\Omega=-\frac{3}{2}J_2\sqrt{\frac{\mu}{a^3}}\left(\frac{a_e}{a}\right)^2\frac{\cos i}{(1-e^2)^2}$$

另一方面,卫星绕地球飞行的周期,即交点周期为

$$T_{nod}=\frac{2\pi}{\omega_\omega+\omega_M} \tag{8-1-25}$$

其中,ω_ω 为近地点幅角的平均变化率,ω_M 为平近点角的平均变化率,根据式(7-4-35)可得其表达式为

$$\begin{cases}\omega_\omega=\dfrac{3}{4}J_2\sqrt{\dfrac{\mu}{a^3}}\left(\dfrac{a_e}{a}\right)^2\dfrac{(5\cos^2 i-1)}{(1-e^2)^2}\\ \omega_M=\sqrt{\dfrac{\mu}{a^3}}\left[1+\dfrac{3}{4}J_2\left(\dfrac{a_e}{a}\right)^2(1-e^2)^{-\frac{3}{2}}(3\cos^2 i-1)\right]\end{cases}$$

根据(准)回归轨道的定义,考虑摄动影响的回归轨道应满足如下条件

$$\frac{D}{T_{nod}}=\frac{N}{T_E} \tag{8-1-26}$$

其中,D 和 N 为互质的正整数,N 为一个回归周期内重复的圈数,D 为对应的轨道日数。

将 T_E 和 T_{nod} 的表达式代入(8-1-26)得

$$\frac{2\pi D}{\omega_e\left(1+\dfrac{3}{2}\dfrac{J_2}{\omega_e}\sqrt{\dfrac{\mu}{a^3}}\left(\dfrac{a_e}{a}\right)^2\dfrac{\cos i}{(1-e^2)^2}\right)}=\frac{N}{\sqrt{\dfrac{\mu}{a^3}}\left(1+\dfrac{3}{4}J_2\left(\dfrac{a_e}{a}\right)^2(1-e^2)^{-2}\left((3\cos^2 i-1)\sqrt{1-e^2}+(5\cos^2 i-1)\right)\right)} \tag{8-1-27}$$

为书写简便,令

$$\begin{cases} f_1 = \dfrac{3}{2}\dfrac{J_2}{\omega_e}\sqrt{\dfrac{\mu}{a^3}}\left(\dfrac{a_e}{a}\right)^2 \dfrac{\cos i}{(1-e^2)^2} \\ f_2 = \dfrac{3}{4}J_2\left(\dfrac{a_e}{a}\right)^2 (1-e^2)^{-2}[(3\cos^2 i-1)\sqrt{1-e^2}+(5\cos^2 i-1)] \end{cases} \tag{8-1-28}$$

则式(8-1-27)可表示为

$$\frac{D}{\omega_e[1+f_1(a,e,i)]} = \frac{N}{\sqrt{\mu/a^3}[1+f_2(a,e,i)]} \tag{8-1-29}$$

其中,f_1 和 f_2 都远远小于 1。由式(8-1-29)可得半长轴 a 的迭代公式:

$$a^{[k+1]} = \left[\frac{D}{N}\cdot\frac{\sqrt{\mu}}{\omega_e}\cdot\frac{1+f_2(a^{[k]},e,i)}{1+f_1(a^{[k]},e,i)}\right]^{\frac{2}{3}} \tag{8-1-30}$$

迭代的初值可取为

$$a^{[0]} = \left(\frac{D}{N}\cdot\frac{\sqrt{\mu}}{\omega_e}\right)^{\frac{2}{3}}$$

给定了轨道的偏心率 e 和倾角 i,以及回归周期 D 和重复圈数 N 后,利用式(8-1-30)就可以得到满足回归条件的半长轴 a。

由于 T_{nod} 和 ω_Ω 的计算公式是在小偏心率假设下得到的近似公式,因此上述算法只适用于偏心率不大的轨道。

8.2 地面覆盖

卫星在搜集和传输信息时,与地面建立链路都是以电磁波为载体的。考虑到电磁波沿直线传输的特性,卫星能与地面建立信息链路的范围应该是以星下点轨迹为中心的带状区域,此区域即卫星的地面覆盖范围。地面覆盖是卫星轨道设计中非常重要的任务要求,下面来讨论地面覆盖范围与轨道要素的关系。

8.2.1 轨道上任一点的覆盖区

假设地球为半径 R_e 的圆球,某时刻卫星的轨道高度为 h,星下点为 T,如图 8-13 所示。由于电磁波沿直线传播,因此作卫星与地面的切线,切点为 P_1 和 P_2,则有 $\angle SO_E P_2 = \angle SO_E P_1 = d$,地心角 d 称为覆盖角。以 SO_E 为轴,以 SP_2 为母线作正锥体与地球相切,在此切线以上的地面区域称为覆盖区。

在直角三角形 $SO_E P_2$ 中,覆盖角 d 可以表示为

$$d = \arccos\left(\frac{R_e}{R_e+h}\right) \tag{8-2-1}$$

地面覆盖宽度 l 为

$$l = 2dR_e \tag{8-2-2}$$

覆盖区面积 A_S 为

$$A_S = 2\pi R_e^2(1-\cos d) = 4\pi R_e^2 \sin^2\frac{d}{2} \tag{8-2-3}$$

覆盖区占全球面积的百分比 P 为

$$P=\sin^2\frac{d}{2}\times 100\% \tag{8-2-4}$$

可见,覆盖区的面积百分比只与覆盖角有关。例如,若卫星的高度为 200km,则 $d=14.16°$,$P=1.52\%$。若卫星位于地球静止轨道,即 $h=35786$km,则 $d=81.30°$,$P=42.44\%$,因此只要在赤道上空等间隔放置三颗静止卫星,就可以覆盖除南北极附近外几乎地球表面的全部区域。

为了使收集和传输信息获得良好的效果,通常要求卫星与地面目标之间的视线 SP_2 与目标处地平线之间的夹角大于某个给定的角度 $\sigma_{\min}$,称为最小观测仰角。加上最小观测仰角限制后,卫星的覆盖区将减小。由图 8-14 易知,考虑最小观测仰角后的覆盖角 d 为

$$d=\arccos\left(\frac{R_e\cos\sigma_{\min}}{R+h}\right)-\sigma_{\min} \tag{8-2-5}$$

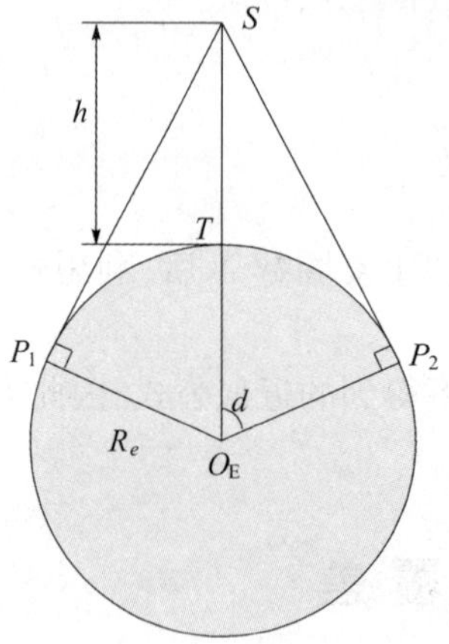

图 8-13　轨道上任一点的覆盖区

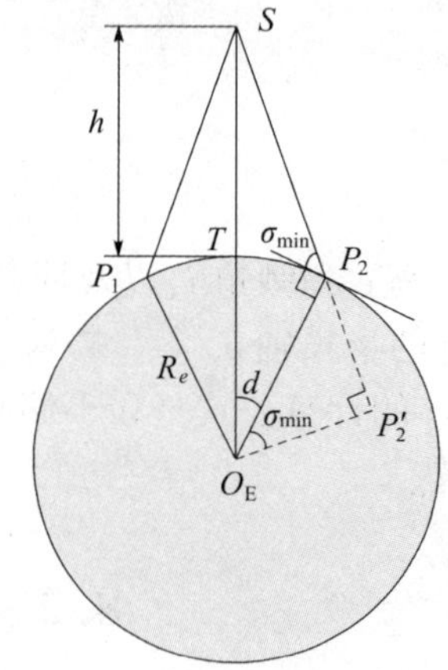

图 8-14　最小观测角下的覆盖区

由式(8-2-1)与式(8-2-5)可知,卫星离地面越高,覆盖区越大,但轨道高度越高,对有效载荷的要求也越高。比如对光学照相侦察卫星,为获得同样的地面分辨率,轨道高度越高要求相机的焦距越长;对通信卫星,为达到同样的地面信号噪声比,轨道高度越高要求有越高的发射功率。因此在实际应用中,选择轨道高度要综合考虑覆盖区和有效载荷的影响。

由于有效载荷发射功率的制约和地面分辨率的要求,有效载荷发射电磁波的波束角通常是有限制的。假设电磁波为圆锥形,且正对地心,波束半张角为 α。在图 8-14 中,若 $\alpha>\angle O_ESP_2$,则覆盖角仍按式(8-2-5)计算;否则,由正弦定理可得

$$\angle SP_2O_E=\pi-\arcsin\left(\frac{R_e+h}{R_e}\sin\alpha\right)$$

故覆盖角 d 为

$$d=\arcsin\left(\frac{R_e+h}{R_e}\sin\alpha\right)-\alpha \tag{8-2-6}$$

假定最小观测仰角 $\sigma_{\min}=5°$,图 8-15 绘出了地面覆盖区和覆盖宽度随轨道高度、波束半张角的变化情况。可见,覆盖面积比和覆盖宽度都随轨道高度的增加、半张角的增大而增大;半张角较大时,随着轨道高度的增加,仰角限制取代半张角限制,成为决定覆盖面积的主要因素。

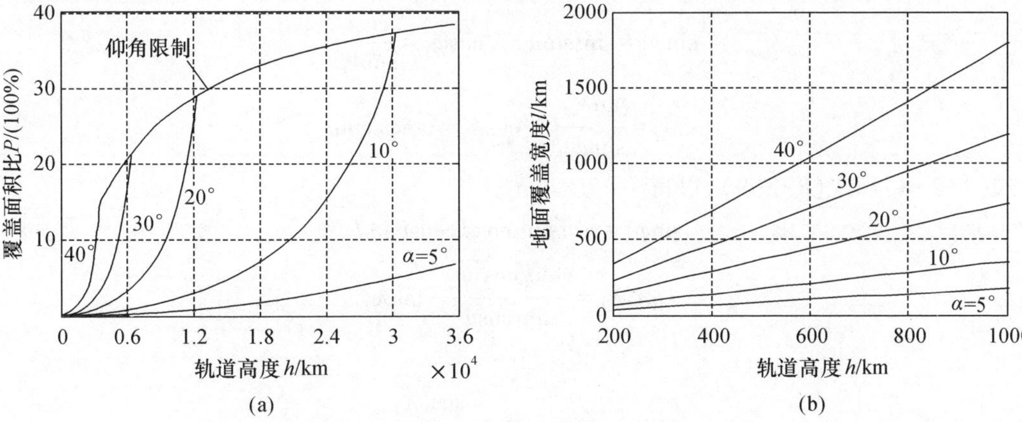

图 8-15　地面覆盖随轨道高度、半张角的变化

（a）覆盖面积比；（b）地面覆盖宽度。

8.2.2　无旋地球上的覆盖带

1. 覆盖带外沿轨迹方程

为保持地面覆盖的均匀性，应用卫星多采用近圆轨道。现在以圆轨道为例，来讨论卫星对无旋地球的覆盖问题。

设圆轨道的轨道倾角为 i，轨道高度为 h，不考虑摄动因素的影响，则无旋地球的星下点轨迹方程为式(8-1-1)。若将无旋地球上星下点的经纬度记为 λ_T、φ_T，其中 λ_T 是以升交点为参考点计算的，则在式(8-1-1)中消去参数 u，可得

$$\lambda_T=\arcsin(\tan\varphi_T\cot i) \tag{8-2-7}$$

圆轨道上各时刻的覆盖角均为 d，当卫星沿轨道运动时，在垂直于星下点轨迹两侧、地心角为 d 的范围内形成一地面覆盖带，如图 8-16 所示。根据球面三角关系可以确定覆盖带外沿的轨迹方程。

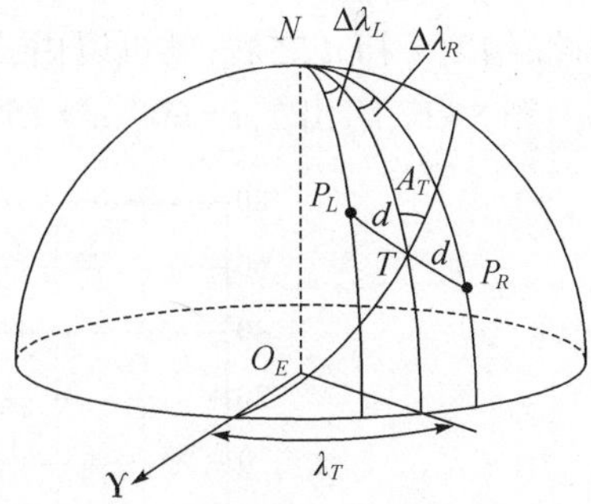

图 8-16　无旋地球上覆盖带的外沿

在图 8-16 中，过任一时刻的星下点 T 作垂直于星下点轨迹的大圆弧，在大圆弧上与 T 点的角距为 d 的左右两点分别记为 $P_L(\varphi_L,\lambda_L)$ 和 $P_R(\varphi_R,\lambda_R)$。随着卫星的运动，P_L 和 P_R 在地球上形成的轨迹即为覆盖带的外沿轨迹。顺卫星运动的方向看，P_L 在左侧，P_R 在右侧，因此其轨迹分别称为左侧外沿轨迹和右侧外沿轨迹。(φ_L,λ_L) 与 (φ_R,λ_R) 满足的方程分别为左侧和右侧外沿轨迹方程。

在球面三角形 TNP_L 中，由边的余弦定理知

$$\sin\varphi_L=\sin\varphi_T\cos d+\cos\varphi_T\sin d\sin A_T \tag{8-2-8}$$

A_T 为星下点轨迹的方位角。令 $\Delta\lambda_L=\lambda_T-\lambda_L$，由球面三角形的相邻四元素公式可得

$$\cot\Delta\lambda_L=\frac{\cot d\cot\varphi_T}{\cos A_T}-\sin\varphi_T\tan A_T \tag{8-2-9}$$

为将外沿轨迹方程用轨道要素表示，将球面三角关系

$$\sin\varphi_T=\sin i\sin u,\quad \cos\varphi_T=\frac{\cos i}{\sin A_T}$$

$$\tan A_T=\frac{\tan\lambda_T}{\sin\varphi_T},\quad \cos A_T=\tan\varphi_T\cot u$$

代入式(8-2-8)和式(8-2-9),可得

$$\sin\varphi_L=\sin i\sin u\cos d+\cos i\sin d$$

$$\cot\Delta\lambda_L=\frac{\cot d\cos^2\varphi_T}{\sin i\cos u}-\tan\lambda_T$$

由于

$$\cot\Delta\lambda_L+\tan\lambda_T=\frac{\sec^2\lambda_T}{\tan\lambda_T-\tan\lambda_L}$$

并考虑到

$$\cos\varphi_T\cos\lambda_T=\cos u,\tan\lambda_T=\cos i\tan u$$

可得左侧外沿的轨迹方程为

$$\begin{cases}\sin\varphi_L=a_1\sin u+a_2\\ \tan\lambda_L=b_1\tan u-b_2\sec u\end{cases}\tag{8-2-10}$$

其中,

$$\begin{cases}a_1=\sin i\cos d,\quad a_2=\cos i\sin d\\ b_1=\cos i,\quad b_2=\tan d\sin i\end{cases}\tag{8-2-11}$$

同理,可得覆盖带的右侧外沿轨迹方程为

$$\begin{cases}\sin\varphi_R=a_1\sin u-a_2\\ \tan\lambda_R=b_1\tan u+b_2\sec u\end{cases}\tag{8-2-12}$$

因此,给定 i 和 d 之后,就可以由式(8-2-10)与式(8-2-12)确定覆盖带的外沿轨迹。

图 8-17 给出了 $i=60°$,$d=15°$时覆盖带外沿的轨迹。

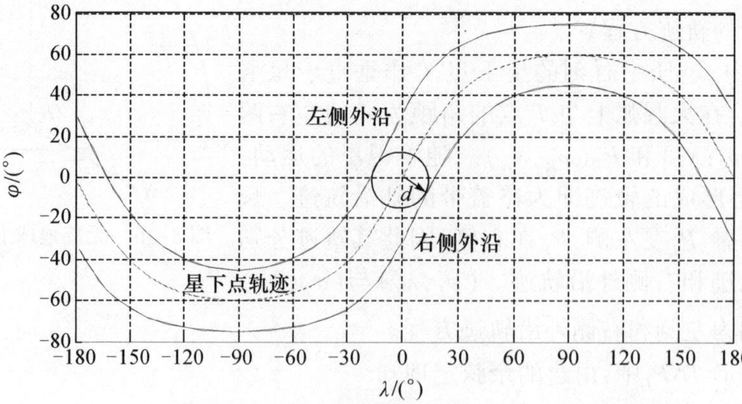

图 8-17 覆盖带外沿轨迹

2. 覆盖带外沿轨迹的性质

下面讨论覆盖带外沿轨迹的一些性质。

1）外沿轨迹的对称性

由式（8-2-10）与式（8-2-12）可知，纬度幅角等于 u 时的（φ_L，λ_L）和等于 $-u$ 时的（$-\varphi_R$，$-\lambda_R$）相等，因此左右侧外沿轨迹相对于原点对称。此外，两侧的外沿轨迹均对称于 $\lambda=90°$ 和 $\lambda=-90°$ 的轴。

2）覆盖带的纬度范围

覆盖带纬度的最大值和最小值决定了卫星覆盖带的纬度范围，这是一个表示卫星覆盖能力的参数。根据图 8-20 可知，对于左侧外沿轨迹有

$$\varphi_{L\max}=i+d,\quad \varphi_{L\min}=-(i-d)$$

对于右侧外沿轨迹有

$$\varphi_{R\max}=i-d,\quad \varphi_{R\min}=-(i+d)$$

因此卫星的覆盖带纬度范围为

$$\begin{cases}-(i+d)\leqslant\varphi\leqslant(i+d), & (i+d)\leqslant 90°\\ -(180°-i+d)\leqslant\varphi\leqslant(180°-i+d), & (i-d)\geqslant 90°\end{cases}\tag{8-2-13}$$

对于高度较低的卫星，当 d 为小量时，可近似认为星下点轨迹的纬度范围即为覆盖带的纬度范围。

3）覆盖带宽度

覆盖带可覆盖星下点轨迹两侧一定经度范围内的地区。为描述经度范围的大小，引入覆盖带宽度的概念，这是描述卫星覆盖能力的另一个参数。

对于低高度圆轨道卫星，当 $i\neq 0$ 且 d 为小量时，左右侧覆盖带宽度的近似表达式为[5]

$$\Delta\lambda_R=\Delta\lambda_L=\frac{d}{\sin i\cos u}\tag{8-2-14}$$

可见，左右侧覆盖带宽度相等，且宽度随 u 变化，当 $u=0$ 时，覆盖带宽度取最小值。由于 $u=0°$ 时，$\varphi_T=0$，因此赤道上的覆盖带宽度最小。将左右侧覆盖带的最小宽度记为 $\Delta\lambda_d$，则有

$$\Delta\lambda_d=\Delta\lambda_{R\min}=\Delta\lambda_{L\min}=\frac{d}{\sin i}\tag{8-2-15}$$

因此，低高度圆轨道卫星至少能覆盖星下点轨迹两侧经度各为 $\Delta\lambda_d$ 的地区。

8.2.3 旋转地球的覆盖问题

一般情况下卫星对旋转地球的覆盖是一个很复杂的问题，往往只能通过数值方法计算得到。在此只讨论低高度圆轨道卫星以最小宽度的左右侧覆盖带对旋转地球的覆盖问题，此时的覆盖带称为最小宽度覆盖带。根据前面的分析，卫星在轨道上运动时，当相邻圈的最小宽度覆盖带在赤道上彼此衔接而不出现空隙时，对于回归或准回归轨道而言，在其回归周期内，在覆盖带纬度范围内可以实现东西方向上的全球覆盖。

当地球以角速度 ω_e 自转时，t 时刻的星下点轨迹经度改变为 $-\omega_e t$，与星下点处于同一纬度的最小宽度覆盖带的经度改变也为 $-\omega_e t$。不考虑摄动因素，则每圈升交点与覆盖带一起西移

$\omega_e T_0$,这样卫星在运动过程中每圈可以覆盖旋转地球上的不同地区,如图 8-18所示。

下面讨论最小宽度覆盖带对旋转地球覆盖的几个问题。

(1) 覆盖情况与升交点每圈移动量的关系很密切。不计摄动影响时,若卫星运动周期为 T_0,则地球自转使升交点每圈的移动量为

$$\Delta\lambda_{\omega_e} = -\omega_e T_0$$

考虑 J_2 项摄动时,圆轨道升交点每圈的移动量为

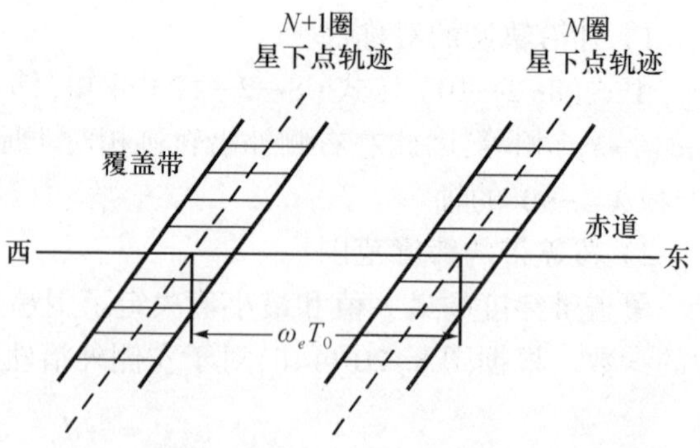

图 8-18　最小宽度覆盖带对旋转地球的覆盖

$$\Delta\lambda_{\omega_e} = -\left[\omega_e T + 0.5847\left(\frac{a_e}{a}\right)^2 \cos i\right] \quad (°/圈) \tag{8-2-16}$$

式中:T 为交点周期,单位是 s。

(2) 覆盖带宽度随星下点纬度绝对值的增大而增大,如果相邻圈的星下点轨迹覆盖带在赤道上彼此衔接,没有重叠,那么随着纬度绝对值的增大将会出现重叠。绝对值越大,重叠也越多。重叠的程度可以用旁向重叠率来描述,这是卫星轨道设计中需要考虑的重要指标[6]。

(3) 卫星在轨道的升弧段和降弧段均可对地面进行覆盖,如果考虑到其他条件的限制(例如星下点应为阳光照明)而认为只能在部分弧段对地面进行覆盖,则在一个回归周期内只能对地球进行一次覆盖。

8.3　卫星轨道及星座设计

8.3.1　轨道分类

根据卫星轨道要素和星下点轨迹的特征,可以将卫星轨道分为不同的类型。

1. 按轨道倾角 *i* 分类

当 $i=0°$或$180°$时,称为赤道轨道;当 $i=90°$时,称为极轨道或极地轨道;当 $0°<i<90°$或$90°<i<180°$时,称为倾斜轨道。当 i 接近$90°$时,称为近极轨道。

当 $i=63°26'$或$116°34'$时,称为临界轨道。当 $0°\leqslant i<90°$时,称为顺行轨道;当$90°<i\leqslant 180°$时,称为逆行轨道。

2. 按偏心率 *e* 分类

当 $e=0$ 时,称为圆轨道;当 e 接近零时,称为近圆轨道;当 $0<e<1$ 时,称为椭圆轨道。偏心率接近 1 的椭圆轨道称为大椭圆轨道。

在圆轨道上运行的卫星,距离地面的高度、运行速度和覆盖特性等均变化不大,适用于全球均匀覆盖任务;椭圆轨道上运行的卫星,在远地点附近运行速度慢、运行时间长,可以利用该特性实现对特定区域的长时间覆盖。

3. 按轨道高度 *h* 分类

对近圆轨道,还可以按距离地面的高度分类。

能维持卫星自由飞行的最低高度称为临界轨道高度,一般认为此高度为 110~120km。当

高度低于此值时，卫星不能绕地球自由飞行一整圈，但可以利用星上的控制系统和动力装置抵消大气阻力的影响，使卫星作低于临界轨道高度的飞行，这种轨道称为超低轨道。

临界轨道高度~2000km 高度的轨道称为低轨道(low earth orbit, LEO)。低轨道的高度低，周期短($87\text{min}<T<127\text{min}$)，因此有地面分辨率高、天线发射功率低、延迟小等优点，但也存在覆盖范围小、用户可视时间短的不足。低轨道卫星容易受大气阻力摄动的影响，因此需要携带较多的燃料来修正轨道衰减。同时，由于难以建立地球大气的准确模型，也很难实现对卫星的精密定轨和长期星历预报。600km 高度以上，范艾伦辐射带的影响逐渐加强，不宜用作长期载人飞行，否则可能损害航天员的健康。

1000~30000km 高度的轨道称为中轨道(medium earth orbit, MEO)。该高度范围内的轨道覆盖范围和可视时间都比较适中，可供选择的高度空间也很大。同时，空间环境力摄动的影响较小，地球非球形项的影响变弱、大气阻力可以忽略，因此卫星轨道的稳定性较高，便于开展精密星历预报。但选择轨道时需要考虑地球辐射带的影响，在 1000~6000km 的内辐射带范围和 13000~19000km 的外辐射带范围内不宜部署卫星，或需要对星上电子器件采用专门的抗辐射加固技术。

30000km 高度以上的轨道称为高轨道。远地点高度高于 30000km 的椭圆轨道通常也归入高轨道。

4. 按星下点轨迹回归特征分类

在方程(8-1-14)中，当 $D=1$ 时，称为回归轨道；当 $D=1$ 且 $N=1$ 时，称为地球同步轨道；若再有 $i=0°$ 和 $e=0$，则称为地球静止轨道；当 $D>1$、$N>1$ 时，为准回归轨道；当 $D>1$、$N=1$ 时，为地球超同步轨道。

5. 按考虑摄动后的轨道要素变化特征分类

卫星轨道面东进的平均角速度与平太阳视运动角速度相等时，称为太阳同步轨道。

卫星轨道的近地点幅角和偏心率的平均值保持不变的轨道，称为冻结轨道。

8.3.2 卫星轨道设计

1. 轨道设计的一般原则

卫星的轨道可以用六个轨道要素来描述，因此卫星轨道设计就是选择六个轨道要素。

半长轴 a 和偏心率 e 决定轨道的大小和形状，选择 a 和 e 就是选择近地点高度和远地点高度，也可以看作选择近地点高度和轨道周期 T。轨道倾角 i 决定了卫星覆盖的最高纬度和最低纬度，同时 i 的选择必须考虑发射场的位置和运载火箭的能力。近地点幅角 ω 可由轨道倾角和近地点位置所确定，因此选择近地点幅角可由选择近地点位置来代替。升交点赤经 Ω 在轨道设计中最终由发射时间来确定，且往往用升交点地理经度 Ω_G 来代替 Ω。当入轨点的地理经度 λ 和地心纬度 φ 确定后，若在升弧段入轨，则有

$$\Omega_G=\lambda-\arcsin(\tan\varphi\cot i) \tag{8-3-1}$$

若在降弧段入轨，有

$$\Omega_G=180°+\lambda+\arcsin(\tan\varphi\cot i) \tag{8-3-2}$$

故 Ω_G 又可以由入轨点的位置所代替。

综上，设计六个轨道要素可以由设计近地点高度、轨道周期、轨道倾角、近地点位置、发射时刻和入轨点位置等参数来代替[6,9]。轨道参数的最终确定，很大程度上取决于卫星执行的任务。

对地观测卫星，需要有较高的地面分辨率和识别波谱特性。用于军事目的的对地观测卫

星,一般选择近地圆轨道,如美国的 KH 系列军事侦察卫星大都采用近地圆轨道。以地球资源普查或勘探为目的的卫星,一般选择 800km 高度左右的太阳同步圆轨道,以满足长寿命和地面观测条件的要求。

通信卫星的轨道,主要考虑覆盖范围大、通信距离远,便于地面站的天线跟踪,因此一般采用高轨道,如地球静止轨道。处于地球静止轨道上的卫星相对于地球静止不动,地面用户的天线跟踪简单,并能实现昼夜不间断通信,因此现代通信卫星多采用这种轨道。但对于高纬度地区,地面站天线对卫星的仰角太小,信号传输中的大气衰减比较严重,为保证通信质量,需要提高卫星的辐射功率或地面站的接收能力。因此,有的用于高纬度地区通信的卫星采用大倾角、远地点高度达 40000km 的大椭圆轨道,以避免上述问题,如俄罗斯的"闪电"通信卫星。

气象卫星多采用太阳同步轨道或地球静止轨道。为保证云图质量,气象卫星的太阳同步轨道一般采用圆轨道,偏心率小于 1‰,倾角大于90°,高度一般为 800~1000km,以便飞经不同地区时获得的图像具有相同的光照条件。地球静止卫星可以实现对同一地区的不间断观测。例如,我国的"风云"三号卫星采用太阳同步轨道,"风云"二号卫星采用地球静止轨道。

导航卫星多采用圆轨道,高度一般为中高轨道,这样可以同时兼顾卫星的覆盖性和导航精度,如美国的 GPS 卫星导航系统采用的是高度 20200km 的圆轨道。测地卫星为获得全球性的引力异常及其变化数据,特别是引力场的高频信息,多采用近圆的低地球轨道,如欧空局的 GOCE 重力场测量卫星的轨道高度低于 300km。电子侦察卫星多采用近圆或圆形轨道,单星定位制卫星的轨道高度一般在 400~500km,多星定位制卫星的轨道高度一般在 1000km 以上,以利于长期监视大面积地区,如美国的"白云"海洋监视卫星采用 3 星定位体制,轨道是高度约 1050km 的近圆轨道。

在 8.1 节已经讨论了回归轨道的设计方法,下面重点讨论太阳同步轨道和冻结轨道的设计方法。

2. 太阳同步轨道

地球除做自西向东的自转运动外,还按逆时针方向(从北黄极看)绕太阳做公转运动。因此,若在摄动因素作用下,卫星轨道面进动的方向不仅与地球公转的方向一致,且进动的角速度 $d\Omega/dt$ 刚好等于地球公转的平均角速度时,则轨道面将与平太阳同步旋转,这种轨道称为太阳同步轨道(sun-synchronous orbit,SSO)。

在一个平太阳日内,地球绕太阳向东平均转过的角度为 0.9856°。只考虑 J_2 项摄动时,根据式(7-4-39)可知,太阳同步轨道的轨道倾角与半长轴应满足

$$0.9856=-9.9649\left(\frac{a_e}{a}\right)^{\frac{7}{2}}\frac{\cos i}{(1-e^2)^2} \tag{8-3-3}$$

若轨道为圆轨道,则有

$$\cos i_0=-9.8907\times10^{-2}\cdot\left(\frac{a_0}{a_e}\right)^{\frac{7}{2}} \tag{8-3-4}$$

由式(8-3-4)可知,太阳同步轨道的倾角必大于 90°,也即是逆行轨道。因此,它的降轨是从北半球的东北方向向南半球的西南方向飞行,升轨是从南半球的东南方向向北半球的西北方向飞行。

图 8-19 给出了太阳同步圆轨道的倾角与轨道高度的关系。可见,轨道倾角都接近 90°,因此通常所说的极轨道即指太阳同步轨道。

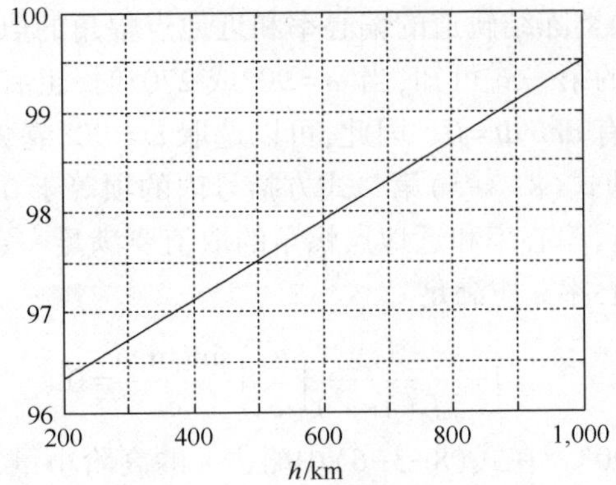

图 8-19　太阳同步圆轨道的倾角与轨道高度的关系

由于太阳同步轨道的轨道面与平太阳同步旋转，由平太阳日的概念可知，此时的升交日即平太阳日。由地方平时的概念可知，太阳同步轨道卫星以相同的地方平时沿同一方向通过纬度相同的星下点。若将轨道进一步设计成回归轨道，则卫星在每个回归周期内以相同的地方平时重复飞过地球某地的上空，这给对地观测带来了很大方便。

太阳同步轨道的另一个特点是太阳照射轨道面的方向在一年内近似不变，因此太阳照射角、太阳能量接收量、同纬度星下点的照明情况、地影时间等重要参数的周年变化很小。关于太阳同步轨道星下点照明情况的讨论见 8. 4. 1 节。

鉴于上述特点，太阳同步轨道特别适用于近地轨道的对地遥感卫星，如资源卫星、气象卫星、海洋卫星、光学照相侦察卫星等。

3. 冻结轨道

冻结轨道(frozen orbit)的概念最早是由 Cutting 在 1978 年研究海洋卫星 Seasat-A 的轨道时提出的[8]。如前所述，它是指近地点幅角 ω 和偏心率 e 的平均值保持不变的轨道，因此卫星经过同一地区时的高度相同，不同时刻得到的同一地区的遥感图片具有相同的几何特征，特别适用于对地观测卫星。

仅考虑 J_2 项的影响时，根据摄动运动方程(7-4-39)，当卫星轨道倾角等于临界倾角 $i_c=63°26'$ 或 $116°34'$ 时，方程第二式的右端等于零，也即 $\mathrm{d}\omega/\mathrm{d}t=0$，因此轨道拱线将停止转动，且轨道偏心率保持不变，满足冻结轨道的特征。实际上，这类轨道的应用要早于冻结轨道概念的提出。1964 年，苏联发射的“闪电”(Molniya)通信卫星就采用了一条倾角为 63°26′的大椭圆轨道，其远地点固定在苏联国土上空，从而能够为苏联提供长时间的通信服务。这类冻结轨道又称为临界倾角轨道。

当考虑地球非球形引力场的高阶小量摄动时，冻结轨道的条件将发生改变。比如，若计及 J_2 和 J_3 项，则 ω 与 e 的平均变化率可表示为

$$\begin{cases}\dfrac{\mathrm{d}e}{\mathrm{d}t}=-\dfrac{3J_3n}{8(1-e^2)^2}\left(\dfrac{a_e}{a}\right)^3\sin i(5\cos^2 i-1)\cos\omega\\[2ex]\dfrac{\mathrm{d}\omega}{\mathrm{d}t}=\dfrac{3J_2n}{4(1-e^2)^2}\left(\dfrac{a_e}{a}\right)^2(5\cos^2 i-1)\left[1+\dfrac{J_3}{2J_2(1-e^2)}\left(\dfrac{a_e}{a}\right)\dfrac{\sin i\sin\omega}{e}\right]\end{cases}\tag{8-3-5}$$

式中，各轨道要素是考虑长期项和长周期项摄动的平均轨道要素。

由式(8-3-5)可以看出，当 $i=i_c$ 时，有 $\mathrm{d}e/\mathrm{d}t$ 和 $\mathrm{d}\omega/\mathrm{d}t$ 均等于 0，这是临界倾角的情况，可

称为第一类冻结轨道。这类冻结轨道的偏心率和近地点幅角的取值不受限制。

此外,由式(8-3-5)的第一式可知,当 $\omega=90°$或 270°时,也有 $\mathrm{d}e/\mathrm{d}t=0$;由第二式可知,当方括号内的项等于 0 时,有 $\mathrm{d}\omega/\mathrm{d}t=0$。因此,可以选取 $\omega=90°$或 270°,然后依据轨道半长轴 a 和倾角 i,确定偏心率 e,使式(8-3-5)第二式方括号内的项等于 0,同样可以实现轨道的冻结。这可称为第二类冻结轨道,偏心率和近地点幅角的取值要满足一定条件。

由上述分析可知,偏心率 e 应满足

$$1+\frac{J_3}{2J_2(1-e^2)}\left(\frac{a_e}{a}\right)\frac{\sin i\sin\omega}{e}=0 \tag{8-3-6}$$

由于 $J_3<0$,所以应取 $\omega=90°$。在式(8-3-6)中略去 e 的高阶小量,并把 $\omega=90°$代入,可得

$$e=-\frac{J_3}{2J_2}\left(\frac{a_e}{a}\right)\sin i \tag{8-3-7}$$

由于 J_3是 J_2的 10^{-3}的量级,因此 e 也是 10^{-3}的量级。式(8-3-7)就是常用的冻结公式,从中可以看出,冻结轨道的偏心率是轨道半长轴和轨道倾角的函数。

根据式(8-3-7),图 8-20 绘出了近地冻结轨道的偏心率 e 与轨道高度 h、倾角 i 的关系。

第二类冻结轨道实际上是平均系统的一个特解,也是各种带谐项平衡的结果,即偶阶次带谐项引起的 ω 的长期摄动被奇阶次带谐项引起的长周期摄动所平衡。实际情况中,偏心率 e 和近地点幅角 ω 不可能精确等于冻结值,参数的偏离会引起冻结轨道的振荡。此外,冻结轨道偏心率的计算精度取决于带谐项的阶次,所取阶次越高,计算精度也越高,但计算工作量也随之增大。通常轨道倾角小于 50°时,只需考虑 J_2和 J_3项;轨道倾角大于 50°时,就需要考虑更高阶的带谐项[6-7]。图 8-21 所示是美国的某颗海洋卫星($i=108°$, $h=800\mathrm{km}$)取不同阶次的带谐项计算所得的冻结轨道偏心率的数值结果[8],由图可以看出,考虑 $J_2\sim J_{21}$阶带谐项得到的偏心率结果比考虑 J_2、J_3带谐项得到的结果降低了 20%。

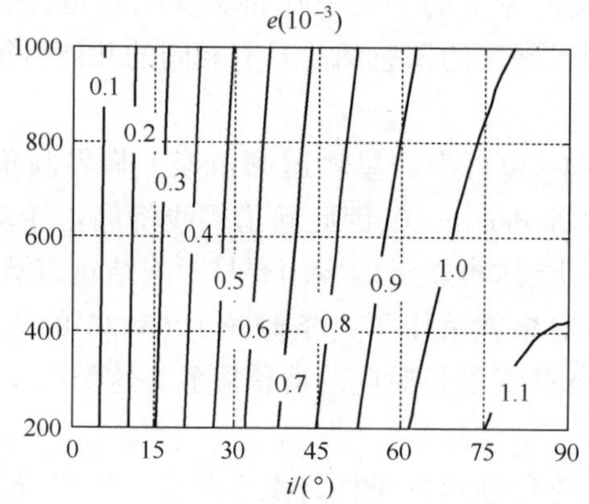

图 8-20 冻结轨道偏心率 e 与轨道高度 h、倾角 i 的关系

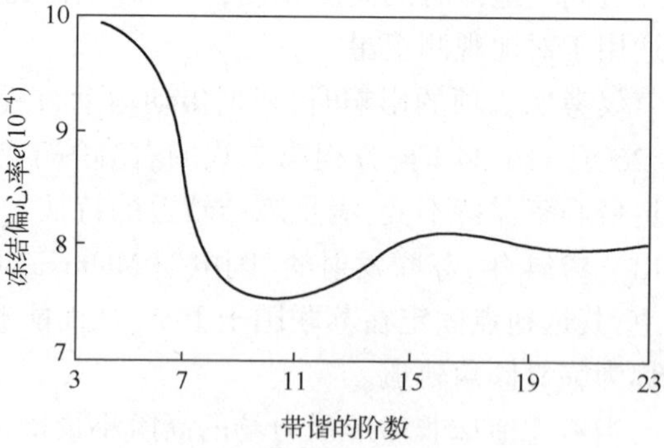

图 8-21 美国某海洋卫星冻结轨道的偏心率[8]

由于冻结轨道的 e 和 ω 保持不变,故卫星飞越同纬度地区的上空时,其轨道高度始终如一,这是它很重要的特性,对于考察地面或进行垂直剖面内的科学测量都是非常有利的。如果进一步将冻结轨道与回归轨道相结合,就能使卫星在保持高度不变的条件下,对预定观测区域进行多次重复观测,美国有多颗大气探测卫星、海洋卫星都使用了冻结轨道。很多选择太阳同步轨道的对地观测卫星,也兼有冻结的特性,此时可称为太阳同步冻结轨道,如美国的 Landsat-5

地球资源卫星、欧洲环境卫星 Envisat 都采用了太阳同步冻结轨道。

虽然临界倾角和冻结轨道曾作为两个不同的问题分别进行研究,但从运动微分方程的角度看,它们都是运动方程的奇点,即运动的平衡点,可以统一起来讨论。

前面讨论了太阳同步轨道和冻结轨道的设计方法,但只考虑了主要的摄动因素。当考虑地球非球形的高阶带谐项及田谐项、太阳光压、三体摄动等因素后,同步或冻结的轨道特性会遭到破坏,因此需要采用轨道保持的方法进行控制。工程应用中,基于上述方法完成轨道的初步设计后,还需要考虑更高阶的摄动项来改进设计,比如可以在轨道高度或倾角上增加一个偏置量,从而抵消其他摄动因素的影响,这种改进可以降低轨道保持燃料的消耗。

8.3.3 卫星星座设计

在实际应用中,对卫星的地面覆盖要求除在一定纬度带内实现全球覆盖外,还可能会对覆盖时间、覆盖重数有要求。比如利用卫星实现全球导航时,会要求实现全球多重覆盖,即地球上任一点在任意时刻能够见到多颗卫星。为达到给定的覆盖要求,通常是在同一轨道上按一定间隔放置多颗卫星,形成卫星环,然后将几个同样的卫星环按一定的方式配置,组成卫星星座。

1. 卫星环

若在轨道倾角 $i\leqslant 90°$,轨道高度为 h 的圆轨道上等间隔地放置 K 个卫星,这些卫星形成一个卫星环。由于环中每个卫星的高度相同,因此覆盖角 d 相等。当卫星个数 K 足够多时,相邻卫星的覆盖区会有相互重叠的部分,如图 8-22 所示。

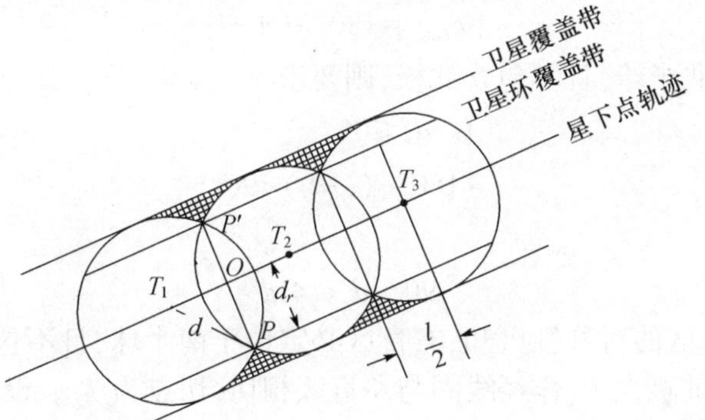

图 8-22 卫星环的覆盖带

图中 $T_i(i=1,2,\cdots,K)$ 是某时刻第 i 个卫星的星下点,由于环中卫星等间隔放置,故相邻的星下点之间的角距 l 为

$$l=\frac{360°}{K} \tag{8-3-8}$$

当 $d>l/2$ 时,相邻卫星的覆盖带有重叠部分。

若星下点轨迹上两相邻星下点的中心为 O,过 O 作与星下点轨迹正交的大圆弧,圆弧与覆盖区的重叠部分交于 P 和 P' 点,令中点 O 与 P 点(或 P' 点)的角距为 d_r,d_r 称为重叠部分的宽度或卫星环的覆盖角。图 8-19 中,在球面直角三角形 T_1OP 中有

$$\cos d_r=\frac{\cos d}{\cos\frac{l}{2}}=\frac{\cos d}{\cos\frac{180^\circ}{K}} \tag{8-3-9}$$

由式(8-3-9)可知,当卫星环中卫星的个数 K 给定时,只有当

$$d>\frac{180^\circ}{K} \tag{8-3-10}$$

满足时,d_r才有解,这一不等式对卫星的覆盖角 d 也就是卫星的轨道高度 h 提出了要求。反之,当轨道高度 h 给定,d 为已知量时,则要求卫星的个数 K 满足不等式

$$K>\frac{180^\circ}{d} \tag{8-3-11}$$

从惯性空间看,卫星环在星下点轨迹两侧宽度为 d_r的区域形成一覆盖带,称为卫星环的覆盖带。卫星环覆盖带内的地区至少为环中的一颗卫星所覆盖,或者说此覆盖带内的任何地区在任何时刻至少能看到环内的一颗卫星。

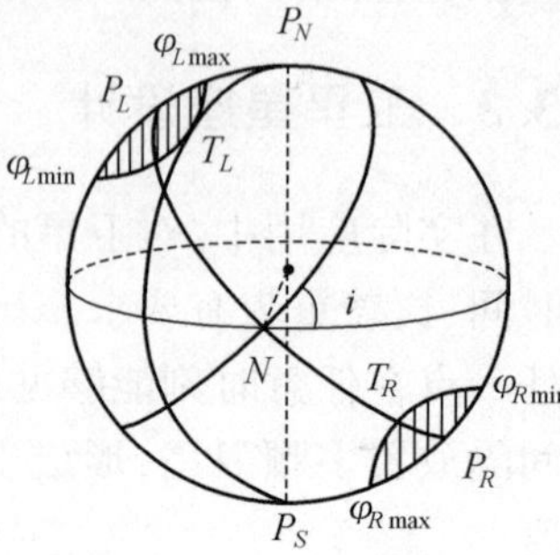

图 8-23 卫星环的盲区

卫星环覆盖带之外的区域称为卫星环的盲区,盲区的范围取决于 i、h 和 K,如图 8-23 所示。过升交点 N 作垂直于卫星轨道的大圆弧,其上的 P_L点距升交点的角距为 90°。左盲区的边界是以 P_L为中心,$90^\circ-d_r$ 为半径的小圆,因此左盲区的纬度范围为

$$\begin{cases}\varphi_{L\min}=d_r-i\\ \varphi_{L\max}=180^\circ-(d_r+i)\end{cases} \tag{8-3-12}$$

如果要使左盲区位于北半球,且不包含北极,则要求

$$\begin{cases}i-d_r\leqslant 0^\circ\\ 180^\circ-(i+d_r)<90^\circ\end{cases} \tag{8-3-13}$$

即要求

$$90^\circ-d_r<i\leqslant d_r \tag{8-3-14}$$

若上式得到满足,由盲区的对称性可知,右盲区必定位于南半球,且不包含南极。

在图 8-26 中,过北极点 P_N作经线圈与左盲区相切,切点为 T_L。设 T_L与 P_L的经度差为 α,在球面直角三角形 $P_NT_LP_L$中,有

$$\sin\alpha=\frac{\cos d_r}{\sin i} \tag{8-3-15}$$

因此左盲区所占的经度范围为

$$\Delta\lambda_u=2\alpha=2\arcsin\frac{\cos d_r}{\sin i} \tag{8-3-16}$$

由对称性可知,上式亦为右盲区所占经度范围的表达式。

2. 星座配置原则

由于单个卫星环存在盲区,因此不能满足地球上任意地点在任意时刻至少为一颗卫星覆盖的要求,更难满足多重覆盖的要求。为解决这一问题,可用多个按一定要求配置的相同卫星环组成卫星星座,如果各卫星环的盲区在无旋地球上互不重叠,则当地面目标处于某一卫星环的盲区之内时,必处于其他卫星环的盲区之外。如果有 P 个卫星环,则在任意地点的任意时

刻至少能够看到网内的 $P-1$ 颗卫星。

下面讨论卫星环的左右盲区分别配置在北半球和南半球的情况(即每个盲区不跨越赤道)。首先要求盲区的纬度范围不能超过纬度±90°,否则盲区将在极区发生重叠,这一要求可表示为

$$i \geqslant 90° - d_r \tag{8-3-17}$$

其次考虑左右盲区分别配置在北半球和南半球,由式(8-3-13)的第一式可知,这一要求可表示为

$$i \leqslant d_r \tag{8-3-18}$$

最后,考虑到一个卫星环有左右两个盲区,P 个卫星环共有 $2P$ 个盲区,而左右盲区又分别配置在北半球和南半球,因此在两个半球各有 P 个盲区。由于要求盲区互不重叠,故对每个盲区所占的经度范围提出了要求。由式(8-3-16)可知,这一要求为

$$\arcsin \frac{\cos d_r}{\sin i} \leqslant \frac{180°}{P} \tag{8-3-19}$$

在所讨论的情况下,当满足式(8-3-17)~式(8-3-19)且各卫星环的升交点按照盲区互不重叠的原则配置时,可满足组网的覆盖要求。

对左右盲区跨越赤道的情况,可按照类似的原则考虑,这里不再讨论。

卫星星座在导航、通信、对地观测等需要全球覆盖的领域中应用较多。

3. 常用星座构型

1) δ 星座

Walker[11] 提出的 δ 星座得到了普遍承认和广泛应用,通常称为 Walker-δ 星座。δ 星座的特征是:有 P 个轨道面,对参考平面的倾角都等于 δ,通常将参考平面选为赤道面,则 δ 就是轨道倾角;每条轨道的升交点以等间隔 $2\pi/P$ 均匀分布;每个轨道面内都是半长轴相等的圆轨道,每条轨道上的 S 颗卫星按等间隔 $2\pi/S$ 均匀分布;相邻轨道上卫星之间的相对位置与它们的升交点赤经成正比,即任意一条轨道上的一颗卫星经过它的升交点时,相邻的东侧轨道上对应的卫星已经越过自己的升交点,并飞越了 $F \times (360°/T)$ 的地心角。这里 T 是卫星的总数,即 $T=PS$,F 是在不同轨道面内卫星相对位置的无量纲量,可以是从 0 到 $(P-1)$ 的任何整数。因此,δ 星座可以用 T、P 和 F 三个参数来描述,再加上轨道倾角 δ,就可以确定整个星座的构型。通常以 $T/P/F$ 表示 δ 星座的参考码或描述符。

给定 T 以后,选取不同的 P 和 F,可以组成不同形状的 δ 星座。例如,6 颗卫星可以组成 12 种 δ 星座,24 颗卫星可以组成 60 种 δ 星座,这些星座具有不同的性能。美国的 GPS 导航系统、欧洲的伽利略导航系统都采用 δ 星座。

δ 星座虽然有很好的覆盖性能,但由于不同轨道面之间的相互关系并不固定,而是随轨道倾角的改变而改变,因此还没有一般的覆盖性能的解析分析方法。通常需要计算机进行冗长的数值计算分析,才能找到满足实际需要的星座形状和大小。

2) σ 星座

如果将所有的 δ 星座看成一个集合,σ 星座就是其中的一个子集。σ 星座区别于其他 δ 星座的特点是,所有卫星的星下点轨迹重合且星下点轨迹不自相交。

显然,σ 星座所有卫星的轨道都是(准)回归轨道。假设卫星经过 M 天运行 L 圈后地面轨迹开始重复(M 和 L 为互质数),为满足地面轨迹不自相交的要求,必须有 $L-M=1$。这一要求同时也决定了可以选择的轨道周期,如 $L=2$,$M=1$ 时,轨道周期为 12h;$L=3$,$M=2$ 时,轨道周期为 16h。

σ 星座属于 δ 星座,因此可以用 $T/P/F$ 来描述。但是为了满足所有星下点轨迹重合的要求,P 和 F 可由下式唯一确定:

$$\begin{cases} P=\dfrac{T}{H[M,T]} \\ F=\dfrac{T}{PM}(kP-M-1)=\dfrac{T}{PM}(kP-L) \end{cases} \tag{8-3-20}$$

式中:$H[M,T]$ 表示取 M 和 T 的最大公因子。注意到 F 是 0 到 $P-1$ 范围内的某个整数,系数 k 即可唯一地确定。既然 P 和 F 可由 T 和 M 唯一确定,因而常将 T/M 作为 σ 星座的描述符。例如,σ 星座 13/2 对应的 δ 星座描述符为 13/13/5,σ 星座 18/3 对应的 δ 星座描述符为 18/6/2。

σ 星座所有卫星的星下点轨迹重合在一起,形成一条类似正弦曲线的不自相交的封闭曲线,因此 σ 星座又称作覆盖带星座。各卫星的星下点均匀分布在这条曲线上,不可能出现卫星相互靠拢的情况,因此 σ 星座的覆盖特性均匀,覆盖效率高,是非常好的星座构型。铱星通信系统采用的就是这种星座构型。

除此之外,还有星形星座、玫瑰星座、Ω 星座等不同星座构型,以及由不同轨道高度、倾角和偏心率组成的混合星座。例如,我国的“北斗三号”导航卫星系统采用了由三颗地球静止轨道(GEO)卫星、三颗倾斜地球同步轨道(IGSO)卫星和 24 颗中圆地球轨道(MEO)卫星组成的混合星座;美国太空探索公司(SpaceX)的“星链”低轨互联网卫星星座,以不同高度的多层星座间具有相同的回归周期为准则,设计了一种多层运动同步的星座,且同层星座内的所有卫星具有相同的星下点轨迹[16]。

8.4 太阳照射问题

太阳照射是卫星在太空正常运行和执行任务的重要条件。例如,卫星对地面目标进行可见光摄影时,地面目标除了要满足覆盖要求外,还应为阳光照明;卫星的电源系统、温控系统要求阳光在一定角度和范围内照射卫星;为避免阳光对光学探测仪器的干扰,要求阳光不得进入卫星某角度范围等。

8.4.1 星下点照明

当卫星的覆盖角不大时,可将地面目标近似看作点目标,地面目标被阳光照明的要求等价于星下点被阳光照明的要求。为描述星下点照明条件,定义星下点的天顶方向与太阳方向的地心张角为太阳天顶距,即太阳与星下点的地心矢径之间的夹角,记为 δ。还常将太阳方向与卫星星下点处当地水平面的夹角定义为太阳高度角,记为 h,显然有

$$h+\delta=90° \tag{8-4-1}$$

一般来说,当卫星沿轨道运行一圈时,总有一段星下点轨迹为阳光照明,而其余部分处于阴影之中。星下点轨迹为阳光照明的弧段称为可见弧段,反之称为不可见弧段。在可见弧段上,太阳对任一点的天顶距应满足

$$\delta \leqslant 90° \tag{8-4-2}$$

对地面目标摄影时,为获得清晰的照片,对天顶距的要求还要苛刻一些,通常要求

$$\delta \leqslant \delta_{max}=75° \tag{8-4-3}$$

即太阳高度角不小于 15°时,卫星可对地面目标摄影,以后将星下点轨迹满足式(8-4-3)的弧

段称为可见弧段,反之称为不可见弧段。下面讨论太阳天顶距 δ 与轨道要素的关系。

1. 太阳天顶距与轨道要素的关系

太阳天顶距 δ 取决于太阳和星下点的相对位置。图 8-24 绘出了两者的位置关系,分别用 S 和 T 表示太阳和星下点。

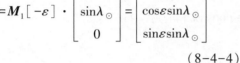

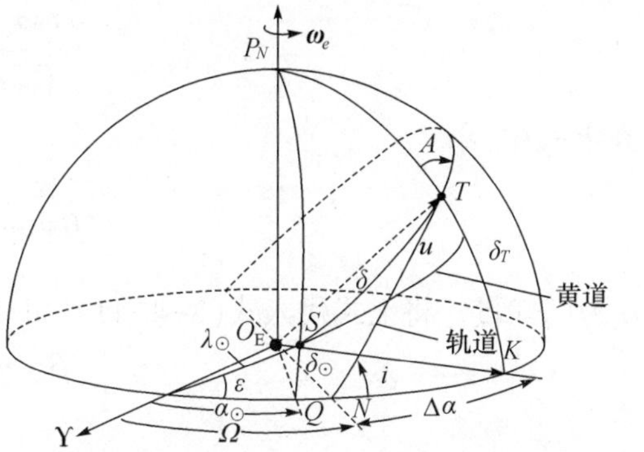

图 8-24 太阳与星下点的位置关系

在地心赤道惯性坐标系中,太阳方向的单位矢量 $\boldsymbol{s}^0$ 可表示为黄赤交角 ε 和黄经 $\lambda_\odot$ 的函数

$$\boldsymbol{s}^0=\boldsymbol{M}_1[-\varepsilon]\cdot\begin{bmatrix}\cos\lambda_\odot\\ \sin\lambda_\odot\\ 0\end{bmatrix}=\begin{bmatrix}\cos\lambda_\odot\\ \cos\varepsilon\sin\lambda_\odot\\ \sin\varepsilon\sin\lambda_\odot\end{bmatrix} \tag{8-4-4}$$

卫星星下点在地心惯性坐标系中的单位矢量 $\boldsymbol{r}^0$ 可以表示为 i、Ω 和 u 的函数

$$\boldsymbol{r}^0=\boldsymbol{M}_3[-\Omega]\cdot\boldsymbol{M}_1[-i]\cdot\begin{bmatrix}\cos u\\ \sin u\\ 0\end{bmatrix}=\begin{bmatrix}\cos\Omega\cos u-\sin\Omega\cos i\sin u\\ \sin\Omega\cos u+\cos\Omega\cos i\sin u\\ \sin i\sin u\end{bmatrix} \tag{8-4-5}$$

星下点的太阳天顶距可由 $\boldsymbol{s}^0$ 和 $\boldsymbol{r}^0$ 的点乘得到

$$\cos\delta=\boldsymbol{s}^0\cdot\boldsymbol{r}^0=A\sin u+B\cos u \tag{8-4-6}$$

其中

$$\begin{cases}A=\sin\lambda_\odot\sin i\sin\varepsilon-\cos i(\cos\lambda_\odot\sin\Omega-\sin\lambda_\odot\cos\Omega\cos\varepsilon)\\ B=\cos\lambda_\odot\cos\Omega+\sin\lambda_\odot\sin\Omega\cos\varepsilon\end{cases} \tag{8-4-7}$$

由式(8-4-6)与式(8-4-7)可知

$$\delta=\delta(\lambda_\odot,i,\Omega,u) \tag{8-4-8}$$

式中:太阳黄经 $\lambda_\odot$ 可以表示成春分后的日数,故 $\lambda_\odot$ 与日期有关,在较短的时间段内,可近似认为 $\lambda_\odot$ 不变;轨道倾角 i 由卫星的覆盖要求确定,在讨论星下点照明问题时,认为是已知量。因此,星下点照明情况只与轨道面在惯性空间的位置 Ω 以及卫星在轨道上的位置 u 有关。

2. 可见弧段及其纬度范围

在式(8-4-6)中,设

$$\begin{cases}\sin\psi=-\dfrac{B}{\sqrt{A^2+B^2}}\\ \cos\psi=\dfrac{A}{\sqrt{A^2+B^2}}\end{cases} \tag{8-4-9}$$

则

$$\psi=\arctan\frac{-B}{A} \tag{8-4-10}$$

ψ 为已知量。将式(8-4-9)代入式(8-4-6),则有

$$\frac{\cos\delta}{\sqrt{A^2+B^2}}=\sin(u-\psi)$$

当 $\delta\leqslant\delta_{max}$ 时的弧段为可见弧段,因此可见弧段的 u 满足

$$\frac{\cos\delta_{\max}}{\sqrt{A^2+B^2}} \leqslant \sin(u-\psi) \tag{8-4-11}$$

在上式中，令

$$\beta = \arcsin\left(\frac{\cos\delta_{\max}}{\sqrt{A^2+B^2}}\right) \tag{8-4-12}$$

β 为已知量。将上式代入式(8-4-11)，可得可见弧段 u 的范围为

$$\beta \leqslant u-\psi \leqslant 180°-\beta$$

令

$$\begin{cases} u_1 = \psi+\beta = (90°+\psi)-(90°-\beta) \\ u_2 = 180°+\psi-\beta = (90°+\psi)+(90°-\beta) \end{cases} \tag{8-4-13}$$

则可见弧段 u 值的范围可表示为

$$u_1 \leqslant u \leqslant u_2 \tag{8-4-14}$$

由式(8-4-13)可知，可见弧段的 u 值对称于 $u=90°+\psi$，宽度为 $2\times(90°-\beta)$，如图 8-25所示。图中实线表示可见弧段，虚线表示不可见弧段。

当已知 u_1 和 u_2 后，由球面三角公式

$$\varphi = \arcsin(\sin u \sin i) \tag{8-4-15}$$

可以计算出与之对应的纬度 φ_1 和 φ_2，然后分别按下列情况计算可见弧段的纬度范围。

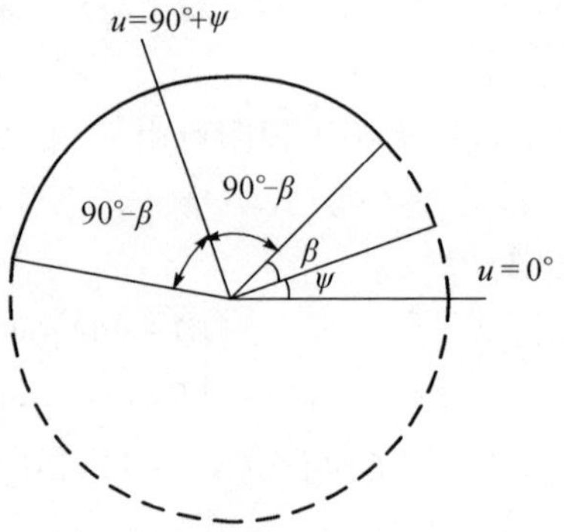

图 8-25　可见弧段与不可见弧段

(1) 当可见弧段的 u 值不包含 $u=90°$ 和 $u=270°$ 的点时，纬度范围为

$$\begin{cases} \varphi_{\min} = \min(\varphi_1, \varphi_2) \\ \varphi_{\max} = \max(\varphi_1, \varphi_2) \end{cases} \tag{8-4-16}$$

(2) 当可见弧段的 u 值只包含 $u=90°$ 的点时，纬度范围为

$$\begin{cases} \varphi_{\min} = \min(\varphi_1, \varphi_2) \\ \varphi_{\max} = \begin{cases} i, & i \leqslant 90° \\ 180°-i, & i \geqslant 90° \end{cases} \end{cases} \tag{8-4-17}$$

(3) 当可见弧段的 u 值只包含 $u=270°$ 的点时，纬度范围为

$$\begin{cases} \varphi_{\min} = \begin{cases} -i, & i \leqslant 90° \\ i-180°, & i \geqslant 90° \end{cases} \\ \varphi_{\max} = \max(\varphi_1, \varphi_2) \end{cases} \tag{8-4-18}$$

(4) 因为 $\delta_{\max}<90°$，故可见弧段的 u 值不会出现既包含 $u=90°$ 又包含 $u=270°$ 的情况。

3. 太阳同步轨道星下点照明情况分析

设对于给定的日期，真太阳赤纬为 $\delta_\odot$，赤经为 $\alpha_\odot$，而平太阳的赤经为 α_m。由于平太阳赤经每日的变化量为 0.9856°/d，因此有

$$\alpha_m = 0.9856 N_\gamma \tag{8-4-19}$$

式中：N_γ 为自春分起算的日数。

在图 8-21 中，记星下点 T 与升交点 N 的赤经差为 $\Delta\alpha$。在球面三角形 TKN 中，由球面三角公式可得

$$\Delta\alpha=\arcsin(\tan\delta_T\cot i) \tag{8-4-20}$$

δ_T 为星下点的赤纬。当卫星通过星下点时,地方真太阳时 $m_\odot$ 和地方平太阳时 m 分别为

$$\begin{cases} m_\odot=\Omega+\arcsin(\tan\delta_T\cot i)-\alpha_\odot \\ m\ \ =\Omega+\arcsin(\tan\delta_T\cot i)-0.9856N_\gamma \end{cases} \tag{8-4-21}$$

在球面三角形 P_NST 中,由球面三角公式可知此时的太阳天顶距 δ 为

$$\cos\delta=\sin\delta_T\sin\delta_\odot+\cos\delta_T\cos\delta_\odot\cos m_\odot \tag{8-4-22}$$

考虑摄动影响时,若 Ω 的日平均变化量为 $\Delta\Omega$(°/d),而平太阳赤经的每日变化量为 0.9856°/d。由式(8-4-21)的第二式可知,卫星通过赤纬为 δ_T 的地面目标的地方平太阳时的每日变化量为

$$\Delta m=\Delta\Omega-0.9856(°/\mathrm{d}) \tag{8-4-23}$$

因此若使 $\Delta\Omega$=0.9856°/d,则卫星通过赤纬为 δ_T 的地面目标的地方平时不变,即轨道为太阳同步轨道。

实际上,地方真太阳时 $m_\odot$ 不同于地方平太阳时 m,两者之间存在时差,但由于时差不大,故可近似认为太阳同步轨道通过赤纬 δ_T 的地面目标的真太阳时不变。当然,连续两次通过同一地面目标的真太阳时也不变。

由式(8-4-22)可知,当太阳同步轨道连续两次通过同一地面目标时,由于 $m_\odot$ 和 δ_T 不变,因此天顶距 δ 只与 $\delta_\odot$ 有关。由于真太阳沿黄道作视运动,故 $\delta_\odot$ 有日变化,但每天的变化量不大,对于回归周期较短的回归(或准回归)轨道,连续两次通过同一地面目标的时间间隔不长,可近似认为通过时的 $\delta_\odot$ 不变,故地面目标的太阳天顶距也不变。这样,当太阳同步回归(或准回归)轨道在其可见弧段上连续两次通过同一地面目标时,地面目标的阳光照射情况基本相同,故可以对地面目标的特征进行对比研究,这是这种轨道的一大优点。

考虑到太阳同步轨道的上述特性,常将卫星过升交点或降交点的当地时间作为一个重要的轨道参数,称为升交点或降交点地方时。例如,若降交点地方时等于 6:00 或 18:00,则轨道面大致与太阳光线垂直,卫星将近似沿晨昏圈飞行,称为晨昏轨道。若降交点地方时等于0:00 或 12:00,则轨道面大致与太阳光线平行。

8.4.2 卫星受晒问题

阳光照射地球时,在地球背向太阳的一面将产生地影。当卫星飞进地影时,将不受阳光照射,此时称为星蚀;反之,卫星将受阳光照射,称为受晒。阳光对卫星的照射情况将直接影响星上太阳能电池的供电情况及热控系统的设计,因此卫星运行过程中受阳光照射的情况是轨道设计中应考虑的问题,这一问题称为卫星受晒问题。

卫星的受晒程度可以用受晒因子 K_S 来描述,K_S 定义为

$$K_S=\frac{T_S}{T_0} \tag{8-4-24}$$

式中:T_S 为卫星在一个轨道周期内受太阳照射的时间;T_0 为轨道周期。

卫星的星蚀率 R_S 定义为

$$R_S=1-K_S \tag{8-4-25}$$

1. 地影

由于太阳尺寸有限以及太阳与地球间的距离不够远,使得射向地球的阳光并不是严格的平行光,地球在阳光照射下产生的地影由本影区和半影区组成。本影区是阳光全部为地球遮

蔽的区域,半影区是阳光部分为地球遮蔽的区域,如图 8-26 所示。图中 r_{ES}为日地距离,R_S 为太阳半径,δu 和 δp 分别称为本影角和半影角,本影角的大小约为 15.8′,半影角的大小约为 16.2′。地球的本影区为一圆锥体,其半顶角为 δu,高度近似为 $217R_e$(R_e为地球平均半径)。由于 δu 和 δp 为小角,且当前绝大多数近地卫星运行的高度小于 $10R_e$,故可将地影近似看作半径等于 R_e 的圆柱体本影,阳光近似看作平行光。

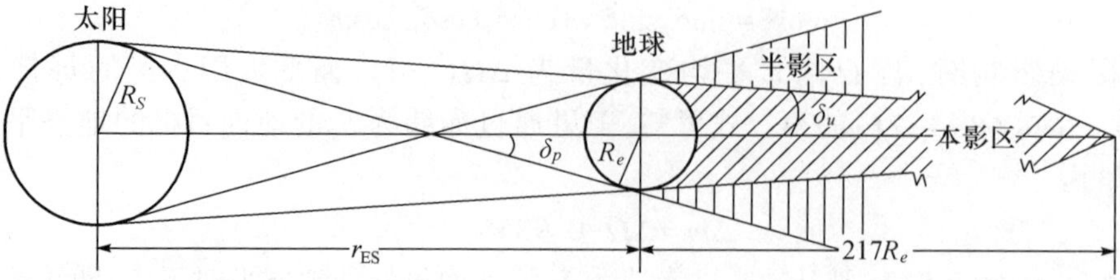

图 8-26 本影区与半影区

2. 圆轨道的受晒因子

当卫星沿圆轨道运动时,其受晒情况比较简单,下面以此为例加以讨论。

首先,定义卫星轨道动量矩方向与地日连线方向之间的夹角为轨道太阳角,用 η 表示。在地心惯性坐标系中,轨道动量矩方向的单位矢量可表示为

$$\boldsymbol{h}^0=\begin{bmatrix}\sin i\sin\Omega\\-\sin i\cos\Omega\\\cos i\end{bmatrix}\tag{8-4-26}$$

结合式(8-4-4),轨道太阳角 η 可由 $\boldsymbol{s}^0$ 和 $\boldsymbol{h}^0$ 的点乘得到

$$\cos\eta=\boldsymbol{s}^0\cdot\boldsymbol{h}^0=\cos i\sin\lambda_{\odot}\sin\varepsilon+\sin i\sin\Omega\cos\lambda_{\odot}-\sin i\cos\Omega\sin\lambda_{\odot}\cos\varepsilon\tag{8-4-27}$$

卫星轨道受晒情况取决于太阳、地球和卫星轨道三者之间的几何关系,如果将地球和卫星轨道向垂直于阳光的平面投影,可将问题简化。如图 8-27(a)所示,地球的投影是半径等于 R_e 的圆,而圆形轨道的投影为椭圆,椭圆的中心为地心,半长轴为(R_e+h),半短轴为$(R_e+h)|\cos\eta|$。

由图 8-27(a)可知,地影的投影方程为

$$x^2+y^2=R_e^2\tag{8-4-28}$$

轨道的投影方程为

$$\frac{x^2}{(R_e+h)^2}+\frac{y^2}{(R_e+h)^2\cos^2\eta}=1\tag{8-4-29}$$

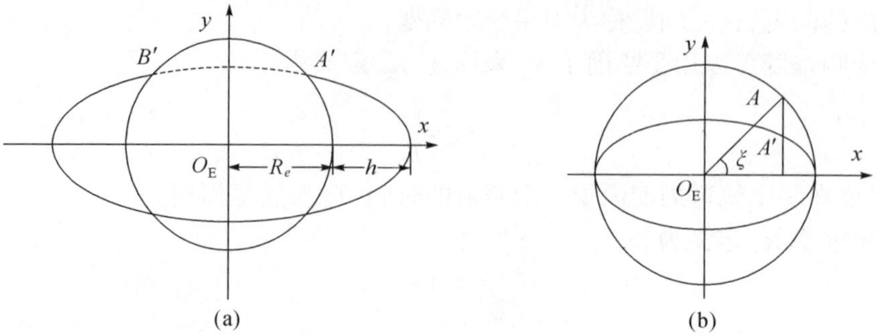

图 8-27 受晒因子的计算

在图 8-30(a)中，若椭圆与圆无交点，则卫星恒为阳光照射，$K_S=1$，这发生在椭圆半短轴大于(或等于)地球半径 R_e 时，即当

$$(R_e+h)^2\cos^2\eta\geqslant R_e^2$$

成立，亦即当

$$\sin\eta\leqslant\frac{\sqrt{2R_eh+h^2}}{R_e+h}\tag{8-4-30}$$

成立时。定义上式的右端为 $\sin\beta$，即

$$\sin\beta=\frac{\sqrt{2R_eh+h^2}}{R_e+h},\quad \cos\beta=\frac{R_e}{R_e+h}\tag{8-4-31}$$

β 称为掩星角，$0°\leqslant\beta\leqslant90°$。可知，当

$$\begin{cases}\eta\leqslant\beta, & 0\leqslant\eta\leqslant90°\\ \eta\geqslant180°-\beta, & 90°\leqslant\eta\leqslant180°\end{cases}\tag{8-4-32}$$

时，$K_S=1$。

在图 8-27(a)中，若椭圆与圆有交点，则将发生星蚀，$K_S<1$。设两者的交点为 A' 和 B'，其坐标分别为 $A'(x_1,y_1)$ 和 $B'(-x_1,y_1)$，由式(8-4-28)和式(8-4-29)可求得交点的纵坐标 y_1(y_1 取正值)为

$$y_1=\sqrt{2R_eh+h^2}\,|\cot\eta|\tag{8-4-33}$$

对于卫星轨道投影的椭圆而言，轨道本身为其辅助圆，如图 8-27(b)所示。由这一关系可求得 A' 和 B' 所对应的卫星轨道上 A 和 B 的纵坐标 y 为

$$y=\frac{y_1}{|\cos\eta|}=\frac{\sqrt{2R_eh+h^2}}{\sin\eta}\tag{8-4-34}$$

从而可求得 OA 与 x 轴的夹角 ξ 为

$$\xi=\arcsin\frac{y}{R_e+h}=\arcsin\frac{\sqrt{2R_eh+h^2}}{(R_e+h)\sin\eta}$$

将式(8-4-31)代入上式，可得

$$\xi=\arcsin\left(\frac{\sin\beta}{\sin\eta}\right)\tag{8-4-35}$$

由于圆轨道上的 AB 弧段为星蚀弧段，因此受晒因子 K_S 为

$$K_S=\frac{1}{2}+\frac{1}{\pi}\arcsin\left(\frac{\sin\beta}{\sin\eta}\right)\tag{8-4-36}$$

可见，受晒因子的大小取决于 $\sin\beta$ 和 $\sin\eta$。由式(8-4-31)可知，$\sin\beta$ 随轨道高度 h 的增大而增大，因此 K_S 也随之增大。

综合式(8-4-36)、式(8-4-31)和式(8-4-27)可知

$$K_S=K_S(h,i,\Omega,\lambda_\odot)\tag{8-4-37}$$

因此，圆轨道的受晒因子与轨道高度、轨道倾角、升交点赤经和日期有关。

以地球静止轨道为例，分析其受晒情况。静止卫星在赤道的上空，$h=35786\text{km}$，根据式(8-4-31)，可求得其掩星角 $\beta=81.33°$。

当春分或秋分时，太阳和卫星都在赤道平面内，$\eta=90°$。由于 $\eta>\beta$，故产生星蚀，此时 $K_S=$

$K_{S\min}=0.952$,一日之内有 22.84h 受晒,星蚀时间为 1.16h,发生在星下点当地时间零时前后。

当日期由春分(或秋分)向夏至(或冬至)推移时,太阳的视运动将使 η 角减小,故受晒因子增大。当 η 角脱离了$90°±8.67°$的范围,则 $K_S=1$,即除春分和秋分前后约一个月的时间外,静止卫星不发生星蚀。

当卫星轨道为椭圆轨道时,受晒因子的分析要根据开普勒方程求解进出地影的时间,这里不再讨论[5]。

8.5 卫星发射问题

8.5.1 发射窗口

卫星发射窗口是指满足预定飞行条件和任务要求、可以发射卫星的时间范围,包括发射日期和发射时刻。卫星发射窗口是由卫星任务和星上设备要求所决定的,发射窗口选择实际上是根据某些限制条件来选择卫星轨道与地球、太阳和月球的相对位置。

发射窗口选择的限制条件主要包括:

(1) 卫星运行期间,太阳对地面目标的照明条件;

(2) 卫星太阳电池正常供电所需太阳照射卫星的方向;

(3) 卫星热控系统要求的太阳照射卫星的方向;

(4) 卫星姿态测量精度要求的地球、卫星、太阳的几何关系;

(5) 卫星处于地球阴影内时间长短的要求;

(6) 卫星进出地影时所处轨道位置的要求;

(7) 为满足地面测控站对卫星的测控条件,对地球、卫星、太阳的几何关系要求;

(8) 其他相关条件,如卫星回收、交会、组网等。

概括起来,卫星发射窗口的限制条件有两类:与太阳方向有关的称为阳光窗口,与卫星回收、交会、组网有关的称为平面窗口或相位窗口。

1. 发射三要素

卫星发射的三要素是发射场位置、发射方位角和发射时刻,它们主要影响轨道面在惯性空间的方位。常规情况下,利用运载火箭将卫星送入预定轨道时,火箭的发射段弹道不作横向机动,卫星轨道平面在空间的方位由发射场 L 的地心纬度 φ、发射方位角 A 和发射时刻 t_L 决定。

如图 8-28 所示,发射方位角 A 定义为运载火箭飞行方向与正北方向的夹角,顺时针测量为正。假设发射场在北半球,由球面三角关系,可得轨道倾角与发射方位角的关系为

$$\cos i=\begin{cases}\sin A\cos\varphi, & i\leqslant 90°\\ -\sin A\cos\varphi, & i>90°\end{cases} \tag{8-5-1}$$

可见,为实现给定的轨道倾角,发射方位角有双解,发射所得的轨道倾角必大于发射点的地心纬度 φ。当 $0°\leqslant A<90°$时,在图 8-28 中球面上的位置 1 发射,即升轨发射;当$90°<A\leqslant 180°$时,在图中球面上的位置 2 发射,即降轨发射。两种发射方式都能获得期望的轨道,且有$A+A'=180°$。

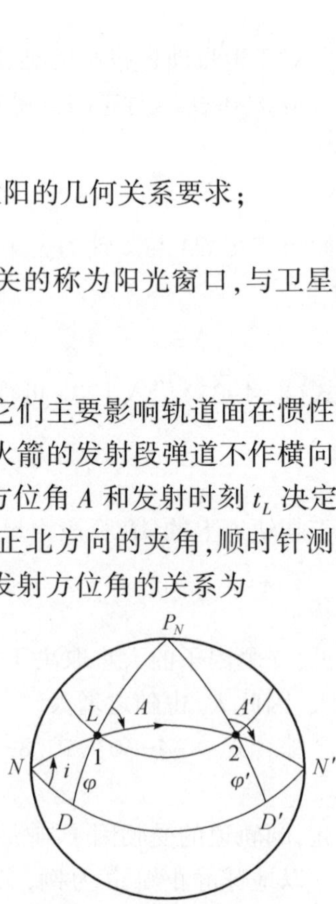

图 8-28 发射方位示意图

如果要求轨道倾角大于90°,则当$-90°<A\leqslant 0°$时,升轨发射,方向西北;当$-180°<A\leqslant -90°$时,降轨发射,方向西南。

为实现给定的升交点赤经 Ω，由球面几何可求得发射时刻发射场的恒星时角应为

$$\begin{cases} t_{\text{YL}} = \Omega + \Omega_D, & \text{升轨发射} \\ t_{\text{YL}} = \Omega + 180° + \Omega_D, & \text{降轨发射} \end{cases} \tag{8-5-2}$$

式中：Ω_D 为赤道上发射时刻发射场子午线的节点 D 与升交点 N 或降交点 N' 的夹角（向东为正，向西为负）。根据球面三角关系，有

$$\Omega_D = \pm\arcsin\left(\frac{\tan\varphi}{\tan i}\right) \tag{8-5-3}$$

式中：对升轨发射，取正号；对降轨发射，取负号。例如，$i<90°$时，则 $\Omega_D>0$，发射场子午圈节点 D 位于升交点 N 的东侧；$i>90°$时，则 $\Omega_D<0$，D 位于 N 的西侧。

发射时刻发射场的恒星时角 t_{YL} 等于发射日格林尼治午夜的恒星时角 t_{YG}、发射场经度 λ 及发射时刻的世界时时角 $\omega_e t_L$ 之和。从发射至卫星入轨还需经历时间 t_A，因此实际发射时间应比设定时间提前 t_A。以升轨发射为例，为实现升交点赤经为 Ω 的轨道，发射时刻的世界时 t_L 应按下式确定（以小时为单位）：

$$t_L = \frac{1}{15}\left[\Omega + \arcsin\left(\frac{\tan\varphi}{\tan i}\right) - t_{\text{YG}} - \lambda\right] - t_A \tag{8-5-4}$$

2. 阳光窗口

在 8.4 节中，已经讨论了星下点照明和卫星受晒问题，可以根据太阳照射要求确定发射时间。

由公式（8-4-6）及式（8-4-27）可知，当轨道倾角及发射日期确定后，太阳天顶距 δ 和轨道太阳角 η 取决于升交点赤经 Ω，因此可以根据 δ 或 η 的要求求出 Ω。通过控制卫星的入轨时刻，可以获得期望的 Ω，从而获得要求的太阳照射条件。

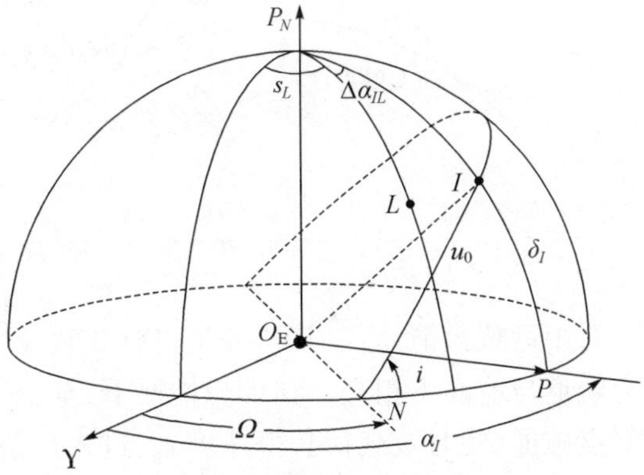

图 8-29　入轨点与发射场的相互位置关系

在图 8-29 中，设 I 为卫星的入轨点，L 为发射场，I 与 L 的经度差为 $\Delta\alpha_{IL}$，I 的赤纬为 δ_I。当发射场 L 的恒星时为 s_L时，入轨点的赤经为

$$\alpha_I = s_L + \Delta\alpha_{IL} \tag{8-5-5}$$

在球面三角形 NIP 中，由球面三角公式可得

$$\alpha_I = \Omega + \arcsin(\tan\delta_I \cot i) \tag{8-5-6}$$

将式（8-5-5）代入上式可得

$$\Omega = s_L + \Delta\alpha_{IL} - \arcsin(\tan\delta_I \cot i) \tag{8-5-7}$$

式中：$\Delta\alpha_{IL}$、i、δ_I为已知量，故可由 s_L 确定 Ω。

由式（8-5-7）可知，对于给定的 Ω，当发射场的恒星时

$$s_L = \Omega + \arcsin(\tan\delta_I \cot i) - \Delta\alpha_{IL} \tag{8-5-8}$$

时，使卫星入轨，即可获得给定的 Ω。

关于平面窗口的讨论可参见文献[14]。

8.5.2 发射段弹道

卫星的发射段弹道也就是运载火箭的弹道。发射段弹道的基本要求是将卫星送入预定轨道,除此之外,还要综合考虑能量要求、地面测控要求、火箭残骸落点、过载要求等因素,才能确定最终的发射段弹道。具体方法可参阅文献[1-3],在此只讨论发射段弹道的一般特性。

1. 发射段弹道的特点

运载火箭的发射段弹道与弹道导弹的主动段弹道有许多相同之处,但也存在一些明显的差别。理想情况下,可以定性地分析两者由于任务不同而带来的差别。理想情况是指不考虑地球旋转,火箭只受距离平方反比引力场的引力作用,并假定发动机按瞬时冲量方式工作。

对于弹道导弹而言,其任务是将有效载荷(弹头)由发射点 O 送至地面上的目标点 T。在理想情况下,作通过 O 点和 T 点的最小能量椭圆弹道,在 O 点施加一次冲量,使有效载荷获得最小能量椭圆弹道所需的速度 $\boldsymbol{v}_0$ 即可完成任务,如图 8-30(a)所示。

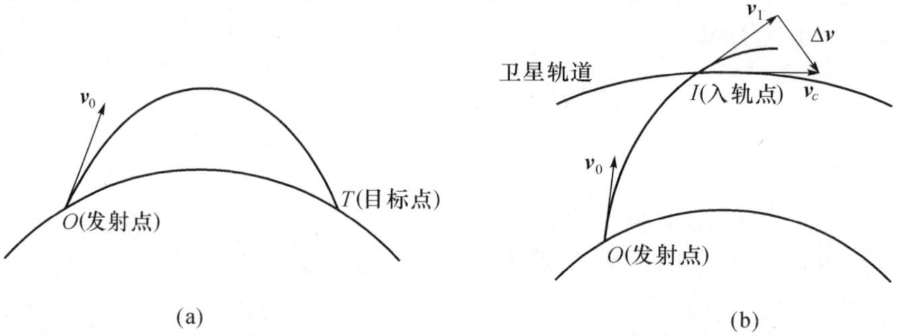

图 8-30 弹道导弹与运载火箭的发射段弹道比较

对于运载火箭而言,其任务是将有效载荷(航天器)由发射点 O 送至预定轨道的入轨点 I,预定轨道与地面不相交。在理想情况下,至少需要施加两次冲量才能完成任务,第一次冲量在发射点施加,使有效载荷获得速度 $\boldsymbol{v}_0$,进入一条过 O 点并在 I 点与预定轨道相交或相切的转移轨道;当有效载荷沿转移轨道到达 I 点时,施加第二次冲量,使有效载荷获得速度增量 $\Delta\boldsymbol{v}$ 后进入预定轨道,如图 8-30(b)所示。

可见,弹道导弹发射可类比于轨道拦截问题,而由于火箭发动机推力的大小是有限的,实际上不可能按冲量方式工作,因此对弹道导弹主动段弹道而言,多级火箭的发动机一级接着一级连续工作的方式是实际上能够实现的“一次冲量”的方式。对于运载火箭的发射段弹道而言,由于至少需要两次冲量才能完成任务,因此实际上运载火箭发动机应在发射点工作一段时间,起到“第一次冲量”的作用;接着沿转移轨道向入轨点滑行,在到达入轨点之前,再一次启动发动机并工作一段时间,起到“第二次冲量”的作用,当卫星能进入预定轨道时,发动机关机。因此,运载火箭发射段弹道的特点是在两段动力飞行之间有一自由滑行段。运载火箭发射可类比于轨道转移或轨道交会问题。

2. 发射段弹道的几种形式

发射不同轨道高度的卫星通常采用不同形式的发射段弹道。考虑到推力大小为有限值,目前采用的发射段弹道大体上有以下四种形式[5]。

(1) 直接入轨。这种形式的特点是多级火箭逐级连续工作,各级之间没有自由滑行段,如图 8-31 所示。当推力大小为有限值时,冲量变成了推力作用的过程,如果两次冲量之间的滑行段很短，将使得与两次冲量相对应的推力作用过程彼此连接而不出现滑行段。发射低轨道卫星时，为减少发射段的飞行时间和减小滑行段的地心角，将出现这种弹道。

由于发射卫星时，要求速度在弹道段有限的飞行时间内由垂直起飞时的 $\Theta=90°$，改变为入轨时的 $\Theta=0°$，故速度倾角将迅速减小，这将使卫星在发射段达到的高度不高。当运载火箭采用液体推进剂的发动机时，这种形式的弹道可用来发射轨道高度为 200~300km 的卫星；当采用固体推进剂的发动机时，由于发射段的时间缩短，这种形式的弹道只能用来发射轨道高度为 150~200km 的卫星。

(2) 弹道滑行段入轨。这种形式的发射段弹道由三段组成(图 8-32)：动力飞行段 *OK*(相当于第一次冲量)，自由滑行段 *KB*，加速段 *BF*(相当于第二次冲量)。这种形式的弹道主要用于发射轨道高度在 2000km 以下的卫星。

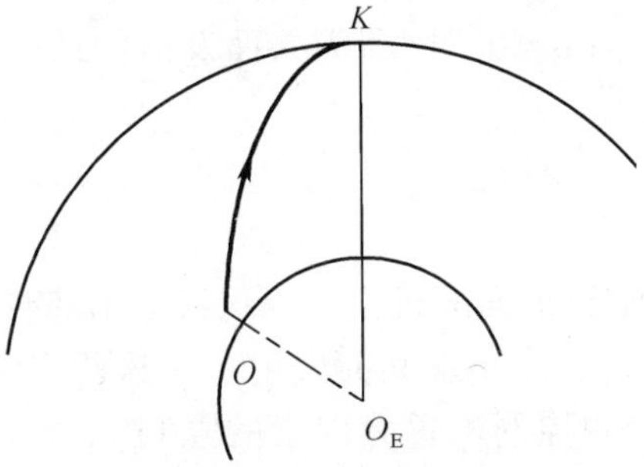

图 8-31　直接入轨

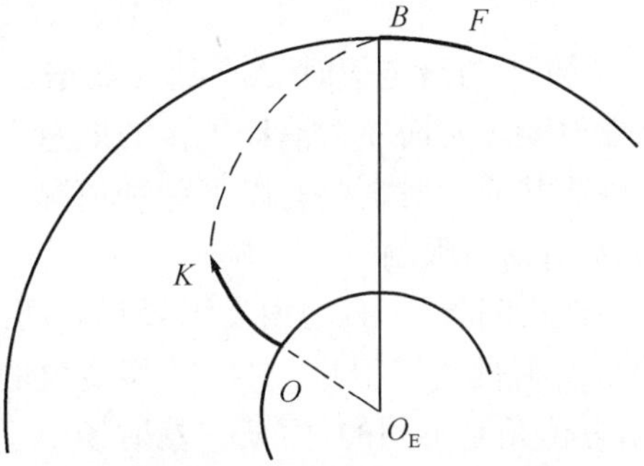

图 8-32　弹道滑行段入轨

(3) 转移轨道入轨。这种形式的发射段弹道由三段组成(图 8-33)：动力飞行段 *OK*(相当于第一次冲量)，自由滑行段 *KB*，加速段 *BF*(相当于第二次冲量)。与弹道滑行段入轨方式的区别是：*K* 点的速度倾角为零，*KB* 为半个椭圆轨道，*B* 点与预定轨道相切。这种形式的弹道主要用于发射轨道高度在 2000km 以上的卫星。

(4) 停泊轨道入轨。这种形式的发射段弹道由五段组成(图 8-34)：动力飞行段 *OK*(相当于第一次冲量)，停泊轨道段 KB_1，加速段 B_1F_1(相当于第二次冲量)，自由滑行段 F_1B，加速段 *BF*(相当于第三次冲量)。在动力飞行段终点 *K*，使运载火箭进入离地面约 180km 的圆形停泊轨道(高度过低则气动阻力影响严重，高度过高则由于发动机工作时间的限制而无法达到)。在停泊轨道上可以任意选择 B_1 点，入轨点 *B* 与 B_1 点的角距为180°。这种形式的弹道主要用于发射高轨道卫星，虽然增加了一段加速段，发动机要多启动一次，但增加了入轨点选择的灵活性。

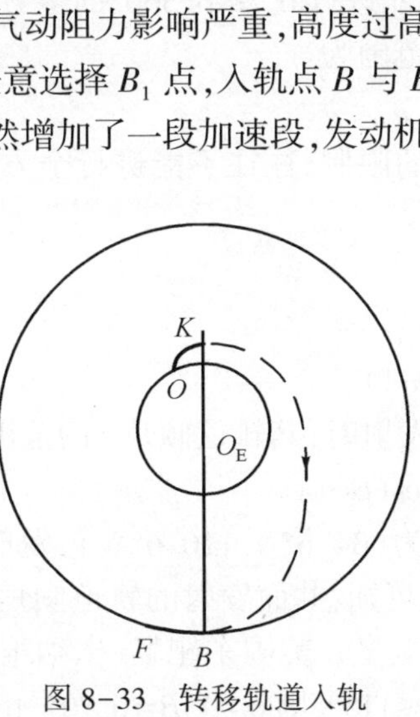

图 8-33　转移轨道入轨

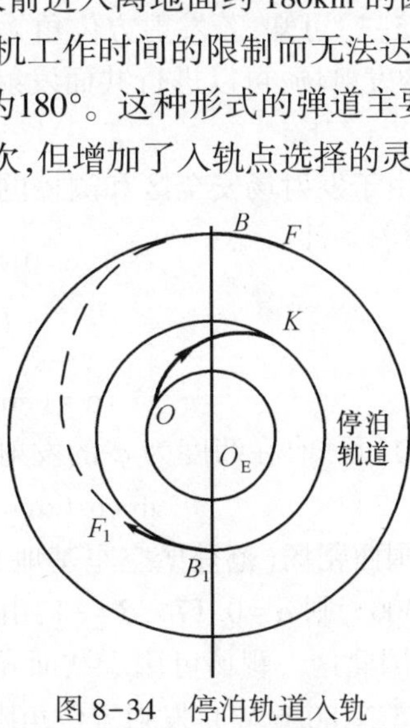

图 8-34　停泊轨道入轨

3. 非共面发射

上面讨论的是发射点 O 在预定轨道的轨道面内,发射段弹道与预定轨道共面的情况。由于实际条件的限制,当发射点 O 不在预定轨道的轨道面内时,则要进行非共面发射。

非共面发射时,在发射点 O 施加第一次冲量,使卫星进入与预定轨道相切于入轨点的转移轨道。转移轨道的轨道面Ⅱ与预定轨道平面Ⅰ有一夹角 α,因此卫星在入轨点的速度 $\boldsymbol{v}_2$ 不在平面Ⅰ内。若预定轨道在入轨点处的速度为 $\boldsymbol{v}_c$,则第二次冲量应使卫星获得速度增量 $\Delta\boldsymbol{v}_2$,当

$$\Delta\boldsymbol{v}_2=\boldsymbol{v}_c-\boldsymbol{v}_2 \tag{8-5-9}$$

时,卫星可进入预定轨道。

由三角关系可知,$\Delta\boldsymbol{v}_2$ 的大小为

$$\Delta v_2=\sqrt{v_2^2+v_c^2-2v_2v_c\cos\alpha} \tag{8-5-10}$$

当 v_2 和 v_c 为给定值时,Δv_2 随 α 的增加而增加。当 $\alpha=0°$时,即为共面发射的情况,因此非共面发射要比共面发射消耗更多的能量。

实施非共面发射主要有以下两种情况。

1) 发射窗口限制

从惯性空间看,一日之内发射场只有两次穿越预定轨道面的机会。当这机会出现时,若用瞬时冲量发射低轨道卫星,忽略转移轨道的飞行时间,才能实现共面发射。对这两次发射机会,发射方位角是不同的,而某一发射场由于安全区和测控网配置等因素的限制,一般是难以进行全方位发射的,故在一日之内通常只有一次共面发射的机会。

为增加发射卫星的灵活性,往往要求在“穿越时刻”附近的一段时间间隔内仍能将卫星射入轨道,这就要求进行非共面发射。非共面发射虽要消耗较多的能量,但可在“穿越时刻”附近获得一段将卫星射入轨道的时间间隔,因此扩大了发射窗口。

2) 发射点纬度和发射方位角的限制

假设发射过程是瞬时完成的,从惯性空间看,若发射点的纬度为 φ,发射方位角为 A,则共面发射时卫星的轨道倾角 i 应满足式(8-5-1)。例如,发射 $i=0°$的赤道卫星时,只有当发射点在赤道上且发射方位角为90°时,才能进行共面发射,否则就要进行非共面发射。

由式(8-5-1)可知,若发射方位角无任何限制,即能进行 $0°\leqslant A<360°$的全方位发射时,对于纬度为 φ 的发射场,可以进行共面发射的轨道倾角范围为

$$|\varphi|\leqslant i\leqslant 180°-|\varphi| \tag{8-5-11}$$

实际上,由于发射场安全区和测控网配置等因素的限制,往往不能进行全方位发射,发射方位角存在限制条件

$$A_0\leqslant A\leqslant A_1 \tag{8-5-12}$$

假若令

$$\alpha=(\sin A)_{\max},\beta=(\sin A)_{\min} \tag{8-5-13}$$

则由式(8-5-1)可知,在纬度为 φ 的发射场进行共面发射时,其轨道倾角 i 的范围为

$$\arccos(\alpha\cos\varphi)\leqslant i\leqslant\arccos(\beta\cos\varphi) \tag{8-5-14}$$

例如,美国西靶场(范登堡空军基地)的地理坐标为(34.6°N,120.6°W),发射方位角限制为170°$\leqslant A\leqslant$300°,则 $\alpha=0.174,\beta=-1$,由式(8-5-14)可知,共面发射的轨道倾角范围为81.8°$\leqslant i\leqslant$145.4°,因此这一靶场可用于共面发射近极轨道卫星。美国东靶场(卡纳维拉尔角)的地理坐标为(28.5°N,80.6°W),发射方位角限制为45°$\leqslant A\leqslant$115°,则 $\alpha=1,\beta=0.707$,由式(8-5-14)

可知,共面发射的轨道倾角范围为28.5°≤i≤52°,因此这一靶场可用于共面发射低倾角卫星。

当预定轨道倾角在允许的范围之外时,只有进行非共面发射,才能将卫星送入预定轨道。

参考文献

[1] 陈克俊,刘鲁华,孟云鹤. 远程火箭飞行动力学与制导[M]. 北京:国防工业出版社,2014.

[2] 龙乐豪,余梦伦. 总体设计(上册)[M]. 北京:中国宇航出版社,1989.

[3] 程国采. 弹道导弹制导方法与最优控制[M]. 长沙:国防科技大学出版社,1987.

[4] 孙达,蒲英霞. 地图投影[M]. 南京:南京大学出版社,2012.

[5] 任萱. 人造地球卫星轨道力学[M]. 长沙:国防科技大学出版社,1988.

[6] 杨嘉墀. 航天器轨道动力学与控制[M]. 北京:国防工业出版社,1995.

[7] Chobotov V A. Orbital Mechanics (Third Edition) [M]. Reston:AIAA,2002.

[8] Cutting E,Born G H,Frautnick J C. Orbit Analysis for Seasat-A [J]. Journal of the Astronautical Sciences,1978,26(4):315-342.

[9] 褚桂柏. 空间飞行器设计[M]. 北京:航空工业出版社,1996.

[10] 郗晓宁,王威,等. 近地航天器轨道基础[M]. 长沙:国防科技大学出版社,2003.

[11] Walker J G. Circular Orbit Patterns Providing Continuous Whole Earth Converge[R]. Royal Aircraft Establishment Technical Report 70211,1970.

[12] 章仁为. 卫星轨道姿态动力学与控制[M]. 北京:北京航空航天大学出版社,1998.

[13] 杨维廉. 冻结轨道及其应用[J]. 宇航学报,1990(1):23-32.

[14] 杨维廉. 临界倾角与冻结轨道[J]. 宇航学报,1993(3):1-9.

[15] 汤靖师,屈颖莹,王琦. 类星链卫星星座轨道的分析及设计[J]. 天文学报,2023,64(5):52-16.

第9章　脉冲推力轨道机动

航天器在控制系统作用下,改变原有的自由飞行轨道,进入另一条任务轨道的操作过程,称为轨道机动,又称变轨。机动前的自由轨道称为初轨道或停泊轨道,机动后的任务轨道称为终轨道或目标轨道。由于自然天体的质量一般都比较大,人们难以改变其运动轨迹,而航天器的质量相对较小,能够干预其运动,因此轨道机动是轨道力学区别于经典天体力学的重要内容。

轨道机动是航天器完成预定任务的必备功能之一。在航天器发射过程中,由于地球引力场计算、导航测量、发动机推力等误差因素的影响,入轨轨道与设计的标称轨道总会存在一定的偏差,有时运载火箭还可能没有足够的能力直接将航天器送入目标轨道,这时都需要通过轨道机动才能建立标称轨道。在运行过程中,由于各种摄动力和不确定因素的影响,航天器的真实轨道会逐渐偏离任务轨道,这时也需要通过轨道机动来消除偏差,重新建立标称轨道。近年来,随着航天技术的发展,人们对空间任务提出越来越多的要求,比如大范围改变任务轨道、在轨维修或在轨加注燃料、非合作目标在轨逼近与操作、空间碎片清除等,因此具有较强的自主轨道机动能力成为一些新型航天器的共性要求。如近年来发射的美国的 X-37B 轨道试验飞行器、任务扩展飞行器(MEV),欧空局的自动转移飞行器(ATV),日本的 H-IIA 转移飞行器(HTV)等都以轨道机动能力作为重要的技术指标。

轨道机动问题的研究与推进技术、控制理论和优化技术的发展密切相关。在轨道机动过程中,必然伴随着能量的转换与传输,这是由相应的动力装置完成的,因此推进技术的进步不断推动着轨道机动问题的研究。采用化学燃料的火箭发动机是最常用的动力装置,也是轨道机动最早研究的对象。1903 年,齐奥尔科夫斯基得到了火箭在自由空间的速度增量方程,即著名的齐氏公式,该公式至今仍在广泛使用。1925 年,霍曼[4]研究了共面圆轨道间的两冲量最优转移原理,得到了双共切转移轨道,由于这种转移方式在理论和工程上都具有重要的价值,后来称为霍曼转移。第二次世界大战后,火箭发动机技术和控制技术快速发展,燃料消耗最少的轨道机动问题成为理论界研究的热点。美国学者贝尔曼和苏联学者庞特里亚金分别在 1957 年和 1958 年提出了动态规划和极小值原理,奠定了最优控制的理论基础,也极大地推进了轨道机动问题的研究。随后,在地球静止轨道卫星发射、交会对接、载人登月、深空探测等大型航天工程的推动下,以兰登(Lawden)、Edelbaum、Battin、Prussing 等为代表的一大批学者对轨道机动的最优轨迹和制导控制问题开展了深入研究,在解决相关问题的同时也推动了控制理论和优化方法的发展。近年来,随着小推力技术的进步,基于非线性规划、现代优化技术等直接法的小推力轨迹优化问题成为研究的热点,并开始应用于工程实践之中。在未来一段时间内,随着航天任务的不断复杂化和推进技术的不断进步,轨道机动仍将是轨道力学研究的重点问题。

9.1　轨道机动的分类

为研究和分析问题的方便,人们将轨道机动分为不同的类型。依据分类标准的不同,大概有以下几种分类方法。

1. 推力特性

根据轨道机动时推力大小和作用时间的不同,实际应用中常采用脉冲推力、有限推力和连续小推力三种推力模型,它们有不同的轨道机动特性。

1) 脉冲推力

采用化学火箭发动机作为轨道机动的动力装置时,由于发动机能够提供较大的推力,在较短的时间内即可使航天器获得需要的速度增量,因此在初步讨论问题时,可以假设推力随时间变化的函数近似为脉冲函数,其冲量等于原推力产生的冲量。

由于脉冲推力的作用时间近似为零,因此在其作用前后,航天器的位置不发生变化,速度在瞬间改变 $\Delta\boldsymbol{v}$。速度增量的大小 Δv 与消耗的燃料质量 Δm 之间满足齐奥尔科夫斯基公式

$$\Delta v = -u_e \ln\left(1 - \frac{\Delta m}{m_0}\right) \tag{9-1-1}$$

式中:m_0 为变轨前航天器的质量;u_e 为有效排气速度,等于发动机的真空比冲 I_{sp} 与海平面重力加速度 g_0 的乘积,即

$$u_e = I_{\mathrm{sp}} g_0 \tag{9-1-2}$$

如果变轨过程中发动机的工作时间与变轨前后的轨道周期相比小得多,那么脉冲推力模型能够很好地近似实际的变轨过程。发动机工作时间越短,近似程度越高。

施加一次脉冲推力有 4 个设计参数,分别是脉冲施加时刻、冲量大小和冲量作用方向(两个参数)。若整个轨道机动过程有 n 个脉冲推力,则设计参数就有 $4n$ 个,轨道优化可以通过直接搜索待求参数或借助微积分理论求解。由于脉冲推力模型比真实推力模型的求解简单得多,因此在很多轨道机动问题的初步研究中,都采用脉冲推力模型。

2) 有限推力

有限推力是对真实变轨过程更精确的数学描述,它假定变轨过程中推力是连续作用的且为有限值。有限推力模型一方面用于推力较小,作用时间较长,不能再使用脉冲推力模型的情形;另一方面用于在脉冲推力设计结果的基础上,更进一步研究轨道机动的真实情况,设计变轨的导引和控制方法。有限推力作用时,航天器质量的变化服从方程

$$\dot{m} = -\frac{F}{u_e} = -\frac{F}{I_{\mathrm{sp}} g_0} \tag{9-1-3}$$

式中:F 为发动机推力。

由于发动机推力的大小一般不可调节,因此在研究问题时常假设 F 和 u_e 为常值。

采用有限推力模型时,一次变轨的控制量包括发动机开关机时刻两个参数和描述推力方向变化的两个标量函数。与脉冲推力相比,有限推力轨道机动是过程优化问题,需要用变分法或最优控制理论解决,通常只能求得数值解。

3) 连续小推力

连续小推力是有限推力的一种特殊情况。一般而言,有限推力模型多用来描述使用化学推进剂的火箭发动机,这种发动机的比冲小(固体推进剂大致在 200~300s,液体推进剂在 250~450s),但质量流速非常快,因此推力大,工作时间短。小推力模型多用来描述电推进系统,或用来研究利用太阳光压等自然力进行轨道机动的问题。电推进系统是目前发展最成熟的小推力系统,它利用电场或磁场加速带电粒子,并由喷管喷出以获得推力。它的比冲很高(如离子推进系统可达 10^4s),因此消耗同样质量的工质可以产生更大的速度增量。但它的质量流速很低,推力小,发动机工作的时间可能很长,因此机动轨道的设计有独特的规律和方法,一般单

独研究。当然，对某些虽然使用电推进系统，但轨道机动过程中的速度增量较小、发动机工作时间较短的问题，仍然可以采用脉冲推力模型或有限推力模型加以研究，比如轨道保持问题。为示区别，将采用小推力系统且需要长时间连续工作的问题，称为连续小推力轨道机动问题。

一般来说，电火箭发动机的推力和排气速度在下列范围：

$$\frac{F}{m_0}=10^{-4}\sim10^{-2}\text{m/s}^2$$

$$u_e=50\sim150\text{km/s}$$

由于小推力发动机的推质比很小，加速性能差，因此不能用于从地球表面直接发射航天器，甚至也不能在大气阻力较大的情况下使用，主要用于加速飞行时间很长的深空探测器，近年来也开始用于从停泊轨道上发射地球同步轨道卫星。前者的推重比较大，因此轨道转移时间一般小于一个轨道周期；后者的推重比较小，因此轨道转移时间往往要持续相当多个轨道周期（图 9-1(c)）。

图 9-1 所示为三种推力模型下轨道机动过程的示意图。

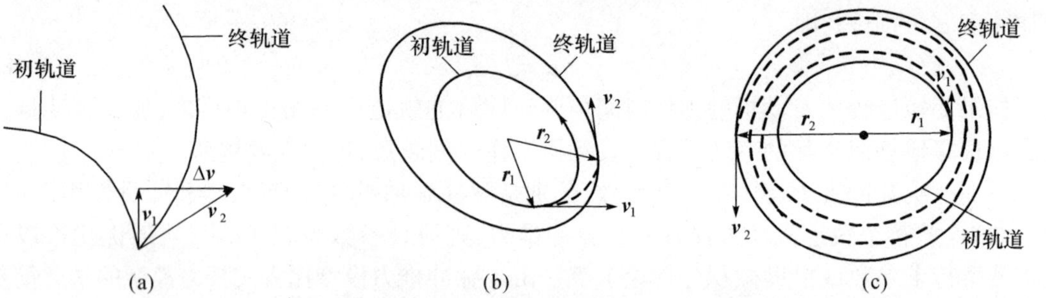

图 9-1　三种推力模型下轨道机动过程示意图

（a）脉冲推力；（b）有限推力；（c）连续小推力。

2. 初终轨道是否相交（切）

1）轨道改变

若初轨道与终轨道相交（切），则在交（切）点处施加一次冲量即可由初轨道进入终轨道，称为轨道改变，如图 9-2 所示。

2）轨道转移

若初轨道与终轨道不相交（切），则至少需要施加两次冲量才能由初轨道进入终轨道，称为轨道转移。连接初轨道与终轨道的过渡轨道称为转移轨道，如图 9-3 所示。轨道转移可看作两次或多次轨道改变的组合序列。

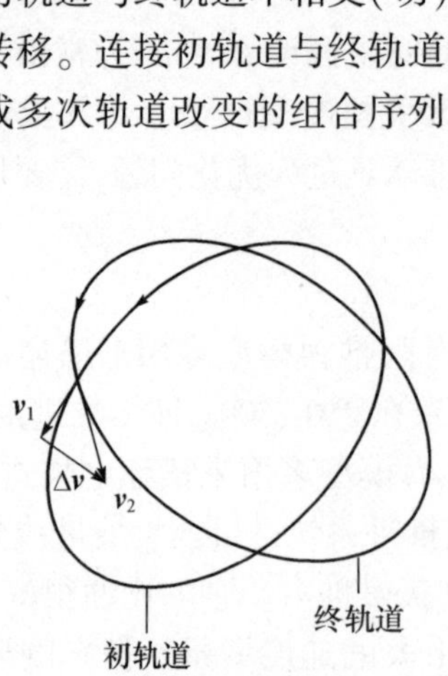

图 9-2　轨道改变

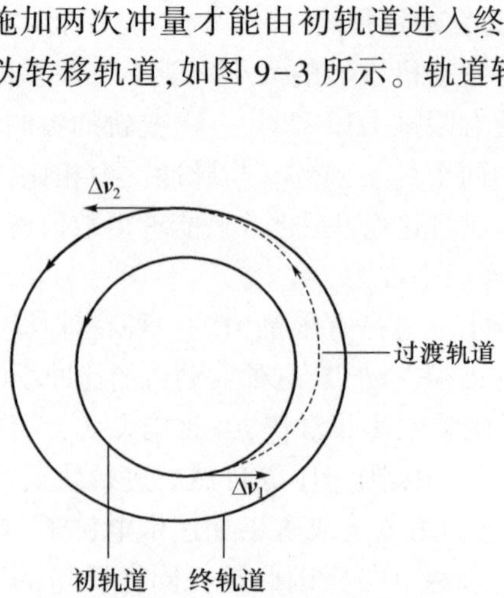

图 9-3　轨道转移

3. 对目标轨道的要求

一条自由轨道可以由6个轨道要素来描述,也可以由位置和速度6个状态变量来描述,它们是等价的。不同的飞行任务对目标轨道状态有不同的要求,由此可将轨道机动分为轨道拦截、轨道转移和轨道交会。

1) 轨道拦截

要求航天器在未来某一时刻到达空间某一位置,即给定目标轨道的三个状态量(位置),另外三个(速度)可以自由选择。

2) 轨道转移

给定目标轨道的大小、形状和在空间的方位,即给定5个轨道要素,但对航天器在轨道上的相位没有要求;或给定航天器到达目标点时的位置和速度,但对到达时刻没有要求。注意这里讲的轨道转移是按任务要求分类的,前面所讲的轨道转移是按照初终轨道的关系分类的,两者含义并不相同。

3) 轨道交会

给定目标轨道的全部6个轨道要素或对应某个时刻的位置和速度。

4. 特征速度的大小

特征速度定义为推力加速度在整个变轨时间区间上的积分,它是反映轨道机动消耗燃料多少的特征量。对脉冲推力模型,特征速度为各次变轨的速度增量大小之和,即

$$v_{\mathrm{ch}} = \sum_{i=1}^{n} |\Delta \boldsymbol{v}_i| \tag{9-1-4}$$

由式(9-1-1)可知,脉冲推力模型下,燃耗最少与特征速度最小是等价的。

根据特征速度的大小,可以将轨道机动分为轨道调整和一般轨道机动。

1) 轨道调整

初始轨道与目标轨道在某种意义下的差别不大,变轨特征速度较小的轨道机动称为轨道调整。轨道调整的任务主要包括轨道捕获、轨道保持、中段修正等。发射航天器时,由于误差因素的影响使得入轨轨道要素对标称值有较小的偏离,为消除入轨误差进行的轨道机动称为轨道捕获。航天器在运行过程中,由于摄动因素的影响会逐渐偏离标准轨道,当偏差积累到一定程度后为消除偏差进行的机动称为轨道保持。实施探月或深空探测等飞行时间很长的任务时,小的轨道偏差经过长时间传播后可能导致无法接受的轨道偏离,为消除其影响在途中实施的若干次轨道机动称为中段修正。

轨道调整中,轨道要素的改变都是小量,因此可以采用小偏差条件下的线性化模型,简化机动过程的分析与设计。

2) 一般轨道机动

一般轨道机动的特征速度较大,小偏差假设不再成立,必须采用一般的动力学模型加以研究。

本章将主要讨论脉冲推力模型下的轨道机动问题,包括一般轨道机动和轨道调整。下两章分别讨论有限推力和连续小推力变轨问题。

9.2 轨道改变

常在轨道坐标系 $O\text{-}x_o y_o z_o$ 中研究脉冲推力变轨问题,如图9-4所示。速度增量 $\Delta\boldsymbol{v}$ 可以用增量大小 Δv、俯仰角 φ 和偏航角 ψ 表示

$$\begin{cases}\Delta v_x = \Delta v\cos\psi\sin\varphi \\ \Delta v_y = \Delta v\cos\psi\cos\varphi \\ \Delta v_z = \Delta v\sin\psi\end{cases} \tag{9-2-1}$$

可见，施加一次冲量有三个自由变量可以选择，因此当变轨位置确定后，一次轨道改变最多能使三个轨道要素等于要求值。当然，其他轨道要素也会随之改变，只是它们的值由约束方程确定，不能自由选择而已。

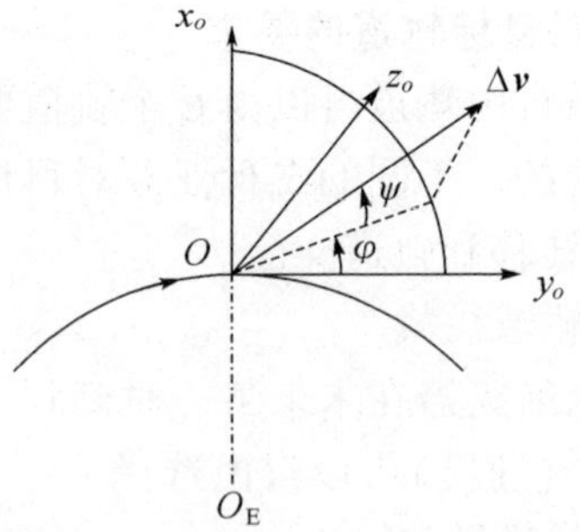

图 9-4　轨道坐标系中的速度增量

轨道改变的任务要求常以两种形式给出：变轨后当前时刻的运动状态，或变轨并运行一段时间后的运动状态，后者与二体轨道的边值问题有关。下面分别讨论。

9.2.1　共面轨道改变

1. 一般原理

若变轨前后轨道平面的空间方位不发生变化，则称为共面轨道改变。由图 9-4 可知，此时 $\psi=0$，故有

$$\begin{cases}\Delta v_x = \Delta v\sin\varphi \\ \Delta v_y = \Delta v\cos\varphi\end{cases} \tag{9-2-2}$$

可见，一次共面轨道改变有两个参数可以选择，因此能够使两个目标轨道要素等于期望值。

分别用下标 1 和 2 表示初轨道和终轨道的运动参数。由于初轨道在变轨点的速度是已知的，因此只要确定终轨道在变轨点的速度 $\boldsymbol{v}_2$，就可以求出 $\Delta\boldsymbol{v}$ 和 φ。

用速度的大小 v_2 和飞行路径角 Θ_2 来描述 $\boldsymbol{v}_2$，由图 9-5 可知

$$\begin{cases}\Delta v_x = v_2\sin\Theta_2 - v_1\sin\Theta_1 \\ \Delta v_y = v_2\cos\Theta_2 - v_1\cos\Theta_1\end{cases} \tag{9-2-3}$$

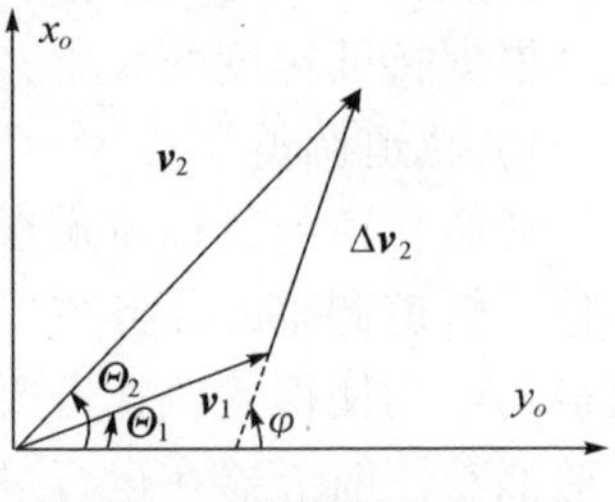

图 9-5　速度增量的描述

故速度增量的大小为

$$\Delta v = v_1\sqrt{1-2\frac{v_2}{v_1}\cos(\Theta_2-\Theta_1)+\left(\frac{v_2}{v_1}\right)^2} \tag{9-2-4}$$

速度增量的方向角 φ 为

$$\varphi = \arctan\left(\frac{\Delta v_x}{\Delta v_y}\right) = \arctan\left(\frac{v_2\sin\Theta_2 - v_1\sin\Theta_1}{v_2\cos\Theta_2 - v_1\cos\Theta_1}\right) \tag{9-2-5}$$

下面建立终轨道的轨道要素和 $\boldsymbol{v}_2$、Θ_2 的关系。根据二体轨道理论，可知

$$\begin{cases}a_2 = \dfrac{r_1}{2-\boldsymbol{v}_2} \\ e_2 = [1+\boldsymbol{v}_2(\boldsymbol{v}_2-2)\cos^2\Theta_2]^{\frac{1}{2}} \\ \tau_2 = t-\sqrt{\dfrac{a_2^3}{\mu}}(E_2 - e_2\sin E_2) \\ \omega_2 = u_2 - f_2 = u_1 - f_2 = \omega_1 + (f_1 - f_2)\end{cases} \tag{9-2-6}$$

式中，用能量比参数 $\boldsymbol{\nu}_2$ 代替 v_2 以简化方程表达式，近点角 f_2、E_2 满足关系式

$$\tan f_2=\frac{\boldsymbol{\nu}_2\sin\Theta_2\cos\Theta_2}{\boldsymbol{\nu}_2\cos^2\Theta_2-1},\quad \tan\frac{E_2}{2}=\sqrt{\frac{1-e_2}{1+e_2}}\tan\frac{f_2}{2} \tag{9-2-7}$$

若令

$$\Delta\omega_2=\omega_2-\omega_1,\quad \Delta f_2=f_2-f_1$$

则方程(9-2-6)的最后一式可写为

$$\Delta\omega_2=-\Delta f_2 \tag{9-2-8}$$

它表示轨道拱线转动的角度。

在方程(9-2-6)中，$\boldsymbol{\nu}_2$、Θ_2 是可供设计的参数。若根据轨道机动任务要求给定 a_2、e_2、τ_2、ω_2 中的任意两个，则由式(9-2-6)可以找到与之对应的代数方程，求解方程即可得到要求的 $\boldsymbol{\nu}_2$、Θ_2。v_2 的大小根据下式确定：

$$v_2=\sqrt{\frac{\mu\boldsymbol{\nu}_2}{r_1}} \tag{9-2-9}$$

将 v_2、Θ_2 代入式(9-2-4)、式(9-2-5)即可求得需要的速度增量。

典型的共面轨道改变问题有轨道机械能(周期、半长轴)的改变、拱线转动等。

2. 轨道机械能的改变

在共面轨道改变中，变轨的要求有时以其他形式给出。例如，可以在 a_2、e_2、τ_2、ω_2 四个要素中，使一个要素等于给定值，同时要求变轨消耗的燃料最少，即 $\Delta v=\Delta v_{\min}$。改变轨道机械能就经常以这种形式提出要求。

由活力公式可知，改变轨道机械能即改变轨道的半长轴，也即改变轨道周期。发射高轨卫星、调整重访周期等工程问题都是它的具体应用。

由式(3-2-30)可知，变轨前后的轨道机械能分别为

$$\varepsilon_1=\frac{v_1^2}{2}-\frac{\mu}{r_1},\quad \varepsilon_2=\frac{v_2^2}{2}-\frac{\mu}{r_1}$$

因此轨道机械能的改变为

$$\Delta\varepsilon=\frac{v_2^2-v_1^2}{2}=\frac{(\boldsymbol{v}_2+\boldsymbol{v}_1)\cdot(\boldsymbol{v}_2-\boldsymbol{v}_1)}{2}=\boldsymbol{v}_1\cdot\Delta\boldsymbol{v}+\frac{1}{2}\Delta v^2 \tag{9-2-10}$$

可见，为使轨道机械能改变的效率最高，应使 $\Delta\boldsymbol{v}$ 与 $\boldsymbol{v}_1$ 共线，此时变轨前后速度的方向不变。同时，变轨点的速度 v_1 越大，轨道机械能改变的效率越高，因此在近地点附近沿速度方向施加推力是改变 ε(或半长轴 a、或轨道周期 T)最有效的方法。实际上，由式(9-2-4)也可以知道，因为 v_1、v_2 都是确定值，所以当 $\Theta_2=\Theta_1$，即 $\Delta\boldsymbol{v}$ 与 $\boldsymbol{v}_1$ 共线时消耗燃料最少。

当 $\Delta\boldsymbol{v}$ 与 $\boldsymbol{v}_1$ 共线时，为获得期望的 $\Delta\varepsilon$ 需要的速度增量为

$$\Delta v=\sqrt{v_1^2+2\Delta\varepsilon}-v_1 \tag{9-2-11}$$

假设初始轨道为圆轨道，速度为 $\boldsymbol{v}_c$。在某一点沿速度方向施加速度增量 $\Delta\boldsymbol{v}$ 后，轨道将变为以变轨点为近地点的椭圆轨道(图 9-6)。随着 Δv 的增大，椭圆轨道的远地点不断提高，当

$$\Delta v_{\text{esc}}=(\sqrt{2}-1)v_c \tag{9-2-12}$$

时，速度变为 $v_2=\sqrt{2}v_c=v_{\text{esc}}$，达到逃逸速度，轨道变为抛物

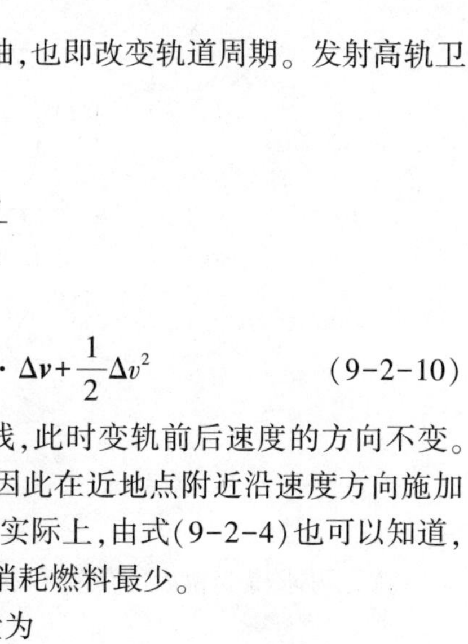

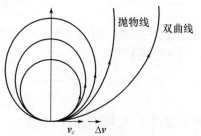

图 9-6　轨道机械能的改变

线；当 $\Delta v>\Delta v_{esc}$ 时，轨道机械能进一步提高，变为双曲线。

3. 拱线转动

拱线转动也是一种常见的共面轨道改变问题，如图 9-7所示。常以两种形式给出变轨要求。

第一种形式是给定变轨点，即给定真近点角 f_1，同时给定拱线转动角 $\Delta\omega$ 和 a_2、e_2、τ_2 中的某个要素，求变轨速度增量 $\Delta \boldsymbol{v}$。这类问题可以通过求解式(9-2-6)中两个相应的代数方程解决。

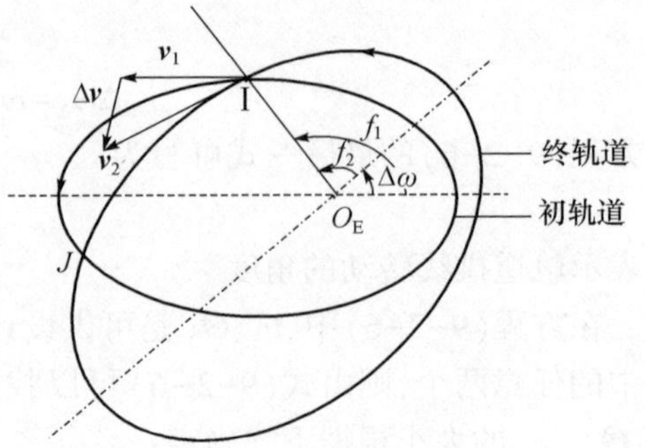

图 9-7　拱线转动

第二种形式是变轨点不定，给定拱线转动角 $\Delta\omega$ 和 a_2、e_2、τ_2 中的两个要素，求变轨速度增量 Δv。由于变轨点没有确定，因此式(9-2-6)的右端相当于增加了一个自由变量 f_1，一次轨道改变可以满足三个轨道要素的要求，这类问题需要求解式(9-2-6)中的三个代数方程。

当然，第二种要求形式可能存在两条轨道没有交点的无解情况。

例题　已知初始轨道Ⅰ的半长轴和偏心率为 $a_1=3a_e$，$e_1=0.5$；目标轨道Ⅱ的半长轴和偏心率为 $a_2=4a_e$，$e_2=0.5$。两轨道共面，要求在轨道Ⅰ的远地点实施变轨进入轨道Ⅱ。

由图 9-8 可知，该问题属于共面轨道改变问题。问题给定了目标轨道的两个轨道要素 a_2 和 e_2，同时给定了变轨点的位置 $f_1=180°$，因此解是确定的。

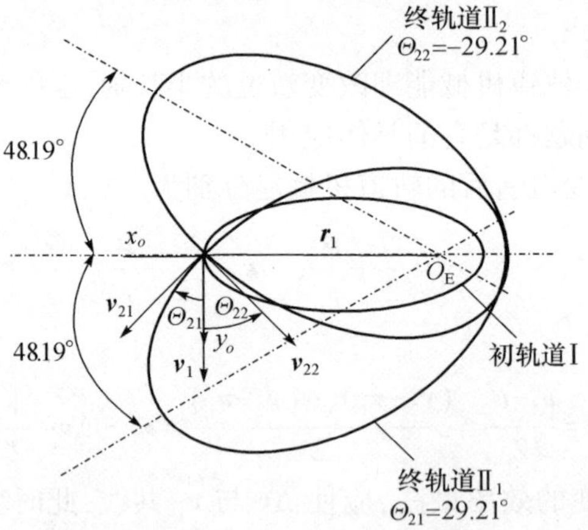

图 9-8　共面轨道改变问题

首先可求得变轨后的位置和能量比参数为

$$r_1=a_1(1+e_1)=4.5a_e,\quad \nu_2=2-\frac{r_1}{a_2}=0.875$$

根据式(9-2-9)，可得变轨后的速度为 $v_2=3.488\text{km/s}$。根据式(9-2-6)的第二式，可知变轨后的飞行路径角为

$$\cos\Theta_2=\pm\sqrt{\frac{1-e_2^2}{\nu_2(2-\nu_2)}}$$

将数据代入，可得 Θ_2 有四个解

$$\Theta_{21}=29.21°,\quad \Theta_{22}=-29.21°,\quad \Theta_{23}=150.79°,\quad \Theta_{24}=-150.79°$$

其中 Θ_{23} 和 Θ_{24} 这两个解对应的航天器沿轨道Ⅱ的运动方向与沿轨道Ⅰ的运动方向相反，因此变轨所需能量太大，不可取。对应 Θ_{21} 和 Θ_{22} 这两个解各有一条终轨道。

由于是在远地点变轨，因此变轨前有

$$v_1=\sqrt{\frac{\mu(1-e_1)}{a_1(1+e_1)}}=2.636\text{km/s},\quad \Theta_1=0°$$

代入式(9-2-4)和式(9-2-5)可求得速度增量 Δv 和方向角 φ

$$\Delta v=v_1\sqrt{1-2\frac{v_2}{v_1}\cos(\Theta_2-\Theta_1)+\left(\frac{v_2}{v_1}\right)^2}=1.750\text{km/s}$$

$$\varphi=\arctan\left(\frac{v_2\sin\Theta_2-v_1\sin\Theta_1}{v_2\cos\Theta_2-v_1\cos\Theta_1}\right)=\pm 76.523°$$

根据式(9-2-7)，可得变轨点在轨道Ⅱ上的真近点角为

$$f_2=\arctan\left(\frac{\boldsymbol{v}_2\sin\boldsymbol{\Theta}_2\cos\boldsymbol{\Theta}_2}{\boldsymbol{v}_2\cos^2\boldsymbol{\Theta}_2-1}\right)=\pm 131.810°$$

拱线转动角 $\eta=180°-f_2=\pm 48.19°$，如图 9-8 所示。

9.2.2 轨道面改变

1. 一般原理

若仅轨道面的空间方位发生变化，轨道面内的要素并不改变的变轨称为轨道面改变或仅改变轨道面的变轨，如图 9-9 所示。用公式描述的变轨要求为

$$\begin{cases} r_1=r_2=r,\quad v_1=v_2=v,\quad \boldsymbol{\Theta}_1=\boldsymbol{\Theta}_2=\boldsymbol{\Theta} \\ \boldsymbol{v}_1^0\cdot\boldsymbol{v}_2^0=\cos\alpha,\quad (\alpha\neq 0) \end{cases} \tag{9-2-13}$$

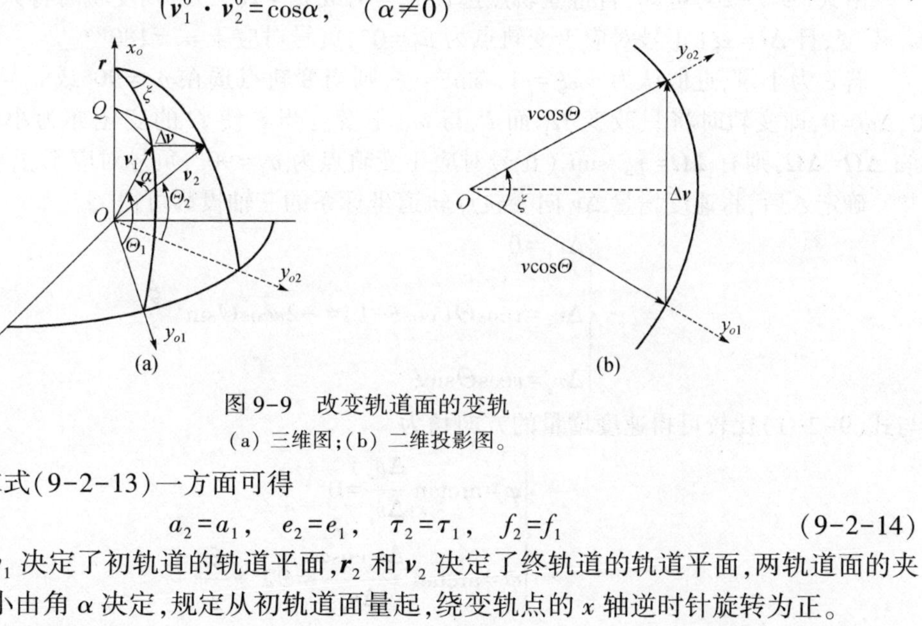

图 9-9 改变轨道面的变轨

(a) 三维图；(b) 二维投影图。

由变轨要求式(9-2-13)一方面可得

$$a_2=a_1,\quad e_2=e_1,\quad \tau_2=\tau_1,\quad f_2=f_1 \tag{9-2-14}$$

另一方面 $\boldsymbol{r}_1$ 和 $\boldsymbol{v}_1$ 决定了初轨道的轨道平面，$\boldsymbol{r}_2$ 和 $\boldsymbol{v}_2$ 决定了终轨道的轨道平面，两轨道面的夹角为 ξ。ξ 的大小由角 α 决定，规定从初轨道面量起，绕变轨点的 x 轴逆时针旋转为正。

由图 9-9 的几何关系可知

$$\Delta v=2v\cos\Theta\sin\frac{\xi}{2} \tag{9-2-15}$$

$$\Delta v=2v\sin\frac{\alpha}{2} \tag{9-2-16}$$

比较以上两式可知

$$\sin\frac{\alpha}{2}=\cos\Theta\sin\frac{\xi}{2} \tag{9-2-17}$$

可见,一般情况下角 ξ 与角 α 并不相等,只有当 $\Theta=0$,即在近地点或远地点改变轨道面时,两者才相等。

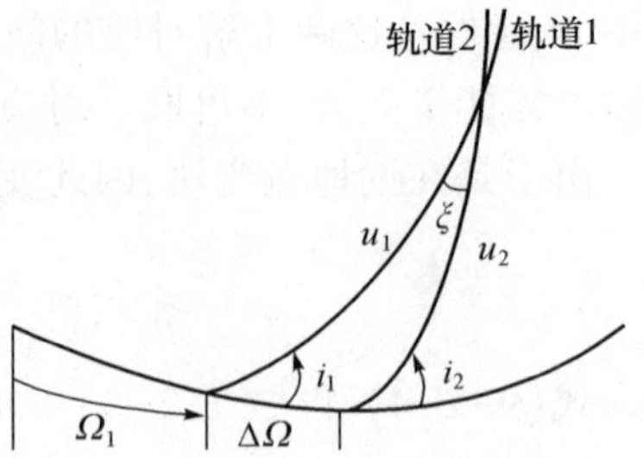

图 9-10 轨道夹角与轨道倾角的关系

ξ 角与两轨道面的关系如图 9-10 所示。令

$$\begin{cases}\Delta\Omega=\Omega_2-\Omega_1\\ \Delta i=i_2-i_1\end{cases} \tag{9-2-18}$$

由式(9-2-14)可知

$$\Delta\omega=\omega_2-\omega_1=u_2-u_1 \tag{9-2-19}$$

在图 9-10 中,由球面三角公式可知

$$\begin{cases}\cos i_2=\cos i_1\cos\xi-\sin i_1\sin\xi\cos u_1\\ \sin\Delta\Omega=\sin u_1\dfrac{\sin\xi}{\sin i_2}\\ \Delta\omega=\arcsin\dfrac{\sin i_1\sin u_1}{\sin i_2}-u_1\end{cases} \tag{9-2-20}$$

在仅改变轨道面的变轨中,只有 ξ 一个参数可以选择,因而在 i_2、Ω_2、ω_2 这三个参数中,只能使一个参数通过改变轨道面的变轨与期望值相等。对于给定的期望值,在式(9-2-20)中求解相应的方程即可求得 ξ。

由式(9-2-20)可知,若将变轨点选在 $u_1=0°$ 或 $u_1=180°$ 处,则变轨时将只改变 i_1 而 Ω_1 与 ω_1 不变,且 $\Delta i=\pm\xi$(正号对应于变轨点为 $u_1=0°$,负号对应于 $u_1=180°$)。

若 ξ 为小量,近似认为 $\cos\xi=1$, $\sin\xi=\xi$,则当变轨点选在 $u_1=90°$ 或 $u_1=270°$ 时,有 $\Delta i=0$,$\Delta\omega=0$,即变轨时将只改变 Ω_1 而 i_1 与 ω_1 不变。当 ξ 使 Ω 的变化亦为小量时,近似认为 $\sin\Delta\Omega=\Delta\Omega$,则有 $\Delta\Omega=\pm\xi/\sin i_1$(正号对应于变轨点为 $u_1=90°$,负号对应于 $u_1=270°$)。

确定 ξ 后,将速度增量 $\Delta\boldsymbol{v}$ 向变轨点轨道坐标系的三轴投影可得

$$\begin{cases}\Delta v_x=0\\ \Delta v_y=v\cos\Theta(\cos\xi-1)=-2v\cos\Theta\sin^2\dfrac{\xi}{2}\\ \Delta v_z=v\cos\Theta\sin\xi\end{cases} \tag{9-2-21}$$

与式(9-2-1)比较可得速度增量的方向角为

$$\begin{cases}\varphi=\arctan\dfrac{\Delta v_x}{\Delta v_y}=0°\\ \psi=\arctan\dfrac{\Delta v_z\cos\varphi}{\Delta v_y}=90°+\dfrac{\xi}{2}\end{cases} \tag{9-2-22}$$

由式(9-2-16)可知,轨道面改变需要的速度增量大小与变轨点的速度 v 是成正比的。由于航天器在轨运行的速度都比较大,因此轨道面改变消耗的能量都很大。图 9-11 给出了三种高度圆轨道的倾角改变量与速度增量、燃料质量百分比的关系图。可见,500km 高度圆轨道改变 1°的倾角约需要 130m/s 的速度增量,同步轨道高度约需要 54m/s。若在同步轨道高度改变 20°的倾角,消耗的燃料质量约占总质量的 30%,500km 高度的比例要达到约 60%,因此

一般情况下是不进行轨道面改变的轨道机动的。

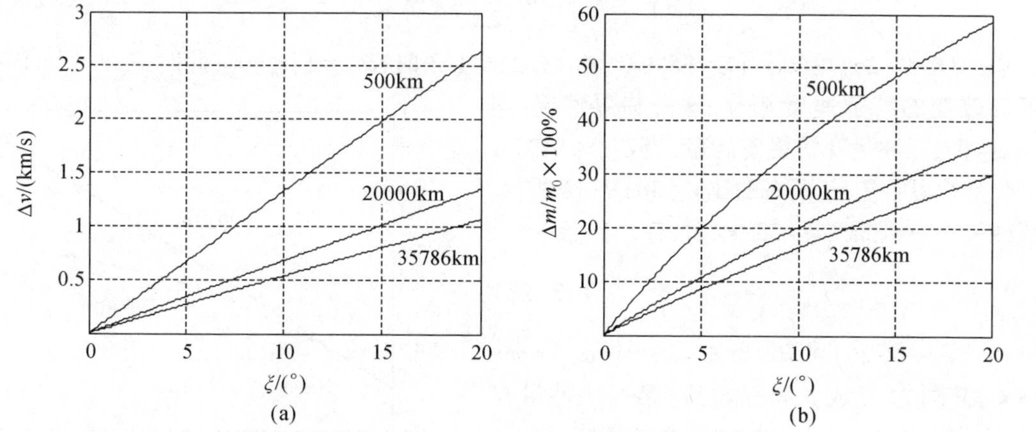

图 9-11 轨道面改变需要的能量

（a）速度增量;（b）燃料质量百分比。

我国“天问”一号火星探测器的第二次环火制动,就是一次典型的轨道面改变的变轨。

2. 三冲量轨道面改变

由图 9-11 可知,轨道高度越高,改变轨道面越容易,因此在某些情况下,可以通过三次冲量变轨的方式改变轨道面,以节省燃料。三冲量轨道面改变的过程是:先经过一次共面轨道改变,使初始圆轨道 C_1 变成大椭圆轨道 E_1;在椭圆轨道 E_1 的远地点实施一次轨道面改变,改变量等于要求的夹角 ξ,轨道变成椭圆轨道 E_2;在 E_2 的近地点再实施一次共面轨道改变,使轨道变成圆轨道 C_2,C_2 的半径与 C_1 相同。

设圆轨道 C_1 的半径为 r_c,大椭圆轨道的近拱点和远拱点焦点距分别为 r_c 和 r_a,易知三次轨道改变及总的特征速度为

$$\begin{cases}\Delta v_1=\Delta v_3=v_p-v_c\,, \quad \Delta v_2=2v_a\sin\left(\dfrac{\xi}{2}\right)\\ v_{\mathrm{ch}}=\Delta v_1+\Delta v_2+\Delta v_3\end{cases} \tag{9-2-23}$$

式中:

$$v_c=\sqrt{\frac{\mu}{r_c}}\,,\quad v_p=\sqrt{\frac{2\mu r_a}{r_c(r_c+r_a)}}\,,\quad v_a=\sqrt{\frac{2\mu r_c}{r_a(r_c+r_a)}} \tag{9-2-24}$$

将式(9-2-24)代入式(9-2-23),并令 $\alpha=r_a/r_c(\alpha\geqslant 1)$,可得到无量纲的特征速度为

$$\begin{aligned}\frac{v_{\mathrm{ch}}}{v_c}&=\frac{1}{v_c}(2\Delta v_1+\Delta v_2)\\ &=2\left[\sqrt{\frac{2\alpha}{\alpha+1}}-1+\sqrt{\frac{2}{\alpha(\alpha+1)}}\sin\frac{\xi}{2}\right]\end{aligned} \tag{9-2-25}$$

令 $\partial v_{\mathrm{ch}}/\partial\alpha=0$,可以求出特征速度最小的 α 值

$$\alpha^*=\frac{\sin(\xi/2)}{1-2\sin(\xi/2)} \tag{9-2-26}$$

将式(9-2-26)代入式(9-2-25),可得最小特征速度为

$$\left(\frac{v_{ch}}{v_c}\right)^* = 4\sqrt{2\sin\frac{\xi}{2}\left(1-\sin\frac{\xi}{2}\right)}-2 \tag{9-2-27}$$

由式(9-2-26)可知，当 $\xi=38.94°$，$\sin(\xi/2)=1/3$ 时，$\alpha^*=1$，$r_a=r_c$，此时三冲量与单冲量轨道面改变的特征速度相等，这是临界情况；当 $\xi>38.94°$时，三冲量变轨更省能量；当 $\xi<38.94°$时，单冲量变轨更省能量，两者的比较如图 9-12 所示。由式(9-2-27)可知，当$\xi=38.94°$时，有

$$v_{ch}=\frac{2}{3}v_c \tag{9-2-28}$$

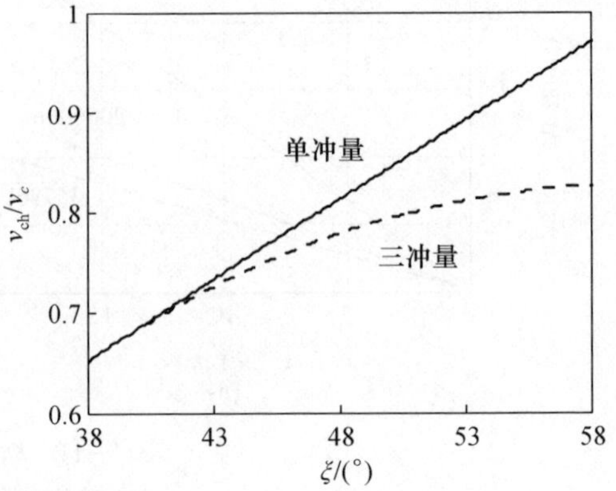

图 9-12　单冲量与三冲量轨道面改变的比较

由式(9-2-26)可知，当 $\xi=60°$时，$\alpha^*\to\infty$，$r_a\to\infty$，椭圆 E_1 变成抛物线轨道，第二次冲量在无穷远处施加，$\Delta v_2\to 0$。由物理意义可知，当 $\xi>60°$时，圆→抛物线→圆的三冲量变轨方式仍是燃耗最小的变轨方式，因此三冲量变轨特征速度的极大值为

$$v_{ch,\max}=2(\sqrt{2}-1)v_c \tag{9-2-29}$$

可见，虽然有些情况下三冲量变轨更省能量，但轨道面改变仍然要消耗相当多的燃料。

9.2.3　一般非共面轨道改变

当终轨道与初轨道相比，轨道面的空间方位不同，轨道面内的要素也不同时，轨道改变称为一般非共面轨道改变，如图 9-13 所示。$\boldsymbol{v}_1$ 和 $\boldsymbol{v}_2$ 分别表示变轨前后的速度矢量，$\Delta\boldsymbol{v}$ 为变轨需要的速度增量。

一般非共面轨道改变可以看成是共面轨道改变和轨道面改变的综合。如图 9-13 所示，在 $\boldsymbol{r}$ 与 $\boldsymbol{v}_2$ 确定的终轨道平面内作 $\boldsymbol{v}_2'$，使 $\boldsymbol{v}_2'$ 的大小与 $\boldsymbol{v}_1$ 相等，速度倾角与 $\boldsymbol{\Theta}_1$ 相等，则 $\Delta\boldsymbol{v}$ 可以分解为 $\Delta\boldsymbol{v}_1$ 和 $\Delta\boldsymbol{v}_2$

$$\begin{cases}\Delta\boldsymbol{v}_1=\boldsymbol{v}_2'-\boldsymbol{v}_1\\ \Delta\boldsymbol{v}_2=\boldsymbol{v}_2-\boldsymbol{v}_2'\end{cases} \tag{9-2-30}$$

则 $\Delta\boldsymbol{v}_1$ 为轨道面改变需要的速度增量，$\Delta\boldsymbol{v}_2$ 为共面轨道改变需要的速度增量。选择 $\Delta\boldsymbol{v}_1$ 可使终轨道的 i_2 和 Ω_2 中的一个与预定值相等，选择 $\Delta\boldsymbol{v}_2$ 可使 a_2、e_2 和 τ_2 中的两个与预定值相等。ω_2 同时受 $\Delta\boldsymbol{v}_1$ 和 $\Delta\boldsymbol{v}_2$ 的影响，故为使 ω_2 与预定值相等，需要综合考虑 $\Delta\boldsymbol{v}_1$ 和 $\Delta\boldsymbol{v}_2$ 的影响。当由轨道机动任务确定了终轨道的三个轨道要素后，就可以由相应的代数方程求出 v_2、Θ_2 和 ξ。

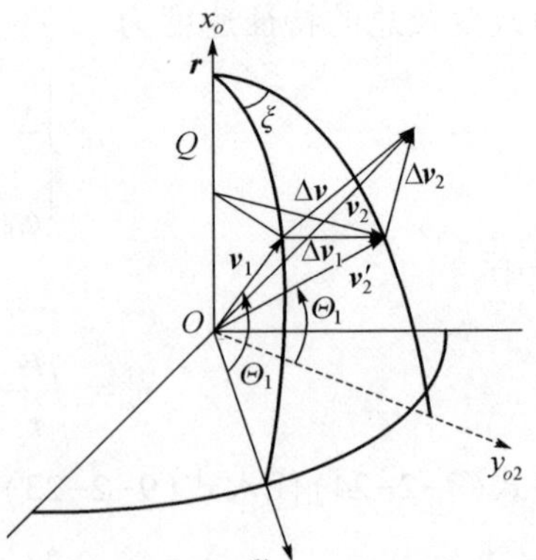

图 9-13　一般非共面轨道改变

将 $\boldsymbol{v}_1$ 和 $\boldsymbol{v}_2$ 分别向变轨点处的轨道坐标系投影，可得

$$\begin{cases}\Delta v_x=v_2\sin\Theta_2-v_1\sin\Theta_1\\ \Delta v_y=v_2\cos\Theta_2\cos\xi-v_1\cos\Theta_1\\ \Delta v_z=v_2\cos\Theta_2\sin\xi\end{cases} \tag{9-2-31}$$

根据式(9-2-1)可求得速度增量的大小与方向角

$$\begin{cases}\Delta v=\sqrt{\Delta v_x^2+\Delta v_y^2+\Delta v_z^2}\\ \varphi=\arctan\dfrac{\Delta v_x}{\Delta v_y}\\ \psi=\arctan\dfrac{\Delta v_z\cos\varphi}{\Delta v_y}\end{cases} \tag{9-2-32}$$

例题 发射地球静止轨道卫星时,由大椭圆转移轨道进入地球静止轨道的过程是典型的一般非共面轨道改变问题,如图 9-14 所示。已知初始轨道Ⅰ为大椭圆转移轨道,r_{p1} = 6570km,r_{a1} = 42164km,i_1 = 45°,目标轨道Ⅱ为地球静止轨道。要求在轨道Ⅰ的远地点实施变轨进入轨道Ⅱ。

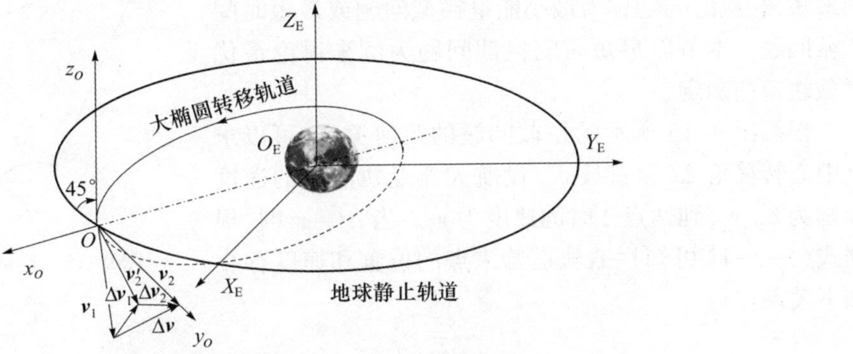

图 9-14 地球静止轨道卫星入轨机动

由目标轨道的要求可知,变轨后卫星的运动状态为

$$r_2=r_1=r=42164\text{km},\quad v_2=\sqrt{\mu/r}=3.075\text{km/s}$$

在变轨点处,$u_1=180°$、$i_1=45°$、$i_2=0°$、$\Theta_2=0°$,由式(9-2-20)的第一式可以求得 $\xi=45°$。

变轨前卫星的运动状态为

$$v_1=\sqrt{\frac{2\mu r_{p1}}{r_{a1}(r_{a1}+r_{p1})}}=1.597\text{km/s},\Theta_1=0°$$

将数据代入式(9-2-31),可得三个方向的速度增量为

$$\begin{cases}\Delta v_x=0\\ \Delta v_y=v_2\cos\xi-v_1=0.578\text{km/s}\\ \Delta v_z=v_2\sin\xi=2.174\text{km/s}\end{cases}$$

再根据式(9-2-32)可求得变轨的特征速度与方向角

$$\Delta v=\sqrt{\Delta v_x^2+\Delta v_y^2+\Delta v_z^2}=2.249\text{km/s},\quad \varphi=0°,\quad \psi=75.122°$$

9.2.4 拦截问题

在轨道改变问题中,有时并不是直接给出对终轨道轨道要素的要求,而是以飞行任务的形式给出,比如拦截问题、离轨制动问题等。下面以拦截问题为例加以讨论。

如图 9-15 所示，航天器在 $t=t_1$ 时刻位于初轨道上的点 1，位置和速度分别为 $\boldsymbol{r}_1$ 和 $\boldsymbol{v}_1$。空间中另有一固定点 2，位置矢量为 $\boldsymbol{r}_2$，要求航天器在 t_1 时刻变轨，变轨后通过点 2，从而能够命中位于点 2 的目标，这一飞行任务称为拦截问题。拦截问题是从很多实际航天任务中抽象出来的，比如 2005 年美国的"深度撞击"计划，用撞击器击中"坦普尔"1 号彗星就是典型的拦截问题；两冲量轨道交会的首次轨道机动也可以看作拦截问题。

由二体轨道的边值理论可知，通过点 1 和点 2 的圆锥曲线有无穷多条，因此在命中点 2 之外还可以满足其他条件。通常情况下，由于目标也是运动的，因此要求航天器和目标同时到达点 2。若设目标到达点 2 的时间为 t_2，则飞行时间 $\Delta t=t_2-t_1$ 是固定的，这类问题称为固定时间拦截问题。若给定航天器由点 1 飞往点 2 的运动方向，则固定时间拦截轨道可以通过求解兰伯特问题唯一确定。有时，变轨要求是燃耗最少或燃耗约束下的飞行时间最短，相应的问题称为最小能量拦截问题或最短时间拦截问题。本节以最短时间拦截问题为例来讨论最优拦截轨道的确定。

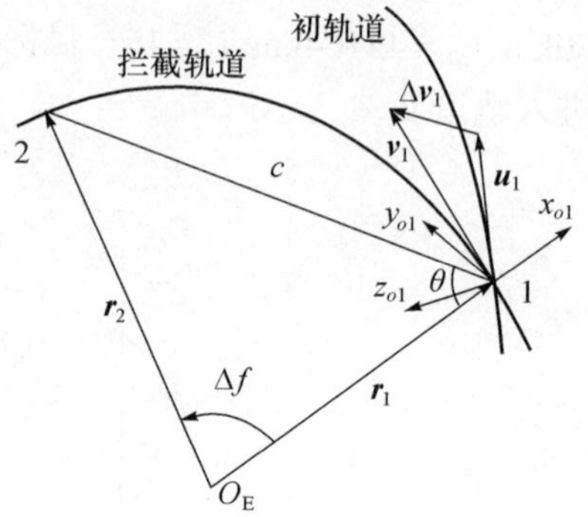

图 9-15　拦截问题的几何关系

根据图 9-15 所示的拦截问题的几何关系，可以求出中心转移角 Δf 和弦长 c。设航天器变轨前后的速度分别为 $\boldsymbol{u}_1$、$\boldsymbol{v}_1$，到达点 2 时的速度为 $\boldsymbol{v}_2$。当 $\Delta f\neq\pi$ 时，根据式(5-2-1)可知拦截轨道始末点的位置和速度存在如下关系：

$$\boldsymbol{v}_1=\frac{\sqrt{\mu p}}{r_1 r_2\sin\Delta f}\left[(\boldsymbol{r}_2-\boldsymbol{r}_1)+\frac{r_2}{p}(1-\cos\Delta f)\boldsymbol{r}_1\right] \tag{9-2-33}$$

式中：p 为拦截轨道的半通径。

在起始点 1 定义拦截轨道的轨道坐标系 $O_1-x_{o1}y_{o1}z_{o1}$，各轴如下：

$$\boldsymbol{x}_{o1}^0=\frac{\boldsymbol{r}_1}{r_1},\quad \boldsymbol{y}_{o1}^0=\boldsymbol{z}_{o1}^0\times\boldsymbol{x}_{o1}^0,\quad \boldsymbol{z}_{o1}^0=\frac{\boldsymbol{r}_1\times\boldsymbol{r}_2}{|\boldsymbol{r}_1\times\boldsymbol{r}_2|} \tag{9-2-34}$$

设轨道改变的速度增量为 $\Delta\boldsymbol{v}_1$，则有

$$\boldsymbol{v}_1=\boldsymbol{u}_1+\Delta\boldsymbol{v}_1$$

将上式投影至坐标系 O_1，可得

$$\boldsymbol{v}_1=(u_{1x}+\Delta v_{1x})\boldsymbol{x}_{o1}^0+(u_{1y}+\Delta v_{1y})\boldsymbol{y}_{o1}^0+(u_{1z}+\Delta v_{1z})\boldsymbol{z}_{o1}^0 \tag{9-2-35}$$

由于 $\boldsymbol{v}_1$ 必定位于拦截轨道面内，因此有 $u_{1z}+\Delta v_{1z}=0$，即

$$\Delta v_{1z}=-u_{1z} \tag{9-2-36}$$

其中 $u_{1z}=\boldsymbol{u}_1\cdot\boldsymbol{z}_{o1}^0$。这说明，变轨速度增量在垂直于拦截轨道面方向的分量是一定的，与终轨道的形状和大小无关。

由 $\boldsymbol{r}_1=r_1\boldsymbol{x}_{o1}^0$，可知拦截轨道的动量矩为

$$\boldsymbol{h}=\boldsymbol{r}_1\times\boldsymbol{v}_1=r_1(u_{1y}+\Delta v_{1y})\boldsymbol{z}_{o1}^0 \tag{9-2-37}$$

将式(9-2-37)及 $p=h^2/\mu$ 代入式(9-2-33)，整理可得

$$\boldsymbol{v}_1=\left(\frac{u_{1y}+\Delta v_{1y}}{r_2\sin\Delta f}\right)\cdot\left\{\boldsymbol{r}_2-\left[1-\frac{\mu r_2}{r_1^2(u_{1y}+\Delta v_{1y})^2}(1-\cos\Delta f)\right]\boldsymbol{r}_1\right\} \tag{9-2-38}$$

将式(9-2-35)代入上式并点乘 $\boldsymbol{x}_{o1}^0$ 可得

$$u_{1x}+\Delta v_{1x}=(u_{1y}+\Delta v_{1y})\left\{\frac{\cos\Delta f}{\sin\Delta f}-\frac{r_1}{r_2\sin\Delta f}+\left(\frac{\mu}{r_1\sin\Delta f}\right)\left[\frac{1-\cos\Delta f}{(u_{1y}+\Delta v_{1y})^2}\right]\right\} \tag{9-2-39}$$

由上式解出 Δv_{1x}，有

$$\Delta v_{1x}=a_1(u_{1y}+\Delta v_{1y})+\frac{b_1}{u_{1y}+\Delta v_{1y}}-u_{1x} \tag{9-2-40}$$

其中

$$a_1=\frac{\cos\Delta f}{\sin\Delta f}-\frac{r_1}{r_2\sin\Delta f},\quad b_1=\frac{\mu(1-\cos\Delta f)}{r_1\sin\Delta f}$$

图 9-16 绘出了方程(9-2-40)表示的几何图形。在 Δv_{1y}-Δv_{1x} 相平面内，方程(9-2-40)表示的是一对双曲线。当 $\Delta v_{1y}\to -u_{1y}$ 时，双曲线逼近垂直渐近线；当 $\Delta v_{1y}\to\pm\infty$ 时，双曲线逼近斜率为 a_1、纵轴上截距为 $a_1u_{1y}-u_{1x}$ 的倾斜渐近线。

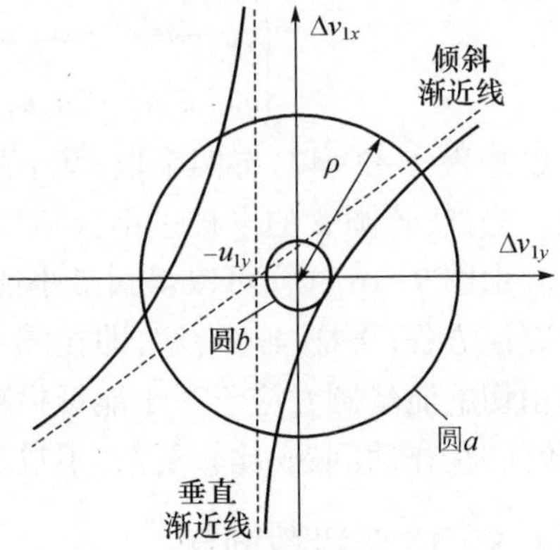

图 9-16 拦截轨道平面内速度增量分量的关系

实际上，方程(9-2-40)所表示的双曲线就是边值问题中图 5-7 的速度矢端曲线在另一种坐标系中的表示。注意到 v_{1y} 表示的是周向速度，由式(5-2-3)与式(9-2-37)可知

$$\begin{cases} v_{1c}=\dfrac{c\sqrt{\mu p}}{r_1r_2\sin\Delta f}=\dfrac{c(u_{1y}+\Delta v_{1y})}{r_2\sin\Delta f} \\ v_{1\rho}=\sqrt{\dfrac{\mu}{p}}\dfrac{1-\cos\Delta f}{\sin\Delta f}=\dfrac{\mu}{u_{1y}+\Delta v_{1y}}\cdot\dfrac{1-\cos\Delta f}{r_1\sin\Delta f} \end{cases} \tag{9-2-41}$$

注意到

$$\boldsymbol{c}\cdot\boldsymbol{x}_{o1}^0=(\boldsymbol{r}_2-\boldsymbol{r}_1)\cdot\boldsymbol{x}_{o1}^0=r_2\cos\Delta f-r_1 \tag{9-2-42}$$

有

$$\boldsymbol{v}_1\cdot\boldsymbol{x}_{o1}^0=\left(v_{1c}\frac{\boldsymbol{c}}{c}+v_{1\rho}\boldsymbol{x}_{o1}^0\right)\cdot\boldsymbol{x}_{o1}^0=\frac{v_{1c}}{c}(r_2\cos\Delta f-r_1)+v_{1\rho} \tag{9-2-43}$$

将式(9-2-41)代入上式，并考虑到

$$\boldsymbol{v}_1\cdot\boldsymbol{x}_{o1}^0=u_{1x}+\Delta v_{1x} \tag{9-2-44}$$

同样可以得到方程(9-2-39)。比较图 9-16 与图 5-7 可知，垂直渐近线对应于径向渐近线，而倾斜渐近线对应于弦向渐近线。

设能用于拦截变轨的最大速度增量为 $\Delta V_{\max}$，则应满足

$$\Delta V_{\max}^2\geqslant\Delta v_{1x}^2+\Delta v_{1y}^2+\Delta v_{1z}^2 \tag{9-2-45}$$

根据式(9-2-36)可以直接求出 Δv_{1z}，因此 Δv_{1x}、Δv_{1y} 应满足

$$\rho^2=\Delta V_{\max}^2-\Delta v_{1z}^2\geqslant\Delta v_{1x}^2+\Delta v_{1y}^2 \tag{9-2-46}$$

在图 9-16 中，式(9-2-46)代表一个圆(圆 a)。一般而言，能用于变轨的燃料全部耗尽，即上式取等号时飞行时间最短。综合式(9-2-46)、式(9-2-40)可得关于 Δv_{1y} 的一元四次代数方程

$$q_4\Delta v_{1y}^4+q_3\Delta v_{1y}^3+q_2\Delta v_{1y}^2+q_1\Delta v_{1y}+q_0=0 \tag{9-2-47}$$

方程中各项的系数为

$$
\begin{cases}
q_4 = a_1^2+1 \\
q_3 = 4a_1^2 u_{1y}+2u_{1y}-2a_1 u_{1x} \\
q_2 = 6a_1^2 u_{1y}^2+u_{1x}^2-6a_1 u_{1x} u_{1y}+u_{1y}^2+2a_1 b_1-\rho^2 \\
q_1 = 4a_1^2 u_{1y}^3-6a_1 u_{1x} u_{1y}^2-2b_1 u_{1x}+2u_{1x}^2 u_{1y}+4a_1 b_1 u_{1y}-2u_{1y}\rho^2 \\
q_0 = a_1^2 u_{1y}^4-2a_1 u_{1x} u_{1y}^3-2b_1 u_{1x} u_{1y}+u_{1x}^2 u_{1y}^2+b_1^2-u_{1y}^2\rho^2+2a_1 b_1 u_{1y}^2
\end{cases}
\tag{9-2-48}
$$

代数方程(9-2-47)有四个根,其中的实根都有可能是最短时间拦截轨道对应的解,应逐一验证。当然,若圆 a 的半径过小,与双曲线没有交点时,方程(9-2-47)不存在实根。

由图 9-16 同样可以得到最小能量拦截轨道的求解原理。由前面的分析可知,变轨的能量应使方程(9-2-47)有解,即在图 9-16 中能量圆要与双曲线存在交点。因此,恰好与双曲线相切的能量圆对应于最小能量拦截轨道,如图中圆 b 所示。最小能量拦截轨道涉及代数方程解的存在性问题,比较复杂,不过最终仍是化为一元四次代数方程来求解[1]。

9.2.5 广义拦截问题

在最短时间拦截轨道的分析中已经知道,拦截轨道平面外的速度增量 Δv_{1z} 能够由式(9-2-36)单独确定,因此求解问题的关键是确定轨道面内的速度增量 Δv_{1x} 与 Δv_{1y},这一问题是通过确定拦截轨道在轨道坐标系内的速度分量 v_{1x} 与 v_{1y} 来解决的。因此,最短时间拦截问题可以描述为:已知空间中两固定点 1 和 2 的引力中心距离 r_1 与 r_2,以及它们间的中心张角 Δf,求 v_{1x} 和 v_{1y} 使得两定点间的飞行时间 Δt 最短。将这一问题推广,即可得到能解决许多实际问题的广义拦截问题。由于速度大小 v 和飞行路径角 Θ 的物理意义更明确,因此用它们来代替 v_{1x} 和 v_{1y}。

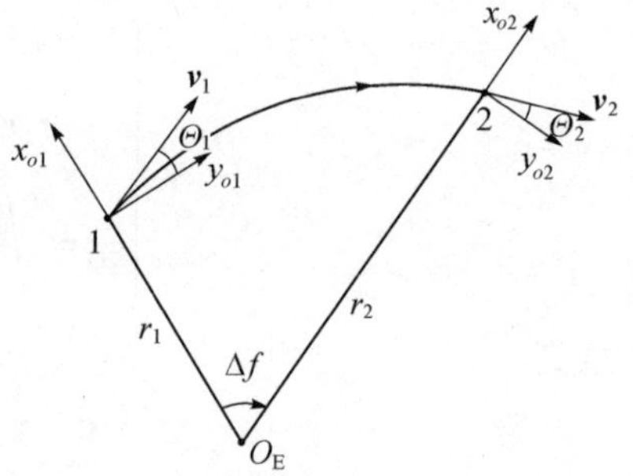

图 9-17 广义拦截问题的几何关系

将在给定的点 1 和点 2 的轨道坐标系分别记为 $1\text{-}x_{o1}y_{o1}$ 和 $2\text{-}x_{o2}y_{o2}$,如图 9-17 所示。

由于通过两定点的轨道要满足能量守恒定律,因此两点的运动参数满足如下约束方程:

$$
\frac{v_1^2}{2}-\frac{\mu}{r_1}=\frac{v_2^2}{2}-\frac{\mu}{r_2}=-\frac{\mu}{2a}
$$

也可记为

$$
F_1(r_1,\ v_1,\ r_2,\ v_2)=0 \tag{9-2-49}
$$

点 1 和点 2 的运动参数还要满足动量矩守恒定理,即

$$
r_1 v_1 \cos\Theta_1 = r_2 v_2 \cos\Theta_2 = h
$$

也可记为

$$
F_2(r_1,\ v_1,\ \Theta_1,\ r_2,\ v_2,\ \Theta_2)=0 \tag{9-2-50}
$$

通过两定点的轨道要满足轨道方程,因而有

$$
e\cos f_1=\frac{p}{r_1}-1,\quad e\cos f_2=e\cos(f_1+\Delta f)=\frac{p}{r_2}-1
$$

即

$$\frac{p}{r_2}-1=e\cos f_1\cos\Delta f-e\sin f_1\sin\Delta f$$
$$=\left(\frac{p}{r_1}-1\right)\cos\Delta f-e\sin f_1\sin\Delta f \tag{9-2-51}$$

将

$$p=\frac{h^2}{\mu}=\frac{r_i^2 v_i^2\cos^2\Theta_i}{\mu},\quad v_i\sin\Theta_i=\sqrt{\frac{\mu}{p}}e\sin f_i\quad (i=1,2)$$

代入式(9-2-51),可得第三个约束方程

$$\frac{\mu(1-\cos\Delta f)}{r_1 v_1^2\cos\Theta_1}+\cos(\Theta_1+\Delta f)=\frac{r_1}{r_2}\cos\Theta_1$$

也可记为

$$F_3(r_1,\quad v_1,\quad \Theta_1,\quad r_2,\quad \Delta f)=0 \tag{9-2-52}$$

Θ_1、Θ_2和 Δf 还应满足方程(5-2-25),该式也可以作为第三个约束条件,记为

$$F_3(r_1,\quad \Theta_1,\quad r_2,\quad \Theta_2,\quad \Delta f)=0$$

通过两给定点的轨道还要满足兰伯特飞行时间定理,因此有

$$\Delta t=\Delta t(a,\quad r_1+r_2,\quad c)$$

考虑到式(9-2-49),可得到第四个约束条件

$$F_4(r_1,\quad v_1,\quad r_2,\quad \Delta f,\quad \Delta t)=0$$

或

$$F_4(r_1,\quad r_2,\quad v_2,\quad \Delta f,\quad \Delta t)=0 \tag{9-2-53}$$

航天器在点 1 和点 2 的运动参数应满足的 4 个约束方程[式(9-2-49)~式(9-2-53)]中,共有 8 个变量,即 r_1、r_2、v_1、v_2、Θ_1、Θ_2、Δf、Δt。对于固定时间拦截问题,是将 r_1、r_2、Δf、Δt 取为常值,然后求解 4 个约束方程得到其他量;对于最短时间拦截问题,是将 r_1、r_2、Δf 取为常值,并要求 Δt 最短,然后求解约束方程得到其他量。

广义拦截问题是指在 r_1、r_2、v_1、v_2、Θ_1、Θ_2、Δf、Δt 这 8 个量中,任意取定 4 个量或 4 个量的某种函数关系(4 个量必须是相互独立的),通过求解约束方程(9-2-49)~方程(9-2-53),求出其余的 4 个量。许多实际的飞行任务都可以用广义拦截问题这一模型来描述。

例如,轨道计算或轨道预报问题是已知 r_1、v_1、Θ_1,再已知 Δt(或 Δf),求 r_2、v_2、Θ_2、Δf(或 Δt),该问题是典型的初值问题,可以包含在广义拦截问题中。

弹道导弹的自由飞行射程问题是已知 r_1、v_1、Θ_1和 r_2,求解约束方程,从而求得射程 Δf。

再入飞行器的离轨制动问题,是给定制动点和大气层边界点的地心距 r_1、r_2,以及大气层边界点处的飞行路径角 Θ_2和速度 v_2(或地心角 Δf),通过求解约束方程,得到 v_1、Θ_1的问题。

以上三个例子都是在 8 个量中,将 4 个量取为定值的情况,这是广义拦截问题的一种形式。另一种形式是在给定的条件中,包含 4 个量的某种函数关系,最短时间拦截问题就是以这种形式给出的,即给定 r_1、r_2、Δf,并要求

$$\Delta t=\min$$

弹道导弹主动段关机点的最佳速度倾角问题也是这类问题,它是在广义拦截问题中已知 r_1和 r_2,其余两个已知条件为函数关系

$$v_1 = \text{const}, \Delta f = \max$$

由上述讨论可以看出,广义拦截问题是包含了初值问题和边值问题在内的一种更广义的轨道力学模型,可以用来解决很多实际的轨道预报或飞行制导问题。

9.3 轨道转移

轨道转移是至少需要两次轨道改变才能由初轨道进入目标轨道的机动过程。由于一次轨道改变能满足三个目标轨道要素的要求,因此从理论上讲,两冲量的轨道转移能实现由初轨道到任意目标轨道的过渡。从运动状态的角度理解,第一次冲量可以消除与目标轨道的位置偏差,实现轨道拦截;第二次冲量可以消除与目标轨道的速度偏差,实现轨道交会。

当然,在实际飞行任务中,转移轨道要考虑燃料消耗、相位约束、转移时间、地面测控支持等诸多因素,是一个非常复杂的过程,不过其基本的原理与两冲量轨道转移是类似的。

9.3.1 共面圆轨道间的最优转移

1. 霍曼转移

早在 1925 年,德国的瓦尔特 · 霍曼(Hohmann)[4]就提出了共面圆轨道间两冲量能量最优转移的假想,转移轨道应是在远地点和近地点分别与外圆和内圆相切的双共切椭圆,因此这种转移方式称为霍曼转移。但直到 1963 年,Barrar[5]才给出最优性的严格证明。霍曼转移的过程如图 9-18 所示,设有以地心为中心的圆轨道 1 和 2,半径分别为 r_1 和 r_2,不妨设 $r_2>r_1$。航天器在轨道 1 上的点 1 施加与当地速度 $\boldsymbol{v}_{c1}$ 同方向的速度增量 $\Delta\boldsymbol{v}_1$,进入椭圆转移轨道。椭圆轨道在点 2 与外圆相切,在切点处再施加一次与当地速度 $\boldsymbol{v}_{c2}$ 同方向的速度增量 $\Delta\boldsymbol{v}_2$,进入外圆轨道。$\Delta\boldsymbol{v}_1$ 与 $\Delta\boldsymbol{v}_2$ 的方向相反。

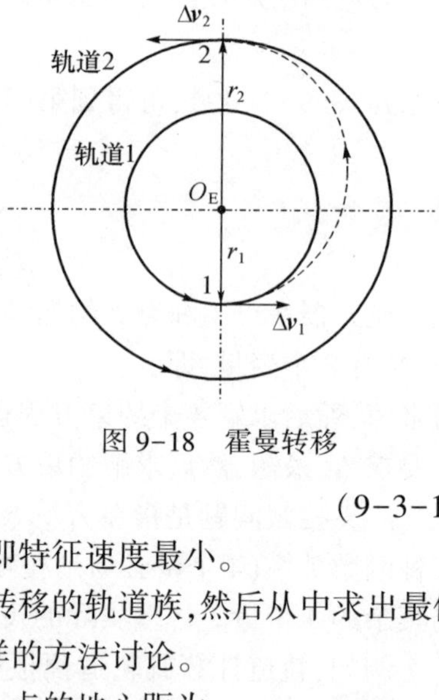

图 9-18 霍曼转移

完成轨道转移的特征速度 v_{ch} 为

$$v_{ch} = |\Delta\boldsymbol{v}_1| + |\Delta\boldsymbol{v}_2| \tag{9-3-1}$$

最优轨道转移即要求完成轨道转移所需的燃料消耗最少,也即特征速度最小。

为求出最优转移轨道,先找出所有能使航天器完成轨道转移的轨道族,然后从中求出最优轨道。在讨论中假定为向外转移,即 $r_2>r_1$,向内转移可用同样的方法讨论。

设转移轨道 T 的偏心率为 e_T,半通径为 p_T,则轨道上任一点的地心距为

$$r = \frac{p_T}{1+e_T\cos f_T}$$

向外转移时,由于 $r_2>r_1$,因而有

$$\begin{cases} \dfrac{p_T}{r_1} \leqslant 1+e_T \\ \dfrac{p_T}{r_2} \geqslant 1-e_T \end{cases} \tag{9-3-2}$$

上式的两个不等式给出了所有可能的转移轨道的 e_T 与 p_T 应满足的关系式。

用 r_1 将 p_T 和 r_2 无量纲化,即令

$$q_T=\frac{p_T}{r_1},\quad n_T=\frac{r_2}{r_1} \tag{9-3-3}$$

则式(9-3-2)可表示为

$$\begin{cases} q_T\leqslant 1+e_T \\ q_T\geqslant (1-e_T)n_T \end{cases} \tag{9-3-4}$$

上式中 n_T为已知量。在图 9-19 中以 q_T为横坐标轴、e_T为纵坐标轴画出了式(9-3-4)给出的 e_T和 q_T的取值范围,图中的斜线为 $q_T=1+e_T$ 和 $q_T=(1-e_T)n_T$所描述的线,这两条斜线交于 M 点,其坐标 q_{TM}和 e_{TM}为

$$\begin{cases} q_{TM}=\dfrac{2n_T}{n_T+1} \\ e_{TM}=\dfrac{n_T-1}{n_T+1} \end{cases} \tag{9-3-5}$$

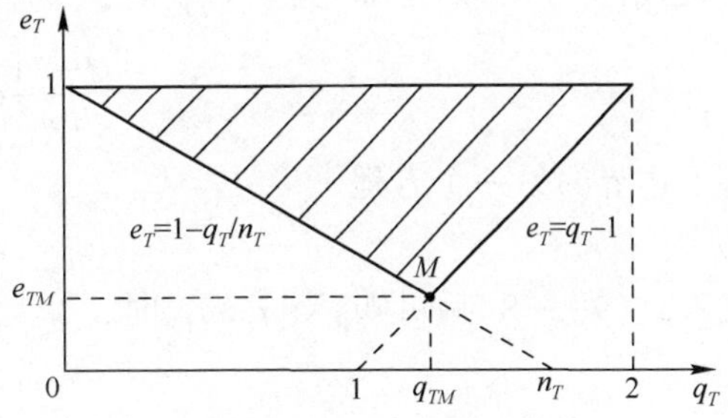

图 9-19　e_T-q_T的取值范围

由式(9-3-4)和椭圆轨道应有 $e_T<1$ 可知,e_T和 q_T的取值范围为图 9-19 中的阴影线部分。

根据变轨点 1 点和 2 点处速度矢量的几何关系,可得两次速度增量的大小分别为

$$\begin{cases} \Delta v_1=(v_1^2+v_{T1}^2-2v_1v_{T1}\cos\Theta_{T1})^{\frac{1}{2}} \\ \Delta v_2=(v_2^2+v_{T2}^2-2v_2v_{T2}\cos\Theta_{T2})^{\frac{1}{2}} \end{cases} \tag{9-3-6}$$

其中,Θ_{T1}和 Θ_{T2}分别为转移轨道 T 在 1 点和 2 点的当地速度倾角。

对于转移轨道 T,由机械能守恒和动量矩守恒定理有

$$\begin{cases} v_{T1}^2=\dfrac{\mu}{r_1}\left(2-\dfrac{1-e_T^2}{q_T}\right) \\ v_{T2}^2=\dfrac{\mu}{n_Tr_1}\left[2-\dfrac{n_T}{q_T}(1-e_T^2)\right] \\ v_{T1}\cos\Theta_{T1}=\left(\dfrac{\mu}{r_1}\right)^{\frac{1}{2}}q_T^{\frac{1}{2}} \\ v_{T2}\cos\Theta_{T2}=\left(\dfrac{\mu}{r_1}\right)^{\frac{1}{2}}\dfrac{q_T^{\frac{1}{2}}}{n_T} \end{cases} \tag{9-3-7}$$

将式(9-3-7)代入式(9-3-6),并注意到轨道 1 和轨道 2 为圆轨道,则有

$$v_1=\left(\frac{\mu}{r_1}\right)^{\frac{1}{2}},\quad v_2=\frac{v_1}{n_T^{\frac{1}{2}}}$$

因而有

$$\begin{cases} \Delta v_1=v_1\left(3-2q_T^{\frac{1}{2}}-\dfrac{1-e_T^2}{q_T}\right)^{\frac{1}{2}} \\ \Delta v_2=v_1\left[\dfrac{3}{n_T}-\dfrac{2(q_T/n_T)^{\frac{1}{2}}}{n_T}-\dfrac{1-e_T^2}{q_T}\right]^{\frac{1}{2}} \end{cases} \tag{9-3-8}$$

对于给定的 q_T，由上式可直接观察出 Δv_1 和 Δv_2 均随 e_T 的减小而减小，由图 9-19 可知，Δv_1 和 Δv_2 同时在阴影线区域的下边界达到极小值。

下面再来分析在下边界上，Δv_1 和 Δv_2 随 q_T 的变化情况。将下边界的一个方程

$$e_T = 1 - \frac{q_T}{n_T} \tag{9-3-9}$$

代入式(9-3-8)后可知，当 $q_T < q_{TM}$ 时，

$$\frac{\mathrm{d}\Delta v_1}{\mathrm{d}q_T} < 0, \quad \frac{\mathrm{d}\Delta v_2}{\mathrm{d}q_T} < 0$$

将下边界的另一个方程

$$e_T = q_T - 1 \tag{9-3-10}$$

代入式(9-3-8)后可知，当 $q_T > q_{TM}$ 时，

$$\frac{\mathrm{d}\Delta v_1}{\mathrm{d}q_T} > 0, \quad \frac{\mathrm{d}\Delta v_2}{\mathrm{d}q_T} > 0$$

因此，图 9-19 中的 M 点即为特征速度最小的点。

由式(9-3-9)和式(9-3-10)可知，对于 M 点有

$$q_{TM} = n_T(1 - e_{TM}), \quad q_{TM} = 1 + e_{TM}$$

或是

$$p_{TM} = r_2(1 - e_{TM}), \quad p_{TM} = r_1(1 + e_{TM})$$

将 $p_T = a_T(1 - e_T^2)$ 代入上式，则有

$$\begin{cases} r_2 = a_{TM}(1 + e_{TM}) \\ r_1 = a_{TM}(1 - e_{TM}) \end{cases}$$

上式说明，当 1 点和 2 点分别为转移轨道的近地点和远地点时，此轨道为最优转移轨道，也即霍曼转移是共面圆轨道间的两冲量最优转移。

由式(9-3-5)可得最优转移轨道的半通径 p_{TM} 和偏心率 e_{TM} 为

$$p_{TM} = \frac{2r_1 n_T}{n_T + 1}, \quad e_{TM} = \frac{n_T - 1}{n_T + 1} \tag{9-3-11}$$

因此在 1 点处的速度增量为

$$\Delta \boldsymbol{v}_1 = \sqrt{\frac{\mu}{r_1}}\left(\sqrt{\frac{2r_2}{r_1 + r_2}} - 1\right) = v_{c1}\left(\sqrt{\frac{2n_T}{1 + n_T}} - 1\right) \tag{9-3-12}$$

在 2 点处的速度增量为

$$\Delta \boldsymbol{v}_2 = \sqrt{\frac{\mu}{r_2}}\left(1 - \sqrt{\frac{2r_1}{r_1 + r_2}}\right) = v_{c2}\left(1 - \sqrt{\frac{2}{1 + n_T}}\right) \tag{9-3-13}$$

因此，霍曼转移的特征速度为

$$v_{\mathrm{ch}} = v_{c1}\left[\sqrt{\frac{2n_T}{n_T + 1}}\left(1 - \frac{1}{n_T}\right) + \frac{1}{\sqrt{n_T}} - 1\right] \tag{9-3-14}$$

霍曼转移的时间为椭圆轨道周期的一半，即

$$\Delta t = \pi\sqrt{\frac{a_T^3}{\mu}} \tag{9-3-15}$$

霍曼转移是共面圆轨道间、时间自由的两冲量全局最优转移。Altman[6]等人还研究了引力中心转移角 $\Delta f\neq 180°$时的共面圆轨道间的两冲量最优转移问题，结果表明，当$|\Delta f-180°|\leqslant 20°$时，变轨能量需求与霍曼转移相比不会超过10%。

霍曼转移的不足之处在于转移时间较长，因此有些工程任务中采用单共切椭圆的轨道转移方式，燃料消耗会有增加，但转移时间会大幅降低。

2. 双椭圆转移

由式(9-3-10)可知，霍曼转移的特征速度 v_{ch}/v_{c1} 是 n_T的单变量函数，分析特征速度随 n_T 的变化规律，可以得到双椭圆转移的方式。

图 9-20 绘出了 $\Delta v_1/v_{c1}$、$\Delta v_2/v_{c1}$和 v_{ch}/v_{c1} 随 n_T的变化规律。由图可见，$\Delta v_1/v_{c1}$随 n_T的增大单调递增。这是容易理解的，假设 r_1不变，v_{c1}也不变，n_T越大表明终轨道的机械能越大，因此要求转移轨道的机械能也越大，初轨道与转移轨道在点 1 的机械能差随之增大，即 Δv_1增大。当 $n_T\to\infty$ 时，由式(9-3-12)可知

$$\Delta v_1\to v_{c1}(\sqrt{2}-1) \tag{9-3-16}$$

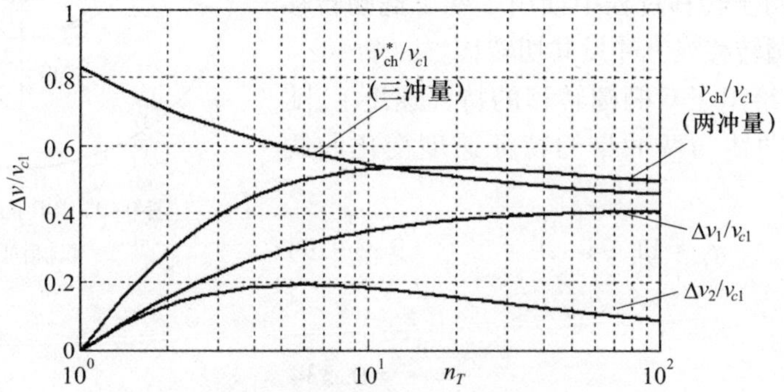

图 9-20　速度增量随 n_T的变化规律

$n_T\to\infty$ 意味着终轨道的半径无限大，因此当 $\Delta v_1=v_{c1}(\sqrt{2}-1)$时，$v_{T1}=\sqrt{2}v_{c1}$，转移轨道成为抛物线；当 $\Delta v_1>v_{c1}(\sqrt{2}-1)$，转移轨道成为双曲线轨道，航天器将从引力场逃逸。这与式(9-2-16)的结论是一致的。

$\Delta v_2/v_{c1}$随 n_T的增大呈现先增加后减小的规律。将式(9-3-13)对 n_T求导可得

$$\frac{d\Delta v_2}{dn_T}=\frac{1}{2}v_{c1}n_T^{-\frac{3}{2}}\left[\sqrt{\frac{2}{1+n_T}}\left(1+\frac{n_T}{1+n_T}\right)-1\right] \tag{9-3-17}$$

令上式等于零，可以解得

$$n_T=5.879\text{ 时},\quad \Delta v_2=\Delta v_{2\max}=0.190v_{c1}$$

因此当 $n_T<5.879$ 时，Δv_2随 n_T的增大而增大；当 $n_T=5.879$ 时，Δv_2达到极大值；当 $n_T>5.879$时，Δv_2随 n_T的增大而减小。当 $n_T\to\infty$ 时，$\Delta v_2\to 0$。这是因为当 $n_T\to\infty$ 时，轨道 2 的速度 $v_{c2}\to 0$，转移轨道趋近于抛物线，$v_{T2}\to 0$，故 $\Delta v_2\to 0$。

由图 9-20 可见，v_{ch}/v_{c1}随 n_T的增大也呈现先增加后减小的规律。将式(9-3-14)对 n_T求导可得

$$\frac{dv_{ch}}{dn_T}=v_{c1}(2n_T)^{-\frac{1}{2}}\left[2(1+n_T)^{-\frac{3}{2}}+\frac{(1+n_T)^{-\frac{1}{2}}-2^{-\frac{1}{2}}}{n_T}\right] \tag{9-3-18}$$

令上式等于零,可得

$$n_T=15.582$$

即当 $n_T<15.582$ 时,v_{ch} 随 n_T 的增大而增大,这说明目标轨道的机械能随 r_2 的增大而增加的幅度要大于转移轨道机械能增加的幅度;当 $n_T=15.582$ 时,v_{ch} 达到极大值;当 $n_T>15.582$ 时,v_{ch} 随 n_T 的增大而减小,说明目标轨道的机械能随 r_2 的增大而增加的幅度小于转移轨道机械能增加的幅度。

由于 n_T 很大时,v_{ch} 反而减小,因此可以设想初轨道与目标轨道间的转移按以下方式进行。

在轨道 2 之外有一个 $r_3 \gg r_2$ 的圆轨道 3,从轨道 1 上的点 1 施加第一次冲量 $\Delta \boldsymbol{v}_1^*$,使航天器沿与轨道 1 和 3 双共切的椭圆轨道 T_1 飞行;当到达椭圆轨道的远地点 3 后,施加第二次冲量 $\Delta \boldsymbol{v}_2^*$,使航天器进入与轨道 2 和 3 双共切的椭圆轨道 T_2 飞行;当到达转移轨道 T_2 的近地点 2 时,施加第三次冲量 $\Delta \boldsymbol{v}_3^*$,使航天器进入目标圆轨道 2,如图 9-21 所示。由于转移过程中使用了两个椭圆转移轨道,故称为双椭圆转移或三冲量共切转移。

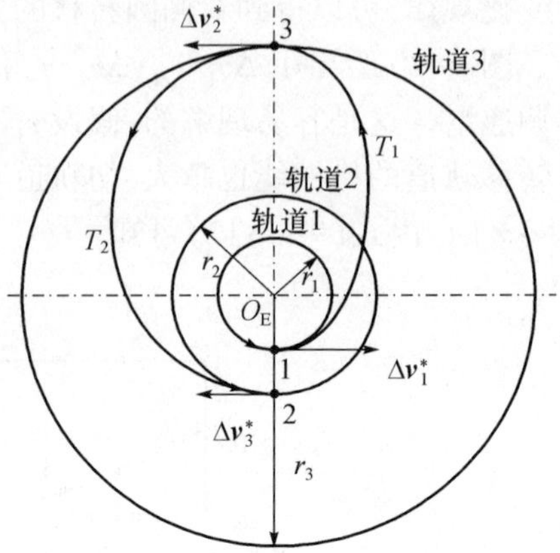

图 9-21　共面圆轨道间的双椭圆转移

在图 9-20 中绘出了双椭圆转移的特征速度 v_{ch}^* 随 n_T 的变化规律,此曲线与两冲量的特征速度变化曲线交于 n_T^* 处

$$n_T^*=11.94 \qquad (9-3-19)$$

此时有

$$\frac{v_{ch}}{v_{c1}}=\frac{v_{ch}^*}{v_{c1}}=0.534 \qquad (9-3-20)$$

当 $n_T<n_T^*$ 时,$v_{ch}<v_{ch}^*$,霍曼转移优于双椭圆转移;当 $n_T>n_T^*$ 时,$v_{ch}>v_{ch}^*$,双椭圆转移优于霍曼转移。

在图 9-22 中绘出了双椭圆转移与霍曼转移燃耗相等的阈值线。当 $n_T=r_2/r_1$ 给定时,轨道 3 的半径 r_3 在此线之上取值会使双椭圆转移更省能量,在此线之下取值则霍曼转移更省能量。显然,当 $n_T \to 11.94$ 时,阈值线趋近于正无穷。一个有意思的现象是,当 $r_2/r_1=15.58$ 时,阈值线的纵轴 $r_3/r_1=15.58$。这说明当 $r_2/r_1 \geqslant 15.58$ 时,任意的 $r_3>r_2$ 对应的双椭圆转移都会比霍曼转移节省能量。

图 9-23 表示的是在不同 n_T 下,双椭圆转移与霍曼转移的燃耗差与 v_{c1} 的比值。当 $n_T \approx 50$ 时,两者的燃耗差达到最大值,约为 0.0409。由于此时 $v_{ch}/v_{c1} \approx 0.513$,因此最大燃耗差约为霍曼转移的 8%,可见双椭圆转移比霍曼转移节省的能量并不显著。此外,双椭圆转移的转移时间大为增加,并且第二次冲量在很远处施加,此时航天器的速度很小,微小的冲量误差都将严重地改变航天器的轨道,这是在实际应用中都必须考虑的问题。

还有一个问题:既然霍曼转移和双椭圆转移的变轨能量都用于改变轨道的动能,而初终轨道的机械能差又是确定,为什么两者的特征速度不同?原因在于根据动能的定义可知

$$\Delta \varepsilon=v \cdot \Delta v$$

因此航天器在某一点的速度越大,改变同样的动能需要的速度增量越小。虽然与霍曼转移相比,双椭圆转移的 $\Delta v_1^*>\Delta v_1$,而且 $\Delta v_2^* \geqslant 0$,但 $\Delta v_3^*<\Delta v_2$,因此在某些条件下总的能量仍是节省的。

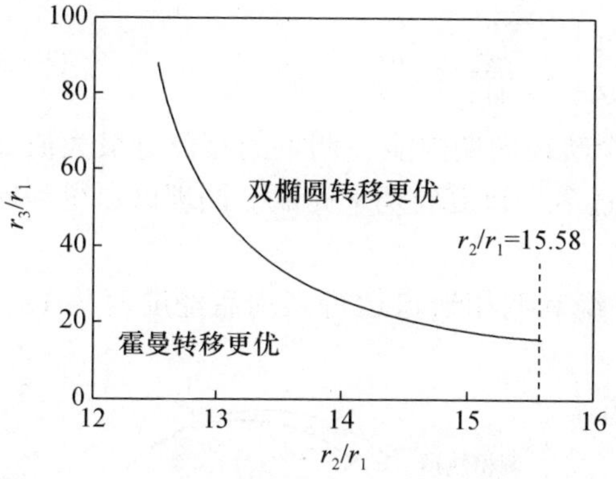

图 9-22　双椭圆与霍曼转移燃耗相等的阈值线

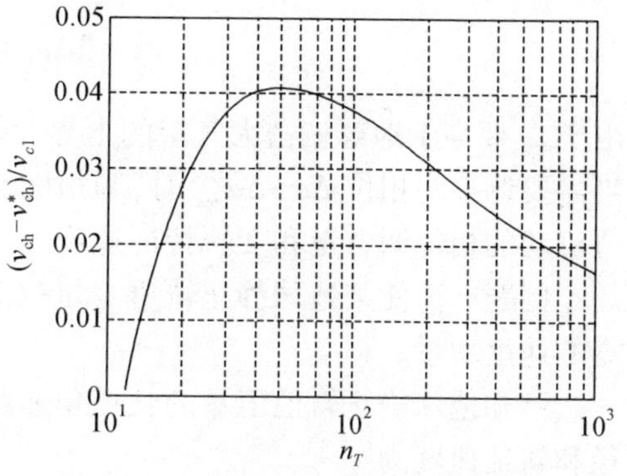

图 9-23　双椭圆与霍曼转移的燃耗差

3. 调相机动

调相机动可以看作是霍曼转移的一种变形，它的初轨道与终轨道是同一条轨道，而且航天器要在转移轨道上运行一个完整的周期，如图 9-24 所示。图中 1 表示初轨道（也是终轨道），2 表示转移轨道。调相机动转移轨道的周期是选定的，以使航天器再次返回初轨道时相位发生预期的变化。调相机动在工程实践中有较广泛的应用，例如，要使处在同一轨道上不同位置的两个航天器交会，可以通过其中一个的调相机动来实现；地球同步轨道上的通信和气象卫星可以通过调相机动重新定点到新的位置。

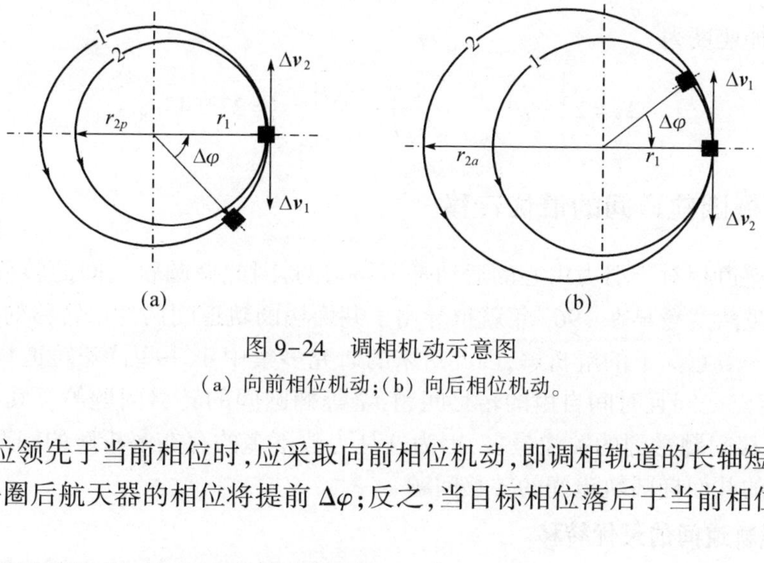

图 9-24　调相机动示意图

（a）向前相位机动；（b）向后相位机动。

当目标相位领先于当前相位时，应采取向前相位机动，即调相轨道的长轴短于原轨道的长轴，这样运行一圈后航天器的相位将提前 $\Delta\varphi$；反之，当目标相位落后于当前相位时，应采取向后相位机动。

以向前相位机动为例，机动轨道的半长轴为

$$a_2=\frac{r_{2p}+r_1}{2}$$

航天器在调相轨道上运行一周后，向前调整的相位为

$$\Delta\varphi=2\pi\left[1-\left(\frac{a_2}{r_1}\right)^{\frac{3}{2}}\right] \tag{9-3-21}$$

由式（9-3-12）可以得到调相机动的特征速度为

$$v_{ch}=2\Delta v_1=2\sqrt{\frac{\mu}{r_1}}\left(\left|\sqrt{\frac{2r_{2p}}{r_1+r_{2p}}}-1\right|\right) \tag{9-3-22}$$

由于 r_{2p} 要高于地球稠密大气层的上界，因此一个轨道周期内能够调整的相位有最大值 $\Delta\varphi_{max}$。当需要调整的相位 $\Delta\varphi>\Delta\varphi_{max}$ 时，调相机动要通过多个轨道周期来完成。同理可以得到向后相位机动的相位调整量和变轨特征速度。

例题　欲使某地球静止轨道卫星(GEO)在绕其调相轨道运行三周后经度西移 12°，求所需的速度增量。

已知地球静止轨道卫星的轨道角速度、轨道半径和轨道速度为

$$\omega_{GEO}=\omega_e=7.292\times10^{-5}\text{rad/s},$$

$$r_{GEO}=42164\text{km},\quad v_{GEO}=3.0747\text{km/s}$$

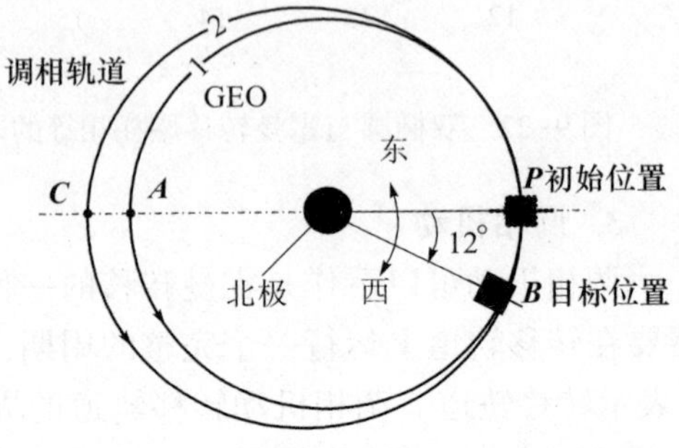

图 9-25　地球静止轨道卫星重新定位

根据图 9-25 中的几何关系可知，此问题属于向后调相问题。若用 $\Delta\lambda$ 表示调相后经度的变化，则调相轨道的周期应满足

$$\omega_e\cdot 3T_2=3\times2\pi+\Delta\lambda$$

解得 $T_2=87121\text{s}$。由此可得调相轨道的半长轴为

$$a_2=\left(\frac{T_2\sqrt{\mu}}{2\pi}\right)^{\frac{2}{3}}=42476\text{km}$$

调相所需的特征速度为

$$\Delta v=2\left[\sqrt{\mu\left(\frac{2}{r_{GEO}}-\frac{1}{a_2}\right)}-\sqrt{\frac{\mu}{r_{GEO}}}\right]=22.543\text{m/s}$$

9.3.2　共面椭圆轨道间的最优转移

由于椭圆轨道相对于引力中心的运动是不均匀的，因此椭圆轨道间的转移问题要比圆轨道复杂的多。虽然兰登早在 1962 年就推导出了共面椭圆轨道间两冲量转移的能量最优条件，但方程并没有一般意义下的解析解，因此后来的研究多集中于一些特殊轨道构型间的转移问题，比如两固定点之间且时间自由的转移问题，全等椭圆间的转移问题等。其中，地心转移角等于 180°的转移问题受到的关注最多，因为这是为数不多的存在解析解的问题之一。本节将介绍两类典型的共面椭圆轨道间的转移问题。

1. 共拱线轨道间的最优转移

当两个椭圆轨道的拱线在空间的方位一致时，它们间的两冲量能量最优转移与霍曼转移是类似的，即双共切转移。根据近地点的方向是否一致，两椭圆轨道是否相交，共拱线椭圆轨道间的转移又有四种不同的空间构型，每一种构型都对应着两条双共切转移轨道，如图 9-26 所示。

经研究发现，对图 9-26(a)、(b)、(d)三种构型，最优转移轨道在其远地点处与 1 或 2 两轨道中地心距最大的远地点相切，在其近地点处与 1 或 2 两轨道中另一轨道的近地点(或远地点)相切，即图中的转移轨道 Ⅰ。证明过程比较复杂，可参见文献[8-10]。

根据椭圆轨道公式，很容易求出轨道转移类型 Ⅰ 的特征速度。以构型(a)为例，设轨道 1

的近地点地心距为 r_{p1}，偏心率为 e_1，轨道 2 的远地点地心距为 r_{a2}，偏心率为 e_2，则转移轨道Ⅰ的近地点和远地点地心距分别为

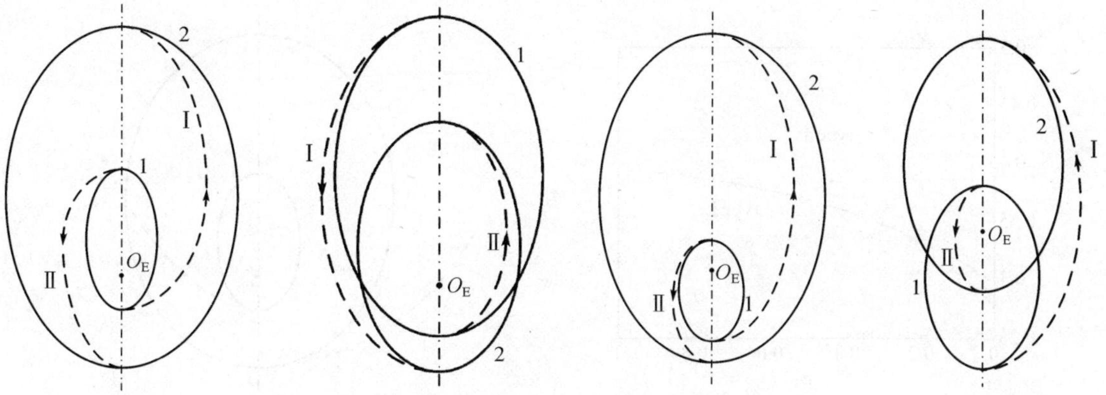

图 9-26　共面共拱线椭圆间的两冲量转移

(a) 近地点方向一致，不相交；(b) 近地点方向一致，相交；
(c) 近地点方向不一致，不相交；(d) 近地点方向不一致，相交。

$$r_{p\mathrm{I}}=r_{p1},\quad r_{a\mathrm{I}}=r_{a2} \tag{9-3-23}$$

轨道的偏心率为

$$e_{\mathrm{I}}=\frac{r_{a\mathrm{I}}-r_{p\mathrm{I}}}{r_{a\mathrm{I}}+r_{p\mathrm{I}}}=\frac{r_{a2}-r_{p1}}{r_{a2}+r_{p1}} \tag{9-3-24}$$

对第一次冲量，变轨前后的速度分别为

$$v_{p1}^2=\frac{\mu(1+e_1)}{r_{p1}},\quad v_{p\mathrm{I}}^2=\frac{\mu(1+e_{\mathrm{I}})}{r_{p\mathrm{I}}} \tag{9-3-25}$$

对第二次冲量，变轨前后的速度分别为

$$v_{a\mathrm{I}}^2=\frac{\mu(1-e_{\mathrm{I}})}{r_{a\mathrm{I}}},\quad v_{a2}^2=\frac{\mu(1-e_2)}{r_{a2}} \tag{9-3-26}$$

故变轨的特征速度为

$$\begin{aligned} v_{\mathrm{ch}} &= (v_{p\mathrm{I}}-v_{p1})+(v_{a2}-v_{a\mathrm{I}}) \\ &= \sqrt{\frac{\mu}{r_{p1}}}\left[\sqrt{1+e_{\mathrm{I}}}-\sqrt{1+e_1}\right]+\sqrt{\frac{\mu}{r_{a2}}}\left[\sqrt{1-e_2}-\sqrt{1-e_{\mathrm{I}}}\right] \end{aligned} \tag{9-3-27}$$

对于构型(c)，转移轨道Ⅰ和Ⅱ都有可能是最优转移轨道，要根据轨道 1 和 2 的偏心率 e_1、e_2作具体分析，可参见文献[11]。图 9-27 绘出了构型(c)在 $e_1=0.2$ 的情况下，转移轨道Ⅰ和Ⅱ的特征速度(归一化)随 e_2的变化情况。由结果可知，当 $e_2\leqslant 0.244$ 时，轨道Ⅱ是最优转移；当 $e_2>0.244$时，轨道Ⅰ是最优转移。当 e_1增大时，使两种转移方式的特征速度相等的 e_2也随之增大，即转移轨道Ⅱ在更多的情况下是最优转移。当 $e_1>0.69$ 时，对于任意的 e_2转移轨道Ⅱ都是最优转移。

除图 9-26 所示的转移方式外，与共面圆轨道间的双椭圆转移类似，也可以通过无穷远转移的方式实现共面共拱线椭圆轨道间的最优转移，如图 9-28 所示。航天器在轨道 1 的近地点施加一次冲量进入抛物线轨道，在无穷远处施加大小可以忽略的第二次冲量以到达轨道 2 的

近地点,并施加第三次冲量进入轨道 2。可以证明,某些情况下无穷远转移是共面共拱线椭圆轨道间的能量最优转移[9,10,12]。

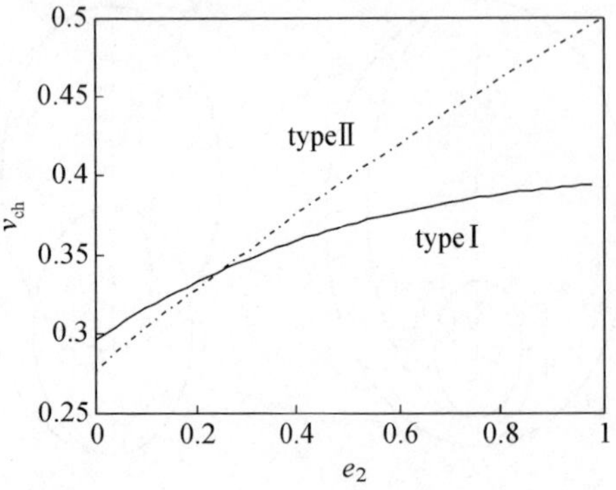

图 9-27　轨道构型(c)的轨道转移特征速度

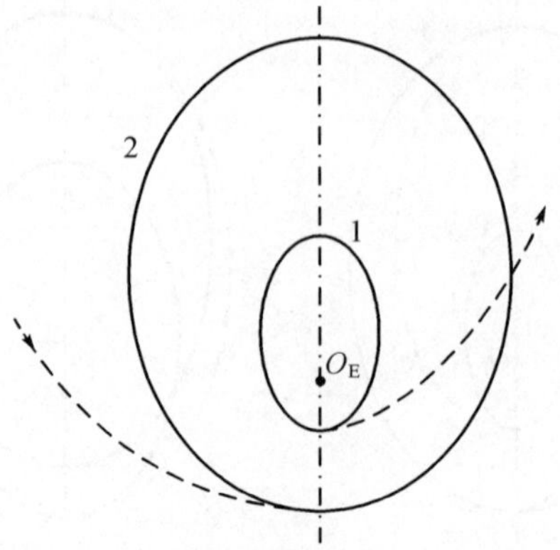

图 9-28　共面共拱线椭圆轨道间的无穷远转移

2. 转移点固定的最优转移

若以地心为公共焦点的初轨道 1 和终轨道 2 位于同一平面内,轨道的偏心率和半通径分别为 e_1、p_1,e_2、p_2,并已知两轨道拱线间的夹角 ω。给定轨道 1 上的固定点 1 和轨道 2 上的固定点2,且 r_1 与 r_2之间的夹角 Δf 不等于 180°,要求航天器在 1 点和 2 点各施加一次冲量,由轨道 1 转移到轨道 2,转移时间自由,如图 9-29所示。求两次冲量的特征速度最小的最优转移轨道。

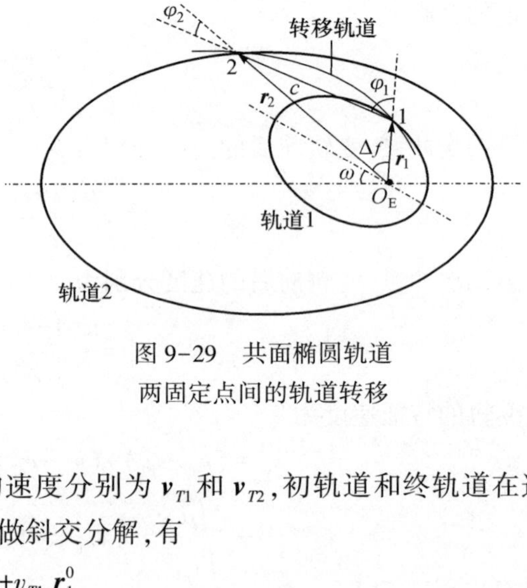

图 9-29　共面椭圆轨道两固定点间的轨道转移

在图 9-29 中引入单位矢量 $\boldsymbol{r}_1^0$、$\boldsymbol{r}_2^0$和 $\boldsymbol{c}^0$,即

$$\boldsymbol{r}_1^0=\frac{\boldsymbol{r}_1}{r_1},\quad \boldsymbol{r}_2^0=\frac{\boldsymbol{r}_2}{r_2},\quad \boldsymbol{c}^0=\frac{\boldsymbol{r}_2-\boldsymbol{r}_1}{|\boldsymbol{r}_2-\boldsymbol{r}_1|}$$

并令 φ_1 为 $\boldsymbol{r}_1^0$与 $\boldsymbol{c}^0$之间的夹角,φ_2 为 $\boldsymbol{r}_2^0$与 $\boldsymbol{c}^0$之间的夹角。由于基本三角形是确定的,故 φ_1 和 φ_2 为已知量。

设通过点 1 和点 2 的转移轨道 T 在这两点的速度分别为 $\boldsymbol{v}_{T1}$ 和 $\boldsymbol{v}_{T2}$,初轨道和终轨道在这两点的速度分别为 $\boldsymbol{v}_{10}$ 和 $\boldsymbol{v}_{20}$。将 $\boldsymbol{v}_{T1}$ 和 $\boldsymbol{v}_{10}$ 向 $\boldsymbol{r}_1^0$、$\boldsymbol{c}^0$ 做斜交分解,有

$$\begin{cases}\boldsymbol{v}_{T1}=v_{T1c}\boldsymbol{c}^0+v_{T1\rho}\boldsymbol{r}_1^0\\ \boldsymbol{v}_{10}=v_{10c}\boldsymbol{c}^0+v_{10\rho}\boldsymbol{r}_1^0\end{cases}\tag{9-3-28}$$

其中,v_{T1c}、$v_{T1\rho}$ 分别是 $\boldsymbol{v}_{T1}$ 在弦向与径向的分量,v_{10c}、$v_{10\rho}$ 分别是 $\boldsymbol{v}_{10}$ 在弦向与径向的分量。

同理,将 $\boldsymbol{v}_{T2}$ 和 $\boldsymbol{v}_{20}$ 向 $\boldsymbol{r}_2^0$、$\boldsymbol{c}^0$ 做斜交分解,有

$$\begin{cases}\boldsymbol{v}_{T2}=v_{T2c}\boldsymbol{c}^0-v_{T2\rho}\boldsymbol{r}_2^0\\ \boldsymbol{v}_{20}=v_{20c}\boldsymbol{c}^0+v_{20\rho}\boldsymbol{r}_2^0\end{cases}\tag{9-3-29}$$

其中,v_{T2c}、$v_{T2\rho}$ 分别是 $\boldsymbol{v}_{T2}$ 在弦向与径向的分量,v_{20c}、$v_{20\rho}$ 分别是 $\boldsymbol{v}_{20}$ 在弦向与径向的分量。由式(9-3-28)、式(9-3-29)可知第一次和第二次速度增量分别为

$$\Delta v_1=[(v_{T1c}-v_{10c})^2+(v_{T1\rho}-v_{10\rho})^2+2(v_{T1c}-v_{10c})(v_{T1\rho}-v_{10\rho})\cos\varphi_1]^{\frac{1}{2}}$$
$$=\Delta v_1(v_{T1c},v_{T1\rho}) \tag{9-3-30}$$

$$\Delta v_2=[(v_{T2c}-v_{20c})^2+(v_{T2\rho}+v_{20\rho})^2-2(v_{T2c}-v_{20c})(v_{T2\rho}+v_{20\rho})\cos\varphi_2]^{\frac{1}{2}}$$
$$=\Delta v_2(v_{T2c},v_{T2\rho}) \tag{9-3-31}$$

根据连线速度一致性定理式(5-2-3)、式(5-2-4),有

$$\begin{cases} v_{T1c}=v_{T2c}=v_{Tc} \\ v_{T1\rho}=v_{T2\rho}=v_{T\rho} \\ v_{Tc}v_{T\rho}=\dfrac{\mu c}{2r_1r_2}\sec^2\dfrac{\Delta f}{2}=d \end{cases} \tag{9-3-32}$$

式中:d 为常数。

将式(9-3-32)代入式(9-3-30)、式(9-3-31),可得转移轨道的特征速度为

$$\begin{aligned} v_{\mathrm{ch}}(v_{Tc})&=\Delta v_1+\Delta v_2 \\ &=[(v_{Tc}-v_{10c})^2+(\mathrm{d}/v_{Tc}-v_{10\rho})^2+2(v_{Tc}-v_{10c})(\mathrm{d}/v_{Tc}-v_{10\rho})\cos\varphi_1]^{\frac{1}{2}} \\ &\quad+[(v_{Tc}-v_{20c})^2+(\mathrm{d}/v_{Tc}+v_{20\rho})^2-2(v_{Tc}-v_{20c})(\mathrm{d}/v_{Tc}+v_{20\rho})\cos\varphi_2]^{\frac{1}{2}} \end{aligned} \tag{9-3-33}$$

可见 v_{ch} 是 v_{Tc} 的单变量函数,如令 $\mathrm{d}v_{\mathrm{ch}}/\mathrm{d}v_{Tc}=0$ 可求得最优转移轨道的必要条件,但这需要求解高次代数方程才能得到满足必要条件的 v_{Tc}。为避免求解高次代数方程,可直接用数值方法求解式(9-3-33),得到最小特征速度 $v_{\mathrm{ch,min}}$ 及对应的 v_{Tc}。

9.3.3 非共面轨道间的最优转移

当初轨道 1 与终轨道 2 的轨道面不重合时,航天器由沿轨道 1 运动转移至沿轨道 2 运动的过程称为非共面轨道转移。初轨道和终轨道可能是圆、椭圆、抛物线或双曲线轨道。非共面轨道间的转移是轨道转移的一般情况,确定其最优转移轨道比较复杂,一般要根据具体问题专门讨论。本节只针对一种典型应用进行讨论,即地球静止轨道卫星发射问题。

地球静止轨道卫星发射是一种典型的非共面轨道转移问题。一般在发射段结束后,会将卫星送入轨道倾角为 i_1、半径为 r_1 的初始圆停泊轨道 1 运动。转移轨道要使卫星进入轨道倾角等于 0°,半径为 r_2 的地球静止轨道 2 运动,因此它是一个非共面圆轨道间的转移问题,如图 9-30 所示。发射时,一般要求通过设计转移轨道使变轨特征速度最小。

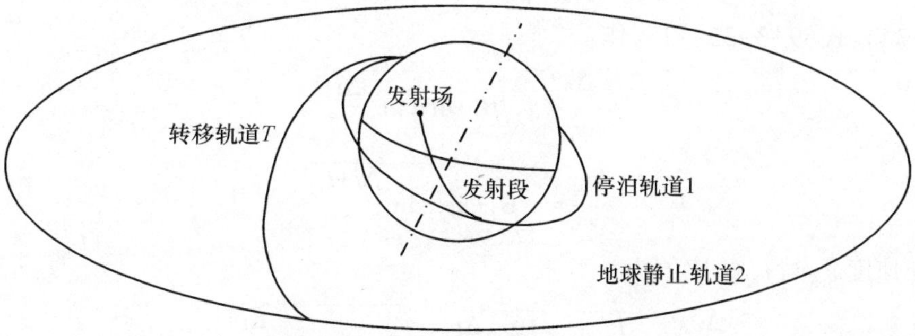

图 9-30 地球静止轨道卫星发射

与共面圆轨道间的转移类似，非共面圆轨道间的能量最优转移也是霍曼类转移轨道，即双共切轨道。在非共面的情况下，轨道1与轨道2的轨道面交线在赤道平面内，双共切转移轨道 T 的拱线应与这一交线重合，T 与停泊轨道和静止轨道分别相切于赤道上空的1点和2点。T 的轨道倾角 i_T 取值不同时，对应不同的变轨能量。若 $i_T=i_1$，则第一次冲量不改变轨道面，第二次冲量既改变轨道面又使轨道圆化。若 $i_T=0$，则第一次冲量就使航天器进入赤道平面内，第二次冲量仅使轨道圆化。这两种情况下，完成轨道转移需要的特征速度不同，因此应选择 i_T，使特征速度最小。

考虑一般情况，取 $i_T=i_1+\Delta i$，即转移轨道 T 与停泊轨道1的倾角之差为 Δi。这样第一次冲量应使轨道面改变 Δi，第二次冲量使轨道面改变 i_T，即改变 $i_1+\Delta i$。根据轨道改变的一般原理，可知两次轨道改变的速度增量分别为

$$\Delta v_1=\sqrt{v_{c1}^2+v_{T1}^2-2v_{c1}v_{T1}\cos\Delta i} \tag{9-3-34}$$

$$\Delta v_2=\sqrt{v_{c2}^2+v_{T2}^2-2v_{c2}v_{T2}\cos(i_1+\Delta i)} \tag{9-3-35}$$

式中：v_{c1}，v_{c2} 分别为初、终轨道的圆轨道速度

$$v_{c1}=\sqrt{\frac{\mu}{r_1}},\quad v_{c2}=\sqrt{\frac{\mu}{r_2}}=\frac{v_{c1}}{\sqrt{n_T}}$$

n_T 为轨道半径比，$n_T=r_2/r_1$。

设 v_{T1}，v_{T2} 分别为转移轨道 T 的远地点和近地点速度

$$\begin{cases} v_{T1}=v_{c1}\sqrt{\dfrac{2n_T}{1+n_T}} \\ v_{T2}=v_{c1}\sqrt{\dfrac{2}{(1+n_T)n_T}} \end{cases} \tag{9-3-36}$$

令

$$\begin{cases} \alpha_1=\dfrac{v_{T1}}{v_{c1}}=\sqrt{\dfrac{2n_T}{1+n_T}} \\ \beta_1=(\alpha_1-1)^2 \\ \alpha_2=\dfrac{1}{\sqrt{n_T}}\dfrac{v_{T2}}{v_{c1}}=\dfrac{1}{n_T}\sqrt{\dfrac{2}{1+n_T}} \\ \beta_2=\left(\dfrac{1}{\sqrt{n_T}}-\dfrac{v_{T2}}{v_{c1}}\right)^2=\dfrac{(1-n_T\alpha_2)^2}{n_T} \end{cases} \tag{9-3-37}$$

则式(9-3-34)、式(9-3-35)可写作

$$\frac{\Delta v_1}{v_{c1}}=\sqrt{\beta_1+4\alpha_1\sin^2\frac{\Delta i}{2}} \tag{9-3-38}$$

$$\frac{\Delta v_2}{v_{c1}}=\sqrt{\beta_2+4\alpha_2\sin^2\frac{\Delta i+i_1}{2}} \tag{9-3-39}$$

故总的特征速度 v_{ch} 与 v_{c1} 的比值为

$$\frac{\Delta v_{\mathrm{ch}}}{v_{c1}}=\sqrt{\beta_1+4\alpha_1\sin^2\frac{\Delta i}{2}}+\sqrt{\beta_2+4\alpha_2\sin^2\frac{\Delta i+i_1}{2}} \tag{9-3-40}$$

由上式可知，v_{ch}是 Δi 的单变量函数，故令 $dv_{ch}/\ d\Delta i=0$，可求得 v_{ch}取极值的必要条件为

$$\frac{d(\Delta v_{ch}/v_{c1})}{d\Delta i}=\frac{\alpha_1\sin\Delta i}{\sqrt{\beta_1+4\alpha_1\sin^2\frac{\Delta i}{2}}}+\frac{\alpha_2\sin(\Delta i+i_1)}{\sqrt{\beta_2+4\alpha_2\sin^2\frac{\Delta i+i_1}{2}}}=0 \tag{9-3-41}$$

用数值方法可以求得使上式成立的 Δi_m。将 Δi_m 代入式(9-3-38)、式(9-3-39)，可以求得$(\Delta v_1/v_{c1})_m$和$(\Delta v_2/v_{c1})_m$。

继续对式(9-3-41)求导可得

$$\frac{d^2(v_{ch}/v_{c1})}{d\Delta i^2}=\left(\frac{\Delta v_1}{v_{c1}}\right)^{-1}\alpha_1\cos\Delta i-\left(\frac{\Delta v_1}{v_{c1}}\right)^{-3}\alpha_1^2\sin^2\Delta i+\left(\frac{\Delta v_2}{v_{c1}}\right)^{-1}\alpha_2\cos(\Delta i+i_1)-\left(\frac{\Delta v_2}{v_{c1}}\right)^{-3}\alpha_2^2\sin^2(\Delta i+i_1) \tag{9-3-42}$$

将 Δi_m、$(\Delta v_1/v_{c1})_m$和$(\Delta v_2/v_{c1})_m$的值代入上式可判断二阶导数的符号，从而确定 Δi_m是否使 v_{ch}取极小值。

图 9-31 所示是 $r_1=6871$km 时，最优轨道倾角差 Δi_m及最小变轨能量 $v_{ch,\min}$与 $\Delta i=0$ 的变轨能量之差随 i_1的变化情况。可见，Δi_m的极小值出现在 $i_1=61°$，此时 $\Delta i_m\approx-3°$，约节省 41.68m/s的特征速度，仅为总能量的 0.82%。因此在实际工程任务中，为简化操作，发射静止轨道卫星时很少在第一次变轨时改变轨道倾角，改变倾角的任务完全由第二次变轨来完成。

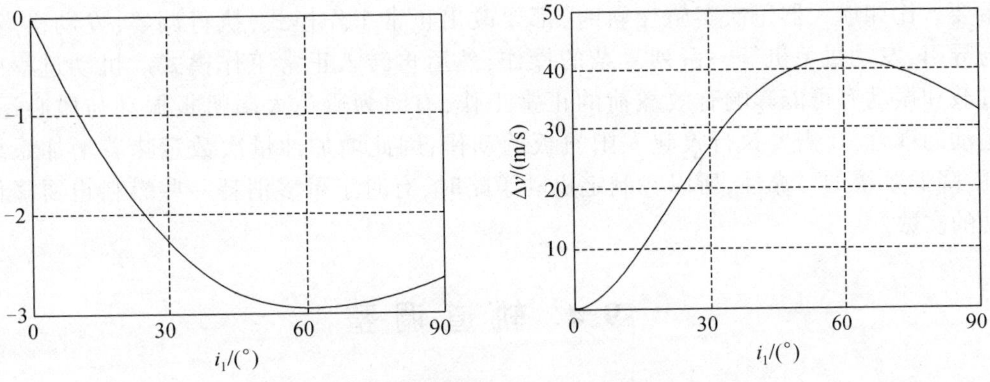

图 9-31　最优轨道倾角差与节省的能量

地球静止轨道卫星的发射也可以通过双抛物线转移或双椭圆转移实现。由于抛物线在无穷远处的速度近似为零，改变轨道面并不需要能量，因此双抛物线转移的特征速度仅与 n_T 有关，而与初终轨道面的夹角无关。对双椭圆转移，由于施加第二次冲量时正处于远地点，速度最小，改变倾角的效率最高，为简化操作，可以将改变倾角的任务集中在第二次冲量时完成。

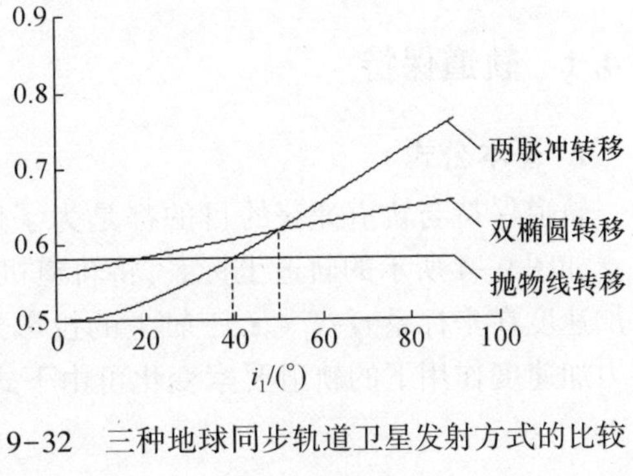

图 9-32　三种地球同步轨道卫星发射方式的比较

图 9-32 所示是三种地球静止轨道卫星发射方式的特征速度比较图。参数取值为

$r_1=6871\text{km}$,大椭圆轨道的远地点为 $r_{a3}/r_1=20$。可知,当 $i_1=49.88°$时,两脉冲转移与双椭圆转移的特征速度相同;倾角继续增大时,则双椭圆转移有利。随着 r_{a3}/r_1的增大,该倾角值将减小。当双椭圆转移变为双抛物线转移时,$i_1=39.5°$时两者的特征速度相等。

下面看一个工程实例。2019 年 12 月,我国用“长征”五号运载火箭发射“实践”二十号卫星。火箭先将卫星送入近地点高度约 200km,远地点高度约 68000km 的大椭圆轨道上。变轨发动机在远地点点火,将近地点高度提升到 35786km,同时将轨道倾角降低到 0°。卫星沿转移轨道运行到近地点后,发动机再次点火减速,将远地点高度降低到同步轨道高度。在大椭圆轨道的远地点调整轨道倾角,主要目的就是节省发射的能量。

9.3.4 多冲量转移

前面讨论了一些三冲量转移优于两冲量转移的例子,比如轨道面改变、共面圆轨道间的转移等,由此自然会想到四冲量或更多次冲量转移是否会更省能量的问题。Edelbaum 等通过研究发现,仅在极少数情况下才需要用多于三次的冲量来实现能量最优转移[7]。关于多冲量轨道机动的设计方法可参见文献[13-16]。

与单冲量或双冲量轨道机动相比,多冲量机动在满足飞行时间(相位)、地面测控、导航测量、精度控制等要求时有很多的优势,因此在执行复杂任务时常采用多冲量机动策略。比如在空间交会的远程导引段,常采用四冲量轨道机动,以满足地面测控和可靠性的要求[17]。

在实际工程应用中,确定变轨次数时,除要考虑能量的因素外,其他一些影响因素也非常重要。比如航天器每次实施变轨时,都要改出正常工作模式,执行调姿、发动机点火、导航与导引、发动机关机等一系列复杂的操作,然后再转入正常工作模式。机动过程中产生的过载和振动有可能影响有效载荷的正常工作,有时为避免太阳帆板振动与质心运动、姿态运动的耦合,还需要执行收起太阳帆板的动作,因此增加冲量次数意味着增加系统的复杂性,降低系统的可靠性,所以在制定机动策略时,有时宁可多消耗一些燃料也要降低轨道机动的次数。

9.4 轨道调整

轨道调整包括小偏差情况下的轨道改变和轨道转移这两种轨道机动形式。由于机动前后轨道要素或运动状态的改变为小量,因此可以采用线性化的数学模型来描述轨道机动过程。

9.4.1 轨道保持

1. 基本公式

轨道保持与轨道捕获的目的都是为了修正轨道要素的微小偏差,以获得标称轨道要素。建立如图 9-4 所示的轨道坐标系,将轨道机动时施加的推力加速度视为摄动加速度。若设推力加速度在坐标系 $O\text{-}x_0y_0z_0$三轴上的投影分别为 a_x、a_y、a_z,则根据轨道要素摄动运动方程,小推力加速度作用下的轨道要素变化可由下式描述:

$$
\begin{cases}
\dfrac{\mathrm{d}a}{\mathrm{d}t}=\dfrac{2a^2[e\sin f a_x+(1+e\cos f)a_y]}{\sqrt{\mu p}} \\
\dfrac{\mathrm{d}e}{\mathrm{d}t}=\dfrac{r[\sin f(1+e\cos f)a_x+(2\cos f+e+e\cos^2 f)a_y]}{\sqrt{\mu p}} \\
\dfrac{\mathrm{d}\omega}{\mathrm{d}t}=\dfrac{r[-\cos f(1+e\cos f)a_x+\sin f(2+e\cos f)a_y]}{e\sqrt{\mu p}}-\cos i\dfrac{\mathrm{d}\Omega}{\mathrm{d}t} \\
\dfrac{\mathrm{d}\Omega}{\mathrm{d}t}=\dfrac{r\sin u a_z}{\sin i\sqrt{\mu p}} \\
\dfrac{\mathrm{d}i}{\mathrm{d}t}=\dfrac{r\cos u a_z}{\sqrt{\mu p}} \\
\dfrac{\mathrm{d}M}{\mathrm{d}t}=\dfrac{(p\cos f-2re)a_x-(p+r)\sin f a_y}{e\sqrt{\mu a}}+\sqrt{\dfrac{\mu}{a^3}}
\end{cases}
\tag{9-4-1}
$$

当变轨发动机按冲量方式工作时,设冲量使航天器获得的速度增量在坐标系 $O\text{-}x_0y_0z_0$ 三轴上的分量分别为 Δv_x、Δv_y、Δv_z,则由式(9-4-1)可知,冲量使轨道要素产生的瞬时变化为

$$
\begin{cases}
\Delta a=\dfrac{2a^2[e\sin f\Delta v_x+(1+e\cos f)\Delta v_y]}{\sqrt{\mu p}} \\
\Delta e=\dfrac{r[\sin f(1+e\cos f)\Delta v_x+(2\cos f+e+e\cos^2 f)\Delta v_y]}{\sqrt{\mu p}} \\
\Delta\omega=\dfrac{r[-\cos f(1+e\cos f)\Delta v_x+\sin f(2+e\cos f)\Delta v_y]}{e\sqrt{\mu p}}-\Delta\Omega\cos i \\
\Delta\Omega=\dfrac{r\sin u\Delta v_z}{\sin i\sqrt{\mu p}} \\
\Delta i=\dfrac{r\cos u\Delta v_z}{\sqrt{\mu p}} \\
\Delta M=\dfrac{(p\cos f-2re)\Delta v_x-(p+r)\sin f\Delta v_y}{e\sqrt{\mu a}}
\end{cases}
\tag{9-4-2}
$$

令 δa、δe、…、δM 为实际轨道要素对标称轨道要素的偏差,是已知量。若令 Δa、Δe、…、ΔM 为需要的轨道要素修正量,它们应等于 $-\delta a$、$-\delta e$、…、$-\delta M$,则方程(9-4-2)中的 Δv_x、Δv_y、Δv_z 为修正偏差应施加的速度增量。

由方程(9-4-2)还可知,轨道面内的速度增量 Δv_x 和 Δv_y 可用于修正 a、e、ω 和 M 的偏差,而垂直于轨道面的 Δv_z 可用来修正 i、Ω 和 ω 的偏差,这与 9.2 节的结论是一致的。

2. 轨道周期保持

下面用式(9-4-2)来讨论一种比较典型的轨道保持问题,即轨道周期的保持。

对地观测卫星的轨道周期 T_0 影响其对地面的覆盖情况及轨道面的进动角速度等因素,因此当 T_0 存在偏差 δT_0 时,需要进行轨道调整以修正这一偏差。

轨道周期只与轨道半长轴 a 有关,当轨道周期存在小偏差 δT_0 时,相应的半长轴偏差为

$$\frac{\delta a}{a}=\frac{2}{3}\frac{\delta T_0}{T_0} \tag{9-4-3}$$

故轨道半长轴的修正量 Δa 为

$$\Delta a=-\delta a \tag{9-4-4}$$

将上式代入式(9-4-2)的第一式可得

$$-\frac{1}{3}\frac{\delta T_0}{T_0}=\frac{a[e\sin f\Delta v_x+(1+e\cos f)\Delta v_y]}{\sqrt{\mu p}} \tag{9-4-5}$$

可见,轨道周期的调整属于共面轨道改变问题。将式(9-2-2)代入上式,并令

$$F(f,\varphi)=e\sin f\sin\varphi+(1+e\cos f)\cos\varphi \tag{9-4-6}$$

则有

$$-\frac{1}{3}\frac{\delta T_0}{T_0}=\frac{aF(f,\varphi)\Delta v}{\sqrt{\mu p}} \tag{9-4-7}$$

式(9-4-7)说明,修正轨道周期偏差需要的速度增量 Δv 是真近点角 f 的函数,即与修正点的位置有关。当 f 和 φ 均可选择时,在消除轨道周期偏差的同时还可提出使能量最省的要求,即 Δv 最小。

在式(9-4-7)中,由于 Δv 恒大于零,因此当 $\delta T_0<0$ 时,若 $F=F_{\max}$,则 $\Delta v=\Delta v_{\min}$;当 $\delta T_0>0$ 时,若 $F=F_{\min}$,则 $\Delta v=\Delta v_{\min}$。因此为求 $\Delta v_{\min}$,应求 $F_{\max}$ 和 $F_{\min}$。

对于给定的 f,为求 F 的极值,对式(9-4-6)求微分可得

$$\frac{\partial F}{\partial\varphi}=e\sin f\cos\varphi-(1+e\cos f)\sin\varphi=0 \tag{9-4-8}$$

即

$$\tan\varphi=\frac{e\sin f}{1+e\cos f} \tag{9-4-9}$$

由椭圆轨道在 f 处飞行路径角 Θ 的定义式(3-2-44)可知,极值的必要条件为

$$\tan\varphi=\tan\Theta$$

即

$$\varphi=\Theta\ 或\ \varphi=\Theta+\pi \tag{9-4-10}$$

对式(9-4-8)继续求微分可得

$$\frac{\partial^2 F}{\partial\varphi^2}=-\cos\varphi[e\sin f\tan\varphi+(1+e\cos f)]$$

将式(9-4-9)代入上式可得

$$\frac{\partial^2 F}{\partial\varphi^2}=-\cos\varphi\left[\frac{e^2\sin^2 f+(1+e\cos f)^2}{1+e\cos f}\right] \tag{9-4-11}$$

可见,$\partial^2 F/\partial\varphi^2$ 的符号取决于 $\cos\varphi$,有

$$\begin{cases}\varphi=\Theta, & \cos\varphi>0, & \partial^2 F/\partial\varphi^2<0, & F=F_{\max}\\ \varphi=\Theta+\pi, & \cos\varphi<0, & \partial^2 F/\partial\varphi^2>0, & F=F_{\min}\end{cases}$$

因此,当发动机在轨道上的工作点给定时,发动机沿此点的轨道切线方向施加速度增量,可节省能量。当 $\delta T_0<0$ 时,$\boldsymbol{\Delta v}$ 应与速度方向相同;当 $\delta T_0>0$ 时,$\boldsymbol{\Delta v}$ 应与速度方向相反。

上面求得的 f 给定时 Δv 的极小值称为局部极小值,记为 $\Delta v_{\min}^*$。将式(9-4-9)代入

式(9-4-7)可得

$$\Delta v_{\min}^{*}=\frac{\sqrt{\mu p}\,(1+e\cos f)}{3a(1+e^{2}+2e\cos f)\,|\cos\varphi|}\cdot\frac{|\delta T_{0}|}{T_{0}}$$

考虑到

$$|\cos\varphi|=\frac{v_{y}}{v}=\frac{1+e\cos f}{\sqrt{1+e^{2}+2e\cos f}}$$

可得

$$\Delta v_{\min}^{*}=\frac{1}{3a}\sqrt{\frac{\mu p}{1+e^{2}+2e\cos f}}\cdot\frac{|\delta T_{0}|}{T_{0}} \tag{9-4-12}$$

可见 $\Delta v_{\min}^{*}$ 是 f 的函数。因此,若发动机在轨道上的工作点还可选择,可以选择 f 使 $\Delta v_{\min}^{*}$ 取最小值,这一最小值称为全局最小值,记为 $\Delta v_{\min}$。由式(9-4-12)可以直接看出,当 $f=0$ 时 $\Delta v_{\min}^{*}$ 最小

$$\Delta v_{\min}=\frac{\sqrt{\mu p}}{3a(1+e)}\cdot\frac{|\delta T_{0}|}{T_{0}} \tag{9-4-13}$$

因此,在调整轨道周期时,能量最省的方案是在轨道近地点沿当地水平线方向施加速度增量,这与9.2节轨道机械能改变中得到的结论是一致的。由式(9-4-7)可知,此时速度增量的表达式为

$$\Delta v_{y}=-\frac{\sqrt{\mu p}}{3a(1+e)}\cdot\frac{\delta T_{0}}{T_{0}} \tag{9-4-14}$$

例如,某航天器的标称轨道要素为 $a_0=6670\text{km}$, $e_0=0.015$,相应的轨道周期为 $T_0=5421\text{s}$。若大气阻力摄动使得航天器飞行一周后的周期偏差为 $\delta T_0/T_0=-7.5\times10^{-5}$,由式(9-4-14)可知,在近地点以周向冲量消除周期误差时,每圈需要的速度增量为

$$\Delta v_{y}=0.19\text{m/s} \tag{9-4-15}$$

Δv_y 为正值,说明速度增量应沿周向的正方向施加。

3. 轨道面保持

由方程(9-4-2)的第四、第五式可知,施加垂直于轨道面的 Z 方向的速度增量可对 Ω 和 i 进行调整。在 $u=0°$ 或 $180°$ 处施加冲量可单独调整 i 而不会引起 Ω 的变化,在 $u=90°$ 或 $270°$ 处施加冲量可单独调整 Ω 而不会引起 i 的变化。

对圆轨道而言,由式(9-4-2)可知,单独调整 $\Delta\Omega$ 或 Δi 时需要的速度增量 $\Delta v_{z\Omega}$ 或 Δv_{zi} 分别为

$$\begin{cases}\dfrac{\Delta v_{z\Omega}}{v_c}=\sin i\,\Delta\Omega\\[2mm]\dfrac{\Delta v_{zi}}{v_c}=\Delta i\end{cases} \tag{9-4-16}$$

v_c 为圆轨道速度。当 $\Delta v_{z\Omega}$ 或 Δv_{zi} 为正值时,速度增量沿 Z 方向,反之则反向。由于 v_c 的值比较大,因此航天器的 Ω 和 i 的可调整范围很小。例如,对轨道高度300km的航天器,当 $\Delta v_z=100\text{m/s}$ 时,单独调整 i 的范围只有 $\pm0.74°$;单独调整 Ω 时,调整范围与 i 有关,当 i 较小时调整范围较大(但轨道面在空间方位的变化并不大),若 $i=45°$,则 $\Delta\Omega$ 的可调整范围只有 $\pm1.05°$。

若轨道面同时存在 $\Delta\Omega$ 和 Δi，则由方程(9-4-2)的第四、第五式可知，在对 Ω 和 i 进行调整时，有发动机工作点 u 和速度增量 Δv_z 两个自由变量可以选择，因此可以用一次冲量同时调整 Ω 和 i。以方程(9-4-2)的第五式除第四式，可得发动机工作点的 u 值为

$$u=\arctan\left(\sin i\frac{\Delta\Omega}{\Delta i}\right) \tag{9-4-17}$$

将上式代入式(9-4-2)，可求得 Δv_z 为

$$\Delta v_z=\frac{\sqrt{\mu p}\,\Delta i}{r\cos\left[\arctan\left(\sin i\frac{\Delta\Omega}{\Delta i}\right)\right]} \tag{9-4-18}$$

例如，某太阳同步近圆轨道卫星，其标称轨道要素为 $a_0=6670\text{km}$，$e_0=0.015$，$i_0=96.64°$，$\omega_0=0°$。由于入轨误差使 i 的实际值为96.5°，为使卫星仍能保持太阳同步需要进行轨道调整。

在轨道调整时，既可以调整 Ω 也可以调整 i。当只调整 Ω 时，发动机工作点为 $u=90°$，为保持太阳同步，Ω 的每日修正量为

$$\Delta\Omega=9.9649\left(\frac{a_e}{a_0}\right)^{\frac{7}{2}}\frac{\cos 96.64°-\cos 96.5°}{(1-e_0^2)^2}=-0.0207°$$

因此每天需要的速度增量为

$$\Delta v_{z\Omega}=\sqrt{\frac{\mu}{p_0}}\sin i_0\Delta\Omega=-2.774\text{m/s}$$

当只调整 i 时，修正量为 $\Delta i=0.14°$。在 $u=0°$处施加冲量，所需的速度增量为

$$\Delta v_{zi}=\sqrt{\frac{\mu}{p_0}}(1+e_0)\Delta i=19.175\text{m/s}$$

9.4.2 轨道中途修正

轨道调整另一个比较重要的应用是轨道中途修正。当航天器执行飞行时间较长的轨道机动任务时，初始的微小偏差就可能带来不可接受的终端瞄准误差，而在现有技术条件下，初始误差又是不可避免的，因此在飞行中途实施有限次的轨道调整就十分必要。目前已经实施的探月或行星际探测任务全都采用了轨道中途修正技术。轨道拦截等对中末制导交班精度要求较高的任务在中制导时也要进行轨道修正。

与轨道保持不同，轨道中途修正要满足终端瞄准条件，因此要对轨道运动方程线性化。

1. 运动方程线性化

设 $\boldsymbol{r}(t)$，$\boldsymbol{v}(t)$ 与 $\boldsymbol{r}_{\text{ref}}(t)$，$\boldsymbol{v}_{\text{ref}}(t)$ 分别表示真实轨道与标称轨道在对应时刻的位置与速度，记

$$\begin{cases}\boldsymbol{r}(t)=\boldsymbol{r}_{\text{ref}}(t)+\delta\boldsymbol{r}(t)\\ \boldsymbol{v}(t)=\boldsymbol{v}_{\text{ref}}(t)+\delta\boldsymbol{v}(t)\end{cases} \tag{9-4-19}$$

由于真实轨道与标称轨道都满足运动方程约束，故有

$$\begin{cases}\dfrac{\mathrm{d}\boldsymbol{r}}{\mathrm{d}t}=\boldsymbol{v}\\ \dfrac{\mathrm{d}\boldsymbol{v}}{\mathrm{d}t}=\boldsymbol{g}(\boldsymbol{r})\end{cases} \tag{9-4-20}$$

式中：$\boldsymbol{g}$ 表示引力加速度，是 $\boldsymbol{r}$ 的函数。可以将 $\boldsymbol{g}$ 在参考轨道 $\boldsymbol{r}_{\text{ref}}$处展开为泰勒级数

$$\boldsymbol{g}(\boldsymbol{r})=\boldsymbol{g}(\boldsymbol{r}_{\mathrm{ref}})+\boldsymbol{G}(\boldsymbol{r}_{\mathrm{ref}})\delta\boldsymbol{r}+O(\delta^2\boldsymbol{r}) \tag{9-4-21}$$

式中

$$\boldsymbol{G}(\boldsymbol{r}_{\mathrm{ref}})=\left.\frac{\partial\boldsymbol{g}}{\partial\boldsymbol{r}}\right|_{\boldsymbol{r}=\boldsymbol{r}_{\mathrm{ref}}}$$

称为引力梯度矩阵。

将式(9-4-19)代入运动方程(9-4-20),略去二阶以上的高阶无穷小量,可得

$$\begin{cases}\dfrac{\mathrm{d}\boldsymbol{r}_{\mathrm{ref}}}{\mathrm{d}t}+\dfrac{\mathrm{d}\delta\boldsymbol{r}}{\mathrm{d}t}=\boldsymbol{v}_{\mathrm{ref}}+\delta\boldsymbol{v}\\[2ex]\dfrac{\mathrm{d}\boldsymbol{v}_{\mathrm{ref}}}{\mathrm{d}t}+\dfrac{\mathrm{d}\delta\boldsymbol{v}}{\mathrm{d}t}=\boldsymbol{g}(\boldsymbol{r}_{\mathrm{ref}})+\boldsymbol{G}\delta\boldsymbol{r}\end{cases} \tag{9-4-22}$$

由于标称轨道上的运动状态也满足方程(9-4-20),故上式可以简化为

$$\begin{cases}\dfrac{\mathrm{d}\delta\boldsymbol{r}}{\mathrm{d}t}=\delta\boldsymbol{v}\\[2ex]\dfrac{\mathrm{d}\delta\boldsymbol{v}}{\mathrm{d}t}=\boldsymbol{G}(\boldsymbol{r}_{\mathrm{ref}})\delta\boldsymbol{r}\end{cases} \tag{9-4-23}$$

方程(9-4-23)即为运动状态偏差 $\delta\boldsymbol{r}$、$\delta\boldsymbol{v}$ 满足的线性化微分方程。因为引力梯度矩阵 $\boldsymbol{G}$ 仅仅依赖于标称轨道,故它可以看作是时间 t 的已知函数。

为方便表示,引入一个六维的状态偏差矢量 $\boldsymbol{X}$,记作

$$\boldsymbol{X}=\begin{bmatrix}\delta\boldsymbol{r}\\ \delta\boldsymbol{v}\end{bmatrix}$$

则式(9-4-23)可以简记为

$$\frac{\mathrm{d}\boldsymbol{X}}{\mathrm{d}t}=\boldsymbol{F}(t)\boldsymbol{X} \tag{9-4-24}$$

6×6 的分块系数矩阵 $\boldsymbol{F}(t)$ 为

$$\boldsymbol{F}(t)=\begin{bmatrix}\boldsymbol{O} & \boldsymbol{I}\\ \boldsymbol{G}(t) & \boldsymbol{O}\end{bmatrix} \tag{9-4-25}$$

线性微分方程(9-4-24)的解可以写成状态转移矩阵的形式

$$\boldsymbol{X}(t)=\boldsymbol{\Phi}(t,t_0)\boldsymbol{X}(t_0) \tag{9-4-26}$$

其中状态转移矩阵 $\boldsymbol{\Phi}(t,t_0)$ 满足微分方程

$$\frac{\mathrm{d}\boldsymbol{\Phi}(t,t_0)}{\mathrm{d}t}=\boldsymbol{F}(t)\boldsymbol{\Phi}(t,t_0) \tag{9-4-27}$$

以及初始条件

$$\boldsymbol{\Phi}(t_0,t_0)=\boldsymbol{I} \tag{9-4-28}$$

$\boldsymbol{\Phi}(t,t_0)$ 表示的是某时刻的状态偏差与初始状态偏差之间的关系。

可以证明,对 $\boldsymbol{\Phi}(t,t_0)$ 有

$$\boldsymbol{\Phi}^{-1}(t,t_0)=\boldsymbol{\Phi}(t_0,t) \tag{9-4-29}$$

$\boldsymbol{\Phi}(t,t_0)$ 为辛矩阵,因此若记

$$\boldsymbol{\Phi}(t,t_0)=\begin{bmatrix}\boldsymbol{\Phi}_1(t,t_0) & \boldsymbol{\Phi}_2(t,t_0)\\ \boldsymbol{\Phi}_3(t,t_0) & \boldsymbol{\Phi}_4(t,t_0)\end{bmatrix}$$

则有

$$\boldsymbol{\Phi}^{-1}(t,t_0)=\begin{bmatrix}\boldsymbol{\Phi}_4^{\mathrm{T}}(t,t_0) & -\boldsymbol{\Phi}_2^{\mathrm{T}}(t,t_0)\\ -\boldsymbol{\Phi}_3^{\mathrm{T}}(t,t_0) & \boldsymbol{\Phi}_1^{\mathrm{T}}(t,t_0)\end{bmatrix} \tag{9-4-30}$$

2. 状态转移矩阵的计算

航天器在转移轨道上飞行时,任意时刻 t 的位置与速度不仅是时间的函数,还是初始时刻 t_0 的位置和速度的函数。因此,可以将真实运动状态在标称轨迹附近展开为初始状态量偏差的函数,取到一阶近似有

$$\begin{cases}\boldsymbol{r}[t,\boldsymbol{r}(t_0),\boldsymbol{v}(t_0)]=\boldsymbol{r}_{\mathrm{ref}}[t,\boldsymbol{r}_{\mathrm{ref}}(t_0),\boldsymbol{v}_{\mathrm{ref}}(t_0)]\\ \qquad +\left.\dfrac{\partial\boldsymbol{r}(t)}{\partial\boldsymbol{r}(t_0)}\right|_{\mathrm{ref}}[\boldsymbol{r}(t_0)-\boldsymbol{r}_{\mathrm{ref}}(t_0)]+\left.\dfrac{\partial\boldsymbol{r}(t)}{\partial\boldsymbol{v}(t_0)}\right|_{\mathrm{ref}}[\boldsymbol{v}(t_0)-\boldsymbol{v}_{\mathrm{ref}}(t_0)]\\ \boldsymbol{v}[t,\boldsymbol{r}(t_0),\boldsymbol{v}(t_0)]=\boldsymbol{v}_{\mathrm{ref}}[t,\boldsymbol{r}_{\mathrm{ref}}(t_0),\boldsymbol{v}_{\mathrm{ref}}(t_0)]\\ \qquad +\left.\dfrac{\partial\boldsymbol{v}(t)}{\partial\boldsymbol{r}(t_0)}\right|_{\mathrm{ref}}[\boldsymbol{r}(t_0)-\boldsymbol{r}_{\mathrm{ref}}(t_0)]+\left.\dfrac{\partial\boldsymbol{v}(t)}{\partial\boldsymbol{v}(t_0)}\right|_{\mathrm{ref}}[\boldsymbol{v}(t_0)-\boldsymbol{v}_{\mathrm{ref}}(t_0)]\end{cases} \tag{9-4-31}$$

上式可以简记为

$$\begin{cases}\boldsymbol{r}(t)=\boldsymbol{r}_{\mathrm{ref}}(t)+\left.\dfrac{\partial\boldsymbol{r}}{\partial\boldsymbol{r}_0}\right|_{\mathrm{ref}}\delta\boldsymbol{r}_0+\left.\dfrac{\partial\boldsymbol{r}}{\partial\boldsymbol{v}_0}\right|_{\mathrm{ref}}\delta\boldsymbol{v}_0\\ \boldsymbol{v}(t)=\boldsymbol{v}_{\mathrm{ref}}(t)+\left.\dfrac{\partial\boldsymbol{v}}{\partial\boldsymbol{r}_0}\right|_{\mathrm{ref}}\delta\boldsymbol{r}_0+\left.\dfrac{\partial\boldsymbol{v}}{\partial\boldsymbol{v}_0}\right|_{\mathrm{ref}}\delta\boldsymbol{v}_0\end{cases} \tag{9-4-32}$$

采用矩阵记法,则有

$$\begin{bmatrix}\delta\boldsymbol{r}\\ \delta\boldsymbol{v}\end{bmatrix}=\boldsymbol{\Phi}(t,t_0)\begin{bmatrix}\delta\boldsymbol{r}_0\\ \delta\boldsymbol{v}_0\end{bmatrix} \tag{9-4-33}$$

其中

$$\boldsymbol{\Phi}(t,t_0)=\left.\begin{bmatrix}\dfrac{\partial\boldsymbol{r}}{\partial\boldsymbol{r}_0} & \dfrac{\partial\boldsymbol{r}}{\partial\boldsymbol{v}_0}\\ \dfrac{\partial\boldsymbol{v}}{\partial\boldsymbol{r}_0} & \dfrac{\partial\boldsymbol{v}}{\partial\boldsymbol{v}_0}\end{bmatrix}\right|_{\mathrm{ref}}$$

比较式(9-4-33)与式(9-4-26)可知,$\boldsymbol{\Phi}(t,t_0)$就是上一小节引入的状态转移矩阵。

根据转移矩阵 $\boldsymbol{\Phi}(t,t_0)$ 中分块矩阵的含义,可以将其记为

$$\boldsymbol{\Phi}(t,t_0)=\begin{bmatrix}\boldsymbol{\Phi}_{rr}(t) & \boldsymbol{\Phi}_{rv}(t)\\ \boldsymbol{\Phi}_{vr}(t) & \boldsymbol{\Phi}_{vv}(t)\end{bmatrix} \tag{9-4-34}$$

因为$\dfrac{\mathrm{d}\boldsymbol{\Phi}(t,t_0)}{\mathrm{d}t}=\begin{bmatrix}\boldsymbol{O} & \boldsymbol{I}\\ \boldsymbol{G} & \boldsymbol{O}\end{bmatrix}\boldsymbol{\Phi}(t,t_0)$,且 $\boldsymbol{\Phi}(t_0,t_0)=\boldsymbol{I}$,所以有

$$\begin{cases}\dfrac{\mathrm{d}\boldsymbol{\Phi}_{rr}}{\mathrm{d}t}=\boldsymbol{\Phi}_{vr},\boldsymbol{\Phi}_{rr}(t_0)=\boldsymbol{I}; \qquad \dfrac{\mathrm{d}\boldsymbol{\Phi}_{vr}}{\mathrm{d}t}=\boldsymbol{G}\boldsymbol{\Phi}_{rr},\boldsymbol{\Phi}_{vr}(t_0)=\boldsymbol{O}\\ \text{------------------} \qquad \text{------------------}\\ \dfrac{\mathrm{d}\boldsymbol{\Phi}_{rv}}{\mathrm{d}t}=\boldsymbol{\Phi}_{vv},\boldsymbol{\Phi}_{rv}(t_0)=\boldsymbol{O}; \qquad \dfrac{\mathrm{d}\boldsymbol{\Phi}_{vv}}{\mathrm{d}t}=\boldsymbol{G}\boldsymbol{\Phi}_{rv},\boldsymbol{\Phi}_{vv}(t_0)=\boldsymbol{I}\end{cases} \tag{9-4-35}$$

可见,状态转移矩阵满足互不相关的两组矩阵微分方程。

矩阵 $\boldsymbol{\Phi}_{rv}$ 和 $\boldsymbol{\Phi}_{vv}$ 的元素代表了单位初始速度偏差引起的当前时刻的位置与速度偏差，例如 $\boldsymbol{\Phi}_{rv}$ 和 $\boldsymbol{\Phi}_{vv}$ 的第一列代表了 t_0 时刻 x 轴的单位速度偏差引起的 t 时刻位置和速度矢量偏差，其他列可以有同样的解释。对矩阵 $\boldsymbol{\Phi}_{rr}$、$\boldsymbol{\Phi}_{vr}$ 也可作同样的解释。

方程(9-4-35)给出了分块矩阵满足的微分方程，求解此方程即可得到状态转移矩阵。对于二体问题，可以求得解析公式[18]

$$\begin{cases}\boldsymbol{\Phi}_{rv}=\dfrac{r_0}{\mu}(1-F)\left[(\boldsymbol{r}-\boldsymbol{r}_0)\boldsymbol{v}_0^{\mathrm{T}}-(\boldsymbol{v}-\boldsymbol{v}_0)\boldsymbol{r}_0^{\mathrm{T}}\right]+\dfrac{C}{\mu}\boldsymbol{v}\boldsymbol{v}_0^{\mathrm{T}}+G\boldsymbol{I}\\ \boldsymbol{\Phi}_{vv}=\dfrac{r_0}{\mu}(\boldsymbol{v}-\boldsymbol{v}_0)(\boldsymbol{v}-\boldsymbol{v}_0)^{\mathrm{T}}+\dfrac{1}{r_0^3}\left[r_0(1-F)\boldsymbol{r}\boldsymbol{r}_0^{\mathrm{T}}-C\boldsymbol{r}\boldsymbol{v}_0^{\mathrm{T}}\right]+G_t\boldsymbol{I}\\ \boldsymbol{\Phi}_{rr}=\dfrac{r}{\mu}(\boldsymbol{v}-\boldsymbol{v}_0)(\boldsymbol{v}-\boldsymbol{v}_0)^{\mathrm{T}}+\dfrac{1}{r_0^3}\left[r_0(1-F)\boldsymbol{r}\boldsymbol{r}_0^{\mathrm{T}}+C\boldsymbol{v}\boldsymbol{r}_0^{\mathrm{T}}\right]+F\boldsymbol{I}\\ \boldsymbol{\Phi}_{vr}=-\dfrac{1}{r_0^2}(\boldsymbol{v}-\boldsymbol{v}_0)\boldsymbol{r}_0^{\mathrm{T}}-\dfrac{1}{r^2}\boldsymbol{r}(\boldsymbol{v}-\boldsymbol{v}_0)^{\mathrm{T}}\\ \qquad +F_t\left[\boldsymbol{I}-\dfrac{1}{r^2}\boldsymbol{r}\boldsymbol{r}^{\mathrm{T}}+\dfrac{1}{\mu r}(\boldsymbol{r}\boldsymbol{v}^{\mathrm{T}}-\boldsymbol{v}\boldsymbol{r}^{\mathrm{T}})\boldsymbol{r}(\boldsymbol{v}-\boldsymbol{v}_0)^{\mathrm{T}}\right]-\dfrac{\mu C}{r^3r_0^3}\boldsymbol{r}\boldsymbol{r}_0^{\mathrm{T}}\end{cases} \tag{9-4-36}$$

式中，右端所有的量都是标称轨道上的状态量；F、G、F_t、G_t 为拉格朗日系数，可由式(4-3-44)求得，$\boldsymbol{r}$、$\boldsymbol{v}$ 可由式(4-1-6)求得；变量 C 为

$$\sqrt{\mu}C=3U_5-\chi U_4-\sqrt{\mu}(t-t_0)U_2$$

若考虑摄动因素，分块矩阵的形式将变得非常复杂，需要通过数值方法求解。

3. 修正速度增量的确定

假设在某一时刻 t，实际轨道相对于标称轨道的位置偏差为 $\delta\boldsymbol{r}$、速度偏差为 $\delta\boldsymbol{v}$。下面来确定在当前位置需要施加的速度修正量 $\Delta\boldsymbol{v}$，以保证航天器能够在预定的时刻 t_f 到达目标点即 $\delta\boldsymbol{r}(t_f)=0$。根据式(9-4-33)、式(9-4-34)，应有

$$\begin{bmatrix}\boldsymbol{\Phi}_{rr} & \boldsymbol{\Phi}_{rv}\\ \boldsymbol{\Phi}_{vr} & \boldsymbol{\Phi}_{vv}\end{bmatrix}\begin{bmatrix}\delta\boldsymbol{r}\\ \delta\boldsymbol{v}^+\end{bmatrix}=\begin{bmatrix}0\\ \delta\boldsymbol{v}(t_f)\end{bmatrix} \tag{9-4-37}$$

$\delta\boldsymbol{v}^+$ 表示修正后的速度与标称速度的偏差。考虑到式(9-4-30)，可知

$$\begin{bmatrix}\delta\boldsymbol{r}\\ \delta\boldsymbol{v}^+\end{bmatrix}=\begin{bmatrix}\boldsymbol{\Phi}_{vv}^{\mathrm{T}} & -\boldsymbol{\Phi}_{rv}^{\mathrm{T}}\\ -\boldsymbol{\Phi}_{vr}^{\mathrm{T}} & \boldsymbol{\Phi}_{rr}^{\mathrm{T}}\end{bmatrix}\begin{bmatrix}0\\ \delta\boldsymbol{v}(t_f)\end{bmatrix} \tag{9-4-38}$$

由此有

$$\delta\boldsymbol{r}=-\boldsymbol{\Phi}_{rv}^{\mathrm{T}}\delta\boldsymbol{v}(t_f),\ \delta\boldsymbol{v}^+=\boldsymbol{\Phi}_{rr}^{\mathrm{T}}\delta\boldsymbol{v}(t_f) \tag{9-4-39}$$

消去 $\delta\boldsymbol{v}(t_f)$ 可得

$$\delta\boldsymbol{v}^+=-\boldsymbol{\Phi}_{rr}^{\mathrm{T}}(\boldsymbol{\Phi}_{rv}^{\mathrm{T}})^{-1}\delta\boldsymbol{r} \tag{9-4-40}$$

由此可得速度修正量 $\Delta\boldsymbol{v}$ 的表达式

$$\Delta\boldsymbol{v}=\delta\boldsymbol{v}^+-\delta\boldsymbol{v}=-\boldsymbol{\Phi}_{rr}^{\mathrm{T}}(\boldsymbol{\Phi}_{rv}^{\mathrm{T}})^{-1}\delta\boldsymbol{r}-\delta\boldsymbol{v} \tag{9-4-41}$$

为保证上式的精度，航天器的状态偏差应限制在比较小的量级。

对飞行时间长达数百天的行星际航行，一次中途修正通常难以满足终端精度要求，因此往往需要安排数次修正。数值计算及工程实践表明，第一次修正可以减少入轨误差的99%，第二次修正又可以减少第一次修正剩余误差的99%，因此一般执行三到四次修正就能满足飞行

任务的精度要求。

上述线性化运动方程是以直角坐标运动状态为参数的形式给出的,在考虑摄动影响的兰伯特问题求解、飞行器瞄准与制导等问题中也经常使用。文献[19]给出了柱坐标运动状态形式的线性化方程,并推导了考虑地球非球形引力摄动的解析解,在某些飞行器制导任务中使用更加方便。

参考文献

[1] 任萱. 人造地球卫星轨道力学[M]. 长沙: 国防科技大学出版社, 1988.

[2] 杨嘉墀. 航天器轨道动力学与控制(下册)[M]. 北京:中国宇航出版社, 2002.

[3] Gobetz F W, Doll J R. A Survey of Impulsive Trajectories [J]. AIAA Journal, 1969, 7:801–834.

[4] Hohmann W. Die Erreichbarkeit der Him melskörper [J]. Oldenbourg, Berlin, 1925:63–75.

[5] Barrar R B. An Analytical Proof That the Hohmann–Type Transfer is the True Minimum Two–Impulse Transfer [J]. Astronautica Acta, 1963, 9(1):1–11.

[6] Altman S P, Pistiner J S. Minimum Velocity Increment Solution for Two–Impulse Coplanar Orbital Transfer [J]. AIAA Journal, 1963, 1(2):435–442.

[7] Edelbaum T H. How Many Impulses? [C]. AIAA 3rd Aerospace Sciences Meeting, New York, New York, Jan. 24–26, 1966, AIAA 66–0007.

[8] Lawden D F. Impulsive Transfer between Elliptical Orbits [M]. Optimization Techniques, Academic Press, New York, 1962.

[9] Marchal C. Transfer Optimaux Entre Orbites Elliptiques Coplanaires (Duree Indifferente) [J]. Astronautica Acta, 1965, 11(6):432–435.

[10] Marchal C. Optimum Transfers between Elliptical Orbits (Time Open) [C]. Redstone Scientific Information Center Translation RSIC–515, March 1966, Redstone Arsenal, Ala.

[11] Marchal C. Transfer Optimaux Entre Orbites Elliptiques (Duree Indifferente) [D]. PhD thesis, June 1967, University of Paris.

[12] Winn C B. Minimum–Fuel Transfers between Coaxial Orbits, both Coplanar and Noncoplanar [J]. American Astronautical Society, 1966, 7:66–119.

[13] Jezewski D J, Rozendaal H L. An Efficient Method for Calculating Optimal Free–Space N–Impulse Trajectories [J]. AIAA Journal, 1968, 6(11):2160–2165.

[14] Prussing J E, Chiu J H. Optimal Multiple–Impulse Time–Fixed Rendezvous Between Circular Orbits [J]. Journal of Guidance, Control, and Dynamics, 1986, 9(1):17–22.

[15] Broucke R A. Optimal N–Impulse Transfer between Coplanar Orbits [J]. Advances in Astrodynamical Sciences, Astrodynamics Part Ⅰ, 1993, 85:483–500.

[16] Abdelkhalik O. N–Impulse Orbit Transfer Using Genetic Algorithms [J]. Journal of Spacecraft and Rockets, 2007, 44(2):456–459.

[17] 雷勇, 汤国建, 王旭东. 联盟 TM 交会对接的地面远程导引段制导方法分析与研究 [J]. 航天控制, 1999, 4:51–57.

[18] Battin R H. An Introduction to the Mathematics and Methods of Astrodynamics, Revised Edition [M]. AIAA, 1999.

[19] 任萱. 扰动引力作用时自由飞行弹道计算的新方法[J]. 国防科技大学学报, 1985, 2:47–58.

第 10 章　有限推力轨道机动

在脉冲推力轨道机动的讨论中,假定火箭发动机按冲量方式工作,航天器在瞬间获得需要的速度增量,而位置并不改变。当发动机的推力很大且工作时间很短时,这种假设是对真实情况很好的近似,因此在轨道初步设计中经常使用。当需要进一步细化轨道机动过程,研究航天器的制导与控制方法时,则必须考虑推力为有限值的情况。

为实现有限推力作用下的轨道机动,典型的航天器轨道控制系统要包括测量装置、执行机构、计算机、控制算法等几部分,如图 10-1 所示。

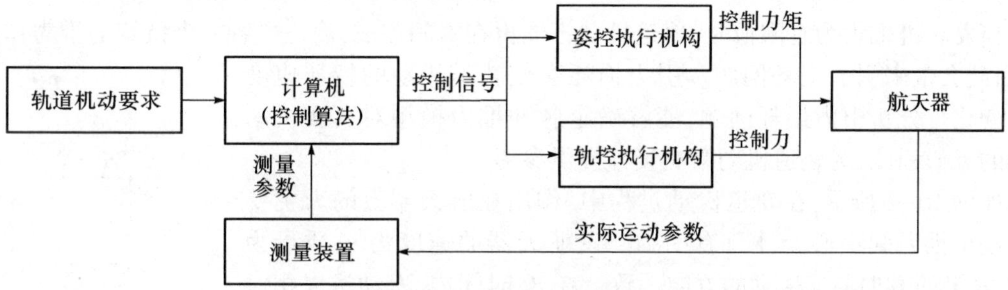

图 10-1　轨道机动系统的组成

轨道控制的执行机构提供轨道机动需要的力,一般为火箭发动机。根据工作原理的不同,又分为冷气推进系统、液体(单组元或双组元)化学推进系统、固体化学推进系统、电推进系统等,各类推进系统的特点和典型应用见表 10-1。本章主要讨论以液体化学火箭发动机作为动力装置的有限推力轨道机动问题。

表 10-1　轨道机动推进系统的特点与典型应用

推进系统	典型比冲/s	特点	典型应用
冷气	50	结构简单,无燃烧和腐蚀问题	质量轻、寿命短的卫星
液体单组元	230	系统简单,可靠性高,需使用催化剂	中等质量卫星
液体双组元	310	系统复杂,比冲高,氧化剂的腐蚀性	大型卫星,飞船
固体	290	一般不能多次点火	运载火箭上面级
电推进	3000	比冲高, 推力小, 能重复启动次数多	高精度、长寿命卫星轨道保持;深空探测

姿态控制系统的作用是在变轨前调整好姿态,使发动机对准要求的推力方向。变轨过程中克服各种干扰力矩的影响,保持姿态的稳定,并不断调整姿态使推力方向满足制导策略的要求。变轨结束后根据飞行任务要求调整到新的姿态。

计算机的输入是航天器的运动测量参数和轨道机动要求。计算机根据轨道机动策略和姿态控制算法,产生姿控系统的误差信号与发动机的推力控制信号,控制航天器完成预定的轨道机动。

测量装置用来确定航天器的运动参数,包括姿态运动测量装置和质心运动测量装置。姿态运动测量装置安装在航天器上,可以采用陀螺、星敏感器、地球敏感器等设备。质心运动的测量可以在星上通过惯性导航系统或卫星导航系统实现,也可以通过地面测控来实现。

如果航天器的质心运动参数依赖地面设备测定,则轨道控制系统由星上设备和地面设备混合组成,这种方式称为星—地大回路控制方式。由于地面测控站仅在航天器的自由飞行段才能精确确定其轨道,因此只能将控制变量作为时间的函数,这样的变轨控制就具有开环控制的性质。如果航天器具有自主导航的能力,则可以实时在线测定航天器的质心运动状态,并作为反馈信息实时确定控制量,此时的变轨控制是闭路控制,称为星上小回路控制方式。由状态反馈确定的控制量的变化规律称为导引律(或制导律)。

10.1 引力损耗问题

当发动机推力为有限值时,轨道机动不能再在瞬间完成,而是要有一个持续的推力作用弧段,由此会带来引力损耗问题。引力损耗会使轨道机动的特征速度发生变化。分析引力损耗问题,能够确定脉冲推力模型对真实机动过程的近似程度,为轨道机动策略设计提供参考。

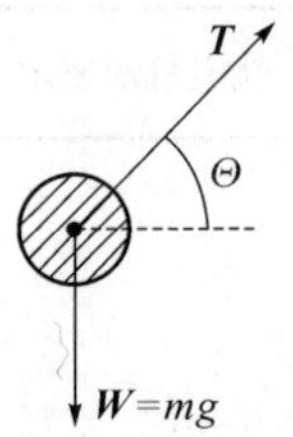

图 10-2 航天器上的作用力

如图 10-2 所示,在轨道机动过程中,作用在航天器上的力主要是发动机推力和中心天体万有引力。设航天器的速度为 $\boldsymbol{v}$,质量为 m,推力 $\boldsymbol{T}$ 的方向与速度 $\boldsymbol{v}$ 的方向一致。在 $\mathrm{d}t$ 时间内,发动机以相对速度 u_e 排出质量为 $\mathrm{d}m$ 的燃气,航天器的速度由此增加 $\mathrm{d}v$。根据动量定理,可知

$$m\mathrm{d}v=-u_e\mathrm{d}m-mg\sin\Theta\mathrm{d}t \tag{10-1-1}$$

将上式在变轨弧段上积分,可得

$$\Delta v_F=\int_{v_0}^{v_f}\mathrm{d}v=-u_e\ln m\Big|_{m_0}^{m_f}-\int_{t_0}^{t_f}g\sin\Theta\mathrm{d}t$$

即

$$\Delta v_F=-u_e\ln\frac{m_f}{m_0}-\int_{t_1}^{t_2}g\sin\Theta\mathrm{d}t \tag{10-1-2}$$

与理想速度增量公式(9-1-1)相比,上式的右端增加了一积分项,该项即变轨过程中的引力损耗。由式(10-1-2)可知,当 t_2 趋近于 t_1 时,引力损耗趋近于零。当推力为脉冲推力时,有 $t_2=t_1$,引力损耗为零。由式(10-1-2)还可以看出,变轨点离引力中心越远,引力加速度越小,引力损耗也越小;而若变轨过程中能一直保持飞行路径角 Θ 为零,引力损耗也为零。文献[14]在讨论远程火箭主动段关机点速度估算时,采用的引力引起的速度损失的估算方法也可以借鉴。

在上面的讨论中,假定推力方向与速度方向一致。文献[1]分析了更一般的情况,结论是脉冲推力对有限推力的近似误差主要是由引力梯度和机动过程中推力方向的变化引起的。对变轨时间自由的情况,当推重比较大(一般要有 $T/W_0>10^{-1}$)且 $q=\Delta v/u_e$ 不大时,引力损耗的上界可由下式估算

$$\Delta v_F-\Delta v\leqslant\frac{1}{24}(\omega_s\Delta t)^2\Delta v \tag{10-1-3}$$

式中：Δv 为等价的脉冲推力变轨的速度增量；$\Delta t=t_f-t_0$ 为发动机工作时间；$\omega_s=\sqrt{\mu/r^3}$ 为同一高度圆轨道的角速度。

若已知最优轨道机动推力矢量的转动角速度 $\omega_{\rm opt}$，则引力损耗可由下式更精确地估算出来：

$$\Delta v_F-\Delta v=\frac{1}{2}M_2[\beta+(\omega-\omega_{\rm opt})^2] \tag{10-1-4}$$

式中：ω 为推力的实际转动角速度；参数 β 和 M_2 为

$$\beta\approx\omega_s^2(1-3\sin^2\overline{\Theta})-(\omega_{\rm opt})^2 \tag{10-1-5}$$

$$M_2\approx\frac{1}{12}\Delta t^2\Delta v \tag{10-1-6}$$

式中：$\overline{\Theta}$ 为推力矢量的平均方向与当地地平的夹角。若 $\overline{\Theta}=0$，且航天器的姿态能够理想跟踪最优转动角速度，即 $\omega\approx\omega_{\rm opt}$，则引力损耗的估计值为

$$\Delta v_F-\Delta v=\frac{1}{24}\Delta t^2\Delta v[\omega_s^2-(\omega_{\rm opt})^2] \tag{10-1-7}$$

显然，上式右端的上界即式(10-1-3)。

例如，某航天器由近地圆轨道转移到大椭圆轨道的过程中，假设 $\Delta v=2000$m/s，$\Delta t=200$s，$\omega_s=1/900$rad/s，则由式(10-1-3)可以估算出引力损耗的上界为4.12m/s。若已知 $\omega_{\rm opt}\approx0.5\omega_s$（典型情况），则由式(10-1-7)可求得引力损耗的估计值为3.09m/s。

由式(10-1-3)可以看出，引力损耗与发动机的工作时间有关，因此当变轨特征速度一定时，选用大推力的火箭发动机能够减少引力损耗。由于 $(\Delta t_1+\Delta t_2)^2\geqslant\Delta t_1^2+\Delta t_2^2$，为减少引力损耗，还可以将一次时间较长的有限推力变轨划分成两次或多次来完成。图10-3所示是 $T/W_0=0.4$，$\Delta v=2000$m/s 时，引力损耗与点火次数（每次点火的时间相同）的关系。可见，引力损耗随点火弧段的增加而降低，不过这是以增加轨道机动时间为代价的。

当变轨特征速度 Δv 与变轨时间 Δt 都较小时，引力损耗可以忽略，此时可以用脉冲推力模型设计变轨方案。若设 t_c 为脉冲推力施加时刻，则将发动机推力方向指向 $\Delta\boldsymbol{v}$ 的方向，点火时刻选择 $t_c-\Delta t/2$，关机时刻选择 $t_c+\Delta t/2$，将是一种简单而有效的有限推力变轨策略。

当 $10^{-2}<T/W_0<10^{-1}$ 时，与引力相比，推力的主导作用不再显著。此时若发动机工作时间较长，为能够准确估算引力损耗，最好采用数值积分的方法。

当 $T/W_0<10^{-4}$ 时，推力可以看作摄动作用，此时需要按连续小推力的方法来设计机动轨道。

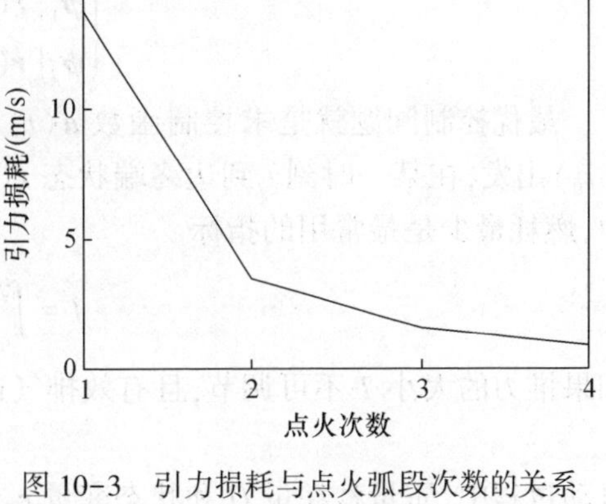

图10-3　引力损耗与点火弧段次数的关系

10.2　最优机动轨道与主矢量

有限推力机动轨道设计，常以满足各种过程和终端约束并使燃料消耗最少为目标，因此其本质上是一个带约束的泛函优化问题。在早期的研究中，经典变分理论是最常用的工具，但它

只能处理无约束或开集性约束问题。受分析力学中哈密尔顿原理的启发,庞特里亚金提出了极小值原理(苏联的文献中称为“极大值原理”),成为处理闭集性约束变分问题的强有力工具,奠定了最优控制理论的基础。至今,最优控制方法仍是设计有限推力机动轨道时理论性最严密的方法。

10.2.1 最优控制问题描述

航天器的轨道机动过程可以用以下状态变量描述:位置矢量 $\boldsymbol{r}=[x,y,z]^{\mathrm{T}}$,速度矢量 $\boldsymbol{v}=[v_x,v_y,v_z]^{\mathrm{T}}$,质量 m。取惯性坐标系为参考系,则在引力场 $\boldsymbol{g}(\boldsymbol{r})$ 中的运动方程为

$$\begin{cases}\dot{\boldsymbol{r}}=\boldsymbol{v}\\ \dot{\boldsymbol{v}}=\boldsymbol{g}(\boldsymbol{r})+\dfrac{T}{m(t)}\boldsymbol{T}^0=\boldsymbol{g}(\boldsymbol{r})+\dfrac{\boldsymbol{u}(t)}{m(t)}\\ \dot{m}=-\dfrac{T}{u_e}=-Q\end{cases}\tag{10-2-1}$$

式中:$T\geqslant 0$ 为发动机推力大小;$\boldsymbol{T}^0$ 为推力方向;$u_e=I_{\mathrm{sp}}g_0$ 为有效排气速度。控制量 $\boldsymbol{u}(t)=T\boldsymbol{T}^0$。

采用液体化学火箭发动机作为动力装置时,轨道机动的时间一般较短,因此可以将中心天体引力场近似成与距离成平方反比的有心力场

$$\boldsymbol{g}(\boldsymbol{r})=-\frac{\mu}{r^3}\boldsymbol{r}\tag{10-2-2}$$

在方程(10-2-1)中,Q 为质量秒耗量,如果航天器上只有一台推力大小为常值的发动机,则只有 $Q=0$(关机)和 $Q=Q_{\max}$(开机)两种状态。如果发动机推力可调节,则存在如下约束条件:

$$0\leqslant Q\leqslant Q_{\max}\tag{10-2-3}$$

状态变量的末端值应满足某些边界条件

$$\begin{cases}\boldsymbol{\psi}_1[\boldsymbol{r}(t_f),\boldsymbol{v}(t_f),t_f]=0\\ \boldsymbol{\psi}_2[\boldsymbol{r}(t_f),\boldsymbol{v}(t_f),t_f]\leqslant 0\end{cases}\tag{10-2-4}$$

最优控制问题就是求控制函数 $\boldsymbol{u}(t)$,使运动方程(10-2-1)的解由初始时刻的 $\boldsymbol{r}(t_0)$、$\boldsymbol{v}(t_0)$ 出发,在某一时刻 t_f 到达终端状态 $\boldsymbol{r}(t_f)$、$\boldsymbol{v}(t_f)$,同时使性能指标最优。在轨道机动问题中,燃耗最少是最常用的指标

$$J=\int_{t_0}^{t_f}Q\mathrm{d}t=\frac{1}{u_e}\int_{t_0}^{t_f}T\mathrm{d}t\tag{10-2-5}$$

如果推力的大小 T 不可调节,且有效排气速度 u_e 为常数,则上式等价于末值型指标

$$J=-m(t_f)\tag{10-2-6}$$

机动过程中,质量秒耗量 Q 和状态变量 $\boldsymbol{r},\boldsymbol{v}$ 必须满足约束条件式(10-2-3)和式(10-2-4)。

10.2.2 最优推力方向和主矢量

根据最优控制理论,哈密尔顿函数为

$$\begin{aligned}H&=T+\boldsymbol{\lambda}_r\cdot\dot{\boldsymbol{r}}+\boldsymbol{\lambda}_v\cdot\dot{\boldsymbol{v}}+\lambda_m\cdot\dot{m}\\&=T+\boldsymbol{\lambda}_r\cdot\boldsymbol{v}+\boldsymbol{\lambda}_v\cdot\boldsymbol{g}+\boldsymbol{\lambda}_v\cdot\frac{T}{m(t)}\boldsymbol{T}^0-\lambda_m Q\end{aligned}\tag{10-2-7}$$

式中：$\boldsymbol{\lambda}_r$，$\boldsymbol{\lambda}_v$，λ_m分别为状态量$\boldsymbol{r}$，$\boldsymbol{v}$和m的协态变量，满足协态方程

$$\begin{cases}\dot{\boldsymbol{\lambda}}_r=-\dfrac{\partial H}{\partial \boldsymbol{r}}=-\dfrac{\partial \boldsymbol{g}}{\partial \boldsymbol{r}}\cdot\boldsymbol{\lambda}_v\\ \dot{\boldsymbol{\lambda}}_v=-\dfrac{\partial H}{\partial \boldsymbol{v}}=-\boldsymbol{\lambda}_r\\ \dot{\lambda}_m=-\dfrac{\partial H}{\partial m}=\dfrac{T}{m^2}\boldsymbol{\lambda}_v\cdot\boldsymbol{T}^0\end{cases}\tag{10-2-8}$$

式中：$\partial \boldsymbol{g}/\partial \boldsymbol{r}$为引力梯度张量，根据式（10-2-2），可得

$$\frac{\partial \boldsymbol{g}}{\partial \boldsymbol{r}}=\frac{\mu}{r^5}(3\boldsymbol{r}\boldsymbol{r}^{\mathrm{T}}-r^2\boldsymbol{I})=\frac{\mu}{r^5}\begin{bmatrix}3x^2-r^2 & 3xy & 3xz\\ 3yx & 3y^2-r^2 & 3yz\\ 3zx & 3zy & 3z^2-r^2\end{bmatrix}\tag{10-2-9}$$

方程（10-2-1）与方程（10-2-8）是一组共轭微分方程，称为最优控制问题的规范方程。

将哈密尔顿函数（10-2-7）改写成如下形式：

$$H=\boldsymbol{\lambda}_r\cdot\boldsymbol{v}+\boldsymbol{\lambda}_v\cdot\boldsymbol{g}+T\left(\frac{\boldsymbol{\lambda}_v\cdot\boldsymbol{T}^0}{m(t)}-\frac{\lambda_m}{u_e}+1\right)\tag{10-2-10}$$

根据极小值原理，最优控制量$\boldsymbol{u}^*(t)=T^*\boldsymbol{T}^{0*}$应使哈密尔顿函数取极小值。

首先求推力方向，$\boldsymbol{T}^{0*}$应与$\boldsymbol{\lambda}_v$的方向相反，以使点乘$\boldsymbol{\lambda}_v\cdot\boldsymbol{T}^0$最小，故有

$$\boldsymbol{T}^{0*}=-\frac{\boldsymbol{\lambda}_v}{\lambda_v}\tag{10-2-11}$$

即最优推力方向沿矢量$\boldsymbol{\lambda}_v$的反方向。

其次，求推力的大小。将式（10-2-11）代入式（10-2-10），有

$$H=\boldsymbol{\lambda}_r\cdot\boldsymbol{v}+\boldsymbol{\lambda}_v\cdot\boldsymbol{g}-T\left(\frac{\lambda_v}{m(t)}+\frac{\lambda_m}{u_e}-1\right)\tag{10-2-12}$$

定义开关函数

$$S(t)=\frac{\lambda_v}{m(t)}+\frac{\lambda_m}{u_e}-1\tag{10-2-13}$$

为使H取极小值，应有

$$\begin{cases}T=0, & S(t)<0\\ T=T_{\max}, & S(t)>0\\ \text{待定}, & S(t)=0\end{cases}\tag{10-2-14}$$

可见，若在整个时间区间上只有若干个孤立的瞬间$S(t)=0$，则最优推力控制是一种继电器型控制，即Bang-Bang控制。当$S(t)>0$时，取最大推力$T_{\max}$；当$S(t)<0$时，令推力为零，即让航天器自由滑行，如图10-4（a）所示，该类问题称为正常最优控制问题。

若在某一时间区间内总有$S(t)=0$，则这一弧段称为奇异弧段，如图10-4（b）中的$[t_1,t_2]$，相应的问题称为奇异最优控制问题。该弧段内的最优推力有可能不是继电器型的，需要具体讨论[2,3]。接下来主要讨论正常最优控制问题。

由式（10-2-11）和式（10-2-13）可见，最优推力的方向和大小都与$\boldsymbol{\lambda}_v$有关。$\boldsymbol{\lambda}_v$是速度矢量$\boldsymbol{v}$的协态变量，它在最优机动轨道理论中起着非常重要的作用，兰登称之为主矢量（Prime Vector）[4]。

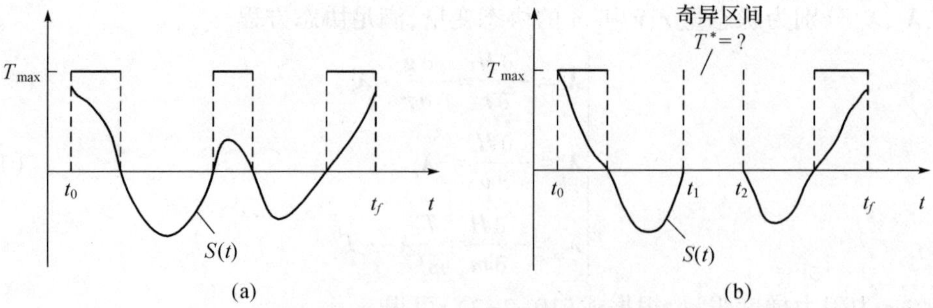

图 10-4　最优推力大小

(a) 正常最优控制问题;(b) 奇异最优控制问题。

利用主矢量和开关函数,也可以研究最优脉冲推力变轨问题。此时最大推力弧段收缩为若干个孤立点,整个轨道由数个零推力弧段组成。

在规范方程(10-2-1)与方程(10-2-8)中,共有 $\boldsymbol{r}$、$\boldsymbol{v}$、m、$\boldsymbol{\lambda}_r$、$\boldsymbol{\lambda}_v$、λ_m、$\boldsymbol{u}^*$ 等 17 个未知数,其中最优控制 $\boldsymbol{u}^*$ 根据极小值原理确定,还有 14 个未知数。必须给出 14 个边界条件,才能求解方程。

10.2.3　边界条件

轨道机动的初始边界条件是已知的:在 $t=t_0$ 时,$\boldsymbol{r}(t_0)=\boldsymbol{r}_0$,$\boldsymbol{v}(t_0)=\boldsymbol{v}_0$,$m(t_0)=m_0$。终端边界条件包括两类:一类是状态变量的终端约束条件(10-2-4),对具体问题可以直接给出;另一类是横截条件,它规定在最优轨线的末端协态变量要横截于目标集,同时给定哈密尔顿函数的边值。

下面讨论三种典型轨道机动问题的终端边界条件。

1. 轨道拦截

轨道拦截问题要求在某终端时刻 $t_f>t_0$,有 $\boldsymbol{r}(t_f)=\boldsymbol{r}_T(t_f)=[x_T(t_f), y_T(t_f), z_T(t_f)]^{\mathrm{T}}$。由于 $\boldsymbol{v}(t_f)$ 自由,故有

$$\boldsymbol{\lambda}_v(t_f)=0 \tag{10-2-15}$$

$$\lambda_m=\begin{cases}0, & m(t_f)>m_c\\ \text{待定}, & m(t_f)=m_c\end{cases} \tag{10-2-16}$$

式中:m_c 为航天器燃料全部耗尽后的剩余质量。

设目标沿椭圆轨道运动,半长轴为 a_T,则终端约束方程为

$$\begin{cases}v_T^2(t_f)-\mu\left(\dfrac{2}{\sqrt{x^2(t_f)+y_T^2(t_f)+z_T^2(t_f)}}-\dfrac{1}{a_T}\right)=0\\ v_T^2(t_f)-\mu\left(\dfrac{2}{\sqrt{x_T^2(t_f)+y^2(t_f)+z_T^2(t_f)}}-\dfrac{1}{a_T}\right)=0\\ v_T^2(t_f)-\mu\left(\dfrac{2}{\sqrt{x_T^2(t_f)+y_T^2(t_f)+z^2(t_f)}}-\dfrac{1}{a_T}\right)=0\end{cases} \tag{10-2-17}$$

若将上式记为

$$\boldsymbol{\psi}_r[\boldsymbol{r}(t_f)]=0$$

则协态变量 $\boldsymbol{\lambda}_r$ 的横截条件为

$$\boldsymbol{\lambda}_r(t_f)=\left[\frac{\partial \boldsymbol{\psi}_r^{\mathrm{T}}}{\partial \boldsymbol{r}}\boldsymbol{\gamma}_r\right]_{t_f}=\frac{2\mu}{r_T^3(t_f)}\begin{bmatrix} x_T(t_f)\gamma_{xr} \\ y_T(t_f)\gamma_{yr} \\ z_T(t_f)\gamma_{zr} \end{bmatrix} \tag{10-2-18}$$

式中：$\boldsymbol{\gamma}_r=[\gamma_{xr},\gamma_{yr},\gamma_{zr}]^{\mathrm{T}}$为待定常数，由约束方程(10-2-17)确定。

式(10-2-18)说明，终端时刻的$\boldsymbol{\lambda}_r$为一常矢量。

2. 轨道转移

轨道转移问题要求在某终端时刻 $t_f>t_0$，有 $\boldsymbol{r}(t_f)=\boldsymbol{r}_T(t_f)=[x_T(t_f),y_T(t_f),z_T(t_f)]^{\mathrm{T}}$，$\boldsymbol{v}(t_f)=\boldsymbol{v}_T(t_f)=[v_{xT}(t_f),v_{yT}(t_f),v_{zT}(t_f)]^{\mathrm{T}}$，$\boldsymbol{\lambda}_m=0$(或 $m(t_f)=m_c$)。约束方程除式(10-2-17)外，还有三个关于速度的约束方程

$$\begin{cases} v_x^2(t_f)+v_{yT}^2(t_f)+v_{zT}^2(t_f)-\mu\left(\dfrac{2}{r_T(t_f)}-\dfrac{1}{a_T}\right)=0 \\ v_{xT}^2(t_f)+v_y^2(t_f)+v_{zT}^2(t_f)-\mu\left(\dfrac{2}{r_T(t_f)}-\dfrac{1}{a_T}\right)=0 \\ v_{xT}^2(t_f)+v_{yT}^2(t_f)+v_z^2(t_f)-\mu\left(\dfrac{2}{r_T(t_f)}-\dfrac{1}{a_T}\right)=0 \end{cases} \tag{10-2-19}$$

若将上式记为

$$\boldsymbol{\psi}_v[\boldsymbol{v}(t_f)]=0$$

则协态变量的横截条件为

$$\begin{cases} \boldsymbol{\lambda}_r(t_f)=\left[\dfrac{\partial \boldsymbol{\psi}_r^{\mathrm{T}}}{\partial \boldsymbol{r}}\boldsymbol{\gamma}_r\right]_{t_f}=\dfrac{2\mu}{r_T^3(t_f)}\begin{bmatrix} x_T(t_f)\gamma_{xr} \\ y_T(t_f)\gamma_{yr} \\ z_T(t_f)\gamma_{zr} \end{bmatrix} \\ \boldsymbol{\lambda}_v(t_f)=\left[\dfrac{\partial \boldsymbol{\psi}_v^{\mathrm{T}}}{\partial \boldsymbol{v}}\boldsymbol{\gamma}_v\right]_{t_f}=2\begin{bmatrix} v_{xT}(t_f)\gamma_{xv} \\ v_{yT}(t_f)\gamma_{yv} \\ v_{zT}(t_f)\gamma_{zv} \end{bmatrix} \end{cases} \tag{10-2-20}$$

式中：$\boldsymbol{\gamma}_r=[\gamma_{xr},\gamma_{yr},\gamma_{zr}]^{\mathrm{T}}$，$\boldsymbol{\gamma}_v=[\gamma_{xv},\gamma_{yv},\gamma_{zv}]^{\mathrm{T}}$为待定常数，由约束方程(10-2-17)、式(10-2-19)确定。式(10-2-20)说明，终端时刻的$\boldsymbol{\lambda}_r$、$\boldsymbol{\lambda}_v$都是常矢量。

对以上两类问题，由于终端时间t_f自由，因此在最优轨线的末端哈密尔顿函数等于零，即

$$H^*(t_f^*)=\boldsymbol{\lambda}_r(t_f^*)\cdot\boldsymbol{v}(t_f^*)+\boldsymbol{\lambda}_v(t_f^*)\cdot\boldsymbol{g}(t_f^*)-TS(t_f^*)=0 \tag{10-2-21}$$

根据上式可以确定终端时间t_f^*。

3. 轨道交会

如果给定轨道交会的时间，则是固定时间、固定端点最优控制问题，其状态变量终端条件已给定，即 $t=t_f$ 时，$\boldsymbol{r}(t_f)=\boldsymbol{r}_T(t_f)=[x_T(t_f),y_T(t_f),z_T(t_f)]^{\mathrm{T}}$，$\boldsymbol{v}(t_f)=\boldsymbol{v}_T(t_f)=[v_{xT}(t_f),v_{yT}(t_f),v_{zT}(t_f)]^{\mathrm{T}}$，$\boldsymbol{\lambda}_m=0$(或 $m(t_f)=m_c$)。协态变量的横截条件仍为式(10-2-20)。

可以看出，无论是拦截、转移还是交会，最后都归结为解一组变系数、非线性微分方程组的两点边值问题。解通常是很复杂的，如果不作一定的简化假设，很难得到简单而明确的结果。

极小值原理并不直接寻优性能指标函数，而是通过引入哈密尔顿函数将其转换为两点边值问题，因此常称为间接法。间接法的优化结果满足一阶最优性必要条件，理论性严密，有助

于问题的理解。其不足之处在于协态变量的初值不易猜测,边值问题求解困难,且不方便处理路径约束。

除此之外,还有一类直接优化性能指标泛函的方法,称为直接法。直接法的基本思想是将连续最优控制问题离散化并转化为参数优化问题,再通过优化算法对性能指标寻优,常用的有直接打靶法、多重打靶法、配点法、伪谱法等。直接法不需要推导一阶最优性条件,收敛域相对于间接法更宽,不足之处是得到的往往是近似最优解。直接法的相关内容可参阅文献[5-8],这里不再介绍。

10.3 速度增益制导

制导方法主要研究如何控制推力加速度 $\boldsymbol{a}(t)$ 及发动机的开关机时间,以完成给定的轨道机动任务,并满足某些性能指标。

速度增益制导方法是在脉冲推力变轨的基础上提出的一种方法,能够解决许多轨道机动的制导问题。特别对于拦截问题,速度增益制导是一种非常有效的制导方法。下面的讨论中,假定发动机推力的大小不可调节。

10.3.1 *Q* 制导方法

1. *Q* 制导方法的原理

Q 制导是一种基于需要速度定义的显式制导方法,需要速度 $\boldsymbol{v}_r$ 定义为满足一定任务目标的飞行轨道在当前位置点处的速度。这意味着,若航天器能在当前时刻获得速度 $\boldsymbol{v}=\boldsymbol{v}_r$,那么发动机立即关机后航天器能够达成任务目标。根据飞行任务要求,可以求得 $\boldsymbol{v}_r$,若 t 时刻的实际速度为 $\boldsymbol{v}$,则可求两者之差

$$\boldsymbol{v}_g=\boldsymbol{v}_r-\boldsymbol{v} \tag{10-3-1}$$

式中:$\boldsymbol{v}_g$ 称为速度增益。

若推力为脉冲推力,在 t 时刻使加速度 $\boldsymbol{a}_T$ 与 $\boldsymbol{v}_g$ 重合,并施加冲量使航天器获得需要的速度增益,则航天器就能进入满足任务要求的飞行轨道。可见,速度增益是确定发动机推力方向的一个重要参量,下面分析其变化情况。

由于

$$\frac{\mathrm{d}\boldsymbol{v}}{\mathrm{d}t}=\boldsymbol{g}(\boldsymbol{r})+\boldsymbol{a}_T \tag{10-3-2}$$

因此速度增益的变化率为

$$\frac{\mathrm{d}\boldsymbol{v}_g}{\mathrm{d}t}=\frac{\mathrm{d}\boldsymbol{v}_r}{\mathrm{d}t}-\boldsymbol{g}(\boldsymbol{r})-\boldsymbol{a}_T \tag{10-3-3}$$

需要速度 $\boldsymbol{v}_r$ 是时间 t 和位置 $\boldsymbol{r}(t)$ 的函数,因此有

$$\begin{aligned}\frac{\mathrm{d}\boldsymbol{v}_r}{\mathrm{d}t}&=\frac{\partial\boldsymbol{v}_r}{\partial t}+\frac{\partial\boldsymbol{v}_r}{\partial\boldsymbol{r}}\frac{\mathrm{d}\boldsymbol{r}}{\mathrm{d}t}=\frac{\partial\boldsymbol{v}_r}{\partial t}+\frac{\partial\boldsymbol{v}_r}{\partial\boldsymbol{r}}\boldsymbol{v}=\frac{\partial\boldsymbol{v}_r}{\partial t}+\frac{\partial\boldsymbol{v}_r}{\partial\boldsymbol{r}}(\boldsymbol{v}_r-\boldsymbol{v}_g)\\&=\frac{\partial\boldsymbol{v}_r}{\partial t}+\frac{\partial\boldsymbol{v}_r}{\partial\boldsymbol{r}}\boldsymbol{v}_r-\frac{\partial\boldsymbol{v}_r}{\partial\boldsymbol{r}}\boldsymbol{v}_g\end{aligned} \tag{10-3-4}$$

假设航天器在 t 时刻瞬间获得速度增量 $\boldsymbol{v}_g$,则此后航天器将沿满足任务要求的轨道飞行,飞行速度即为需要速度,因此有

$$\frac{d\boldsymbol{v}_r}{dt}=\frac{\partial \boldsymbol{v}_r}{\partial t}+\frac{\partial \boldsymbol{v}_r}{\partial \boldsymbol{r}}\frac{d\boldsymbol{r}}{dt}=\frac{\partial \boldsymbol{v}_r}{\partial t}+\frac{\partial \boldsymbol{v}_r}{\partial \boldsymbol{r}}\boldsymbol{v}_r$$

此种情况下,航天器不需要再施加控制,只受中心天体引力的作用,故有

$$\frac{\partial \boldsymbol{v}_r}{\partial t}+\frac{\partial \boldsymbol{v}_r}{\partial \boldsymbol{r}}\boldsymbol{v}_r=\boldsymbol{g}(\boldsymbol{r}) \tag{10-3-5}$$

综合式(10-3-4)、式(10-3-5),可得需要速度的变化率为

$$\frac{d\boldsymbol{v}_r}{dt}=\boldsymbol{g}(\boldsymbol{r})-\frac{\partial \boldsymbol{v}_r}{\partial \boldsymbol{r}}\boldsymbol{v}_g \tag{10-3-6}$$

式(10-3-6)的意义可以用图 10-5 解释。图中轨道Ⅰ为有限推力作用下的实际飞行轨道,轨道Ⅱ为 t 时刻满足任务要求的飞行轨道,轨道Ⅲ为 t+dt 时刻满足任务要求的飞行轨道,t+dt时刻的相应参数用下标 1 表示。沿轨道Ⅰ,需要速度的变化为

$$d\boldsymbol{v}_r=\boldsymbol{v}_{r1}-\boldsymbol{v}_r$$

沿轨道Ⅱ,需要速度的变化为

$$\Delta\boldsymbol{v}_r=\boldsymbol{v}'_{r1}-\boldsymbol{v}_r=\boldsymbol{g}(\boldsymbol{r})dt \tag{10-3-7}$$

故有

$$d\boldsymbol{v}_r=\Delta\boldsymbol{v}_r+\boldsymbol{v}_{r1}-\boldsymbol{v}'_{r1}=\Delta\boldsymbol{v}_r+\delta\boldsymbol{v}_r \tag{10-3-8}$$

上式右端的第一项表示由于引力加速度的作用引起的需要速度的变化;第二项表示由于 t 时刻轨道Ⅰ和轨道Ⅱ存在速度偏差 $\boldsymbol{v}_g$,经时间 dt 后产生 $\boldsymbol{r}$ 的等时变分 $\delta\boldsymbol{r}=\boldsymbol{r}'_1-\boldsymbol{r}_1$,由 $\delta\boldsymbol{r}$ 引起的需要速度的变化,称为需要速度的等时变分 $\delta\boldsymbol{v}_r$,即

$$\delta\boldsymbol{v}_r=-\frac{\partial \boldsymbol{v}_r}{\partial \boldsymbol{r}}\delta\boldsymbol{r}=-\frac{\partial \boldsymbol{v}_r}{\partial \boldsymbol{r}}\boldsymbol{v}_g dt \tag{10-3-9}$$

将式(10-3-7)、式(10-3-9)代入式(10-3-8),即可得到式(10-3-6)。

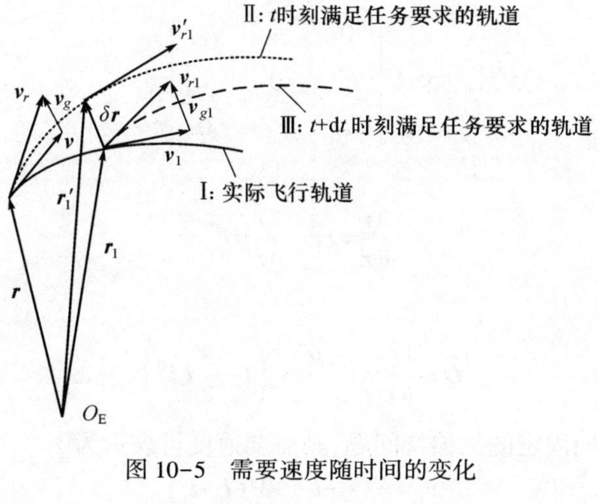

图 10-5 需要速度随时间的变化

将式(10-3-6)代入式(10-3-3),可得

$$\frac{d\boldsymbol{v}_g}{dt}=-\frac{\partial \boldsymbol{v}_r}{\partial \boldsymbol{r}}\boldsymbol{v}_g-\boldsymbol{a}_T$$

若定义

$$
\boldsymbol{Q}=\frac{\partial \boldsymbol{v}_r}{\partial \boldsymbol{r}}=\begin{bmatrix} \dfrac{\partial v_{rx}}{\partial x} & \dfrac{\partial v_{rx}}{\partial y} & \dfrac{\partial v_{rx}}{\partial z} \\ \dfrac{\partial v_{ry}}{\partial x} & \dfrac{\partial v_{ry}}{\partial y} & \dfrac{\partial v_{ry}}{\partial z} \\ \dfrac{\partial v_{rz}}{\partial x} & \dfrac{\partial v_{rz}}{\partial y} & \dfrac{\partial v_{rz}}{\partial z} \end{bmatrix} \tag{10-3-10}
$$

则有

$$
\frac{\mathrm{d}\boldsymbol{v}_g}{\mathrm{d}t}+\boldsymbol{Q}\boldsymbol{v}_g=-\boldsymbol{a}_T \tag{10-3-11}
$$

上式即 Q 制导方法的制导方程。对于给定的初始条件 $t=0,\boldsymbol{v}_g=\boldsymbol{v}_{g0}$，可以通过设计推力 $\boldsymbol{a}_T$ 的方向，使得 $t=t_k$ 时，$\boldsymbol{v}_g=0$ 并满足某些指标要求（如 t_k 最小）。选择的 $\boldsymbol{a}_T$ 即为所求的制导方案。

Q 制导方法的难点在于 $\boldsymbol{Q}$ 矩阵的求取，对不同的飞行任务，需要速度 $\boldsymbol{v}_r$ 有不同的表示形式，相应的 $\boldsymbol{Q}$ 也有不同的表达式。

例如，对圆轨道入轨的制导问题，若设 $\boldsymbol{i}_h$ 为轨道平面法向的单位矢量，$\boldsymbol{i}_r$ 为引力中心矢径的单位矢量，则需要速度可表示为

$$
\boldsymbol{v}_r=\sqrt{\frac{\mu}{r}}\boldsymbol{i}_h\times\boldsymbol{i}_r
$$

若设 $\boldsymbol{i}_h=[i_{hx},i_{hy},i_{hz}]$，则需要速度 $\boldsymbol{v}_r$ 可用 $\boldsymbol{i}_h$ 的叉乘矩阵表示

$$
\boldsymbol{v}_r=\boldsymbol{S}_h\boldsymbol{r}\sqrt{\frac{\mu}{r^3}} \tag{10-3-12}
$$

矩阵 $\boldsymbol{S}_h$ 定义为

$$
\boldsymbol{S}_h=\begin{bmatrix} 0 & -i_{hz} & i_{hy} \\ i_{hz} & 0 & -i_{hx} \\ -i_{hy} & i_{hx} & 0 \end{bmatrix}
$$

由式(10-3-12)及

$$
\frac{\partial \boldsymbol{r}}{\partial \boldsymbol{r}}=\boldsymbol{I},\quad \frac{\partial r}{\partial \boldsymbol{r}}=\boldsymbol{i}_r^{\mathrm{T}}
$$

可以求得 $\boldsymbol{Q}$ 为

$$
\boldsymbol{Q}=\frac{\partial \boldsymbol{v}_r}{\partial \boldsymbol{r}}=\sqrt{\frac{\mu}{r^3}}\boldsymbol{S}_h\left(\boldsymbol{I}-\frac{3}{2}\boldsymbol{i}_r\boldsymbol{i}_r^{\mathrm{T}}\right) \tag{10-3-13}
$$

再如，对于转移时间固定的兰伯特问题，其需要速度可表示为

$$
\boldsymbol{v}_r=N(\boldsymbol{i}_c+\boldsymbol{i}_r)+M(\boldsymbol{i}_c-\boldsymbol{i}_r) \tag{10-3-14}
$$

式中

$$
N=\sqrt{\frac{\mu}{r_1+r_2-c}-\frac{\mu}{4a}},\quad M=\pm\sqrt{\frac{\mu}{r_1+r_2+c}-\frac{\mu}{4a}}
$$

a 为转移轨道的半长轴，$\boldsymbol{i}_c$ 为弦向的单位矢量，M 的符号根据虚焦点的位置确定。该问题的 $\boldsymbol{Q}$ 矩阵为

$$\boldsymbol{Q}=\left(\frac{N-M}{r}-\frac{N+M}{c}\right)\boldsymbol{I}-\left(\frac{N-M}{r}+\frac{\mu}{8a\Delta}\right)\boldsymbol{i}_r\boldsymbol{i}_r^{\mathrm{T}}+\left(\frac{N+M}{r}+\frac{\mu}{8a\Delta}\right)\boldsymbol{i}_c\boldsymbol{i}_c^{\mathrm{T}}$$
$$+\left(\frac{\mu M}{16aN\Delta}-\frac{\mu}{8N(s-c)^2}\right)(\boldsymbol{i}_c+\boldsymbol{i}_r)(\boldsymbol{i}_c+\boldsymbol{i}_r)^{\mathrm{T}}+\left(\frac{\mu N}{16aM\Delta}+\frac{\mu}{8Ms^2}\right)(\boldsymbol{i}_c-\boldsymbol{i}_r)(\boldsymbol{i}_c-\boldsymbol{i}_r)^{\mathrm{T}}$$
$$(10-3-15)$$

式中

$$\Delta=3NM\Delta t+(s-c)M-sN$$

可见,对具体的飞行任务,$\boldsymbol{Q}$ 矩阵的推导和计算都是非常复杂的。当 $\boldsymbol{Q}$ 矩阵的表达式比较简单时,Q 制导方法是一种很好的制导方法。

2. 常值平行引力场中的情况

若轨道机动涉及的空间范围与航天器的引力中心距离相比小得多,可近似认为机动过程中引力加速度 $\boldsymbol{g}$ 是一个常矢量,即引力场为常值平行引力场。这种情况下,$\boldsymbol{Q}$ 矩阵有简单的表达式。

在常值平行引力场中,自由飞行轨道满足

$$\boldsymbol{r}_T=\boldsymbol{r}(t)+\boldsymbol{v}_r(t_f-t)+\frac{1}{2}\boldsymbol{g}(t_f-t)^2 \tag{10-3-16}$$

式中:t_f为终端时刻。对需要速度有

$$\boldsymbol{v}_r=\frac{1}{t_f-t}\left[\boldsymbol{r}_T-\boldsymbol{r}(t)-\frac{1}{2}\boldsymbol{g}(t_f-t)^2\right]$$

故

$$\boldsymbol{Q}=\frac{\partial\boldsymbol{v}_r}{\partial\boldsymbol{r}}=-\frac{1}{t_f-t}\boldsymbol{I} \tag{10-3-17}$$

将式(10-3-17)代入式(10-3-11),则有

$$\frac{\mathrm{d}\boldsymbol{v}_g}{\mathrm{d}t}=\frac{\boldsymbol{v}_g}{t_f-t}-\boldsymbol{a}_T \tag{10-3-18}$$

上式两端点乘 $\boldsymbol{v}_g$ 有

$$(t_f-t)\mathrm{d}(v_g^2)=2[v_g^2-(t_f-t)(\boldsymbol{a}_T\cdot\boldsymbol{v}_g)]\mathrm{d}t \tag{10-3-19}$$

将上式从当前时刻 t 积分至关机时刻 t_k,注意到 $t=t_k$时,$v_g=0$,可得

$$(t_f-t)v_g^2=2\int_t^{t_k}[(t_f-t)(\boldsymbol{a}_T\cdot\boldsymbol{v}_g)-v_g^2]\mathrm{d}t \tag{10-3-20}$$

对于给定的 t,上式的左端为定值。若要使 t_k最小,即燃料消耗最少,应使等号右端的被积函数最大,因此应取

$$\boldsymbol{a}_T\cdot\boldsymbol{v}_g=a_Tv_g \tag{10-3-21}$$

式(10-3-21)说明在常值平行引力场中,推力加速度的方向与当前时刻速度增益的方向一致时,可使燃料消耗最少。

10.3.2 速度增益制导原理

航天器在平方反比引力场中实施轨道机动时,$\boldsymbol{Q}$ 矩阵不易计算,此时可用速度增益制导方法来确定 $\boldsymbol{a}_T$及发动机的关机时刻。

速度增益制导的基本原理是，在式(10-3-3)中，$\mathrm{d}\boldsymbol{v}_r/\mathrm{d}t$ 直接由星载计算机按照差分方法计算，而不求其解析表达式。在计算时，取 t_1 和 t 时刻的两条自由飞行轨道，求出各自的需要速度 $\boldsymbol{v}_r(t)$ 和 $\boldsymbol{v}_r(t_1)$，然后由下式计算 $\mathrm{d}\boldsymbol{v}_r/\mathrm{d}t$ 的近似值：

$$\frac{\mathrm{d}\boldsymbol{v}_r}{\mathrm{d}t}=\frac{\boldsymbol{v}_r(t_1)-\boldsymbol{v}_r(t)}{t_1-t} \tag{10-3-22}$$

因而在式(10-3-3)的右端 $\mathrm{d}\boldsymbol{v}_r/\mathrm{d}t$ 和 $\boldsymbol{g}$ 均为已知量，令：

$$\boldsymbol{b}=\frac{\mathrm{d}\boldsymbol{v}_r}{\mathrm{d}t}-\boldsymbol{g} \tag{10-3-23}$$

则式(10-3-3)可写为

$$\frac{\mathrm{d}\boldsymbol{v}_g}{\mathrm{d}t}=\boldsymbol{b}-\boldsymbol{a}_T \tag{10-3-24}$$

在速度增益制导方法中，从上式出发，确定 $\boldsymbol{a}_T$。

确定 $\boldsymbol{a}_T$ 的原则是，要求 $\mathrm{d}\boldsymbol{v}_g/\mathrm{d}t$ 能有效地消除 $\boldsymbol{v}_g$，因此 $\boldsymbol{a}_T$ 应满足如下必要条件：

$$\frac{\mathrm{d}\boldsymbol{v}_g}{\mathrm{d}t}\cdot\boldsymbol{v}_g<0 \tag{10-3-25}$$

将式(10-3-24)代入上式，则有

$$\boldsymbol{a}_T\cdot\boldsymbol{i}_g>\boldsymbol{b}\cdot\boldsymbol{i}_g \tag{10-3-26}$$

式中：$\boldsymbol{i}_g$ 为 $\boldsymbol{v}_g$ 的单位矢量。

下面用图 10-6 来说明根据式(10-3-26)确定 $\boldsymbol{a}_T$ 的原则。

由于 $\boldsymbol{b}$、$\boldsymbol{v}_g$、$\boldsymbol{a}_T$ 为已知，在任一时刻 $\boldsymbol{b}$ 与 $\boldsymbol{i}_g$ 构成一平面，在此平面内以 O 为圆心，a_T 为半径作一圆，并以 O 为起点作出 $\boldsymbol{b}$ 与 $\boldsymbol{i}_g$ 矢量。事先可以通过选择发动机推力的大小使 $a_T>b$，因此 $\boldsymbol{b}$ 必在圆内。

过 $\boldsymbol{b}$ 的端点可以作无穷多条直线，每一直线与圆有两个交点，这些交点分别位于过 $\boldsymbol{b}$ 的端点且垂直于 $\boldsymbol{i}_g$ 的直线 PP' 的两侧(如图中的 1 与 1′，2 与 2′等)。过 O 点向这些交点作矢量，矢量即为 $\boldsymbol{a}_T$。由式(10-3-24)可知，由圆上的交点向 $\boldsymbol{b}$ 的端点所作的矢量即为 $\mathrm{d}\boldsymbol{v}_g/\mathrm{d}t$。

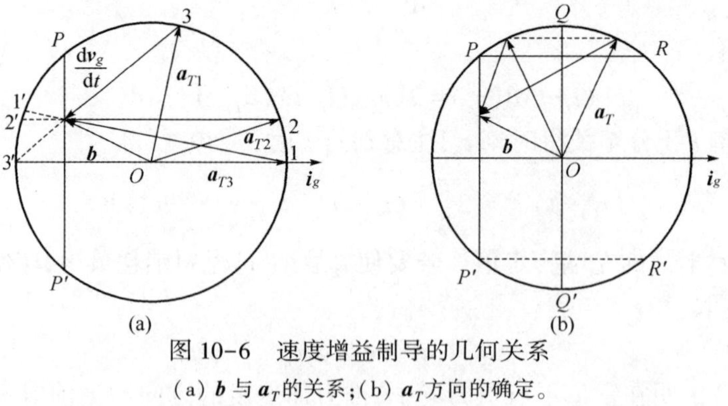

图 10-6 速度增益制导的几何关系

(a) $\boldsymbol{b}$ 与 $\boldsymbol{a}_T$ 的关系；(b) $\boldsymbol{a}_T$ 方向的确定。

分析图 10-6 可得到如下结论：

(1) PP' 右侧圆上的点所决定的 $\boldsymbol{a}_T$ 能满足式(10-3-26)，而包括 P 和 P' 在内的左侧圆上的点不能满足式(10-3-26)；

(2) 过 P 和 P' 分别作平行于 $\boldsymbol{i}_g$ 的直线与圆交于 R 和 R'，则 $\overset{\frown}{PR}$ 与 $\overset{\frown}{P'R'}$ 均对称于圆的中心线 QQ'。虽然在这两段圆弧内所取的对称于 QQ' 的点均可满足式(10-3-26)，但由于 QQ' 右侧的

点所对应的 $d\boldsymbol{v}_g/\mathrm{d}t$ 比左侧的点更能有效地消除 $\boldsymbol{v}_g$，故在确定 $\boldsymbol{a}_T$ 的方向时，不取左侧点，也就是在式(10-3-26)中附加一加强条件

$$\boldsymbol{a}_T \cdot \boldsymbol{i}_g \geqslant 0 \tag{10-3-27}$$

令

$$q = \boldsymbol{a}_T \cdot \boldsymbol{i}_g \tag{10-3-28}$$

则确定 $\boldsymbol{a}_T$ 的必要条件变为

$$q > \boldsymbol{b} \cdot \boldsymbol{i}_g, \quad 且\ q \geqslant 0 \tag{10-3-29}$$

为了能将圆上满足式(10-3-29)的点用某一变量表示，在图 10-7 中作与 $\boldsymbol{b}$ 重合的直线 l，然后过圆上满足式(10-3-29)的点作平行于 $\boldsymbol{i}_g$ 的直线。这些直线与 l 相交，再作 O 点到交点的矢量，令矢量为 $\gamma\boldsymbol{b}$，γ 为一变量。这样，满足式(10-3-29)的点就与 γ 建立了一一对应的关系。

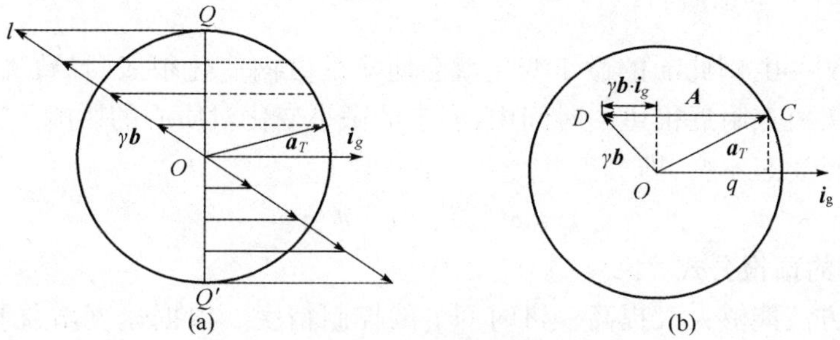

图 10-7　γ 的确定

(a) γ 的含义；(b) 矢量关系。

γ 的取值范围有两种情况：$\boldsymbol{b} \cdot \boldsymbol{i}_g \leqslant 0$ 时，要求 $q>0$；$\boldsymbol{b} \cdot \boldsymbol{i}_g > 0$ 时，要求 $q > \boldsymbol{b} \cdot \boldsymbol{i}_g$。

由图 10-7 中三角形的比例关系可知，当 $q>0$ 时，则有

$$\gamma^2 < \frac{a_T^2}{b^2 - (\boldsymbol{b} \cdot \boldsymbol{i}_g)^2} \tag{10-3-30}$$

当 $q > \boldsymbol{b} \cdot \boldsymbol{i}_g$ 时，则有

$$\gamma^2 < \frac{a_T^2 - (\boldsymbol{b} \cdot \boldsymbol{i}_g)^2}{b^2 - (\boldsymbol{b} \cdot \boldsymbol{i}_g)^2} \tag{10-3-31}$$

显然，式(10-3-31)的取值范围小于式(10-3-30)。

通过上述讨论，可得出确定 $\boldsymbol{a}_T$ 的制导方法为 $\boldsymbol{a}_T$ 应满足

$$(\gamma\boldsymbol{b} - \boldsymbol{a}_T) \times \boldsymbol{i}_g = 0 \tag{10-3-32}$$

式(10-3-32)称为速度增益制导方法或叉乘制导方法。这一制导方法不但能有效消除 $\boldsymbol{v}_g$，并且公式中有一可选择的变量 γ，当 γ 取不同值时，对应有不同的推力加速度方向，例如：

$\gamma=0$ 时，$\boldsymbol{a}_T$ 与 $\boldsymbol{v}_g$ 方向一致；

$\gamma=1$ 时，$\boldsymbol{a}_T$ 使得 $\mathrm{d}\boldsymbol{v}_g/\mathrm{d}t$ 与 $\boldsymbol{v}_g$ 方向相反。

因此，选择 γ 可在消除 $\boldsymbol{v}_g$ 的过程中满足某些给定的指标。

由式(10-3-32)和图 10-7 中的几何关系可知

$$\boldsymbol{a}_T = \gamma\boldsymbol{b} - \boldsymbol{A} = \gamma\boldsymbol{b} - \left[\gamma(\boldsymbol{b} \cdot \boldsymbol{i}_g) - \sqrt{a_T^2 - \gamma^2[b^2 - (\boldsymbol{b} \cdot \boldsymbol{i}_g)^2]}\right]\boldsymbol{i}_g \tag{10-3-33}$$

当 γ 给定后，上式右端均为已知量，从而可计算出 $\boldsymbol{a}_T$。

在“阿波罗”飞船的飞行控制系统中，采用过速度增益制导方法。

在 9.2 节中提出，轨道改变任务要求的一种描述形式是：变轨并运行一段时间后的运动状态。对这种形式的轨道机动任务，大多可以采用类似速度增益制导的导引方法。

10.3.3 关机控制

在速度增益制导的末段，为减小关机时间误差，需要采用小步长的制导周期，并对关机时间进行线性预报，以提高制导精度。

1. 导引方法

由于剩余的导引时间较短，因此不再在线实时计算需要速度，而是采用线性外推的方法，公式为

$$\boldsymbol{v}_r(t_i)=\boldsymbol{v}_r(t_N)+\dot{\boldsymbol{v}}_r(t_i-t_N) \tag{10-3-34}$$

式中：t_N 为大步长计算的最后时刻；$\dot{\boldsymbol{v}}_r=\dfrac{\boldsymbol{v}_r(t_N)-\boldsymbol{v}_r(t_{N-1})}{t_N-t_{N-1}}$。

在飞行末段 $\boldsymbol{v}_g\to 0$，因此 $\boldsymbol{v}_r$ 的微小变化就会使 $\boldsymbol{v}_g$ 的方向变化很大，导致飞行器的姿态频繁动作。考虑到在关机点附近很短的时间内，姿态的微小变化对质心的影响不大，因此在小步长制导阶段保持飞行姿态不变，即

$$\varphi=\varphi(t_N),\quad \psi=\psi(t_N) \tag{10-3-35}$$

2. 关机时间的预报公式

采用预报的方法能够大大提高关机时间 t_k 的控制精度。根据速度增益制导的原理，关机方程可以取为

$$v_g=|\boldsymbol{v}_g|=0 \tag{10-3-36}$$

显然，(t_k-t_i) 越小，$v_g(t_k)$ 的预报精度越高，因此 (t_k-t_i) 越小越好。同时，考虑到星载计算机的计算时延，(t_k-t_i) 必须大于或等于制导周期 τ_2 才能实现预报，因此进行线性预报的条件为

$$\tau_2\leqslant t_k-t_i\leqslant 2\tau_2 \tag{10-3-37}$$

由于计算是连续进行的，当第一次出现 $t_k-t_i\leqslant 2\tau_2$ 时，也必然满足 $t_k-t_i\geqslant\tau_2$，因此可取

$$t_k-t_i\leqslant 2\tau_2 \tag{10-3-38}$$

作为开始关机预报的判别条件，在线性假设下，存在如下关系式：

$$\begin{cases}v_g(t_{i-1})-v_g(t_i)=\tau_2\dot{v}_g\\ v_g(t_i)\leqslant 2\tau_2\dot{v}_g\end{cases} \tag{10-3-39}$$

因此，式(10-3-38)等价于

$$v_g(t_i)\leqslant\frac{2}{3}v_g(t_{i-1}) \tag{10-3-40}$$

关机时间的预报公式为

$$t_k=t_i+\frac{v_g(t_i)}{v_g(t_{i-1})-v_g(t_i)}\tau_2 \tag{10-3-41}$$

3. 转入小步长的判别式

由于小步长计算时采用的是简化公式，为保证计算精度，小步长计算的次数越少越好。由前面的分析可知，对关机时间进行线性预报至少需要两个小步长，再考虑到星载计算机存在计算时延，转换时刻 t_N 的状态参数是在 $t_{N+1}=t_N+\tau_1$ 时刻给出的，因此转换的判别式可取为

$$\tau_1+2\tau_2\leqslant t_k-t_N\leqslant 2\tau_1+2\tau_2 \tag{10-3-42}$$

同样由于计算是连续的，计算中上式等价于

$$t_k - t_N \leqslant 2\tau_1 + 2\tau_2 \tag{10-3-43}$$

关机时间 t_k 可由齐奥尔科夫斯基公式估算得到。

例题 设某航天器要通过变轨实现对目标的拦截，变轨的初始和终端条件如表 10-2 所列，转移轨道的飞行时间 $\Delta t = 3000\text{s}$。航天器的初始质量为 500kg，安装一台常推力液体火箭发动机，比冲为 310s。

表 10-2 速度增益制导的仿真条件

轨道根数	a/km	e	i/(°)	Ω/(°)	ω/(°)	f/(°)
初始条件	6778	0.0	25.0	30.0	0.0	30.0
终端条件	7378	0.0	30.0	35.0	0.0	200.0

为进行比较，分别假定发动机的推力为 2000N、4000N 和 8000N。先根据齐奥尔科夫斯基公式估算发动机的工作时间 Δt_w，然后由表 10-2 中的初始条件反推 $\Delta t_w/2$ 作为开机位置，得到的结果如表 10-3 所列。

表 10-3 速度增益制导方法的仿真结果

推力/N	γ 的范围	γ 的取值	发动机工作时间/s		燃料消耗/kg	
			有限推力	脉冲推力折算	有限推力	脉冲推力
2000	[0, 0.382]	0.0	113.174	108.554	74.429	71.391
		0.2	108.797		71.551	
		0.3	107.524		70.714	
4000	[0, 1.608]	0.0	54.808	54.277	72.090	
		0.2	54.370		71.514	
		1.0	54.020		71.054	
		1.4	54.764		72.032	
8000	[0, 4.164]	0.0	27.186	27.138	71.516	
		0.2	27.134		71.380	
		1.0	27.067		71.203	
		1.4	27.115		71.331	

表 10-3 中 γ 的范围是根据式(10-3-30)或式(10-3-31)计算得到的。可见，推力越大，γ 的取值范围也越大。γ 取不同值时，发动机工作时间、燃料消耗都略有差别，且推力越小，差别越大。这说明推力越小，越要优选 γ 值。

某些情况下，有限推力的燃料消耗比脉冲推力还要小，这是由于变轨过程中需要速度受变轨点位置的影响比较大引起的。总体来看，两种推力模型的差异不大，且发动机的推力越大，脉冲推力模型的近似程度越高。

以 $T = 4000\text{N}$ 为例，图 10-8 给出了 $\gamma = 0$ 和 1 两种情况下制导过程中参数的变化情况。由图可以看出，γ 取不同值时，制导结束点的位置略有差异，导致需要速度有所不同，但速度增益都减小到零。两种情况下的姿态角差异很大，说明 γ 取值不同时根据式(10-3-33)确定的推力方向变化较大。

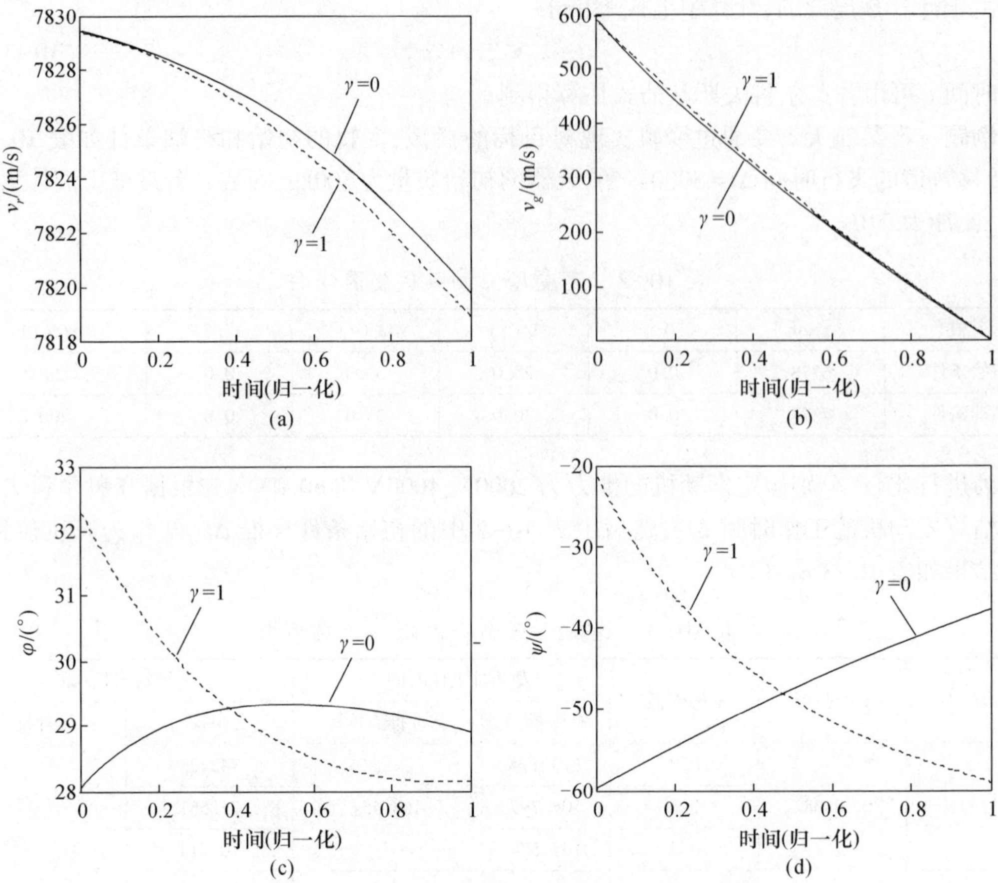

图 10-8　速度增益制导过程中参数的变化

(a) 需要速度;(b) 速度增益;(c) 俯仰角;(d) 偏航角。

10.4 迭代制导

速度增益制导方法适用于当前时刻的需要速度仅是当前位置函数的情况,对某些航天任务,如终端速度的大小与指向确定的发射入轨、交会对接,月球软着陆等问题,速度增益制导方法不再适用。

从原理上讲,基于 10.2 节介绍的最优控制理论,总可以设计出满足约束条件且使性能指标最优的机动轨道,按照设计的 $\boldsymbol{a}_T$ 导引航天器就可以满足任务要求,由此可得到一类基于最优控制理论的制导律。问题的难点在于最优控制两点边值问题的求解,往往要经过简化处理才能得到可用的结果。本节介绍一种航天器发射入轨时经常采用的迭代制导方法,它就是基于最优控制原理简化得到的[11-13,15]。

迭代制导方法(Iterative Guidance Method,IGM)是美国 NASA 在 20 世纪 60 年代为“土星五号”运载火箭开发的一种制导方法,满足了“阿波罗”登月任务的入轨精度要求。我国在“长征二号 F”运载火箭遥八任务中首次使用了迭代制导方法,满足了交会对接任务对高精度入轨的要求。目前,迭代制导已应用到我国多款运载火箭上,都取得了很好的制导效果。

10.4.1 制导动力学方程

1. 制导计算坐标系

选择标准入轨点处的轨道坐标系作为制导计算坐标系,记为 T 系。坐标系的原点是地心 O_E,x 轴指向标准入轨点,z 轴沿标准轨道面的动量矩方向,y 轴由右手法则确定,如图 10-9 所示。由于标准入轨点和标准轨道面在惯性空间中保持不动,因此 T 系是惯性坐标系。

设标准入轨点处的轨道根数为$[a_T \quad e_T \quad i_T \quad \Omega_T \quad \omega_T \quad f_T]$,则 T 系与地心赤道惯性坐标系 I 的方向余弦阵为

$$\boldsymbol{C}_T^I=\boldsymbol{M}_3[-\Omega_T]\cdot\boldsymbol{M}_1[-i_T]\cdot\boldsymbol{M}_3[-u_T] \tag{10-4-1}$$

式中:纬度幅角 $u_T=\omega_T+f_T$。

T 系至航天器体坐标系 B 的方向余弦阵可以按 3-2-1 的次序分别转动俯仰角 φ、偏航角 ψ 和滚转角 γ 得到

$$\boldsymbol{C}_T^B=\boldsymbol{M}_1[\gamma]\cdot\boldsymbol{M}_2[\psi]\cdot\boldsymbol{M}_3[\varphi] \tag{10-4-2}$$

B 系与 I 系的方向余弦阵 $\boldsymbol{C}_I^B$ 同样可以用三个姿态角 φ_I、ψ_I 和 γ_I 表示:

$$\boldsymbol{C}_I^B=\boldsymbol{M}_1[\gamma_I]\cdot\boldsymbol{M}_2[\psi_I]\cdot\boldsymbol{M}_3[\varphi_I] \tag{10-4-3}$$

其中:φ_I、ψ_I、γ_I 可以由惯性器件测量得到。

制导过程中,控制量为 φ、ψ 和 γ。假定航天器的轨控发动机沿体坐标系 B 的 x 轴安装,则 γ 的值不影响推力的方向,因此设计制导律时,可以保持 γ 不变($\gamma=0$),只设计俯仰角 φ 和偏航角 ψ,如图 10-10 所示。联立式(10-4-1)、式(10-4-2)、式(10-4-3),可以根据设计的 φ 和 ψ 求得航天器的三个指令姿态角 φ_I^*、ψ_I^*、γ_I^*,输入姿态控制回路即可获得需要的推力方向。实际操作时,由于只需要控制航天器推力的方向,因此可以保持滚动回路稳定,只控制俯仰和偏航回路。

根据图 10-10 中的几何关系,可得推力的方向矢量 $\boldsymbol{F}^0$ 在 T 系三个轴上的分量为

$$\boldsymbol{F}^0=[\cos\varphi\cos\psi \quad \sin\varphi\cos\psi \quad -\sin\psi]^{\mathrm{T}} \tag{10-4-4}$$

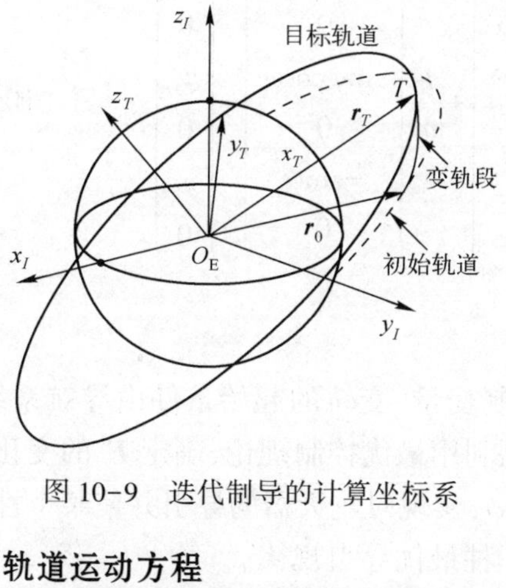

图 10-9 迭代制导的计算坐标系

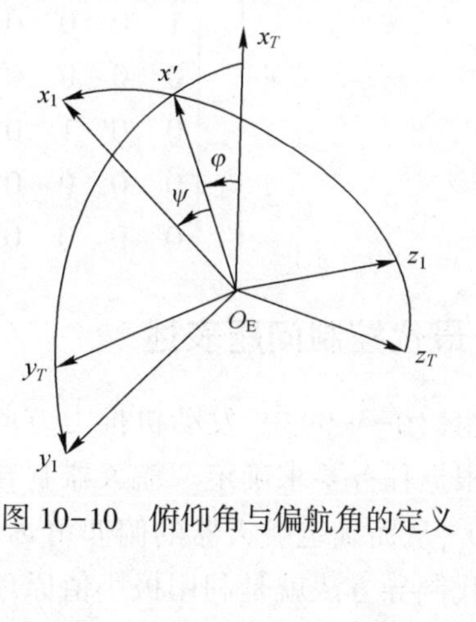

图 10-10 俯仰角与偏航角的定义

2. 轨道运动方程

在本节运动方程建模及制导计算过程中,以当前时刻作为计时零点。在坐标系 T 中,航天器直角坐标形式的轨道运动方程为

$$\begin{cases}\dot{\boldsymbol{v}}=\dot{W}\boldsymbol{F}^0+\boldsymbol{g}\\ \dot{\boldsymbol{r}}=\boldsymbol{v}\end{cases} \tag{10-4-5}$$

式中：$\dot{W}$为航天器的视加速度。对于常值推力发动机，t 时刻$\dot{W}$的计算公式为

$$\dot{W}(t)=\frac{F}{m(t)}=\frac{F}{m_0-\dot{m}t}=\frac{\dot{m}u_e}{\dot{m}\tau-\dot{m}t}=\frac{u_e}{\tau-t} \tag{10-4-6}$$

式中：F 为发动机推力，假定为常值；m_0 为当前时刻航天器的质量，$m(t)$ 为 t 时刻的质量；$u_e=I_{sp}g_0$ 为有效排气速度；$\dot{m}=F/u_e>0$ 为燃料质量秒耗量；τ 为航天器当前时刻质量的耗尽时间。

在方程(10-4-5)中，$\boldsymbol{g}$ 为引力加速度。若采用平方反比引力场模型，则存在严重的非线性，如不加以简化无法求得制导方程的解析解，因此采用平均引力假设来近似引力的计算。设入轨点的终端矢量为 $\boldsymbol{r}_T$、当前时刻的为 $\boldsymbol{r}_0$，则平均矢量为

$$\bar{\boldsymbol{r}}=\frac{\boldsymbol{r}_T+\boldsymbol{r}_0}{2} \tag{10-4-7}$$

平均引力取为

$$\bar{\boldsymbol{g}}=-\frac{\mu}{\bar{r}^3}\bar{\boldsymbol{r}} \tag{10-4-8}$$

随着航天器不断接近关机点，$\Delta\boldsymbol{r}=\boldsymbol{r}-\boldsymbol{r}_c$ 逐渐减小，上式近似的准确度也逐渐增加。分析表明，对引力加速度的这种处理方式不会影响制导的精度。

简化后的轨道运动方程可写作

$$\begin{cases}\dot{\boldsymbol{v}}=\dot{W}\boldsymbol{F}^0+\bar{\boldsymbol{g}}\\ \dot{\boldsymbol{r}}=\boldsymbol{v}\end{cases} \tag{10-4-9}$$

定义系统的状态向量为 $\boldsymbol{X}=[x_1\quad x_2\quad x_3\quad x_4\quad x_5\quad x_6]^{\mathrm{T}}=[\dot{x}\quad x\quad \dot{y}\quad y\quad \dot{z}\quad z]^{\mathrm{T}}$，则运动方程(10-4-9)可以写作状态方程的形式

$$\dot{\boldsymbol{X}}=\begin{bmatrix}\ddot{x}\\ \dot{x}\\ \ddot{y}\\ \dot{y}\\ \ddot{z}\\ \dot{z}\end{bmatrix}=\begin{bmatrix}0&0&0&0&0&0\\1&0&0&0&0&0\\0&0&0&0&0&0\\0&0&1&0&0&0\\0&0&0&0&0&0\\0&0&0&0&1&0\end{bmatrix}\begin{bmatrix}\dot{x}\\ x\\ \dot{y}\\ y\\ \dot{z}\\ z\end{bmatrix}+\frac{F}{m}\begin{bmatrix}\cos\varphi\cos\psi\\0\\ \sin\varphi\cos\psi\\0\\-\sin\psi\\0\end{bmatrix}+\begin{bmatrix}\bar{g}_x\\0\\ \bar{g}_y\\0\\ \bar{g}_z\\0\end{bmatrix} \tag{10-4-10}$$

10.4.2 最优控制问题表述

方程组(10-4-9)中，发动机推力方向 $\boldsymbol{F}^0$ 是控制变量，变轨的起始条件由导航系统提供，终端条件根据任务要求确定。航天器制导问题就是利用最优控制理论，确定 $\boldsymbol{F}^0$ 的变化规律及关机时间 t_k，从而确定航天器的俯仰角 φ 和偏航角 ψ，实现对航天器的导引并使某个性能指标最优。迭代制导方法就是利用极小值原理得到的一种最优导引规律。

对推力大小为常值的化学火箭发动机，最短飞行时间问题等价于燃料消耗最少或入轨有效载荷最大，因此性能指标可以取为

$$J=\int_0^{t_k}\mathrm{d}t \tag{10-4-11}$$

起始条件为航天器当前时刻的位置和速度，由星载导航系统提供

$$t_0=0 \quad \boldsymbol{v}(t_0)=\boldsymbol{v}_0 \quad \boldsymbol{r}(t_0)=\boldsymbol{r}_0 \tag{10-4-12}$$

终端约束由入轨条件确定

$$\psi_i(\boldsymbol{v}_k,\boldsymbol{r}_k,t_k)=0 \quad (i=1,2,\cdots,l) \tag{10-4-13}$$

哈密尔顿函数为

$$H=1+\boldsymbol{\lambda}^{\mathrm{T}}\frac{\mathrm{d}\boldsymbol{X}}{\mathrm{d}t}$$

令 $\boldsymbol{\lambda}=[\lambda_1 \quad \lambda_2 \quad \lambda_3 \quad \lambda_4 \quad \lambda_5 \quad \lambda_6]^{\mathrm{T}}$,将状态方程(10-4-10)代入上式,可得

$$\begin{aligned}H=&\lambda_1\left(\frac{F}{m}\cos\varphi\cos\psi+\bar{g}_x\right)+\lambda_2 x_1\\&+\lambda_3\left(\frac{F}{m}\sin\varphi\cos\psi+\bar{g}_y\right)+\lambda_4 x_3+\lambda_5\left(-\frac{F}{m}\sin\psi+\bar{g}_z\right)+\lambda_6 x_5+1\end{aligned} \tag{10-4-14}$$

共轭方程为

$$\dot{\boldsymbol{\lambda}}=\begin{bmatrix}\dot{\lambda}_1\\ \dot{\lambda}_2\\ \dot{\lambda}_3\\ \dot{\lambda}_4\\ \dot{\lambda}_5\\ \dot{\lambda}_6\end{bmatrix}=-\frac{\partial H}{\partial \boldsymbol{X}}=\begin{bmatrix}-\lambda_2\\ 0\\ -\lambda_4\\ 0\\ -\lambda_6\\ 0\end{bmatrix} \tag{10-4-15}$$

横截条件为

$$\boldsymbol{\lambda}_k=\boldsymbol{\lambda}(t_k)=\sum_{j=1}^{l}\gamma_j\left.\frac{\partial\psi_j}{\partial \boldsymbol{X}}\right|_{t_k} \tag{10-4-16}$$

根据极值条件,最优控制量 $\boldsymbol{F}^{0*}$ 应使哈密尔顿函数 H 取极小值,即

$$\begin{cases}\dfrac{\partial H}{\partial\varphi}=0\\ \dfrac{\partial H}{\partial\psi}=0\end{cases}$$

将 H 的表达式(10-4-14)代入上式,可得最优控制量 φ^*、ψ^* 应满足

$$\begin{cases}\varphi^*=\arctan\left(\dfrac{\lambda_3}{\lambda_1}\right)\\ \psi^*=-\arctan\left(\dfrac{\lambda_5\cos\varphi^*}{\lambda_1}\right)\end{cases} \tag{10-4-17}$$

上式与式(10-2-11)的结果是一致的。通过上述过程,将最优导引问题转化为求解两点边值问题。

10.4.3 最优控制问题求解

对于不可多次启动的常值推力发动机,制导过程中可用的控制量有三个,即关机时间 t_k 和推力方向 φ、ψ。理论上讲,当终端速度与终端位置全部固定时,常值推力发动机无法实现有 6

个终端约束的最优控制，这涉及一个系统是否可控的问题[12]。因此，只能利用5个终端约束来确定制导方程，即首先满足三个终端速度约束，在此基础上通过对导引律的综合设计，再满足二个终端位置约束。

1. 仅考虑终端速度约束时的解

假设只有终端速度约束，而终端位置是自由的，即要求式(10-4-13)中$\dot{x}_k=\dot{x}(t_k)=v_{xT}$、$\dot{y}_k=\dot{y}(t_k)=v_{yT}$、$\dot{z}_k=\dot{z}(t_k)=v_{zT}$，而$x_k=x(t_k)$、$y_k=y(t_k)$、$z_k=z(t_k)$不做要求，则根据横截条件式(10-4-16)和共轭方程(10-4-15)，可得

$$\begin{cases}\lambda_2(t)=\lambda_2(t_k)=0\\ \lambda_4(t)=\lambda_4(t_k)=0\\ \lambda_6(t)=\lambda_6(t_k)=0\end{cases} \tag{10-4-18}$$

将上式代入式(10-4-15)，可得

$$\begin{cases}\lambda_1(t)=\lambda_1(t_0)=\lambda_{10}\\ \lambda_3(t)=\lambda_3(t_0)=\lambda_{30}\\ \lambda_5(t)=\lambda_5(t_0)=\lambda_{50}\end{cases} \tag{10-4-19}$$

即λ_1、λ_3、λ_5均为常数。根据最优控制量的表达式(10-4-17)可知，控制量φ^*、ψ^*也是常数，记为$\widetilde{\varphi}$、$\widetilde{\psi}$，即

$$\begin{cases}\widetilde{\varphi}=\arctan\left(\dfrac{\lambda_{30}}{\lambda_{10}}\right)\\ \widetilde{\psi}=-\arctan\left(\dfrac{\lambda_{50}\cos\widetilde{\varphi}}{\lambda_{10}}\right)\end{cases} \tag{10-4-20}$$

将控制量(10-4-20)代入状态方程(10-4-10)，积分并令终端时刻的速度等于要求值，可得$\widetilde{\varphi}$、$\widetilde{\psi}$的表达式为

$$\begin{cases}\widetilde{\varphi}=\arctan\left(\dfrac{v_{yT}-v_{y0}-\bar{g}_y t_k}{v_{xT}-v_{x0}-\bar{g}_x t_k}\right)\\ \widetilde{\psi}=\arcsin\left(-\dfrac{v_{zT}-v_{z0}-\bar{g}_z t_k}{\Delta v}\right)\end{cases} \tag{10-4-21}$$

式中，

$$\Delta v=\int_0^{t_k}\frac{F}{m(t)}\mathrm{d}t=\int_0^{t_k}\frac{u_e}{\tau-t}\mathrm{d}t=u_e\ln\left(\frac{\tau}{\tau-t_k}\right) \tag{10-4-22}$$

由式(10-4-21)不难发现，满足终端速度约束的最优发动机推力方向与当前时刻速度增益的方向一致。

t_k是以当前时刻为零时，为满足终端速度约束需要的发动机工作时间。t_k可以根据航天器的推力加速度积分与速度增益的大小相等来迭代求解

$$\begin{cases}\Delta v^2=(v_{xT}-v_{x0}-\bar{g}_x t_k)^2+(v_{yT}-v_{y0}-\bar{g}_y t_k)^2+(v_{zT}-v_{z0}-\bar{g}_z t_k)^2\\ t_k=\tau(1-\mathrm{e}^{-\frac{\Delta v}{u_e}})\end{cases} \tag{10-4-23}$$

式(10-4-23)是在平行引力场简化下得到的关系式，故其解只是一个估计值。当始末位

置相距较远时,此解的误差较大,但随着航天器接近目标点,解的精度会逐渐提高,因此不影响最终的制导精度。

由上述分析可知,对推力大小为常值的发动机,通过设计关机时间 t_k 和推力俯仰角 φ、偏航角 ψ,可以完全满足 3 个终端速度约束的要求。

2. 考虑终端位置约束时的解

如前所述,在满足终端速度约束的基础上,还可以满足两个终端位置约束。考虑到航天器的控制能力,一般选择满足轨道平面法向的位置约束 z_T 和轨道平面内径向的位置约束 x_T,迹向的位置约束 y_T 主要和入轨点的相位有关,可以适当放宽要求,且其变化较快,不易满足,即要求

$$x(t_k)=x_T,\quad z(t_k)=z_T \tag{10-4-24}$$

航天器的控制规律表明,确保在入轨点处达到期望速度需要的控制量 $\widetilde{\varphi}$、$\widetilde{\psi}$ 是控制量 φ、ψ 的主要部分,而为满足位置约束需要的控制量一般是其中的小量,因此可作如下线性假设

$$\begin{cases}\varphi=\widetilde{\varphi}-k_1+k_2t\\ \psi=\widetilde{\psi}-e_1+e_2t\end{cases} \tag{10-4-25}$$

其中,修正系数 k_1、k_2、e_1、e_2 为常数。由于 $-k_1+k_2t$ 与 $-e_1+e_2t$ 为小量,故有

$$\begin{cases}\sin\varphi=\sin\widetilde{\varphi}+(k_2t-k_1)\cos\widetilde{\varphi}\\ \cos\varphi=\cos\widetilde{\varphi}+(k_1-k_2t)\sin\widetilde{\varphi}\\ \sin\psi=\sin\widetilde{\psi}+(e_2t-e_1)\cos\widetilde{\psi}\\ \cos\psi=\cos\widetilde{\psi}+(e_1-e_2t)\sin\widetilde{\psi}\end{cases} \tag{10-4-26}$$

将式(10-4-26)代入状态方程(10-4-10)的第一、第五分式,可得

$$\begin{cases}\ddot{x}(t)=\dfrac{F}{m(t)}[\cos\widetilde{\varphi}-(-k_1+k_2t)\sin\widetilde{\varphi}][\cos\widetilde{\psi}-(-e_1+e_2t)\sin\widetilde{\psi}]+\bar{g}_x\\ \ddot{z}(t)=-\dfrac{F}{m(t)}[\sin\widetilde{\psi}+(-e_1+e_2t)\cos\widetilde{\psi}]+\bar{g}_z\end{cases} \tag{10-4-27}$$

对式(10-4-27)进行一次和两次积分,可得

$$\begin{cases}\dot{x}_k=\dot{x}_0+\Phi_{x1}A_1+\Phi_{x2}A_2+\Phi_{x3}A_3+\bar{g}_xt_k\\ x_k=x_0+\dot{x}_0t_k+\Phi_{x1}A_4+\Phi_{x2}A_5+\Phi_{x3}A_6+\bar{g}_xt_k^2/2\\ \dot{z}_k=\dot{z}_0-\Phi_{z1}A_1-\Phi_{z2}A_2+\bar{g}_zt_k\\ z_k=z_0+\dot{z}_0t_k-\Phi_{z1}A_4-\Phi_{z2}A_5+\bar{g}_zt_k^2/2\end{cases} \tag{10-4-28}$$

式中:

$$\begin{cases}\Phi_{x1}=\cos\widetilde{\varphi}\cos\widetilde{\psi}+k_1\sin\widetilde{\varphi}\cos\widetilde{\psi}+e_1\sin\widetilde{\psi}\cos\widetilde{\varphi}+k_1e_1\sin\widetilde{\psi}\sin\widetilde{\varphi}\\ \Phi_{x2}=-k_2\sin\widetilde{\varphi}\cos\widetilde{\psi}-e_2\sin\widetilde{\psi}\cos\widetilde{\varphi}-k_1e_2\sin\widetilde{\psi}\sin\widetilde{\varphi}-k_2e_1\sin\widetilde{\psi}\sin\widetilde{\varphi}\\ \Phi_{x3}=k_2e_2\sin\widetilde{\psi}\sin\widetilde{\varphi}\\ \Phi_{z1}=\sin\widetilde{\psi}-e_1\cos\widetilde{\psi}\\ \Phi_{z2}=e_2\cos\widetilde{\psi}\end{cases} \tag{10-4-29}$$

$$
\begin{cases}
A_1 = \int_0^{t_k} \dfrac{F}{m(t)} \mathrm{d}t = u_e \ln\left(\dfrac{\tau}{\tau - t_k}\right) \\
A_2 = \int_0^{t_k} \left(\dfrac{F}{m(t)} t\right) \mathrm{d}t = A_1 \tau - u_e t_k \\
A_3 = \int_0^{t_k} \left(\dfrac{F}{m(t)} t^2\right) \mathrm{d}t = A_2 \tau - \dfrac{1}{2} u_e t_k^2 \\
A_4 = \int_0^{t_k} \int_0^{t} \dfrac{F}{m(t)} \mathrm{d}\tau \mathrm{d}t = A_1 t_k - A_2 \\
A_5 = \int_0^{t_k} \int_0^{t} \left(\dfrac{F}{m(t)} t\right) \mathrm{d}\tau \mathrm{d}t = A_4 \tau - \dfrac{1}{2} u_e t_k^2 \\
A_6 = \int_0^{t_k} \int_0^{t} \left(\dfrac{F}{m(t)} t^2\right) \mathrm{d}\tau \mathrm{d}t = A_5 \tau - \dfrac{1}{6} u_e t_k^3
\end{cases}
\tag{10-4-30}
$$

将式(10-4-20)代入状态方程(10-4-10)的第一、三、五分式,积分可得终端速度约束的另一表达式

$$
\begin{cases}
\dot{x}_k = \dot{x}_T = \dot{x}_0 + A_1 \cdot \cos\widetilde{\varphi} \cos\widetilde{\psi} + \bar{g}_x t_k \\
\dot{y}_k = \dot{y}_T = \dot{y}_0 + A_1 \cdot \sin\widetilde{\varphi} \cos\widetilde{\psi} + \bar{g}_y t_k \\
\dot{z}_k = \dot{z}_T = \dot{z}_0 - A_1 \cdot \sin\widetilde{\psi} + \bar{g}_z t_k
\end{cases}
\tag{10-4-31}
$$

由终端位置约束可得

$$
\begin{cases}
x_k = x_T \\
z_k = z_T
\end{cases}
\tag{10-4-32}
$$

比较式(10-4-28)、式(10-4-31)和式(10-4-32),可得 k_1、k_2、e_1、e_2的表达式为

$$
\begin{cases}
k_1 = \dfrac{\Delta x_k B_2}{(B_2 B_4 - B_1 B_5)\sin\widetilde{\varphi}}, \quad k_2 = k_1 \dfrac{B_1}{B_2} \\
e_1 = \dfrac{\Delta z_k A_2}{(A_2 A_4 - A_1 A_5)\cos\widetilde{\psi}}, \quad e_2 = e_1 \dfrac{A_1}{A_2}
\end{cases}
\tag{10-4-33}
$$

式中

$$
\begin{cases}
\Delta x_k = x_T - x_0 - \dot{x}_0 t_k - \bar{g}_y t_k^2/2 - B_4 \cos\widetilde{\varphi} \\
\Delta z_k = z_T - z_0 - \dot{z}_0 t_k - \bar{g}_z t_k^2/2 + A_4 \sin\widetilde{\psi} \\
c_1 = \cos\widetilde{\psi} + e_1 \sin\widetilde{\psi} \\
c_2 = e_2 \sin\widetilde{\psi} \\
B_1 = c_1 A_1 - c_2 A_2 \\
B_2 = c_1 A_2 - c_2 A_3 \\
B_4 = c_1 A_4 - c_2 A_5 \\
B_5 = c_1 A_5 - c_2 A_6
\end{cases}
$$

由于模型简化、随机干扰及计算误差等因素的影响,在接近关机点时,可用于修正误差的时间太少,会引起制导计算发散的现象,因此应在 $t_k \leqslant \Delta t_0$时,停止制导计算,使航天器按固定姿态飞行,直至速度满足关机要求。

例题 设某航天器通过轨道转移由低轨道进入中轨道,初轨道和终轨道的轨道根数如

表 10-4 所示，转移轨道的飞行时间 $\Delta t=6300\mathrm{s}$。航天器的初始质量为 3000kg，安装一台常推力为 6000N 的液体火箭发动机，发动机工作两次，第一次由初轨道进入转移轨道，第二次由转移轨道进入终轨道，第二次转移的入轨过程采用迭代制导方法。

表 10-4　迭代制导的仿真条件

轨道根数	a/km	e	i/(°)	Ω/(°)	ω/(°)	f/(°)
初始条件	6778	0.0	25.0	30.0	0.0	30.0
终端条件	16778	0.0	25.5	30.5	0.0	200.0

数值仿真得到的结果如图 10-11、图 10-12 所示。图 10-11 给出的是制导过程中当前轨道根数与中轨道根数之差，可见最后达到了很高的入轨精度。

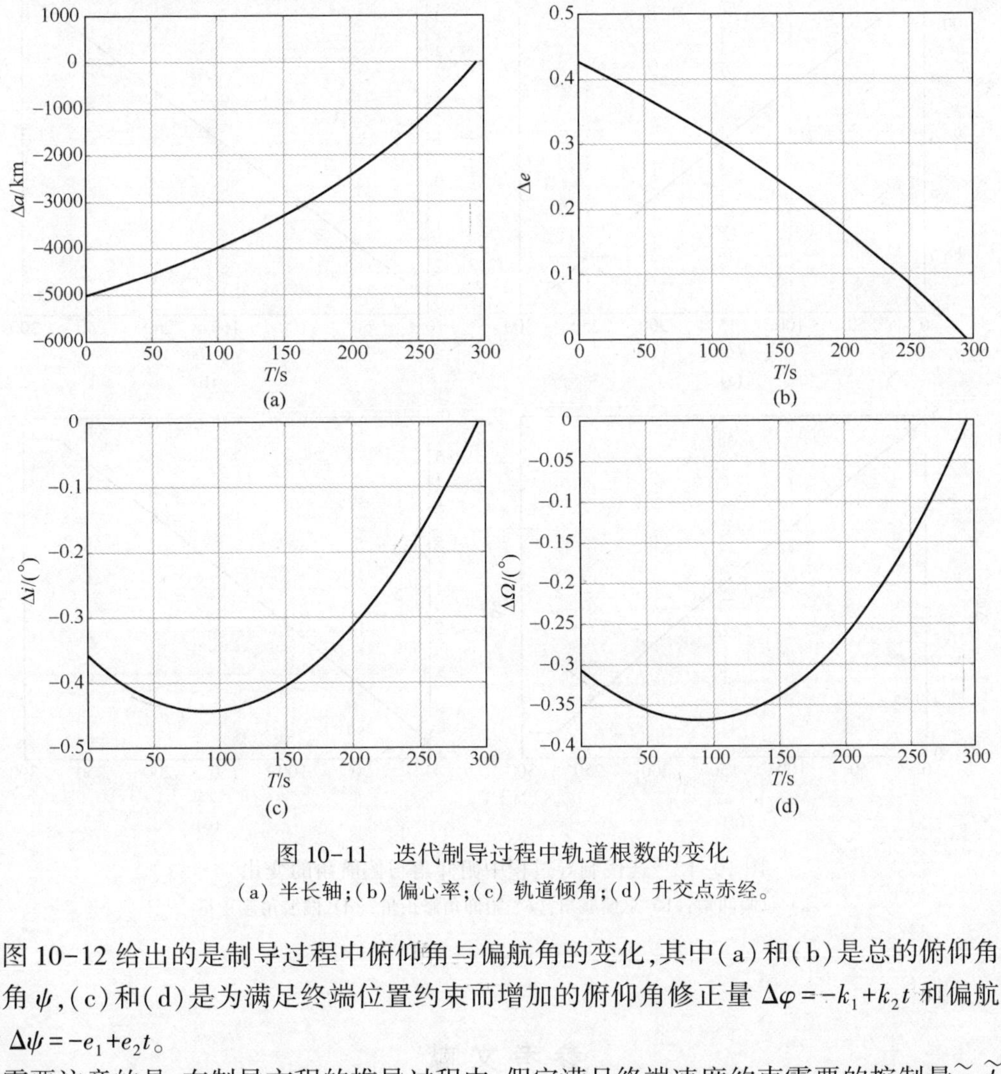

图 10-11　迭代制导过程中轨道根数的变化

(a) 半长轴；(b) 偏心率；(c) 轨道倾角；(d) 升交点赤经。

图 10-12 给出的是制导过程中俯仰角与偏航角的变化，其中(a)和(b)是总的俯仰角 φ 和偏航角 ψ，(c)和(d)是为满足终端位置约束而增加的俯仰角修正量 $\Delta\varphi=-k_1+k_2t$ 和偏航角修正量 $\Delta\psi=-e_1+e_2t$。

需要注意的是，在制导方程的推导过程中，假定满足终端速度约束需要的控制量 $\tilde{\varphi}$、$\tilde{\psi}$ 是总的控制量 φ、ψ 的主要部分，并把满足位置约束的控制量用时间的线性函数表示，且假定线性部分是小量，否则公式(10-4-26)不成立。在实际应用中，这种假设可能存在问题。若设按照 $\tilde{\varphi}$、$\tilde{\psi}$ 控制航天器时，发动机关机时航天器的位置为 $\tilde{y}_k$、$\tilde{z}_k$，而实际要求的终端位置为 y_T、z_T，如果

$\Delta y_k=|\widetilde{y}_k-y_T|$、$\Delta z_k=|\widetilde{z}_k-z_T|$都比较小,则制导的过程和结果都很好。但若 Δy_k、Δz_k 比较大,制导过程中可能出现修正系数 k_1、k_2、e_1、e_2 迅速增大的情况,这是由于终端位置偏差过大使 $-k_1+k_2t$ 与 $-e_1+e_2t$ 为小量的假设不再成立造成的。针对此问题,当出现修正系数增大的现象时,可将各系数强行置零,即不再考虑终端位置约束的影响,例题中即在预计关机时间小于20s 时保持各系数不变。此外,优化发动机的开机时刻或调整入轨点的位置,也能提高终端入轨的位置精度。因此,由于采用了线性指令姿态角和平均引力场等假设,迭代制导在满足终端位置精度要求时还存在一些问题,有些情况下的终端位置精度不高,甚至出现迭代发散的现象。此时,可以采用改进的迭代制导方法[16]或者动力显式制导方法(powered explicit guidance,PEG)[17]。

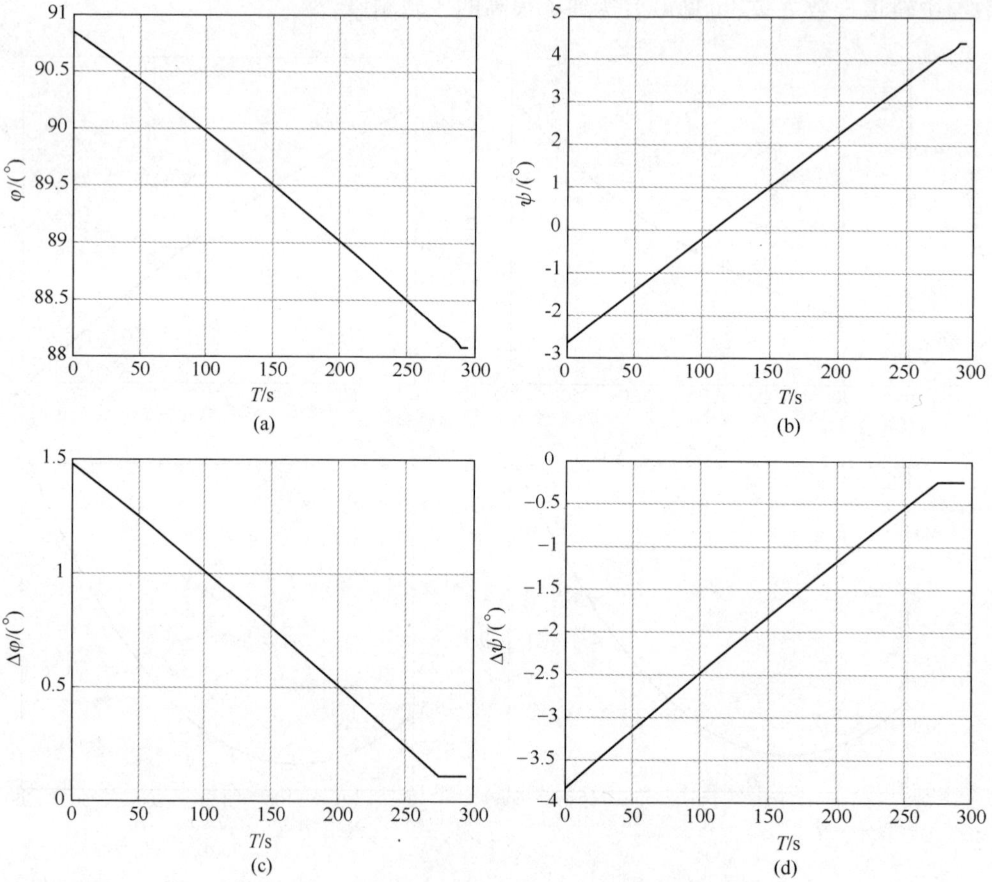

图 10-12　迭代制导过程中俯仰角与偏航角的变化

(a) 总俯仰角;(b) 总偏航角;(c) 俯仰角修正量;(d) 偏航角修正量。

参 考 文 献

[1] Robbins H M. An Analytical Study of the Impulsive Approximation [J]. AIAA Journal, 1966,4(8):1417-1423.

[2] 程国采. 航天飞行器最优控制理论与方法 [M]. 北京: 国防工业出版社, 1999.

[3] 解学书. 最优控制理论与应用 [M]. 北京: 清华大学出版社, 1987.

[4] Lawden D F. Optimal Trajectories for Space Navigation [M]. Butterworth, London, 1963.
[5] 唐国金, 罗亚中, 雍恩米. 航天器轨迹优化理论、方法及应用 [M]. 北京: 科学出版社, 2012.
[6] Hull D G. Conversion of Optimal Control Problems into Parameter Problem[J]. Journal of Guidance, Control, and Dynamics, 1997, 20(1): 57-60.
[7] Betts J T. Survey of Numerical Methods for Trajectory Optimization[J]. Journal of Guidance, Control, and Dynamics, 1998, 21(2): 193-207.
[8] Fahroo F, Ross I M. Direct Trajectory Optimization by a ChebyshevPseudospectral Method[J]. Journal of Guidance, Control, and Dynamics, 2002, 25(1): 160-166.
[9] 任萱. 人造地球卫星轨道力学 [M]. 长沙: 国防科技大学出版社, 1988.
[10] 陈世年, 等. 控制系统设计 [M]. 北京: 中国宇航出版社, 1996.
[11] Smith I E. General Formulation of the Iterative Guidance Mode [R]. NASA TM X-53414, March, 1966.
[12] 韩祝斋. 用于大型运载火箭的迭代制导方法[J]. 宇航学报, 1983, 1: 9-20.
[13] 茹家欣. 液体运载火箭的一种迭代制导方法[J]. 中国科学 E 辑: 技术科学, 2009, 39(4): 696-706.
[14] 陈克俊, 刘鲁华, 孟云鹤. 远程火箭飞行动力学与制导 [M]. 北京: 国防工业出版社, 2014.
[15] 陈新民, 余梦伦. 迭代制导在运载火箭上的应用研究[J]. 宇航学报, 2003, 24 (5): 484-489, 501.
[16] 马宗占, 许志, 唐硕, 等. 一种改进的运载火箭迭代制导方法[J]. 航空学报, 2021, 42 (2): 223-235.
[17] Mchenry R, Long A, Cockrell B, et al. Space Shuttle Ascent Guidance, Navigation, and Control[J]. Journal of the Astronautical Sciences, 1979, 27(1): 1-38.

第 11 章 连续小推力轨道机动

新型推进技术的发展是推动航天技术进步的重要力量。目前,航天器大多采用以化学燃料为推进剂的火箭发动机作为动力装置,衡量这种系统的一个重要性能参数是有效排气速度。化学火箭发动机的能量来源和加速工质都是推进剂,因此其有效排气速度取决于推进剂的内能和发动机结构材料的耐高温能力,即使是推进剂本身携带的化学能完全转换成喷气动能,有效喷气速度也不可能太高。目前,最好的高能推进剂的有效排气速度也仅限于 5~6km/s。电推进系统又称电火箭发动机或电火箭,它利用电场或磁场加速并喷射推进剂离子或等离子体而产生推力。与化学推进系统不同,电推进系统由互相分开的动力源和动力转换装置组成,其有效排气速度可高达 50~150km/s。但受功率限制,它产生的推力很小,目前一般为几十到几百毫牛量级。电推进系统的动力源可以是一个固体芯核裂变反应堆,或者是一个很大的太阳能电池阵列板,前者称为核电推进,后者称为太阳电推进。除电推进系统外,人们还在探索太阳帆推进、束能推进等新型推进技术,它们的共同特点是比冲高、推力小。本章以电推进为例,讨论小推力作用下的轨道机动问题。

电推进系统除具有比冲高的优势外,还有寿命长、能重复启动次数多、推力易于调节、控制精度高等优点,因此在航天器姿态控制、位置保持、轨道修正、阻力补偿、轨道转移等方面得到了广泛应用[1]。自 1964 年苏联在 Zond-2 卫星上首次进行电推进飞行试验以来,目前已有 200 多个航天器上使用了电推进系统,并逐渐成为长寿命大型卫星平台的标准化配置,主要用于姿态控制、轨道保持等任务。在轨道转移方面,由于电推进系统的推力/质量比小,加速性能不好,因此不能用于从地球表面直接发射航天器入轨。电推进系统的优势在于长时间加速后,航天器能获得很高的速度,或能显著增加载荷的质量,这一优势在深空探测中尤为明显。1998 年,美国发射的“深空一号”(Deep Space Ⅰ)首次将太阳电火箭发动机作为主推进,验证了电推进系统作为主推进的可行性。“深空一号”的发射质量为 486kg,同样的功能若由化学推进来实现,探测器质量将接近 1300kg。之后,日本的“隼鸟号”,欧空局的 SMART-1,美国的“黎明号”(Dawn)等深空探测器也都以电火箭发动机作为主推进系统。2012 年,波音公司宣布将建造首批 4 颗全电推进静止轨道卫星,采用氙离子推进系统(XIPS)将卫星由近地停泊轨道送入地球静止轨道。2015 年 3 月,两颗全电卫星采用一箭双星方式发射入轨,并在发射 6 个月后成功实现定点和使用,标志着电推进系统开始应用于近地轨道转移任务。2012 年,我国在“实践九号”卫星上完成了电推进系统的首次在轨试验验证,验证了离子电推进系统和霍尔电推进系统的在轨应用性能。2023 年 1 月,我国研制的首颗全电推进通信卫星“亚太 6E”成功发射,将依靠电推进系统实现由停泊轨道到静止轨道的转移;2024 年 6 月,成功定点于轨道位置。

本章主要讨论小推力轨道转移问题。由于这类任务中小推力器的工作时间很长,为区别于位置保持、轨道修正等任务,故将其称为连续小推力轨道机动问题。

早在 20 世纪 50 年代,学者们就开始关注连续小推力轨道机动问题。我国著名科学家钱学森[2]在 1953 年首次提出并解决了径向常推力加速度的飞行轨道问题,得到了闭合形式的解析解；Benney[3]，Lawden[4]等研究了切向常推力作用下转移轨道的解析解；Edelbaum[5]研究了非共面圆轨道间轨道转移的解析解问题。小推力轨道机动的解析解可以为寻找精确的数值解提供良好的初值估计，也有助于理解问题的本质，因此本章将介绍这三种典型情况。实际上，连续小推力轨道机动可以看作有限推力轨道机动的一种特殊情况，因此也可以用第 10 章介绍的间接法或直接法求解。不同之处在于，小推力轨道机动的时间往往很长，两点边值问题或参数优化问题的求解更加困难，为此研究者提出了一些专门针对小推力轨道机动的优化方法，比如将轨道平均方法[6]、基于形状的轨道优化方法[7]等。本章将讨论用最优控制原理求解小推力机动轨道的间接法。

11.1　径向常推力加速度的飞行轨道

钱学森首先研究了在平方反比中心引力场中，航天器受到径向常值推力加速度连续作用时的运动情况。不妨假设引力场为地球引力场，推力的方向沿径向向外，推力加速度 a 为常数，停泊轨道为地心距等于 r_0 的圆轨道。

航天器在 $t=t_0$ 时刻开始受到推力的作用，在地心惯性参考系内，其运动方程为

$$\frac{\mathrm{d}^2\boldsymbol{r}}{\mathrm{d}t^2}+\frac{\mu}{r^3}\boldsymbol{r}=\boldsymbol{a} \tag{11-1-1}$$

式中：$\boldsymbol{r}$ 为地心矢径；μ 为地球引力常数；$\boldsymbol{a}$ 为推力加速度。

由于 $\boldsymbol{a}$ 沿径向，故 $\boldsymbol{r}$ 与上式的矢量积为

$$\frac{\mathrm{d}\boldsymbol{h}}{\mathrm{d}t}=\boldsymbol{r}\times\boldsymbol{a}=0 \tag{11-1-2}$$

式中：$\boldsymbol{h}$ 为动量矩。

式(11-1-2)说明动量矩守恒，故有

$$h=r^2\frac{\mathrm{d}f}{\mathrm{d}t}=r_0^2\left(\frac{\mathrm{d}f}{\mathrm{d}t}\right)_0 \tag{11-1-3}$$

式中：f 为从 t_0 时刻量起，航天器飞过的地心角；下标 0 为 t_0 时刻的值。

考虑到停泊轨道为圆轨道，因此初始的周向速度为

$$v_{f0}=r_0\left(\frac{\mathrm{d}f}{\mathrm{d}t}\right)_0=v_{c0}=\sqrt{\frac{\mu}{r_0}}$$

将上式代入式(11-1-3)可得

$$h=r_0\sqrt{\frac{\mu}{r_0}}=\sqrt{r_0\,\mu}$$

因此有

$$\frac{\mathrm{d}f}{\mathrm{d}t}=\frac{1}{r^2}\cdot\sqrt{r_0\,\mu} \tag{11-1-4}$$

将 $\boldsymbol{v}$ 与式(11-1-1)点乘，等号左边等于

$$\frac{\mathrm{d}^2\boldsymbol{r}}{\mathrm{d}t^2}\cdot\boldsymbol{v}+\frac{\mu}{r^3}\boldsymbol{r}\cdot\boldsymbol{v}=\frac{\mathrm{d}\boldsymbol{v}}{\mathrm{d}t}\cdot\boldsymbol{v}+\frac{\mu}{r^3}\boldsymbol{r}\cdot\frac{\mathrm{d}\boldsymbol{r}}{\mathrm{d}t}=\frac{\mathrm{d}}{\mathrm{d}t}\left(\frac{v^2}{2}-\frac{\mu}{r}\right)=\frac{\mathrm{d}\varepsilon}{\mathrm{d}t}$$

因此有

$$\frac{d\varepsilon}{dt}=\boldsymbol{v}\cdot\boldsymbol{a}=a\boldsymbol{v}_r=a\frac{dr}{dt} \tag{11-1-5}$$

ε 为航天器的机械能,上式说明机械能不守恒。令 $\boldsymbol{r}^0$、$\boldsymbol{f}^0$ 分别表示径向与周向的单位矢量,则考虑到

$$\varepsilon=\frac{v^2}{2}-\frac{\mu}{r},\quad \boldsymbol{v}=\frac{dr}{dt}\boldsymbol{r}^0+r\frac{df}{dt}\boldsymbol{f}^0 \tag{11-1-6}$$

式(11-1-5)可改写为

$$\frac{d}{dt}\left[\left(\frac{dr}{dt}\right)^2+r^2\left(\frac{df}{dt}\right)^2-\frac{2\mu}{r}\right]=2a\frac{dr}{dt}$$

将式(11-1-4)代入上式,有

$$\frac{d}{dt}\left[\left(\frac{dr}{dt}\right)^2+\frac{\mu r_0}{r^2}-\frac{2\mu}{r}\right]=2a\frac{dr}{dt}$$

若推力加速度 a 为常数 a_0,则上式是可积分的,其结果为

$$\left(\frac{dr}{dt}\right)^2=2a_0(r-r_0)+\mu\left(\frac{2}{r}-\frac{r_0}{r^2}-\frac{1}{r_0}\right) \tag{11-1-7}$$

整理上式的右端,可得

$$\left(\frac{dr}{dt}\right)^2=r_0\left(\frac{r}{r_0}-1\right)\left[2a_0r^2-\mu\left(\frac{r}{r_0}-1\right)\right]\left(\frac{1}{r^2}\right) \tag{11-1-8}$$

因此,若有

$$r_0\left(\frac{r}{r_0}-1\right)\left[2a_0r^2-\mu\left(\frac{r}{r_0}-1\right)\right]=0 \tag{11-1-9}$$

成立,则航天器的径向速度 $dr/dt=0$。代数方程(11-1-9)有三个根,分别为

$$\begin{cases}r_1=r_0\\ r_{2,3}=\dfrac{\mu}{4a_0r_0}\left(1\pm\sqrt{1-8\dfrac{a_0r_0^2}{\mu}}\right)\end{cases} \tag{11-1-10}$$

第一个根 r_1 表示初始的停泊轨道,第二和第三个根只有满足条件

$$a_0\leqslant\frac{1}{8}\frac{\mu}{r_0^2}$$

时,才是实根。现把停泊轨道上的引力加速度记为 g_0,即

$$g_0=\frac{\mu}{r_0^2} \tag{11-1-11}$$

则当

$$\frac{a_0}{g_0}\leqslant\frac{1}{8}$$

时,r_2、r_3 才是实根。应当注意,此处 g_0 表示一个参考引力加速度,而不是海平面标准重力加速度。

由上面的讨论可知:

（1）当 $a_0>g_0/8$ 时，航天器的径向速度只有在停泊轨道上为零，随着推力的连续作用，航天器将逐渐远离地球。也就是说，假如推力能够持续足够长时间，航天器就会脱离地球引力场。

（2）当 $a_0=g_0/8$ 时，$r_2=r_3$。此时有

$$\left(\frac{\mathrm{d}r}{\mathrm{d}t}\right)^2\Bigg|_{r=r_2=r_3}=0,\frac{\mathrm{d}^2r}{\mathrm{d}t^2}\Bigg|_{r=r_2=r_3}=0$$

因此，航天器在径向推力作用下，将逐渐趋近于一圆轨道，此圆轨道的半径为

$$r=\frac{\mu}{\frac{1}{2}g_0r_0}=2r_0 \tag{11-1-12}$$

在此圆轨道上，航天器的推力加速度为当地引力加速度的 1/2。根据式(11-1-4)，可以求出航天器在此圆轨道上的速度为

$$v=r\cdot\frac{\mathrm{d}f}{\mathrm{d}t}=\frac{1}{2}\sqrt{\frac{\mu}{r_0}}=\frac{\sqrt{2}}{2}\sqrt{\frac{\mu}{r}} \tag{11-1-13}$$

因此，当 $a_0=g_0/8$ 时，航天器在径向推力加速度的作用下，不能脱离地球引力场，最终只能沿着半径为 $2r_0$ 的圆轨道运动。在这个圆轨道上，航天器的速度是它在停泊轨道上运行速度的 1/2，是当地圆周速度的 $\sqrt{2}/2$ 倍。

（3）当 $a_0<g_0/8$ 时，不妨令 r_2 对应式(11-1-10)中的正号，r_3 对应式(11-1-10)中的负号，则有 $r_3<r_2$ 且 $r_0<r_3<2r_0$。若 $r_3<r<r_2$，由式(11-1-9)易知，$(\mathrm{d}r/\mathrm{d}t)^2<0$，这在物理意义上是不可能的，即航天器离地球的距离不可能大于 r_3。

若 $r_0<r<r_3$ 或 $r>r_2$，由式(11-1-9)可知 $(\mathrm{d}r/\mathrm{d}t)^2>0$。再由极坐标系中径向加速度的表达式

$$\frac{\mathrm{d}^2r}{\mathrm{d}t^2}=r\dot{f}^2-\frac{\mu}{r^2}+a_0$$

结合式(11-1-3)、式(11-1-10)可知

$$\frac{\mathrm{d}^2r}{\mathrm{d}t^2}\Bigg|_{r_0}=a_0>0,\quad \frac{\mathrm{d}^2r}{\mathrm{d}t^2}\Bigg|_{r_3}=\frac{\mu(r_3-r_0)}{2r_0r_3^3}\cdot(r_3-2r_0)<0$$

由上式可知，若 $a_0<g_0/8$，航天器将在距离地球 r_0 到 r_3 之间的范围内来回运动，而不会脱离地球引力场。

为得到不同的 a_0/g_0 时的实际运动情形，在极坐标系中用数值积分方法求解运动方程

$$\begin{cases}\ddot{r}=\dfrac{\mu}{r^3}r_0-\dfrac{\mu}{r^2}+a_0\\[2ex]\dot{f}=\dfrac{1}{r^2}\sqrt{\mu r_0}\end{cases}$$

初始条件为 $t=0,r=r_0,\dot{r}=\dot{r}_0=0,f=0$。

积分的结果表示在图 11-1 中，其中时间已经用停泊轨道周期 T_{c0} 进行了无量纲化处理

$$T_{c0}=2\pi\sqrt{\frac{r_0^3}{\mu}} \tag{11-1-14}$$

图 11-1(a)表示 $a_0/g_0=0.1$ 的结果，图 11-1(b)表示 $a_0/g_0\geqslant1/8$ 的结果，线条上的黑点表示不同的时刻对应的位置，由图可以很明显地看出前面讨论的结论。

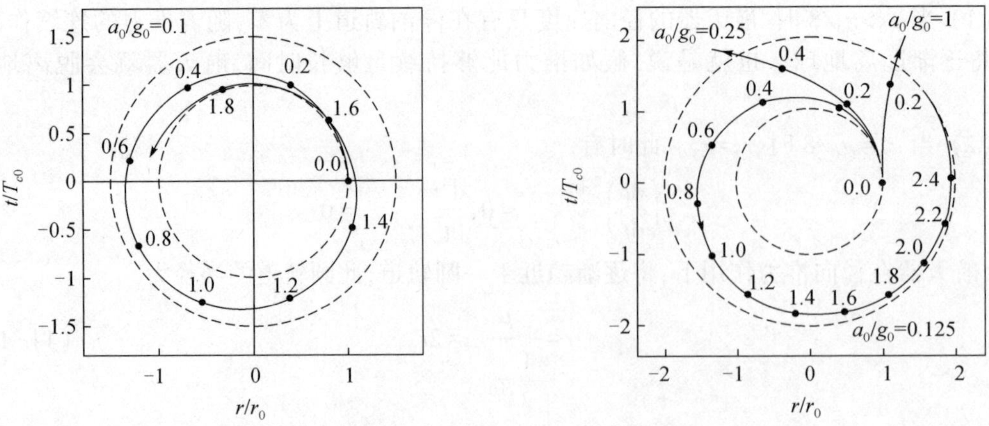

(a)　　　　　　　　　　　　(b)

图 11-1　常径向推力加速度的飞行轨道

根据式(11-1-6)可以得到任一点的速度随距离的变化公式

$$v^2=\left(\frac{\mathrm{d}r}{\mathrm{d}t}\right)^2+r^2\left(\frac{\mathrm{d}f}{\mathrm{d}t}\right)^2$$

将式(11-1-4)、式(11-1-7)代入上式可得

$$\left(\frac{v}{v_{c0}}\right)^2=2\frac{a_0}{g_0}\left(\frac{r}{r_0}-1\right)+2\frac{r_0}{r}-1 \tag{11-1-15}$$

对于某些特定的 a_0/g_0 值,关系式(11-1-15)用曲线表示在图 11-2 中。在图中还用虚线画出了当地的第一宇宙速度 v_c 和第二宇宙速度 v_{esc}。

由图可以看出,若 $a_0/g_0>1$,则飞行速度单调增加。

若 $1/8<a_0/g_0<1$,则飞行速度先减小到一最小值,然后又增加。由式(11-1-15)可知,当

$$\frac{r}{r_0}=1+\frac{g_0}{2a_0} \tag{11-1-16}$$

时,速度增大到第二宇宙速度。

若 $a_0/g_0=1/8$,则飞行速度单调减小。当 $r=2r_0$ 时,速度达到最小值。

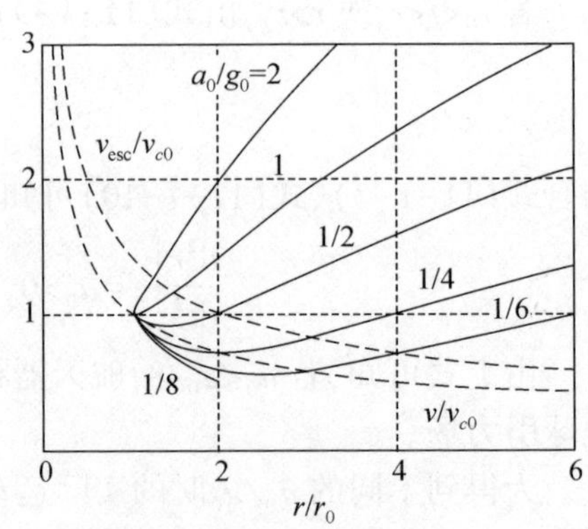

图 11-2　常径向推力加速度作用下速度随距离的变化

由上面的讨论可知,径向常推力加速度作用下的航天器运动轨迹是颇为有趣且富有启发性的,但对行星际飞行而言,它的意义不大。为了逃出地球引力场,要求径向推力有较大的值,这要比当今技术能够达到的水平高得多。

若是径向推力而不是推力加速度保持不变,在一定条件下也可以得到解析解,相关结论可参见文献[9,10]。

11.2　切向常推力的飞行轨道

如何设计小推力航天器的推力作用方向,使它能以最少的推进剂消耗,从低高度圆形停泊

轨道上飞离地球引力场,这个问题已经有很多学者进行过研究,也在某些特定的情况下得到了解析解。研究结果表明,实际的最优推力方向是以相当复杂的形式随时间变化的,同时也证明切向推力非常接近于最优推力方向[3,4,11]。本节就讨论航天器在切向常推力作用下的飞行轨道问题。

这一情况下,在当地速度坐标系中研究问题是很方便的。坐标系的原点在航天器的质心,X 轴沿着飞行速度方向,Z 轴沿着轨道动量矩方向,Y 轴根据右手法则确定。在此坐标系内航天器的运动方程为

$$\begin{cases}\dfrac{\mathrm{d}v}{\mathrm{d}t}=a-\dfrac{\mu}{r^2}\sin\Theta\\ \dfrac{\mathrm{d}\Theta}{\mathrm{d}t}=\dfrac{1}{rv}\left(v^2-\dfrac{\mu}{r}\right)\cos\Theta\\ \dfrac{\mathrm{d}r}{\mathrm{d}t}=v\sin\Theta\\ \dfrac{\mathrm{d}f}{\mathrm{d}t}=\dfrac{v}{r}\cos\Theta\end{cases}\tag{11-2-1}$$

式中:v 为航天器的速度;r 为地心距;Θ 为飞行路径角;f 为从起飞时刻量起的极角;μ 为引力常数;a 为推力加速度。

在此考虑推力为常值的轨道机动问题,故推力加速度为

$$a=\frac{T}{m}=\frac{T}{m_0\left(1+\dfrac{\dot{m}}{m_0}t\right)}=\frac{a_0}{1-a_0\dfrac{t}{u_e}}\tag{11-2-2}$$

式中:a_0为 $t=0$ 时刻的推力加速度;m 为航天器的质量;$\dot{m}$为推进剂质量秒耗量,取负值;u_e为有效排气速度。

11.2.1 数值方法求解

在寻找近似解析解之前,先通过数值方法分析机动轨道的特性。对于给定的 a_0 和 u_e,在初始条件

$$t=0$$

$$v=v_{c0}=\sqrt{\frac{\mu}{r_0}},\quad \Theta=\Theta_0=0,\quad r=r_0,\quad f=0$$

下,用数值积分方法求解式(11-2-1),可求得 $v-t$、$\Theta-t$、$r-t$、$f-t$ 曲线。

图 11-3 中给出了 $a_0/g_0=10^{-3}$,$u_e/v_{c0}=10$ 时,常切向推力逃逸轨道在第一圈内的地心距离、极角、速度和飞行路径角随时间的变化规律。记号 Δ 表示航天器的实际轨道参数与停泊轨道上假想航天器的轨道参数之差,即

$$\begin{cases}\Delta v=v-v_{c0}\\ \Delta\Theta=\Theta\\ \Delta r=r-r_0\\ \Delta f=f-n_0t\end{cases}$$

式中:n_0为航天器在停泊轨道上的平均角速度。

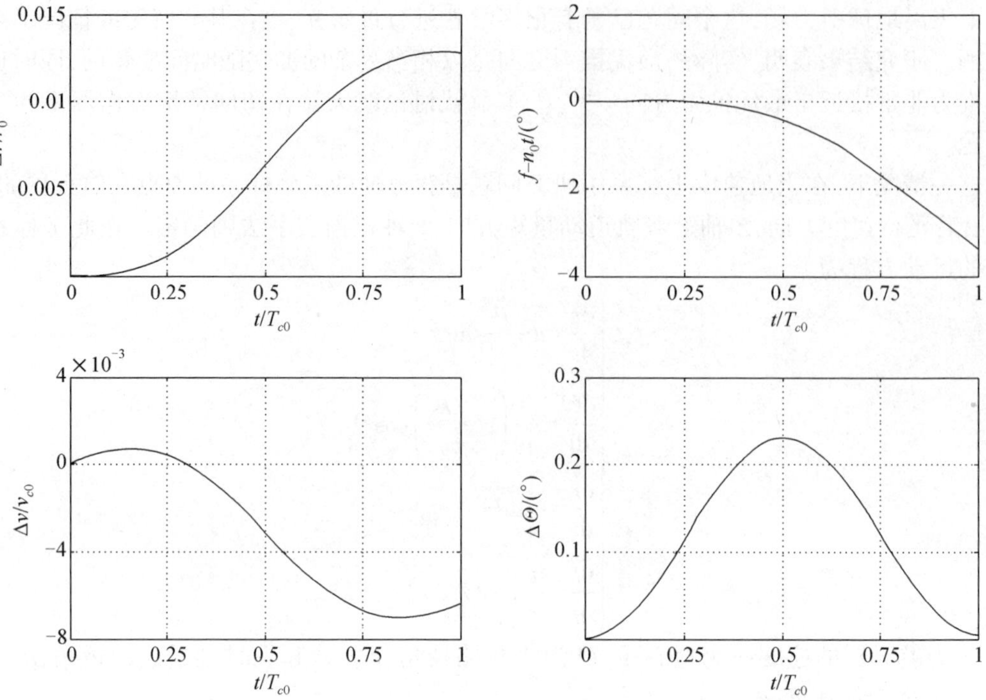

图 11-3　切向等推力作用下第一圈内轨道参数的变化

由速度曲线图可以看出，在轨道起始段速度是增加的，大约在 1/3 圈之后，速度降到停泊轨道的圆周速度之下，这对应着动能的减小和势能的增加。由此可得到一个表面上看来矛盾的现象：作用在速度方向的推力导致速度逐渐减小。这里可以参考飞船返回再入大气层时的现象，气动阻力作用在切向而导致轨道高度下降，速度却逐渐增加，两者的原因是相同的，都涉及飞行器动能和引力势能的转换。

从图中还可以看出，开始时 Δf 略有增加，表明航天器的实际相位要领先于停泊轨道上的虚拟航天器，大约在 1/6 圈后开始下降。飞行路径角 Θ 呈现周期性震荡，大约在半圈处达到极大值，一圈之后有一个很小的正值。

航天器运动参数的长时间变化如图 11-4 所示，参数分别用 v/v_{c0}、Θ、r/r_0 和飞行圈数 $N=f/2\pi$ 来表示。图中画出了 $u_e/v_{c0}=10$，$a_0/g_0=10^{-3}$ 和 10^{-4} 两种情况，图中的圆点表示到达逃逸速度时的点。由图可以得到两个重要的结论：①在达到逃逸速度之前，速度一直减小，航天器飞了许多圈之后，在距离很大时才达到逃逸速度；②在很长一段时间内，飞行路径角 Θ 接近于零。

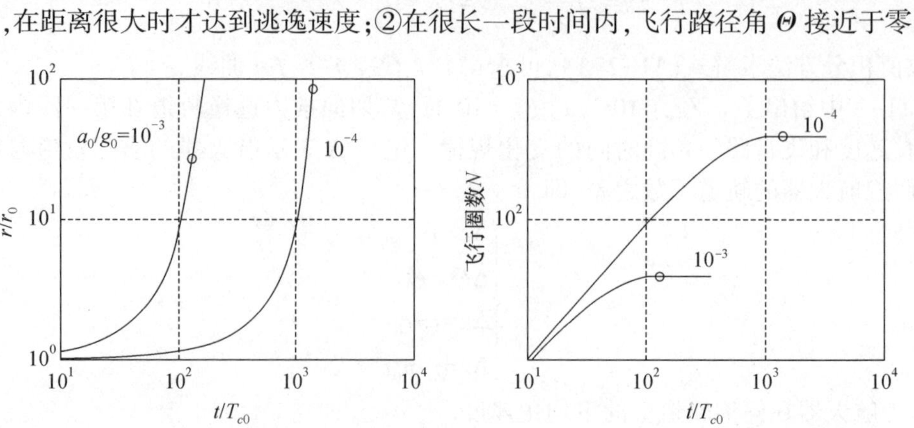

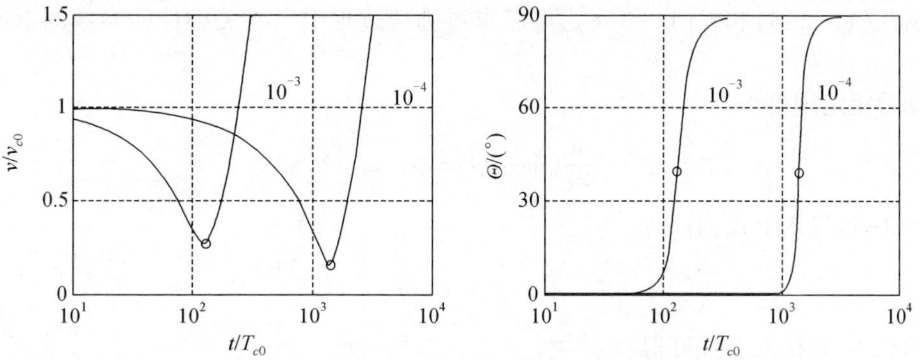

图 11-4　切向常推力作用下轨道参数的长期变化

在 $u_e/v_{c0}=10$ 的条件下，对三个不同的初始推力加速度值，表 11-1 简要列出了逃逸时间 t_{esc}（达到逃逸速度需要的时间）和 $t=t_{esc}$ 时的距离、飞行圈数、速度、飞行路径角等关键参数。

表 11-1　典型常切向推力逃逸轨道数据

参数	a_0/g_0		
	10^{-4}	10^{-3}	10^{-2}
t_{esc}/T_{c0}	1395.052	130.186	11.378
r_{esc}/r_0	83.941	26.634	8.510
N_{esc}	390.176	39.122	4.017
v_{esc}/T_{c0}	0.1543	0.2739	0.4848
$\Theta_{esc}/(°)$	39.133	39.061	38.805

11.2.2　近似方法求解

航天器在达到逃逸速度之前，r 在不断地增长，相应的圆周速度 v_c 在不断减小，而航天器在切向推力加速度作用下的速度也在不断减小。图 11-5 中画出了 v 随 r 的变化情况，同时画出了当地圆周速度 v_c 和逃逸速度 v_{esc} 随 r 的变化情况，其中速度和距离分别用 v_{c0} 和 r_0 作了归一化。

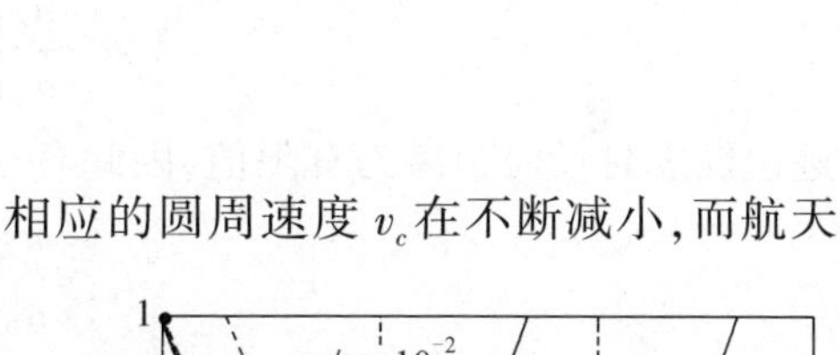

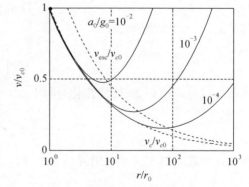

图 11-5　切向常推力作用下速度随距离的变化

由图中可以明显地看出，对于小推力加速度情况，航天器在到达逃逸速度之前的绝大部分时间内，其沿轨道飞行的速度都接近于当地圆周速度。只是在逃逸前的最后几圈内，速度才很快偏离当地圆周速度。因此，在作近似的运动特性分析时，可假设逃逸过程中航天器的速度为

$$v \approx v_c = \sqrt{\frac{\mu}{r}} \tag{11-2-3}$$

根据图 11-4，在到达逃逸速度前，还可以近似认为

$$\Theta \approx 0 \tag{11-2-4}$$

根据式(11-2-3)和式(11-2-4),可以求得逃逸过程中一些关键性能参数的近似解析表达式。

由动量矩定理可得

$$\frac{\mathrm{d}}{\mathrm{d}t}(rv\cos\Theta)=ar\cdot\cos\Theta$$

将式(11-2-4)代入上式,有

$$\frac{\mathrm{d}}{\mathrm{d}t}(rv)=ar$$

再将式(11-2-3)代入上式可得

$$\frac{\mathrm{d}r}{\mathrm{d}t}=2a\sqrt{\frac{r^3}{\mu}}$$

将式(11-2-2)代入,有

$$r^{-\frac{3}{2}}\mathrm{d}r=\frac{2a_0}{\sqrt{\mu}}\frac{\mathrm{d}t}{1-\dfrac{a_0t}{u_e}} \tag{11-2-5}$$

在初始条件 $t=0,r=r_0$ 下积分,可得

$$\frac{r}{r_0}=\frac{1}{\left[1+u_e\sqrt{\dfrac{r_0}{\mu}}\ln\left(1-\dfrac{a_0t}{u_e}\right)\right]^2} \tag{11-2-6}$$

由式(11-2-6)可知,在 t 较小时,r/r_0 随 t 的增长是缓慢的。

由式(11-2-6)可以求得逃逸时间 t_{esc} 的近似表达式。当 $r/r_0\to\infty$ 时

$$t\to\frac{u_e}{a_0}\left[1-\exp\left(-\frac{v_{c0}}{u_e}\right)\right]$$

而逃逸发生时径向距离为有限值,因此有

$$t_{\mathrm{esc}}<\frac{u_e}{a_0}\left[1-\exp\left(-\frac{v_{c0}}{u_e}\right)\right] \tag{11-2-7}$$

对于 $v_{c0}/u_e\ll1$ 的情况,有

$$\exp\left(-\frac{v_{c0}}{u_e}\right)\approx1-\frac{v_{c0}}{u_e}$$

从而可以将式(11-2-7)线性化,得到

$$t_{\mathrm{esc}}<\frac{v_{c0}}{a_0}=\frac{1}{a_0}\sqrt{\frac{\mu}{r_0}}$$

将上式两端除以 T_{c0},并利用式(11-1-11)、式(11-1-14),可将上式改写为

$$\frac{t_{\mathrm{esc}}}{T_{c0}}=\frac{\alpha}{2\pi}\cdot\frac{g_0}{a_0} \tag{11-2-8}$$

式中:α 为一个修正因子,它是 a_0 和 u_e 的函数,其数值根据与精确轨道计算结果的比较得出。对于 $u_e/v_{c0}=10$ 和 $u_e/v_{c0}\to\infty$ 两种情况,α 随 a_0/g_0 的变化表示在图 11-6 中。由图可以看出,α 对 u_e 的变化不敏感,对于感兴趣的 $a_0/g_0=10^{-5}\sim10^{-3}$ 的范围,α 处在 0.8~0.95 之间,变化不大。由此可以得到结论:对于给定的停泊轨道,t_{esc} 与初始推力加速度 a_0 近似成反比。

极角 f 与距离的关系可近似计算如下。由于 $\Theta=0$，根据式(11-2-1)有

$$\frac{\mathrm{d}f}{\mathrm{d}t}=\frac{v}{r}$$

将式(11-2-3)代入后有

$$\frac{\mathrm{d}f}{\mathrm{d}t}=\sqrt{\frac{\mu}{r^3}} \tag{11-2-9}$$

再将式(11-2-5)代入上式，可得

$$\frac{\mathrm{d}f}{\mathrm{d}r}=\frac{\mu}{2a_0}\frac{1-\dfrac{a_0 t}{u_e}}{r^3} \tag{11-2-10}$$

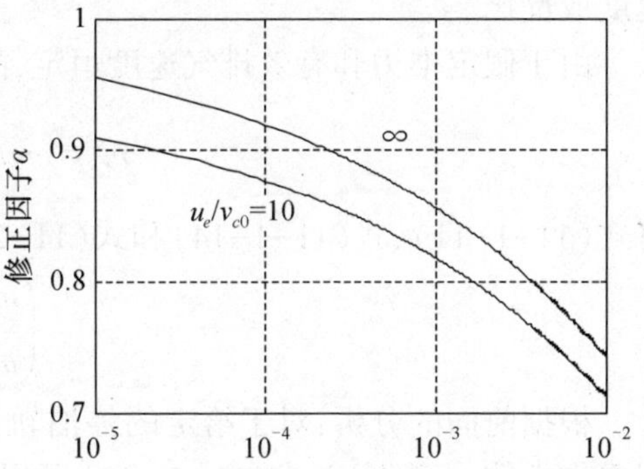

图 11-6 切向常推力逃逸时间估算的修正因子

而根据式(11-2-6)有

$$1-\frac{a_0 t}{u_e}=\exp\left[\frac{1}{u_e}\left(\sqrt{\frac{\mu}{r}}-\sqrt{\frac{\mu}{r_0}}\right)\right]$$

将上式代入式(11-2-10)，得到

$$\mathrm{d}f=\frac{\mu}{2a_0\exp\dfrac{v_{c0}}{u_e}}\frac{\exp\left(\dfrac{1}{u_e}\sqrt{\dfrac{\mu}{r}}\right)}{r^3}\mathrm{d}r \tag{11-2-11}$$

为了解这个微分方程，在式(11-2-11)中令

$$x=\frac{1}{u_e}\sqrt{\frac{\mu}{r}}=\frac{v_c}{u_e} \tag{11-2-12}$$

就可得到

$$\mathrm{d}f=\frac{-u_e^4}{\mu a_0}\mathrm{e}^{-x_0}x^3\mathrm{e}^x\mathrm{d}x \tag{11-2-13}$$

给定初始条件 $t=0, f=0, x=x_0$，这个微分方程的解为

$$f=-\frac{u_e^4}{\mu a_0}\mathrm{e}^{x-x_0}(x^3-3x^2+6x-6)+\frac{u_e^4}{\mu a_0}(x_0^3-3x_0^2+6x_0-6) \tag{11-2-14}$$

对于给定的停泊轨道、有效排气速度和初始推力加速度，根据式(11-2-12)和式(11-2-14)可以求得 f 随 r 的变化关系。

由于电火箭发动机的 u_e 较大，因此 x_0 和 t_{esc} 时刻的 x 都是小量。将方程(11-2-14)中的指数函数展开成级数，略去高阶项，可以得到逃逸时刻的极角 f_{esc} 的近似表达式

$$f_{\mathrm{esc}}=\frac{v_{c0}^4}{4\mu a_0}\left(1-\frac{v_{\mathrm{esc}}^4}{v_{c0}^4}\right) \tag{11-2-15}$$

考虑到 $v_{\mathrm{esc}}^4/v_{c0}^4 \ll 1$，可以得到达到逃逸速度前的飞行圈数 N_{esc} 的近似表达式

$$N_{\mathrm{esc}}=\frac{1}{8\pi}\frac{v_{c0}^4}{\mu a_0}=\frac{1}{8\pi}\frac{g_0}{a_0} \tag{11-2-16}$$

式(11-2-16)表明，同逃逸时间一样，对于给定的停泊轨道，飞行圈数近似与初始推力加

速度成反比。

由于假定推力和有效排气速度恒定,故达到逃逸速度时,推进剂的消耗量为

$$m_p = -\dot{m}t_{\text{esc}} = \frac{T}{u_e}t_{\text{esc}} = \frac{a_0 m_0}{u_e}t_{\text{esc}} \tag{11-2-17}$$

将式(11-1-11)、式(11-1-14)和式(11-2-8)代入上式,有

$$\left(\frac{m_p}{m_0}\right)_{\text{esc}} = \alpha \cdot \frac{v_{c0}}{u_e} \tag{11-2-18}$$

根据前面的分析,对于给定的停泊轨道,在 $a_0/g_0 = 10^{-5} \sim 10^{-3}$ 的范围内,修正因子 α 可近似看作常数。因此,由式(11-2-18)可以看出,在给定初始质量的条件下,达到逃逸速度的推进剂消耗量与有效排气速度近似成反比。在图 11-7 中,对两个不同的有效排气速度,画出了由数值积分求得的推进剂消耗质量比随初始推力加速度的变化情况。

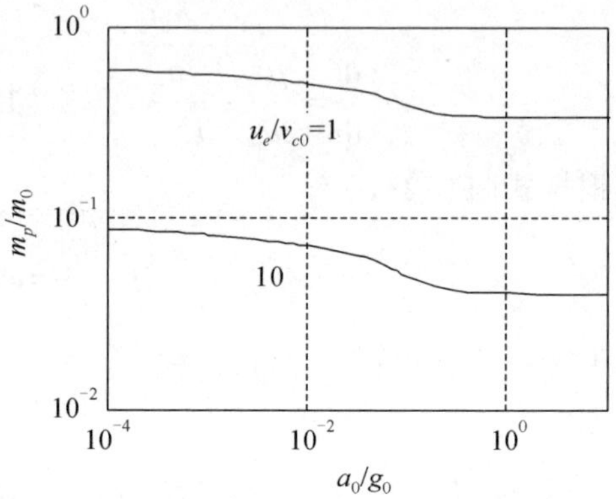

图 11-7　切向常推力逃逸飞行时推进剂消耗质量比

从图中可以看出,随着初始推力加速度的增大,推进剂消耗的质量比逐渐降低。在此,不妨分析一下极限情况,即推力无限大,航天器在瞬间获得逃逸需要的速度增量 Δv。同样假设初始停泊轨道为圆轨道,无限大的推力施加在轨道切向,易知

$$\Delta v = (\sqrt{2}-1)v_{c0}$$

根据齐奥尔科夫斯基公式,可以求得推进剂消耗的质量比为

$$\left(\frac{m_p}{m_0}\right)_{\text{esc}} = 1-\exp\left[-(\sqrt{2}-1)\frac{v_{c0}}{u_e}\right]$$

若在上式中认为 $v_{c0}/u_e \ll 1$,则有

$$\left(\frac{m_p}{m_0}\right)_{\text{esc}} = (\sqrt{2}-1) \cdot \frac{v_{c0}}{u_e} \tag{11-2-19}$$

将式(11-2-19)与式(11-2-18)对比,可见在有效排气速度相同的条件下,小推力逃逸飞行消耗的推进剂是大推力的 2~2.2 倍,这主要是由小推力飞行中的引力损耗引起的。当然,假设大推力火箭具有与电火箭同样的有效排气速度是不现实的。

如果与当地引力加速度相比,推力加速度很小,那么切向推力控制方式就接近于最优方式,因此上述分析结果常用来讨论地球逃逸轨道或低地球轨道抬升问题。如果航天器沿绕太阳的日心轨道运动,情况就需要重新考虑了。比如,在地球离太阳的距离处,太阳引力场的引力加速度约是 $5.9\times10^{-3}\,\text{m/s}^2$,$1\times10^{-3}\,\text{m/s}^2$ 的推力加速度就相当于地球影响球边界处当地引力加速度的 1/6,这相对而言是比较大的。这种情况下,切向推力控制就不再是接近最优推力程序的控制方式了。

11.3　非共面圆轨道间的小推力转移

由于电火箭发动机的推力比较小,因此可将其看作一种轨道摄动力,用高斯型轨道要素变

分方程来描述小推力轨道机动的过程。基于这种方法，Edelbaum[5]研究了非共面圆轨道间的小推力转移问题，并得到了解析解。

11.3.1 轨道机动的摄动运动方程

由于初、终轨道都是圆轨道，因此摄动运动方程需要采用无奇点轨道要素来描述，即

$$
\begin{cases}
\dot{a}=\dfrac{2aU}{v} \\
\dot{\xi}=\dfrac{2U\cos\psi}{v}-\dfrac{N\sin\psi}{v} \\
\dot{\eta}=\dfrac{2U\sin\psi}{v}+\dfrac{N\cos\psi}{v} \\
\dot{i}=\dfrac{W\cos\psi}{v} \\
\dot{\Omega}=\dfrac{W\sin\psi}{v\sin i} \\
\dot{\psi}=n+\dfrac{2N}{v}-\dfrac{W\sin\psi}{v\tan i}
\end{cases}
\tag{11-3-1}
$$

式中：$\xi=e\cos\omega$；$\eta=e\sin\omega$；$\psi=M+\omega$；n 为平均角速度；U、N、W 分别为推力加速度在轨道切向、主法向（轨道面内垂直于切向且指向地心方向）和次法向（轨道面法向）的分量。

在式(11-3-1)中，已根据近圆轨道的特性对高斯型摄动运动方程进行了简化。由式(11-3-1)可见，当 $i=0$ 或 π 时，方程仍存在奇异，因此它不适用于轨道面在赤道平面内的情况。

如果假设推力在主法向的分量 N 恒等于零，那么在机动过程中轨道将一直保持为圆轨道，方程(11-3-1)可简化为

$$
\begin{cases}
\dot{a}=\dfrac{2aU}{v} \\
\dot{i}=\dfrac{W\cos\psi}{v} \\
\dot{\Omega}=\dfrac{W\sin\psi}{v\sin i} \\
\dot{\psi}=n-\dfrac{W\sin\psi}{v\tan i}
\end{cases}
\tag{11-3-2}
$$

对圆轨道，有 $M=f$，故有 $\psi=f+\omega=u$，u 为升交点角距。

若用 A 表示推力加速度的大小，β 表示推力的偏航角（推力矢量与轨道面的夹角），则有

$$
U=A\cos\beta,\quad W=A\sin\beta \tag{11-3-3}
$$

若进一步假设偏航角 β 的大小在一个轨道周期内保持不变，并在 $u=\pm\pi/2$ 处改变符号，则 $W\sin\psi$ 的平均作用为零，于是式(11-3-2)可进一步简化为

$$
\begin{cases}
\dot{a}=\dfrac{2aU}{v}=\dfrac{2aA\cos\beta}{v}\\
\dot{i}=\dfrac{W\cos\psi}{v}=\dfrac{A\sin\beta\cos u}{v}\\
\dot{u}=n
\end{cases}
\tag{11-3-4}
$$

下面应用轨道平均方法,将式(11-3-4)中第二式的 $\cos u$ 项消去。将式(11-3-4)中的第二式除以第三式,可得

$$
\frac{\mathrm{d}i}{\mathrm{d}u}=\frac{A\cos u\sin\beta}{vn}
$$

假定在一个轨道周期内,A、β 和 v 为常数,由于 β 在 $u=\pm\pi/2$ 处变号,故倾角的改变量为

$$
\Delta i=\frac{2A\sin\beta}{vn}\int_{-\pi/2}^{\pi/2}\cos u\mathrm{d}u=\frac{4A\sin\beta}{vn}
$$

一个轨道周期为 $\Delta t=2\pi a/v$,而 $v=na$,故有

$$
\frac{\mathrm{d}i}{\mathrm{d}t}\approx\frac{\Delta i}{\Delta t}=\frac{2A\sin\beta}{\pi v}
\tag{11-3-5}
$$

对圆轨道有 $r=a$,因此活力公式变为

$$
v^2=\frac{\mu}{a}
$$

对上式做微分,并将式(11-3-4)的第一式代入可得

$$
\mathrm{d}v=-\frac{\mu}{a^2}\cdot\frac{1}{2v}\mathrm{d}a=-\frac{\mu}{2a^2v}\frac{2aA\cos\beta}{v}\mathrm{d}t=-A\cos\beta\mathrm{d}t
$$

即

$$
\frac{\mathrm{d}v}{\mathrm{d}t}=-A\cos\beta
\tag{11-3-6}
$$

式(11-3-5)与式(11-3-6)就是描述非共面圆轨道间轨道机动的摄动运动方程。

11.3.2 问题的最优控制解

以式(11-3-5)和式(11-3-6)作为描述问题的状态方程,即

$$
\begin{cases}
\dfrac{\mathrm{d}i}{\mathrm{d}t}=\dfrac{2A}{\pi v}\sin\beta\\
\dfrac{\mathrm{d}v}{\mathrm{d}t}=-A\cos\beta
\end{cases}
\tag{11-3-7}
$$

其中,状态变量为 i 和 v。假定推力加速度的大小 A 为常值,控制变量为偏航角 β。给定初始轨道的半径 r_0、倾角 i_0 和终轨道的半径 r_f、倾角 i_f,由于初终轨道都是圆轨道,因此相当于给定了 v_0 与 v_f。要求航天器以最短的时间由初轨道转移到终轨道,即性能指标为

$$
J=\int_{t_0}^{t_f}\mathrm{d}t
\tag{11-3-8}
$$

根据极小值原理,哈密尔顿函数为

$$
H=1+\lambda_i\left(\frac{2}{\pi}\ \frac{A}{v}\sin\beta\right)+\lambda_v(-A\cos\beta)
\tag{11-3-9}
$$

式中：λ_i、λ_v 为协态变量，满足协态方程

$$\begin{cases}\dot{\lambda}_v=-\dfrac{\partial H}{\partial v}=\dfrac{2}{\pi}\dfrac{A\sin\beta}{v^2}\lambda_i\\ \dot{\lambda}_i=-\dfrac{\partial H}{\partial i}=0\end{cases}\tag{11-3-10}$$

可见，λ_i 为常值。极值条件为

$$\left.\frac{\partial H}{\partial \beta}\right|_{\beta=\beta^*}=\lambda_i\frac{2}{\pi}\frac{A}{v}\cos\beta^*+A\lambda_v\sin\beta^*=0\tag{11-3-11}$$

由此，可得到最优控制规律为

$$\tan\beta^*=-\frac{2}{\pi}\frac{\lambda_i}{v\lambda_v}\tag{11-3-12}$$

由于哈密尔顿函数不显含时间 t，因此在最优控制轨线上函数为常值。又因为末端时间 t_f 自由，因此 $H_f=0$。由此可得

$$H=1+\frac{2}{\pi}\frac{A}{v}\sin\beta^*\lambda_i-A\cos\beta^*\lambda_v=0\tag{11-3-13}$$

综合式(11-3-11)和式(11-3-13)可得

$$\begin{cases}\lambda_i=-\dfrac{\pi v\sin\beta^*}{2A}=\text{const}=-\dfrac{\pi v_0\sin\beta_0^*}{2A}\\ \lambda_v=\dfrac{\cos\beta^*}{A}\end{cases}\tag{11-3-14}$$

由于假定加速度 A 为常值，根据式(11-3-14)中的第一式可知

$$v\sin\beta^*=v_0\sin\beta_0^*\tag{11-3-15}$$

实际上，将式(11-3-14)代入式(11-3-12)也可以得到上式。可见，最优控制规律 β^* 与速度 v 和 β_0^* 有关。下面进一步推导式(11-3-15)的表达形式，为书写简便，推导中将 β^* 的星号省略。

对式(11-3-12)求微分，可得

$$\frac{\mathrm{d}}{\mathrm{d}t}(\tan\beta)=\frac{\dot{\beta}}{\cos^2\beta}=\frac{2}{\pi}\lambda_i\cdot\frac{(\dot{v}\lambda_v+v\dot{\lambda}_v)}{v^2\lambda_v^2}$$

将式(11-3-7)、式(11-3-10)及式(11-3-14)代入上式，可得

$$\frac{\dot{\beta}}{\cos^2\beta}=\frac{A\sin\beta}{v\cos^2\beta}$$

故有

$$\dot{\beta}=\frac{A\sin\beta}{v}=\frac{A\sin^2\beta}{v_0\sin\beta_0}\tag{11-3-16}$$

积分上式，可得

$$\int_{\beta_0}^{\beta}\frac{\mathrm{d}\beta}{\sin^2\beta}=\frac{A}{v_0\sin\beta_0}\int_0^t\mathrm{d}t$$

即

$$\cot\beta_0-\cot\beta=\frac{At}{v_0\sin\beta_0}$$

由此,可得最优控制律为

$$\tan\beta=\frac{v_0\sin\beta_0}{v_0\cos\beta_0-At} \tag{11-3-17}$$

可见,为得到最优控制规律,只需要求出初始偏航角 β_0。

为求 β_0,先根据式(11-3-15)来分析速度与轨道倾角的变化规律。由式(11-3-7)的第二式可得

$$A\mathrm{d}t=-\frac{\mathrm{d}v}{\cos\beta}$$

对上式积分,可得

$$\int_0^t A\mathrm{d}t=At=\Delta v=\int_{v_0}^{v}-\frac{\mathrm{d}v}{\cos\beta}=-\int_{v_0}^{v}\frac{\mathrm{d}v}{\pm\sqrt{1-\sin^2\beta}}$$

$$=-\int_{v_0}^{v}\frac{v\mathrm{d}v}{\pm\sqrt{v^2-v^2\sin^2\beta}}=-\int_{v_0}^{v}\frac{v\mathrm{d}v}{\pm\sqrt{v^2-v_0^2\sin^2\beta_0}}$$

将最后一项积分后可得

$$\Delta v=\mp\sqrt{v^2-v_0^2\sin^2\beta_0}+v_0\cos\beta_0=\mp\sqrt{v^2-v^2\sin^2\beta}+v_0\cos\beta_0$$

$$=v_0\cos\beta_0\mp(\pm v\cos\beta)$$

因此,有

$$\Delta v=v_0\cos\beta_0-v\cos\beta \tag{11-3-18}$$

并有

$$\Delta v-v_0\cos\beta_0=\mp\sqrt{v^2-v_0^2\sin^2\beta_0} \tag{11-3-19}$$

将上式平方,可得

$$v^2=v_0^2+\Delta v^2-2\Delta v v_0\cos\beta_0 \tag{11-3-20}$$

注意到 $\Delta v=At$,故速度 v 随时间 t 的变化规律为

$$v=\sqrt{v_0^2+A^2t^2-2Av_0\cos\beta_0 t} \tag{11-3-21}$$

若将式(11-3-14)的第一式代入式(11-3-10)的第一式,可得

$$\dot{\lambda}_v=-\frac{v_0^2\sin^2\beta_0}{v^3}=-v_0^2\sin^2\beta_0(v_0^2+A^2t^2-2Av_0\cos\beta_0 t)^{-\frac{3}{2}}$$

上式积分可得协态变量 λ_v 随时间的变化规律,即

$$\lambda_v=\frac{v_0\cos\beta_0-At}{Av} \tag{11-3-22}$$

下面分析轨道倾角改变量 Δi 随时间 t 的变化规律。对式(11-3-7)中的第一式积分,可得

$$\int_{i_0}^{i_f}\mathrm{d}i=\int_0^t\frac{2A}{\pi v}\sin\beta\mathrm{d}t=\frac{2A}{\pi}\int_0^t\frac{1}{v^2}v\sin\beta\mathrm{d}t=\frac{2Av_0\sin\beta_0}{\pi}\int_0^t\frac{1}{v^2}\mathrm{d}t$$

将式(11-3-21)代入上式可得

$$\Delta i=i_f-i_0=\frac{2Av_0\sin\beta_0}{\pi}\int_0^t\frac{1}{v_0^2+A^2t^2-2Av_0\cos\beta_0 t}\mathrm{d}t$$

$$=\frac{2}{\pi}\left[\arctan\left(\frac{At-v_0\cos\beta_0}{v_0\sin\beta_0}\right)-\arctan(-\cot\beta_0)\right]$$

由于 $\arctan x = -\arctan(-x)$，$\arctan(\cot x) = \pi/2 - x$，上式可简化为

$$\Delta i = \frac{2}{\pi}\left[\arctan\left(\frac{At - v_0\cos\beta_0}{v_0\sin\beta_0}\right) + \frac{\pi}{2} - \beta_0\right] \tag{11-3-23}$$

将最优控制规律(11-3-17)代入式(11-3-23)，可得

$$\Delta i = \frac{2}{\pi}(\beta - \beta_0) \tag{11-3-24}$$

根据式(11-3-23)，可得

$$\frac{At - v_0\cos\beta_0}{v_0\sin\beta_0} = \tan\left(\frac{\pi}{2}\Delta i + \beta_0 - \frac{\pi}{2}\right)$$

根据 $At = \Delta v$，可得

$$\Delta v = v_0\cos\beta_0 - \frac{v_0\sin\beta_0}{\tan\left(\frac{\pi}{2}\Delta i + \beta_0\right)} \tag{11-3-25}$$

当已知 Δi 和初始偏航角 β_0 后，可以用式(11-3-25)来计算总的速度增量 Δv。需要说明的是，这里假定 $\Delta i = |i_f - i_0|$，即 Δi 总是大于零的。因此，若 $i_f > i_0$，$i = i_0 + \Delta i$；$i_f < i_0$，$i = i_0 - \Delta i$。

若将式(11-3-18)代入式(11-3-20)右端的第三项，并运用三角公式，可得

$$\cos\beta\cos\beta_0 = \frac{1}{2}\cos(\beta - \beta_0) + \frac{1}{2}\cos(\beta + \beta_0)$$

再将式(11-3-24)和式(11-3-15)代入，可得

$$v^2 = -v_0^2 + v_0^2\sin^2\beta_0 + vv_0\cos\left(\frac{\pi}{2}\Delta i\right) + v_0\cos\beta_0 v\cos\beta + \Delta v^2$$

在上式中，$v_0^2\sin^2\beta_0 = v_0\sin\beta_0 v\sin\beta$，因此

$$v_0^2\sin^2\beta_0 + v_0\cos\beta_0 v\cos\beta = vv_0\cos(\beta - \beta_0) = vv_0\cos\left(\frac{\pi}{2}\Delta i\right)$$

最终得到

$$\Delta v = \sqrt{v_0^2 - 2vv_0\cos\left(\frac{\pi}{2}\Delta i\right) + v^2} \tag{11-3-26}$$

式(11-3-26)就是 Edelbaum 得到的常推力加速度下，非共面圆轨道间小推力转移的速度增量方程。给定 v_0、v_f 和 $(\Delta i)_f$ 后，就可以由式(11-3-26)计算出需要的 Δv，从而得到需要加速的时间 t。

下面再来求 β_0。将等式(11-3-19)代入式(11-3-23)，可得

$$\Delta i = \frac{2}{\pi}\left[\arctan\left(\frac{\pm\sqrt{v^2 - v_0^2\sin^2\beta_0}}{v_0\sin\beta_0}\right) + \frac{\pi}{2} - \beta_0\right]$$

根据

$$\arctan x = \pm\arccos\frac{1}{\sqrt{x^2 + 1}}$$

$x>0$ 时取正号，$x<0$ 时取负号，可将 Δi 的表达式化简为

$$\Delta i = \frac{2}{\pi}\left[\pm\arccos\left(\frac{v_0\sin\beta_0}{v}\right) + \frac{\pi}{2} - \beta_0\right]$$

或者

$$\cos\left\{\mp\left[\frac{\pi}{2}-\left(\frac{\pi}{2}\Delta i+\beta_0\right)\right]\right\}=\frac{v_0\sin\beta_0}{v}$$

考虑到 $\cos(-x)=\cos x$，上式也即

$$\sin\left(\frac{\pi}{2}\Delta i+\beta_0\right)=\frac{v_0\sin\beta_0}{v}$$

展开可得

$$\tan\beta_0=\frac{\sin\left(\frac{\pi}{2}\Delta i\right)}{\frac{v_0}{v}-\cos\left(\frac{\pi}{2}\Delta i\right)} \tag{11-3-27}$$

当给定 v_0、v_f 和 $(\Delta i)_f$ 后，就可以由上式求出 β_0，再根据式(11-3-17)、式(11-3-21)和式(11-3-23)得到 β、v 和 Δi 随时间的变化规律。

由式(11-3-27)可以看到，当 $\Delta i\to 114.59°$(2rad)时，$\beta_0\to 0$，这表明在轨道转移的起始阶段是共面转移。根据式(11-3-26)计算出的速度增量为 $\Delta v=v_0+v_f$，即速度增量是初速度和终速度之和，这里 v_0 代表了航天器由初轨道运动至逃出中心天体引力场需要的速度增量，v_f 代表了航天器由无穷远处返回至终轨道需要的速度增量，这两个机动过程都是共面的。这个结论可根据式(11-3-26)解释如下：在无穷远处有 $v_\infty=0$，因此改变轨道面需要的速度增量是零，故有 $\Delta v=\Delta v_1+\Delta v_2$，其中

$$\Delta v_1=\sqrt{v_0^2-2v_0v_\infty+v_\infty^2}=v_0$$

$$\Delta v_2=\sqrt{v_\infty^2-2v_\infty v_f+v_f^2}=v_f$$

从而得到

$$\Delta v=v_0+v_f \tag{11-3-28}$$

这与脉冲推力作用下三冲量非共面圆轨道间的转移原理是类似的。

将式(11-3-26)对 Δi 求微分，可以得到当 $\sin(\pi\Delta i/2)=0$，即 $\Delta i=114.59°$ 时，Δv 取极大值。这是因为当 $\Delta i>114.59°$ 时，在无穷远处改变轨道面需要的速度增量都是零。因此，当 $\Delta i>114.59°$ 时计算总的速度增量应使用式(11-3-28)，而不是式(11-3-26)。

需要说明的是，上述各公式对共面圆轨道间的转移同样成立。此时，$\Delta i=0$，因此 $\beta=\beta_0=0$，问题变成共面切向常推力加速度转移问题。根据式(11-3-26)可得

$$\Delta v=|v_0-v_f| \tag{11-3-29}$$

转移时间 $\Delta t=\Delta v/A$。

非共面圆轨道间小推力转移的一个典型应用是地球静止轨道卫星发射问题，下面以此为例来说明问题的求解过程。假设初始轨道半径 $r_0=7000$km，轨道倾角 $i_0=28.5°$，目标轨道半径 $r_f=42164$km，轨道倾角 $i_f=0°$，推力加速度 $A=3.5\times10^{-4}\text{m/s}^2$。

容易求得，$v_0=7.546$km/s，$v_f=3.075$km/s。根据式(11-3-27)可以求得 $\beta_0=21.985°$，根据式(11-3-26)可以求得 $\Delta v=5.784$km/s，因此总的飞行时间 $\Delta t=\Delta v/A=191.262$d。根据式(11-3-14)可求得协态变量 $\lambda_i=-1.267884\times10^7$。之后，根据式(11-3-17)、式(11-3-21)、式(11-3-24)和式(11-3-14)就可以分别求出 β、v、Δi 和 λ_v 的变化规律，结果见图 11-8。

由图可见，$\beta_f>\beta_0$，这是因为位置越高，改变轨道面的效率越高。表 11-2 给出了解析解与数值解终端参数的比较结果，数值解通过积分式(11-3-2)获得，积分中取 $\Omega_0=30°$，$u_0=0°$，在

$u=\pm\pi/2$ 处改变控制变量 β 的符号。可见,解析解与数值解的区别很小。

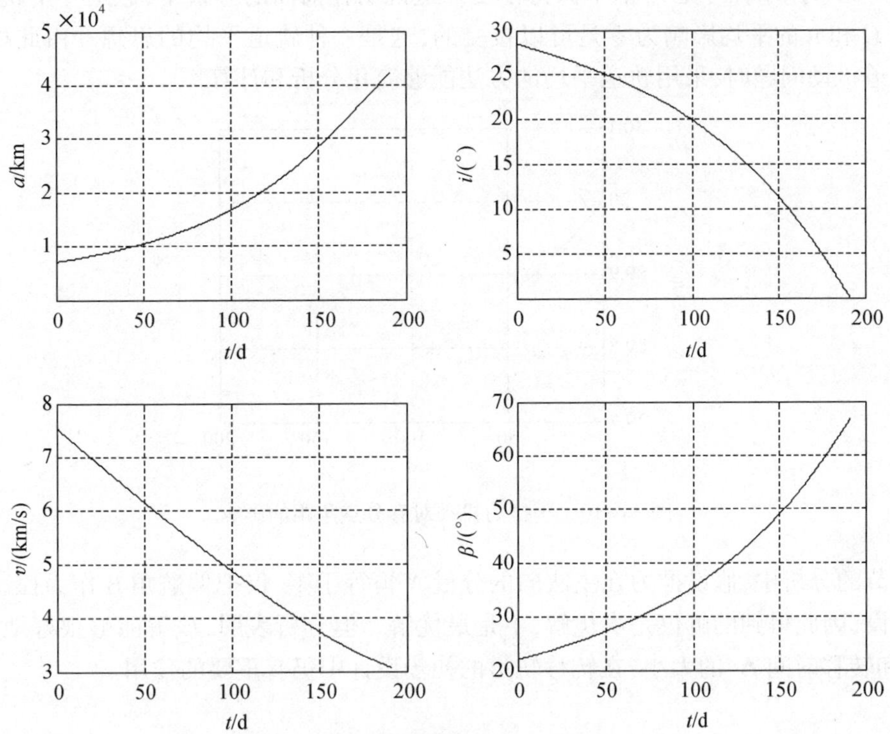

图 11-8　非共面圆轨道小推力转移过程

表 11-2　非共面圆轨道小推力转移结果

终端参数	a_f/km	i_f/(°)	v_f/(km/s)	β_f/(°)
解析公式	42161.632	0.440×10^{-2}	3.075	66.746
数值积分	42158.323	1.099×10^{-2}	3.075	66.744

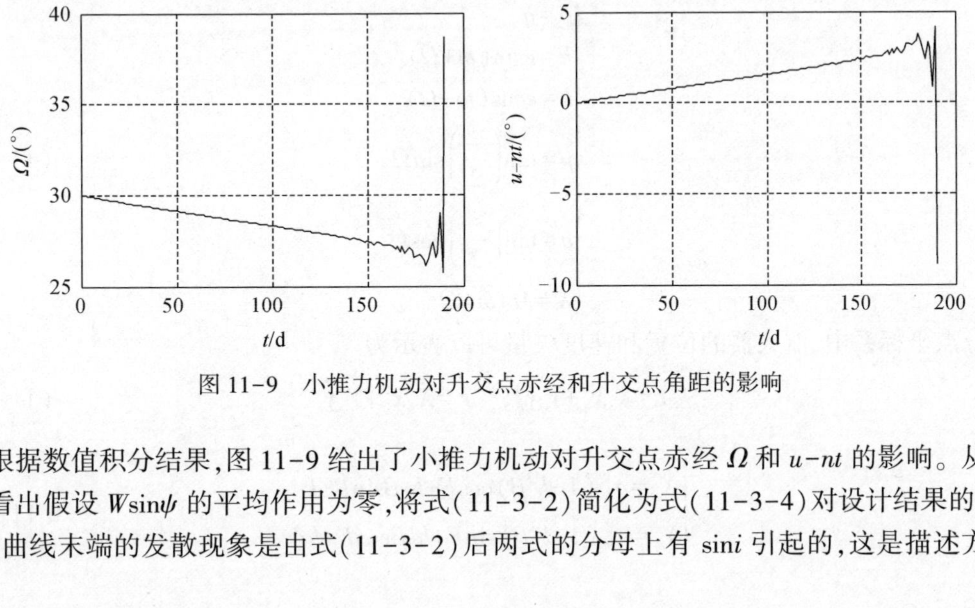

图 11-9　小推力机动对升交点赤经和升交点角距的影响

根据数值积分结果,图 11-9 给出了小推力机动对升交点赤经 Ω 和 $u-nt$ 的影响。从图中可以看出假设 $W\sin\psi$ 的平均作用为零,将式(11-3-2)简化为式(11-3-4)对设计结果的影响。图中,曲线末端的发散现象是由式(11-3-2)后两式的分母上有 $\sin i$ 引起的,这是描述方法引起的奇异现象,采用其他参数能够避免这一现象。图 11-10 给出了小推力机动对春分点角距 $\lambda=\Omega+\omega+u-nt$ 的影响,可见 λ 基本保持不变。这说明在前面的分析中,假定一个轨道周期内小推力对 Ω 和 u 的平均影响为零是可以接受的,这是一种轨道平均的思想。由此可见,研究小推力轨道机动问题时,采用轨道平均的方法能够简化分析和计算。

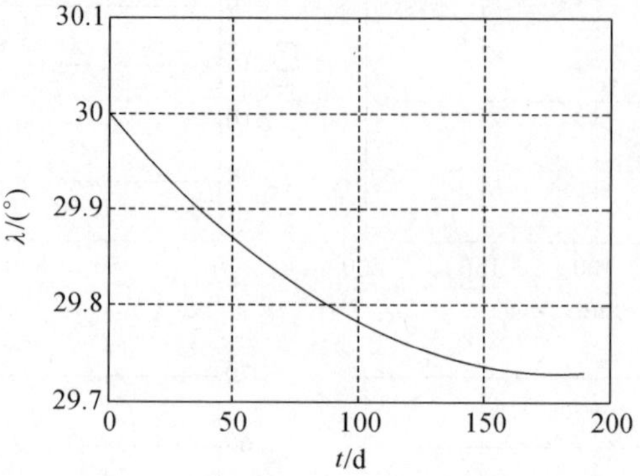

图 11-10　小推力机动对春分点角距的影响

在本节的分析中,假设推力在主法向的分量 N 恒等于零,仅把偏航角 β 作为控制量,这是人为的假设,因此得到的解仅是次优解,不是最优解。但分析表明,该解能够很好地估计速度增量 Δv 和转移时间 Δt 的大小,在转移轨道的初步设计中仍有重要的作用。

11.4　基于春分点要素的最优机动轨道设计

本节将介绍同时把俯仰角和偏航角作为控制量时,小推力最优机动轨道的设计方法。为避免奇异现象,采用春分点轨道要素建立变分方程。

11.4.1　春分点要素变分方程

在本书第 3 章中,已经给出了春分点要素的定义

$$\begin{cases}a=a\\h=e\sin(\omega+\Omega)\\k=e\cos(\omega+\Omega)\\p=\tan\left(\dfrac{i}{2}\right)\sin\Omega\\q=\tan\left(\dfrac{i}{2}\right)\cos\Omega\\\lambda=M+\omega+\Omega\end{cases}\tag{11-4-1}$$

在春分点坐标系中,航天器的位置和速度矢量可以表示为

$$\boldsymbol{r}=X_q\boldsymbol{x}_q^0+Y_q\boldsymbol{y}_q^0,\quad \dot{\boldsymbol{r}}=\dot{X}_q\boldsymbol{x}_q^0+\dot{Y}_q\boldsymbol{y}_q^0\tag{11-4-2}$$

其中,

$$\begin{cases}X_q=a[(1-h^2\beta)\cos F+hk\beta\sin F-k]\\Y_q=a[(1-k^2\beta)\sin F+hk\beta\cos F-h]\end{cases}\tag{11-4-3}$$

$$
\begin{cases}
\dot{X}_q=\dfrac{na^2}{r}[-(1-h^2\beta)\sin F+hk\beta\cos F] \\
\dot{Y}_q=\dfrac{na^2}{r}[(1-k^2\beta)\cos F-hk\beta\sin F]
\end{cases}
\tag{11-4-4}
$$

注意:式(11-4-3)和式(11-4-4)中,参数

$$
\beta=\frac{1}{1+\sqrt{1-h^2-k^2}}
\tag{11-4-5}
$$

不要与上节中的偏航角 β 混淆。

1. 变分方程的建立

将 $\boldsymbol{x}=[a\quad h\quad k\quad p\quad q\quad \boldsymbol{\lambda}_0]^{\mathrm{T}}$ 作为描述轨道运动的状态参数,其中 $\boldsymbol{\lambda}_0$ 为历元 $t=t_0$ 时刻对应于 M_0 的平经度。$\boldsymbol{x}$ 可以表示成位置与速度的函数 $\boldsymbol{x}=f(\boldsymbol{r},\dot{\boldsymbol{r}})$,故有

$$
\dot{\boldsymbol{x}}=\frac{\partial \boldsymbol{x}}{\partial \boldsymbol{r}}\dot{\boldsymbol{r}}+\frac{\partial \boldsymbol{x}}{\partial \dot{\boldsymbol{r}}}\ddot{\boldsymbol{r}}
\tag{11-4-6}
$$

其中

$$
\ddot{\boldsymbol{r}}=\frac{\boldsymbol{T}}{m}+\boldsymbol{g}=\frac{\boldsymbol{T}}{m}-\frac{\mu}{r^3}\boldsymbol{r}
\tag{11-4-7}
$$

式中:$\boldsymbol{T}$ 与 m 分别为推力矢量与航天器的质量。

通过春分点要素间的泊松括号[14],可以将式(11-4-6)中春分点要素相对于位置和速度的偏导数与位置、速度相对于春分点要素的偏导数联系起来。设 x_i、x_j 是任意两个春分点要素,它们间的泊松括号为 $\{x_i,\ x_j\}$,则有

$$
\frac{\partial x_i}{\partial \boldsymbol{r}}=\sum_{j=1}^{6}\{x_i,x_j\}\frac{\partial \dot{\boldsymbol{r}}}{\partial x_j}
\tag{11-4-8}
$$

$$
\frac{\partial x_i}{\partial \dot{\boldsymbol{r}}}=-\sum_{j=1}^{6}\{x_i,x_j\}\frac{\partial \boldsymbol{r}}{\partial x_j}
\tag{11-4-9}
$$

根据式(11-4-7)~式(11-4-9),式(11-4-6)中某个分量的微分表达式可以写成

$$
\begin{aligned}
\dot{x}_i&=\frac{\partial x_i}{\partial \boldsymbol{r}}\dot{\boldsymbol{r}}+\frac{\partial x_i}{\partial \dot{\boldsymbol{r}}}\ddot{\boldsymbol{r}}\\
&=\frac{\partial x_i}{\partial \boldsymbol{r}}\dot{\boldsymbol{r}}-\frac{\partial x_i}{\partial \dot{\boldsymbol{r}}}\frac{\mu}{r^3}\boldsymbol{r}+\frac{\partial x_i}{\partial \dot{\boldsymbol{r}}}\frac{\boldsymbol{T}}{m}\\
&=\sum_{j=1}^{6}\{x_i,x_j\}\frac{\partial \dot{\boldsymbol{r}}}{\partial x_j}\dot{\boldsymbol{r}}+\sum_{j=1}^{6}\{x_i,x_j\}\frac{\partial \boldsymbol{r}}{\partial x_j}\frac{\mu}{r^3}\boldsymbol{r}+\frac{\partial x_i}{\partial \dot{\boldsymbol{r}}}\frac{\boldsymbol{T}}{m}\\
&=\sum_{j=1}^{6}\{x_i,x_j\}\left(\frac{\partial \dot{\boldsymbol{r}}}{\partial x_j}\dot{\boldsymbol{r}}+\frac{\mu}{r^3}\frac{\partial \boldsymbol{r}}{\partial x_j}\boldsymbol{r}\right)+\frac{\partial x_i}{\partial \dot{\boldsymbol{r}}}\frac{\boldsymbol{T}}{m}
\end{aligned}
\tag{11-4-10}
$$

式(11-4-10)中,括号内的项可以写成

$$
\frac{\partial \dot{\boldsymbol{r}}}{\partial x_j}\dot{\boldsymbol{r}}+\frac{\mu}{r^3}\frac{\partial \boldsymbol{r}}{\partial x_j}\boldsymbol{r}=\frac{1}{2}\frac{\partial(\dot{\boldsymbol{r}}\cdot\dot{\boldsymbol{r}})}{\partial x_j}+\frac{1}{2}\frac{\mu}{r^3}\frac{\partial(\boldsymbol{r}\cdot\boldsymbol{r})}{\partial x_j}=\frac{1}{2}\left(\frac{\partial v^2}{\partial x_j}+\frac{\mu}{r^3}\frac{\partial r^2}{\partial x_j}\right)
\tag{11-4-11}
$$

根据活力公式

$$
\frac{v^2}{2}-\frac{\mu}{r}=\varepsilon
$$

可得

$$\frac{1}{2}\frac{\partial v^2}{\partial x_j}=-\frac{\mu}{r^2}\frac{\partial r}{\partial x_j}$$

同时考虑到

$$\frac{\partial r^2}{\partial x_j}=2r\frac{\partial r}{\partial x_j}$$

将上两式代入式(11-4-11),括号内的项刚好消掉,故对式(11-4-10)有

$$\dot{x}_i=\frac{\partial x_i}{\partial \dot{\boldsymbol{r}}}\frac{\boldsymbol{T}}{m} \tag{11-4-12}$$

令 $\boldsymbol{T}^0$ 表示推力方向的单位矢量,则

$$\boldsymbol{T}=T\boldsymbol{T}^0 \tag{11-4-13}$$

将式(11-4-12)写成矢量形式,可得到春分点要素的变分方程为

$$\dot{\boldsymbol{x}}=\frac{\partial \boldsymbol{x}}{\partial \dot{\boldsymbol{r}}}\frac{T}{m}\boldsymbol{T}^0=\frac{\partial \boldsymbol{x}}{\partial \dot{\boldsymbol{r}}}A\boldsymbol{T}^0 \tag{11-4-14}$$

式中:A 为推力加速度;$\dot{\boldsymbol{r}}$ 和 $\boldsymbol{T}^0$ 都在春分点坐标系中表示。

2. 位置关于春分点要素的偏导数

由式(11-4-14)可以看到,为得到春分点要素变分方程,需要求春分点要素关于速度的偏导数;而根据式(11-4-9)又可知,这又需要先求位置关于春分点要素的偏导数。

1) 关于 a 的偏导数

根据式(11-4-2),可得

$$\frac{\partial \boldsymbol{r}}{\partial a}=\frac{\partial X_q}{\partial a}\boldsymbol{x}_q^0+\frac{\partial Y_q}{\partial a}\boldsymbol{y}_q^0$$

根据平经度 λ 的定义,可得

$$\frac{\partial \lambda}{\partial a}=\frac{\partial \lambda}{\partial F}\frac{\partial F}{\partial a}=-\frac{3}{2a}nt$$

故有

$$\frac{\partial F}{\partial a}=-\frac{3}{2}\frac{n}{r}t \tag{11-4-15}$$

根据 X_q 和 Y_q 的定义式(11-4-3),可得

$$\begin{aligned}\frac{\partial X_q}{\partial a}&=[(1-h^2\beta)\cos F+hk\beta\sin F-k]+a[-(1-h^2\beta)\sin F+hk\beta\cos F]\frac{\partial F}{\partial a}\\&=\frac{X_q}{a}+\frac{r\dot{X}_q}{na}\frac{\partial F}{\partial a}=\frac{X_q}{a}-\frac{3}{2}\frac{t}{a}\dot{X}_q\end{aligned}$$

同理可得

$$\frac{\partial Y_q}{\partial a}=\frac{Y_q}{a}-\frac{3}{2}\frac{t}{a}\dot{Y}_q$$

因此,$\boldsymbol{r}$ 关于 a 的偏导数为

$$\frac{\partial \boldsymbol{r}}{\partial a}=\left(\frac{X_q}{a}-\frac{3}{2}\frac{t}{a}\dot{X}_q\right)\boldsymbol{x}_q^0+\left(\frac{Y_q}{a}-\frac{3}{2}\frac{t}{a}\dot{Y}_q\right)\boldsymbol{y}_q^0 \tag{11-4-16}$$

2) 关于 h 和 k 的偏导数

同样,可根据式(11-4-2)求 $\boldsymbol{r}$ 关于 h 和 k 的偏导数

$$\frac{\partial \boldsymbol{r}}{\partial h}=\frac{\partial X_q}{\partial h}\boldsymbol{x}_q^0+\frac{\partial Y_q}{\partial h}\boldsymbol{y}_q^0 \tag{11-4-17}$$

$$\frac{\partial \boldsymbol{r}}{\partial k}=\frac{\partial X_q}{\partial k}\boldsymbol{x}_q^0+\frac{\partial Y_q}{\partial k}\boldsymbol{y}_q^0 \tag{11-4-18}$$

可见,需要先求 X_q、Y_q 关于 h 和 k 的偏导数,而根据它们的表达式(11-4-3),又必须先求 β 和 F 关于 h 和 k 的偏导数。根据定义式(11-4-5),可得

$$\frac{\partial \beta}{\partial h}=\frac{h\beta^3}{(1-\beta)},\quad \frac{\partial \beta}{\partial k}=\frac{k\beta^3}{(1-\beta)} \tag{11-4-19}$$

由于 $\lambda=n(t-t_0)+\lambda_0$,因此 $\partial\lambda/\partial h=\partial\lambda/\partial k=0$。而根据 F 与 λ 的关系式

$$\lambda=F-k\sin F+h\cos F$$

可知

$$\begin{aligned}\frac{\partial \lambda}{\partial h}&=\frac{\partial F}{\partial h}-k\cos F\frac{\partial F}{\partial h}+\cos F-h\sin F\frac{\partial F}{\partial h}\\&=\frac{\partial F}{\partial h}(1-k\cos F-h\sin F)+\cos F=\frac{\partial F}{\partial h}\frac{r}{a}+\cos F=0\end{aligned}$$

因此有

$$\frac{\partial F}{\partial h}=-\frac{a}{r}\cos F \tag{11-4-20}$$

同理,有

$$\frac{\partial F}{\partial k}=\frac{a}{r}\sin F \tag{11-4-21}$$

对式(11-4-3)求导,并将式(11-4-19)、式(11-4-20)和式(11-4-21)代入可得

$$\begin{cases}\dfrac{\partial X_q}{\partial h}=-a\left[(h\cos F-k\sin F)\left(\beta+\dfrac{h^2\beta^3}{1-\beta}\right)+\dfrac{a}{r}\cos F(h\beta-\sin F)\right]\\[2ex]\dfrac{\partial X_q}{\partial k}=-a\left[(h\cos F-k\sin F)\dfrac{hk\beta^3}{1-\beta}+\dfrac{a}{r}\sin F(\sin F-h\beta)+1\right]\end{cases} \tag{11-4-22}$$

$$\begin{cases}\dfrac{\partial Y_q}{\partial h}=a\left[(h\cos F-k\sin F)\dfrac{hk\beta^3}{1-\beta}+\dfrac{a}{r}\cos F(k\beta-\cos F)-1\right]\\[2ex]\dfrac{\partial Y_q}{\partial k}=a\left[(h\cos F-k\sin F)\left(\beta+\dfrac{k^2\beta^3}{1-\beta}\right)+\dfrac{a}{r}\sin F(\cos F-k\beta)\right]\end{cases} \tag{11-4-23}$$

将式(11-4-22)和式(11-4-23)代入式(11-4-17)、式(11-4-18),即可求出 $\boldsymbol{r}$ 关于 h 和 k 的偏导数。

3) 关于 λ 的偏导数

同理,对 $\boldsymbol{r}$ 关于 λ 的偏导数,有

$$\frac{\partial \boldsymbol{r}}{\partial \lambda}=\frac{\partial \boldsymbol{r}}{\partial F}\frac{\partial F}{\partial \lambda}=\left(\frac{\partial X_q}{\partial F}\boldsymbol{x}_q^0+\frac{\partial Y_q}{\partial F}\boldsymbol{y}_q^0\right)\frac{\partial F}{\partial \lambda}=\left(\frac{\partial X_q}{\partial F}\boldsymbol{x}_q^0+\frac{\partial Y_q}{\partial F}\boldsymbol{y}_q^0\right)\cdot\frac{\dot{F}}{n}$$

根据 X_q、Y_q 的表达式,可得

$$\frac{\partial \boldsymbol{r}}{\partial \lambda}=\frac{\dot{X}_q}{n}\boldsymbol{x}_q^0+\frac{\dot{Y}_q}{n}\boldsymbol{y}_q^0=\frac{\dot{\boldsymbol{r}}}{n} \tag{11-4-24}$$

4）关于 p 和 q 的偏导数

为求 $\boldsymbol{r}$ 关于 p 和 q 的偏导数,需要注意到 X_q、Y_q 并不是 p 和 q 的函数,而 $\boldsymbol{x}_q^0$ 和 $\boldsymbol{y}_q^0$ 是 p 和 q 的函数,因此有

$$\frac{\partial \boldsymbol{r}}{\partial p}=X_q\frac{\partial \boldsymbol{x}_q^0}{\partial p}+Y_q\frac{\partial \boldsymbol{y}_q^0}{\partial p}$$

根据式(3-5-10),可得

$$\frac{\partial \boldsymbol{r}}{\partial p}=\frac{2X_q}{(1+p^2+q^2)^2}\left\{-q\begin{bmatrix}2pq\\1+p^2-q^2\\2q\end{bmatrix}-\begin{bmatrix}2p\\-2q\\1-p^2-q^2\end{bmatrix}\right\}+\frac{2Y_q q}{(1+p^2+q^2)^2}\begin{bmatrix}1-p^2+q^2\\2pq\\-2p\end{bmatrix}$$

化简得

$$\frac{\partial \boldsymbol{r}}{\partial p}=\frac{2}{1+p^2+q^2}[q(Y_q\boldsymbol{x}_q^0-X_q\boldsymbol{y}_q^0)-X_q\boldsymbol{z}_q^0] \tag{11-4-25}$$

同理可得

$$\frac{\partial \boldsymbol{r}}{\partial q}=\frac{2}{1+p^2+q^2}[p(X_q\boldsymbol{y}_q^0-Y_q\boldsymbol{x}_q^0)+Y_q\boldsymbol{z}_q^0] \tag{11-4-26}$$

3. 春分点要素关于速度的偏导数

计算春分点要素关于速度的偏导数关键是计算泊松括号。若直接计算,运算将非常复杂,为此文献[15]引入了一种变换,将春分点要素的泊松括号与经典要素的泊松括号联系起来。用 α_k 表示经典轨道要素 a, e, i, Ω, ω 和 M_0,变换式为

$$[\{x_i,x_j\}]=\left[\frac{\partial x_i}{\partial \alpha_m}\right]\cdot[\{\alpha_m,\alpha_n\}]\cdot\left[\frac{\partial x_j}{\partial \alpha_n}\right]^{\mathrm{T}} \tag{11-4-27}$$

上式中各矩阵的具体形式为

$$[\{x_i,x_j\}]=\begin{bmatrix}\{a,a\}&\{a,h\}&\{a,k\}&\{a,\lambda_0\}&\{a,p\}&\{a,q\}\\\{h,a\}&\{h,h\}&\{h,k\}&\{h,\lambda_0\}&\{h,p\}&\{h,q\}\\\{k,a\}&\{k,h\}&\{k,k\}&\{k,\lambda_0\}&\{k,p\}&\{k,q\}\\\{\lambda_0,a\}&\{\lambda_0,h\}&\{\lambda_0,k\}&\{\lambda_0,\lambda_0\}&\{\lambda_0,p\}&\{\lambda_0,q\}\\\{p,a\}&\{p,h\}&\{p,k\}&\{p,\lambda_0\}&\{p,p\}&\{p,q\}\\\{q,a\}&\{q,h\}&\{q,k\}&\{q,\lambda_0\}&\{q,p\}&\{q,q\}\end{bmatrix}$$

$$[\{\alpha_m,\alpha_n\}]=\begin{bmatrix}\{a,a\}&\{a,e\}&\{a,i\}&\{a,\Omega\}&\{a,\omega\}&\{a,M_0\}\\\{e,a\}&\{e,e\}&\{e,i\}&\{e,\Omega\}&\{e,\omega\}&\{e,M_0\}\\\{i,a\}&\{i,e\}&\{i,i\}&\{i,\Omega\}&\{i,\omega\}&\{i,M_0\}\\\{\Omega,a\}&\{\Omega,e\}&\{\Omega,i\}&\{\Omega,\Omega\}&\{\Omega,\omega\}&\{\Omega,M_0\}\\\{\omega,a\}&\{\omega,e\}&\{\omega,i\}&\{\omega,\Omega\}&\{\omega,\omega\}&\{\omega,M_0\}\\\{M_0,a\}&\{M_0,e\}&\{M_0,i\}&\{M_0,\Omega\}&\{M_0,\omega\}&\{M_0,M_0\}\end{bmatrix}$$

$$\left[\frac{\partial x_i}{\partial \alpha_m}\right]=\begin{bmatrix} \frac{\partial a}{\partial a} & \frac{\partial a}{\partial e} & \frac{\partial a}{\partial i} & \frac{\partial a}{\partial \Omega} & \frac{\partial a}{\partial \omega} & \frac{\partial a}{\partial M_0} \\ \frac{\partial h}{\partial a} & \frac{\partial h}{\partial e} & \frac{\partial h}{\partial i} & \frac{\partial h}{\partial \Omega} & \frac{\partial h}{\partial \omega} & \frac{\partial h}{\partial M_0} \\ \frac{\partial k}{\partial a} & \frac{\partial k}{\partial e} & \frac{\partial k}{\partial i} & \frac{\partial k}{\partial \Omega} & \frac{\partial k}{\partial \omega} & \frac{\partial k}{\partial M_0} \\ \frac{\partial \lambda_0}{\partial a} & \frac{\partial \lambda_0}{\partial e} & \frac{\partial \lambda_0}{\partial i} & \frac{\partial \lambda_0}{\partial \Omega} & \frac{\partial \lambda_0}{\partial \omega} & \frac{\partial \lambda_0}{\partial M_0} \\ \frac{\partial p}{\partial a} & \frac{\partial p}{\partial e} & \frac{\partial p}{\partial i} & \frac{\partial p}{\partial \Omega} & \frac{\partial p}{\partial \omega} & \frac{\partial p}{\partial M_0} \\ \frac{\partial q}{\partial a} & \frac{\partial q}{\partial e} & \frac{\partial q}{\partial i} & \frac{\partial q}{\partial \Omega} & \frac{\partial q}{\partial \omega} & \frac{\partial q}{\partial M_0} \end{bmatrix}$$

$$\left[\frac{\partial x_j}{\partial \alpha_n}\right]^{\mathrm{T}}=\begin{bmatrix} \frac{\partial a}{\partial a} & \frac{\partial h}{\partial a} & \frac{\partial k}{\partial a} & \frac{\partial \lambda_0}{\partial a} & \frac{\partial p}{\partial a} & \frac{\partial q}{\partial a} \\ \frac{\partial a}{\partial e} & \frac{\partial h}{\partial e} & \frac{\partial k}{\partial e} & \frac{\partial \lambda_0}{\partial e} & \frac{\partial p}{\partial e} & \frac{\partial q}{\partial e} \\ \frac{\partial a}{\partial i} & \frac{\partial h}{\partial i} & \frac{\partial k}{\partial i} & \frac{\partial \lambda_0}{\partial i} & \frac{\partial p}{\partial i} & \frac{\partial q}{\partial i} \\ \frac{\partial a}{\partial \Omega} & \frac{\partial h}{\partial \Omega} & \frac{\partial k}{\partial \Omega} & \frac{\partial \lambda_0}{\partial \Omega} & \frac{\partial p}{\partial \Omega} & \frac{\partial q}{\partial \Omega} \\ \frac{\partial a}{\partial \omega} & \frac{\partial h}{\partial \omega} & \frac{\partial k}{\partial \omega} & \frac{\partial \lambda_0}{\partial \omega} & \frac{\partial p}{\partial \omega} & \frac{\partial q}{\partial \omega} \\ \frac{\partial a}{\partial M_0} & \frac{\partial h}{\partial M_0} & \frac{\partial k}{\partial M_0} & \frac{\partial \lambda_0}{\partial M_0} & \frac{\partial p}{\partial M_0} & \frac{\partial q}{\partial M_0} \end{bmatrix}=\left[\frac{\partial x_i}{\partial \alpha_m}\right]^{\mathrm{T}}$$

根据泊松括号的性质可知,矩阵$[\{x_i, x_j\}]$和$[\{\alpha_m, \alpha_n\}]$都是反对称矩阵。

根据春分点要素的定义式(11-4-1),可以求得矩阵$[\partial x_i/\partial \alpha_m]$各元素的表达式

$$\left[\frac{\partial x_i}{\partial \alpha_m}\right]=\begin{bmatrix} 1 & 0 & 0 & 0 & 0 & 0 \\ 0 & \sin(\omega+\Omega) & 0 & e\cos(\omega+\Omega) & e\cos(\omega+\Omega) & 0 \\ 0 & \cos(\omega+\Omega) & 0 & -e\sin(\omega+\Omega) & -e\sin(\omega+\Omega) & 0 \\ 0 & 0 & 0 & 1 & 1 & 1 \\ 0 & 0 & \dfrac{\sin\Omega}{2\cos^2(i/2)} & \tan\dfrac{i}{2}\cos\Omega & 0 & 0 \\ 0 & 0 & \dfrac{\cos\Omega}{2\cos^2(i/2)} & -\tan\dfrac{i}{2}\sin\Omega & 0 & 0 \end{bmatrix}$$

转换成春分点要素的表达式为

$$\left[\frac{\partial x_i}{\partial \alpha_m}\right]=\begin{bmatrix} 1 & 0 & 0 & 0 & 0 & 0 \\ 0 & \dfrac{h}{\sqrt{h^2+k^2}} & 0 & k & k & 0 \\ 0 & \dfrac{k}{\sqrt{h^2+k^2}} & 0 & -h & -h & 0 \\ 0 & 0 & 0 & 1 & 1 & 1 \\ 0 & 0 & \dfrac{p(1+p^2+q^2)}{2\sqrt{p^2+q^2}} & q & 0 & 0 \\ 0 & 0 & \dfrac{q(1+p^2+q^2)}{2\sqrt{p^2+q^2}} & -p & 0 & 0 \end{bmatrix} \tag{11-4-28}$$

根据经典轨道要素泊松括号的计算结果[14]，可知矩阵$[\{\alpha_m, \alpha_n\}]$为

$$[\{\alpha_m,\alpha_n\}]=\begin{bmatrix} 0 & 0 & 0 & 0 & 0 & -2\sqrt{\dfrac{a}{\mu}} \\ & 0 & 0 & 0 & \dfrac{1}{e}\sqrt{\dfrac{1-e^2}{\mu a}} & -\dfrac{1}{e}\dfrac{(1-e^2)}{\sqrt{\mu a}} \\ & & 0 & \dfrac{1}{\sqrt{\mu a(1-e^2)}\sin i} & \dfrac{-\cos i}{\sqrt{\mu a(1-e^2)}\sin i} & 0 \\ & -\mathrm{sym} & & 0 & 0 & 0 \\ & & & & 0 & 0 \\ & & & & & 0 \end{bmatrix}$$

式中，sym 表示与矩阵的上三角对称。转换成春分点要素的表达式为

$$[\{\alpha_m,\alpha_n\}]=\frac{1}{\sqrt{\mu a}}\begin{bmatrix} 0 & 0 & 0 & 0 & 0 & -2a \\ & 0 & 0 & 0 & \sqrt{\dfrac{1-h^2-k^2}{h^2+k^2}} & \dfrac{-(1-h^2-k^2)}{\sqrt{h^2+k^2}} \\ & & 0 & \dfrac{1+p^2+q^2}{2\sqrt{(1-h^2-k^2)(p^2+q^2)}} & \dfrac{-(1-p^2-q^2)}{2\sqrt{(1-h^2-k^2)(p^2+q^2)}} & 0 \\ & -\mathrm{sym} & & 0 & 0 & 0 \\ & & & & 0 & 0 \\ & & & & & 0 \end{bmatrix} \tag{11-4-29}$$

将式(11-4-28)、式(11-4-29)代入式(11-4-27)，可得春分点要素泊松括号的表达式

$$
\begin{cases}
\{a,\lambda_0\}=-\dfrac{2}{na}, \\
\{\lambda_0,h\}=\dfrac{-h\sqrt{1-h^2-k^2}}{na^2(1+\sqrt{1-h^2-k^2})}, \quad \{\lambda_0,k\}=\dfrac{-k\sqrt{1-h^2-k^2}}{na^2(1+\sqrt{1-h^2-k^2})} \\
\{\lambda_0,p\}=\dfrac{-p(1+p^2+q^2)}{2na^2\sqrt{1-h^2-k^2}}, \quad \{\lambda_0,q\}=\dfrac{-q(1+p^2+q^2)}{2na^2\sqrt{1-h^2-k^2}} \\
\{h,k\}=\dfrac{-\sqrt{1-h^2-k^2}}{na^2}, \\
\{h,p\}=\dfrac{-kp(1+p^2+q^2)}{2na^2\sqrt{1-h^2-k^2}}, \quad \{h,q\}=\dfrac{-kq(1+p^2+q^2)}{2na^2\sqrt{1-h^2-k^2}} \\
\{k,p\}=\dfrac{hp(1+p^2+q^2)}{2na^2\sqrt{1-h^2-k^2}}, \quad \{k,q\}=\dfrac{hq(1+p^2+q^2)}{2na^2\sqrt{1-h^2-k^2}} \\
\{p,q\}=\dfrac{-(1+p^2+q^2)^2}{4na^2\sqrt{1-h^2-k^2}}
\end{cases}
\tag{11-4-30}
$$

根据泊松括号的性质,有

$$
\{x_i,x_i\}=0, \quad \{x_i,x_j\}=-\{x_j,x_i\}
$$

至此,已得到 28 个泊松括号的值。可以证明,其余的值为零。

将各泊松括号的值代入式(11-4-9),即可得到春分点要素关于速度的偏导数

$$
\begin{cases}
\dfrac{\partial a}{\partial \dot{\boldsymbol{r}}}=\dfrac{2}{n^2a}(\dot{X}_q\boldsymbol{x}_q^0+\dot{Y}_q\boldsymbol{y}_q^0)=M_{11}\boldsymbol{x}_q^0+M_{12}\boldsymbol{y}_q^0+M_{13}\boldsymbol{z}_q^0 \\
\dfrac{\partial h}{\partial \dot{\boldsymbol{r}}}=\dfrac{G}{na^2}\left[\left(\dfrac{\partial X_q}{\partial k}-\dfrac{h\beta}{n}\dot{X}_q\right)\boldsymbol{x}_q^0+\left(\dfrac{\partial Y_q}{\partial k}-\dfrac{h\beta}{n}\dot{Y}_q\right)\boldsymbol{y}_q^0\right]+\dfrac{k(qY_q-pX_q)}{na^2G}\boldsymbol{z}_q^0 \\
\quad =M_{21}\boldsymbol{x}_q^0+M_{22}\boldsymbol{y}_q^0+M_{23}\boldsymbol{z}_q^0 \\
\dfrac{\partial k}{\partial \dot{\boldsymbol{r}}}=-\dfrac{G}{na^2}\left[\left(\dfrac{\partial X_q}{\partial h}+\dfrac{k\beta}{n}\dot{X}_q\right)\boldsymbol{x}_q^0+\left(\dfrac{\partial Y_q}{\partial h}+\dfrac{k\beta}{n}\dot{Y}_q\right)\boldsymbol{y}_q^0\right]-\dfrac{h(qY_q-pX_q)}{na^2G}\boldsymbol{z}_q^0 \\
\quad =M_{31}\boldsymbol{x}_q^0+M_{32}\boldsymbol{y}_q^0+M_{33}\boldsymbol{z}_q^0 \\
\dfrac{\partial p}{\partial \dot{\boldsymbol{r}}}=\dfrac{HY_q}{2na^2G}\boldsymbol{z}_q^0=M_{41}\boldsymbol{x}_q^0+M_{42}\boldsymbol{y}_q^0+M_{43}\boldsymbol{z}_q^0 \\
\dfrac{\partial q}{\partial \dot{\boldsymbol{r}}}=\dfrac{HX_q}{2na^2G}\boldsymbol{z}_q^0=M_{51}\boldsymbol{x}_q^0+M_{52}\boldsymbol{y}_q^0+M_{53}\boldsymbol{z}_q^0 \\
\dfrac{\partial \lambda_0}{\partial \dot{\boldsymbol{r}}}=\dfrac{1}{na^2}\left[-2X_q+3\dot{X}_qt+G\left(h\beta\dfrac{\partial X_q}{\partial h}+k\beta\dfrac{\partial X_q}{\partial k}\right)\right]\boldsymbol{x}_q^0 \\
\qquad +\dfrac{1}{na^2}\left[-2Y_q+3\dot{Y}_qt+G\left(h\beta\dfrac{\partial Y_q}{\partial h}+k\beta\dfrac{\partial Y_q}{\partial k}\right)\right]\boldsymbol{y}_q^0+\dfrac{(qY_q-pX_q)}{na^2G}\boldsymbol{z}_q^0
\end{cases}
\tag{11-4-31}
$$

其中, $G=\sqrt{1-h^2-k^2}$, $H=1+p^2+q^2$, X_q、Y_q 关于 h、k 偏导数的表达式见式(11-4-22)、式(11-4-23)。

在方程(11-4-31)中,通常用$\partial\lambda/\partial\dot{\boldsymbol r}$代替$\partial\lambda_0/\partial\dot{\boldsymbol r}$会更方便。根据$\lambda=\lambda_0+n(t-t_0)$,易得

$$\frac{\partial\lambda}{\partial\dot{\boldsymbol r}}=\frac{\partial\lambda_0}{\partial\dot{\boldsymbol r}}+t\frac{\partial n}{\partial a}\frac{\partial a}{\partial\dot{\boldsymbol r}}$$

由于

$$\frac{\partial n}{\partial a}=-\frac{3n}{2a},\quad \frac{\partial a}{\partial\dot{\boldsymbol r}}=\frac{2\dot{\boldsymbol r}}{n^2a}$$

故有

$$\begin{aligned}\frac{\partial\lambda}{\partial\dot{\boldsymbol r}}&=\frac{\partial\lambda_0}{\partial\dot{\boldsymbol r}}-\frac{3}{na^2}t\dot{\boldsymbol r}\\&=\frac{1}{na^2}\left[-2X_q+G\left(h\beta\frac{\partial X_q}{\partial h}+k\beta\frac{\partial X_q}{\partial k}\right)\right]\boldsymbol x_q^0\\&\quad+\frac{1}{na^2}\left[-2Y_q+G\left(h\beta\frac{\partial Y_q}{\partial h}+k\beta\frac{\partial Y_q}{\partial k}\right)\right]\boldsymbol y_q^0+\frac{(qY_q-pX_q)}{na^2G}\boldsymbol z_q^0\\&=M_{61}\boldsymbol x_q^0+M_{62}\boldsymbol y_q^0+M_{63}\boldsymbol z_q^0\end{aligned}\tag{11-4-32}$$

定义矩阵$\boldsymbol M$

$$\boldsymbol M=\begin{bmatrix}(\partial a/\partial\dot{\boldsymbol r})^{\mathrm T}\\(\partial h/\partial\dot{\boldsymbol r})^{\mathrm T}\\(\partial k/\partial\dot{\boldsymbol r})^{\mathrm T}\\(\partial p/\partial\dot{\boldsymbol r})^{\mathrm T}\\(\partial q/\partial\dot{\boldsymbol r})^{\mathrm T}\\(\partial\lambda/\partial\dot{\boldsymbol r})^{\mathrm T}\end{bmatrix}=\begin{bmatrix}M_{11}&M_{12}&M_{13}\\M_{21}&M_{22}&M_{23}\\M_{31}&M_{32}&M_{33}\\M_{41}&M_{42}&M_{43}\\M_{51}&M_{52}&M_{53}\\M_{61}&M_{62}&M_{63}\end{bmatrix}\tag{11-4-33}$$

$\boldsymbol M$的每一行分别表示某个春分点要素关于速度的偏导数在春分点坐标系中的分量。

重新定义$\boldsymbol x=[a\quad h\quad k\quad p\quad q\quad \lambda]^{\mathrm T}$,将式(11-4-33)代入式(11-4-14),即可得到春分点要素的变分方程为

$$\frac{\mathrm d\boldsymbol x}{\mathrm dt}=\boldsymbol\sigma+\boldsymbol M\cdot A\boldsymbol T^0=\boldsymbol\sigma+\boldsymbol M\cdot\frac{T}{m}\boldsymbol T^0\tag{11-4-34}$$

式中:$\boldsymbol\sigma=[0\quad 0\quad 0\quad 0\quad 0\quad n]^{\mathrm T}$。

11.4.2 最优机动轨道设计

1. 最优控制问题描述

假设在变轨过程中,电火箭发动机的推力T和比冲I_{SP}与飞行状态无关,则发动机的质量方程可表示为

$$\dot m=-\frac{T}{I_{\mathrm{sp}}g_0}\tag{11-4-35}$$

在当地轨道坐标系$o\text{-}x_oy_oz_o$中,推力的方向$\boldsymbol T^0$可以用俯仰角φ和偏航角ψ表示

$$\varphi=\arctan\frac{T_{x_o}^0}{T_{y_o}^0},\quad \psi=\arctan\frac{T_{z_o}^0\cos\varphi}{T_{y_o}^0}\tag{11-4-36}$$

其中,$T_{x_o}^0$、$T_{y_o}^0$和$T_{z_o}^0$分别表示$\boldsymbol T^0$在轨道坐标系三轴上的分量。由于

$$\begin{cases} \boldsymbol{x}_o^0 = \boldsymbol{r}^0 = \dfrac{X_q}{r}\boldsymbol{x}_q^0 + \dfrac{Y_q}{r}\boldsymbol{y}_q^0 \\ \boldsymbol{y}_o^0 = \boldsymbol{h}^0 \times \boldsymbol{r}^0 = -\dfrac{Y_q}{r}\boldsymbol{x}_q^0 + \dfrac{X_q}{r}\boldsymbol{y}_q^0 \end{cases} \tag{11-4-37}$$

可知推力方向在轨道坐标系和春分点坐标系三轴上的分量满足如下关系：

$$\begin{cases} T_{x_o}^0 = \dfrac{X_q}{r}T_{x_q}^0 + \dfrac{Y_q}{r}T_{y_q}^0 \\ T_{y_o}^0 = -\dfrac{Y_q}{r}T_{x_q}^0 + \dfrac{X_q}{r}T_{y_q}^0 \\ T_{z_o}^0 = T_{z_q}^0 \end{cases} \tag{1-4-38}$$

根据飞行任务要求,航天器的初始状态为

$$\begin{cases} a(t_0) - a_0 = 0 \\ h(t_0) - h_0 = 0 \\ k(t_0) - k_0 = 0 \\ p(t_0) - p_0 = 0 \\ q(t_0) - q_0 = 0 \\ \lambda(t_0) - \lambda_0 = 0 \end{cases} \tag{11-4-39}$$

终端状态要满足一定的约束条件,假定为

$$\begin{cases} a(t_f) - a_T = 0 \\ h(t_f) - h_T = 0 \\ k(t_f) - k_T = 0 \\ p(t_f) - p_T = 0 \\ q(t_f) - q_T = 0 \\ \lambda(t_f) - \lambda_{T_0} - n_T t_f = 0 \end{cases} \tag{11-4-40}$$

式中：a_T、h_T、k_T等为目标轨道的春分点要素；$\boldsymbol{\lambda}_{T_0}$、$n_T$分别表示目标轨道的初始平经度和平均轨道角速度。式(11-4-6)可写成矢量形式

$$\boldsymbol{\psi}[\boldsymbol{x}(t_f), t_f] = 0 \tag{11-4-41}$$

定义$\boldsymbol{\xi} = [\boldsymbol{x}^{\mathrm{T}}, m]^{\mathrm{T}}$为航天器的扩维状态向量,包括航天器的运动状态 $\boldsymbol{x}$ 和质量 m,则由式(11-4-34)及式(11-4-1)可得

$$\dot{\boldsymbol{\xi}} = \boldsymbol{F}(\boldsymbol{\xi}, u) = \begin{bmatrix} \dot{\boldsymbol{x}} \\ \dot{m} \end{bmatrix} = \begin{bmatrix} \boldsymbol{\sigma} + \dfrac{T}{m}\boldsymbol{M}\boldsymbol{T}^0 \\ -\dfrac{T}{I_{sp}g_0} \end{bmatrix} = \begin{bmatrix} \boldsymbol{\sigma} + \dfrac{T_{\max}u}{m}\boldsymbol{M}\boldsymbol{T}^0 \\ -\dfrac{T_{\max}u}{I_{sp}g_0} \end{bmatrix} \tag{11-4-42}$$

其中：$u \in [0,1]$为实际推力幅值与最大推力幅值之比；$\boldsymbol{\sigma} = [0,0,0,0,0,n]^{\mathrm{T}}$；矩阵 $\boldsymbol{M}$ 的表达式为

$$
\boldsymbol{M}=\begin{bmatrix}
\frac{2a}{nr}[-(1-h^2\beta)\sin F+hk\beta\cos F] & \frac{2a}{nr}[(1-k^2\beta)\cos F-hk\beta\sin F] & 0 \\
\frac{G}{na^2}\left(\frac{\partial X_q}{\partial k}-\frac{h\beta}{n}\dot{X}_q\right) & \frac{G}{na^2}\left(\frac{\partial Y_q}{\partial k}-\frac{h\beta}{n}Y_q\right) & \frac{k(qY_q-pX_q)}{na^2G} \\
-\frac{G}{na^2}\left(\frac{\partial X_q}{\partial h}+\frac{k\beta}{n}\dot{X}_q\right) & -\frac{G}{na^2}\left(\frac{\partial Y_q}{\partial h}+\frac{k\beta}{n}\dot{Y}_q\right) & -\frac{h(qY_q-pX_q)}{na^2G} \\
0 & 0 & \frac{HY_q}{2na^2G} \\
0 & 0 & \frac{HX_q}{2na^2G} \\
\frac{1}{na^2}\left[-2X_q+G\left(h\beta\frac{\partial X_q}{\partial h}+k\beta\frac{\partial X_q}{\partial k}\right)\right] & \frac{1}{na^2}\left[-2Y_q+G\left(h\beta\frac{\partial Y_q}{\partial h}+k\beta\frac{\partial Y_q}{\partial k}\right)\right] & \frac{(qY_q-pX_q)}{na^2G}
\end{bmatrix}
\tag{11-4-43}
$$

式中：$n=\sqrt{\mu/a^3}$ 为平均轨道角速度；$\beta=\frac{1}{1+\sqrt{1-h^2-k^2}}$，$H=1+p^2+q^2$，$G=\sqrt{1-h^2-k^2}$，$F=E+\omega+\Omega$ 为偏经度；$X_q,Y_q,\dot{X}_q,\dot{Y}_q,\frac{\partial X_q}{\partial k},\frac{\partial X_q}{\partial h},\frac{\partial Y_q}{\partial k},\frac{\partial Y_q}{\partial h}$ 等项的表达式已在 11.4.1 节给出。

现考虑燃料最优轨道转移问题，性能指标泛函可表示为

$$
J=\frac{1}{I_{sp}g_0}\int_{t_0}^{t_f}T\mathrm{d}t=\frac{T_{\max}}{I_{sp}g_0}\int_{t_0}^{t_f}u\mathrm{d}t \tag{11-4-44}
$$

根据极小值原理和式(11-4-8)，可构建哈密尔顿函数

$$
H=\boldsymbol{\lambda}_x^{\mathrm{T}}\cdot\left(\boldsymbol{\sigma}+\frac{T_{\max}u}{m}\boldsymbol{M}\boldsymbol{T}^0\right)-\lambda_m\frac{T_{\max}}{I_{sp}g_0}u+\frac{T_{\max}u}{I_{sp}g_0} \tag{11-4-45}
$$

最优控制应使哈密尔顿函数取极小值。根据 H 的表达式(11-4-11)可知，最优推力方向 $\boldsymbol{T}^0$ 应与矢量 $\boldsymbol{\lambda}_x^{\mathrm{T}}\boldsymbol{M}$ 时时反向，即

$$
\boldsymbol{T}^{0*}=-\frac{(\boldsymbol{\lambda}_x^{\mathrm{T}}\boldsymbol{M})^{\mathrm{T}}}{\|\boldsymbol{\lambda}_x^{\mathrm{T}}\boldsymbol{M}\|} \tag{11-4-46}
$$

可见，为求最优推力方向，需要积分协态变量 $\boldsymbol{\lambda}_x$。假设发动机推力的大小 T 满足约束 $T\leqslant T_{\max}$，即 $u\in[0,1]$，最优推力的大小 T^* 应在容许控制的范围内使哈密顿函数取绝对极小值。将最优推力方向式(11-4-12)及 $\boldsymbol{\sigma}$ 的表达式代入式(11-4-11)，得到

$$
\begin{aligned}
H&=\boldsymbol{\lambda}_x^{\mathrm{T}}\cdot\left[\boldsymbol{\sigma}+\frac{T_{\max}u}{m}\boldsymbol{M}\cdot-\frac{(\boldsymbol{\lambda}_x^{\mathrm{T}}\boldsymbol{M})^{\mathrm{T}}}{\|\boldsymbol{\lambda}_x^{\mathrm{T}}\boldsymbol{M}\|}\right]-\lambda_m\frac{T_{\max}}{I_{sp}g_0}u+\frac{T_{\max}u}{I_{sp}g_0}\\
&=\lambda_\lambda n-\frac{T_{\max}u\|\boldsymbol{\lambda}_x^{\mathrm{T}}\boldsymbol{M}\|}{m}-\lambda_m\frac{T_{\max}}{I_{sp}g_0}u+\frac{T_{\max}u}{I_{sp}g_0}\\
&=\frac{T_{\max}}{I_{sp}g_0}u\left(1-\frac{\|\boldsymbol{\lambda}_x^{\mathrm{T}}\boldsymbol{M}\|I_{sp}g_0}{m}-\lambda_m\right)+\lambda_\lambda n
\end{aligned}
\tag{11-4-47}
$$

式中：λ_λ 为平均角速度 n 的协态变量。根据式(11-4-13)可知，H 与 T 成线性关系，将 H 对 T 求导可得

$$H_T=\frac{\partial H}{\partial T}=\frac{1}{I_{sp}g_0}\left(1-\frac{\|\boldsymbol{\lambda}_x^{\mathrm{T}}\boldsymbol{M}\|I_{sp}g_0}{m}-\boldsymbol{\lambda}_m\right) \tag{11-4-48}$$

为使哈密尔顿函数取绝对极小值,电火箭发动机应按如下开关函数控制点火:

$$\begin{cases}T=0, & H_T>0\\ T=T_{\max}, & H_T<0\\ 0<T<T_{\max}, & H_T=0\end{cases} \tag{11-4-49}$$

可见,除 $H_T=0$ 的奇异弧段外,发动机的开关是一种 Bang-Bang 控制。

协态方程为

$$\begin{cases}\dot{\boldsymbol{\lambda}}_x=-\dfrac{\partial H}{\partial \boldsymbol{x}}=-\boldsymbol{\lambda}_x^{\mathrm{T}}\dfrac{T}{m}\dfrac{\partial \boldsymbol{M}}{\partial \boldsymbol{x}}\boldsymbol{T}^0-\boldsymbol{\lambda}_\lambda\dfrac{\partial n}{\partial \boldsymbol{x}}\\ \dot{\lambda}_m=-\dfrac{\partial H}{\partial m}=\boldsymbol{\lambda}_x^{\mathrm{T}}\boldsymbol{M}\cdot\dfrac{T}{m^2}\boldsymbol{T}^0=-\|\boldsymbol{\lambda}_x^{\mathrm{T}}\boldsymbol{M}\|\dfrac{T}{m^2}\end{cases} \tag{11-4-50}$$

式中偏导数的表达式为

$$\begin{cases}\dot{\lambda}_a=-\dfrac{\partial H}{\partial a}=-\boldsymbol{\lambda}_x^{\mathrm{T}}\dfrac{T}{m}\dfrac{\partial \boldsymbol{M}}{\partial a}\boldsymbol{T}^0+\boldsymbol{\lambda}_\lambda\dfrac{\partial n}{\partial a}\\ \dot{\lambda}_h=-\dfrac{\partial H}{\partial h}=-\boldsymbol{\lambda}_x^{\mathrm{T}}\dfrac{T}{m}\dfrac{\partial \boldsymbol{M}}{\partial h}\boldsymbol{T}^0\\ \dot{\lambda}_k=-\dfrac{\partial H}{\partial k}=-\boldsymbol{\lambda}_x^{\mathrm{T}}\dfrac{T}{m}\dfrac{\partial \boldsymbol{M}}{\partial k}\boldsymbol{T}^0\\ \dot{\lambda}_q=-\dfrac{\partial H}{\partial q}=-\boldsymbol{\lambda}_x^{\mathrm{T}}\dfrac{T}{m}\dfrac{\partial \boldsymbol{M}}{\partial q}\boldsymbol{T}^0\\ \dot{\lambda}_p==-\dfrac{\partial H}{\partial p}=-\boldsymbol{\lambda}_x^{\mathrm{T}}\dfrac{T}{m}\dfrac{\partial \boldsymbol{M}}{\partial p}\boldsymbol{T}^0\\ \dot{\lambda}_\lambda==-\dfrac{\partial H}{\partial \lambda}=-\boldsymbol{\lambda}_x^{\mathrm{T}}\dfrac{T}{m}\dfrac{\partial \boldsymbol{M}}{\partial \lambda}\boldsymbol{T}^0\\ \dot{\lambda}_m=-\dfrac{T}{m^2}\|\boldsymbol{\lambda}_x^{\mathrm{T}}\boldsymbol{M}\|\end{cases} \tag{11-4-51}$$

式中:偏导函数 $\partial \boldsymbol{M}/\partial \boldsymbol{x}$ 的具体表达式可参考文献[13,16]。

协态变量要满足横截条件

$$\boldsymbol{\lambda}_x(t_f)=\frac{\partial \boldsymbol{\psi}^{\mathrm{T}}[\boldsymbol{x}(t_f),t_f]}{\partial \boldsymbol{x}(t_f)}\boldsymbol{\gamma} \tag{11-4-52}$$

式中:$\boldsymbol{\gamma}\in\mathbf{R}^{6\times1}$ 为拉格朗日乘子。

将式(11-4-6)、式(11-4-7)代入式(11-4-18)可得

$$\boldsymbol{\lambda}_x(t_f)=\boldsymbol{\gamma},\quad \lambda_m(t_f)=0 \tag{11-4-53}$$

在最优轨线的末端,哈密尔顿函数应满足

$$H[\boldsymbol{x}^*(t_f^*),\boldsymbol{\lambda}_x^*(t_f^*),\boldsymbol{T}^*(t_f^*),t_f^*]=-\boldsymbol{\gamma}^{\mathrm{T}}\frac{\partial \boldsymbol{\psi}[\boldsymbol{x}^*(t_f^*),t_f^*]}{\partial t_f}$$

将式(11-4-6)代入上式可得

$$H(t_f^*)-\gamma_\lambda n_T=0$$

由上式与式(11-4-19)可知

$$H(t_f^*)-\lambda_\lambda(t_f^*)n_T=0$$

将哈密尔顿函数的表达式(11-4-11)代入上式,并考虑到$a(t_f^*)=a_T$、$n(t_f^*)=n_T$及式(11-4-12)、式(11-4-19),可得

$$\left(1-\frac{I_{sp}g_0}{m(t_f^*)}\|\boldsymbol{\lambda}_x^{\mathrm{T}}(t_f^*)\boldsymbol{M}(t_f^*)\|\right)T(t_f^*)=0 \tag{11-4-54}$$

如果终端时间是自由的,则哈密尔顿函数在最优轨线的末端满足

$$H(t_f^*)=0 \tag{11-4-55}$$

式(11-4-8)~式(11-4-21)构成了最优控制问题的全部方程,求解的关键是由状态变量$\boldsymbol{x}$、m和协态变量$\boldsymbol{\lambda}_x$、λ_m构成的规范方程的两点边值问题。实践表明,两点边值问题的求解非常困难,主要原因在于协态变量初值的选取。一方面,协态变量没有直接的物理意义,其取值范围、相互间的大小关系都很难猜测;另一方面,协态变量的初值对边界条件、开关函数都非常敏感,初值往往要取得非常精确才能得到收敛解。这里介绍一种求解连续小推力轨迹优化问题时常用的同伦法,实践表明该方法的收敛性能较好。

2. 同伦法求解最优控制问题

同伦法起源于代数拓扑学中不动点的研究,其基本思想是引入同伦参数从而将原问题转化为较为简单或已知结果的问题,逐步改变同伦参数并求解对应的问题,最终收敛到复杂原始问题的解。本节介绍的同伦法主要参考文献[19]。

根据最优控制原理可知,在性能指标泛函(11-4-10)上乘以一个正数λ'不会改变问题的解,变换后的性能指标函数为

$$J=\lambda'\frac{T_{\max}}{I_{sp}g_0}\int_{t_0}^{t_f}u\mathrm{d}t \tag{11-4-56}$$

引入同伦参数ε,将燃料最优控制问题($\varepsilon=0$)与能量最优控制问题($\varepsilon=1$)联系起来,变换后的哈密尔顿函数为

$$\begin{aligned}H&=\boldsymbol{\lambda}_x^{\mathrm{T}}\cdot\left[\boldsymbol{\sigma}-\frac{T_{\max}u}{m}\boldsymbol{M}\cdot\frac{(\boldsymbol{\lambda}_x^{\mathrm{T}}\boldsymbol{M})^{\mathrm{T}}}{\|\boldsymbol{\lambda}_x^{\mathrm{T}}\boldsymbol{M}\|}\right]-\lambda_m\frac{T_{\max}}{I_{sp}g_0}u+\lambda'\frac{T_{\max}}{I_{sp}g_0}[u-\varepsilon u(1-u)]\\&=\lambda'\frac{T_{\max}}{I_{sp}g_0}u\left(1-\frac{\|\boldsymbol{\lambda}_x^{\mathrm{T}}\boldsymbol{M}\|I_{sp}g_0}{\lambda'm}-\frac{\lambda_m}{\lambda'}-\varepsilon(1-u)\right)+\lambda_\lambda n\end{aligned} \tag{11-4-57}$$

将协态变量$\boldsymbol{\lambda}_x(t)$、$\lambda_m(t)$与乘子$\lambda'$统一记为拉格朗日乘子向量

$$\widetilde{\boldsymbol{\lambda}}=[\lambda',\boldsymbol{\lambda}_x(t),\lambda_m(t)]$$

在最优控制问题中,性能指标函数、规范方程、哈密尔顿函数、最优控制律等关于拉格朗日乘子均是齐次的,因此对$\widetilde{\boldsymbol{\lambda}}$乘以或除以某个正数不改变问题的最优解,因此将$\widetilde{\boldsymbol{\lambda}}$除以其初值的范数来对其做归一化处理,即

$$\boldsymbol{\lambda}=\frac{\widetilde{\boldsymbol{\lambda}}}{\|\widetilde{\boldsymbol{\lambda}}(t_0)\|} \tag{11-4-58}$$

则新定义的乘子$\boldsymbol{\lambda}$具有如下性质

$$\|\boldsymbol{\lambda}(t_0)\|=1 \tag{11-4-59}$$

采用上述变换的优点是将原来 7 个未知的协态变量初值限定到一个 8 维的单位球面上,同时用来求解边值问题的其他条件不变。在求解过程中,注意到$\lambda'>0$;且由式(11-4-17)可见$\lambda_m<0$,

而由式(11-4-19)知 $\lambda_m(t_f)=0$,因此 $\lambda_m(t_0)\geqslant 0$,根据这两个条件可以进一步缩小初值的猜测范围。

引入 λ'后,新的开关函数为

$$H_T=1-\frac{\|\boldsymbol{\lambda}_x^{\mathrm{T}}\boldsymbol{M}\|I_{sp}g_0}{\lambda' m}-\frac{\lambda_m}{\lambda'} \tag{11-4-60}$$

代入式(11-4-23)可得

$$\begin{aligned}H&=\lambda'\frac{T_{\max}}{I_{sp}g_0}u[H_T-\varepsilon(1-u)]+\lambda_\lambda n\\&=\lambda'\frac{T_{\max}}{I_{sp}g_0}[(H_T-\varepsilon)u+\varepsilon u^2]+\lambda_\lambda n\\&=\lambda'\frac{T_{\max}}{I_{sp}g_0}\left[\varepsilon\left(u+\frac{H_T-\varepsilon}{2\varepsilon}\right)^2-\frac{(H_T-\varepsilon)^2}{4\varepsilon}\right]+\lambda_\lambda n\end{aligned} \tag{11-4-61}$$

由于 $u\in[0,1]$,根据二次函数与自变量范围的关系,可知:①当 $(1-H_T/\varepsilon)<0$,即 $H_T>\varepsilon$ 时,$u=0$ 使得 H 取最小值;②当 $0\leqslant(1-H_T/\varepsilon)\leqslant 2$,即 $\|H_T\|\leqslant\varepsilon$ 时,$u=(1-H_T/\varepsilon)/2$ 使得 H 取最小值;③当 $(1-H_T/\varepsilon)>2$,即 $H_T<-\varepsilon$ 时,$u=1$ 使得 H 取最小值。

求解过程中,令同伦参数 ε 由 1 逐渐变化到 0,即使原问题由能量最优控制问题逐步变化为燃料最优控制问题,最终收敛至原问题的解。

例题 考虑地球至火星的燃料最优日心轨道转移问题。航天器的出发时刻不早于 2026 年 1 月 1 日 0 时,出发时与地球具有相同的日心位置和速度;到达时刻不晚于 2027 年 5 月 16 日 0 时,到达时与火星具有相同的日心位置和速度;任务周期 500 天。航天器的初始质量 $m_0=1000\text{kg}$,电火箭发动机的最大推力 $T_{\max}=0.4\text{N}$,比冲为 $I_{\text{sp}}=3000\text{s}$。

根据给定的出发时刻和到达时刻,可求得最优控制问题的初始与终端条件为:

$$\begin{cases}a(t_0)=1.0000010\text{au}\\k(t_0)=0.01624572\\h(t_0)=-0.00386047\\q(t_0)=-2.4765\times10^{-5}\\p(t_0)=9.0802\times10^{-6}\\\lambda(t_0)=1.76113034\text{rad}\end{cases},\quad\begin{cases}a(t_f)=1.523679\text{au}\\k(t_f)=-0.037184549\\h(t_f)=0.085705553\\q(t_f)=-0.01545429\\p(t_f)=0.00466122\\\lambda(t_f)=6.33596366\text{rad}\end{cases} \tag{11-4-62}$$

求解过程中,先用智能算法(遗传算法、粒子群算法等)获得乘子 $\boldsymbol{\lambda}(t_0)$ 的初始猜测值;然后迭代求解规范方程及约束方程(11-4-25),得到 $\boldsymbol{\lambda}(t_0)$ 的准确值及相应的最优控制量。令同伦参数 ε 由 1 逐渐变化到 0,得到燃料消耗最省的日心转移轨道,结果如图 11-11～图 11-14 所示。

由图 11-11、图 11-12 可见,最优控制规律是 Bang-Bang 型控制,整个轨道转移过程中有三个开机弧段和两个滑行弧段,开机时长为 234.76 天、关机时长为 265.23 天,整个转移过程消耗燃料 276.89kg。从地球到火星的最优转移轨迹见图 11-14,图中的箭头方向表示该位置处的推力方向。

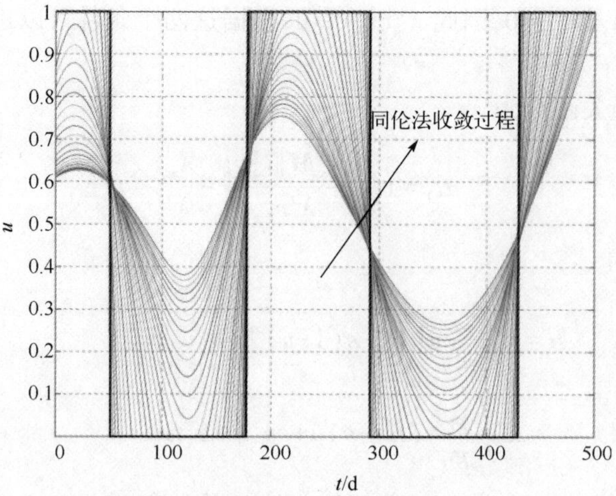

图 11-11　优化过程中推力幅值的变化

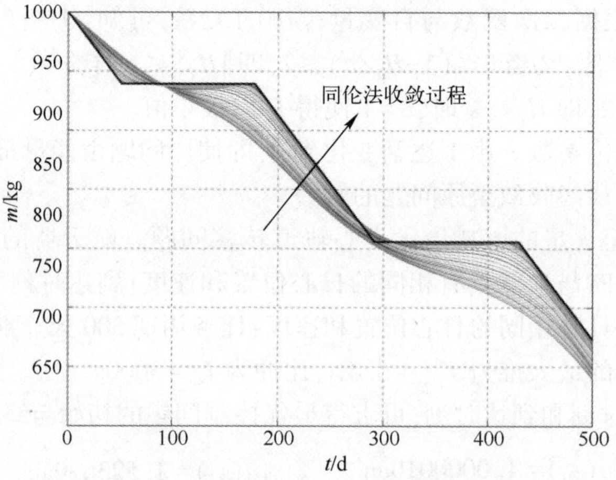

图 11-12　优化过程中飞行器质量的变化

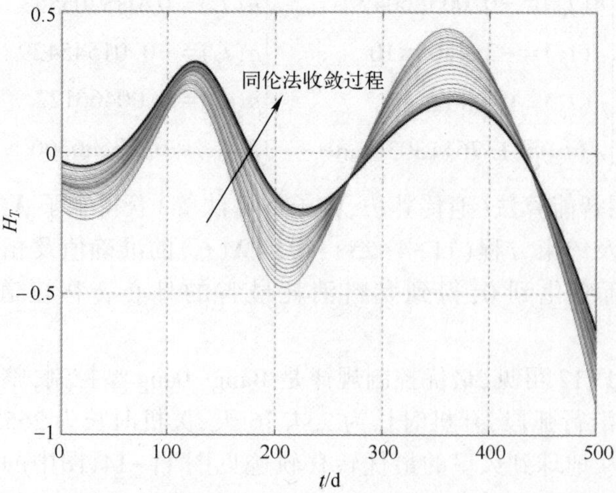

图 11-13　优化过程中开关函数的变化

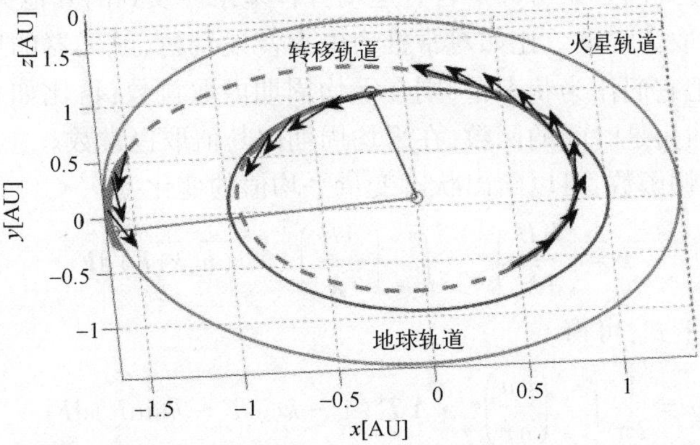

图 11-14 地球到火星的转移轨道图

11.4.3 轨道平均方法

最优控制问题最终转化为求解规范方程(11-4-42)和方程组(11-4-50)的两点边值问题,这一般要通过数值方法迭代求解。由于小推力轨道机动的时间都比较长,因此积分方程要耗费大量的时间,采用轨道平均的方法可以降低计算时间。它先把每个轨道要素关于时间的平均变化率计算出来,然后可以采用几个轨道周期量级的步长进行轨道外推计算[6,18]。轨道平均方法的一个不利后果是损失了快变轨道要素(比如平经度 λ)的信息,因此航天器在轨道上的精确位置是无法得知的。

轨道平均方法首先构造一个平均哈密尔顿函数,然后据此计算状态变量与协态变量的一阶近似值。平均哈密尔顿函数的定义为

$$\overline{H} = \frac{1}{T}\int_{t-\frac{T}{2}}^{t+\frac{T}{2}} H(\overline{\boldsymbol{x}}, \overline{\boldsymbol{\lambda}}_x, \bar{t}, F)\,\mathrm{d}t \tag{11-4-63}$$

式中,带上划线的参数表示该参数在 t 时刻的平均值,在平均周期内取为常值。T 为在 t 时刻的轨道周期,定义为

$$T = \frac{2\pi}{\overline{n}} = 2\pi\sqrt{\frac{\overline{a}^3}{\mu}} \tag{11-4-64}$$

为便于计算,将式(11-4-63)中被积函数的自变量变换为偏经度 F,有

$$\overline{H} = \frac{1}{T}\int_{-\pi}^{\pi} H(\overline{\boldsymbol{x}}, \overline{\boldsymbol{\lambda}}_x, \bar{t}, F)\left(\frac{\mathrm{d}t}{\mathrm{d}F}\right)\mathrm{d}F$$

根据开普勒方程可知

$$\frac{\mathrm{d}t}{\mathrm{d}F} = \frac{T}{2\pi}(1 - \bar{k}\cos F - \bar{h}\sin F)$$

定义函数 s

$$s(\bar{h}, \bar{k}, F) = \frac{1}{T}\frac{\mathrm{d}t}{\mathrm{d}F} = \frac{1}{2\pi}(1 - \bar{k}\cos F - \bar{h}\sin F) \tag{11-4-65}$$

则平均哈密尔顿函数可以写成

$$\overline{H} = \int_{-\pi}^{\pi} H(\overline{\boldsymbol{x}}, \overline{\boldsymbol{\lambda}}_x, \bar{t}, F)\, s(\bar{h}, \bar{k}, F)\,\mathrm{d}F \tag{11-4-66}$$

需要说明的是，在式(11-4-66)中若有运动方程里未涉及到的其他关于时间的函数，那么在平均周期内其值都取为常数。比如对常推力电火箭发动机，航天器的质量和加速度都是时间的函数，如果没有把它们作为状态量，则在平均周期内取常数；再比如太阳电推进常需要考虑地影问题，太阳方向角是时间的函数，在平均周期内其值取也常数。

根据平均哈密尔顿函数，可以给出状态变量平均值的变化率

$$\dot{\bar{\boldsymbol{x}}} = \left(\frac{\partial \bar{H}}{\partial \bar{\boldsymbol{\lambda}}_x}\right)^{\mathrm{T}} = \int_{-\pi}^{\pi} \left(\frac{\partial H}{\partial \bar{\boldsymbol{\lambda}}_x}\right)^{\mathrm{T}} \cdot s(\bar{h}, \bar{k}, F)\,\mathrm{d}F \tag{11-4-67}$$

将式(11-4-42)代入上式，可得

$$\begin{cases} \dot{\bar{a}} = \dfrac{1}{2\pi}\displaystyle\int_{-\pi}^{\pi}\left(\frac{\partial \bar{a}}{\partial \dot{\boldsymbol{r}}}\right)^{\mathrm{T}} \cdot A\,\boldsymbol{T}^0(1-\bar{k}\cos F-\bar{h}\sin F)\,\mathrm{d}F \\ \dot{\bar{h}} = \dfrac{1}{2\pi}\displaystyle\int_{-\pi}^{\pi}\left(\frac{\partial \bar{h}}{\partial \dot{\boldsymbol{r}}}\right)^{\mathrm{T}} \cdot A\,\boldsymbol{T}^0(1-\bar{k}\cos F-\bar{h}\sin F)\,\mathrm{d}F \\ \dot{\bar{k}} = \dfrac{1}{2\pi}\displaystyle\int_{-\pi}^{\pi}\left(\frac{\partial \bar{k}}{\partial \dot{\boldsymbol{r}}}\right)^{\mathrm{T}} \cdot A\,\boldsymbol{T}^0(1-\bar{k}\cos F-\bar{h}\sin F)\,\mathrm{d}F \\ \dot{\bar{p}} = \dfrac{1}{2\pi}\displaystyle\int_{-\pi}^{\pi}\left(\frac{\partial \bar{p}}{\partial \dot{\boldsymbol{r}}}\right)^{\mathrm{T}} \cdot A\,\boldsymbol{T}^0(1-\bar{k}\cos F-\bar{h}\sin F)\,\mathrm{d}F \\ \dot{\bar{q}} = \dfrac{1}{2\pi}\displaystyle\int_{-\pi}^{\pi}\left(\frac{\partial \bar{q}}{\partial \dot{\boldsymbol{r}}}\right)^{\mathrm{T}} \cdot A\,\boldsymbol{T}^0(1-\bar{k}\cos F-\bar{h}\sin F)\,\mathrm{d}F \\ \dot{\bar{\lambda}} = \bar{n} + \dfrac{1}{2\pi}\displaystyle\int_{-\pi}^{\pi}\left(\frac{\partial \bar{\lambda}}{\partial \dot{\boldsymbol{r}}}\right)^{\mathrm{T}} \cdot A\,\boldsymbol{T}^0(1-\bar{k}\cos F-\bar{h}\sin F)\,\mathrm{d}F \end{cases} \tag{11-4-68}$$

协态变量平均值的变化率为

$$\dot{\bar{\boldsymbol{\lambda}}}_x = -\left(\frac{\partial \bar{H}}{\partial \bar{\boldsymbol{x}}}\right)^{\mathrm{T}} = -\int_{-\pi}^{\pi}\left[\left(\frac{\partial H}{\partial \bar{\boldsymbol{x}}}\right)^{\mathrm{T}} \cdot s(\bar{h},\bar{k},F) + H\left(\frac{\partial s(\bar{h},\bar{k},F)}{\partial \bar{\boldsymbol{x}}}\right)^{\mathrm{T}}\right]\mathrm{d}F \tag{11-4-69}$$

偏导数$\partial s/\partial \bar{\boldsymbol{x}}$的前5个元素为

$$\frac{\partial s}{\partial \bar{a}}=0,\quad \frac{\partial s}{\partial \bar{h}}=-\frac{\sin F}{2\pi},\quad \frac{\partial s}{\partial \bar{k}}=-\frac{\cos F}{2\pi},\quad \frac{\partial s}{\partial \bar{p}}=0,\quad \frac{\partial s}{\partial \bar{q}}=0 \tag{11-4-70}$$

根据

$$\bar{\lambda}=F-\bar{k}\sin F+\bar{h}\cos F,\quad \frac{\partial s}{\partial \bar{\lambda}}=\left(\frac{\partial s}{\partial F}\right)\cdot\left(\frac{\partial F}{\partial \bar{\lambda}}\right)$$

可得$\partial s/\partial \bar{\boldsymbol{x}}$的第6个元素为

$$\frac{\partial s}{\partial \bar{\lambda}}=\frac{\bar{k}\sin F-\bar{h}\cos F}{2\pi(1-\bar{k}\cos F-\bar{h}\sin F)} \tag{11-4-71}$$

由于哈密尔顿函数在最优轨线上为常数，而根据式(11-4-70)和式(11-4-71)可知$\partial s/\partial \bar{\boldsymbol{x}}$在一个轨道周期内的平均值为零，因此若一直按照最优控制规律施加推力，则式(11-4-69)中被积函数的第二项为零，即

$$\dot{\bar{\boldsymbol{\lambda}}}_x = -\left(\frac{\partial \bar{H}}{\partial \bar{\boldsymbol{x}}}\right)^{\mathrm{T}} = -\int_{-\pi}^{\pi}\left(\frac{\partial H}{\partial \bar{\boldsymbol{x}}}\right)^{\mathrm{T}} \cdot s(\bar{h},\bar{k},F)\,\mathrm{d}F \tag{11-4-72}$$

将式(11-4-49)代入上式可得

$$
\begin{cases}
\dot{\bar{\lambda}}_a = \dfrac{1}{2\pi}\displaystyle\int_{-\pi}^{\pi} -\bar{\boldsymbol{\lambda}}_x^{\mathrm{T}} \dfrac{\partial \boldsymbol{M}}{\partial \bar{a}} \cdot A\,\boldsymbol{T}^0(1-\bar{k}\cos F-\bar{h}\sin F)\,\mathrm{d}F \\
\qquad + \dfrac{1}{2\pi}\displaystyle\int_{-\pi}^{\pi} -\bar{\boldsymbol{\lambda}}_\lambda \dfrac{\partial \bar{n}}{\partial \bar{a}}(1-\bar{k}\cos F-\bar{h}\sin F)\,\mathrm{d}F \\
\dot{\bar{\lambda}}_h = \dfrac{1}{2\pi}\displaystyle\int_{-\pi}^{\pi} -\bar{\boldsymbol{\lambda}}_x^{\mathrm{T}} \dfrac{\partial \boldsymbol{M}}{\partial \bar{h}} \cdot A\,\boldsymbol{T}^0(1-\bar{k}\cos F-\bar{h}\sin F)\,\mathrm{d}F \\
\dot{\bar{\lambda}}_k = \dfrac{1}{2\pi}\displaystyle\int_{-\pi}^{\pi} -\bar{\boldsymbol{\lambda}}_x^{\mathrm{T}} \dfrac{\partial \boldsymbol{M}}{\partial \bar{k}} \cdot A\,\boldsymbol{T}^0(1-\bar{k}\cos F-\bar{h}\sin F)\,\mathrm{d}F \\
\dot{\bar{\lambda}}_p = \dfrac{1}{2\pi}\displaystyle\int_{-\pi}^{\pi} -\bar{\boldsymbol{\lambda}}_x^{\mathrm{T}} \dfrac{\partial \boldsymbol{M}}{\partial \bar{p}} \cdot A\,\boldsymbol{T}^0(1-\bar{k}\cos F-\bar{h}\sin F)\,\mathrm{d}F \\
\dot{\bar{\lambda}}_q = \dfrac{1}{2\pi}\displaystyle\int_{-\pi}^{\pi} -\bar{\boldsymbol{\lambda}}_x^{\mathrm{T}} \dfrac{\partial \boldsymbol{M}}{\partial \bar{q}} \cdot A\,\boldsymbol{T}^0(1-\bar{k}\cos F-\bar{h}\sin F)\,\mathrm{d}F \\
\dot{\bar{\lambda}}_\lambda = \dfrac{1}{2\pi}\displaystyle\int_{-\pi}^{\pi} -\bar{\boldsymbol{\lambda}}_x^{\mathrm{T}} \dfrac{\partial \boldsymbol{M}}{\partial \bar{\lambda}} \cdot A\,\boldsymbol{T}^0(1-\bar{k}\cos F-\bar{h}\sin F)\,\mathrm{d}F
\end{cases}
\tag{11-4-73}
$$

在式(11-4-68)和式(11-4-73)中,春分点要素除 F 外都应取平均值。这两式只在某些特殊情况下有解析解,一般要通过数值积分方法来计算。

求得状态变量与协态变量的平均值后,就可根据式(11-4-46)计算最优推力方向在春分点坐标系中的近似值

$$
\bar{\boldsymbol{T}}^{0*} = -\frac{(\bar{\boldsymbol{\lambda}}_x^{\mathrm{T}}\boldsymbol{M}(\bar{\boldsymbol{x}},F))^{\mathrm{T}}}{|\bar{\boldsymbol{\lambda}}_x^{\mathrm{T}}\boldsymbol{M}(\bar{\boldsymbol{x}},F)|} \tag{11-4-74}
$$

偏经度 F 通过求解开普勒方程得到。

轨道平均方法是小推力轨道机动分析中经常采用的一种近似手段,通过这种方法也很容易把地球扁率等摄动因素考虑进来,从而简化计算和分析。

参 考 文 献

[1] 汤国建, 张洪波, 郑伟,等. 小推力轨道机动动力学与控制 [M]. 北京: 科学出版社, 2013.

[2] Tsien H S. Take-off from Satellite Orbit [J]. Journal of the American Rocket Society,1953,23(4):233-236.

[3] Benney D J. Escape from a Circular Orbit Using Tangential Thrust[J]. Jet Propulsion,1958,28(3):167-169.

[4] Lawden D F. Optimal Escape from a Circular Orbit[J]. ActaAstronautica, 1958,4:218-233.

[5] Edelbaum T N. Propulsion Requirements for Controllable Satellites[J]. Journal of the American Rocket Society, 1961,31(4): 1079-1089.

[6] Edelbaum T N, Sackett L L, Malchow H L. Optimal Low Thrust Geocentric Transfer[C]. AIAA Paper 73-1074, AIAA 10th Electric Propulsion Conference, Lake Tahoe, NV, Oct. 31- Nov. 2, 1973.

[7] Petropoulos A E,Longuski J M. Shape-Based Algorithm for Automated Design of Low-Thrust, Gravity-Assist Trajectories[J]. Journal of Spacecraft and Rockets,2004,41(5):787-796.

[8] Cornelisse J W, Schŏyer H F R, Wakker K F. 火箭推进与航天动力学 [M]. 杨炳尉,冯振兴,译. 北京: 中国宇航出版社, 1986.

[9] Boltz F W. Orbital Motion Under Continuous Radial Thrust [J]. Journal of Guidance, Control, and Dynamics, 1991,14(3): 667-670.

[10] Prussing J, Coverstone-Carroll V. Constant Radial Thrust Acceleration Redux [J]. Journal of Guidance, Control, and Dynamics, 1998, 21(3):516-518.
[11] Boltz F W. Orbital Motion under Continuous Tangential Thrust [J]. Journal of Guidance, Control, and Dynamics, 1992, 15(6):1503-1507.
[12] Kechichian J A. Equinoctial Orbit Elements: Application to Optimal Transfer Problem [C]. AIAA Paper 90-2976, AIAA/AAS Astrodynamics Conference, Protland, OR, Aug. 20-22, 1990.
[13] Chobotov V A. Orbital Mechanics (Third Edition) [M]. Reston: AIAA, 2002.
[14] 易照华，孙义燧. 摄动理论 [M]. 北京：科学出版社，1981.
[15] Broucke R A, Cefola P J. On the Equinoctial Orbit Elements[J]. Celestial Mechanics and Dynamical Astronomy, 1972, 5(3):303-310.
[16] Kechichian J A. Optimal Low-Thrust Rendezvous Using Equinoctial Orbit Elements [J]. Acta Astronautica, 1996, 38(1):1-14.
[17] Gao Y. Advances in Low-Thrust Trajectory Optimization and Flight Mechanics (Revised Edition) [D]. University of Missouri-Columbia, 2003.
[18] Conway B A. Spacecraft Trajectory Optimization [M]. Cambridge University Press, 2010.
[19] Jiang F, Baoyin H, Li J. Practical Techniques for Low-Thrust Trajectory Optimization with Homotopic Approach[J]. Journal of Guidance, Control and Dynamics, 2012, 35(1):245-258.

第12章　航天器间的相对运动

前面关于轨道机动问题的讨论,都是在惯性坐标系中进行的。研究交会对接、编队飞行等存在航天器间相对运动的问题时,在特定的动参考系中分析轨道机动问题更为方便。

航天器交会对接(Rendezvous and Docking,RVD)是指两个航天器于同一时间、在同一位置上、以相同的速度会合并在结构上联成一个整体的过程。根据两个航天器间相对距离的变化,交会对接过程可以分为远程导引、近程寻的、接近与停靠、对接合拢四个阶段[1]。前三个阶段又合称为轨道交会,第四个阶段称为航天器对接。

远程导引是交会对接的早期阶段,包括从追踪器发射入轨到追踪器与目标器建立相对导航的过程,相对导航的范围一般在15~100km。在近程寻的阶段,追踪器根据自身安装的微波和(或)光学敏感器测量与目标器的相对运动参数,自动引导到目标航天器附近的初始瞄准点(0.5~1km),开始接近与停靠阶段。在接近与停靠段,追踪器首先要捕获目标的对接轴,在轨道平面外进行绕飞机动,以进入对接走廊,此时两航天器间的距离约为100m,相对速度1~3m/s。追踪器利用摄像敏感器精确测量两航天器的相对位置、速度和姿态,启动小发动机进行控制,使之沿对接走廊向目标最后逼近。最终以0.15~0.18m/s的停靠速度与目标相撞,允许的横向偏差一般为0.07~0.1m。在对接合拢段,利用栓—锥或异体同构周边对接装置的抓手、缓冲器、传力机构和锁紧机构使两个航天器在结构上实现硬连接,完成信息传输总线、电源线、流体管线等的连接。可见,交会对接任务要求有很高的轨道控制精度,这在仅有绝对导航的条件下是无法实现的,必须要有高精度的相对导航设备,因此在动参考系中研究两航天器的相对运动特性及控制方法十分必要。

20世纪60年代,Clohessy和Wiltshire[3]在研究空间交会对接问题时,针对目标轨道为近圆轨道的情况,对相对运动方程进行了线性化,得到了一组常系数线性微分方程,称为C-W方程。由于实际工程中交会对接任务的目标轨道一般为近圆轨道,因此C-W方程成为研究航天器交会对接的经典相对运动模型。1966年3月16日,美国“双子星座”-8飞船与“阿金纳”火箭的第三级实现了世界上首次有航天员参与的空间手控交会和对接。1967年10月30日,苏联“宇宙”188号飞船与“宇宙”186号飞船首次实现自动交会对接。五十多年来,全世界已成功实现了300多次交会对接,在“阿波罗”登月计划,以及“和平号”空间站、国际空间站、哈勃太空望远镜等大型空间飞行器的建设与维护这些重大的航天活动中,都离不开空间交会对接技术的运用。2011年11月3日,“神舟”8号飞船与“天宫一号”目标飞行器成功实现了我国的首次交会对接试验。近年来,自主交会对接技术迅速发展,编队飞行、在轨服务、空间机器人、非合作目标交会与伴飞、轨道追逃博弈等新的空间任务日益受到关注,这些新的应用背景不断推动航天器相对运动动力学与控制技术的进步。

在航天器相对运动问题的研究中,常用的动参考系有两个,一个是目标轨道坐标系,另一个是视线坐标系。这两种参考系对应着不同的相对运动方程、交会末制导方法和导航测量设备,下面几节将分别加以讨论。

12.1 轨道坐标系中的相对运动方程

12.1.1 相对运动方程的建立

1. 基本方程

若追踪航天器(追踪器)在目标航天器(目标器)附近运动,t 时刻追踪器的地心矢径为 $\boldsymbol{r}_1$,目标器的地心矢径为 $\boldsymbol{r}_2$,则追踪器相对于目标器的位置矢量 $\boldsymbol{\rho}$ 为

$$\boldsymbol{\rho}=\boldsymbol{r}_1-\boldsymbol{r}_2 \tag{12-1-1}$$

假设两航天器都受到与距离平方成反比的中心引力场作用,且目标航天器不施加主动轨道控制,则有

$$\begin{cases}\dfrac{\mathrm{d}^2\boldsymbol{r}_1}{\mathrm{d}t^2}=-\dfrac{\mu\boldsymbol{r}_1}{r_1^3}+\boldsymbol{a}_T\\[2ex]\dfrac{\mathrm{d}^2\boldsymbol{r}_2}{\mathrm{d}t^2}=-\dfrac{\mu\boldsymbol{r}_2}{r_2^3}\end{cases} \tag{12-1-2}$$

式中:$\boldsymbol{a}_T$为追踪航天器的推力加速度。

将式(12-1-2)中的两式相减,可得

$$\frac{\mathrm{d}^2\boldsymbol{\rho}}{\mathrm{d}t^2}=\frac{\mathrm{d}^2\boldsymbol{r}_1}{\mathrm{d}t^2}-\frac{\mathrm{d}^2\boldsymbol{r}_2}{\mathrm{d}t^2}=-\frac{\mu\boldsymbol{r}_1}{r_1^3}+\frac{\mu\boldsymbol{r}_2}{r_2^3}+\boldsymbol{a}_T \tag{12-1-3}$$

式中:$\mathrm{d}^2\boldsymbol{\rho}/\mathrm{d}t^2$为两航天器的绝对加速度之差。

目标轨道坐标系的原点 O 与目标航天器的质心固联并跟随其沿轨道运动,x 轴与目标航天器的地心矢径 $\boldsymbol{r}_2$重合,y 轴在轨道平面内垂直于 x 轴,指向运动方向为正,z 轴由右手法则确定,亦即沿轨道动量矩的方向,如图 12-1 所示。将目标轨道坐标系作为动坐标系,根据相对运动与绝对运动的关系,可知

$$\frac{\mathrm{d}^2\boldsymbol{\rho}}{\mathrm{d}t^2}=\frac{\delta^2\boldsymbol{\rho}}{\delta t^2}+2\boldsymbol{\omega}\times\frac{\delta\boldsymbol{\rho}}{\delta t}+\boldsymbol{\omega}\times(\boldsymbol{\omega}\times\boldsymbol{\rho})+\boldsymbol{\varepsilon}\times\boldsymbol{\rho} \tag{12-1-4}$$

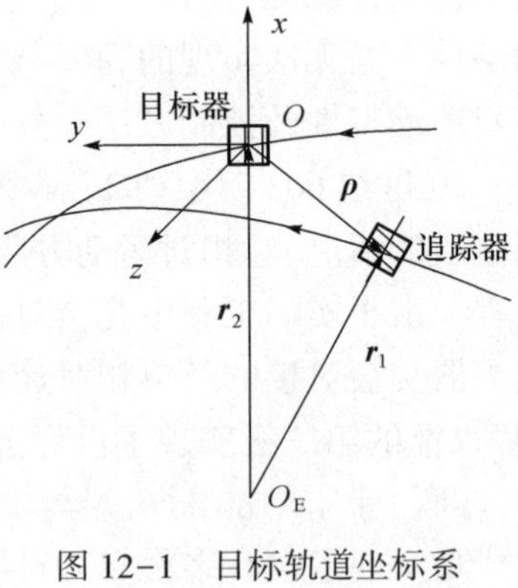

图 12-1　目标轨道坐标系

式中:$\delta\boldsymbol{\rho}/\delta t$ 和 $\delta^2\boldsymbol{\rho}/\delta t^2$分别为追踪航天器在目标轨道坐标系中的相对速度与相对加速度;$\boldsymbol{\omega}$ 和 $\boldsymbol{\varepsilon}$ 分别为动坐标系的旋转角速度和角加速度。

结合式(12-1-3)和式(12-1-4),可得动坐标系内矢量形式的相对运动方程为

$$\frac{\delta^2\boldsymbol{\rho}}{\delta t^2}+2\boldsymbol{\omega}\times\frac{\delta\boldsymbol{\rho}}{\delta t}+\boldsymbol{\omega}\times(\boldsymbol{\omega}\times\boldsymbol{\rho})+\boldsymbol{\varepsilon}\times\boldsymbol{\rho}=\mu\frac{\boldsymbol{r}_2-(r_2/r_1)^3\boldsymbol{r}_1}{r_2^3}+\boldsymbol{a}_T \tag{12-1-5}$$

上式右侧的第一项表示两航天器的引力加速度之差。

为求得标量形式的相对运动方程,令 $\boldsymbol{x}^0$、$\boldsymbol{y}^0$和 $\boldsymbol{z}^0$分别为动坐标系 O-xyz 三轴的单位矢量,并注意到

$$\begin{cases}\boldsymbol{\rho}=x\boldsymbol{x}^0+y\boldsymbol{y}^0+z\boldsymbol{z}^0\\ \dfrac{\delta\boldsymbol{\rho}}{\delta t}=\dot{x}\boldsymbol{x}^0+\dot{y}\boldsymbol{y}^0+\dot{z}\boldsymbol{z}^0\\ \dfrac{\delta^2\boldsymbol{\rho}}{\delta t^2}=\ddot{x}\boldsymbol{x}^0+\ddot{y}\boldsymbol{y}^0+\ddot{z}\boldsymbol{z}^0\\ \boldsymbol{r}_2=r_2\boldsymbol{x}^0\\ \boldsymbol{r}_1=(x+r_2)\boldsymbol{x}^0+y\boldsymbol{y}^0+z\boldsymbol{z}^0\\ \boldsymbol{\omega}=\omega\boldsymbol{z}^0,\boldsymbol{\varepsilon}=\varepsilon\boldsymbol{z}^0\end{cases}\tag{12-1-6}$$

可得标量形式的相对运动方程

$$\begin{cases}\ddot{x}-2\omega\dot{y}-\omega^2x-\varepsilon y-\dfrac{\mu}{r_2^2}+\dfrac{\mu(r_2+x)}{r_1^3}=a_{Tx}\\ \ddot{y}+2\omega\dot{x}-\omega^2y+\varepsilon x+\dfrac{\mu y}{r_1^3}=a_{Ty}\\ \ddot{z}+\dfrac{\mu z}{r_1^3}=a_{Tz}\end{cases}\tag{12-1-7}$$

上式即目标轨道坐标系中两航天器的精确相对运动模型,可适用于任意场景。式中,ω、ε 为目标航天器的瞬时轨道角速度与角加速度,根据二体轨道运动理论,可知

$$\begin{cases}\omega=\dot{f}_2=\dfrac{h_2}{r_2^2}=\left[\dfrac{\mu(1+e_2\cos f_2)}{r_2^3}\right]^{\frac{1}{2}}\\ \varepsilon=\ddot{f}_2=-\dfrac{2h_2\dot{r}_2}{r_2^3}=-\dfrac{2\mu e_2\sin f_2}{r_2^3}\end{cases}\tag{12-1-8}$$

式中:e_2、f_2、h_2分别为目标航天器轨道的偏心率、真近点角和动量矩。

2. 运动方程的线性化

方程(12-1-7)是一组非线性微分方程,只有数值解,不便于分析和使用。特殊应用场景下,可将其线性化。

当两航天器的相对距离 ρ 远小于目标轨道半径 r_2时(一般要求 $\rho<100\text{km}$),可以对两航天器的引力加速度差进行线性化。由式(12-1-6)的第五式可得

$$r_1=[(r_2+x)^2+y^2+z^2]^{\frac{1}{2}}=(r_2^2+2r_2x+\rho^2)^{\frac{1}{2}}$$

因而有

$$\left(\frac{r_2}{r_1}\right)^3=\left[1+\frac{2x}{r_2}+\left(\frac{\rho}{r_2}\right)^2\right]^{-\frac{3}{2}}$$

将上式右侧用二项式定理展开,并略去$(\rho/r_2)^2$及更高幂次的项,则有以下近似式:

$$\left(\frac{r_2}{r_1}\right)^3=1-\frac{3x}{r_2}\tag{12-1-9}$$

将上式代入式(12-1-5)右侧的第一项,略去$(\rho/r_2)^2$及更高幂次的项,可得

$$\mu\frac{\boldsymbol{r}_2-(r_2/r_1)^3\boldsymbol{r}_1}{r_2^3}=\frac{\mu}{r_2^3}(2x\boldsymbol{x}^0-y\boldsymbol{y}^0-z\boldsymbol{z}^0)\tag{12-1-10}$$

上式代入式(12-1-7)可得

$$\begin{cases}\ddot{x}-2\omega\dot{y}-\omega^2x-\varepsilon y-\dfrac{2\mu x}{r_2^3}=a_{Tx}\\ \ddot{y}+2\omega\dot{x}-\omega^2y+\varepsilon x+\dfrac{\mu y}{r_2^3}=a_{Ty}\\ \ddot{z}+\dfrac{\mu z}{r_2^3}=a_{Tz}\end{cases} \tag{12-1-11}$$

若目标轨道为近圆轨道,即偏心率 e 较小时,可以对上式进一步线性化。由椭圆轨道方程

$$r_2=\frac{a_2(1-e_2^2)}{1+e_2\cos f_2}$$

可得

$$\frac{\mu}{r_2^3}=n^2\frac{(1+e_2\cos f_2)^3}{(1-e_2^2)^3}$$

式中:n 为目标航天器的平均轨道角速度。考虑到 n^2 与 e_2 均为小量,将上式用二项式定理展开,并略去 e_2^2、n^2e_2 及更高幂次的项,可得

$$\frac{\mu}{r_2^3}=n^2 \tag{12-1-12}$$

将上式代入式(12-1-8),略去 e_2^2、n^2e_2 及更小的量,可得

$$\begin{cases}\omega=n\\ \varepsilon=0\end{cases} \tag{12-1-13}$$

将式(12-1-12)、式(12-1-13)代入式(12-1-11),可得航天器的相对运动方程为

$$\begin{cases}\ddot{x}-2n\dot{y}-3n^2x=a_{Tx}\\ \ddot{y}+2n\dot{x}=a_{Ty}\\ \ddot{z}+n^2z=a_{Tz}\end{cases} \tag{12-1-14}$$

上式是一组常系数线性微分方程组,它近似描述了两航天器间的相对运动。其中,$-2n\dot{y}$ 和 $2n\dot{x}$ 是由航天器的相对运动引起的科氏加速度,$-3n^2x$ 和 n^2z 是牵连加速度与两航天器引力加速度差的和。该方程组有解析解,便于分析和设计轨道,因此得到了广泛应用。

1878 年,希尔在研究日、地、月系统中月球的运动时,建立了类似式(12-1-11)的相对运动方程。它是一组非线性微分方程,希尔没有对方程组线性化,而是以时间幂级数的形式给出了一组运动解[17]。1960 年,W. H. Clohessy 和 R. S. Wiltshire[3] 研究交会对接问题时采用了该组方程,并进行了线性化,得到了方程组(12-1-14)。因此,该方程称为 Clohessy-Wiltshire 方程(简称C-W方程),有时也称为希尔(Hill)方程。

12.1.2 相对运动方程的积分

下面分析追踪航天器不施加控制,即 $\boldsymbol{a}_T=0$ 时两航天器的相对运动特性。首先研究 $\boldsymbol{a}_T=0$ 时方程(12-1-14)的解。将相对运动开始的时刻作为时间零点,并将这一计时零点下的时间记为 τ。给定起始时刻的相对运动初始条件为

$$x(0)=x_0,\quad y(0)=y_0,\quad z(0)=z_0$$

$$\dot{x}(0)=\dot{x}_0,\quad \dot{y}(0)=\dot{y}_0,\quad \dot{z}(0)=\dot{z}_0$$

求方程(12-1-14)的解。

由式(12-1-14)的形式可知,z 方向的运动与 x、y 方向的运动是独立的,即轨道面法向与轨道平面内的运动是独立。方程的第三式是一个二阶线性齐次微分方程,特征方程的根为$\pm in$,故其解为

$$z(\tau)=z_0\cos n\tau+\frac{\dot{z}_0}{n}\sin n\tau \tag{12-1-15}$$

由方程(12-1-14)的第二式可得

$$\frac{\mathrm{d}}{\mathrm{d}\tau}(\dot{y}+2nx)=0$$

积分后可得

$$\dot{y}+2nx=\dot{y}_0+2nx_0 \tag{12-1-16}$$

将上式代入(12-1-14)的第一式,有

$$\ddot{x}+n^2x=2n\dot{y}_0+4n^2x_0$$

上式对应的齐次方程与(12-1-14)的第三式相同。对上式积分可得

$$x(\tau)=\frac{\dot{x}_0}{n}\sin n\tau-\left(\frac{2\dot{y}_0}{n}+3x_0\right)\cos n\tau+2\left(\frac{\dot{y}_0}{n}+2x_0\right) \tag{12-1-17}$$

将上式代入式(12-1-16),积分可得

$$y(\tau)=2\left[\frac{\dot{x}_0}{n}\cos n\tau+\left(\frac{2\dot{y}_0}{n}+3x_0\right)\sin n\tau\right]+\left(y_0-\frac{2\dot{x}_0}{n}\right)-3(\dot{y}_0+2nx_0)\tau \tag{12-1-18}$$

将式(12-1-17)、式(12-1-18)、式(12-1-15)对 τ 求导,可得相对速度的解为

$$\begin{cases}\dot{x}(\tau)=\dot{x}_0\cos n\tau+(2\dot{y}_0+3nx_0)\sin n\tau\\ \dot{y}(\tau)=2[-\dot{x}_0\sin n\tau+(2\dot{y}_0+3nx_0)\cos n\tau]-3(\dot{y}_0+2nx_0)\\ \dot{z}(\tau)=\dot{z}_0\cos n\tau-nz_0\sin n\tau\end{cases} \tag{12-1-19}$$

以上结果可以整理成矩阵形式,令

$$\boldsymbol{\rho}=\begin{bmatrix}x\\y\\z\end{bmatrix},\boldsymbol{v}=\begin{bmatrix}\dot{x}\\\dot{y}\\\dot{z}\end{bmatrix} \tag{12-1-20}$$

则有

$$\begin{bmatrix}\boldsymbol{\rho}(\tau)\\\boldsymbol{v}(\tau)\end{bmatrix}=\begin{bmatrix}\boldsymbol{\Phi}_{\rho\rho}(\tau) & \boldsymbol{\Phi}_{\rho v}(\tau)\\\boldsymbol{\Phi}_{v\rho}(\tau) & \boldsymbol{\Phi}_{vv}(\tau)\end{bmatrix}\begin{bmatrix}\boldsymbol{\rho}(0)\\\boldsymbol{v}(0)\end{bmatrix} \tag{12-1-21}$$

其中,

$$\begin{cases}\boldsymbol{\Phi}_{\rho\rho}(\tau)=\begin{bmatrix}4-3\cos n\tau & 0 & 0\\6(\sin n\tau-n\tau) & 1 & 0\\0 & 0 & \cos n\tau\end{bmatrix}\\ \boldsymbol{\Phi}_{\rho v}(\tau)=\begin{bmatrix}\dfrac{\sin n\tau}{n} & \dfrac{2(1-\cos n\tau)}{n} & 0\\\dfrac{-2(1-\cos n\tau)}{n} & \dfrac{4\sin n\tau}{n}-3\tau & 0\\0 & 0 & \dfrac{\sin n\tau}{n}\end{bmatrix}\end{cases}$$

$$
\begin{cases}
\boldsymbol{\Phi}_{vp}(\tau)=\begin{bmatrix} 3n\sin n\tau & 0 & 0 \\ 6n(\cos n\tau-1) & 0 & 0 \\ 0 & 0 & -n\sin n\tau \end{bmatrix} \\
\boldsymbol{\Phi}_{vv}(\tau)=\begin{bmatrix} \cos n\tau & 2\sin n\tau & 0 \\ -2\sin n\tau & 4\cos n\tau-3 & 0 \\ 0 & 0 & \cos n\tau \end{bmatrix}
\end{cases}
\tag{12-1-22}
$$

由式(12-1-21)可以看出,式(12-1-22)给出的是相对运动的状态转移矩阵。

12.1.3 相对运动特性分析

根据前面的分析可知,相对运动可以分解为轨道面法向(z 方向)和轨道平面内(xOy 平面)两个相对独立的运动。

1. 轨道面法向的运动

由式(12-1-15)与式(12-1-19)的最后一式可知,法向的相对运动为自由振荡运动。相对位置的振荡周期、振幅和初始相位分别为

$$
T_z=\frac{2\pi}{n},\quad A_z=\sqrt{z_0^2+\left(\frac{\dot{z}_0}{n}\right)^2},\quad \varphi_z=\arctan\left(\frac{nz_0}{\dot{z}_0}\right)
\tag{12-1-23}
$$

相对速度的振荡周期、振幅和初始相位分别为

$$
T_{\dot{z}}=\frac{2\pi}{n},\quad A_{\dot{z}}=\sqrt{\dot{z}_0^2+(nz_0)^2},\quad \varphi_{\dot{z}}=\arctan\left(\frac{\dot{z}_0}{-nz_0}\right)
\tag{12-1-24}
$$

可见,法向运动的振荡周期等于目标航天器的轨道周期。图 12-2 给出了目标轨道为 500km 高度圆轨道(下同),$z_0=100\text{m}$,$\dot{z}_0=1\text{m/s}$ 的法向相对运动结果,图中横坐标的单位为目标轨道周期 T。

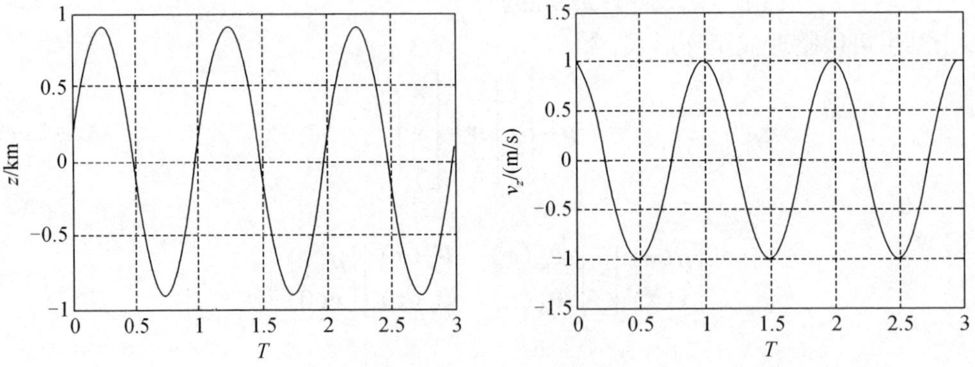

图 12-2 法向相对运动

2. 轨道平面内的运动

在轨道平面内的运动中,相对位置和相对速度都有随时间振荡变化的项,但 x 与 y 方向振荡项的振幅与相位不同,y 方向的振幅比 x 方向大一倍。在 $x(\tau)$、$y(\tau)$ 和 $\dot{y}(\tau)$ 中还有常数项,此外 $y(\tau)$ 还有随时间线性增长的项。当 $x_0=100\text{m}$,$\dot{x}_0=1\text{m/s}$,$y_0=100\text{m}$,$\dot{y}_0=1\text{m/s}$ 时,x 和 y 方向的相对运动如图 12-3 所示。由图可见,目标轨道的径向只有振荡变化的相对运动;迹向的相对速度只有振荡项,而相对位置有随时间线性增长的项,运动是发散的。

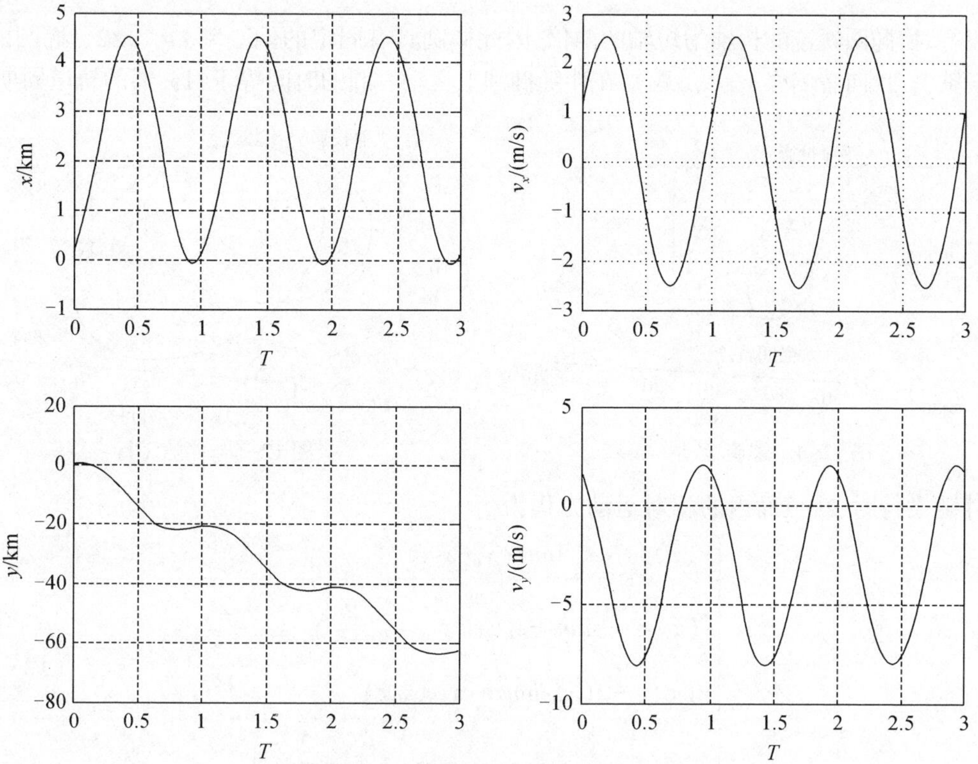

图 12-3　轨道平面内的相对运动

将 x、y 方向的运动方程通过适当的变换消去含时间参数 τ 的三角函数，可得

$$\frac{\left(y-y_{c0}+\dfrac{3}{2}x_{c0}n\tau\right)^2}{(2b)^2}+\frac{(x-x_{c0})^2}{b^2}=1 \tag{12-1-25}$$

其中，

$$\begin{cases} y_{c0}=y_0-2\dfrac{\dot{x}_0}{n} \\ x_{c0}=4x_0+2\dfrac{\dot{y}_0}{n} \\ b=\sqrt{\left(\dfrac{2\dot{y}_0}{n}+3x_0\right)^2+\left(\dfrac{\dot{x}_0}{n}\right)^2} \end{cases} \tag{12-1-26}$$

可见，xOy 平面内的相对运动轨迹为椭圆。椭圆的参数由式(12-1-26)决定，其中，x_{c0}、y_{c0} 确定椭圆的中心，b 确定椭圆的大小。一般情况下，$x_{c0}\neq 0$，因此椭圆的中心将沿 y 轴漂移，不能构成封闭的椭圆，而是呈螺旋状运动，如图 12-4 所示。这是由于 $y(\tau)$ 存在随时间线性增长的项造成的。通过选取参数 x_{c0}、y_{c0} 和 b，可以得到不同的相对运动轨迹。

1) $x_{c0}=0$

通过选择恰当的初始条件，使 $x_{c0}=0$，即式(12-1-18)中 $y(\tau)$ 随时间线性增长的项为零，则椭圆的中心不再移动，相对运动轨迹为封闭的椭圆，如图 12-5 所示。可见，此时追踪器将一直在目标器附近运动，可称之为伴随飞行。易知，伴随飞行的条件为

$$\dot{y}_0=-2nx_0 \tag{12-1-27}$$

伴随飞行时,椭圆轨迹的长轴为短轴的两倍,因此椭圆具有固定的偏心率 $e=\sqrt{3}/2$。椭圆的中心位于 y 轴上,且向右偏移 y_{c0}。追踪器在伴随椭圆上运动一周的时间等于目标器的轨道周期。

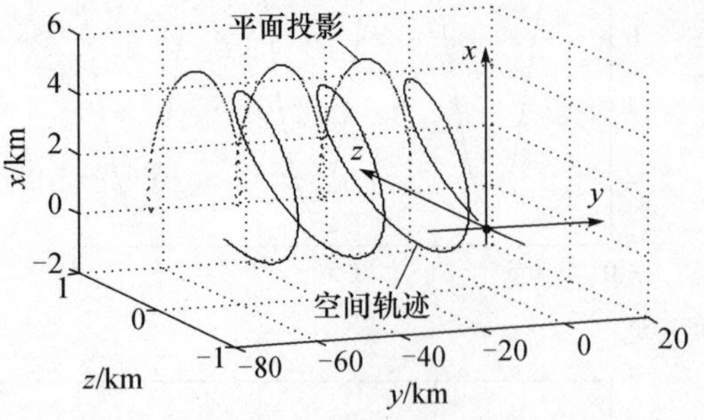

图 12-4　螺旋运动

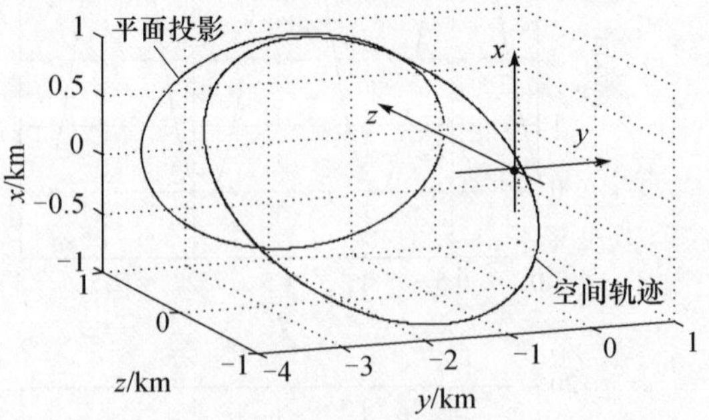

图 12-5　伴随飞行

伴随飞行时,轨道面内的相对运动方程为

$$
\begin{cases}
\dot{x}(\tau)=-nx_0\sin n\tau+\dot{x}_0\cos n\tau \\
x(\tau)=\dfrac{\dot{x}_0}{n}\sin n\tau+x_0\cos n\tau \\
\dot{y}(\tau)=-2(\dot{x}_0\sin n\tau+nx_0\cos n\tau) \\
y(\tau)=2\left(\dfrac{\dot{x}_0}{n}\cos n\tau-x_0\sin n\tau\right)+\left(y_0-\dfrac{2}{n}\dot{x}_0\right)
\end{cases}
\tag{12-1-28}
$$

2) $x_{c0}=0, y_{c0}=0$

当 x_{c0}、y_{c0} 同时等于零,即式(12-1-18)中 $y(\tau)$ 的常值项和随时间线性增长的项同时为零时,伴随飞行椭圆的中心将位于原点。这表明追踪航天器将环绕目标航天器运动,可称之为环绕飞行,如图 12-6。易知,环绕飞行的条件为

$$
\begin{cases}
y_0=\dfrac{2\dot{x}_0}{n} \\
\dot{y}_0=-2nx_0
\end{cases}
\tag{12-1-29}
$$

3) $x_{c0}=0, y_{c0}=0, b=0$

当 $x_{c0}=0, y_{c0}=0$ 且 $b=0$ 时,椭圆退化为 y 轴上的一个固定点 y_0。这表明追踪航天器一直位于目标航天器后方的固定距离上(轨道平面内),跟随其运动,称之为跟随飞行,如图 12-7。跟随飞行的条件为

$$
x_0=0,\quad \dot{x}_0=0,\quad \dot{y}_0=0 \tag{12-1-30}
$$

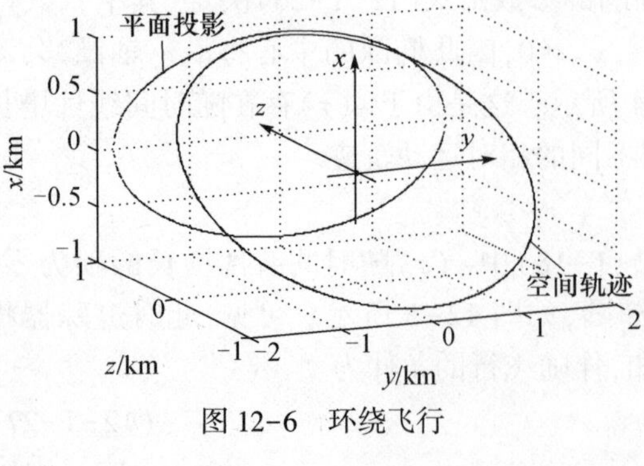

图 12-6　环绕飞行

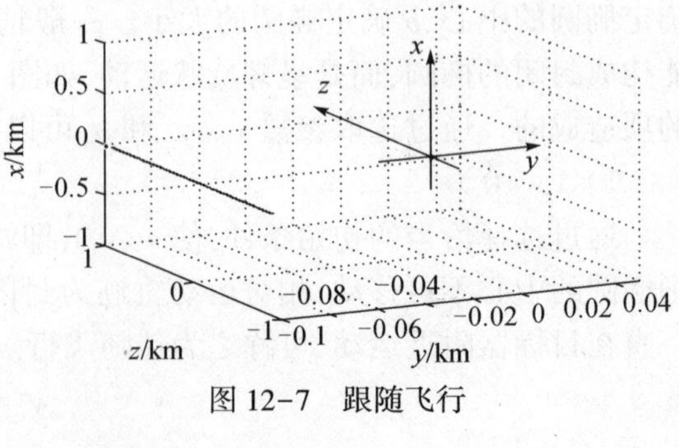

图 12-7　跟随飞行

12.2 基于 C-W 方程的轨道交会设计

12.2.1 两冲量固定时间交会问题

两冲量固定时间交会问题描述为:已知追踪航天器在 $\tau=0$ 时相对于目标航天器的相对运动状态为 x_0、y_0、z_0、$\dot{x}_0$、$\dot{y}_0$、$\dot{z}_0$,要求追踪器在两次冲量作用下进行轨道机动,在给定的时刻 $\tau=\tau^*$ 时与目标航天器实现交会。可以基于 C-W 方程来求解两冲量固定时间交会问题。

与惯性坐标系中的固定时间交会问题类似,第一次冲量在 $\tau=0$ 时刻施加,使追踪器飞行固定时间 τ^* 后到达 $O\text{-}xyz$ 的原点,即实现对目标器的拦截;第二次冲量在 $\tau=\tau^*$ 时刻施加,消除两航天器的速度差,实现交会,即使得 $\dot{x}(\tau^*)=\dot{y}(\tau^*)=\dot{z}(\tau^*)=0$。

首先计算第一次冲量应提供的相对速度增量,将其记为

$$\Delta\boldsymbol{v}_1=[\Delta\dot{x}_1,\quad \Delta\dot{y}_1,\quad \Delta\dot{z}_1]^{\mathrm{T}}$$

若不施加第一次冲量,则追踪器将在给定的初始运动状态参数下,按相对运动规律运动。设 $\tau=\tau^*$ 时其坐标变为 $x_m(\tau^*)$、$y_m(\tau^*)$、$z_m(\tau^*)$,记为

$$\boldsymbol{\rho}_m(\tau^*)=[x_m(\tau^*),\quad y_m(\tau^*),\quad z_m(\tau^*)]^{\mathrm{T}} \tag{12-2-1}$$

称 $\boldsymbol{\rho}_m(\tau^*)$ 为失误坐标。由式(12-1-21)可知

$$\boldsymbol{\rho}_m(\tau^*)=[\boldsymbol{\Phi}_{\rho\rho}(\tau^*)\quad \boldsymbol{\Phi}_{\rho v}(\tau^*)]\begin{bmatrix}\boldsymbol{\rho}(0)\\ \boldsymbol{v}(0)\end{bmatrix} \tag{12-2-2}$$

第一次冲量的作用就是要消除失误坐标。根据线性系统的叠加性,可知要使相对速度增量 $\Delta\boldsymbol{v}_1$ 通过状态转移矩阵的传播,在 $\tau=\tau^*$ 时刻产生坐标增量 $-\boldsymbol{\rho}_m(\tau^*)$,从而补偿失误坐标,实现对目标航天器的拦截。由式(12-1-21)可知

$$-\boldsymbol{\rho}_m(\tau^*)=\boldsymbol{\Phi}_{\rho v}(\tau^*)\Delta\boldsymbol{v}_1 \tag{12-2-3}$$

将式(12-2-2)代入上式,可得相对速度增量的表达式为

$$\begin{aligned}\Delta\boldsymbol{v}_1&=-\boldsymbol{\Phi}_{\rho v}^{-1}(\tau^*)\cdot[\boldsymbol{\Phi}_{\rho\rho}(\tau^*)\quad\vdots\quad\boldsymbol{\Phi}_{\rho v}(\tau^*)]\begin{bmatrix}\boldsymbol{\rho}(0)\\ \boldsymbol{v}(0)\end{bmatrix}\\&=-[\boldsymbol{\Phi}_{\rho v}^{-1}(\tau^*)\boldsymbol{\Phi}_{\rho\rho}(\tau^*)\quad\vdots\quad\boldsymbol{I}]\cdot\begin{bmatrix}\boldsymbol{\rho}(0)\\ \boldsymbol{v}(0)\end{bmatrix}\end{aligned} \tag{12-2-4}$$

第二次冲量在 $\tau=\tau^*$ 时刻施加,将相对速度增量记为

$$\Delta\boldsymbol{v}_2=[\Delta\dot{x}_2,\quad \Delta\dot{y}_2,\quad \Delta\dot{z}_2]^{\mathrm{T}}$$

施加第二次冲量的目的是消除两航天器间的速度偏差,该偏差包括两部分。一部分是在 $\tau=0$ 时,施加第一次冲量之前,由给定的初始状态参数,按状态转移矩阵传播到 $\tau=\tau^*$ 时产生的相对速度,记为

$$\boldsymbol{v}_m(\tau^*)=[\dot{x}_m(\tau^*),\quad \dot{y}_m(\tau^*),\quad \dot{z}_m(\tau^*)]^{\mathrm{T}} \tag{12-2-5}$$

因交会要求相对速度为零,故 $\boldsymbol{v}_m(\tau^*)$ 称为失误速度。由式(12-1-21)可知

$$\boldsymbol{v}_m(\tau^*)=[\boldsymbol{\Phi}_{v\rho}(\tau^*)\quad\vdots\quad\boldsymbol{\Phi}_{vv}(\tau^*)]\begin{bmatrix}\boldsymbol{\rho}(0)\\ \boldsymbol{v}(0)\end{bmatrix} \tag{12-2-6}$$

另一部分是施加第一次冲量后,由于相对速度改变 $\Delta\boldsymbol{v}_1$,因此失误速度也产生变化 $\Delta\boldsymbol{v}_m$。由式(12-1-21)可知

$$\Delta \boldsymbol{v}_m(\tau^*) = \boldsymbol{\Phi}_{vv}(\tau^*) \cdot \Delta \boldsymbol{v}_1 \tag{12-2-7}$$

将式(12-2-4)代入上式可得

$$\Delta \boldsymbol{v}_m(\tau^*) = -[\boldsymbol{\Phi}_{vv}(\tau^*)\boldsymbol{\Phi}_{\rho v}^{-1}(\tau^*)\boldsymbol{\Phi}_{\rho\rho}(\tau^*) \quad \vdots \quad \boldsymbol{\Phi}_{vv}(\tau^*)] \cdot \begin{bmatrix} \boldsymbol{\rho}(0) \\ \boldsymbol{v}(0) \end{bmatrix} \tag{12-2-8}$$

线性系统满足叠加性,故在施加第二次冲量前,$\tau=\tau^*$ 时刻总的失误速度为 $\boldsymbol{v}_m(\tau^*)+\Delta \boldsymbol{v}_m(\tau^*)$,第二次冲量就是要补偿这一失误速度,因此有

$$\Delta \boldsymbol{v}_2 = -[\boldsymbol{v}_m(\tau^*)+\Delta \boldsymbol{v}_m(\tau^*)] \tag{12-2-9}$$

将式(12-2-6)和式(12-2-8)代入上式可得

$$\Delta \boldsymbol{v}_2 = [\boldsymbol{\Phi}_{vv}(\tau^*)\boldsymbol{\Phi}_{\rho v}^{-1}(\tau^*)\boldsymbol{\Phi}_{\rho\rho}(\tau^*) - \boldsymbol{\Phi}_{v\rho}(\tau^*)] \cdot \boldsymbol{\rho}(0) \tag{12-2-10}$$

由式(12-2-10)可知,对于给定的 τ^*,第二次冲量只与初始相对位置有关,而与初始相对速度无关。

由式(12-2-4)和式(12-2-10),可求得两次相对速度增量 Δv_1 和 Δv_2 的大小为

$$\begin{cases} \Delta v_1 = (\Delta \dot{x}_1^2+\Delta \dot{y}_1^2+\Delta \dot{z}_1^2)^{\frac{1}{2}} \\ \Delta v_2 = (\Delta \dot{x}_2^2+\Delta \dot{y}_2^2+\Delta \dot{z}_2^2)^{\frac{1}{2}} \end{cases} \tag{12-2-11}$$

因此,两冲量固定时间交会的特征速度 v_{ch} 为

$$v_{\mathrm{ch}} = \Delta v_1 + \Delta v_2 \tag{12-2-12}$$

由 $\Delta \boldsymbol{v}_1$ 和 $\Delta \boldsymbol{v}_2$ 的表达式可知,它们与交会时间 τ^* 密切相关,因此在给定的初始条件下,应选择最优交会时间间隔,使特征速度最小。

当脉冲个数多于两个时,在交会过程中能够满足更多的约束条件,还可能降低燃料的消耗,此即多冲量交会问题。显然,多冲量交会问题可以转化为多个两冲量固定时间交会问题,并通过最优控制或非线性规划的方法求解[4,5]。

上述两冲量固定时间交会算法的物理意义明确、计算量小,因此成为工程实践中应用的交会制导算法的重要基础[1]。但在使用中需要注意,计算 $\Delta \boldsymbol{v}_1$ 和 $\Delta \boldsymbol{v}_2$ 时都需要计算转移矩阵 $\boldsymbol{\Phi}_{\rho v}(\tau)$ 的逆,而由式(12-1-22)可知,当 $n\tau=k\pi$ 时该矩阵的逆不存在。这是因为 $\boldsymbol{\Phi}_{\rho v}(\tau)$ 表示初始时刻的速度到终端时刻位置的转移矩阵,而在 $n\tau=k\pi$ 这些时间点上,某些方向的初始速度对终端时刻的位置无法产生影响。因此在设计交会轨道时,要尽量避免把 $\tau=k\pi/n$ 作为交会转移时间。

例题 若目标航天器位于轨道高度 343km 的圆轨道上,追踪器在目标航天器的轨道平面内运动,其初始相对运动状态参数为

$$\boldsymbol{\rho}_0 = \begin{bmatrix} -5 \\ -52 \\ 0 \end{bmatrix} \mathrm{km}, \quad \boldsymbol{v}_0 = \begin{bmatrix} 0 \\ 0 \\ 0 \end{bmatrix} \mathrm{m/s}$$

要求执行一次两冲量机动,以便在 1h 后与目标航天器实现交会。

目标轨道是圆轨道,故有

$$n = \sqrt{\frac{\mu}{r_2^3}} = 1.145794 \times 10^{-3}\ \mathrm{rad/s}$$

根据式(12-1-22),计算相对运动的状态转移矩阵

$$\boldsymbol{\Phi}_{\rho\rho}(\tau^*)=\begin{bmatrix}5.663 & 0 & 0\\ -29.743 & 1 & 0\\ 0 & 0 & -0.554\end{bmatrix},\quad \boldsymbol{\Phi}_{\rho v}(\tau^*)=\begin{bmatrix}-726.407 & 2713.064 & 0\\ -2713.064 & -13705.626 & 0\\ 0 & 0 & -726.407\end{bmatrix}$$

$$\boldsymbol{\Phi}_{v\rho}(\tau^*)=\begin{bmatrix}-2.861\times10^{-3} & 0 & 0\\ -1.068\times10^{-2} & 0 & 0\\ 0 & 0 & 9.635\times10^{-4}\end{bmatrix},\quad \boldsymbol{\Phi}_{vv}(\tau^*)=\begin{bmatrix}-0.554 & -1.665 & 0\\ 1.665 & -5.217 & 0\\ 0 & 0 & -0.554\end{bmatrix}$$

根据式(12-2-4),消除失误坐标的第一次机动的速度增量为

$$\Delta\boldsymbol{v}_1=-[\boldsymbol{\Phi}_{\rho v}^{-1}(\tau^*)\boldsymbol{\Phi}_{\rho\rho}(\tau^*)\quad \vdots \quad \boldsymbol{I}]\cdot\begin{bmatrix}\boldsymbol{\rho}_0\\ \boldsymbol{v}_0\end{bmatrix}=\begin{bmatrix}-7.257\\ 8.493\\ 0\end{bmatrix}\text{m/s}$$

根据式(12-2-10),消除失误速度的第二次机动的速度增量为

$$\Delta\boldsymbol{v}_2=[\boldsymbol{\Phi}_{vv}(\tau^*)\boldsymbol{\Phi}_{\rho v}^{-1}(\tau^*)\boldsymbol{\Phi}_{\rho\rho}(\tau^*)-\boldsymbol{\Phi}_{v\rho}(\tau^*)]\cdot\boldsymbol{\rho}_0=\begin{bmatrix}-4.190\\ 2.965\\ 0\end{bmatrix}\text{m/s}$$

故特征速度为

$$v_{\text{ch}}=\Delta v_1+\Delta v_2=16.304\text{m/s}$$

图 12-8 所示是追踪器相对位置的变化情况,虚线表示若不施加第二次冲量,即错过交会机会后相对位置的变化。

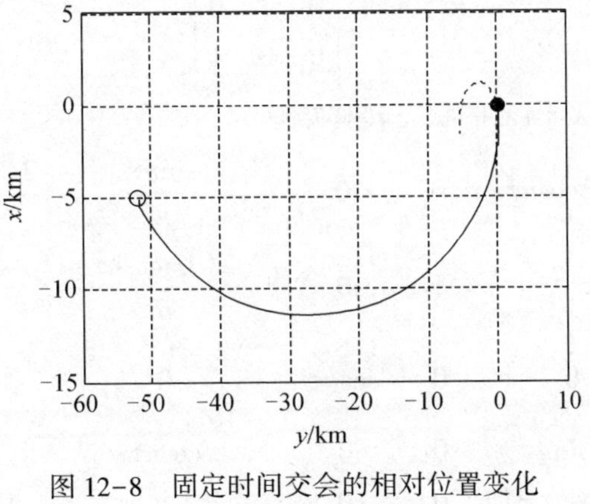

图 12-8　固定时间交会的相对位置变化

12.2.2　最优轨道交会问题

对于轨控发动机的推力为有限值的情况,可以用最优控制理论求解交会问题[6]。将航天器相对运动方程(12-1-14)写成一阶微分方程组的形式

$$\begin{cases}\dot{x}=v_x\\ \dot{y}=v_y\\ \dot{z}=v_z\\ \dot{v}_x=3n^2x+2nv_y+a_{Tx}\\ \dot{v}_y=-2nv_x+a_{Ty}\\ \dot{v}_z=-n^2z+a_{Tz}\end{cases}\tag{12-2-13}$$

令

$$X = [x \quad y \quad z \quad v_x \quad v_y \quad v_z]^{\mathrm{T}}$$
$$u = [a_{Tx} \quad a_{Ty} \quad a_{Tz}]^{\mathrm{T}} \tag{12-2-14}$$

则式(12-2-13)可以写成矩阵形式

$$\dot{X} = AX + Bu \tag{12-2-15}$$

其中,

$$A = \begin{bmatrix} 0 & I \\ A_1 & A_2 \end{bmatrix} = \begin{bmatrix} 0 & 0 & 0 & \vdots & 1 & 0 & 0 \\ 0 & 0 & 0 & \vdots & 0 & 1 & 0 \\ 0 & 0 & 0 & \vdots & 0 & 0 & 1 \\ \cdots & \cdots & \cdots & \vdots & \cdots & \cdots & \cdots \\ 3n^2 & 0 & 0 & \vdots & 0 & 2n & 0 \\ 0 & 0 & 0 & \vdots & -2n & 0 & 0 \\ 0 & 0 & -n^2 & \vdots & 0 & 0 & 0 \end{bmatrix} \tag{12-2-16}$$

$$B = \begin{bmatrix} 0 & 0 & 0 \\ 0 & 0 & 0 \\ 0 & 0 & 0 \\ 1 & 0 & 0 \\ 0 & 1 & 0 \\ 0 & 0 & 1 \end{bmatrix} \tag{12-2-17}$$

当 $u=0$ 时,线性自治系统 $\dot{X}=AX$ 的状态转移矩阵为

$$\Phi = \begin{bmatrix} \Phi_A \\ \dot{\Phi}_A \end{bmatrix} = \begin{bmatrix} 4-3\cos n\tau & 0 & 0 & \dfrac{\sin n\tau}{n} & \dfrac{2(1-\cos n\tau)}{n} & 0 \\ 6(\sin n\tau - n\tau) & 1 & 0 & \dfrac{-2(1-\cos n\tau)}{n} & \dfrac{4\sin n\tau}{n}-3\tau & 0 \\ 0 & 0 & \cos n\tau & 0 & 0 & \dfrac{\sin n\tau}{n} \\ 3n\sin n\tau & 0 & 0 & \cos n\tau & 2\sin n\tau & 0 \\ 6n(\cos n\tau - 1) & 0 & 0 & -2\sin n\tau & 4\cos n\tau - 3 & 0 \\ 0 & 0 & -n\sin n\tau & 0 & 0 & \cos n\tau \end{bmatrix} \tag{12-2-18}$$

交会要求的终端状态是

$$X(\tau_f) = 0 \tag{12-2-19}$$

如果要求在给定的时间 τ_f 交会,则是固定时间、固定端点的最优控制问题。优化指标取为能量最省,即

$$J = \frac{1}{2}\int_0^{\tau_f} u^{\mathrm{T}} \cdot u \,\mathrm{d}t = \frac{1}{2}\int_0^{\tau_f} (a_{Tx}^2 + a_{Ty}^2 + a_{Tz}^2)\,\mathrm{d}t \tag{12-2-20}$$

依据极小值原理,作哈密尔顿函数

$$H = \frac{1}{2}u^{\mathrm{T}}u + \lambda_r^{\mathrm{T}} v + \lambda_v^{\mathrm{T}}(A_1 r + A_2 v + u) \tag{12-2-21}$$

式中：$\boldsymbol{\lambda}_r$、$\boldsymbol{\lambda}_v$为协态变量。令 $\boldsymbol{\lambda} \triangleq [\boldsymbol{\lambda}_r \quad \boldsymbol{\lambda}_v]^{\mathrm{T}}$，则其满足协态方程

$$\dot{\boldsymbol{\lambda}}^{\mathrm{T}} = -\frac{\partial H}{\partial \boldsymbol{X}} \tag{12-2-22}$$

由此可得

$$\dot{\boldsymbol{\lambda}}_r = -\boldsymbol{A}_1^{\mathrm{T}}\boldsymbol{\lambda}_v, \quad \dot{\boldsymbol{\lambda}}_v = -\boldsymbol{A}_2^{\mathrm{T}}\boldsymbol{\lambda}_v - \boldsymbol{\lambda}_r$$

注意到 $\boldsymbol{A}_1$是对角矩阵、$\boldsymbol{A}_2$是反对称矩阵，则有

$$\begin{cases} \dot{\boldsymbol{\lambda}}_r = -\boldsymbol{A}_1\boldsymbol{\lambda}_v \\ \dot{\boldsymbol{\lambda}}_v = \boldsymbol{A}_2\boldsymbol{\lambda}_v - \boldsymbol{\lambda}_r \end{cases} \tag{12-2-23}$$

最优控制量 $\boldsymbol{u}^*$ 应使得哈密尔顿函数 H 达到极小值

$$\left.\frac{\partial H}{\partial \boldsymbol{u}}\right|_{\boldsymbol{u}=\boldsymbol{u}^*} = 0 \tag{12-2-24}$$

因此有

$$\boldsymbol{u}^* = -\boldsymbol{\lambda}_v \tag{12-2-25}$$

将式(12-2-25)代入式(12-2-15)，则可以将式(12-2-15)及式(12-2-23)统一写成新的状态方程形式

$$\begin{bmatrix} \dot{\boldsymbol{r}} \\ \dot{\boldsymbol{v}} \\ \dot{\boldsymbol{\lambda}}_r \\ \dot{\boldsymbol{\lambda}}_v \end{bmatrix} = \begin{bmatrix} 0 & \boldsymbol{I} & 0 & 0 \\ \boldsymbol{A}_1 & \boldsymbol{A}_2 & 0 & -\boldsymbol{I} \\ 0 & 0 & 0 & -\boldsymbol{A}_1 \\ 0 & 0 & -\boldsymbol{I} & \boldsymbol{A}_2 \end{bmatrix} \begin{bmatrix} \boldsymbol{r} \\ \boldsymbol{v} \\ \boldsymbol{\lambda}_r \\ \boldsymbol{\lambda}_v \end{bmatrix} \tag{12-2-26}$$

对式(12-2-23)的第二式继续求微分，并注意到 $\boldsymbol{A}_2$是常值矩阵，可得

$$\ddot{\boldsymbol{\lambda}}_v = \dot{\boldsymbol{A}}_2\boldsymbol{\lambda}_v + \boldsymbol{A}_2\dot{\boldsymbol{\lambda}}_v - \dot{\boldsymbol{\lambda}}_r = \boldsymbol{A}_2\dot{\boldsymbol{\lambda}}_v + \boldsymbol{A}_1\boldsymbol{\lambda}_v \tag{12-2-27}$$

可见，$\boldsymbol{\lambda}_v$与 $\boldsymbol{r}$ 的二阶微分方程具有相同的形式 $\ddot{\boldsymbol{r}} = \boldsymbol{A}_2\dot{\boldsymbol{r}} + \boldsymbol{A}_1\boldsymbol{r}$，因此 $\boldsymbol{\lambda}_v$与 $\boldsymbol{r}$ 的解具有相同的形式

$$\boldsymbol{\lambda}_v = \boldsymbol{\Phi}_A\boldsymbol{\lambda}_{v0}, \quad \dot{\boldsymbol{\lambda}}_v = \dot{\boldsymbol{\Phi}}_A\boldsymbol{\lambda}_{v0} \tag{12-2-28}$$

其中，$\boldsymbol{\lambda}_{v0}$是 $\boldsymbol{\lambda}_v$的初值，由 τ_f时刻的边界条件决定。根据式(12-2-23)的第二式及式(12-2-28)，可将 $\boldsymbol{\lambda}_r$用 $\boldsymbol{\lambda}_{v0}$表示

$$\boldsymbol{\lambda}_r = \boldsymbol{A}_2\boldsymbol{\lambda}_v - \dot{\boldsymbol{\lambda}}_v = (\boldsymbol{A}_2\boldsymbol{\Phi}_A - \dot{\boldsymbol{\Phi}}_A)\boldsymbol{\lambda}_{v0} \tag{12-2-29}$$

根据式(12-2-28)及式(12-2-29)，可以将协态变量的解写成如下形式

$$\begin{bmatrix} \boldsymbol{\lambda}_r \\ \boldsymbol{\lambda}_v \end{bmatrix} = \begin{bmatrix} \boldsymbol{A}_2\boldsymbol{\Phi}_A - \dot{\boldsymbol{\Phi}}_A \\ \boldsymbol{\Phi}_A \end{bmatrix} \boldsymbol{\lambda}_{v0} \triangleq \boldsymbol{\Psi} \cdot \boldsymbol{\lambda}_{v0} \tag{12-2-30}$$

式中，矩阵 $\boldsymbol{\Psi}$ 为

$$\boldsymbol{\Psi} = \begin{bmatrix} \boldsymbol{A}_2\boldsymbol{\Phi}_A - \dot{\boldsymbol{\Phi}}_A \\ \boldsymbol{\Phi}_A \end{bmatrix} \triangleq \begin{bmatrix} \boldsymbol{\Phi}_B \\ \boldsymbol{\Phi}_A \end{bmatrix}$$

根据线性系统理论，状态方程(12-2-15)的解可写为

$$\boldsymbol{X}(\tau) = \boldsymbol{\Phi}(\tau)\boldsymbol{\Phi}_0^{-1}\boldsymbol{X}_0 + \boldsymbol{\Phi}(\tau)\int_0^{\tau}\boldsymbol{\Phi}^{-1}(\tau)\boldsymbol{B}\boldsymbol{u}(\tau)\mathrm{d}\tau \tag{12-2-31}$$

其中，$\boldsymbol{X}_0 = \boldsymbol{X}(0)$，$\boldsymbol{\Phi}_0^{-1} = \boldsymbol{\Phi}_0^{-1}(0)$。矩阵 $\boldsymbol{\Phi}^{-1}(\tau)$ 难以通过直接对 $\boldsymbol{\Phi}(\tau)$ 求逆得到解析表达式，但

矩阵 $\boldsymbol{\Phi}(\tau)$ 与 $\boldsymbol{\Psi}(\tau)$ 的乘积满足如下关系式

$$\boldsymbol{\Psi}^{\mathrm{T}}\boldsymbol{\Phi}=[\,-\boldsymbol{\Phi}_A^{\mathrm{T}}\boldsymbol{A}_2-\dot{\boldsymbol{\Phi}}_A^{\mathrm{T}}\quad \boldsymbol{\Phi}_A^{\mathrm{T}}\,]\begin{bmatrix}\boldsymbol{\Phi}_A\\ \dot{\boldsymbol{\Phi}}_A\end{bmatrix}=-\boldsymbol{\Phi}_A^{\mathrm{T}}\boldsymbol{A}_2\boldsymbol{\Phi}_A-\dot{\boldsymbol{\Phi}}_A^{\mathrm{T}}\boldsymbol{\Phi}_A+\boldsymbol{\Phi}_A^{\mathrm{T}}\dot{\boldsymbol{\Phi}}_A$$

$$=\boldsymbol{\Phi}_A^{\mathrm{T}}\dot{\boldsymbol{\Phi}}_A-(\boldsymbol{\Phi}_A^{\mathrm{T}}\dot{\boldsymbol{\Phi}}_A)^{\mathrm{T}}-\boldsymbol{\Phi}_A^{\mathrm{T}}\boldsymbol{A}_2\boldsymbol{\Phi}_A$$

将相关矩阵的值代入上式,可得 $\boldsymbol{\Psi}^{\mathrm{T}}\boldsymbol{\Phi}$ 的结果等于常值矩阵 $\boldsymbol{C}$,其中 $\boldsymbol{C}$ 的表达式为

$$\boldsymbol{\Psi}^{\mathrm{T}}\boldsymbol{\Phi}=\boldsymbol{C}=\begin{bmatrix}0&-2n&0&1&0&0\\2n&0&0&0&1&0\\0&0&0&0&0&1\\1&0&0&0&0&0\\0&1&0&0&0&0\\0&0&1&0&0&0\end{bmatrix}\tag{12-2-32}$$

因此求得 $\boldsymbol{\Phi}^{-1}(\tau)$

$$\boldsymbol{\Phi}^{-1}=\boldsymbol{C}^{-1}\boldsymbol{\Psi}^{\mathrm{T}}=\boldsymbol{C}^{-1}[\,\boldsymbol{\Phi}_B^{\mathrm{T}}\quad \boldsymbol{\Phi}_A^{\mathrm{T}}\,]\tag{12-2-33}$$

将 $\boldsymbol{u}^*=-\boldsymbol{\lambda}_v$ 以及 $\boldsymbol{\Phi}^{-1}(\tau)$ 的表达式(12-2-33)代入式(12-2-31),并令 $\tau=\tau_f$,根据终端约束条件可求出 $\boldsymbol{\lambda}_{v0}$ 的值

$$\boldsymbol{\lambda}_{v0}=-\boldsymbol{S}^{-1}(\tau_f)\boldsymbol{CK}\tag{12-2-34}$$

其中,矩阵 $\boldsymbol{K}=\boldsymbol{\Phi}_f^{-1}\boldsymbol{X}_f-\boldsymbol{\Phi}_0^{-1}\boldsymbol{X}_0$,$\boldsymbol{X}_f=\boldsymbol{X}(\tau_f)$;矩阵 $\boldsymbol{S}(\tau)=\int_0^{\tau}\boldsymbol{\Phi}_A^{\mathrm{T}}\boldsymbol{\Phi}_A\mathrm{d}\tau$ 为对称矩阵,各非零项的表达式为

$$\begin{cases}S_{11}=72\tau\cos n\tau+\dfrac{154n\tau+48n^3\tau^3-384\sin n\tau-27\sin 2n\tau}{4n}\\ S_{12}=S_{21}=-3n\tau^2+\dfrac{6-6\cos n\tau}{n}\\ S_{14}=S_{41}=\dfrac{8+12n^2\tau^2-8\cos n\tau-24n\tau\cdot\sin n\tau+9\sin^2 n\tau}{2n^2}\\ S_{15}=S_{51}=\dfrac{23n\tau+6n^3\tau^3+42n\tau\cos n\tau-56\sin n\tau-(9/2)\sin 2n\tau}{n^2}\\ S_{22}=\tau\\ S_{24}=S_{42}=\dfrac{2(-n\tau+\sin n\tau)}{n^2}\\ S_{25}=S_{52}=-\dfrac{3\tau^2}{2}+\dfrac{4-4\cos n\tau}{n^2}\\ S_{33}=\dfrac{2n\tau+\sin 2n\tau}{4n}\\ S_{36}=S_{63}=\dfrac{\sin^2 n\tau}{2n^2}\\ S_{44}=\dfrac{26nt-32\sin n\tau+3\sin 2n\tau}{4n^3}\end{cases}$$

$$\begin{cases} S_{45}=S_{54}=\dfrac{3(-n\tau+\sin n\tau)^2}{n^3} \\ S_{55}=\dfrac{14n\tau+3n^3\tau^3+24n\tau\cos n\tau-32\sin n\tau-3\sin 2n\tau}{n^3} \\ S_{66}=\dfrac{2n\tau-\sin 2n\tau}{4n^3} \end{cases}$$

将式(12-2-34)及式(12-2-28)代入式(12-2-25),可得最优控制的解析表达式为

$$\boldsymbol{u}^*(\tau)=\boldsymbol{\Phi}_A\boldsymbol{S}^{-1}(\tau_f)\boldsymbol{CK} \tag{12-2-35}$$

将式(12-2-35)代入式(12-2-20),可得优化指标的值为

$$J=\frac{1}{2}\boldsymbol{K}^{\mathrm{T}}\boldsymbol{C}^{\mathrm{T}}\boldsymbol{S}^{-1}(\tau_f)\boldsymbol{CK} \tag{12-2-36}$$

利用上述结果,同样针对 12.2.1 节的例题,可得最优控制加速度曲线与相对位置变化曲线如图 12-9 和图 12-10 所示。计算结果表明,最优控制交会策略下的速度增量为

$$\Delta v=\frac{1}{2}\int_0^{\tau_f}(|a_{Tx}|+|a_{Ty}|+|a_{Tz}|)\mathrm{d}\tau=27.882\mathrm{m/s}$$

该值要比 12.2.1 节的特征速度结果大。

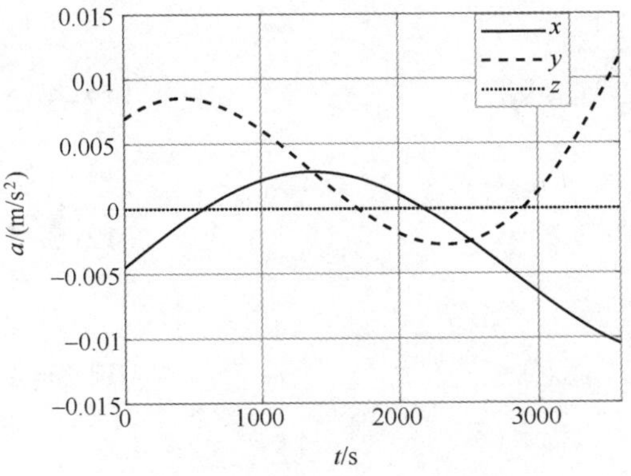

图 12-9　最优控制加速度的变化

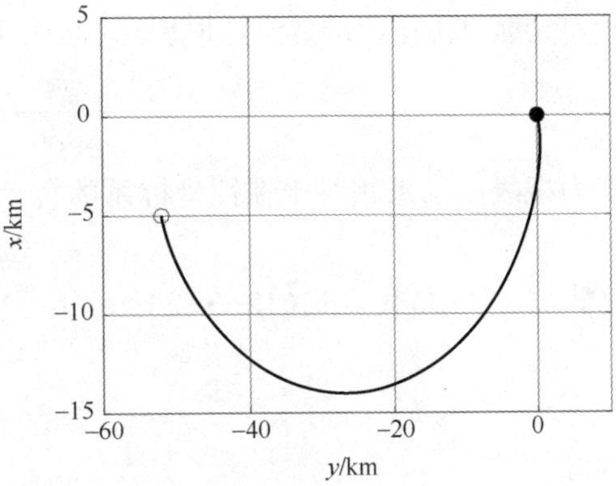

图 12-10　最优轨道交会的相对位置变化

由式(12-2-35)确定的控制量是连续变化的,而航天器上发动机的推力大小一般是不可调的,因此还要通过脉冲调制等技术将连续控制量转换成开关型控制量。此外,也可以根据最优控制理论,直接设计适合常值推力发动机工作特性的相平面开关曲线型交会控制律[1,8]。

12.3　视线坐标系中的交会末制导方法

12.3.1　相对运动方程

1. 视线坐标系内绝对速度差的表示

视线坐标系 $O\text{-}\xi\eta\zeta$ 的原点与目标航天器的质心固联,并跟随其一起运动。O 点与追踪航天器质心 O_1 的连线为 ξ 轴,指向追踪器,ξ 轴为从目标器上观察追踪器的视线。根据相对导航设备安装方式的不同,η 轴与 ζ 轴有不同的定义方式。在视线坐标系中实施交会制导时,常采用雷达或光学相机作为测量设备。假定测量设备捷联安装在航天器上,其测量轴线与航天器

本体坐标系 $O_1-x_by_bz_b$ 的 x_b 轴方向相反，如图 12-11 所示。在捕获目标航天器后，姿态控制系统保证测量轴线始终对准目标航天器，即使 x_b 轴与 ξ 轴重合，同时定义 $\boldsymbol{\eta}$ 轴与 ζ 轴分别与 y_b 轴和 z_b 轴重合。这样，在星载测量设备轴线始终对准目标航天器的条件下，视线坐标系即为原点在目标航天器质心，三轴分别与追踪航天器的体轴平行且指向一致的动坐标系。

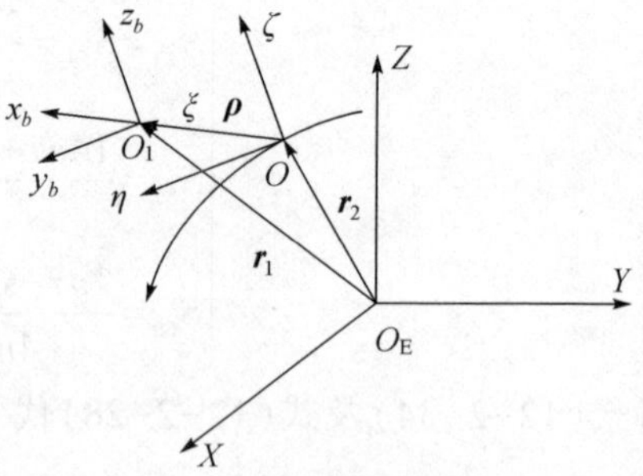

图 12-11　视线坐标系

在交会过程中，视线坐标系与追踪器本体坐标系以相同的角速度 $\boldsymbol{\omega}_s$ 在惯性坐标系中旋转。$\boldsymbol{\omega}_s$ 在 $O_1-x_by_bz_b$ 三轴上的分量 ω_ξ、ω_η、ω_ζ 可分别由安装在航天器体轴上的速率陀螺测出。下面分析在视线坐标系中表示两航天器相对运动的方法。

将两航天器的绝对速度差记为 $\boldsymbol{v}$，则有

$$\boldsymbol{v}=\frac{\mathrm{d}\boldsymbol{\rho}}{\mathrm{d}t}$$

将 $\boldsymbol{v}$ 在 $O-\xi\eta\zeta$ 坐标系内的三个分量表示为

$$\boldsymbol{v}=v_\xi\boldsymbol{\xi}^0+v_\eta\boldsymbol{\eta}^0+v_\zeta\boldsymbol{\zeta}^0 \tag{12-3-1}$$

在 $O-\xi\eta\zeta$ 坐标系内观察时，根据式(2-4-14)有

$$\boldsymbol{v}=\frac{\delta\boldsymbol{\rho}}{\delta t}+\boldsymbol{\omega}_s\times\boldsymbol{\rho}=\frac{\delta\rho}{\delta t}\boldsymbol{\xi}^0+\boldsymbol{\omega}_s\times\boldsymbol{\rho} \tag{12-3-2}$$

$\boldsymbol{\omega}_s$ 为视线坐标系相对于惯性坐标系的转动角速度，有

$$\boldsymbol{\omega}_s=\omega_\xi\boldsymbol{\xi}^0+\omega_\eta\boldsymbol{\eta}^0+\omega_\zeta\boldsymbol{\zeta}^0 \tag{12-3-3}$$

将式(12-3-3)代入式(12-3-2)，并令

$$\frac{\delta\rho}{\delta t}=\dot{\rho} \tag{12-3-4}$$

可得

$$\boldsymbol{v}=\dot{\rho}\boldsymbol{\xi}^0+\omega_\zeta\rho\boldsymbol{\eta}^0-\omega_\eta\rho\boldsymbol{\zeta}^0 \tag{12-3-5}$$

式(12-3-5)即两航天器的绝对速度差在视线坐标系内的分量。可见，只要在视线坐标系内测得 ρ、$\dot{\rho}$、ω_η 和 ω_ζ 就可以计算出 $\boldsymbol{v}$。

由式(12-3-5)可见，$\boldsymbol{v}$ 只与 ω_η 和 ω_ζ 有关，而与 ω_ξ 无关。考虑到 ω_η 和 ω_ζ 均与视线 $\boldsymbol{\xi}^0$ 垂直，故 $\boldsymbol{\omega}_s$ 的这两个分量描述的是视线的旋转角速度，称为视线转率，记为 $\boldsymbol{\omega}_L$，即

$$\boldsymbol{\omega}_L=\omega_\eta\boldsymbol{\eta}^0+\omega_\zeta\boldsymbol{\zeta}^0 \tag{12-3-6}$$

其大小为

$$\omega_L=\sqrt{\omega_\eta^2+\omega_\zeta^2} \tag{12-3-7}$$

在式(12-3-5)中，若记

$$\boldsymbol{v}_n=\omega_\zeta\rho\boldsymbol{\eta}^0-\omega_\eta\rho\boldsymbol{\zeta}^0 \tag{12-3-8}$$

由式(12-3-6)可知

$$\boldsymbol{v}_n=\boldsymbol{\omega}_L\times\boldsymbol{\rho} \tag{12-3-9}$$

因此 $\boldsymbol{v}_n$ 是相对速度 $\boldsymbol{v}$ 在垂直于视线方向的分量，称为法向速度；而 $\dot{\rho}\boldsymbol{\xi}^0$ 是相对速度 $\boldsymbol{v}$ 沿着视线方向的分量，称为纵向速度或接近速度。若法向速度为零，则两航天器的相对速度将沿着视线

方向，因此在视线坐标系内会看到追踪器沿着视线飞向目标。

2. 相对运动方程的建立

由前面的分析可知，只要建立起$\dot{\rho}$、ω_η和ω_ζ的运动微分方程，就可以描述两航天器间的相对运动。为此，取视线坐标系为参考坐标系，可得与式（12-1-4）类似的相对运动表达式，有

$$\frac{\mathrm{d}^2\boldsymbol{\rho}}{\mathrm{d}t^2}=\frac{\delta^2\boldsymbol{\rho}}{\delta t^2}+2\boldsymbol{\omega}_s\times\frac{\delta\boldsymbol{\rho}}{\delta t}+\boldsymbol{\omega}_s\times(\boldsymbol{\omega}_s\times\boldsymbol{\rho})+\boldsymbol{\varepsilon}_s\times\boldsymbol{\rho} \tag{12-3-10}$$

其中，$\delta^2\boldsymbol{\rho}/\delta t^2$和$\delta\boldsymbol{\rho}/\delta t$分别表示视线坐标系内的相对加速度和相对速度。根据$\boldsymbol{\rho}=\rho\boldsymbol{\xi}^0$易知

$$\begin{cases}\dfrac{\delta\boldsymbol{\rho}}{\delta t}=\dot{\rho}\boldsymbol{\xi}^0\\ \dfrac{\delta^2\boldsymbol{\rho}}{\delta t^2}=\ddot{\rho}\boldsymbol{\xi}^0\end{cases} \tag{12-3-11}$$

$\boldsymbol{\varepsilon}_s$为视线坐标系的角加速度，由式（12-3-3）可知

$$\boldsymbol{\varepsilon}_s=\dot{\omega}_\xi\boldsymbol{\xi}^0+\dot{\omega}_\eta\boldsymbol{\eta}^0+\dot{\omega}_\zeta\boldsymbol{\zeta}^0 \tag{12-3-12}$$

再结合式（12-1-3），可得

$$\frac{\delta^2\boldsymbol{\rho}}{\delta t^2}+2\boldsymbol{\omega}_s\times\frac{\delta\boldsymbol{\rho}}{\delta t}+\boldsymbol{\omega}_s\times(\boldsymbol{\omega}_s\times\boldsymbol{\rho})+\boldsymbol{\varepsilon}_s\times\boldsymbol{\rho}-\Delta\boldsymbol{g}=\boldsymbol{a}_T \tag{12-3-13}$$

其中引力加速度差为

$$\Delta\boldsymbol{g}=\boldsymbol{g}_1-\boldsymbol{g}_2=-\frac{\mu\,\boldsymbol{r}_1}{r_1^3}+\frac{\mu\,\boldsymbol{r}_2}{r_2^3}=\mu\,\frac{\boldsymbol{r}_2-(r_2/r_1)^3\boldsymbol{r}_1}{r_2^3} \tag{12-3-14}$$

定义$\boldsymbol{r}_2$与视线坐标系三轴的方向余弦分别为α、β、γ，即

$$\cos\alpha=\frac{\boldsymbol{r}_2\cdot\boldsymbol{\xi}^0}{r_2},\quad \cos\beta=\frac{\boldsymbol{r}_2\cdot\boldsymbol{\eta}^0}{r_2},\quad \cos\gamma=\frac{\boldsymbol{r}_2\cdot\boldsymbol{\zeta}^0}{r_2} \tag{12-3-15}$$

将上式及式（12-1-9）代入式（12-3-14），并注意到式（12-1-9）的x为

$$x=\boldsymbol{\rho}\cdot\frac{\boldsymbol{r}_2}{r_2}=\rho\,\frac{\boldsymbol{r}_2\cdot\boldsymbol{\xi}^0}{r_2}=\rho\cos\alpha$$

若假设$e\approx0$且$\rho\ll r_2$，则可得引力加速度差在视线坐标系三轴上的分量为

$$\begin{cases}\Delta g_\xi=-\rho n^2(1-3\cos^2\alpha)\\ \Delta g_\eta=3\rho n^2\cos\alpha\cos\beta\\ \Delta g_\zeta=3\rho n^2\cos\alpha\cos\gamma\end{cases} \tag{12-3-16}$$

式中：n为目标航天器的平均轨道角速度。

将式（12-3-11）、式（12-3-12）、式（12-3-3）与式（12-3-16）代入式（12-3-10），可得视线坐标系内的相对运动方程为

$$\begin{cases}\ddot{\rho}-\rho(\omega_\eta^2+\omega_\zeta^2)+\rho n^2(1-3\cos^2\alpha)=a_\xi\\ \rho\dot{\omega}_\zeta+2\dot{\rho}\,\omega_\zeta+\rho\omega_\xi\omega_\eta-3\rho n^2\cos\alpha\cos\beta=a_\eta\\ \rho\dot{\omega}_\eta+2\dot{\rho}\,\omega_\eta-\rho\omega_\xi\omega_\zeta+3\rho n^2\cos\alpha\cos\gamma=-a_\zeta\end{cases} \tag{12-3-17}$$

在上式的三个方程中，有ρ、ω_ξ、ω_η和ω_ζ四个未知数，因此方程的解是不定的。原因在于定义视线坐标系O-$\xi\eta\zeta$的η轴与ζ轴时，只规定它们与追踪器本体系的y轴和z轴重合，而追踪

器本体系的运动规律并未给定,由此导致方程(12-3-17)的解不定。为使方程(12-3-17)有唯一解,可以规定

$$\omega_\xi = 0 \tag{12-3-18}$$

即航天器在滚转方向保持稳定,当然这需要由航天器的姿态控制系统来保证其运动符合上述规定。

同时,由式(12-3-16)可以看到,两航天器的引力加速度差与ρn^2成正比。对近地航天器,$n \approx 10^{-3}$rad/s,故当$\rho<30$km时,Δg的量级不会超过0.045m/s^2,并且随着ρ的减小而减小。仿真计算表明,略去引力差所造成的误差很小,对交会末制导问题的分析没有实质性影响。故此,可以得到视线坐标系内进一步简化的相对运动方程

$$\begin{cases}\ddot{\rho} - \rho(\omega_\eta^2 + \omega_\zeta^2) = a_\xi \\ \rho\dot{\omega}_\zeta + 2\dot{\rho}\omega_\zeta = a_\eta \\ \rho\dot{\omega}_\eta + 2\dot{\rho}\omega_\eta = -a_\zeta \end{cases} \tag{12-3-19}$$

上式中,发动机工作时可近似认为推力加速度的三个分量为常量,即忽略由于发动机工作引起的航天器质量变化。

由式(12-3-19)可知,当给定初始时刻$t=0$的运动状态ρ_0、$\dot{\rho}_0$、$\omega_{\eta 0}$、$\omega_{\zeta 0}$和发动机工作状态$\boldsymbol{a}_T$后,就可以求出之后任一时刻的ρ、$\dot{\rho}$、ω_η和ω_ζ。

12.3.2 运动方程的自由解

在研究末制导方法之前,先研究不进行末制导时,即$a_\xi = a_\eta = a_\zeta = 0$时航天器自由运动的特性,在此基础上引出应采取的末制导方法。

在自由运动情况下,式(12-3-19)可以写成

$$\begin{cases}\dfrac{\mathrm{d}^2\rho}{\mathrm{d}t^2} = \rho(\omega_\eta^2 + \omega_\zeta^2) \\ \dfrac{\mathrm{d}(\rho^2\omega_\zeta)}{\mathrm{d}t} = 0 \\ \dfrac{\mathrm{d}(\rho^2\omega_\eta)}{\mathrm{d}t} = 0 \end{cases} \tag{12-3-20}$$

在$t=0$,$\rho=\rho_0$,$\dot{\rho}=\dot{\rho}_0$,$\omega_\eta=\omega_{\eta 0}$,$\omega_\zeta=\omega_{\zeta 0}$的初始条件下,由上式的后两式可得

$$\begin{cases}\omega_\zeta = \omega_{\zeta 0}\left(\dfrac{\rho_0}{\rho}\right)^2 \\ \omega_\eta = \omega_{\eta 0}\left(\dfrac{\rho_0}{\rho}\right)^2 \end{cases} \tag{12-3-21}$$

根据式(12-3-7)可知,t时刻视线转率的大小为

$$\omega_L = \omega_{L0}\left(\frac{\rho_0}{\rho}\right)^2 \tag{12-3-22}$$

式中:ω_{L0}为初始时刻视线转率的大小。可见,ω_L与ρ^{-2}成正比,随着ρ的减小,ω_L将迅速增大。

将式(12-3-21)、式(12-3-22)代入式(12-3-20)的第一式中,注意到

$$\frac{\mathrm{d}}{\mathrm{d}t} = \dot{\rho}\frac{\mathrm{d}}{\mathrm{d}\rho}$$

可得

$$\dot{\rho}\,\mathrm{d}\dot{\rho}=\frac{\omega_{L0}^{2}\rho_{0}^{4}}{\rho^{3}}\mathrm{d}\rho$$

即

$$\mathrm{d}\dot{\rho}^{2}=-\omega_{L0}^{2}\rho_{0}^{4}\mathrm{d}\left(\frac{1}{\rho^{2}}\right) \tag{12-3-23}$$

上式两端积分,并注意到

$$v_{n0}=\omega_{L0}\,\rho_{0}$$

可得

$$\dot{\rho}=\dot{\rho}_{0}\left\{1+\left(\frac{v_{n0}}{\dot{\rho}_{0}}\right)^{2}\left[1-\left(\frac{\rho_{0}}{\rho}\right)^{2}\right]\right\}^{\frac{1}{2}} \tag{12-3-24}$$

可见,$\dot{\rho}$随着ρ的减小而减小,且当

$$\rho=\frac{v_{n0}\,\rho_{0}}{\sqrt{v_{n0}^{2}+\dot{\rho}_{0}^{2}}} \tag{12-3-25}$$

时,$\dot{\rho}=0$。而且,若$v_{n0}=0$,则$\dot{\rho}=\dot{\rho}_{0}$,即沿着视线方向的相对速度保持不变。

自由运动的物理意义可解释如下。

以目标航天器的质心为原点,建立一坐标轴在惯性空间中指向不变的平移坐标系,在此坐标系内观察追踪航天器的运动。由于略去了两航天器间的引力差且无推力作用,因此绝对速度差不变。在此坐标系内观察,追踪航天器将以初始绝对速度差$\boldsymbol{v}_{0}$沿直线运动,如图12-12所示。

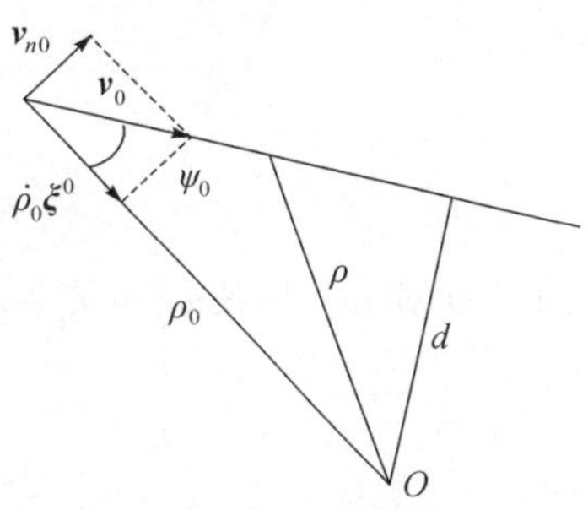

图12-12　平移坐标系内的相对运动轨迹

由于追踪器沿直线运动,若在初始时刻敏感器视线与此直线的夹角为ψ_{0},则由图12-12可知

$$\tan\psi_{0}=\frac{v_{n0}}{\dot{\rho}_{0}}$$

当追踪器沿直线运动到离O的距离为最小值时,若令此距离为d,则由图12-12可知

$$d=\rho_{0}\sin\psi_{0}=\frac{\rho_{0}}{\sqrt{1+\cot^{2}\psi_{0}}}=\frac{v_{n0}\,\rho_{0}}{\sqrt{v_{n0}^{2}+\dot{\rho}_{0}^{2}}}$$

此时视线与绝对速度差垂直,因此$\dot{\rho}=0$,这与式(12-3-25)的结果是一致的。

由上述物理景象的分析可知,当绝对速度差的方向不沿着视线方向时,则存在法向速度v_{n},故有视线转率,从而使追踪航天器不能拦截目标航天器,出现一失误距离d。因此,若使视线转率为零,也就是使绝对速度差的方向对准目标航天器,此时从平移坐标系内观察,航天器将沿对准的直线拦截目标航天器,这和比例导引法中"防止视线转动"的原则是一致的。

12.3.3　末制导方法

视线坐标系内的交会末制导方法与制导发动机的配置有关,在此假定追踪航天器体坐标系三轴的正负向各安装一台可供多次启动的发动机。由于体系与视线坐标系的三轴平行,因

此可以在视线坐标系的三轴方向实施独立的控制。

从控制系统工作的角度,末制导段本身又可以分为粗控段和精控段。当两航天器间的相对距离$\rho>\rho_N$(ρ_N为常数)时是粗控段,当$\rho\leqslant\rho_N$时是精控段。粗控段使用推力较大的发动机来消除初始偏差,精控段则使用数量较多的小喷嘴,进一步消除剩余偏差。从导引法的角度看,两者的思路是相同的,在此以粗控段为例进行讨论。

由前面自由运动的讨论可知,为进行交会,末制导系统一方面要消除视线转率,另一方面还要使视线方向的相对速度$\dot{\rho}$减小为交会要求的$\dot{\rho}_K$。因此,末制导可以分两个方面进行,一方面通过η和ζ通道进行法向制导,分别控制ω_η和ω_ζ,另一方面通过ξ通道进行纵向制动。时序安排上,通常先进行法向制导,当制导使视线转率减小到给定值后,再进行纵向制导。这种安排是考虑到视线转率随ρ的减小增大得很快,故首先要抑制其增长。此外,还考虑到若首先进行制动,则由于$\dot{\rho}_K$很小会导致末制导的时间很长。

1. 法向制导

法向制导的目的是保证追踪器与目标器相遇,这和拦截是一致的。也可以说,法向制导的最终目的是保证脱靶量小于要求值。由前面的讨论可知,该要求等价于将视线转率控制在一定范围内。

由式(12-3-19)的后两式可知,在a_η和a_ζ作用下的相对运动方程为

$$\begin{cases}\dot{\omega}_\zeta=\dfrac{a_\eta-2\dot{\rho}\omega_\zeta}{\rho}\\[2ex]\dot{\omega}_\eta=\dfrac{-a_\zeta-2\dot{\rho}\omega_\eta}{\rho}\end{cases}\tag{12-3-26}$$

为消除ω_ζ和ω_η,应使$\dot{\omega}_\zeta$和$\dot{\omega}_\eta$与之反号。注意到上式中$\rho>0$和$\dot{\rho}<0$,则法向制导应满足

$$\begin{cases}\operatorname{sign}(a_\eta)=-\operatorname{sign}(\omega_\zeta)\\\operatorname{sign}(a_\zeta)=\operatorname{sign}(\omega_\eta)\end{cases}\tag{12-3-27}$$

并且

$$\begin{cases}|a_\eta|>|2\dot{\rho}\omega_\zeta|\\|a_\zeta|>|2\dot{\rho}\omega_\eta|\end{cases}\tag{12-3-28}$$

随着末制导的进行,$|\dot{\rho}|$、$|\omega_\eta|$和$|\omega_\zeta|$将逐渐减小,因而有

$$\begin{cases}|2\dot{\rho}\omega_\zeta|_{\max}=|2\dot{\rho}_0\omega_{\zeta0}|\\|2\dot{\rho}\omega_\eta|_{\max}=|2\dot{\rho}_0\omega_{\eta0}|\end{cases}$$

若令

$$\begin{cases}K_\eta=\dfrac{|2\dot{\rho}_0\omega_{\zeta0}|}{|a_\eta|}\\[2ex]K_\zeta=\dfrac{|2\dot{\rho}_0\omega_{\eta0}|}{|a_\zeta|}\end{cases}\tag{12-3-29}$$

则式(12-3-28)可以写成

$$\begin{cases}K_\eta<1\\K_\zeta<1\end{cases}\tag{12-3-30}$$

式(12-3-30)给出了末制导系统中 η 和 ζ 方向发动机的推力应满足的要求，K_η 和 K_ζ 越小，则视线转率消除得越快。当 $K_\eta>1$ 或 $K_\zeta>1$ 时，$|\omega_\zeta|$ 或 $|\omega_\eta|$ 会越来越大，称之为"失控"，因此发动机推力必须足够大。但考虑发动机最短开机时间、推力误差等因素后，发动机推力越大会导致制导误差越大，因此末制导通常分粗控段和精控段两部分进行，粗控段用较大推力的发动机，精控段用小推力发动机。

由式(12-3-26)可知

$$\begin{cases}\dfrac{\mathrm{d}(\rho^2\omega_\zeta)}{\mathrm{d}t}=a_\eta\rho \\ \dfrac{\mathrm{d}(\rho^2\omega_\eta)}{\mathrm{d}t}=-a_\zeta\rho\end{cases} \tag{12-3-31}$$

将 $\dfrac{\mathrm{d}}{\mathrm{d}t}=\dot{\rho}\dfrac{\mathrm{d}}{\mathrm{d}\rho}$ 代入上式，积分可得

$$\begin{cases}\rho^2\omega_\zeta-\rho_0^2\omega_{\zeta0}=a_\eta\displaystyle\int_{\rho_0}^{\rho}\frac{\rho\mathrm{d}\rho}{\dot{\rho}} \\ \rho^2\omega_\eta-\rho_0^2\omega_{\eta0}=-a_\zeta\displaystyle\int_{\rho_0}^{\rho}\frac{\rho\mathrm{d}\rho}{\dot{\rho}}\end{cases} \tag{12-3-32}$$

因法向控制时不进行纵向制动，故可以认为

$$\dot{\rho}=\dot{\rho}^*=\mathrm{const}$$

则式(12-3-32)可以化简为

$$\begin{cases}\omega_\zeta=\left(\dfrac{\rho_0}{\rho}\right)^2\omega_{\zeta0}+\dfrac{a_\eta}{2\dot{\rho}^*}\left[1-\left(\dfrac{\rho_0}{\rho}\right)^2\right] \\ \omega_\eta=\left(\dfrac{\rho_0}{\rho}\right)^2\omega_{\eta0}-\dfrac{a_\zeta}{2\dot{\rho}^*}\left[1-\left(\dfrac{\rho_0}{\rho}\right)^2\right]\end{cases} \tag{12-3-33}$$

式(12-3-33)表明，在 a_η 和 a_ζ 的作用下，$|\omega_\eta|$ 和 $|\omega_\zeta|$ 将减小。

由于发动机实际工作时推力大小一般为常值，因此 $|a_\eta|$ 和 $|a_\zeta|$ 的大小不变。为使 $|\omega_\eta|$ 和 $|\omega_\zeta|$ 在 a_η 和 a_ζ 的作用下减小到给定值，可以控制的是发动机开启和关机的时刻，因此法向制导要给出发动机的开关曲线。

图 12-13 给出的是一种较简单的直线型开关曲线。图中以 a_η 为例，当 $|\omega_\zeta|$ 大于或等于开线值 $|\omega_{\zeta K}|$ 时发动机开启，根据式(12-3-27)决定开启正向还是负向的发动机。发动机启动后，$|\omega_\zeta|$ 将按照式(12-3-33)第一式的规律减小。原则上应该在 $|\omega_\zeta|=0$ 时关机，但由于存在测量误差，因而规定当 $|\omega_\zeta|<|\omega_{\zeta G}|$ 时关机，$|\omega_{\zeta G}|$ 为一小量，由测量精度来确定其数值。当发动机关机后，由于 $|\omega_\zeta|$ 不严格为零，以及其他误差因素的影响，$|\omega_\zeta|$ 将按式(12-3-21)第一式的规律增长，当增长到 $|\omega_\zeta|\geqslant|\omega_{\zeta K}|$ 时，再次开启发动机，重复上述过程。按上述开关机规律实施控制，可以保证末制导结束时 $|\omega_\zeta|<|\omega_{\zeta K}|$。

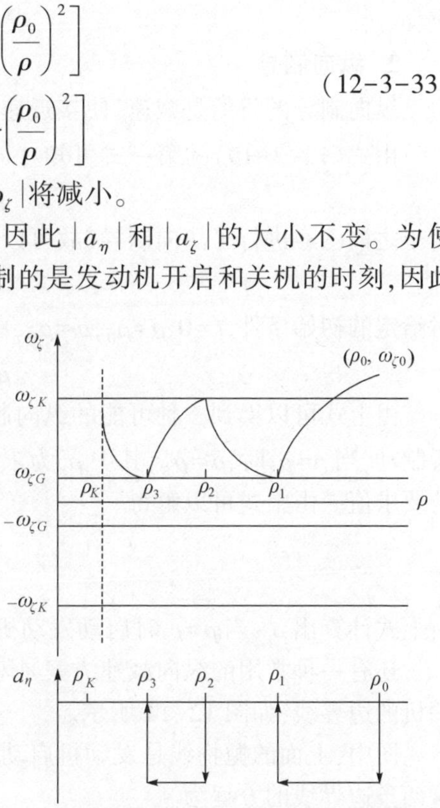

图 12-13　开关曲线

可见，末制导中法向制导方法最终可归结为选择恰当的开关曲线形式，对直线型开关曲线则主要是要确定$|\omega_{\zeta K}|$和$|\omega_{\zeta G}|$的数值。

实际上，$|\omega_{\zeta G}|$并不是设计出来的，它是对视线转率的测量误差。制导过程中，总希望$|\omega_\zeta|=0$时关机，但$|\omega_\zeta|$的真值是未知的，只能当测量值$|\omega'_\zeta|=0$时关机，测量值为

$$\omega'_\zeta=\omega_\zeta+\Delta\omega_\zeta$$

式中：$\Delta\omega_\zeta$为测量误差。当$|\omega'_\zeta|=0$时，实际上$\omega_\zeta=-\Delta\omega_\zeta$。这一$-\Delta\omega_\zeta$便是上面说的$|\omega_{\zeta G}|$，它是个随机过程。

$|\omega_{\zeta K}|$主要根据终端位置偏差要求，即脱靶量的要求确定。瞬时脱靶量可以定义为：从该瞬时起不再进行控制，航天器按相对速度 $\boldsymbol{v}$ 作直线飞行时，追踪器与目标器间的最小距离，也即图 12-12 中的距离 d。根据式(12-3-25)，总脱靶量的预测公式为

$$d(t)=\frac{\rho^2(t)\omega_L(t)}{v(t)} \tag{12-3-34}$$

对 η 方向，预测脱靶量为

$$d_\eta(t)=\frac{\rho^2(t)\,|\omega_\zeta(t)|}{v(t)}$$

若当$\rho=\rho_K$时，法向制导结束，则可得到脱靶量为

$$d_{\eta K}=\frac{\rho_K^2\,|\omega_{\zeta K}|}{v_K}$$

v_K是$\rho=\rho_K$时 v 的值，一般可取 $v_K=\dot{\rho}_K$。根据终端脱靶量 $d_{\eta K}$的要求，就可由上式确定开线值$|\omega_{\zeta K}|$。

2. 纵向制导

纵向制导的目的是减速，使接近速度$|\dot{\rho}|$减小到交会要求的$|\dot{\rho}_K|$。

由式(12-3-19)的第一式可知

$$\ddot{\rho}=\rho(\omega_\eta^2+\omega_\zeta^2)+a_\xi$$

由于之前已经进行了法向制导，故可以近似认为上式右端的第一项为零，有

$$\ddot{\rho}=a_\xi \tag{12-3-35}$$

对给定的初始条件，$t=0,\rho=\rho_0,\dot{\rho}=\dot{\rho}_0$，由上式可以解得

$$\dot{\rho}^2=\dot{\rho}_0^2-2a_\xi(\rho_0-\rho) \tag{12-3-36}$$

由上式可以得到一种可能的纵向制导方案，即一次减速方案。令发动机在$\rho=\rho_s$时启动进行制动，当$\rho=\rho_K$时，$\dot{\rho}=\dot{\rho}_K$，其中ρ_K为末制导结束时两航天器间相对距离的要求值，$\dot{\rho}_K$为此时$\dot{\rho}$的要求值。由上式可以解得

$$\rho_s=\rho_K+\frac{\dot{\rho}_0^2-\dot{\rho}_K^2}{2a_\xi} \tag{12-3-37}$$

由上式计算出ρ_s，当$\rho=\rho_s$时启动发动机，当$\rho=\rho_K$时关机即可完成纵向制导任务。

还有一种常用的纵向减速方案是双抛物线法，即用两条相似的抛物线作为纵向发动机开关机的边界线，如图 12-14 所示。

图中，上面的抛物线是发动机启动线，即开边界线，下面的是发动机关闭线，即关边界线。这两条边界线的方程为

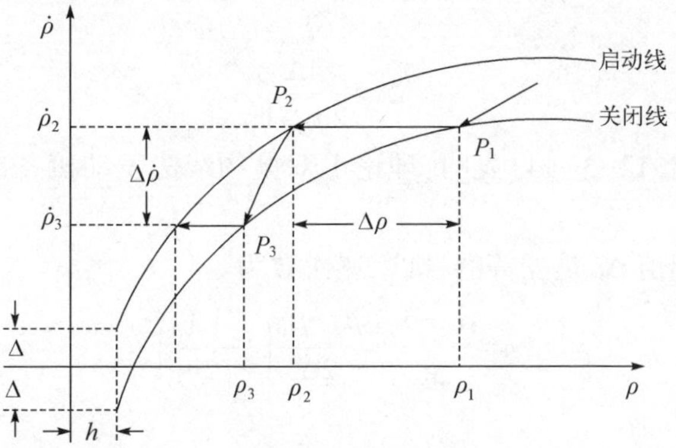

图 12-14　双抛物线法

$$\begin{cases}\text{开边界线}:(\dot\rho+\Delta)^2=A(\rho-h)\\ \text{关边界线}:(\dot\rho-\Delta)^2=A(\rho-h)\end{cases}\tag{12-3-38}$$

式中:A,Δ 和 h 为待定常数,应保证开边界线通过末制导结束的相点 $P_K(\rho_K,\dot\rho_K)$,即

$$(\dot\rho_K+\Delta)^2=A(\rho_K-h)\tag{12-3-39}$$

下面来分析发动机的开机与间歇时间。在图 12-14 中,P_1点发动机关机,至 P_2点开机,再到 P_3点又关机。任意一次发动机的间歇时间为

$$\Delta\tau=\frac{\Delta\rho}{-\dot\rho}\tag{12-3-40}$$

根据图中的几何关系,有

$$\begin{cases}(\dot\rho-\Delta)^2=A(\rho+\Delta\rho-h)\\ (\dot\rho+\Delta)^2=A(\rho-h)\end{cases}$$

可以解得

$$\Delta\rho=\frac{4\Delta}{A}(-\dot\rho)$$

代入式(12-3-40),有

$$\Delta\tau=\frac{4\Delta}{A}\tag{12-3-41}$$

根据式(12-3-35),任意一次发动机的工作时间为(以 P_2P_3段为例)

$$\Delta t=\frac{\Delta\dot\rho}{a_\xi}$$

其中,减速值 $\Delta\dot\rho$ 可由方程组(12-3-42)解得

$$\begin{cases}\dot\rho_2^2-(\dot\rho_2+\Delta\dot\rho)^2=2a_\xi(\rho_2-\rho_3)\\ (\dot\rho_2+\Delta)^2=A(\rho_2-h)\\ (\dot\rho_2+\Delta\dot\rho-\Delta)^2=A(\rho_3-h)\end{cases}\tag{12-3-42}$$

方程组中的第一式由式(12-3-36)得到。解方程组可得

$$\Delta\dot\rho=\frac{2\Delta}{1-\dfrac{A}{2a_\xi}}\tag{12-3-43}$$

故有

$$\Delta t = \frac{4\Delta}{2a_{\xi}-A} \tag{12-3-44}$$

式(12-3-41)与式(12-3-44)表明,理论上双抛物线法发动机各次的工作时间与间歇时间是相等的。

由于每次减速的幅值 $\Delta\dot{\rho}$ 是相等的,则减速次数为

$$n = \frac{\dot{\rho}_K-\dot{\rho}_0}{\Delta\dot{\rho}} = \frac{\dot{\rho}_K-\dot{\rho}_0}{2\Delta}\left(1-\frac{A}{2a_{\xi}}\right) \tag{12-3-45}$$

12.4 改进的相对运动描述模型

C-W 方程适用于描述航天器间近距离的短时间相对运动,当目标轨道为大偏心率的椭圆轨道,或者相对运动时间较长时,C-W 方程线性化引起的误差往往会超过任务要求的精度,此时可采用一些改进的相对运动模型。

12.4.1 T-H 方程

Tschauner 和 Hempel[10] 在研究椭圆轨道交会对接问题时,得到了线性化的相对运动方程和用偏近点角表示的解析解,称为 Tschauner-Hempel 方程,简称 T-H 方程。Lawden[11] 在 1963 年给出了一种用积分函数表示的 T-H 方程的闭合解,故该方程有时又称为 Lawden 方程。Lawden 的解中存在奇点,Carter[12] 改进了积分函数的形式,消除了奇点。Inalhan[13] 在此基础上得到了用真近点角表示的比较完善的解析解,得到了广泛的应用,本节将主要介绍这种形式的解。

在对方程(12-1-7)线性化时,只考虑 $\rho \ll r_2$ 的情况,对两航天器的引力加速度差线性化,而不化简相对加速度与科氏加速度,就可以得到椭圆参考轨道的相对运动方程,即

$$\begin{cases} \ddot{x} - 2\omega\dot{y} - \omega^2 x - \varepsilon y - \dfrac{2\mu x}{r_2^3} = a_{Tx} \\ \ddot{y} + 2\omega\dot{x} - \omega^2 y + \varepsilon x + \dfrac{\mu y}{r_2^3} = a_{Ty} \\ \ddot{z} + \dfrac{\mu z}{r_2^3} = a_{Tz} \end{cases}$$

若以目标轨道的真近点角 f_2 为自变量,化简上式,可以得到形式比较简单的运动方程。为此,在方程(12-1-11)中将自变量 t 变换为真近点角 f_2,微分运算的变换关系为

$$\frac{\mathrm{d}}{\mathrm{d}t} = \omega\frac{\mathrm{d}}{\mathrm{d}f_2}, \quad \frac{\mathrm{d}^2}{\mathrm{d}t^2} = \omega^2\frac{\mathrm{d}^2}{\mathrm{d}f_2^2} + \varepsilon\frac{\mathrm{d}}{\mathrm{d}f_2} \tag{12-4-1}$$

若以符号“′”表示对真近点角 f_2 求导,将上面的变换关系代入式(12-1-11),可得到以真近点角为自变量的 T-H 方程,为简化表示,令

$$N = 1 + e_2\cos f_2$$

可得

$$\begin{cases}x''-2y'-\dfrac{2e_2\sin f_2}{N}x'-\dfrac{3+e_2\cos f_2}{N}x+\dfrac{2e_2\sin f_2}{N}y=\dfrac{(1-e_2^2)^3}{n^2N^4}a_{Tx}\\ y''+2x'-\dfrac{2e_2\sin f_2}{N}y'-\dfrac{2e_2\sin f_2}{N}x-\dfrac{e_2\cos f_2}{N}y=\dfrac{(1-e_2^2)^3}{n^2N^4}a_{Ty}\\ z''-\dfrac{2e_2\sin f_2}{N}z'+\dfrac{1}{N}z=\dfrac{(1-e_2^2)^3}{n^2N^4}a_{Tz}\end{cases} \tag{12-4-2}$$

当追踪航天器不施加控制时，上式有解析解

$$\begin{cases}x(f_2)=\sin f_2[d_1e_2+2d_2e_2^2H(f_2)]-\cos f_2\left(\dfrac{d_2e_2}{N^2}+d_3\right)\\ y(f_2)=\left[d_1+\dfrac{d_4}{N}+2d_2e_2H(f_2)\right]+\sin f_2\left(\dfrac{d_3}{N}+d_3\right)+\cos f_2[d_1e_2+2d_2e_2^2H(f_2)]\\ z(f_2)=\sin f_2\dfrac{d_5}{N}+\cos f_2\dfrac{d_6}{N}\\ x'(f_2)=\cos f_2[d_1e_2+2d_2e_2^2H(f_2)]+\sin f_2\cdot 2d_2e_2^2H'(f_2)+\sin f_2\left(\dfrac{d_2e_2}{N^2}+d_3\right)\\ \qquad -\cos f_2\dfrac{2d_2e_2^2\sin f_2}{N^3}\\ y'(f_2)=\left[\dfrac{d_4e_2\sin f_2}{N^2}+2d_2e_2H'(f_2)\right]+\cos f_2\left(\dfrac{d_3}{N}+d_3\right)+\sin f_2\dfrac{d_3e_2\sin f_2}{N^2}\\ \qquad -\sin f_2[d_1e_2+2d_2e_2^2H(f_2)]+\cos f_2\cdot 2d_2e_2^2H'(f_2)\\ z'(f_2)=(e_2+\cos f_2)\dfrac{d_5}{N^2}-\sin f_2\dfrac{d_6}{N^2}\end{cases} \tag{12-4-3}$$

式中：$H(f_2)$为无量纲积分函数，它代表了随时间长期增长的项，表达式为[13]

$$\begin{aligned}H(f_2)&=\int_{f_{20}}^{f_2}\frac{\cos f_2}{(1+e_2\cos f_2)^3}\mathrm{d}f_2\\ &=-(1-e_2^2)^{-\frac{5}{2}}\times\left[\frac{3e_2E_2}{2}-(1+e_2^2)\sin E_2+\frac{e_2}{2}\sin E_2\cos E_2+d_H\right]\end{aligned}$$

式中：d_H为由 $H(f_{20})=0$ 计算得到的无量纲积分常数。显然，有下式成立

$$H'(f_2)=\frac{\cos f_2}{(1+e_2\cos f_2)^3} \tag{12-4-4}$$

$d_1\sim d_6$是与初始条件有关的积分常数，若记

$$\boldsymbol{X}=[x\quad y\quad z\quad x'\quad y'\quad z']^{\mathrm{T}}$$

$$\boldsymbol{D}=[d_1\quad d_2\quad d_3\quad d_4\quad d_5\quad d_6]^{\mathrm{T}}$$

则式(12-4-3)可写成矩阵形式

$$\boldsymbol{X}=\boldsymbol{A}(f_2)\cdot\boldsymbol{D} \tag{12-4-5}$$

矩阵 $\boldsymbol{A}$ 的表达式为

$$
\boldsymbol{A}=\begin{bmatrix}
e_2\sin f_2 & a_{12} & -\cos f_2 & 0 & 0 & 0\\
N & 2e_2H(f_2)N & \sin f_2\dfrac{N+1}{N} & \dfrac{1}{N} & 0 & 0\\
0 & 0 & 0 & 0 & \dfrac{\sin f_2}{N} & \dfrac{\cos f_2}{N}\\
e_2\cos f_2 & a_{42} & \sin f_2 & 0 & 0 & 0\\
-e_2\sin f_2 & a_{52} & a_{53} & \dfrac{e_2\sin f_2}{N^2} & 0 & 0\\
0 & 0 & 0 & 0 & \dfrac{e_2+\cos f_2}{N^2} & \dfrac{-\sin f_2}{N^2}
\end{bmatrix} \tag{12-4-6}
$$

其中

$$
\begin{cases}
a_{12}=2\sin f_2 e_2^2H(f_2)-\dfrac{e_2\cos f_2}{N^2}\\
a_{42}=2\cos f_2 e_2^2H(f_2)+2\sin f_2 e_2^2H'(f_2)+\dfrac{e_2\sin f_2(1-e_2\cos f_2)}{N^3}\\
a_{52}=2e_2H'(f_2)N-2\sin f_2 e_2^2H(f_2)\\
a_{53}=\cos f_2\dfrac{N+1}{N}+\dfrac{e_2\sin^2 f_2}{N^2}
\end{cases}
$$

矩阵 $\boldsymbol{A}$ 可看作 T-H 方程的“状态”转移矩阵，只不过起始状态并不是 $\boldsymbol{X}_0$，而是由 $\boldsymbol{X}_0$ 确定的另一组常数 $d_i(i=1,2,\cdots,6)$。由式(12-4-5)可求出常数 d_i

$$
\begin{bmatrix} d_1\\ d_2\\ d_3\\ d_4\\ d_5\\ d_6 \end{bmatrix}=\boldsymbol{A}^{-1}(f_{20})\boldsymbol{X}_0=\begin{bmatrix}
\dfrac{S}{e_2} & 0 & 0 & \dfrac{C}{e_2} & 0 & 0\\
\dfrac{N_0^2(N_0+1)}{e_2^2} & -\dfrac{SN_0^2}{e_2} & 0 & \dfrac{SN_0^2}{e_2} & \dfrac{N_0^3}{e_2^2} & 0\\
-\dfrac{2N_0}{e_2} & S & 0 & 0 & -\dfrac{N_0}{e_2} & 0\\
\dfrac{N_0(N_0+2)S}{e_2} & N_0C^2-S^2 & 0 & -\dfrac{CN_0^2}{e_2} & \dfrac{N_0(N_0+1)S}{e_2} & 0\\
0 & 0 & S & 0 & 0 & N_0C\\
0 & 0 & e_2+C & 0 & 0 & -N_0S
\end{bmatrix}\begin{bmatrix} x_0\\ y_0\\ z_0\\ x'_0\\ y'_0\\ z'_0 \end{bmatrix} \tag{12-4-7}
$$

式中：$S=\sin f_{20}$；$C=\cos f_{20}$；$N_0=1+e_2\cos f_{20}$。

12.4.2 轨道要素法

轨道要素法是用两航天器的绝对或相对轨道要素来描述它们相对运动的方法。Balaji[14]研究了以两航天器的 12 个绝对轨道根数为自变量的相对运动方程，该运动模型未作近似处理，适用于描述任意偏心率及任意相对距离的编队运动，但形式复杂不便于确定相对运动规律。Alfriend[15]、Schaub[16]等人根据近距离编队假设，视两航天器的相对轨道要素为一阶小量,对 Balaji 的相对运动模型进行线性化处理,得到了一阶近似模型,用于研究长期近距离相对运动问题。下面介绍用轨道要素表示的线性化相对运动模型。

为避免奇异,引入无奇点轨道要素

$$\boldsymbol{\sigma}=[a \quad u \quad i \quad q_1 \quad q_2 \quad \Omega]^{\mathrm{T}} \tag{12-4-8}$$

式中:a、i、Ω 分别为经典轨道要素半长轴、偏心率和升交点赤经;$u=\omega+f$,ω 为近地点幅角,f 为真近点角;$q_1=e\cos\omega$;$q_2=e\sin\omega$;e 为偏心率。相对轨道要素取为两航天器的轨道要素之差 $\delta\boldsymbol{\sigma}=\boldsymbol{\sigma}_1-\boldsymbol{\sigma}_2$。假设两轨道相差不大,则 $\delta\boldsymbol{\sigma}$ 可看作 $\boldsymbol{\sigma}_2$ 的变分。

地心惯性坐标系与追踪器轨道坐标系和目标器轨道坐标系的方向余弦阵分别为

$$\boldsymbol{C}_I^{O_1}=\boldsymbol{M}_3[u_1]\boldsymbol{M}_1[i_1]\boldsymbol{M}_3[\Omega_1],\boldsymbol{C}_I^{O_2}=\boldsymbol{M}_3[u_2]\boldsymbol{M}_1[i_2]\boldsymbol{M}_3[\Omega_2] \tag{12-4-9}$$

故两航天器的相对位置矢量可以表示为

$$\begin{bmatrix} x \\ y \\ z \end{bmatrix}=\boldsymbol{C}_I^{O_2}(\boldsymbol{C}_I^{O_1})^{\mathrm{T}}\begin{bmatrix} r_1 \\ 0 \\ 0 \end{bmatrix}-\begin{bmatrix} r_2 \\ 0 \\ 0 \end{bmatrix} \tag{12-4-10}$$

r_1、r_2 分别为追踪器和目标器的地心距

$$r_i=\frac{a_i(1-e_i^2)}{1+e_i\cos f_i}=\frac{a_i(1-q_{1i}^2-q_{2i}^2)}{1+q_{1i}\cos u_i+q_{2i}\sin u_i} \quad (i=1,2) \tag{12-4-11}$$

若两航天器的相对轨道要素为一阶小量,则可以将式(12-4-10)进一步简化。因为 $\delta\Omega$ 为一阶小量,故有

$$\boldsymbol{M}_3[\Omega_1]=\boldsymbol{M}_3[\Omega_2+\delta\Omega]=\boldsymbol{M}_3[\Omega_2]+\delta\boldsymbol{M}_3[\Omega_2]\delta\Omega \tag{12-4-12}$$

其中

$$\delta\boldsymbol{M}_3[\Omega_1]=\begin{bmatrix} -\sin\Omega_1 & \cos\Omega_1 & 0 \\ -\cos\Omega_1 & -\sin\Omega_1 & 0 \\ 0 & 0 & 0 \end{bmatrix}$$

对 $\boldsymbol{M}_3[u_1]$ 和 $\boldsymbol{M}_1[i_1]$ 同样可以作类似的一阶近似:

$$\begin{aligned} \boldsymbol{M}_3[u_1]&=\boldsymbol{M}_3[u_2+\delta u]=\boldsymbol{M}_3[u_2]+\delta\boldsymbol{M}_3[u_2]\delta u \\ \boldsymbol{M}_1[i_1]&=\boldsymbol{M}_1[i_2+\delta i]=\boldsymbol{M}_1[i_2]+\delta\boldsymbol{M}_1[i_2]\delta i \end{aligned} \tag{12-4-13}$$

将近似式(12-4-12)、式(12-4-13)代入式(12-4-9),略去二阶以上的高阶小量,可得

$$\boldsymbol{C}_I^{O_1}=\boldsymbol{C}_I^{O_2}+\delta\boldsymbol{C}_I^{O_2} \tag{12-4-14}$$

其中

$$\delta\boldsymbol{C}_I^{O_2}=\boldsymbol{M}_3[u_2]\boldsymbol{M}_1[i_2]\delta\boldsymbol{M}_3[\Omega_2]\delta\Omega+\boldsymbol{M}_3[u_2]\delta\boldsymbol{M}_1[i_2]\boldsymbol{M}_3[\Omega_2]\delta i+\delta\boldsymbol{M}_3[u_2]\boldsymbol{M}_1[i_2]\boldsymbol{M}_3[\Omega_2]\delta u$$

将式(12-4-14)代入式(12-4-10),即可得到用轨道要素描述的相对运动模型

$$\begin{cases} x=\delta r \\ y=r_2(\delta u+\delta\Omega\cos i_2) \\ z=r_2(-\delta\Omega\cos u_2\sin i_2+\delta i\sin u_2) \end{cases} \tag{12-4-15}$$

其中

$$\delta r=r_1-r_2=\frac{r_2}{a_2}\delta a+\frac{v_{r2}}{v_{f2}}r_2\delta u-\frac{r_2}{p_2}(2a_2q_{12}+r_2\cos u_2)\delta q_1-\frac{r_2}{p_2}(2a_2q_{22}+r_2\sin u_2)\delta q_2 \tag{12-4-16}$$

v_{r2},v_{f2} 为目标航天器的径向与周向速度

$$v_{r2}=\dot{r}_2=\frac{h_2}{p_2}(q_{12}\sin u_2-q_{22}\cos u_2),\quad v_{f2}=r_2\dot{u}_2=\frac{h_2}{p_2}(1+q_{12}\cos u_2+q_{22}\sin u_2)$$

p_2, h_2 为目标航天器的半通径与动量矩

$$p_2=a_2(1-q_{12}^2-q_{22}^2),\quad h_2=\sqrt{\mu p_2}$$

将式(12-4-15)求微分,可以得到相对速度的一阶表达式

$$\begin{cases}\dot{x}=-\dfrac{v_{r2}}{2a_2}\delta a+\left(\dfrac{1}{r_2}-\dfrac{1}{p_2}\right)h_2\delta u+(v_{r2}a_2q_{12}+h_2\sin u_2)\dfrac{\delta q_1}{p_2}+(v_{r2}a_2q_{22}-h_2\cos u_2)\dfrac{\delta q_2}{p_2}\\ \dot{y}=-\dfrac{3v_{f2}}{2a_2}\delta a-v_{r2}\delta u+(3v_{f2}a_2q_{12}+2h_2\cos u_2)\dfrac{\delta q_1}{p_2}+(3v_{f2}a_2q_{22}+2h_2\sin u_2)\dfrac{\delta q_2}{p_2}+v_{r2}\cos i_2\delta\Omega\\ \dot{z}=(v_{f2}\cos u_2+v_{r2}\sin u_2)\delta i+(v_{f2}\sin u_2-v_{r2}\cos u_2)\sin i_2\delta\Omega\end{cases}$$

(12-4-17)

可将式(12-4-15)与式(12-4-17)综合,写成矩阵形式

$$\boldsymbol{X}=\boldsymbol{A}\cdot\delta\boldsymbol{\sigma}\tag{12-4-18}$$

矩阵 $\boldsymbol{A}$ 表示轨道要素差 $\delta\boldsymbol{\sigma}$ 与相对运动状态 $\boldsymbol{X}$ 的一阶近似转换矩阵

$$\boldsymbol{A}=\begin{bmatrix}\dfrac{r_2}{a_2} & \dfrac{v_{r2}}{\dot{u}_2} & 0 & -\dfrac{r_2}{p_2}(2a_2q_{12}+r_2\cos u_2) & -\dfrac{r_2}{p_2}(2a_2q_{22}+r_2\sin u_2) & 0\\ 0 & r_2 & 0 & 0 & 0 & r_2\cos i_2\\ 0 & 0 & r_2\sin u_2 & 0 & 0 & -r_2\sin i_2\cos u_2\\ -\dfrac{v_{r2}}{2a_2}\sqrt{\dfrac{\mu}{p_2}}\left(\dfrac{p_2}{r_2}-1\right) & 0 & & \dfrac{v_{r2}a_2q_{12}}{p_2}+\sqrt{\dfrac{\mu}{p_2}}\sin u_2 & \dfrac{v_{r2}a_2q_{22}}{p_2}-\sqrt{\dfrac{\mu}{p_2}}\cos u_2 & 0\\ -\dfrac{3v_{f2}}{2a_2} & -v_{r2} & 0 & \dfrac{3v_{f2}a_2q_{12}}{p_2}+2\sqrt{\dfrac{\mu}{p_2}}\cos u_2 & \dfrac{3v_{f2}a_2q_{22}}{p_2}+2\sqrt{\dfrac{\mu}{p_2}}\sin u_2 & v_{r2}\cos i_2\\ 0 & 0 & v_{f2}\cos u_2+v_{r2}\sin u_2 & 0 & 0 & (v_{f2}\sin u_2-v_{r2}\cos u_2)\sin i_2\end{bmatrix}$$

(12-4-19)

若忽略摄动力和控制力的影响,则除 δu 外,其他轨道要素差都是常数,下面推导 $\delta\dot{u}$ 的表达式。根据动量矩守恒定律,有

$$\dot{u}=\frac{h}{r^2}$$

对上式求变分,可得

$$\delta\dot{u}=\frac{\delta h}{r^2}-2\frac{h}{r^3}\delta r\tag{12-4-20}$$

r 的变分 δr 可以根据式(12-4-16)计算。根据 $h=\sqrt{\mu p}$,可得变分 δh 为

$$\delta h=\frac{h}{2p}\delta p\tag{12-4-21}$$

根据 $p=a(1-q_1^2-q_2^2)$,可得

$$\delta p=\frac{p}{a}\delta a-2a(q_1\delta q_1+q_2\delta q_2)\tag{12-4-22}$$

将式(12-4-21)、式(12-4-22)代入式(12-4-20),可得

$$\delta\dot{u}=\frac{h}{r^2}\left(\frac{\delta p}{2p}-\frac{2\delta r}{r}\right) \tag{12-4-23}$$

用轨道要素差描述的相对运动模型精度较高,适合长时间编队飞行问题的研究[18]。在编队构型设计时,可以很直观地调整相对轨道要素的初始值来修改编队构形的形状和大小;在构型保持和机动时,选择相对平均轨道要素作为控制量,能够节省消耗的燃料。但星载测量设备不能直接测量轨道要素差,必须根据式(12-4-18)由相对运动状态的测量值计算轨道要素差,这是其应用的不便之处。

参考文献

[1] 杨嘉墀. 航天器轨道动力学与控制(下册)[M]. 北京:中国宇航出版社, 2002.

[2] 任萱. 人造地球卫星轨道力学[M]. 长沙: 国防科技大学出版社, 1988.

[3] Clohessy W H, Wiltshire R S. Terminal Guidance System for Satellite Rendezvous [J]. Journal of the Astronautical Sciences, 1960,27(9):653-678

[4] 谌颖, 王旭东. 多冲量最优交会[J]. 航天控制, 1992,1:25-32.

[5] 李晨光, 肖业伦. 多脉冲 C-W 交会的优化方法[J]. 宇航学报, 2006, 27(2):172-176,186.

[6] Cho H C,Park S Y. Analytic Solution for Fuel-Optimal Reconfiguration in Relative Motion [J]. Journal of Optimization Theory and Applications,2009,141(3): 495-512.

[7] 陈国强, 赵汉元. 卫星交会末制导的导引法[J]. 工学学报, 1973,14:118-145.

[8] 程国采. 航天飞行器最优控制理论与方法 [M]. 北京: 国防工业出版社, 1999.

[9] Yamanaka K, Ankersen F. New State Transition Matrix for Relative Motion on an Arbitrary Elliptical Orbit [J]. Journal of Guidance, Control, andDynamics, 2002, 25(1):60-66.

[10] Tschauner J, Hempel P. Rendezvous zu Einem in Elliptischer Bahn um Laufenden Ziel[J]. Astronautica Acta,1965,11(2): 104-109.

[11] Lawden D F. Optimal Trajectories for Space Navigation [M]. London: Butterworths, 1963.

[12] Carter T E. New Form for the Optimal Rendezvous Equations Near a Keplerian Orbit [J]. Journal of Guidance, 1990, 13(1): 183-186.

[13] Inalhan G,Tillerson M,How J P. Relative Dynamics and Control of Spacecraft Formations in Eccentric Orbits [J]. Journal of-Guidance, Control and Dynamics, 2002, 25(1):48-59.

[14] Balaji S K, Tatnall A R. Relative Trajectory Analysis of Dissimilar Formation Flying Spacecraft. AAS/AIAA Space Flight Mechanics Meeting, Ponce, Puerto Rico, 2003, AAS 03-134.

[15] Alfriend K T, Schaub H, Gim D. Gravitational Perturbations, Nonlinearity and Circular Orbit Assumption Effects on Formation Flying Control Strategies [C]. AAS Guidance and Control Conference, Breckenridge, CO, 2000, AAS 00-012.

[16] Schaub H, Alfriend K T. Hybrid Cartesian and Orbit Element Feedback Law for Formation Flying Spacecraft[J]. Journlal of Guidance, Navigation and Control,2002, 25(2):387-393.

[17] Hill G W. Researches in Lunar Theory[J] . American Journal of Nothe matics,1878,1:5-26.

[18] 郝继刚. 分布式卫星编队构形控制研究 [D]. 长沙:国防科技大学研究生院,2006.

第13章　多体问题

若有 $N(N\geqslant 2)$ 个物体，各物体的质量分布是球对称的，则在考虑彼此间的引力作用时，可以认为各物体是全部质量集中在各自球心的质点。由这样的 N 个物体组成一个系统，若此系统中各物体除受彼此间的引力作用外，不受其他外力的作用，则这一系统称为 N 体系统。N 体系统这一抽象的力学模型可以用来近似描述很多实际的天体系统，如太阳和八大行星可以近似看作为 9 体系统，太阳—月球—地球—航天器可近似看作四体系统，地球—月球—月球探测器可近似看作三体系统。若已知 N 体系统中各质点在 t_0 时刻的位置和速度，求它们在任意时刻 t 的位置与速度的问题，称为 N 体问题。

N 体问题是天体力学的一个经典问题，牛顿在《原理》一书中首次对该问题作了精确的数学描述。之后，这一问题就一直吸引着许多天文学家和数学家的关注，欧拉、拉格朗日、雅可比、庞加莱等人都在该问题上倾注了大量的精力。但直到今天，对一般的 N 体问题仍没有得到解析解，并且看来有解析解的可能性很小。对 $N=2$ 的二体问题，存在闭合形式的解析解，它是在 1734 年由瑞士数学家约翰·伯努利和丹尼尔·伯努利首先得到的。对任意质量的三体问题，只求得了两种特解：等边三角形解和直线解。桑德曼[3]在 1913 年给出了三体问题的幂级数解，但是级数的收敛速度很慢，实用价值很小。由于二体系统和由两个以上质点构成的 N 体系统在运动特性上存在显著的差异，因此习惯上把 $N>2$ 的情况称为多体问题。

多体问题的研究方法总体上可以分为三类。第一类是分析方法，它把质点的位置和速度展开为时间或小参数的幂级数形式，得到近似的分析表达式，从而能够研究其长期运动特性，如轨道摄动理论中的一般摄动法。第二类是数值方法，它直接求微分方程在给定条件下的特解，得到质点在某些时刻的具体位置和速度。第三类是定性方法，即通过微分方程定性理论来了解方程解的宏观规律和全局性质，从而了解系统的特性，庞加莱在这方面做出了突出贡献。1889 年，庞加莱参加了一个由瑞典与挪威国王奥斯卡二世设立的数学竞赛，目的是求 N 体问题的全局通解。在 1890 年提交的论文中，庞加莱[4]证明三体问题不能通过定量的方法获得解析解。以这篇论文为基础，庞加莱出版了三卷本的《天体力学新方法》，开创了用定性方法研究 N 体问题的新领域。在月球或行星际探测器轨道设计中，最终精确的飞行轨道都是通过数值方法得到的，但多体问题的分析理论和定性理论对理解问题的本质，从而快速高效地设计出满足要求的飞行轨道是十分有益的。

需要说明的一点是，本章所讨论的多体问题是指质点个数较少的多体问题，比如太阳及其大行星构成的多体系统，这类系统能够通过数值积分等方法获得各个质点的精确运动轨道。当质点个数较多时，比如某个星系构成的多体系统，质点个数可能有成百上千个，对这类系统进行精确的数值积分是不可能的，只能通过统计的方法研究系统的总体变化情况。

13.1 一般 N 体问题

13.1.1 N 体问题运动方程

设在 N 体系统中，质点 $P_i(i=1,2,\cdots,N)$ 的质量为 m_i，在惯性参考系 $O-XYZ$ 中的位置矢量为 $\boldsymbol{R}_i$，速度矢量为 $\boldsymbol{V}_i$，如图 13-1 所示。用直角坐标表示位置和速度矢量，有

$$\boldsymbol{R}_i = X_i\boldsymbol{X}^0 + Y_i\boldsymbol{Y}^0 + Z_i\boldsymbol{Z}^0 \tag{13-1-1}$$

$$\boldsymbol{V}_i = \dot{X}_i\boldsymbol{X}^0 + \dot{Y}_i\boldsymbol{Y}^0 + \dot{Z}_i\boldsymbol{Z}^0 \tag{13-1-2}$$

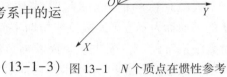

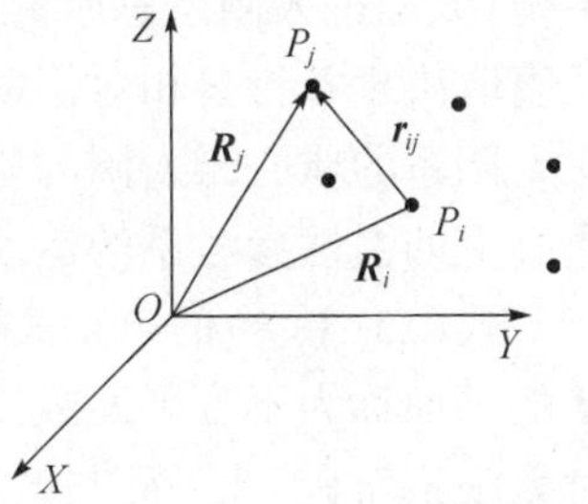

图 13-1 N 个质点在惯性参考系中的位置

根据牛顿第二定律和万有引力定律，质点 P_i 在惯性参考系中的运动方程是

$$m_i\frac{\mathrm{d}\boldsymbol{V}_i}{\mathrm{d}t} = G\sum_j^* \frac{m_i m_j}{r_{ij}^3}\boldsymbol{r}_{ij} \tag{13-1-3}$$

式中：G 为万有引力常数；符号

$$\sum_j^* \triangleq \sum_{j=1,j\neq i}^{N}$$

表示对不包括 $j=i$ 的所有 j 项取和；相对位置矢量

$$\boldsymbol{r}_{ij} = \boldsymbol{R}_j - \boldsymbol{R}_i \tag{13-1-4}$$

$\boldsymbol{r}_{ij}$ 与 P_i 所受质点 P_j 的万有引力方向一致。

由于 P_i 只受质点 $P_j(j=1,2,\cdots,i-1,i+1,\cdots,N)$ 的引力作用，故可以定义引力势函数

$$U_i = Gm_i\sum_j^* \frac{m_j}{r_{ij}} \tag{13-1-5}$$

在无穷远处势函数的值为零，则运动方程(13-1-3)可以表示成

$$m_i\frac{\mathrm{d}\boldsymbol{V}_i}{\mathrm{d}t} = \nabla_i U_i \tag{13-1-6}$$

其中梯度算子 $\nabla_i \triangleq [\partial/\partial X_i \quad \partial/\partial Y_i \quad \partial/\partial Z_i]^{\mathrm{T}}$。由式(13-1-5)易知，这个势函数表示的力场不是有心力场。同时还可以看出，U_i 既是质点 P_i 坐标的函数，又是其他质点 P_j 坐标的函数。因此，即使质点 P_i 相对于惯性参考系保持固定，其势能也会因为质点 P_j 的运动而变化。势能随时间变化说明该力场不是保守力场，因此质点 P_i 的机械能并不守恒。

由式(13-1-6)可见，每个质点的运动由 3 个二阶微分方程描述，如要微分方程能积分出解析表达式，则需要有 6 个首次积分。对于 N 体问题，共需要 $6N$ 个首次积分。

13.1.2 10 个首次积分

N 体系统应该满足动量定理、动量矩定理和机械能守恒定理，由此可以得到 N 体问题的 10 个首次积分，这是 1736 年由欧拉首先得到的。

由于系统不受外力，因此有

$$\frac{\mathrm{d}^2\boldsymbol{R}_{cm}}{\mathrm{d}t^2} = 0,\quad \frac{\mathrm{d}\boldsymbol{H}}{\mathrm{d}t} = 0 \tag{13-1-7}$$

式中：$\boldsymbol{R}_{cm}$ 为质点系质心的位置矢量；$\boldsymbol{H}$ 为质点系对惯性坐标系原点 O 的动量矩。

由式(13-1-7)可得

$$\boldsymbol{R}_{cm}=\boldsymbol{a}t+\boldsymbol{b},\quad \boldsymbol{H}=\boldsymbol{c} \tag{13-1-8}$$

式中：$\boldsymbol{a}$、$\boldsymbol{b}$、$\boldsymbol{c}$ 都是常矢量，由此得到 9 个积分常数。

由式(13-1-8)的第一式可知，N 体系统的质心相对于惯性参考系保持静止或作匀速直线运动，因此可以将惯性坐标系的原点 O 放在系统的质心上。例如，对太阳系这一近似的 N 体系统，太阳占太阳系总质量的 99.86%，因此太阳系的质心非常靠近太阳的质心，两者之间的距离取决于各行星相对于太阳的位置，但这一距离通常小于日地距离的 1%，故可以粗略地认为太阳系的质心与太阳的质心重合。各行星相对于惯性参考系的运动，与相对于原点在太阳质心上的惯性参考系的运动近似等价。

式(13-1-8)的第二式说明，N 体系统的动量矩是常矢量。通常将通过系统质心并垂直于 $\boldsymbol{H}$ 的平面称为不变平面或拉普拉斯平面，此平面可作为描述系统中各质点运动的参考平面。对太阳系而言，此平面与黄道面的夹角约为 1°39′，位于太阳系质量最大的两颗行星(木星和土星)的轨道面之间。不过由于目前对太阳系不变平面的测定精度还不够高，因此在定义日心惯性系时通常还是以黄道面作为参考平面。

将式(13-1-6)的两端点乘 $\boldsymbol{V}_i$ 后求和，可得

$$\sum_i m_i \frac{\mathrm{d}\boldsymbol{V}_i}{\mathrm{d}t}\cdot\boldsymbol{V}_i=\sum_i \nabla_i U_i\cdot\boldsymbol{V}_i \tag{13-1-9}$$

式中：$\sum_i$ 表示对所有项求和。由于

$$\begin{cases}\displaystyle\sum_i m_i \frac{\mathrm{d}\boldsymbol{V}_i}{\mathrm{d}t}\cdot\boldsymbol{V}_i=\frac{\mathrm{d}}{\mathrm{d}t}\sum_i \frac{1}{2}m_i V_i^2\\ \displaystyle\sum_i \nabla_i U_i\cdot\boldsymbol{V}_i=\sum_i\left(\frac{\partial U_i}{\partial X_i}\frac{\mathrm{d}X_i}{\mathrm{d}t}+\frac{\partial U_i}{\partial Y_i}\frac{\mathrm{d}Y_i}{\mathrm{d}t}+\frac{\partial U_i}{\partial Z_i}\frac{\mathrm{d}Z_i}{\mathrm{d}t}\right)=\sum_i\frac{\mathrm{d}U_i}{\mathrm{d}t}=\frac{1}{2}\frac{\mathrm{d}}{\mathrm{d}t}\sum_i\sum_j^{*}\frac{Gm_im_j}{r_{ij}}\end{cases}$$

因此有

$$\frac{\mathrm{d}}{\mathrm{d}t}\left(\frac{1}{2}\sum_i m_iV_i^2-\frac{1}{2}\sum_i\sum_j^{*}\frac{Gm_im_j}{r_{ij}}\right)=0$$

上式括号内的第一项表示系统的动能，记为 T；包括负号在内的第二项表示系统的引力势能，记为 $-U$，U 为系统的势函数，

$$U=\frac{1}{2}\sum_i\sum_j^{*}\frac{Gm_im_j}{r_{ij}}=\frac{1}{2}\sum_i U_i \tag{13-1-10}$$

故有

$$T-U=E \tag{13-1-11}$$

E 为积分常数，其意义是系统的机械能，上式表示系统的机械能守恒。可见，虽然每个质点的机械能并不守恒，但由于相互之间机械能的不断交换，总的机械能 E 仍是常数。由式(13-1-11)还可以看出，如果 N 体系统中的两个质点无限接近，即 $1/r_{ij}\to\infty$，则 $U\to\infty$，因此至少有一个质点的速度 $V_i\to\infty$，使机械能保持守恒。这说明若有两个质点发生碰撞，则将导致另外某个质点具有无穷大的速度。

式(13-1-8)和式(13-1-11)可以写成 10 个标量方程，它们构成了 N 体问题的 10 个首次积分。从物理学的角度理解这 10 个积分对了解 N 体系统的动力学特性是十分有用的。在天

体力学中,还可以用它们来校核数值积分方法的计算精度。但对空间飞行器而言,后者并不重要,因为飞行器的质量与天体相比极小,即使在轨道计算中存在较大的误差,也很难显著地影响系统的动量矩和总机械能的数值。

到目前为止,N 体问题只得到了这 10 个首次代数积分,它们可以使 N 体问题的阶数降到 $6N-10$ 阶。1887 年,勃隆斯[5]证明,如果用直角坐标系中的位置和速度作为变量,则 N 体问题只能求出 10 个独立的代数积分。1890 年,庞加莱又证明,如果以轨道要素作为变量,也只能求出 10 个独立的代数积分。这些结论终止了对代数积分的盲目追求,当然也并未完全堵死寻找新积分的道路,因为也可能在采用某种新变量的情况下求得新的积分。

1843 年,雅可比[6]证明,对三体问题可以用以下步骤使微分方程再降低两阶:①用其他变量中的一个作为独立变量,将时间变量消掉;②选择一个特殊的坐标系,通常称作节点消元法(Elimination of the Nodes)。可以证明,这种降阶法适用于任意 N 体问题。故对二体问题,求解运动微分方程恰好仅需 10 个积分常数,可以求出其解析解,而对三体问题,还差 6 个积分。

13.1.3 N 体系统的机械能

由上节的讨论可知,N 体系统的总机械能是守恒的,本节对机械能值作一些更深入的讨论。

1. 桑德曼不等式

桑德曼不等式描述了 N 体系统的动能 T 和动量矩大小 H、转动惯量 I 的关系。系统转动惯量的定义为

$$I = \sum_i m_i \boldsymbol{R}_i \cdot \boldsymbol{R}_i = \sum_i m_i R_i^2 \tag{13-1-12}$$

将某一质点的速度 $\boldsymbol{V}_i$ 沿当前位置的径向和周向分解,可得

$$V_i^2 = \dot{R}_i^2 + R_i^2 \omega_i^2 \quad (i=1,2,\cdots,N)$$

因此系统的动能为

$$\frac{1}{2}\sum_i m_i V_i^2 = T \geqslant T' = \frac{1}{2}\sum_i m_i R_i^2 \omega_i^2 \tag{13-1-13}$$

根据系统动量矩的定义,有

$$H = \sum_i H_i, \quad H_i = m_i R_i \cdot R_i \omega_i = m_i R_i^2 \omega_i \tag{13-1-14}$$

定义

$$A_i = \frac{1}{m_i R_i^2} \tag{13-1-15}$$

则式(13-1-13)可以写成

$$T \geqslant T' = \frac{1}{2}\sum_i \frac{1}{m_i R_i^2} H_i^2 = \frac{1}{2}\sum_i A_i H_i^2 \tag{13-1-16}$$

可见,若能求得 T' 的极小值,就可得到系统动能 T 的下限。

H_i 与其他质点的动量矩有关,不失一般性,不妨令 $i \neq N$,则有

$$H_N = H - \sum_{i=1}^{N-1} H_i \tag{13-1-17}$$

则 T' 可以写成

$$T' = \frac{1}{2}\sum_{i=1}^{N-1} A_i H_i^2 + \frac{1}{2}A_N\left(H - \sum_{j=1}^{N-1} H_j\right)^2$$

为求 T'的极值,对上式求导可得

$$\frac{\partial T'}{\partial H_i} = A_i H_i - A_N\left(H - \sum_{j=1}^{N-1} H_j\right) \tag{13-1-18}$$

继续对上式求导可得

$$\frac{\partial^2 T'}{\partial H_i^2} = A_i + A_N > 0$$

可见 T'存在极小值。令式(13-1-18)等于零可得到

$$A_i H_i - A_N\left(H - \sum_{j=1}^{N-1} H_j\right) = 0 \quad (i = 1,2,\cdots,N-1) \tag{13-1-19}$$

即

$$A_i H_i + A_N \sum_{j=1}^{N-1} H_j = A_N H \quad (i = 1,2,\cdots,N-1)$$

将式(13-1-17)代入上式可得

$$A_i H_i = A_N H_N \quad (i=1,2,\cdots,N-1)$$

即

$$A_1 H_1 = A_2 H_2 = \cdots A_{N-1} H_{N-1} = A_N H_N \tag{13-1-20}$$

将式(13-1-14)、式(13-1-15)代入上式易知,T'取极小值时各质点有相同的角速度。

根据式(13-1-20),有

$$H_1 = \frac{A_i}{A_1}H_i,\quad H_2 = \frac{A_i}{A_2}H_i,\quad \cdots,\quad H_{N-1} = \frac{A_i}{A_{N-1}}H_i$$

将上式代入式(13-1-19),并除以 $A_N A_i$,可得

$$H_i\left(\sum_{j=1}^{N} \frac{1}{A_j}\right) = \frac{H}{A_i}$$

将式(13-1-15)代入上式,得到

$$H_i I = m_i R_i^2 H \tag{13-1-21}$$

将上式代入式(13-1-16),可得到 T'的极小值

$$T'_{\min} = \frac{1}{2}\sum_i \frac{1}{m_i R_i^2}\left(\frac{m_i R_i^2 H}{I}\right)^2 = \frac{H^2}{2I^2}\sum_i m_i R_i^2 = \frac{H^2}{2I}$$

因此有

$$T \geqslant \frac{H^2}{2I} \tag{13-1-22}$$

式(13-1-22)的物理意义是,当给定某时刻 t 各质点的位置矢径 $\boldsymbol{R}_i$后,该时刻的动能存在最小值 $H^2/2I$,系统的动能 T 必须大于或等于这个最小值。

2. 拉格朗日—雅可比公式

现在来建立 N 体系统的总机械能 E 与转动惯量 I 的关系。对式(13-1-12)求导可得

$$\begin{cases} \dot{I} = 2\sum_i m_i \boldsymbol{R}_i \cdot \boldsymbol{V}_i \\ \ddot{I} = 2\sum_i m_i V_i^2 + 2\sum_i m_i \boldsymbol{R}_i \cdot \dfrac{\mathrm{d}\boldsymbol{V}_i}{\mathrm{d}t} \end{cases} \tag{13-1-23}$$

将式(13-1-6)代入上式的第二式,可得

$$\ddot{I} = 2\sum_i m_i V_i^2 + 2\sum_i (\boldsymbol{R}_i \cdot \nabla_i U_i)$$

根据齐次函数的欧拉定理[1],可以证明

$$\sum_i (\boldsymbol{R}_i \cdot \nabla_i U_i) = \sum_i \left(\frac{\partial U_i}{\partial X_i}X_i + \frac{\partial U_i}{\partial Y_i}Y_i + \frac{\partial U_i}{\partial Z_i}Z_i\right) = -U$$

根据系统动能和势能的定义,可得

$$\ddot{I} = 4T-2U \tag{13-1-24}$$

根据机械能的表达式(13-1-11),上式可写成

$$\ddot{I} = 4E+2U \tag{13-1-25}$$

式(13-1-24)和式(13-1-25)称为拉格朗日—雅可比公式。由该公式可知,由于势函数 U 恒大于零,因此若 E 大于零,则 $\ddot{I}$ 恒大于零,即 I 将随时间无限增长,这意味着至少有一个质点离原点的距离最终将趋于无穷大。也就是说,该质点将从 N 体系统中逃逸出去。由此可以得到结论:一个稳定的 N 体系统,即系统中所有质点都在质心周围有限的范围内运动,其机械能 E 一定是负值。当然,这只是系统稳定的必要条件,而不是充分条件。

拉格朗日—雅可比公式是多体问题中许多定量方法的基础。例如,它可用于证明所有物体在无限时间以后同时碰撞是不可能的;还可以证明,所有物体同时碰撞就意味着系统的总动量矩等于零。下面用它来讨论一个有意义的定性结论。

3. 克劳休斯定理

将式(13-1-24)对时间积分,并在时间间隔 $\Delta t = t_1 - t_0$ 内求平均值,可得

$$\frac{1}{\Delta t}\int_{t_0}^{t_1} \ddot{I}\,\mathrm{d}t = \frac{4}{\Delta t}\int_{t_0}^{t_1} T\mathrm{d}t - \frac{2}{\Delta t}\int_{t_0}^{t_1} U\mathrm{d}t \tag{13-1-26}$$

令动能 T 和势能 $-U$ 在时间间隔 Δt 内的平均值为 $\overline{T}$ 和 $-\overline{U}$,即

$$\overline{T} = \frac{\int_{t_0}^{t_1} T\mathrm{d}t}{\Delta t}, \quad \overline{U} = \frac{\int_{t_0}^{t_1} U\mathrm{d}t}{\Delta t} \tag{13-1-27}$$

注意到有下式成立:

$$\frac{1}{\Delta t}\int_{t_0}^{t_1} \ddot{I}\,\mathrm{d}t = \frac{1}{\Delta t}\dot{I}\Big|_{t_0}^{t_1} = \frac{2}{\Delta t}\left(\sum_i m_i \boldsymbol{R}_i \cdot \boldsymbol{V}_i\right)\Bigg|_{t_0}^{t_1}$$

在上式中,由于 $|\boldsymbol{R}_i|$ 和 $|\boldsymbol{V}_i|$ 为有限值,因此有

$$\Delta t \to \infty, \quad \frac{2}{\Delta t}\left(\sum_i m_i \boldsymbol{R}_i \cdot \boldsymbol{V}_i\right)\Bigg|_{t_0}^{t_1} \to 0$$

综合以上各式,可得

$$\Delta t \to \infty, \quad 2\overline{T} - \overline{U} = 0 \tag{13-1-28}$$

由于机械能守恒,故有

$$\overline{T}-\overline{U}=E \tag{13-1-29}$$

综合式(13-1-28)和式(13-1-29),可得

$$\overline{T}=\frac{1}{2}\overline{U}=-E \tag{13-1-30}$$

这个关系式是克劳休斯在研究气体的分子运动时首先发现的,故称克劳休斯定理,又称维里亚尔定理。该定理表明:位置和速度有限的 N 体系统,在长时间间隔内,动能的时间平均值等于势能时间平均值一半的负值,或等于系统总机械能的负值。克劳休斯定理在 N 体问题的统计计算中有重要作用,例如它可用来估算银河星团的质量。

13.2 N 体问题中的相对运动

在上节中讨论了质点在惯性参考系中的运动,对许多实际问题而言,人们更关心一个质点相对于另一个质点的运动。例如,在太阳系—空间探测器这一 N 体问题中,对探测器相对于地球或相对于太阳的运动更感兴趣。

13.2.1 相对运动方程的建立

如图 13-2 所示,为研究质点 P_2 相对于质点 P_1 的运动,建立原点位于 P_1 的动参考系 P_1-XYZ,动参考系的各轴与惯性参考系保持平行。P_2 相对于 P_1 的位置矢量为 $\boldsymbol{r}$,质点 $P_j(j=3,\ 4,\cdots,N)$ 与 P_1 和 P_2 的相对位置矢量分别为 $\boldsymbol{\rho}_j$ 和 $\boldsymbol{d}_j$,即

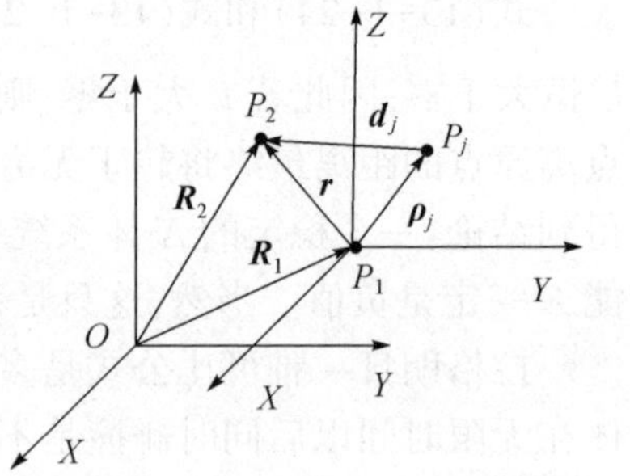

图 13-2 动参考系与惯性参考系

$$\begin{cases}\boldsymbol{r}=\boldsymbol{R}_2-\boldsymbol{R}_1\\ \boldsymbol{\rho}_j=\boldsymbol{R}_j-\boldsymbol{R}_1\\ \boldsymbol{d}_j=\boldsymbol{R}_2-\boldsymbol{R}_j\end{cases} \tag{13-2-1}$$

在惯性参考系中,质点 P_1 和 P_2 的运动方程为

$$\begin{cases}\dfrac{\mathrm{d}^2\boldsymbol{R}_1}{\mathrm{d}t^2}=\dfrac{Gm_2}{r^3}\boldsymbol{r}+\displaystyle\sum_{j=3}^{N}\frac{Gm_j}{\rho_j^3}\boldsymbol{\rho}_j\\ \dfrac{\mathrm{d}^2\boldsymbol{R}_2}{\mathrm{d}t^2}=-\dfrac{Gm_1}{r^3}\boldsymbol{r}+\displaystyle\sum_{j=3}^{N}\frac{Gm_j}{d_j^3}(-\boldsymbol{d}_j)\end{cases} \tag{13-2-2}$$

将上式的第二式减去第一式,并令

$$\mu=G(m_1+m_2) \tag{13-2-3}$$

可得

$$\frac{\mathrm{d}^2\boldsymbol{r}}{\mathrm{d}t^2}+\frac{\mu}{r^3}\boldsymbol{r}=\sum_{j=3}^{N}Gm_j\left(-\frac{\boldsymbol{d}_j}{d_j^3}-\frac{\boldsymbol{\rho}_j}{\rho_j^3}\right) \tag{13-2-4}$$

式(13-2-4)即为质点 P_2 相对于动参考系的运动方程。

若 N 体系统是由 P_1 和 P_2 构成的二体系统,则式(13-2-4)的右端项为零,方程变为二体运动方程(3-1-10)。若除 P_1、P_2 外还存在质点 $P_j(j=3,\ 4,\cdots,\ N)$,则这些质点对 P_1 和 P_2 相对运动的影响反映在式(13-2-4)的右端。式中,右端第一项表示 P_2 由于受到各质点 P_j 的引力引起的加速度,是绝对加速度;第二项表示参考系原点 P_1 由于各质点 P_j 的引力引起的加速度

的负值，因为该项是 P_2 相对 P_1 运动时的牵连加速度，故应取负值。两项加速度的和称为干扰加速度，干扰加速度的合成如图 13-3 所示。

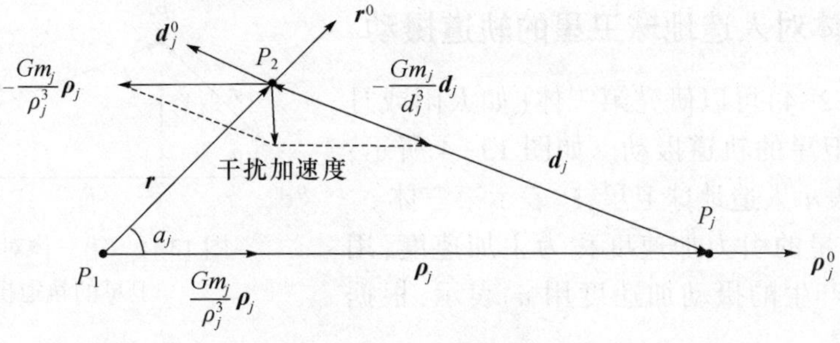

图 13-3　干扰加速度的合成

在某些情况下，式(13-2-4)的右端项与两质点间的引力加速度 μ/r^2 相比很小，可将其看作对二体运动的轻微扰动，从而可以将多体问题作为受摄二体问题来处理，此时式(13-2-4)也称为受摄二体问题的相对运动方程。比如，$Gm_j \ll \mu$ 时，即 m_1 与 m_2 的总质量占 N 体系统质量的绝大部分；或 $d_j, \rho_j \gg r$ 时，即 P_1 和 P_2 间的距离要比与其他质点间的距离近得多，这两种情况都可以看作受摄二体问题。太阳系内大行星的运动对应第一种情况，而人造地球卫星的运动则对应第二种情况。

在动参考系 P_1-XYZ 中，由于

$$\begin{cases} \boldsymbol{r} = x\boldsymbol{x}^0 + y\boldsymbol{y}^0 + z\boldsymbol{z}^0 \\ \boldsymbol{\rho}_j = x_j\boldsymbol{x}^0 + y_j\boldsymbol{y}^0 + z_j\boldsymbol{z}^0 \\ \boldsymbol{d}_j = \boldsymbol{r} - \boldsymbol{\rho}_j = (x-x_j)\boldsymbol{x}^0 + (y-y_j)\boldsymbol{y}^0 + (z-z_j)\boldsymbol{z}^0 \end{cases} \tag{13-2-5}$$

因此式(13-2-4)可表示为

$$\begin{cases} \dfrac{\mathrm{d}^2 x}{\mathrm{d}t^2} + \dfrac{\mu}{r^3}x = \sum\limits_{j=3}^{N} Gm_j\left(-\dfrac{x-x_j}{d_j^3} - \dfrac{x_j}{\rho_j^3}\right) \\ \dfrac{\mathrm{d}^2 y}{\mathrm{d}t^2} + \dfrac{\mu}{r^3}y = \sum\limits_{j=3}^{N} Gm_j\left(-\dfrac{y-y_j}{d_j^3} - \dfrac{y_j}{\rho_j^3}\right) \\ \dfrac{\mathrm{d}^2 z}{\mathrm{d}t^2} + \dfrac{\mu}{r^3}z = \sum\limits_{j=3}^{N} Gm_j\left(-\dfrac{z-z_j}{d_j^3} - \dfrac{z_j}{\rho_j^3}\right) \end{cases} \tag{13-2-6}$$

若用 ∇_2 表示动参考系中的梯度算子

$$\nabla_2 = \begin{bmatrix} \partial/\partial x \\ \partial/\partial y \\ \partial/\partial z \end{bmatrix}$$

同时定义 j 体的摄动势函数

$$R_j = Gm_j\left(\frac{1}{d_j} - \frac{\boldsymbol{r}\cdot\boldsymbol{\rho}_j}{\rho_j^3}\right) \tag{13-2-7}$$

则式(13-2-6)可表示为

$$\frac{\mathrm{d}^2\boldsymbol{r}}{\mathrm{d}t^2} + \frac{\mu}{r^3}\boldsymbol{r} = \nabla_2\left(\sum_{j=3}^{N} R_j\right) \tag{13-2-8}$$

因为 R_j 不仅是质点 P_2 坐标的函数，还是其他质点坐标的函数，所以摄动势 R_j 表示的力场不是保守力场。拉格朗日行星运动方程就是处理这种有势力的一般摄动方法。

13.2.2 第三体对人造地球卫星的轨道摄动

根据式(13-2-4)可以研究第三体(如太阳或月球)对人造地球卫星的轨道摄动。如图 13-4 所示，P_1 表示地球，P_2 表示人造地球卫星，P_3 表示第三体。

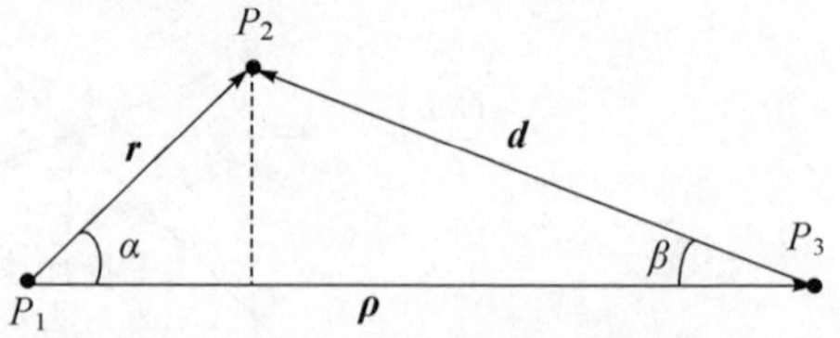

图 13-4 第三体对人造地球卫星的轨道摄动

把地球对卫星的引力加速度称为主加速度，用 a_m 表示，第三体产生的摄动加速度用 a_d 表示，根据式(13-2-4)易得

$$a_m = G\frac{m_1+m_2}{r^2} \tag{13-2-9}$$

$$a_d = Gm_3\sqrt{\left(-\frac{\boldsymbol{d}}{d^3}-\frac{\boldsymbol{\rho}}{\rho^3}\right)\cdot\left(-\frac{\boldsymbol{d}}{d^3}-\frac{\boldsymbol{\rho}}{\rho^3}\right)} = Gm_3\sqrt{\frac{1}{d^4}+\frac{1}{\rho^4}-\frac{2\cos\beta}{d^2\rho^2}} \tag{13-2-10}$$

式中：m_1、m_2、m_3 分别为地球、卫星和第三体的质量；β 为 $\boldsymbol{\rho}$ 与 $\boldsymbol{d}$ 夹角的补角。

根据图 13-4 可以得到

$$d^2 = r^2+\rho^2-2r\rho\cos\alpha$$

若令 $\gamma=r/\rho$，则有

$$\left(\frac{d}{\rho}\right)^2 = 1-2\gamma\cos\alpha+\gamma^2$$

另外有

$$\cos\beta=\frac{\rho-r\cos\alpha}{d}=\frac{1-\gamma\cos\alpha}{\sqrt{1-2\gamma\cos\alpha+\gamma^2}}$$

将上两式代入式(13-2-10)，可得

$$a_d=\frac{Gm_3}{\rho^2}\sqrt{1+\frac{1}{(1-2\gamma\cos\alpha+\gamma^2)^2}-2\frac{1-\gamma\cos\alpha}{(1-2\gamma\cos\alpha+\gamma^2)^{3/2}}}$$

因为 $\gamma=r/\rho\ll1$，故将上式展开为 γ 的级数并忽略高阶项，可得

$$a_d=\frac{Gm_3}{\rho^2}\frac{r}{\rho}\sqrt{1+3\cos^2\alpha} \tag{13-2-11}$$

考虑到地球的质量 m_1 远大于卫星的质量 m_2，故式(13-2-9)中的 m_2 可以忽略不计，由此得到主加速度与摄动加速度的比值为

$$\frac{a_d}{a_m}=\frac{m_3}{m_1}\left(\frac{r}{\rho}\right)^3\sqrt{1+3\cos^2\alpha} \tag{13-2-12}$$

当 $\cos^2\alpha=1$，即卫星、地球、第三体三者共线时，a_d/a_m 取最大值

$$\left(\frac{a_d}{a_m}\right)_{\max}=2\frac{m_3}{m_1}\left(\frac{r}{\rho}\right)^3 \tag{13-2-13}$$

以地球静止轨道卫星($r=42164$km)为例，表 13-1 列出了第三体对卫星摄动加速度的最大值$(a_d/a_m)_{\max}$，表中地球与摄动体的位置选取使得 ρ 取最小值。由表可见，最大的第三体摄动是由月球和太阳引起的，其他天体的摄动都非常小，可以略去不计。

表 13-1 第三体引起的地球同步卫星的摄动加速度

第三体	m_3/m_1	ρ/r	$(a_d/a_m)_{max}$
月球	0.0123	9.1	3.3×10^{-5}
太阳	332946	3.48×10^{3}	1.6×10^{-5}
金星	0.815	9.03×10^{2}	2.2×10^{-9}
木星	317.9	1.39×10^{4}	2.4×10^{-10}
火星	0.107	1.29×10^{5}	1.0×10^{-10}
水星	0.055	1.83×10^{3}	1.8×10^{-11}
土星	95.2	2.83×10^{4}	8.4×10^{-12}
天王星	14.6	6.11×10^{4}	1.3×10^{-13}
海王星	17.2	1.02×10^{5}	3.3×10^{-14}
人马座-α	3.6×10^{5}	9.68×10^{8}	7.9×10^{-22}

13.3 引力影响球

理论上讲,深空探测器的运动是一个多体问题。但由于飞行过程中探测器与各天体的相对距离在不断变化,由此导致不同天体的引力大小比也在不断变化。在某个时间段内,往往是某个天体的引力起决定作用。为此,引入引力影响球的概念,将多体问题简化为若干个干扰二体问题来处理。

13.3.1 拉普拉斯影响球

拉普拉斯研究彗星在木星附近的运动时,提出了一个关于确定天体引力作用范围的原则,即哪个天体能提供更小的干扰力与中心引力比,则选择哪个天体作为中心引力体。现在,人们把它广泛应用于深空探测轨道设计中。

为方便讨论,仅考虑探测器与两个天体构成的三体问题,如图 13-4 所示。假设 P_1 和 P_3 表示两个天体,P_2 表示深空探测器。目前遇到的实际问题中,通常都是一个天体的质量远大于另一个,在此不妨假设 $m_3 \gg m_1$。与天体相比,探测器的质量 m_2 可以忽略。

当 P_1 为中心体,P_3 为干扰体时,根据式(13-2-4),探测器相对于 P_1 的运动方程为

$$\frac{\mathrm{d}^2\boldsymbol{r}}{\mathrm{d}t^2}=-\frac{Gm_1}{r^3}\boldsymbol{r}-Gm_3\left(\frac{\boldsymbol{\rho}}{\rho^3}+\frac{\boldsymbol{d}}{d^3}\right) \tag{13-3-1}$$

记中心引力加速度为 a_{m1},干扰加速度为 a_{d1},则有

$$\begin{cases} a_{m1}=\dfrac{Gm_1}{r^2} \\ a_{d1}=Gm_3\left[\left(\dfrac{\boldsymbol{\rho}}{\rho^3}+\dfrac{\boldsymbol{d}}{d^3}\right)\cdot\left(\dfrac{\boldsymbol{\rho}}{\rho^3}+\dfrac{\boldsymbol{d}}{d^3}\right)\right]^{\frac{1}{2}} \end{cases} \tag{13-3-2}$$

干扰加速度与中心引力加速度之比为

$$\frac{a_{d1}}{a_{m1}}=\frac{m_3}{m_1}\frac{r^2}{\left[\left(\frac{\boldsymbol{\rho}}{\rho^3}+\frac{\boldsymbol{d}}{d^3}\right)\cdot\left(\frac{\boldsymbol{\rho}}{\rho^3}+\frac{\boldsymbol{d}}{d^3}\right)\right]^{-\frac{1}{2}}} \tag{13-3-3}$$

a_{d1}/a_{m1}将随着 r 的增大(探测器远离中心体 P_1)而增大。

当 P_3为中心体,P_1为干扰体时,探测器相对于 P_3的运动方程为

$$\frac{\mathrm{d}^2\boldsymbol{d}}{\mathrm{d}t^2}=-\frac{Gm_3}{d^3}\boldsymbol{d}-Gm_1\left(\frac{\boldsymbol{r}}{r^3}-\frac{\boldsymbol{\rho}}{\rho^3}\right) \tag{13-3-4}$$

分别记中心引力加速度和干扰加速度为 a_{m3}、a_{d3},则有

$$\begin{cases} a_{m3}=\dfrac{Gm_3}{d^2} \\ a_{d3}=Gm_1\left[\left(\dfrac{\boldsymbol{r}}{r^3}-\dfrac{\boldsymbol{\rho}}{\rho^3}\right)\cdot\left(\dfrac{\boldsymbol{r}}{r^3}-\dfrac{\boldsymbol{\rho}}{\rho^3}\right)\right]^{\frac{1}{2}} \end{cases} \tag{13-3-5}$$

两者之比为

$$\frac{a_{d3}}{a_{m3}}=\frac{m_1}{m_3}\frac{d^2}{\left[\left(\frac{\boldsymbol{r}}{r^3}-\frac{\boldsymbol{\rho}}{\rho^3}\right)\cdot\left(\frac{\boldsymbol{r}}{r^3}-\frac{\boldsymbol{\rho}}{\rho^3}\right)\right]^{-\frac{1}{2}}} \tag{13-3-6}$$

a_{d3}/a_{m3}将随着 d 的增大(探测器远离中心体 P_3)而增大。

由 a_{d1}/a_{m1}和 a_{d3}/a_{m3}随 r 和 d 的变化趋势可知,必定存在着一些点,满足等式

$$\frac{a_{d1}}{a_{m1}}=\frac{a_{d3}}{a_{m3}} \tag{13-3-7}$$

即在这些点上,将 P_1作为中心引力体和将 P_3作为中心引力体产生的干扰加速度与中心引力加速度之比相等。

由于假定 $m_3\gg m_1$,因此满足等式(13-3-7)的点将靠近 P_1而远离 P_3,也即对这些点有 $r\ll d$和 $r\ll\rho$ 成立。因此,根据式(13-2-12),可得

$$\frac{a_{d1}}{a_{m1}}\approx\frac{m_3}{m_1}\left(\frac{r}{\rho}\right)^3\sqrt{1+3\cos^2\alpha}$$

由于可以近似认为$\rho\approx d$,因此对式(13-3-5)有

$$a_{m3}\approx\frac{Gm_3}{\rho^2},\quad a_{d3}\approx\frac{Gm_1}{r^2}$$

故有

$$\frac{a_{d3}}{a_{m3}}\approx\frac{m_1}{m_3}\left(\frac{\rho}{r}\right)^2$$

因此式(13-3-7)可近似表示为

$$\frac{r}{\rho}=\left(\frac{m_1}{m_3}\right)^{\frac{2}{5}}(1+3\cos^2\alpha)^{-\frac{1}{10}} \tag{13-3-8}$$

式(13-3-8)给出了满足等式(13-3-7)的曲面方程 $r=r(\alpha)$,它是以质量较小的天体 P_1为中心,以 P_1与 P_3的连线为对称轴的曲面,形状与圆球稍有不同。由于

$$0.87\leqslant(1+3\cos^2\alpha)^{-\frac{1}{10}}\leqslant1$$

因此 r 的最大值与最小值之比约为 1.15。为方便起见,常将该曲面用半径等于 r 的最大值的球面来近似,即

$$r=\rho\left(\frac{m_1}{m_3}\right)^{\frac{2}{5}} \tag{13-3-9}$$

此球面称为拉普拉斯影响球,r 称为 P_1 相对于 P_3 的影响球半径。当探测器在影响球内时,将其运动近似为以 P_1 为中心体的干扰二体运动;当探测器在影响球外时,将其运动近似为以 P_3 为中心体的干扰二体运动。

表 13-2 给出了太阳系内的大行星相对于太阳的影响球半径,单位分别以 km、日心距离 ρ 和行星半径 R 表示。表中,r_{mean} 是考虑行星与太阳平均距离的影响球半径,r 的两个值则分别对应最小和最大日心距离。由表可见,地球影响球半径的平均值为 93×10^4km,约等于 145 个地球半径,日地距离的 6‰。

表 13-2 太阳系内的大行星相对于太阳的影响球半径

行星	$m_1/m_3(10^4)$	$r_{mean}(10^6$ km)	$r(10^6$ km)	$r\ (10^{-2}\rho)$	$r\ (10^2R)$
水星	0.00164	0.11	0.09~0.14	0.15~0.23	0.37~0.56
金星	0.0245	0.62	0.61~0.62	0.57~0.57	1.01~1.03
地球	0.0304	0.93	0.91~0.94	0.61~0.63	1.43~1.47
火星	0.00324	0.58	0.52~0.63	0.23~0.28	1.54~1.85
木星	9.55	48.2	45.9~50.5	8.90~6.49	6.48~7.13
土星	2.86	54.5	51.6~57.7	3.61~4.04	8.59~9.61
天王星	0.436	51.9	49.4~54.1	1.73~1.89	19.4~21.3
海王星	0.518	86.8	85.7~87.6	1.91~1.95	34.1~34.9

对地球-月球-探测器系统而言,月球相对于地球的影响球半径平均值为 6.62×10^4km,约为 38 个月球半径,地月距离的 1/6。

基于引力影响球的概念,就可以采用圆锥曲线拼接法来初步设计深空探测轨道。所谓圆锥曲线拼接法,就是在 P_1 的影响球内,忽略 P_3 的影响,将 P_1 和 P_2(探测器)看成二体问题,设计出满足要求的圆锥曲线;在 P_1 的影响球外,忽略 P_1 的影响,将 P_3 和 P_2 看成二体问题,得到另一条圆锥曲线;两条圆锥曲线在影响球边界上进行参数拼接。例如,设计火星探测轨道时,可将其分为三段圆锥曲线,即地球影响球内的地心双曲线、火星影响球内的火星中心双曲线和两个影响球外的日心圆锥曲线,三段圆锥曲线在地球和火星的影响球边界上拼接。

计算表明,对行星际探测轨道,圆锥曲线拼接法可以相当准确地给出所需能量的估算,但飞行时间估算的误差要大一些。对月球探测轨道,由于月地质量的比值较大、月地距离较小,设计误差要大一些。分析表明,对 72h 的"阿波罗"飞船地月飞行轨道,这种方法引起的路径偏差约等于一个月球直径。这是因为,在定义影响球时只考虑了哪个天体可以提供更小的干扰力与中心引力比,而没考虑比值的大小。为此,引入外层与内层影响球的概念。

13.3.2 内层与外层影响球

用圆锥曲线拼接法设计轨道时，略去第三体的引力影响会带来轨道设计误差，误差的大小与影响球上扰动力和中心引力的比值大小有关。例如，在地球相对于太阳的影响球上，$(a_{d1}/a_{m1})=(a_{d3}/a_{m3})\approx0.079$，干扰力约为中心引力的8%；而在月球相对于地球的影响球上，$(a_{d1}/a_{m1})=(a_{d3}/a_{m3})\approx0.41$，干扰力约为中心引力的40%。这就是设计月球探测轨道时，圆锥曲线拼接法误差较大的原因。此时，可采用一种改进的引力作用范围划定方法。

为导出简单实用的关系，不妨假设探测器 P_2 位于 P_1 和 P_3 的连线上（图13-5），且有 $m_3\gg m_1$。令

$$\frac{r}{d}=\xi,\quad \frac{\rho}{d}=1+\xi \tag{13-3-10}$$

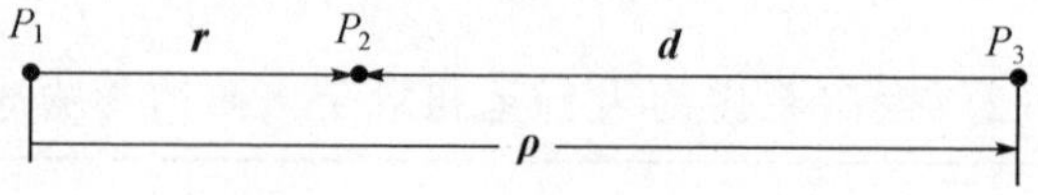

图13-5 三体的几何关系

若以 P_1 为中心体，根据式(13-3-2)有

$$a_{m1}=\frac{Gm_1}{r^2},\quad a_{d1}=\frac{Gm_3}{d^2}\left[1-\left(\frac{d}{\rho}\right)^2\right]$$

$$\varepsilon_1=\frac{a_{d1}}{a_{m1}}=\frac{m_3}{m_1}\xi^2\left[1-\frac{1}{(1+\xi)^2}\right] \tag{13-3-11}$$

ε_1 随 P_2 靠近 P_1 而减小。

若以 P_3 为中心体，根据式(13-3-5)有

$$a_{m3}=\frac{Gm_3}{d^2},\quad a_{d3}=\frac{Gm_1}{r^2}\left[1-\left(\frac{r}{\rho}\right)^2\right]$$

$$\varepsilon_3=\frac{a_{d3}}{a_{m3}}=\frac{m_1}{m_3}\frac{1}{\xi^2}\left[1-\left(\frac{\xi}{1+\xi}\right)^2\right] \tag{13-3-12}$$

ε_3 随 P_2 远离 P_1 而减小。

将 ε_1 取为某个较小的数（例如 $\varepsilon_1=0.01$），求解式(13-3-11)可以得到解 ξ_1，再根据式(13-3-10)可以求出一个 r_1。根据式(13-3-11)，在以 P_1 为中心，r_1 为半径的球面内，略去 P_3 的引力影响不致引起过大的误差，该球面称为内层影响球。同理，将 ε_3 取为某个较小的数，根据式(13-3-12)和式(13-3-10)可以求得一个 r_3。在以 P_1 为中心，r_3 为半径的球面外，略去 P_1 的引力影响也不致引起过大的误差，该球面称为外层影响球。

例如，对于地球-月球-探测器这个三体系统，取 $\varepsilon_1=\varepsilon_3=0.05$，可以求得内层影响球半径为 3.52×10^4km，约为地月距离的1/11；外层影响球半径为 12.15×10^4km，约为地月距离的1/3。

当探测器位于内外层影响球之间时，为保证足够的精度，应作为干扰二体轨道处理。

需要说明的是，采用内外层影响球的方法虽然能够提高设计精度，但干扰二体轨道只能通过数值方法求解，这给轨道设计带来了很大的不便。因此，在轨道初步设计阶段，主要还是采用拉普拉斯影响球的方法，内外层影响球多用于精确轨道设计阶段。

影响球实际上是提供了一种引力影响范围的划分准则。除拉普拉斯给定的准则外,还有其他的划分方法[11]。

13.4 三体定型运动

三体问题研究三个具有任意质量的质点在彼此间引力作用下的运动规律。对一般的三体问题,目前仍未找到有限形式的解析解。1913 年,桑德曼[2]给出了三体问题的级数解,并证明了该解具有全局收敛性。但该级数解的收敛速度非常慢,对于非常短的时间间隔也需要取到上千项,因此实际意义不大。1772 年,拉格朗日在一些特殊条件下,求得了三体问题的解析解,包括等边三角形解和直线解,这些特解称为三体定型运动。

13.4.1 三体定型运动的一般描述

三体定型运动是指不论三个质点如何运动,在任意时刻连接它们的直线所组成的三角形始终保持在不变平面内,且任意时刻的三角形都与初始时刻的三角形相似,如图 13-6 所示。当然,三角形的大小可以变化,并且可以在平面内旋转。特殊情况下,当三个质点共线时,则始终保持三质点成直线分布且三质点的位置保持 r_{12}/r_{13} 为常数,r_{12}、r_{13} 分别表示质点 P_1 与 P_2、P_3 的距离,如图 13-7 所示。

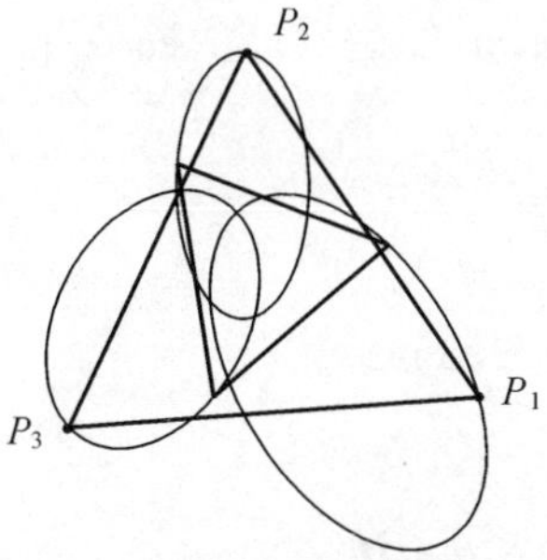

图 13-6 三体定型运动的等边三角形解

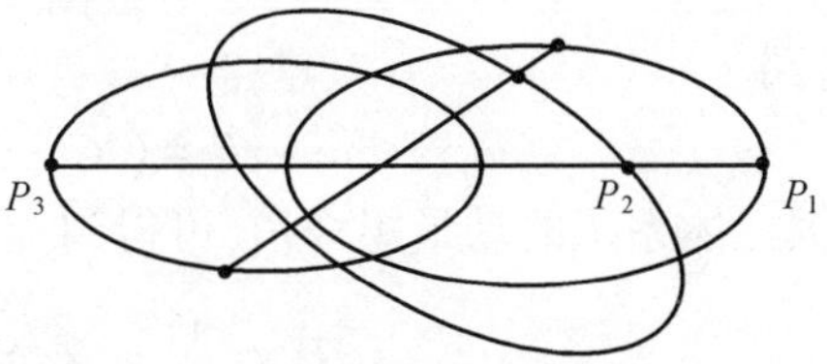

图 13-7 三体定型运动的直线解

三体系统中各质点的运动规律取决于它们所受的力和运动的初始条件。对于三体定型运动这个特殊的运动构型,拉格朗日证明其受力和初始条件应满足下列三个条件:

(1) 每个质点所受的合力均通过系统的质心;

(2) 各质点上单位质量所受力的大小与该质点到系统质心的距离之比相等;

(3) 各质点初始速度的大小与该质点到系统质心的距离之比相等,且各质点的初始速度矢量与系统质心到质点的初始位置矢量之间的夹角相等。

下面针对上述三个条件,来讨论三体定型运动的特性。

13.4.2 等边三角形解

以三体系统的质心 O 为原点,建立惯性坐标系,质心到质点 $P_i(i=1,2,3)$ 的矢量用 $\boldsymbol{R}_i$ 表示。根据质心的定义,有

$$\sum_{i=1}^{3} m_i \boldsymbol{R}_i = 0 \tag{13-4-1}$$

上式可改写成

$$(m_1+m_2+m_3)\boldsymbol{R}_1+m_2(\boldsymbol{R}_2-\boldsymbol{R}_1)+m_3(\boldsymbol{R}_3-\boldsymbol{R}_1)=0$$

令

$$M=m_1+m_2+m_3 \tag{13-4-2}$$

则有

$$M\boldsymbol{R}_1=-m_2\boldsymbol{r}_{12}-m_3\boldsymbol{r}_{13} \tag{13-4-3}$$

式中

$$\boldsymbol{r}_{12}=\boldsymbol{R}_2-\boldsymbol{R}_1,\quad \boldsymbol{r}_{13}=\boldsymbol{R}_3-\boldsymbol{R}_1 \tag{13-4-4}$$

将式(13-4-3)的两端各自点乘自身,可得

$$M^2\boldsymbol{R}_1^2=m_2^2r_{12}^2+m_3^2r_{13}^2+2m_2m_3\boldsymbol{r}_{12}\cdot\boldsymbol{r}_{13} \tag{13-4-5}$$

对于定型运动,各质点连线的构型保持相似,因此满足以下两个关系式:

$$\frac{r_{12}}{(r_{12})_0}=\frac{r_{23}}{(r_{23})_0}=\frac{r_{31}}{(r_{31})_0}=f(t) \tag{13-4-6}$$

$$\dot{\theta}_1=\dot{\theta}_2=\dot{\theta}_3=\dot{\theta}(t) \tag{13-4-7}$$

式中下标 0 表示初始时刻 $t=0$ 的值,$\dot{\theta}_i$ 为质点 P_i 相对于系统质心的旋转角速度。

将式(13-4-6)、式(13-4-7)代入式(13-4-5),并考虑到

$$\boldsymbol{r}_{12}^0\cdot\boldsymbol{r}_{13}^0=\cos\alpha_1=\text{const}$$

有

$$M^2R_1^2=[f(t)]^2[m_2^2(r_{12})_0^2+m_3^2(r_{13})_0^2+2m_2m_3(r_{12})_0(r_{13})_0\cos\alpha_1]$$

因而有

$$R_1=(R_1)_0f(t)$$

同理,得到

$$R_i=(R_i)_0f(t)\quad(i=1,2,3) \tag{13-4-8}$$

根据三体系统的动量矩守恒,可得到

$$\boldsymbol{H}=\sum_{i=1}^{3}m_i\boldsymbol{R}_i\times\dot{\boldsymbol{R}}_i=\sum_{i=1}^{3}m_iR_i^2\dot{\theta}\cdot\boldsymbol{H}^0 \tag{13-4-9}$$

将式(13-4-7)、式(13-4-8)代入上式,得到

$$H=\left[\sum_{i=1}^{3}m_iR_i^2\right]_0 f^2\dot{\theta}=\text{const} \tag{13-4-10}$$

式(13-4-10)说明 $f^2\dot{\theta}$ 为常数,因此每个质点相对于质心的动量矩为常数。由此可知,作用在每个质点上的合力都通过系统的质心,这就是三体定型运动应满足的第一个条件。

设 $\boldsymbol{F}_i$ 是作用在质点 P_i 单位质量上的合力,由于 $\boldsymbol{F}_i$ 过系统质心,则 P_i 的运动方程为

$$\ddot{R}_i-R_i\dot{\theta}_i^2=F_i$$

将式(13-4-7)、式(13-4-8)代入上式可得

$$(R_i)_0\ddot{f}-R_i\dot{\theta}_i^2=F_i$$

上式可改写为

$$R_i\left(\frac{\ddot{f}}{f}-\dot{\theta}_i^2\right)=F_i$$

根据式(13-4-6)和式(13-4-7)可知,对三个质点 $(\ddot{f}/f-\dot{\theta}_i^2)$ 相等,因而有

$$\frac{F_1}{R_1}=\frac{F_2}{R_2}=\frac{F_3}{R_3} \tag{13-4-11}$$

这就是三体定型运动应满足的第二个条件。

下面考虑能够满足上述两个条件的两种情况。由于各质点所受的合力通过质心,因而有

$$\boldsymbol{R}_i\times\boldsymbol{F}_i=0\quad(i=1,2,3)$$

各质点的加速度也必然通过质心,故又有

$$\boldsymbol{R}_i\times\ddot{\boldsymbol{R}}_i=0\quad(i=1,2,3) \tag{13-4-12}$$

根据式(13-1-3),三体系统的运动方程可以写成

$$m_i\ddot{\boldsymbol{R}}_i=G\sum_j^{*}\frac{m_im_j}{r_{ij}^3}\boldsymbol{r}_{ij} \tag{13-4-13}$$

当 $i=1$ 时,将上式代入式(13-4-12),得到

$$\boldsymbol{R}_1\times\left(m_2\frac{\boldsymbol{r}_{12}}{r_{12}^3}+m_3\frac{\boldsymbol{r}_{13}}{r_{13}^3}\right)=0$$

再将式(13-4-4)代入上式,可得

$$\boldsymbol{R}_1\times\left(m_2\frac{\boldsymbol{R}_2}{r_{12}^3}+m_3\frac{\boldsymbol{R}_3}{r_{13}^3}\right)=0 \tag{13-4-14}$$

将式(13-4-1)代入后可得

$$m_2\boldsymbol{R}_1\times\boldsymbol{R}_2\left(\frac{1}{r_{12}^3}-\frac{1}{r_{13}^3}\right)=0 \tag{13-4-15}$$

对于 $i=2$ 和 $i=3$ 的情况,同样可以得到类似的方程。很容易看出,要使这三个方程成立,必须满足

$$r_{12}=r_{23}=r_{31}=r \tag{13-4-16}$$

即等边三角形解,或者满足

$$\boldsymbol{R}_1\times\boldsymbol{R}_2=\boldsymbol{R}_2\times\boldsymbol{R}_3=\boldsymbol{R}_3\times\boldsymbol{R}_1=0 \tag{13-4-17}$$

即直线解。当然,这两类解不可能同时存在。

对于等边三角形解,式(13-4-13)在 $i=1$ 时可以写成

$$m_1\ddot{\boldsymbol{R}}_1=\frac{Gm_1}{r^3}(m_2\boldsymbol{r}_{12}+m_3\boldsymbol{r}_{13})$$

将式(13-4-3)代入可得

$$\ddot{\boldsymbol{R}}_1+\frac{GM}{r^3}\boldsymbol{R}_1=0 \tag{13-4-18}$$

在式(13-4-5)中,由于等边三角形 $\boldsymbol{r}_{12}$ 与 $\boldsymbol{r}_{13}$ 的夹角为60°,故有

$$M^2R_1^2=(m_2^2+m_3^2+m_2m_3)r^2$$

令

$$M_1=\frac{(m_2^2+m_3^2+m_2m_3)^{3/2}}{M^2}=\frac{(m_2^2+m_3^2+m_2m_3)^{3/2}}{(m_1+m_2+m_3)^2} \tag{13-4-19}$$

则有

$$\frac{M_1}{R_1^3}=\frac{M}{r^3}$$

因此式(13-4-18)可以改写成

$$\ddot{\boldsymbol{R}}_1+\frac{GM_1}{R_1^3}\boldsymbol{R}_1=0 \tag{13-4-20}$$

式(13-4-20)在形式上与二体运动方程相同,这表明质点 P_1 沿以质心为焦点的圆锥曲线运动,运动的特性与在系统的质心放一质量为 M_1 的质点、P_1 为单位质量时,P_1 的运动特性相同。根据初始速度的不同,圆锥曲线可以是椭圆、抛物线或双曲线。对 $i=2$ 和 $i=3$ 有类似的结论。

假设各质点绕质心做椭圆运动,由式(13-4-7)可知,各质点的轨道周期相等,因而有

$$\frac{\mu_1}{a_1^3}=\frac{\mu_2}{a_2^3}=\frac{\mu_3}{a_3^3} \tag{13-4-21}$$

式中:$a_i(i=1,2,3)$ 为质点 P_i 的轨道半长轴;μ_i 为引力常数。由式(13-4-20)可知

$$\mu_i=GM_i=\frac{GM}{r^3}R_i^3 \quad (i=1,2,3) \tag{13-4-22}$$

综合式(13-4-21)、式(13-4-22)可得

$$\frac{R_1}{a_1}=\frac{R_2}{a_2}=\frac{R_3}{a_3}$$

将式(13-4-8)代入上式,得到

$$\frac{(R_1)_0}{a_1}=\frac{(R_2)_0}{a_2}=\frac{(R_3)_0}{a_3} \tag{13-4-23}$$

由于

$$\frac{(R_i)_0}{a_i}=2-\boldsymbol{v}_{i0}$$

$\boldsymbol{v}_{i0}$ 为质点 P_i 的初始能量比参数,则有

$$\boldsymbol{v}_{10}=\boldsymbol{v}_{20}=\boldsymbol{v}_{30} \tag{13-4-24}$$

能量比参数的定义为

$$\boldsymbol{v}_{i0}=(R_i)_0\frac{(V_i)_0^2}{\mu_i}$$

将式(13-4-22)代入上式,可得

$$\left(\frac{V_1}{R_1}\right)_0=\left(\frac{V_2}{R_2}\right)_0=\left(\frac{V_3}{R_3}\right)_0 \tag{13-4-25}$$

即各质点初始速度的大小与到系统质心的初始距离之比相等。

若 p_i 为质点 P_i 的轨道半通径,则

$$\frac{p_i}{a_i}=\frac{(R_i)_0^4\dot{\theta}_0^2}{\mu_i a_i}=\frac{r_0^3\dot{\theta}_0^2}{GM}\ \frac{(R_i)_0}{a_i}$$

根据式(13-4-23)可知

$$\frac{p_1}{a_1}=\frac{p_2}{a_2}=\frac{p_3}{a_3}$$

由于 $p=a(1-e^2)$,因此有

$$e_1 = e_2 = e_3 \tag{13-4-26}$$

即三个椭圆的偏心率相同。考虑到

$$e_i^2 = 1 + \boldsymbol{v}_{i0}(\boldsymbol{v}_{i0} - 2)\sin^2\gamma_{i0}$$

式中：γ_{i0}为质点的初始速度矢量与系统质心到质点的初始位置矢量之间的夹角，也即飞行路线角。

根据式(13-4-24)与式(13-4-26)，可知

$$\gamma_{10} = \gamma_{20} = \gamma_{30} \tag{13-4-27}$$

由上式与式(13-4-25)可知，等边三角形解满足第三个条件。

13.4.3 直线解

首先证明直线解满足拉格朗日提出的三个条件。前两个条件的证明与等边三角形解是一样的，现在证明第三个条件。

三个质点在直线上的排列顺序可能有 321，231，213 三种情况，在此以 321 的顺序为例加以讨论。假设 P_3是质量最大的质点，则质心 O 最靠近 P_3。以三个点所在的直线作为 x 轴，如图 13-8 所示。

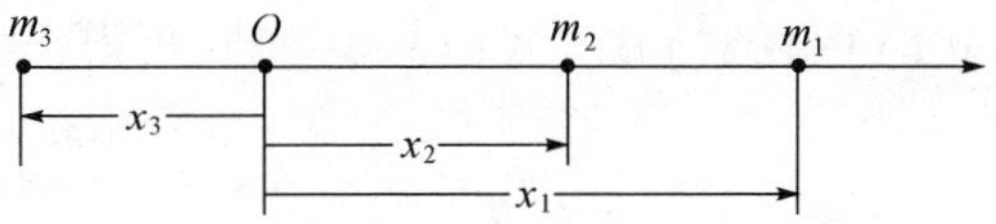

图 13-8　三体定型运动直线解的 321 分布

作用在质点 P_1单位质量上的引力为

$$F_1 = G\left(m_2\frac{x_2 - x_1}{x_{12}^3} + m_3\frac{x_3 - x_1}{x_{13}^3}\right) \tag{13-4-28}$$

其中

$$x_{ij} = x_j - x_i,\quad x_{ij} = -x_{ji}$$

对于直线运动，式(13-4-8)为

$$x_i = (x_i)_0 f(t)$$

故有

$$F_1 = \frac{G}{f^2}\left(m_2\frac{x_2 - x_1}{x_{12}^3} + m_3\frac{x_3 - x_1}{x_{13}^3}\right)_0 = \frac{\text{const}}{f^2}$$

由于f与质点到系统质心的距离成正比，因此作用在质点 P_1上的合力与距离的平方成反比，故 P_1绕质心 O 作圆锥曲线运动。

同理，对其余质点也有类似的结果，即各质点绕质心 O 作圆锥曲线运动。仿照等边三角形解的证明方法，也可以证明直线解满足第三个条件。

下面来讨论三质点间的相互距离，同样以 321 分布为例。由定型运动的第二个条件式(13-4-11)，可得如下等式：

$$\frac{F_1}{x_1} = \frac{F_2}{x_2} = \frac{F_3}{x_3} = AG$$

式中：A 为与初始条件有关的常数，$A>0$。将上式代入式(13-4-28)，可得

$$Ax_1 = m_2\frac{x_2 - x_1}{x_{12}^3} + m_3\frac{x_3 - x_1}{x_{13}^3} \tag{13-4-29}$$

同理，对质点 P_2和 P_3，有

$$Ax_2 = m_3\frac{x_3-x_2}{x_{23}^3}+m_1\frac{x_1-x_2}{x_{12}^3} \tag{13-4-30}$$

$$Ax_3 = m_1\frac{x_1-x_3}{x_{13}^3}+m_2\frac{x_2-x_3}{x_{23}^3} \tag{13-4-31}$$

令

$$x=\frac{x_2-x_3}{x_1-x_2}>0 \tag{13-4-32}$$

则有

$$x_{23}=x\cdot x_{12},x_{13}=(1+x)x_{12} \tag{13-4-33}$$

将式(13-4-30)减去式(13-4-29),可得

$$Ax_{12}=-\frac{(m_1+m_2)}{x_{12}^2}+m_3\left(\frac{1}{x_{23}^2}-\frac{1}{x_{13}^2}\right) \tag{13-4-34}$$

将式(13-4-31)减去式(13-4-30),可得

$$Ax_{23}=-\frac{(m_2+m_3)}{x_{23}^2}+m_1\left(\frac{1}{x_{12}^2}-\frac{1}{x_{13}^2}\right) \tag{13-4-35}$$

将式(13-4-33)代入式(13-4-34)和式(13-4-35),得到

$$\begin{cases}Ax_{12}^3=-(m_1+m_2)+m_3\dfrac{2x+1}{x^2(1+x)^2}\\ Ax_{12}^3=-\dfrac{(m_2+m_3)}{x^3}+m_1\dfrac{x+2}{(1+x)^2}\end{cases}$$

在上式中消去 Ax_{12}^3,得到

$$(m_1+m_2)x^5+(3m_1+2m_2)x^4+(3m_1+m_2)x^3-(m_2+3m_3)x^2-(2m_2+3m_3)x-(m_2+m_3)=0 \tag{13-4-36}$$

根据笛卡儿符号规则可知,方程(13-4-36)只有一个正根,该正根即对应式(13-4-32)中的 x,由此即可唯一确定 321 顺序下质点的分布距离。

同理,可得到 231 或 213 顺序下的质点分布距离。

如果三体定型运动的几何构型尺寸保持不变,则其解称为不变解。在不变解条件下,质点间的相互距离保持不变,三体系统在不变平面内绕其质心以固定的角速度旋转。

13.5 圆形限制性三体问题

为更深入了解三体系统的运动特性,希尔、庞加莱等人重点针对一类称为圆形限制性三体问题的特殊情况开展了研究。限制性三体问题是指在三体系统中,一质点的质量远小于其他两个。比如,设 P_1的质量为 m_1,P_2的质量为 m_2,P 的质量为 m,$m_1>m_2\gg m$,这样就可以假定 P_1、P_2的运动不受 P 的影响,满足此假设的三体问题称为限制性三体问题。若在限制性三体问题中,P_1、P_2绕其质心作圆周运动,则称为圆形限制性三体问题。

圆形限制性三体问题是从实际的物理问题中抽象出的数学模型,比如日-地-月系统就可以近似看作圆形限制性三体问题。在行星际航行中,圆形限制性三体模型也得到了广泛应用。

13.5.1 旋转坐标系中的运动方程

首先定义惯性坐标系 $O\text{-}XYZ$,其原点位于三体系统的质心 O 上。在圆形限制性三体问题中,系统的质心在 P_1、P_2的连线上,因此位置矢量 $\boldsymbol{R}_1$和 $\boldsymbol{R}_2$满足关系式

$$m_1\boldsymbol{R}_1+m_2\boldsymbol{R}_2=0$$

或者

$$\boldsymbol{R}_1=-\frac{m_2}{m_1}\boldsymbol{R}_2 \tag{13-5-1}$$

由系统的动量矩守恒,可得

$$\boldsymbol{H}=m_1\boldsymbol{R}_1\times\frac{\mathrm{d}\boldsymbol{R}_1}{\mathrm{d}t}+m_2\boldsymbol{R}_2\times\frac{\mathrm{d}\boldsymbol{R}_2}{\mathrm{d}t}=\boldsymbol{H}_1+\boldsymbol{H}_2=\boldsymbol{C} \tag{13-5-2}$$

将式(13-5-1)代入上式,得到

$$\begin{cases}\boldsymbol{H}=m_1\left(1+\dfrac{m_1}{m_2}\right)\left(\boldsymbol{R}_1\times\dfrac{\mathrm{d}\boldsymbol{R}_1}{\mathrm{d}t}\right)=\left(1+\dfrac{m_1}{m_2}\right)\boldsymbol{H}_1=\boldsymbol{C}\\ \boldsymbol{H}=m_2\left(1+\dfrac{m_2}{m_1}\right)\left(\boldsymbol{R}_2\times\dfrac{\mathrm{d}\boldsymbol{R}_2}{\mathrm{d}t}\right)=\left(1+\dfrac{m_2}{m_1}\right)\boldsymbol{H}_2=\boldsymbol{C}\end{cases} \tag{13-5-3}$$

式中:$\boldsymbol{H}_1$、$\boldsymbol{H}_2$分别为 P_1和 P_2的动量矩。可见,它们也为常矢量,且与 $\boldsymbol{H}$ 同方向。

由式(13-5-1)和式(13-5-3)可知,P_1、P_2在同一个平面内运动,且运动规律是相似的,因此可以取惯性坐标系的 XOY 平面与运动平面重合,如图 13-9 所示。在惯性坐标系中,P 点的运动方程为

$$\frac{\mathrm{d}^2\boldsymbol{R}}{\mathrm{d}t^2}=-G\frac{m_1}{r_{13}^3}\boldsymbol{r}_{13}-G\frac{m_2}{r_{23}^3}\boldsymbol{r}_{23} \tag{13-5-4}$$

式中:$\boldsymbol{r}_{13}=\boldsymbol{R}-\boldsymbol{R}_1$;$\boldsymbol{r}_{23}=\boldsymbol{R}-\boldsymbol{R}_2$。

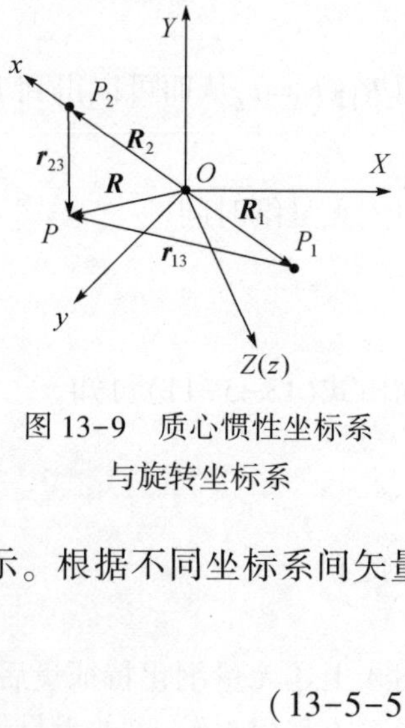

图 13-9 质心惯性坐标系与旋转坐标系

为方便分析运动方程,欧拉在 1772 年引入了质心旋转坐标系(又称会合坐标系),记为 $O\text{-}xyz$。O 为系统的质心,z 轴与惯性坐标系的 Z 轴指向一致,x 轴与 P_1P_2的连线重合,指向质量较小的质点 P_2,并跟随 P_1P_2以恒定的角速度 $\boldsymbol{\omega}$ 旋转,如图 13-9 所示。根据不同坐标系间矢量微分的关系,可得

$$\frac{\mathrm{d}^2\boldsymbol{R}}{\mathrm{d}t^2}=\frac{\delta^2\boldsymbol{R}}{\delta t^2}+\boldsymbol{\omega}\times(\boldsymbol{\omega}\times\boldsymbol{R})+2\boldsymbol{\omega}\times\frac{\delta\boldsymbol{R}}{\delta t}+\frac{\mathrm{d}\boldsymbol{\omega}}{\mathrm{d}t}\times\boldsymbol{R} \tag{13-5-5}$$

综合式(13-5-4)、式(13-5-5),并考虑到 $\boldsymbol{\omega}$ 为常值,可得

$$\frac{\delta^2\boldsymbol{R}}{\delta t^2}=-G\left(\frac{m_1}{r_{13}^3}\boldsymbol{r}_{13}+\frac{m_2}{r_{23}^3}\boldsymbol{r}_{23}\right)-\boldsymbol{\omega}\times(\boldsymbol{\omega}\times\boldsymbol{R})-2\boldsymbol{\omega}\times\frac{\delta\boldsymbol{R}}{\delta t} \tag{13-5-6}$$

由于 $\boldsymbol{R}_1$、$\boldsymbol{R}_2$和 $\boldsymbol{\omega}$ 在旋转坐标系中是常矢量,因此上式右端的前两项仅与 P 的坐标有关,故此可引入势函数

$$U=G\left(\frac{m_1}{r_{13}}+\frac{m_2}{r_{23}}\right)+\frac{1}{2}\omega^2(x^2+y^2) \tag{13-5-7}$$

式中:x、y 为 P 点在旋转坐标系中的坐标。

式(13-5-7)右边的第一部分是引力势,第二部分是离心力势,U 是两者之和。引入势函数后,式(13-5-6)可表示成

$$\frac{\delta^2 \boldsymbol{R}}{\delta t^2}+2\boldsymbol{\omega}\times\frac{\delta \boldsymbol{R}}{\delta t}=\nabla U \tag{13-5-8}$$

将上式投影至旋转坐标系,可得标量形式的运动方程

$$\begin{cases}\ddot{x}-2\omega\dot{y}=\dfrac{\partial U}{\partial x}\\ \ddot{y}+2\omega\dot{x}=\dfrac{\partial U}{\partial y}\\ \ddot{z}=\dfrac{\partial U}{\partial z}\end{cases} \tag{13-5-9}$$

为便于表示和讨论,将运动方程无量纲化。选择质点 P_1 与 P_2 间的距离 l 为特征长度,质量和 m_1+m_2 为特征质量,并定义

$$\mu=\frac{m_2}{m_1+m_2},\quad 1-\mu=\frac{m_1}{m_1+m_2},\quad r_1=\frac{r_{13}}{l},\quad r_2=\frac{r_{23}}{l},\quad r=\frac{R}{l} \tag{13-5-10}$$

若规定 $\mu<1/2$,则 P_1 总是质量较大的物体。

由于 P_1、P_2 分别在以惯性参考系原点为中心,以 R_1、R_2 为半径的圆轨道上运动,因此有

$$G\frac{m_2}{l^2}=R_1\omega^2,\quad G\frac{m_1}{l^2}=R_2\omega^2,\quad \frac{R_1}{R_2}=\frac{m_2}{m_1} \tag{13-5-11}$$

而 $R_1+R_2=l$,从而可以得到 P_1、P_2 到原点距离的无量纲化值

$$\hat{R}_1=\mu,\quad \hat{R}_2=1-\mu$$

引入无量纲时间

$$\tau=t\sqrt{\frac{G(m_1+m_2)}{l^3}}$$

而由式(13-5-11)可知

$$\omega=\sqrt{\frac{G(m_1+m_2)}{l^3}}$$

因此有

$$\tau=\omega t$$

引入上述无量纲化特征量后,就可消去方程(13-5-9)中的因子 ω 和 G。

方程(13-5-8)的无量纲化形式是

$$\frac{\delta^2 \boldsymbol{r}}{\delta \tau^2}+2\boldsymbol{\omega}^0\times\frac{\delta \boldsymbol{r}}{\delta \tau}=\nabla\hat{U} \tag{13-5-12}$$

式中:$\boldsymbol{\omega}^0$ 为角速度 $\boldsymbol{\omega}$ 的单位矢量;$\hat{U}$ 为无量纲化势函数

$$\hat{U}=\frac{1}{2}(\hat{x}^2+\hat{y}^2)+\frac{1-\mu}{r_1}+\frac{\mu}{r_2} \tag{13-5-13}$$

其中,

$$r_1^2=(\mu+\hat{x})^2+\hat{y}^2+\hat{z}^2,\ r_2^2=(1-\mu-\hat{x})^2+\hat{y}^2+\hat{z}^2 \tag{13-5-14}$$

式中:$\hat{x}$、$\hat{y}$、$\hat{z}$ 为质点 P 的无量纲化坐标。为书写简便,在不致引起混淆的情况下,后面将标记

“^”省略。

方程(13-5-9)的无量纲化形式是

$$\begin{cases}\dfrac{d^2x}{d\tau^2}-2\dfrac{dy}{d\tau}=\dfrac{\partial \hat{U}}{\partial x}\\ \dfrac{d^2y}{d\tau^2}+2\dfrac{dx}{d\tau}=\dfrac{\partial \hat{U}}{\partial y}\\ \dfrac{d^2z}{d\tau^2}=\dfrac{\partial \hat{U}}{\partial z}\end{cases} \tag{13-5-15}$$

方程(13-5-15)的形式虽然比较简单,但不存在解析解,仅能用数值积分方法得到数值解。

13.5.2 雅可比积分与零速度面

1. 雅可比积分

将式(13-5-12)两端点乘 $\delta\boldsymbol{r}/\delta\tau$,可得

$$\frac{\delta^2\boldsymbol{r}}{\delta\tau^2}\cdot\frac{\delta\boldsymbol{r}}{\delta\tau}+2\left(\boldsymbol{\omega}^0\times\frac{\delta\boldsymbol{r}}{\delta\tau}\right)\cdot\frac{\delta\boldsymbol{r}}{\delta\tau}=\nabla\hat{U}\cdot\frac{\delta\boldsymbol{r}}{\delta\tau} \tag{13-5-16}$$

由于

$$2\left(\boldsymbol{\omega}^0\times\frac{\delta\boldsymbol{r}}{\delta\tau}\right)\cdot\frac{\delta r}{\delta\tau}=0$$

而

$$\begin{cases}\dfrac{\delta^2\boldsymbol{r}}{\delta\tau^2}\cdot\dfrac{\delta\boldsymbol{r}}{\delta\tau}=\dfrac{1}{2}\dfrac{\delta}{\delta\tau}\left(\dfrac{\delta\boldsymbol{r}}{\delta\tau}\cdot\dfrac{\delta\boldsymbol{r}}{\delta\tau}\right)=\dfrac{1}{2}\dfrac{\delta}{\delta\tau}(\dot{x}^2+\dot{y}^2+\dot{z}^2)\\ \nabla\hat{U}\cdot\dfrac{\delta\boldsymbol{r}}{\delta\tau}=\left(\dfrac{\partial\hat{U}}{\partial x}\dfrac{\delta x}{\delta\tau}+\dfrac{\partial\hat{U}\delta y}{\partial y\,\delta\tau}+\dfrac{\partial\hat{U}}{\partial z}\dfrac{\delta z}{\delta\tau}\right)=\dfrac{\delta\hat{U}}{\delta\tau}\end{cases}$$

将上两式代入式(13-5-16),积分可得

$$\frac{1}{2}(\dot{x}^2+\dot{y}^2+\dot{z}^2)-\hat{U}(x,y,z)=-\frac{c}{2} \tag{13-5-17}$$

上式即雅可比积分,是圆形限制性三体问题中目前找到的唯一一个积分,这是德国数学家雅可比(Carl G. Jacobi,1804—1851)在1836年首次得到的。上式左端的第一项是质点 P 在旋转坐标系内的动能,第二项是其有效势能,因此雅可比积分与能量积分的表达式类似,故又称相对能量积分。$-c$ 是由运动初始条件确定的常数,其意义是初始动能与初始有效势能和的2倍。

当然,也可以用质点 P 在惯性坐标系内的位置和速度来表示这个积分。P 点相对于惯性坐标系的速度 $\boldsymbol{V}$ 与相对于旋转坐标系的速度 $\boldsymbol{v}$ 之间满足

$$\boldsymbol{v}=\boldsymbol{V}-\boldsymbol{\omega}^0\times\boldsymbol{r} \tag{13-5-18}$$

由于两坐标系的原点重合,因此 $\boldsymbol{v}$ 的大小为

$$v^2=V^2-2\left(X\frac{dY}{d\tau}-Y\frac{dX}{d\tau}\right)+(X^2+Y^2) \tag{13-5-19}$$

将式(13-5-13)与式(13-5-19)代入式(13-5-17),即可得到惯性坐标系内雅可比积分的表达式

$$\frac{1}{2}V^2-\left(\frac{1-\mu}{r_1}+\frac{\mu}{r_2}\right)-\left(X\frac{\mathrm{d}Y}{\mathrm{d}\tau}-Y\frac{\mathrm{d}X}{\mathrm{d}\tau}\right)=-\frac{C}{2} \tag{13-5-20}$$

上式左端的前两项表示质点 P 的单位质量在惯性坐标系内的机械能，第三项表示 P 的单位质量绕 Z 轴的动量矩。在 13.1 节中，已推导出 N 体系统在惯性坐标系中的机械能和动量矩为常值，动量矩在 Z 轴的分量自然也是常值。由于质点 P_1、P_2 都绕惯性坐标系的原点做圆周运动，故它们的机械能和绕 Z 轴的动量矩都是常数。因此，雅可比积分式（13-5-17）和式（13-5-20）实际上是两种运动通解的适当组合，它并没有在 13.1.2 节的积分常数之外提供新的积分常数。

雅可比积分虽然不能确定质点 P 的全部运动规律，却可以给出它运动的一些性质。比如可以得到质点的初始速度和运动范围的关系，也可以得到 P_1、P_2 作用下的运动稳定点，即平动点。

2. 梯塞朗准则

梯塞朗准则是法国天文学家梯塞朗（Francois F. Tisserand，1845—1896）对雅可比积分的一个应用。在太阳-木星-彗星或地球-月球-探测器等圆形限制性三体问题中，假若第三体 P（彗星或探测器）在飞行过程中从很接近第二体 P_2（木星或月球）的距离处飞越过去，那么由于 P_2 的引力作用，飞越前后 P 的轨道要素将有很大相同，也即产生近旁转向或引力弹弓效应，以致由接近前后测量得到的轨道要素很难判断两者是否是同一个天体，梯塞朗准则用来解决这一问题。

在方程（13-5-20）中，实际问题的 μ 值都比较小，比如太阳-木星的 μ 约为 10^{-3}，地球-月球的 μ 约为 10^{-2}，因而可近似认为 $\mu/r_2\approx 0$，系统的质心与第一体 P_1 重合，这样 $r\approx r_1$。

当 P 远离 P_2 时，可以认为 P 只受 P_1 的引力作用，因而 P 与 P_1 构成一个二体系统，故有

$$\begin{cases} V^2=\dfrac{2}{r}-\dfrac{1}{\hat{a}} \\ X\dfrac{\mathrm{d}Y}{\mathrm{d}\tau}-Y\dfrac{\mathrm{d}X}{\mathrm{d}\tau}=\hat{H}_Z=\hat{H}\cos i=\sqrt{\hat{a}(1-e^2)}\cos i \end{cases} \tag{13-5-21}$$

式中：$\hat{a}$、e、i 分别为二体系统 $P-P_1$ 中 P 的无量纲半长轴、偏心率和轨道倾角；$\hat{H}$、$\hat{H}_Z$ 分别为无量纲动量矩及其在 Z 轴上的投影。

将式（13-5-21）代入式（13-5-20），并注意到 $\mu/r_2\approx 0$，$(1-\mu)/r_1\approx 1/r$，则有

$$\frac{1}{\hat{a}}+2\sqrt{\hat{a}(1-e^2)}\cos i=C \tag{13-5-22}$$

根据上式可知，假如在远离 P_2 的地方对 P 进行测量，分别获得飞越前后的轨道要素为 $\hat{a}_0$、e_0、i_0 和 $\hat{a}_1$、e_1、i_1，则当

$$\frac{1}{\hat{a}_0}+2\sqrt{\hat{a}_0(1-e_0^2)}\cos i_0=\frac{1}{\hat{a}_1}+2\sqrt{\hat{a}_1(1-e_1^2)}\cos i_1 \tag{13-5-23}$$

不满足时，测量的不是同一个第三体；当上式满足时，测量的可能是同一个第三体，式（13-5-23）称为梯塞朗准则。

梯塞朗准则最初用来确定不同时刻观测到的两颗彗星是否是同一颗，现在则常用来设计与分析深空探测器的近旁转向轨道[12]。

3. 零速度面

式（13-5-17）表明，质点 P 在旋转参考系内的速度是其位置的函数。对于给定的 c 值，当

质点 P 的坐标满足

$$2\hat{U}(x,y,z)=c \tag{13-5-24}$$

时，相对速度变为零，由上式确定的曲面称为零速度面。1878 年，美国天文学家希尔在雅可比积分的基础上，首次提出了零速度面的概念，用以确定一定机械能下小天体的运动边界，因此零速度面又称希尔面。

由于质点 P 的动能不能为负值，因此其运动的可能范围是

$$2\hat{U}(x,y,z)\geqslant c \tag{13-5-25}$$

上式提供了 P 点可能的活动范围，但它并没有给出质点在这个区域内实际运动情况的任何信息。

将式（13-5-13）代入式（13-5-24），可得零速度面的表达式为

$$x^2+y^2+\frac{2(1-\mu)}{\sqrt{(\mu+x)^2+y^2+z^2}}+\frac{2\mu}{\sqrt{(1-\mu-x)^2+y^2+z^2}}=c \tag{13-5-26}$$

可见，零速度面相对于 Oxy 平面和 Oxz 平面是对称的。

确定给定 c 值下零速度面的具体形状是非常复杂的[13]，这里只定性分析其几何形状。图 13-10 给出了不同 c 值下零速度面与 Oxy 平面的交线。

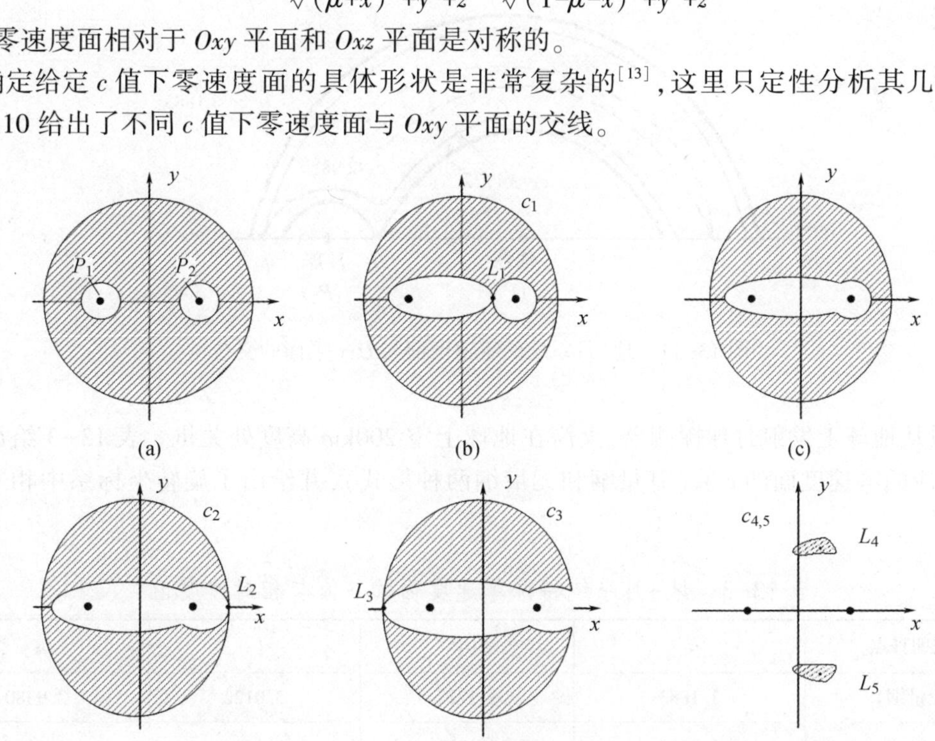

图 13-10　不同 c 值下零速度面与 Oxy 平面的交线

零速度面将整个空间分成两部分，即可达区域与不可达区域。图 13-10 中，透明部分表示可达区域，阴影部分表示不可达区域。c 值越小，飞行器的机械能越大，可达区域也越大。

当 c 值很大时，零速度面与 Oxy 平面的交线由三个圆组成，一个是以原点为中心的大圆，另两个分别是以 P_1、P_2 为中心的小圆，三个圆互不相交，如图 13-10（a）所示。如果 P 原来在 P_1 附近的区域，那么就不可能穿越阴影部分到达 P_2 附近。如果 P 原来在大圆的外侧，那么它就不能到达 P_1、P_2 附近的区域。

随着 c 值的减小，内部的小圆逐渐扩大并变成椭圆，大圆则压缩变扁。当 c 减小到 c_1 时，内部的两个小圆在 L_1 点相交（图 13-10 (b)）。当 c 值继续减小，两个椭圆将合二为一。在此情况下，P 可以离开 P_1 附近的区域到达 P_2 附近（图 13-10 (c)）。当 c 进一步减小到 c_2 时，内部的曲线与外面的椭圆在 L_2 点相交（图 13-10(d)）。从此时起，P 可以离开 P_1 和 P_2 附近的区域，从这个系统中逃逸出去。当 c 减小到 c_3 时，内曲线和外曲线在质量较大的天体一侧相交（图 13-10 (e)）。当 c 减小到 $c_{4,5}$ 时，Oxy 平面内的不可达区域变为 L_4、L_5 两点。当 $c<c_{4,5}$ 时，Oxy 平面内的不可达区域消失，但 z 方向仍有不可达区域。

上述结论可以根据式(13-5-17)来解释：若初始位置一定，则势能是确定量，c 越大表示总机械能越小，因此其初始动能越小，初始速度越小，即可转化为有效势能的动能越小，可达区域也小。只有 c 值减小，初始动能增大，P 才能有足够的能量从 P_1 或 P_2 附近的低势能井中飞出。当然，初始动能大意味着发射能量大，对运载火箭的要求也就高。

图 13-11 以地-月系统为例，画出了零速度面与 Oxy 平面的交线随 c 值的变化情况。

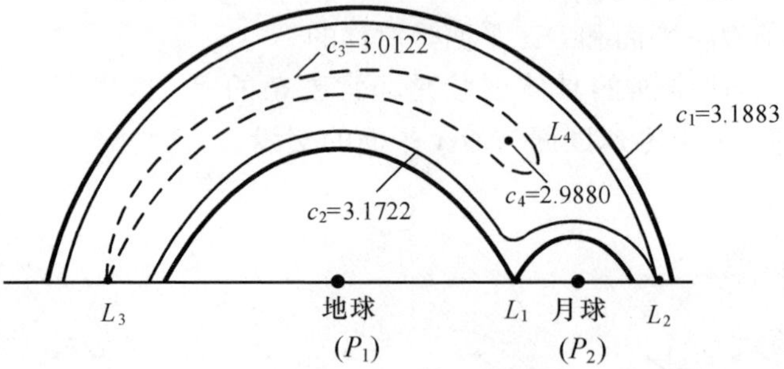

图 13-11　地-月系统的零速度面与 Oxy 平面的交线

假设从地球上发射月球探测器，火箭在地球上空 200km 高度处关机。表 13-3 给出了与 $L_1 \sim L_5$ 对应的零速度面的 c 值（有量纲和无量纲两种形式），并给出了旋转坐标系中相对速度的值。

表 13-3　地-月系统特殊零速度面的 c 值与相对速度值

拉格朗日点	L_1	L_2	L_3	$L_{4,5}$
c（无量纲）	3. 1883	3. 1722	3. 0122	2. 9880
c/(km²/s²)	3. 3378	3. 3208	3. 1533	3. 1281
v/(km/s)	10. 8482	10. 8490	10. 8567	10. 8578

一个在 P_1 附近的物体，在某些 c 值下永远不会从 P_1 附近的势能井中逃逸，这个结论是希尔在研究月球绕地球的运动时首先发现的。希尔[9]发现，如果把地球—太阳—月球看成是圆形限制性三体问题，月球运动的 c 值已经大到使其在地球附近的零速度面是闭合的。这个面离地心的最大距离约为 110 个地球半径，现在月球在约 60 个地球半径处运动，它的运动范围不会超过 110 个地球半径。根据希尔的理论，可以说月球的运动是稳定的。哈吉哈拉[10]发现，按照希尔零速度面理论，除木星的四个卫星外，太阳系的所有其他天然卫星的运动也都是稳定的。为纪念希尔的贡献，零速度面又称为希尔曲面。

13.5.3 平动点

上节通过零速度面的分析,得到了 $L_1 \sim L_5$ 五个特殊点。假设质点 P 的初始运动条件使 c 值等于相应的 c_i,现在来分析它到达 L_i 点之后的运动特性。

1. 平动点的定义

一般情况下,$\nabla\hat{U}$应该垂直于等势面$\hat{U}=c/2$。但对 $L_1 \sim L_5$ 而言,它们处于等势面的交联处,因此在这些点上的曲面法线无法确定,它们是曲面上的奇点,有$\nabla\hat{U}=0$,即

$$\frac{\partial \hat{U}}{\partial x}=\frac{\partial \hat{U}}{\partial y}=\frac{\partial \hat{U}}{\partial z}=0 \tag{13-5-27}$$

这些点又是零速度面上的点,因此在动坐标系中的相对速度为零

$$\frac{\delta x}{\delta \tau}=\frac{\delta y}{\delta \tau}=\frac{\delta z}{\delta \tau}=0 \tag{13-5-28}$$

将上两式代入式(13-5-15)可知,这些点处的相对加速度亦为零,因此其相对速度将一直保持为零,即在动坐标系中保持相对静止。反之,若质点 P 在 L_i 处的相对速度和相对加速度都为零,其运动状态肯定满足方程(13-5-15),这说明 $L_1 \sim L_5$ 这 5 个点是运动方程的特解。

由于$\hat{U}$是引力势与离心力势之和,因此$\nabla\hat{U}=0$ 说明质点所受引力与离心力的大小相等,方向相反,即在动坐标系中受力平衡,故这些点称为动平衡点或平动点,也称拉格朗日点。在圆形限制性三体问题中,这样的平衡点有 5 个。下面来求 $L_1 \sim L_5$ 在动坐标系中的位置。

对势函数(13-5-13)求导,可得

$$\begin{cases}\dfrac{\partial \hat{U}}{\partial x}=x-\dfrac{1-\mu}{r_1^3}(\mu+x)+\dfrac{\mu}{r_2^3}(1-\mu-x)=0\\[2ex]\dfrac{\partial \hat{U}}{\partial y}=y\left(1-\dfrac{1-\mu}{r_1^3}-\dfrac{\mu}{r_2^3}\right)=0\\[2ex]\dfrac{\partial \hat{U}}{\partial z}=-z\left(\dfrac{1-\mu}{r_1^3}+\dfrac{\mu}{r_2^3}\right)=0\end{cases} \tag{13-5-29}$$

由第三式可知

$$z=0 \tag{13-5-30}$$

因此这五个点全都位于 Oxy 平面内。

又由方程(13-5-29)的第二式可知,平动点的坐标应满足条件

$$y=0 \tag{13-5-31}$$

或

$$\frac{1-\mu}{r_1^3}+\frac{\mu}{r_2^3}=1 \tag{13-5-32}$$

下面分别加以分析。

2. 三角平动点

先来分析条件(13-5-32)对应的解。将其代入式(13-5-29)的第一式可得

$$\mu(1-\mu)\left(\frac{1}{r_1^3}-\frac{1}{r_2^3}\right)=0$$

故有 $r_1=r_2$,代入式(13-5-32)得到

$$r_1=r_2=1 \tag{13-5-33}$$

式(13-5-33)给出了平动点 L_4 和 L_5 的位置,这两点与 P_1、P_2 构成等边三角形,故又称三角平动点。根据 r_1、r_2 的表达式(13-5-14),可以求得这两个点的坐标为

$$x_4=x_5=\frac{1}{2}-\mu,\quad y_4=\frac{\sqrt{3}}{2},\quad y_5=-\frac{\sqrt{3}}{2} \tag{13-5-34}$$

上节中提到,当 c 值小于某一数值 $c_{4,5}$ 后,Oxy 平面内的零速度面在 L_4、L_5 处消失。将 L_4、L_5 的坐标代入式(13-5-26),可得存在零速度面的最小 c 值

$$c_{4,5}=2\ \frac{3}{4}+\left(\mu-\frac{1}{2}\right)^2 \tag{13-5-35}$$

所以,当 $c<2.75$ 时,不存在零速度面,整个 Oxy 平面内均为可达空间。

若在无量纲化势函数 $\hat{U}$ 定义式(13-5-13)的右侧增加一常数项,重新定义为

$$\hat{U}=\frac{1}{2}(x^2+y^2)+\frac{1-\mu}{r_1}+\frac{\mu}{r_2}+\frac{\mu(1-\mu)}{2} \tag{13-5-36}$$

则零速度面的表达式(13-5-26)变为

$$x^2+y^2+\frac{2(1-\mu)}{r_1}+\frac{2\mu}{r_2}+\mu(1-\mu)=c \tag{13-5-37}$$

将 L_4、L_5 的坐标(13-5-34)代入上式可得

$$c_{4,5}=3 \tag{13-5-38}$$

可见,采用定义式(13-5-36)后,$c_{4,5}$ 不再与 μ 有关。定义式(13-5-13)与式(13-5-36)的区别仅在于改变了零势面的位置,不会影响方程的解,因此在限制性三体问题的研究中常采用定义式(13-5-36)。

3. 共线平动点

再来分析条件(13-5-31)对应的解。相应的点位于 x 轴上,与 P_1、P_2 共线,故又称共线平动点。将 $y=0$ 代入式(13-5-14)得到

$$\begin{cases} r_1=\sqrt{(\mu+x)^2}=|\mu+x| \\ r_2=\sqrt{(1-\mu-x)^2}=|1-\mu-x| \end{cases} \tag{13-5-39}$$

将上式代入式(13-5-29)的第一式,得到

$$F(x)=x-\frac{1-\mu}{|\mu+x|^3}(\mu+x)+\frac{\mu}{|1-\mu-x|^3}(1-\mu-x)=0 \tag{13-5-40}$$

上式在 $x=-\mu$ 和 $x=1-\mu$ 两点处不连续。当 x 在 $(-\infty,+\infty)$ 内取值时,不连续点将其分为三段

$$(-\infty,-\mu),\quad (-\mu,1-\mu),\quad (1-\mu,+\infty)$$

可以证明,方程(13-5-40)在这三段内各有一个解,分别对应 L_3、L_1 和 L_2。确定 x 的具体范围后,方程(13-5-40)中的绝对值符号就可以去掉,从而得到一个五次代数方程,位于相应分段

内的解就是平动点的精确位置。

考虑到实际问题中 μ 一般都比较小，现在来研究共线平动点的近似解。对于 L_3，$x\in(-\infty,-\mu)$，方程(13-5-40)可写成

$$F(x)=x+\frac{1-\mu}{(\mu+x)^2}+\frac{\mu}{(1-\mu-x)^2}=0 \tag{13-5-41}$$

令 ρ_3表示由 P_1点量起的 L_3的距离，则

$$\rho_3=-x-\mu$$

上式代入式(13-5-41)，可得

$$F(\rho_3)=-(\rho_3+\mu)+\frac{1-\mu}{\rho_3^2}+\frac{\mu}{(1+\rho_3)^2}=0 \tag{13-5-42}$$

当 $\mu=0$ 时，可求得 ρ_3的零次近似解 $\rho_3^{[0]}=1$。设 ρ_3的一次近似解为 $\rho_3^{[1]}$，并令

$$\rho_3^{[1]}=\rho_3^{[0]}+\Delta\rho_3=1+\Delta\rho_3$$

其中 $\Delta\rho_3$ 为小量。将上式代入式(13-5-42)，略去高阶小量可得

$$\Delta\rho_3=-\frac{7}{12}\mu$$

因此 ρ_3的一次近似解为

$$\rho_3^{[1]}=1-\frac{7}{12}\mu \tag{13-5-43}$$

可见，当 μ 很小时，L_3与 P_2近似在 P_1两侧成对称分布。

对于 L_1，$x\in(-\mu,1-\mu)$，方程(13-5-40)可写成

$$F(x)=x-\frac{1-\mu}{(\mu+x)^2}+\frac{\mu}{(1-\mu-x)^2}=0 \tag{13-5-44}$$

令 ρ_1表示由 P_2点量起的 L_1的距离，则有

$$\rho_1=1-(\mu+x)$$

上式代入式(13-5-44)，可得

$$\rho_1^3[(1-\rho_1)^2-(1-\mu)(\rho_1-2)]=\mu(1-\rho_1)^2$$

即

$$\rho_1^3\left[1-\frac{(1-\mu)(\rho_1-2)}{(1-\rho_1)^2}\right]=\mu$$

当 $\mu=0$ 时，可求得 ρ_1的零次近似解 $\rho_1^{[0]}=0$。因此，当 μ 很小时，ρ_1应接近于零，故可在上式中略去 $\rho_1^3\mu$ 和 ρ_1^4 及更高幂次的项，得到

$$\rho_1^3\left[1-\frac{(1-\mu)(\rho_1-2)}{(1-\rho_1)^2}\right]\approx 3\rho_1^3=\mu$$

由此得到 ρ_1的一次近似解为

$$\rho_1^{[1]}=\left(\frac{\mu}{3}\right)^{1/3} \tag{13-5-45}$$

对于 L_2，令 ρ_2表示由 P_2点量起的 L_2的距离，即

$$\rho_2=x-(1-\mu)=-(1-\mu-x)$$

仿照 L_1的推导过程，可求得 ρ_2的一次近似解为

$$\rho_2^{[1]}=\left(\frac{\mu}{3}\right)^{1/3} \tag{13-5-46}$$

可见当 μ 很小时，L_1 与 L_2 近似在 P_2 两侧成对称分布。

$L_1 \sim L_5$ 在 Oxy 平面内的位置近似表示在图 13-12 中。

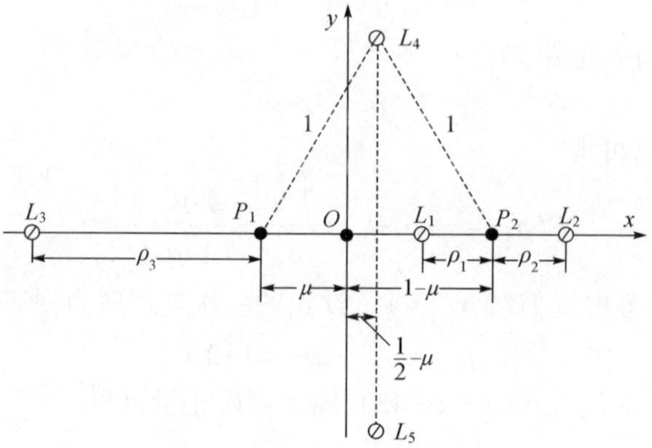

图 13-12 平动点在 Oxy 平面内的位置

表 13-4 给出了一些三体系统共线平动点的无量纲距离的精确值。与它们的近似公式比较可以发现，μ 较小时近似公式的精确度较高。L_1 与 P_2 之间的距离总是小于 L_2 与 P_2 之间的距离，且它们在较小的 μ 值下都比较接近 P_2 而远离 P_1。

表 13-4 平动点 L_1、L_2、L_3 的无量纲距离

无量纲距离	μ	ρ_1	ρ_2	ρ_3
太阳—金星	2.448×10^{-6}	9.315×10^{-3}	9.373×10^{-3}	1.00000
太阳—地月系统	3.040×10^{-6}	1.001×10^{-2}	1.008×10^{-2}	1.00000
太阳—火星	3.227×10^{-7}	4.748×10^{-3}	4.763×10^{-3}	1.00000
太阳—木星	9.539×10^{-4}	6.668×10^{-2}	6.978×10^{-2}	0.99944
地球—月球	1.215×10^{-2}	1.509×10^{-1}	1.678×10^{-1}	0.99291

根据零速度面的表达式(13-5-37)，对 $c_1 \sim c_3$ 有

$$c_i(\mu)=x_i^2+\frac{2(1-\mu)}{|\mu+x_i|}+\frac{2\mu}{|1-\mu-x_i|}+\mu(1-\mu) \quad (i=1,2,3) \tag{13-5-47}$$

在零速度面的分析中，已知 $c_3 \leqslant c_2 \leqslant c_1$。$c_1$ 随 μ 的增大而增大，因此当 $\mu=1/2$ 时 c_1 取极大值。根据方程(13-5-44)可知，当 $\mu=1/2$ 时 $x_1=0$，代入式(13-5-47)可求得 $c_1=4.25$。故若采用定义式(13-5-36)，有

$$3=c_{4,5} \leqslant c_3 \leqslant c_2 \leqslant c_1 \leqslant 4.25 \tag{13-5-48}$$

1767 年，欧拉首先发现了共线平动点的存在。1772 年，拉格朗日又发现了三角平动点的存在。现在，常将这五个点统称为拉格朗日点。比较平动点与三体定型运动的特性可以发现，平动点与 P_1、P_2 的运动就是三体定型运动的不变解。换言之，圆形限制性三体问题的平动点为三体定型运动的不变解提供了一组实现条件。

在一般的限制性三体问题中，质点 P_1、P_2 围绕系统的质心作椭圆运动，因此更精确的力学

模型应该是椭圆形限制性三体问题[7,8]。在这类问题中，P_1、P_2间的距离以及 P_1、P_2连线的角速度都是变化的，因此势函数 U 中将显含时间 t。椭圆形限制性三体问题不存在雅克比积分，但五个拉格朗日点是同样存在的。

理论上，所有航天器的运动问题都是多体问题，但直接用多体模型计算轨道太复杂，因此在任务初步设计和方案论证阶段，多采用简化模型，最常用的简化模型就是方程(13-2-8)描述的受摄二体模型和方程(13-5-8)描述的圆限制性三体模型。在简化模型的基础上，结合一定的引力影响范围划分方法，就可以通过轨道拼接法得到满足任务要求的多天体引力场中的初步设计轨道。在任务实施阶段，为得到精确星历模型下的准确任务轨道，可以将简化模型下的设计结果作为初值，通过微分改正等方法不断迭代来获得最终结果。

参考文献

[1] 任萱．航天飞行器轨道动力学讲义［M］．长沙：国防科技大学内部讲义，2000.

[2] Cornelisse J W，Schöyer H F R，Wakker K F．火箭推进与航天动力学［M］．杨炳尉，冯振兴，译．北京：中国宇航出版社，1986.

[3] Sundman K F. Me′moire sur le proble′me des trios corps［J］. Acta Mathematica，1913，36：105-179.

[4] Poincare H. Sur le problem des trios corps et Ies equations de la dynamique［J］. Acta Mathematica，1890，13：1-270.

[5] Bruns H. über die Integrale des Vielkör per-Problemes［J］. Acta Mathematica，1887，11：25-96.

[6] Jacobi C G. Sur l′ eliminationdes noe uds dans le problem des trios corps［J］. Z. Reine Angew. Math，1843，26：115-131.

[7] Roy A E. Orbital Motion (Fourth Edition)［M］. Institute of Physics Publishing，London，2005.

[8] 刘林，侯锡云．深空探测器轨道力学［M］．北京：电子工业出版社，2012.

[9] Hill G W. Researches in the Lunar Theory［J］. American Journal of Mathematics. 1878，1(5)：129-147，245-260.

[10] Hagihara Y. On the Stability of the Satellite Systems. Proceeding of the Japan Academy，1952，28(4)：182-186.

[11] 杨嘉墀．航天器轨道动力学与控制(上册)．北京：中国宇航出版社，2002.

[12] 袁建平，赵育善，唐歌实．航天器深空飞行轨道设计［M］．北京：中国宇航出版社，2014.

[13] 连一君．地月平动点动力学与交会控制研究［D］．长沙：国防科技大学，2013.

第14章　深空探测轨道设计

自人类航天时代开启之初,就开始了对地球以外自然天体的探测旅程,月球是到目前为止探测最多的天体。1958年,美国就尝试发射月球探测器“先驱者”0号,但因火箭爆炸未能成功。1959年,苏联成功发射了“月球”2号探测器,并于发射后36h击中月球,撞击在月球表面静海的东面,成为第一颗月球探测器。1969年,“阿波罗”11号实现了首次载人登月,并带回了月球样品。探测地月系统以外的太阳系一直也是人类航天活动的兴趣所在,其中探测最多的是金星和火星。1962年,“水手”2号首次成功飞越金星;1965年,“水手”4号首次飞越火星。2020年7月,我国发射了首颗行星探测器“天问”一号;2021年2月,成功实施捕获制动并进入环绕火星的探测轨道;2021年5月,成功实现火星大气再入并在火星表面软着陆,开展巡视探测。“天问”一号实现了通过一次任务完成火星环绕、着陆和巡视的三大探测目标。到目前为止,人类已经发射了近百颗行星探测器,完成了对太阳系内所有大行星的探测。

对月球、行星等天体的探测方式总体上可分为三类:一是飞越飞行,又称临近飞行,指飞行器以相当小的距离飞过目标天体;二是环绕飞行,即飞行器成为目标天体的人造卫星,围绕天体飞行;三是登陆飞行,指飞行器降落在目标天体表面,若飞行器以很小的相对速度降落,称为软着陆,否则称为硬着陆。第三类探测属于着陆控制问题,如果目标天体有大气,还要涉及大气再入问题,这里不作过多讨论,主要讨论前两类探测方式的轨道设计问题。考虑到环绕其他天体的探测器轨道与近地卫星轨道本质上是相同的,前面已有详细的论述,因此本章与下一章主要讨论探测过程中的转移轨道设计问题。本章讨论深空探测轨道设计问题,下章讨论月球与地月空间的探测轨道设计问题。

转移轨道的设计方法可分为两类:精确的数值方法和近似的解析方法。对给定的探测任务,最终的飞行轨道都是通过数值方法确定的。设计过程中,要建立多体动力学模型,并考虑天体非球形摄动、太阳辐射压力等干扰,通过大量的数值计算求解。求解过程一般通过试凑法完成,往往耗费大量的计算时间,设计效率较低。解析方法忽略一些次要因素,用简单的模型反映问题的本质,从而得到问题的可行解域和不可行解域,并能初步设计出满足要求的轨道。解析方法求解简单,计算量小,有利于从本质上了解飞行轨道的特性,因此在可行性研究阶段得到广泛应用。在实际的轨道设计中,一般先通过解析法完成初步轨道设计,选择合乎要求的转移轨道类型。在此基础上,逐步引入完整的动力学模型,并考虑测控、通信、发射等约束条件,在可行解域中求得最优解,完成精确轨道设计。求解过程中,可以利用初步轨道设计的某些结果,比如飞行时间、某些特殊点的位置等,以降低计算量。

近年来,围绕平动点的深空探测研究成为热点。平动点的价值主要体现在其独特的空间位置上,位于平动点的探测器将相对两天体保持静止,这就为长期的科学观测提供了难得的有利条件。例如,将探测器置于日地L_1点上,可完成对日地连线上太阳风的观测。但如果直接将探测器置于日地L_1平动点上,由于日—地—探测器共线,太阳会对地球和探测器的通信造成干扰。为避免这种问题,可使探测器在平动点附近作周期运动,相应的轨道称为晕轨道

(Halo 轨道),这种提法源于地球上看到的日晕或月晕现象。Halo 轨道的工程应用很早就得到了实现,1978 年发射的“国际日地探测器”-3(ISEE-3)就先后进入日地 L_1 和 L_2 附近的 Halo 轨道执行科学观测任务。从动力系统理论的角度看,平动点附近的有界运动由周期轨道和拟周期轨道构成,而周期和拟周期轨道又与周围的不变流形相联系,因此周期轨道构成了理解平动点附近相空间的基础,庞加莱就曾认为周期轨道是解决三体问题的唯一办法。故平动点附近的周期轨道在理论和应用上都有重要的价值,也为深空探测转移轨道设计提供了广阔的空间。

14.1 简化模型下的行星探测轨道设计

太阳系的八大行星在围绕太阳的椭圆轨道上运动,附录 A.3 给出了各行星的轨道根数。现在要由地球上发射一颗探测器,飞往目标行星,设计精确的飞行轨道只能依靠复杂的数值迭代算法,但在初步设计中,可以作一些假设,以简化问题:

(1) 各行星在黄道面内绕太阳作圆周运动。由于各行星轨道的偏心率和倾角都不大,在初步设计中可以作这样的假设。由此引起的误差以水星为最大,因为它的轨道倾角和偏心率都比较大。

(2) 在探测器飞往目标行星的过程中,假设每一时刻只受对其运动影响最大的引力体作用。该假设可将多体问题简化为多个二体问题,从而采用圆锥曲线拼接法设计初步的飞行轨道。

(3) 由于行星际航行的飞行时间较长(飞往大行星要几个月到几年),为缩短飞行时间,目前多采用大推力化学火箭发动机,故可假设发动机按冲量方式工作。

在上述假设下,行星探测轨道可分为三段:日心轨道段、地心轨道段和行星中心轨道段。由于涉及三个参考系,故在符号记法上作如下规定:

(1) 太阳用字母“S”表示,地球用“E”表示,目标行星用“P”表示。

(2) 大写字母的变量表示行星或探测器相对太阳参考系的位置和速度,第一下标表示研究对象,如果研究对象是探测器,则不加下标。第二下标表示特殊的时刻或位置,比如 $\boldsymbol{R}_{E,0}$ 表示起始时刻地球的日心矢径。

(3) 小写字母的变量表示探测器相对于地球或目标行星参考系的位置和速度,第一下标表示参考中心,第二下标表示特殊的时刻或位置,比如 $\boldsymbol{v}_{P,t_1}$ 表示 t_1 时刻探测器相对于目标行星的速度。

(4) 上标“-”表示进入影响球的参数,“+”表示脱离行星影响球的参数。

14.1.1 日心轨道

在行星探测轨道中,日心轨道占了飞行轨道的绝大部分,只有首末很小的一段受行星引力场的影响,因此设计的第一步是确定日心轨道。

在初步设计日心轨道时,可以忽略行星影响球的大小,认为日心轨道就是从地球质心到目标行星质心的转移轨道。在前述假设下,日心轨道设计是一个共面圆轨道间的交会问题。由表 13-2 可以看出,行星的影响球半径与它们到太阳的距离之比都是小量,且行星与太阳的质量比也是小量,因此该假设在设计日心轨道时可以达到很高的精度。轨道的类型可以是椭圆、抛物线或双曲线,受当前推进技术水平的制约,日心轨道多选择椭圆轨道。

日心椭圆轨道的大小和形状取决于起始时刻 $t=0$ 的位置矢量和速度矢量。根据上述假设,易知在起始时刻有

$$\begin{cases}\boldsymbol{R}_0=\boldsymbol{R}_{E,0}\\ \boldsymbol{V}_0=\boldsymbol{V}_{E,0}+\boldsymbol{v}_{E,\infty}^{+}\end{cases} \tag{14-1-1}$$

式中:$\boldsymbol{R}_0$,$\boldsymbol{V}_0$ 分别为探测器的日心位置矢量和速度矢量;$\boldsymbol{R}_{E,0}$,$\boldsymbol{V}_{E,0}$分别为地球的位置矢量和速度矢量;$\boldsymbol{v}_{E,\infty}^{+}$ 为探测器相对于地球的双曲剩余速度。

由式(14-1-1)的第二式可知,$\boldsymbol{V}_0$ 是 $\boldsymbol{V}_{E,0}$与 $\boldsymbol{v}_{E,\infty}^{+}$ 的矢量和。显然,$\boldsymbol{v}_{E,\infty}^{+}$ 的大小一定时,$\boldsymbol{v}_{E,\infty}^{+}$ 与 $\boldsymbol{V}_{E,0}$共线可使$|\boldsymbol{V}_0|$取极值(极大值或极小值)。由于 $\boldsymbol{v}_{E,\infty}^{+}$ 的方向可以选择,因此就假定在地心轨道段的设计中,使 $\boldsymbol{v}_{E,\infty}^{+}$ 与 $\boldsymbol{V}_{E,0}$共线,这样日心轨道初始速度的大小为

$$V_0=V_{E,0}\pm v_{E,\infty}^{+} \tag{14-1-2}$$

式中:"+"为 $\boldsymbol{v}_{E,\infty}^{+}$ 与 $\boldsymbol{V}_{E,0}$同向,"-"为两者反向。

显然,当 $\boldsymbol{v}_{E,\infty}^{+}$ 与 $\boldsymbol{V}_{E,0}$共线时,$\boldsymbol{V}_0$ 与 $\boldsymbol{V}_{E,0}$也共线。$\boldsymbol{V}_{E,0}$又与地球日心矢径 $\boldsymbol{R}_{E,0}$垂直,因此 $\boldsymbol{V}_0$ 也与 $\boldsymbol{R}_{E,0}$垂直,即日心椭圆在起点处与地球轨道相切。易知,当 $V_0<V_{E,0}$,即$\boldsymbol{v}_{E,\infty}^{+}$ 与 $\boldsymbol{V}_{E,0}$共线反向时,椭圆的远日点与地球轨道相切,此种轨道可以用来探测内行星(水星和金星)。当 $V_0>V_{E,0}$,即 $\boldsymbol{v}_{E,\infty}^{+}$ 与 $\boldsymbol{V}_{E,0}$共线同向时,椭圆的近日点与地球轨道相切,此种轨道可以用来探测外行星。

与地球轨道相切的日心椭圆轨道与目标行星轨道有相切和相交两种情况,下面分别讨论。

1. 日心双共切椭圆轨道

这种情况是日心椭圆在远、近日点分别与地球和目标行星的轨道相切。由于假设地球和目标行星的公转轨道是共面圆轨道,因此转移轨道的类型是霍曼转移,如图 14-1 所示。

1) 轨道参数

根据霍曼转移公式,可以很容易计算出椭圆轨道的参数。令

$$n_S=\frac{R_P}{R_E} \tag{14-1-3}$$

式中:R_P、R_E 分别为目标行星和地球的轨道半径;n_S 为以天文单位表示的目标行星轨道半径。转移轨道的半长轴为

$$a_S=\frac{R_E+R_P}{2}=\frac{1}{2}R_E(n_S+1) \tag{14-1-4}$$

飞行时间 T_S 为半个轨道周期

$$T_S=\pi\sqrt{\frac{a_S^3}{\mu_S}} \tag{14-1-5}$$

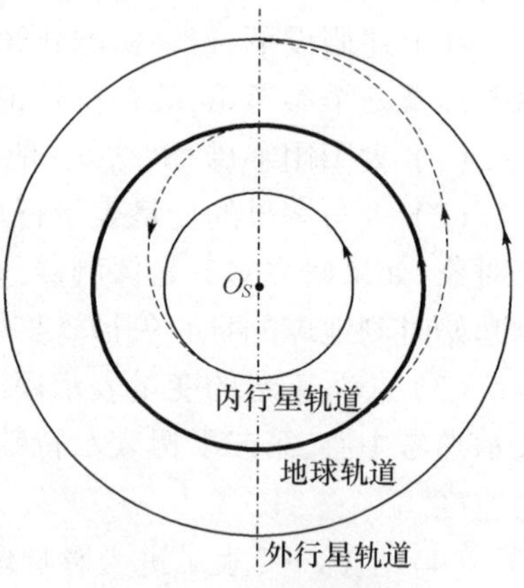

图 14-1　双共切椭圆轨道
(霍曼转移轨道)

考虑到地球的公转周期为 1 恒星年,也即 365. 256363 平太阳日,可知

$$T_S=\frac{\sqrt{2}}{8}\sqrt{(n_S+1)^3}\ \text{恒星年}=64.5688\sqrt{(n_S+1)^3}\ \text{平太阳日} \tag{14-1-6}$$

椭圆轨道的初始日心速度大小为

$$V_0=V_{E,0}\sqrt{\frac{2n_S}{1+n_S}} \tag{14-1-7}$$

其中,地球公转速度 $V_{E,0}=29.785\text{km/s}$。由上式及式(14-1-2)可知

$$v_{E,\infty}^{+}=\pm(V_0-V_{E,0})=\pm V_{E,0}\left(\sqrt{\frac{2n_S}{1+n_S}}-1\right) \tag{14-1-8}$$

上式取"+"时,$\boldsymbol{v}_{E,\infty}^{+}$ 与 $\boldsymbol{V}_{E,0}$ 同向;取"-"时,两者反向。

到达目标行星时的日心速度 V_{T_S} 为

$$V_{T_S}=V_{E,0}\sqrt{\frac{2}{n_S(1+n_S)}} \tag{14-1-9}$$

2) 会合周期

行星探测是一个轨道交会问题,为使探测器到达目标行星轨道后能够与行星相遇,还必须考虑地球与目标行星的相位角关系。

相位角 ψ 定义为目标行星的日心矢径与地球日心矢径之间的夹角,从后者量起,逆时针为正。ψ 为正值表示目标行星领先于地球,负值则相反。初始时刻 $t=0$ 时的相位角称为初相角,记为 ψ_0;终端时间 $t=T_S$ 时的相位角称为终相角,记为 ψ_{T_S},如图 14-2 所示。

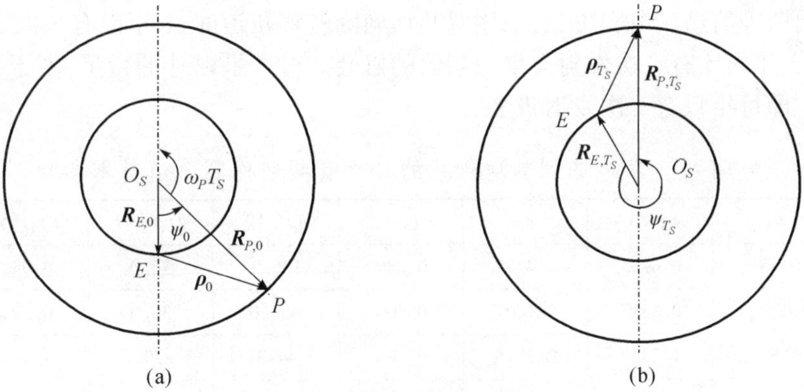

图 14-2 初相角与终相角

(a) 初相角;(b) 终相角。

对双共切椭圆轨道,为使探测器到达目标行星轨道时能与行星相遇,需要满足

$$\psi_0=\pi-\omega_P T_S \tag{14-1-10}$$

式中:ω_P 为目标行星的轨道角速度。当 $\tau=\tau_0$(即 $t=0$)时,若地球与目标行星的相位角满足上式,则可以发射探测器,因此初相角 ψ_0 是一个决定发射时机的参数。

如果由于某种原因,在满足条件(14-1-10)时未能实施发射,则应等待一段时间 T_{syn},使得

$$\psi=\psi_0-2\pi \quad (\text{探测外行星})$$

即等待 T_{syn} 后,地球和目标行星的相位角与 τ_0 时刻一样,则在此时刻又可发射探测器,T_{syn} 称为会合周期。普遍地说,发射时刻为

$$\tau=\tau_0+kT_{\text{syn}} \tag{14-1-11}$$

式中,k 为任意整数。

若已知 τ_0 时刻的 ψ_0,则任一时刻 τ 的相位角 ψ 为

$$\psi(\tau)=\psi_0+\omega_P(\tau-\tau_0)-\omega_E(\tau-\tau_0) \tag{14-1-12}$$

式中：ω_E 为地球公转角速度。

由 T_{syn} 的意义可知，当 $\tau-\tau_0=T_{syn}$ 时，应有 $|\psi(\tau)-\psi_0|=2\pi$，将其代入上式，则有

$$T_{syn}=\frac{2\pi}{|\omega_E-\omega_P|} \tag{14-1-13}$$

由于地球和目标行星的公转周期分别为 $T_E=2\pi/\omega_E$ 和 $T_P=2\pi/\omega_P$，代入上式可得

$$\frac{1}{T_{syn}}=\left|\frac{1}{T_E}-\frac{1}{T_P}\right| \tag{14-1-14}$$

探测器抵达目标行星时，由图 14-2 及式(14-1-12)可知终相角为

$$\psi_{T_S}=\psi_0+\omega_P T_S-\omega_E T_S=\pi-\omega_E T_S \tag{14-1-15}$$

此时目标行星与地球的距离 ρ_{T_S} 为

$$\rho_{T_S}^2=R_E^2+R_P^2-2R_E R_P\cos\psi_{T_S}=R_E^2(1+n_S^2-2n_S\cos\psi_{T_S}) \tag{14-1-16}$$

当探测器到达目标行星后，要将获取的资料传送回地球，ρ_{T_S} 就是探测器与地球进行无线电通信的距离，终相角 ψ_{T_S} 是直接影响这一距离的参数。

表 14-1 给出了由地球飞往不同目标行星的双共切椭圆轨道的基本参数，以及初相角、终相角和会合周期等信息。由表可知，采用双共切椭圆转移轨道时，1 年内有 3 次发射水星探测器的机会，而 2 年内才有一次发射火星探测器的机会。对木星以外的行星，由于 $T_P\gg T_E$，因此 $T_{syn}\approx 1$ 星年，即每年只有一次发射机会。

表 14-1　从地球到其他行星的日心双共切椭圆轨道基本参数

行星	n_S	a_S/AU	e_S	T_S/a	ψ_0/(°)	ψ_{T_S}/(°)	ρ_{T_S}/R_E	T_{syn}/a
水星	0.387	0.6935	0.4419	0.289	108.3	76.0	0.981	0.317
金星	0.723	0.8617	0.1605	0.400	-54.0	36.0	0.594	1.599
火星	1.524	1.2628	0.2075	0.709	44.3	-75.1	1.594	2.135
木星	5.202	3.1012	0.6775	2.731	97.2	-83.0	5.177	1.092
土星	9.548	5.2741	0.8104	6.056	106.1	159.8	10.492	1.035
天王星	19.135	10.0674	0.9007	15.972	111.3	-169.7	20.120	1.012
海王星	30.011	15.5055	0.9355	30.529	113.2	-10.1	29.027	1.006

2. 日心单共切椭圆轨道

由表 14-1 可以看出，双共切椭圆轨道飞向目标行星要花费相当长的时间。为缩短飞行时间，可采用单共切椭圆轨道，如图 14-3 所示。

下面以飞向外行星(飞向内行星亦同理)为例，计算单共切椭圆轨道的有关参数。

由于在 $t=0$ 时刻椭圆轨道与地球相切，根据动量矩守恒有

$$R_E^2 V_0^2=\mu_S p_S \tag{14-1-17}$$

式中：p_S 为椭圆轨道的半通径。

令

$$q_S=\frac{p_S}{R_E} \tag{14-1-18}$$

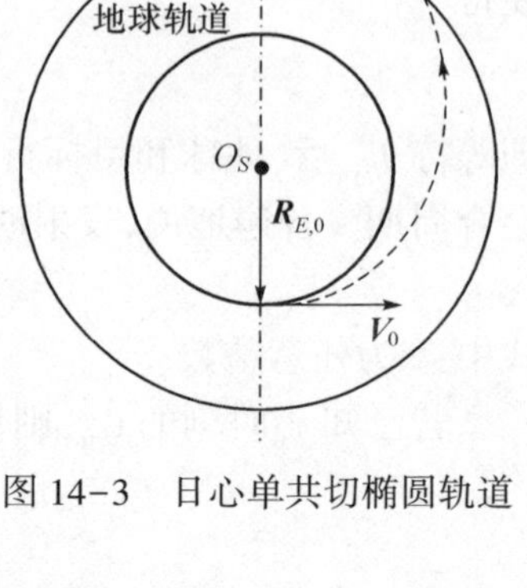

图 14-3　日心单共切椭圆轨道

因为

$$V_E^2=\frac{\mu_S}{R_E}$$

故有

$$q_S=\frac{R_E V_0^2}{\mu_S}=\frac{V_0^2}{V_E^2} \tag{14-1-19}$$

根据式(14-1-18)和式(14-1-19)可知,q_S 既是用天文单位表示的半通径,又是一个表征探测器初始日心速度大小的参数。

由 q_S 可求得

$$e_S=q_S-1 \tag{14-1-20}$$

$$a_S=\frac{R_E}{2-q_S} \tag{14-1-21}$$

由能量守恒、动量矩守恒及轨道方程可求得探测器到达目标行星时的速度 V_{T_S}、当地速度倾角 Θ_{T_S}、真近点角 f_{T_S}及偏近点角 E_{T_S}

$$V_{T_S}=V_E\sqrt{q_S-2+\frac{2}{n_S}} \tag{14-1-22}$$

$$\cos\Theta_{T_S}=\frac{q_S/n_S}{\sqrt{q_S^2-2q_S(1-1/n_S)}} \tag{14-1-23}$$

$$\cos f_{T_S}=\frac{q_S/n_S-1}{q_S-1} \tag{14-1-24}$$

$$E_{T_S}=2\arctan\left(\sqrt{\frac{1-e_S}{1+e_S}}\tan\frac{f_{T_S}}{2}\right) \tag{14-1-25}$$

根据开普勒方程,可以求得探测器到达目标行星的时间 T_S 为

$$T_S=\sqrt{\frac{a_S^3}{\mu_S}}(E_{T_S}-e_S\sin E_{T_S}) \tag{14-1-26}$$

14.1.2 地心轨道

若探测器从一半径为 $r_{E,0}$的地球圆停泊轨道出发开始行星探测,为脱离地球引力场,需要在停泊轨道上施加一加速冲量。设在起始时刻 $t=0$,探测器在地心参考系中的位置和速度矢量分别为 $\boldsymbol{r}_{E,0}$和 $\boldsymbol{v}_{E,0}$,则施加速度增量 $\Delta\boldsymbol{v}_{E,1}$后,速度变为

$$\boldsymbol{v}_{E,1}=\boldsymbol{v}_{E,0}+\Delta\boldsymbol{v}_{E,1} \tag{14-1-27}$$

易知,为获得给定的 $v_{E,1}$值,当 $\Delta\boldsymbol{v}_{E,1}$与 $\boldsymbol{v}_{E,0}$共线且同向时,速度增量的大小 $\Delta v_{E,1}$最小,即消耗的燃料最少。此时有

$$(\Delta v_{E,1})_{\min}=v_{E,1}-v_{E,0} \tag{14-1-28}$$

显然,施加冲量后探测器的速度 $\boldsymbol{v}_{E,1}$与地心矢径 $\boldsymbol{r}_{E,1}$垂直,即地心双曲线轨道与停泊轨道在变轨点处相切。

根据日心轨道的设计参数,可得到探测器运动到地球影响球边界时的双曲线剩余速度 $v_{E,\infty}^+$,再根据式(3-3-26)可以求得

$$v_{E,1}=\sqrt{v_{E,\mathrm{esc}}^2+(v_{E,\infty}^+)^2} \tag{14-1-29}$$

式中：$v_{E,\mathrm{esc}}$为停泊轨道上的逃逸速度，计算公式为

$$v_{E,\mathrm{esc}}=\sqrt{\frac{2\mu_E}{r_{E,0}}}=\sqrt{2}\,v_{E,0} \tag{14-1-30}$$

根据上述公式，可将$(\Delta v_{E,1})_{\min}$表示成$v_{E,\infty}^+$的函数

$$(\Delta v_{E,1})_{\min}=v_{E,0}\left(\sqrt{2+\left(\frac{v_{E,\infty}^+}{v_{E,0}}\right)^2}-1\right) \tag{14-1-31}$$

确定$\Delta v_{E,1}$后，$\boldsymbol{v}_{E,1}$是已知的，双曲线轨道的参数也就随之确定。动量矩$\boldsymbol{h}_E$的大小为

$$h_E=v_{E,\infty}^+B_E^+=r_{E,0}v_{E,1} \tag{14-1-32}$$

$\boldsymbol{h}_E$的方向与停泊轨道动量矩的方向一致。由上式可求得瞄准参数为

$$B_E^+=\frac{r_{E,0}v_{E,1}}{v_{E,\infty}^+} \tag{14-1-33}$$

将式(14-1-29)、式(14-1-30)代入上式，可得

$$B_E^+=r_{E,0}\sqrt{1+2\left(\frac{v_{E,0}}{v_{E,\infty}^+}\right)^2} \tag{14-1-34}$$

根据B_E^+和$v_{E,\infty}^+$可以计算出双曲线的其他参数。

由前面的分析可见，地心双曲线剩余速度$v_{E,\infty}^+$是地心轨道与日心轨道拼接的重要参数。

下面再来分析日心单共切轨道的飞行时间与$\Delta v_{E,1}$的关系。假定探测器从200km高度的地球圆停泊轨道出发，图14-4给出了飞往金星和火星的飞行时间与速度增量$\Delta v_{E,1}$的关系曲线，图中标注出了双共切椭圆轨道这一特殊点。

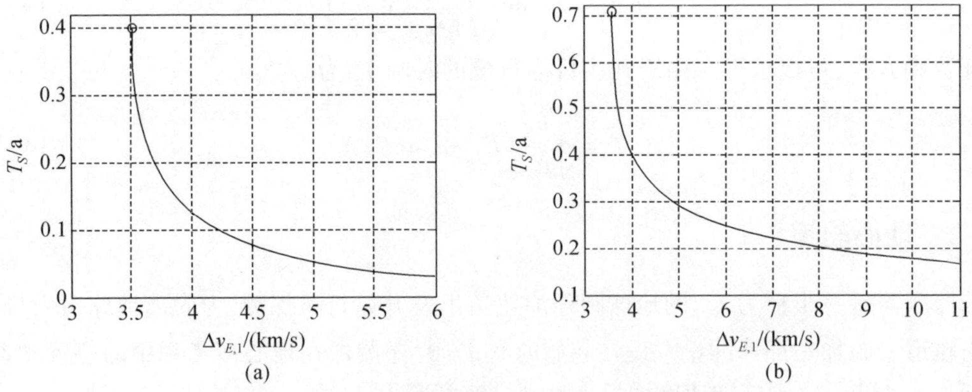

图 14-4　单共切椭圆飞行时间与地心速度增量的关系

(a) 金星；(b) 火星。

由图14-4可以看出，当$\Delta v_{E,1}$稍许超过霍曼转移的速度增量时，飞行时间将急剧减少。因此，单共切椭圆虽然要多消耗一些推进剂，却可以更快地完成行星际航行任务，这对未来的载人行星探测尤为重要。当然，在运载能力一定的条件下，增大$\Delta v_{E,1}$意味着减小有效载荷的质量。

图14-5给出了飞往金星和火星的单共切椭圆的日心扫角与速度增量的关系。

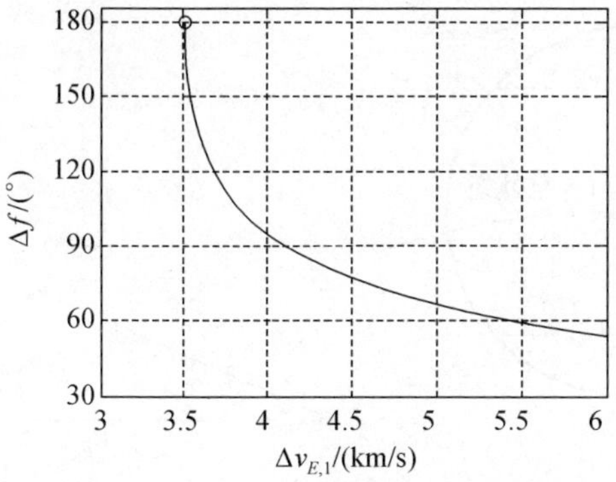

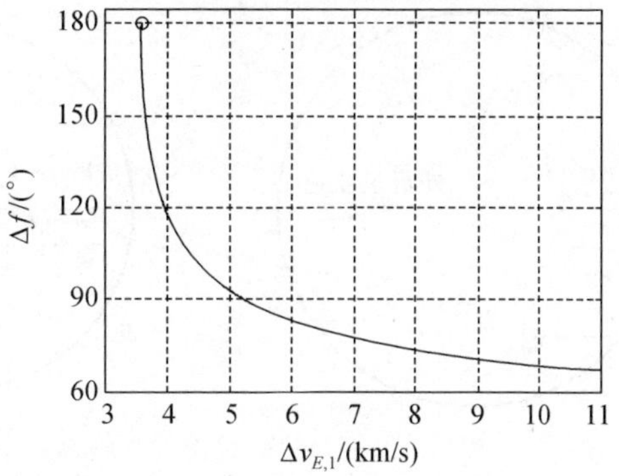

图 14-5 单共切椭圆日心扫角与地心速度增量的关系

(a) 金星;(b) 火星。

14.1.3 目标行星中心轨道

探测器沿日心轨道飞抵目标行星影响球边界后,如果相对行星的速度方向指向影响球内部,则将进入影响球内。取目标行星中心惯性参考系为运动参考系,则探测器轨道将是行星中心双曲线,双曲线参数可由 $\boldsymbol{v}_{P,\infty}^{-}$ 和 $\boldsymbol{B}_P^{-}$ 完全确定。

1. 双曲线剩余速度的确定

在求 $\boldsymbol{v}_{P,\infty}^{-}$ 时,考虑到目标行星影响球半径与其日心距相比为一小量,即 $r_{P,\infty} \ll R_P$,故可近似认为探测器在影响球边界处的速度

$$\boldsymbol{v}_{P,\infty}^{-} = \boldsymbol{V}_{T_S} - \boldsymbol{V}_{P,T_S} \tag{14-1-35}$$

式中:$\boldsymbol{V}_{T_S}$ 和 $\boldsymbol{V}_{P,T_S}$ 分别为探测器到达目标行星时探测器与目标行星的日心速度。

若日心轨道为双共切椭圆,则探测器抵达目标行星时的速度与行星的速度共线,故有

$$v_{P,\infty}^{-} = \pm V_{T_S} - V_{P,T_S} \tag{14-1-36}$$

其中,"+"表示 $\boldsymbol{V}_{T_S}$ 和 $\boldsymbol{V}_{P,T_S}$ 同向,"-"表示两者反向。由于太阳系八大行星的公转方向相同,故上式都取正号。

当探测器由地球飞往外行星时,目标行星位于日心轨道的远日点,因此 $V_{P,T_S} > V_{T_S}$,故 $v_{P,\infty}^{-}$ 为负值,即 $\boldsymbol{v}_{P,\infty}^{-}$ 与 $\boldsymbol{V}_{P,T_S}$ 共线但反向。由图 14-6(a)可知,探测器是从影响球的前半部进入影响球,即外行星从后面追上探测器。

与之相反,当探测器飞往内行星时,目标行星位于日心轨道的近日点,因此 $V_{P,T_S} < V_{T_S}$,故 $v_{P,\infty}^{-} > 0$,$\boldsymbol{v}_{P,\infty}^{-}$ 与 $\boldsymbol{V}_{P,T_S}$ 共线同向。由图 14-6(b)可知,探测器从影响球后部进入,即从后面追上内行星。

若日心轨道为单共切椭圆,则当探测器飞抵目标行星时,$\boldsymbol{V}_{T_S}$ 与 $\boldsymbol{V}_{P,T_S}$ 不共线,两者间的夹角为 $\boldsymbol{\Theta}_{T_S}$。$\boldsymbol{v}_{P,\infty}^{-}$ 的方向可由图 14-7 所示的矢量三角形确定,为使探测器能够进入影响球,在边界处应使 $\boldsymbol{v}_{P,\infty}^{-}$ 的方向指向影响球内部。$\boldsymbol{v}_{P,\infty}^{-}$ 的大小为

$$(v_{P,\infty}^{-})^2 = V_{T_S}^2 + V_{P,T_S}^2 - 2V_{T_S}V_{P,T_S}\cos\boldsymbol{\Theta}_{T_S} \tag{14-1-37}$$

根据式(14-1-22)及式(14-1-23)可知,探测器到达行星影响球边界时的速度 V_{T_S} 和飞行路径角 $\boldsymbol{\Theta}_{T_S}$ 都与地心轨道段的速度增量 $\Delta v_{E,1}$ 有关,图 14-8 给出了金星与火星探测轨道的 $v_{P,\infty}$ 与 $\Delta v_{E,1}$ 的关系。可见,$\Delta v_{E,1}$ 的增大会导致 $v_{P,\infty}^{-}$ 增大,若要使探测器减速成为行星的卫星,则相应的制动速度也要增大。

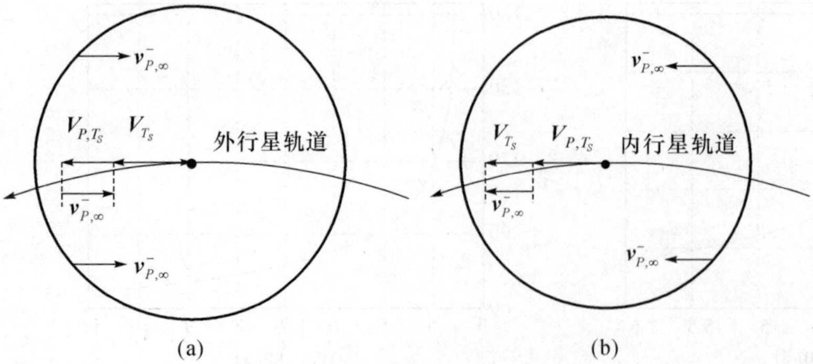

图 14-6　$\boldsymbol{v}_{P,\infty}^-$ 的方向与影响球的关系

（a）外行星；（b）内行星。

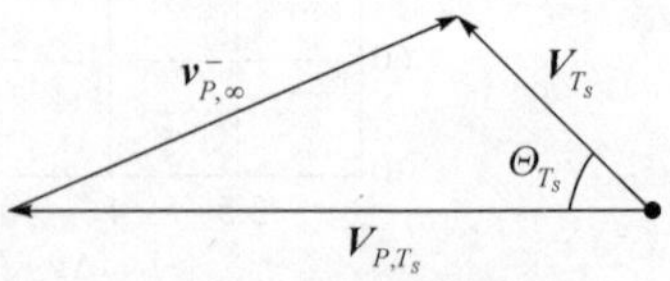

图 14-7　影响球边界的矢量三角形

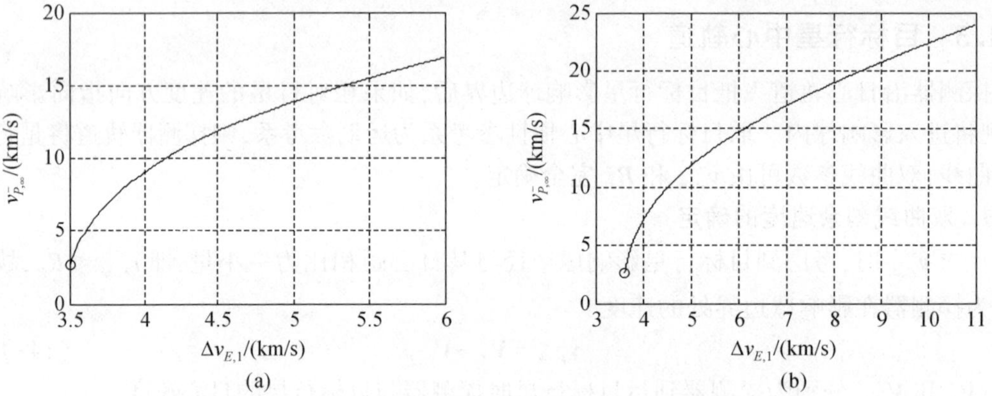

图 14-8　行星中心双曲线轨道的剩余速度与速度增量的关系

（a）金星；（b）火星。

2. 瞄准参数的确定

瞄准参数 $\boldsymbol{B}_P^-$ 是确定探测器从行星影响球的哪个位置进入影响球内部的参数，应根据行星探测的任务来确定。下面分别讨论飞越飞行和环绕飞行两类飞行任务中 $\boldsymbol{B}_P^-$ 的确定方法，讨论中假定目标行星的形状为圆球，且不存在行星大气。

1）飞越飞行任务

任务要求探测器在距离目标行星很近的地方飞过，这一要求等价于给定行星中心双曲线轨道的近心距 $r_{P,p}$，如图 14-9 所示。

根据式（3-3-35）可知

$$B_P^- = r_{P,p}\sqrt{1+\frac{2\mu_P}{r_{P,p}(v_{P,\infty}^-)^2}} \tag{14-1-38}$$

当已知 $v_{P,\infty}^-$ 并给定 $r_{P,p}$后，可由上式求得 B_P^-。对于飞越任务，要求双曲线的近心点距离不小于目标行星半径 r_P，即

$$r_{P,p} \geqslant r_P \tag{14-1-39}$$

否则探测器将与目标行星相撞而不能完成任务。在式（14-1-38）中，令 $r_{P,p}=r_P$ 并记此时的 B_P^- 为 $R_{P,\text{cap}}$，注意到对目标行星而言，其表面的逃逸速度 $v_{P,\text{esc}}$ 为

$$v_{P,\mathrm{esc}}=\sqrt{2\frac{\mu_P}{r_P}}$$

由此可得

$$R_{P,\mathrm{cap}}=r_P\sqrt{1+\left(\frac{v_{P,\mathrm{esc}}}{v_{P,\infty}^-}\right)^2} \tag{14-1-40}$$

$R_{P,\mathrm{cap}}$称为目标行星的俘获半径，它在数值上大于目标行星半径。当进入枝渐近线与以行星质心为中心、以$R_{P,\mathrm{cap}}$为半径的球相交时，探测器就会与行星在某处相撞，即

① 当$B_P^- < R_{P,\mathrm{cap}}$时，探测器与目标行星相撞；

② 当$B_P^- = R_{P,\mathrm{cap}}$时，探测器从目标行星的表面擦过；

③ 当$B_P^- > R_{P,\mathrm{cap}}$时，探测器从目标行星上空飞过，实现飞越飞行。

若目标行星存在大气，希望利用大气实现减速，则可以根据大气上界的中心距$r_{P,\mathrm{atmo}}$由式(14-1-38)确定另一个半径$R_{P,\mathrm{atmo}}$。根据$R_{P,\mathrm{atmo}}$和$R_{P,\mathrm{cap}}$可以确定一个“再入走廊”，进入枝渐近线要满足再入走廊条件。可见，俘获半径是确定双曲线轨道与目标行星相对位置关系的重要参数。

$\boldsymbol{B}_P^-$的方向由任务要求探测器绕目标行星顺时针或逆时针飞过而定。如图14-9中，任务要求探测器由背阳一面进入，向阳一面飞出，则应顺时针飞行，$\boldsymbol{B}_P^-$的方向如图所示。

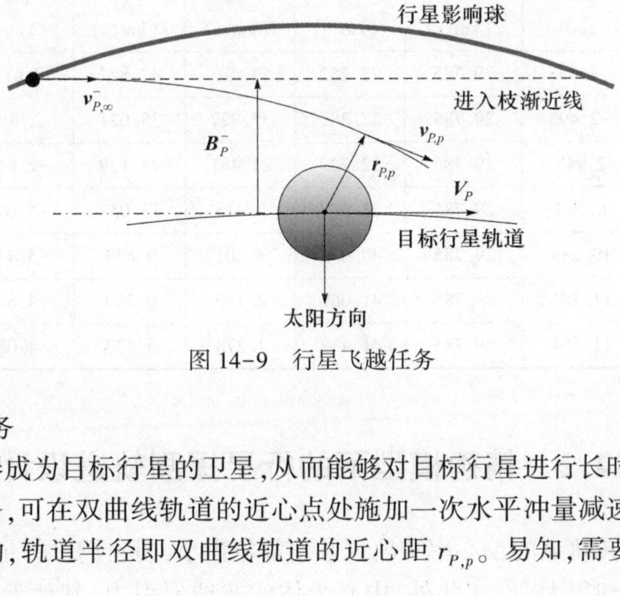

图14-9　行星飞越任务

2）环绕飞行任务

任务要求探测器成为目标行星的卫星，从而能够对目标行星进行长时间观测。

为完成这一任务，可在双曲线轨道的近心点处施加一次水平冲量减速，使其变轨至围绕目标行星的圆轨道运动，轨道半径即双曲线轨道的近心距$r_{P,p}$。易知，需要施加的速度改变量$\Delta v_{P,2}$为

$$\Delta v_{P,2}=v_{P,p}-\sqrt{\frac{\mu_P}{r_{P,p}}} \tag{14-1-41}$$

式中：$v_{P,p}$为双曲线轨道在近心点处的速度，近心距$r_{P,p}$是一个可设计的参数。

如果在选择$r_{P,p}$时没有任何限制，则对于给定的$v_{P,\infty}^-$，有一最佳圆轨道半径可以选择，能使制动减速需要的能量最少。由机械能守恒可知

$$\frac{(v_{P,\infty}^-)^2}{2}=\frac{v_{P,p}^2}{2}-\frac{\mu_P}{r_{P,p}}$$

则对于给定的$v_{P,\infty}^-$，双曲线在近心点处的速度为

$$v_{P,p}=\sqrt{(v_{P,\infty}^{-})^2+\frac{2\mu_P}{r_{P,p}}} \tag{14-1-42}$$

将上式代入式(14-1-41),可得

$$\Delta v_{P,2}=\sqrt{(v_{P,\infty}^{-})^2+\frac{2\mu_P}{r_{P,p}}}-\sqrt{\frac{\mu_P}{r_{P,p}}}=f(r_{P,p})$$

将上式对 $r_{P,p}$ 求导,并令其等于零,可得最佳圆轨道半径 $r_{P,p}^*$ 为

$$r_{P,p}^*=\frac{2\mu_P}{(v_{P,\infty}^{-})^2} \tag{14-1-43}$$

此时 $\Delta v_{P,2}$ 取极小值

$$(\Delta v_{P,2})_{\min}=\frac{\sqrt{2}}{2}v_{P,\infty}^{-} \tag{14-1-44}$$

假设探测器从距地球表面 200km 的圆停泊轨道出发,经由日心双共切椭圆轨道探测目标行星,最终进入轨道半径为 1.1 倍行星赤道半径的圆环绕轨道飞行。飞行过程中的关键速度参数见表 14-2,其中 $v_{\mathrm{ch}}=\Delta v_{E,1}+\Delta v_{P,2}$。由表可见,探测火星和金星需要的特征速度最小。

表 14-2　双共切椭圆轨道的关键速度参数

目标行星	$\Delta v_{E,1}$ /(km/s)	$v_{E,\infty}^{+}$ /(km/s)	V_E /(km/s)	V_0 /(km/s)	V_{T_S} /(km/s)	V_P /(km/s)	$v_{P,\infty}^{-}$ /(km/s)	$\Delta v_{P,2}$ /(km/s)	v_{ch} /(km/s)
水星	5. 556	−7. 533	29. 785	22. 252	57. 483	47. 872	9. 611	7. 565	13. 121
金星	3. 505	−2. 495	29. 785	27. 289	37. 727	35. 021	2. 707	3. 258	6. 763
火星	3. 613	2. 945	29. 785	32. 729	21. 481	24. 129	−2. 649	2. 087	5. 700
木星	6. 305	8. 793	29. 785	38. 578	7. 415	13. 058	−5. 643	17. 150	23. 455
土星	7. 284	10. 289	29. 785	40. 074	4. 201	9. 644	−5. 440	10. 544	17. 828
天王星	7. 978	11. 281	29. 785	41. 066	2. 140	6. 799	−4. 659	6. 601	14. 579
海王星	8. 247	11. 654	29. 785	41. 439	1. 378	5. 432	−4. 053	6. 972	15. 219

14. 2　精确模型下的行星探测轨道设计

虽然所有行星公转轨道的偏心率和轨道倾角都相当小,但它们对行星际飞行的影响、特别是对能量要求的影响却很大[6,7]。此外,中心天体的非球形引力、其他天体的引力、太阳光压力等摄动因素也会对探测器的飞行轨道产生影响。因此,工程任务中的行星探测轨道都是在精确运动模型下,基于数值方法、通过反复迭代确定的,这里只介绍一下基本的设计思路。

14. 2. 1　日心轨道

精确模型下,地球与目标行星的公转轨道不再是圆轨道、也不共面,工程任务中要基于精确星历设计日心转移轨道。

设计中一般先确定从地球出发的时间 t_E 和探测器的飞行时间 T_S,从而探测器到达目标行星的时间 t_P 也是已知的。通过近似的解析公式(比如附录 A. 3 的公式)或采用数字星历(比如

喷气推进实验室提供的 DE405、DE421、DE440 等)，就可以获得 t_E时刻地球在日心黄道坐标系中的位置矢量 $\boldsymbol{R}_{\mathrm{E},0}$和速度矢量 $\boldsymbol{V}_{\mathrm{E},0}$；同样，也可以获得 t_P时刻行星的位置矢量 $\boldsymbol{R}_{P,T_S}$和速度矢量 $\boldsymbol{V}_{P,T_S}$。

探测器的日心轨道将位于由太阳、$\boldsymbol{R}_{\mathrm{E},0}$和 $\boldsymbol{R}_{P,T_S}$确定的平面内。探测器飞过的日心转移角 Δf 可由下式计算：

$$\cos\Delta f=\frac{\boldsymbol{R}_{\mathrm{E},0}\cdot\boldsymbol{R}_{P,T_S}}{R_{\mathrm{E},0}R_{P,T_S}} \tag{14-2-1}$$

Δf 的值可以唯一确定，因为 $\sin\Delta f$ 必须与$(\boldsymbol{R}_{\mathrm{E},0}\times\boldsymbol{R}_{P,T_S})\cdot\boldsymbol{Z}^0$ 同号，$\boldsymbol{Z}^0$ 是日心黄道惯性系 Z 轴的单位矢量。发射时刻的地球与到达时刻的行星之间的距离 c 可由下式求得：

$$c^2=R_{\mathrm{E},0}^2+R_{P,T_S}^2-2R_{\mathrm{E},0}R_{P,T_S}\cos\Delta f \tag{14-2-2}$$

式中：$R_{\mathrm{E},0}$、R_{P,T_S}、c、T_S 和 Δf 都已知后，就可以通过求解兰伯特问题获得日心轨道。然后，就可以求得起始时刻的速度 $\boldsymbol{V}_0$ 和终端时刻的速度 $\boldsymbol{V}_{T_S}$。双曲线剩余速度由下式确定：

$$\begin{cases}\boldsymbol{v}_{\mathrm{E},\infty}^{+}=\boldsymbol{V}_0-\boldsymbol{V}_{\mathrm{E},0}\\ \boldsymbol{v}_{P,\infty}^{-}=\boldsymbol{V}_{P,T_S}-\boldsymbol{V}_{T_S}\end{cases} \tag{14-2-3}$$

根据 $\boldsymbol{R}_{\mathrm{E},0}$和 $\boldsymbol{V}_0$ 可以求得日心轨道的动量矩 $\boldsymbol{h}_s$，从而可以求出日心轨道的升交点黄经和轨道倾角。

针对特定任务，经常采用穷举搜索法来确定出发时刻 t_E和飞行时间 T_S。首先给定一个可能的发射时刻区间$[t_0,t_f]$和飞行时间区间$[T_0,T_f]$，将两个时间分别作为三维直角坐标系的 x 轴和 y 轴。在两个坐标轴上以适当的时间步长(比如 1 天)确定若干时间点，从而生成 xy 平面上的一系列网格点。对每个网格点，采用前述求解兰伯特问题的方法确定双曲线剩余速度，并从结果中找出满足要求的发射和到达时间窗口。为便于寻找，常将结果表示成能量等高线图的形式，能量多采用式(3-3-27)定义的特征能量 $C_3=v_\infty^2$ 表示。

图 14-10 给出了 2015 年 1 月 1 日至 2019 年 1 月 1 日之间，由地球出发飞往火星的出发能量 $C_{3\mathrm{E}}=v_{\mathrm{E},\infty}^2$ 的等高线图。图中横坐标代表出发时间，纵坐标代表飞行时间，每一圈闭合的曲线代表相同的特征能量，通过等高线图就可以找到发射能量最小的地球发射窗口及其对应

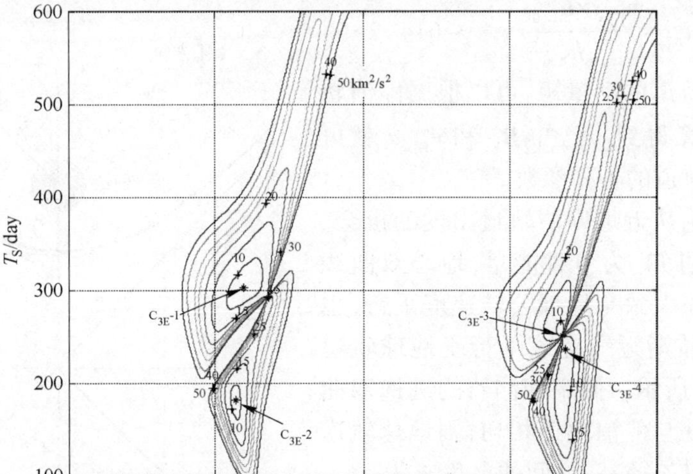

图 14-10　地球—火星出发能量 Pork-Chop 图

的转移时间。同理可以绘出到达能量 $C_{3P}=v_{P,\infty}^2$ 的等高线图,从而得到到达能量最小的时间窗口。由于等高线的形状类似于猪排,因此被称为猪排图(pork-chop 图)。

由图 14-10 可以看出,地球—火星转移轨道的发射窗口呈现一定的周期性,周期大约为 2 年,这与表 14-1 中会合周期的结果基本是一致的。在每一个发射窗口周期内,有两条转移轨道的发射能量为局部极小,在图中标识为 $C_{3E}-1 \sim C_{3E}-4$ 的点,表 14-3 给出了这四条转移轨道的基本参数。

表 14-3　发射能量极小的日心转移轨道

编号	出发日期	飞行时间/d	日心扫角/(°)	偏心率	轨道倾角/(°)	$v_{E,\infty}$/(km/s)
$C_{3E}-1$	2016/3/13	303	208.785	0.189	1.809	2.827
$C_{3E}-2$	2016/2/20	181	140.926	0.193	2.591	2.989
$C_{3E}-3$	2018/5/9	251	181.251	0.186	0.159	2.871
$C_{3E}-4$	2018/5/17	236	169.582	0.183	0.721	2.770

由表中数据可知,$C_{3E}-1$、$C_{3E}-3$ 的日心扫角大于 180°,称为Ⅱ型转移轨道;$C_{3E}-2$、$C_{3E}-4$ 的日心扫角小于 180°,称为Ⅰ型转移轨道。同一发射窗口周期内的Ⅰ型轨道飞行时间要短于Ⅱ型轨道,这对执行载人行星探测任务是有利的。

14.2.2　地心轨道

根据式(14-2-3)确定了双曲线剩余速度 $\boldsymbol{v}_{E,\infty}^{+}$ 后,地心双曲线轨道还有近地点地心距 $r_{E,p}$ 可以自由选择。若假定探测器从半径为 $r_{E,0}$ 的圆停泊轨道出发开始行星探测,则 $r_{E,p}=r_{E,0}$,下面针对这一情形进行讨论。

根据式(3-3-35),可得地心双曲线轨道瞄准参数 $\boldsymbol{B}_E$ 的大小为

$$B_E=r_{E,p}\sqrt{1+\frac{2\mu_E}{r_{E,p}v_{E,\infty}^2}} \tag{14-2-4}$$

瞄准参数 $\boldsymbol{B}_E^+$ 的方向 $\boldsymbol{i}_{B_E^+}$,可根据下式确定

$$\boldsymbol{i}_{B_E^+}=\frac{\boldsymbol{v}_{E,\infty}^{+}\times\boldsymbol{h}_{E,0}}{v_{E,\infty}h_{E,0}} \tag{14-2-5}$$

其中,$\boldsymbol{h}_{E,0}$ 为停泊轨道的动量矩,可以根据停泊轨道的轨道根数计算得到。已知 $\boldsymbol{B}_E^+$ 和 $\boldsymbol{v}_{E,\infty}^{+}$,就可以计算出双曲线轨道的各种参数。

下面再来讨论从近地停泊轨道出发的机会。根据前面的讨论可知,为节省能量,地心双曲线剩余速度 $\boldsymbol{v}_{E,\infty}^{+}$ 应该大致与地球公转速度平行,也即双曲线的脱离枝渐近线应该平行于地球轨道速度,如图 14-11 所示。假定探测器的逃逸双曲线轨道在近地点处与停泊轨道相切,则地球轨道速度矢量与近地点矢径 $\boldsymbol{r}_{E,p}$ 之间的夹角 η 为

$$\cos\eta=-\frac{a}{c} \tag{14-2-6}$$

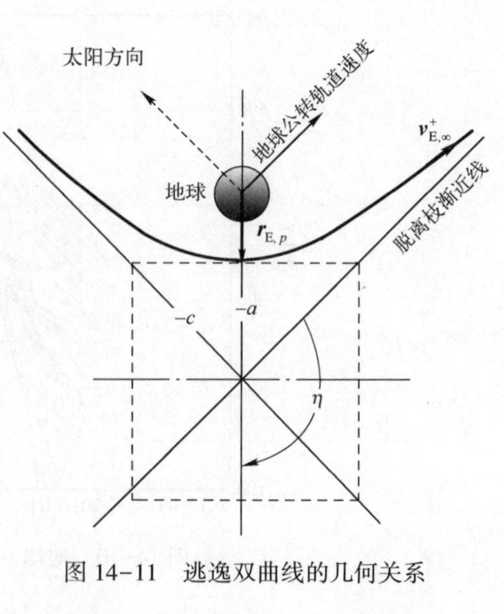

图 14-11　逃逸双曲线的几何关系

因为 $e=c/a$,故上式又可写成

$$\cos\eta=-\frac{1}{e} \tag{14-2-7}$$

由于地球影响球半径与日地距离相比要小得多,因此对逃逸双曲线轨道面方位的唯一要求是包含地球质心和双曲线剩余速度 $\boldsymbol{v}_{\mathrm{E},\infty}^{+}$,而不一定要在黄道面内。因此,如图 14-12 所示,逃逸双曲线的脱离枝渐近线可以在空间沿穿过地球质心且与 $\boldsymbol{v}_{\mathrm{E},\infty}^{+}$ 平行的直线旋转,形成一个柱面,所有的逃逸双曲线在无穷远处都会趋近于该柱面。

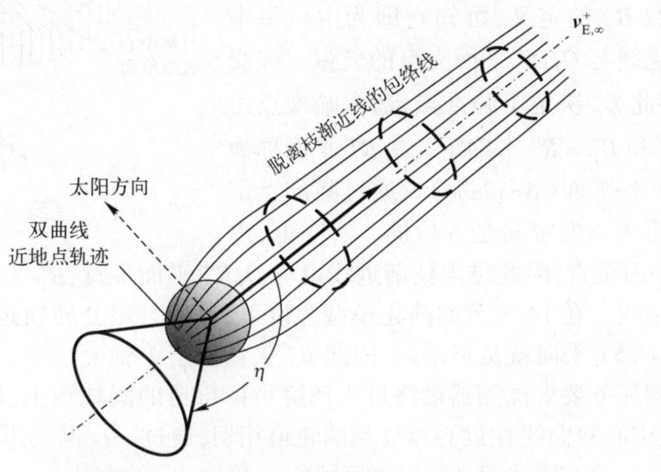

图 14-12　给定 $\boldsymbol{v}_{\mathrm{E},\infty}^{+}$ 和 $r_{\mathrm{E},p}$ 后的可能发射机会

双曲线的对称轴与 $\boldsymbol{v}_{\mathrm{E},\infty}^{+}$ 的夹角为 η,因此对称轴在空间的轨迹是以地心为顶点、$\pi-\eta$ 为半顶角的圆锥面,双曲线近地点的轨迹是此圆锥面上的一个圆,圆的位置由 $r_{\mathrm{E},p}$ 的大小确定。

若不考虑异面变轨的情况,则双曲线与停泊轨道共面,$\boldsymbol{v}_{\mathrm{E},\infty}^{+}$ 也应在停泊轨道面内。这样,在每一个停泊轨道周期内,当探测器经过双曲线近地点的轨迹圆时,即可实施变轨,因此每个轨道周期内都有一次发射至逃逸双曲线的机会(另一个交点处变轨能量太大,不可取)。

根据式(3-3-32),可以求得地心双曲线轨道的偏心率为

$$e_{\mathrm{E}}=\sqrt{1+\left(\frac{B_{\mathrm{E}}v_{\mathrm{E},\infty}^{2}}{\mu_{\mathrm{E}}}\right)^{2}} \tag{14-2-8}$$

探测器到达影响球边界时的真近点角为

$$f_{\mathrm{E},\infty}=\arccos\left(-\frac{1}{e_{\mathrm{E}}}\right) \tag{14-2-9}$$

由于是在双曲线的近地点实施变轨,也即 $\boldsymbol{e}_{\mathrm{E}}$ 所指的方向,因此将 $\boldsymbol{v}_{\mathrm{E},\infty}^{+}$ 逆飞行方向旋转 $f_{\mathrm{E},\infty}$ 即可确定变轨点的位置。

同理,如果采用直接入轨发射方式将探测器送入双曲线轨道,则上升轨道面也必须包含 $\boldsymbol{v}_{\mathrm{E},\infty}^{+}$。逃逸双曲线对称轴所在的圆锥面与地球表面相交形成一个圆,当发射场经过该圆时就可发射,因此每天有一次发射机会。

14.2.3　行星中心轨道

设计行星中心轨道时,关键在于瞄准参数 $\boldsymbol{B}_{P}^{-}$ 的确定,常在一个目标行星中心坐标系 O_P-

RST 中描述 $\boldsymbol{B}_P^-$。该坐标系的原点在目标行星的中心 O_P,S 轴平行于双曲线轨道的进入枝渐近线,正向与 $\boldsymbol{v}_{P,\infty}^-$ 的方向一致;T 轴平行于黄道平面,方向由下式决定

$$\boldsymbol{T}^0=\boldsymbol{S}^0\times\boldsymbol{N}^0 \tag{14-2-10}$$

式中:$\boldsymbol{S}^0$ 和 $\boldsymbol{T}^0$ 分别为 S 轴和 T 轴的单位矢量;$\boldsymbol{N}^0$ 为指向北黄极的单位矢量。R 轴由右手法则确定,如图 14-13 所示。为描述问题方便,有时也将 $\boldsymbol{N}^0$ 选为行星中心轨道的法向或行星的极轴方向。

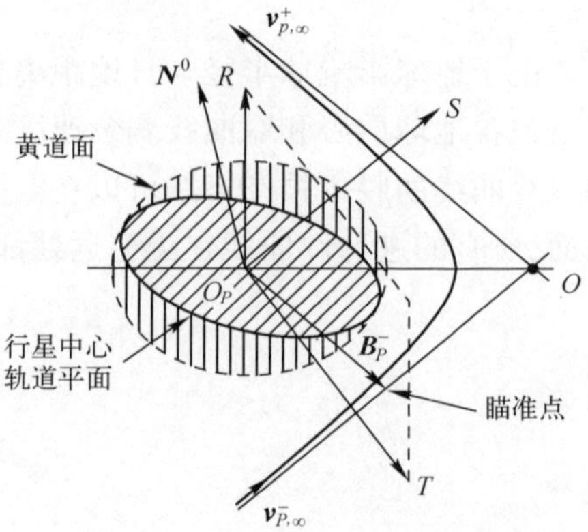

图 14-13　三维飞行轨道中的瞄准参数

根据瞄准参数 $\boldsymbol{B}_P^-$ 的定义,可知它即为由行星中心指向进入枝渐近线与 O_PRT 平面交点的矢量。该交点称为瞄准点,因此 $\boldsymbol{B}_P^-$ 决定了瞄准点,通常瞄准点由两个分量 $\boldsymbol{B}_P^-\cdot\boldsymbol{T}^0$ 和 $\boldsymbol{B}_P^-\cdot\boldsymbol{R}^0$ 来确定。O_PRT 平面称为瞄准平面,或称为 B-平面(B-plane)。通过瞄准点定义的瞄准参数与第 3 章的定义是等价的。实际上,由于 S 轴与 O_PRT 平面垂直,因此进入枝渐近线也与 O_PRT 平面垂直,$\boldsymbol{B}_P^-$ 矢量就是由行星中心至进入枝渐近线的垂线。在 14.1 节的简化模型假设下,目标行星公转轨道面、黄道面及探测器日心轨道面重合,O_PST 平面就是黄道面,因此 $\boldsymbol{B}_P^-$ 矢量位于 T 轴上。

假定行星探测任务要求探测器最终进入环绕目标行星的圆轨道上,轨道根数已经根据飞行任务确定,行星中心双曲线在近心点处与圆轨道相切,通过一次制动进入环绕轨道。下面讨论根据轨道半径 $r_{P,p}$、升交点赤经 Ω_P 和轨道倾角 i_P 确定 $\boldsymbol{B}_P^-$ 的方法。

根据设计的日心轨道和式(14-2-3),可以确定双曲线剩余速度 $\boldsymbol{v}_{P,\infty}^-$。再根据式(3-3-35),可得行星中心双曲线瞄准参数的大小为

$$B_P=r_{P,p}\sqrt{1+\frac{2\mu_P}{r_{P,p}v_{P,\infty}^2}} \tag{14-2-11}$$

根据环绕轨道的升交点赤经 Ω_P 和轨道倾角 i_P,可以得到轨道动量矩矢量的单位向量为

$$\boldsymbol{h}_{P,0}^0=\begin{bmatrix}\sin i_P\sin\Omega_P\\-\sin i_P\cos\Omega_P\\\cos i_P\end{bmatrix} \tag{14-2-12}$$

则瞄准参数 $\boldsymbol{B}_P^-$ 可根据下式确定

$$\boldsymbol{B}_P^-=B_P\frac{\boldsymbol{v}_{P,\infty}^-\times\boldsymbol{h}_P^0}{v_{P,\infty}} \tag{14-2-13}$$

注意上式是在行星中心惯性坐标系中计算的,根据定义 O_P-RST 坐标系的两个矢量 $\boldsymbol{S}^0$ 和 $\boldsymbol{N}^0$,可以得到 $\boldsymbol{R}^0$ 和 $\boldsymbol{T}^0$ 在行星中心惯性坐标系中的表达式,进而可以得到瞄准点的两个分量 $\boldsymbol{B}_P^-\cdot\boldsymbol{T}^0$ 和 $\boldsymbol{B}_P^-\cdot\boldsymbol{R}^0$。

瞄准点是决定行星中心轨道非常重要的参数,选取时有许多约束条件,主要考虑探测器任务的工程实现和科学实验方面的一些要求。当瞄准点选定后,日心轨道的中途修正就是要消除飞行路径误差,以满足 $\boldsymbol{B}_P^-$ 的要求[8]。

14.3　近旁转向技术

靠近目标行星的飞越飞行除可在近距离观测目标外,还有一个用途是利用目标行星作为"转

向行星”,来改变探测器日心速度的大小和方向,即所谓的“近旁转向技术”,又称“借力飞行”“引力辅助飞行”或“引力弹弓”。

14.3.1 近旁转向技术原理

由式(14-1-35)可知,探测器进入目标行星影响球时的日心速度为

$$\boldsymbol{V}_{T_S}^{-}=\boldsymbol{V}_{P,T_S}+\boldsymbol{v}_{P,\infty}^{-} \tag{14-3-1}$$

而脱离影响球时的速度为

$$\boldsymbol{V}_{T_S}^{+}=\boldsymbol{V}_{P,T_S}+\boldsymbol{v}_{P,\infty}^{+} \tag{14-3-2}$$

虽然 $\boldsymbol{v}_{P,\infty}^{+}$ 与 $\boldsymbol{v}_{P,\infty}^{-}$ 的大小是相同的,但它们与 $\boldsymbol{V}_{P,T_S}$ 的夹角并不相同,由此导致 $\boldsymbol{V}_{T_S}^{+}$ 与 $\boldsymbol{V}_{T_S}^{-}$ 有不同的大小和方向,其差别取决于双曲线的速度偏转角 δ,如图 14-14 所示。

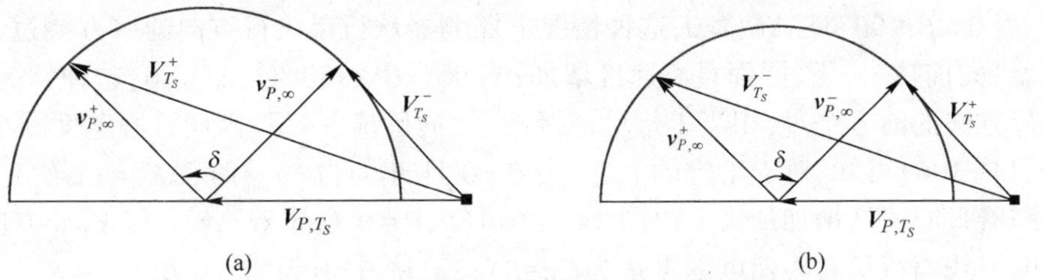

图 14-14 进入与脱离目标行星影响球时日心速度的关系
(a) 速度增加;(b) 速度减小。

在图 14-14(a)中,探测器从目标行星飞行方向的后侧绕过,探测器得到加速,在图 14-14(b)中,探测器从目标行星飞行方向的前方绕过,探测器减速。因此,通过飞越飞行的方式,探测器不用消耗燃料就可以改变自身的日心速度。

探测器绕过目标行星时,其单位质量日心动能的变化 ΔE_S 可用下式计算:

$$\Delta E_S=\frac{1}{2}[(V_{T_S}^{+})^2-(V_{T_S}^{-})^2]=\frac{1}{2}[(\boldsymbol{V}_{T_S}^{+}+\boldsymbol{V}_{T_S}^{-})\cdot(\boldsymbol{V}_{T_S}^{+}-\boldsymbol{V}_{T_S}^{-})] \tag{14-3-3}$$

将式(14-3-1)与式(14-3-2)代入,有

$$\boldsymbol{V}_{T_S}^{+}+\boldsymbol{V}_{T_S}^{-}=2\boldsymbol{V}_{P,T_S}+(\boldsymbol{v}_{P,\infty}^{+}+\boldsymbol{v}_{P,\infty}^{-})$$

$$\boldsymbol{V}_{T_S}^{+}-\boldsymbol{V}_{T_S}^{-}=\boldsymbol{v}_{P,\infty}^{+}-\boldsymbol{v}_{P,\infty}^{-}$$

因为

$$(\boldsymbol{v}_{P,\infty}^{+}+\boldsymbol{v}_{P,\infty}^{-})\cdot(\boldsymbol{v}_{P,\infty}^{+}-\boldsymbol{v}_{P,\infty}^{-})=(v_{P,\infty}^{+})^2-(v_{P,\infty}^{-})^2=0$$

故有

$$\Delta E_S=\boldsymbol{V}_{P,T_S}\cdot(\boldsymbol{v}_{P,\infty}^{+}-\boldsymbol{v}_{P,\infty}^{-})=\boldsymbol{V}_{P,T_S}\cdot\Delta\boldsymbol{v}_{P,\infty} \tag{14-3-4}$$

式中:$\Delta\boldsymbol{v}_{P,\infty}=\boldsymbol{v}_{P,\infty}^{+}-\boldsymbol{v}_{P,\infty}^{-}$。

$\boldsymbol{v}_{P,\infty}^{+}$ 与 $\boldsymbol{v}_{P,\infty}^{-}$ 大小相等,它们之间的夹角为 δ,由图 14-15 可知

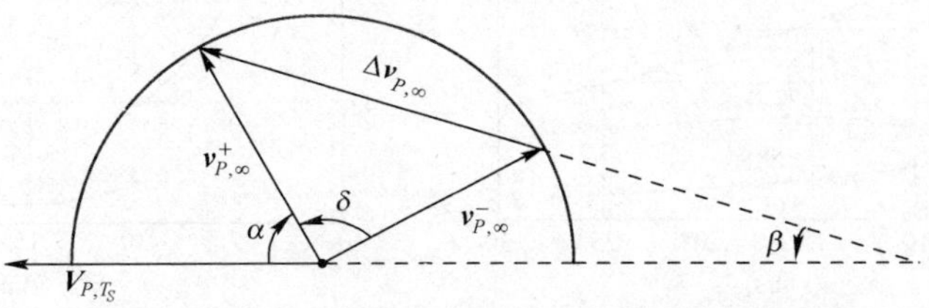

图 14-15 近旁飞越前后双曲线超速间的关系

$$\Delta v_{P,\infty}=2v_{P,\infty}\sin\frac{\delta}{2} \tag{14-3-5}$$

令 $\Delta \boldsymbol{v}_{P,\infty}$ 与 $\boldsymbol{V}_{P,T_S}$ 之间的夹角为 β，并规定 β 从前者量起，逆时针为正。由式(14-3-4)、式(14-3-5)可知

$$\Delta E_S=2V_{P,T_S}v_{P,\infty}\sin\frac{\delta}{2}\cos\beta$$

再根据式(3-3-33)、式(3-3-31)，可得

$$\Delta E_S=\frac{2V_{P,T_S}v_{P,\infty}\cos\beta}{e_P}=\frac{2V_{P,T_S}v_{P,\infty}}{\sqrt{1+\left(\dfrac{B_Pv_{P,\infty}^2}{\mu_P}\right)^2}}\cos\beta \tag{14-3-6}$$

可见，当 $0\leqslant\beta\leqslant90°$ 时，$\Delta E_S\geqslant0$，这种情况下探测器从行星飞行方向的后方绕过，相当于行星把探测器“向前拉”一下，因而日心速度增加；当 $90°<\beta\leqslant180°$ 时，$\Delta E_S<0$，这种情况下探测器从行星飞行方向的前方绕过，相当于行星把探测器“向后拖”一下，因而日心速度减小。

由式(14-3-6)可知，对于给定的 $v_{P,\infty}^{-}$，当 $\beta=0$ 且 $B_P=(B_P)_{\min}$ 时，$\Delta E_S=(\Delta E_S)_{\max}$，也就是行星使探测器日心速度增加最大。由图 14-17 可知，$\beta=0$ 意味着 $\Delta\boldsymbol{v}_{P,\infty}$ 与 $\boldsymbol{V}_{P,T_S}$ 方向相同，此时进入渐近线与行星日心速度的夹角为 $(\pi+\delta)/2$。将 $\beta=0$ 及 $B_P=(B_P)_{\min}=R_{P,\mathrm{cap}}$ 的表达式代入式(14-3-6)，可得

$$(\Delta E_S)_{\max}=\frac{2V_{P,T_S}v_{P,\infty}}{1+\dfrac{r_Pv_{P,\infty}^2}{\mu_P}} \tag{14-3-7}$$

由式(14-3-7)可知，质量大、日心轨道速度大的行星适合作转向行星。

同理，当 $\beta=\pi$ 且 $B_P=(B_P)_{\min}$ 时，$\Delta E_S=(\Delta E_S)_{\min}=-(\Delta E_S)_{\max}$，也就是近旁飞越后可以达到最佳的减速效果。

图 14-16 给出了一些行星 $(\Delta E_S)_{\max}-v_{P,\infty}$ 的关系曲线。由图可知，由地球飞往水星时，金星是一个很好的转向行星。由地球飞往外行星时，木星能使 $(\Delta E_S)_{\max}$ 可观地增加，因此可以作为转向行星。

由式(3-3-33)可知，给定 $\Delta\boldsymbol{v}_{P,\infty}$ 后，当 $B_P=(B_P)_{\min}$ 时 $\delta=\delta_{\max}$，也即速度偏转角度最大。图 14-17 给出了一些行星的 $\delta_{\max}-v_{P,\infty}$ 的关系曲线。可见，质量较大的行星 $\delta_{\max}$ 也较大，而且随着 $v_{P,\infty}$ 的减小，$\delta_{\max}$ 增大。

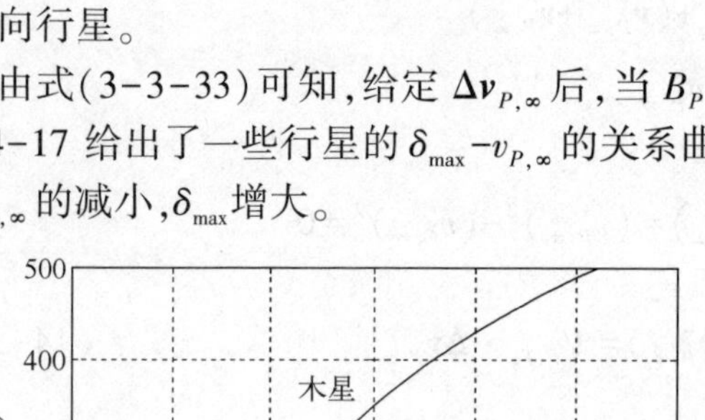

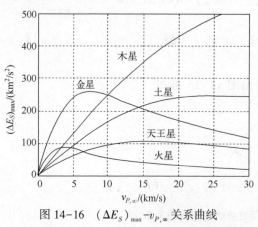

图 14-16　$(\Delta E_S)_{\max}-v_{P,\infty}$ 关系曲线

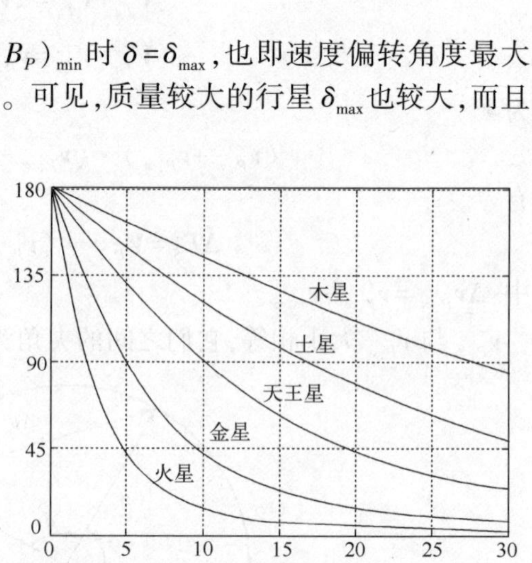

图 14-17　$\delta_{\max}-v_{P,\infty}$ 关系曲线

实际上,不可能在所有的情况下都使 $\Delta E_S=(\Delta E_S)_{\max}$ 或 $\delta=\delta_{\max}$,因为转向后的日心速度 $\boldsymbol{V}_{T_S}^{+}$和到目标行星的飞行时间都需要满足任务约束。为充分利用行星间的相对位置,在运用近旁转向技术时,需要仔细地设计。

近旁转向技术的研究始自 19 世纪,勒威耶和梯塞朗曾用这个概念来解释彗星轨道的改变,也就是上文中讲过的梯塞朗准则。1974 年,美国发射的"水手"10 号成为人类历史上第一个采用近旁转向技术的探测器。现在,利用近旁转向设计低能耗行星探测轨道已经是最常用的技术手段。比如,1997 年发射的"卡西尼"号探测器,在 2004 年到达土星之前,共实施了 4 次近旁转向,包括两次飞越金星、一次飞越地球和一次飞越木星,如图 14-18 所示。2005 年发射的"信使号"水星探测器,在 2011 年进入水星轨道之前,共实施了 6 次近旁转向,包括一次飞越地球,两次飞越金星和三次飞越水星。

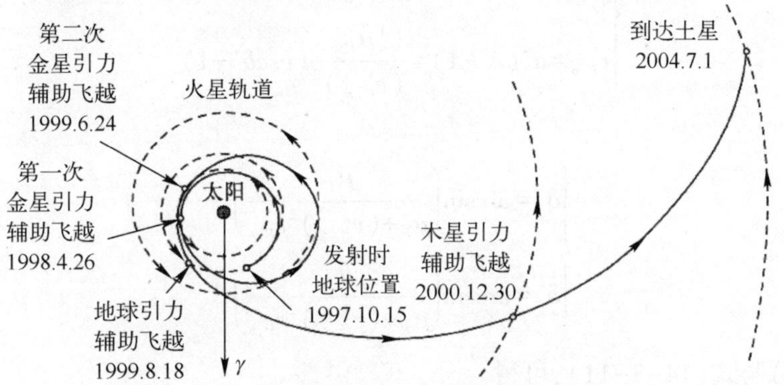

图 14-18 "卡西尼"号土星探测器的 7 年飞行轨道[4]

需要说明的是,若把探测器—行星看作绕太阳飞行的二体系统,则在近旁转向过程中,只有太阳引力对二体系统做功,因此它们的机械能仍然是守恒的。探测器的速度发生了改变,是因为它与行星发生了能量交换,二体系统的能量重新分配。只是行星的质量太大,能量交换对其速度几乎没有影响。当然,上述能量交换是在太阳质心惯性系中观察到的,在行星中心惯性系中,探测器的机械能仍然是守恒的,因此必须在三体模型下分析与设计近旁转向轨道[5]。

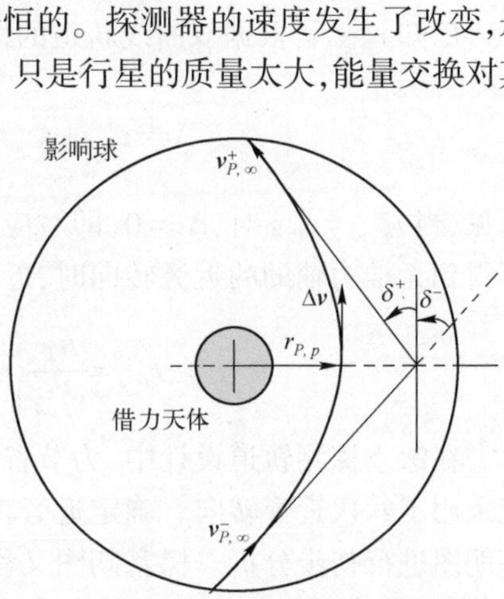

图 14-19 有推力辅助的近旁转向示意图

14.3.2 近旁转向轨道设计

在前面讨论的近旁转向过程中,探测器由天体附近自然飞过,不施加任何控制过程,这种情况下往往会导致发射窗口很小。如果在掠飞过程中施加一个速度脉冲 $\Delta\boldsymbol{v}$,将会大大扩展发射窗口,这种情况称为有推力辅助的近旁转向技术,如图 14-19 所示。为节省能量,一般选择行星中心双曲线的近心点作为施加 $\Delta\boldsymbol{v}$ 的位置。

在近旁转向轨道设计过程中,$\boldsymbol{v}_{P,\infty}^{-}$ 和 $\boldsymbol{v}_{P,\infty}^{+}$ 是根据探测任务由日心轨道确定的,近旁转向轨道设计就是根据 $\boldsymbol{v}_{P,\infty}^{-}$ 和 $\boldsymbol{v}_{P,\infty}^{+}$ 的要求,确定行星中心双曲线轨道的近心点距离 $r_{P,p}$ 以及施加脉冲

$\boldsymbol{\Delta v}$ 的大小。下面讨论该问题。

有推力辅助的近旁转向与无推力辅助时不同,进入影响球的剩余速度 $\boldsymbol{v}_{P,\infty}^-$ 与离开影响球的剩余速度 $\boldsymbol{v}_{P,\infty}^+$ 并不相同,速度拐角 δ 由两部分构成

$$\delta=\delta^+ +\delta^- \tag{14-3-8}$$

根据图 14-21 中的几何关系,容易得到

$$\sin\delta=\sin(\delta^- +\delta^+)=\frac{|\boldsymbol{v}_{P,\infty}^- \times \boldsymbol{v}_{P,\infty}^+|}{v_{P,\infty}^- \cdot v_{P,\infty}^+} \tag{14-3-9}$$

根据双曲线轨道方程及式(3-3-19)可得

$$\begin{cases} r_{P,p}=a^-(e^- -1)=\dfrac{\mu_P}{(v_{P,\infty}^-)^2}(\csc\delta^- -1) \\ r_{P,p}=a^+(e^+ -1)=\dfrac{\mu_P}{(v_{P,\infty}^+)^2}(\csc\delta^+ -1) \end{cases} \tag{14-3-10}$$

因此有

$$\begin{cases} \delta^- =\arcsin\left(\dfrac{\mu_P}{\mu_P+(v_{P,\infty}^-)^2 r_{P,p}}\right) \\ \delta^+ =\arcsin\left(\dfrac{\mu_P}{\mu_P+(v_{P,\infty}^+)^2 r_{P,p}}\right) \end{cases} \tag{14-3-11}$$

比较式(14-3-9)与式(14-3-11),可得

$$\arcsin\left(\frac{\mu_P}{\mu_P+(v_{P,\infty}^-)^2 r_{P,p}}\right)+\arcsin\left(\frac{\mu_P}{\mu_P+(v_{P,\infty}^+)^2 r_{P,p}}\right)=\arcsin\left(\frac{|\boldsymbol{v}_{P,\infty}^- \times \boldsymbol{v}_{P,\infty}^+|}{v_{P,\infty}^- \cdot v_{P,\infty}^+}\right) \tag{14-3-12}$$

已知 $\boldsymbol{v}_{P,\infty}^-$ 和 $\boldsymbol{v}_{P,\infty}^+$ 后,迭代求解上式即可得到双曲线的近心点距离 $r_{P,p}$。

已知 $r_{P,p}$ 后,根据双曲线轨道的性质,就可以得到需要施加的脉冲 $\boldsymbol{\Delta v}$ 的大小

$$\Delta v=v_{P,p}^+ -v_{P,p}^- =\sqrt{(v_{P,\infty}^+)^2+\frac{2\mu_P}{r_{P,p}}}-\sqrt{(v_{P,\infty}^-)^2+\frac{2\mu_P}{r_{P,p}}} \tag{14-3-13}$$

可见,当 $v_{P,\infty}^+ =v_{P,\infty}^-$ 时,$\Delta v=0$,即对应无推力辅助的情形。将 $v_{P,\infty}^+ =v_{P,\infty}^-$ 代入式(14-3-12),即可得到无推力辅助的近旁转向时,近心点距离 $r_{P,p}$ 的迭代公式

$$r_{P,p}=\frac{\mu_P}{v_{P,\infty}^2}\left\{\csc\left[\frac{1}{2}\arcsin\left(\frac{|\boldsymbol{v}_{P,\infty}^- \times \boldsymbol{v}_{P,\infty}^+|}{v_{P,\infty}^- \cdot v_{P,\infty}^+}\right)\right]-1\right\} \tag{14-3-14}$$

在深空探测轨道设计中,为节省能量,往往会借助多个天体实施近旁转向,比如“信使号”就采用了六次近旁转向。确定近旁转向的借力行星序列是一个比较复杂的问题,可以借助梯塞朗图进行初步分析。梯塞朗图又称能量等高线图,常用的有 $T-r_p$ 图和 $E-r_p$ 图两种,T、E、r_p 分别表示日心轨道的周期、能量和近日距。

由图 14-15 可知,借力飞行之后探测器的日心速度矢量与角度 α 有关。当 $\alpha=0°$ 时,$\boldsymbol{v}_{P,\infty}^+$ 与行星的日心速度矢量 $\boldsymbol{V}_{P,T_S}$ 有相同的方向,则可以得到机械能最大的日心轨道;当 $\alpha=180°$ 时,$\boldsymbol{v}_{P,\infty}^+$ 与 $\boldsymbol{V}_{P,T_S}$ 的方向相反,则得到机械能最小的日心轨道;当 α 在 0°~180°变化时,日心轨道也随之变化。对于给定的双曲线剩余速度 $\boldsymbol{v}_{P,\infty}^+$ 和 $\boldsymbol{v}_{P,\infty}^-$,改变 α 就可以得到不同的 T 值和 r_p 值,

将 T 作为纵轴、r_p 作为横轴,绘出的平面曲线图就称为 $T-r_p$ 图。抛物线和双曲线没有轨道周期,因此可以将纵轴替换为机械能 E,则得到 $E-r_p$ 图。

借助梯塞朗图确定借力行星序列的方法可参考文献[2],这里不再详细介绍。

14.4 平动点附近的周期轨道

在旋转坐标系中,平动点相对于两个主天体保持相对静止,是一种非常独特的空间资源。但从实际应用的角度来讲,空间中一个点的价值不大,因此更关注的是平动点附近的周期轨道。周期轨道的形成与平动点附近运动的稳定性有关。

14.4.1 平动点附近运动的稳定性

所谓平动点附近运动的稳定性,是指处于平动点上的物体受到任意小的扰动后,是否仍然限于平动点周围的有限区域内运动。可以用线性化小偏差运动方程来近似分析运动的稳定性。

设质点 P 对平动点的坐标偏离为

$$\Delta x=x-x_0,\quad \Delta y=y-y_0,\quad \Delta z=z-z_0 \tag{14-4-1}$$

下标 0 表示平动点的相应值。把运动方程(13-5-15)中的$\partial\hat{U}/\partial x$ 在平动点附近展开成泰勒级数,略去二阶以上的项后得到

$$\frac{\partial\hat{U}}{\partial x}=\left(\frac{\partial\hat{U}}{\partial x}\right)_0+\left(\frac{\partial^2\hat{U}}{\partial x^2}\right)_0\Delta x+\left(\frac{\partial^2\hat{U}}{\partial x\,\partial y}\right)_0\Delta y+\left(\frac{\partial^2\hat{U}}{\partial x\,\partial z}\right)_0\Delta z \tag{14-4-2}$$

其中$(\partial\hat{U}/\partial x)_0=0$。引入记号

$$\hat{U}_{xx}=\left(\frac{\partial^2\hat{U}}{\partial x^2}\right)_0,\quad \hat{U}_{xy}=\left(\frac{\partial^2\hat{U}}{\partial x\,\partial y}\right)_0,\quad \hat{U}_{xz}=\left(\frac{\partial^2\hat{U}}{\partial x\,\partial z}\right)_0$$

则式(14-4-2)可以表示成

$$\frac{\partial\hat{U}}{\partial x}=\hat{U}_{xx}\Delta x+\hat{U}_{xy}\Delta y+\hat{U}_{xz}\Delta z$$

对$\partial\hat{U}/\partial y$、$\partial\hat{U}/\partial z$ 可以得到类似的展开式,将它们代入式(13-5-15),即可得到线性化的小偏差方程

$$\begin{cases}\dfrac{d^2\Delta x}{d\tau^2}-\dfrac{2d\Delta y}{d\tau}-\hat{U}_{xx}\Delta x-\hat{U}_{xy}\Delta y-\hat{U}_{xz}\Delta z=0\\ \dfrac{d^2\Delta y}{d\tau^2}+\dfrac{2d\Delta x}{d\tau}-\hat{U}_{xy}\Delta x-\hat{U}_{yy}\Delta y-\hat{U}_{yz}\Delta z=0\\ \dfrac{d^2\Delta z}{d\tau^2}-\hat{U}_{xz}\Delta x-\hat{U}_{yz}\Delta y-\hat{U}_{zz}\Delta z=0\end{cases} \tag{14-4-3}$$

由于平动点都在 Oxy 平面内,因此对式(13-5-29)求导并令 $z=0$,可得[1]

$$\hat{U}_{xz}=\hat{U}_{yz}=0,\quad \hat{U}_{zz}=-K<0 \tag{14-4-4}$$

其中

$$K=\frac{1-\mu}{r_1^3}+\frac{\mu}{r_2^3} \tag{14-4-5}$$

式中：r_1、r_2 分别为质点 P 到两个主天体的距离，$0<\mu<1/2$（对除 $m_1=m_2$ 之外的任意限制性三体问题都成立）。

因此，式(14-4-3)可以简化为

$$\begin{cases}\dfrac{d^2\Delta x}{d\tau^2}-\dfrac{2d\Delta y}{d\tau}-\hat{U}_{xx}\Delta x-\hat{U}_{xy}\Delta y=0\\ \dfrac{d^2\Delta y}{d\tau^2}+\dfrac{2d\Delta x}{d\tau}-\hat{U}_{xy}\Delta x-\hat{U}_{yy}\Delta y=0\\ \dfrac{d^2\Delta z}{d\tau^2}-\hat{U}_{zz}\Delta z=0\end{cases} \tag{14-4-6}$$

方程组(14-4-6)的第三式与前两式是独立的，因此质点 P 在 z 方向的运动独立于 Oxy 平面内的运动。因为 $\hat{U}_{zz}=-K<0$，故质点 P 在 z 方向作无阻尼简谐振荡，即 z 方向的运动是稳定的，P 不会远离 Oxy 平面。

对方程组(14-4-6)的前两式，由于它们是常系数线性微分方程组，其通解可以写成如下形式：

$$\Delta x=\sum_{i=1}^{4}\alpha_i e^{\lambda_i\tau},\quad \Delta y=\sum_{i=1}^{4}\beta_i e^{\lambda_i\tau} \tag{14-4-7}$$

其中，α_i、β_i、λ_i均为常数。将上式代入微分方程中，可得

$$\begin{vmatrix}\lambda^2-\hat{U}_{xx} & -2\lambda-\hat{U}_{xy}\\ 2\lambda-\hat{U}_{xy} & \lambda^2-\hat{U}_{yy}\end{vmatrix}=0$$

从而得到特征方程为

$$\lambda^4+(4-\hat{U}_{xx}-\hat{U}_{yy})\lambda^2+(\hat{U}_{xx}\hat{U}_{yy}-\hat{U}_{xy}^2)=0 \tag{14-4-8}$$

上式是 λ 的四次代数方程，有四个复根 λ_i，也就是两个微分方程的特征根。根据式(14-4-7)可知，只有当四个特征根 λ_i的实部全部小于或等于零时，运动才是稳定的。

首先考虑共线平动点 L_1、L_2和 L_3。对式(13-5-29)求导，并令 $z=0$，$y=0$ 可得

$$\hat{U}_{xx}=1+2K,\quad \hat{U}_{xy}=0,\quad \hat{U}_{yy}=1-K \tag{14-4-9}$$

将 L_1、L_2、L_3的坐标代入 K 的表达式(14-4-5)，可得

$$K>1,\quad \hat{U}_{xx}=1+2K>0,\quad \hat{U}_{yy}=1-K<0$$

将式(14-4-9)代入式(14-4-8)，可得

$$\lambda^4+(2-K)\lambda^2+(1+2K)(1-K)=0 \tag{14-4-10}$$

设上式的两个解为 λ_a^2、λ_b^2，根据韦达定理可知

$$\lambda_a^2\lambda_b^2=(1+2K)(1-K)<0$$

因此，λ_a^2 与 λ_b^2 一正一负，即式(14-4-10)的四个解为一对共轭虚根、一个正实根和一个负实根。正实根对应的运动使 Δx、Δy 随时间的增长不断增加，因此共线平动点附近的运动是不稳定的。这表明，即使航天器的初始运动状态满足共线平动解的条件，但经小扰动后就会逐渐远离平动点，远离的快慢取决于正实根的大小。根据平动点所处的位置，不难理解 L_3点处的不稳定性要明显弱于 L_2点和 L_1点。

再考虑三角平动点 L_4和 L_5。对式(13-5-29)求导并将平动点的坐标(13-5-34)代入，可得

$$\hat{U}_{xx}=\frac{3}{4},\quad \hat{U}_{yy}=\frac{9}{4},\quad \hat{U}_{xy}=\pm\frac{3\sqrt{3}}{2}\left(\frac{1}{2}-\mu\right) \tag{14-4-11}$$

其中 $\hat{U}_{xy}$ 的正号对应 L_4，负号对应 L_5。将上式代入式(14-4-8)，可得

$$\lambda^4+\lambda^2+\frac{27}{4}\mu(1-\mu)=0 \tag{14-4-12}$$

根据一元二次代数方程的解可知，如果

$$1-27\mu(1-\mu)>0$$

则 λ_a^2 与 λ_b^2 为不相等的负实根，λ 的四个根为两对共轭虚根，相应的平动点附近的运动是稳定的。

根据前面的限定 $0<\mu<1/2$，可以求得运动稳定的条件为

$$\mu<\mu_0=\frac{1}{2}-\sqrt{\frac{23}{108}}\approx 0.0385 \tag{14-4-13}$$

μ_0 通常称为 Routh 极限。例如，地月系统的 $\mu=0.0121$，太阳—木星系统的 $\mu=0.00095$，因此它们的 L_4、L_5 附近的运动都是稳定的。

应当指出，前面的分析是在势函数线性化的基础上得到的，更详细的分析则要考虑级数展开的非线性项，也要考虑其他天体产生的摄动力。此外，这里分析的是平动点附近自由运动的稳定性，如果施加主动控制，那么不稳定运动也能变成稳定运动。但对共线平动点而言，由于其运动本质上是不稳定的，因此轨道控制消耗的燃料要多一些。

在拉格朗日得出三体定型运动解之后的很长一段时间内，人们都觉得这样的解仅具有纯粹的学术价值，在自然界中不可能存在这种特殊构型的运动。但从 1906 年到 1925 年，在木星围绕太阳运动的轨道面内发现了 15 颗小行星，这些小行星分为两组，分别分布在与太阳、木星构成等边三角形的 A 点和 B 点附近(图 2-15)。A 点领先木星60°，B 点则落后木星60°，这些小行星称为特洛伊群，它们就是自然存在的三体定型运动。目前，在海王星、火星、地球、土星卫星的轨道面内也发现了特洛伊群小行星，它们的存在与平动点附近运动的稳定性是有关的。

14.4.2　共线平动点附近的周期轨道

虽然共线平动点附近的运动是不稳定的，但可以通过选择恰当的初始条件，使相应的运动成为周期或拟周期运动。这样，质点将被限定在平动点附近的一定范围内运动，成为稳定的状态，这种稳定称为条件稳定。

线性化小偏差运动方程(14-4-6)是常系数齐次线性微分方程组，其通解可写成如下形式：

$$\begin{cases}\Delta x=\alpha_1 e^{\lambda_1\tau}+\alpha_2 e^{\lambda_2\tau}+\alpha_3 e^{\lambda_3\tau}+\alpha_4 e^{\lambda_4\tau}\\ \Delta y=\beta_1 e^{\lambda_1\tau}+\beta_2 e^{\lambda_2\tau}+\beta_3 e^{\lambda_3\tau}+\beta_4 e^{\lambda_4\tau}\\ \Delta z=\gamma_1\cos\upsilon t+\gamma_2\sin\upsilon t\end{cases} \tag{14-4-14}$$

式中：$\upsilon=\sqrt{K}>0$；λ_i 为特征方程(14-4-8)的根。

对不同的平动点，由式(14-4-5)定义的 K 值是确定的，因此 λ_i 的值也是确定的。α_i、β_i 是由初始条件确定的积分常数，由于平面运动只有四个初始条件，因此 α_i 和 β_i($i=1\sim4$)中只有四个是独立的。

在式(14-4-14)中，某一确定的 λ_i 对应的特解为

$$\Delta x=\alpha_i e^{\lambda_i\tau},\quad \Delta y=\beta_i e^{\lambda_i\tau}$$

将其代入式(14-4-6),可得

$$\begin{cases}\lambda_i^2\alpha_i-2\lambda_i\beta_i-\hat{U}_{xx}\alpha_i-\hat{U}_{xy}\beta_i=0\\ \lambda_i^2\beta_i+2\lambda_i\alpha_i-\hat{U}_{xy}\alpha_i-\hat{U}_{yy}\beta_i=0\end{cases}\tag{14-4-15}$$

由上式可解得 α_i 与 β_i 应满足关系式

$$\alpha_i=\frac{2\lambda_i+\hat{U}_{xy}}{\lambda_i^2-\hat{U}_{xx}}\beta_i \text{ 或 } \alpha_i=\frac{\hat{U}_{yy}-\lambda_i^2}{2\lambda_i-\hat{U}_{xy}}\beta_i\tag{14-4-16}$$

因此 α_i 与 β_i 是相关的,由初始条件确定了 α_i,与之相应的 β_i 亦随之确定,反之亦然。

对于共线平动点,特征方程(14-4-10)的根 λ_a^2 与 λ_b^2 一正一负,不妨设 $\lambda_a^2=-\varepsilon^2$ ($\varepsilon>0$),$\lambda_b^2=\xi^2$($\xi>0$),则对应的 λ 的四个根为

$$\lambda_{1,2}=\mp \mathrm{i}\varepsilon,\quad \lambda_{3,4}=\mp\xi\tag{14-4-17}$$

故式(14-4-6)的通解可表示为

$$\begin{cases}\Delta x=\alpha_1 e^{-\mathrm{i}\varepsilon\tau}+\alpha_2 e^{\mathrm{i}\varepsilon\tau}+\alpha_3 e^{-\xi\tau}+\alpha_4 e^{\xi\tau}\\ \Delta y=\beta_1 e^{-\mathrm{i}\varepsilon\tau}+\beta_2 e^{\mathrm{i}\varepsilon\tau}+\beta_3 e^{-\xi\tau}+\beta_4 e^{\xi\tau}\\ \Delta z=\gamma_1\cos\upsilon t+\gamma_2\sin\upsilon t\end{cases}\tag{14-4-18}$$

上式中,z 方向的运动是周期运动;Oxy 平面内,$\lambda_{1,2}$对应的运动为周期运动,其无量纲角速度为 ε;$\lambda_{3,4}$对应的运动为非周期运动,其中 $\lambda_3=-\xi$ 对应的运动是稳定的,而 $\lambda_4=\xi$ 对应的运动是不稳定的。假如选择两个运动初始条件,使得

$$\alpha_3=\alpha_4=\beta_3=\beta_4=0\tag{14-4-19}$$

则 Oxy 平面内方程的解变成

$$\begin{cases}\Delta x=\alpha_1 e^{-\mathrm{i}\varepsilon\tau}+\alpha_2 e^{\mathrm{i}\varepsilon\tau}\\ \Delta y=\beta_1 e^{-\mathrm{i}\varepsilon\tau}+\beta_2 e^{\mathrm{i}\varepsilon\tau}\end{cases}\tag{14-4-20}$$

式中:$\alpha_1,\alpha_2,\beta_1,\beta_2$ 为由另外两个初始条件确定的常数。

一旦式(14-4-19)成立,探测器在两个主天体运动的平面内也将作周期运动。

根据式(14-4-15)与式(14-4-17)可知,α_1 与 α_2、β_1 与 β_2 应是两对共轭复数,故可令

$$\begin{cases}\alpha_1=m_1+\mathrm{i}m_2,\quad \alpha_2=m_1-\mathrm{i}m_2\\ \beta_1=n_1+\mathrm{i}n_2,\quad \beta_2=n_1-\mathrm{i}n_2\end{cases}\tag{14-4-21}$$

m_1、m_2、n_1、n_2是由初始条件确定的常数,则式(14-4-20)可以表示成

$$\begin{cases}\Delta x=2(m_1\cos\varepsilon\tau+m_2\sin\varepsilon\tau)\\ \Delta y=2(n_1\cos\varepsilon\tau+n_2\sin\varepsilon\tau)\end{cases}\tag{14-4-22}$$

在上式中消去 τ,可得轨迹方程

$$(n_1^2+n_2^2)\Delta x^2+(m_1^2+m_2^2)\Delta y^2-2(m_1n_1+m_2n_2)\Delta x\Delta y=4(m_1n_2-m_2n_1)^2\tag{14-4-23}$$

为简化上式,将 $\lambda_1=-\mathrm{i}\varepsilon$、$\lambda_2=\mathrm{i}\varepsilon$、$\lambda_{1,2}^2=-\varepsilon^2$ 以及式(14-4-21)代入式(14-4-16),可得

$$m_1=-pn_1-qn_2,\quad m_2=qn_1-pn_2\tag{14-4-24}$$

其中,p、q 是与共线平动点有关的常数

$$p=\frac{\hat{U}_{xy}}{\varepsilon^2+\hat{U}_{xx}},\quad q=\frac{2\varepsilon}{\varepsilon^2+\hat{U}_{xx}}\tag{14-4-25}$$

因而在式(14-4-23)中有

$$\begin{cases}m_1n_1+m_2n_2=-p(n_1^2+n_2^2)\\m_1n_2-m_2n_1=-q(n_1^2+n_2^2)\\m_1^2+m_2^2=(p^2+q^2)(n_1^2+n_2^2)\end{cases} \tag{14-4-26}$$

将式(14-4-26)代入式(14-4-23),可得

$$\Delta x^2+(p^2+q^2)\Delta y^2+2p\Delta x\Delta y=4q^2(n_1^2+n_2^2) \tag{14-4-27}$$

再将 $\lambda_{1,2}^2=-\varepsilon^2$ 代入特征方程(14-4-8),可得

$$(\varepsilon^2+\hat{U}_{xx})(\varepsilon^2+\hat{U}_{yy})=4\varepsilon^2+\hat{U}_{xy}^2 \tag{14-4-28}$$

因此有

$$p^2+q^2=\frac{4\varepsilon^2+\hat{U}_{xy}^2}{(\varepsilon^2+\hat{U}_{xx})^2}=\frac{\varepsilon^2+\hat{U}_{yy}}{\varepsilon^2+\hat{U}_{xx}} \tag{14-4-29}$$

将式(14-4-29)、式(14-4-25)代入式(14-4-27),可得

$$(\varepsilon^2+\hat{U}_{xx})\Delta x^2+(\varepsilon^2+\hat{U}_{yy})\Delta y^2+2\hat{U}_{xy}\Delta x\Delta y=\frac{16\varepsilon^2(n_1^2+n_2^2)}{\varepsilon^2+\hat{U}_{xx}} \tag{14-4-30}$$

式(14-4-30)即共线平动点附近 Oxy 平面内周期运动的轨迹方程,其中 n_1、n_2是由运动初始条件确定的常数,ε 是由两个主天体的质量比 μ 决定的无量纲角速度。

对共线平动点,有 $\hat{U}_{xy}=0$,因此根据式(14-4-28)可知

$$(\varepsilon^2+\hat{U}_{xx})(\varepsilon^2+\hat{U}_{yy})=4\varepsilon^2 \tag{14-4-31}$$

上式是 ε^2 的一元二次代数方程,其解为

$$\varepsilon^2=\frac{(2-K)+\sqrt{9K^2-8K}}{2} \tag{14-4-32}$$

将式(14-4-9)、式(14-4-31)代入式(14-4-30),可以得到

$$\Delta y^2+\frac{(\varepsilon^2+\hat{U}_{xx})}{(\varepsilon^2+\hat{U}_{yy})}\Delta x^2=4(n_1^2+n_2^2)$$

若令

$$a^2=4(n_1^2+n_2^2),\quad b^2=\frac{4(n_1^2+n_2^2)\cdot(\varepsilon^2+\hat{U}_{yy})}{(\varepsilon^2+\hat{U}_{xx})}=4a^2\left(\frac{\varepsilon}{\varepsilon^2+\hat{U}_{xx}}\right)^2$$

则轨迹方程可化简为

$$\left(\frac{\Delta y}{a}\right)^2+\left(\frac{\Delta x}{b}\right)^2=1 \tag{14-4-33}$$

即 Oxy 平面内的周期运动是以平动点为中心,以 y 轴为长轴的椭圆轨道。椭圆轨道的偏心率为

$$e=\sqrt{1-\frac{b^2}{a^2}}=\sqrt{1-\frac{4\varepsilon^2}{(\varepsilon^2+\hat{U}_{xx})^2}}$$

将式(14-4-31)代入上式,并考虑到式(14-4-9)、式(14-4-32)可得

$$e=\sqrt{\frac{\hat{U}_{xx}-\hat{U}_{yy}}{\varepsilon^2+\hat{U}_{xx}}}=\sqrt{\frac{6K}{4+3K+\sqrt{9K^2-8K}}} \tag{14-4-34}$$

可见，椭圆轨道的偏心率是固定值，与初始条件无关。

在大多数实际的三体问题中，有 $\mu \to 0$，因此对平动点 L_3 有 $r_1 \to 1$、$K \to 1$，故偏心率 $e \to \sqrt{3}/2 \approx 0.866$，无量纲角速度 $\varepsilon \to 1$，即 L_3附近 Oxy 平面内周期轨道的周期与主天体绕系统质心的旋转周期近似相等。

对平动点 L_1、L_2，根据式(13-5-45)、式(13-5-46)有

$$K=\frac{1-\mu}{r_1^3}+\frac{\mu}{r_2^3}=\frac{1-\mu}{\left[1\mp\left(\frac{\mu}{3}\right)^{\frac{1}{3}}\right]^3}+\frac{\mu}{\left[\left(\frac{\mu}{3}\right)^{\frac{1}{3}}\right]^3}$$

式中，"-"对应 L_1，"+"对应 L_2。当 $\mu \to 0$ 时，$K \to 4$，故偏心率 $e \to \sqrt{6/(4+\sqrt{7})} \approx 0.950$，无量纲角速度 $\varepsilon \to \sqrt{2\sqrt{7}-1} \approx 2.072$。因此，$L_1$、$L_2$附近 Oxy 平面内周期轨道的周期约为主天体绕系统质心旋转周期的一半，例如，地月平动点的周期约为半个月，日地平动点的周期约为半年。

综合考虑式(14-4-33)及式(14-4-18)，当满足条件(14-4-19)时，线性化小偏差运动方程(14-4-6)的解可写成如下形式：

$$\begin{cases}\Delta x=\alpha\cos(\varepsilon\tau+\varphi_1)\\ \Delta y=\kappa\alpha\sin(\varepsilon\tau+\varphi_1)\\ \Delta z=\gamma\cos(\upsilon\tau+\varphi_2)\end{cases} \tag{14-4-35}$$

式中：$\alpha=b=2\sqrt{\dfrac{(n_1^2+n_2^2)\cdot(\varepsilon^2+\hat{U}_{yy})}{(\varepsilon^2+\hat{U}_{xx})}}$；$\kappa=\dfrac{2\varepsilon}{\varepsilon^2+\hat{U}_{xx}}$；$\gamma=\sqrt{\gamma_1^2+\gamma_2^2}$；$\alpha$ 和 γ 分别称为平面振幅和垂直振幅；ε 和 υ 称为特征频率。

因为 $\upsilon=\sqrt{K}$，故当 $\mu \to 0$ 时，在 L_3附近，$\upsilon \approx 1$；在 L_1、L_2 附近，$\upsilon \approx 2$，即 ε 与 υ 的值比较接近。

对太阳系中绝大多数三体系统而言，ε 和 υ 不通约（表 14-4），因此式(14-4-35)表示的是一条空间拟周期轨道。式(14-4-35)表示的曲线类似于数学上的 Lissajous（李萨如）曲线，因此相应的轨道称为 Lissajous 轨道。当 $\gamma=0$ 时，式(14-4-35)表示的是 Oxy 平面内的一条周期轨道，称为平面 Lyapunov（李雅普诺夫）轨道，方程(14-4-33)是轨道的方程。当$\alpha=0$时，表示的是垂直于 Oxy 平面的一条周期轨道，称为垂直 Lyapunov 轨道。

表 14-4　共线平动点附近周期轨道的特征频率

三体系统	特征频率	L_1	L_2	L_3
太阳—金星	ε	2.085 409	2.058 022	1.000 002
	υ	2.014 141	1.986 106	1.000 001
太阳—地月系统	ε	2.086 453	2.057 014	1.000 003
	υ	2.015 211	1.985 075	1.000 001
太阳—火星	ε	2.078 595	2.064 657	1.000 000
	υ	2.007 166	1.992 898	1.000 000
太阳—木星	ε	2.177 695	1.977 205	1.000 833
	υ	2.108 592	1.903 377	1.000 417
地球—月球	ε	2.347 271	1.855 763	1.017 268
	υ	2.268 831	1.786 176	1.005 331

上面给出的仅是线性力学模型下的分析结果。当考虑高阶项时,特征频率 ε 和 υ 将成为振幅 α 和 γ 的函数[14]。当振幅增大到一定程度时,由于非线性项的影响可能会使 $\varepsilon=\upsilon$,此时周期轨道生成,这样的轨道称为 Halo 轨道,即晕轨道。可见,必须考虑高阶项时才能生成 Halo 轨道,并且轨道的振幅一般都比较大。Halo 轨道的两个振幅 α 和 γ 不独立,两者满足一定的关系式,故描述 Halo 轨道可仅给出其 γ 的值。在 Halo 轨道的基础上,还可以生成一类拟周期轨道,称为拟 Halo(quasi-Halo)轨道,它们实际上是 Halo 轨道近旁的一类 Lissajous 轨道[16]。通常把周期轨道和拟周期轨道统称为有界轨道,图 14-20 给出了共线平动点附近的几类有界轨道。

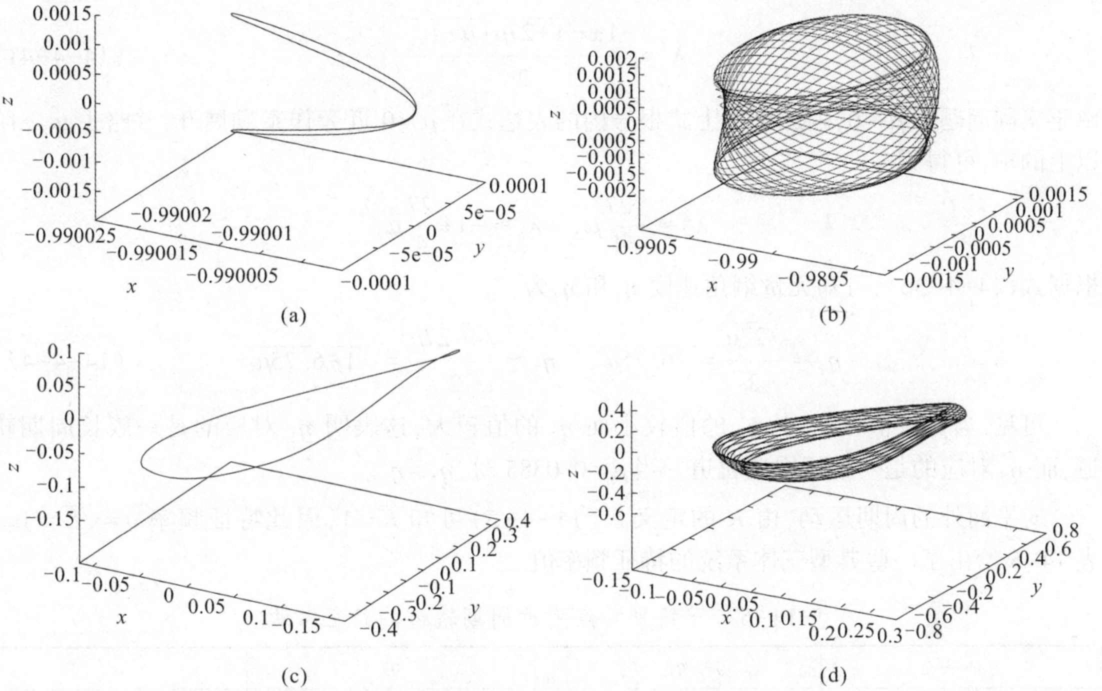

图 14-20　共线平动点附近的几类有界轨道[17]

(a) 垂直 Lyapunov 轨道;(b) Lissajous 轨道;(c) Halo 轨道;(d) 拟 Halo 轨道。

14.4.3　三角平动点附近的周期轨道

在三角平动点附近,Oxy 平面外的运动与共线平动点类似,因此这里仅讨论平面内的运动。已知当 $\mu<0.0385$ 时,特征方程(14-4-8)的根 λ_a^2 与 λ_b^2 为不相等的负实根,不妨设 $\lambda_a^2=-\eta_1^2(\eta_1>0)$,$\lambda_b^2=-\eta_2^2(\eta_2>0)$,则特征方程的四个根为

$$\lambda_{1,2}=\mp\mathrm{i}\eta_1,\quad \lambda_{3,4}=\mp\mathrm{i}\eta_2 \tag{14-4-36}$$

则方程(14-4-6)前两式的通解为

$$\begin{cases}\Delta x=\alpha_1\mathrm{e}^{-\mathrm{i}\eta_1\tau}+\alpha_2\mathrm{e}^{\mathrm{i}\eta_1\tau}+\alpha_3\mathrm{e}^{-\mathrm{i}\eta_2\tau}+\alpha_4\mathrm{e}^{\mathrm{i}\eta_2\tau}\\ \Delta y=\beta_1\mathrm{e}^{-\mathrm{i}\eta_1\tau}+\beta_2\mathrm{e}^{\mathrm{i}\eta_1\tau}+\beta_3\mathrm{e}^{-\mathrm{i}\eta_2\tau}+\beta_4\mathrm{e}^{\mathrm{i}\eta_2\tau}\end{cases} \tag{14-4-37}$$

可见,$\lambda_{1,2}$ 与 $\lambda_{3,4}$ 分别对应一种周期运动,探测器的运动将是这两种周期运动的合成。若选择初始条件,使

$$\alpha_3=\alpha_4=\beta_3=\beta_4=0 \tag{14-4-38}$$

则式(14-4-37)变成

$$\begin{cases}\Delta x=\alpha_1 e^{-i\eta_1\tau}+\alpha_2 e^{i\eta_1\tau}\\ \Delta y=\beta_1 e^{-i\eta_1\tau}+\beta_2 e^{i\eta_1\tau}\end{cases}\tag{14-4-39}$$

探测器将以无量纲角速度 η_1 作周期运动。同理,若选择初始条件使

$$\alpha_1=\alpha_2=\beta_1=\beta_2=0\tag{14-4-40}$$

则探测器将以无量纲角速度 η_2 作周期运动。

对三角平动点,特征方程的具体表达式为(14-4-12)。可知,当 $\mu<0.0385$ 时,特征方程的一对根为

$$\lambda^2=\frac{-1\pm\sqrt{1+27\mu(\mu-1)}}{2}\tag{14-4-41}$$

由于实际问题中 $\mu\to 0$,因此可将上式根号内的表达式在 $\mu=0$ 近旁作泰勒展开,并略去 μ 二阶以上的项,可得到

$$\lambda_a^2\approx-\frac{27}{4}\mu,\quad \lambda_b^2\approx-1+\frac{27}{4}\mu$$

根据式(14-4-36),可知无量纲角速度 η_1 和 η_2 为

$$\eta_1\approx\frac{\sqrt{27\mu}}{2}=\sqrt{6.75\mu},\quad \eta_2\approx\frac{\sqrt{4-27\mu}}{2}=\sqrt{1-6.75\mu}\tag{14-4-42}$$

可见,当 μ 取值较小时,η_1 的值较小而 η_2 的值较大,这表明 η_1 对应的是一族长周期轨道,而 η_2 对应的是一族短周期轨道。当 $\mu=0.0385$ 时,$\eta_1=\eta_2$。

对平面外的周期运动,由 K 的定义式(14-4-5)可知 $K=1$,因此特征频率 $\upsilon=\sqrt{K}=1$。表 14-5 给出了一些典型三体系统的特征频率值。

表 14-5　三角平动点附近周期轨道的特征频率

三体系统	η_1	η_2	υ
太阳—金星	0.004 065	0.999 992	1.000 000
太阳—地月系统	0.004 530	0.999 990	1.000 000
太阳—火星	0.001 476	0.999 999	1.000 000
太阳—木星	0.080 464	0.996 757	1.000 000
地球—月球	0.298 208	0.954 501	1.000 000

由共线平动点周期轨道的轨迹方程(14-4-30)的推导过程不难发现,该方程的形式也适用于三角平动点。将 $\eta_i(i=1,2)$ 代入式(14-4-30),可得周期运动的轨迹方程为

$$(\eta_i^2+\hat{U}_{xx})\Delta x^2+(\eta_i^2+\hat{U}_{yy})\Delta y^2+2\hat{U}_{xy}\Delta x\Delta y=\frac{16\eta_i^2(n_1^2+n_2^2)}{\eta_i^2+\hat{U}_{xx}}\quad(i=1,2)\tag{14-4-43}$$

为简化上式,消去 $2\hat{U}_{xy}\Delta x\Delta y$ 项,可将动坐标系 $O-xyz$ 绕 z 轴旋转角度 δ 而得到坐标系 $O-x'y'z'$,旋转角 δ 应满足

$$\tan 2\delta=\frac{-2\hat{U}_{xy}}{\hat{U}_{yy}-\hat{U}_{xx}}\tag{14-4-44}$$

将式(14-4-11)代入上式，有

$$\tan 2\delta = \mp(\sqrt{3}-2\sqrt{3}\mu) \tag{14-4-45}$$

式中负号对应 L_4，正号对应 L_5。考虑到 μ 为小量，则有 $\delta \approx \mp 30°$。

若再令

$$C_{1i}=\eta_i^2+\hat{U}_{xx},\quad C_{2i}=\eta_i^2+\hat{U}_{yy},\quad C_3=\hat{U}_{xy},\quad (i=1,2)$$

则在坐标系 $O-x'y'z'$ 内，式(14-4-43)可简化为

$$(C_{1i}\cos^2\delta+C_{2i}\sin^2\delta+C_3\sin 2\delta)\Delta x'^2+(C_{1i}\sin^2\delta+C_{2i}\cos^2\delta-C_3\sin 2\delta)\Delta y'^2=\frac{16\eta_i^2(n_1^2+n_2^2)}{C_{1i}} \tag{14-4-46}$$

将上式两端乘以 $\cos 2\delta$，注意到

$$C_3=-\frac{\tan 2\delta}{2}(\hat{U}_{yy}-\hat{U}_{xx})=-\frac{\sin 2\delta}{2\cos 2\delta}(C_{2i}-C_{1i})$$

并令

$$A_i^2=\frac{16\eta_i^2(n_1^2+n_2^2)}{C_{1i}},\quad a_i^2=\frac{A_i^2\cos 2\delta}{C_{1i}\cos^2\delta-C_{2i}\sin^2\delta},\quad b_i^2=\frac{A_i^2\cos 2\delta}{C_{2i}\cos^2\delta-C_{1i}\sin^2\delta} \tag{14-4-47}$$

可将式(14-4-46)简化为

$$\left(\frac{\Delta x'}{a_i}\right)^2+\left(\frac{\Delta y'}{b_i}\right)^2=1,\quad (i=1,2) \tag{14-4-48}$$

根据式(14-4-45)，可知

$$\begin{cases}\cos 2\delta=\dfrac{1}{\sqrt{1+\tan^2 2\delta}}\approx\dfrac{1}{2}+\dfrac{3}{4}\mu\\ \cos^2\delta=\dfrac{1}{2}(1+\cos 2\delta)\approx\dfrac{3}{4}+\dfrac{3}{8}\mu\\ \sin^2\delta=\dfrac{1}{2}(1-\cos 2\delta)\approx\dfrac{1}{4}-\dfrac{3}{8}\mu\end{cases} \tag{14-4-49}$$

将式(14-4-49)及 $\eta_1\approx\sqrt{6.75\mu}$ 代入式(14-4-47)，并略去 μ 二阶以上的项，可得

$$a_1^2=16(n_1^2+n_2^2),\quad b_1^2=48\mu(n_1^2+n_2^2) \tag{14-4-50}$$

上式对应的周期轨道是以平动点(L_4 或 L_5)为中心，以 x' 轴为长轴，偏心率 $e_1=\sqrt{1-3\mu}$，角速度 $\eta_1=\sqrt{6.75\mu}$ 的椭圆。

将式(14-4-49)及 $\eta_2\approx\sqrt{1-6.75\mu}$ 代入式(14-4-47)，略去 μ 二阶以上的项，可得

$$a_2^2=\frac{64}{7}(n_1^2+n_2^2),\quad b_1^2=\frac{16}{7}(n_1^2+n_2^2) \tag{14-4-51}$$

上式对应的周期轨道是以平动点为中心，以 x' 轴为长轴，偏心率 $e_2=\sqrt{3}/2=0.866$，角速度 $\eta_2=\sqrt{1-6.75\mu}$ 的椭圆。

图 14-21 给出了 Oxy 平面内周期轨道的示意图。由于 $\delta\approx\mp 30°$，因此 y' 轴的方向近似与大天体和三角平动点连线的方向一致，这说明新坐标系有明显的几何特征。

前面的分析都是在线性化小偏差运动方程的基础上得到的，因此相应的解实际上是周期轨道的一阶近似解。通过某些摄动分析方法(如 Lindstedt-Poincaré 方法)，可以得到更高阶的

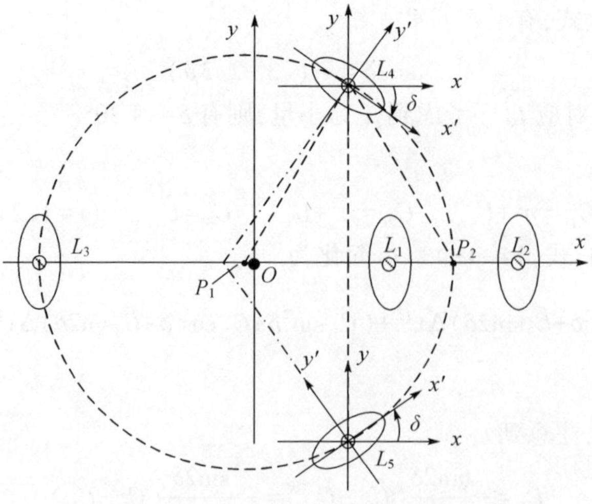

图 14-21　Oxy 平面内平动点附近的周期轨道

解析解[18]。以一阶或高阶的解析解作为迭代初值,利用相应的数值迭代方法,就能获得真实力学模型下的周期轨道[14,16]。一般而言,一阶解可以作为平面周期轨道的迭代初值,三维的周期或拟周期轨道则需要由三阶近似解提供初值。

14.4.4　不变流形及流形拼接

平动点附近的动力学是典型的非线性力学问题,动力系统理论为理解平动点附近的相空间结构提供了有力的工具。在动力系统理论中,三角平动点和共线平动点分别对应着中心点和鞍点。对于中心点,存在中心流形,即周期轨道和拟周期轨道。对于鞍点,其附近的动力学特征极为丰富,既存在中心流形,还存在与之关联的不变流形(包括稳定流形和不稳定流形)。借助不变流形,可以实现由天体 P_1 或 P_2 向周期轨道转移或反向转移的低能耗轨道。

所谓不变流形,是指与平动点周期轨道光滑联接的一族空间轨道,这些轨道在空间形成管状通道,称为流管。换言之,不变流形就是位于流管上的轨道族。不变流形无限逼近周期轨道,探测器在其上的状态演化不需要耗费任何能量。

不变流形分为不稳定流形和稳定流形。若不变流形上质点的运动方向远离周期轨道,则称为不稳定流形,其上的轨道称为渐进不稳定轨道;反之,若质点的运动方向趋近于周期轨道,则称为稳定流形,相应的轨道称为渐进稳定轨道。如果不稳定流形的某些分支经过引力天体的附近空间,则可以用来设计从周期轨道到引力天体附近的转移轨道;同理,稳定流形可以用来设计从天体附近到周期轨道的转移轨道。

不变流形计算的关键是获得积分的状态初值,而此初值和周期轨道上的点有密切关系。若将周期轨道上的任一点 $\boldsymbol{X}_0$ 称为不动点,则可在不动点处将圆形限制性三体问题的运动方程线性化,得到

$$\Delta\dot{\boldsymbol{X}}=\boldsymbol{A}(t)\big|_{X_0}\cdot\Delta\boldsymbol{X} \tag{14-4-52}$$

式中:$\boldsymbol{A}(t)$ 为系统的雅可比矩阵;$\Delta\boldsymbol{X}$ 为相对于不动点状态的偏差。

根据 $\boldsymbol{A}(t)$ 可以求得系统的状态转移矩阵 $\boldsymbol{\Phi}(0,t)$。称由不动点出发到一个周期轨道周期后的状态转移矩阵 $\boldsymbol{\Phi}(0,T)$ 为单值矩阵,不同的不动点具有不同的单值矩阵。单值矩阵有一个稳定的特征根 λ_s 和不稳定的特征根 λ_u,相应的特征向量分别为 $\boldsymbol{V}_s$ 和 $\boldsymbol{V}_u$,它们包含了不动

点 $\boldsymbol{X}_0$ 处稳定流形和不稳定流形的方向信息。在不动点上沿特征向量方向增加一个状态扰动，则可以得到不变流形的积分初值。

对于稳定流形，有

$$\boldsymbol{X}_0^s=\boldsymbol{X}_0\pm \mathrm{d}\boldsymbol{V}_s \tag{14-4-53}$$

式中：$\mathrm{d}\boldsymbol{V}_s$ 为引入的状态扰动因子；$\boldsymbol{X}_0^s$ 为稳定流形的积分初值。

同理，不稳定流形的积分初值可按下式计算：

$$\boldsymbol{X}_0^u=\boldsymbol{X}_0\pm \mathrm{d}\boldsymbol{V}_u \tag{14-4-54}$$

根据式(14-4-53)或式(14-4-54)求得不变流形的积分初值后，进行数值积分即可得到一条渐近稳定或渐近不稳定轨道。选择多个不动点 $\boldsymbol{X}_0$，即可得到不变流形在整个空间的轨迹。计算不稳定流形应正向时间积分，而计算稳定流形则应逆向时间积分。

图 14-22 给出了太阳—木星 L_2点附近的不变流形。图中，$W_{L_2}^s$ 和 $W_{L_2}^u$ 分别表示稳定流形和不稳定流形，稳定流形上的渐进轨道(Asymptotic Orbit)无限逼近 L_2 点处的周期轨道。由图还可以看出，位于不变流形管道内部的穿越轨道(Transit Orbit)可以由周期轨道的一侧运动至另一侧，且运动过程中始终位于管道的内部；而管道外部的非穿越轨道(Non-Transit Orbit)则不能穿越周期轨道。因此，不变流形是两类不同性质轨道的空间分界线。

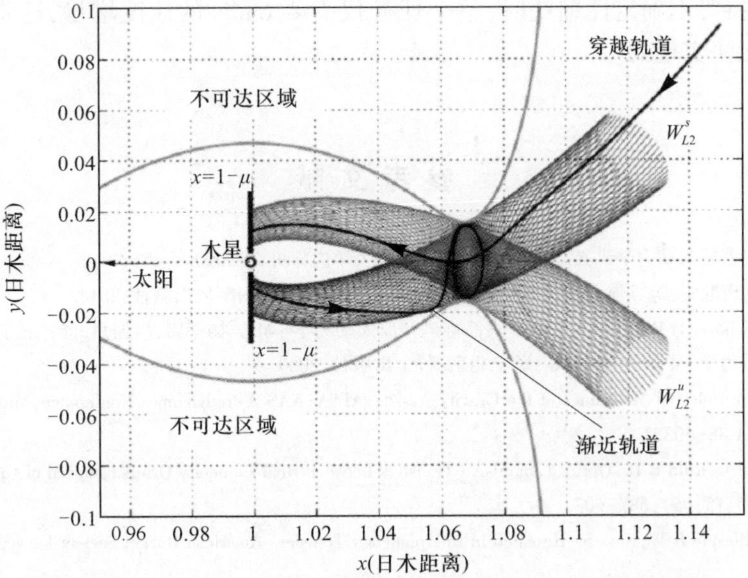

图 14-22　太阳—木星 L_2 平动点的不变流形及与之相关的轨道[19]

与平动点周期轨道相连结的不变流形为月球和行星际探测轨道设计提供了新的思路。首先可以将反映真实空间力学环境的多体模型转化为多个三体模型，并计算不同三体模型中的流形；然后将不同三体模型下的流形进行适当拼接求得初始轨道；最后对初始轨道进行适当修正，得到满足实际工程要求的探测轨道，上述设计思路称为流形拼接法。流形拼接法更全面地利用了 N 体引力场的特性，通常比圆锥曲线拼接法需要的燃料要少，这一点在设计复杂的多目标探测任务时尤为突出。具体的设计方法可参见文献[2,17]。

2001 年发射的“起源号”(Genesis)是第一个采用动力系统理论、而不是传统的圆锥曲线拼接法设计轨道的深空探测器。“起源号”的标称轨道可以分为四段(图 14-23)：第一段从近

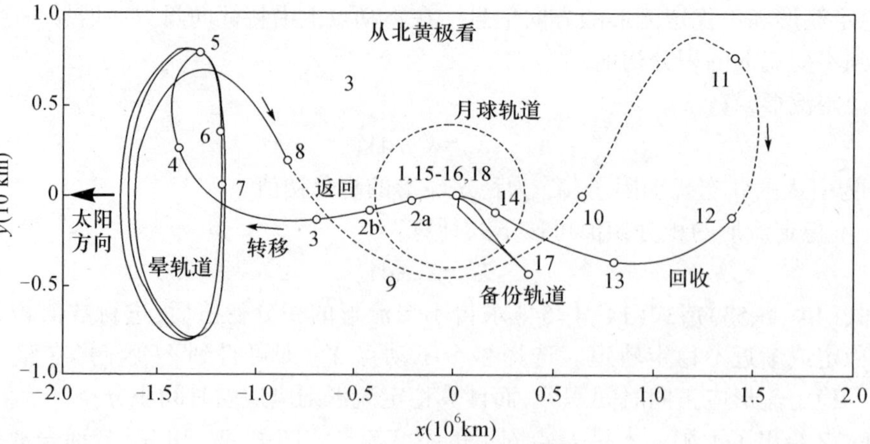

图 14-23 “起源号”的标称轨道

地停泊轨道到达日地 L_1 晕轨道(图中标号 1~5 处);第二段,探测器在晕轨道上停留至少 22 个月,执行太阳风粒子收集任务(标号 5~8);第三段是一条连接 L_1 晕轨道和 L_2 附近 Lissajous 轨道的同宿轨道(标号 8~12);最后,探测器借助 L_2 处的不稳定流形返回地球。不考虑入轨误差修正、晕轨道保持等不确定性燃耗时,整个任务仅需要 6m/s 的速度增量,这是任何一种传统的设计方法都无法实现的。

参 考 文 献

[1] 任萱. 航天飞行器轨道动力学讲义[M]. 长沙:国防科技大学内部讲义,2000.

[2] 袁建平,赵育善,唐歌实,等. 航天器深空飞行轨道设计[M]. 北京:中国宇航出版社,2014.

[3] Cornelisse J W, Schŏyer H F R, Wakker K F. 火箭推进与航天动力学[M]. 杨炳尉,冯振兴,译. 北京:宇航出版社,1986.

[4] Curtis H D. 轨道力学[M]. 周建华,等,译. 北京:科学出版社,2009.

[5] Broucke R A. The Celestial Mechanics of the Gravity Assist. AIAA/AAS Astrodynamics Conference, Minneapolis Washington. D. C, 1988, AIAA 88-50352.

[6] Gravier J, Marchal C, Culp R D. Optimal Impulsive Transfers between Real Planetary Orbits. Journal of Optimization Theory and Applications, 1975, 15, (5): 587-604.

[7] Breakwell J V, Gillespie R W, Ross S. Research in Interplanetary Transfer. American Rocket Society Journal, 1961, 31, (2): 201-208.

[8] Potts C L, Raofi B, Kangas J A. Mars Exploration Rovers Propulsive Maneuver Design. AIAA/AAS Astrodynamics Specialist Conference and Exhibit, 16-19 Aug. 2004, Providence, Rhode Island, AIAA 2004-4985.

[9] 郗晓宁,曾国强,任萱,等. 月球探测器轨道设计[M]. 北京:国防工业出版社,2001.

[10] 褚桂柏,张熇. 月球探测器技术[M]. 北京:中国科学技术出版社,2007.

[11] Wilson S W. A Pseudostate Theory for the Approximation for Three-body Trajectories [C]. AAS/AIAA Astro-dynamics Conference, Santa Barbara, California, Aug. 1970, AIAA 70-1061.

[12] Byrnes D V, Hooper H L. Multi-Conic: A Fast and Accurate Method of Computing Space Flight Trajectories [C]. AAS/AIAA Astrodynamics Conference, Santa Barbara, California, Aug. 1970, AIAA 70-1062.

[13] Wilson R S. A Design Tool for Constructing Multiple Lunar Swingby Trajectories [D]. A Thesis Submitted to the Faculty of Purdue University, Dec. 1993.

[14] 刘林,侯锡云. 深空探测器轨道力学[M]. 北京:电子工业出版社,2012.

[15] 连一君. 基于三体平动点的低能转移轨道设计研究[D]. 长沙:国防科学技术大学,2008.

[16] Gómez G, Masdemont J, Simó C. Quasihalo Orbits Associated with Libration Points [J]. The Journal of the Astronautical Sciences, 1998, 42, (2): 135-176.

[17] Canalias E, Gómez G, Marcote M, et al. Assessment of Mission DesignIncluding Utilization of LibrationPoints and Weak Stability-Boundaries [R]. ESA Advanced Concepts Team, Ariadna Study, Research Report, April, 2004.

[18] Richardson D. L. Analytic Construction of Periodic Orbits about the Collinear Points [J]. CelestialMechanics, 1980, 22, (3): 241-253.

[19] Toppputo F, Vasil M, Finzi A E. An Approach to the Design of Low Energy Interplanetary Transfers Exploiting Invariant Manifolds of the Restricted Three-Body Problem [C]. AAS/AIAA Space Flight Mechanics Meeting, Maui, Hawaii, 8-12, Feb, AAS 04-245.

第 15 章　月球探测轨道设计

月球作为地球唯一的天然卫星,是人类最早开展探测、也是目前为止发射探测器最多的自然天体。1958 年 8 月,第一颗人造地球卫星发射不久,美国就发射了月球探测器“先驱者”0 号,但因火箭爆炸未能成功。1959 年 9 月,苏联成功发射了“月球”2 号探测器,并于 36 h 后击中月球,撞击在月球表面“静海”的东面,成为人类第一颗月球探测器。在 1959 年—1976 年期间,美苏两国先后发射了 108 颗月球探测器,成功的有 45 颗,其中美国 27 颗,苏联 18 颗。这期间的月球探测器主要包括:苏联的“月球”(Luna)、“探测”(Zond)两个系列,美国的“先驱者”(Pioneer)、“徘徊者”(Ranger)、“勘测者”(Surveyor)、月球轨道器(Lunar Orbiter)、“阿波罗”(Apollo)五个系列。这些探测器的发射大大丰富和加深了人类对月球的认识,并实现了人类登陆地球以外自然天体的梦想。

20 世纪 60 年代初,美国因月球探测活动落后于苏联,遂制定了庞大的“阿波罗”载人登月计划。该计划于 1963 年实施,1972 年结束,历时 10 年。由于当时美苏争霸的政治因素,在若干关键技术尚未完全实现攻关之前,“阿波罗”1 号就于 1967 年仓促发射,最终导致 3 名宇航员丧生。此后,为确保载人登月计划的安全顺利实施,美国先开展了 3 次不载人的地球轨道飞行试验,又于 1968 年 10 月开展了首次载人地球轨道飞行试验(“阿波罗”7 号),12 月开展了首次载人环月轨道飞行试验(“阿波罗”8 号)。1969 年 3 月,在地球轨道上开展了验证登月舱性能的载人飞行试验(“阿波罗”9 号);5 月,开展了载人月球轨道综合演练试验(“阿波罗”10 号),这次试验与载人登月的难度、程序的完整性几乎完全一样。四个阶段的试验均取得圆满成功后,1969 年 7 月“阿波罗”11 号载人飞船终于首次实现了人类登上月球的梦想,并首次携带月球样品成功返回地球。随后,“阿波罗”12 号～17 号又成功实现了 5 次载人登月、采集样品并返回地球。尽管“阿波罗”13 号没有实现预定目标,但在飞船出故障的情况下,也通过地面遥控和宇航员的共同努力安全返回了地球。1972 年 12 月,在“阿波罗”17 号任务完成后,美国停止了载人登月探测活动。

1976 年至 1990 年,是人类探测月球的宁静期,期间没有发射月球探测器。之后,日本、美国、欧空局、印度、俄罗斯等又相继发射了月球探测器,对月球的探测活动再次活跃起来,我国也在这一时期启动了月球探测计划。2004 年,我国正式启动探测月球的“嫦娥”工程,将探测计划分为“绕、落、回”三个阶段,都是不载人探测活动。2007 年 11 月,“嫦娥”一号卫星成功进入环月轨道,并在圆满完成各项探测任务后,于 2009 年 3 月成功受控撞击月球;2013 年 12 月,“嫦娥”三号探测器实现月面软着陆和巡视探测任务;2020 年 12 月,“嫦娥”五号探测器实现月球取样返回任务,“绕、落、回”的目标圆满实现。2023 年 5 月,我国宣布启动实施载人登月探测任务,计划在 2030 年前实现中国人首次登陆月球。

与行星探测类似,对月球探测的方式总体上可以分为飞越探测、环绕探测和登陆探测;探测轨道的设计方法可以分为精确的数值法和近似的解析法。但月球作为地球的卫星,尚处于地球引力场的影响范围内,因此其探测轨道设计又与行星探测有诸多不同之处。随着人类太空探测与利用能力的不断进步,月球及地月空间探测将越来越频繁,且月球正在成为人类开展深空探测的前哨站,因此本章单独讨论月球探测轨道的设计问题。

15.1 月球探测基础

15.1.1 月球的基本情况

月球是地球唯一的天然卫星,也是离我们最近的自然天体。

月球的平均半径为 1737.5km,相当于地球半径的 27%,体积只有地球体积的 1/49。赤道半径为 1738.1km,扁率为 0.00125,极半径比赤道半径短约 500m,基本上是一个圆球。质量为 7.352×10^{22} kg,约是地球质量的 1/81,平均密度是 3.34g/cm^3。月球表面的重力加速度为 1.62m/s^2,约为地球表面重力加速度的 1/6。月球的逃逸速度为 2.38km/s,是地球逃逸速度的 1/5。

月球表面凹凸不平,有月海、高地、撞击坑等不同地形。月海是地球上看到的月面较暗的区域,实际上是月面比较低洼的平原,大多数分布于月球近地面,背面月海分布极少。整个月球共有 22 个月海,总面积约占全月面的 17%。最大的月海是风暴洋,面积约有 400 万 km^2,月面中央的静海约有 26 万 km^2,其余较大的还有雨海、澄海、丰富海、危海等。月海一般要低于月球平均水准面,比如静海约低 1.7km,最低的是雨海东南部,约低 6km。

高地则是月球表面高出月海的地区,一般高出月球平均水准面 2~3km,面积约占月表面积的 83%。在月球正面,高地与月海的面积大致相等;而在月球背面,高地面积要大得多。高地往往以地球上的山脉名称命名,如高加索山脉、阿尔泰山脉、阿尔卑斯山脉和亚平宁山脉等。其中,最著名的亚平宁山脉位于月球正面靠近赤道的东侧,是月球上最长的山脉,蜿蜒 1000km。最高的山峰是位于月球南极附近的莱布尼茨山脉,根据“嫦娥”一号测量,最高峰高约 9840m。

撞击坑是指布满月球表面的大大小小、密密麻麻的环形凹坑构造,是由小天体撞击月表形成的,包括环形山、辐射纹以及有关的隆起构造。环形山是月面上最明显的地形特征,几乎布满整个月球表面。环形山的高度一般在 7~8km,直径相差悬殊。小的仅有一个足球场大小,直径超过 1km 的环形山有 3.3 万个,最大的环形山是月球南极附近的贝利环形山,直径达 295km。环形山的内侧比较陡峭,外侧则较平缓。有些环形山的周围,向外辐射出许多明亮的条纹,称为辐射纹。月球高地的撞击坑更为密集,而月海平原的密度较小。

月球微弱的重力使它无法束缚住大气。在阳光照射下,轻的气体分子的热运动速度就会大于逃逸速度,从而逃逸到星际空间。月球表面的大气压力在 $10^{-6}\sim10^{-10}$ Pa 之间,与高度为 500~2500km 地球轨道上的大气压力相当。大气成分主要包含惰性气体以及 H、CO_2、CH_4、NH_3等,不存在对航天器影响较大的原子氧。轨道设计中,可认为月球不存在大气。

由于没有大气层的保温和传热作用,月表的昼夜温差非常大。白天受阳光照射的地方,温度可高达 130~150℃;而夜间和阳光照射不到的阴影处,温度会下降到-160~-180℃。根据月球探测器的测量结果,月球没有全球性的磁场,且月球轨道上几乎不受地磁场的影响。2009 年,根据美国“月球勘测轨道”飞行器(LRO)和印度“月船”1 号的探测结果,科学家认为月球上存在气态和固态的水,这对未来在月面建立长期定居点和中转基地尤为重要。

15.1.2 月球的运动

1. 月球的公转

月球沿着一条椭圆轨道绕地球公转，转动方向与地球绕太阳的公转方向相同。月球公转轨道的半长轴平均值为 384800km，近地距平均值为 363300km，远地距平均值为 405500km，公转平均速度为 1.023km/s。月球公转的轨道面称为白道面。白道面与黄道面不重合，有一个倾角，平均值约为 5°9′。白道面与天球相交的大圆称为白道。白道与黄道交于两个点，月球穿过黄道由南到北经过的点称为升交点，由北到南经过的点称为降交点。月球运动的几何关系如图 15-1 所示。

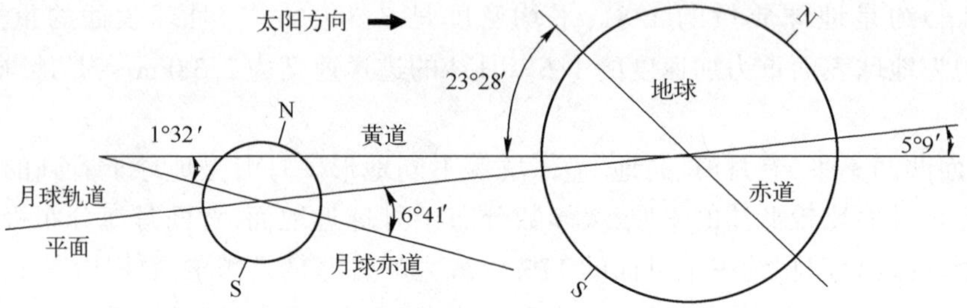

图 15-1　月球运动的几何关系[1]

月球的公转受太阳和其他行星引力的摄动影响较大，因此轨道运动比较复杂。轨道的变化主要包括：

(1) 半长轴变化。由于摄动影响，月球轨道半长轴的变化可达 2700km。

(2) 偏心率变化。月球轨道偏心率的平均值为 0.0549，接近 1/18。由于摄动作用，每隔 31.8d 就出现小的周期变化，变化范围在 1/15～1/23 之间。

(3) 倾角变化。白道相对于黄道的倾角在 4°57′～5°19′的范围内变化，平均值为 5°9′，变化周期为 173d。

(4) 拱线运动。月球轨道的拱线沿月球公转方向向前运动，每 8.85a 运动一周。

(5) 交点西退。月球升交点和降交点的空间位置不是固定的，而是不断向西退行，每 18.6a 运动一周。由于交点西退，引起白道和赤道的交角不断变化，最大可达 28°36′，最小为 18°18′。

选择不同的参考基准，月球绕地球公转的周期有以下几种：

(1) 朔望月。以太阳为基准，月球与太阳的黄经连续两次相差 180°(或 0°)的时间间隔，平均值为 29.530558d。这一周期也是月球盈亏变化的周期。

(2) 恒星月。以恒星位置为基准，亦是月球绕地球公转一周的时间间隔，平均值为 27.321661d。

(3) 交点月。以月球升交点为基准，连续两次通过升交点的时间间隔，平均值为 27.212220d。

地球和月球构成一个行星系统——地月系统，系统的质心位于地球的内部，离地心约 4671km，离月心约 379729km。地月系统的质心围绕太阳做公转运动。若将地球和月球都等价为质点，根据二体轨道理论可知，地球和月球都围绕它们的公共质心做椭圆运动。

2. 月球的自转

除了绕地球公转，月球还有绕质心的自转运动。法国天文学家卡西尼(Giovanni Domenico

Cassini,1625—1712)通过对月球的长期观测,于 1693 年总结了月球自转遵循的三个经验定则,称为卡西尼定则,其内容包括:

(1) 月球绕转动惯量最大的轴均匀自转,周期等于绕地球公转的恒星月平均时长。由此可得月球的自转角速度为 $\omega_M = 2.661699\times10^{-6}\text{rad/s}$,约为 13.176°/d。

(2) 月球赤道相对于黄道的倾角为常数,为 $I = 1°32'32.7''$。

(3) 月球赤道面、黄道面和白道面三者交于同一条线,且月球赤道相对于黄道的升交点与白道相对于黄道的降交点重合,即黄道面位于两者之间。

如果月球是匀质圆球,则可以从力学上证明卡西尼定则是正确的。根据卡西尼定则,月球的自转周期等于其公转周期,因此仅有一面朝向地球,此面称为月球正面,背向地球的一面称为月球背面。

但实际上,由于月球质量分布的不对称,能从地球上观测到的月面不只是一半,而是月面总面积的 59%左右,这种现象称为月球天平动[3]。

根据产生原因的不同,天平动又分为两大类:光学天平动和物理天平动。光学天平动是纯视觉的几何效应,又称几何天平动,是月球天平动的主要部分,但它不会影响月球探测器的运动。物理天平动(physical libration)则是月球的自转轴在惯性空间中的摆动,会产生动力学效应。与地球自转轴的岁差和章动现象类似,物理天平动也是自转的非均匀球体在外力矩作用下的结果,也有多种周期分量。由于物理天平动,使得月球的实际自转状态与卡西尼定则描述的理想状态存在差异,可以将卡西尼定则看作月球自转平均运动的结果。

月球物理天平动的量级很小,一般只有 2′左右。物理天平动有两种类型:受迫天平动和自由天平动。受迫天平动是由于地球、太阳和行星的引力引起的月球形状上的时变力矩导致的;自由天平动主要是由地质活动引起的,如冲击、核-幔相互作用或是与受迫天平动的共振。

通常用 ρ、σ、τ 三个量来表示月球物理天平动。ρ 为纬度天平动,表示月球自转轴与黄极交角的变化;σ 为交点天平动,反映了月球自转的不均匀性;τ 为经度天平动,反映了月面沿经度方向的摆动。月球物理天平动可以通过解析法或数值法两种方式计算。解析法是基于月球摄动理论得到的,与地球章动量的计算类似,ρ、σ、τ 由包含多种振幅的周期项求和得到,计算简单,但精度受限。随着工程中对物理天平动计算精度要求的不断提高,数值法逐渐成为主要的方法。

物理天平动会引起月球自转轴及赤道在惯性空间中的摆动,从而影响探测器的轨道运动。与考虑地球岁差及章动后的效应类似,月球的赤道也有真赤道与平赤道之分。若基于真赤道定义月心坐标系,则该系为非惯性系,有物理天平动引起的惯性力效应;若基于平赤道定义月心坐标系,则需要考虑物理天平动引起的月球引力位变化。

通过上述讨论可知,月球的运动是非常复杂的。附录 A.4 给出了月球位置的近似计算公式,若要精确设计月球探测轨道,则要借助 DE405、DE440 等高精度数值星历,它们可以直接提供月球相对于地球质心的直角坐标位置和速度、月球物理天平动等参数。

15.1.3 月心坐标系的定义

发射月球探测器时,在近地停泊轨道段和地月转移的过渡轨道段,可以在地心坐标系中描述探测器的运动。当进入月球影响球后,则需要在月心坐标系中描述探测器的运动,特别是分析月球非球形引力的摄动影响时,采用月心坐标系是自然的选择。

与研究近地航天器的运动类似,研究月球探测器的运动时,最重要的两个坐标系是月心惯性坐标系和月心固联坐标系。这两个坐标系一般都以月球赤道面为基本平面,由于物理天平动的原因,会导致赤道面的变化及相应的坐标系有不同取法。

1. 坐标系的定义

以下坐标系的定义中,原点都采用月球质心 O_M,历元都采用 J2000.0。

(1) 月心天球坐标系 $O_M-X_EY_EZ_E$,本章简记为 E。$X_EO_MY_E$ 基本平面取为历元时的地球平赤道面,x 轴指向历元平春分点方向。该坐标系与地心天球赤道坐标系完全对应,不同的是将原点由地心移至月心。定义该坐标系便于将地心坐标系与月心坐标系相联系。

(2) 月心平赤道坐标系 $O_M-X_IY_IZ_I$,本章简记为 I。与历元地球平赤道坐标系的定义类似,$X_IO_MY_I$ 平面取为历元时的月球平赤道面,x 轴指向历元平春分点方向,该方向在月球平赤道面上由月球轨道升交点的平黄经 $\bar{\Omega}_M$ 确定,近似计算公式见(A-4-11)。常在此坐标系中研究月球探测器的运动。

(3) 月心固联坐标系 $O_M-X_FY_FZ_F$,本章简记为 F,简称月固坐标系。该坐标系的基本平面 $X_FO_MY_F$ 取为月球的真赤道面,x 轴沿过月面上中央湾(Sinus Medii)的子午面与真赤道的交线方向。由于从地球上看,月海中央湾位于月球正面的中央,因此 x 轴近似指向地球方向。由于该坐标系是与月球固联的,因此常用来建立月球引力场模型、描述着月位置点等。

2. 坐标系间的转换

根据第 2 章的讨论,坐标系间运动参数转换的关键是确定方向余弦阵。

1) 月心天球坐标系与月心平赤道坐标系间的方向余弦阵

由两个坐标系的定义可知,它们只与历元时刻的平赤道有关,与天平动无关。方向余弦阵与月球的位置有关

$$\boldsymbol{C}_E^I=\boldsymbol{M}_3[-\bar{\Omega}_M]\cdot\boldsymbol{M}_1[-\bar{i}_M]\cdot\boldsymbol{M}_3[\bar{\Omega}_M]\cdot\boldsymbol{M}_1[\bar{\varepsilon}] \tag{15-1-1}$$

式中:$\bar{\varepsilon}$为平黄赤交角;$\bar{i}_M$ 为月球的平赤道倾角;$\bar{\Omega}_M$ 为月球轨道升交点的平黄经。

2) 月心天球坐标系与月心固联坐标系间的方向余弦阵

月心固联坐标系是基于月球真赤道定义的,月心天球坐标系是基于历元地球平赤道定义的,因此两个坐标系间的转换涉及物理天平动的计算。这里采用美国喷气推进实验室的 DE 系列数值星历中给出的月球物理天平动的描述方法,如图 15-2 所示。

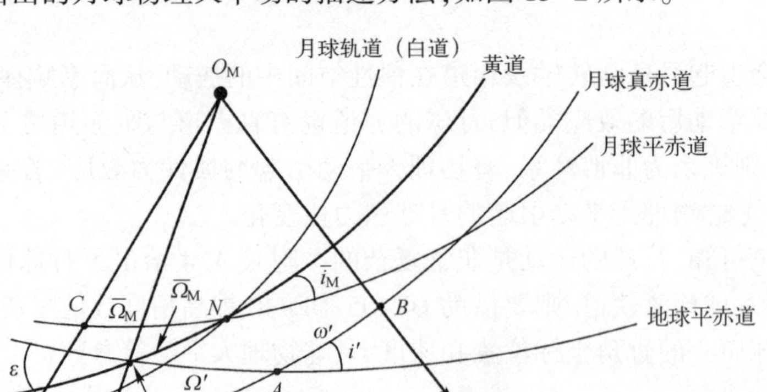

图 15-2 月心坐标系间的关系图

DE 数值星历中给出的是图 15-2 中所示的 Ω'、i'和 ω'三个欧拉角,分别为点 Υ 与点 A、地球平赤道与月球真赤道、点 A 与点 B 间的夹角。易知,月心天球坐标系与月心固联坐标系间

的方向余弦阵为

$$\boldsymbol{C}_{\mathrm{E}}^{\mathrm{F}}=\boldsymbol{M}_3[\omega']\cdot\boldsymbol{M}_1[i']\cdot\boldsymbol{M}_3[\Omega'] \tag{15-1-2}$$

3）月心平赤道坐标系与月心固联坐标系间的方向余弦阵

根据方向余弦阵间的传递性，易知

$$\boldsymbol{C}_{\mathrm{I}}^{\mathrm{F}}=\boldsymbol{C}_{\mathrm{E}}^{\mathrm{F}}\cdot\boldsymbol{C}_{\mathrm{I}}^{\mathrm{E}}=\boldsymbol{M}_3[\omega']\cdot\boldsymbol{M}_1[i']\cdot\boldsymbol{M}_3[\Omega']\cdot\boldsymbol{M}_1[-\bar{\varepsilon}]\cdot\boldsymbol{M}_3[-\bar{\Omega}_{\mathrm{M}}]\cdot\boldsymbol{M}_1[\bar{i}_{\mathrm{M}}]\cdot\boldsymbol{M}_3[\bar{\Omega}_{\mathrm{M}}] \tag{15-1-3}$$

15.1.4 月球引力场模型

由于月球大气可以忽略，因此探测器在月球附近运动时，影响其运动特性的主要是月球引力场。与地球引力场类似，也用引力位描述月球引力场（详见 7.4 节）。月球引力位也满足拉普拉斯方程，因此同样可以在月心固联坐标系中将其展开为球谐级数的形式：

$$U_{\mathrm{M}}=\frac{GM_{\mathrm{M}}}{r_{\mathrm{M}}}\left\{1+\sum_{n=2}^{\infty}\sum_{m=0}^{n}\left(\frac{a_{\mathrm{M}}}{r_{\mathrm{M}}}\right)^n P_{n,m}(\sin\varphi_{\mathrm{M}})(C_{n,m}\cos m\lambda_{\mathrm{M}}+S_{n,m}\sin m\lambda_{\mathrm{M}})\right\} \tag{15-1-4}$$

式中：G 为万有引力常数；M_{M} 为月球质量，记 $\mu_{\mathrm{M}}=GM_{\mathrm{M}}=4.902801056\times10^{12}\mathrm{m}^3/\mathrm{s}^2$ 为月球引力常数；a_{M} 为月球赤道平均半径；r_{M}、λ_{M}、φ_{M} 为月固坐标系中的球坐标分量，即月心距、经度和纬度。$P_{n,m}(\cdot)$ 是 n 阶 m 次缔合勒让德多项式。$C_{n,m}$ 和 $S_{n,m}$ 是 n 阶 m 次的球谐系数，也是月球形状和质量分布的函数，可反映出月球形状与质量的分布特点。

与地球引力场模型类似，高精度月球引力场模型的建立也有赖于月球探测器的跟踪测量数据。"月球"10 号是苏联发射的第一颗真正意义上的绕月探测器，通过对其测量与轨道数据的分析，苏联建立了第一个月球引力场模型。其后，美国和苏联对各自绕月探测器的跟踪数据进行分析处理，得到过不同的月球引力场模型，如美国戈达德月球引力场模型 GLGM。1998 年，美国发射的"月球勘探者"（lunar prospector，LP）探测器携带了多普勒重力测量仪，采集到了更加准确的月球引力场数据，并基于此建立了 LP75D、LP150、LP165 等引力场模型。2011 年，美国发射的"圣杯号"（gravity recovery and interior laboratory，GRAIL）月球探测卫星采用了精度更高的卫星—卫星跟踪重力场测量模式，获得了迄今为止分辨率最高的月球引力场数据。基于 GRAIL 的测量数据，2013 年喷气推进实验室和戈达德飞行控制中心分别解算出了 660 阶次的模型 GL0660B 和 GRGM660PRIM；2014 年，这两个单位又综合利用 GRAIL 正常任务阶段与扩展任务阶段的数据，解算出了 900 阶次的重力场模型 GL0900D 和 GRGM900C，精度与分辨率较以往有大幅提高。这些模型可以为月球探测器的轨道设计提供可靠的数据。

在 LP165 模型中，主要带谐项和田谐项的值为

$$J_2=2.033326\times10^{-4}\qquad J_3=8.475906\times10^{-6}$$
$$J_4=-9.591928\times10^{-6}\qquad J_5=7.154086\times10^{-7}$$
$$J_6=-1.357771\times10^{-5}\qquad J_7=-2.177473\times10^{-5}$$
$$C_{2,2}=2.240511\times10^{-5}\qquad S_{2,2}=1.079883\times10^{-8}$$

可见，由于月球是自转较慢的弹性体，其相对于地球更接近球形，因此扁率 J_2 项的量级是 10^{-4}，比地球小一个数量级。除扁率小之外，其他球谐系数并不太小，与 J_2 项相差 1~2 个数量级，而不像地球那样相差 3~4 个数量级，说明月球的形状虽然比较圆但高低起伏很大。另外，月球南北半球的不对称性相比地球而言要大，这从反映南北非对称性的奇次带谐项系数的大小可以看出（参见图 7-4）。这种引力场特性加上极低的自转速度，使得月球卫星轨道摄动与

地球卫星相比有很大的差异,需要专门分析[3]。

15.2 简化模型下的月球探测轨道设计

在探测器飞往月球的过程中,天体的非球形引力、其他天体的引力、太阳辐射压力等都会对轨道产生影响,为保证工程任务总体和各分系统的正常运行,探测轨道要满足各种约束。因此,精确的月球探测轨道设计要求解复杂的数学问题,只能通过数值方法获得,且计算非常耗时。在轨道设计初期,可以通过一些合理的简化假设得到近似的解析设计结果,这对理解问题十分有益,并可以提供粗略的轨道参数,为精确的探测轨道设计提供搜索初值。

在月球探测轨道初步设计中,常作如下简化假设:

(1) 月球围绕地球质心在半径为 384400km 的圆轨道上运行。实际的月球轨道平均偏心率仅为 0.0547,故此假设不会引入太大的误差。

(2) 月球公转轨道面(白道面)与赤道面的夹角在 18°19′~28°35′的范围内变化,变化周期为 18.6a。探测器飞往月球的时间一般为几天,因此可以假设飞行过程中白道面与赤道面的夹角不变。

(3) 在地日系统中,地球的影响球半径为 93×10^4km,而地月平均距离为 38×10^4km,月球在地球影响球内,因此设计中可以忽略太阳引力的影响。

(4) 根据月球影响球的边界,将飞行轨道分为两段。影响球内的月心轨道段只受月球引力作用,影响球外的地心轨道段只受地球引力作用,据此可以采用圆锥曲线拼接法设计轨道。

(5) 由于改变轨道面需要较多的燃料,因此在发射轨道设计中,总是通过选择适当的发射时间,尽量使探月轨道与月球轨道近似共面。由此,可假定探测器从与月球轨道共面的近地圆停泊轨道上出发,飞向月球。

在符号记法上,规定地球用字母“E”表示,月球用字母“M”表示。

15.2.1 简单的月球探测轨道

首先忽略月球影响球半径,近似认为地心轨道段和月心轨道段的速度拼接点就在月球上,从而得到简单的探月轨道。由于月球引力比地球引力小得多,在探测器飞离地球的很长一段时间内,所受的力主要是地球引力,因此上述假设仍能较好地预测探测器的入轨条件、到达月球时的参数等轨道特性。

1. 双共切椭圆轨道

在上述假设下,探月轨道设计变成共面圆轨道间的转移问题,特征速度最小的轨道为双共切椭圆轨道,也即霍曼转移轨道,如图 15-3 中的转移轨道 4 所示。

由于双共切椭圆轨道与停泊轨道相切,因此探测器在停泊轨道上施加水平速度增量 $\Delta v_{E,1}$ 后,即可进入地月转移轨道,即

$$v_{E,1}=v_{E,0}+\Delta v_{E,1} \tag{15-2-1}$$

式中:$v_{E,0}$、$v_{E,1}$ 分别为变轨前后探测器在共切点的速度。

假设近地停泊轨道的高度为 200km,月球轨道半径 $R_M=384400$km,根据霍曼转移的结果,易求得探月轨道的参数为

半长轴 $$a_E=\frac{1}{2}(R_M+r_{E,0})=1.955\times10^5(\text{km})$$

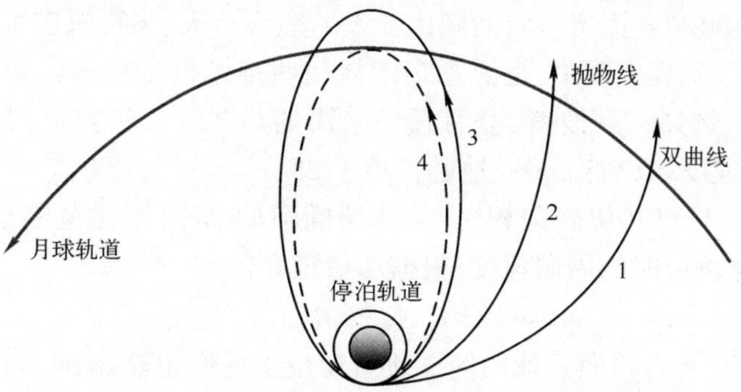

图 15-3　飞行月球的地心圆锥曲线轨道

近地点速度

$$v_{E,1}=\sqrt{\frac{2\mu_E}{r_{E,0}}-\frac{\mu_E}{a_E}}=10.916(\text{km/s})$$

速度增量

$$\Delta v_{E,1}=v_{E,1}-\sqrt{\frac{\mu_E}{r_{E,0}}}=3.131(\text{km/s})$$

动量矩

$$h_E=r_{E,0}v_{E,1}=7.180\times10^4(\text{km}^2/\text{s})$$

偏心率

$$e_E=\sqrt{1-\frac{h_E^2}{a_E\mu_E}}=0.966$$

到达月球的飞行时间

$$T_E=\pi\sqrt{\frac{a_E^3}{\mu_E}}=119.471(\text{h})\approx5(\text{d})$$

到达月球时的速度

$$v_{E,T_E}=\frac{h_E}{R_M}=186.796(\text{m/s})\approx0.187(\text{km/s})$$

由于探测器到达月球时的速度低于月球的公转速度，因此将与月球的前缘相撞。

若探测器获得的速度增量低于 $\Delta v_{E,1}$，则转移轨道的远地点将低于月球轨道，无法到达月球，因此 $\Delta v_{E,1}$、e_E 和 T_E 分别是到达月球的最小速度增量、最小偏心率和最长时间。

2. 单共切椭圆轨道

按上述双共切椭圆轨道飞向月球，虽然特征速度较小，但飞行时间较长。为缩短飞行时间，可采用单共切椭圆轨道，并在此轨道的升弧段，也即远地点之前到达月球，如图 15-3 中的轨道 3。计算表明，稍稍增加 $\Delta v_{E,1}$，飞行时间就会急剧缩短，如图 15-4 所示。图中 $\delta(\Delta v)=\Delta v_{E,1}-\Delta v_{E,esc}$，$\Delta v_{E,esc}$ 为由圆停泊轨道变轨到抛物线轨道需要的速度增量，即 $\Delta v_{E,esc}=(\sqrt{2}-1)v_{E,0}$。

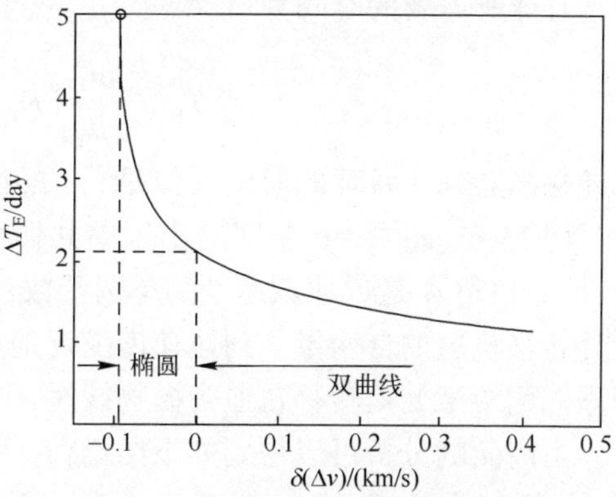

图 15-4　飞行时间与特征速度的关系

由图可见，当 $\Delta v_{E,1}=\Delta v_{E,esc}$ 时，变轨特征速度

比霍曼变轨增加约 100m/s,而飞行时间则由 5 天缩短为 2 天,飞行轨道由椭圆变为抛物线,如图 15-3 中的轨道 2。工程实践中,也愿意多消耗一些推进剂以换取较短的飞行时间,对载人探月任务尤其如此。例如,“阿波罗”登月任务采用的是 72h 飞行轨道,$\Delta v_{E,1}$ 相比霍曼转移仅增加 23m/s,近地点速度 10.939km/s,地心扫角 172°。

由图 15-4 可见,与双共切椭圆相比,单共切椭圆的 $\Delta v_{E,1}$ 变化范围很小(小于 100m/s)。令 $v_{T_E,f}$ 表示到达月球轨道时的周向速度,根据动量矩守恒有

$$h_E = r_{E,0} v_{E,1} = R_M v_{T_E,f},$$

由此可得到一个结论:所有飞向月球的椭圆轨道动量矩近似相等,因此探测器到达月球时的周向速度近似不变。这是因为当 $\Delta v_{E,1}$ 有一个变化 $\delta(\Delta v_{E,1})$ 时,动量矩的相对变化为

$$\frac{\delta h_E}{h_E} = \frac{\delta v_{E,1}}{v_{E,1}}$$

由于 $\delta(\Delta v_{E,1}) < 0.1$km/s,可得 $\delta h_E / h_E < 0.00916$,故可近似认为动量矩不变,$v_{T_E,f}$ 也近似不变。

考虑到

$$\begin{cases} e_E \sin f_{T_E} = v_{T_E,r} \dfrac{h_E}{\mu_E} = \dfrac{1}{\mu_E} R_M v_{T_E,r} v_{T_E,f} \\ e_E \cos f_{T_E} = v_{T_E,f} \dfrac{h_E}{\mu_E} - 1 = \dfrac{1}{\mu_E} R_M v_{T_E,f}^2 - 1 \end{cases}$$

式中:$v_{T_E,r}$ 为到达月球轨道时的径向速度。若认为 $v_{T_E,f}$ 不变,则有

$$e_E = \sqrt{\left(\frac{R_M v_{T_E,r} v_{T_E,f}}{\mu_E}\right)^2 + \left(\frac{1}{\mu_E} R_M v_{T_E,f}^2 - 1\right)^2} = e_E(v_{T_E,r}) \tag{15-2-2}$$

$$a_E = \frac{R_M^2 v_{T_E,f}^2}{\mu_E(1-e_E^2)} = a_E(v_{T_E,r}) \tag{15-2-3}$$

到达月球时的真近点角,也即地心扫角为

$$\tan f_{T_E} = \frac{R_M v_{T_E,r} v_{T_E,f}}{R_M v_{T_E,f}^2 - \mu_E} \tag{15-2-4}$$

到达月球时的偏近点角为

$$E_{T_E} = 2\arctan\left(\sqrt{\frac{1-e_E}{1+e_E}} \tan\frac{f_{T_E}}{2}\right) = E_{T_E}(v_{T_E,r}) \tag{15-2-5}$$

到达月球所需要的时间为

$$T_E = \sqrt{\frac{a_E^3}{\mu_E}} (E_{T_E} - e_E \sin E_{T_E}) = T_E(v_{T_E,r}) \tag{15-2-6}$$

也即探测器到达月球的时间近似是 $v_{T_E,r}$ 的函数。

图 15-5、图 15-6 分别给出了单共切椭圆的地心扫角和到达速度、特征速度的关系。可见,地心扫角 ψ 是近地点速度的单调函数,而 ψ 描述的是地月的相对相位关系,因此可以作为设计转移轨道的自变量。到达速度随近地点速度的增大而迅速增大,探测器将撞在月球朝向地球一侧的某处。转移轨道为抛物线时,到达月球的速度已大于月球的公转速度。

由前面的分析可以得到如下结论:对于飞向月球的单共切椭圆,到达月球轨道时的周向速度 $v_{T_E,f}$ 近似为常值,约为 0.19km/s;周向速度的方向取决于探测器沿单共切椭圆运动的方向,

如果与月球绕地球运动的方向一致，则称此椭圆为“顺行椭圆”，记 $v_{T_E,f}$ 为正值，否则称为“逆行椭圆”，记 $v_{T_E,f}$ 为负值。如果探测器在升弧段到达月球，则径向速度 $v_{T_E,r}$ 为正值；如果在降弧段到达，则 $v_{T_E,r}$ 为负值。

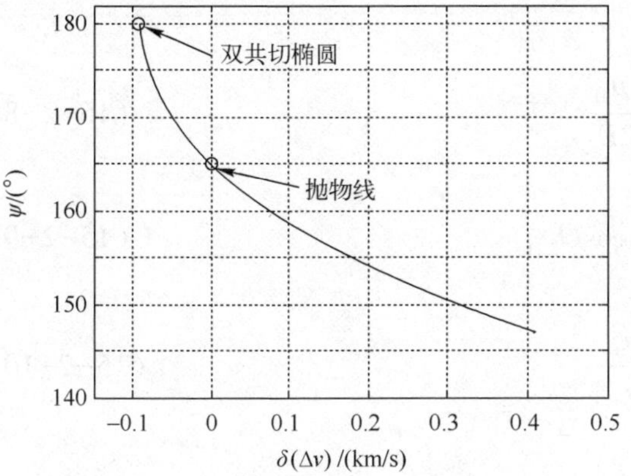

图 15-5　地心扫角与特征速度的关系

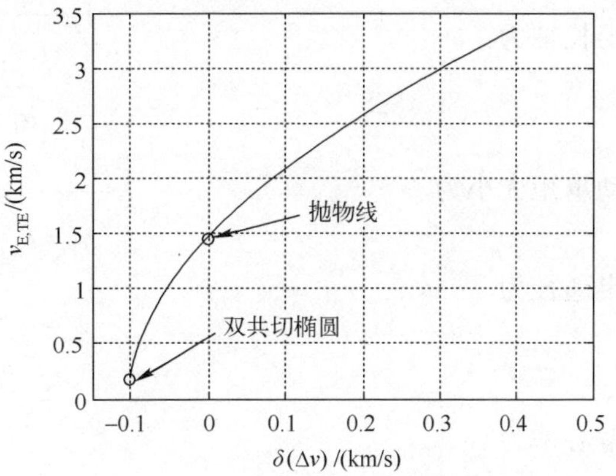

图 15-6　到达速度与特征速度的关系

15.2.2　圆锥曲线拼接法

上节的分析中忽略了月球影响球的半径，在月球轨道上进行速度拼接。这一简单模型可以用来确定探测器的入轨条件，但要准确预测探测器到达月球时的参数，还必须考虑月球的引力作用，将速度拼接点移到月球影响球边界上。

假设探测器是在月球轨道面内飞向月球，由二体轨道理论可知，确定该平面内的地心轨道需要四个参数。通常将三个参数取在轨道的出发点 M_1：停泊轨道的地心距 $r_{E,0}$，加速后的速度大小 $v_{E,1}$ 和当地速度倾角 $\Theta_{E,1}$。为避免设计过程中的迭代计算，将第四个参数取在地心轨道与影响球的交点 M_2 处，用 M_2-月心连线与地心-月心连线的夹角 λ_2 表示，如图 15-7 所示。一旦这四个参数确定，则地心轨道及其延续的月心轨道也随之确定。用圆锥曲线拼接法设计探月轨道就是要确定这四个参数，满足给定的任务要求。

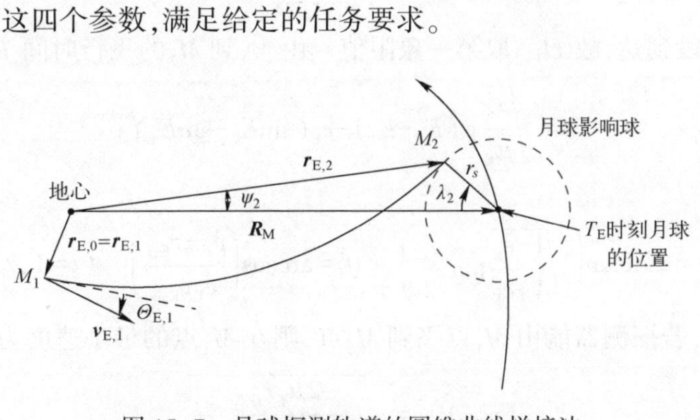

图 15-7　月球探测轨道的圆锥曲线拼接法

地心段轨道一般采用椭圆轨道，且远地点超出月球轨道。假设椭圆轨道在其第一圈的升弧段即与以月心为中心、半径 $r_s = 66200\text{km}$ 的影响球相交，则给定 $r_{E,0}$、$v_{E,1}$、$\Theta_{E,1}$ 和 λ_2 后，地心椭圆轨道、拼接点参数和月心双曲线轨道可确定如下。

1. 地心椭圆轨道

轨道的机械能为

$$E_{\mathrm{E}}=\frac{v_{\mathrm{E},1}^{2}}{2}-\frac{\mu_{\mathrm{E}}}{r_{\mathrm{E},0}} \tag{15-2-7}$$

半长轴为

$$a_{\mathrm{E}}=-\frac{\mu_{\mathrm{E}}}{2E_{\mathrm{E}}} \tag{15-2-8}$$

动量矩大小为

$$h_{\mathrm{E}}=r_{\mathrm{E},0}v_{\mathrm{E},1}\cos\Theta_{\mathrm{E},1} \tag{15-2-9}$$

半通径为

$$p_{\mathrm{E}}=\frac{h_{\mathrm{E}}^{2}}{\mu_{\mathrm{E}}} \tag{15-2-10}$$

偏心率为

$$e_{\mathrm{E}}=\sqrt{1-\frac{p_{\mathrm{E}}}{a_{\mathrm{E}}}} \tag{15-2-11}$$

M_2点的地心距

$$r_{\mathrm{E},2}=\sqrt{R_{\mathrm{M}}^{2}+r_{s}^{2}-2R_{\mathrm{M}}r_{s}\cos\lambda_{2}} \tag{15-2-12}$$

可见,探测器到达月球影响球时的地心距完全由 λ_2决定。当然,前提是转移轨道的机械能足够抵达月球影响球的边界,否则解是无意义的。

M_2点的速度

$$v_{\mathrm{E},2}=\sqrt{2\left(E_{\mathrm{E}}+\frac{\mu_{\mathrm{E}}}{r_{\mathrm{E},2}}\right)} \tag{15-2-13}$$

M_2点的当地速度倾角

$$\Theta_{\mathrm{E},2}=\arccos\left(\frac{h_{\mathrm{E}}}{r_{\mathrm{E},2}v_{\mathrm{E},2}}\right) \tag{15-2-14}$$

由于探测器在升弧段到达,故 $\Theta_{\mathrm{E},2}$取第一象限值。由 M_1到 M_2的飞行时间 T_{E} 为

$$T_{\mathrm{E}}=\sqrt{\frac{a_{\mathrm{E}}^{3}}{\mu_{\mathrm{E}}}}\left[(E_2-E_1)-e_{\mathrm{E}}(\sin E_2-\sin E_1)\right] \tag{15-2-15}$$

其中,

$$E_i=2\arctan\left(\sqrt{\frac{1-e_{\mathrm{E}}}{1+e_{\mathrm{E}}}}\tan\frac{f_i}{2}\right),\quad f_i=\arccos\left(\frac{p_{\mathrm{E}}-r_{\mathrm{E},i}}{e_{\mathrm{E}}r_{\mathrm{E},i}}\right)\quad (i=1,2)$$

需要注意的是,若探测器能由 M_1点飞到 M_2点,则在 M_1点的最小速度为

$$(v_{\mathrm{E},1})_{\min}=\sqrt{\frac{2\mu_{\mathrm{E}}r_{\mathrm{E},2}}{r_{\mathrm{E},1}(r_{\mathrm{E},1}+r_{\mathrm{E},2})}} \tag{15-2-16}$$

$v_{\mathrm{E},1}$必须满足 $v_{\mathrm{E},1}\geqslant(v_{\mathrm{E},1})_{\min}$。若条件不满足,则式(15-2-13)中根号内的值将为负数。

2. 拼接点参数

当探测器到达月球影响球边界的拼接点 M_2后,要将其相对于地心的位置和速度转换为相对于月心的位置和速度。由图 15-8 可知,探测器在 M_2点相对于月心的位置可以用 r_s和 λ_2

表示。

探测器在 M_2 点相对于月球的速度 $\boldsymbol{v}_{M,2}$ 为

$$\boldsymbol{v}_{M,2}=\boldsymbol{v}_{E,2}-\boldsymbol{v}_M \tag{15-2-17}$$

式中：$\boldsymbol{v}_M$ 为月球的轨道速度。$\boldsymbol{v}_{M,2}$ 可以用 $v_{M,2}$ 表示其大小，用 $\boldsymbol{v}_{M,2}$ 与 $-\boldsymbol{r}_s$ 之间的夹角 ε_2 表示其方向。ε_2 由 $-\boldsymbol{r}_s$ 量起，顺时针方向为正，因为此时月心双曲线的动量矩方向与月球绕地球旋转的角速度方向一致，反之为负。由图 15-8 可知

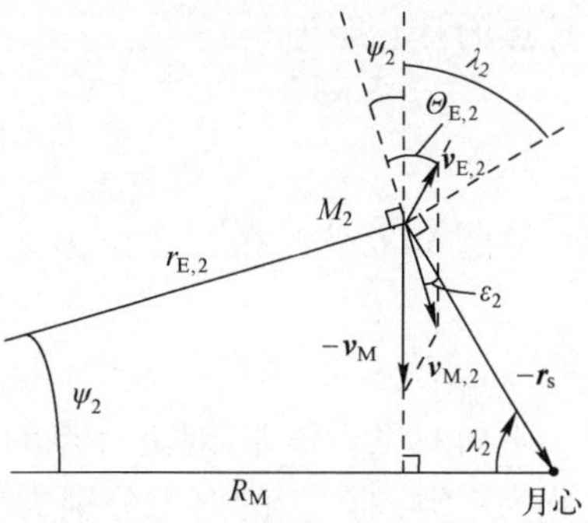

图 15-8 拼接点的几何关系

$$v_{M,2}=\sqrt{v_{E,2}^2+v_M^2-2v_{E,2}v_M\cos(\Theta_{E,2}-\psi_2)} \tag{15-2-18}$$

其中

$$\psi_2=\arcsin\left(\frac{r_s}{r_{E,2}}\sin\lambda_2\right) \tag{15-2-19}$$

将式(15-2-17)向 M_2 点的月心水平方向投影，有

$$-v_{M,2}\sin\varepsilon_2=v_{E,2}\cos[\lambda_2-(\Theta_{E,2}-\psi_2)]-v_M\cos\lambda_2$$

因而可以求得

$$\varepsilon_2=\arcsin\left[\frac{v_M\cos\lambda_2-v_{E,2}\cos(\lambda_2+\psi_2-\Theta_{E,2})}{v_{M,2}}\right] \tag{15-2-20}$$

显然，如果要垂直击中月球，须有 $\varepsilon_2=0$。

假设探测器沿双共切椭圆轨道飞行，在远地点正好到达月球，如图 15-3 中的轨道 4。在上一节中求出探测器到达月球附近的地心速度大小为 0.187km/s，由式(15-2-13)可求得其到达影响球边界时的速度大小为 0.55km/s，由式(15-2-18)可求得其相对月心速度的大小约为 0.88km/s。

3. 月心双曲线轨道

在 M_2 点求得 $v_{M,2}$、ε_2、r_s 后，就可以确定月心双曲线轨道的参数。

轨道的机械能为

$$E_M=\frac{v_{M,2}^2}{2}-\frac{\mu_M}{r_s} \tag{15-2-21}$$

半长轴为

$$a_M=-\frac{\mu_M}{2E_M} \tag{15-2-22}$$

动量矩为

$$h_M=r_s v_{M,2}\sin\varepsilon_2 \tag{15-2-23}$$

半通径为

$$p_M=\frac{h_M^2}{\mu_M} \tag{15-2-24}$$

偏心率为

$$e_M=\sqrt{1-\frac{p_M}{a_M}} \tag{15-2-25}$$

近月点的月心距为

$$r_{\mathrm{M},p}=\frac{p_{\mathrm{M}}}{1+e_{\mathrm{M}}} \tag{15-2-26}$$

近月点的速度为

$$v_{\mathrm{M},p}=\sqrt{2\left(E_{\mathrm{M}}+\frac{\mu_{\mathrm{M}}}{r_{\mathrm{M},p}}\right)} \tag{15-2-27}$$

不同的飞行任务,对近月点的月心距 $r_{\mathrm{M},p}$ 有不同的要求。与行星探测一样,飞行任务通常可分为三类,对 $r_{\mathrm{M},p}$ 的要求分别为

(1) 登月任务:要求 $r_{\mathrm{M},p}\leqslant r_{\mathrm{M}}$,$r_{\mathrm{M}}$ 为月球半径;

(2) 环月任务:要求 $r_{\mathrm{M},p}=r_p$(月球卫星轨道的近月距),在双曲线轨道的近月点施加制动冲量,即可使探测器成为月球卫星;

(3) 绕月任务:也即飞越任务,要求在 $r_{\mathrm{M},p}$ 处的速度 $v_{\mathrm{M},p}$ 能使探测器从月球引力场中逃逸,即飞出月球影响球。

假如对给定的参数 $r_{\mathrm{E},0}$、$v_{\mathrm{E},1}$、$\Theta_{\mathrm{E},1}$ 和 λ_2,通过上述计算得到的结果不能满足飞行任务要求,则要调整参数重新计算,直到满足条件为止。

例题 假设某探测器从 200km 高度的近地圆停泊轨道出发,以单共切椭圆轨道飞向月球。已知运载器在停泊轨道的加速能力为 $\Delta v_{\mathrm{E},1}=3.13\mathrm{km/s}$,要求设计飞行轨道,满足 $\lambda_2=45°$,也即从前部进入影响球。

根据式(15-2-12)可知,$r_{\mathrm{E},2}=340819.470\mathrm{km}$,再由式(15-2-16)可求得 $(\Delta v_{\mathrm{E},1})_{\min}=3.12\mathrm{km/s}$,因此 $\Delta v_{\mathrm{E},1}$ 满足要求。

对地心轨道段,根据式(15-2-7)~式(15-2-15),探测器在 M_2 点的地心速度为 $v_{\mathrm{E},2}=547.798\mathrm{m/s}$,当地速度倾角为 $\Theta_{\mathrm{E},2}=67.38°$,飞行时间为 $T_{\mathrm{E}}=69.637\ \mathrm{h}$。

根据式(15-2-18)~式(15-2-20),可求得拼接点 M_2 处的月心速度 $v_{\mathrm{M},2}=877.825\mathrm{m/s}$,$\varepsilon_2=12.48°$。

根据式(15-2-21)~式(15-2-27),可求得月心双曲线的半长轴为 $a_{\mathrm{M}}=-7876.949\mathrm{km}$,偏心率为 $e_{\mathrm{M}}=2.254$,近月点月心距为 $r_{\mathrm{M},p}=9880.750\mathrm{km}$,近月点的速度为 $v_{\mathrm{M},p}=1270.781\mathrm{m/s}$。若要成为月球卫星,需要在近月点施加制动速度 $\Delta v_{\mathrm{M},p}=566.353\mathrm{m/s}$。

图 15-9 给出了近月点高度 $h_{\mathrm{M},p}=r_{\mathrm{M},p}-r_{\mathrm{M}}$ 随特征速度 $\Delta v_{\mathrm{E},1}$ 的变化情况,其中横轴为特征速度 $\Delta v_{\mathrm{E},1}$ 与 $(\Delta v_{\mathrm{E},1})_{\min}$ 之差,图中标记"∘"处是本例对应的位置。由图可见,近月点高度随特征速度的变化很快,因此在飞向月球的过程中,一般要进行一到两次轨道修正,以消除入轨速度偏差。

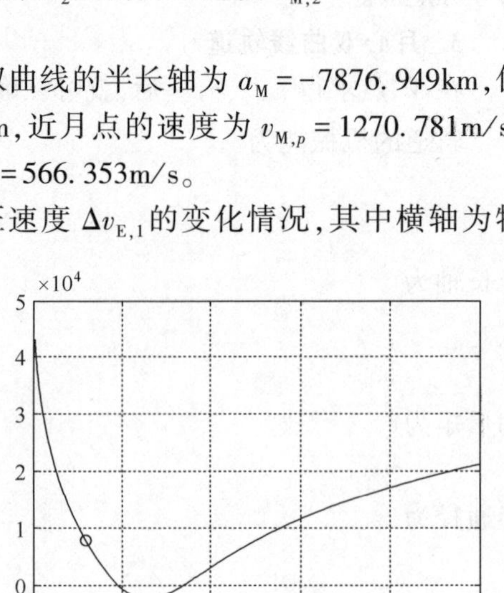

图 15-9 近月点高度随特征速度的变化

利用圆锥曲线拼接法设计初步的探月轨道主要有两个方面的应用:①在可行性研究阶段,作为多种方案的比较;②作为更精确数值解法的迭代初值。表 15-1 针对转移时间为 72h、120h,近地点高度为 200km,近月点高度为 300km 的要求,给出了满足条件的四条转移轨道的主要参数[2]。表中 γ_0 表示出发时刻探测器与月球的地

心张角。

表 15-1　四条探月轨道近似解与精确解的主要参数

飞行时间	近地点速度/(km/s)		γ_0/(°)		λ_2/(°)	顺(逆)行
	近似解析解	精确数值解	近似解析解	精确数值解		
72h	10.933853	10.932534	133.38	132.93	37.54	顺
	10.938174	10.936915	132.09	131.66	43.90	逆
120h	10.914405	10.914859	113.51	112.05	76.23	顺
	10.917104	10.917405	113.04	111.66	83.46	逆

由表中结果可见,对于同一飞行时间有两条转移轨道,它们的区别是在近月点的运动方向相反,近地点速度小的是顺行。近似解析解的近地点速度设计精度很高,地心张角 γ_0 的精度稍差(约为 0.4°),但也能满足可行性研究的要求。

实际上,由于地月距离较近,地月质量比比日地质量比要小的多,因此用圆锥曲线拼接法设计月球探测轨道要比设计行星探测轨道误差大得多。对于 72 小时的奔月轨道,路径偏差大约为 1 个月球直径。飞行时间增大时,路径偏差还要加大。尤其对从月球返回地球的轨道设计来说,圆锥曲线拼接法并不适用。

15.2.3　多圆锥曲线法

多圆锥曲线法是 Wilson[6],Byrnes[7]等人在 20 世纪 70 年代初提出的一种求解限制性三体问题近似解的方法。该方法不需要引力影响球的概念,而是在整条轨道上单独计算两个天体对飞行器轨道的影响,并把它们叠加到一起,从而得到精度较高的设计轨道。下面以探月轨道为例,简单介绍一下飞行时间已知时多圆锥曲线法的设计步骤,方法的原理及其他应用可参考文献[7,8]。

设探测器的飞行时间为$[t_0,t_f]$,将整个时间区间等分为 N 段,第 i 段记为$[t_0^i,t_f^i]$($1\leqslant i\leqslant N$)。t_0^i 时刻探测器的地心状态 $\boldsymbol{R}_0^i$、$\boldsymbol{V}_0^i$ 已知,计算步骤如下[7]:

(1) 如果初始地心状态在四个地球半径以内,则修正地球非球形 J_2项对初始状态的影响。

(2) 由星历表查出月球和太阳在初始时刻 t_0^i 的地心状态矢量。

(3) 仅考虑地球引力的影响,将初始地心状态 $\boldsymbol{R}_0^i$、$\boldsymbol{V}_0^i$ 按二体轨道由 t_0^i 外推至 t_f^i,得到$(\boldsymbol{R}_f^i)_T^*$、$(\boldsymbol{V}_f^i)_T^*$。

(4) 由星历表查出月球和太阳在 t_f^i 时刻的地心状态矢量。

(5) 在计算时间间隔 $\Delta t=t_f^i-t_0^i$ 内,月球对探测器的平均摄动加速度为

$$\boldsymbol{a}_{\mathrm{M}}=-\mu_{\mathrm{M}}\frac{\overline{\boldsymbol{R}}_{\mathrm{M}}}{\overline{R}_{\mathrm{M}}^3}$$

式中:$\overline{\boldsymbol{R}}_{\mathrm{M}}$ 为初始时刻 t_0^i 和终端时刻 t_f^i 月球地心位置矢量的平均值。

(6) 在计算时间间隔 $\Delta t=t_f^i-t_0^i$ 内,太阳对探测器的平均摄动加速度为

$$\boldsymbol{a}_{\mathrm{S}}=-\frac{1}{2}\mu_{\mathrm{S}}\left[\left(\frac{\overline{\boldsymbol{r}}_{\mathrm{S}}}{\overline{r}_{\mathrm{S}}^3}+\frac{\overline{\boldsymbol{R}}_{\mathrm{S}}}{\overline{R}_{\mathrm{S}}^3}\right)_0+\left(\frac{\overline{\boldsymbol{r}}_{\mathrm{S}}}{\overline{r}_{\mathrm{S}}^3}+\frac{\overline{\boldsymbol{R}}_{\mathrm{S}}}{\overline{R}_{\mathrm{S}}^3}\right)_f\right]$$

式中:$\overline{\boldsymbol{r}}_{\mathrm{S}}$ 为探测器日心位置矢量的平均值;$\overline{\boldsymbol{R}}_{\mathrm{S}}$ 为太阳地心矢量的平均值。

(7) 利用第(5)、(6)步求得的平均摄动加速度修正第(3)步外推得到的终端状态

$$(\boldsymbol{V}_f^i)^* = (\boldsymbol{V}_f^i)_T^* + \Delta\boldsymbol{V} = (\boldsymbol{V}_f^i)_T^* + (\boldsymbol{a}_{\mathrm{M}} + \boldsymbol{a}_{\mathrm{S}})\Delta t$$

$$(\boldsymbol{R}_f^i)^* = (\boldsymbol{R}_f^i)_T^* + \Delta\boldsymbol{R} = (\boldsymbol{R}_f^i)_T^* + (\boldsymbol{a}_{\mathrm{M}} + \boldsymbol{a}_{\mathrm{S}})\Delta t^2/2$$

(8) 将修正后的地心状态转换为月心状态$(\boldsymbol{r}_f^i)^*$和$(\boldsymbol{v}_f^i)^*$,并将月心状态沿由$(\boldsymbol{v}_f^i)^*$确定的直线由t_f^i反向外推至t_0^i,即

$$(\boldsymbol{v}_0^i)^* = (\boldsymbol{v}_f^i)^*$$

$$(\boldsymbol{r}_0^i)^* = (\boldsymbol{r}_f^i)^* - (\boldsymbol{v}_f^i)^*\Delta t$$

这一段轨道就是“无引力场”下的轨道,也称常速度矢量轨道。

(9) 以$(\boldsymbol{r}_0^i)^*$和$(\boldsymbol{v}_0^i)^*$为起始状态,仅考虑月球引力的作用,按二体轨道由t_0^i外推至t_f^i,得到$\boldsymbol{r}_f^i$和$\boldsymbol{v}_f^i$,并将它们转换至地心状态,得到$\boldsymbol{R}_f^i$和$\boldsymbol{V}_f^i$。

(10) 将$\boldsymbol{R}_f^i$和$\boldsymbol{V}_f^i$作为新的地心圆锥曲线的起点,即$\boldsymbol{R}_0^{i+1}$和$\boldsymbol{V}_0^{i+1}$,重复上述过程,直至$t_f^i = t_f$,就得到接近探测器真实运动的终端状态。

多圆锥曲线法的步骤如图 15-10 所示。

值得注意的是,多圆锥曲线法计算过程中得到的带“ * ”的状态并不是探测器的真实运动状态,而是“伪状态”。因此,多圆锥曲线法并不能反映探测器飞行过程中的“内部状态”,而仅仅是较精确地逼近了真实轨道的初始与终端状态而已。

多圆锥曲线法的计算精度和快速性介于圆锥曲线拼接法和数值积分法之间,它的计算时间约为数值积分法的 1%,而计算误差则仅有圆锥曲线拼接法的 1%~5%。计算绕月飞行轨道时,近月点距离误差约为 20km,速度误差只有 0.5m/s 左右。

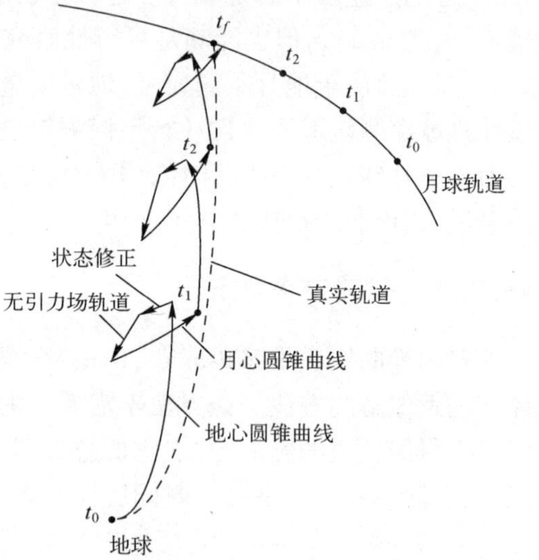

图 15-10　多圆锥曲线法

15.3　精确模型下的月球探测轨道设计

工程实践中采用的月球探测轨道,都是在真实动力学模型下、采用数值方法获得的轨道。设计过程中,要考虑轨道动力学、任务的科学目标、探测器性能、发射与测控、经济性等约束条件,与任务总体和其他分系统不断协调,经过多轮设计才能确定,因此是一项很复杂的工作。本节主要介绍其基本设计过程与原理。

15.3.1　轨道设计的约束条件

开展月球探测时,其任务轨道需要满足一定的约束条件,才能让探测器总体和各分系统正常工作。除轨道动力学约束外,一般还要考虑以下运动学约束。

1. 地球停泊轨道约束

(1) 倾角约束。停泊轨道的倾角一般不低于发射场的纬度,此外还要考虑到地面测控网的限制。

(2) 滑行时间约束。由于地球停泊轨道高度较低,易受到大气阻力的影响,因此若长时间

停留在地球停泊轨道上,可能需要额外的燃料进行轨道保持;同时,考虑到探测器进入地月转移轨道需要加速,在轨道机动前需要一定的准备时间,因此滑行时间不能过长也不能过短。

2. 地月转移轨道约束

(1) 轨道面方向约束。由于地球停泊轨道的倾角有约束,一般不与白道面重合。若采用地月转移轨道与白道面共面的转移方案,则需要进行改变轨道面的机动,消耗的燃料较多。若采用地月转移轨道与停泊轨道共面的转移方案,则只需要进行共面轨道机动,可以减少燃料的消耗,但需要保证探测器到达月球时刻的地月连线位于停泊轨道面内,对发射窗口要求较高。

(2) 速度大小约束。受限于运载火箭的运载能力,地月转移轨道入轨点处的速度不可能任意大;同时,受限于探测任务的时限要求,探测轨道上的飞行时间也不宜过长,因此进入地月转移轨道时的速度也不能太小。

3. 月球卫星轨道约束

(1) 轨道根数。月球探测任务的要求,如探测地点、探测精度、着陆位置、飞越高度等,可以转化为对月球卫星轨道根数的约束,其中主要是轨道倾角、轨道高度、轨道偏心率的约束。

此外,在实际设计的过程中还要考虑测控约束,保证探测器在飞行特征点前后弧段内位于地面测控网范围内,比如停泊轨道的变轨点、月心轨道的进入点等;还要考虑光照约束,这将影响探测器太阳能电池的供电情况与热控系统的设计。

15.3.2 轨道设计的动力学模型

从月球探测器轨道设计与计算的角度而言,动力学方程既可以建立在地心天球坐标系中,也可以建立在月心平赤道坐标系中。当采用地心天球坐标系(地心赤道惯性坐标系)时,其具体形式为

$$\frac{\mathrm{d}^2\boldsymbol{r}_{\mathrm{E}}}{\mathrm{d}t^2}=-\frac{\mu_{\mathrm{E}}\boldsymbol{r}_{\mathrm{E}}}{r_{\mathrm{E}}^3}-\frac{\mu_{\mathrm{E}}\boldsymbol{r}_{\mathrm{M}}}{r_{\mathrm{M}}^3}+\frac{\boldsymbol{P}}{m}+\boldsymbol{a}_{\mathrm{NSE}}+\boldsymbol{a}_{\mathrm{NSM}}+\boldsymbol{a}_{\mathrm{N}}+\boldsymbol{a}_{\mathrm{R}}+\boldsymbol{a}_{\mathrm{D}}+\boldsymbol{a}_{\mathrm{P}} \tag{15-3-1}$$

式中:等号右端各项依次为地球中心引力加速度、月球中心引力加速度、推力加速度、地球非球形项引力加速度、月球非球形项引力加速度、其他天体引力加速度、太阳光压加速度、大气阻力加速度和其余摄动加速度;$\boldsymbol{r}_{\mathrm{E}}$ 为探测器相对于地心的位置矢量,$\boldsymbol{r}_{\mathrm{M}}$ 为探测器相对于月心的位置矢量

$$\boldsymbol{r}_{\mathrm{M}}=\boldsymbol{r}_{\mathrm{E}}-\boldsymbol{R}_{\mathrm{M}} \tag{15-3-2}$$

其中,$\boldsymbol{R}_{\mathrm{M}}$ 为月球相对于地球的位置矢量,可通过查阅星历表获得。

对方程(15-3-1)右端的各项,推力 $\boldsymbol{P}$ 的开关机时间及方向是需要设计的控制量,其余各项的计算方法在前面各章已有介绍。初步设计时,仅考虑右端前三项即可。获得设计结果后,再考虑更精确的模型,对设计结果加以修正。

设计轨道时,需要对方程(15-3-1)进行相应精度要求的数值积分。在月球探测器的飞行过程中,有很长一段时间是近似的二体运动,可以适当地放大积分步长,以减少积分时间,提高设计效率。而在近地、近月空间,特别是有推力作用段,由于受力复杂,需要较小的积分步长,才能保证精度。因此,选择积分器时可以采用变步长积分器(如 Runge-Kutta-Fehlberg 算法),通过自动调整步长以兼顾积分精度和速度。

15.3.3 轨道设计的微分校正法

实际航天工程中的探月轨道设计是个很复杂工作,在此仅用一个简单的例子,介绍其基本

原理,主要是地月转移轨道设计的基本原理。

1. 飞行任务要求

为简化问题,在探测轨道设计中采用如下假设:月球探测轨道为双切向脉冲式转移轨道,即整个轨道由两次轨道机动和一段惯性滑行段组成;轨道机动点分别在地月转移轨道的起点,也即转移轨道与停泊轨道的交点(记为 *EA* 点)和月心轨道的进入点(记为 *LOI* 点),轨道机动均为瞬间完成;*EA* 点、*LOI* 点分别是地月转移轨道的近地点、月心轨道的近月点,也即两次脉冲的方向都与探测器的速度方向共线。

地月转移轨道的起始点在地球停泊轨道上,通常假设停泊轨道为圆轨道,则约束条件包括:地月转移轨道起始点的地心经纬度($\lambda_{\mathrm{E},0}$,$\varphi_{\mathrm{E},0}$)、地心距 $r_{\mathrm{E},p}$、轨道倾角 $i_{\mathrm{E},0}$。

假设探测任务要求为环月探测,即要求探测器成为月球卫星,假设环月轨道为圆轨道,则地月转移轨道的终端约束条件包括:近月距 $r_{\mathrm{M},p}$ 等于环月轨道半径、环月轨道的轨道倾角 i_{M} 和升交点经度 Ω_{M}。

测控约束要求探测器到达 *LOI* 点时应位于地面测控站的覆盖范围内,可以通过指定到达 *LOI* 点时的地面星下点经度来满足此要求。

2. 精确轨道求解过程

根据轨道力学相关理论,确定一条转移轨道需要确定轨道上任意一点的所有运动参数,包括 6 个运动参数和该点对应的时刻 t,即总共 7 个变量。这 6 个运动参数可以是直角坐标系下的位置和速度矢量,也可以是经典轨道根数或与之等价的参数。因此,月球探测器地月转移轨道设计问题可归结为多约束条件下的 7 维变量搜索问题。

与初步设计过程不同,月球探测器精确轨道设计通常是一个正向搜索过程,即通过迭代改变地心段轨道的参数,来满足月心段轨道的参数要求。此外,地月转移轨道设计需要求解复杂的轨道运动方程,计算非常耗时,因此设计一种收敛性好、计算量小的搜索方法是很重要的问题。为降低搜索过程的复杂性和难度,通常需要根据已知的约束条件尽量减少搜索变量的维数,这些被缩维的搜索变量称为“独立目标参数”。将剩余的搜索变量作为自由设计变量,使目标轨道参数满足飞行任务要求。

搜索过程可以描述为:在已知独立目标参数集 $\boldsymbol{\Psi}_i$(由约束条件给定)的情况下,通过对自由设计变量集 $\boldsymbol{U}$ 的搜索,使非独立目标参数集 $\boldsymbol{\Psi}_d$ 满足给定的约束条件。

地月转移轨道设计时,除时间外,*EA* 点处的运动参数有 6 个,原则上都可以作为自由设计变量,但通常受到 3 个约束:①由于发射场纬度和运载能力的限制,停泊轨道的倾角一般为确定值;②*EA* 点高度等于地球停泊轨道高度,同样受发射场和运载能力限制,停泊轨道的高度一般为确定值;③转移轨道与停泊轨道在近地点处相切,从而节省燃料,即 *EA* 点是转移轨道的近地点,$f_{EA}=0°$。因此,自由设计变量减少为 3 个。本小节选取半长轴 a_{EA}、升交点赤经 Ω_{EA} 和近地点幅角 ω_{EA} 作为自由设计变量,即

$$\boldsymbol{U}=[a_{EA} \quad \Omega_{EA} \quad \omega_{EA}]^{\mathrm{T}} \tag{15-3-3}$$

其中:半长轴 a_{EA} 决定了探测器的飞行时间,升交点赤经 Ω_{EA} 决定了转移轨道面在惯性空间中的方位,近地点幅角 ω_{EA} 决定了转移轨道的长轴在轨道面内的指向。

非独立目标参数 $\boldsymbol{\Psi}_d$ 一般选为近月点瞄准参数,通常根据任务要求确定,但个数要小于自由设计变量个数。本小节选择环月轨道的半径 $r_{\mathrm{M},p}$ 和近月点动量矩的 z 轴分量 $h^z_{\mathrm{M},p}$ 两个参数,即将搜索过程中的非独立目标参数 $\boldsymbol{\Psi}_d$(即转移轨道的末端参数)取为

$$\boldsymbol{\Psi}_d=[r_{\mathrm{M},p} \quad h^z_{\mathrm{M},p}]^{\mathrm{T}} \tag{15-3-4}$$

假定地月转移轨道的月心双曲线段与环月目标轨道在地月点处相切，则 $r_{\mathrm{M},p}$ 为月心双曲线的近月点距离；动量矩的 z 轴分量决定环月轨道倾角的大小。除此之外，还可以采用第 14 章介绍的 B 平面参数作为非独立目标参数，联接地心轨道段与月心轨道段。

独立目标参数 $\boldsymbol{\Psi}_i$ 取为

$$\boldsymbol{\Psi}_i=[\, i_{EA} \quad r_{EA} \quad f_{EA} \quad \Delta t_f\,]^{\mathrm{T}} \tag{15-3-5}$$

其中：i_{EA} 为地球停泊轨道的倾角，r_{EA} 为地球停泊轨道的半径，也即月地转移轨道在 EA 点处的倾角和地心距；f_{EA} 为地月转移轨道在 EA 点的真近点角；Δt_f 为转移时间。假定在进行地月轨道转移时，脉冲推力的方向沿探测器当前速度的方向，故出发点为转移轨道的近地点，有 $f_{EA}=0°$，且当地速度倾角 $\Theta_{EA}=0°$。

给定出发时刻 t_{EA} 后，可由简化模型下的探测轨道设计结果给出一个 $\boldsymbol{U}$ 的搜索初值 $\boldsymbol{U}_0$，与独立目标参数 $\boldsymbol{\Psi}_i$ 联立，可以求出 EA 点处的 6 个轨道根数，进而可以求出探测器在 EA 点处地心赤道惯性坐标系中的位置和速度。对轨道运动方程(15-3-1)积分，可得到经过时间 Δt_f 后，与当前自由设计变量 $\boldsymbol{U}_0$ 对应的非独立目标参数 $\boldsymbol{\Psi}_{d0}$。若非独立目标参数不满足要求，则构造算法获得新的自由设计变量 $\boldsymbol{U}_k$，重复上述过程直到条件满足。

构造算法调整自由设计变量，使地月转移轨道满足非独立目标参数要求，是月球精确轨道设计的核心。由于自由设计变量与非独立目标参数之间的关系很复杂，有很强的非线性，因此只能通过数值方法求解。可以利用动力学方程信息构造状态转移矩阵，设计微分校正法求解；也可以将其转化为参数优化问题，利用非线性优化算法或者智能算法求解；还可以两者结合使用，即先用优化算法获得初步解，再用微分校正法获得精确解。下面介绍微分校正法。

3. 轨道搜索的微分校正法

为便于表示，将自由设计变量 $\boldsymbol{U}$ 用 $\boldsymbol{X}^s$ 表示：

$$\boldsymbol{X}^s=\boldsymbol{U}=\begin{bmatrix} a_{EA} \\ \Omega_{EA} \\ \omega_{EA} \end{bmatrix} \tag{15-3-6}$$

非独立目标参数 $\boldsymbol{\Psi}_d$ 用近月点瞄准参数统一记为 $\boldsymbol{X}^f$

$$\boldsymbol{X}^f=\boldsymbol{\Psi}_d=\begin{bmatrix} r_{\mathrm{M},p} \\ h^z_{\mathrm{M},p} \end{bmatrix}=\begin{bmatrix} r_{\mathrm{M},p} \\ \boldsymbol{k}^0\cdot(\boldsymbol{r}_{\mathrm{M},p}\times\boldsymbol{v}_{\mathrm{M},p}) \end{bmatrix} \tag{15-3-7}$$

式中：$\boldsymbol{k}^0$ 为月心天球坐标系 z 轴的单位向量；$\boldsymbol{r}_{\mathrm{M},p}$、$\boldsymbol{v}_{\mathrm{M},p}$ 为探测器到达近月点时在月心天球坐标系中的位置与速度矢量。

如果固定转移轨道的入轨点时刻 t_{EA} 和到达近月点的时刻 $t_{\mathrm{M},p}$，即 $\Delta t_f=t_{\mathrm{M},p}-t_{EA}$ 确定，则非独立目标参数 $\boldsymbol{X}^f$ 与自由设计变量 $\boldsymbol{X}^s$ 间存在非线性函数关系，记为

$$\boldsymbol{X}^f=f(\boldsymbol{X}^s;t_{EA},t_{\mathrm{M},p}) \tag{15-3-8}$$

则变量 $\boldsymbol{X}^f$ 与自由设计变量 $\boldsymbol{X}^s$ 间的雅克比矩阵为

$$\frac{\partial \boldsymbol{X}^f}{\partial \boldsymbol{X}^s}=\frac{\partial \boldsymbol{X}^f}{\partial\begin{bmatrix}\boldsymbol{r}_{\mathrm{M},p}\\ \boldsymbol{v}_{\mathrm{M},p}\end{bmatrix}}\cdot\frac{\partial\begin{bmatrix}\boldsymbol{r}_{\mathrm{M},p}\\ \boldsymbol{v}_{\mathrm{M},p}\end{bmatrix}}{\partial\begin{bmatrix}\boldsymbol{r}_{\mathrm{E,M},p}\\ \boldsymbol{v}_{\mathrm{E,M},p}\end{bmatrix}}\cdot\frac{\partial\begin{bmatrix}\boldsymbol{r}_{\mathrm{E,M},p}\\ \boldsymbol{v}_{\mathrm{E,M},p}\end{bmatrix}}{\partial\begin{bmatrix}\boldsymbol{r}_{\mathrm{E},p}\\ \boldsymbol{v}_{\mathrm{E},p}\end{bmatrix}}\cdot\frac{\partial\begin{bmatrix}\boldsymbol{r}_{\mathrm{E},p}\\ \boldsymbol{v}_{\mathrm{E},p}\end{bmatrix}}{\partial \boldsymbol{X}^s} \tag{15-3-9}$$

式中：$\boldsymbol{r}_{\mathrm{E},p}$、$\boldsymbol{v}_{\mathrm{E},p}$ 为转移轨道近地点在地心天球坐标系中的位置与速度矢量；$\boldsymbol{r}_{\mathrm{E,M},p}$、$\boldsymbol{v}_{\mathrm{E,M},p}$ 为转移

轨道近月点在地心天球坐标系中的位置与速度矢量。

式(15-3-9)中,右侧第一项为

$$\frac{\partial \boldsymbol{X}^f}{\partial \begin{bmatrix} \boldsymbol{r}_{\mathrm{M},p} \\ \boldsymbol{v}_{\mathrm{M},p} \end{bmatrix}} = \begin{bmatrix} \dfrac{r_{\mathrm{M},x}}{\sqrt{r_{\mathrm{M},x}^2 + r_{\mathrm{M},y}^2 + r_{\mathrm{M},z}^2}} & \dfrac{r_{\mathrm{M},y}}{\sqrt{r_{\mathrm{M},x}^2 + r_{\mathrm{M},y}^2 + r_{\mathrm{M},z}^2}} & \dfrac{r_{\mathrm{M},y}}{\sqrt{r_{\mathrm{M},x}^2 + r_{\mathrm{M},y}^2 + r_{\mathrm{M},z}^2}} & 0 & 0 & 0 \\ v_{\mathrm{M},y} & -v_{\mathrm{M},x} & 0 & -r_{\mathrm{M},y} & r_{\mathrm{M},x} & 0 \end{bmatrix}$$

(15-3-10)

由于近月点时刻固定,故存在如下关系式:

$$\begin{bmatrix} \boldsymbol{r}_{\mathrm{M},p} \\ \boldsymbol{v}_{\mathrm{M},p} \end{bmatrix} = \begin{bmatrix} \boldsymbol{r}_{\mathrm{E,M},p} \\ \boldsymbol{v}_{\mathrm{E,M},p} \end{bmatrix} - \begin{bmatrix} \boldsymbol{R}_{\mathrm{M},p} \\ \boldsymbol{V}_{\mathrm{M},p} \end{bmatrix} \tag{15-3-11}$$

式中:$\boldsymbol{R}_{\mathrm{M},p}$、$\boldsymbol{V}_{\mathrm{M},p}$为探测器到达近月点时刻月球在地心天球坐标系中的位置与速度矢量。式(15-3-9)中,右侧第二项表示的偏导数矩阵为

$$\frac{\partial \begin{bmatrix} \boldsymbol{r}_{\mathrm{M},p} \\ \boldsymbol{v}_{\mathrm{M},p} \end{bmatrix}}{\partial \begin{bmatrix} \boldsymbol{r}_{\mathrm{E,M},p} \\ \boldsymbol{v}_{\mathrm{E,M},p} \end{bmatrix}} = \boldsymbol{I}_{6\times6} \tag{15-3-12}$$

$\boldsymbol{I}$ 表示单位矩阵。对式(15-3-9)的右侧第三项,设在地心天球坐标系中,近月点的位置、速度矢量相对于 EA 点处位置、速度矢量的偏导矩阵为

$$\frac{\partial \begin{bmatrix} \boldsymbol{r}_{\mathrm{E,M},p} \\ \boldsymbol{v}_{\mathrm{E,M},p} \end{bmatrix}}{\partial \begin{bmatrix} \boldsymbol{r}_{\mathrm{E},p} \\ \boldsymbol{v}_{\mathrm{E},p} \end{bmatrix}} = \boldsymbol{R} = \begin{bmatrix} \boldsymbol{R}_{11} & \boldsymbol{R}_{12} \\ \boldsymbol{R}_{21} & \boldsymbol{R}_{22} \end{bmatrix} = \begin{bmatrix} \dfrac{\partial \boldsymbol{r}_{\mathrm{E,M},p}}{\partial \boldsymbol{r}_{\mathrm{E},p}} & \dfrac{\partial \boldsymbol{r}_{\mathrm{E,M},p}}{\partial \boldsymbol{v}_{\mathrm{E},p}} \\ \dfrac{\partial \boldsymbol{v}_{\mathrm{E,M},p}}{\partial \boldsymbol{r}_{\mathrm{E},p}} & \dfrac{\partial \boldsymbol{v}_{\mathrm{E,M},p}}{\partial \boldsymbol{v}_{\mathrm{E},p}} \end{bmatrix} \tag{15-3-13}$$

式(15-3-13)中,$\boldsymbol{R}$ 对时间的一阶微分矩阵为

$$\dot{\boldsymbol{R}} = \begin{bmatrix} \boldsymbol{R}_{21} & \boldsymbol{R}_{22} \\ \dfrac{\partial \ddot{\boldsymbol{r}}_{\mathrm{E}}}{\partial \boldsymbol{r}_{\mathrm{E}}} \boldsymbol{R}_{11} & \dfrac{\partial \ddot{\boldsymbol{r}}_{\mathrm{E}}}{\partial \boldsymbol{r}_{\mathrm{E}}} \boldsymbol{R}_{12} \end{bmatrix} \tag{15-3-14}$$

其中:$\partial \ddot{\boldsymbol{r}}_{\mathrm{E}} / \partial \boldsymbol{r}_{\mathrm{E}}$ 为引力加速度对位置状态的偏导数,若将地球和月球都视为均质圆球,且不考虑其他摄动力的影响,其表达式为

$$\frac{\partial \ddot{\boldsymbol{r}}_{\mathrm{E}}}{\partial \boldsymbol{r}_{\mathrm{E}}} = \frac{\mu_{\mathrm{E}}}{r_{\mathrm{E}}^3}\left(3\,\frac{\boldsymbol{r}_{\mathrm{E}} \cdot \boldsymbol{r}_{\mathrm{E}}^{\mathrm{T}}}{r_{\mathrm{E}}^2} - \boldsymbol{I}\right) + \frac{\mu_{\mathrm{M}}}{r_{\mathrm{M}}^3}\left(3\,\frac{\boldsymbol{r}_{\mathrm{M}} \cdot \boldsymbol{r}_{\mathrm{M}}^{\mathrm{T}}}{r_{\mathrm{M}}^2} - \boldsymbol{I}\right) \tag{15-3-15}$$

在地心天球坐标系中,将运动方程(15-3-1)与式(15-3-14)同时积分,在得到终端运动状态的同时可以得到偏导数矩阵 $\boldsymbol{R}$。式(15-3-9)中的右侧第四项,即 EA 点处的位置、速度矢量对自由设计变量的偏导数,可由二体运动公式得到。至此,获得了雅克比矩阵$\partial \boldsymbol{X}^f / \partial \boldsymbol{X}^s$ 的值,从而可以构造自由设计变量的微分校正公式

$$\Delta \boldsymbol{X}^s = \Delta \boldsymbol{U} = \left(\frac{\partial \boldsymbol{X}^f}{\partial \boldsymbol{X}^s}\right)^{-1} \cdot \Delta \boldsymbol{X}^f \tag{15-3-16}$$

以修正后的自由设计变量作为初值,重新积分运动方程并迭代计算,直到满足精度要求为止。在实际计算时,通常给式(15-3-16)增加松弛因子,以防止迭代变量调整过快导致发散。

需要注意的是，在设计地月转移轨道时，应先求解近月点时刻的月球赤纬与地月转移轨道倾角的大小。根据轨道力学理论可知，只有当转移轨道倾角大于月球赤纬时，可行的轨道才存在，才有意义进行下一步迭代搜索。

4. 地月转移轨道算例

下面给出一个地月转移轨道设计的算例。假设探测器从近地圆停泊轨道出发，要求进入一个环月的圆轨道开展探测，设计条件如下。

环月轨道的半径为 $r_{M,p}=1838\text{km}$，即轨道高度 100km，轨道倾角 $i_M=90°$。

近地停泊轨道的半径为 $r_{EA}=6578.137\text{km}$，即轨道高度 200km，轨道倾角 $i_{EA}=28.5°$，出发点 EA 为地月转移轨道的近地点，即 $f_{EA}=0°$。要求探测器在 EA 点的速度增量 $\Delta v_{EA}\leqslant 3.22\text{km/s}$。

给定地月转移轨道的起始时间 t_{EA} 为 2013 年 5 月 7 日 12 时 24 分 39.00 秒，由 EA 点到达 LOI 点的总转移时间为 $\Delta t_f=114\text{h}$。

设计过程中，将地球和月球都视为均质圆球，暂不考虑其他摄动力的影响。月球的位置和速度使用 DE405 星历获得，轨道积分采用 RKF45 变步长积分法，参考坐标系为 J2000.0 地心天球坐标系。先用遗传算法获得初步设计结果作为初值，然后用微分校正法获得精确结果，如表 15-2 所示。

表 15-2　地月转移轨道的精确设计结果

参数名称	数　值
EA 点的速度 v_{EA}	10.9209km/s
EA 点的升交点赤经 Ω_{EA}	302.3370°
EA 点的近地点幅角 ω_{EA}	313.6117°
近月距 $r_{M,p}$	1837.9970km
月球轨道卫星倾角 i_M	90.0008°

图 15-11、图 15-12 分别给出了地心天球坐标系和月心天球坐标系中的地月转移轨道设计结果，长度用地月平均距离 R_M 做了归一化处理。

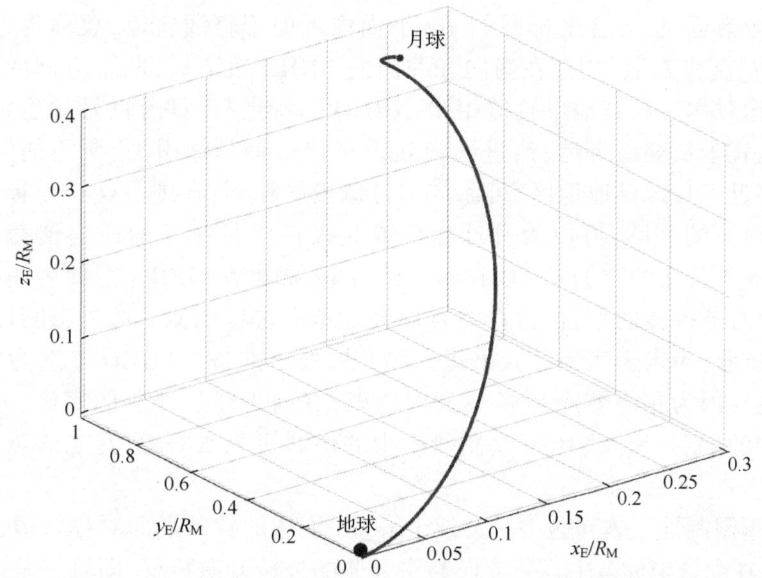

图 15-11　地心天球坐标系中的地月转移轨道

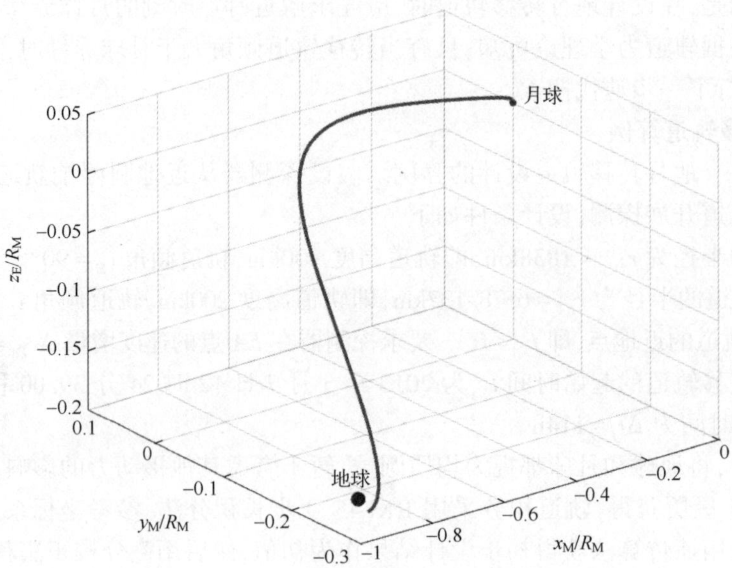

图 15-12　月心天球坐标系中的地月转移轨道

15.4　地月平动点附近的周期轨道

上一章已经讨论了平动点附近周期轨道的特点及设计方法,相关结论对地月平动点同样成立。本节介绍在地月系统开发中两类比较特殊的周期轨道:近直线晕轨道(near rectilinear halo orbit,NRHO)与远距离逆行轨道(distant retrograde orbit,DRO)。

15.4.1　NRHO 与 DRO 的基本情况

NRHO 是圆形限制性三体问题中的一类特殊周期轨道,属于 Halo 轨道族,这类轨道经过月球极地区域附近,在会合坐标系的 *xoz* 平面内近似于直线轨道,故称为近直线晕轨道。在地月空间的 L_1点和 L_2点,均存在南向和北向的 NRHO 轨道族,两个方向的轨道族关于地月轨道平面镜像对称。与其他晕轨道相比,NRHO 的特点有:具有良好的稳定性,轨道维持的代价较小,适宜于长期稳定运行;进入该轨道可以借助月球引力,所需能量较少;具有较低的近月点,接近于月球极地地区,可以支持月球极区探测;在地月会合坐标系中的形状类似一个偏心率很大的椭圆,可以为月球南极或北极提供长时间的通信覆盖。鉴于以上特点,美国在 2018 年公布的“门户”(Gateway)计划中,提出在 NRHO 上部署一个月球轨道空间站,将其作为月球探测的平台,旨在对月球极地地区进行探测。此外,还计划利用该平台开展各项科学试验,为未来实施载人火星探测开展技术准备。NRHO 被选为“门户”空间站的运行轨道,主要因为它能够满足多项工程约束,有利于登月任务的实施。在现有服务舱的能力下,美国的“猎户座”飞船可以耗费较少的燃料进入 NRHO,并能够以较短的时间到达月球表面。

DRO 是圆形限制性三体问题中一类位于 *xoy* 平面内的特殊平面对称轨道,其围绕较小的主天体运行,且在会合坐标系中运行方向与主天体的公转方向相反,即轨道是逆行的,故称为远距离逆行轨道。理想的周期 DRO 只存在于圆形限制性三体问题中,在实际力学模型中,由于摄动力的影响,周期 DRO 会变为拟周期 DRO。相比于其他的周期或拟周期轨道,DRO 在受到更大的扰动时,仍能保持稳定,因此非常适用于深空导航、中继通信以及科学数据采集等任务。地月系统的 DRO 位于白道面内、运行方向与月球公转方向相反;它的轨道幅值大、稳定性很好;能很好地覆盖到地球和月球,因此能够兼顾地球和月球的科学探测。NASA 的小行星重定向任务曾计划捕获一颗近地小行星,并使用小推力航天器将其拖拽到 DRO 上。由于 DRO 的长期稳定性,当受到非球形引力、太阳辐射压力及其他天体的引力等摄动影响时,在未来的几十年甚至更长时间内小行星都不需要实施位置保持机动。DRO 可以作为载人火星探测的中转轨道,用于物资补给,利用其周围的弱稳定边界进行深空探测轨道转移,还能达到节省燃料的效果。

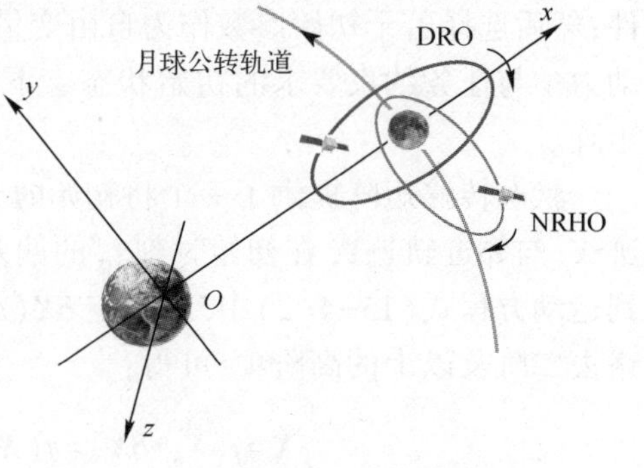

图 15-13 NRHO 与 DRO 在地月会合坐标系中的示意图

图 15-13 给出了地月会合坐标系中 NRHO 与 DRO 的示意图。

15.4.2 周期轨道的计算方法

NRHO 与 DRO 都是圆形限制性三体问题的周期解,不存在解析算法,只能通过数值方法求解。

根据式(13-5-15),可将地月会合坐标系中圆形限制性三体问题的运动方程写为

$$\begin{cases}\ddot{x}=2\dot{y}+x-\dfrac{(1-\mu)(x+\mu)}{r_1^2}-\dfrac{\mu(x-1+\mu)}{r_2^3}\\ \ddot{y}=-2\dot{x}+y-\dfrac{(1-\mu)y}{r_1^3}-\dfrac{\mu y}{r_2^3}\\ \ddot{z}=-\dfrac{(1-\mu)z}{r_1^3}-\dfrac{\mu z}{r_2^3}\end{cases} \tag{15-4-1}$$

其中:μ 为小天体的质量比,在地月系统中的值为 0.121506;$r_1=\sqrt{(x+\mu)^2+y^2+z^2}$,$r_2=\sqrt{(x-1+\mu)^2+y^2+z^2}$分别为探测器与地心和月心之间的距离。将式(15-4-1)写成状态向量的微分方程形式:

$$\dot{\boldsymbol{X}}(t)=\begin{bmatrix}\dot{x}\\ \dot{y}\\ \dot{z}\\ \ddot{x}\\ \ddot{y}\\ \ddot{z}\end{bmatrix}=\begin{bmatrix}\dot{x}\\ \dot{y}\\ \dot{z}\\ 2\dot{y}+x-\dfrac{(1-\mu)(x+\mu)}{r_1^2}-\dfrac{\mu(x-1+\mu)}{r_2^3}\\ -2\dot{x}+y-\dfrac{(1-\mu)y}{r_1^3}-\dfrac{\mu y}{r_2^3}\\ -\dfrac{(1-\mu)z}{r_1^3}-\dfrac{\mu z}{r_2^3}\end{bmatrix}=f(\boldsymbol{X}) \tag{15-4-2}$$

状态向量为：$\boldsymbol{X}(t)=[x(t),y(t),z(t),\dot{x}(t),\dot{y}(t),\dot{z}(t)]^{\mathrm{T}}$。若已知初始时刻的状态 $\boldsymbol{X}_0=\boldsymbol{X}(t_0)$，用数值方法积分运动方程式(15-4-2)，即可获得一组问题的解。

计算 NRHO 或 DRO 的关键，是如何获得一组满足要求的初始状态。这需要首先根据工程任务目标，确定满足任务要求的周期轨道的几何与动力学特征，作为运动方程解的约束条件；然后选择若干初始参数作为自由变量，通过微分校正等方法构造迭代算法，从而得到满足动力学与任务约束要求的初始状态。下面主要介绍构造迭代算法过程中常用到的状态转移矩阵。

状态转移矩阵提供了一个将初始时刻状态变换到后续时刻状态的线性映射。假设参考轨迹 $\boldsymbol{X}_c$ 与邻近轨迹 $\boldsymbol{X}$ 在初始时刻 t_0 的偏差为 $\delta\boldsymbol{X}(t_0)$，在其后 t 时刻的偏差为 $\delta\boldsymbol{X}(t)$，将其代入到运动方程式(15-4-2)中，并假定 $\delta\boldsymbol{X}(t)$ 很小。在参考轨迹附近对运动方程进行泰勒展开，略去二阶及以上的高阶项，可得：

$$\dot{\boldsymbol{X}}=f(\boldsymbol{X}_c+\delta\boldsymbol{X})=f(\boldsymbol{X}_c)+\left.\frac{\partial f}{\partial \boldsymbol{X}}\right|_{\boldsymbol{X}_c}\cdot\delta\boldsymbol{X}=\dot{\boldsymbol{X}}_c+\left.\frac{\partial f}{\partial \boldsymbol{X}}\right|_{\boldsymbol{X}_c}\cdot\delta\boldsymbol{X} \tag{15-4-3}$$

因此，有

$$\delta\dot{\boldsymbol{X}}(t)=\left.\frac{\partial f}{\partial \boldsymbol{X}}\right|_{\boldsymbol{X}_c}\cdot\delta\boldsymbol{X}(t) \tag{15-4-4}$$

上式为线性微分方程，其解为

$$\delta\boldsymbol{X}(t)=\frac{\partial \boldsymbol{X}(t)}{\partial \boldsymbol{X}(t_0)}\cdot\delta\boldsymbol{X}(t_0)=\boldsymbol{\Phi}(t,t_0)\cdot\delta\boldsymbol{X}(t_0) \tag{15-4-5}$$

式(15-4-5)中的 $\boldsymbol{\Phi}(t,t_0)=\partial\boldsymbol{X}(t)/\partial\boldsymbol{X}(t_0)$ 表示的是初始时刻的状态偏差到 t 时刻状态偏差的映射，即状态转移矩阵，其展开形式为

$$\boldsymbol{\Phi}(t,t_0)=\begin{bmatrix}
\frac{\partial x(t)}{\partial x(t_0)} & \frac{\partial x(t)}{\partial y(t_0)} & \frac{\partial x(t)}{\partial z(t_0)} & \frac{\partial x(t)}{\partial \dot{x}(t_0)} & \frac{\partial x(t)}{\partial \dot{y}(t_0)} & \frac{\partial x(t)}{\partial \dot{z}(t_0)}\\
\frac{\partial y(t)}{\partial x(t_0)} & \frac{\partial y(t)}{\partial y(t_0)} & \frac{\partial y(t)}{\partial z(t_0)} & \frac{\partial y(t)}{\partial \dot{x}(t_0)} & \frac{\partial y(t)}{\partial \dot{y}(t_0)} & \frac{\partial y(t)}{\partial \dot{z}(t_0)}\\
\frac{\partial z(t)}{\partial x(t_0)} & \frac{\partial z(t)}{\partial y(t_0)} & \frac{\partial z(t)}{\partial z(t_0)} & \frac{\partial z(t)}{\partial \dot{x}(t_0)} & \frac{\partial z(t)}{\partial \dot{y}(t_0)} & \frac{\partial z(t)}{\partial \dot{z}(t_0)}\\
\frac{\partial \dot{x}(t)}{\partial x(t_0)} & \frac{\partial \dot{x}(t)}{\partial y(t_0)} & \frac{\partial \dot{x}(t)}{\partial z(t_0)} & \frac{\partial \dot{x}(t)}{\partial \dot{x}(t_0)} & \frac{\partial \dot{x}(t)}{\partial \dot{y}(t_0)} & \frac{\partial \dot{x}(t)}{\partial \dot{z}(t_0)}\\
\frac{\partial \dot{y}(t)}{\partial x(t_0)} & \frac{\partial \dot{y}(t)}{\partial y(t_0)} & \frac{\partial \dot{y}(t)}{\partial z(t_0)} & \frac{\partial \dot{y}(t)}{\partial \dot{x}(t_0)} & \frac{\partial \dot{y}(t)}{\partial \dot{y}(t_0)} & \frac{\partial \dot{y}(t)}{\partial \dot{z}(t_0)}\\
\frac{\partial \dot{z}(t)}{\partial x(t_0)} & \frac{\partial \dot{z}(t)}{\partial y(t_0)} & \frac{\partial \dot{z}(t)}{\partial z(t_0)} & \frac{\partial \dot{z}(t)}{\partial \dot{x}(t_0)} & \frac{\partial \dot{z}(t)}{\partial \dot{y}(t_0)} & \frac{\partial \dot{z}(t)}{\partial \dot{z}(t_0)}
\end{bmatrix} \tag{15-4-6}$$

为获得状态转移矩阵 $\boldsymbol{\Phi}(t,t_0)$，可对其求时间的导数，得：

$$\frac{\mathrm{d}}{\mathrm{d}t}\frac{\partial \boldsymbol{X}(t)}{\partial \boldsymbol{X}(t_0)}=\frac{\mathrm{d}}{\mathrm{d}\boldsymbol{X}(t_0)}\dot{\boldsymbol{X}}(t)=\frac{\partial f(\boldsymbol{X}(t))}{\partial \boldsymbol{X}(t_0)}=\frac{\partial f(\boldsymbol{X}(t))}{\partial \boldsymbol{X}(t)}\cdot\frac{\partial \boldsymbol{X}(t)}{\partial \boldsymbol{X}(t_0)}=\boldsymbol{A}\cdot\frac{\partial \boldsymbol{X}(t)}{\partial \boldsymbol{X}(t_0)} \tag{15-4-7}$$

$\boldsymbol{A}$ 是一个 6×6 的矩阵，根据方程(15-4-2)可得

$$
\boldsymbol{A}=\begin{bmatrix} 0 & 0 & 0 & 1 & 0 & 0 \\ 0 & 0 & 0 & 0 & 1 & 0 \\ 0 & 0 & 0 & 0 & 0 & 1 \\ \hat{U}_{xx} & \hat{U}_{xy} & \hat{U}_{xz} & 0 & 2 & 0 \\ \hat{U}_{yx} & \hat{U}_{yy} & \hat{U}_{yz} & -2 & 0 & 0 \\ \hat{U}_{zx} & \hat{U}_{zy} & \hat{U}_{zz} & 0 & 0 & 0 \end{bmatrix} \tag{15-4-8}
$$

矩阵 $\boldsymbol{A}$ 中左下角的 3×3 项为无量纲化势函数$\hat{U}$的二阶偏导数,根据式(13-5-13)可得

$$
\begin{cases}
\hat{U}_{xx}=1-\dfrac{1-\mu}{r_1^3}-\dfrac{\mu}{r_2^3}+\dfrac{3(1-\mu)(x+\mu)^2}{r_1^5}+\dfrac{3\mu\,(x-1+\mu)^2}{r_2^5} \\
\hat{U}_{xy}=\dfrac{3y(1-\mu)(x+\mu)}{r_1^5}+\dfrac{3\mu y(x-1+\mu)}{r_2^5} \\
\hat{U}_{xz}=\dfrac{3z(1-\mu)(x+\mu)}{r_1^5}+\dfrac{3\mu z(x-1+\mu)}{r_2^5} \\
\hat{U}_{yx}=\dfrac{3y(1-\mu)(x+\mu)}{r_1^5}+\dfrac{3\mu y(x-1+\mu)}{r_2^5} \\
\hat{U}_{yy}=1-\dfrac{1-\mu}{r_1^3}-\dfrac{\mu}{r_2^3}+\dfrac{3y^2(1-\mu)}{r_1^5}+\dfrac{3\mu y^2}{r_2^5} \\
\hat{U}_{yz}=\dfrac{3yz(1-\mu)}{r_1^5}+\dfrac{3\mu yz}{r_2^5} \\
\hat{U}_{zx}=\dfrac{3z(1-\mu)(x+\mu)}{r_1^5}+\dfrac{3\mu z(x-1+\mu)}{r_2^5} \\
\hat{U}_{zy}=\dfrac{3yz(1-\mu)}{r_1^5}+\dfrac{3\mu yz}{r_2^5} \\
\hat{U}_{zz}=-\dfrac{1-\mu}{r_1^3}+\dfrac{3z^2(1-\mu)}{r_1^5}-\dfrac{\mu}{r_2^3}+\dfrac{3\mu z^2}{r_2^5}
\end{cases} \tag{15-4-9}
$$

由式(15-4-7)可知,状态转移矩阵对时间的导数为

$$
\frac{\mathrm{d}}{\mathrm{d}t}\boldsymbol{\Phi}(t,t_0)=\boldsymbol{A}\cdot\boldsymbol{\Phi}(t,t_0) \tag{15-4-10}
$$

$\boldsymbol{\Phi}(t,t_0)$ 的初值为单位矩阵 $\boldsymbol{\Phi}(t_0,t_0)=\boldsymbol{I}_{6\times6}$。

已知 $\boldsymbol{\Phi}(t,t_0)$ 后,就可以构造诸如单重打靶法、多重打靶法等迭代算法。迭代算法的启动还需要一个初值,可以利用周期轨道的近似解析解作为初值。

参 考 文 献

[1] 欧阳自远. 月球科学概论[M]. 北京:中国宇航出版社,2005.

[2] 褚桂柏,张熇. 月球探测器技术 [M]. 北京:中国科学技术出版社,2007.

[3] 刘林,王歆. 月球探测器轨道力学[M]. 北京:国防工业出版社,2006.

[4] 郗晓宁,曾国强,任萱,等. 月球探测器轨道设计 [M]. 北京:国防工业出版社,2001.
[5] Wilson SW. A Pseudostate Theory for the Approximation for Three-body Trajectories [C]. AAS/AIAA Astro-dynamics Conference, Santa Barbara, California, Aug. 1970, AIAA 70-1061.
[6] Byrnes D V., Hooper, H. L. Multi-Conic: A Fast and Accurate Method of Computing Space Flight Trajectories [C]. AAS/AIAA Astrodynamics Conference, Santa Barbara, California, Aug. 1970, AIAA 70-1062.
[7] Wilson R S. A Design Tool for Constructing Multiple Lunar Swing-by Trajectories [D]. Purdue University, 1993.
[8] 李立涛. 月球探测器轨道设计、优化及制导方法研究[D]. 哈尔滨:哈尔滨工业大学,2006.
[9] 吴小婧,曾凌川,巩应奎. DRO 计算及其在地月系中的摄动力研究[J]. 北京航空航天大学学报,2022,46(5):883-892.
[10] 陆林. 载人月球极地探测轨道方案研究[D]. 长沙:国防科技大学研究生院,2020.
[11] Thangavelu C. Transfers between Near Rectilinear Halo Orbits and Low Lunar Orbits [D]. University of Colorado, 2019.

附录 A　常用天文数据

A.1　IAU2009 天文常数

符号	物理意义	数值	单位
c	光速	2.99792458×10^{8}	$m\cdot s^{-1}$
G	万有引力常数	6.67428×10^{-11}	$m^{3}\cdot kg^{-1}\cdot s^{-2}$
μ_S	日心引力常数	$1.32712440041\times10^{20}$	$m^{3}\cdot s^{-2}$
J_{2s}	太阳动力学形状因子	2×10^{-7}	
AU	天文单位距离	$1.49597870700\times10^{11}$	m
ε_0	J2000.0 平黄赤交角	84381.4059	arcsec
p	J2000.0 黄经总岁差	5028.796195	arcsec/儒略世纪
μ_e	地球引力常数	3.986004356×10^{14}	$m^{3}\cdot s^{-2}$
a_e	地球赤道平均半径	6378136.6	m
J_{2e}	地球动力学形状因子	1.0826359×10^{-3}	
ω	地球自转角速度	7.292115×10^{-5}	$rad\cdot s^{-1}$
f	地球扁率	1/298.25642	
g_e	地球赤道正常重力	9.7803278	$m\cdot s^{-2}$
μ	月地质量比	0.0123000371	

A.2　太阳、大行星及月球基本参数表

天体	赤道半径 /km	J_2	质量 /Me	密度 /(g/cm^3)	赤道引力 /(m/s^2)	逃逸速度 /(km/s)	自转周期 /d	转轴倾角 /(°)	公转周期
太阳	696000	2.000×10^{-7}	332946	1.409	274	617.5	27.27	7.25	—
水星	2440	6.000×10^{-5}	0.0553	5.44	3.70	4.4	58.65	0	87.969d
金星	6051	4.458×10^{-6}	0.8150	5.24	8.87	10.36	243.01	177.36	224.7d
地球	6378	1.083×10^{-3}	1.0000	5.52	9.81	11.18	0.9973	23.44	365.24d
火星	3390	1.960×10^{-3}	0.1074	3.94	3.71	5.03	1.0260	25.19	686.980d
木星	69911	1.474×10^{-2}	317.894	1.326	24.79	59.54	0.4135	3.13	11.859a
土星	58232	1.630×10^{-2}	95.15	0.687	10.42	35.5	0.4400	26.73	29.449a
天王星	25362	3.343×10^{-3}	14.63	1.29	8.87	21.3	0.7183	97.77	84.323a
海王星	24622	3.411×10^{-3}	17.15	1.638	11.1	23.5	0.6654	28.32	165.168a
冥王星	1185	—	0.002	2.05	0.58	1.1	6.387	122.53	247.68a
月球	1738.1	2.207×10^{-4}	0.0123	3.34	1.62	2.38	27.322	6.68	27.322

注：1. 表中的单位 $Me=5.972186\times10^{24}kg$ 为地球质量，d 为（地球）平太阳日，a 为（地球）回归年；

2. 根据 2006 年第 26 届国际天文联合会的决议，冥王星被划归为矮行星；

3. 金星、天王星和冥王星为逆向自转。

A.3 大行星轨道根数

1. 密切轨道根数

历元:2024 年 10 月 17 日力学时 0^h(儒略日 2460600.5)

行星	半长轴 a (AU)	偏心率 e	轨道倾角 i /(°)	升交点黄经 Ω /(°)	近日点黄经 $\tilde{\omega}$ /(°)	平近点角 M /(°)	平均运动 n /(°/day)
水星	0.3870980	0.20564474	7.005459	48.62529	77.84190	152.92903	4.09234925
金星	0.7233275	0.00673966	3.394868	76.90401	132.19594	158.22375	1.60214605
地球	1.0000009	0.01671122	—	—	103.38079	282.61299	0.98560787
火星	1.5237883	0.09337413	1.849572	49.75403	336.55939	84.61148	0.52398300
木星	5.2022563	0.04828477	1.302693	100.72753	14.34222	52.79649	0.08310434
土星	9.5605744	0.05514163	2.486058	113.90137	90.54520	262.98039	0.03334573
天王星	19.3023348	0.04535308	0.772797	74.14189	164.87658	254.94676	0.01162248
海王星	30.2058916	0.01316689	1.767309	132.04303	38.04162	321.59151	0.00593715
冥王星	39.3991260	0.24653451	17.164070	110.66564	224.32741	51.17726	0.00398542

注:1. 地球的密切根数是关于地-月质心的值;

2. 根据 2006 年第 26 届国际天文联合会的决议,冥王星被划归为矮行星;

3. 近日点黄经$\tilde{\omega}=\omega+\Omega$;

4. 不同时刻的高精度密切轨道根数可使用喷气推进实验室的 DE 数值星历获得。

2. 平均轨道根数

下面给出 J 2000.0 日心黄道坐标系中,各行星平均轨道根数的一种近似计算公式(摘自 2014 年中国天文年历)。公式中 T 是从 J 2000.0 TT 起算的儒略世纪数,D 是相应的日数,L 是平黄经

$$T=\frac{\mathrm{JD(TT)}-2451545.0}{36525} \tag{A-3-1}$$

$$D=\mathrm{JD(TT)}-2451545.0 \tag{A-3-2}$$

$$L=\tilde{\omega}+M=\omega+\Omega+M \tag{A-3-3}$$

其他参数的含义与密切轨道根数表中的参数相同。

1) 水星平均轨道根数

$$\begin{cases} a=0.38709831\mathrm{AU} \\ e=0.20563175+0.000020406T-0.000000028T^2 \\ i=7^\circ.004986+0^\circ.0018215T-0^\circ.0000181T^2 \\ \Omega=48^\circ.330893+1^\circ.1861882T+0^\circ.0001759T^2 \\ \tilde{\omega}=77^\circ.456119+1^\circ.5564775T+0^\circ.0002959T^2 \\ L=252^\circ.250906+4^\circ.09237706363D+0^\circ.0003040T^2 \\ M=174^\circ.794787+4^\circ.09233444960D+0^\circ.0000081T^2 \\ n=4^\circ.092339/\mathrm{d} \end{cases} \tag{A-3-4}$$

2）金星平均轨道根数

$$
\begin{cases}
a=0.72332982\text{AU} \\
e=0.00677188-0.000047765T+0.000000097T^2 \\
i=3^\circ.394662+0^\circ.0010037T-0^\circ.0000009T^2 \\
\Omega=76^\circ.679920+0^\circ.9011204T+0^\circ.0004066T^2 \\
\tilde{\omega}=131^\circ.563707+1^\circ.4022289T-0^\circ.0010729T^2 \\
L=181^\circ.979801+1^\circ.60216873457D+0^\circ.0003106T^2 \\
M=50^\circ.416094+1^\circ.60213034364D+0^\circ.0013835T^2 \\
n=1^\circ.602130/\text{d}
\end{cases}
\tag{A-3-5}
$$

3）地球平均轨道根数

$$
\begin{cases}
a=1.00000102\text{AU} \\
e=0.01670862-0.000042040T-0.000001240T^2 \\
i=0^\circ.0 \\
\Omega=0^\circ.0 \\
\tilde{\omega}=102^\circ.937347+0^\circ.3225621T-0^\circ.0001576T^2 \\
M=357^\circ.529100+0^\circ.98560028169D-0^\circ.0001561T^2
\end{cases}
\tag{A-3-6}
$$

4）火星平均轨道根数

$$
\begin{cases}
a=1.52367934\text{AU} \\
e=0.09340062+0.000090484T-0.000000081T^2 \\
i=1^\circ.849726-0^\circ.0006011T+0^\circ.0000128T^2 \\
\Omega=49^\circ.558093+0^\circ.7720956T+0^\circ.0000161T^2 \\
\tilde{\omega}=336^\circ.060234+1^\circ.8410446T+0^\circ.0001351T^2 \\
L=355^\circ.433275+0^\circ.52407108760D+0^\circ.0003110T^2 \\
M=19^\circ.373041+0^\circ.52402068219D+0^\circ.0001759T^2 \\
n=0^\circ.524033/\text{d}
\end{cases}
\tag{A-3-7}
$$

5）木星平均轨道根数

$$
\begin{cases}
a=5.20260319+0.0000001913T\ \text{AU} \\
e=0.04849485+0.000163244T-0.000000472T^2 \\
i=1^\circ.303270-0^\circ.0054966T+0^\circ.0000046T^2 \\
\Omega=100^\circ.464441+1^\circ.0209542T+0^\circ.0004011T^2 \\
\tilde{\omega}=14^\circ.331309+1^\circ.6126383T+0^\circ.0010314T^2 \\
L=34^\circ.351484+0^\circ.08312943981D+0^\circ.0002237T^2 \\
M=20^\circ.020175+0^\circ.08308528818D-0^\circ.0008077T^2 \\
n=0^\circ.0830912/\text{d}
\end{cases}
\tag{A-3-8}
$$

6）土星平均轨道根数

$$\begin{cases}a=9.5549096-0.000002139T \quad \mathrm{AU}\\ e=0.05550862-0.000346818T-0.000000646T^2\\ i=2°.488878-0°.0037362T-0°.0000152T^2\\ \Omega=113°.665524+0°.8770949T-0°.0001208T^2\\ \widetilde{\omega}=93°.056787+1°.9637685T+0°.0008375T^2\\ L=50°.077471+0°.03349790593D+0°.0005195T^2\\ M=317°.020684+0°.03344414088D-0°.0003180T^2\\ n=0°.0334597/\mathrm{d}\end{cases} \tag{A-3-9}$$

7）天王星平均轨道根数

$$\begin{cases}a=19.2184461-0.00000037T \quad \mathrm{AU}\\ e=0.04629590-0.000027337T+0.000000079T^2\\ i=0°.773196+0°.0007744T+0°.0000375T^2\\ \Omega=74°.005947+0°.5211258T+0°.0013399T^2\\ \widetilde{\omega}=173°.005159+1°.4863784T+0°.0002145T^2\\ L=314°.055005+0°.01176903644D+0°.0003043T^2\\ M=141°.049846+0°.01172834162D+0°.0000898T^2\\ n=0°.0117308/\mathrm{d}\end{cases} \tag{A-3-10}$$

8）海王星平均轨道根数

$$\begin{cases}a=30.1103869-0.000000166T \quad \mathrm{AU}\\ e=0.00898809+0.000006408T-0.000000001T^2\\ i=1°.769952-0°.0093082T-0°.0000071T^2\\ \Omega=131°.784057+1°.1022035T+0°.0002600T^2\\ \widetilde{\omega}=48°.123691+1°.4262678T+0°.0003792T^2\\ L=304°.348665+0°.00602007691D+0°.0003093T^2\\ M=256°.224974+0°.00598102783D-0°.0000699T^2\\ n=0°.0059818/\mathrm{d}\end{cases} \tag{A-3-11}$$

A.4　日月位置的近似计算

1. 太阳位置的近似计算

根据相对运动原理，二体假设下太阳相对于地球的运动遵循开普勒定律，运动的轨迹是一个椭圆，地球位于椭圆的一个焦点上，运动的平面是黄道面。

当计算精度要求不高于 0.01°时，计算太阳的位置可以忽略月球及行星摄动的影响，认为太阳的运动轨迹是一个纯椭圆。

太阳相对于当天平春分点的几何平黄经为

$$L'=280°.46645+36000°.76983T+0°.0003032T^2 \tag{A-4-1}$$

其中，几何平黄经等于升交点黄经、近地点的升交点角距与平近点角之和。T 是自 J2000.0 TT 起算的儒略世纪数，计算公式为式（A-3-1）。

平近点角为

$$M'=357°.52910+35999°.05030T-0°.0001559T^2-0°.00000048T^3 \quad (A-4-2)$$

真近点角与平近点角之差为

$$\begin{aligned}\Delta_{\Theta}=&(1°.914600-0°.004817T-0°.000014T^2)\sin M'\\&+(0°.019993-0°.000101T)\sin 2M'+0°.000290\sin 3M'\end{aligned} \quad (A-4-3)$$

太阳的几何真黄经为

$$\Theta=L'+\Delta_{\Theta} \quad (A-4-4)$$

真近点角为$f'=M'+\Delta_{\Theta}$。

轨道偏心率为

$$e=0.016708617-0.000042037T-0.0000001236T^2 \quad (A-4-5)$$

日地距离为

$$R=\frac{1.000001018(1-e^2)}{1+e\cos f'} \quad (A-4-6)$$

上式的单位是 AU。

若要把太阳黄经转到 J2000.0 黄道坐标系中，则在 1900—2100 年范围内可用下式转换

$$\Theta_{2000.0}=\Theta-0°.01397(\text{year}-2000) \quad (A-4-7)$$

太阳在真黄道坐标系中的黄纬不会超过 1″.2，如果精度要求不高，可以假定为 0。因此，太阳的赤经 α 和赤纬 δ 可以用下式计算

$$\begin{cases}\tan\alpha=\dfrac{\cos\bar{\varepsilon}\sin\Theta}{\cos\Theta}\\ \sin\delta=\sin\bar{\varepsilon}\sin\Theta\end{cases} \quad (A-4-8)$$

式中：$\bar{\varepsilon}$ 为平黄赤交角，根据式(B-3-2)计算。

上述算法得到的是太阳的几何真黄经(相对于瞬时地心平黄道坐标系)，如果要计算太阳的视黄经 λ(相对于瞬时地心真黄道坐标系，并改正光行差)，还应对 Θ 进行章动修正和光行差修正。如果精度要求不高，可用下式修正：

$$\begin{cases}\lambda=\Theta-0°.00569-0°.00478\sin\Phi\\ \Phi=125°.04-1934°.136T\end{cases} \quad (A-4-9)$$

如果要得到太阳的视赤经和视赤纬，则式(A-4-8)中的 Θ 应换成 λ，$\bar{\varepsilon}$ 应加上修正量

$$\bar{\varepsilon}=\bar{\varepsilon}+0.00256\cos\Phi \quad (A-4-10)$$

2. 月球位置的近似计算

月球在 J2000.0 地心黄道坐标系中平均轨道根数的近似计算公式为

$$\begin{cases}a=384747.981\ \text{km}\\ e=0.054879905\\ i=5°.12983501671\\ \Omega=125°.044556-1934°.136185T+0°.0020767T^2\\ \Gamma'=83°.3532417+4069°.013711T-0°.0103236T^2\\ L=218°.3166556+481267°.8813425T-0°.00132972T^2\\ D=297°.850205+445267°.111519167T-0.001633889T^2\end{cases} \quad (A-4-11)$$

式中：T 为自 J2000.0 TT 起算的儒略世纪数；Ω 为升交点平黄经；$\Gamma'=\Omega+\omega$ 为近地点平黄经，$L=\Gamma'+l=\Omega+\omega+l$ 为月球平黄经；l 为月球平近点角；$D=L-L'$为日月平角距。

由于月球的轨道摄动变化较大,因此平均轨道根数(A-4-11)给出的位置精度较低,下面给出一种精度稍高的半分析星历,即考虑了主要周期项的星历计算方法。

为能够准确计算出某时刻月球的位置,须计算月球黄经、黄纬及距离的数百个周期项。这里仅考虑主要的周期项,得到的黄经精度是10″,黄纬精度是4″。

首先根据式(A-4-11)和式(A-4-2)计算月球平黄经 L、日月平角距 D 和太阳平近点角 l',计算月球平近点角 l

$$l=134^\circ.9634114+477198^\circ.8676313T+0^\circ.0089970T^2 \tag{A-4-12}$$

月球的纬度幅角 $F=L-\Omega$

$$F=93^\circ.2720993+483202^\circ.0175273T-0^\circ.0034029T^2 \tag{A-4-13}$$

取和计算表 A-1 中的月球黄经周期项 $\sum_\lambda$ 和距离周期项 $\sum_r$,取和计算表 A-2 中的黄纬周期项 $\sum_\beta$。其中,$\sum_\lambda$ 与 $\sum_\beta$ 是正弦项取和,$\sum_r$ 是余弦项取和,正余弦项的表达式为 $A\sin\theta$ 或 $A\cos\theta$,幅角 θ 是角度 D、l'、l、F 的线性组合,组合系数在表 A-1 及表 A-2 相应的列中,A 是振幅。比如,对黄经周期项 $\sum_\lambda$ 有

$$\sum_\lambda = \sum_{i=1}^{60} A_{\lambda i}\sin(k_{Di}D + k_{l'i}l' + k_{li}l + k_{Fi}F) \tag{A-4-14}$$

由于表 A-1 和表 A-2 中的项含有太阳平近点角 l',它与地球公转轨道的偏心率 e 有关,而偏心率随时间不断减小。由于这个原因,振幅 A 并不是表中的常数,而是个变量,因此当角度中含有 l' 或 $-l'$ 时须将振幅 A 乘以 E,含 $2l'$ 或 $-2l'$ 时乘以 E^2 进行修正。E 的表达式为

$$E=1-0.002516T-0.0000074T^2 \tag{A-4-15}$$

此外,还要修正行星和地球非球形摄动的影响:

$$\begin{cases}\sum_\lambda = \sum_\lambda + 3958\sin A_1 + 1962\sin(L-F) + 318\sin A_2 \\ \sum_\beta = \sum_\beta - 2235\sin L + 382\sin A_3 + 175\sin(A_1 - F) + 175\sin(A_1 + F) \\ + 127\sin(L-l) - 115\sin(L+l)\end{cases} \tag{A-4-16}$$

其中 A_1 与金星摄动有关,A_2 与木星摄动有关,A_3 与地球非球形摄动有关

$$\begin{cases}A_1=119^\circ.75+131^\circ.849T \\ A_2=53^\circ.09+479264^\circ.290T \\ A_3=313^\circ.45+481266^\circ.484T\end{cases} \tag{A-4-17}$$

最后得到月球的位置为

$$\begin{cases}\lambda = L + \sum_\lambda \times 10^{-6} \\ \beta = \sum_\beta \times 10^{-6} \\ \Delta = 385000.56 + \sum_r \times 10^{-3}\end{cases} \tag{A-4-18}$$

式中,黄经 λ 和黄纬 β 的单位是(°),距离 Δ 的单位是km。因为表 A-1 和表 A-2 中振幅的单位是 10^{-6}°和 10^{-3}km,所以式(A-4-18)在计算时要分别乘以系数 10^{-6} 和 10^{-3}。

表 A-1 月球黄经周期项 $\sum_\lambda$ 和距离周期项 $\sum_r$ 的相关数据

i	角度的组合系数				$\sum_\lambda$ 各项的正弦振幅 $A_{\lambda i}$	$\sum_r$ 各项的余弦振幅 A_{ri}
	k_{Di}	$k_{l'i}$	k_{li}	k_{Fi}		
1	0	0	1	0	6288744	−20905355
2	2	0	−1	0	1274027	−3699111
3	2	0	0	0	658314	−2955968
4	0	0	2	0	213618	−569925
5	0	1	0	0	−185116	48888
6	0	0	0	2	−114332	−3149
7	2	0	−2	0	58793	246158
8	2	−1	−1	0	57066	−152138
9	2	0	1	0	53322	−170733
10	2	−1	0	0	45758	−204586
11	0	1	−1	0	−40923	−129620
12	1	0	0	0	−34720	108743
13	0	1	1	0	−30383	104755
14	2	0	0	−2	15327	10321
15	0	0	1	2	−12528	0
16	0	0	1	−2	10980	79661
17	4	0	−1	0	10675	−34782
18	0	0	3	0	10034	−23210
19	4	0	−2	0	8548	−21636
20	2	1	−1	0	−7888	24208
21	2	1	0	0	−6766	30824
22	1	0	−1	0	−5163	−8379
23	1	1	0	0	4987	−16675
24	2	−1	1	0	4036	−12831
25	2	0	2	0	3994	−10445
26	4	0	0	0	3861	−11650
27	2	0	−3	0	3665	14403
28	0	1	−2	0	−2689	−7003
29	2	0	−1	2	−2602	0
30	2	−1	−2	0	2390	10056
31	1	0	1	0	−2348	6322
32	2	−2	0	0	2236	−9884
33	0	1	2	0	−2120	5751
34	0	2	0	0	−2069	0
35	2	−2	−1	0	2048	−4950
36	2	0	1	−2	−1773	4130

（续）

i	角度的组合系数				$\sum_{\lambda}$ 各项的正弦振幅 $A_{\lambda i}$	$\sum_{r}$ 各项的余弦振幅 A_{ri}
	k_{Di}	$k_{l'i}$	k_{li}	k_{Fi}		
37	2	0	0	2	−1595	0
38	4	−1	−1	0	1215	−3958
39	0	0	2	2	−1110	0
40	3	0	−1	0	−892	3258
41	2	1	1	0	−810	2616
42	4	−1	−2	0	759	−1897
43	0	2	−1	0	−713	−2117
44	2	2	−1	0	−700	2354
45	2	1	−2	0	691	0
46	2	−1	0	−2	596	0
47	4	0	1	0	549	−1423
48	0	0	4	0	537	−1117
49	4	−1	0	0	520	−1571
50	1	0	−2	0	−487	−1739
51	2	1	0	−2	−399	0
52	0	0	2	−2	−381	−4421
53	1	1	1	0	351	0
54	3	0	−2	0	−340	0
55	4	0	−3	0	330	0
56	2	−1	2	0	327	0
57	0	2	1	0	−323	1165
58	1	1	−1	0	299	0
59	2	0	3	0	294	0
60	2	0	−1	−2	0	8752

表 A-2　月球黄纬周期项 $\sum_{\beta}$ 的相关数据

i	角度的组合系数				$\sum_{\beta}$ 各项的正弦振幅 $A_{\beta i}$
	k_{Di}	$k_{l'i}$	k_{li}	k_{Fi}	
1	0	0	0	1	5128122
2	0	0	1	1	280602
3	0	0	1	−1	277693
4	2	0	0	−1	173237
5	2	0	−1	1	55413
6	2	0	−1	−1	46271
7	2	0	0	1	32573
8	0	0	2	1	17198

（续）

i	角度的组合系数				$\sum_\beta$ 各项的正弦振幅 $A_{\beta i}$
	k_{Di}	$k_{l'i}$	k_{li}	k_{Fi}	
9	2	0	1	−1	9266
10	0	0	2	−1	8822
11	2	−1	0	−1	8216
12	2	0	−2	−1	4324
13	2	0	1	1	4200
14	2	1	0	−1	−3359
15	2	−1	−1	1	2463
16	2	−1	0	1	2211
17	2	−1	−1	−1	2065
18	0	1	−1	−1	−1870
19	4	0	−1	−1	1828
20	0	1	0	1	−1794
21	0	0	0	3	−1749
22	0	1	−1	1	−1565
23	1	0	0	1	−1491
24	0	1	1	1	−1475
25	0	1	1	−1	−1410
26	0	1	0	−1	−1344
27	1	0	0	−1	−1335
28	0	0	3	1	1107
29	4	0	0	−1	1021
30	4	0	−1	1	833
31	0	0	1	−3	777
32	4	0	−2	1	671
33	2	0	0	−3	607
34	2	0	2	−1	596
35	2	−1	1	−1	491
36	2	0	−2	1	−451
37	0	0	3	−1	439
38	2	0	2	1	422
39	2	0	−3	−1	421
40	2	1	−1	1	−366
41	2	1	0	1	−351
42	4	0	0	1	331
43	2	−1	1	1	315
44	2	−2	0	−1	302

（续）

i	角度的组合系数				$\sum_{\beta}$ 各项的正弦振幅 $A_{\beta i}$
	k_{Di}	$k_{l'i}$	k_{li}	k_{Fi}	
45	0	0	1	3	−283
46	2	1	1	−1	−229
47	1	1	0	−1	223
48	1	1	0	1	223
49	0	1	−2	−1	−220
50	2	1	−1	−1	−220
51	1	0	1	1	−185
52	2	−1	−2	−1	181
53	0	1	2	1	−177
54	4	0	−2	−1	176
55	4	−1	−1	−1	166
56	1	0	1	−1	−164
57	4	0	1	−1	132
58	1	0	−1	−1	−119
59	4	−1	0	−1	115
60	2	−2	0	1	107

附录B　时间与坐标系统相关公式

B.1　时间系统相关公式

轨道力学中常用的时间系统可分为两大类:基于国际制秒(SI秒)的和基于地球自转的。日常的民用时间UTC是两类时间系统协调的结果,在日常计算中一般首先给出UTC时间。本附录的换算公式中,**时间的单位都是秒**。

1. TAI与UTC

国际原子时TAI和协调世界时UTC之间相差整数秒ΔAT,这是闰秒累计产生的结果

$$\mathrm{TAI}=\mathrm{UTC}+\Delta\mathrm{AT} \tag{B-1-1}$$

协调世界时换算原子时的改正值ΔAT可以查阅IERS(国际地球自转和参考系服务)网站上的公报得到。截止2014年1月1日,ΔAT=35s。

2. TT与TAI

地球时TT是天文年历中使用的时间尺度,与地球动力学时TDT、历书时ET等价,它们与地心坐标时TCG满足关系式(2-3-14)。但TCG只是理论上的时间尺度,实际应用中的TT应根据TAI计算

$$\mathrm{TT}=\mathrm{TDT}=\mathrm{ET}=\mathrm{TAI}+32.184\mathrm{s} \tag{B-1-2}$$

积分式(2-3-14),可得到TCG的计算公式

$$\mathrm{TT}=\mathrm{TCG}-L_G[\mathrm{JD}(\mathrm{TCG})-T_0]\times 86400 \tag{B-1-3}$$

式中:$T_0=2443144.5003725$,为1977年1月1日0^{h}TT对应的儒略日;$L_G=6.969290134\times10^{-10}$。

3. TDB与TT

质心动力学时TDB是太阳、月球、行星等天体星历表中的时间尺度,它与地球时TT的区别在于惯性系的原点不同。JPL(喷气推进实验室)的DE405星历表中的时间T_{eph}在功能上与TDB是等价的

$$\begin{aligned}\mathrm{TDB}\approx T_{\mathrm{eph}}\approx \mathrm{TT}&+0.001657\sin(628.3076T+6.2401)\\&+0.000022\sin(575.3385T+4.2970)\\&+0.000014\sin(1256.6152T+6.1969)\\&+0.000005\sin(606.9777T+4.0212)\\&+0.000005\sin(52.9691T+0.4444)\\&+0.000002\sin(21.3299T+5.5431)\\&+0.000010T\sin(628.3076T+4.2490)\end{aligned} \tag{B-1-4}$$

式中,系数的单位是s,三角函数幅角的单位是rad。T是自J2000.0起算的儒略世纪数

$$T=\frac{\mathrm{JD}(\mathrm{TT})-2451545.0}{36525} \tag{B-1-5}$$

质心坐标时TCB与质心动力学时TDB满足与式(B-1-3)类似的关系

$$TDB = TCB - L_B[JD(TCB) - T_0] \times 86400 + \Delta TDB_0 \tag{B-1-6}$$

式中：$L_B = 1.550519768 \times 10^{-8}$。在 T_0 时刻，$\Delta TDB_0 = (TDB - TCB)_{T_0} = -6.55 \times 10^{-5}$s。

4. UT1 与 UTC

世界时 UT1 与协调世界时 UTC 的差别是由地球自转的不均匀引起的，其改正值为 DUT1

$$UT1 = UTC + (UT1 - UTC) = UTC + DUT1 \tag{B-1-7}$$

在各国播发的授时信号中，会以 0.1s 的精度给出 DUT1 的值。IERS 经过综合处理后，在其公报 A 中会给出 DUT1 的快速确定值和最终值，快速确定值的精度一般在 1×10^{-5}s 左右。

由 UT1 根据式(2-3-12)可以计算 UT2，其中

$$\Delta T_s = 0.022\sin(2\pi T_B) - 0.012\cos(2\pi T_B) - 0.006\sin(4\pi T_B) + 0.007\cos(4\pi T_B) \tag{B-1-8}$$

T_B 以贝塞尔年为单位，从历元 B2000.0 起算

$$T_B = \frac{JD(UT1) - 2451544.033}{365.2422} \tag{B-1-9}$$

由式(B-1-1)、式(B-1-2)及式(B-1-7)，可得到地球时 TT 与世界时 UT1 的转换公式

$$UT1 = TT - \Delta T = TT - (32.184 + \Delta AT - DUT1) \tag{B-1-10}$$

式中，世界时换算力学时的改正值 ΔT 可以从 IERS 公报中查得。

改正值 ΔAT、DUT1、ΔT 都无法事先获得精确的长期预测值，在 IERS 公报中给出了长达 1 年的预推值。

5. $\overline{S}$ 与 UT1

地球转动角 θ 的计算公式为

$$\theta = 0.7790572732640 + 1.00273781191135448 D_U \tag{B-1-11}$$

式中，θ 的单位是地球转过的圈数，D_U 表示自 2000 年 1 月 1 日 12^h UT1 起算的 UT1 天数

$$D_U = JD(UT1) - 2451545.0 \tag{B-1-12}$$

格林尼治平恒星时 $\overline{S}$ 为

$$\begin{aligned}\overline{S} = 86400 \cdot \theta + (&0.014506 + 4612.156534T + 1.3915817T^2 \\ &- 0.00000044T^3 - 0.000029956T^4 - 0.0000000368T^5)/15\end{aligned} \tag{B-1-13}$$

T 表示以 J2000.0 TDB 计算的儒略世纪数

$$T = \frac{JD(TDB) - 2451545.0}{36525} \tag{B-1-14}$$

式(B-1-13)可以分为两部分，即由地球自转引起的快变项和由春分点的赤经岁差引起的慢变项。式(B-1-13)括号内的项除以 15 是因为 1 恒星秒对应 15 角秒。

根据格林尼治平恒星时 $\overline{S}$ 可以计算格林尼治真恒星时 S

$$S = \overline{S} + \varepsilon_\gamma / 15 \tag{B-1-15}$$

ε_γ 主要是由地球的赤经章动引起的，高精度计算中还需要考虑一些补偿项

$$\begin{aligned}\varepsilon_\gamma = &\Delta\psi\cos\overline{\varepsilon} \\ &+ 0.00264096\sin(\Omega) \\ &+ 0.00006352\sin(2\Omega) \\ &+ 0.00001175\sin(2F - 2D + 3\Omega) \\ &+ 0.00001121\sin(2F - 2D + \Omega) \\ &- 0.00000455\sin(2F - 2D + 2\Omega)\end{aligned}$$

$$
\begin{aligned}
&+0.00000202\sin(2F+3\Omega)\\
&+0.00000198\sin(2F+\Omega)\\
&-0.00000172\sin(3\Omega)\\
&-0.00000087T\sin(\Omega)
\end{aligned}
\tag{B-1-16}
$$

式中：$\Delta\psi$ 为黄经章动，单位角秒，计算公式为式(B-3-3)；$\bar{\varepsilon}$ 为平黄赤交角，计算公式为式(B-3-2)；F、D、Ω 为日月基本幅角，计算公式为式(B-3-6)；T 为自 J2000.0 TT 起算的儒略世纪数，计算公式为式(B-1-5)；各系数的单位是角秒。

经度 λ 处的当地平恒星时 $\bar{s}$ 和当地真恒星时 s 分别为

$$
\bar{s}=\bar{S}+\left(\frac{3600}{15}\right)\lambda,\quad s=S+\left(\frac{3600}{15}\right)\lambda \tag{B-1-17}
$$

式中：λ 是基于地球中介原点 TIO 和天球中介极 CIP 定义的，单位是(°)。λ 与日常使用的地理经度 λ_G、地理纬度 ϕ_G 的关系为

$$
\lambda=\lambda_G+\frac{(x\sin\lambda_G+y\cos\lambda_G)\tan\phi_G}{3600} \tag{B-1-18}
$$

x、y 是极移值，单位是角秒；λ_G、ϕ_G 的单位是(°)。

B.2 年、月、日及儒略日

1. 日

1 平太阳日=86400 平太阳秒

1 平恒星日(春分点)=(1-0.002 730 421 85)平太阳日=86 164.091 552 平太阳秒

1 平均地球自转周期(恒星)=86 164.100 637 平太阳秒

2. 月

1 朔望月=29.530 588 85 平太阳日

1 回归月=27.321 582 24 平太阳日

1 恒星月=27.321 661 55 平太阳日

1 交点月=27.212 220 82 平太阳日

3. 年

1 回归年=365.242 189 68 平太阳日

1 恒星年=365.256 363 06 平太阳日

1 格里历年=365.2425 平太阳日

1 儒略年=365.2500 平太阳日

4. 公历换算为儒略日

设公历日期的年、月、日(含天的小数部分)分别为 Y、M、D，则对应的儒略日为

$$
\begin{aligned}
\mathrm{JD}=&D-32075.5\\
&+\left[1461\times\left(Y+4800+\left[\frac{M-14}{12}\right]\right)/4\right]\\
&+\left[367\times\left(M-2-\left[\frac{M-14}{12}\right]\times12\right)/12\right]\\
&-\left[3\times\left[Y+4900+\left[\frac{M-14}{12}\right]\right]/400\right]
\end{aligned}
\tag{B-2-1}
$$

其中,$[X]$表示取 X 的整数部分。

5. 儒略日换算为公历

设某时刻的儒略日为 JD,对应公历日期的年、月、日分别为 Y、M 和 D(含天的小数部分),则转换公式为

$$\begin{cases} J=[\mathrm{JD}+0.5] \\ N=\left[\dfrac{4(J+68569)}{146097}\right] \\ L_1=J+68569-\left[\dfrac{N\times146097+3}{4}\right] \\ Y_1=\left[\dfrac{4000(L_1+1)}{1461001}\right] \\ L_2=L_1-\left[\dfrac{1461\times Y_1}{4}\right]+31 \\ M_1=\left[\dfrac{80\times L_2}{2447}\right] \\ D=L_2-\left[\dfrac{2447\times M_1}{80}\right] \\ L_3=\left[\dfrac{M_1}{11}\right] \\ M=M_1+2-12\times L_3 \\ Y=[100\times(N-49)+Y_1+L_3] \end{cases} \tag{B-2-2}$$

B.3 坐标系统相关公式

1. 岁差角计算公式

J2000.0 协议天球坐标系与瞬时平天球坐标系之间的方向余弦阵与三个赤道岁差参数 ζ_A、θ_A、z_A 有关,其计算公式为(单位角秒)

$$\begin{cases} \zeta_A=2.650545+2306.083227T+0.2988499T^2+0.01801828T^3-0.000005971T^4-0.0000003173T^5 \\ \theta_A=2004.191903T-0.4294934T^2-0.04182264T^3-0.000007089T^4-0.0000001274T^5 \\ z_A=-2.650545+2306.077181T+1.0927348T^2+0.01826837T^3-0.000028596T^4-0.0000002904T^5 \end{cases} \tag{B-3-1}$$

式中:T 为自 J2000.0 TDB 起算的儒略世纪数,见式(B-1-14)。

2. 平黄赤交角计算公式

$\bar{\varepsilon}$为平黄赤交角,计算公式为(单位角秒)

$$\begin{aligned} \bar{\varepsilon}=84381.406-46.836769T-0.0001831T^2 \\ +0.00200340T^3-0.000000576T^4-0.0000000434T^5 \end{aligned} \tag{B-3-2}$$

T 的含义同式(B-3-1)。

3. 章动角计算公式

瞬时平天球坐标系与瞬时真天球坐标系之间的方向余弦阵与黄经章动 $\Delta\psi$、交角章动 $\Delta\varepsilon$

有关。

章动是真天极绕着平天极的周期性运动，其主要项与月球轨道升交点黄经有关，周期18.6a，其他项与太阳和月球的平黄经、平近点角以及月球轨道升交点黄经的组合有关。IAU2000 岁差—章动模型中还包含了与行星有关的项。

IAU 2000 章动模型根据级数计算章动角。精度较高的模型 A 共有 1365 项，包含 678 个日月项和 687 个行星项。模型 B 是 IAU 2000 决议推荐的一个简化模型，总共包含 78 项，精度可达 1×10^{-3} arc sec。模型 B 的计算公式为（单位角秒）

$$\begin{cases}\Delta\psi = \Delta\psi_P + \sum_{i=1}^{77}\left[(S_i + \dot{S}_i T)\sin\Phi_i + C'_i\cos\Phi_i\right] \\ \Delta\varepsilon = \Delta\varepsilon_P + \sum_{i=1}^{77}\left[(C_i + \dot{C}_i T)\cos\Phi_i + S'_i\sin\Phi_i\right]\end{cases} \tag{B-3-3}$$

式中：$\Delta\psi_P$、$\Delta\varepsilon_P$ 为行星章动的长周期项

$$\begin{cases}\Delta\psi_P = -0''.135\times10^{-3} \\ \Delta\varepsilon_P = 0''.388\times10^{-3}\end{cases} \tag{B-3-4}$$

幅角 Φ_i 可以表示成 5 个基本幅角线性组合的形式

$$\Phi_i = \sum_{j=1}^{5} M_{ij}\phi_j(T) \tag{B-3-5}$$

式中：T 为自 J2000.0 TDB 起算的儒略世纪数，计算公式为式（B-1-14）；$\phi_j(T)$ 为与日月有关的基本幅角，计算公式为（单位角秒）

$$\begin{cases}\phi_1 = l = 485868.249036+1717915923.2178T+31.8792T^2+0.051635T^3-0.00024470T^4 \\ \phi_2 = l' = 1287104.79305+129596581.0481T-0.5532T^2+0.000136T^3-0.00001149T^4 \\ \phi_3 = F = 335779.526232+1739527262.8478T-12.7512T^2-0.001037T^3+0.00000417T^4 \\ \phi_4 = D = 1072260.70369+1602961601.2090T-6.3706T^2+0.006593T^3-0.00003169T^4 \\ \phi_5 = \Omega = 450160.398036-6962890.5431T+7.4722T^2+0.007702T^3-0.00005939T^4\end{cases} \tag{B-3-6}$$

式中：l 为月球平近点角；l' 为太阳平近点角；D 为日月平角距；Ω 为月球升交点平黄经；$F=L-\Omega$ 为月球平黄经与月球升交点平黄经之差。

式（B-3-3）与式（B-3-5）中，S_i、$\dot{S}_i$、C'_i、C_i、$\dot{C}_i$、S'_i、M_{ij} 是系数，见附录 B.4。

B.4 IAU2000B 章动系数

i	$M_{i,1}$	$M_{i,2}$	$M_{i,3}$	$M_{i,4}$	$M_{i,5}$	S_i	$\dot{S}_i$	C'_i	C_i	$\dot{C}_i$	S'_i
1	0	0	0	0	1	-172064161	-174666	33386	92052331	9086	15377
2	0	0	2	-2	2	-13170906	-1675	-13696	5730336	-3015	-4587
3	0	0	2	0	2	-2276413	-234	2796	978459	-485	1374
4	0	0	0	0	2	2074554	207	-698	-897492	470	-291
5	0	1	0	0	0	1475877	-3633	11817	73871	-184	-1924

（续）

i	$M_{i,1}$	$M_{i,2}$	$M_{i,3}$	$M_{i,4}$	$M_{i,5}$	S_i	$\dot{S}_i$	C'_i	C_i	$\dot{C}_i$	S'_i
6	0	1	2	−2	2	−516821	1226	−524	224386	−677	−174
7	1	0	0	0	0	711159	73	−872	−6750	0	358
8	0	0	2	0	1	−387298	−367	380	200728	18	318
9	1	0	2	0	2	−301461	−36	816	129025	−63	367
10	0	−1	2	−2	2	215829	−494	111	−95929	299	132
11	0	0	2	−2	1	128227	137	181	−68982	−9	39
12	−1	0	2	0	2	123457	11	19	−53311	32	−4
13	−1	0	0	2	0	156994	10	−168	−1235	0	82
14	1	0	0	0	1	63110	63	27	−33228	0	−9
15	−1	0	0	0	1	−57976	−63	−189	31429	0	−75
16	−1	0	2	2	2	−59641	−11	149	25543	−11	66
17	1	0	2	0	1	−51613	−42	129	26366	0	78
18	−2	0	2	0	1	45893	50	31	−24236	−10	20
19	0	0	0	2	0	63384	11	−150	−1220	0	29
20	0	0	2	2	2	−38571	−1	158	16452	−11	68
21	0	−2	2	−2	2	32481	0	0	−13870	0	0
22	−2	0	0	2	0	−47722	0	−18	477	0	−25
23	2	0	2	0	2	−31046	−1	131	13238	−11	59
24	1	0	2	−2	2	28593	0	−1	−12338	10	−3
25	−1	0	2	0	1	20441	21	10	−10758	0	−3
26	2	0	0	0	0	29243	0	−74	−609	0	13
27	0	0	2	0	0	25887	0	−66	−550	0	11
28	0	1	0	0	1	−14053	−25	79	8551	−2	−45
29	−1	0	0	2	1	15164	10	11	−8001	0	−1
30	0	2	2	−2	2	−15794	72	−16	6850	−42	−5
31	0	0	−2	2	0	21783	0	13	−167	0	13
32	1	0	0	−2	1	−12873	−10	−37	6953	0	−14
33	0	−1	0	0	1	−12654	11	63	6415	0	26
34	−1	0	2	2	1	−10204	0	25	5222	0	15
35	0	2	0	0	0	16707	−85	−10	168	−1	10
36	1	0	2	2	2	−7691	0	44	3268	0	19
37	−2	0	2	0	0	−11024	0	−14	104	0	2
38	0	1	2	0	2	7566	−21	−11	−3250	0	−5
39	0	0	2	2	1	−6637	−11	25	3353	0	14
40	0	−1	2	0	2	−7141	21	8	3070	0	4
41	0	0	0	2	1	−6302	−11	2	3272	0	4
42	1	0	2	−2	1	5800	10	2	−3045	0	−1

（续）

i	$M_{i,1}$	$M_{i,2}$	$M_{i,3}$	$M_{i,4}$	$M_{i,5}$	S_i	$\dot{S}_i$	C'_i	C_i	$\dot{C}_i$	S'_i
43	2	0	2	−2	2	6443	0	−7	−2768	0	−4
44	−2	0	0	2	1	−5774	−11	−15	3041	0	−5
45	2	0	2	0	1	−5350	0	21	2695	0	12
46	0	−1	2	−2	1	−4752	−11	−3	2719	0	−3
47	0	0	0	−2	1	−4940	−11	−21	2720	0	−9
48	−1	−1	0	2	0	7350	0	−8	−51	0	4
49	2	0	0	−2	1	4065	0	6	−2206	0	1
50	1	0	0	2	0	6579	0	−24	−199	0	2
51	0	1	2	−2	1	3579	0	5	−1900	0	1
52	1	−1	0	0	0	4725	0	−6	−41	0	3
53	−2	0	2	0	2	−3075	0	−2	1313	0	−1
54	3	0	2	0	2	−2904	0	15	1233	0	7
55	0	−1	0	2	0	4348	0	−10	−81	0	2
56	1	−1	2	0	2	−2878	0	8	1232	0	4
57	0	0	0	1	0	−4230	0	5	−20	0	−2
58	−1	−1	2	2	2	−2819	0	7	1207	0	3
59	−1	0	2	0	0	−4056	0	5	40	0	−2
60	0	−1	2	2	2	−2647	0	11	1129	0	5
61	−2	0	0	0	1	−2294	0	−10	1266	0	−4
62	1	1	2	0	2	2481	0	−7	−1062	0	−3
63	2	0	0	0	1	2179	0	−2	−1129	0	−2
64	−1	1	0	1	0	3276	0	1	−9	0	0
65	1	1	0	0	0	−3389	0	5	35	0	−2
66	1	0	2	0	0	3339	0	−13	−107	0	1
67	−1	0	2	−2	1	−1987	0	−6	1073	0	−2
68	1	0	0	0	2	−1981	0	0	854	0	0
69	−1	0	0	1	0	4026	0	−353	−553	0	−139
70	0	0	2	1	2	1660	0	−5	−710	0	−2
71	−1	0	2	4	2	−1521	0	9	647	0	4
72	−1	1	0	1	1	1314	0	0	−700	0	0
73	0	−2	2	−2	1	−1283	0	0	672	0	0
74	1	0	2	2	1	−1331	0	8	663	0	4
75	−2	0	2	2	2	1383	0	−2	−594	0	−2
76	−1	0	0	0	2	1405	0	4	−610	0	2
77	1	1	2	−2	2	1290	0	0	−556	0	0

表中，系数 S_i、C'_i、C_i、S'_i的单位是 1×10^{-7}角秒，$\dot{S}_i$、$\dot{C}_i$ 的单位是 1×10^{-7}角秒/儒略世纪。

附录 C　摄动力计算

C.1　地球非球形引力加速度的计算

根据第 7 章中的式(7-4-10),地球非球形部分的引力位为

$$V=\frac{\mu_e}{r}\left[\sum_{n=2}^{\infty}\left(\frac{a_e}{r}\right)^n C_{n,0}P_n(\sin\varphi)+\sum_{n=2}^{\infty}\sum_{m=1}^{n}\left(\frac{a_e}{r}\right)^n P_{n,m}(\sin\varphi)(C_{n,m}\cos m\lambda+S_{n,m}\sin m\lambda)\right] \tag{C-1-1}$$

在式(C-1-1)中,随着阶数 n 的增大,$C_{n,0}$、$C_{n,m}$、$S_{n,m}$ 将迅速减小,但 $P_n(\sin\varphi)$ 和 $P_{n,m}(\sin\varphi)$ 的值会迅速增大。对不同的 n 和 m,$P_{n,m}(\sin\varphi)$ 的值相差很大,球谐系数的值也相差很大,这给数值计算带来了不便。为此,将式(C-1-1)中的勒让德函数和球谐系数进行归一化处理。

勒让德函数的归一化公式为

$$\bar{P}_{n,m}(\sin\varphi)=P_{n,m}(\sin\varphi)/N_{n,m} \tag{C-1-2}$$

其中

$$N_{n,m}=\sqrt{\frac{(n+m)!}{(1+\delta)(2n+1)(n-m)!}} \tag{C-1-3}$$

δ 的取值为

$$\delta=\begin{cases}0, & m=0\\ 1, & m\neq 0\end{cases} \tag{C-1-4}$$

在此定义下,归一化的地球引力位函数可写成

$$V=\frac{\mu_e}{r}\left[\sum_{n=2}^{\infty}\left(\frac{a_e}{r}\right)^n \bar{C}_{n,0}\bar{P}_n(\sin\varphi)+\sum_{n=2}^{\infty}\sum_{m=1}^{n}\left(\frac{a_e}{r}\right)^n \bar{P}_{n,m}(\sin\varphi)(\bar{C}_{n,m}\cos m\lambda+\bar{S}_{n,m}\sin m\lambda)\right] \tag{C-1-5}$$

其中

$$\bar{C}_{n,m}=C_{n,m}N_{n,m},\quad \bar{S}_{n,m}=S_{n,m}N_{n,m} \tag{C-1-6}$$

已知某点在地心地球固联坐标系中的直角坐标 $\boldsymbol{r}=[x,y,z]^{\mathrm{T}}$ 后,式(C-1-5)中的相关函数计算如下:

$$\sin\varphi=\frac{z}{r},\quad \cos\varphi=\frac{\sqrt{x^2+y^2}}{r},\quad \sin\lambda=\frac{y}{\sqrt{x^2+y^2}},\quad \cos\lambda=\frac{x}{\sqrt{x^2+y^2}}$$

$\sin m\lambda$ 和 $\cos m\lambda$ 的递推公式为

$$\begin{cases}\sin m\lambda=2\cos\lambda\sin(m-1)\lambda-\sin(m-2)\lambda\\ \cos m\lambda=2\cos\lambda\cos(m-1)\lambda-\cos(m-2)\lambda\end{cases}\quad (m\geqslant 2) \tag{C-1-7}$$

$\overline{P}_n(\sin\varphi)$的递推公式为

$$\begin{cases}\overline{P}_0(\sin\varphi)=1,\overline{P}_1(\sin\varphi)=\sqrt{3}\sin\varphi \\ \overline{P}_n(\sin\varphi)=\dfrac{\sqrt{4n^2-1}}{n}\sin\varphi\overline{P}_{n-1}(\sin\varphi)-\dfrac{n-1}{n}\sqrt{\dfrac{2n+1}{2n-3}}\overline{P}_{n-2}(\sin\varphi)\end{cases}\quad (n\geqslant 2)\qquad \text{(C-1-8)}$$

$\overline{P}_{n,m}(\sin\varphi)$的递推公式为

$$\begin{cases}\overline{P}_{1,1}(\sin\varphi)=\sqrt{3}\cos\varphi \\ \overline{P}_{n,n}(\sin\varphi)=\sqrt{\dfrac{2n+1}{2n}}\cos\varphi\overline{P}_{n-1,n-1}(\sin\varphi)\quad (n\geqslant 2) \\ \overline{P}_{n+1,n}(\sin\varphi)=\sqrt{2n+3}\sin\varphi\overline{P}_{n,n}(\sin\varphi)\quad (n\geqslant 1) \\ \overline{P}_{n,m}(\sin\varphi)=\sqrt{\dfrac{4n^2-1}{n^2-m^2}}\sin\varphi\overline{P}_{n-1,m}(\sin\varphi)-\sqrt{\dfrac{(2n+1)[(n-1)^2-m^2]}{(2n-3)(n^2-m^2)}}\overline{P}_{n-2,m}(\sin\varphi) \\ \qquad (n\geqslant 3,n-1\geqslant m\geqslant 1)\end{cases}$$

(C-1-9)

勒让德函数的递推流程如图 C-1 所示。

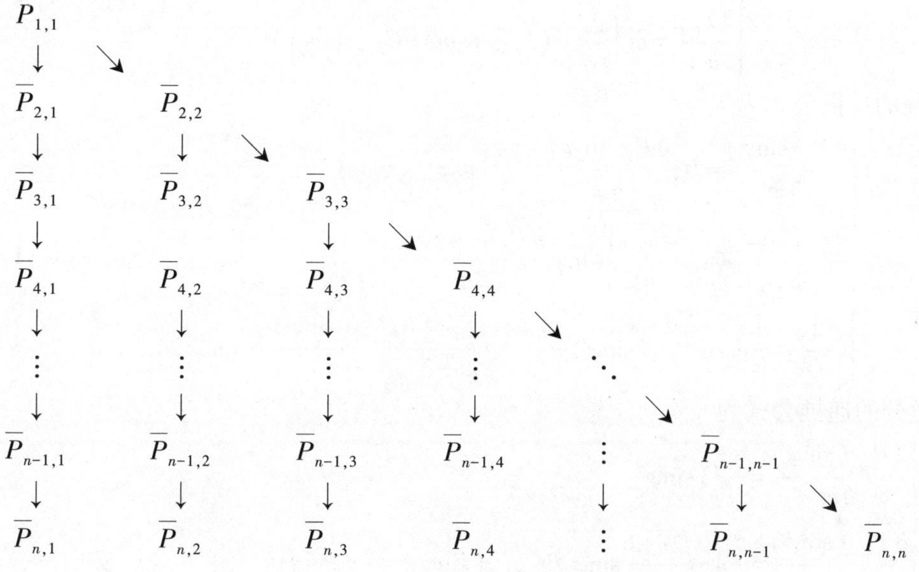

图 C-1　勒让德函数的递推计算流程

地球非球形引力加速度等于引力位的梯度

$$\begin{aligned}\boldsymbol{F}_U=\nabla V&=\frac{\partial V}{\partial \boldsymbol{r}(r,\varphi,\lambda)}\frac{\partial \boldsymbol{r}(r,\varphi,\lambda)}{\partial \boldsymbol{r}^{\mathrm{T}}(x,y,z)} \\ &=\frac{\partial V}{\partial r}\frac{\partial r}{\partial \boldsymbol{r}^{\mathrm{T}}(x,y,z)}+\frac{\partial V}{\partial \varphi}\frac{\partial \varphi}{\partial \boldsymbol{r}^{\mathrm{T}}(x,y,z)}+\frac{\partial V}{\partial \lambda}\frac{\partial \lambda}{\partial \boldsymbol{r}^{\mathrm{T}}(x,y,z)}\end{aligned}\qquad \text{(C-1-10)}$$

式中：

$$
\begin{cases}
\dfrac{\partial r}{\partial \boldsymbol{r}^{\mathrm{T}}(x,y,z)}=\left[\dfrac{x}{r},\dfrac{y}{r},\dfrac{z}{r}\right]^{\mathrm{T}} \\
\dfrac{\partial \varphi}{\partial \boldsymbol{r}^{\mathrm{T}}(x,y,z)}=\left[-\dfrac{\sin\varphi\cos\lambda}{r},-\dfrac{\sin\varphi\sin\lambda}{r},\dfrac{\cos\varphi}{r}\right]^{\mathrm{T}} \\
\dfrac{\partial \lambda}{\partial \boldsymbol{r}^{\mathrm{T}}(x,y,z)}=\left[-\dfrac{y}{x^2+y^2},\dfrac{x}{x^2+y^2},0\right]^{\mathrm{T}}
\end{cases}
\tag{C-1-11}
$$

$$
\begin{cases}
\dfrac{\partial V}{\partial r}=-\dfrac{\mu_e}{r^2}\left[\sum\limits_{n=2}^{\infty}(n+1)\left(\dfrac{a_e}{r}\right)^n\bar{C}_{n,0}\bar{P}_n(\sin\varphi)+\sum\limits_{n=2}^{\infty}\sum\limits_{m=1}^{n}(n+1)\bar{P}_{n,m}T_{n,m}\right] \\
\dfrac{\partial V}{\partial \varphi}=\dfrac{\mu_e}{r}\left[\sum\limits_{n=2}^{\infty}\left(\dfrac{a_e}{r}\right)^n\bar{C}_{n,0}\dfrac{\partial \bar{P}_n(\sin\varphi)}{\partial\varphi}+\sum\limits_{n=2}^{\infty}\sum\limits_{m=1}^{n}\dfrac{\partial \bar{P}_{n,m}(\sin\varphi)}{\partial\varphi}T_{n,m}\right] \\
\dfrac{\partial V}{\partial \lambda}=\dfrac{\mu_e}{r}\left[\sum\limits_{n=2}^{\infty}\sum\limits_{m=1}^{n}\bar{P}_{n,m}(\sin\varphi)\dfrac{\partial T_{n,m}}{\partial\lambda}\right]
\end{cases}
\tag{C-1-12}
$$

$$
\begin{cases}
T_{n,m}=\left(\dfrac{a_e}{r}\right)^n(\bar{C}_{n,m}\cos m\lambda+\bar{S}_{n,m}\sin m\lambda) \\
\dfrac{\partial T_{n,m}}{\partial\lambda}=m\left(\dfrac{a_e}{r}\right)^n(\bar{S}_{n,m}\cos m\lambda-\bar{C}_{n,m}\sin m\lambda)
\end{cases}
\tag{C-1-13}
$$

$\bar{P}_n(\sin\varphi)$微分的递推公式为

$$
\begin{cases}
\dfrac{\partial \bar{P}_0(\sin\varphi)}{\partial\varphi}=0,\dfrac{\partial \bar{P}_1(\sin\varphi)}{\partial\varphi}=\sqrt{3}\cos\varphi \\
\dfrac{\partial \bar{P}_n(\sin\varphi)}{\partial\varphi}=\dfrac{\sqrt{4n^2-1}}{n}\sin\varphi\dfrac{\partial \bar{P}_{n-1}(\sin\varphi)}{\partial\varphi}+ \\
\dfrac{\sqrt{4n^2-1}}{n}\cos\varphi\bar{P}_{n-1}(\sin\varphi)-\dfrac{n-1}{n}\sqrt{\dfrac{2n+1}{2n-3}}\dfrac{\partial \bar{P}_{n-2}(\sin\varphi)}{\partial\varphi}\quad(n\geqslant 2)
\end{cases}
\tag{C-1-14}
$$

$\bar{P}_{n,m}(\sin\varphi)$微分的递推公式为

$$
\begin{cases}
\dfrac{\partial \bar{P}_{1,1}(\sin\varphi)}{\partial\varphi}=-\sqrt{3}\sin\varphi \\
\dfrac{\partial \bar{P}_{n,n}(\sin\varphi)}{\partial\varphi}=-n\sqrt{\dfrac{2n+1}{2n}}\sin\varphi\,\bar{P}_{n-1,n-1}(\sin\varphi)\quad(n\geqslant 2) \\
\dfrac{\partial \bar{P}_{n+1,n}(\sin\varphi)}{\partial\varphi}=\sqrt{2n+3}\left[\cos\varphi\,\bar{P}_{n,n}(\sin\varphi)+\sin\varphi\dfrac{\partial \bar{P}_{n,n}(\sin\varphi)}{\partial\varphi}\right]\quad(n\geqslant 1) \\
\dfrac{\partial \bar{P}_{n,m}(\sin\varphi)}{\partial\varphi}=\sqrt{\dfrac{4n^2-1}{n^2-m^2}}\left[\cos\varphi\,\bar{P}_{n-1,m}(\sin\varphi)+\sin\varphi\dfrac{\partial \bar{P}_{n-1,m}(\sin\varphi)}{\partial\varphi}\right] \\
\qquad-\sqrt{\dfrac{(2n+1)[(n-1)^2-m^2]}{(2n-3)(n^2-m^2)}}\dfrac{\partial \bar{P}_{n-2,m}(\sin\varphi)}{\partial\varphi} \\
\qquad(n\geqslant 3,n-1\geqslant m\geqslant 1)
\end{cases}
\tag{C-1-15}
$$

C.2 EGM2008 地球引力场系数

$\mu_e = 3.986004415\text{e}+14\text{m}^3 \cdot \text{s}^{-2}$　　$a_e = 6.378136300\text{e}+06\text{m}$

n	m	$\overline{C}_{n,m}$	$\overline{S}_{n,m}$	n	m	$\overline{C}_{n,m}$	$\overline{S}_{n,m}$
2	0	-4. 8416931737e-04	0. 0000000000e+00	8	0	4. 9475600301e-08	0. 0000000000e+00
2	1	-2. 0661550907e-10	1. 3844138914e-09	8	1	2. 3160799125e-08	5. 8897454093e-08
2	2	2. 4393835733e-06	-1. 4002737039e-06	8	2	8. 0014360474e-08	6. 5280504367e-08
3	0	9. 5716120709e-07	0. 0000000000e+00	8	3	-1. 9374538172e-08	-8. 5963933913e-08
3	1	2. 0304620105e-06	2. 4820041586e-07	8	4	-2. 4436048001e-07	6. 9807250847e-08
3	2	9. 0478789481e-07	-6. 1900547518e-07	8	5	-2. 5701147727e-08	8. 9203489175e-08
3	3	7. 2132175712e-07	1. 4143492619e-06	8	6	-6. 5964868003e-08	3. 0894673078e-07
4	0	5. 3996586664e-07	0. 0000000000e+00	8	7	6. 7256975177e-08	7. 4868606374e-08
4	1	-5. 3615738939e-07	-4. 7356734652e-07	8	8	-1. 2402277192e-07	1. 2055188939e-07
4	2	3. 5050162396e-07	6. 6248002628e-07	9	0	2. 8018075322e-08	0. 0000000000e+00
4	3	9. 9085676667e-07	-2. 0095672357e-07	9	1	1. 4215137724e-07	2. 1400466508e-08
4	4	-1. 8851963302e-07	3. 0880388215e-07	9	2	2. 1414438120e-08	-3. 1698419535e-08
5	0	6. 8670291374e-08	0. 0000000000e+00	9	3	-1. 6061235688e-07	-7. 4265878681e-08
5	1	-6. 2921192304e-08	-9. 4369807340e-08	9	4	-9. 3652955659e-09	1. 9902674071e-08
5	2	6. 5207804318e-07	-3. 2335319254e-07	9	5	-1. 6313405061e-08	-5. 4039484043e-08
5	3	-4. 5184715233e-07	-2. 1495540831e-07	9	6	6. 2787949116e-08	2. 2296237743e-07
5	4	-2. 9532876118e-07	4. 9807055010e-08	9	7	-1. 1798392439e-07	-9. 6922212684e-08
5	5	1. 7481179550e-07	-6. 6937993518e-07	9	8	1. 8813618899e-07	-3. 0053897481e-09
6	0	-1. 4995392798e-07	0. 0000000000e+00	9	9	-4. 7556843336e-08	9. 6880421439e-08
6	1	-7. 5921008189e-08	2. 6512259321e-08	10	0	5. 3330438173e-08	0. 0000000000e+00
6	2	4. 8648892460e-08	-3. 7378932452e-07	10	1	8. 3762311262e-08	-1. 3109233226e-07
6	3	5. 7245161118e-08	8. 9520113001e-09	10	2	-9. 3989476609e-08	-5. 1274677254e-08
6	4	-8. 6023793719e-08	-4. 7142557343e-07	10	3	-7. 0070999732e-09	-1. 5413992940e-07
6	5	-2. 6716642370e-07	-5. 3649315150e-07	10	4	-8. 4471538807e-08	-7. 9025552798e-08
6	6	9. 4706874976e-09	-2. 3738235335e-07	10	5	-4. 9289404996e-08	-5. 0613728206e-08
7	0	9. 0512084452e-08	0. 0000000000e+00	10	6	-3. 7584902202e-08	-7. 9768861639e-08
7	1	2. 8088755578e-07	9. 5125936287e-08	10	7	8. 2620928652e-09	-3. 0490370391e-09
7	2	3. 3040799370e-07	9. 2996929062e-08	10	8	4. 0598162458e-08	-9. 1713862248e-08
7	3	2. 5045840923e-07	-2. 1711828773e-07	10	9	1. 2537663160e-07	-3. 7943658484e-08
7	4	-2. 7499393559e-07	-1. 2405840351e-07	10	10	1. 0043599194e-07	-2. 3859620421e-08
7	5	1. 6477325593e-09	1. 7928178275e-08	11	0	-5. 0768378709e-08	0. 0000000000e+00
7	6	-3. 5879842346e-07	1. 5179825744e-07	11	1	1. 5612767864e-08	-2. 7123537412e-08
7	7	1. 5074647287e-09	2. 4106876729e-08	11	2	2. 0113525015e-08	-9. 9000395491e-08

（续）

n	m	$\bar{C}_{n,m}$	$\bar{S}_{n,m}$	n	m	$\bar{C}_{n,m}$	$\bar{S}_{n,m}$
11	3	-3.0577353161e-08	-1.4883534505e-07	12	2	1.4266593683e-08	3.1093716290e-08
11	4	-3.7949901509e-08	-6.3766989749e-08	12	3	3.9621127141e-08	2.5062262896e-08
11	5	3.7419240705e-08	4.9590816027e-08	12	4	-6.7728461810e-08	3.8382346958e-09
11	6	-1.5642912869e-09	3.4273509988e-08	12	5	3.0877541091e-08	7.5906641679e-09
11	7	4.6546166145e-09	-8.9825219492e-08	12	6	3.1342110099e-09	3.8980186815e-08
11	8	-6.3017404986e-09	2.4544655112e-08	12	7	-1.9051795748e-08	3.5726862067e-08
11	9	-3.1072799369e-08	4.2068258541e-08	12	8	-2.5886687122e-08	1.6936253860e-08
11	10	-5.2244492209e-08	-1.8421638316e-08	12	9	4.1914766417e-08	2.4962563601e-08
11	11	4.6234057148e-08	-6.9671125152e-08	12	10	-6.1995507988e-09	3.0939817158e-08
12	0	3.6436192261e-08	0.0000000000e+00	12	11	1.1364495209e-08	-6.3855111914e-09
12	1	-5.3585627045e-08	-4.3165603723e-08	12	12	-2.4237723565e-09	-1.1099369869e-08

C.3 Jacchia-Roberts 大气模型计算公式

Jacchia-Roberts 大气模型适用于 90km 高度以上的地球大气，计算过程如下：

1. 计算大气温度

无地磁活动时，夜间大气顶层的最低温度为

$$T_C=379°+3°.24\bar{F}_{10.7}+1°.3(F_{10.7}-\bar{F}_{10.7}) \tag{C-3-1}$$

式中：$F_{10.7}$和$\bar{F}_{10.7}$分别为太阳 10.7cm 辐射流量的日平均值和 81 天平均值。由于大气顶层温度的变化相对于太阳辐射的变化有 1d 的延迟，所以式中的$F_{10.7}$和$\bar{F}_{10.7}$均应取t时刻之前 1d 的数值。

考虑温度的周日变化，修正大气顶层温度

$$T_E=T_C\left\{1+0.3\left[\sin^{2.2}\theta+(\cos^{2.2}\eta-\sin^{2.2}\theta)\cos^{3.0}\frac{\tau}{2}\right]\right\} \tag{C-3-2}$$

其中

$$\eta=\frac{1}{2}|B-\delta_\odot|,\quad \theta=\frac{1}{2}|B+\delta_\odot| \tag{C-3-3}$$

$$\tau=H_\odot-37°.0+6°.0\sin(H_\odot+43°.0) \tag{C-3-4}$$

式中：B 为航天器的地理纬度；$\delta_\odot$为太阳的赤纬；$H_\odot$为太阳的时角。

若设地心坐标系中航天器位置与太阳方向的单位矢量分别为 $\boldsymbol{r}=[x\quad y\quad z]^{\mathrm{T}}$，$\boldsymbol{r}_\odot=[x_\odot\quad y_\odot\quad z_\odot]^{\mathrm{T}}$，则

$$H_\odot=\frac{(x_\odot y-y_\odot x)}{|x_\odot y-y_\odot x|}\cdot\arccos\left[\frac{x_\odot x+y_\odot y}{\sqrt{(x_\odot^2+y_\odot^2)(x^2+y^2)}}\right] \tag{C-3-5}$$

考虑地磁热效应影响后，大气顶层温度为

$$T_\infty = T_E + \Delta T_\infty \tag{C-3-6}$$

其中

$$\Delta T_\infty = \begin{cases} 28°.0K_p + 0°.03\exp(K_p), & h \geqslant 200\text{km} \\ 14°.0K_p + 0°.02\exp(K_p), & h < 200\text{km} \end{cases} \tag{C-3-7}$$

式中:K_p 为地磁活动指数(见第 2 章)。由于大气顶层温度的变化相对于地磁活动有 6.7h 的延迟,所以式中 K_p 应取 t 时刻之前 6.7h 的数值。

计算拐点处(125km)的大气温度为

$$T_x = 371°.6678 + 0°.0518806T_\infty - 294°.3505\exp(-0.00216222T_\infty) \tag{C-3-8}$$

2. 125km 以下大气标准密度的计算公式

首先计算当前高度 h 处的大气温度 $T(h)$

$$T(h) = T_x + \frac{T_x - T_{90}}{35^4}\sum_{n=0}^{4} C_n h^n \tag{C-3-9}$$

$T_{90} = 183.0\text{K}$,是 90km 高度处的大气温度。各系数为

$C_0 = -89284375.0$, $C_1 = 3542400.0\text{km}^{-1}$, $C_2 = -52687.5\ \text{km}^{-2}$, $C_3 = 340.5\text{km}^{-3}$, $C_4 = -0.8\ \text{km}^{-4}$

对 90km$\leqslant h \leqslant$100km 的高度范围,Jacchia-Roberts 大气模型假定气体处于混合状态,将温度剖面(C-3-9)代入气压微分方程,积分可得大气标准密度的表达式

$$\rho_s(h) = \left(\frac{\rho_{90}T_{90}}{M_{90}}\right)\frac{M(h)}{T(h)}F_1^k\exp(kF_2) \tag{C-3-10}$$

式中:$\rho_{90} = 3.46\times10^{-6}\text{kg/m}^3$,$M_{90} = 28.82678$ 分别为下边界 90km 处的大气密度和平均分子质量;$M(h)$ 为高度 h 处的平均分子质量

$$M(h) = \sum_{n=0}^{6} A_n h^n \tag{C-3-11}$$

各系数分别为

$A_0 = -435093.363387$, $A_1 = 28275.5646391\text{km}^{-1}$, $A_2 = -765.33466108\text{km}^{-2}$

$A_3 = 11.043387545\text{km}^{-3}$, $A_4 = -0.08958790995\text{km}^{-4}$, $A_5 = 0.00038737586\text{km}^{-5}$

$A_6 = -0.000000697444\text{km}^{-6}$

式(C-3-10)中常数 k 的计算公式为

$$k = -\frac{35^4 g_0 R_a^2}{C_4 R(T_x - T_0)} \tag{C-3-12}$$

式中:$g_0 = 9.80665\text{m/s}^2$ 为海平面的重力加速度;$R_a = 6356.766\text{km}$,$R = 8.31432\text{J/K}$ 为气体常数。

式(C-3-10)中,函数 F_1、F_2 的表达式为

$$\begin{cases} F_1 = \left(\dfrac{h+R_a}{90+R_a}\right)^{p1}\left(\dfrac{h-r_1}{90-r_1}\right)^{p2}\left(\dfrac{h-r_2}{90-r_2}\right)^{p3}\left(\dfrac{h^2-2Xh+X^2+Y^2}{90^2-180X+X^2+Y^2}\right)^{p4} \\ F_2 = (h-90)\left[A_6 + \dfrac{p_5}{(h+R_a)(90+R_a)}\right] + \dfrac{p_6}{Y}\arctan\left[\dfrac{Y(h-90)}{Y^2+(h-X)(90-X)}\right] \end{cases} \tag{C-3-13}$$

r_1、r_2为四次多项式(C-3-14)的两个实根,X、Y 为多项式复根的实部和虚部,四次多项式为

$$\sum_{n=0}^{4} C_n^* h^n = 0 \tag{C-3-14}$$

多项式的系数为

$$C_0^*=\frac{35^4T_x}{C_4(T_x-T_{90})}+\frac{C_0}{C_4},\quad C_n^*=\frac{C_n}{C_4}\quad(1\leqslant n\leqslant 4) \tag{C-3-15}$$

表达式(C-3-13)中,p_i为

$$\begin{cases}p_1=B_5-2p_4-p_3-p_2\\ p_2=\dfrac{S(r_1)}{U(r_1)},\quad p_3=\dfrac{-S(r_2)}{U(r_2)},\quad p_5=\dfrac{S(-R_a)}{V}\\ p_4=\dfrac{1}{X^*}\{B_0-r_1r_2R_a^2[B_4+B_5(2X+r_1+r_2-R_a)]+W(r_1)p_2\\ \quad -r_1r_2B_5R_a(X^2+Y^2)+W(r_2)p_3+r_1r_2(R_a^2-X^2-Y^2)p_5\}\\ p_6=B_4+B_5(2X+r_1+r_2-R_a)-p_5-2(X+R_a)p_4-(r_2+R_a)p_3-(r_1+R_a)p_2\end{cases} \tag{C-3-16}$$

其中

$$\begin{cases}X^*=-2r_1r_2R_a(R_a^2+2XR_a+X^2+Y^2)\\ V=(r_1+R_a)(r_2+R_a)(R_a^2+2XR_a+X^2+Y^2)\\ U(r_i)=(r_i+R_a)^2(r_i^2-2Xr_i+X^2+Y^2)(r_1-r_2)\\ W(r_i)=r_1r_2R_a(r_i+R_a)\left(R_a+\dfrac{X^2+Y^2}{r_i}\right)\\ S(r_i)=\displaystyle\sum_{n=0}^{5}B_nr_i^n\end{cases} \tag{C-3-17}$$

B_n的表达式为

$$B_n=\alpha_n+\beta_n\frac{T_x}{T_x-T_{90}} \tag{C-3-18}$$

式(C-3-18)中,α_i、β_i 的值见表 C-1。

表 C-1 B_n的计算系数

计算系数	$i=0$	$i=1$	$i=2$
α_i	3144902516.672729	−123774885.4832917	1816141.096520398
β_i	−52864482.17910969	−16632.50847336828	−1.308252378125
计算系数	$i=3$	$i=4$	$i=5$
α_i	−11403.31079489267	24.36498612105595	0.008957502869707995
β_i	0.0	0.0	0.0

对 100km<h≤125km 的高度范围,Jacchia-Roberts 大气模型假定气体处于扩散平衡状态,则将温度剖面式(C-3-9)代入扩散微分方程,积分可得大气标准密度的表达式

$$\rho_s(h)=\sum_{i=1}^{5}\rho_i(h) \tag{C-3-19}$$

其中,$\rho_i(h)$表示 N、Ar、He、O_2、O 五种气体成分的密度,H 的影响可以忽略,计算公式为

$$\rho_i(h)=\rho_{100}\frac{M_i}{M_0}\mu_i\left[\frac{T_{100}}{T(h)}\right]^{1+\alpha_i}F_3^{M_ik}\exp(M_ikF_4) \tag{C-3-20}$$

$M_0=28.96\mathrm{g/mol}$，是海平面的平均分子量；k 根据式（C-3-12）计算；T_{100}、ρ_{100}分别为 100km 高度处的温度和大气密度

$$T_{100}=T_x-0.94585589(T_x-T_{90}) \tag{C-3-21}$$

$$\rho_{100}=M_0\sum_{n=0}^{6}\zeta_n T_\infty^n \tag{C-3-22}$$

系数为

$\zeta_0=0.1985549\times10^{-10}$，　$\zeta_1=-0.183349\times10^{-14}$，　$\zeta_2=0.1711735\times10^{-17}$

$\zeta_3=-0.1021474\times10^{-20}$，　$\zeta_4=0.3727894\times10^{-24}$，　$\zeta_5=-0.7734110\times10^{-28}$

$\zeta_6=0.7026942\times10^{-32}$

在式（C-3-20）中，M_i为各气体成分的摩尔质量，M_i及系数 α_i、μ_i见表 C-2。

表 C-2　大气成分及相关参数

参数	大气成分					
	N	Ar	He	O_2	O	H
M_i	28.0134	39.948	4.0026	31.9988	15.9994	1.00797
α_i	0	0	-0.38	0	0	0
μ_i	0.78110	0.93432×10^{-2}	0.61471×10^{-5}	0.161778	0.95544×10^{-1}	—

式（C-3-20）中，F_3、F_4的表达式为

$$\begin{cases}F_3=\left(\dfrac{h+R_a}{100+R_a}\right)^{q_1}\left(\dfrac{h-r_1}{100-r_1}\right)^{q_2}\left(\dfrac{h-r_2}{100-r_2}\right)^{q_3}\left(\dfrac{h^2-2Xh+X^2+Y^2}{100^2-200X+X^2+Y^2}\right)^{q_4}\\ F_4=\dfrac{q_5(h-100)}{(h+R_a)(100+R_a)}+\dfrac{q_6}{Y}\arctan\left[\dfrac{Y(h-100)}{Y^2+(h-X)(100-X)}\right]\end{cases} \tag{C-3-23}$$

其中，q_i的表达式为

$$\begin{cases}q_1=-2q_4-q_3-q_2\\ q_2=\dfrac{1}{U(r_1)},\quad q_3=\dfrac{-1}{U(r_2)},\quad q_5=\dfrac{1}{V}\\ q_4=\dfrac{1+r_1r_2(R_a^2-X^2-Y^2)q_5+W(r_1)q_2+W(r_2)q_3}{X^*}\\ q_6=-q_5-2(X+R_a)q_4-(r_2+R_a)q_3-(r_1+R_a)q_2\end{cases} \tag{C-3-24}$$

公式（C-3-20）中的其他参数与式（C-3-10）中的参数相同。

3. 125km 以上大气标准密度的计算公式

当 $h>125\text{km}$ 时，大气温度按下式计算

$$T(h)=T_\infty-(T_\infty-T_x)\exp\left[-\left(\frac{T_x-T_{90}}{T_\infty-T_x}\right)\left(\frac{h-125}{35}\right)\left(\frac{l}{R_a+h}\right)\right] \tag{C-3-25}$$

参数 l 用下式计算：

$$l=\sum_{n=1}^{5}l_nT_\infty^{n-1} \tag{C-3-26}$$

拟合系数为

$l_1=0.1031445\times10^5$，　$l_2=0.2341230\times10^1$，　$l_3=0.1579202\times10^{-2}$

$l_4=-0.1252487\times10^{-5}$，　$l_5=0.2462708\times10^{-9}$

高度 h 处的大气标准密度根据式(C-3-19)计算,其中各气体成分的密度计算公式为

$$\rho_i(h)=\rho_i(125)\left[\frac{T_x}{T(h)}\right]^{1+\alpha_i+\gamma_i}\left[\frac{T_\infty-T(h)}{T_\infty-T_x}\right]^{\gamma_i}\quad(i=1\sim5)\qquad(C-3-27)$$

α_i 的值见表 C-2,γ_i 的表达式为

$$\gamma_i=\frac{M_i g_0 R_a{}^2}{RlT_\infty}\left(\frac{T_\infty-T_x}{T_x-T_{90}}\right)\left(\frac{35}{6481.766}\right)\qquad(C-3-28)$$

$\rho_i(125)$为 125km 高度处各大气成分的密度

$$\lg[\rho_i(125)]=\lg(A_{VR}M_i)+\sum_{j=0}^{6}\delta_{ij}T_\infty^j\qquad(C-3-29)$$

A_{VR}为阿伏伽德罗常数的倒数,δ_{ij}为单位体积中各气体成分分子个数拟合多项式的系数,见表 C-3。

表 C-3　125km 高度处气体成分密度的多项式系数

δ_{ij}	$j=0$	$j=1$	$j=2$	$j=3$	$j=4$	$j=5$	$j=6$
N_2	$0.1093155\times10^{+2}$	0.1186783×10^{-2}	-0.1677341×10^{-5}	0.1420228×10^{-8}	-0.7139785×10^{-12}	0.1969715×10^{-15}	-0.2296182×10^{-19}
Ar	$0.8049405\times10^{+1}$	0.2382822×10^{-2}	-0.3391366×10^{-5}	0.2909714×10^{-8}	-0.1481702×10^{-11}	0.4127600×10^{-15}	-0.4837461×10^{-19}
He	$0.7646886\times10^{+1}$	-0.4383486×10^{-3}	0.4694319×10^{-6}	-0.2894886×10^{-9}	0.9451989×10^{-13}	-0.1270838×10^{-16}	0.0
O_2	$0.9924237\times10^{+1}$	0.1600311×10^{-2}	-0.2274761×10^{-5}	0.1938454×10^{-8}	-0.9782183×10^{-12}	0.2698450×10^{-15}	-0.3131808×10^{-19}
O	$0.1097083\times10^{+2}$	0.6118742×10^{-4}	-0.1165003×10^{-6}	0.9239354×10^{-10}	-0.3490739×10^{-13}	0.5116298×10^{-17}	0.0

根据式(C-3-27)计算出 He 的密度后,还需作季节和纬度的变化修正

$$(\Delta\lg\rho)_{He}=0.65\left|\frac{\delta_\odot}{\varepsilon}\right|\left[\sin^3\left(\frac{\pi}{4}-\frac{B\delta_\odot}{2|\delta_\odot|}\right)-0.35355\right]\qquad(C-3-30)$$

ε 为黄赤交角。在式(C-3-27)中,应有

$$[\rho_3(h)]_{corr}=\rho_3(h)10^{(\Delta\lg\rho)_{He}}\qquad(C-3-31)$$

当 $h>500$km 时,大气成分除上述 5 种气体外,还有要考虑氢(H),其密度计算公式为

$$\rho_6(h)=\rho_6(500)\left[\frac{T_{500}}{T(h)}\right]^{1+\alpha_6+\gamma_6}\left[\frac{T_\infty-T(h)}{T_\infty-T_{500}}\right]^{\gamma_6}\qquad(C-3-32)$$

式中:$\rho_6(500)$为 500km 高度处 H 的密度

$$\rho_6(500)=A_{VR}M_6 10^{\{73.13-[39.4-5.5\lg(T_{500})]\lg(T_{500})\}}\qquad(C-3-33)$$

T_{500}为 500km 高度处的大气温度,根据式(C-3-25)计算。

考虑 H 的影响后,密度计算式(C-3-19)中的 $i=6$,即 500km 以上的密度计算公式为

$$\rho_s(h)=\sum_{i=1}^{6}\rho_i(h)\qquad(C-3-34)$$

4. 大气密度的修正

由式(C-3-10)、式(C-3-19)、式(C-3-34)计算得到的仅是大气标准密度,还要修正地磁活动、半年周期变化、季节纬度变化等因素的影响后,才能得到最终的大气密度。

1) 地磁效应修正

对 200km 高度以下的大气,地磁效应除对大气温度的影响外,还存在另一种影响

$$(\Delta \lg \rho)_G = 0.012K_p + 1.2\times10^{-5}\exp(K_p) \tag{C-3-35}$$

2）半年周期变化修正

修正项为

$$(\Delta \lg \rho)_{SA} = f(h)g(t) \tag{C-3-36}$$

其中

$$\begin{aligned} f(h) &= (5.876\times10^{-7}h^{2.331}+0.06328)\exp(-0.002868h) \\ g(t) &= 0.02835+[0.3817+0.17829\sin(2\pi\tau_{SA}+4.137)]\sin(4\pi\tau_{SA}+4.259) \\ \tau_{SA} &= \Phi+0.09544\left\{\left[\frac{1}{2}+\frac{1}{2}\sin(2\pi\Phi+6.035)\right]^{1.65}-\frac{1}{2}\right\} \end{aligned} \tag{C-3-37}$$

$\Phi=\dfrac{\mathrm{JD}_{1958}}{365.2422}$，$\mathrm{JD}_{1958}$是 t 时刻对应的从 1958 年 1 月 0 日起算的儒略日。

3）季节变化修正

当 $h<200$km 时，热层低层大气的标准密度需作季节纬度修正

$$(\Delta \lg \rho)_{LT} = 0.014(h-90)\exp[-0.0013(h-90)^2]\sin(2\pi\Phi+1.72)\sin B|\sin B| \tag{C-3-38}$$

综合上述步骤，修正后的最终大气密度为

$$\rho(h) = \rho_s(h)10^{(\Delta \lg \rho)_{corr}} \tag{C-3-39}$$

其中

$$(\Delta \lg \rho)_{corr} = (\Delta \lg \rho)_G + (\Delta \lg \rho)_{SA} + (\Delta \lg \rho)_{LT} \tag{C-3-40}$$

附录 D 二体轨道公式

D.1 常用轨道公式

1. 地心距 r

$$r=\frac{p}{1+e\cos f}=\frac{a(1-e^2)}{1+e\cos f}=\frac{h^2/\mu}{1+e\cos f}=a(1-e\cos E)=a\sqrt{1-e^2}\frac{\sin E}{\sin f} \tag{D-1-1}$$

2. 速度 v

速度大小

$$v=\sqrt{\mu\left(\frac{2}{r}-\frac{1}{a}\right)}=\frac{\sqrt{\mu a(1-e^2)}}{r\cos\Theta}=\sqrt{\frac{\mu(1+e^2+2e\cos f)}{a(1-e^2)}}=\sqrt{\frac{\mu(1+e\cos E)}{a(1-e\cos E)}} \tag{D-1-2}$$

径向速度

$$v_r=\dot{r}=v\sin\Theta=\frac{h}{p}e\sin f=\frac{\mu}{h}e\sin f \tag{D-1-3}$$

周向速度

$$v_f=r\dot{f}=v\cos\Theta=\frac{h}{r}=\frac{h}{p}(1+e\cos f)=\frac{\mu}{h}(1+e\cos f) \tag{D-1-4}$$

飞行路径角 Θ

$$\Theta=\arccos\frac{\sqrt{\mu a(1-e^2)}}{rv}=\arctan\frac{e\sin f}{1+e\cos f} \tag{D-1-5}$$

飞行路线角 γ

$$\gamma+\Theta=\frac{\pi}{2}\quad(0\leqslant\gamma\leqslant\pi) \tag{D-1-6}$$

3. 半长轴 a

$$a=\frac{\mu r}{2\mu-rv^2}=\frac{r_p+r_a}{2}=\frac{r_p}{1-e}=\frac{r_a}{1+e}=\frac{\mu}{v_a v_p} \tag{D-1-7}$$

4. 偏心率 e

$$e=1-\frac{r_a v_a^2}{\mu}=\sqrt{1-\frac{r^2v^2\cos^2\Theta}{\mu}}=\frac{r_a}{a}-1=1-\frac{r_p}{a} \tag{D-1-8}$$

5. 真近点角 f 与偏近点角 E 的关系

$$r\sin f=a\sqrt{1-e^2}\sin E,\quad r\cos f=a(\cos E-e) \tag{D-1-9}$$

$$\cos f=\frac{\cos E-e}{1-e\cos E},\quad \sin f=\frac{\sqrt{1-e^2}\sin E}{1-e\cos E} \tag{D-1-10}$$

$$\cos E=\frac{e+\cos f}{1+e\cos f},\quad \sin E=\frac{\sqrt{1-e^2}\sin f}{1+e\cos f} \tag{D-1-11}$$

$$\sqrt{r}\cos\frac{f}{2}=\sqrt{a(1-e)}\cos\frac{E}{2},\quad \sqrt{r}\sin\frac{f}{2}=\sqrt{a(1+e)}\sin\frac{E}{2},\quad \tan\frac{f}{2}=\sqrt{\frac{1+e}{1-e}}\tan\frac{E}{2} \tag{D-1-12}$$

$$\begin{cases} f=E+2\arctan\left(\dfrac{e\sin E}{1+\sqrt{1-e^2}-e\cos E}\right) \\ E=f-2\arctan\left(\dfrac{e\sin f}{1+\sqrt{1-e^2}+e\cos f}\right) \end{cases} \tag{D-1-13}$$

6. 飞行时间方程

抛物线轨道的巴克方程

$$\tan^3\frac{f}{2}+3\tan\frac{f}{2}=2B,\quad B=3\sqrt{\frac{\mu}{p^3}}(t-\tau) \tag{D-1-14}$$

椭圆轨道的开普勒方程

$$M=\sqrt{\frac{\mu}{a^3}}(t-\tau)=E-e\sin E \tag{D-1-15}$$

椭圆轨道周期 T

$$T=2\pi\sqrt{\frac{a^3}{\mu}}=\frac{2\pi}{n} \tag{D-1-16}$$

双曲线轨道

$$N=\sqrt{\frac{\mu}{-a^3}}(t-\tau)=e\sinh H-H \tag{D-1-17}$$

普适时间方程

$$\sqrt{\mu}(t-t_0)=r_0U_1(\chi;\alpha)+\sigma_0U_2(\chi;\alpha)+U_3(\chi;\alpha) \tag{D-1-18}$$

D.2 椭圆轨道参数换算

椭圆轨道的大小和形状可以用半长轴 a 和偏心率 e 描述，也可以用其他任意两个独立的参数描述，比如 a 和 r_p、r_a 和 r_p 等，这些参数间的关系如表 D-1 所列。

表 D-1　椭圆轨道参数换算表

已知量	需求量							
	a	b	r_a	r_p	e	c	p	v_a^2	v_p^2
a、b			$a+\sqrt{a^2-b^2}$	$a-\sqrt{a^2-b^2}$	$\sqrt{1-\frac{b^2}{a^2}}$	$\sqrt{a^2-b^2}$	$\frac{b^2}{a}$	$\mu\frac{a-\sqrt{a^2-b^2}}{a^2+a\sqrt{a^2-b^2}}$	$\mu\frac{a+\sqrt{a^2-b^2}}{a^2-a\sqrt{a^2-b^2}}$
a、r_a		$\sqrt{2r_a a-r_a^2}$		$2a-r_a$	$\frac{r_a-a}{a}$	r_a-a	$\frac{2r_a a-r_a^2}{a}$	$\mu\frac{2a-r_a}{ar_a}$	$\mu\frac{r_a}{a(2a-r_a)}$
a、r_p		$\sqrt{2r_p a-r_p^2}$	$2a-r_p$		$\frac{a-r_p}{a}$	$a-r_p$	$\frac{2r_p a-r_p^2}{a}$	$\frac{\mu}{a}\cdot\frac{r_p}{2a-r_p}$	$\mu\frac{2a-r_p}{ar_p}$
a、e		$a\sqrt{(1-e^2)}$	$a(1+e)$	$a(1-e)$		ea	$a(1-e^2)$	$\frac{\mu}{a}\cdot\frac{1-e}{1+e}$	$\frac{\mu}{a}\cdot\frac{1+e}{1-e}$
a、p		$\sqrt{ap}$	$a\left(1+\sqrt{1-\frac{p}{a}}\right)$	$\frac{p}{(1+\sqrt{1-p/a})}$	$\sqrt{1-\frac{p}{a}}$	$a\sqrt{1-\frac{p}{a}}$		$\frac{\mu}{p}\left(1-\sqrt{\frac{a-p}{a}}\right)^2$	$\frac{\mu}{p}\left(1+\sqrt{\frac{a-p}{a}}\right)^2$
b、r_a	$\frac{1}{2}\cdot\frac{b^2+r_a^2}{r_a}$			$\frac{b^2}{r_a}$	$\frac{r_a^2-b^2}{r_a^2+b^2}$	$\frac{r_a^2-b^2}{2r_a}$	$\frac{2r_a b^2}{r_a^2+b^2}$	$\frac{\mu}{r_a}\cdot\frac{2b^2}{r_a^2+b^2}$	$\frac{2\mu}{b^2}\cdot\frac{r_a^3}{r_a^2+b^2}$
b、r_p	$\frac{1}{2}\cdot\frac{b^2+r_p^2}{r_p}$		$\frac{b^2}{r_p}$		$\frac{b^2-r_p^2}{b^2+r_p^2}$	$\frac{b^2-r_p^2}{2r_p}$	$\frac{2r_p b^2}{r_p^2+b^2}$	$\frac{2\mu r_p^3}{b^2(r_p^2+b^2)}$	$\frac{2\mu b^2}{r_p(r_p^2+b^2)}$
b、e	$\frac{b}{\sqrt{1-e^2}}$		$b\sqrt{\frac{1+e}{1-e}}$	$b\sqrt{\frac{1-e}{1+e}}$		$\frac{be}{\sqrt{1-e^2}}$	$b\sqrt{1-e^2}$	$\frac{\mu\sqrt{1-e^2}}{b}\cdot\frac{1-e}{1+e}$	$\frac{\mu\sqrt{1-e^2}}{b}\cdot\frac{1+e}{1-e}$
b、p	$\frac{b^2}{p}$		$\frac{bp}{b-\sqrt{b^2-p^2}}$	$\frac{bp}{b+\sqrt{b^2-p^2}}$	$\sqrt{1-\left(\frac{p}{b}\right)^2}$	$\frac{b}{p}\sqrt{b^2-p^2}$		$\frac{\mu}{p}\left(1-\sqrt{1-\frac{p^2}{b^2}}\right)^2$	$\frac{\mu}{p}\left(1+\sqrt{1-\frac{p^2}{b^2}}\right)^2$

（续）

已知量	需求量								
	a	b	r_a	r_p	e	c	p	v_a^2	v_p^2
r_a、r_p	$\frac{r_a+r_p}{2}$	$\sqrt{r_a r_p}$			$\frac{r_a-r_p}{r_a+r_p}$	$\frac{r_a-r_p}{2}$	$\frac{2r_a r_p}{r_a+r_p}$	$\frac{2\mu r_p}{r_a(r_a+r_p)}$	$\frac{2\mu r_a}{r_p(r_a+r_p)}$
r_a、e	$\frac{r_a}{1+e}$	$r_a\sqrt{\frac{1-e}{1+e}}$		$\frac{r_a(1-e)}{1+e}$		$\frac{r_a e}{1+e}$	$r_a(1-e)$	$\frac{\mu}{r_a}(1-e)$	$\frac{\mu(1+e)^2}{r_a(1-e)}$
r_a、p	$\frac{r_a^2}{2r_a-p}$	$r_a\sqrt{\frac{p}{2r_a-p}}$		$\frac{r_a p}{2r_a-p}$	$1-\frac{p}{r_a}$	$\frac{r_a(r_a-p)}{2r_a-p}$		$\mu\frac{p}{r_a^2}$	$\frac{\mu}{p}\left(2-\frac{p}{r_a}\right)^2$
r_p、e	$\frac{r_p}{1-e}$	$r_a\sqrt{\frac{1+e}{1-e}}$	$\frac{r_p(1+e)}{1-e}$			$\frac{r_p e}{1-e}$	$r_p(1+e)$	$\frac{\mu(1-e)^2}{r_p(1+e)}$	$\frac{\mu}{r_p}(1+e)$
r_p、p	$\frac{r_p^2}{2r_p-p}$	$r_p\sqrt{\frac{p}{2r_p-p}}$	$\frac{r_p p}{2r_p-p}$		$\frac{p}{r_p}-1$	$\frac{r_p(p-r_p)}{2r_p-p}$		$\frac{\mu}{p}\left(2-\frac{p}{r_p}\right)^2$	$\mu\frac{p}{r_p^2}$
e、c	$\frac{c}{e}$	$\frac{c}{e}\sqrt{1-e^2}$	$\frac{c}{e}+c$	$\frac{c}{e}-c$			$\frac{c}{e}(1-e^2)$	$\frac{\mu e}{c}\cdot\frac{1-e}{1+e}$	$\frac{\mu e}{c}\cdot\frac{1+e}{1-e}$
e、p	$\frac{p}{1-e^2}$	$\frac{p}{\sqrt{1-e^2}}$	$\frac{p}{1-e}$	$\frac{p}{1+e}$		$\frac{pe}{1-e^2}$		$\frac{\mu}{p}(1-e)^2$	$\frac{\mu}{p}(1+e)^2$
r_p、v_p	$\frac{\mu r_p}{2\mu-r_p v_p^2}$	$\sqrt{\frac{r_p^3 v_p^2}{2\mu-r_p v_p^2}}$	$\frac{r_p^2 v_p^2}{2\mu-r_p v_p^2}$		$\frac{r_p v_p^2}{\mu}-1$	$\frac{r_p^2 v_p^2-\mu r_p}{2\mu-r_p v_p^2}$	$\frac{r_p^2 v_p^2}{\mu}$	$\left(\frac{2\mu-r_p v_p^2}{r_p v_p}\right)^2$	
r_a、v_a	$\frac{\mu r_a}{2\mu-r_a v_a^2}$	$\sqrt{\frac{r_a^3 v_a^2}{2\mu-r_a v_a^2}}$		$\frac{r_a^2 v_a^2}{2\mu-r_a v_a^2}$	$1-\frac{r_a v_a^2}{\mu}$	$\frac{\mu r_a-r_a^2 v_a^2}{2\mu-r_a v_a^2}$	$\frac{r_a^2 v_a^2}{\mu}$		$\left(\frac{2\mu-r_a v_a^2}{r_a v_a}\right)^2$
v_a、v_p	$\frac{\mu}{v_a v_p}$	$\frac{2\mu}{(v_a+v_p)\sqrt{v_a v_p}}$	$\frac{2\mu}{v_a(v_a+v_p)}$	$\frac{2\mu}{v_p(v_a+v_p)}$	$\frac{v_p-v_a}{v_p+v_a}$	$\frac{\mu(v_p-v_a)}{v_a v_p(v_p+v_a)}$	$\frac{4\mu}{(v_a+v_p)^2}$		

附录E　数学知识

E.1　矢量运算

1. 矢量的加法

交换律

$$\boldsymbol{A}+\boldsymbol{B}=\boldsymbol{B}+\boldsymbol{A} \tag{E-1-1}$$

结合律

$$(\boldsymbol{A}+\boldsymbol{B})+\boldsymbol{C}=\boldsymbol{A}+(\boldsymbol{B}+\boldsymbol{C}) \tag{E-1-2}$$

逆矢量

$$\boldsymbol{A}+\boldsymbol{B}=\boldsymbol{A}-(-\boldsymbol{B}) \tag{E-1-3}$$

2. 矢量的点乘

交换律

$$\boldsymbol{A}\cdot\boldsymbol{B}=\boldsymbol{B}\cdot\boldsymbol{A}=AB\cos(\widehat{\boldsymbol{A},\boldsymbol{B}})=\frac{x_Ax_B+y_Ay_B+z_Az_B}{\sqrt{x_A^2+y_A^2+z_A^2}\sqrt{x_B^2+y_B^2+z_B^2}} \tag{E-1-4}$$

分配律

$$\boldsymbol{A}\cdot(\boldsymbol{B}+\boldsymbol{C})=\boldsymbol{A}\cdot\boldsymbol{B}+\boldsymbol{A}\cdot\boldsymbol{C} \tag{E-1-5}$$

结合律

$$m(\boldsymbol{A}\cdot\boldsymbol{B})=(m\boldsymbol{A})\cdot\boldsymbol{B}=\boldsymbol{A}\cdot(m\boldsymbol{B})=(\boldsymbol{A}\cdot\boldsymbol{B})m \tag{E-1-6}$$

矢量的模　$\boldsymbol{A}\cdot\boldsymbol{A}=A^2$

3. 矢量的叉乘

$$\boldsymbol{A}\times\boldsymbol{B}=-(\boldsymbol{B}\times\boldsymbol{A})=AB\sin(\widehat{\boldsymbol{A},\boldsymbol{B}})\cdot\boldsymbol{C}^0=\begin{vmatrix}\boldsymbol{i} & \boldsymbol{j} & \boldsymbol{k}\\ x_A & y_A & z_A\\ x_B & y_B & z_B\end{vmatrix} \tag{E-1-7}$$

$$\boldsymbol{A}\times\boldsymbol{A}=0$$

分配律

$$\boldsymbol{A}\times(\boldsymbol{B}+\boldsymbol{C})=\boldsymbol{A}\times\boldsymbol{B}+\boldsymbol{A}\times\boldsymbol{C} \tag{E-1-8}$$

结合律

$$m(\boldsymbol{A}\times\boldsymbol{B})=(m\boldsymbol{A})\times\boldsymbol{B}=\boldsymbol{A}\times(m\boldsymbol{B})=(\boldsymbol{A}\times\boldsymbol{B})m \tag{E-1-9}$$

矢量混合积

$$\boldsymbol{A}\cdot(\boldsymbol{B}\times\boldsymbol{C})=\boldsymbol{C}\cdot(\boldsymbol{A}\times\boldsymbol{B})=\boldsymbol{B}\cdot(\boldsymbol{C}\times\boldsymbol{A}) \tag{E-1-10}$$

矢量三重积(公式的含义是将矢量 $\boldsymbol{A}\times(\boldsymbol{B}\times\boldsymbol{C})$ 分解到 $\boldsymbol{B}$ 与 $\boldsymbol{C}$ 确定的平面内)

$$\begin{aligned}\boldsymbol{A}\times(\boldsymbol{B}\times\boldsymbol{C})&=(\boldsymbol{A}\cdot\boldsymbol{C})\boldsymbol{B}-(\boldsymbol{A}\cdot\boldsymbol{B})\boldsymbol{C}\\(\boldsymbol{A}\times\boldsymbol{B})\times\boldsymbol{C}&=(\boldsymbol{A}\cdot\boldsymbol{C})\boldsymbol{B}-(\boldsymbol{B}\cdot\boldsymbol{C})\boldsymbol{A}\end{aligned} \tag{E-1-11}$$

4. 函数矢量的微分

$$\frac{\mathrm{d}\boldsymbol{A}}{\mathrm{d}t}=\left[\frac{\mathrm{d}x_A}{\mathrm{d}t}\quad\frac{\mathrm{d}y_A}{\mathrm{d}t}\quad\frac{\mathrm{d}z_A}{\mathrm{d}t}\right]^{\mathrm{T}}$$

函数矢量加法的微分

$$\frac{\mathrm{d}(\boldsymbol{A}\pm\boldsymbol{B})}{\mathrm{d}t}=\frac{\mathrm{d}\boldsymbol{A}}{\mathrm{d}t}\pm\frac{\mathrm{d}\boldsymbol{B}}{\mathrm{d}t} \tag{E-1-12}$$

函数矢量乘法的微分

$$\frac{\mathrm{d}(\lambda\boldsymbol{A})}{\mathrm{d}t}=\frac{\mathrm{d}\lambda}{\mathrm{d}t}\boldsymbol{A}+\lambda\frac{\mathrm{d}\boldsymbol{A}}{\mathrm{d}t} \tag{E-1-13}$$

$$\frac{\mathrm{d}(\boldsymbol{A}\cdot\boldsymbol{B})}{\mathrm{d}t}=\frac{\mathrm{d}\boldsymbol{A}}{\mathrm{d}t}\cdot\boldsymbol{B}+\boldsymbol{A}\cdot\frac{\mathrm{d}\boldsymbol{B}}{\mathrm{d}t} \tag{E-1-14}$$

$$\frac{\mathrm{d}(\boldsymbol{A}\times\boldsymbol{B})}{\mathrm{d}t}=\frac{\mathrm{d}\boldsymbol{A}}{\mathrm{d}t}\times\boldsymbol{B}+\boldsymbol{A}\times\frac{\mathrm{d}\boldsymbol{B}}{\mathrm{d}t} \tag{E-1-15}$$

若设函数 $\boldsymbol{f}(\boldsymbol{A})=[f_x(\boldsymbol{A})\quad f_y(\boldsymbol{A})\quad f_z(\boldsymbol{A})]^{\mathrm{T}}$ 是矢量 $\boldsymbol{A}=[x_A\quad y_A\quad z_A]^{\mathrm{T}}$ 的函数矢量,则

$$\frac{\mathrm{d}\boldsymbol{f}(\boldsymbol{A})}{\mathrm{d}\boldsymbol{A}}=\frac{\mathrm{d}\boldsymbol{f}(\boldsymbol{A})}{\mathrm{d}\boldsymbol{A}^{\mathrm{T}}}=\left[\frac{\mathrm{d}^{\mathrm{T}}\boldsymbol{f}(\boldsymbol{A})}{\mathrm{d}\boldsymbol{A}}\right]^{\mathrm{T}}=\begin{bmatrix}\frac{\partial f_x}{\partial x_A} & \frac{\partial f_x}{\partial y_A} & \frac{\partial f_x}{\partial z_A}\\ \frac{\partial f_y}{\partial x_A} & \frac{\partial f_y}{\partial y_A} & \frac{\partial f_y}{\partial z_A}\\ \frac{\partial f_z}{\partial x_A} & \frac{\partial f_z}{\partial y_A} & \frac{\partial f_z}{\partial z_A}\end{bmatrix} \tag{E-1-16}$$

E.2 球面三角公式

将球面上的三个点用三个大圆弧连接所围成的图形称为球面三角形。这三个点称为球面三角形的顶点;大圆弧称为球面三角形的边,长短用所张成的球心角表示;两条大圆弧所在平面之间的夹角称为球面三角形的角。如果每条边均小于半圆周,则称为简单球面三角形,如图 E-1 所示。

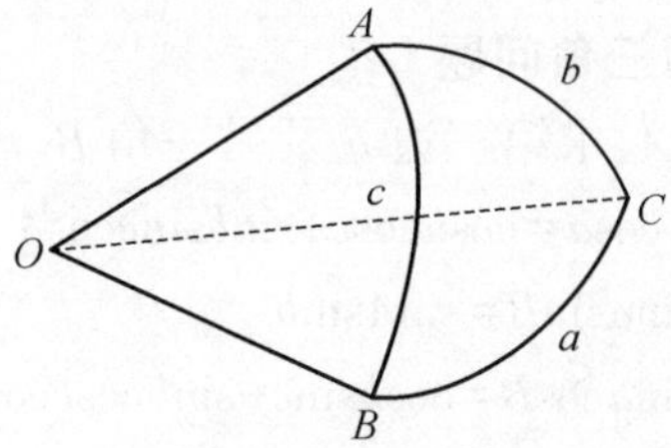

图 E-1 球面三角形

1. 正弦定理

表示球面三角形的两个边和它们对应的两个角之间的正弦关系。

$$\frac{\sin a}{\sin A}=\frac{\sin b}{\sin B}=\frac{\sin c}{\sin C} \tag{E-2-1}$$

2. 边的余弦定理

表示某边的余弦和该边所对的角的余弦及其他两边之间的关系。

$$\begin{cases}\cos a=\cos b\cos c+\sin b\sin c\cos A\\ \cos b=\cos c\cos a+\sin c\sin a\cos B\\ \cos c=\cos a\cos b+\sin a\sin b\cos C\end{cases} \tag{E-2-2}$$

3. 角的余弦定理

表示某角的余弦和该角所对的边的余弦及其他两角之间的关系。

$$\begin{cases}\cos A=-\cos B\cos C+\sin B\sin C\cos a\\ \cos B=-\cos C\cos A+\sin C\sin A\cos b\\ \cos C=-\cos A\cos B+\sin A\sin B\cos c\end{cases} \tag{E-2-3}$$

4. 边的五元素公式

这是三个边和两个角共 5 个元素之间的关系，表示边的正弦与角的余弦乘积与其他元素的关系。

$$\begin{cases}\sin a\cos B=\cos b\sin c-\sin b\cos c\cos A\\ \sin a\cos C=\cos c\sin b-\sin c\cos b\cos A\\ \sin b\cos A=\cos a\sin c-\sin a\cos c\cos B\\ \sin b\cos C=\cos c\sin a-\sin c\cos a\cos B\\ \sin c\cos A=\cos a\sin b-\sin a\cos b\cos C\\ \sin c\cos B=\cos b\sin a-\sin b\cos a\cos C\end{cases} \tag{E-2-4}$$

5. 角的五元素公式

这是三个角和两个边共 5 个元素之间的关系，表示角的正弦与边的余弦乘积与其他元素的关系。

$$\begin{cases}\sin A\cos b=\cos B\sin C+\sin B\cos C\cos a\\ \sin A\cos c=\cos C\sin B+\sin C\cos B\cos a\\ \sin B\cos a=\cos A\sin C+\sin A\cos C\cos b\\ \sin B\cos c=\cos C\sin A+\sin C\cos A\cos b\\ \sin C\cos a=\cos A\sin B+\sin A\cos B\cos c\\ \sin C\cos b=\cos B\sin A+\sin B\cos A\cos c\end{cases} \tag{E-2-5}$$

6. 轨道力学中常遇到的球面三角问题

（1）已知两边 b、c 及其夹角 A，求第三边 a 及另一角 B。

求 a

$$\cos a=\cos b\cos c+\sin b\sin c\cos A$$

求 B

$$\begin{cases}\sin a\sin B=\sin A\sin b\\ \sin a\cos B=\cos b\sin c-\sin b\cos c\cos A\end{cases}$$

（2）已知三边 a,b,c，求角 A。

$$\cos A=\frac{\cos a-\cos b\cos c}{\sin b\sin c}$$

（3）在直角球面三角形中（$C=90°$），已知斜边 c 及另一角 A，求另两边 a、b。

$$\sin a=\sin c\sin A$$

$$\begin{cases}\cos a\cos b=\cos c\\ \cos a\sin b=\sin c\cos A\end{cases}$$

E.3 连分数与超几何函数 $F\left(3,1;\frac{5}{2};z\right)$ 的计算

1. 连分数的计算

对如下形式的连分数

$$\cfrac{a_0}{b_0-\cfrac{a_1}{b_1-\cfrac{a_2}{b_2-\ddots}}} \tag{E-3-1}$$

计算其值的方法为：

（1）令 $\delta_0=1$, $u_0=\sum_0=\frac{a_0}{b_0}$;

（2）计算

$$\delta_n=\cfrac{1}{1-\cfrac{a_n}{b_{n-1}b_n}\delta_{n-1}} \tag{E-3-2}$$

$$u_n=u_{n-1}(\delta_n-1) \tag{E-3-3}$$

$$\sum_n=\sum_{n-1}+u_n \tag{E-3-4}$$

（3）重复步骤(2),直至

$$|u_n|<\varepsilon \tag{E-3-5}$$

2. 超几何函数 $F\left(3,1;\frac{5}{2};z\right)$ 的计算

超几何函数 $F\left(3,1;\frac{5}{2};z\right)$ 可以展开为连分数的形式

$$F\left(3,1;\frac{5}{2};z\right)=\cfrac{1}{1-\cfrac{\gamma_1 z}{1-\cfrac{\gamma_2 z}{1-\cfrac{\gamma_3 z}{1-\ddots}}}} \tag{E-3-6}$$

其中

$$\gamma_n=\begin{cases}\dfrac{(n+2)(n+5)}{(2n+1)(2n+3)}, & n\text{ 为奇数}\\[2ex] \dfrac{n(n-3)}{(2n+1)(2n+3)}, & n\text{ 为偶数}\end{cases} \tag{E-3-7}$$